国家出版基金项目
NATIONAL PUBLICATION FOUNDATION

中国水虻总科志

Stratiomyoidea of China

杨 定　张婷婷　李 竹 著

中国农业大学出版社
·北京·

内 容 简 介

水虻总科包括木虻科和水虻科两个科,是双翅目短角亚目中比较原始的类群。水虻科是较大的类群,全世界已知 3 000 余种;而木虻科种类稀少,仅 138 种。水虻总科分布广泛,大部分幼虫腐食性,可以用于处理禽畜粪便,并可作为动物饲料添加剂以及提取生物柴油,具有较高的经济价值;少部分植食性幼虫是重要的农业害虫。

本志分为总论和各论两大部分。总论部分包括研究简史、材料与方法、形态特征、生物学及经济意义、地理分布等内容,力求介绍木虻科和水虻科研究的最新进展。各论部分系统记述我国木虻科和水虻科共计 58 属 383 种(包括 38 新种),其中木虻科 3 属 37 种,水虻科 55 属 346 种;编制属和种检索表,提供 305 幅插图和 124 图版。书末附参考文献和英文摘要。本志可供从事昆虫学教学和研究、植物保护、森林保护以及生物防治工作者参考。

图书在版编目(CIP)数据

中国水虻总科志/杨定,张婷婷,李竹著.—北京:中国农业大学出版社,2014.6
ISBN 978-7-5655-0927-8

Ⅰ.①中…　Ⅱ.①杨…②张…③李…　Ⅲ.①水虻总科-昆虫志-中国　Ⅳ.①Q969.44

中国版本图书馆 CIP 数据核字(2014)第 055603 号

书　　名	中国水虻总科志		
作　　者	杨 定　张婷婷　李 竹　著		
策划编辑	潘晓丽	责任编辑	潘晓丽
封面设计	郑 川	责任校对	王晓凤　陈 莹
出版发行	中国农业大学出版社		
社　　址	北京市海淀区圆明园西路 2 号	邮政编码	100193
电　　话	发行部 010-62818525,8625	读者服务部	010-62732336
	编辑部 010-62732617,2618	出 版 部	010-62733440
网　　址	http://www.cau.edu.cn/caup	e-mail	cbsszs @ cau.edu.cn
经　　销	新华书店		
印　　刷	涿州市星河印刷有限公司		
版　　次	2014 年 6 月第 1 版　2014 年 6 月第 1 次印刷		
规　　格	787×1092　16 开本　47.25 印张　1 175 千字　插页 62		
定　　价	208.00 元		

图书如有质量问题本社发行部负责调换

STRATIOMYOIDEA OF CHINA

YANG Ding   ZHANG Tingting   LI Zhu

China Agricultural University Press

Beijing

前　言

　　水虻总科 Stratiomyoidea 包括木虻科 Xylomyidae 和水虻科 Stratiomyidae 2 个科,是双翅目 Diptera 短角亚目 Brachycera 中比较原始的类群。它们是联系双翅目长角亚目与短角亚目的关键类群之一,具有比较重要的系统地位。水虻科全世界已知 12 亚科 382 属 3 000 余种;而木虻科种类稀少,全世界已知 5 属 138 种。水虻总科分布广泛,全世界各个动物地理区系均有分布;成虫陆生,幼虫陆生或水生。大部分种类幼虫腐食性;国内外养殖水虻用于处理禽畜粪便,而收获的幼虫是优良的动物饲料添加剂,其还可用于提取生物柴油,具有较高的经济价值。少部分种类幼虫植食性,可危害水稻、甘蔗、油棕等粮食和经济作物。因此,开展水虻总科昆虫的系统分类和系统发育研究,对开展其多样性的保护及其利用研究以及探讨虻类昆虫的起源和演化均有重要的意义。

　　本书第一作者从 1989 年开始与杨集昆教授合作进行我国水虻总科的分类研究工作,1991—1994 年接受日本文部省研究生奖学金的资助在日本鹿儿岛大学永富昭教授指导下完成有关中国低等虻类系统分类的博士论文,水虻总科为其博士论文的部分内容;第二作者近期在中国农业大学完成中国水虻总科系统分类的博士论文;第三作者近几年主要研究水虻亚科。

　　本书在前人研究工作的基础上对我国水虻总科昆虫的区系分类进行了系统性的总结,分为总论和各论两大部分。总论部分包括研究简史、材料与方法、形态特征、生物学及经济意义、地理分布等内容,力求介绍木虻科和水虻科最新的研究进展。各论部分系统记述我国木虻科和水虻科共计 58 属 383 种,其中木虻科 3 属 37 种,水虻科 55 属 346 种(包括 9 新记录属 24 新记录种 38 新种),编制亚科、属和种检索表,并提供整体和局部的鉴别特征图或照片。本书编写所用标本主要来源于中国农业大学昆虫博物馆多年的采集收藏,以及国内兄弟单位送来鉴定或我们借阅的一些水虻总科标本。对于少数缺乏标本的种,根据前人的描述和图进行整理。

　　在研究过程中,日本的 A. Nagatomi 教授、K. Kusigemati 教授和 T. Saigusa 教授,俄罗斯的 E. P. Nartshuk 教授,南非的 B. R. Stuckenberg 研究员,意大利的 C. Leonardi 博士和 F. Mason 研究员,奥地利的 R. Contreras-Lichtenberg 博士,美国的 D. W. Webb 博士、N. E. Woodley 博士和 M. Hauser 博士,捷克的 R. Rozkošný 教授,澳大利亚的 G. Daniels 博士等提供及惠赠宝贵文献资料或交换标本。在野外考察过程中,河南省农业科学院申效诚研究员,浙江农林大学吴鸿教授和王义平教授，云南农业大学李强教授，华南农业大学许再福教授、王敏教授和刘经贤副研究员，贵州大学李子忠教授、金道超教授和杨茂发教授，南京师范大学蒋国芳教授，广西师范大学周善义教授，湖南省林业厅徐永新研究员，国家林业局森林病虫害防治总站盛茂领教授，西北农林科技大学张雅林教授和冯纪年教授，河北大学任国栋教授和王新谱教授，沈阳师范大学薛万琦教授、王明福教授和张春田教授，东北林业大学韩辉林教授，内蒙古师范大学能乃扎布教授和白晓拴副教授，中国农业科学院草原研究所王宁女士，宁夏农林科学院植物保护研究所张蓉研究员，长江大学李传仁教授等提供了大力支持和帮助。在标本借阅过程中，得到中国科学院动物研究所史永善研究员、汪兴鉴研究员、杨星科研究员、乔格侠研究员、陈军研究员、张莉莉副研究员和刘虹女士，浙江大学何俊华教授和陈学新教授，南开大学郑乐怡教授、刘国卿教授和卜文俊教授，中山大学庞虹教授，西北农林科技大学王应伦教授，沈阳师范大学薛万琦教授和张春田教授，西南林业大学欧晓红教授，上海昆虫博物馆章伟年研究员、殷海生研究员、刘宪伟研究员和朱卫兵副研究员，贵州省林业科学研究院杨再华副研究员等大力支持和帮助。浙江农林大学吴鸿教授、华南农业大学许再福教授、国家林业局森林病虫害防治总站盛茂领教授等曾赠送标本。本书的编写还得到中国农业大学李法圣先生、王心丽教授、彩万志教授、刘志琦教授、徐志强副教授等的支持和鼓励，以及实验室研究生董慧、张魁艳、姚刚、王国全、刘启飞、刘晓艳、李彦、王俊潮、王丽华、张晓、康泽辉、杨秀帅、李虎、罗心宇等的协助；还得到山东农业大学邓思伟、逯永清、张守科，北京猛禽救助中心周蕾女士和沈阳师范大学史静耸的协助。姚刚、李彦、李虎、计云、吴超、雷波、刘晔、宋海天、李超、张巍巍、严莹、余之舟、赵俊军和朱笑愚拍摄并提供了生态照片。

作者在此对上述国内外同行的大力支持和帮助一并表示衷心的感谢。最后，本书第一作者特别感谢业师杨集昆教授和永富昭教授在研究过程中长期的指导和关怀鼓励。

有关水虻总科的研究先后得到国家自然科学基金（30225009）、科学技术部科技基础性工作专项重点项目（2012FY111100）、国家科技基础条件平台项目（2005DKA21402）、北京市新世纪百千万人才工程经费资助项目的资助。本次的出版工作得到了国家出版基金项目的支持和资助。

本书所涉及的内容范围广泛，由于作者的水平有限，书中可能存在缺点和不足之处，敬请读者给予批评指正。

作　者

2013 年 12 月 26 日于北京

目　录

1

总　　论

一、研究简史

　　水虻科(Stratiomyidae)是双翅目(Diptera)短角亚目(Brachycera)中较大的一个科,全世界已知 3 000 余种。科名拉丁文的希腊词源 Strati-意为好战的,英文名 Soldierfly 和德文名 Waffenfliegen 均为"战虻"的意思,但该种昆虫大部分为腐食性,成虫主要食花蜜,并无攻击性,有此名可能是因为常见的水虻科昆虫如水虻属 *Stratiomys* 体型粗壮,腹部有黑黄相间的条纹,容易让人误认为蜜蜂或牛虻,再如常见的金黄指突水虻 *Ptecticus aurifer* 体型较大,腹部纺锤形,体型类似有攻击性的胡蜂。水虻科的日文名为みずあぶ(mi zu a bu)意为"水(みず)虻(あぶ)",取其常见种幼虫水生,成虫多在水边活动之意,中文名沿用此名而来。由于水虻科昆虫极常见,体型大而体色艳丽,早在林奈时代之前人们就对其有了认识。木虻科(Xylomyidae)是一个很小的科,全世界已知 138 种。其拉丁名的希腊词源 Xylo-意指木,英文名 wood soldierfly,也体现了它与水虻的关系,其成虫常在林地发现,而幼虫则生活在树皮下,捕食性或腐食性。

1. 世界水虻总科研究概况

世界水虻总科昆虫的研究历史大致分为 3 个阶段:启蒙阶段、发展阶段和繁荣阶段。

(1)启蒙阶段(1758—1882)

在本阶段水虻科分类系统初步建立,大量的种类被记述。
林奈(1758)在《自然系统》第十版中描述了水虻科最早的 6 个种:*Musca chamaeleon*、*M.*

cupraria、*M. hydroleon*、*M. microleon*、*M. patherium*、*M. polita*,但它们都被放在了广义的蝇属*Musca*中,这些种名至今仍有效。在该书第十二版发表时,林奈(1767)又记述了 4 个种,其中 3 个至今仍有效。同一时期 Geoffroy(1762)记述了 3 个种,其中 1 种为有效种:*Nemotelus uliginosus*,他提出了本属最早的两个属名:*Stratiomys* 和 *Nemotelus*,前者后来被 Latreille(1802)作为模式属建立了水虻科 Stratiomyidae。但当时 Geoffroy 并未指定模式种,Latreille 分别指定 *Musca chamaeleon* 为 *Stratiomys* 属的模式种,*Musca patherium* 为 *Nemotelus* 属的模式种。Macquart(1838)认为 Geoffroy 的属名不合法,而提出应用 *Stratiomyia* 来代替,这个名称得到了 Pleske、Kertész、Brunetti 和 Lindner 等的支持,但 Loew、Westwood、Egger、Brauer、Zetterstedt、Schiner 和 Verrall 等却认为应该保持早已长期沿用的属名,这一争议一直到 1957 年国际动物学命名委员会(ICZN)发出决议才得以解决,ICZN 的第 441 号决议裁定 Geoffroy 1762 年提出的双翅目 5 个属名有效,第 442 号决议裁定 *Stratiomys* Geoffroy,1762 有效,模式种为 *Musca chamaeleon*。Scopoli(1763)描述了 5 个种,其中 4 种有效。Fabricius(1775—1805)描述了古北界 15 种水虻,其中 9 个为有效种。Harris(1776)记述了欧洲 10 种,并配了彩图。此期间还有 Forster(1771)、Schrank(1781,1803)、Fourcroy(1785)、Rossi(1790,1794)和 Panzer(1798)也做了大量工作。

19 世纪开始出现了许多专门或主要研究双翅目的昆虫学家,他们对双翅目昆虫开展了许多研究,并对前人的工作做了总结和修正。代表人物有 Meigen、Zetterstedt、Loew 和 Walker。Meigen(1803—1838)描述了 54 种水虻,其中 17 种至今仍有效,其在 1800 年提出了一些新属名,但未被采用,并造成了属名的混乱,直到 ICZN 的 678 号决议裁定废弃其于 1800 年提出的属名,这个混乱才得以解决。Zetterstedt(1838—1859)研究了 52 种水虻,描述了 10 个新种,5 个至今仍有效。Loew(1845—1873)对水虻科 7 个属进行了系统研究,他将自己的新种与前人的文献描述比较,还与自己收集的大量相关标本进行比较,讨论分类要点和它们之间的亲缘关系。Walker(1848—1859)研究了大英博物馆收藏的大量标本,对世界范围内的水虻进行了研究,为除欧洲以外的地区,尤其是东洋界和非洲界的水虻研究奠定了基础。

木虻科最早出现的种是 Meigen 1804 年描述的 *Xylophagus maculatus*,但该种最初被放置在食木虻科 Xylophagidae 中。最早的属应为木虻 *Xylomya*,该属最初为 Meigen(1820)建立的 *Subula* 属,但该属后来被证实已经被 Schumacher 1817 年发表的新腹足目笋螺科的一个属所占用,因此 Rondani 1861 年发表的文章中为其赋予了一个新属名 *Xylomya*。

(2)发展阶段(1883—1938)

本阶段出现了综述性的研究专著及地区性的研究报道。

Bezzi(1903)首先完成了古北界水虻科名录。Pleske(1899,1902)对古北界的 *Stratiomys*、*Lasiopa* 和 *Adoxomyia* 属进行了总结。同时 Bezzi(1902—1908)、Lundbeck(1907)、Verrall(1909)也做了大量工作。Kertész(1909—1923)发表了第一部世界水虻专著 *Vorarbeiten zu einer Monographie der Notacanthen*,对许多属进行了世界性总结。Enderlein(1914—1938)对东洋界和新北界水虻的研究起了重要作用。Pleske(1921—1926)的研究工作大多以检索表的形式发表,描述了一大批亚洲的种类。Lindner(1936—1938)发表了古北界双翅目(*Die Fliegen der palaearktischen Region*)第 18 分册水虻科,这是水虻科研究的重要著作,他在书中对古北界包括少数北非种类做了系统总结,对后人的研究工作提供了极大的便利。

Brunetti 1920 年出版的印度动物志（*The Fauna of British India，including Ceylon and Burma*）和 1923 年完成的东洋界水虻科重新修订（*Second revision of the Oriental Stratiomyidae*）是研究东洋界水虻的最重要和最完整的文献。

木虻科最初是被放置在水虻科中的，许多昆虫学家在研究水虻的同时也对木虻做了很多研究。Brunetti(1907,1920,1923)对东洋界的木虻做了研究，发表了 5 个新种，但他是将其作为水虻科的一个亚科 Xylomyinae。Pleske(1925,1928)和 Lindner(1936—1938)研究了古北界的木虻。

（3）繁荣阶段（1939 年至今）

本阶段水虻各区系的名录相继完成，并完成了世界名录，不仅发表了大量新种，系统学研究也更深入，出现了使用分子生物学手段的研究。

早期的分类学家并不重视外生殖器结构的变化，种类差异描述简单，仅配有少量的图，对后人的研究和鉴定造成了一定的困难。而 20 世纪中叶以来，分类学家越来越多地重视外生殖器的结构变化，在文献中也配备了详尽的图谱。Dušek 和 Rozkošný(1963—1975)、Rozkošný (1973,1981,1982,1983)、Krivosheina(1965,1975,1976)等对古北界主要是欧洲的种类做了大量的总结工作。Rozkošný（1982,1983）出版的两卷 *A Biosystematic Study of the European Stratiomyidae（Diptera）*是研究欧洲水虻的最具影响力的著作。James 毕生从事水虻科的研究(1932—1982)，总共发表了 100 多篇水虻相关的文章，完成了北美洲、南美洲以及中美洲地区水虻的系统研究，并且对非洲、太平洋地区、东南亚地区、日本和中国等地的水虻进行了研究。Nagatomi(1975,1977,1978,1990)对日本的水虻做了系统的分类和研究。而俄罗斯远东地区水虻的研究主要是由 Nartshuk 进行的。Woodley(1987,1989,1997)和 Mason (1997)对非洲界的水虻进行了大量研究。Rozkošný 和 Kovac(1994—2003)、Rozkošný 和 Hauser(1998,2001)对东洋界主要是东南亚地区水虻的部分属进行了研究。2001 年，Woodley 总结整理了前人所做的各个区系的水虻名录以及自己的研究(James,1973,1975, 1980b；Rozkošný 和 Nartshuk,1998；Woodley,1989)，出版了《水虻科世界名录》[*A World Catalog of the Stratiomyidae（Insecta：Diptera）*]，并在 2011 年出版了修订和勘误的增补本 *A World Catalog of the Stratiomyidae（Insecta：Diptera）：A Supplement with Revisionary Notes and Errata*。Woodley 也十分重视系统发育的研究。Brammer 和 Dohlen (2007)发表了基于分子生物学证据的水虻科进化史的研究论文。

初期，木虻科的分类依然很混乱，James(1939,1951,1965)发表了一系列的新属种，但在 1965 年的《北美双翅目名录》中已将其单独作为一个科来对待。Steyskal(1947)、Webb(1984) 对新北界，Frey（1960）对古北界和东南亚地区，Nagatomi 和 Tanaka(1971)对日本，Krivosheina(1972)对俄罗斯，Rozkošný(1973)对欧洲，Daniels(1976)对澳洲，Papavero 和 Artigas(1991)对新热带界的木虻进行了研究。2011 年，Woodley 出版了《木虻科世界名录》[*A Catalog of the World Xylomyidea（Insecta：Diptera）*]。

2. 中国水虻总科研究概况

中国水虻科的第一个种是 Walker(1849)以福州的一头雌虫命名的 *Sargus tenebrifer*，后来由 Wulp(1885)归入 *Ptecticus* 属中,但 Rozkošný 和 Kovac(2000)则认为它应该是 *Ptecticus japonicus* 的异名。Walker(1849,1854,1855,1859)研究了大英博物馆收藏的中国标本。Kertész(1908)记述了中国 4 属 17 种。Kertész(1909—1923)记述了我国台湾的一些种类。Pleske(1901,1925,1926)描述了中国的一批新种。Lindner(1933)报道了中国的 12 个种,其中包括 1 个新种。Séguy(1934)记述了中国 1 新种。Ôuchi 在上海科学研究所(Shanghai Science Institute)工作期间对华东地区的水虻进行了系统研究,报道了 14 属 21 种,其中包括 7 个新种。Lindner(1936—1938)报道了中国 11 属 31 种。胡经甫(1939)的中国昆虫名录中记述了水虻科 21 属 71 种。James(1939,1941)也研究了中国的水虻。Nagatomi 和 Miyatake (1965)、Nagatomi(1975)对 Ôuchi(1938,1940)的工作进行了证实。陈刚(1989)的硕士论文对瘦腹水虻亚科 Sarginae 和厚腹水虻亚科 Pachygastrinae 进行了总结,并与杨集昆先生在《西南武陵山地区昆虫》上发表了 1 个新种。杨定(1992,1993,1995)对中国的柱角水虻亚科 Beridinae、鞍腹水虻属 *Clitellaria*、盾刺水虻属 *Oxycera* 和短角水虻属 *Odontomyia* 进行了系统总结。近年来李竹、张婷婷、杨再华等也在国内外期刊上陆续发表了一些新属新种。

中国的木虻科之前没有人研究过,只有杨定和 Nagatomi(1993)对中国的木虻科进行了全面系统的研究,共发表了 25 个新种。

3. 水虻总科分类系统沿革

水虻总科(Stratiomyoidea)包括水虻科(Stratiomyidae)、木虻科(Xylomyidae)和大虻科 (Pantophthalmidae,仅 22 种,全分布于新热带界)。Woodley(1989)研究发现它们的幼虫形态结构相似,蛹为围蛹,蛹壳由末龄幼虫的外皮形成,这些幼期的形态结构与短角亚目其他科的形态结构明显不同,认为水虻科和木虻科为姐妹群。Sinclair(1992)研究了幼虫口器结构,认为大虻科(Pantophthalmidae)与水虻科+木虻科为姐妹群关系,Sinclair 等(1994)用雄性生殖器结构进一步证明了这种关系。Wiegmann 等(2003)使用了 28 S rDNA 建立系统发育树,结果也进一步证明了水虻总科包括水虻科、木虻科和大虻科,水虻科与木虻科为姐妹群,二者一起又与大虻科呈姐妹群关系。

在水虻科的分类系统中,Westwood(1840)建立了"Beridae",包括 *Beris*、*Subula* 和 *Actina* 3 属,但他并没有提出亚科的概念,而 Loew(1856,1860)则第一次使用了水虻科亚科的概念,提出了 Beridinen、Sarginae、Hermetiinae、Odonotomyinae 和 Pachygastrinae 5 个亚科。Schiner(1860,1862,1867)使用了同样的分类系统,但用 Stratiomynae 代替 Odonotomyinae, 并使用 Beridinae 这个亚科名。Brauer(1882)又建立了一个新亚科 Clitellarinae,至此,水虻科的 6 亚科系统形成。Kertész(1909)在此基础上又增加了 Analoxerinae、Rhaphiocerinae 和 Antissinae 三个亚科,形成了 9 亚科系统。而 Brunetti(1920)则使用了 Pachygastrinae、Clitellarinae、Stratiomyinae、Sarginae、Beridinae、Xylomyinae 这样的 6 亚科系统,Hermetiinae 的种被放在了 Clitellarinae 中,而 Xylomyinae 则包括了现在木虻科的部分种。McFadden(1967)根据幼虫形态对分类系统做出了重要的调整,将 Nemotelinae 从 Clitellarinae 中分出,并将 Oxycerini 放入 Stratiomyinae 中。Rozkošný(1998)在古北界双翅目手册中综合前人的研究 (James,1981;Nagatomi 和 Iwata,1981;Woodley,1986,1989;Rozkošný 和 Nartshuk, 1988;Nagatomi,1989)将水虻科分为了 13 个亚科,分别是:Parhadrestiinae、Chiromyzinae、

Beridinae，Antissinae、Hermetiinae、Pachygasterinae、Clitellariinae、Nemotelinae、Chrysochlo-rinae、Sarginae、Rhaphiocerinae、Prosopochrysinae 和 Stratiomyinae。2001 年 Woodley 出版的《水虻科世界名录》[*A World Catalog of the Stratiomyidae*（Insecta：Diptera）]中认为 Prosopochrysinae 的亚科地位不成立，应归入 Stratiomyinae 中作为一个族 Prosopchrysini。本文采用了 Woodley 世界名录中的分类系统。

木虻科(Xylomyidae)很长一段时间都放在水虻科中，一直以来它的分类关系非常混乱，Nagatomi 和 Tanaka(1971)认为 *Xylomya* 为 *Solva* 的异名，他们还认为应该用 Solvidae 作为木虻科的科名而不是 Xylomyidae，但这一观点没有被广泛认同。James(1939)建立了丽木虻属 *Formosolva*，但 Woodley(2012)出版的《木虻科世界名录》(*A Catalog of the World Xylo-myidae*)中则认为它其实属于粗腿木虻属 *Solva*。本书仍采用刺角木虻属 *Arthropeina*（1 种，仅分布于巴西）、弯脉木虻属 *Coenomyiodes*（1 种，仅分布于印度和尼泊尔）、丽木虻属 *Formo-solva*、粗腿木虻属 *Solva*、木虻属 *Xylomya* 的 5 属分类系统。

二、材料与方法

1. 材料

本书研究所用标本主要来源于中国农业大学昆虫博物馆馆藏标本，主要包括杨集昆先生和李法圣先生采集来自全国各地的标本，实验室成员近年来在全国各地采集的标本以及中国农业大学昆虫分类组其他实验室成员在各地采集的标本。同时，作者还检视了中国科学院动物研究所国家动物博物馆昆虫标本分馆、中国科学院上海昆虫博物馆、浙江大学、西南林业大学等国内重要研究机构的馆藏标本。此外华南农业大学刘经贤副研究员、国家林业局森林病虫害防治总站研究中心盛茂领教授、沈阳师范大学张春田教授惠赠了部分研究标本。

2. 方法

(1)标本采集

水虻科和木虻科昆虫主要使用扫网的方式进行采集。由于幼虫大部分为腐食性，少部分为水生，并且成虫喜欢停留在叶片上，因此在腐殖质、低矮灌木、水流边缘的植物上进行扫网可以采集到大量标本。有时水虻科昆虫也栖息于较高的位置，因此在亚林冠层扫网也能采集到大量标本。

使用马氏网和黄盘诱集也是有效的采集水虻科成虫的方法，但是使用此方法采集到的瘦腹水虻亚科 Sarginae 的标本数量较大，而其他亚科的标本数量很少。

水虻科昆虫大部分不具有趋光性，仅瘦腹水虻亚科 Sarginae 的部分种类具有趋光性，因此使用灯诱的方式采集到的标本数量也很少。

作者所研究的标本主要为野外扫网获得。

（2）标本制作

干制标本，体型较大（通常大于 5.0 mm）的标本采用直接针插，展翅，自然风干 48 h，而体型较小的标本（通常小于 5.0 mm）的标本粘于三角纸片上。采用马氏网和黄盘诱集的标本保存于 75% 的乙醇中。

（3）标本观察

水虻科昆虫体型体色差异较大，外观形态变化多样。大部分类群雄虫为接眼式或较靠近，而雌虫为离眼式。木虻科昆虫体型通常较大，因此大型的水虻科昆虫和木虻科昆虫可以用肉眼直接区分属及雌雄，再使用 Zeiss 光学解剖镜进行进一步观察。体型较小的水虻科昆虫则直接使用 Zeiss 光学解剖镜进行观察。

（4）标本测量和记述

对每头标本的标签信息做详细记录，详细记述所有种类的外部形态特征，并对标本进行测量，但是由于标本保存状态及个体差异，测量值仅作参考。

本文中所使用的量度的测量标准如下：

①体长：从头部最前端（若有颜突则包括颜突）至腹部最末端（不包括因交尾、产卵而伸出的长度）的长度。

②翅长：从翅基部至端部的长度。

③触角柄节长度：柄节基部至端缘的最大值。

④触角梗节长度：梗节内侧基部至端缘的最大值。

⑤触角鞭节长度：鞭节基部至端缘的最大值。若鞭节顶端着生细长的鬃状触角芒，则此长度不包括触角芒的长度。

⑥触角各节长比：柄节长：梗节长：鞭节长：触角芒长（若触角芒为细长鬃状则包含此项）。

（5）标本拍照

使用佳能 450D 或 5DⅡ 相机从整体、局部（头、翅）两方面多角度进行外部形态特征的拍摄，利用 Adobe Photoshop CS 软件进行清晰度处理，以 TIFF 或 JPG 格式保存。

（6）标本解剖

若标本长度大于等于 3.0 mm，解剖时保留腹部第 1～4 节；若标本长度小于 3.0 mm，解剖时取下后半个腹部。具体方法为：

①回软：干制标本回软 24～48 h。液浸标本不需要此步骤。

②剥离：在光学解剖镜下用角膜剪剪下腹部相应部分。

③浸泡：将剪下的腹部置于分析纯的乳酸中，根据骨化程度强弱，180℃ 加热 10～30 min。

④漂洗：待腹部大部分肌肉和脂肪溶解后取出，用清水小心漂洗，并将其置于单凹载玻片上的甘油中，以待观察。

⑤雄性外生殖器解剖：如需绘制外生殖器图，需将外生殖器从腹部末端剥离。水虻总科的

部分亚科的腹部仅可见 5 节,第 6 节之后的各节套叠在一起,解剖时须将解剖针从切口的前部伸入将后面各节推出。生殖基节与第 9 背板在基部两侧以膜质相连,可使用解剖针将膜质部分挑断,二者可完全分离。

⑥保存:由于外生殖器较小,观察绘图结束后,通常保存于装有甘油的 PCR 管中。

(7)特征绘图

在光学解剖镜下,摆好所需的合适角度,用九宫格绘制各种形态和特征图,最后用硫酸纸覆墨,或扫描草图后在电脑中用 Adobe Photoshop CS 软件完成终稿。

(8)标本保存

标本解剖观察绘图后,干制标本的生殖器放入装有甘油的 PCR 管中,插于标本下方;液浸标本的生殖器,放入装有酒精的小玻璃管中,并与另外一个装有虫体的小玻璃管放在稍大的玻管中密封保存。已解剖和用于绘图的标本加有标签标明。本文所有观察标本的保存单位均以单位缩写在采集信息后注明,保存单位全称见表 1。

表 1　研究标本收藏单位

缩写	收藏单位
CAU	China Agricultural University, Beijing, China 中国农业大学昆虫博物馆,北京
IZCAS	Institute of Zoology, China Academy of Sciences, Beijing, China 中国科学院动物研究所国家动物博物馆昆虫标本分馆,北京
SEMCAS	Shanghai Entomological Museum, China Academy of Sciences, Shanghai, China 中国科学院上海昆虫博物馆,上海
ZJU	Zhejiang University, Hangzhou 浙江大学,杭州

三、形态特征

1. 成虫（图 1、图 2；图版 4～20）

水虻总科昆虫体小到大型(2.0～25.0 mm),通常背腹扁平。体型粗壮或瘦长,有时腹部第 1～3 节细缩成柄状,为拟蜂形态。体底色通常为黑色或黄色,有时具强烈的金属绿色、蓝色、紫色、褐色反光,身体有时还具有黄色、白色、蓝色、绿色的斑纹,通常可以作为区分属种的特征。水虻总科昆虫体表无鬃,仅被柔软的毛或粉。

(1)头部(head)(图 3)

头部通常与胸部等宽,有时会略宽于或窄于胸部。水虻科昆虫头部背面观球形或半球形,

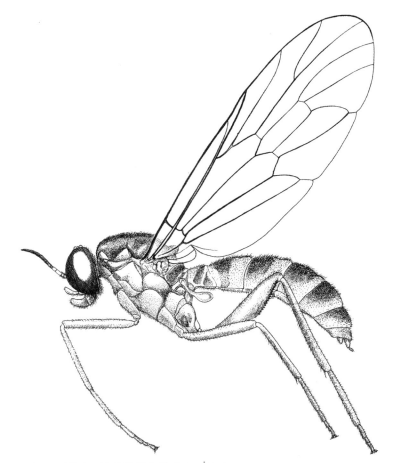

图 1　长角粗腿木虻 *Solva tigrina* Yang *et* Nagatomi

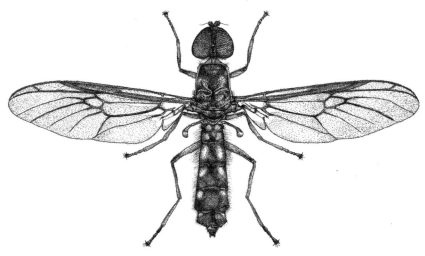

图 2　红斑瘦腹水虻 *Sargus mactans* Walker

而木虻科昆虫头部则较横扁;侧面观球形或半球形,前部隆突而后部通常较平呈凹陷,一般头高大于或等于头长,但有时由于额或颜向前隆突,使得少部分属如线角水虻属 *Nemotelus* 头高小于头长。

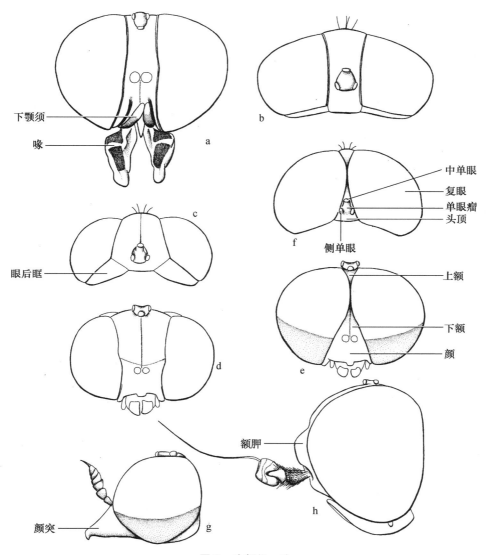

下颚须
喙
眼后眶
颜突

中单眼
复眼
单眼瘤
头顶
侧单眼
上额
下额
颜
额胛

图 3　头部(head)

a～b. 黄基木虻 *Xylomyia moiwana* Matsumura (♂):a. 前视 (frontal view),b. 背视(dorsal view);c～f. 日本小丽水虻 *Microchrysa japonica* Nagatomi;c. 雌虫,背视(♀, dorsal view),d. 雌虫,前视(♀, frontal view),e. 雄虫,前视(♂, frontal view),f. 雄虫,背视(♂, dorsal view);g. 黑线角水虻 *Nemotelus nigrinus* Fallén,雄虫,侧视 (♂, lateral view);h. 金黄指突水虻 *Ptecticus aurifer* (Walker),雄虫,侧视(♂, lateral view)。

复眼(eye)　1 对,占头部的大部分,裸或被毛。水虻科具有雌雄二型现象,雄虫通常为接眼式,上部小眼面明显较大而下部小眼面很小,分界明显或不明显;雌虫通常为离眼式,复眼不相接,小眼面大小一致。但在星水虻属 *Actina*、瘦腹水虻属 *Sargus*、扁角水虻属 *Hermetia*、科洛曼水虻属 *Kolomania* 等属中雌雄虫均为离眼式,但雄虫复眼较接近而雌虫复眼明显远离。

木虻科不具雌雄二型现象,雌雄虫复眼均分离。

单眼(ocellus) 3个,等腰三角形或等边三角形排列,位于头顶突起的单眼瘤上,单眼瘤较明显,有时具几根长毛。

头顶(vertex) 头部最上方复眼之间包括单眼瘤的区域。

后头(occiput) 头顶、复眼和颊的后方区域。通常较平,但指突水虻属 Ptecticus、瘦腹水虻属 Sargus 和小丽水虻属 Microchrysa 后头强烈内凹。雌虫复眼后向后延伸形成眼后眶(postocular rim),雄虫通常无眼后眶,但在库水虻属 Culcua 等属中雄虫也具有眼后眶。

额(frons) 从单眼瘤下方到触角窝上方复眼之间的区域,近方形或梯形,通常中间由明显或不明显的横沟分为上下两部分,在接眼式的种类中,复眼相接处之上为上额,复眼相接处之下为下额。指突水虻属 Ptecticus 和瘦腹水虻属 Sargus 的下额膜质,突出呈泡状,称为额胛。

颜(face)与唇基(clypeus) 触角窝下方复眼之间的区域,向口缘渐宽。线角水虻属 Nemotelus 的颜向前部明显突出呈锥形,鼻水虻属 Nasimyia 的颜向下突出呈鹦鹉嘴状,肾角水虻属 Abiomyia 等属的颜明显内凹。唇基位于颜的中下部,与颜之间有明显凹陷,水虻科中唇基不明显,但柱角水虻属 Beris 唇基明显突出,木虻科唇基较明显。

颊(cheek) 位于复眼下缘,侧面观通常不明显,线状,但后颊较明显,通常密被直立长毛。

触角(antenna)(图4) 位于头中部,有时稍微偏上或偏下。触角分为3节,第1节为柄节,第2节为梗节,第3节为鞭节。柄节和梗节通常较小,但在水虻属 Stratiomys、亚拟蜂水虻属 Parastratiosphecomyia 等属中柄节明显伸长;指突水虻属 Ptecticus 中触角梗节内侧端缘明显向前突出成指状。鞭节通常包含3～8个亚节。木虻科的触角鞭节线状,8小节,各节形状相似,但第1鞭节稍长而第8鞭节末端稍尖。水虻科的触角鞭节形态变化非常多样,线状、纺锤状、圆形或肾形,有时最末一节形成触角芒。瘦腹水虻属 Sargus、指突水虻属 Ptecticus、肾角水虻属 Abiomyia、寡毛水虻属 Evaza 等属的鞭节缩短成圆形或肾形,端部或亚端部着生一根细长的鬃状触角芒;伽巴水虻属 Gabaza、小丽水虻属 Microchrysa 等属的鞭节纺锤形,端部着生细长鬃状触角芒;鞍腹水虻属 Clitellaria 的鞭节纺锤形,最末一节形成尖锐或稍粗的中等长度的触角芒;黑水虻属 Nigritomyia、多毛水虻属 Rosapha 和冠毛水虻属 Lophoteles 最末一节触角芒密被毛;带芒水虻属 Tinda 和扁角水虻属 Hermetia 触角最末一节明显伸长且扁平;枝角水虻属 Ptilocera 触角第3～5鞭节背腹两侧(雌虫还包括第2鞭节腹侧)各具一长的枝状突。

喙(proboscis) 发达,肉质,粗短,类似舐吸型,侧视呈较粗壮的吸盘状。

下颚须(palpus) 1对,细长,位于唇基和喙之间,被毛。下颚须通常2节,有时退化或仅1节,如柱角水虻属 Beris、木虻属 Xylomya。第2节形状变化较大,指状、锤状或圆形。

(2)胸部(thorax)(图5)

胸部由前胸、中胸、后胸组成,3部分紧密愈合,前、后胸较小,中胸相当大,构成胸部的主体。胸部被毛,有时密被刻点。

前胸(prothorax) 前胸明显缩小,前胸背板(pronotum)前部特化为颈(collar),后部为肩胛(humeral callus),前胸侧板(propleuron)位于前气门前部与前足基节之间。

中胸(mesothorax) 分为两部分,中胸背板(mesonotum)和中胸侧板(mesopleuron)。

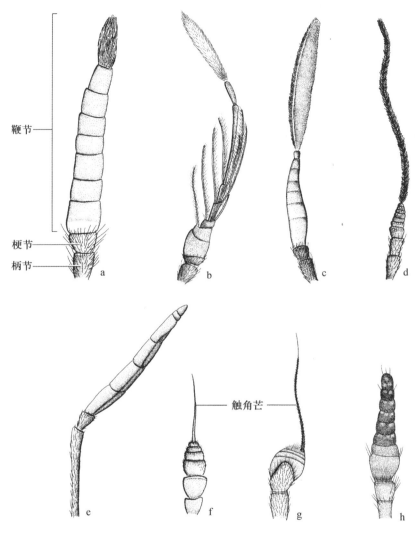

图 4 触角（antenna）

a. 黄基木虻 *Xylomya moiwana* Matsumura；b. 连续枝角水虻 *Ptilocera continua* Walker；
c. 亮斑扁角水虻 *Hermetia illucens*（Linnaeus）；d. 双斑多毛水虻 *Roshapha bimaculata*
Wulp；e. 长角水虻 *Stratiomyia longicornis*（Scopoli）；f. 中华伽巴水虻 *Gabaza sinica*
（Lindner）；g. 黄缘寡毛水虻 *Evaza flavimarginata* Zhang et Yang；h. 黑端距水虻 *Allog-
nosta apicinigra* Zhang，Li *et* Yang。

　　中胸背板由盾片（scutum）、小盾片（scutellum）、后小盾片（subscutellum）和中胸后背板
（postnotum）组成，几乎占据了全部的胸部背面。盾片由中缝（transverse suture）分为前后两
部分，但中缝在中部中断。鞍腹水虻属 *Cliterlaria* 和黑水虻属 *Nigritomyia* 的盾片侧边在翅
基部上有一对刺状突。小盾片（图 6）以盾间沟（scutoscutellar suture）与盾片相隔，半圆形、矩
形或近三角形，与盾片在同一平面上或往后上方倾斜。小盾片后缘光滑或具 2～8 根刺，小盾
刺通常与小盾片平行或稍向上倾斜，但直刺鞍腹水虻 *Clitellaria bergeri*（Pleske）、直刺安水
虻 *Anoamyia rectispina* sp. nov. 和大理盾刺水虻 *Oxycera daliensis* Zhang，Li *et* Yang 的小

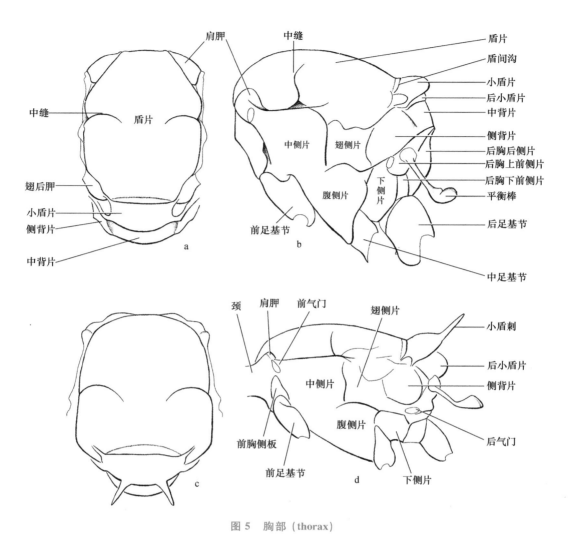

图 5　胸部（thorax）

盾刺与小盾片成 90°夹角竖直向上；伽巴水虻属 *Gabaza* 等属的小盾片后缘具一系列小齿突；单刺水虻属 *Monacanthomyia* 后缘极窄长，形成一根粗的长刺；刺等额水虻 *Craspedometopon spina* Yang，Wei *et* Yang 小盾片背面中部具一根竖直向上的锥形刺。木虻科小盾片后缘光滑无刺。后小盾片位于小盾片下方，通常小于小盾片，但指突水虻属 *Ptecticus* 的后小盾片极发达，背面观明显可见。后小盾片下方区域为后背板，中部为中背片（mediotergite），两侧为侧背片（laterotergite）。

中胸侧板前后上下分为 4 块骨片。前上方为中侧片（mesopleuron）（或称为上前侧片 anepisternum），前下方为腹侧片（sternopleuron）（或称为下前侧片 katepisternum），后上方位于翅基下方为翅侧片（pteropleuron）（或称为上后侧片 anepimeron），后下方为下侧片（hypopleuron）（或称为下后侧片 katepimeron）。

后胸（metathorax）　后胸背板（metanotum）退化。后胸侧板（metapleuron）位于平衡棒

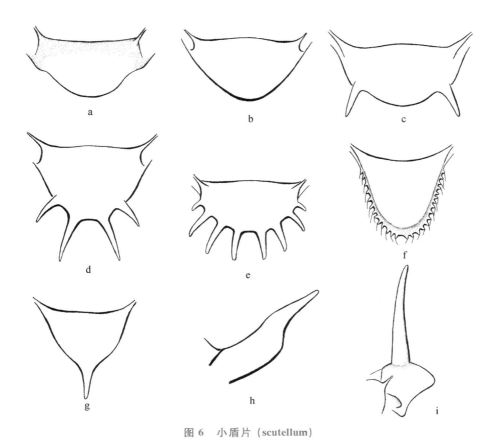

图 6　小盾片（scutellum）

a. 黄基木虻 *Xylomya moiwana* Matsumura；b. 狡猾指突水虻 *Ptecticus vulpianus*（Enderlein）；c. 集昆鞍腹水虻 *Clitellaria chikuni* Yang *et* Nagatomi；d. 双色多毛水虻 *Rosapha bicolor*（Bigot）；e. 钩突柱角水虻 *Beris ancistra* Cui，Li *et* Yang；f. 中华伽巴水虻 *Gabaza sinica*（Lindner）；g. 安氏单刺水虻 *Monacanthomyia annandalei* Brunetti 背视（dorsal view）；h. 安氏单刺水虻 *Monacanthomyia annandalei* Brunetti 侧视（lateral view）；i. 大理盾刺水虻 *Oxycera daliensis* Zhang，Li *et* Yang。

与后足基节之间以及平衡棒与腹部之间。木虻科后胸侧板稍发达，明显可见，前上方为后胸上前侧片（metanepisternum），前下方为后胸下前侧片（metakatepisternum），后方为后胸后侧片（metepimeron）。水虻科后胸侧板较退化，为极狭窄的骨片，隐约可分为后胸上前侧片和后胸下前侧片，后胸后侧片极小，几乎不可见。

（3）足（leg）（图 7）

足细长，很少特化，被毛，股节后侧面毛有时较长且直立。

基节（coxa）　较短粗，通常为基部粗而端部略细的柱状。

转节（trochanter）　很短，位于基节与股节之间。

股节（femur）　或称腿节，较粗长，近基部较粗，端部略细。粗腿木虻属 *Solva* 的股节强烈膨大，腹面具有 1～2 列小齿突。

胫节（tibia）　细长。水虻科昆虫胫节末端无距，但距水虻属 *Allognosta* 的中足胫节端部有 1 个距。木虻科昆虫中后足胫节端部有距，距式为 0-2-2。

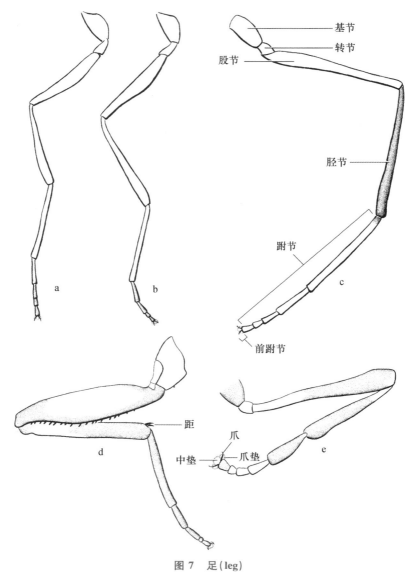

基节

转节

股节

胫节

跗节

前跗节

距

爪

中垫

爪垫

图 7　足 (leg)

a～c. 狡猾指突水虻 *Ptecticus vulpianus* (Enderlein): a. 前足 (fore leg), b. 中足 (mid leg), c. 后足 (hind leg); d. 粗腿木虻 *Solva* sp. 后足 (hind leg); e. 宽跗鼻水虻 *Nasimyia eurytarsa* Yang et Hauser 后足 (hind leg)。

跗节 (tarsus)　5 节,第 1 跗节最长,有时后足第 1 跗节明显膨大,如柱角水虻属 *Beris* 和鼻水虻属 *Nasimyia* 的部分种。

前跗节 (pretarsus)　由 1 对爪 (claw) 组成,具 1 对爪垫 (pulvilli) 和 1 个圆形的中垫 (arolium)。

(4) 翅 (wing) 和平衡棒 (halter) (图 8)

前翅 (fore wing)　膜质,发达,宽大,翅瓣 (alula) 发达,形状在属间有变化。翅色由无色

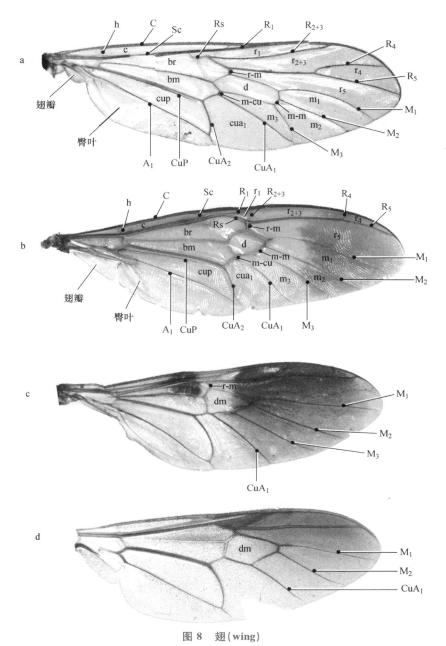

图 8　翅（wing）

a. 瘤额丽木虻 *Formosolva tuberifrons* Yang et Nagatomi；b. 金黄指突水虻 *Ptecticus aurifer*
（Walker）；c. 黑胫红水虻 *Ruba nigritibia* sp. nov.；d. 海南寡毛水虻 *Evaza hainanensis* Zhang
et Yang。

透明到褐色，部分种类具有浅褐色斑，如寡毛水虻属 *Evaza* 的大部分种类，有时翅为双色，如
等额水虻 *Craspedometopon frontale* Kertész、张氏寡毛水虻 *Evaza zhangae* Zhang et Yang
等的翅基半部褐色而端半部黄色，金黄指突水虻 *Ptecticus aurifer*（Walker）的翅基部和前部
橘黄色而端部和后部褐色。翅缘有时具极微小的缘毛。翅面通常均匀覆盖极微小的刺，有时

部分区域裸,裸区的不同也为分种的特征。

平衡棒(halter) 后翅(hind wing)特化为平衡棒。由柄(stem)和球部(knob)组成,白色到褐色。

翅痣(pterostigma) 位于 r_1 室,通常明显,黄色到褐色,颜色变化通常为分种的特征,但部分种类翅痣也不明显。

翅脉(vein) 水虻科昆虫翅脉前移,盘室靠近翅前缘。木虻科昆虫翅脉位置不前移,盘室位于翅中部。

前缘脉(costa,C) 位于翅前缘,较粗,终止于 M_1 脉或之前。

亚前缘脉(subcosta,Sc) 位于肩横脉(h)之后,端部向前弯曲,终止于翅前缘中部。

径脉(radial vein,R) 包括 4 条脉。径脉在前面分出的第 1 条脉为第 1 径脉(R_1),后面分出径分脉(Rs),有时较短。Rs 脉端部分成 2 支,第 1 支为第 2、3 合径脉(R_{2+3}),一般终止于翅前缘,但有时极短,终止于 R_1 脉上;第 2 支为第 4、5 合径脉(R_{4+5})。R_{2+3} 脉起源于 r-m 横脉处或附近,有时发出点极靠后,位于中室端部之后,可作为分属的重要特征。R_{4+5} 端部通常再分支为第 4 径脉(R_4)和第 5 径脉(R_5),但华美水虻属 *Abrosiomyia*、离水虻属 *Cechorismenus*、亚离水虻属 *Paracechorismenus*、黑线角水虻 *Nemotelus nigrinus* Fallén 等的 R_{4+5} 脉不分支。水虻科的 R_5 脉终止于翅顶角之前,木虻科的 R_5 脉较长,终止于翅顶角。

中脉(medial vein,M) 端部分为 3 支,分别为第 1 中脉(M_1)、第 2 中脉(M_2)和第 3 中脉(M_3),但在厚腹水虻亚科 Pachygastrinae 和柱角水虻亚科 Beridinae(丽足长角水虻 *Spartimas ornatipes* Enderlein 除外)中,M_3 脉退化。

肘脉(cubital vein,Cu) 分为前肘脉(CuA)和后肘脉(CuP)。CuA 脉端部分为 2 支,第 1 前肘脉(CuA_1)和第 2 前肘脉(CuA_2)。扁角水虻亚科 Hermetiinae、柱角水虻亚科 Beridinae、厚腹水虻亚科 Pachygastrinae、线角水虻亚科 Nemotelinae、鞍腹水虻亚科 Clitellariinae 中 CuA_1 脉从中室发出,瘦腹水虻亚科 Sarginae、水虻亚科 Stratiomyinae(盾刺水虻属 *Oxycera* 除外)和木虻科 Xylomyidae 中 CuA_1 脉与中室分离,由 m-cu 横脉相连。木虻科的 CuA_1 脉与 M_3 脉在端部合并成中肘合脉($CuA_1 + M_3$),木虻科的 CuA_1 脉直达翅缘。CuA_2 脉与 A_1 脉在端部合并为肘臀合脉($A_1 + CuA_2$)。水虻科的大部分种类 CuP 脉退化为一透明褶,但指突水虻属 *Ptecticus* 的部分种类和木虻科的 CuP 脉明显可见,不达 CuA_2 脉。

臀脉(anal,A) 仅 1 条臀脉(A_1),且在端部与 CuA_2 合并为肘臀合脉($A_1 + CuA_2$)。

肩横脉(h) 位于翅基部,连接 C 脉与 Sc 脉,很短。

径中横脉(r-m) 连接 Rs 脉与中室或 R_{4+5} 脉与中室。通常较短,折翅水虻属 *Camptopteromyia* 的 r-m 脉为点状。

中横脉(m-m) 连接 M_2 脉与 M_3 脉。

中肘横脉(m-cu) 连接中室与 CuA_1 脉,扁角水虻亚科 Hermetiinae、柱角水虻亚科 Beridinae、厚腹水虻亚科 Pachygastrinae、线角水虻亚科 Nemotelinae、鞍腹水虻亚科 Clitellariinae 无此脉。

翅室(cell)

前缘室(costal cell,c) C 脉与 Sc 脉之间的狭长区域。

亚前缘室(subcostal cell,sc) Sc 脉与 R_1 脉之间的狭长区域。

基室(basal cell) 2 个,位于翅基部中央,通常较长。上部为径基室(basal radial cell,

br），为径脉与中脉之间的区域。下部为中基室（basal medial cell，bm），为中脉与肘脉之间的区域。

径室（radial cell，r）　分别为第 1 径室（r_1）、第 2 径室（r_{2+3}）、第 3 径室（r_4）和第 4 径室（r_5），若 R_{4+5} 不分支，则 r_4 室与 r_5 室合并为 r_{4+5} 室。

中室（medial cell，m）　分别为第 1 中室（m_1）、第 2 中室（m_2）和第 3 中室（m_3）。

盘室（discal cell，d）　位于翅中央的五边形或六边形翅室，由中脉围成，若 CuA_1 脉从盘室发出，则第 3 中室 m_3 与之合并称为盘中室（discal medial cell，dm）。

后肘室（posterior cubital cell，cup）　也称为臀室（anal cell），位于基室下方的封闭的大翅室，通常较狭长，但在小丽水虻属 *Microchrysa* 中较短，长为宽的 2 倍。

臀叶（anal lobe）　臀脉之后的区域。

（5）腹部（abdomen）（图 9）

腹部可见 5～8 节。多数种类生殖节强烈缩小且内缩，少数种类较大且外露，如亚拟蜂水虻属 *Parastratiosphecomyia*。

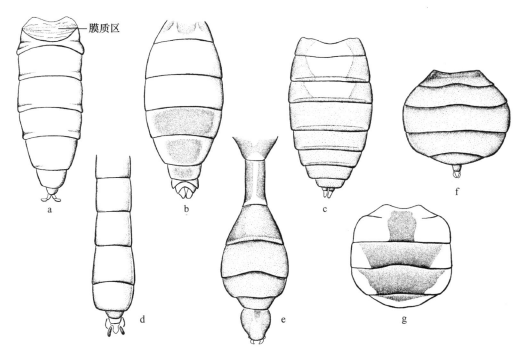

图 9　腹部（abdomen）

a. 粗腿木虻属 *Solva* sp.；b. 金黄指突水虻 *Ptecticus aurifer*（Walker）；c. 黑端距水虻 *Allognosta apicinigra* Zhang, Li *et* Yang；d. 红斑瘦腹水虻 *Sargus mactans* Walker；e. 四川亚拟蜂水虻 *Parastratiosphecomyia szechuanensis* Lindner；f. 集昆鞍腹水虻 *Clitellaria chikuni* Yang *et* Nagatomi；g. 中华脉水虻 *Oplodontha sinensis* Zhang, Li *et* Yang。

水虻科昆虫的腹部变化较大，大致分为两种类型：瘦长型和宽短型。

瘦长型腹部主要为棒状或纺锤状，长显著大于宽，分为 3 个亚型：①纺锤形：两端窄而中部宽，侧边稍凸成弧形，代表种为金黄指突水虻 *Ptecticus aurifer*（Walker）。②棒形：腹部瘦长，侧边直,两侧近平行或向端部渐宽,代表种为红斑瘦腹水虻 *Sargus mactans* Walker。③拟蜂形:腹部瘦长,第 2～3 节细缩成柄状,代表种为四川亚拟蜂水虻 *Parastratiosphecomyia szechuanensis* Lindner。

宽短型腹部主要为圆形或扁圆形,长宽大致相等或宽大于长,背面强烈隆突,如以鞍腹水虻属 *Clitelaria* 为代表的鞍腹水虻亚科的部分属,以库水虻属 *Culcua* 为代表的厚腹水虻亚科的大部分属以及以脉水虻属 *Oplodontha* 为代表的水虻亚科的大部分属。

木虻科昆虫的腹部通常瘦长,背腹扁平,两侧直,类似于棒形腹部。粗腿木虻属 *Solva*(基黄粗腿木虻 *Solva basiflava* Yang et Nagatomi 除外)的第 1 背板基部具一个大的膜质区。

雄性外生殖器(male genitalia)(图 10、图 11)　由雄虫腹部的第 9～10 节和尾须构成。生殖孔开口于第 9 腹板和第 10 腹板之间。在双翅目较原始的类群中第 9 腹板端部两侧伸出一对两节的抱握臂,称为生殖肢(gonopod),基节称为生殖基节(gonocoxite 或称 basistylus),端

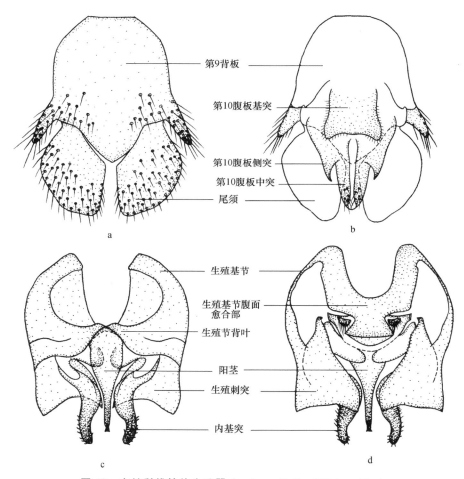

图 10　木虻科雄性外生殖器 (male genitalia of Xylomyidae)

a～d. 黄基木虻 *Xylomya moiwana* Matsumura; a. 第 9 背板、第 10 背板和尾须,背视 (tergite 9, tergite 10 and cerci, dorsal view), b. 第 9 背板、第 10 腹板和尾须,腹视 (tergite 9, sternite 10 and cerci, ventral view), c. 生殖体,背视 (genital capsule, dorsal view), d. 生殖体,腹视 (genital capsule, ventral view)。

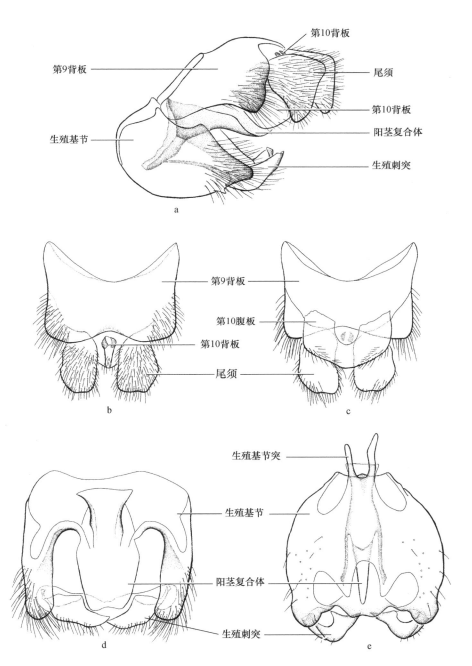

第10背板

第9背板

尾须

第10背板

阳茎复合体

生殖基节

生殖刺突

a

第9背板

第10腹板

第10背板

尾须

b

c

生殖基节突

生殖基节

阳茎复合体

生殖刺突

d

e

图 11　水虻科雄性外生殖器（male genitalia of Stratiomyidae）

a～d. 金黄指突水虻 *Ptecticus aurifer*（Walker）: a. 雄性外生殖器，侧视（male genitalia，lateral view），b. 第 9 背板、第 10 背板和尾须，背视（tergite 9，tergite 10 and cerci，dorsal view），c. 第 9 背板、第 10 腹板和尾须，腹视（tergite 9，sternite 10 and cerci，ventral view），d. 生殖体，背视（genital capsule，dorsal view）；e. 斜刺鞍腹水虻 *Clitellaria obliquispina* sp. nov. 生殖体，背视（genital capsule，dorsal view）。

节称为生殖刺突(gonostylus 或称 dististylus)。但在水虻总科中,第 9 腹板及两侧的生殖基节强烈愈合成一囊状结构,因此其雄性外生殖器侧面观大致分为背腹两部分,背部由第 9～10 背板、第 10 腹板和尾须构成,而腹部则由生殖基节、生殖刺突构成,阳茎复合体从背腹两部分之间伸出。

第 9 背板(tergite 9)(或称生殖背板 epandrium) 发达,基部具弱或明显的凹缺。部分种类端部两侧具有针状突起称为背针突(surstylus)。

第 9 腹板(sternite 9)(或称下生殖板 hypandrium) 在水虻总科中与生殖基节愈合,不可见。

第 10 背板(tergite 10) 较短窄,常呈三角形,基部套叠于第 9 背板下。木虻科第 10 背板强烈退化,不可见。

第 10 腹板(sternite 10) 结构简单,中等大小,位于第 9 背板端部和第 10 背板下,骨化较弱。但木虻属的第 10 腹板端部分为 3 叶。

尾须(cercus) 1 节,通常为卵圆形或指状,有时强烈伸长,形状变化多样,有时可作为鉴别种类的依据。

生殖基节(gonocoxite) 又叫生殖突基节。囊状,宽大,构成生殖器腹部的主体。生殖基节背面中央以宽或窄的生殖基节背桥(gonocoxal dorsal bridge)相连;生殖基节腹面完全愈合,端缘平直或内凹或具中突,通常作为鉴别种类的重要特征。

生殖基节突(gonocoxal apodeme) 位于生殖基节背桥前缘两侧的一对前伸的细长突起。但优多水虻属 Eudmeta 和指突水虻属 Ptecticus 的大部分种无该结构或不明显。

生殖刺突(gonostylus)(或称为生殖突) 一对位于生殖基节末端的突起,稍狭长而内向,具有抱握的功能。形状多样,通常可作为鉴别种类的依据。

阳茎复合体(aedeagal complex) 包括阳茎(aedeagus)和阳基侧突(parameres),有时阳基侧突与阳茎愈合,阳茎端部通常分裂,裂叶的个数和长短可作为鉴别种类的依据。

雌性外生殖器(female genitalia)(图 12) 包括第 9 背板、第 10 背板、第 10 腹板、生殖叉、尾须、受精囊。生殖孔开口于第 8 腹板和第 9 腹板之间,但水虻总科的第 9 腹板演化为生殖叉。

第 9 背板(tergite 9) 同雄虫,但木虻科部分种类的第 9 背板中断,分为左右两部分。

第 9 腹板(sternite 9) 演化为生殖叉。

第 10 背板(tergite 10) 同雄虫,但木虻科的第 10 背板强烈退化为一极狭长的骨片,有时中断或为 T 形,有时甚至不可见。

第 10 腹板(sternite 10) 中等大小,结构简单,但木虻科部分种类的第 10 腹板中断,分为左右两部分。

生殖叉(genital furca) 位于第 8 背板和第 9 背板下,形状多样,具中孔(median aperture),通常具 1 对明显的后侧突(posterolateral projections)和不明显的后中突(postero-median projections)。生殖叉的形状为鉴别种类的重要特征。

受精囊(spermathecae) 头部形状多样,在木虻科中是鉴别种类的重要依据。水虻科各亚科中未见到。

尾须(cercus) 2 节,细长,通常第 1 节较粗长,第 2 节较细小。

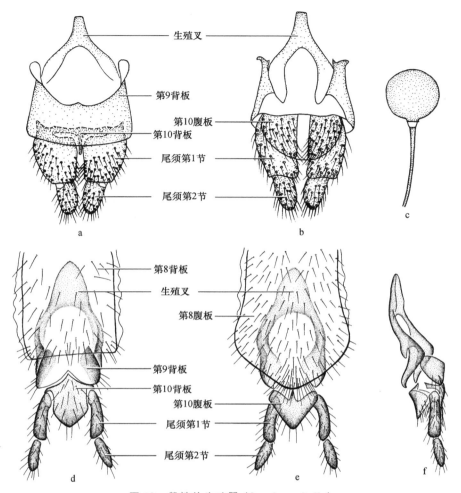

图 12　雌性外生殖器（female genitalia）

a～c. 黄基木虻 *Xylomya moiwana* Matsumura：a. 第 9 背板、第 10 背板和尾须，背视（tergite 9，tergite 10 and cerci，dorsal view），b. 生殖叉、第 10 腹板和尾须，腹视（genital furca，sternite 10 and cerci，ventral view），c. 受精囊头部（head of spermatheca）；d～f. 红斑瘦腹水虻 *Sargus mactans* Walker：d. 第 9 背板、第 10 背板和尾须，背视（tergite 9，tergite 10 and cerci，dorsal view），e. 生殖叉、第 10 腹板和尾须，腹视（genital furca，sternite 10 and cerci，ventral view），f. 第 9 背板、生殖叉、第 10 背板、第 10 腹板和尾须，侧视（tergite 9，genital furca，tergite 10，sternite 10 and cerci，lateral view）。

2. 幼期

（1）卵（egg）（图版 17）

水虻科昆虫成虫体型大小相差很大，但是卵大小差别不大，卵为长卵形或纺锤形，1.2～1.5 mm 长，0.2～0.3 mm 宽。初期为乳白色半透明，后期变为淡黄色。卵壳薄而透亮，无特殊的表面结构。

（2）幼虫（larva）（图13，图版1～2）

水虻总科昆虫幼虫为典型的半头无足型幼虫，分为陆生型和水生型两种，二者形态有明显区别。陆生型幼虫长卵圆形，较宽，各体节较短，臀节圆钝，有时形成1对钝或尖的小突。水生型幼虫较扁，尾部较长，逐渐变细，尾端具一圈疏水的羽状冠毛。

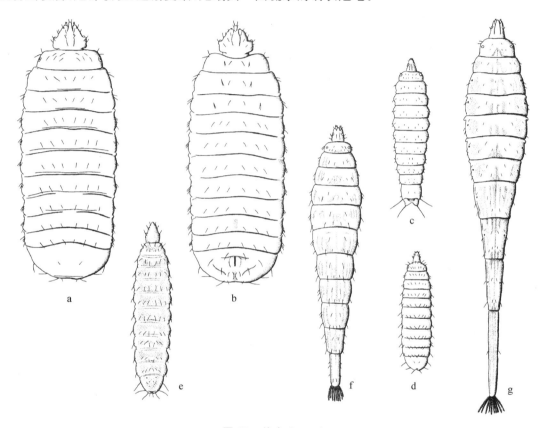

图13 幼虫（larva）

a～b. 铜色瘦腹水虻 *Sargus cuprarius*（Linnaeus）（据 Rozkošný，1982 重绘）：a. 背视（dorsal view），b. 腹视（ventral view）；c. 豹斑线角水虻 *Nemotelus pantherinus*（Linnaeus），背视（dorsal view）（据 Rozkošný，1982 重绘）；d. 黑基新厚腹水虻 *Neopachygaster meromelaena*（Dufour），背视（dorsal view）（据 Rozkošný，1982 重绘）；e. 丽厚腹水虻 *Pachygaster pulchra* Loew，背视（dorsal view）（据 James，1981 重绘）；f. 饰短角水虻 *Odontomyia ornata*（Meigen），背视（dorsal view）（据 Rozkošný，1982 重绘）；g. 独行水虻 *Stratiomys singularior*（Harris），背视（dorsal view）（据 Rozkošný，1982 重绘）。

幼虫外壳粗糙，强烈骨化，在中等放大倍率下可见其蜂窝状或马赛克状的表面。这种表面结构见于所有的水虻科幼虫，可能为碳酸钙沉积形成。身体底色通常被泥土颗粒所掩盖，实际上应为黄色到褐色，有时具有明显的纵条纹或纵斑，在瘦腹水虻亚科中尤其明显。

幼虫身体由头部、3个胸节和8个腹节组成。

头部突出，强烈骨化，后部1/3～1/2缩于胸部内。头部唇基额骨片与侧骨片分离，腹面中部的腹板明显。触角 2 节,不明显,位于头壳前侧角或近基部。眼突位于头部背侧缘,面向前。上下颚复合体包括一个大的基部,承载着明显的基骨片,内部具颚臼,颚臼为横嵴状,具细突或长毛。下颚具 1 节的下颚须和一系列刚毛,扇状或刷状,可将食物扫入口中。在瘦腹水虻亚科和扁角水虻亚科的老熟幼虫中上下颚复合体退化。

体节通常宽大于长,背腹扁平。胸节和腹节主要区别在于毛序的不同。仅臀节与其余体节形状不同。陆生幼虫的臀节圆钝,背面端部具横的气门裂,而水生幼虫臀节明显伸长,形成或长或短的呼吸管,气门位于呼吸管端部,周围环绕羽状冠毛。陆生幼虫第 6 腹节腹面中央具一个发达的腹片(sternal patch)。臀节腹面中央具一个纵裂,边缘光滑或具小齿或具粗且弯的短刺。部分幼虫的节间具明显的乳头状突,部分水生幼虫某些腹节后缘具几丁质钩。

前气门位于第 1 胸节的侧边,大小和形状在不同的种类中明显不同。大部分水生幼虫在后胸节和前 6～7 腹节具小的低级的非功能性气门。后气门位于身体末节的腹面中部,周围被骨化的唇状骨片围绕。而大部分水生幼虫如前所述,后气门位于尾部呼吸管末端,周围具一圈长的疏水刚毛,使得其呼吸管可以浮于水面。

(3)蛹(pupa)

围蛹,蛹壳由末龄幼虫的外皮形成,通常在幼虫的栖息地发现,因此幼虫的区别特征也保留于蛹中。蛹深褐色,表皮革质,较硬。蛹通常比蛹壳小得多,尤其是水生种类,有的蛹内 2/3 为空气,以便于漂浮在水面上。蛹羽化为成虫时,蛹蜕全部留在蛹壳中。

四、生物学及经济意义

1. 生物学

水虻科昆虫数量大,在全世界各个动物地理区系均有分布,有些种类会危害农作物,有些可作为饲料,因此对水虻科的生物学研究得比较多。而木虻科本身数量极少,种类仅为水虻科种数的 1/20,对其生物学的研究也极少,仅知其栖息地和生境,无完整生活史的报道。

(1)生活史(life cycle)

水虻科昆虫属于完全变态类昆虫,一生要经历卵、幼虫、蛹、成虫 4 个阶段。成虫出现最早为 3 月份,盛发期为 4～8 月份,在热带地区 12 月份也有极少量的成虫被采集到。产卵方式为聚产,不同种类的雌虫产卵量不同,从 44 粒到 900 粒不等。卵孵化的时间从 5 天到 3 周不等。亮斑扁角水虻 *Hermetia illucens* 广布于全世界,很多人饲养它作为饲料,因此对它的生活史研究比较透彻。研究表明,亮斑扁角水虻从初孵幼虫到化蛹要经历 6 个龄期,大约需要 2 周或更久的时间。其他种类有少数为 7～10 个龄期。幼虫 3 龄后取食量增大,6 龄后进入预蛹期,从乳白色变为深褐色,并从取食环境中迁出,寻找干燥、阴凉、隐蔽的场所化蛹,有明显的趋缝性。一般以末龄的老熟幼虫越冬。蛹期变化较大,1 周至 6 个月不等。成虫从蛹前部 1/3 处背面的 T 形裂缝钻出羽化。成虫生存 6～9 天,羽化后即能交尾,2～3 天后产卵。一般温暖地区 3 月初就见成虫羽化,一直到 12 月下旬都能见到成虫产卵。热带地区亮斑扁角水虻一年可发生 9~10 代,而在寒冷地区一年发生一代。也有文献记载有的种类为两年或两年以上一代。

(2)交配行为(mating behaviour)

水虻的交配通常发生在阳光强烈的正午时分,所以有人认为阳光是诱导交配的因素之一。交配方式有头相背尾相对的"一"字形式,如亮斑扁角水虻 *Hermetia illucens*(图版 6)及集昆鞍腹水虻 *Clitellaria chikuni*(图版 5),也有头尾方向相同的上下形式,如指突水虻属 *Ptecticus*。Verrall(1909)报道柱角水虻亚科的壁柱角水虻 *Beris vallata* 在交配时有盘旋飞行的特点,类似食蚜蝇,可能与雄性的交配前行为有关。他还报道了曲膝柱角水虻 *Beris geniculata* 雄虫交配前会在树荫下进行类似舞蹈的飞行。Tomberlin 和 Sheppard(2001)报道了亮斑扁角水虻在交配时有集群的行为。

(3)取食习性(feeding habits)

水虻科幼虫与其他低等短角亚目的幼虫在食性方面有很大的不同。其他科的幼虫多为捕食性或寄生性,而水虻科的幼虫绝大部分为腐食性,这与其高度特化的口器相关。它们的上颚和下颚联合为上下颚复合体,只能在一个垂直的平面上移动,下颚须和下颚上扇状排列的刚毛能将食物扫入口中,因此原始的咬合口器类型变为清扫口器类型。前肠特化的咽杆和臼的结构更加表明其对颗粒状食物的偏好。

McFadden(1967)将水虻科描述为嗜微生物的,但在一些类群中还表现出食腐、食粪及食植的倾向。

陆生幼虫　在潮湿的泥土中、朽木或树皮下取食腐烂的植物和动物。瘦腹水虻亚科的一些种类如黄角小丽水虻 *Microchrysa flavicornis*、平滑小丽水虻 *Microchrysa polita*、黄足瘦腹水虻 *Sargus flavipes* 等取食动物粪便。厚腹水虻亚科的幼虫在树皮下取食发酵汁液、真菌孢子或微生物的代谢产物(Teskey,1976)。

水生幼虫　取食腐烂的树叶、有机碎屑、藻类甚至是小型的甲壳类。在某些水生幼虫中,上下额复合体的内表面具有一排齿,可以磨碎较硬的颗粒。

成虫　关于成虫的食性,目前没有明确的记载,仅有报道在不同的花上发现成虫,推断其可能以花蜜为食。伸长的喙和窄的唇瓣似乎也支持这种观点,尤其在线角水虻属 *Nemotelus* 中。在另一些种类中其具有短的喙和大的肉质唇瓣,可能更适合于取食花粉。

(4)栖居环境(habitat)

幼虫　幼虫分为两大类:陆生型和水生型。也有少量幼虫为半水生型。

陆生型

枯叶和土壤上层:大部分柱角水虻亚科 Beridinae、部分瘦腹水虻亚科 Sarginae 和鞍腹水虻亚科 Cliterllariinae 的幼虫生活于此类环境中。

生活垃圾、堆肥、粪堆:瘦腹水虻亚科 Sarginae 主要生活于此类环境,如常见的金黄指突水虻 *Ptecticus aurifer* 和日本指突水虻 *Ptecticus japonicus*。

蚁巢:Dušek 和 Rozkošný(1967)在亮毛蚁 *Lasium fuliginosus* 的巢中发现了一种幼虫,后来经证实,是马鞍鞍腹水虻 *Cliterllaria ephippium* 的幼虫。

树栖:厚腹水虻亚科 Pachygasterinae 的幼虫主要生活于枯木树皮下。笔者在采集过程中曾于半枯的榆树 *Ulmus pumila* 树皮下采集到该亚科幼虫(图版 1)。Verrall(1909)认为每种幼虫都有特定的寄主,但后人研究表明并非如此(Brindle, 1962;Krivosheina, 1965, 1975, 1976;Chandler, 1973b, Rozkošný, 1973;Dušek and Rozkošný, 1975)。寄主主要包括杨属 *Populus*、水青冈属 *Fagus*、胡桃属 *Juglans*、苹果属 *Malus*、栎属 *Quercus*、榆属 *Ulmus*、槭属 *Acer*、七叶树属 *Aesculus*、鹅耳枥属 *Carpinus*、冬青属 *Ilex*、柳属 *Salix*、桦木属 *Betula* 和落叶松属 *Larix*。

水生型

泉水和激流:这类幼虫主要生活在潮湿的苔藓和流水中的岩石或石头上。这类幼虫倒数第 2 腹节腹面有一对钩。盾刺水虻属 *Oxycera* 的幼虫主要生活在这类环境中。

静水:这类幼虫通常生活在池塘、湖泊、温泉池和沼泽中,有些也可以在流动缓慢的水边发现,水虻属 *Stratiomys*、短角水虻属 *Odontomyia*、脉水虻属 *Oplodontha* 及盾刺水虻属 *Oxycera* 的部分种类生活于此类环境中。

咸水:水虻属 *Stratiomys* 和线角水虻属 *Nemotelus* 的一些幼虫在沿海或内陆的咸水湖中大量发生,水虻属幼虫生境的含盐量为 2～78 g/L,而线角水虻属 *Nemotelus* 生境的含盐量可高达 104 g/L。这种耐盐性使得它们具有比较特殊的生物学特性,可以抗拒很多种化合物。Cros(1911)做过一系列实验,发现长角水虻 *Stratiomys longicornis* 可以在橄榄油中存活 72 h,在石油中存活 5 h,在 40% 的甲醛中存活 24 h 以上,在 95% 的乙醇中存活 100 h 以上;Lobanov(1960)发现光滑小丽水虻 *Microchrysa polita* 可在 50% 的乙醇中存活 18 h,在 96% 的乙醇中存活 1 h。

水虻科的某些种类能生存在高温的环境中。Séguy(1950)报道水虻属 *Stratiomys*(或短角水虻属 *Odontomyia*)的昆虫可在高达 40℃ 或 45℃ 的热泉中被发现,而刘晔(中国科学院动物研究所)也在云南腾冲的温泉中发现过水虻属的幼虫(图版 2)。

成虫 成虫常在地面植被、花园的灌木叶片及森林边缘被发现,也常在水边植物特别是花上被发现。瘦腹水虻亚科 *Sarginae* 属于喜阳光的类群,而柱角水虻亚科 Beridinae 和厚腹水虻亚科 Pachygastrinae 则喜阴湿的环境。常出现在幼虫栖息地附近的植物上,并没有特定的寄主专一性,有报道指突水虻属 *Ptecticus* 经常出现于腐烂的竹笋和波罗蜜属 *Artocarpus* 的植物上,而笔者在采集的过程中也发现许多厚腹水虻亚科及鞍腹水虻亚科 Cliterllariinae 的种类喜爱停留在芭蕉属 *Musa* 植物叶片背面。作为访花的类群,水生类群主要访问生长在池塘、溪流、沼泽的开花植物,而陆生种类主要访问开放在阳光充足的地方的花朵。已报道的经常被访问的开花植物有 10 科:菊科 Compositae(春黄菊属 *Anthemis*、蒿属 *Artemisia*、茼蒿属 *Chrysanthemum*、鼠麴草属 *Gnaphalium*、蜂斗菜属 *Petasites*)、伞形科 Umbelliferae(羊角芹属 *Aegopodium*、莳萝属 *Anethum*、当归属 *Angelica*、峨参属 *Anthriscus*、葛缕子属 *Carum*、细叶芹属 *Chaerophyllum*、刺芹属 *Eryngium*、*Ferulago*、茴香属 *Foeniculum*、*Orlaya*、欧防风属 *Pastinaca*、前胡属 *Peucedanum*、泽芹属 *Sium*)、大戟科 *Euphorbiaceae*(大戟属 *Euphorbia*)、鸢尾科 Iridaceae(鸢尾属 *Iris*)、唇形科 Labiatae(糙苏属 *Phlomis*)、忍冬科 Caprifoliaceae(接骨木属 *Sambucus*)、毛茛科 Ranunculaceae(乌头属 *Aconitum*、驴蹄草属 *Caltha*)、鼠李科 Rhamnaceae(鼠李属 *Rhamnus*)、蔷薇科 Rosaceae(山楂属 *Crataegus*、绣线菊属 *Spiraea*)、虎耳草科 Saxifragaceae(茶藨子属 *Ribes*、虎耳草属 *Saxifraga*)。其中菊科和伞形科为最常访问的科。

2. 经济意义

1)作为益虫

(1)处理畜禽粪便

水虻科昆虫绝大部分为腐食性的,是自然界中的分解者,是碎屑食物链的重要环节,为自然界的物质循环做了很大的贡献。人们利用水虻主要是利用其快速繁殖和强大的消化能力来处理家畜、家禽的粪便。有研究表明,亮斑扁角水虻幼虫的取食活动能有效抑制粪便中的大肠杆菌和沙门氏菌,减少粪便的臭味,改善周围环境(Erickson 等,2004;Liu,2008)。经处理后的粪便虽然氮、磷等物质含量有所下降,但仍有较好的肥力,且质地疏松、无臭味,可直接作为有机肥料用于农业生产(Myers 等,2008)。

(2)用作动物饲料

研究表明,水虻老熟幼虫的粗蛋白、粗脂肪、氨基酸、脂肪酸、矿物质等的含量较高,优于普通的豆粉、骨粉和蝇蛆,是禽畜及鱼类的优质饲料(叶明强,邝师哲等,2012)。人们从 20 世纪 80 年代起就开始研究用亮斑扁角水虻来处理鸡粪猪粪,收获水虻幼虫用作饲料添加剂的技术,并取得了很好的经济效益。叶明强、陈小凤等(2012)使用金黄指突水虻幼虫粉和鱼粉作为饲料添加剂饲喂肉鸡,结果表明相对于鱼粉,水虻幼虫粉能在一定程度上促进肉鸡生长,并促进其免疫器官的发育,提高肌肉总氨基酸含量和肌肉的饱和脂肪酸含量,改善肌肉品质。同时饲喂水虻幼虫粉的肉鸡饲料转化率也较高。

水虻幼虫食性广,取食能力强,能与家蝇形成竞争。幼虫活动能力强,能与蝇蛆争夺食物,且取食后的食物不再适合蝇蛆取食,能拒避家蝇产卵,吸引水虻产卵,控制家蝇滋生。成虫不会飞入室内,不会对人类生活造成困扰,适合替代家蝇用于生产(Sheppard,1983)。

水虻幼虫还可以用作饲养天敌昆虫如姬蜂、茧蜂、小蜂等的中间寄主。

(3)提取生物柴油

生物柴油(biodiesel)是指以油料作物、野生油料植物和工程微藻等水生植物油脂以及动物油脂、餐饮垃圾油等为原料油,通过酯交换工艺制成的可代替石化柴油的燃料,是一种绿色、环保、可再生的能源。但目前的生物柴油提取原料主要是作物,而我国人口多,可利用土地面积较少,使用作物作为原料大量生产生物柴油并不现实,非食物原料的生物柴油开发十分必要。亮斑扁角水虻是一种脂肪含量较高的昆虫,以其为原料生产的生物柴油可与菜籽油为原料的生物柴油媲美,且达到欧盟标准,因此,是一种非常有价值的生物柴油原料(Li 等,2010,2011)。

(4)其他用处

水虻的成虫访花,可以作为传粉媒介。赖家业等(2008)报道水虻属的昆虫可以为珍稀濒危植物蒜头果传粉。

食尸性的种类尤其是广布的亮斑扁角水虻 *Hermetia illucens* 在法医昆虫学中可用于推断死亡间隔时间(Pujol-Luz,2008;王江峰等,2008;Lord 等,1994)。

2)作为害虫

树栖的厚腹水虻亚科 Pachygasterinae 的部分种类会传播霉菌,加速树木腐烂,降低木材质量。周斑水虻 *Stratiomyia choui* 和隐脉水虻 *Oplodontha viridula* 危害水稻秧苗根部,造成"浮秧",是重要的水稻害虫。*Inopus* 属对甘蔗茎的危害也被广泛报道。1972 年,James 记述了棕榈扁角水虻 *Hermetia palmivora*,雌虫产卵于油棕(*Elaeis guineensis*)上,幼虫会钻入幼芽内危害,造成幼芽死亡。

五、地理分布

水虻总科 Stratiomyoidea 全世界已知 3 100 余种,其中木虻科 Xylomyidae 已知 5 属 138 种,中国分布 3 属 37 种;水虻科 Stratiomyidae 已知 12 亚科 3 000 余种,中国分布 7 亚科 55 属 346 种,分别为:柱角水虻亚科 Beridinae、鞍腹水虻亚科 Clitellariinae、扁角水虻亚科 Hermetiinae、线角水虻亚科 Nemotelinae、厚腹水虻亚科 Pachygastrinae、瘦腹水虻亚科 Sarginae 和水虻亚科 Stratiomyinae。下面分别对木虻科和水虻科的地理分布及我国水虻总科区系进行分析讨论。

1. 世界水虻总科的分布

1)亚科级阶元
中国水虻科所有的 7 亚科全部为世界性分布,各大动物地理区系均有分布。
2)属级阶元
根据表 2 和表 3 将水虻总科已知属的分布归为以下几个类型:

表 2　世界木虻科 Xylomyidae 各属在各动物地理区系的分布

属名	古北界	东洋界	澳洲界	新北界	新热带界	非洲界
Arthropeina	−	−	−	−	+	−
Coenomyiodes	−	+	−	−	−	−
Formosolva	−	+	−	−	−	−
Solva	+	+	+	+	+	+
Xylomya	+	+	−	+	+	−
总计	2	4	1	2	3	1

表 3　世界水虻科 Stratiomyidae 各属在各动物地理区系的分布

亚科		属名	古北界	东洋界	澳洲界	新北界	新热带界	非洲界
柱角水虻亚科 Beridinae	1	*Actina*	+	+	−	+	−	−
	2	*Actinomyia*	−	−	−	−	+	−
	3	*Allognosta*	−	+	−	+	−	+
	4	*Anexaireta*	−	−	−	−	+	−
	5	*Archistratiomys*	−	−	−	−	+	−
	6	*Arcuavena*	−	−	−	−	+	−

续表3

亚科		属名	古北界	东洋界	澳洲界	新北界	新热带界	非洲界
柱角水虻亚科 Beridinae	7	*Aspartimas*	−	+	−	−	−	−
	8	*Australoactina*	−	−	+	−	−	−
	9	*Australoberis*	−	−	+	−	−	−
	10	*Benhamyia*	−	−	+	−	−	−
	11	*Beridella*	−	−	−	−	+	−
	12	*Beridops*	−	−	−	−	+	−
	13	*Beris*	+	+	−	+	−	−
	14	*Berisina*	−	−	+	−	−	−
	15	*Berismyia*	−	−	−	−	+	−
	16	*Chorisops*	+	+	−	−	−	−
	17	*Draymonia*	−	−	−	−	+	−
	18	*Eumecacis*	−	−	+	−	−	−
	19	*Exaeretina*	−	−	−	−	+	−
	20	*Exaireta*	−	−	+	−	−	−
	21	*Hadrestia*	−	−	−	−	+	−
	22	*Heteracanthia*	−	−	−	−	+	−
	23	*Macromeracis*	−	−	−	−	+	−
	24	*Microhadrestia*	−	−	−	−	+	−
	25	*Mischomedia*	−	−	+	−	−	−
	26	*Neactina*	−	−	+	−	−	−
	27	*Neoberis*	−	−	−	−	+	−
	28	*Oplachantha*	−	−	−	−	+	−
	29	*Paraberismyia*	−	−	−	−	+	−
	30	*Smaragdinomyia*	−	−	−	−	+	−
	31	*Spartimas*	−	+	−	−	−	−
	32	*Tytthoberis*	−	−	+	−	−	−
	33	*Zealandoberis*	−	−	+	−	−	−
鞍腹水虻亚科 Clitellariinae	1	*Abasanistus*	−	−	−	−	+	−
	2	*Abavus*	−	−	−	−	+	−
	3	*Acropeltates*	−	−	−	−	+	−
	4	*Adoxomyia*	+	+	−	+	+	+
	5	*Alopecuroceras*	−	−	−	−	−	+
	6	*Amphilecta*	−	−	−	−	+	−

续表 3

亚科		属名	古北界	东洋界	澳洲界	新北界	新热带界	非洲界
	7	*Ampsalis*	−	+	−	−	−	+
	8	*Anoamyia*	−	+	−	−	−	−
	9	*Auloceromyia*	−	−	−	−	+	−
	10	*Caenocephaloides*	−	−	+	−	−	−
	11	*Campeprosopa*	−	+	−	−	−	−
	12	*Chordonota*	−	−	−	−	+	−
	13	*Clitellaria*	+	+	+	−	−	−
	14	*Cyphomyia*	−	+	+	+	+	+
	15	*Diaphorostylus*	−	−	−	−	+	−
	16	*Dicyphoma*	−	−	−	+	+	−
	17	*Dieuryneura*	−	−	−	−	+	−
	18	*Ditylometopa*	−	−	−	−	+	−
	19	*Dysbiota*	−	−	+	−	−	−
	20	*Elissoma*	−	−	+	−	−	−
	21	*Eudmeta*	−	+	+	−	−	−
	22	*Euryneura*	−	−	−	+	+	−
鞍腹水虻亚科 Clitellariinae	23	*Geranopus*	−	−	−	−	−	−
	24	*Grypomyia*	−	−	−	−	+	−
	25	*Haplephippium*	−	−	−	−	−	+
	26	*Homalarthria*	−	−	−	−	+	−
	27	*Labocerina*	−	−	−	−	+	−
	28	*Lagenosoma*	−	−	+	−	−	−
	29	*Leucoptilum*	−	−	−	−	+	−
	30	*Meringostylus*	−	−	−	−	+	−
	31	*Mixoclitellaria*	−	−	−	−	−	+
	32	*Nigritomyia*	+	+	+	−	−	−
	33	*Octarthria*	−	−	+	−	−	−
	34	*Platopsomyia*	−	−	−	−	+	−
	35	*Progrypomyia*	−	−	−	−	+	−
	36	*Pycnomalla*	+	−	−	−	−	−
	37	*Pycnothorax*	−	−	+	−	−	−
	38	*Quichuamyia*	−	−	−	−	+	−
	39	*Ruba*	−	+	+	−	−	−
	40	*Syndipnomyia*	−	−	+	−	−	−

续表3

亚科		属名	古北界	东洋界	澳洲界	新北界	新热带界	非洲界
扁角水虻亚科 Hermetiinae	1	*Chaetohermetia*	−	−	−	−	+	−
	2	*Chaetosargus*	−	−	−	−	+	−
	3	*Hermetia*	+	+	+	+	+	+
	4	*Notohermetia*	−	−	+	−	−	−
	5	*Patagiomyia*	−	−	−	−	+	−
线角水虻亚科 Nemotelinae	1	*Brachycara*	+	+	+	+	+	+
	2	*Lasiopa*	+	+	−	−	−	+
	3	*Nemotelus*	+	−	−	+	+	+
	4	*Pselaphomyia*	−	−	−	−	−	+
厚腹水虻亚科 Pachygastrinae	1	*Abiomyia*	+	+	−	−	−	−
	2	*Abrosiomyia*	+	+	−	−	−	−
	3	*Acanthinomyia*	−	−	−	−	+	−
	4	*Acyrocera*	−	−	+	−	−	−
	5	*Acyrocerops*	−	−	+	−	−	−
	6	*Adraga*	−	−	−	−	+	−
	7	*Ageiton*	−	−	−	−	−	+
	8	*Aidomyia*	−	+	+	−	−	−
	9	*Alliophleps*	+	−	−	−	−	−
	10	*Anargemus*	−	−	−	−	−	+
	11	*Ankylacantha*	−	+	−	−	−	−
	12	*Anomalacanthimyia*	−	−	+	−	−	−
	13	*Apotomaspis*	−	−	−	−	−	+
	14	*Argyrobrithes*	−	+	+	−	−	+
	15	*Artemita*	−	−	+	+	+	−
	16	*Artemitomima*	−	−	+	−	−	−
	17	*Arthronemina*	−	−	−	−	−	−
	18	*Ashantina*	−	−	−	−	−	+
	19	*Aspidacantha*	+	−	−	−	−	+
	20	*Aspidacanthina*	−	−	−	−	−	+
	21	*Asyncritula*	−	−	+	−	−	−
	22	*Aulana*	−	+	+	−	−	−
	23	*Barcimyia*	−	+	−	−	−	−
	24	*Berkshiria*	+	−	−	+	−	−
	25	*Bistinda*	−	−	+	−	−	−

续表3

亚科		属名	古北界	东洋界	澳洲界	新北界	新热带界	非洲界
	26	*Blastocera*	−	−	−	−	+	−
	27	*Borboridea*	−	−	−	+	+	−
	28	*Brachyodina*	−	−	−	−	+	−
	29	*Brachyphleps*	−	−	−	−	−	+
	30	*Burmabrithes*	−	+	−	−	−	−
	31	*Cactobia*	−	−	−	−	+	−
	32	*Caenacantha*	−	−	−	−	+	−
	33	*Camptopteromyia*	+	+	+	−	−	−
	34	*Cardopomyia*	−	−	−	−	−	+
	35	*Cechorismenus*	+	+	−	−	−	−
	36	*Chalcidomorphina*	−	−	−	−	+	−
	37	*Charisina*	−	−	−	−	+	−
	38	*Chelonomima*	−	+	−	−	−	+
	39	*Chlamydonotum*	−	−	−	−	+	−
	40	*Chorophthalmyia*	−	−	−	−	+	−
	41	*Cibotogaster*	−	+	+	−	−	−
厚腹水虻亚科	42	*Clarissimyia*	−	−	−	−	+	−
Pachygastrinae	43	*Cosmariomyia*	−	−	−	+	+	−
	44	*Craspedometopon*	+	+	−	−	−	−
	45	*Culcua*	+	+	−	−	−	−
	46	*Cyclotaspis*	−	−	−	−	+	−
	47	*Cynipimorpha*	−	−	−	−	+	−
	48	*Dactylacantha*	−	−	−	−	+	−
	49	*Dactylodeictes*	−	−	−	−	+	−
	50	*Dactylotinda*	−	−	−	−	−	+
	51	*Damaromyia*	−	−	+	−	−	−
	52	*Diademophora*	−	−	−	−	−	+
	53	*Dialampsis*	−	−	+	−	+	−
	54	*Diargemus*	−	−	−	−	−	+
	55	*Diastophthalmus*	−	−	−	−	+	−
	56	*Diplephippium*	−	−	−	−	−	+
	57	*Diplopeltina*	−	−	−	−	−	+
	58	*Dochmiocera*	−	−	+	−	−	−
	59	*Dolichodema*	−	−	−	−	−	+

续表3

亚科		属名	古北界	东洋界	澳洲界	新北界	新热带界	非洲界
厚腹水虻亚科 Pachygastrinae	60	*Drosimomyia*	−	−	+	−	−	+
	61	*Ecchaetomyia*	−	−	−	−	+	−
	62	*Eicochalcidina*	−	−	−	−	+	−
	63	*Eidalimus*	−	−	−	+	+	−
	64	*Engicerus*	−	−	−	−	+	−
	65	*Enypnium*	−	−	−	−	−	+
	66	*Eufijia*	−	−	+	−	−	−
	67	*Eupachygaster*	+	−	+	−	+	+
	68	*Evaza*	+	+	+	−	−	−
	69	*Gabaza*	+	+	+	−	−	−
	70	*Glochinomyia*	−	−	+	−	−	−
	71	*Gnesiomyia*	−	+	−	−	−	−
	72	*Gnorismomyia*	−	+	−	−	−	−
	73	*Gobertina*	−	−	−	−	−	+
	74	*Goetghebueromyia*	−	−	−	−	−	+
	75	*Gowdeyana*	−	−	−	+	+	−
	76	*Haplofijia*	−	−	+	−	−	−
	77	*Hermetiomima*	−	−	−	−	−	+
	78	*Hexacraspis*	−	−	−	−	−	+
	79	*Himantochaeta*	−	−	−	−	−	+
	80	*Hypoceromys*	−	−	−	−	−	+
	81	*Hypoxycera*	−	−	−	−	−	+
	82	*Hypselophrum*	−	−	−	−	+	−
	83	*Isomerocera*	−	−	−	−	−	+
	84	*Kerseria*	−	−	−	−	−	+
	85	*Kerteszmyia*	−	−	−	−	+	−
	86	*Kolomania*	+	−	−	−	−	−
	87	*Lampetiopus*	−	−	−	−	−	+
	88	*Lasiodeictes*	−	−	−	−	+	−
	89	*Lenomyia*	−	+	+	−	−	−
	90	*Leucacron*	−	−	−	−	−	+
	91	*Leveromyia*	−	−	+	−	−	−
	92	*Ligyromyia*	−	−	−	−	+	−
	93	*Lonchegaster*	−	−	+	−	−	−

续表3

亚科			属名	古北界	东洋界	澳洲界	新北界	新热带界	非洲界
厚腹水虻亚科 Pachygastrinae	94		*Lonchobrithes*	−	−	−	−	−	+
	95		*Lophoteles*	−	+	+	−	−	+
	96		*Lyprotemyia*	−	−	−	−	+	−
	97		*Maackiana*	+	−	−	−	−	−
	98		*Madagascara*	−	−	−	−	−	+
	99		*Madagascarina*	−	−	−	−	−	+
	100		*Manotes*	−	−	−	−	+	−
	101		*Marangua*	−	−	−	−	−	+
	102		*Meristocera*	−	−	−	−	+	−
	103		*Meristomeringella*	−	−	−	−	−	+
	104		*Meristomeringina*	−	−	−	−	−	+
	105		*Meristomerinx*	−	−	−	−	−	+
	106		*Monacanthomyia*	−	+	+	−	−	−
	107		*Mycterocera*	−	−	−	−	+	−
	108		*Myiocavia*	−	−	−	−	+	−
	109		*Nasimyia*	−	+	−	−	−	−
	110		*Neoacanthina*	−	−	−	−	+	−
	111		*Neochauna*	−	−	−	−	+	−
	112		*Neopachygaster*	+	−	−	+	−	+
	113		*Netrogramma*	−	−	−	−	+	−
	114		*Nyplatys*	−	−	−	−	−	+
	115		*Obrapa*	−	−	−	+	−	−
	116		*Ornopyramis*	+	−	−	−	−	−
	117		*Otionigera*	−	−	−	−	−	+
	118		*Oxymyia*	−	−	−	−	−	+
	119		*Pachyacantha*	−	−	−	−	−	+
	120		*Pachyberis*	−	−	−	−	−	+
	121		*Pachygaster*	+	+	+	+	+	+
	122		*Panacridops*	−	−	−	−	+	−
	123		*Panacris*	−	−	−	−	+	−
	124		*Pangomyia*	−	−	+	−	−	−
	125		*Paracanthinomyia*	−	−	−	−	+	−
	126		*Paracechorismenus*	−	+	+	−	−	−
	127		*Paradraga*	−	−	+	−	−	−

续表3

亚科		属名	古北界	东洋界	澳洲界	新北界	新热带界	非洲界
厚腹水虻亚科 Pachygastrinae	128	*Parameristomerinx*	−	−	−	−	−	+
	129	*Parastratiosphecomyia*	+	+	−	−	−	−
	130	*Parevaza*	−	−	+	−	−	−
	131	*Pedinocera*	−	−	−	−	+	−
	132	*Pedinocerops*	−	+	+	−	−	−
	133	*Pegadomyia*	−	+	−	−	−	−
	134	*Peltina*	−	−	−	−	+	−
	135	*Peratomastix*	−	−	+	−	−	−
	136	*Physometopon*	−	−	−	−	−	+
	137	*Pithomyia*	−	−	−	−	−	+
	138	*Platylobium*	−	−	−	−	+	−
	139	*Platyna*	−	−	−	−	−	+
	140	*Platynomorpha*	−	−	−	−	−	+
	141	*Platynomyia*	−	−	−	−	−	+
	142	*Popanomyia*	−	−	−	−	+	−
	143	*Pristaspis*	−	−	+	−	−	−
	144	*Proegmenomyia*	−	−	−	−	+	−
	145	*Psapharomydops*	−	−	−	−	−	+
	146	*Psapharomys*	−	−	−	−	−	+
	147	*Psephiocera*	−	−	−	−	+	−
	148	*Pseudocyphomyia*	−	−	−	−	+	−
	149	*Pseudomeristomerinx*	−	+	−	−	−	−
	150	*Pseudopegadomyia*	−	−	+	−	−	−
	151	*Pseudoxymyia*	−	−	−	−	−	+
	152	*Ptilinoxus*	−	−	−	−	−	+
	153	*Ptilocera*	−	+	−	−	−	−
	154	*Raphanocera*	+	−	−	−	−	−
	155	*Rosapha*	−	+	+	−	−	−
	156	*Rosaphula*	−	+	−	−	−	−
	157	*Salduba*	−	+	+	−	−	−
	158	*Saldubella*	−	−	+	−	−	−
	159	*Saruga*	−	+	+	−	−	−
	160	*Sathroptera*	−	+	−	−	−	+
	161	*Spaniomyia*	−	−	−	−	+	−

续表 3

亚科		属名	古北界	东洋界	澳洲界	新北界	新热带界	非洲界
厚腹水虻亚科 Pachygastrinae	162	*Sphaerofijia*	−	−	+	−	−	−
	163	*Steleoceromys*	−	−	−	−	−	+
	164	*Sternobrithes*	−	−	−	−	−	+
	165	*Stratiosphecomyia*	−	+	−	−	−	−
	166	*Strobilaspis*	−	−	−	−	+	−
	167	*Strophognathus*	−	+	−	−	−	−
	168	*Synaptochaeta*	−	−	−	−	+	−
	169	*Tegocera*	−	−	−	−	+	−
	170	*Thopomyia*	−	−	−	−	+	−
	171	*Thylacognathus*	−	−	+	−	−	−
	172	*Tinda*	−	+	+	−	−	+
	173	*Tindacera*	−	−	−	−	−	+
	174	*Toxopeusomyia*	−	−	+	−	−	−
	175	*Trichochaeta*	−	+	+	−	−	−
	176	*Trigonocerina*	−	−	−	−	+	−
	177	*Vittiger*	−	−	−	−	+	−
	178	*Weimyia*	−	−	+	−	−	−
	179	*Xylopachygaster*	+	−	−	−	−	−
	180	*Zabrachia*	+	+	−	+	+	+
瘦腹水虻亚科 Sarginae	1	*Acrochaeta*	−	−	−	−	+	−
	2	*Amsaria*	−	+	−	−	−	−
	3	*Cephalochrysa*	+	+	+	+	+	+
	4	*Chloromyia*	+	+	−	+	−	+
	5	*Chrysochromioides*	−	−	−	−	−	+
	6	*Dinosargus*	−	−	−	−	−	+
	7	*Eumenogastrina*	−	−	−	−	+	−
	8	*Filiptschenkia*	+	−	−	−	−	−
	9	*Formosargus*	−	+	−	−	−	−
	10	*Gongrosargus*	−	−	−	−	−	+
	11	*Himantigera*	−	−	−	−	+	−
	12	*Lobisquama*	−	−	−	−	+	−
	13	*Merosargus*	−	−	−	+	+	−
	14	*Microchrysa*	+	+	+	+	+	+
	15	*Microptecticus*	−	−	−	−	−	+

续表3

亚科		属名	古北界	东洋界	澳洲界	新北界	新热带界	非洲界
瘦腹水虻亚科 Sarginae	16	*Microsargus*	−	−	−	−	−	+
	17	*Otochrysa*	−	−	−	−	−	+
	18	*Paraptecticus*	−	−	−	−	−	+
	19	*Ptecticus*	+	+	+	+	+	+
	20	*Ptectisargus*	−	−	−	−	−	+
	21	*Sagaricera*	−	−	−	−	−	+
	22	*Sargus*	+	+	+	+	+	+
	23	*Stackelbergia*	+	−	−	−	−	−
水虻亚科 Stratiomyinae	1	*Acanthasargus*	−	+	+	−	−	−
	2	*Afrodontomyia*	−	+	−	−	−	+
	3	*Alliocera*	+	−	−	−	−	−
	4	*Anopisthocrania*	−	−	−	−	+	−
	5	*Anoplodonta*	−	−	−	+	+	−
	6	*Brianmyia*	−	−	−	−	−	+
	7	*Caloparyphus*	−	−	−	+	+	−
	8	*Catatasis*	−	−	−	−	−	+
	9	*Chloromelas*	−	−	−	−	+	−
	10	*Crocutasis*	−	−	−	−	−	+
	11	*Cyphoprosopa*	−	−	−	−	−	+
	12	*Dicorymbimyia*	+	−	−	−	−	−
	13	*Dischizocera*	−	−	−	−	−	+
	14	*Euparyphus*	−	−	−	+	+	−
	15	*Exochostoma*	+	−	−	−	−	−
	16	*Glariopsis*	−	−	−	−	+	−
	17	*Glaris*	−	−	−	−	+	−
	18	*Gongroneurina*	−	+	−	−	−	−
	19	*Hedriodiscus*	−	−	−	+	+	−
	20	*Hermionella*	+	−	−	−	−	−
	21	*Hoplistopsis*	−	−	+	−	−	−
	22	*Hoplitimyia*	−	−	−	+	+	−
	23	*Madagascara*	−	−	−	−	−	+
	24	*Melanochroa*	−	−	−	−	+	−
	25	*Metabasis*	−	−	−	−	+	−
	26	*Myxosargus*	−	−	−	+	+	−

续表3

亚科		属名	古北界	东洋界	澳洲界	新北界	新热带界	非洲界
	27	*Nothomyia*	−	+	+	+	+	−
	28	*Nyassamyia*	−	−	−	−	−	+
	29	*Ocxycera*	+	+	−	+	−	+
	30	*Oxycerina*	−	+	−	−	−	−
	31	*Odontomyia*	+	+	+	+	+	+
	32	*Oplodontha*	+	+	−	−	+	+
	33	*Pachyptilum*	−	−	−	−	+	−
	34	*Panamamyia*	−	−	−	−	+	−
	35	*Peritta*	+	−	−	−	−	−
	36	*Pinaleus*	−	−	+	−	−	−
	37	*Promeranisa*	−	−	−	−	+	−
水虻亚科 Stratiomyinae	38	*Prosopochrysa*	+	+	−	−	−	−
	39	*Psellidotus*	−	−	−	+	+	−
	40	*Rhaphiocerina*	−	−	−	−	−	+
	41	*Rhingiopsis*	−	−	−	−	+	−
	42	*Stratiomyella*	−	−	−	−	+	−
	43	*Stratiomys*	+	+	−	+	+	−
	44	*Stuckenbergiola*	−	−	−	−	−	+
	45	*Systegnum*	−	−	−	−	−	+
	46	*Vanoyia*	+	−	−	−	−	−
	47	*Vitilevumyia*	−	−	+	−	−	−
	48	*Zuerchermyia*	−	−	−	−	+	−
	49	*Zulumyia*	−	−	−	−	−	+
总计		334	52	75	85	37	130	103

　　世界性分布:世界六大动物地理区系均有分布,包括木虻科 1 属 *Solva*,扁角水虻亚科 1 属 *Hermetia*,线角水虻亚科 1 属 *Brachycara*,厚腹水虻亚科 1 属 *Pachygaster*,瘦腹水虻亚科 4 属 *Cephalochrysa*、*Microchrysa*、*Ptecticus*、*Sargus* 和水虻亚科 1 属 *Odontomyia*。

　　亚世界性分布:五大动物地理区系有分布。鞍腹水虻亚科 2 属 *Adoxomyia*、*Cyphomyia*,厚腹水虻亚科的 *Zabrachia* 和水虻亚科的 *Stratiomys*,在澳洲界均无分布。

　　多区分布:3～4 个动物地理区系有分布,包括木虻科 1 属 *Solva*;柱角水虻亚科 3 属 *Actina*、*Beris* 和 *Allognosta*;鞍腹水虻亚科 2 属 *Clitellaria*、*Nigritomyia*;线角水虻亚科 2 属 *Nemotelus* 和 *Lasiopa*;厚腹水虻亚科 9 属 *Argyrobrithes*、*Artemita*、*Camptopteromyia*、*Eu-*

pachygaster、*Evaza*、*Gabaza*、*Lophoteles* 和 *Neopachygaster*、*Tinda*；瘦腹水虻亚科 1 属 *Chloromyia*；水虻亚科 3 属 *Nothomyia*、*Oxycera*、*Oplodontha*。

双区分布：仅分布于两个动物地理区系，又分为以下 7 类：

①古北界＋东洋界分布型：柱角水虻亚科 1 属 *Chorisops*；厚腹水虻亚科 6 属 *Abiomyia*、*Abrosiomyia*、*Cechorismenus*、*Craspedometopon*、*Culcua*、*Parastratiosphecomyia*；水虻亚科 2 属 *Prosopochrysa*、*Rhaphiocerina*。

②古北界＋新北界分布型：厚腹水虻亚科 1 属 *Berkshiria*。

③古北界＋非洲界分布型：厚腹水虻亚科 1 属 *Aspidacantha*。

④东洋界＋澳洲界分布型：鞍腹水虻亚科 2 属 *Eudmeta*、*Ruba*；厚腹水虻亚科 12 属 *Aidomyia*、*Aulana*、*Cibotogaster*、*Lenomyia*、*Monacanthomyia*、*Paracechorismenus*、*Pedinocerops*、*Ptilocera*、*Rosapha*、*Salduba*、*Saruga*、*Trichochaeta*；水虻亚科 1 属 *Acanthasargus*。

⑤东洋界＋非洲界分布型：鞍腹水虻亚科 1 属 *Ampsalis*；厚腹水虻亚科 1 属 *Chelonomima*；水虻亚科 1 属 *Afrodontomyia*。

⑥澳洲界＋非洲界分布型：厚腹水虻亚科 1 属 *Drosimomyia*。

⑦新北界＋新热带界分布型：鞍腹水虻亚科 3 属 *Dicyphoma*、*Dieuryneura*、*Euryneura*；厚腹水虻亚科 4 属 *Borboridea*、*Cosmariomyia*、*Eidalimus*、*Gowdeyana*；瘦腹水虻亚科 1 属 *Merosargus*；水虻亚科 7 属 *Anoplodonta*、*Caloparyphus*、*Euparyphus*、*Hedriodiscus*、*Hoplitimyia*、*Myxosargus*、*Psellidotus*。

单区分布：仅在单一的动物地理区系有分布。新北界无特有种，其余动物地理区系均有特有种分布。

①古北界特有属 15 个：鞍腹水虻亚科 1 属 *Pycnomalla*；厚腹水虻亚科 6 属 *Alliophleps*、*Kolomania*、*Maachiana*、*Ornopyramis*、*Raphanocera*、*Xylopachygaster*；瘦腹水虻亚科 2 属 *Filiptschenkia*、*Stackelbergia*；水虻亚科 6 属 *Alliocera*、*Dicorymbimyia*、*Exochostoma*、*Hermionella*、*Peritta*、*Vanoyia*。

②东洋界特有属 23 个：木虻科 2 属 *Coenomyiodes*、*Formosolva*；柱角水虻亚科 2 属 *Aspartimas*、*Spartimas*；厚腹水虻亚科 12 属 *Ankylacantha*、*Barcimyia*、*Burmabrithes*、*Gnesiomyia*、*Gnorismomyia*、*Nasimyia*、*Pegadomyia*、*Pseudomeristomerinx*、*Rosaphula*、*Sathroptera*、*Stratiosphecomyia*、*Strophognathus*；鞍腹水虻亚科 3 属 *Anoamyia*、*Campeprosopa*、*Pseudonigritomyia*；瘦腹水虻亚科 2 属 *Amsaria*、*Formosargus*；水虻亚科 2 属 *Gongroneurina*、*Oxycerina*。

③澳洲界特有属 49 个：柱角水虻亚科 10 属 *Australoactina*、*Australoberis*、*Benhamyia*、*Berisina*、*Eumecacis*、*Exaireta*、*Mischomedia*、*Neactina*、*Tytthoberis*、*Zealandoberis*；鞍腹水虻亚科 8 属 *Caenocephaloides*、*Dysbiota*、*Elissoma*、*Geranopus*、*Lagenosoma*、*Octarthria*、*Pycnothorax*、*Syndipnomyia*；扁角水虻亚科 1 属 *Notohermetia*；厚腹水虻亚科 27 属 *Acyrocera*、*Acyrocerops*、*Adraga*、*Anomalacanthimyia*、*Artemitomima*、*Asyncritula*、*Bistinda*、*Damaromyia*、*Dialampsis*、*Dochmiocera*、*Eufijia*、*Glochinomyia*、*Haplofijia*、*Leveromyia*、*Lonchegaster*、*Obrapa*、*Pangomyia*、*Paradraga*、*Parevaza*、*Peratomastix*、*Pristaspis*、*Pseudopegadomyia*、*Saldubella*、*Sphaerofijia*、*Thylacognathus*、*Toxopeusomyia*、*Weimyia*；水虻亚科 3 属 *Hoplistopsis*、*Pinaleus*、*Vitilevumyia*。

④新热带界特有属 100 个：木虻科 1 属 *Arthropeina*，柱角水虻亚科 17 属 *Actinomyia*、*Anexaireta*、*Archistratiomys*、*Arcuavena*、*Beridella*、*Beridops*、*Berismyia*、*Draymonia*、*Exaeretina*、*Hadrestia*、*Heteracanthia*、*Macromeracis*、*Microhadrestia*、*Neoberis*、*Oplachantha*、*Paraberismyia*、*Smaragdinomyia*；鞍腹水虻亚科 16 属 *Abasanistus*、*Abavus*、*Acropeltates*、*Amphilecta*、*Auloceromyia*、*Chordonota*、*Diaphorostylus*、*Ditylometopa*、*Grypomyia*、*Homalarthria*、*Labocerina*、*Leucoptilum*、*Meringostylus*、*Platopsomyia*、*Progrypomyia*、*Quichuamyia*；扁角水虻亚科 3 属 *Chaetohermetia*、*Chaetosargus*、*Patagiomyia*；厚腹水虻亚科 47 属 *Acanthinomyia*、*Blastocera*、*Brachyodina*、*Cactobia*、*Caenacantha*、*Chalcidomorphina*、*Charisina*、*Chlamydonotum*、*Chorophthalmyia*、*Clarissimyia*、*Cyclotaspis*、*Cynipimorpha*、*Dactylacantha*、*Dactylodeictes*、*Diastophthalmus*、*Ecchaetomyia*、*Eicochalcidina*、*Engicerus*、*Hypselophrum*、*Kerteszmyia*、*Lasiodeictes*、*Ligyromyia*、*Lyprotemyia*、*Manotes*、*Meristocera*、*Mycterocera*、*Myiocavia*、*Neoacanthina*、*Neochauna*、*Netrogramma*、*Panacridops*、*Panacris*、*Paracanthinomyia*、*Pedinocera*、*Peltina*、*Platylobium*、*Popanomyia*、*Proegmenomyia*、*Psephiocera*、*Pseudocyphomyia*、*Spaniomyia*、*Strobilaspis*、*Synaptochaeta*、*Tegocera*、*Thopomyia*、*Trigonocerina*、*Vittiger*；瘦腹水虻亚科 4 属 *Acrochaeta*、*Eumenogastrina*、*Himantigera*、*Lobisquama*；水虻亚科 12 属 *Anopisthocrania*、*Chloromelas*、*Glariopsis*、*Glaris*、*Melanochroa*、*Metabasis*、*Pachyptilum*、*Panamamyia*、*Promeranisa*、*Rhingiopsis*、*Stratiomyella*、*Zuerchermyia*。

⑤非洲界特有属 74 个：鞍腹水虻亚科 3 属 *Alopecuroceras*、*Haplephippium*、*Mixoclitellaria*；线角水虻亚科 1 属 *Pselaphomyia*；厚腹水虻亚科 51 属 *Ageiton*、*Anargemus*、*Apotomaspis*、*Arthronemina*、*Ashantina*、*Aspidacanthina*、*Brachyphleps*、*Cardopomyia*、*Dactylotinda*、*Diademophora*、*Diargemus*、*Diplephippium*、*Diplopeltina*、*Dolichodema*、*Enypnium*、*Gobertina*、*Goetghebueromyia*、*Hermetiomima*、*Hexacraspis*、*Himantochaeta*、*Hypoceromys*、*Hypoxycera*、*Isomerocera*、*Kerseria*、*Lampetiopus*、*Leucacron*、*Lonchobrithes*、*Madagascara*、*Madagascarina*、*Marangua*、*Meristomeringella*、*Meristomeringina*、*Meristomerinx*、*Nyplatys*、*Otionigera*、*Oxymyia*、*Pachyacantha*、*Pachyberis*、*Parameristomerinx*、*Physometopon*、*Pithomyia*、*Platyna*、*Platynomorpha*、*Platynomyia*、*Psapharomydops*、*Psapharomys*、*Pseudoxymyia*、*Ptilinoxus*、*Steleoceromys*、*Sternobrithes*、*Tindacera*；瘦腹水虻亚科 9 属 *Chrysochromioides*、*Dinosargus*、*Gongrosargus*、*Microptecticus*、*Microsargus*、*Otochrysa*、*Paraptecticus*、*Ptectisargus*、*Sagaricera*；水虻亚科 10 属 *Brianmyia*、*Catatasis*、*Crocutasis*、*Cyphoprosopa*、*Dischizocera*、*Madagascara*、*Nyassamyia*、*Stuckenbergiola*、*Systegnum*、*Zulumyia*。

新热带界拥有的特有属最多，其次为非洲界，古北界特有属数量最少，而新北界无特有种，这与世界物种的分布格局相吻合。新热带界的种类分化最大，可能与其优越的自然环境有关。该区域大部分地区气候温暖湿润，拥有世界上面积最大的热带雨林，还有面积较大的热带草原和高耸横亘的山脉，环境具有很强的多样性。而新北界和古北界大部分地区海拔较高，陆地面积很大，大陆气候比较典型，寒冷干燥，物种的分化度比较低。

从表 3 中还可以看到：

木虻科 Xylomyidae 中 1 属世界性分布；1 属多区分布；其余 3 属均为单区分布，占总数的 60%。

柱角水虻亚科 Beridinae 无世界性分布的属;双区分布的属仅 1 个;3 属为多区分布;其余的 29 属均为单区分布,占总数的 87.9%。

鞍腹水虻亚科 Clitellariinae 中 2 属亚世界性分布;2 属多区分布;6 属双区分布;30 属单区分布,占总数的 75.0%。

扁角水虻亚科 Hermetiinae 中 1 属世界性分布;4 属单区分布,占总数的 80%。

线角水虻亚科 Neotelinae 中 1 属世界性分布;2 属多区分布;1 属单区分布,占总数的 25%。

厚腹水虻亚科 Pachygastrinae 中 1 属世界性分布;1 属亚世界性分布;9 属多区分布;26 属双区分布;143 属单区分布,占总数的 79.4%。

瘦腹水虻亚科 Sarginae 中 4 属世界性分布;1 属多区分布;1 属双区分布;17 属单区分布,占总数的 73.9%。

水虻亚科 Stratiomyinae 中 1 属世界性分布;1 属亚世界性分布;3 属多区分布;11 属双区分布;其余 33 属均为单区分布,占总数的 67.3%。

从表 4 可以看出新热带界的属数量最多,占总数的 39.2%,其次为非洲界 30.7%,古北界和新北界属的数量较少仅为 15.9% 和 11.5%。这依然与之前的特有种及其他物种的世界分布格局相吻合。

表 4　木虻科 Xylomyidae 及水虻科 Stratiomyidae 各亚科在各世界动物地理区系属的数量

科名及亚科名	古北界		东洋界		澳洲界		新北界		新热带界		非洲界		世界属数
	属数	比率	属数	比率	属数	比率	属数	比率	属数	比率	属数	比率	
Xylomyidae	2	40.0%	4	80.0%	1	20.0%	2	40.0%	3	60.0%	1	20.0%	5
Beridinae	4	12.1%	6	18.2%	10	30.3%	3	9.1%	17	51.5%	1	3.0%	33
Clitellariinae	4	10.0%	9	22.5%	13	32.5%	5	12.5%	21	52.5%	7	17.5%	40
Hermetiinae	1	20.0%	1	20.0%	2	40.0%	1	20.0%	4	80.0%	1	20.0%	5
Nemotelinae	3	75.0%	2	50.0%	1	25.0%	2	50.0%	2	50.0%	4	100.0%	4
Pachygastrinae	21	11.7%	39	21.7%	49	27.2%	9	5.0%	55	30.6%	61	33.9%	180
Sarginae	7	30.4%	7	30.4%	4	17.4%	6	26.1%	9	39.1%	14	60.9%	23
Stratiomyinae	12	24.5%	11	22.4%	6	12.2%	11	22.4%	22	44.9%	15	30.6%	49
总计	54	15.9%	79	23.3%	86	25.4%	39	11.5%	133	39.2%	104	30.7%	339

比率＝各亚科各动物地理区系的属数/该亚科世界总属数×100%。

3)种级阶元

(1)木虻科 Xylomyidae

木虻科全世界共有 5 属 138 种。就总数而言,东洋界最丰富,有 4 属 74 种,占全世界总数的一半以上;其次为古北界,共有 2 属 32 种,约占全世界总数的 1/4;其余的种类大约平均分布于新北界、新热带界、澳洲界。可见,东洋界属种数量占绝对优势,为木虻科的分化中心。我国所有的 3 个属中,丽木虻属 Formosolva 全部分布在东洋界,粗腿木虻属 Solva 一半以上的种类分布于东洋界,而木虻属 Xylomya 主要分布于古北界(表5)。

表 5　世界木虻科 Xylomyidae 各属在各动物地理区系的数量分布

属名	古北界		东洋界		澳洲界		新北界		新热带界		非洲界		世界
	种数	比率	种数	比率	种数	比率	种数	比率	种数	比率	种数	比率	种数
Arthropeina	—	—	—	—	—	—	—	—	1	100.0%	—	—	1
Coenomyiodes	—	—	1	100.0%	—	—	—	—	—	—	—	—	1
Formosolva	—	—	5	100.0%	—	—	—	—	—	—	—	—	5
Solva	15	15.8%	59	62.1%	10	10.5%	5	5.3%	7	7.4%	6	6.3%	95
Xylomya	17	47.2%	9	25.0%	—	—	8	22.2%	3	8.3%	—	—	36
总计	32	23.2%	74	53.6%	10	7.2%	13	9.4%	11	8.0%	6	4.3%	138

比率＝各属各动物地理区系的种数/该属世界总种数×100%。

（2）柱角水虻亚科 Beridinae

柱角水虻亚科全世界总共 276 种，就数量而言，东洋界最为丰富，占总数的 35.9%；其次为新热带界，占总数的 29.3%；而非洲界和新北界最少，总共占了不到总数的 5%。中国所有的 6 个属中，星水虻属 Actina、距水虻属 Allognosta 和柱角水虻属 Beris 为多区分布，其中星水虻属和距水虻属的绝大部分种类主要分布于东洋界，而柱角水虻属主要分布于古北界和东洋界，古北界的数量稍多于东洋界；离水虻属 Chorisops 仅分布于古北界和东洋界，东洋界种类稍多；异长角水虻属 Aspartimas 和长角水虻属 Spartimas 仅分布于东洋界，其中异长角水虻为中国特有属（表 6）。

（3）鞍腹水虻亚科 Clitellariinae

鞍腹水虻亚科全世界总共 259 种，其中新热带界种类最为丰富，约占全世界总数的一半，其次为东洋界和古北界，分别占了总数的 21.2% 和 10.8%，非洲界最少，仅为 4.2%。可见，新热带界属种数量最多，为其分化中心。中国所有的 8 个属中，长鞭水虻属 Cyphomyia 为亚世界性分布，仅古北区无分布，绝大多数种类分布于新热带界；鞍腹水虻属 Clitellaria 和黑水虻属 Nigritomyia 为多区分布，都主要分布于东洋界；优多水虻属 Eudmeta 和红水虻属 Ruba 为双区分布，仅分布于东洋界和澳洲界，而东洋界种类较多；安水虻属 Anoamyia 和毛面水虻属 Campeprosopa 为单区分布，仅分布于东洋界，无中国特有属（表 7）。

（4）扁角水虻亚科 Hermetiinae

扁角水虻亚科全世界总共 90 种，其中新热带界种类最为丰富，占全世界总数的 65.6%，其次为东洋界占了总数的 22.2%，新北界和澳洲界数量相差不大，分别为 12 种和 11 种，占全世界的 13.3% 和 12.2%。古北界最少，仅 1 种，为全世界的 1.1%。中国仅有扁角水虻属 Hermetia，为世界性分布，大部分种类分布于新热带界，东洋界种类也较多（表 8）。

（5）线角水虻亚科 Nemotelinae

线角水虻亚科全世界总共 221 种。该亚科昆虫比较喜欢干燥冷凉且阳光充足的环境，成虫有访花的习性，因此主要分布在海拔较高的温带地区。古北界数量最多，有 98 种，占总数的 44.3%，新热带界、新北界和非洲界相差不大，分别占总数的 21.7%、19.0% 和 17.6%，东洋界和澳洲界数量极少，仅 6 种，不到总数的 3%，可见这些区域的湿热气候并不适宜该亚科昆虫生存。中国仅有线角水虻属 Nemotelus，为多区分布，44.3% 的种类分布于古北界，东洋界和澳洲界无分布，新热带界、新北界和非洲界均有 20% 左右的种类，该属种类极多，构成了线角水虻亚科的主体，主导了亚科的世界分布格局（表 9）。

表 6　柱角水虻亚科 Beridinae 各属在世界动物地理区系的数量分布

属名	古北界		东洋界		澳洲界		新北界		新热带界		非洲界		世界
	种数	比率	种数	比率	种数	比率	种数	比率	种数	比率	种数	比率	种数
Actina	8	24.2%	24	72.7%	—	—	1	3.0%	—	—	—	—	33
Actinomyia	—	—	—	—	—	—	—	—	3	100.0%	—	—	3
Allognosta	8	12.7%	51	81.0%	—	—	3	4.8%	—	—	4	6.3%	63
Anexaireta	—	—	—	—	—	—	—	—	7	100.0%	—	—	7
Archistratiomys	—	—	—	—	—	—	—	—	2	100.0%	—	—	2
Arcuavena	—	—	—	—	—	—	—	—	6	100.0%	—	—	6
Aspartimas	—	—	1	100.0%	—	—	—	—	—	—	—	—	1
Australoactina	—	—	—	—	8	100.0%	—	—	—	—	—	—	8
Australoberis	—	—	—	—	2	100.0%	—	—	—	—	—	—	2
Benhamyia	—	—	—	—	5	100.0%	—	—	—	—	—	—	5
Beridella	—	—	—	—	—	—	—	—	4	100.0%	—	—	4
Beridops	—	—	—	—	—	—	—	—	4	100.0%	—	—	4
Beris	27	54.0%	25	50.0%	—	—	4	8.0%	1	2.0%	—	—	50
Berisina	—	—	—	—	3	100.0%	—	—	—	—	—	—	3
Berismyia	—	—	—	—	—	—	—	—	3	100.0%	—	—	3
Chorisops	6	37.5%	10	62.5%	—	—	—	—	—	—	—	—	16
Draymonia	—	—	—	—	—	—	—	—	1	100.0%	—	—	1

续表 6

属名	古北界 种数	古北界 比率	东洋界 种数	东洋界 比率	澳洲界 种数	澳洲界 比率	新北界 种数	新北界 比率	新热带界 种数	新热带界 比率	非洲界 种数	非洲界 比率	世界种数
Eumecacis	—	—	—	—	1	100.0%	—	—	—	—	—	—	1
Exaeretina	—	—	—	—	—	—	—	—	1	100.0%	—	—	1
Exaireta	—	—	—	—	2	100.0%	—	—	—	—	—	—	2
Hadrestia	—	—	—	—	—	—	—	—	2	100.0%	—	—	2
Heteracanthia	—	—	—	—	—	—	—	—	3	100.0%	—	—	3
Macromeracis	—	—	—	—	—	—	—	—	20	100.0%	—	—	20
Microhadrestia	—	—	—	—	—	—	—	—	1	100.0%	—	—	1
Mischomedia	—	—	—	—	1	100.0%	—	—	—	—	—	—	1
Neactina	—	—	—	—	3	100.0%	—	—	—	—	—	—	3
Neoberis	—	—	—	—	—	—	—	—	1	100.0%	—	—	1
Oplachantha	—	—	—	—	—	—	—	—	20	100.0%	—	—	20
Paraberismyia	—	—	—	—	—	—	—	—	1	100.0%	—	—	1
Smaragdinomyia	—	—	—	—	—	—	—	—	1	100.0%	—	—	1
Spartimas	—	—	3	100.0%	—	—	—	—	—	—	—	—	3
Tytthoberis	—	—	—	—	1	100.0%	—	—	—	—	—	—	1
Zealandoberis	—	—	—	—	4	100.0%	—	—	—	—	—	—	4
总计 33	63	22.8%	99	35.9%	30	10.9%	8	2.9%	81	29.3%	4	1.4%	276

比率＝各属各动物地理区系的种数/该属世界总种数×100%。

表 7 鞍腹水虻亚科 Clitellariinae 各属在世界动物地理区系的数量分布

属名	古北界 种数	古北界 比率	东洋界 种数	东洋界 比率	澳洲界 种数	澳洲界 比率	新北界 种数	新北界 比率	新热带界 种数	新热带界 比率	非洲界 种数	非洲界 比率	世界 种数
Abasanistus	—	—	—	—	—	—	—	—	5	100.0%	—	—	5
Abavus	—	—	—	—	—	—	—	—	3	100.0%	—	—	3
Acropeltates	—	—	—	—	—	—	—	—	3	100.0%	—	—	3
Adoxomyia	16	43.2%	3	8.1%	—	—	13	35.1%	4	10.8%	2	5.4%	37
Alopecuroceras	—	—	—	—	—	—	—	—	—	—	2	100.0%	2
Amphilecta	—	—	—	—	—	—	—	—	1	100.0%	—	—	1
Ampsalis	—	—	2	50.0%	—	—	—	—	—	—	2	50.0%	4
Anoamyia	—	—	3	100.0%	—	—	—	—	—	—	—	—	3
Auloceromyia	—	—	—	—	—	—	—	—	2	100.0%	—	—	2
Caenocephaloides	—	—	—	—	1	100.0%	—	—	—	—	—	—	1
Campeprosopa	—	—	3	100.0%	—	—	—	—	—	—	—	—	3
Chordonota	—	—	—	—	—	—	—	—	8	100.0%	—	—	8
Clitellaria	8	40.0%	14	70.0%	1	5.0%	—	—	—	—	—	—	20
Cyphomyia	—	—	10	11.8%	1	1.2%	2	2.4%	73	85.9%	1	1.2%	85
Diaphorostylus	—	—	—	—	—	—	—	—	4	100.0%	—	—	4
Dicyphoma	—	—	—	—	—	—	1	50.0%	2	100.0%	—	—	2
Dieryneura	—	—	—	—	—	—	1	100.0%	1	100.0%	—	—	1
Ditylometopa	—	—	—	—	—	—	—	—	4	100.0%	—	—	4
Dysbiota	—	—	—	—	2	100.0%	—	—	—	—	—	—	2
Elissoma	—	—	—	—	2	100.0%	—	—	—	—	—	—	2
Eudmeta	—	—	4	100.0%	1	25.0%	—	—	—	—	—	—	4

续表 7

属名	古北界 种数	古北界 比率	东洋界 种数	东洋界 比率	澳洲界 种数	澳洲界 比率	新北界 种数	新北界 比率	新热带界 种数	新热带界 比率	非洲界 种数	非洲界 比率	世界 种数
Euryneura	—	—	—	—	—	—	1	12.5%	8	100.0%	—	—	8
Geranopus	—	—	—	—	1	100.0%	—	—	—	—	—	—	1
Grypomyia	—	—	—	—	—	—	—	—	1	100.0%	—	—	1
Haplephippium	—	—	—	—	—	—	—	—	—	—	2	100.0%	2
Homalarthria	—	—	—	—	—	—	—	—	1	100.0%	—	—	1
Labocerina	—	—	—	—	—	—	—	—	1	100.0%	—	—	1
Lagenosoma	—	—	—	—	3	100.0%	—	—	—	—	—	—	3
Leucoptilum	—	—	—	—	—	—	—	—	2	100.0%	—	—	2
Meringostylus	—	—	—	—	—	—	—	—	2	100.0%	—	—	2
Mizoclitellaria	—	—	—	—	—	—	—	—	—	—	1	100.0%	1
Nigritomyia	1	6.3%	10	62.5%	7	43.8%	—	—	—	—	1	6.3%	16
Octarthria	—	—	—	—	6	100.0%	—	—	—	—	—	—	6
Platopsomyia	—	—	—	—	—	—	—	—	1	100.0%	—	—	1
Progrypomyia	—	—	—	—	—	—	—	—	1	100.0%	—	—	1
Pycnomalla	3	100.0%	—	—	—	—	—	—	—	—	—	—	3
Pycnothorax	—	—	—	—	1	100.0%	—	—	—	—	—	—	1
Quichuamyia	—	—	—	—	—	—	—	—	2	100.0%	—	—	2
Ruba	—	—	6	66.7%	4	44.4%	—	—	—	—	—	—	9
Syndipnomyia	—	—	—	—	2	100.0%	—	—	—	—	—	—	2
总计 40	28	10.8%	55	21.2%	32	12.4%	18	6.9%	129	49.8%	11	4.2%	259

比率＝各属各动物地理区系的种数/该属世界总种数×100%。

表 8 扁角水虻亚科 Hermetiinae 各属在世界动物地理区系的数量分布

属名	古北界		东洋界		澳洲界		新北界		新热带界		非洲界		世界
	种数	比率	种数	比率	种数	比率	种数	比率	种数	比率	种数	比率	种数
Chaetohermetia	—	—	—	—	—	—	—	—	2	100.0%	—	—	2
Chaetosargus	—	—	—	—	—	—	—	—	4	100.0%	—	—	4
Hermetia	1	1.2%	20	24.4%	10	12.2%	12	14.6%	52	63.4%	4	4.9%	82
Notohermetia	—	—	—	—	1	100.0%	—	—	—	—	—	—	1
Patagiomyia	—	—	—	—	—	—	—	—	1	100.0%	—	—	1
总计 5	1	1.1%	20	22.2%	11	12.2%	12	13.3%	59	65.6%	4	4.4%	90

比率=各属各动物地理区系的种数/该属世界总种数×100%。

表 9 线角水虻亚科 Nemotelinae 各属在世界动物地理区系的数量分布

属名	古北界		东洋界		澳洲界		新北界		新热带界		非洲界		世界
	种数	比率	种数	比率	种数	比率	种数	比率	种数	比率	种数	比率	种数
Brachycara	1	12.5%	1	12.5%	4	50.0%	2	25.0%	3	37.5%	1	12.5%	8
Lasiopa	13	76.5%	1	5.9%	—	—	—	—	—	—	3	17.6%	17
Nemotelus	84	43.3%	—	—	—	—	40	20.6%	45	23.2%	33	17.0%	194
Pselaphomyia	—	—	—	—	—	—	—	—	—	—	2	100.0%	2
总计 4	98	44.3%	2	0.9%	4	1.8%	42	19.0%	48	21.7%	39	17.6%	221

比率=各属各动物地理区系的种数/该属世界总种数×100%。

（6）厚腹水虻亚科 Pachygastrinae

厚腹水虻亚科全世界总共 180 属 619 种，种数上是水虻科中第二大亚科，而属的数量则是水虻科中最多的。主要分布于澳洲界，共有 183 种，占总数量的 29.6％。东洋界和新热带界分布也较多，分别为 24.6％和 22.1％，古北界和新北界数量较少，仅占总数的 7.8％和 4.0％，可见厚腹水虻亚科的昆虫主要生活在温暖潮湿的环境中，大陆性的干燥寒冷的气候不适合其生存。中国有 26 属，其中 5 属为多区分布，折翅水虻属 Camptopteromyia、寡毛水虻属 Evaza 和伽巴水虻属 Gabaza 分布于古北界、东洋界和澳洲界，但偏重于东洋界和澳洲界；冠毛水虻属 Lophoteles 和带芒水虻属 Tinda 分布于东洋界、澳洲界和非洲界，前者澳洲界有全部种类分布，仅 1 种延伸到东洋界和非洲界，后者主要分布于东洋界和非洲界，澳洲界仅 1 种。13 种为双区分布，其中肾角水虻属 Abiomyia、华美水虻属 Abrosiomyia、离水虻属 Cechorismenus、等额水虻属 Craspedometopon 和库水虻属 Culcua 分布于古北界和东洋界，东洋界的数量多于古北界的数量；助水虻属 Aidomyia、绒毛水虻属 Aulana、箱腹水虻属 Cibotogaster、边水虻属 Lenomyia、单刺水虻属 Monacanthomyia、亚离水虻属 Paracechorismenus、枝角水虻属 Ptilocera 和多毛水虻属 Rosapha 分布于东洋界和澳洲界，其中绒毛水虻属、箱腹水虻属、亚离水虻属、枝角水虻属和多毛水虻属主要分布于东洋界，助水虻属和边水虻属主要分布在澳洲界，单刺水虻属两界各占一半。其余 8 属为单区分布，科洛曼水虻属 Kolomania 和锥角水虻属 Raphanocera 分布于古北界，角盾水虻属 Gnorismomyia、鼻水虻属 Nasimyia、亚拟蜂水虻属 Parastratiosphecomyia、革水虻属 Pegadomyia、异瘦腹水虻属 Pseudomeristomerinx 和拟蜂水虻属 Stratiosphecomyia 分布于东洋界，其中角盾水虻属为中国特有属（表 10）。

（7）瘦腹水虻亚科 Pachygastrinae

瘦腹水虻亚科全世界总共 23 属 516 种，新热带界种类最多，占了全世界总数的一半以上，其次为东洋界和非洲界，分别占了 18.6％和 16.7％，古北界和澳洲界及新北界种类数量都非常少，不到 10％，其中以新北界最少，仅占 3.9％。中国有 6 属，4 属为世界性分布，分别为红头水虻属 Cephalochrysa、小丽水虻属 Microchrysa、指突水虻属 Ptecticus 和瘦腹水虻属 Sargus，其中红头水虻属在澳洲界和非洲界分布较多；小丽水虻属约有一半的种类分布于非洲界，约 1/4 的种类分布于古北界；指突水虻属和瘦腹水虻属主要分布于东洋界和新热带界。绿水虻属 Chloromyia 为多区分布，澳洲界和新热带界无分布。台湾水虻属 Formosargus 仅分布于东洋界。无中国特有属（表 11）。

（8）水虻亚科 Stratiomyinae

水虻亚科全世界总共 49 属 671 种，为种类最多的亚科。新热带界和古北界种类较多，分别占总数的 24.7％和 22.5％，其次新北界，占 20.7％，澳洲界最少，仅占 10.7％。中国有 7 属，其中短角水虻属 Odontomyia 为世界性分布，各动物地理区系均有分布，但以澳洲界为最多，占 27.4％，其次为非洲界，占 21.0％，古北界和东洋界也分别有 15％以上的种类分布，新热带界种类最少，占 11.4％。水虻属 Stratiomys 为亚世界性分布，主要分布于古北界和新北界，澳洲界无分布。诺斯水虻属 Nothomyia、盾刺水虻属 Ocxycera 和脉水虻属 Oplodontha 为多区分布型，诺斯水虻属主要分布于新热带界，盾刺水虻属主要分布于古北界和东洋界，而脉水虻属则在非洲界种类最多。丽额水虻属 Prosopochrysa 和对斑水虻属 Rhaphiocerina 种类较少，丽额水虻属全部分布在东洋界，仅 1 种延伸到古北界，而对斑水虻属仅 1 种，分布于中国和日本。该亚科无中国特有属（表 12）。

表10 厚腹水虻亚科 Pachygastrinae 各属在世界动物地理区系的数量分布

属名	古北界		东洋界		澳洲界		新北界		新热带界		非洲界		世界种数
	种数	比率	种数	比率	种数	比率	种数	比率	种数	比率	种数	比率	
Abiomyia	1	25.0%	3	75.0%	—	—	—	—	—	—	—	—	4
Abrosiomyia	1	33.3%	2	66.7%	—	—	—	—	—	—	—	—	3
Acanthinomyia	—	—	—	—	—	—	—	—	3	100.0%	—	—	3
Acyrocera	—	—	—	—	1	100.0%	—	—	—	—	—	—	1
Acyrocerops	—	—	—	—	1	100.0%	—	—	—	—	—	—	1
Adraga	—	—	—	—	7	100.0%	—	—	—	—	—	—	7
Ageiton	—	—	—	—	—	—	—	—	—	—	1	100.0%	1
Aidomyia	—	—	1	20.0%	4	80.0%	—	—	—	—	—	—	5
Alliophleps	1	100.0%	—	—	—	—	—	—	—	—	—	—	1
Anargemus	—	—	—	—	—	—	—	—	—	—	1	100.0%	1
Ankylacantha	—	—	1	100.0%	—	—	—	—	—	—	—	—	1
Anomalacanthimyia	—	—	—	—	2	100.0%	—	—	—	—	—	—	2
Apotomaspis	—	—	—	—	—	—	—	—	—	—	1	100.0%	1
Argyrobrithes	—	—	4	50.0%	2	25.0%	—	—	—	—	4	50.0%	8
Artemita	—	—	—	—	—	—	1	6.3%	15	93.8%	—	—	16
Artemitomima	—	—	—	—	1	100.0%	—	—	—	—	—	—	1
Arthronemina	—	—	—	—	—	—	—	—	—	—	1	100.0%	1
Ashantina	—	—	—	—	—	—	—	—	—	—	1	100.0%	1
Aspidacantha	1	33.3%	—	—	—	—	—	—	—	—	3	100.0%	3
Aspidacanthina	—	—	—	—	—	—	—	—	—	—	1	100.0%	1
Asyncritula	—	—	—	—	3	100.0%	—	—	—	—	—	—	3

续表 10

属名	古北界 种数	古北界 比率	东洋界 种数	东洋界 比率	澳洲界 种数	澳洲界 比率	新北界 种数	新北界 比率	新热带界 种数	新热带界 比率	非洲界 种数	非洲界 比率	世界 种数
Aulana	—	—	3	75.0%	2	50.0%	—	—	—	—	—	—	4
Barcimyia	—	—	1	100.0%	—	—	—	—	—	—	—	—	1
Berkshiria	1	50.0%	—	—	—	—	1	50.0%	—	—	—	—	2
Bistinda	—	—	—	—	1	100.0%	—	—	—	—	—	—	1
Blastocera	—	—	—	—	—	—	—	—	1	100.0%	—	—	1
Borboridea	—	—	—	—	—	—	1	50.0%	2	100.0%	—	—	2
Brachyodina	—	—	—	—	—	—	—	—	6	100.0%	—	—	6
Brachyphleps	—	—	—	—	—	—	—	—	—	—	1	100.0%	1
Burmabrithes	—	—	1	100.0%	—	—	—	—	—	—	—	—	1
Cactobia	—	—	—	—	—	—	—	—	1	100.0%	—	—	1
Caenacantha	—	—	—	—	—	—	—	—	1	100.0%	—	—	1
Camptopteromyia	1	12.5%	3	37.5%	4	50.0%	—	—	—	—	—	—	8
Cardopomyia	—	—	—	—	—	—	—	—	—	—	1	100.0%	1
Cechorismenus	1	100.0%	1	100.0%	—	—	—	—	—	—	—	—	1
Chalcidomorphina	—	—	—	—	—	—	—	—	4	100.0%	—	—	4
Charisina	—	—	—	—	—	—	—	—	1	100.0%	—	—	1
Chelonomima	—	—	1	25.0%	—	—	—	—	—	—	3	75.0%	4
Chlamydonotum	—	—	—	—	—	—	—	—	1	100.0%	—	—	1
Chorophthalmyia	—	—	—	—	—	—	—	—	1	100.0%	—	—	1
Cibotogaster	—	—	8	100.0%	1	12.5%	—	—	—	—	—	—	8
Clarissimyia	—	—	—	—	—	—	—	—	1	100.0%	—	—	1

续表 10

属名	古北界		东洋界		澳洲界		新北界		新热带界		非洲界		世界
	种数	比率	种数	比率	种数	比率	种数	比率	种数	比率	种数	比率	种数
Cosmariomyia	—	—	—	—	—	—	1	33.3%	3	100.0%	—	—	3
Craspedometopon	3	60.0%	3	60.0%	—	—	—	—	—	—	—	—	5
Culcua	1	7.7%	13	100.0%	—	—	—	—	—	—	—	—	13
Cyclotaspis	—	—	—	—	—	—	—	—	1	100.0%	—	—	1
Cynipimorpha	—	—	—	—	—	—	—	—	1	100.0%	—	—	1
Dactylacantha	—	—	—	—	—	—	—	—	1	100.0%	—	—	1
Dactylodeictes	—	—	—	—	—	—	—	—	4	100.0%	—	—	4
Dactylotinda	—	—	—	—	—	—	—	—	—	—	1	100.0%	1
Damaromyia	—	—	—	—	15	100.0%	—	—	—	—	—	—	15
Diademophora	—	—	—	—	—	—	—	—	—	—	1	100.0%	1
Dialampsis	—	—	—	—	1	100.0%	—	—	—	—	—	—	1
Diargemus	—	—	—	—	—	—	—	—	—	—	1	100.0%	1
Diastophthalmus	—	—	—	—	—	—	—	—	1	100.0%	—	—	1
Diplephippium	—	—	—	—	—	—	—	—	—	—	3	100.0%	3
Diplopeltina	—	—	—	—	—	—	—	—	—	—	1	100.0%	1
Dochmiocera	—	—	—	—	1	100.0%	—	—	—	—	—	—	1
Dolichodema	—	—	—	—	—	—	—	—	—	—	2	100.0%	2
Drosimomyia	—	—	—	—	1	25.0%	—	—	—	—	3	75.0%	4
Ecchaetomyia	—	—	—	—	—	—	—	—	1	100.0%	—	—	1
Eicochalcidina	—	—	—	—	—	—	—	—	2	100.0%	—	—	2
Eidalimus	—	—	—	—	—	—	2	25.0%	7	87.5%	—	—	8

续表 10

属名	古北界 种数	古北界 比率	东洋界 种数	东洋界 比率	澳洲界 种数	澳洲界 比率	新北界 种数	新北界 比率	新热带界 种数	新热带界 比率	非洲界 种数	非洲界 比率	世界 种数
Engicerus	—	—	—	—	—	—	—	—	1	100.0%	—	—	1
Enypnium	—	—	—	—	—	—	—	—	—	—	2	100.0%	2
Eufijia	—	—	—	—	6	100.0%	—	—	—	—	—	—	6
Eupachygaster	2	40.0%	—	—	1	20.0%	—	—	1	20.0%	1	20.0%	5
Evaza	3	4.7%	34	53.1%	34	53.1%	—	—	—	—	—	—	64
Gabaza	5	35.7%	7	50.0%	6	42.9%	—	—	—	—	—	—	14
Glochinomyia	—	—	—	—	1	100.0%	—	—	—	—	—	—	1
Gnesiomyia	—	—	1	100.0%	—	—	—	—	—	—	—	—	1
Gnorismomyia	—	—	1	100.0%	—	—	—	—	—	—	—	—	1
Gobertina	—	—	—	—	—	—	—	—	—	—	2	100.0%	2
Goetghebueromyia	—	—	—	—	—	—	—	—	—	—	1	100.0%	1
Gowdeyana	—	—	—	—	—	—	2	28.6%	7	100.0%	—	—	7
Haplofijia	—	—	—	—	1	100.0%	—	—	—	—	—	—	1
Hermetiomima	—	—	—	—	—	—	—	—	—	—	2	100.0%	2
Hexacraspis	—	—	—	—	—	—	—	—	—	—	1	100.0%	1
Himantochaeta	—	—	—	—	—	—	—	—	—	—	1	100.0%	1
Hypoceromys	—	—	—	—	—	—	—	—	—	—	3	100.0%	3
Hypoxycera	—	—	—	—	—	—	—	—	—	—	1	100.0%	1
Hypselophrum	—	—	—	—	—	—	—	—	1	100.0%	—	—	1
Isomerocera	—	—	—	—	—	—	—	—	—	—	2	100.0%	2
Kerseria	—	—	—	—	—	—	—	—	—	—	5	100.0%	5

续表10

属名	古北界 种数	古北界 比率	东洋界 种数	东洋界 比率	澳洲界 种数	澳洲界 比率	新北界 种数	新北界 比率	新热带界 种数	新热带界 比率	非洲界 种数	非洲界 比率	世界 种数
Kerteszmyia	—	—	—	—	—	—	—	—	1	100.0%	—	—	1
Kolomania	3	100.0%	—	—	—	—	—	—	—	—	—	—	3
Lampetiopus	—	—	—	—	—	—	—	—	—	—	1	100.0%	1
Lasiodeictes	—	—	—	—	—	—	—	—	1	100.0%	—	—	1
Lenomyia	—	—	1	11.1%	8	88.9%	—	—	—	—	—	—	9
Leucacron	—	—	—	—	—	—	—	—	—	—	1	100.0%	1
Leveromyia	—	—	—	—	3	100.0%	—	—	—	—	—	—	3
Ligyromyia	—	—	—	—	—	—	—	—	1	100.0%	—	—	1
Lonchegaster	—	—	—	—	2	100.0%	—	—	—	—	—	—	2
Lonchobrithes	—	—	—	—	—	—	—	—	—	—	1	100.0%	1
Lophoteles	—	—	1	9.1%	9	81.8%	—	—	—	—	1	9.1%	11
Lyprotemyia	—	—	—	—	—	—	—	—	5	100.0%	—	—	5
Maachiana	2	100.0%	—	—	—	—	—	—	—	—	—	—	2
Madagascara	—	—	—	—	—	—	—	—	—	—	1	100.0%	1
Madagascarina	—	—	—	—	—	—	—	—	—	—	1	100.0%	1
Manotes	—	—	—	—	—	—	—	—	5	100.0%	—	—	5
Marangua	—	—	—	—	—	—	—	—	—	—	1	100.0%	1
Meristocera	—	—	—	—	—	—	—	—	2	100.0%	—	—	2
Meristomeringella	—	—	—	—	—	—	—	—	—	—	1	100.0%	1
Meristomeringina	—	—	—	—	—	—	—	—	—	—	6	100.0%	6
Meristomerinx	—	—	—	—	—	—	—	—	—	—	2	100.0%	2

续表 10

属名	古北界 种数	古北界 比率	东洋界 种数	东洋界 比率	澳洲界 种数	澳洲界 比率	新北界 种数	新北界 比率	新热带界 种数	新热带界 比率	非洲界 种数	非洲界 比率	世界 种数
Monacanthomyia	—	—	3	50.0%	3	50.0%	—	—	—	—	—	—	6
Mycterocera	—	—	—	—	—	—	—	—	1	100.0%	—	—	1
Myiocavia	—	—	—	—	—	—	—	—	1	100.0%	—	—	1
Nasimyia	—	—	4	100.0%	—	—	—	—	—	—	—	—	4
Neoacanthina	—	—	—	—	—	—	—	—	1	100.0%	—	—	1
Neochauna	—	—	—	—	—	—	—	—	1	100.0%	—	—	1
Neopachygaster	6	30.0%	—	—	—	—	4	20.0%	—	—	10	50.0%	20
Netrogramma	—	—	—	—	—	—	—	—	1	100.0%	—	—	1
Nyplatys	—	—	—	—	—	—	—	—	—	—	1	100.0%	1
Obrapa	—	—	—	—	3	100.0%	—	—	—	—	—	—	3
Ornopyramis	1	100.0%	—	—	—	—	—	—	—	—	—	—	1
Otionigera	—	—	—	—	—	—	—	—	—	—	1	100.0%	1
Oxymyia	—	—	—	—	—	—	—	—	—	—	1	100.0%	1
Pachyacantha	—	—	—	—	—	—	—	—	—	—	1	100.0%	1
Pachyberis	—	—	—	—	—	—	—	—	—	—	1	100.0%	1
Pachygaster	8	44.4%	2	11.1%	2	11.1%	3	16.7%	2	11.1%	1	5.6%	18
Panacridops	—	—	—	—	—	—	—	—	1	100.0%	—	—	1
Panacris	—	—	—	—	—	—	—	—	9	100.0%	—	—	9
Pangomyia	—	—	—	—	2	100.0%	—	—	—	—	—	—	2
Paracanthinomyia	—	—	—	—	—	—	—	—	1	100.0%	—	—	1
Paracechorismenus	—	—	4	80.0%	1	20.0%	—	—	—	—	—	—	5

续表 10

属名	古北界		东洋界		澳洲界		新北界		新热带界		非洲界		世界
	种数	比率	种数	比率	种数	比率	种数	比率	种数	比率	种数	比率	种数
Paradraga	—	—	—	—	1	100.0%	—	—	—	—	—	—	1
Parameristomerinx	—	—	—	—	—	—	—	—	—	—	1	100.0%	1
Parastratiosphecomyia	—	—	4	100.0%	—	—	—	—	—	—	—	—	4
Parevaza	—	—	—	—	1	100.0%	—	—	—	—	—	—	1
Pedinocera	—	—	—	—	—	—	—	—	1	100.0%	—	—	1
Pedinocerops	—	—	2	50.0%	2	50.0%	—	—	—	—	—	—	4
Pegadomyia	—	—	4	100.0%	—	—	—	—	—	—	—	—	4
Peltina	—	—	—	—	—	—	—	—	3	100.0%	—	—	3
Peratomastix	—	—	—	—	1	100.0%	—	—	—	—	—	—	1
Physometopon	—	—	—	—	—	—	—	—	—	—	2	100.0%	2
Pithomyia	—	—	—	—	—	—	—	—	—	—	2	100.0%	2
Platylobium	—	—	—	—	—	—	—	—	1	100.0%	—	—	1
Platyna	—	—	—	—	—	—	—	—	—	—	2	100.0%	2
Platynomorpha	—	—	—	—	—	—	—	—	—	—	1	100.0%	1
Platynomyia	—	—	—	—	—	—	—	—	—	—	2	100.0%	2
Popanomyia	—	—	—	—	—	—	—	—	2	100.0%	—	—	2
Pristaspis	—	—	—	—	1	100.0%	—	—	—	—	—	—	1
Proegmenomyia	—	—	—	—	—	—	—	—	1	100.0%	—	—	1
Psapharomydops	—	—	—	—	—	—	—	—	—	—	1	100.0%	1
Psapharomys	—	—	—	—	—	—	—	—	—	—	1	100.0%	1
Psephiocera	—	—	—	—	—	—	—	—	6	100.0%	—	—	6

续表 10

属名	古北界		东洋界		澳洲界		新北界		新热带界		非洲界		世界
	种数	比率	种数	比率	种数	比率	种数	比率	种数	比率	种数	比率	种数
Pseudocyphomyia	—	—	—	—	—	—	—	—	1	100.0%	—	—	1
Pseudomeristomerinx	—	—	5	100.0%	—	—	—	—	—	—	—	—	5
Pseudopegadomyia	—	—	—	—	3	100.0%	—	—	—	—	—	—	3
Pseudoxymyia	—	—	—	—	—	—	—	—	—	—	2	100.0%	2
Ptilinoxus	—	—	—	—	—	—	—	—	—	—	1	100.0%	1
Ptilocera	—	—	9	75.0%	3	25.0%	—	—	—	—	—	—	12
Raphanocera	1	100.0%	—	—	—	—	—	—	—	—	—	—	1
Rosapha	—	—	12	92.3%	2	15.4%	—	—	—	—	—	—	13
Rosaphula	—	—	1	100.0%	—	—	—	—	—	—	—	—	1
Salduba	—	—	1	8.3%	11	91.7%	—	—	—	—	—	—	12
Saldubella	—	—	—	—	17	100.0%	—	—	—	—	—	—	17
Saruga	—	—	2	100.0%	1	50.0%	—	—	—	—	—	—	2
Sathroptera	—	—	1	100.0%	—	—	—	—	—	—	—	—	1
Spaniomyia	—	—	—	—	—	—	—	—	4	100.0%	—	—	4
Sphaerofijia	—	—	—	—	1	100.0%	—	—	—	—	—	—	1
Steleoceromys	—	—	—	—	—	—	—	—	—	—	1	100.0%	1
Sternobrithes	—	—	—	—	—	—	—	—	—	—	2	100.0%	2
Stratiosphecomyia	—	—	1	100.0%	—	—	—	—	—	—	—	—	1
Strobilaspis	—	—	—	—	—	—	—	—	3	100.0%	—	—	3
Strophognathus	—	—	1	100.0%	—	—	—	—	—	—	—	—	1
Synaptochaeta	—	—	—	—	—	—	—	—	1	100.0%	—	—	1

续表 10

属名	古北界		东洋界		澳洲界		新北界		新热带界		非洲界		世界种数
	种数	比率	种数	比率	种数	比率	种数	比率	种数	比率	种数	比率	
Tegocera	—	—	—	—	—	—	—	—	1	100.0%	—	—	1
Thopomyia	—	—	—	—	—	—	—	—	4	100.0%	—	—	4
Thylacognathus	—	—	—	—	1	100.0%	—	—	—	—	—	—	1
Tinda	—	—	4	57.1%	1	14.3%	—	—	—	—	5	71.4%	7
Tindacera	—	—	—	—	—	—	—	—	—	—	1	100.0%	1
Toxopeusomyia	—	—	—	—	1	100.0%	—	—	—	—	—	—	1
Trichochaeta	—	—	1	33.3%	3	100.0%	—	—	—	—	—	—	3
Trigonocerina	—	—	—	—	—	—	—	—	1	100.0%	—	—	1
Viittiger	—	—	—	—	1	100.0%	—	—	1	100.0%	—	—	1
Weimyia	—	—	—	—	—	—	—	—	—	—	—	—	1
Xylopachygaster	2	100.0%	—	—	—	—	—	—	—	—	—	—	2
Zabrachia	4	19.0%	1	4.8%	—	—	10	47.6%	6	28.6%	1	4.8%	21
总计 180	48	7.8%	152	24.6%	183	29.6%	25	4.0%	137	22.1%	108	17.4%	619

比率=各属各动物地理区系的种数/该属世界总种数×100%。

表 11　瘦腹水虻亚科 Sarginae 各属在世界动物地理区系的数量分布

属名	古北界 种数	古北界 比率	东洋界 种数	东洋界 比率	澳洲界 种数	澳洲界 比率	新北界 种数	新北界 比率	新热带界 种数	新热带界 比率	非洲界 种数	非洲界 比率	世界 种数
Acrochaeta	—	—	—	—	—	—	—	—	10	100.0%	—	—	10
Amsaria	—	—	1	100.0%	—	—	—	—	—	—	—	—	1
Cephalochrysa	1	4.5%	4	18.2%	7	31.8%	4	18.2%	1	4.5%	8	36.4%	22
Chloromyia	2	28.6%	1	14.3%	—	—	1	14.3%	—	—	4	57.1%	7
Chrysochromioides	—	—	—	—	—	—	—	—	—	—	1	100.0%	1
Dinosargus	—	—	—	—	—	—	—	—	—	—	1	100.0%	1
Eumenogastrina	—	—	—	—	—	—	—	—	1	100.0%	—	—	1
Filiptschenkia	1	100.0%	—	—	—	—	—	—	—	—	—	—	1
Formosargus	—	—	2	100.0%	—	—	—	—	—	—	—	—	2
Gongrosargus	—	—	—	—	—	—	—	—	—	—	9	100.0%	9
Himantigera	—	—	—	—	—	—	—	—	8	100.0%	—	—	8
Lobisquama	—	—	—	—	—	—	—	—	1	100.0%	—	—	1
Merosargus	—	—	—	—	—	—	2	1.4%	142	99.3%	—	—	143
Microchrysa	11	26.8%	6	14.6%	2	4.9%	2	4.9%	6	14.6%	20	48.8%	41
Microptecticus	—	—	—	—	—	—	—	—	—	—	3	100.0%	3
Microsargus	—	—	—	—	—	—	—	—	—	—	1	100.0%	1
Otochrysa	—	—	—	—	—	—	—	—	—	—	1	100.0%	1
Paraptecticus	—	—	—	—	—	—	—	—	—	—	2	100.0%	2
Ptecticus	5	3.5%	56	38.9%	17	11.8%	5	3.5%	51	35.4%	14	9.7%	144
Ptectisargus	—	—	—	—	—	—	—	—	—	—	3	100.0%	3
Sagaricera	—	—	—	—	—	—	—	—	—	—	2	100.0%	2
Sargus	19	17.1%	26	23.4%	8	7.2%	6	5.4%	47	42.3%	17	15.3%	111
Stackelbergia	1	100.0%	—	—	—	—	—	—	—	—	—	—	1
总计 23	40	7.8%	96	18.6%	34	6.6%	20	3.9%	267	51.7%	86	16.7%	516

比率=各属各动物地理区系的种数/该属世界总种数×100%。

表 12　水虻亚科 Stratiomyinae 各属在世界动物地理区系的数量分布

属名	古北界 种数	古北界 比率	东洋界 种数	东洋界 比率	澳洲界 种数	澳洲界 比率	新北界 种数	新北界 比率	新热带界 种数	新热带界 比率	非洲界 种数	非洲界 比率	世界 种数
Acanthasargus	—	—	1	14.3%	6	85.7%	—	—	—	—	—	—	7
Afrodontomyia	—	—	1	12.5%	—	—	—	—	—	—	7	87.5%	8
Alliocera	1	100.0%	—	—	—	—	—	—	—	—	—	—	1
Anopisthocrania	—	—	—	—	—	—	—	—	1	100.0%	—	—	1
Anoplodonta	—	—	—	—	—	—	1	50.0%	2	100.0%	—	—	2
Brianmyia	—	—	—	—	—	—	—	—	—	—	1	100.0%	1
Caloparyphus	—	—	—	—	—	—	12	100.0%	1	8.3%	—	—	12
Catatasis	—	—	—	—	—	—	—	—	—	—	2	100.0%	2
Chloromelas	—	—	—	—	—	—	—	—	6	100.0%	—	—	6
Crocutasis	—	—	—	—	—	—	—	—	—	—	1	100.0%	1
Cyphoprosopa	—	—	—	—	—	—	—	—	—	—	1	100.0%	1
Dicorymbimyia	1	100.0%	—	—	—	—	—	—	—	—	—	—	1
Dischizocera	—	—	—	—	—	—	—	—	—	—	5	100.0%	5
Euparyphus	—	—	—	—	—	—	23	76.7%	11	36.7%	—	—	30
Exochostoma	3	100.0%	—	—	—	—	—	—	—	—	—	—	3
Glariopsis	—	—	—	—	—	—	—	—	1	100.0%	—	—	1
Glaris	—	—	—	—	—	—	—	—	1	100.0%	—	—	1
Gongroneurina	—	—	1	100.0%	—	—	—	—	—	—	—	—	1
Hedriodiscus	—	—	—	—	—	—	7	26.9%	25	96.2%	—	—	26
Hermionella	1	100.0%	—	—	—	—	—	—	—	—	—	—	1
Hoplistopsis	—	—	—	—	1	100.0%	—	—	—	—	—	—	1
Hoplitimyia	—	—	—	—	—	—	3	27.3%	10	90.9%	—	—	11
Madagascara	—	—	—	—	—	—	—	—	—	—	1	100.0%	1
Melanochroa	—	—	—	—	—	—	—	—	1	100.0%	—	—	1
Metabasis	—	—	—	—	—	—	—	—	1	100.0%	—	—	1

续表12

属名	古北界		东洋界		澳洲界		新北界		新热带界		非洲界		世界
	种数	比率	种数	比率	种数	比率	种数	比率	种数	比率	种数	比率	种数
Myxosargus	—	—	—	—	—	—	4	33.3%	9	75.0%	—	—	12
Nothomyia	—	—	3	15.8%	1	5.3%	1	5.3%	15	78.9%	—	—	19
Nyassamyia	—	—	—	—	—	—	—	—	—	—	2	100.0%	2
Ocxycera	55	57.9%	23	24.2%	—	—	7	7.4%	—	—	12	12.6%	95
Oxycerina	—	—	3	100.0%	—	—	—	—	—	—	—	—	3
Odontomyia	37	16.9%	34	15.5%	60	27.4%	30	13.7%	25	11.4%	46	21.0%	219
Oplodontha	5	21.7%	7	30.4%	—	—	—	—	—	—	15	65.2%	23
Pachyptilum	—	—	—	—	—	—	—	—	1	100.0%	—	—	1
Panamamyia	—	—	—	—	—	—	—	—	1	100.0%	—	—	1
Peritta	1	100.0%	—	—	—	—	—	—	—	—	—	—	1
Pinaleus	—	—	—	—	3	100.0%	—	—	—	—	—	—	3
Promeranisa	—	—	—	—	—	—	—	—	4	100.0%	—	—	4
Prosopochrysa	1	25.0%	4	100.0%	—	—	—	—	—	—	—	—	4
Psellidotus	—	—	—	—	—	—	21	45.7%	28	60.9%	—	—	46
Rhaphiocerina	1	100.0%	1	100.0%	—	—	—	—	—	—	—	—	1
Rhingiopsis	—	—	—	—	—	—	—	—	6	100.0%	—	—	6
Stratiomyella	—	—	—	—	—	—	—	—	1	100.0%	—	—	1
Stratiomys	44	47.8%	11	12.0%	—	—	30	32.6%	11	12.0%	1	1.1%	92
Stuckenbergiola	—	—	—	—	—	—	—	—	—	—	1	100.0%	1
Systegnum	—	—	—	—	—	—	—	—	—	—	1	100.0%	1
Vanoyia	1	100.0%	—	—	—	—	—	—	—	—	—	—	1
Vitilevumyia	—	—	—	—	1	100.0%	—	—	—	—	—	—	1
Zuerchermyia	—	—	—	—	—	—	—	—	5	100.0%	—	—	5
Zulumyia	—	—	—	—	—	—	—	—	—	—	3	100.0%	3
总计49	151	22.5%	89	13.3%	72	10.7%	139	20.7%	166	24.7%	99	14.8%	671

比率=各属各动物地理区系的种数/该属世界总种数×100%。

2. 中国水虻总科的分布

1）亚科级阶元

水虻科各亚科在中国动物地理区系的分布各有特点。瘦腹水虻亚科 Sarginae、厚腹水虻亚科 Pachygastrinae 和水虻亚科 Stratiomyinae 分布十分广泛，在个各动物地理区系均有分布。其次为柱角水虻亚科 Beridinae，仅蒙新区无分布，鞍腹水虻亚科 Clitellariinae 和扁角水虻亚科 Hermetiinae 分布呈现同样的模式，均为仅东北区和青藏区无分布。以上 5 个亚科在我国中部和南方的种类比较多，而线角水虻亚科则呈现出非常不同的分布模式，仅分布于华北区、蒙新区、青藏区和西南区，而在我国广大的中东部和南部地区无分布。这与该亚科主要喜欢生活在干燥且日照充足的环境中有关。就小区而言，华北区和西南区种类丰富，各亚科均有分布。蒙新区、华中区和华南区种类比较丰富，有 6 亚科分布，其中蒙新区无柱角水虻亚科，而华中区和华南区无线角水虻亚科。东北区仅有 4 个亚科分布（表 13）。

表 13　中国水虻科各亚科在中国动物地理区系的分布

亚科名	东北区	华北区	蒙新区	青藏区	西南区	华中区	华南区	古北界	东洋界	古北界与东洋界
Beridinae	+	+	−	+	+	+	+	+	+	+
Clitellariinae	−	+	+	−	+	+	+	+	+	+
Hermetiinae	−	+	+	−	+	+	+	+	+	+
Nemotelinae	−	+	+	+	+	−	−	+	+	+
Pachygastrinae	+	+	+	+	+	+	+	+	+	+
Sarginae	+	+	+	+	+	+	+	+	+	+
Stratiomyinae	+	+	+	+	+	+	+	+	+	+
总计	4	7	6	5	7	6	6	7	7	7

2）属级阶元

（1）木虻科 Xylomyidae

木虻科在中国有丽木虻属 Formosolva、粗腿木虻属 Solva 和木虻属 Xylomya。青藏区无木虻科分布，东北区无粗腿木虻属分布，而蒙新区则无木虻属分布。丽木虻属种类较少，仅分布在我国的西南和华南地区（表 14）。

表 14　中国木虻科 Xylomyidae 各属在中国动物地理区系的分布

属名	东北区	华北区	蒙新区	青藏区	西南区	华中区	华南区	古北界	东洋界	古北界与东洋界	中国特有
Formosolva	−	−	−	−	+	−	+	−	+	−	−
Solva	−	+	+	−	+	+	+	+	+	+	−
Xylomya	−	+	−	−	+	+	+	+	+	+	−
总计	1	2	1	0	3	2	3	2	3	2	0

（2）柱角水虻亚科 Beridinae

柱角水虻亚科在中国分布有 6 属,占世界该亚科属数量的 18.2%。异长角水虻属 *Aspartimas* 和长角水虻属 *Spartimas* 仅分布于华南区,其中,异长角水虻仅分布于台湾,为我国特有属。柱角水虻 *Beris* 分布最广,除蒙新区和青藏区之外各区均有分布（表 15）。

表 15　中国柱角水虻亚科 Beridinae 各属在中国动物地理区系的分布

属名	东北区	华北区	蒙新区	青藏区	西南区	华中区	华南区	古北界	东洋界	古北界与东洋界	中国特有
Actina	−	+	−	−	+	−	+	+	+	+	−
Allognosta	−	+	−	−	+	+	+	+	+	+	−
Aspartimas	−	−	−	−	−	−	+	−	+	−	+
Beris	+	+	−	−	+	+	+	+	+	+	−
Chorisops	+	−	−	−	−	+	+	+	+	+	−
Spartimas	−	−	−	−	−	−	+	−	+	−	−
总计	2	3	0	0	3	3	6	4	6	4	1

就各个区系分布的丰富度来看,华南区最丰富,6 个属均有分布;华北区、西南区和华中区均有 3 个属分布;东北区较少,仅分布有柱角水虻属 *Beris* 和离眼水虻属 *Chorisops*;而蒙新区和青藏区无柱角水虻亚科昆虫分布。

（3）鞍腹水虻亚科 Clitellariinae

鞍腹水虻亚科在中国分布有 8 属,占世界该亚科属数量的 20.0%。鞍腹水虻属 *Clitellaria* 分布最广,除东北区和青藏区无分布外,其他各区均有分布。隐水虻属除分布于华中、华南和西南区外,蒙新区也有分布,而其余 6 属则主要分布于华中、华南和西南区（表 16）。

表 16　中国鞍腹水虻亚科 Clitellariinae 各属在中国动物地理区系的分布

属名	东北区	华北区	蒙新区	青藏区	西南区	华中区	华南区	古北界	东洋界	古北界与东洋界	中国特有
Adoxomyia	−	−	+	−	+	+	+	+	+	+	−
Anoamyia	−	−	−	−	−	−	+	−	+	−	−
Campeprosopa	−	−	−	−	+	−	+	−	+	−	−
Clitellaria	−	+	+	−	+	+	+	+	+	+	−
Cyphomyia	−	−	−	−	+	+	+	−	+	−	−
Eudmeta	−	−	−	−	+	+	+	−	+	−	−
Nigritomyia	−	−	−	−	+	+	+	−	+	−	−
Ruba	−	−	−	−	+	+	+	−	+	−	−
总计	0	1	2	0	7	6	8	2	8	2	0

从区系分布的丰富度来看,鞍腹水虻亚科的昆虫具有明显的喜暖湿环境的倾向性,华南区最丰富,8 个属均有分布,其次是西南区,除安水虻属外其余各属均有分布,而华中区分布也相

对较丰富,除安水虻属 *Anoamyia* 和折翅水虻属 *Campeprosopa* 外,其他各属均有分布;东北区和青藏区则无鞍腹水虻亚科昆虫分布,而华北区和蒙新区也分布较少,仅有折翅水虻属和隐水虻属 *Adoxomyia* 两个属分布。

(4)扁角水虻亚科 Hermetiinae

扁角水虻亚科在中国仅分布有 1 属扁角水虻属 *Hermetia*,占世界该亚科属数量的20.0%。该属分布范围很广,除东北区和青藏区外其余各区系均有分布(表17)。

表17　中国扁角水虻亚科 Hermetiinae 各属在中国动物地理区系的分布

属名	东北区	华北区	蒙新区	青藏区	西南区	华中区	华南区	古北界	东洋界	古北界与东洋界	中国特有
Hermetia	−	+	+	−	+	+	+	+	+	+	−
总计	0	1	1	0	1	1	1	1	1	1	0

(5)线角水虻亚科 Nemotelinae

线角水虻亚科在中国仅分布有 1 属线角水虻属 *Nemotelus*,占世界该亚科属数量的25.0%。其分布与水虻总科其他属的分布明显不同,其他属丰富的华中区和华南区并无该属分布,该属的主要分布地为华北区、蒙新区和青藏区(表18)。

表18　中国线角水虻亚科 Nemotelinae 各属在中国动物地理区系的分布

属名	东北区	华北区	蒙新区	青藏区	西南区	华中区	华南区	古北界	东洋界	古北界与东洋界	中国特有
Hermetia	−	+	+	+	+	−	−	+	+	+	−
总计	0	1	1	1	1	0	0	1	1	1	0

(6)厚腹水虻亚科 Pachygastrinae

厚腹水虻亚科在中国分布有 26 属,占世界该亚科属数量的 14.4%。其中肾角水虻属 *Abiomyia*、助水虻属 *Aidomyia*、绒毛水虻属 *Aulana*、离水虻属 *Cechorismenus*、箱腹水虻属 *Cibotogaster*、角盾水虻属 *Gnorismomyia*、边水虻属 *Lenomyia*、冠毛水虻属 *Lophoteles*、单刺水虻属 *Monacanthomyia*、鼻水虻属 *Nasimyia*、亚离水虻属 *Paracechorismenus*、革水虻属 *Pegadomyia*、枝角水虻属 *Ptilocera*、多毛水虻属 *Rosapha*、拟蜂水虻属 *Stratiosphecomyia*、带芒水虻属 *Tinda* 仅分布于华南区。等额水虻属 *Craspedometopon* 分布最广,除东北区和蒙新区外其他各区均有分布。锥角水虻属 *Raphanocera* 仅分布于蒙新区,与本亚科其他属的分布明显不同,其他属绝大部分都分布于东洋界或东洋界和古北界均有分布(表19)。

从各区系分布的丰富度来看华南区最为丰富,除锥角水虻属 *Raphanocera* 和科洛曼水虻属 *Kolomania* 无分布外其他均有分布,而在我国广大的北方及青藏地区分布极少。

(7)瘦腹水虻亚科 Sarginae

瘦腹水虻亚科在我国分布有 6 属,占世界该亚科属数量的 26.1%。台湾水虻属 *Formosargus* 仅分布于华南区,红头水虻属 *Cephalochrysa* 仅分布于西南区和华南区,其余属均广布,尤其是指突水虻属 *Ptecticus* 和瘦腹水虻属 *Sargus* 各大动物地理区系均有分布,小丽水虻属 *Microchrysa* 除东北区外均有分布(表20)。

表 19　中国厚腹水虻亚科 Pachygastrinae 各属在中国动物地理区系的分布

属名	东北区	华北区	蒙新区	青藏区	西南区	华中区	华南区	古北界	东洋界	古北界与东洋界	中国特有
Abiomyia	-	-	-	-	-	-	+	-	+	-	-
Abrosiomyia	-	-	-	-	-	+	+	-	+	-	-
Aidomyia	-	-	-	-	-	-	+	-	+	-	-
Aulana	-	-	-	-	-	-	+	-	+	-	-
Camptopteromyia	-	+	-	-	-	-	+	+	+	+	-
Cechorismenus	-	-	-	-	-	-	+	-	+	-	-
Cibotogaster	-	-	-	-	-	-	+	-	+	-	-
Craspedometopon	-	+	-	+	+	+	+	+	+	+	-
Culcua	-	-	-	-	+	-	+	-	+	-	-
Evaza	-	-	-	-	+	+	+	-	+	-	-
Gabaza	+	+	-	-	+	+	+	+	+	+	-
Gnorismomyia	-	-	-	-	+	-	-	-	+	-	+
Kolomania	-	+	-	-	-	-	+	+	+	+	-
Lenomyia	-	-	-	-	-	+	+	-	+	-	-
Lophoteles	-	-	-	-	-	-	+	-	+	-	-
Monacanthomyia	-	-	-	-	-	-	+	-	+	-	-
Nasimyia	-	-	-	-	-	-	+	-	+	-	-
Paracechorismenus	-	-	-	-	-	-	+	-	+	-	-
Parastratiosphecomyia	-	-	-	-	-	+	+	-	+	-	-
Pegadomyia	-	-	-	-	-	-	+	-	+	-	-
Pseudomeristomerinx	-	-	-	-	-	-	+	-	+	-	-
Ptilocera	-	-	-	-	-	-	+	-	+	-	-
Raphanocera	-	-	+	-	-	-	-	+	-	-	-
Rosapha	-	-	-	-	-	-	+	-	+	-	-
Stratiosphecomyia	-	-	-	-	-	-	+	-	+	-	-
Tinda	-	-	-	-	-	-	+	-	+	-	-
总计	1	4	1	1	5	6	24	5	25	4	1

表 20 中国瘦腹水虻亚科 Sarginae 各属在中国动物地理区系的分布

属名	东北区	华北区	蒙新区	青藏区	西南区	华中区	华南区	古北界	东洋界	古北界与东洋界	中国特有
Cephalochrysa	−	−	−	−	+	−	+	−	+	−	−
Chloromyia	+	+	−	−	+	+	+	+	+	+	−
Formosargus	−	−	−	−	−	−	+	−	+	−	−
Microchrysa	−	+	+	+	+	+	+	+	+	+	−
Ptecticus	+	+	+	+	+	+	+	+	+	+	−
Sargus	+	+	+	+	+	+	+	+	+	+	−
总计	3	4	3	3	5	4	6	4	6	4	0

表 21 中国水虻亚科 Stratiomyinae 各属在中国动物地理区系的分布

属名	东北区	华北区	蒙新区	青藏区	西南区	华中区	华南区	古北界	东洋界	古北界与东洋界	中国特有
Nothomyia	−	−	−	−	+	+	+	−	+	−	−
Odontomyia	+	+	+	+	+	+	+	+	+	+	−
Oplodontha	+	+	+	+	+	+	+	+	+	+	−
Oxycera	−	+	+	+	+	+	−	+	+	+	−
Prosopochrysa	−	−	−	−	+	−	+	−	+	−	−
Rhaphiocerina	−	+	−	−	−	+	+	+	+	+	−
Stratiomys	+	+	+	+	+	+	+	+	+	+	−
总计	3	5	4	4	6	6	6	5	7	5	0

从各区系分布的丰富度来看,差别并不大,华南区各属均有分布,西南区除台湾水虻属外均有分布,华中区和华北区分布有 4 属,而东北区、蒙新区和青藏区均有 3 属分布。

(8)水虻亚科 Stratiomyinae

水虻亚科在我国分布有 7 属,占世界该亚科属数量的 14.3%。短角水虻属 *Odontomyia*、脉水虻属 *Oplodontha* 和水虻属 *Stratiomys* 分布极广,在我国各个动物地理区系均有分布,盾刺水虻属 *Oxycera* 分布也较广,仅东北区无分布,其余 3 属主要分布于我国的南方地区,其中丽额水虻属 *Prosopochrysa* 分布区延伸到华中区,对斑水虻属 *Rhaphiocerina* 仅分布于华中区,而诺斯水虻属 *Nothomyia* 的分布更加偏南,仅西南区和华南区有分布(表 21)。

从各区系分布的丰富度来看差别并不大,总体来说我国南方属较丰富,北方相对较少,其中西南区、华中区和华南区均有 6 属分布,华北区有 5 属分布,而东北区最少,仅有短角水虻属、脉水虻属和水虻属 3 属分布。

3)种级阶元

(1)木虻科 Xylomyidae

木虻科在中国分布有 37 种,占世界总数的 26.8%,其中中国特有种 30 种。分布种类最多的为华南区,有 13 种,占总数的 35.1%,其次为华南区和华中区,分别有 12 种和 11 种,占 32.4% 和 29.7%,华北有 3 种,占 8.1%,东北区 2 种,占 5.4%,蒙新区 1 种,占 2.7%,青藏区无分布(表 22)。

表 22　中国木虻科 Xylomyidae 种类在中国动物地理区系的分布

界	种数	比率	亚界	种数	比率	区	种数	比率	亚区	种数	比率	特有种数	比率
古北界	8	21.6%	东北亚界	5	13.5%	Ⅰ东北区	2	5.4%	ⅠA	—	—	—	—
									ⅠB	2	5.4%	1	2.7%
									ⅠC	1	2.7%	—	—
						Ⅱ华北区	3	8.1%	ⅡA	1	2.7%	—	—
									ⅡB	2	5.4%	2	5.4%
			中亚亚界	1	2.7%	Ⅲ蒙新区	1	2.7%	ⅢA	—	—	—	—
									ⅢB	1	2.7%	—	—
									ⅢC	—	—	—	—
						Ⅳ青藏区	—	—	ⅣA	—	—	—	—
									ⅣB	—	—	—	—
东洋界	29	78.4%	中印亚界	29	78.4%	Ⅴ西南区	12	32.4%	ⅤA	10	27.0%	9	24.3%
									ⅤB	2	5.4%	2	5.4%
						Ⅵ华中区	11	29.7%	ⅥA	5	13.5%	4	10.8%
									ⅥB	7	18.9%	7	18.9%
						Ⅶ华南区	13	35.1%	ⅦA	3	8.1%	3	8.1%
									ⅦB	6	16.2%	5	13.5%
									ⅦC	1	2.7%	1	2.7%
									ⅦD	4	10.8%	3	8.1%
									ⅦE	—	—	—	—

比率=各科或亚科各动物地理区系的种数/该属中国总种数×100%。

背圆粗腿木虻 *Solva marginata*、黄腿粗腿木虻 *Solva schnitnikowi*、长角木虻 *Xylomya longicornis* 分布地为中国华北,不计入小区,计入古北界种数;棒突粗腿木虻 *Solva clavata* 分布地为中国,不计入各区,计入中国总种数。

(2)柱角水虻亚科 Beridinae

柱角水虻亚科中国分布有 96 种,占世界总数的 34.8%,中国特有种 84 种。种类最多的是华南区,41 种占总数的 42.7%,其次为华中区,33 种占 34.4%,西南区 20 种占 20.8%,华北区 8 种占 8.3%,东北区和青藏区各有 2 种,分别占 2.1%。中国柱角水虻亚科绝大部分分布在东洋界,87 种占总数的 90.6%,与该亚科属在中国的分布倾向相符且更加明显(表 23)。

表 23　中国柱角水虻亚科 Beridinae 种类在中国动物地理区系的分布

界	种数	比率	亚界	种数	比率	区	种数	比率	亚区	种数	比率	特有种数	比率
古北界	12	12.5%	东北亚界	10	10.4%	Ⅰ东北区	2	2.1%	ⅠA	—	—	—	—
									ⅠB	2	2.1%	1	1.0%
									ⅠC	—	—	—	—
						Ⅱ华北区	8	8.3%	ⅡA	3	3.1%	2	2.1%
									ⅡB	5	5.2%	4	4.2%
			中亚亚界	2	2.1%	Ⅲ蒙新区	—	—	ⅢA	—	—	—	—
									ⅢB	—	—	—	—
									ⅢC	—	—	—	—
						Ⅳ青藏区	2	2.1%	ⅣA	—	—	—	—
									ⅣB	2	2.1%	2	2.1%
东洋界	87	90.6%	中印亚界	87	90.6%	Ⅴ西南区	20	20.8%	ⅤA	16	16.7%	11	11.5%
									ⅤB	4	4.2%	3	3.1%
						Ⅵ华中区	33	34.4%	ⅥA	5	5.2%	4	4.2%
									ⅥB	28	29.2%	25	26.0%
						Ⅶ华南区	41	42.7%	ⅦA	7	7.3%	7	7.3%
									ⅦB	23	24.0%	22	22.9%
									ⅦC	5	5.2%	4	4.2%
									ⅦD	10	10.4%	7	7.3%
									ⅦE	—	—	—	—

比率=各科或亚科各动物地理区系的种数/该属中国总种数×100%。

(3)鞍腹水虻亚科 Clitellariinae

鞍腹水虻亚科在中国分布有 32 种,占世界总数的 12.4%,其中特有种 26 种。华南区分布最多,20 种占总数量的 62.5%,其次为西南区,13 种占 40.6%,华中区 8 种占 25.0%,华北区 4 种占 12.5%,蒙新区 2 种占 6.3%,东北区和青藏区无分布。就种类数量而言,其分布依然是倾向于东洋界的,这与属级分布相吻合(表 24)。

表 24　中国鞍腹水虻亚科 Clitellariinae 种类在中国动物地理区系的分布

界	种数	比率	亚界	种数	比率	区	种数	比率	亚区	种数	比率	特有种数	比率
古北界	6	18.8%	东北亚界	4	12.5%	I 东北区	—	—	I A	—	—	—	—
									I B	—	—	—	—
									I C	—	—	—	—
						II 华北区	4	12.5%	II A	4	12.5%	3	9.4%
									II B	2	6.3%	2	6.3%
			中亚亚界	2	6.3%	III 蒙新区	2	6.3%	III A	—	—	—	—
									III B	2	6.3%	1	3.1%
									III C	—	—	—	—
						IV 青藏区	—	—	IV A	—	—	—	—
									IV B	—	—	—	—
东洋界	28	87.5%	中印亚界	28	87.5%	V 西南区	13	40.6%	V A	11	34.4%	9	28.1%
									V B	6	18.8%	4	12.5%
						VI 华中区	8	25.0%	VI A	7	21.9%	5	15.6%
									VI B	5	15.6%	4	12.5%
						VII 华南区	20	62.5%	VII A	6	18.8%	5	15.6%
									VII B	16	50.0%	12	37.5%
									VII C	4	12.5%	2	6.3%
									VII D	3	9.4%	3	9.4%
									VII E	—	—	—	—

比率＝各科或亚科各动物地理区系的种数/该属中国总种数×100%。

泸沽隐水虻 Adoxomyia lugubris 分布地为四川,不计入小区,计入东洋界。

（4）扁角水虻亚科 Hermetiinae

扁角水虻亚科在中国总共分布有 5 种,占世界该亚科总数的 5.6%,特有种 4 种。其中华南区分布有 4 种,仅黑腹扁角水虻 *Hermetia melanogaster* 无分布,该种仅分布于西南区,西南区还有亮斑扁角水虻 *Hermetia illucens* 分布,华北区、蒙新区和华中区仅有亮斑扁角水虻 *Hermetia illucens* 这 1 种分布（表 25）。

（5）线角水虻亚科 Nemotelinae

线角水虻亚科中国分布有 17 种,占世界该亚科总数的 7.7%,特有种 8 种。该亚科绝大部分分布于古北界,仅有 1 种分布于东洋界,其中蒙新区和青藏区所组成的中亚亚界分布有 14 种,占总数的 82.4%,而华北区分布 2 种占 11.8%,西南区分布 1 种占 5.9%。其他亚科分布丰富的华中区和华南区无线角水虻亚科昆虫分布（表 26）。

表 25 中国扁角水虻亚科 Hermetiinae 种类在中国动物地理区系的分布

界	种数	比率	亚界	种数	比率	区	种数	比率	亚区	种数	比率	特有种数	比率
古北界	1	20.0%	东北亚界	1	20.0%	Ⅰ东北区	—	—	ⅠA	—	—	—	—
									ⅠB	—	—	—	—
									ⅠC	—	—	—	—
						Ⅱ华北区	1	20.0%	ⅡA	1	20.0%	—	—
									ⅡB	—	—	—	—
			中亚亚界	1	20.0%	Ⅲ蒙新区	1	20.0%	ⅢA	1	20.0%	—	—
									ⅢB	—	—	—	—
									ⅢC	—	—	—	—
						Ⅳ青藏区	—	—	ⅣA	—	—	—	—
									ⅣB	—	—	—	—
东洋界	5	100.0%	中印亚界	5	100.0%	Ⅴ西南区	2	40.0%	ⅤA	2	40.0%	1	20.0%
									ⅤB	—	—	—	—
						Ⅵ华中区	1	20.0%	ⅥA	1	20.0%	—	—
									ⅥB	—	—	—	—
						Ⅶ华南区	4	80.0%	ⅦA	1	20.0%	1	20.0%
									ⅦB	4	80.0%	3	60.0%
									ⅦC	1	20.0%	—	—
									ⅦD	1	20.0%	—	—
									ⅦE	—	—	—	—

比率＝各科或亚科各动物地理区系的种数/该属中国总种数×100%。

表 26 中国线角水虻亚科 Nemotelinae 种类在中国动物地理区系的分布

界	种数	比率	亚界	种数	比率	区	种数	比率	亚区	种数	比率	特有种数	比率
古北界	16	94.1%	东北亚界	2	11.8%	Ⅰ东北区	—	—	ⅠA	—	—	—	—
									ⅠB	—	—	—	—
									ⅠC	—	—	—	—
						Ⅱ华北区	2	11.8%	ⅡA	—	—	—	—
									ⅡB	2	11.8%	1	5.9%
			中亚亚界	14	82.4%	Ⅲ蒙新区	8	47.1%	ⅢA	2	11.8%	2	11.8%
									ⅢB	8	47.1%	5	29.4%
									ⅢC	1	5.9%	—	—
						Ⅵ青藏区	7	41.2%	ⅣA	—	—	—	—
									ⅣB	7	41.2%	1	5.9%

续表 26

界	种数	比率	亚界	种数	比率	区	种数	比率	亚区	种数	比率	特有种数	比率
东洋界	1	5.9%	中印亚界	1	5.9%	Ⅴ西南区	—	—	ⅤA	—	—	—	—
									ⅤB	—	—	—	—
						Ⅵ华中区			ⅥA	—	—	—	—
									ⅥB	—	—	—	—
						Ⅶ华南区	—	—	ⅦA	—	—	—	—
									ⅦB	—	—	—	—
									ⅦC	—	—	—	—
									ⅦD	—	—	—	—
									ⅦE	—	—	—	—

比率＝各科或亚科各动物地理区系的种数/该属中国总种数×100%。

宽腹线角水虻 *Nemotelus lativentris* 分布地为四川,不计入各区,计入东洋界;满洲里线角水虻 *Nemotelus mandshuricus* 分布地为中国东北部,不计入各小区,计入古北界。

(6)厚腹水虻亚科 Pachygastrinae

厚腹水虻亚科在我国分布有 70 种,占世界该亚科总数的 11.3%,其中中国特有种 37 种。在我国各个动物地理区系均有分布,其中有以华南区种类最为丰富,有 62 种占总数量的 88.6%,其次为华中区,10 种占 14.3%,西南区 7 种,占 10%,华北区 4 种,占 5.7%,青藏区、蒙新区和东北区各有 1 种。可见西南区拥有了厚腹水虻亚科绝大部分种类,尤其是云南西南部拥有一半以上的种类,推断其为该亚科在我国的分化中心(表 27)。

(7)瘦腹水虻亚科 Sarginae

瘦腹水虻亚科在我国分布有 45 种,占世界该亚科总数的 8.7%,其中中国特有种 21 种。该亚科在我国分布较广,各个动物地理区系均有分布,其中东洋界种类比较丰富,华中区、华南区和西南区分别分布有 24 种、20 种和 17 种,分别占总数的 53.3%、44.4% 和 37.8%。古北界中华北区的分布相对较多,10 种占 22.2%,青藏区最少,仅有 3 种,占 6.7%(表 28)。

表 27 中国厚腹水虻亚科 Pachygastrinae 种类在中国动物地理区系的分布

界	种数	比率	亚界	种数	比率	区	种数	比率	亚区	种数	比率	特有种数	比率
古北界	6	8.6%	东北亚界	4	5.7%	Ⅰ东北区	1	1.4%	ⅠA	—	—	—	—
									ⅠB	1	1.4%	1	1.4%
									ⅠC	—	—	—	—
						Ⅱ华北区	4	5.7%	ⅡA	4	5.7%	2	2.9%
									ⅡB	—	—	—	—
			中亚亚界	2	2.9%	Ⅲ蒙新区	1	1.4%	ⅢA	—	—	—	—
									ⅢB	1	1.4%	—	—
									ⅢC	—	—	—	—
						Ⅳ青藏区	1	1.4%	ⅣA	—	—	—	—
									ⅣB	1	1.4%	1	1.4%

续表 27

界	种数	比率	亚界	种数	比率	区	种数	比率	亚区	种数	比率	特有种数	比率
东洋界	67	95.7%	中印亚界	67	95.7%	Ⅴ西南区	7	10.0%	ⅤA	5	7.1%	2	2.9%
									ⅤB	3	4.3%	2	2.9%
						Ⅵ华中区	10	14.3%	ⅥA	6	8.6%	1	1.4%
									ⅥB	5	7.1%	3	4.3%
						Ⅶ华南区	62	88.6%	ⅦA	11	15.7%	5	7.1%
									ⅦB	37	52.9%	19	27.1%
									ⅦC	15	21.4%	9	12.9%
									ⅦD	20	28.6%	11	15.7%
									ⅦE	—	—	—	—

比率＝各科或亚科各动物地理区系的种数/该属中国总种数×100%。

表 28　中国瘦腹水虻亚科 Sarginae 种类在中国动物地理区系的分布

界	种数	比率	亚界	种数	比率	区	种数	比率	亚区	种数	比率	特有种数	比率
古北界	16	35.6%	东北亚界	12	26.7%	Ⅰ东北区	7	15.6%	ⅠA	—	—	—	—
									ⅠB	7	15.6%	1	2.2%
									ⅠC	1	2.2%	—	—
						Ⅱ华北区	10	22.2%	ⅡA	9	20.0%	2	4.4%
									ⅡB	6	13.3%	—	—
			中亚亚界	6	13.3%	Ⅲ蒙新区	4	8.9%	ⅢA	2	4.4%	1	2.2%
									ⅢB	1	2.2%	—	—
									ⅢC	1	2.2%	1	2.2%
						Ⅳ青藏区	3	6.7%	ⅣA	1	2.2%	—	—
									ⅣB	2	4.4%	1	2.2%
东洋界	39	86.7%	中印亚界	39	86.7%	Ⅴ西南区	17	37.8%	ⅤA	15	33.3%	8	17.8%
									ⅤB	3	6.7%	1	2.2%
						Ⅵ华中区	24	53.3%	ⅥA	20	44.4%	9	20.0%
									ⅥB	12	26.7%	4	8.9%
						Ⅶ华南区	20	44.4%	ⅦA	10	22.2%	4	8.9%
									ⅦB	13	28.9%	4	8.9%
									ⅦC	4	8.9%	—	—
									ⅦD	6	13.3%	1	2.2%
									ⅦE	—	—	—	—

比率＝各科或亚科各动物地理区系的种数/该属中国总种数×100%。

日本瘦腹水虻 Sargus niphonensis 分布地为中国东北部,绿纹瘦腹水虻 Sargus viridiceps 分布地为中国北方,均不计入各区,计入古北界。

（8）水虻亚科 Stratiomyinae

水虻亚科在我国分布有 81 种,占世界该亚科总数的 12.1％,其中中国特有种 49 种。该亚科在我国分布较广,各个动物地理区系均有分布,古北界与东洋界种数大致相当,古北界稍多。其中华中区最多,31 种,占 38.3％,其次为华北区,27 种,占 33.3％,东北区、西南区和华南区大致相当,有 15 种左右,占 18.5％,青藏区最少,仅有 8 种,不到总数的 10％。可见水虻亚科昆虫分布无明显的倾向性,推测可能与其大部分幼虫水生有关,水体环境相对陆地更加稳定,有利于其扩散(表 29)。

表 29　中国水虻亚科 Stratiomyinae 种类在中国动物地理区系的分布

界	种数	比率	亚界	种数	比率	区	种数	比率	亚区	种数	比率	特有种数	比率
古北界	46	56.8％	东北亚界	35	43.2％	Ⅰ东北区	14	17.3％	ⅠA	—	—	—	—
									ⅠB	8	9.9％	3	3.7％
									ⅠC	2	2.5％	1	1.2％
						Ⅱ华北区	27	33.3％	ⅡA	17	21.0％	8	9.9％
									ⅡB	18	22.2％	11	13.6％
			中亚亚界	27	33.3％	Ⅲ蒙新区	21	25.9％	ⅢA	5	6.2％	2	2.5％
									ⅢB	13	16.0％	4	4.9％
									ⅢC	6	7.4％	1	1.2％
						Ⅳ青藏区	8	9.9％	ⅣA	—	—	—	—
									ⅣB	8	9.9％	4	4.9％
东洋界	43	53.1％	中印亚界	43	53.1％	Ⅴ西南区	15	18.5％	ⅤA	14	17.3％	7	8.6％
									ⅤB	3	3.7％	3	3.7％
						Ⅵ华中区	31	38.3％	ⅥA	16	19.8％	6	7.4％
									ⅥB	23	28.4％	11	13.6％
						Ⅶ华南区	16	19.8％	ⅦA	7	8.6％	4	4.9％
									ⅦB	5	6.2％	3	3.7％
									ⅦC	3	3.7％	1	1.2％
									ⅦD	6	7.4％	4	4.9％
									ⅦE	—	—	—	—

比率＝各科或亚科各动物地理区系的种数/该属中国总种数×100％。

银色短角水虻 Odontomyia argentata 分布地为黑龙江,均不计入小区,计入东北区;青被短角水虻 Odontomyia atrodorsalis 分布地有黑龙江,黄绿斑短角水虻 Odontomyia garatas 分布地有吉林,计入东北区;双带短角水虻 Odontomyia inanimis 分布地为中国,微足短角水虻 Odontomyia microleon、平额短角水虻 Odontomyia pictifrons 分布地为甘肃,不计入各区,计入总种数;平头短角水虻 Odontomyia picta 分布地为内蒙古,不计入小区,计入蒙新区;青海盾刺水虻 Oxycera qinghensis 分布地有内蒙古,计入蒙新区;连水虻 Stratiomys annectens 分布地为黑龙江、内蒙古、新疆;满洲里水虻 Stratiomyia mandshurica 分布地为黑龙江、内蒙古,不计入小区,计入东北区和蒙新区;陀螺水虻 Stratiomys apicalis 分布地有华北,计入华北区;平头水虻 Stratiomys potanini、腹水虻 Stratiomys ventralis 分布地有内蒙古,计入蒙新区;红翅水虻 Stratiomys rufipennis 分布地为中国北部,不计入各区,计入古北界;正眼水虻 Stratiomys validicornis 分布地为新疆,不计入小区,计入蒙新区。

(9)水虻科 Stratiomyidae

水虻科在我国分布有 346 种,约占世界总数的 11.5%,其中特有种 229 种。总体来说分布依然倾向于东洋界,其中华南区最多,163 种,占总数的 47.1%;其次为华中区,107 种,占总数的 30.9%;西南区 74 种,占 21.4%;华北区 56 种,占 16.2%;蒙新区 37 种,占 10.7%;东北区和青藏区数量较少,均不足 10%;其中青藏区最少,仅 21 种,占 6.1%。根据表 21,木虻科在中国的分布也呈现同水虻科极相似的比例和趋势,东洋界多于古北界,其中华南区数量最多,而青藏区无分布。可见,水虻总科的昆虫比较喜欢湿热亚热带和热带型的气候,干旱及高寒地区并不适宜其生存(表 30)。

表 30　中国水虻科 Stratiomyidae 种类在中国动物地理区系的分布

界	种数	比率	亚界	种数	比率	区	种数	比率	亚区	种数	比率	特有种数	比率
古北界	103	29.8%	东北亚区	68	19.7%	Ⅰ东北区	24	6.9%	ⅠA	—	—	—	—
									ⅠB	18	5.2%	6	1.7%
									ⅠC	3	0.9%	1	0.3%
						Ⅱ华北区	56	16.2%	ⅡA	38	11.0%	16	4.6%
									ⅡB	33	9.5%	18	5.2%
			中亚亚区	54	15.6%	Ⅲ蒙新区	37	10.7%	ⅢA	10	2.9%	5	1.4%
									ⅢB	25	7.2%	10	2.9%
									ⅢC	8	2.3%	2	0.6%
						Ⅳ青藏区	21	6.1%	ⅣA	1	0.3%	—	—
									ⅣB	20	5.8%	9	2.6%
东洋界	270	78.0%	中印亚区	270	78.0%	Ⅴ西南区	74	21.4%	ⅤA	63	18.2%	38	11.0%
									ⅤB	19	5.5%	13	3.8%
						Ⅵ华中区	107	30.9%	ⅥA	55	15.9%	25	7.2%
									ⅥB	73	21.1%	46	13.3%
						Ⅶ华南区	163	47.1%	ⅦA	42	12.1%	26	7.5%
									ⅦB	98	28.3%	62	17.9%
									ⅦC	32	9.2%	16	4.6%
									ⅦD	46	13.3%	26	7.5%
									ⅦE	—	—	—	—

各　论

一、木虻科 Xylomyidae Verrall，1901

特征　身体细长，被短毛。复眼裸，两性复眼均分离，小眼面大小一致。额两侧平行或向头顶汇聚；颜微凸，梯形。触角细长，鞭节明显长于柄节与梗节长之和；鞭节有 8 小节，第 8 鞭节端部通常尖。喙发达，肉质；须 1～2 节。中胸背板微拱突，小盾片无刺。前胸腹板与侧板愈合形成基前桥。后足股节和胫节明显长于前中足股节和胫节，后足基节基部具腹突。胫节距式 0-2-2。翅瓣发达，C 脉终止于 M_2 脉上或之前；Rs 脉起源于盘室基部之前；R_5 脉终止于翅端；m_3 室和臀室在翅缘前关闭；盘室发达，较长。腹部细长，可见 7～8 节，粗腿木虻属 Solva（基黄粗腿木虻 Solva basiflava 除外）和丽木虻属 Formosolva 第 1 背板基部具一个大的膜质区域。

讨论　木虻科为双翅目短角亚目的一个小科，世界性分布，全世界已知 5 属 138 种。本文记述中国 3 属 37 种。

属 检 索 表

1.	须 2 节；后足股节通常膨大，股节腹面具小齿（北方粗腿木虻 Solva varia 除外）；腹部第 1 节基部具大的半圆形膜质区（基黄粗腿木虻 Solva basiflava 除外）；雄虫第 9 背板无背针突，尾须通常细小，第 10 腹板结构简单，第 8 腹板端部不分成两部分 ……………………… **2**
	须 1 节；后足股节细长，股节腹面无小齿；腹部第 1 节基部无大的半圆形膜质区。雄虫第 9 背板具背针突，尾须通常宽大，第 10 腹板端部分为 3 叶，第 8 腹板端部分成两叶 ……… 木虻属 *Xylomya*
2.	侧单眼位于复眼顶角之前；额向头顶汇聚，明显窄于复眼宽；唇基边缘具长侧沟 ………………………………………………… 粗腿木虻属 *Solva*

侧单眼位于复眼顶角处或之后;额两侧几乎平行,至少与复眼等宽;唇基边缘具深的侧凹洞 ⋯⋯⋯
⋯⋯⋯⋯⋯⋯ 丽木虻属 *Formosolva*

1. 丽木虻属 *Formosolva* James，1939

丽木虻属见图 14、图 15。

Formosolva James，1939. Arb. Morph. Taxon. Ent. Berl. 6（1）：32（as subgenus of *Solva*）. Type species：*Solva*（*Formosolva*）*concavifrons* James，1939.

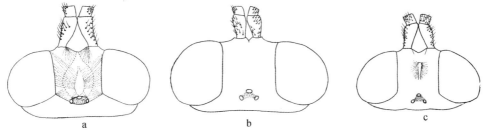

图 14 丽木虻属雌虫头部,背视（female heads of *Formosolva* spp.，dorsal view）

a. 陷额丽木虻 *Formosolva devexifrons* Yang *et* Nagatomi；b. 平额丽木虻 *Formosolva planifrons* Yang *et* Nagatomi；c. 瘤额丽木虻 *Formosolva tuberifrons* Yang *et* Nagatomi。

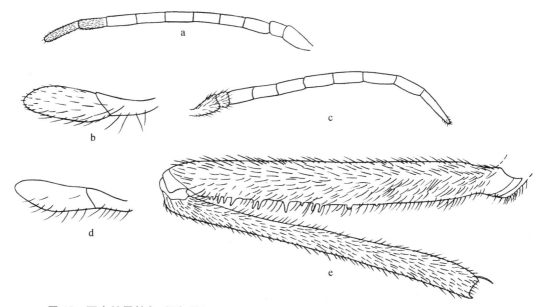

图 15 丽木虻属触角、须和足（antenna，palpus and leg of *Formosolva* spp.，dorsal view）

a～b. 瘤额丽木虻 *Formosolva tuberifrons* Yang *et* Nagatomi：a. 触角,外侧视（antenna，outer view），b. 须,侧视（palpus，lateral view）；c～d. 平额丽木虻 *Formosolva planifrons* Yang *et* Nagatomi：c. 触角,外侧视（antenna，outer view），d. 须,侧视（palpus，lateral view）；e. 陷额丽木虻 *Formosolva devexifrons* Yang *et* Nagatomi：后足股节和胫节,前视（hind femur and tibia，frontal view）。

属征 雄虫未知。体中型，细长。复眼均分离，裸，小眼面大小一致。额和颜两侧平行；额与复眼等宽或宽于复眼，稍宽于颜。单眼瘤宽明显大于长，侧单眼位于复眼顶角处或之后。唇基边缘具深的侧凹洞而非长的侧沟。触角明显长于前足股节；柄节远长于梗节；第1～8鞭节各节均细长，长大于宽；第1鞭节不加粗，长于第2～5鞭节；第8鞭节顶端不尖锐。须2节，第2节膨大。前缘脉在 R_5 脉之后的末端加粗，bm 室与 m_3 室之间的脉明显（短于 bm 室与盘室之间的脉），但平额丽木虻 F. planifrons 的正模一侧的翅无此脉。后足股节窄于后足基节，腹面具齿。腹部第1背板基部具大的膜质区域。

讨论 该属仅分布于东洋界。全世界已知5种，我国已知4种。

种 检 索 表

1.	触角间距宽于触角与复眼之间的距离；触角上额宽于复眼宽 ··········	2
	触角间距窄于触角与复眼之间的距离；触角上额与复眼等宽；额很平 ···	平额丽木虻 F. planifrons
2.	额明显凹陷，中央无瘤突 ···············	3
	额中央具瘤突 ·················	瘤额丽木虻 F. tuberifrons
3.	额上凹较浅，中单眼前无深凹洞 ··········	凹额丽木虻 F. concavifrons
	额上凹较深，中单眼前具深凹洞 ··········	陷额丽木虻 F. devexifrons

（1）凹额丽木虻 *Formosolva concavifrons*（James，1939）

Solva（*Formosolva*）*concavifrons* James，1939. Arb. Morph. Taxon. Ent. Berl. 6（1）：32. Type locality：China：Taiwan.

雌 体长 11 mm。

体黄色。头部额宽于复眼宽，明显凹。颜窄于额，在口缘不变宽。头部黄色，被黄色短毛，下部毛较长。触角长为头长的 4 倍；各节长比为 10.0：4.0：10.0：8.0：9.0：11.0：10.0：11.0：11.0：11.0。触角黄色，但梗节到第 8 鞭节基半部背侧面褐色，第 7 鞭节端部和第 8 鞭节赤黄色。喙和须黄色，被黄毛。胸部包括足、平衡棒和小盾片黄褐色，被浅色毛。股节稍膨大，腹面具一列齿，后部看上去像 2 列。翅黄色；翅脉黄色，m-cu 横脉明显，长于 r-m 横脉的一半。腹部黄色，被浅色毛，但第 2～7 背板也有黑色毛。

分布 中国台湾。

讨论 该种与陷额丽木虻 *F. devexifrons* Yang *et* Nagatomi 相似，但额凹较浅，中单眼前无深凹洞。而后者额凹较深，中单眼前具深凹洞（Yang 和 Nagatomi，1993）。

（2）陷额丽木虻 *Formosolva devexifrons* Yang *et* Nagatomi，1993（图 16）

Formosolva devexifrons Yang *et* Nagatomi，1993. South Pacific Study 14（1）：6. Type locality：China：Sichuan，Emeishan.

雌 体长 12.1 mm，翅长 10.6 mm。

头部黄色，被灰白粉；稍有光泽，中单眼前有一很深的凹陷。头部毛淡黄色至黄色。单眼瘤黑色。头高为长的 1.3 倍，复眼宽为触角到中单眼距离的 0.7 倍，为触角上额宽的 0.8 倍和颜宽的 0.8 倍；触角上额宽为单眼瘤宽的 2.9 倍，为中单眼处额宽的 1.0 倍，为颜宽的 1.0 倍；

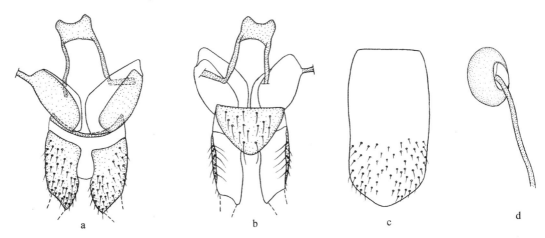

图 16 　陷额丽木虻 *Formosolva devexifrons* Yang *et* Nagatomi（♀）

a. 雌性生殖器,背视（female genitalia, dorsal view）；b. 雌性生殖器,腹视（female genitalia, ventral view）；c. 第 8 腹板（sternite 8）；d. 受精囊头部（head of spermatheca）。

喙下脊到触角的距离为触角到中单眼距离的 1.1 倍。触角黄色,但第 1～5 鞭节外表面褐色至暗褐色；柄节和梗节被黑毛,鞭节具厚的白色粉被；触角 3 节长比为 1.0∶0.3∶7.8；触角长为触角到中单眼距离的 3.3 倍,为前足股节长的 1.6 倍。喙黄色,被淡黄毛。须黄色,被淡黄毛,长为触角到中单眼距离的 0.6 倍；第 2 节稍长,长为第 1 节的 1.3 倍。

胸部黄色,被薄的灰白粉。胸部毛黄色,但中胸背板和小盾片有黑毛。足黄色；足上毛淡黄色,但跗节被黑毛；后足股节宽为长的 0.14 倍,为后足胫节宽的 1.7 倍。翅淡黄色；翅脉淡黄褐色到褐色。平衡棒黄色。

腹部黄色,背面（除侧缘外）稍带褐色到暗褐色。腹部毛淡黄色,背面有些黑毛。雌性外生殖器【尾须第 2 节缺失】：第 9 背板侧骨片宽于瘤额丽木虻 *F. tuberifrons*；第 8 腹板也宽于瘤额丽木虻 *F. tuberifrons* 且后部圆。

雄　未知。

观察标本　正模♀,四川峨眉山,1 120 m,1978. IX. 18,李法圣（CAU）。

分布　四川（峨眉山）。

讨论　该种与凹额丽木虻 *F. concavifrons*（James）相似,但额上凹较深,中单眼前具深凹洞。而后者额上凹较浅,中单眼前无深凹洞（Yang 和 Nagatomi,1993）。

（3）平额丽木虻 *Formosolva planifrons* Yang *et* Nagatomi,1993（图 17）

Formosolva planifrons Yang *et* Nagatomi,1993. South Pacific Study 14(1)：7. Type locality：China：Guangxi, Jinxiu.

雌　体长 12.8 mm,翅长 11.0 mm。

头部黄色,被薄的淡灰粉；额稍有光泽,很平。单眼瘤黑色。头部毛黄色。头高为长的 1.6 倍；复眼宽为触角到中单眼距离的 0.8 倍,为触角上额宽的 1.0 倍和颜宽的 1.0 倍；触角上额宽为单眼瘤宽的 2.8 倍,为中单眼处额宽的 1.0 倍,为颜宽的 1.0 倍；喙下脊到触角的距离为触角到中单眼距离的 1.2 倍。触角黄色,但第 1～5（或 2～5）鞭节外表面褐色至暗褐色；

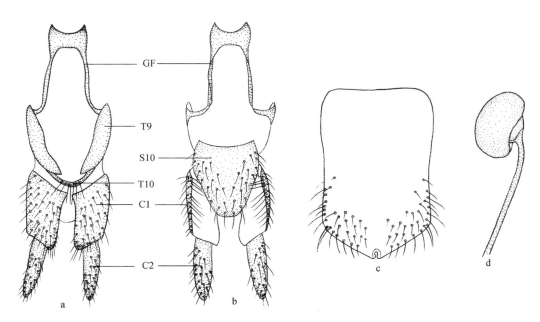

图 17 平额丽木虻 Formosolva planifrons Yang et Nagatomi（♀）

a. 雌性生殖器，背视（female genitalia，dorsal view）；b. 雌性生殖器，腹视（female genitalia，ventral view）；c. 第 8 腹板（sternite 8）；d. 受精囊头部（head of spermatheca）。C1. 尾须第 1 节（segment 1 of cercus）；C2. 尾须第 2 节（segment 2 of cercus）；GF. 生殖叉（genital furca）；S10. 第 10 腹板（sternite 10）；T9. 第 9 背板（tergite 9）；T10. 第 10 背板（tergite 10）。

柄节和梗节被黑毛，鞭节被厚的白粉；触角 3 节长比为 1.0：0.3：7.1；触角长为触角到中单眼距离的 4.2 倍，为前足股节长的 1.7 倍。喙黄色，被淡黄毛。须黄色，被淡黄毛，长为触角到中单眼距离的 0.8 倍；第 2 节较长，为第 1 节的 1.3 倍。

胸部黄色，被淡灰粉。胸部毛黄色，但中胸背板和小盾片有黑毛。足黄色，但跗节端部暗色；足上毛淡黄色，但跗节被黑毛；后足股节宽为长的 0.14 倍，为后足胫节宽的 2.1 倍。翅淡黄色；翅脉黄褐色到褐色；一个翅无 bm 室与 m_3 室之间的翅脉，另一翅有。平衡棒黄色。

腹部黄色，背面稍有褐色至暗褐色；腹部毛淡黄色，也有些黑毛。雌性外生殖器：第 10 背板窄；尾须第 1 节粗，第 2 节细，与第 1 节等长；第 8 腹板宽于瘤额丽木虻 *F. tuberifrons* 且后缘有一中凹；第 9 背板侧骨片窄；生殖叉前部粗，前缘明显凹；受精囊头部椭圆形。

雄 未知。

观察标本 正模♀，广西金秀，1982. Ⅵ. 15，赵又新（CAU）。

分布 广西（金秀）。

讨论 该种与瘤额丽木虻 *F. tuberifrons* Yang *et* Nagatomi 相似，但触角间距窄于触角与复眼之间的距离，触角上额与复眼等宽，额很平。而后者触角间距宽于触角与复眼之间的距离，触角上额宽于复眼宽，额中央具瘤突（Yang 和 Nagatomi，1993）。

(4)瘤额丽木虻 *Formosolva tuberifrons* Yang *et* Nagatomi，1993(图 18)

Formosolva tuberifrons Yang *et* Nagatomi，1993. South Pacific Study 14(1)：9. Type locality：China：Guangxi，Tianlin.

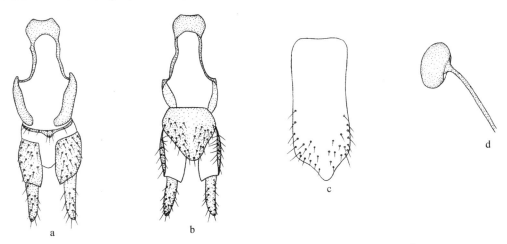

图 18 瘤额丽木虻 *Formosolva tuberifrons* Yang *et* Nagatomi (♀)

a. 雌性生殖器，背视(female genitalia，dorsal view)；b. 雌性生殖器，腹视(female genitalia，ventral view)；
c. 第 8 腹板(sternite 8)；d. 受精囊头部(head of spermatheca)。

雌 体长 9.7 mm，翅长 8.8 mm。

头部黄色，被薄的淡灰粉；额稍带光泽，中部有一个瘤突。单眼瘤黑色。头部毛淡黄色和黄色。头高为长的 1.3 倍；复眼宽为触角到中单眼距离的 0.7 倍，为触角上额宽的 0.9 倍和颜宽的 0.9 倍；触角上额宽为单眼瘤的 2.6 倍，为中单眼处额宽的 1.0 倍，为颜宽的 1.0 倍；喙下脊到触角的距离为触角到中单眼距离的 1.2 倍。触角黄色，但第 1~5 鞭节外表面褐色至暗褐色；柄节和梗节被黑毛，鞭节被厚的白色粉；触角 3 节长比为 1.0∶0.3∶7.4；触角长为触角到中单眼距离的 3.7 倍，为前足股节长的 1.7 倍。喙黄色，被淡黄毛。须黄色，被淡黄毛，长为触角到中单眼距离的 0.7 倍，第 2 节稍长，为第 1 节的 1.2 倍。

胸部黄色，被薄的淡灰粉。胸部毛黄色，但中胸背板和小盾片被黑毛。足黄色；足上毛淡黄色，但跗节被黑毛；后足股节宽为长的 0.14 倍，为后足胫节宽的 1.8 倍。翅淡黄色；翅脉黄褐色至褐色。平衡棒黄色。

腹部黄色，背面(除侧边外)稍带褐色；腹部毛淡黄色，背面有些黑毛。雌性外生殖器：第 10 背板窄；尾须第 1 节粗，第 2 节细，稍短于第 1 节；第 8 腹板窄于陷额丽木虻 *F. devexifrons* 且后缘有一中凸；第 9 背板侧骨片窄；生殖叉前部粗，前缘弱凹；受精囊头部椭圆形。

雄 未知。

观察标本 正模♀，广西田林，1981. Ⅴ. 29，杨集昆（CAU）。1♀，西藏墨脱卡布，1 130 m，1980. Ⅴ. 13，金根桃、吴建毅（SEMCAS）。

分布 广西(田林)、西藏(墨脱)。

讨论 该种与凹额丽木虻 *F. concavifrons* James 和陷额丽木虻 *F. devexifrons* Yang *et* Nagatomi 相似，但额中部具一瘤突，而另外两种额中部凹陷。

2. 粗腿木虻属 *Solva* Walker，1859

粗腿木虻属见图 19 至图 29，图版 3。

Solva Walker，1859. J. Proc. Linn. Soc. 4(15)：98. Type species：*Solva inamoena* Walker，1859.

Subulonia Enderlein，1913. Zool. Anz. 42(12)：545. Type species：*Subulonia truncativena* Enderlein，1913.

Prista Enderlein，1913. Zool. Anz. 42(12)：546. Type species：*Subula vittata* Doleschall，1859.

Ceratosolva de Meijere，1914. Tijdschr. Ent. 50(4)：21. Type species：*Ceratosolva cylindricornis* de Meijere，1914.

Parathropeas Brunetti，1920. The Fauna of British India，including Ceylon and Myanmar：108. Type species：*Parathropeas thereviformis* Brunetti，1920.

Hanauia Enderlein，1920. Fauna von Deutschland. Ein Bestimmungsbuch unserer heimischen Tierwelt：281. Type species：*Xylophagus mardinatus* Meigen，1820.

Phloophila Hull，1945. Ent. News 55：263. Type species：*Subula pallipes* Loew，1863.

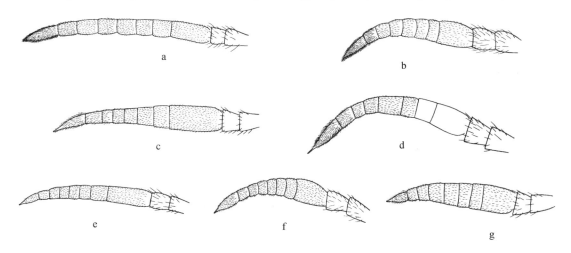

图 19　粗腿木虻属触角，外侧视（antennae of *Solva* spp.，outer view）

a. 端斑粗腿木虻 *Solva apicimacula* Yang et Nagatomi（♀）；b. 完全粗腿木虻 *Solva completa* (de Meijere)（♀）；

c. 背黄粗腿木虻 *Solva dorsiflava* Yang et Nagatomi（♀）；d. 黄毛粗腿木虻 *Solva flavipilosa* Yang et Nagatomi（♂）；

e. 雅粗腿木虻 *Solva gracilipes* Yang et Nagatomi（♀）；f. 枥下町粗腿木虻 *Solva kusigematii* Yang et Nagatomi（♂）；

g. 中斑粗腿木虻 *Solva mediomacula* Yang et Nagatomi（♀）。

属征　体中到大型，细长。两性复眼均分离，裸，小眼面大小一致。额两侧几乎平行或向头顶汇聚。触角较长；柄节稍长于梗节，鞭节每小节均宽大于长，通常第 1 鞭节稍粗且加长，第 8 鞭节顶端尖。须发达，2 节。小盾片无刺；后足股节通常膨大，股节腹面具小齿（北方粗腿木虻 *Solva varia* 除外）；胫节距式 0-2-2。腹部较窄，第 1 节基部具大的半圆形膜质区（基黄粗腿木虻 *Solva basiflava* 除外）。雄性外生殖器：第 9 背板无背针突；尾须通常细小；第 10 腹板结

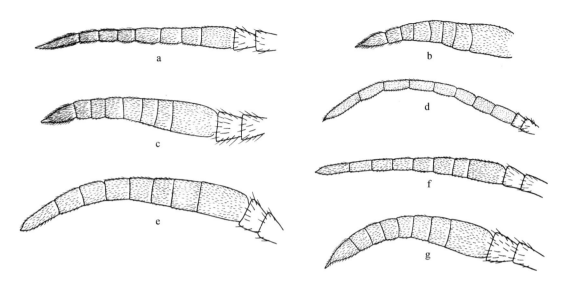

图 20　粗腿木虻属触角,外侧视(antennae of *Solva* spp., outer view)

a. 山西粗腿木虻 *Solva shanxiensis* Yang *et* Nagatomi(♂);b. 中华粗腿木虻 *Solva sinensis* Yang *et* Nagatomi(♀);
c. 条斑粗腿木虻 *Solva striata* Yang *et* Nagatomi(♀);d. 长角粗腿木虻 *Solva tigrina* Yang *et* Nagatomi(♀);
e. 纯黄粗腿木虻 *Solva uniflava* Yang *et* Nagatomi(♀);f. 北方粗腿木虻 *Solva varia*(Meigen)(♀);g. 云南粗腿
木虻 *Solva yunnanensis* Yang *et* Nagatomi(♀)。

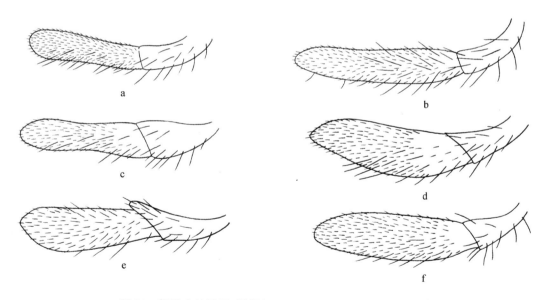

图 21　粗腿木虻属须,侧视(palpi of *Solva* spp., lateral view)

a. 端斑粗腿木虻 *Solva apicimacula* Yang *et* Nagatomi(♀);b. 基黄粗腿木虻 *Solva basiflava* Yang *et* Nagatomi
(♂);c. 棒突粗腿木虻 *Solva clavata* Yang *et* Nagatomi(♂);d. 完全粗腿木虻 *Solva completa*(de Meijere)(♀);
e. 背黄粗腿木虻 *Solva dorsiflava* Yang *et* Nagatomi(♀);f. 黄毛粗腿木虻 *Solva flavipilosa* Yang *et* Nagatomi
(♂)。

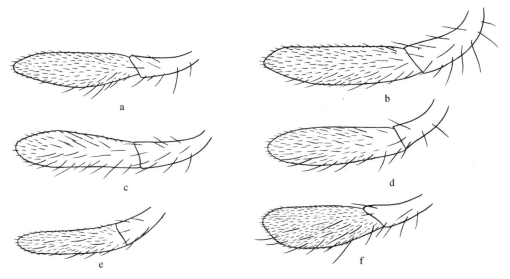

图 22 粗腿木虻属须,侧视(palpi of *Solva* spp., lateral view)

a. 雅粗腿木虻 *Solva gracilipes* Yang et Nagatomi (♀); b. 湖北粗腿木虻 *Solva hubensis* Yang et Nagatomi
(♀); c. 枥下町粗腿木虻 *Solva kusigematii* Yang et Nagatomi (♂); d. 中斑粗腿木虻 *Solva mediomacula*
Yang et Nagatomi (♀); e. 中突粗腿木虻 *Solva mera* Yang et Nagatomi (♂); f. 山西粗腿木虻 *Solva shanx-
iensis* Yang et Nagatomi (♂)。

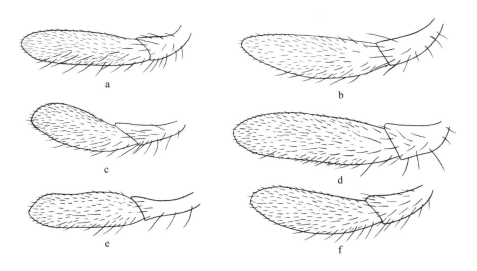

图 23 粗腿木虻属须,侧视(palpi of *Solva* spp., lateral view)

a. 中华粗腿木虻 *Solva sinensis* Yang et Nagatomi (♀); b. 条斑粗腿木虻 *Solva striata* Yang et Na-
gatomi (♀); c. 长角粗腿木虻 *Solva tigrina* Yang et Nagatomi (♀); d. 纯黄粗腿木虻 *Solva uniflava*
Yang et Nagatomi (♀); e. 北方粗腿木虻 *Solva varia* (Meigen) (♀); f. 云南粗腿木虻 *Solva yun-
nanensis* Yang et Nagatomi (♀)。

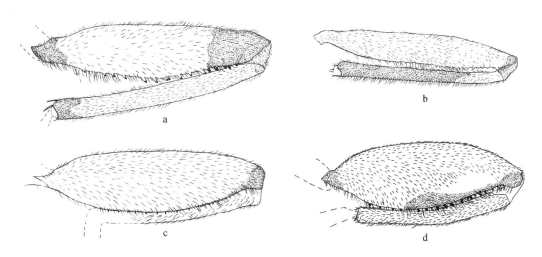

图 24　粗腿木虻属后足股节和胫节，前视（hind femora and tibiae of *Solva* spp.）

a. 端斑粗腿木虻 *Solva apicimacula* Yang et Nagatomi（♀）；b. 基黄粗腿木虻 *Solva basiflava* Yang et Nagatomi（♂）；c. 棒突粗腿木虻 *Solva clavata* Yang et Nagatomi（♂）；d. 完全粗腿木虻 *Solva completa*（de Meijere）（♀）；e. 背黄粗腿木虻 *Solva dorsiflava* Yang et Nagatomi（♀）；f. 黄毛粗腿木虻 *Solva flavipilosa* Yang et Nagatomi（♂）。

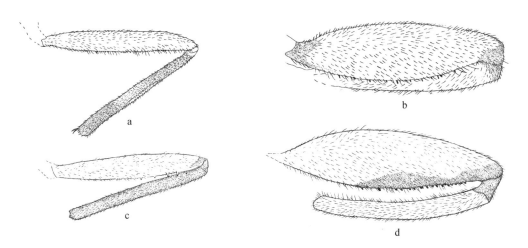

图 25　粗腿木虻属后足股节和胫节，前视（hind femora and tibiae of *Solva* spp.）

a. 背黄粗腿木虻 *Solva dorsiflava* Yang et Nagatomi（♀）；b. 黄毛粗腿木虻 *Solva flavipilosa* Yang et Nagatomi（♂）；c. 雅粗腿木虻 *Solva gracilipes* Yang et Nagatomi（♀）；d. 湖北粗腿木虻 *Solva hubensis* Yang et Nagatomi（♀）。

构简单；第 8 腹板端部不分成两部分。

　　讨论　该属在各个动物地理区系均有分布，但主要分布于古北界、东洋界和澳洲界。全世界已知 96 种，中国已知 22 种。

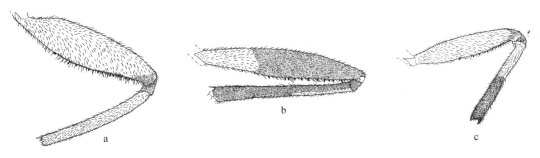

图26 粗腿木虻属后足股节和胫节,前视(hind femora and tibiae of *Solva* spp.)

a. 栉下町粗腿木虻 *Solva kusigematii* Yang *et* Nagatomi(♂);b. 中斑粗腿木虻 *Solva mediomacula* Yang *et* Nagatomi(♀);c. 中突粗腿木虻 *Solva mera* Yang *et* Nagatomi(♂)。

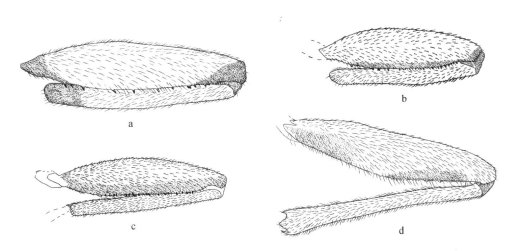

图27 粗腿木虻属后足股节和胫节,前视(hind femora and tibiae of *Solva* spp.)

a. 山西粗腿木虻 *Solva shanxiensis* Yang *et* Nagatomi(♂);b. 中华粗腿木虻 *Solva sinensis* Yang *et* Nagatomi(♀);c. 条斑粗腿木虻 *Solva striata* Yang *et* Nagatomi(♀);d. 长角粗腿木虻 *Solva tigrina* Yang *et* Nagatomi(♀)。

种检索表

1.	胸部主要黑色;体小型(5.4~11.5 mm);触角长为触角到中单眼距离的1.5~3.1倍 ··············	**2**
	胸部主要黄色;体大型(13.0~14.0 mm);触角长为触角到中单眼距离的3.5倍 ·· **长角粗腿木虻 *S. tigrina***	
2.	所有基节均为黑色或褐色,或至少后足基节为黑色 ··································	**3**
	所有基节均为黄色 ··	**11**
3.	翅中前部或端部暗色;中侧片上部无黄色下背侧带 ····························	**4**
	翅全浅色;中侧片上部有黄色下背侧带 ··	**5**
4.	翅中前部或端部暗色;触角短于前足股节 ············· **中斑粗腿木虻 *S. mediomacula***	
	翅端部暗色;触角长于前足股节 ··················· **端斑粗腿木虻 *S. apicimacula***	
5.	后足胫节顶端或端部1/2褐色到暗褐色;小盾片基部和侧边黑色 ··············	**6**

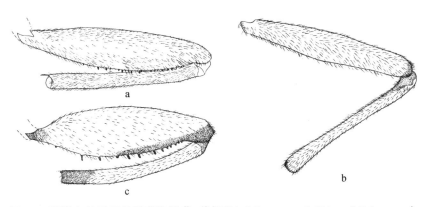

图 28 粗腿木虻属后足股节和胫节,前视(hind femora and tibiae of *Solva* spp.)

a. 纯黄粗腿木虻 *Solva uniflava* Yang *et* Nagatomi(♀);b. 北方粗腿木虻 *Solva varia*(Meigen)(♀);

c. 云南粗腿木虻 *Solva yunnanensis* Yang *et* Nagatomi(♀)。

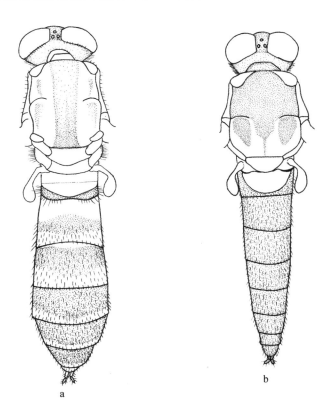

图 29 粗腿木虻属雌虫体,背视(female bodies of *Solva* spp., dorsal view)

a. 长角粗腿木虻 *Solva tigrina* Yang *et* Nagatomi;b. 北方粗腿木虻 *Solva varia*(Meigen)。

(5)端斑粗腿木虻 *Solva apicimacula* Yang *et* Nagatomi,1993(图 30)

Solva apicimacula Yang *et* Nagatomi,1993. South Pacific Study 14(1):17. Type locality:China:Sichuan,Emeishan.

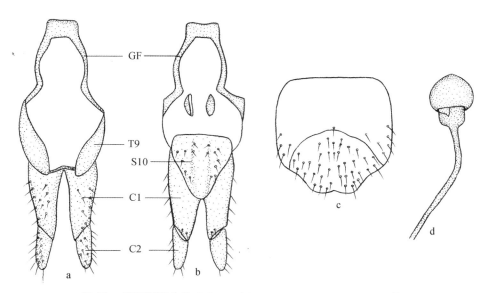

图 30 端斑粗腿木虻 Solva apicimacula Yang et Nagatomi（♀）

a. 雌性生殖器，背视（female genitalia, dorsal view）；b. 雌性生殖器，腹视（female genitalia, ventral view）；c. 第 8 腹板（sternite 8）；d. 受精囊头部（head of spermatheca）。C1. 尾须第 1 节（segment 1 of cercus）；C2. 尾须第 2 节（segment 2 of cercus）；GF. 生殖叉（genital furca）；S10. 第10 腹板（sternite 10）；T9. 第 9 背板（tergite 9）。

雌 体长 10.4～11.0 mm，翅长 10.3～10.5 mm。

头部黑色，被淡灰粉；额除触角上窄的区域外亮黑色。头部毛淡黄色，但颜裸，头顶和复眼上缘后被黑毛。头高为长的 1.6 倍；复眼宽为触角到中单眼距离的 1.2 倍，为触角上额宽的 1.4～1.6 倍和颜宽的 1.2 倍；触角上额宽为单眼瘤宽的 2.2～2.3 倍，为中单眼处额宽的 1.2 倍，为颜宽的 0.9 倍；喙下脊到触角的距离为触角到中单眼距离的 1.4～1.5 倍。触角柄节和梗节黑色，鞭节黑褐色，但第 1～5（或 1～6）鞭节内面黄色；柄节和梗节被黑毛；触角 3 节长比为 1.0：0.6：9.5；触角长为触角到中单眼距离的 3.0～3.1 倍，为前足股节长的 1.4 倍。喙浅褐色至浅褐色，被淡黄毛。须浅黄色，第 1 节和第 2 节基部暗褐色，被淡黄毛；第 2 节稍长，为第 1 节长的 1.3～1.4 倍，须端部远不达触角基部。

胸部黑色，被淡灰粉；肩胛黄色，但前部和后部黑色；小盾片黄色，但基部和侧缘黑色。胸部毛黄色。足暗褐色至黑色，但股节和后足胫节黄色，股节端部和基部以及后足胫节端部暗褐色至黑色；膝黄褐色；后足股节宽为长的 0.23 倍，为后足胫节宽的 2.3 倍，腹面有一列黑色齿。翅稍带褐色，端部和亚缘室暗褐色；翅脉暗褐色；bm 室和 m_3 室之间的脉明显短于 bm 室和盘室之间的脉。平衡棒黄色。

腹部黑色，第 2～7 腹板后缘窄的区域淡黄色。腹部背面毛淡黄色，中部有些黑毛；腹面主要被黑毛。雌性外生殖器：第 10 背板窄；尾须第 2 节短；第 9 背板侧骨片窄；生殖叉前端窄，直；受精囊头部椭圆形，基部粗。

雄 未知。

观察标本 正模♀，四川峨眉山，1 800 m，1957. Ⅶ. 8，郑乐怡（CAU）。副模 1♀，四川峨眉山，1983 m，1957. Ⅵ. 26，朱复兴（CAU）。

分布 四川(峨眉山)。

讨论 该种与分布于缅甸的丽足粗腿木虻 *S. formosipes* Frey 相似,但股节黄色,两端黑色或浅褐色,后足胫节端部黑色,后足股节腹面从基部到端部具一列齿。而后者股节黄色,但中部、基部和端部具黑色环,后足胫节端部 1/4 黑色,后足股节腹面从中部到端部具一列 10 个齿(Frey,1960;Yang 和 Nagatomi,1993)。

(6)金额粗腿木虻 *Solva aurifrons* James, 1939

Solva aurifrons James,1939. Arb. Morph. Taxon. Ent. Berl. 6(1):31. Type locality:China:Taiwan, Toa Tsui Kutsu.

雌 体长 11.5 mm。

体黄色到黄褐色。头顶、额和颜窄,单眼瘤和触角与复眼之间仅由极狭窄的额分开;颜在口缘较宽。头黑色,额颜色变暗,颜密被银白粉,额密被金黄色倒伏毛;后头被黄粉和浓密的黄毛。喙和须黄色;须大,第 2 节膨大。触角长为头长的 3.0 倍;触角 10 节长比为 4.0：3.0：12.0：9.0：10.0：8.0：10.0：8.0：7.0：10.0。触角基部黄色,其余部分(从第 1 鞭节外侧面及第 3 鞭节内侧面开始)浅黑色。胸部黄色,密被黄色短毛;背板颜色深于侧板;中侧片在前足基节后具一个不规则的黑褐色斑;中胸背板中部在中缝后具一个不规则的黑褐色区,向后延伸到小盾片基部。足黄色,被黄毛;后足基节外部和后足股节下部稍带黄褐色。后足股节膨大,宽为后足胫节的 3.0 倍,腹面具一列短钝的齿。翅黄色;翅脉黄色,m-cu 横脉明显,与 r-m 横脉几乎等长。平衡棒黄色,球部略带褐色。腹部黄色,但背板端缘黄褐色;腹部毛浅黄色,但每节的背面基部被黑毛。

分布 中国台湾。

讨论 该种体色为黄色到黄褐色,与长角粗腿木虻 *S. tigrina* Yang *et* Nagatomi 相似,但背板仅在中缝后具不规则黑斑;平衡棒黄色但球部略带褐色;腹部背板端缘黄褐色。而后者中胸背板具黑色中纵斑;平衡棒黄色;腹部背板基缘具暗褐色至黑色横带。

(7)基黄粗腿木虻 *Solva basiflava* Yang *et* Nagatomi, 1993(图 31)

Solva basiflava Yang *et* Nagatomi,1993. South Pacific Study 14(1):24. Type locality:China:Yunnan, Baoshan.

雄 体长 8.6 mm,翅长 7.0 mm。

头部黑色,被淡灰粉。头部毛淡黄色,但颜和额的长纵带裸,上后头主要被黑毛。头高为长的 1.6 倍;复眼宽为触角到中单眼距离的 1.2 倍,为触角上额宽的 2.1 倍和颜宽的 1.6 倍;触角上额宽为单眼瘤宽的 1.7 倍,为中单眼处额宽的 1.3 倍,为颜宽的 0.7 倍;喙下脊到触角的距离为触角到中单眼距离的 1.4 倍。触角【鞭节缺失】褐色,被黑毛;触角 3 节长比为 1.0：0.7：?。喙黄褐色,被淡黄毛。须黄色,第 2 节长,为第 1 节长的 2.4 倍,不伸达触角基部。

胸部黑色,被淡灰粉;肩胛除前内角外黄色;小盾片黄色,但基部和侧缘黑色;中侧片上部具黄色带。胸部毛淡黄色。足【中足跗节和后足第 5 跗节缺失】黄色,但后足胫节暗褐色至黑色,但基部不到 1/2 的区域黄色;跗节端部和后足膝颜色较暗;后足股节宽为长的 0.17 倍,为后足胫节宽的 2.1 倍,腹面有两列黄色齿。足上毛淡黄色。翅几乎透明,翅脉暗褐色;bm 室和 m_3 室之间的脉明显短于 bm 室和盘室之间的脉。平衡棒黄色。

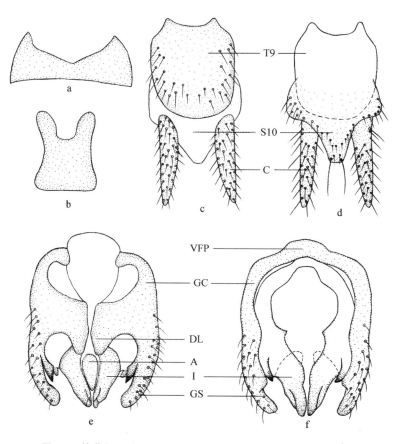

图 31　基黄粗腿木虻 *Solva basiflava* Yang et Nagatomi（♂）

a. 第 8 背板（tergite 8）；b. 第 8 腹板（sternite 8）；c. 第 9 背板、第 10 腹板和尾须，背视
（tergite 9，sternite 10 and cerci，dorsal view）；d. 第 9 背板、第 10 腹板和尾须，腹视（tergite
9，sternite 10 and cerci，ventral view）；e. 生殖体，背视（genital capsule，dorsal view）；f. 生
殖体，腹视（genital capsule，ventral view）。A. 阳茎（aedeagus）；C. 尾须（cercus）；DL. 生
殖基节背叶（dorsal lobe of gonocoxite）；GC. 生殖基节（gonocoxite）；GS. 生殖刺突（gonos-
tylus）；I. 内基突（inter basis）；S10. 第 10 腹板（sternite 10）；T9. 第 9 背板（tergite 9）；
VFP. 生殖基节腹面愈合部（ventral fused portion of gonocoxites）。

　　腹部背面黑色，第 2～5 背板后缘和侧缘黄色；腹面黄色。第 1 背板膜质区很窄。腹部毛
主要淡黄色。雄性外生殖器：第 8 背板宽明显大于长，基部有一大的凹缺；第 8 腹板长大于宽，
基部有一梯形凹缺；第 9 背板长大于宽，近方形；尾须很细，几乎与第 9 背板等长；第 10 腹板基
部急剧加宽；生殖基节背叶大，后端突粗；生殖基节端部有一短的内突，内突端部二分叉；生殖
基节腹面长，窄，愈合部端部稍凸；生殖刺突短，基部与生殖基节愈合；阳茎复合体粗，短，向端
部变窄，无腹管；内基突长，向端部变窄。

　　雌　未知。

　　观察标本　正模♂，云南保山，1 630 m，1981. Ⅴ. 11，杨集昆（CAU）。1♂，西藏墨脱卡
布，1 070 m，1980. Ⅴ. 5，金根桃、吴建毅（SEMCAS）；1♂，西藏墨脱卡布，1 070 m，1980. Ⅴ.
6，金根桃、吴建毅（SEMCAS）。

分布 云南(保山)、西藏(墨脱)。

讨论 该种与背黄粗腿木虻 *S. dorsiflava* Yang *et* Nagatomi 和雅粗腿木虻 *S. gracilipes* Yang *et* Nagatomi 相似,但后足股节较膨大,为后足胫节宽的 2.1 倍。而其余两种后足股节宽为后足胫节宽的 1.7～1.8 倍(Yang 和 Nagatomi,1993)。

(8)棒突粗腿木虻 *Solva clavata* **Yang** *et* **Nagatomi,1993**(图 32)

Solva clavata Yang *et* Nagatomi,1993. South Pacific Study 14(1):26. Type locality: China.

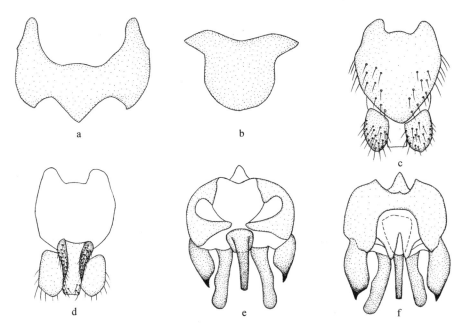

图 32 棒突粗腿木虻 *Solva clavata* Yang *et* Nagatomi (♂)

a. 第 8 背板(tergite 8);b. 第 8 腹板(sternite 8);c. 第 9 背板、第 10 腹板和尾须,背视(tergite 9,sternite 10 and cerci,dorsal view);d. 第 9 背板、第 10 腹板和尾须,腹视(tergite 9,sternite 10 and cerci,ventral view);e. 生殖体,背视(genital capsule,dorsal view);f. 生殖体,腹视(genital capsule,ventral view)。

雄 体长 6.1 mm,翅长 5.8 mm。

头部黑色,被淡灰粉。头部毛淡黄色。头高为长的 1.8 倍;复眼宽为触角到中单眼距离的 1.3 倍,为触角上额宽的 2.1 倍和颜宽的 1.6 倍;触角上额宽为单眼瘤宽的 1.9 倍,为中单眼处额宽的 1.3 倍,为颜宽的 0.7 倍;喙下脊到触角的距离为触角到中单眼距离的 1.5 倍。触角【鞭节缺失】黑色,被黑毛;触角 3 节长比为 1.0∶0.9∶?。喙黄色,被淡黄毛。须淡黄色,被淡黄毛,第 2 节长,为第 1 节长的 1.8 倍。

胸部黑色,被淡灰粉;肩胛除窄的前部和后部外黄色;小盾片除侧缘外黄色。中侧片上部具黄色带,下部亮黑色。胸部毛淡黄色。足【前足除基节和转节外均缺失】黄色,但基节浅褐色至浅黑色;第 2～5 跗节深色;足上毛淡黄色。后足股节膨大,宽为长的 0.3 倍,为后足胫节宽的 3.7 倍,腹面具两列端部黑色的齿。翅透明;翅脉褐色;bm 室和 m_3 室之间的脉明显短于 bm 室和盘室之间的脉。平衡棒淡黄色。

腹部黑色,被淡灰粉;第2~6背板后缘和第2~5腹板黄色,第1腹板黄色且后部浅黑色,第2腹板基缘黄色。腹部毛淡黄色。雄性外生殖器:第8背板宽大于长,基部有一梯形凹缺,端部有一W形凹缺;第9背板长明显大于宽,基部有一梯形凹缺,端部尖;第8腹板基部宽,端部圆;尾须很宽;第10腹板梯形;生殖基节背叶近三角形,腹面愈合部端部稍凹,中央有一端部尖的中突;生殖刺突宽,端部尖;阳茎复合体向端部逐渐变窄,两端圆,具一长而宽的背突;内基部粗,长。

雌 未知。

观察标本 正模♂,中国,1948.Ⅻ.5(CAU)。

分布 中国。

讨论 该种与完全粗腿木虻 S. completa(de Meijere)相似,但后足股节无黑色斑;尾须很宽;阳茎复合体近方形且具一长而宽的背突。而后者后足股节具黑色斑;尾须短;阳茎复合体六边形,具一细长的腹突(Yang 和 Nagatomi,1993)。

(9)完全粗腿木虻 *Solva completa*(de Meijere,1914)(图33、图34)

Xylomyia completa de Meijere,1914. Tijdschr. Ent. 56(Suppl.):23. Type locality:Indonesia:Java, Gunung Ungaran.

Solva crassifemur Yang *et* Nagatomi,1993. South Pacific Study 14(1):29. Type locality:China:Sichuan, Emeishan.

雄 体长6.7 mm,翅长6.8 mm。

头部黑色,被淡灰粉,额亮黑色。头部毛淡黄色,颜裸;额在触角和中单眼之间密被浅色倒伏毛。头高为长的1.8倍;复眼宽为触角到中单眼距离的1.5倍,为触角上额宽的2.4倍和颜宽的1.6倍;触角上额宽为单眼瘤宽的1.9倍,为中单眼处额宽的1.2倍,为颜宽的0.7倍;喙下脊到触角的距离为触角到中单眼距离的1.4倍。触角柄节【梗节和鞭节缺失】褐色至暗褐色,被淡黄毛。喙黄色,被淡黄毛。须黄色,被淡黄毛,第2节长,为第1节长的2.2倍。

胸部黑色,被淡灰粉;肩胛除前内区外黄色;小盾片黄色。中侧片上部具黄色带。胸部毛淡黄色。足基节和中后足转节黑色【中后足除基节和转节外均缺失】;前足黄色,但跗节(除第1跗节基部外)暗黄色。足上毛淡黄色。翅透明;翅脉褐色至暗褐色;CuA$_1$脉从盘室发出。平衡棒黄色。

腹部黑色,第3~4背板后缘淡黄色。腹部毛淡黄色。雄性外生殖器:第8背板宽大于长,基部具大凹缺,端部窄;第8腹板梯形;第9背板长明显大于宽,基部具明显凹缺;第10腹板大,三角形;尾须短,端部钝;生殖基节端部有一簇背毛和一个短宽的内腹突;生殖基节腹面愈合部窄;生殖刺突长而宽,端部尖;阳茎复合体六边形,具一细长腹突;生殖基节间有一腹面结构,由一个前骨片和一对侧膜组成;生殖基节前有一个薄而纵长的骨片。

雌 体长6.6~8.0 mm,翅长5.7~7.3 mm。

与雄虫相似,仅以下不同:头高为长的1.6~1.7倍;复眼宽为触角到中单眼距离的1.4~1.6倍,为触角上额宽的2.2~2.3倍和颜宽的1.5~1.7倍;触角上额宽为单眼瘤宽的2.1~2.4倍,为中单眼处额宽的1.3~1.5倍,为颜宽的0.7~0.8倍;喙下脊到触角的距离为触角到中单眼距离的1.3~1.4倍。触角暗褐色,柄节稍带黄色,梗节和第1~3或1~5鞭节内表面黄色;触角3节长比约为1.0:0.9:6.8。触角长为触角到中单眼距离的1.5~1.7倍,为

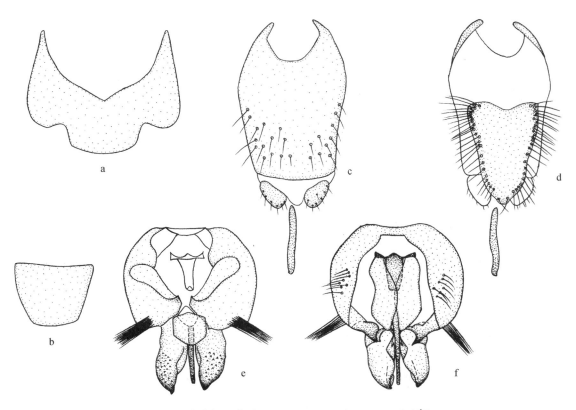

图 33 完全粗腿木虻 *Solva completa*（de Meijere）（♂）

a. 第8背板（tergite 8）；b. 第8腹板（sternite 8）；c. 第9背板、第10腹板和尾须，背视（tergite 9，sternite 10 and cerci，dorsal view）；d. 第9背板、第10腹板和尾须，腹视（tergite 9，sternite 10 and cerci，ventral view）；e. 生殖体，背视（genital capsule，dorsal view）；f. 生殖体，腹视（genital capsule，ventral view）。

股节长的 0.7～0.75 倍。足黄色，但基节和中后足转节暗褐色到黑色；后足股节基部、端部及端部腹外侧具宽的黑色纵条斑；第 2～5 跗节颜色稍暗；后足股节强烈膨大，宽为长的 0.3～0.33 倍，为后足胫节宽的 3.2～3.4 倍，腹面具 2 列明显的黑色齿。翅 m-cu 横脉很短或不存在。雌性外生殖器：第 10 腹板很窄，中断；尾须第 2 节细；第 9 背板侧骨片窄；生殖叉前缘直；受精囊头部卵圆形，宽大于长。

观察标本 正模♂，四川峨眉山，1 120 m，1978.Ⅳ.18，李法圣（CAU）。副模1♀，四川峨眉山，1 120 m，1978.Ⅳ.18，李法圣（CAU）；2♀♀，云南金平，400 m，1956.Ⅳ.25，黄克仁（CAU）；1♀，云南瑞丽，870 m，1956.Ⅳ.14（CAU）。1♂，浙江天目山，1937.Ⅴ.30，O.PIEL.（SEMCAS）。

分布 中国四川（峨眉山）、云南（金平、瑞丽）、浙江（天目山）；印度尼西亚。

讨论 该种与棒突粗腿木虻 *S. clavata* Yang *et* Nagatomi 相似，但后足股节具黑斑；尾须短；阳茎复合体六边形，具一细长的腹突。而后者后足股节无黑斑；尾须很宽；阳茎复合体近方形且具一长而宽的背突（Yang 和 Nagatomi，1993）。

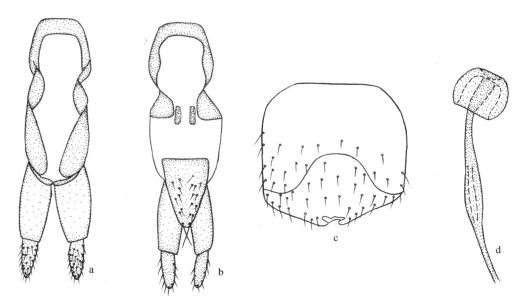

图 34　完全粗腿木虻 *Solva completa* (de Meijere)（♀）

a. 雌性生殖器，背视（female genitalia, dorsal view）；b. 雌性生殖器，腹视（female genitalia, ventral view）；c. 第 8 腹板（sternite 8）；d. 受精囊头部（head of spermatheca）。

(10) 背黄粗腿木虻 *Solva dorsiflava* Yang *et* Nagatomi，1993（图 35）

Solva dorsiflava Yang *et* Nagatomi，1993. South Pacific Study 14(1)：31. Type locality：China：Yunnan, Ruili.

雌　体长 8.1～9.2 mm，翅长 7.3～9.0 mm。

头部黑色，被淡灰粉。头部毛淡黄色，但颜、触角上额窄的区域裸，额在单眼瘤前的区域光亮。头高为长的 1.5 倍；复眼宽为触角到中单眼距离的 1.3～1.4 倍，为触角上额宽的 1.5～1.7 倍和颜宽的 1.4～1.5 倍；触角上额宽为单眼瘤宽的 2.1～2.4 倍，为中单眼处额宽的 1.4～1.8 倍，为颜宽的 0.7～0.9 倍；喙下脊到触角的距离为触角到中单眼距离的 1.5～1.6 倍。触角暗褐色，但柄节、梗节和第 1 鞭节内面黄色；柄节和梗节被黑毛；触角 3 节长比为 1.0∶0.9∶8.7；触角长为触角到中单眼距离的 3.0 倍，为前足股节长的 0.9 倍。喙黄褐色，被淡黄毛。须淡黄色，被淡黄毛；第 2 节粗，长为第 1 节的 1.3～1.5 倍。

胸部黑色，被淡灰粉；肩胛黄色，小盾片除基部和边缘外黄色。中侧片后部和上缘黄色；中足基节后部区域黄褐色。胸部毛黄色。足黄色，但后足基节基部外面浅黑色；后足胫节褐色至暗褐色，背面淡黄色，但基部和端部不到 1/2 的部分颜色非浅黄色；前中足跗节除 1 跗节外暗褐色；后足股节宽为长的 0.14 倍，为后足胫节宽的 1.7 倍，腹面有三列淡黄色短齿。足上毛淡黄色。翅几乎透明，翅脉褐色至暗褐色；bm 室和 m_3 室之间的脉明显短于 bm 室和盘室之间的脉。平衡棒黄色。

腹部黑色，侧缘和第 2～4 背板后缘黄色，第 2～4 腹板黄色。腹部毛淡黄色，但背面有黑毛。雌性外生殖器：第 10 背板窄；尾须第 2 节短粗；第 9 背板侧骨片宽大；生殖叉宽，端部前缘稍凹；受精囊头部细而弯。

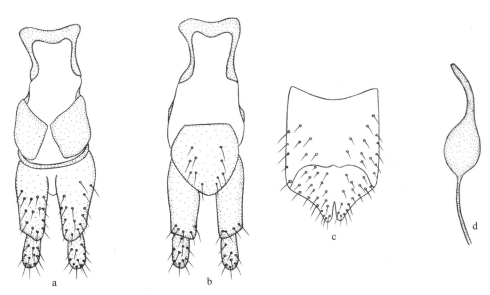

图 35　背黄粗腿木虻 *Solva dorsiflava* Yang *et* Nagatomi（♀）

a. 雌性生殖器，背视（female genitalia, dorsal view）；b. 雌性生殖器，腹视（female genitalia, ventral view）；c. 第 8 腹板（sternite 8）；d. 受精囊头部（head of spermatheca）。

雄　未知。

观察标本　正模♀，云南瑞丽，1981. Ⅴ. 5，杨集昆（CAU）。副模 1♀，云南瑞丽，1981. Ⅴ. 5，杨集昆（CAU）。

分布　云南（瑞丽）。

讨论　该种与基黄粗腿木虻 *S. basiflava* Yang *et* Nagatomi 和雅粗腿木虻 *S. gracilipes* Yang *et* Nagatomi 相似，但胸部侧板和后足胫节颜色与后二者不同，同时还可根据后足股节不太膨大将其与基黄粗腿木虻 *S. basiflava* 区分开来，以及生殖叉前部宽和受精囊头部细而弯将其与雅粗腿木虻 *S. gracilipes* 区分开来（Yang 和 Nagatomi，1993）。

(11) 黄毛粗腿木虻 *Solva flavipilosa* Yang *et* Nagatomi，1993（图 36）

Solva flavipilosa Yang *et* Nagatomi，1993. South Pacific Study 14(1)：32. Type locality：China：Yunnan, Xishuangbanna.

雄　体长 7.9 mm，翅长 7.7 mm。

头部黑色，被淡灰粉。头部毛黄色，但颜裸。头高为长的 1.7 倍；复眼宽为触角到中单眼距离的 1.2 倍，为触角上额宽的 2.2 倍和颜宽的 1.5 倍；触角上额宽为单眼瘤宽的 1.8 倍，为中单眼处额宽的 1.3 倍，为颜宽的 0.7 倍；喙下脊到触角的距离为触角到中单眼距离的 1.3 倍。触角柄节和梗节黄色，鞭节暗褐色，第 1～3 鞭节内面黄色；柄节和梗节被黑毛；触角 3 节长比为 1.0：0.7：5.8；触角长为触角到中单眼距离的 1.7 倍，为前足股节长的 0.7 倍。喙淡黄褐色，被淡黄毛。须黄色，被淡黄毛，第 2 节长为第 1 节的 2.3 倍。

胸部黑色，被淡灰粉。肩胛黄色，小盾片黄色。中侧片上缘具黄色带，在翅基前变宽；中足基节后部区域暗黄色。中胸背板毛黄色，侧板毛淡黄色。足黄色，但后足股节基部和端部（包括膝）浅黑色；后足股节宽为长的 0.27 倍，为后足胫节宽的 3.2 倍，腹面有两列黑齿。足上毛

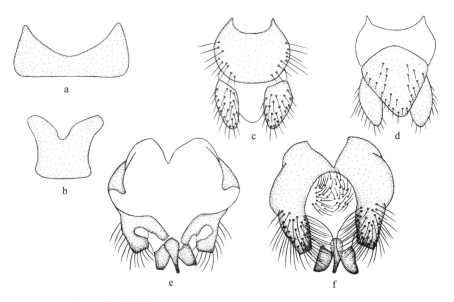

图 36　黄毛粗腿木虻 Solva flavipilosa Yang et Nagatomi（♂）

a. 第 8 背板（tergite 8）；b. 第 8 腹板（sternite 8）；c. 第 9 背板、第 10 腹板和尾须，背视（tergite 9,
sternite 10 and cerci, dorsal view）；d. 第 9 背板、第 10 腹板和尾须，腹视（tergite 9, sternite 10 and
cerci, ventral view）；e. 生殖体，背视（genital capsule, dorsal view）；f. 生殖体，腹视（genital cap-
sule, ventral view）。

黄色。翅几乎透明,翅脉褐色至暗褐色。平衡棒黄色。

腹部黄色,第 2 背板基缘中部黑色,第 3～7 背板具大的黑色中斑。腹部毛黄色。雄性外
生殖器:第 8 背板宽明显大于长,基部有一大的凹缺;第 8 腹板长宽大致相等,基部较宽且有一
明显的凹缺;第 9 背板近圆形,基部具一大凹缺;尾须大,端部钝;第 10 腹板三角形,基部微凸;
生殖基节背叶窄,明显弯曲,端部钝;生殖刺突与生殖基节愈合,端部钝;生殖基节基部在腹面
愈合;生殖基节间膜质区域被毛;内基突粗,长,端部暗;阳茎向端部逐渐变窄。

雌　未知。

观察标本　正模♂,云南西双版纳,750 m,1958. Ⅵ.1,洪淳培（CAU）。1♂,海南兴隆,
1963. Ⅵ.7,甘兴运（SEMCAS）。

分布　云南（西双版纳）、海南（兴隆）。

讨论　该种与条斑粗腿木虻 S. striata Yang et Nagatomi 和纯黄粗腿木虻 S. uniflava
Yang et Nagatomi 相似,但腹部第 2 背板基缘中部黑色,第 3～7 背板基中部具大黑斑。而后
二者仅腹部第 1 背板膜质区后暗褐色（Yang 和 Nagatomi,1993）。

(12)雅粗腿木虻 Solva gracilipes Yang et Nagatomi, 1993（图 37）

Solva gracilipes Yang et Nagatomi, 1993. South Pacific Study 14（1）: 34. Type
locality: China: Sichuan, Emeishan.

雌　体长 9.3 mm,翅长 8.2 mm。

头部黑色,被淡灰粉。头部毛黄色,但颜裸。头高为长的 1.5 倍;复眼宽为触角到中单眼

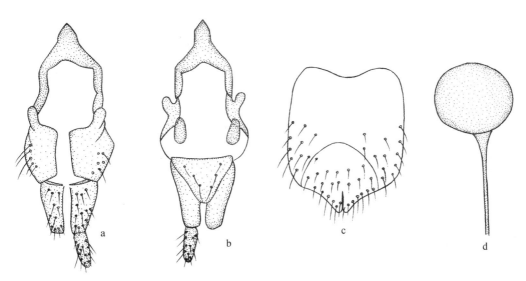

图 37　雅粗腿木虻 *Solva gracilipes* **Yang** *et* **Nagatomi**（♀）

a. 雌性生殖器，背视（female genitalia，dorsal view）；b. 雌性生殖器，腹视（female genitalia，ventral view）；

c. 第 8 腹板（sternite 8）；d. 受精囊头部（head of spermatheca）。

距离的 1.4 倍，为触角上额宽的 2.7 倍和颜宽的 1.5 倍；触角上额宽为单眼瘤宽的 1.5 倍，为中单眼处额宽的 1.2 倍，为颜宽的 0.6 倍；喙下脊到触角的距离为触角到中单眼距离的 1.3 倍。触角暗褐色，柄节内面，梗节和第 1 鞭节或第 1～2 鞭节黄色至黄褐色；柄节和梗节被黑毛；触角 3 节长比为 1.0：0.9：8.7；触角长为触角到中单眼距离的 2.5 倍，为前足股节长的 0.7 倍。喙黄色至黄褐色，被淡黄毛。须黄色，被淡黄毛；第 2 节长为第 1 节的 2.3 倍。

胸部黑色，被淡灰粉；肩胛黑色；小盾片（除基部和侧边外）黄色。中侧片上缘有一窄的黄色带；中足基节后部区域黄色至黄褐色。胸部毛淡黄色；翅侧片在腹侧片上部之后的区域被毛。足细，黄色，但后足股节最末端、后足胫节（背面基部除外）、前中足跗节和后足第 4～5 跗节褐色至暗褐色；后足股节宽为长的 0.13 倍，为后足胫节宽的 1.8 倍，腹面有两列黄褐色齿。足上毛黄色。翅几乎透明，翅脉褐色至暗褐色；bm 室和 m₃ 室之间的脉很短。平衡棒黄色。

腹部黑色，第 4 背板黄褐色，第 2～4 背板侧缘和后缘黄色；腹面黄色至黄褐色。腹部毛淡黄色。雌性外生殖器：第 10 背板宽，中断；尾须第 2 节很细；第 9 背板侧骨片大；生殖叉前端前缘向前伸；受精囊头部大，卵圆形。

雄　未知。

观察标本　正模♀，四川峨眉山，760 m，1955.Ⅵ.21，李金华（CAU）。

分布　四川（峨眉山）。

讨论　该种与基黄粗腿木虻 *S. basiflava* Yang *et* Nagatomi 相似，但肩胛全黑色；后足胫节几乎全褐色到暗褐色，后足股节不膨大。而后者肩胛主要为黄色；后足胫节基部不到 1/2 为黄色，后足股节膨大（Yang 和 Nagatomi，1993）。

(13)湖北粗腿木虻 *Solva hubensis* Yang *et* Nagatomi，1993（图 38）

Solva hubensis Yang *et* Nagatomi，1993. South Pacific Study 14(1)：36. Type locality：

China：Hubei，Wudangshan.

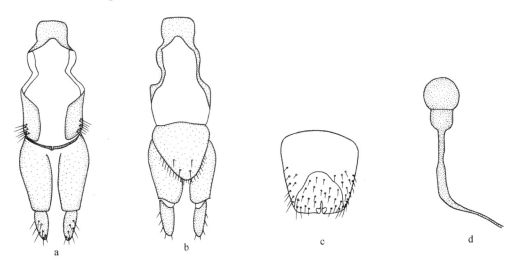

图 38　湖北粗腿木虻 *Solva hubensis* Yang *et* Nagatomi（♀）

a. 雌性生殖器，背视（female genitalia，dorsal view）；b. 雌性生殖器，腹视（female genitalia，ventral view）；c. 第 8 腹板（sternite 8）；d. 受精囊头部（head of spermatheca）。

雌　体长 7.9 mm，翅长 7.3 mm。

头部黑色，被淡灰粉；额稍带光泽，但下额在触角上的部位具一对由浓密的白色倒伏小毛形成的毛斑。头部毛黄色，但颜裸。头高为长的 1.7 倍；复眼宽为触角到中单眼距离的 1.1 倍，为触角上额宽的 1.8 倍和颜宽的 1.3 倍；触角上额宽为单眼瘤宽的 1.8 倍，为中单眼处额宽的 1.2 倍，为颜宽的 0.8 倍；喙下脊到触角的距离为触角到中单眼距离的 1.4 倍。触角【鞭节缺失】暗褐色至黑色，柄节内面和梗节内面黄色；触角被黑毛；触角 3 节长比为 1.0：0.8：?。喙黄色，被淡黄毛。须黄色，被淡黄毛，第 1 节暗褐色，第 2 节长为第 1 节的 2.0 倍。

胸部黑色，被淡灰粉；肩胛外侧区域黄色，小盾片中后部黄色，黄色区域宽大于长。中侧片上缘黄色。胸部毛淡黄色。足黄色，但基节、中后足转节黑色；膝和后足股节端部的腹外条斑暗褐色至黑色；中足胫节和后足胫节端部稍暗；跗节端部暗黄色；后足股节明显膨大，宽为长的 0.3 倍，为后足胫节宽的 3.3 倍，腹面具两列黑齿。足上毛黄色。翅几乎透明，翅脉褐色至暗褐色；bm 室和 m₃ 室之间的脉无或很短。平衡棒黄色。

腹部黑色。腹部背面有黑毛，侧缘有淡黄毛，腹面毛淡黄色。雌性外生殖器：第 10 背板很窄，中断；尾须第 2 节很细；第 9 背板侧骨片窄；生殖叉前部较粗，前缘直；受精囊头部椭圆形，柄基部粗。

雄　未知。

观察标本　正模♀，湖北武当山，1 100 m，1984.Ⅵ.3，王心丽（CAU）。

分布　湖北（武当山）。

讨论　该种与云南粗腿木虻 *S. yunnanensis* Yang *et* Nagatomi 相似，但肩胛仅外侧区黄色；后足第 1 跗节端部暗色，中足胫节颜色多少有些暗；受精囊头部卵圆形。而后者肩胛黄色，但前后窄的区域黑色；后足第 1 跗节暗色；受精囊侧面观呈矩形（Yang 和 Nagatomi，1993）。

(14)栉下町粗腿木虻 *Solva kusigematii* Yang *et* Nagatomi，1993(图 39、图 40)

Solva kusigematii Yang *et* Nagatomi，1993. South Pacific Study 14(1)：38. Type locality：China：Guangxi, Jinxiu.

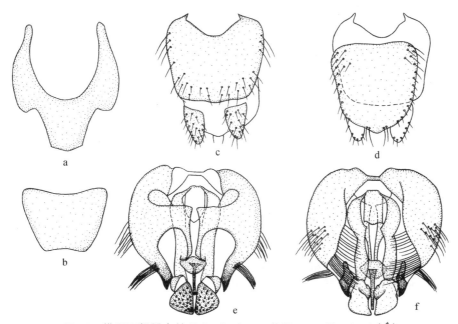

图 39　栉下町粗腿木虻 *Solva kusigematii* Yang *et* Nagatomi (♂)

a. 第 8 背板 (tergite 8)；b. 第 8 腹板 (sternite 8)；c. 第 9 背板、第 10 腹板和尾须，背视 (tergite 9, sternite 10 and cerci, dorsal view)；d. 第 9 背板、第 10 腹板和尾须，腹视 (tergite 9, sternite 10 and cerci, ventral view)；e. 生殖体，背视 (genital capsule, dorsal view)；f. 生殖体，腹视 (genital capsule, ventral view)。

雄　体长 6.3 mm，翅长 6.1 mm。

头部黑色，被淡灰粉，额稍带光泽，但下额在触角上的部位具一对由浓密的白色倒伏小毛形成的毛斑。头部毛淡黄色，但颜裸。头高为长的 1.6 倍；复眼宽为触角到中单眼距离的 1.4 倍，为触角上额宽的 2.9 倍和颜宽的 1.5 倍；触角上额宽为单眼瘤宽的 2.2 倍，为中单眼处额宽的 1.2 倍，为颜宽的 0.8 倍；喙下脊到触角的距离为触角到中单眼距离的 1.6 倍。触角暗褐色至黑色，但梗节内面和第 1 鞭节内面黄色；柄节和梗节被黑毛；触角 3 节长比为 1.0：0.9：6.0；触角长为触角到中单眼距离的 1.8 倍，为前足股节长的 0.6 倍。喙淡黄色，被淡黄毛。须淡黄色，被黄毛，第 2 节长为第 1 节的 1.5 倍。

胸部黑色，被淡灰粉；肩胛小的外部区域黄色；小盾片中后部黄色，黄色区域宽大于长。中侧片上缘黄色。胸部毛淡黄色。足黄色，但中足基节前腹面、后足股节最末端和端腹面浅黑色；第 2～5 跗节暗黄色；后足股节宽为长的 0.3 倍，为后足胫节宽的 3.3 倍，腹面有两列黑齿。足上毛淡黄色。翅几乎透明，翅脉暗褐色，CuA_1 脉从盘室发出。平衡棒黄色。

腹部黑色。腹部毛淡黄色和黑色。雄性外生殖器：第 8 背板宽大于长，基部有一大的凹缺，端部窄；第 8 腹板梯形；第 9 背板梯形，基部有一明显凹缺；尾须向端部逐渐变窄；生殖基节背叶有一突起，腹面愈合部很窄；生殖基节端部窄；生殖刺突端部宽，基部被粗毛；阳茎复合体

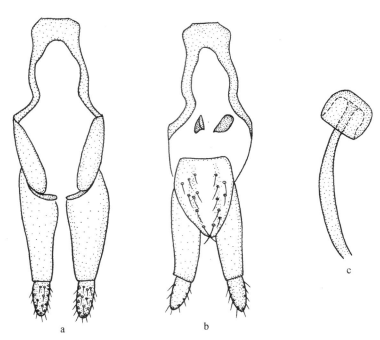

图 40　枥下町粗腿木虻 *Solva kusigematii* Yang et Nagatomi（♀）
a. 雌性生殖器，背视（female genitalia, dorsal view）；b. 雌性生殖器，腹视（female genitalia, ventral view）；c. 受精囊头部（head of spermatheca）。

菱形，有一细的腹管；生殖基节间有一腹面结构，由中前骨片和一对长的侧骨片组成。

雌　体长 7.3 mm，翅长 7.1 mm。

与雄虫相似，仅以下不同：头高为长的 1.7 倍；复眼宽为触角到中单眼距离的 1.5 倍，为触角上额宽的 1.6 倍和颜宽的 1.4 倍；触角上额宽为单眼瘤宽的 2.2 倍，为中单眼处额宽的 1.5 倍，为颜宽的 0.9 倍；喙下脊到触角的距离为触角到中单眼距离的 1.4 倍。触角长为触角到中单眼距离的 1.9 倍，为前足股节长的 0.7 倍。中足基节无深色区域。后足股节宽为长的 0.25 倍，为后足胫节宽的 3.1 倍。腹部第 1～3 腹板后缘黄色。雌性外生殖器：第 10 背板很窄，中断；尾须第 2 节短；第 9 背板侧骨片窄；生殖叉基部稍靠近，前缘直；受精囊头部侧面观呈方形。

观察标本　正模♂，广西金秀，1982.Ⅵ.12，杨集昆（CAU）。副模 1♀，浙江天目山，1980.Ⅴ.5，杨集昆（CAU）。

分布　浙江（天目山）、广西（金秀）。

讨论　该种与分布于日本的黄盾粗腿木虻 *S. flavoscutellaris*（Matsumura）相似，但第 2～5 跗节深色。而后者足（除后足膝和后足股节端腹面外）全黄色（Matsumura，1915；Yang 和 Nagatomi，1993）。

(15) 背圆粗腿木虻 *Solva marginata*（Meigen，1820）（图 41、图 42）

Xylophagus marginata Meigen, 1820. Syst. Beschr. 2:15. Type locality：France："bei Avignon an der Durance".

体长　5.0～8.0 mm，翅长 5.5～8.0 mm。

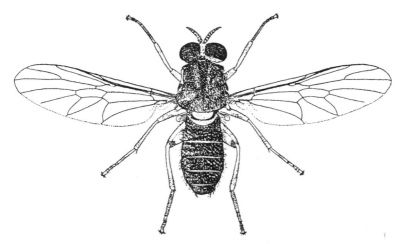

图 41　背圆粗腿木虻 *Solva marginata*（Meigen）（♂）（据 Verrall，1909 重绘）

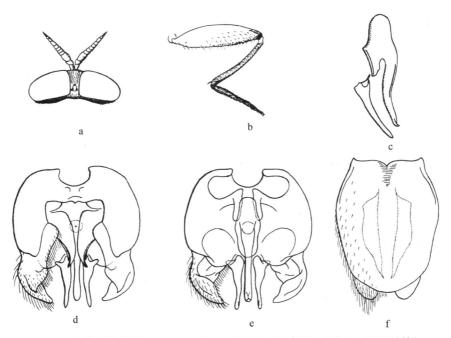

图 42　背圆粗腿木虻 *Solva marginata*（Meigen）（据 Rozkošný，1973 重绘）

a～b. 雌虫（♀）：a. 头部，背视（head, dorsal view），b. 后足，前视（hind leg, frontal view）；c～
f. 雄虫（♂）：c. 阳茎复合体，侧视（aedeagal complex, lateral view），d. 生殖体，背视（genital cap-
sule, dorsal view），e. 生殖体，腹视（genital capsule, ventral view），f. 第 9 背板和尾须，背视
（tergite 9 and cerci, dorsal view）。

体中型，触角短，头横宽。触角深褐色，基部内侧通常黄色。胸部背板黑色，具刻点，无黄
斑；肩胛黄色；中侧片上部具黄色带；小盾片黄色。足黄色，但基节和后足股节端部黑色，胫节
端部和跗节通常也为黑色。后足股节膨大，腹面具黑齿。腹部黑色，第 1 背板具大的膜质区，
第 2～5 背板后缘具窄的黄色横带。雄性外生殖器：第 9 背板卵圆形，无背针突，尾须小，生殖

基节无腹叶,生殖刺突大,阳茎复合体紧凑,较长。

分布 中国(华北);安道尔,奥地利,比利时,法国,丹麦,德国,英国,匈牙利,意大利,荷兰,波兰,西班牙,瑞典,瑞士,捷克,斯洛伐克,保加利亚,罗马尼亚,俄罗斯,乌克兰,蒙古。

讨论 该种广布于古北界,与端斑粗腿木虻 *S. apicimacula* Yang et Nagatomi 相似,但中侧片上部具宽的黄色带;后足胫节黑色,但基部颜色稍浅。而后者中侧片全黑色;后足胫节黄色,仅最末端黑色。

(16)中斑粗腿木虻 *Solva mediomacula* **Yang** *et* **Nagatomi,1993(图43)**

Solva mediomacula Yang *et* Nagatomi,1993. South Pacific Study 14(1):41. Type locality:China:Sichuan,Emeishan.

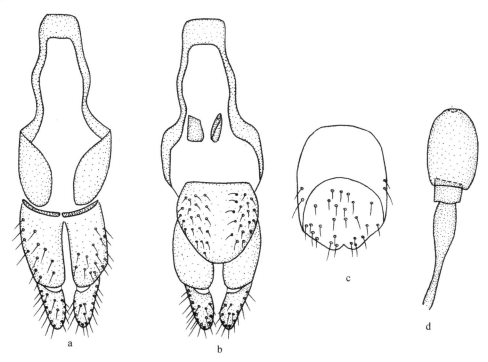

图 43 中斑粗腿木虻 *Solva mediomacula* **Yang** *et* **Nagatomi** (♀)

a. 雌性生殖器,背视 (female genitalia, dorsal view);b. 雌性生殖器,腹视 (female genitalia, ventral view);c. 第8腹板 (sternite 8);d. 受精囊头部 (head of spermatheca)。

雌 体长 6.6 mm,翅长 7.0 mm。

头部黑色,被淡灰粉,额光亮。头部毛淡黄色,但额(除侧边外)和颜裸。头高为长的 1.5 倍;复眼宽为触角到中单眼距离的 1.4 倍,为触角上额宽的 1.7 倍和颜宽的 1.3 倍;触角上额宽为单眼瘤宽的 2.5 倍,为中单眼处额宽的 1.4 倍,为颜宽的 0.8 倍;喙下脊到触角的距离为触角到中单眼距离的 1.4 倍。触角褐色至暗褐色,梗节内面和第1~2鞭节内面黄褐色;柄节和梗节被黑毛;触角 3 节长比为 1.0:0.7:5.4;触角长为触角到中单眼距离的 2.0 倍,为前足股节长的 0.7 倍。喙黑色至暗褐色,被淡黄毛。须淡黄色,被淡黄毛,第 1 节褐色,第 2 节长为第 1 节的 2.1 倍;须不伸达触角基部。

胸部黑色,被淡灰粉;肩胛黑色,中外侧区域黄褐色至褐色,小盾片褐色至暗褐色。中侧片上缘有一窄的黄色至黄褐色带。胸部毛淡黄色。足暗褐色至黑色,但前中足转节、股节基部(后足股节最基部除外)、后足胫节基半部背面和后足跗节(第5跗节和第1跗节基部除外)黄色;后足股节宽为长的0.18倍,为后足胫节宽的2.2倍,腹面有两列黑齿。足上毛淡黄色。翅透明,前中部稍带浅褐色;翅脉褐色至暗褐色;第2基室和第4后室之间的脉很短。平衡棒黄色。

腹部暗褐色至黑色。腹部毛淡黄色,背面除第1~5背板侧缘外被黑毛;腹面端部被黑毛。雌性外生殖器:第10背板窄,中断;尾须第2节很粗;第9背板侧骨片窄;生殖叉前部粗,前缘直;受精囊头部大,卵圆形,长大于宽,基部柄粗。

雄 未知。

观察标本 正模♀,四川峨眉山,1 800~2 000 m,1957. Ⅷ.21,朱复兴(CAU)。

分布 四川(峨眉山)。

讨论 该种与费氏粗腿木虻 *S. freyi* Nagatomi 相似,但后足胫节暗褐色,但基部1/2棕黄色,后足跗节黄色,但第1跗节基部和第5跗节褐色到暗褐色。而后者后足胫节黑色,但外侧1/2具浅黄色纵斑,后足跗节黄色,但第1跗节褐色到暗褐色(Nagatomi,1975;Yang 和Nagatomi,1993)。

(17)中突粗腿木虻 *Solva mera* Yang *et* Nagatomi，1993(图 44)

Solva mera Yang *et* Nagatomi，1993. South Pacific Study 14(1)：44. Type locality：China：Shaanxi，Qinling.

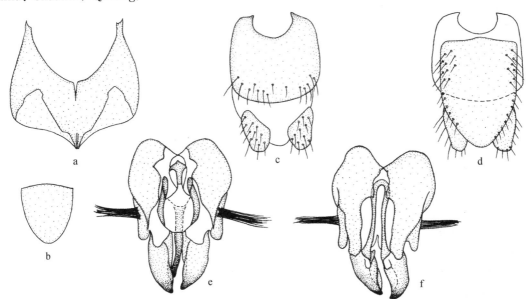

图 44 中突粗腿木虻 *Solva mera* Yang *et* Nagatomi (♂)

a. 第8背板(tergite 8);b. 第8腹板(sternite 8);c. 第9背板、第10腹板和尾须,背视(tergite 9, sternite 10 and cerci, dorsal view);d. 第9背板、第10腹板和尾须,腹视(tergite 9, sternite 10 and cerci, ventral view);e. 生殖体,背视(genital capsule, dorsal view);f. 生殖体,腹视(genital capsule, ventral view)。

雄 体长 6.0 mm,翅长 5.8 mm。

头部黑色,被淡灰粉。头部毛淡黄色;触角上额和中单眼前毛浓密。头高为长的 1.6 倍;复眼宽为触角到中单眼距离的 1.1 倍,为触角上额宽的 1.8 倍和颜宽的 1.3 倍;触角上额宽为单眼瘤宽的 2.6 倍,为中单眼处额宽的 1.3 倍,为颜宽的 0.7 倍;喙下脊到触角的距离为触角到中单眼距离的 1.3 倍。触角柄节和梗节黑色【鞭节缺失】,被黑毛;触角 3 节长比为 1.0：0.8：?。喙黄色,被淡黄毛。须淡黄色,被黄毛,第 2 节长为第 1 节的 2.0 倍。

胸部黑色,被淡灰粉;肩胛除前后部外黄色;小盾片(除侧边外)黄色。中侧片上缘有一窄的黄色带,在翅基前变宽。胸部毛淡黄色。足黄色,但后足基节稍带褐色到暗褐色,后足膝褐色到暗褐色;后足股节端腹部黑色,后足胫节端半部黑色;前中足第 2～5 跗节(包括第 1 跗节端部)和后足第 5 跗节暗;后足股节宽为长的 0.18 倍,为后足胫节宽的 2.0 倍,腹面有两列黑齿。足上毛淡黄色。翅几乎透明,翅脉褐色至暗褐色;CuA_1 脉从盘室发出。平衡棒黄色。

腹部黑色,但第 2～4 背板后缘黄褐色。腹部毛淡黄色。雄性外生殖器:第 8 背板长宽大致相等,基部有一大的凹缺;第 8 腹板很小,近三角形;第 9 背板方形,基部有一明显凹缺;第 10 腹板大,近五边形;尾须短,端部圆钝;生殖基节无明显的背叶;生殖基节端部分两叶,端部钝,外叶近基部被粗毛;生殖基节腹面愈合部点状;生殖基节间有一长"V"形的腹骨片;阳茎复合体大,基部凹,有一长且弯的腹突;内基突粗,端部尖。

雌 未知。

观察标本 正模♂,陕西秦岭,1962.Ⅷ.6,李法圣(CAU)。

分布 陕西(秦岭)。

讨论 该种与分布于俄罗斯远东地区、千岛和日本的黑点粗腿木虻 *S. harmandi* Séguy 相似,但后足跗节黄色,但第 1 跗节基部和第 5 跗节褐色到暗褐色,后足股节端腹面黑色。而后者后足跗节褐色到暗褐色,但第 1 跗节除端部外黄色,后足股节腹面有长的黑斑(Yang 和 Nagatomi,1993)。

(18)黑基粗腿木虻 *Solva nigricoxis* Enderlein,1921

Solva nigricoxis Enderlein,1921. Mitt. zool. Mus. Berlin. 10(1)：170. Type locality：India：Sikkim；China：Taiwan,Hoozan,Toa Tsui Kutsu.

雄 体长 8.0 mm,翅长 8.0 mm。

雌 体长 6.25 mm,翅长 6.5 mm。

头部黑色,被金黄毛,长为宽的 3.0 倍。触角黄褐色,外侧褐色,鞭节端半部黑色,柄节长为宽的 1.5 倍。喙、须黄褐色。胸部黑色,平,被刻点,背面被金黄色短毛,下部被银白色毛。小盾片、肩胛、中胸背板上缘从肩胛到翅基浅黄褐色。后足股节腹面有黑色小钝齿,外侧具窄的深褐色纵条纹。翅透明,翅脉黄褐色,M_2 脉在翅缘前消失,端部与 M_1 脉汇聚。足浅黄褐色,基节和转节黑色,但前足转节浅黄褐色。腹部黑色,第 2～6 背板窄的后缘和腹板浅黄褐色,腹部末节和尾须黄褐色。

分布 中国台湾;印度。

讨论 该种与分布于印度的毕氏粗腿木虻 *S. binghami* Enderlein 相似,但基节和转节黑色,但前足转节浅黄褐色;M_2 脉与 M_1 脉在端部汇聚;腹部黑色,第 2～6 背板窄的后缘和腹板浅黄褐色,腹部末节和尾须黄褐色。而后者基节浅黄褐色;M_2 脉与 M_1 脉平行;腹部黑色,但第

2～4背板窄的后缘和第3～5背板侧边 1/4 以及腹末黄褐色(Enderlein,1921)。

(19)黄腿粗腿木虻 *Solva schnitnikowi* Pleske,1928

Solva schnitnikowi Pleske,1928. Konowia 7(1)：81. Type locality：Kazakhstan；"au défilé de Gasford,au N. de Kopal,dans le Semiretschje"。

雌 体长 5.5 mm。

额稍有亮黑色,单眼瘤亮黑色,头顶被银色倒伏短毛,额被金黄毛。后头灰色,眼后眶突出,被银色纤毛。颜下部黑色。复眼黑色,裸。触角稍比头长,柄节和梗节黄褐色,被黑毛;鞭节基部亮橙色,端部黑色。喙和须橙色,被白色毛。

胸部全黑色,被金黄色倒伏短毛。侧板部分亮黑色,被银色毛。肩胛和侧边暗黄色。小盾片亮黄色,但基部和侧边窄的黑色。足浅黄色,后足股节较厚,侧扁。翅透明,翅脉褐色;平衡棒浅黄色。

腹部黑色,第2～6背板边缘黄色。

分布 中国(华北);哈萨克斯坦,塔吉克斯坦,乌兹别克斯坦。

讨论 该种与北方粗腿木虻 *S. varia*（Meigen)相似,但翅后胛黑色;足全黄色;腹部第2～6背板边缘黄色。而后者翅后胛黄色;后足跗节浅褐色;腹部背面全黑色(Yang 和 Nagatomi,1993)。

(20)山西粗腿木虻 *Solva shanxiensis* Yang *et* Nagatomi,1993(图 45)

Solva shanxiensis Yang *et* Nagatomi,1993. South Pacific Study 14(1)：46. Type locality：China：Shanxi,Yangcheng.

雄 体长 6.3 mm,翅长 5.6 mm。

头部黑色,被淡灰粉,额除触角上窄的区域外及单眼瘤亮黑色。头部毛淡黄色。头高为长的 1.6 倍;复眼宽为触角到中单眼距离的 1.2 倍,为触角上额宽的 2.5 倍和颜宽的 1.5 倍;触角上额宽为单眼瘤宽的 2.0 倍,为中单眼处额宽的 1.4 倍,为颜宽的 0.7 倍;喙下脊到触角的距离为触角到中单眼距离的 1.5 倍。触角柄节和梗节褐色至暗褐色,鞭节暗褐色至黑色,但柄节内面、梗节和第 1 鞭节黄色;柄节和梗节被黑毛;触角 3 节长比为 1.0：1.0：9.0;触角长为触角到中单眼距离的 2.9 倍,为前足股节长的 1.2 倍。喙黄色,被淡黄毛。须淡黄色,被淡黄毛,第 2 节长为第 1 节的 1.9 倍。

胸部黑色,被淡灰粉;肩胛除前部和后部很窄的区域外黄色;小盾片(除基部和侧缘外)黄色。中侧片上部具黄色带,其在翅基前变宽,下部很窄的区域亮黑色;中足基节基部后面黄褐色至褐色。胸部毛淡黄色。足黄色,但后足基节和转节、后足股节基部和端部(膝除外)、后足胫节端部暗褐色至黑色;第 3～5 或第 4～5 跗节暗黄色。后足股节宽为长的 0.23 倍,为后足胫节宽的 3.7 倍,腹面有两列黑齿。足上毛淡黄色。翅透明,翅脉褐色至暗褐色;bm 室和 m_3 室之间的脉明显短于 bm 室和盘室之间的脉。平衡棒黄色。

腹部黑色,被淡灰粉;第2～6背板窄的后缘黄色。腹部毛淡黄色,但背面具黑毛。雄性外生殖器:第8背板基部具大凹缺;第8腹板基部宽,有一"V"形的缺刻;第9背板长宽大致相等,基部有一明显凹缺;尾须大,近方形;第10腹板近三角形;生殖基节背叶明显;生殖突几乎与生殖基节完全愈合;生殖基节在腹面内后部愈合;阳茎复合体向端部变窄,无腹管;内基突向

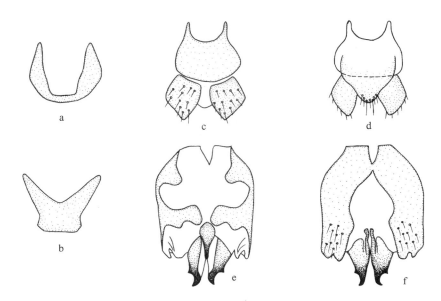

图 45　山西粗腿木虻 *Solva shanxiensis* Yang *et* Nagatomi（♂）

a. 第 8 背板（tergite 8）；b. 第 8 腹板（sternite 8）；c. 第 9 背板、第 10 腹板和尾须，背视（tergite 9，sternite 10 and cerci，dorsal view）；d. 第 9 背板、第 10 腹板和尾须，腹视（tergite 9，sternite 10 and cerci，ventral view）；e. 生殖体，背视（genital capsule，dorsal view）；f. 生殖体，腹视（genital capsule，ventral view）。

端部变窄，近端部外侧有一刺。

雌　未知。

观察标本　正模♂，山西阳城，1980. Ⅶ. 4（CAU）。

分布　山西（阳城）。

讨论　该种与湖北粗腿木虻 *S. hubensis* Yang *et* Nagatomi 和云南粗腿木虻 *S. yunnanensis* Yang *et* Nagatomi 相似，但前中足基节黄色；须第 2 节粗。而后二者基节全黑色；须第 2 节不明显加粗（Yang 和 Nagatomi，1993）。

(21) 中华粗腿木虻 *Solva sinensis* Yang *et* Nagatomi，1993（图 46、图 47）

Solva sinensis Yang *et* Nagatomi，1993. South Pacific Study 14（1）：48. Type locality：China：Guangxi，Longzhou.

雄　体长 5.4 mm，翅长 5.5 mm。

头部黑色，被淡灰粉。头部毛淡黄色，颜裸。头高为长的 1.6 倍；复眼宽为触角到中单眼距离的 1.5 倍，为触角上额宽的 2.1 倍和颜宽的 1.5 倍；触角上额宽为单眼瘤宽的 2.9 倍，为中单眼处额宽的 1.4 倍，为颜宽的 0.7 倍；喙下脊到触角的距离为触角到中单眼距离的 1.3 倍。触角柄节和梗节黄色，外侧面暗褐色，被黑毛【鞭节缺失】；触角 3 节长比为 1.0∶0.9∶?。喙黄色，被淡黄毛。须黄色，被淡黄毛，第 2 节长为第 1 节的 2.4 倍。

胸部黑色，被淡灰粉；肩胛（除窄的前内侧区外）黄色；小盾片（除侧边外）黄色。中侧片上缘具黄色带；中足基节基部后面黄褐色至褐色。胸部毛淡黄色。足【后足跗节缺失】黄色，但后

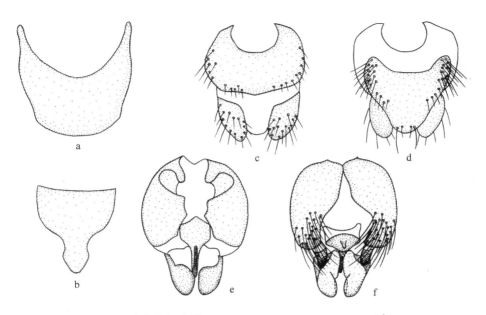

图 46　中华粗腿木虻 Solva sinensis Yang et Nagatomi（♂）

a. 第 8 背板（tergite 8）；b. 第 8 腹板（sternite 8）；c. 第 9 背板、第 10 腹板和尾须，背视（tergite 9，sternite 10 and cerci，dorsal view）；d. 第 9 背板、第 10 腹板和尾须，腹视（tergite 9，sternite 10 and cerci，ventral view）；e. 生殖体，背视（genital capsule，dorsal view）；f. 生殖体，腹视（genital capsule，ventral view）。

足股节最末端和腹外面暗褐色至黑色（不延伸到基部）；跗节端部暗黄色。后足股节宽为长的 0.25 倍，为后足胫节宽的 3.2 倍，腹面有两列黑齿。足上毛淡黄色。翅几乎透明，翅脉褐色至暗褐色；bm 室和 m_3 室之间的脉明显短于 bm 室和盘室之间的脉。平衡棒黄色。

腹部黑色，但第 2～5 背板后缘和第 3～7 背板侧缘黄褐色，腹面黄色至黄褐色。腹部毛淡黄色。雄性外生殖器：第 8 背板梯形，基部具大凹缺；第 8 腹板端部窄；第 9 背板方形，基部有一明显凹缺；第 10 腹板近三角形，基部具浅凹；尾须很宽；生殖基节背叶明显；生殖刺突几乎与生殖基节完全愈合，端部钝；阳茎复合体宽，具一细且上弯的端突；内基突粗。

雌　体长 5.8 mm，翅长 5.9 mm。

与雄虫相似，仅以下不同：头高为长的 1.5～1.6 倍；复眼宽为触角到中单眼距离的 1.3～1.4 倍，为触角上额宽的 1.9～2.0 倍和颜宽的 1.3～1.5 倍；触角上额宽为单眼瘤宽的 2.5 倍，为中单眼处额宽的 1.6 倍，为颜宽的 0.7～0.75 倍；喙下脊到触角的距离为触角到中单眼距离的 1.3～1.4 倍。触角长为触角到中单眼距离的 1.8～1.9 倍，为前足股节长的 0.7～0.8 倍。后足股节宽为长的 0.24 倍，为后足胫节宽的 2.9～3.0 倍。bm 室和 m_3 室之间的脉不存在或为点状。雌性外生殖器：第 10 背板很窄，中断；尾须第 2 节细短；第 9 背板侧骨片窄；生殖叉前部粗，前缘直；受精囊头部极长，端部钝。

观察标本　正模♂，广西龙州，1982. Ⅴ.19，杨集昆（CAU）。副模 2♀♀，云南腾冲，1 650 m，1981. Ⅵ.26～27，李法圣（CAU）。

分布　广西（龙州）、云南（腾冲）。

讨论　该种与黄腿粗腿木虻 S. schnitnikowi Pleske 相似，但后足股节腹面具黑色条斑。

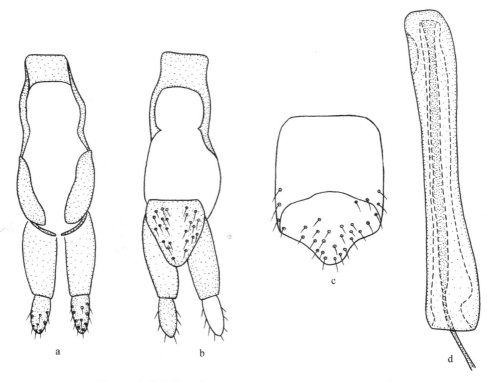

图 47 中华粗腿木虻 *Solva sinensis* Yang et Nagatomi（♀）

a. 雌性生殖器，背视（female genitalia, dorsal view）；b. 雌性生殖器，腹视（female genitalia, ventral view）；c. 第 8 腹板（sternite 8）；d. 受精囊头部（head of spermatheca）.

而后者后足股节全黄色。

(22) 条斑粗腿木虻 *Solva striata* Yang et Nagatomi，1993（图 48）

Solva striata Yang et Nagatomi, 1993. South Pacific Study 14(1)：51. Type locality：China：Guangxi, Longsheng.

雌 体长 8.7 mm，翅长 8.9 mm。

头部黑色，被淡灰粉。头部毛淡黄色，但颜裸。额中下部有纵皱褶。头高为长的 1.6 倍；复眼宽为触角到中单眼距离的 1.5 倍，为触角上额宽的 2.1 倍和颜宽的 1.5 倍；触角上额宽为单眼瘤宽的 2.2 倍，为中单眼处额宽的 1.6 倍，为颜宽的 0.8 倍；喙下脊到触角的距离为触角到中单眼距离的 1.3 倍。触角褐色至暗褐色，柄节内面、梗节和第 1～6 鞭节黄色；柄节和梗节被黑毛；触角 3 节长比为 1.0：0.9：6.3；触角长为触角到中单眼距离的 2.3 倍，为前足股节长的 0.7 倍。喙黄色，被淡黄毛。须淡黄色，被淡黄毛，第 2 节长为第 1 节的 2.2 倍。

胸部黑色，被淡灰粉；肩胛（除前缘和后缘外）黄色；小盾片（除基部和侧边外）黄色。中侧片上缘具黄色带；中足基节基部后黄褐色。胸部毛淡黄色。足黄色，但后足股节腹外侧具长的黑色条斑；第 2～5 跗节和第 1 跗节端部暗黄色；后足股节宽为长的 0.22 倍，为后足胫节宽的 2.8 倍，腹面有两列黑齿。足上毛淡黄色。翅透明；翅脉褐色至暗褐色；bm 室和 m_3 室之间的脉很短。平衡棒黄色。

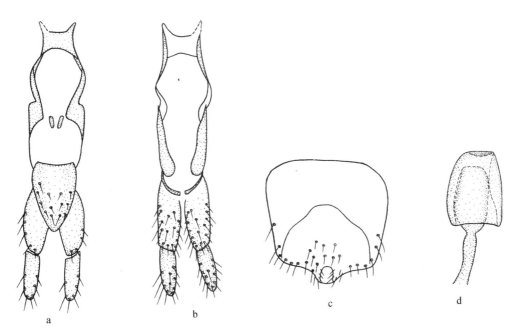

图 48　条斑粗腿木虻 *Solva striata* Yang *et* Nagatomi（♀）

a. 雌性生殖器，背视（female genitalia, dorsal view）；b. 雌性生殖器，腹视（female genitalia, ventral view）；c. 第 8 腹板（sternite 8）；d. 受精囊头部（head of spermatheca）。

腹部黄色至黄褐色，但第 1 背板和第 2 背板基缘暗褐色至黑色。腹部毛淡黄色和黑色。
雌性外生殖器：第 10 背板窄，中断；尾须第 2 节很长；第 9 背板侧骨片窄长；生殖叉前部粗；受精囊头部粗，端部钝，长大于宽。

雄　未知。

观察标本　正模♀，广西龙胜，1982. Ⅵ. 24，赵又新（CAU）。

分布　广西（龙胜）。

讨论　该种与纯黄粗腿木虻 *S. uniflava* Yang *et* Nagatomi 相似，但后足股节腹外侧具长的黑色条斑；受精囊头部粗，端部钝，长稍大于宽。而后者后足股节全黄色；受精囊头部极大且长，从前到后分为 3 层。

（23）长角粗腿木虻 *Solva tigrina* Yang *et* Nagatomi，1993（图 49）

Solva tigrina Yang *et* Nagatomi，1993. South Pacific Study 14(1)：53. Type locality：China：Guangxi, Longsheng.

雌　体长 13.0～14.0 mm，翅长 10.8～13.0 mm。

头部黑色，被淡灰粉。头部毛黄色，额毛浓密，颜裸。头高为长的 1.6～1.7 倍；复眼宽为触角到中单眼距离的 1.4～1.5 倍，为触角上额宽的 2.6 倍和颜宽的 1.7～1.8 倍；触角上额宽为单眼瘤宽的 2.0 倍，为中单眼处额宽的 1.5 倍，为颜宽的 0.7 倍；喙下脊到触角的距离为触角到中单眼距离的 1.5～1.6 倍。触角黄色，但第 5～8 鞭节黑色；柄节和梗节被黑毛；触角 3 节长比为 1.0：0.6：12.6；触角长为触角到中单眼距离的 3.5 倍，为前足股节长的 1.2 倍。喙黄色，被淡黄毛。须黄色，被淡黄毛，长为触角到中单眼距离的 1.3 倍，第 2 节长为第 1 节的

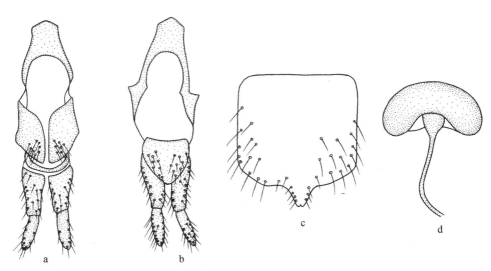

图 49 长角粗腿木虻 Solva tigrina Yang et Nagatomi（♀）

a. 雌性生殖器，背视（female genitalia, dorsal view）；b. 雌性生殖器，腹视（female genitalia, ventral view）；c. 第 8 腹板（sternite 8）；d. 受精囊头部（head of spermatheca）。

1.6～1.8 倍。

胸部黄色，被薄的淡灰粉；中胸背板有一浅黑色的中纵斑，该斑前部颜色变浅；小盾片基部和侧缘暗褐色；中侧片、侧背片、翅侧片和中胸背板两侧稍有暗褐色。胸部毛黄色。足黄色，但后足股节腹面基部 1/4 和端半部黄褐色；后足股节宽为长的 0.23～0.24 倍，为后足胫节宽的 2.6～2.7 倍端腹面具齿。翅淡黄色，翅脉黄褐色至褐色；bm 室和 m₃ 室之间的脉明显短于 bm 室和盘室之间的脉。平衡棒黄色。

腹部黄色，第 1～6 背板基缘有暗褐色至黑色的横带；第 4～6 腹板稍有褐色至暗褐色。腹部毛淡黄色，但背面有些黑毛。雌性外生殖器：第 10 背板窄；尾须第 1 节粗，第 2 节细，短于第 1 节；第 9 背板侧骨片宽；第 8 腹板方形，具中后突；生殖叉前部大，向后伸；受精囊头部大，半圆形，基部凹，柄粗短。

雄 未知。

观察标本 正模♀，广西龙胜，1982. Ⅵ. 25，杨集昆（CAU）。副模♀，广西龙胜，1963. Ⅵ. 11，杨集昆（CAU）。1♀，福建建阳，900～1 170 m，1960. Ⅷ. 1（CAU）。

分布 广西（龙胜）、福建（建阳）。

讨论 该种可根据身体主要为黄色、体大型以及触角极长与本属其他种明显地区分开来。

(24)纯黄粗腿木虻 Solva uniflava Yang et Nagatomi, 1993（图 50、图 51）

Solva uniflava Yang et Nagatomi, 1993. South Pacific Study 14(1)：54. Type locality：China：Hubei, Tongshan.

雄 体长 9.3 mm，翅长 8.9 mm。

头部黑色，被淡灰粉。头部毛淡黄色，颜裸，下额具一对白色倒伏毛斑。头高为长的 1.7 倍；复眼宽为触角到中单眼距离的 1.2 倍，为触角上额宽的 1.9 倍和颜宽的 1.4 倍；触角上额宽为单眼瘤宽的 2.0 倍，为中单眼处额宽的 1.3 倍，为颜宽的 0.7 倍；喙下脊到触角的距离为

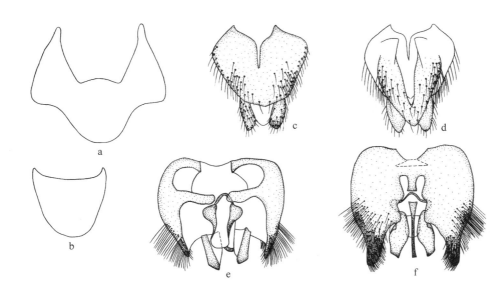

图 50 纯黄粗腿木虻 *Solva uniflava* Yang *et* Nagatomi (♂)

a. 第 8 背板 (tergite 8); b. 第 8 腹板 (sternite 8); c. 第 9 背板、第 10 腹板和尾须, 背视 (tergite 9, sternite 10 and cerci, dorsal view); d. 第 9 背板、第 10 腹板和尾须, 腹视 (tergite 9, sternite 10 and cerci, ventral view); e. 生殖体, 背视 (genital capsule, dorsal view); f. 生殖体, 腹视 (genital capsule, ventral view)。

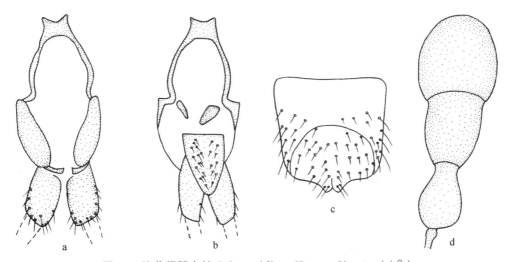

图 51 纯黄粗腿木虻 *Solva uniflava* Yang *et* Nagatomi (♀)

a. 雌性生殖器, 背视 (female genitalia, dorsal view); b. 雌性生殖器, 腹视 (female genitalia, ventral view); c. 第 8 腹板 (sternite 8); d. 受精囊头部 (head of spermatheca)。

触角到中单眼距离的 1.4 倍。触角褐色至暗褐色, 但柄节内面、梗节和第 1～5 或 1～7 鞭节黄色; 柄节和梗节被黑毛; 触角 3 节长比为 1.0 ∶ 0.8 ∶ 6.7; 触角长为触角到中单眼距离的 2.1 倍, 为前足股节长的 0.7 倍。喙黄褐色, 被淡黄毛。须淡黄色, 被淡黄毛, 第 2 节长为第 1 节的 2.5 倍, 几乎伸达触角基部。

胸部黑色, 被淡灰粉; 肩胛黄色; 小盾片 (除侧边外) 黄色。中侧片上部具黄色带, 翅侧片上缘黄色; 中足基节基部后面黄褐色至褐色。胸部毛淡黄色。足黄色; 后足股节宽为长的 0.22

倍,为后足胫节宽的 2.7 倍,腹面有两列黑齿。足上毛淡黄色。翅几乎透明,稍带淡黄色;翅脉褐色;bm 室和 m_3 室之间的脉明显短于 bm 室和盘室之间的脉。平衡棒黄色。

腹部黄色至黄褐色,但第 1 背板有褐色至暗褐色。腹部毛淡黄色。雄性外生殖器:第 8 背板基部有一大梯形凹缺;第 8 腹板向端部渐窄,顶端圆;第 9 背板长宽大致相等,基部具深凹;第 10 腹板三角形;尾须端部钝;生殖基节背叶长,腹面愈合部基部具一梯形凹缺和一端中突;阳茎复合体大,十字形,具细且弯的腹突;内基突粗。

雌 体长 9.3 mm,翅长 9.2 mm。

与雄虫相似仅以下不同:头高为长的 1.7 倍;复眼宽为触角到中单眼距离的 1.2 倍,为触角上额宽的 1.6 倍和颜宽的 1.1 倍;触角上额宽为单眼瘤宽的 2.5 倍,为中单眼处额宽的 1.2 倍,为颜宽的 0.7 倍;喙下脊到触角的距离为触角到中单眼距离的 1.3 倍。触角长为触角到中单眼距离的 2.8 倍,为前足股节长的 0.87 倍。雌性外生殖器:第 10 背板窄,中断;尾须【第 2 节缺失】第 1 节宽,近矩形;第 9 背板侧骨片窄;生殖叉前部前缘微凹;受精囊头部极大,从前到后分为 3 层。

观察标本 正模♂,湖北通山九宫山,1 550 m,1984. Ⅵ.13,王心丽(CAU)。副模 1♀,福建建阳,720~950 m,1960. Ⅵ.30,张怡然(CAU)。1♂,江西井冈山茨坪,810 m,1981. Ⅴ.2,刘、金、刘、姚(SEMCAS);1♂,福建永安西洋,1962. Ⅳ.22,林泳成(SEMCAS)。

分布 湖北(通山)、福建(建阳、永安)、江西(井冈山)。

讨论 该种与条斑粗腿木虻 S. striata Yang et Nagatomi 相似,但后足股节全黄色;受精囊头部极大且长,从前到后分为 3 层。而后者后足股节腹外侧具长的黑色条斑;受精囊头部粗,端部钝,长稍大于宽。

(25)北方粗腿木虻 *Solva varia*(Meigen,1820)(图 52)

Xylophagus varia Meigen,1820. Syst. Beschr. 2:14. Type locality:France,Ausria:Gegend von Paris;Oesterreich.

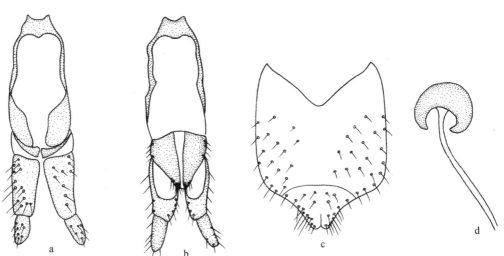

图 52 北方粗腿木虻 *Solva varia*(Meigen)(♀)

a. 雌性生殖器,背视(female genitalia, dorsal view);b. 雌性生殖器,腹视(female genitalia, ventral view);c. 第 8 腹板(sternite 8);d. 受精囊头部(head of spermatheca)。

雌 体长 5.6～6.0 mm,翅长 5.0～5.9 mm。

头部黑色,被淡灰粉;额中部(下部窄的区域除外)光亮。头部毛淡黄色;额下部具一对白色毛斑。头高为长的 1.5～1.6 倍;复眼宽为触角到中单眼距离的 1.1 倍,为触角上额宽的 1.6～1.7 倍和颜宽的 1.1～1.2 倍;触角上额宽为单眼瘤宽的 1.8～2.0 倍,为中单眼处额宽的 1.2～1.4 倍,为颜宽的 0.6～0.7 倍;喙下脊到触角的距离为触角到中单眼距离的 1.4～1.5 倍。触角褐色至暗褐色,但柄节内面、梗节和第 1～3 鞭节黄色;柄节和梗节被黑毛;触角 3 节长比为 1.0：0.7：12.0。触角长为触角到中单眼距离的 2.6～2.7 倍,为前足股节长的 1.2～1.3 倍。喙黄色,被淡黄毛。须淡黄色,被淡黄毛,第 2 节长为第 1 节的 1.9～2.0 倍。

胸部黑色,被淡灰粉;肩胛和翅后胛、小盾片、中胸背板侧边(除缝前区外)和后部(除细的中部外)、中侧片上部和后部、翅侧片(除下部外)、下侧片和侧背片黄色。胸部毛淡黄色。足黄色,但后足跗节浅褐色。足上毛淡黄色。后足股节宽为长的 0.18 倍,为后足胫节宽的 1.7～1.8 倍,腹面无齿。翅透明,翅脉褐色;bm 室和 m_3 室之间的脉等长于或稍短于 bm 室与盘室之间的脉。平衡棒黄色。

腹部黑色,腹面褐色。腹部毛淡黄色。雌性外生殖器:第 10 背板窄,中断;尾须第 2 节粗;第 10 腹板中部具纵的非骨化斑;第 9 背板侧骨片大;生殖叉前部前缘弱凹;受精囊头部卵圆形,基部具深凹。

雄 无标本。

观察标本 1♀,北京海淀,1973.Ⅵ.21,杨集昆(CAU);1♀,北京海淀,1955,杨集昆(CAU);1♀,北京,1954.Ⅵ.5,杨集昆(CAU);1♀,宁夏中卫,1983.Ⅴ.9(CAU)。

分布 中国北京(海淀)、宁夏(中卫);英国,法国,德国,奥地利,捷克,意大利,罗马尼亚。

讨论 该种可根据胸部特殊的黄斑及后足股节无腹齿与本属其他种明显的区分开来。

(26)云南粗腿木虻 *Solva yunnanensis* Yang *et* Nagatomi,1993(图 53)

Solva yunnanensis Yang *et* Nagatomi,1993. South Pacific Study 14(1)：59. Type locality：China：Yunnan, Xishuangbanna.

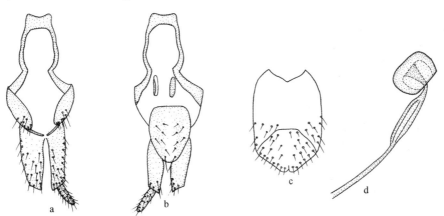

图 53 云南粗腿木虻 *Solva yunnanensis* Yang *et* Nagatomi（♀）

a. 雌性生殖器,背视（female genitalia, dorsal view）; b. 雌性生殖器,腹视（female genitalia, ventral view）; c. 第 8 腹板（sternite 8）; d. 受精囊头部（head of spermatheca）。

雌 体长 5.4 mm,翅长 6.2 mm。

头部黑色,被淡灰粉。头部毛淡黄色,但颜裸,额的中部(除侧边外)光亮。头高为长的 1.7 倍;复眼宽为触角到中单眼距离的 1.3 倍,为触角上额宽的 2.0 倍和颜宽的 1.4 倍;触角上额宽为单眼瘤宽的 2.5 倍,为中单眼处额宽的 1.4 倍,为颜宽的 0.7 倍;喙下脊到触角的距离为触角到中单眼距离的 1.3 倍。触角褐色至暗褐色,梗节褐色,第 1~2 鞭节内面淡色;柄节和梗节被黑毛;触角 3 节长比为 1.0:1.0:5.1。触角长为触角到中单眼距离的 1.8 倍,为前足股节长的 0.7 倍。喙黄色,被淡黄毛。须黄色,被淡黄毛,第 1 节褐色至暗褐色,第 2 节长为第 1 节的 2.1 倍。

胸部黑色,被淡灰粉;肩胛(除前部和后部外)黄色;小盾片(除基部和侧缘外)黄色。中侧片上部具黄色带;中足基节后部区域黄褐色至褐色。胸部毛淡黄色。足黄色,但基节、中后足转节黑色,前足转节褐色;后足股节基部、端部(包括膝)和端半部腹外侧带暗褐色至黑色;前足跗节、中足第 2~5 跗节(包括第 1 跗节端部)和后足第 2~5 跗节(包括第 1 跗节端部和基部)褐色至暗褐色;后足股节宽为长的 0.28 倍,为后足胫节宽的 3.5 倍,腹面有一列黑齿。足上毛淡黄色。翅几乎透明,翅脉褐色至暗褐色;bm 室和 m_3 室之间的脉点状。平衡棒黄色。

腹部黑色,腹面褐色。腹部毛淡黄色和黑色。雌性外生殖器:第 10 背板窄,中断;尾须第 2 节细;第 9 背板侧骨片窄;生殖叉前部端缘微凹;受精囊头部侧面观矩形。

雄 未知。

观察标本 正模♀,云南西双版纳,650 m,1958. Ⅳ. 13,洪淳培(CAU)。

分布 云南(西双版纳)。

讨论 该种与湖北粗腿木虻 S. hubensis Yang et Nagatomi 相似,但后足第 1 跗节基部褐色到暗褐色;受精囊头部矩形,柄基部不加粗。而后者后足第 1 跗节黄色;受精囊头部卵圆形,柄基部较粗(Yang 和 Nagatomi,1993)。

3. 木虻属 *Xylomya* Rondani,1861

Xylomya Rondani,1861. J. Proc. Linn. Soc. 4(15):11. Type species:*Xylophagus maculatus* Meigen,1804.

Macroceromya Bigot,1877. Ann. Soc. Ent. Fr. 98:101. Type species:*Macroceromya fulviventris* Bigot,1877.

Subulaomyia Williston,1896. Manual of the families and genera of North American Diptera:546. Type species:*Xylophagus maculatus* Meigen,1804.

Nematoceropsis Pleske,1925. Encycl. Ent. B(Ⅱ),Diptera 2(4):175. Type species:*Nematoceropsis ibex* Pleske,1925.

属征 体中到大型,细长。两性复眼均分离,裸,小眼面大小一致。额向头顶汇聚。触角较长;柄节稍长于梗节。须 1 节。小盾片无刺。后足股节细长,股节腹面无小齿。胫节距式 0-2-2。腹部较窄,腹部第 1 节基部无大的半圆形膜质区。雄性外生殖器:第 9 背板具背针突;尾须通常宽大;第 10 腹板端部分为 3 叶;第 8 腹板端部分成两叶(图 54、图 55)。

讨论 该属除非洲界和澳洲界无分布外其他区系均有分布,古北界最多。全世界已知 37 种,中国已知 11 种。

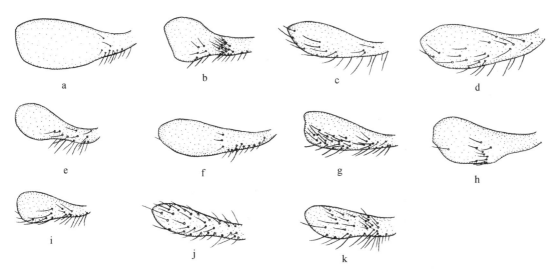

图 54 木虻属须,侧视（palpi of *Xylomya* spp., lateral view）

a. 斑翅木虻 *Xylomya alamaculata* Yang *et* Nagatomi（♂）；b. 斑翅木虻 *Xylomya alamaculata* Yang *et* Nagatomi（♀）；c. 浙江木虻 *Xylomya chekiangensis*（Ôuchi）（♂）；d. 浙江木虻 *Xylomya chekiangensis*（Ôuchi）（♀）；e. 褐颜木虻 *Xylomya decora* Yang *et* Nagatomi（♀）；f. 雅木虻 *Xylomya gracilicorpus* Yang *et* Nagatomi（♀）；g. 黄基木虻 *Xylomya moiwana* Matsumura（♂）；h. 黄基木虻 *Xylomya moiwana* Matsumura（♀）；i. 四川木虻 *Xylomya sichuanensis* Yang *et* Nagatomi（♀）；j. 中华木虻 *Xylomya sinica* Yang *et* Nagatomi（♂）；k. 中华木虻 *Xylomya sinica* Yang *et* Nagatomi（♀）。

种 检 索 表

1.	触角长为触角到中单眼距离的 1.5～3.0 倍 …………………………………………	2
	触角长超过触角到中单眼距离的 5.0 倍 ……………………………	**长角木虻 X. longicornis**
2.	胸部和腹部黄色且具深色斑或胸部全黄色 ………………………………………	3
	胸部和腹部大部分或全部暗褐色到黑色 …………………………………………	5
3.	胸部具暗色斑纹 ……………………………………………………………………	4
	胸部全黄色;颜黄色 ……………………………………………	**邵氏木虻 X. sauteri**
4.	颜暗褐色;中胸背板的深色斑明显,中纵斑的前部中间具黄斑,中部向两边延伸达侧缘;翅侧片除上部外和下侧片深色 ………………………	**褐颜木虻 X. decora**
	颜黄色;胸部的深色斑不明显,侧斑不伸达侧边缘;翅侧片和下侧片全黄色 …………	**浙江木虻 X. chekiangensis**
5.	胸部和腹部黑色且具黄斑;翅无黑色中斑 …………………………………………	6
	胸部和腹部全黑色;翅具一个黑色中斑 …………………………	**斑翅木虻 X. alamaculata**
6.	中胸背板无黄色中纵斑 ……………………………………………………………	7
	中胸背板有一对窄的黄色中纵斑 …………………………………………………	9
7.	后足第 1 跗节全黑色;基节部分或完全黄色 ………………………………………	8
	后足第 1 跗节基部黄色;基节黑色 ……………………………	**黄基木虻 X. moiwana**

8.	基节全黄色;肩胛黄色,肩内斑大而明显 ················· 雅木虻 *X. gracilicorpus*
	基节黑色,但端部黄色;肩胛黑色,肩内斑很小而不明显 ········· 西峡木虻 *X. xixiana*
9.	翅端部明显褐色 ·· **10**
	翅透明,端部无褐色区 ································· 四川木虻 *X. sichuanensis*
10	须黄色,但基部1/3褐色;腹部第2背板黑色,仅后缘黄色;生殖叉顶端宽圆 ··· 中华木虻 *X. sinica*
	须黄色,腹部第2背板黑色,侧边具大黄斑;生殖叉顶端尖 ········· 文县木虻 *X. wenxiana*

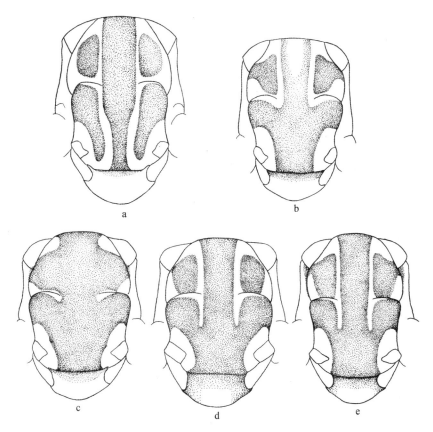

图55　木虻属雌虫胸部,背视 (female thoraces of *Xylomya* spp., dorsal view)

a. 浙江木虻 *Xylomya chekiangensis* (Ôuchi)(♀); b. 褐颜木虻 *Xylomya decora* Yang et Nagatomi (♀); c 雅木虻 *Xylomya gracilicorpus* Yang et Nagatomi (♀); d. 四川木虻 *Xylomya sichuanensis* Yang et Nagatomi (♀); e. 中华木虻 *Xylomya sinica* Yang et Nagatomi (♀)。

(27)斑翅木虻 *Xylomya alamaculata* Yang *et* Nagatomi,1993(图56至图58)

Xylomya alamaculata Yang *et* Nagatomi,1993. South Pacific Study 14(1):63. Type locality:China:Sichuan,Emeishan.

雄　体长12.9 mm,翅长12.6 mm。

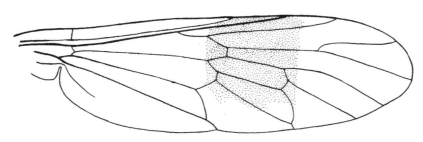

图 56 斑翅木虻 *Xylomya alamaculata* Yang *et* Nagatomi (♂)，翅 (wing)

头部黑色，被淡灰粉，但触角上额稍有褐色。头部毛淡黄色；额在单眼瘤前和触角上裸，光亮。头高为长的 1.4 倍；复眼宽为触角到中单眼距离的 1.3 倍，为触角上额宽的 1.7 倍和颜宽的 1.5 倍；触角上额宽为单眼瘤宽的 2.5 倍，为中单眼处额宽的 1.7 倍，为颜宽的 0.9 倍；喙下脊到触角的距离为触角到中单眼距离的 1.6 倍。触角暗褐色，但梗节内面和第 1～3 鞭节黄褐色至褐色；柄节和梗节被黑毛；触角 3 节长比为 1.0∶0.7∶4.3。触角长为触角到中单眼距离的 2.1 倍。喙暗褐色，被淡黄毛。须暗褐色，端部黄褐色，被淡黄毛；须端部钝，长为触角到中单眼距离的 1.1 倍，宽为长的 0.4 倍。

胸部暗褐色至黑色，被淡灰粉，但中侧片中下部亮；腹侧片后部区域黄褐色至褐色。胸部毛淡黄色。足暗褐色至黑色，但膝、胫节背面基部和前中足转节黄色。足上毛淡黄色，但跗节有黑毛。翅透明，中部有一黑色斑；翅脉褐色至暗褐色。平衡棒黄色，球部腹面黑色。

腹部黑色，被淡灰粉。腹部毛淡黄色，但背面有黑毛。雄性外生殖器：第 9 背板具短的背针突；尾须方形，长大于宽；第 10 腹板由 1 个中突和 2 个侧突（端部稍向内弯）组成，中突比侧突稍长稍粗；第 8 腹板分为两个方形的叶；生殖基节背叶端部矩形，端部内侧有突起，腹面愈合部的基部有方形凹缺和一个大的中部具凹缺的膜质端叶；生殖刺突宽；阳茎复合体明显弯曲，基部具短的背突，稍弯；内基突很长，端部钝。

雌 体长 12.6 mm，翅长 11.8 mm。

与雄虫相似，仅以下不同：头高为长的 1.3 倍；复眼宽为触角到中单眼距离的 1.2 倍，为触角上额宽的 1.4 倍和颜宽的 1.3 倍；触角上额宽为单眼瘤宽的 2.7 倍，为中单眼处额宽的 1.8 倍，为颜宽的 0.9 倍；喙下脊到触角的距离为触角到中单眼距离的 1.6 倍。触角梗节内侧面和第 1～7 鞭节黄褐色；触角长为触角到中单眼距离的 2.1 倍。须长为触角到中单眼距离的 0.8 倍，宽为长的 0.45 倍。雌性外生殖器：第 10 背板窄；尾须第 1 节长宽大致相等，第 2 节短，端部圆；第 9 背板不分为两半，中部细；生殖叉前部大，三角形，侧部细；受精囊头部长，向端部渐窄。

观察标本 正模♂，四川峨眉山，1 800～1 900 m，1957.Ⅶ.8～Ⅷ.5，黄克仁、朱复兴 (CAU)。副模 1♀，四川峨眉山，1 800～1 900 m，1957.Ⅶ.8～Ⅷ.5，黄克仁、朱复兴 (CAU)。

分布 四川（峨眉山）。

讨论 该种可根据身体全黑，翅具一个黑色中斑很容易地与本属其他种区别开来。

(28) 浙江木虻 *Xylomya chekiangensis* (Ôuchi，1938) (图 59、图 60)

Solva chekiangensis Ôuchi，1938. J. Shanghai Sci. Inst. 3(4)：60. Type locality：China：Zhejiang，Tianmushan.

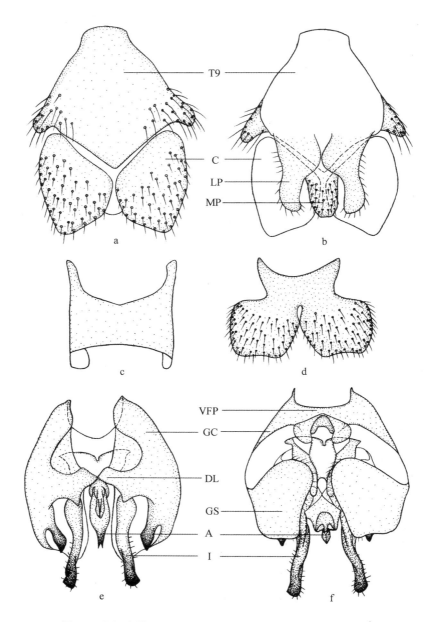

图 57　斑翅木虻 *Xylomya alamaculata* Yang *et* Nagatomi（♂）

a. 第 9 背板、第 10 腹板和尾须，背视（tergite 9, sternite 10 and cerci, dorsal view）；b. 第 9 背板、第 10 腹板和尾须，腹视（tergite 9, sternite 10 and cerci, ventral view）；c. 第 8 背板（tergite 8）；d. 第 8 腹板（sternite 8）；e. 生殖体，背视（genital capsule, dorsal view）；f. 生殖体，腹视（genital capsule, ventral view）。A. 阳茎（aedeagus）；C. 尾须（cercus）；DL. 生殖基节背叶（dorsal lobe of gonocoxite）；GC. 生殖基节（gonocoxite）；GS. 生殖刺突（gonostylus）；I. 内基突（interbasis）；LP. 第 10 腹板侧突（lateral process of sternite 10）；MP. 第 10 腹板中突（middle process of sternite 10）；T9. 第 9 背板（tergite 9）；VFP. 生殖基节腹面愈合部（ventral fused portion of gonocoxites）。

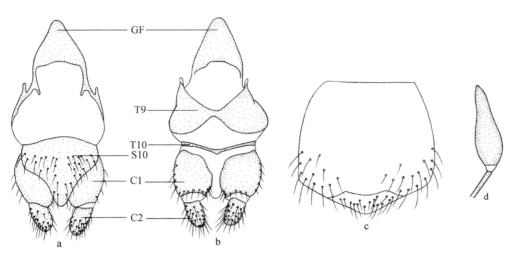

图 58　斑翅木虻 *Xylomya alamaculata* Yang *et* Nagatomi（♀）

a. 雌性生殖器，背视（female genitalia, dorsal view）；b. 雌性生殖器，腹视（female genitalia, ventral view）；c. 第 8 腹板（sternite 8）；d. 受精囊头部（head of spermatheca）。C1. 尾须第 1 节（segment 1 of cercus）；C2. 尾须第 2 节（segment 2 of cercus）；GF. 生殖叉（genital furca）；S10. 第 10 腹板（sternite 10）；T9. 第 9 背板（tergite 9）；T10. 第 10 背板（tergite 10）。

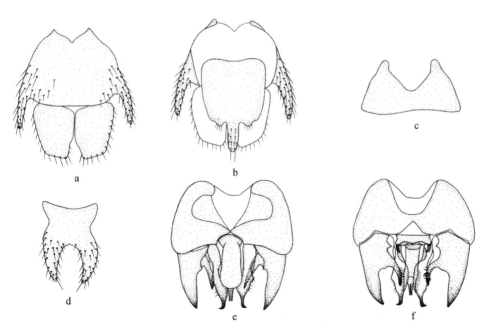

图 59　浙江木虻 *Xylomya chekiangensis*（Ôuchi）（♂）

a. 第 9 背板、第 10 腹板和尾须，背视（tergite 9, sternite 10 and cerci, dorsal view）；b. 第 9 背板、第 10 腹板和尾须，腹视（tergite 9, sternite 10 and cerci, ventral view）；c. 第 8 背板（tergite 8）；d. 第 8 腹板（sternite 8）；e. 生殖体，背视（genital capsule, dorsal view）；f. 生殖体，腹视（genital capsule, ventral view）。

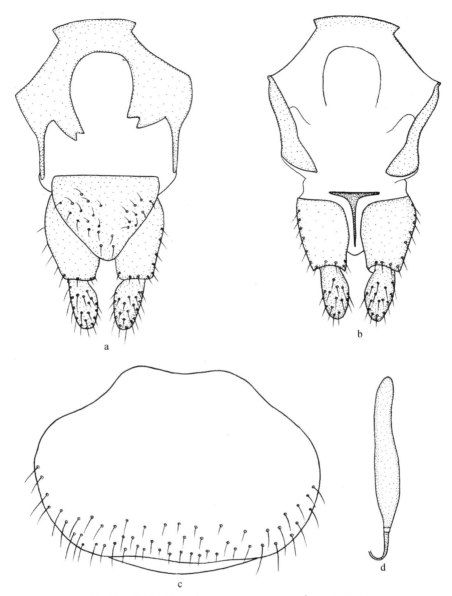

图 60 浙江木虻 *Xylomya* chekiangensis(Ôuchi)（♀）

a. 雌性生殖器，背视（female genitalia, dorsal view）；b. 雌性生殖器，腹视（female genitalia, ventral view）；c. 第 8 腹板（sternite 8）；d. 受精囊头部（head of spermatheca）。

雄 体长 12.4～13.0 mm，翅长 11.1～12.4 mm。

头部暗褐色至黑色，被淡灰粉，但触角上额和颜黄色，单眼瘤和额（触角上额除外）稍有光泽。头部毛金黄色，触角上额具一对白色毛斑，中部裸。头高为长的 1.5～1.7 倍；复眼宽为触角到中单眼距离的 1.4～1.5 倍，为触角上额宽的 1.4 倍和颜宽的 1.4 倍；触角上额宽为单眼瘤宽的 2.2～2.4 倍，为中单眼处额宽的 1.4 倍，为颜宽的 1.0 倍；喙下脊到触角的距离为触角到中单眼距离的 1.5 倍。触角黄色；柄节和梗节被黄毛；触角 3 节长比为 1.0：0.9：7.2。触角长为触角到中单眼距离的 1.7 倍。喙黄色，被淡黄毛。须黄色，被淡黄毛；须端部钝，长为触角到中单眼距离的 1.0～1.2 倍,宽为长的 0.3 倍。

胸部黄色,被淡灰粉;中胸背板有 3 条宽的暗色纵带,侧带在中缝处中断;小盾片基缘黑色。中侧片具一个斜的窄褐色斑,腹侧片前部稍带褐色。胸部毛黄色,但小盾片和中胸背板后侧具黑毛。足黄色,但第 2～5 跗节(包括第 1 跗节端部)、中足胫节(基部除外)、后足股节端部和基部褐色。足上毛淡黄色,但股节被黑毛。翅浅黄色;翅脉黄褐色到褐色。平衡棒黄色。

腹部黄色,被浅灰粉,但第 1 背板前缘具窄的暗褐色横带,第 3～5 背板后缘具窄的暗褐色横带,第 1 腹板除中部外黑色。腹部毛主要为黑色。雄性外生殖器:第 9 背板具长的背针突;尾须方形,长大于宽;第 10 腹板方形,后缘具 1 个长的中突和 2 个短的侧突;第 8 腹板端部具深凹;生殖基节背叶端部尖,愈合部的基部有梯形凹缺;生殖刺突端部尖,具一个细长且弯的内突,阳茎复合体粗长,端部尖细且强烈弯曲;内基突很长,端部细,稍向外弯。

雌 体长 14.9 mm,翅长 14.1 mm。

与雄虫相似,仅以下不同:头高为长的 1.5 倍;复眼宽为触角到中单眼距离的 1.3 倍,为触角上额宽的 1.4 倍和颜宽的 1.4 倍;触角上额宽为单眼瘤宽的 2.5 倍,为中单眼处额宽的 1.3 倍,为颜宽的 1.0 倍;喙下脊到触角的距离为触角到中单眼距离的 1.5 倍。触角长为触角到中单眼距离的 1.6 倍。须长与触角到中单眼距离相等,宽为长的 0.35 倍。雌性外生殖器:第 8 腹板宽且长,前部稍窄;第 10 背板缩小,T 形;尾须第 1 节长明显大于宽,向端部渐窄,第 2 节短,端部圆;第 9 背板侧骨片窄;生殖叉前部宽,前缘直,侧部宽;受精囊头部很长,端部稍尖。

观察标本 1♀,浙江天目山,1936. Ⅵ.13 (SEMCAS);1♀,1936. Ⅵ.6 (SEMCAS)。1♂,四川峨眉山,600 m,1957. Ⅳ.30,郑乐怡 (CAU);1♀,四川峨眉山,800～1 000 m,1957. Ⅴ.29,黄克仁 (CAU);1♂,湖北咸宁,1984. Ⅵ.16,王心丽 (CAU);1♂,安徽黄山,1936. Ⅵ.23 (SEMCAS)。

分布 浙江(天目山)、四川(峨眉山)、湖北(咸宁)、安徽(黄山)。

讨论 该种由 Ôuchi 根据浙江天目山的雌虫描述,该种的模式标本保存于上海昆虫博物馆,但 Ôuchi 没有指定正模。该种与褐颜木虻 X. decora Yang et Nagatomi 相似,但颜为黄色;中胸背板的色斑为暗黄褐色,不太清晰;受精囊头部很长。而后者颜为暗褐色到褐色;中胸背板具清晰的黑色斑;受精囊头部球形(Yang 和 Nagatomi,1993)。

(29)褐颜木虻 *Xylomya decora* Yang *et* Nagatomi,1993(图 61)

Xylomya decora Yang *et* Nagatomi,1993. South Pacific Study 14(1):70. Type locality:China:Hubei, Shennongjia.

雌 体长 10.9 mm,翅长 10.2 mm。

头部暗褐色至黑色,被淡灰粉,但触角上额黄色。头部毛黄色。头高为长的 1.5 倍;复眼宽为触角到中单眼距离的 1.5 倍,为触角上额宽的 1.9 倍和颜宽的 1.7 倍;触角上额宽为单眼瘤宽的 2.2 倍,为中单眼处额宽的 1.1 倍,为颜宽的 0.9 倍;喙下脊到触角的距离为触角到中单眼距离的 1.6 倍。触角黄色;柄节和梗节被黄毛;触角 3 节长比为 1.0:0.8:5.6。触角长为触角到中单眼距离的 2.2 倍。喙黄色,被淡黄毛。须黄色,被淡黄毛;须端部圆,长为触角到中单眼距离的 1.1 倍,宽为长的 0.4 倍。

胸部黄色,被淡灰粉。中胸背板具一个黑色中纵斑(其前部宽分离)和 2 对黑色侧斑(中缝后的一对与中斑相连);小盾片基部黑色;后小盾片褐色至暗褐色。中侧片有一暗褐色斜斑;翅

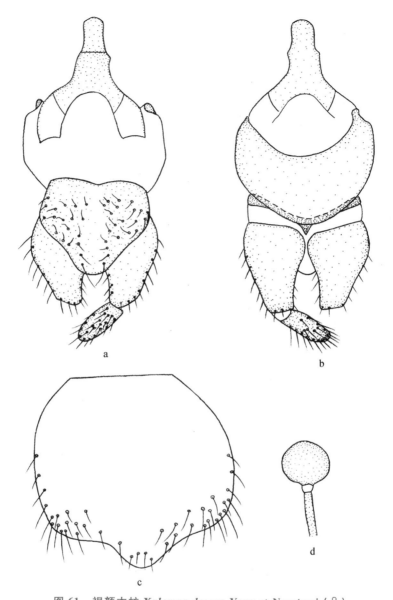

图 61 褐颜木虻 *Xylomya decora* Yang et Nagatomi（♀）

a. 雌性生殖器，背视（female genitalia，dorsal view）；b. 雌性生殖器，腹视（female genitalia，ventral view）；c. 第 8 腹板（sternite 8）；d. 受精囊头部（head of spermatheca）。

侧片（前上部和在腹侧片后部的区域除外）、下侧片和腹侧片前部暗褐色。胸部毛黄色，但小盾片主要被黑毛。足【后足胫节和跗节缺失】黄色，但第 2～5 跗节和第 1 跗节端部暗黄色；足上毛黄色，但跗节被黑毛。翅几乎透明；翅脉褐色至暗褐色。平衡棒黄色。

腹部黄色，被薄的淡灰粉，但第 1 背板前缘具黑色横带，第 2～5 背板后缘（除侧边外）具黑色带。腹部毛黄色，但背面也具黑毛。雌性外生殖器：第 8 腹板具后中突，前缘直；第 10 背板窄；尾须第 1 节长明显大于宽，向端部变窄，第 2 节短，细；第 9 背板不分开，前缘凹；生殖叉前端部窄而长，侧部宽；受精囊头部球形。

雄　未知。

观察标本　正模♀,湖北神农架 1 600 m,1980. Ⅶ.13,茅晓渊（CAU）。

分布　湖北（神农架）。

讨论　该种与分布于日本的四国木虻 X. shikokuana（Miyatake）相似,但触角上额黄色;中胸背板前部侧斑不与中斑相连,中侧片斜侧斑不达前缘;后足股节端部黄色。而后者额全黑色;中胸背板前部侧斑与中斑相连,中侧片斜侧斑达前缘;后足股节端部黑色（Yang 和 Nagatomi,1993）。

(30)雅木虻 *Xylomya gracilicorpus* Yang et Nagatomi,1993(图 62)

Xylomya gracilicorpus Yang et Nagatomi,1993. South Pacific Study 14(1)：72. Type locality：China：Heilongjiang, Dailing.

雌　体长 8.9～11.6 mm,翅长 8.1～10.8 mm。

头部黑色,被淡灰粉。头部毛淡黄色,但后头上部具黑毛。头高为长的 1.6 倍;复眼宽为触角到中单眼距离的 1.3～1.5 倍,为触角上额宽的 1.6～1.9 倍和颜宽的 1.2～1.5 倍;触角上额宽为单眼瘤宽的 2.1～2.4 倍,为中单眼处额宽的 1.3～1.4 倍,为颜宽的 0.8 倍;喙下脊到触角的距离为触角到中单眼距离的 1.2～1.5 倍。触角暗褐色至黑色;柄节和梗节被黑毛;触角 3 节长比为 1.0：0.5：4.4。触角长为触角到中单眼距离的 1.6 倍。喙黄色,被淡黄毛。须淡黄色,被淡黄毛;须端部钝,长为触角到中单眼距离的 1.0～1.2 倍,宽为长的 0.3 倍。

胸部黑色,被淡灰粉。肩胛黄色,中胸背板具 3 对黄色侧斑,小盾片黄色(除基部和侧边外)。中侧片上缘和后部黄色;侧背片具一大的黄斑;腹侧片后部黄褐色至褐色。胸部毛淡黄色。足黄色;转节、中足股节端部背面、后足股节端部(最末端除外),后足胫节端部不到 1/2 的部分、前中足跗节(第 1 跗节基部除外)和后足跗节暗褐色至黑色。足上毛淡黄色和黑色。翅几乎透明,稍带黄色;翅脉褐色至暗褐色。平衡棒黄色。

腹部黑色,被淡灰粉,但第 8 背板、尾须、第 1 背板侧缘和第 2～7 背板后缘黄色(第 2～6 背板的黄色带极窄)。腹部毛淡黄色,但背面有黑毛。雌性外生殖器:第 8 腹板方形,中后部具一大的非骨化区,前缘凹;第 10 背板很窄;尾须第 1 节长大于宽,矩形,第 2 节小,端部圆;第 9 背板不分开,大,前缘凹;生殖叉前端部小,前缘平截,侧部宽,后部尖;受精囊头部椭圆形,基部窄。

雄　未知。

观察标本　正模♀,黑龙江带岭,1971. Ⅴ.22（CAU）。副模 1♀,黑龙江带岭,1971. Ⅴ.22（CAU）。

分布　黑龙江（带岭）。

讨论　该种与黄基木虻 X. moiwana（Matsumura）相似,但基黄色,后足第 1 跗节全黑色。而后者基节黑色,后足第 1 跗节基部黄色（Yang 和 Nagatimo,1993）。

(31)长角木虻 *Xylomya longicornis* Matsumura,1915(图 63)

Xylomyia longicornis Matsumura,1915. Konchu-bunruigaku 2：46. Type locality：Japan：Hokkaido,Sapporo.

Nematoceropsis ibex Pleske,1925. Encycl. Ent. (B Ⅱ) Dipt. 2(4)：175. Type locality：

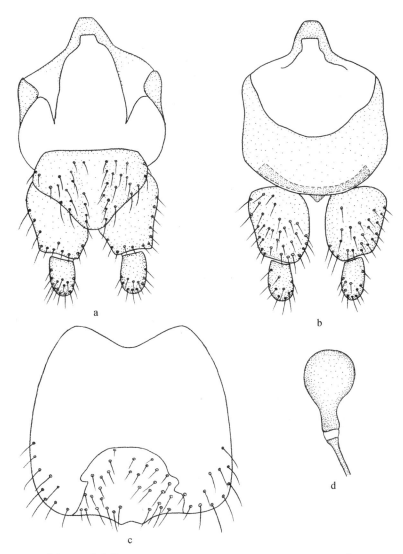

图 62　雅木虻 *Xylomya gracilicorpus* Yang *et* Nagatomi（♀）

a. 雌性生殖器,背视（female genitalia, dorsal view）；b. 雌性生殖器,腹视（female genitalia, ventral view）；c. 第 8 腹板（sternite 8）；d. 受精囊头部（head of spermatheca）。

Russia：South "Primorye, Progranitschnaja, en Mandchourie".

Solva takachihoi Ôuchi, 1943. J. Shanghai Sizen. Ken. Iho. 13(6)：485. Type locality：Japan：Kyushu, Mt. Hiko.

体长　13.5 mm。

体黑色。触角黄色,但鞭节深色,端部黑色。喙和须橙黄色,喙两侧各有一深色条斑。胸部被红褐色短毛,肩胛和翅后胛褐色,小盾片浅黄褐色,基部褐色。翅透明,前缘稍带浅黄色；翅痣黄褐色。足褐色,但转节、前中足股节背面和端部、胫节、前中足跗节基部、后足股节中部的斑、后足胫节端部,跗节(不包括两端)黄色。腹部窄,第 1 节具浅褐色侧斑,第 1～4 背板后缘具窄的黄色带,第 1～2 腹板黄褐色。

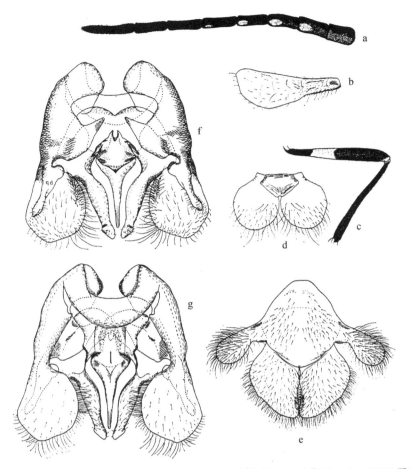

图 63 长角木虻 *Xylomya longicornis* Matsumura（据 Nagatomi 和 Tanaka，1971 重绘）

a～c. 雌虫（♀）：a. 触角鞭节，内侧视（antennal flagellum，inner view），b. 须，侧视（palpus，lateral view），c 后足股节和胫节，前视（hind femur and tibia，frontal view）；d～g. 雄虫（♂）：d. 第8腹板（sternite 8），e. 第9背板和尾须，背视（tergite 9 and cerci，dorsal view），f. 生殖体，背视（genital capsule，dorsal view），g. 生殖体，腹视（genital capsule，ventral view）。

分布 中国（华北）；日本，俄罗斯。

讨论 该种可根据触角长超过触角到中单眼距离的 5.0 倍与本属其他种明显区分开来，本属其他种触角长仅为触角到中单眼距离的 1.5～3 倍。

(32) 黄基木虻 *Xylomya moiwana* Matsumura，1915（图 64、图 65）

Xylomyia moiwana Matsumura，1915. Konchu-bunruigaku 2：46. Type locality：Japan：Hokkaido，Sapporo.

Solva ussuriensis Pleske，1925. Encycl. Ent.（B Ⅱ）Dipt. 2(4)：172. Type locality：Russia：vic. Vladivostok，Zolotoy Rog.

Xylomyia honsyuana Frey，1960. Commentat. Biol. 23(1)：7. Type locality：Japan：Honshu.

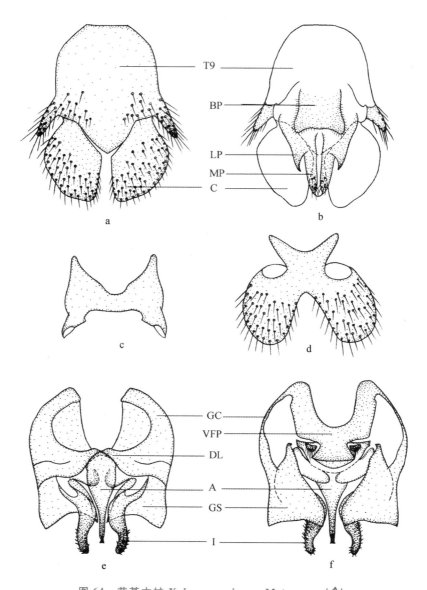

图 64　黄基木虻 *Xylomya moiwana* Matsumura（♂）

a. 第 9 背板、第 10 腹板和尾须，背视（tergite 9，sternite 10 and cerci，dorsal view）；b. 第 9 背板、第 10 腹板和尾须，腹视（tergite 9，sternite 10 and cerci，ventral view）；c. 第 8 背板（tergite 8）；d. 第 8 腹板（sternite 8）；e. 生殖体，背视（genital capsule，dorsal view）；f. 生殖体，腹视（genital capsule，ventral view）。A. 阳茎（aedeagus）；BP. 第 10 腹板基突（basal process of sternite 10）；C. 尾须（cercus）；DL. 生殖基节背叶（dorsal lobe of gono-coxite）；GC. 生殖基节（gonocoxite）；GS. 生殖刺突（gonostylus）；I. 内基突（inter basis）；LP. 第 10 腹板侧突（lateral process of sternite 10）；MP. 第 10 腹板中突（middle process of sternite 10）；T9. 第 9 背板（tergite 9）；VFP. 生殖基节腹面愈合部（ventral fused portion of gonocoxites）。

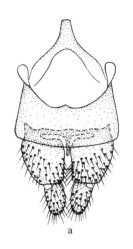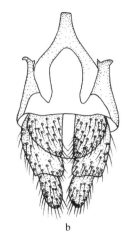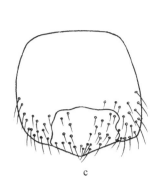

图 65　黄基木虻 *Xylomya moiwana* Matsumura（♀）

a. 雌性生殖器，背视（female genitalia, dorsal view）；b. 雌性生殖器，腹视（female genitalia, ventral view）；c. 第 8 腹板（sternite 8）；d. 受精囊头部（head of spermatheca）。

雄　体长 12.4 mm，翅长 11.1 mm。

头部暗褐色到黑色，被淡灰粉，但单眼瘤和额中部稍有光泽。头部被黑色和浅黄毛；上后头主要被黑毛，但其中部全为浅黄毛；单眼瘤和额被黑毛。头高为长的 1.6 倍；复眼宽为触角到中单眼距离的 1.5 倍，为触角上额宽的 2.0 倍和颜宽的 1.7 倍；触角上额宽为单眼瘤宽的 2.3 倍，为中单眼处额宽的 1.5 倍，为颜宽的 0.9 倍；喙下脊到触角的距离为触角到中单眼距离的 1.8 倍。触角暗褐色到黑色，但梗节和第 1～7 鞭节内面黄褐色；柄节和梗节被黑毛；触角 3 节长比为 1.0：0.9：7.4。触角长为触角到中单眼距离的 2.2 倍。喙黑，被淡黄毛。须暗褐，但端部黄色，被黑毛；须端部钝，长为触角到中单眼距离的 0.9 倍，宽为长的 0.4 倍。

胸部黑色，被淡灰粉；中胸背板以下部分黄色：3 对侧斑、肩胛、中缝前的一个斑，中缝后的细带，翅后胛，小盾片黄色，但基部和侧边黑色。中侧片上部和后部黄色；侧背片具一个黄斑。胸部毛浅黄色。足黄色，但基节和转节黑色；后足股节端部和胫节黑色；跗节除中足第 1 跗节和后足第 1 跗节基部外褐色到暗褐色；前中足股节和胫节稍有暗褐色。足上毛淡黄色和黑色。翅几乎透明，前部稍带黄色；翅脉黄褐色到深褐色。平衡棒黄色，但球部基部部分黑色。

腹部黑色，被浅灰粉，但第 1 背板的侧斑、第 2～6 背板后缘（中部除外）黄色，第 2～3 腹板后缘黄色到黄褐色。腹部毛浅黄色，但背面也具黑毛。雄性外生殖器：第 9 背板具短的端侧突；尾须方形，长稍大于宽；第 10 腹板具 1 个长的中突（分为 2 叶）和 2 个短的侧突（尖，端部内弯）；生殖基节具背叶，其内端尖；第 9 腹板基部具深凹，具宽的端突，但为端突基部窄而端部菱形；生殖刺突大，三角形，端缘稍凹；第 8 腹板具一对端部圆的宽叶；阳茎复合体长，直，向端部渐窄；内基突长，明显弯曲。

雌　体长 12.2～13.3 mm，翅长 10.8～11.2 mm。

与雄虫相似，仅以下不同：头高为长的 1.4～1.6 倍；复眼宽为触角到中单眼距离的 1.2～1.3 倍，为触角上额宽的 1.6～1.8 倍和颜宽的 1.4～1.5 倍；触角上额宽为单眼瘤宽的 2.4～2.5 倍，为中单眼处额宽的 1.5 倍，为颜宽的 0.8～0.9 倍；喙下脊到触角的距离为触角到中单眼距离的 1.6 倍。触角长为触角到中单眼距离的 2.3～2.6 倍。须长为触角到中单眼距离的

0.9~1.0,宽为长的0.4~0.45倍。侧背片全黄色,或黑色具黄斑。腹部第1背板侧斑小。雌性外生殖器:第8腹板方形,中后部具大的非骨化区;第10背板窄,"T"形,侧边与尾须愈合;尾须第1节长大于宽,端部稍窄,第2节短;第10腹板中部具宽的非骨化区;第9背板矩形,前缘凹;生殖叉前部窄,向前突出;受精囊头部球形。

观察标本 1♂2♀♀,吉林长白山,1985. Ⅵ.24~Ⅶ.11(CAU);1♀,辽宁千山,1972. Ⅵ.24(CAU);1♀,黑龙江带岭,390 m,1959. Ⅵ.26(CAU);1♂,吉林浑江,650 m,1983. Ⅷ.5,杨定(CAU)。

分布 中国吉林(长白山、浑江)、辽宁(千山)、黑龙江(带岭);日本,韩国,俄罗斯。

讨论 该种与雅木虻 *X. gracilicorpus* Yang et Nagatomi 相似,但基节黄色,后足第1跗节全黑色。而后者基节黑色,后足第1跗节基部黄色(Yang和Nagatomi,1993)。

(33)邵氏木虻 *Xylomya sauteri* (James, 1939)

Solva sauteri James, 1939. Arb. Morph. Taxon. Ent. Berl. 6(1):32. Type locality:China:Taiwan, Toa Tsui Kutsu.

体长 12 mm。

雄 头部额中等宽,颜稍宽;额在触角上稍凹。后头、头顶和额上部3/4黑色;额下部、颜、喙、须和触角黄色。须稍膨大。头顶和额上部2/3密被金黄色倒伏毛;触角上额在复眼缘的部分具银白色毛斑;颜和后头被黄毛,侧下部具黄色直立毛。触角稍长于头;柄节和梗节约等长;柄节长约为梗节长的5.0倍。

胸部包括足和平衡棒黄色,被黄毛,但小盾片、翅上区和部分跗节被短黑毛;跗节尤其前足跗节黄褐色。后足股节不膨大且无齿。翅浅黄色;翅脉黄褐色;m-cu横脉明显,几乎与r-m横脉等长。

腹部黄色;第2~5背板亚端部具窄的黑色横带;第1腹板基部两侧各具一个明显的斜横斑;腹部毛黄色,但背面掺杂有短黑毛。生殖器大。

雌 与雄虫相似。

分布 台湾。

讨论 该种体大型且为黄色,与浙江木虻 *X. chekiangensis*(Ôuchi)相似,但中胸背板全黄色,无暗黄褐色斑。而后者中胸背板具3个明显的暗黄褐色宽纵带。

(34)四川木虻 *Xylomya sichuanensis* Yang et Nagatomi, 1993(图66)

Xylomya sichuanensis Yang et Nagatomi, 1993. South Pacific Study 14(1):78. Type locality:China:Sichuan, Emeishan.

雌 体长11.1 mm,翅长11.8 mm。

头部黑色,被淡灰粉。头部毛淡黄色,但上后头、单眼瘤和额上暗色区域被黑毛。头高为长的1.3倍;复眼宽为触角到中单眼距离的1.4倍,为触角上额宽的1.6倍和颜宽的1.4倍;触角上额宽为单眼瘤宽的2.5倍,为中单眼处额宽的1.7倍,为颜宽的0.9倍;喙下脊到触角的距离为触角到中单眼距离的1.7倍。触角暗褐色至黑色,梗节内面和第1~7鞭节黄褐色;柄节和梗节被黑毛,鞭节端部有黑毛;触角3节长比为1.0:0.9:8.8。触角长为触角到中单眼距离的2.6倍。喙赤黄色,被淡黄毛。须黄色,被淡黄毛;须端部圆,长为触角到中单眼距离

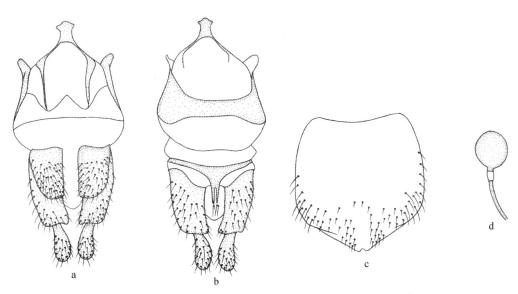

图 66 四川木虻 *Xylomya sichuanensis* **Yang** *et* **Nagatomi**（♀）

a. 雌性生殖器，背视（female genitalia, dorsal view）；b. 雌性生殖器，腹视（female genitalia, ventral view）；c. 第 8 腹板（sternite 8）；d. 受精囊头部（head of spermatheca）。

的 0.5 倍,宽为长的 0.6 倍。

胸部黑色。中胸背板有一对黄色纵斑从肩胛延伸至翅基部,中缝前还具一对黄色侧斑(与中纵斑相连),翅后胛黄色;小盾片中后部黄色。中侧片上部和后部、腹侧片后上部和侧背片黄色。胸部毛淡黄色。足黄色,但中后足基节部分黑色,中后足转节全黑色;前中足第 2~5 跗节、中足股节端部后部、后足股节端部不到 1/2、后足胫节端半部和后足跗节黑色;足上毛淡黄色和黑色。翅淡黄色;翅脉褐色至暗褐色。平衡棒黄色。

腹部黑色,但第 1 背板侧缘和第 2~8 背板后缘黄色。腹部毛淡黄色,但背面有黑毛。雌性外生殖器:第 8 腹板五边形,后缘中部具小凹;第 10 背板很窄,"T"形;尾须第 1 节长大于宽,第 2 节基部窄,端部圆;第 10 腹板分为 2 个骨片;第 9 背板短;生殖叉前部短而窄,侧部窄;受精囊头部球形。

雄 未知。

观察标本 正模♀,四川峨眉山,1957.Ⅳ.29（CAU）。

分布 四川(峨眉山)。

讨论 该种与中华木虻 *X. sinica* Yang *et* Nagatomi 相似,但后足第 1 跗节全黑色;侧背片黄色;翅端部无褐色到深褐色斑;雌虫尾须第 2 节基部窄。而后者后足第 1 跗节黄色;侧背片黑色具一个黄斑;翅端部褐色到深褐色;雌虫尾须第 2 节细小(Yang 和 Nagatomi,1993)。

(35) 中华木虻 *Xylomya sinica* **Yang** *et* **Nagatomi,1993**(图 67、图 68)

Xylomya sinica Yang *et* Nagatomi, 1993. South Pacific Study 14(1):80. Type locality: China: Sichuan, Emeishan.

雄 体长 11.9 mm,翅长 11.6 mm。

头部黑色,被淡灰粉。头部毛淡黄色,但上后头、单眼瘤和额的亮黑色区被黑毛。头高为

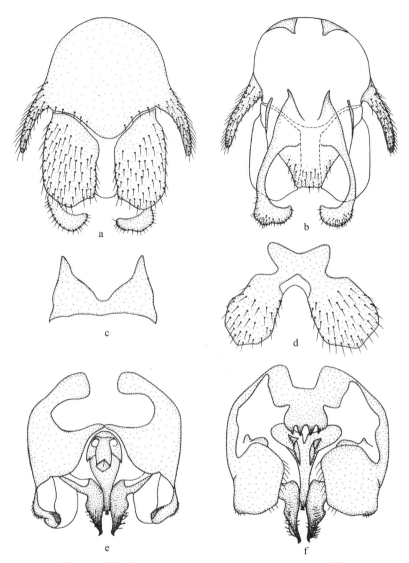

图 67 中华木虻 *Xylomya sinica* **Yang** *et* **Nagatomi** (♂)

a. 第 9 背板、第 10 腹板和尾须，背视 (tergite 9, sternite 10 and cerci, dorsal view)；

b. 第 9 背板、第 10 腹板和尾须，腹视 (tergite 9, sternite 10 and cerci, ventral view)；

c. 第 8 背板 (tergite 8)；d. 第 8 腹板 (sternite 8)；e. 生殖体，背视 (genital capsule, dorsal view)；f. 生殖体，腹视 (genital capsule, ventral view)。

长的 1.4 倍；复眼宽为触角到中单眼距离的 1.4 倍，为触角上额宽的 1.6 倍和颜宽的 1.4 倍；触角上额宽为单眼瘤宽的 2.4 倍，触角到中单眼距离的 0.9 倍，为中单眼处额宽的 1.4 倍，为颜宽的 0.9 倍；喙下脊到触角的距离为触角到中单眼距离的 1.6 倍。触角（鞭节缺失）柄节暗褐色，梗节黄褐色，被黑毛；触角 3 节长比为 1.0：0.4：?。喙黄色，基部暗褐色至黑色，被淡黄毛。须黄色，基部褐色，被淡黄毛；须端部尖，长为触角到中单眼距离的 0.95 倍，宽为长的

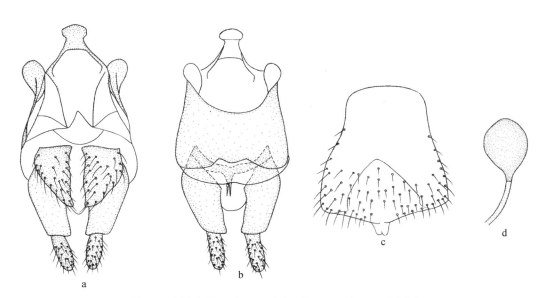

图 68　中华木虻 *Xylomya sinica* Yang *et* Nagatomi（♀）

a. 雌性生殖器,背视（female genitalia, dorsal view）; b. 雌性生殖器,腹视（female genitalia, ventral view）;
c. 第 8 腹板（sternite 8）; d. 受精囊头部（head of spermatheca）.

0.3 倍。

胸部黑色,被淡灰粉。中胸背板有一对窄的黄色中纵斑伸达黄色的肩胛,中缝前还有一对黄色侧斑与中纵斑相连,一对黄色前侧斑与肩胛相连及黄色后侧斑（包括翅后胛）;小盾片中后部黄色。中侧片上部和后部,腹侧片上后部黄色;侧背片黑色,具一个黄斑。胸部毛淡黄色。足黄色,但基节部分黑色,转节全黑色;后足股节和胫节端部 1/2 黑色;第 2～5 跗节黑色;足上毛淡黄色和黑色。翅淡黄色,端部明显褐色至暗褐色;翅脉褐色至暗褐色。平衡棒黄色。

腹部黑色,被淡灰粉,但第 1 背板侧缘和第 2～8 背板后缘黄色。腹部毛淡黄色,但背面有黑毛。雄性外生殖器:第 9 背板背针突长;尾须长大于宽;第 10 腹板有一个宽的中突和两个长的侧突,侧突向内弯,端部宽;第 8 腹板端部分为两叶;生殖基节背叶突然变窄,端部尖;第 9 腹板基部凹,具端部为齿状的后中突;生殖刺突大,近方形;阳茎复合体长,向端部逐渐变窄,基中部具一个背突,向上弯;内基突弯,端部尖。

雌　体长 14.2～14.4 mm,翅长 14.0～14.1 mm。

与雄虫相似,仅以下不同:头高为长的 1.3～1.5 倍;复眼宽为触角到中单眼距离的 1.4倍,为触角上额宽的 1.4～1.5 倍和颜宽的 1.4～1.5 倍;触角上额宽为单眼瘤宽的 2.7～2.9倍,为中单眼处额宽的 1.4～1.5 倍,为颜宽的 1.0 倍;喙下脊到触角的距离为触角到中单眼距离的 1.7～1.8 倍。触角褐色到暗褐色,梗节和第 1～3 或 1～6 鞭节内面黄褐色;柄节和梗节被黑毛;触角 3 节长比为 1.0∶0.4∶6.0;触角长为触角到中单眼距离的 2.8～2.9 倍。须长为触角到中单眼距离的 0.9～1.0 倍,宽为长的 0.34 倍。雌性外生殖器:第 8 腹板方形,但前缘窄,中后部具大的非骨化区,后缘中部具小球状突;第 10 背板很窄,“T”形,侧边与尾须愈合;尾须第 1 节长明显大于宽,第 2 节细小;第 10 腹板分为 2 个骨片,中部由膜质相连;第 9 背板矩形,前缘凹;生殖叉前部短,端部宽圆;受精囊头部卵圆形,基部细短。

观察标本　正模♂,四川峨眉山,1 800 m,1957.Ⅶ.4,郑乐怡（CAU）。副模 1♀,四川峨眉山,900 m,1957. Ⅳ. 29(CAU);2♀♀,陕西南五台,1957. Ⅷ(CAU)。

分布 四川(峨眉山)、陕西(南五台)。

讨论 该种与四川木虻 *X. sichuanensis* Yang *et* Nagatomi 相似,但后足第 1 跗节黄色;侧背片黑色且具一个黄斑;翅端部褐色至深褐色;雌虫尾须第 2 节小而细。而后者后足第 1 跗节全黑色;侧背片黄色;翅端部无褐色至深褐色斑;雌虫尾须第 2 节基部窄(Yang 和 Nagatomi,1993)。

(36)文县木虻 *Xylomya wenxiana* Yang, Gao *et* An, 2005(图69)

Xylomya wenxiana Yang, Gao *et* An *in* Yang, X.(ed.),2005. Insect fauna of middle-west Qinling Range and south mountains of Gansu province. P. 731. Type locality:China: Gansu, Wenxian.

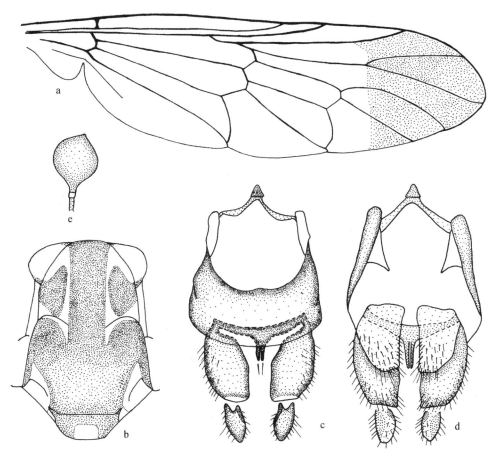

图 69 文县木虻 *Xylomya wenxiana* Yang, Gao *et* An(♀)

a. 翅,背视(wing, dosal view);b. 胸部,背视(thorax, dosal view);c. 雌性生殖器,背视(female genitalia, dorsal view);d. 雌性生殖器,腹视(female genitalia, ventral view);e. 受精囊头部(head of spermatheca)。

雌 体长 12.1~13.3 mm,翅长 12.5~13.0 mm。

头部黑色,被淡灰粉;额中部有一亮黑区。毛白色,单眼瘤有黑毛,额亮黑区两侧有黑毛,上后头两侧有一些黑毛。头高为长的 1.3 倍;复眼宽为触角到中单眼距离的 1.45 倍,为触角上额宽的 1.6 倍,为颜宽的 1.8 倍;触角上额宽为中单眼处额宽的 3.3 倍,为颜宽的 0.9 倍。触角【鞭节缺失】黑色,梗节内面暗黄褐色;触角被黑毛。喙黄色,基半部浅黑色,被淡黄毛。须全黄色,被淡黄毛。

胸部黑色,被灰白粉。中胸背板有 3 对黄侧斑,前侧斑与中侧斑以一对中纵斑相连。小盾片端部有一黄斑。中侧片上部和后部黄色。腹侧片上部有一黄斑,侧背片外有一黄斑。胸部毛几乎全淡黄色。足黄色,但基节黄色,局部黑色,转节黑色,中足股节端部背后区黑色,后足股节端半部、后足胫节端部 1/3 黑色,跗节暗褐色,但前足第 1 跗节基半部黄色,中足第 1 跗节除端部外黄色,后足跗节暗褐色。足上毛大部分黑色。翅几乎透明,稍带黄色,端部明显暗褐色;翅脉暗褐色。平衡棒黄色,基部暗黄褐色。

腹部黑色,被灰白粉,但第 2 背板侧边有大黄斑,几乎伸达前缘,第 3～7 背板后缘黄色。腹部毛白色,背面有一些黑毛。雌性外生殖器:第 9 背板前缘凹;第 10 背板较窄,呈"T"形,侧边与尾须基部愈合;尾须第 1 节宽大,第 2 节细小;受精囊圆形但末端稍尖。

雄　未知。

观察标本　正模♀,甘肃文县碧口碧峰沟,900～1 450 m,1998.Ⅵ.25,袁德成(IZCAS)。

分布　甘肃(文县)。

讨论　该种与中华木虻 *X. sinica* Yang *et* Nagatomi 相似,但后足第 1 跗节暗褐色;须全黄色。而后者后足第 1 跗节黄色;须基部 1/3 褐色(Yang,Gao 和 An,2005)。

(37)西峡木虻 *Xylomya xixiana* Yang,Gao *et* An,2002(图 70)

Xylomya xixiana Yang,Gao *et* An in Shen,X. & Zhao,Y.(Eds.)2002. Insect of the mountains of Taihang and Tongbai regions. P. 25. Type locality:China:Henan,Xixia.

雄　体长 12.0 mm,翅长 11.5 mm。

头部黑色,被淡灰粉;额中部有一亮黑区。毛白色,单眼瘤有黑毛,上后头两侧有一些黑毛。头高为长的 1.45 倍;复眼宽为触角到中单眼距离的 1.4 倍,为触角上额宽的 1.5 倍,为颜宽的 1.4 倍;触角上额宽为中单眼处额宽的 3.3 倍,为颜宽的 0.9 倍。触角黑色,柄节和梗节浅黑色,第 1～3 鞭节内面黄色;柄节和梗节被黑毛。喙黑色,端部黄色,毛淡黄色。须黄色,基部 1/3 黑色,毛淡黄色。

胸部黑色,被灰白粉。肩胛黑色;中胸背板有 3 对黄斑,前对斑很小,位于肩胛内侧。小盾片后部中央有一小黄斑。中侧片上部和后部黄色,腹侧片大的前部黄色,侧背片外有一黄斑。胸部毛几乎全为淡黄色。足黄色,但前足基节大部分黑色,中后足基节局部黑色,转节黑色,中足股节端部背后区浅黑色,后足股节和胫节端部多半黑色,前中足第 4～5 跗节和后足跗节暗褐色。足上毛黑色和浅黄色。翅几乎透明,稍带黄色;翅脉褐色。平衡棒黄褐色。

腹部黑色,被灰白粉,但第 2 背板侧边有一不伸达前缘的明显黄斑,第 3～7 背板后缘稍带黄色。腹部毛淡黄色。雄性外生殖器:第 9 背板背针突长而弯;尾须宽大;第 10 腹板有一对长而弯的侧突,中突较宽大且末端稍尖;生殖基节背叶向内变窄;生殖刺突宽大;阳茎复合体细长,基部具背中突。

雌　未知。

观察标本　正模♂,河南西峡,1998.Ⅶ.18,胡学友(CAU)。

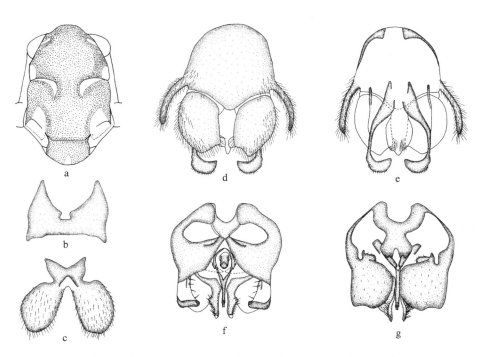

图 70　西峡木虻 *Xylomya xixiana* Yang, Gao *et* An (♂)

a. 胸部,背视 (thorax, dosal view); b. 第 8 背板 (tergite 8); c. 第 8 腹板 (sternite 8); d. 第 9 背板、第 10 腹板和尾须,背视 (tergite 9, sternite 10 and cerci, dorsal view); e. 第 9 背板、第 10 腹板和尾须,腹视 (tergite 9, sternite 10 and cerci, ventral view); f. 生殖体,背视 (genital capsule, dorsal view); g. 生殖体,腹视 (genital capsule, ventral view)。

分布　河南(西峡)。

讨论　该种与雅木虻 *X. gracilicorpus* Yang *et* Nagatomi 相似,但肩胛黑色,肩内黄斑小而不明显。而后者肩胛黄色,肩内黄斑大而明显(Yang, Gao 和 An, 2002)。

二、水虻科 Stratiomyidae Latreille, 1802

特征　水虻科昆虫体型体色多变。体小到大型(2.0～25.0 mm),体底色为黄色或黑色,带有黑色、黄色、白色、蓝色或绿色斑,有时身体具有蓝色、绿色、紫色或褐色的金光泽。体型通常背腹扁平,也有的强烈隆突,也有部分种为拟蜂形态。头部球形或半球形,复眼大,通常雄虫接眼式,雌虫离眼式,但在瘦腹水虻亚科及厚腹水虻亚科的部分属中雌雄虫均为离眼式,复眼裸或被毛。触角鞭节最多 8 节,线状或短缩成盘状,端部具一根细长的鬃状触角芒,有时鞭节纺锤形,最末两节形成顶尖的粗芒,也有部分属鞭节具枝状突或第 8 鞭节明显延长且扁平。小盾片具 2～8 根刺,也有的后缘光滑无刺或仅具一系列小齿突。翅盘室较小,五边形,相比短角亚目其他科,水虻科的翅脉明显前移。CuA_1 脉从盘室发出或与盘室之间由 m-cu 横脉相连,通常具 2～3 条 M 脉。足通常无距,但距水虻属 *Allognosta* 中足胫节端部有距。腹部瘦长或近圆形,扁平或强烈隆突。身体通常被短小的软毛,无鬃。

讨论 水虻科昆虫世界性分布,全世界已知 12 亚科 382 属 3 000 余种。本书记述中国 7 亚科 55 属 346 种,其中包括 9 新记录属,24 新记录种,38 新种。

亚 科 检 索 表

1.	CuA_1 脉从盘室发出	2
	CuA_1 脉不从盘室发出,与盘室之间有 m-cu 横脉相连	10
2.	触角鞭节 8 小节,线状或锥状,有时第 8 鞭节延长且扁平	3
	触角鞭节不超过 7 节,若为 8 节,则最末 2 节形成触角芒	5
3.	触角第 8 鞭节明显延长且扁平	4
	触角其他形状,第 8 鞭节不扁平	9
4.	盘室发出 3 条 M 脉;小盾片无刺 .... 扁角水虻亚科 Hermetiinae
	盘室发出 2 条 M 脉;小盾片 4 刺 .... 厚腹水虻亚科 Pachygastrinae(部分)
5.	盘室发出 2 条 M 脉;小盾片 4 刺或无刺 .... 厚腹水虻亚科 Pachygastrinae(部分)
	盘室发出 3 条 M 脉;小盾片 2 刺或无刺	6
6.	小盾片无刺	7
	小盾片 2 刺	8
7.	颜明显向前形成圆锥状突;触角鞭节纺锤形,最末两节形成端尖的触角芒 .... 线角水虻亚科 Nemotelinae
	颜无圆锥状突;触角鞭节盘状,端背部着生一根细长的鬃状触角芒 .... 瘦腹水虻亚科 Sarginae(部分)
8.	触角鞭节 8 节;身体大部分为暗色,无黄斑 .... 鞍腹水虻亚科 Clitellariinae(部分)
	触角鞭节 6 节;身体通常具黄斑 .... 水虻亚科 Stratiomyinae(部分)
9.	触角线状,小盾片 2 刺或无刺;盘室发出 3 条 M 脉 ...... 鞍腹水虻亚科 Clitellariinae(部分)
	触角圆柱状或纺锤状,小盾片 4～8 刺或无刺,若小盾片无刺,则中足胫节端部有距 .... 柱角水虻亚科 Beridinae
10.	小盾片后缘光滑,无刺或突	11
	小盾片后缘具 2 刺或 2 突	12
11.	R_{4+5} 脉不分叉;盘室发出 2 条 M 脉 .... 水虻亚科 Stratiomyinae(部分)
	R_{4+5} 脉分叉;盘室发出 3 条 M 脉 .... 瘦腹水虻亚科 Sarginae(部分)
12.	触角鞭节细长,线状,由 8 小节组成 .... 鞍腹水虻亚科 Clitellariinae(部分)
	触角鞭节短或其他形状,由 5～6 小节组成 .... 水虻亚科 Stratiomyinae(部分)

(一)柱角水虻亚科 Beridinae Westwood,1838

特征 触角鞭节圆筒形或纺锤形,包含 8 小节,末节不变细成针状。小盾片 4～8 刺,但距水虻属 *Allognosta* 小盾片无刺。M_3 脉缺或不完全;CuA_1 脉由盘室发出。胫节距式 0-0-0,但在距水虻属 *Allognosta* 中为 0-1-0。腹部可见 7 节,但距水虻属 *Allognosta* 第 6 节显著变小。

讨论 柱角水虻亚科广泛分布于古北界、东洋界、澳洲界和新热带界,全世界已知 33 属

276 种,中国已知 6 属 96 种,包括 1 新记录种。

属 检 索 表

1.	小盾片无刺;中足胫节端部有一端距;触角第 1 鞭节端缘具毛;雄虫接眼式;无 M₃ 脉 ·············
	············· 距水虻属 *Allognosta*
	小盾片 4～8 刺;中足胫节端部无距;触角第 1 鞭节端缘无毛;雄虫复眼和 M₃ 脉多样 ············· 2
2.	颜中下部膨大;须退化或仅 1 节;雄虫接眼式;触角各节宽大于长;两性复眼均被毛 ·············
	············· 柱角水虻属 *Beris*
	颜中下部平;须发达,2 节;雄虫离眼式(长角水虻属 *Spartimas* 除外) ············· 3
3.	雄虫接眼式;前足明显延长且纤细;前足胫节和跗节长于中足胫节和跗节;胸部侧板主要为黄色 ···
	············· 长角水虻属 *Spartimas*
	雄虫离眼式;前足不明显延长变细;前足胫节和跗节与中足胫节跗节约等长;胸部侧板主要为金绿色
	············· 4
4.	M₃ 脉缺;复眼密被毛;雄虫额和颜被直立长毛;触角柄节＋梗节与鞭节约等长(独龙江星水虻 *Actina dulongjiangana* 除外),柄节约为梗节长的 2.0 倍,鞭节每小节宽大于长 ·············
	············· 星水虻属 *Actina*
	M₃ 脉存在;复眼裸;雄虫额和颜被短毛;触角柄节＋梗节短于鞭节,柄节短于梗节长的 2 倍 ····· 5
5.	后足股节强壮,粗棒状;后足胫节中部弯;雄性生殖基节明显短宽,生殖刺突明显三裂 ·············
	············· 异长角水虻属 *Aspartimas*
	后足股节细棒状;后足胫节直;M₃ 脉发达;雄虫生殖基节不明显短宽,生殖刺突至多二裂 ·············
	············· 离眼水虻属 *Chorisops*

4. 星水虻属 *Actina* Meigen,1804

Actina Meigen,1804. Klass. Beschr. 1（2）：116. Type species：*Actina chalybea* Meigen,1804.

Metaberis Lindner,1967. Reichenbachia 9：86. Type species：*Metaberis longicornis* Lindner,1967.

属征 身体为闪亮的金绿或紫色。两性复眼均分离。雄虫额向头顶渐宽,雌虫额较宽且平行。雄虫头顶、额和颜密被长毛。触角较长;柄节至少为梗节长的 2.0 倍;柄节＋梗节约与鞭节等长(独龙江星水虻 *Actina dulongjiangana* 除外);鞭节每小节均宽大于长。须发达,2 节。胸部为闪亮的金绿或金紫色;小盾片 4 刺;无胫距。腹部较窄。

讨论 该属主要分布于古北界、东洋界和澳洲界。全世界已知 33 种,中国已知 23 种。

种 检 索 表

1.	腹部全深褐色或黑色 ············· 2
	腹部背面具黄斑 ············· 17
2.	触角短,柄节和梗节长之和约与鞭节相等 ············· 3

触角长,鞭节明显长于柄节和梗节长之和,黑色;足黑色;翅除翅痣外无深色斑 ··············

·················· 独龙江星水虻 *A. dulongjiangana*

3. 翅(除翅痣外)透明无斑 ··· **4**

翅(除翅痣外)透明具斑 ··· **13**

4. 股节黄色,但后足股节部分或者大部分深褐色 ······································· **5**

股节全褐色至深褐色;盘室后部翅脉为 X 形 ··· **12**

5. 阳茎具长的侧叶,与中叶等长或长于中叶 ··· **6**

阳茎具长而尖的中叶,长于侧叶;触角黑色,但鞭节基部浅黑色;须第 2 节黄色 ··· **11**

6. 阳茎侧叶明显长于中叶 ··· **7**

阳茎侧叶与中叶等长;须褐色或黑色;基节和转节浅黑色 ····························· **9**

7. 触角黑色;须黑色;基节黑色;后足股节深褐色,但端部黄色且最末端深褐色;后足胫节全浅黑色 ···

··· **8**

触角黄褐色,但鞭节端部黑色;须黄色,但端部黑色;前中足基节黄色,后足基节深褐色;后足股节黄
色,但端部黑色;后足胫节最基部黄色 ··············· 尖突星水虻 *A. acutula*

8. 头部金紫色;生殖基节腹面愈合部具一"V"形切口;阳茎中叶圆钝,侧叶端部微向内弯 ···········

··················· 腾冲星水虻 *A. tengchongana*

头部金绿色;生殖基节腹面愈合部较直;阳茎中叶端部尖,侧叶端部微向外弯 ···········

··················· 黄端星水虻 *A. apiciflava*

9. 后足胫节深褐色,近基部具一黄褐色环;生殖刺突具短的内叶 ······················· **10**

后足胫节基部黄色;生殖刺突具长的内叶;生殖基节腹面愈合部基部直 ···········

··················· 匙突星水虻 *A. spatulata*

10. 翅端部略带浅褐色;阳茎侧叶端部直;生殖基节腹面愈合部基部具一"V"形切口;雌虫腹部第 2~3
背板各具一小的黄色中斑 ··············· 梵净山星水虻 *A. fanjingshana*

翅透明;阳茎侧叶端部微向外弯;生殖基节腹面愈合部基部直 ·········· 弯突星水虻 *A. curvata*

11. 后足股节前部具褐色条斑;后足胫节基部黄褐色并具一极窄的黑色环;CuA₁ 脉直接与盘室相连 ···

··················· 长突星水虻 *A. elongata*

后足股节前部无褐色条斑;后足胫节基部褐色;CuA₁ 脉不直接与盘室相连 ···········

··················· 张氏星水虻 *A. zhangae*

12. 头部背面和胸部金紫色;触角延长,比头长 ··············· 长角星水虻 *A. longa*

头部背面和胸部金绿色;触角比头短 ··············· 变色星水虻 *A. varipes*

13. 基节和股节深褐色或黑色,但股节端部黄色;生殖刺突近端部具内叶 ··············· **14**

基节和股节黄色,但后足股节端部深褐色;生殖刺突无内叶 ·········· 多斑星水虻 *A. maculipennis*

14. 触角短于头;前中足胫节全部或部分黄色 ··· **15**

触角长于头;前中足胫节褐色;阳茎三叶 ··············· 西藏星水虻 *A. xizangensis*

15. 前足胫节褐色或深褐色且基部黄色;触角鞭节黑色且基部黄褐色;阳茎三叶 ··············· **16**

前足胫节黄色;触角鞭节黄褐色且末节黑色;阳茎二叶 ··········· **双突星水虻 *A. bilobata***

16. 前足胫节褐色但基部黄色,中足胫节暗黄色;鞭节黑色且基部黄褐色;生殖基节背桥窄,
    稍大于端部宽 ··· **贡山星水虻** *A. gongshana*
    前足胫节深褐色,中足胫节褐色且基部暗黄色;鞭节黑色且基部浅黑色;盘室后部宽明显大于端部宽
    ··· **基褐星水虻** *A. basalis*

17. 翅透明;翅脉深褐色 ··· 18
    翅浅黄色;翅脉黄色 ·· **黄角星水虻** *A. flavicornis*

18. 后足胫节不如下述;腹部背面至少具两个黄斑 ··· 19
    后足胫节黑色且基部黄色;腹部背面仅具一个黄斑;触角浅黑色;盘室端部和后部翅脉近 X 形······
    ·· **单斑星水虻** *A. unimaculata*

19. 后足胫节几乎全浅黑色或黑色,最多近基部具一暗黄色环 ······························ 20
    后足胫节黄色,但端半部褐色;触角黄褐色,柄节深色(长为宽的 4.0 倍);腹部背面具 4 个黄斑 ···
    ·· **阿星水虻** *A. amoena*

20. 腹部背面具 2～3 个黄斑 ··· 21
    腹部背面具 4 个黄斑 ··· 22

21. 腹部背面具 2 个黄斑;盘室后部翅脉近 X 形 ····················· **双斑星水虻** *A. bimaculata*
    腹部背面具 3 个黄斑;盘室后部翅脉非 X 形 ····················· **三斑星水虻** *A. trimaculata*

22. 后足胫节黑色,但最基部浅黑色;盘室后部宽明显大于端部宽 ····· **四斑星水虻** *A. quadrimaculata*
    后足胫节黑色,但近基部具黄褐色或稍深的环;盘室后部宽约与端部宽相等 ······················
    ··· **颜氏星水虻** *A. yeni*

(38)尖突星水虻 *Actina acutula* **Yang** *et* **Nagatomi**,1992(图 71)

Actina acutula Yang *et* Nagatomi,1992. South Pacific Study 12(2):132. Type locality:
China:Sichuan, Emeishan.

雄 体长 6.0～6.2 mm,翅长 4.8～5.0 mm。

头部黑色,额和头顶大体上有些亮金紫色,单眼瘤亮金绿色;触角上额、颜和颊有淡灰粉。头部被较长的浅黑毛,但后头(除上部外)和颊被短的浅黄毛;复眼被短的浅褐色细毛。头高为头长的 1.4～1.5 倍;复眼宽为触角到中单眼距离的 1.0～1.1 倍,为触角上额宽的 5.2～6.0 倍,为颜宽的 7.6～8.0 倍;触角上额宽为单眼瘤宽的 1.0～1.2 倍,为颜宽的 1.3～1.5 倍,为中单眼处额宽的 0.3～0.4 倍。触角黄褐色,鞭节端部黑色;柄节和梗节被黑毛,鞭节被微小的白色短柔毛;触角 3 节长比约为 1.0:0.5:1.8。触角长约为触角到中单眼距离的 1.4 倍。喙黄色,被淡黄毛;须黄色,端部黑色。

胸部深褐色,中胸背板和小盾片亮金绿色,肩胛和翅后胛棕黄色;胸部毛浅黄色,但腹侧片中后部、翅侧片(除前上部和下部外)、下侧片和侧背片上部裸;小盾刺黄色,基部黑色。足黄色,但后足基节浅褐色至深褐色;后足股节端部和后足胫节(除基部外)黑褐色;前足跗节、中后足跗节末端黑褐色。足上毛黄色,基节和股节有长的淡黄毛;跗节、后足股节和胫节有若干黑毛。翅透明,翅痣深褐色;盘室长为 M_1 脉长的 0.3 倍,为 M_2 脉长的 0.45 倍。平衡棒黄色。

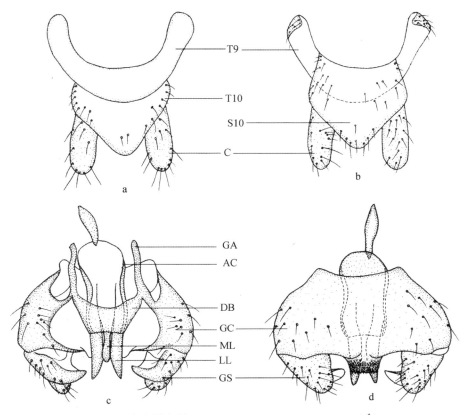

图 71　尖突星水虻 *Actina acutula* Yang et Nagatomi(♂)

a. 第 9～10 背板和尾须,背视(tergites 9～10 and cerci, dorsal view);b. 第 9 背板、第 10 腹板和尾须,腹视(tergite 9, sternite 10 and cerci, ventral view);c. 生殖体,背视(genital capsule, dorsal view);d. 生殖体,腹视(genital capsule, ventral view)。AC. 阳茎复合体(aedeagal complex);C. 尾须(cercus);DB. 背桥(dorsal bridge);GA. 生殖基节突(gonocoxal apodeme);GC. 生殖基节(gonocoxite);GS. 生殖刺突(gonostylus);LL. 阳茎复合体侧叶(lateral lobe in aedeagal complex);ML. 阳茎复合体中叶(median lobe in aedeagal complex);S10. 第 10 腹板(sternite 10);T9. 第 9 背板(tergite 9);T10. 第 10 背板(tergite 10)。

　　腹部为略带光泽的褐色至深褐色。腹部毛淡黄色,但腹面和背面两侧的毛较长。雄性外生殖器:生殖刺突近端部有一大的内叶;阳茎复合体具尖锐的侧叶,侧叶长于中叶。

　　雌　体长 4.3 mm,翅长 4.8 mm。

　　与雄虫相似,仅区别如下:

　　头部具较短的浅黄色细毛;额和头顶包括单眼瘤都为亮金绿色。复眼较宽的分离。复眼宽为触角到中单眼距离的 0.9 倍,为触角上额宽的 1.4 倍,与颜宽相等;触角上额宽为单眼瘤宽的 3.5 倍,为颜宽的 1.1 倍,为中单眼处额宽的 0.8 倍。触角浅褐色至深褐色,鞭节颜色较深。触角长为触角到中单眼距离的 1.5 倍。须褐黄色至褐色。胸部被较短的浅黄毛。足(包括后足基节)黄色,但前足跗节、后足股节末端、后足胫节(包括基部)、中足跗节端部、后足第 3～5 跗节和后足第 1～2 跗节末端褐色至深褐色。腹部第 1 腹板和背面两侧的长毛短于雄虫。

　　观察标本　正模♂,四川峨眉山 630～2 070 m,1978.Ⅸ.14～18,李法圣(CAU)。副模 1

♂1♀,四川峨眉山630～2 070 m,1978.Ⅸ.14～18,李法圣(CAU)。

分布 四川(峨眉山)。

讨论 该种与分布于西伯利亚和日本的双体星水虻 *A. diadema* Lindner 相似,但雄虫触角主要为黄褐色;阳茎复合体侧叶明显长于中叶。而后者触角褐色;阳茎复合体三叶等长(Nagatomi 和 Tanaka,1969)。

(39) 阿星水虻 *Actina amoena* (Enderlein,1921)

Hoplacantha amoena Enderlein,1921. Mitt. Zool. Mus. Berlin. 10：202. Type locality：China：Taiwan, Toyenmongai.

体长5.0～5.5 mm,翅长4.5～5.0 mm。

头部黑色,被细短毛。额长为宽的2.0倍,两侧平行;颜和额前1/4光亮,被银白色毛。复眼被极稀疏的短毛。头顶具强烈的紫色光泽。单眼瘤具金绿色光泽。喙和须浅黄褐色。触角黄褐色,柄节颜色较深,长为宽的4.0倍。

胸部黑色具金绿色光泽,被极短的灰褐色毛。小盾片具4根浅黄褐色的刺。足黄褐色,但前足第2～5跗节和中足第4～5跗节褐色;后足胫节端半部褐色。翅透明,r_1室深褐色,R_{2+3}脉距 r-m 横脉很近。翅脉褐色。平衡棒黄褐色。

腹部褐色,第2～5背板中部和腹面浅黄褐色,尾须浅黄褐色。

分布 中国台湾;缅甸。

讨论 该种与四斑星水虻 *A. quadrimaculata* Li, Zhang et Yang 相似,但后足胫节黄色,但端半部褐色;触角黄褐色,柄节深(长为宽的4.0倍)。而后者后足胫节黑色,但基部最末端浅黑色;触角黑色,但梗节和鞭节基部暗黄褐色,柄节不加长。

(40) 黄端星水虻 *Actina apiciflava* Li, Zhang et Yang, 2009(图72)

Actina apiciflava Li, Zhang et Yang, 2009. Acta Zootaxon. Sin. 34(4)：798. Type locality：China：Guizhou, Fanjingshan.

雄 体长5.9 mm,翅长5.0 mm。

头部黑色,但额和头顶包括单眼瘤大体上有金绿色光泽。复眼明显分离,红褐色。头部毛深褐色,但腹面有浅色毛;颜、额和头顶毛较长;复眼被短毛。触角黑色;柄节和梗节被黑毛。喙浅黄色,被黑毛;须黑色,被黑毛。

胸部黑色,但中胸背板和小盾片具金绿色光泽。肩胛和翅后胛暗褐色。胸部毛浅色,但中胸背板中后部也被深褐色长毛。足黄色,但基节和转节黑色,后足股节暗褐色,端部黄色但最末端暗褐色,前足胫节褐色且基部黄色,后足胫节全浅黑色,前足跗节暗褐色,中后足跗节端部暗褐色。后足第1～2跗节稍加粗。足上毛浅色,但胫节和跗节被黑毛。翅透明;翅痣深褐色;翅脉深褐色;盘室端部翅脉 X 形。腋瓣暗黄色,被褐色毛。平衡棒浅黄色,但基部暗褐色。

腹部暗褐色,稍带金绿色光泽。腹部毛浅黑色。雄性外生殖器:第9背板宽大于长,基部具一大凹缺;生殖基节背桥很大;生殖刺突具明显的内叶;阳茎复合体具3个尖锐的叶,中叶明显短于侧叶。

雌 未知。

观察标本 正模♂,贵州梵净山金顶,2 100～2 200 m,2002.Ⅴ.31,杨定(CAU)。

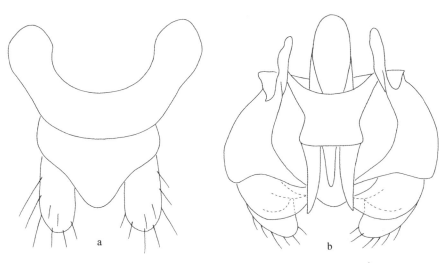

图 72　黄端星水虻 *Actina apiciflava* Li, Zhang *et* Yang(♂)

a. 第 9～10 背板和尾须,背视(tergites 9～10 and cerci, dorsal view);b. 生殖体,背视(genital capsule, dorsal view)。

分布　贵州(梵净山)。

讨论　该种与尖突星水虻 *A. acutula* Yang *et* Nagatomi 相似,但基节全黑色,后足股节暗褐色且端部黄色;阳茎复合体具尖锐的中叶。而后者前中足基节为黄色,后足股节黄色且端部黑褐色;阳茎复合体中叶端部钝(Yang 和 Nagatomi,1992)。

(41) 基褐星水虻 *Actina basalis* Li, Li *et* Yang, 2011(图 73)

Actina basalis Li, Li *et* Yang, 2011. Acta Zootaxon. Sin. 36(1):52. Type locality:China:Yunnan, Jinping.

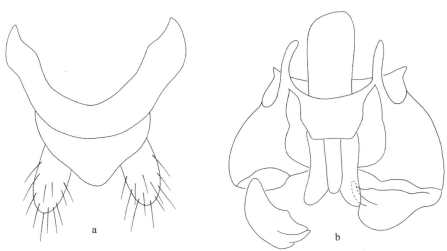

图 73　基褐星水虻 *Actina basalis* Li, Li *et* Yang(♂)

a. 第 9～10 背板和尾须,背视(tergites 9～10 and cerci, dorsal view);b. 生殖体,背视(genital capsule, dorsal view)。

139

雄 体长 7.4～7.6 mm,翅长 5.5～5.7 mm。

头部黑色,但额(除前部很窄的区域外)和头顶包括单眼瘤大体上有金绿色光泽。复眼明显分离,暗褐色。头部毛深褐色,但腹面被浅色毛;颜、额和头顶毛较长;复眼密被毛。触角黄褐色,鞭节黑色,但基部浅黑色;柄节和梗节被黑毛。触角 3 节长比为 1.0∶0.5∶1.8。喙黑色,被浅色毛;须浅黑色,但第 2 节暗黄色,被浅色毛。

胸部亮金绿色。肩胛和翅后胛黑色。小盾刺暗黄色。胸部毛浅色,但中胸背板也具深褐色长毛。足黑色,但股节端部(不包括后足股节最末端)暗黄色;前足胫节暗褐色,中足胫节褐色,但基部暗黄色,后足胫节全黑色;跗节暗褐色,但中后足第 1～2 跗节黄色。后足第 1～2 跗节稍加粗。足上毛浅色,但胫节和跗节全部被黑毛。翅几乎透明,但端部浅灰褐色,r_{2+3} 室主要为浅色;翅痣深褐色;翅脉深褐色;盘室后部宽大于端部宽。平衡棒暗褐色,但球部黄色。

腹部暗褐色,稍带金紫色光泽。腹部毛浅色,第 1～3 背板侧边被长毛。雄性外生殖器:第 9 背板明显宽大于长,基部具一大凹缺;生殖基节愈合部腹面基部平直;生殖基节背桥宽;生殖刺突具内叶;阳茎复合体三裂,中叶短于侧叶,侧叶端部稍向外弯曲。

雌 未知。

观察标本 正模♂,云南金平保护站,2006.Ⅴ.18,张俊华(CAU)。副模 2♂♂,云南金平丫口,2006.Ⅴ.18,张俊华(CAU)。

分布 云南(金平)。

讨论 该种与西藏星水虻 A. xizangensis Yang et Nagatomi 相似,但触角比头短;中足胫节基部暗黄色。而后者触角比头长;胫节全褐色。

(42) 双突星水虻 *Actina bilobata* Li, Zhang *et* Yang, 2009(图 74)

Actina bilobata Li, Zhang *et* Yang, 2009. Entomotaxon. 31(3):206. Type locality: China: Yunnan, Lvchun.

雄 体长 5.7～6.0 mm,翅长 4.9～5.1 mm。

头部黑色,但额和头顶包括单眼瘤大体上有金绿色光泽。复眼明显分离,浅红褐色。头部毛深褐色;颜、额和头顶毛较长;复眼裸。触角黄褐色,鞭节最末一节黑色;柄节和梗节被黑毛。触角 3 节长比为 1.7∶0.9∶3.1。喙主要为黄色,被黑毛;须黄褐色,被黑毛。

胸部黑色,但中胸背板和小盾片具金绿色光泽。肩胛和翅后胛暗褐色。胸部毛浅色,但中胸背板也掺杂有深褐色长毛。足黑色,但前中足股节端部黄色,后足股节端部黄褐色且最末端黑色;前中足胫节黄色;前足第 1 跗节褐色,中后足第 1～2 跗节黄色。后足跗节稍加粗。足上毛黑色但基节具浅色毛。翅透明,端部稍带灰色;r_{2+3} 室除基部外浅色;翅痣深褐色;翅脉深褐色;盘室端部翅脉 X 形。腋瓣暗黄色被浅色毛。平衡棒黄褐色,但球部浅黄色。

腹部暗褐色,稍带金绿色光泽。腹部毛浅褐色但第 1～2 背板侧边被浅色长毛。雄性外生殖器:第 9 背板宽大于长,基部具一大凹缺;生殖基节背桥窄;生殖刺突短,具一弱的端部尖锐的内叶;阳茎复合体端部二裂。

雌 未知。

观察标本 正模♂,云南绿春黄连山,1 790 m,2009.Ⅴ.17,杨秀帅(CAU)。副模 1♂,云南保山百花岭,1 500 m,2007.Ⅴ.29,刘星月(CAU)。

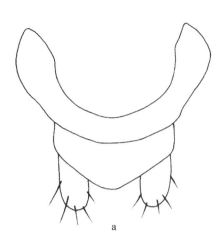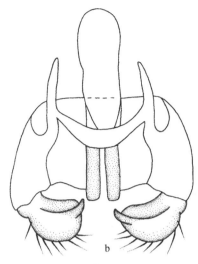

图 74 双突星水虻 *Actina bilobata* Li，Zhang *et* Yang(♂)

a. 第 9～10 背板和尾须，背视(tergites 9～10 and cerci, dorsal view)；b. 生殖体，背视(genital capsule, dorsal view)。

分布 云南(绿春、保山)。

讨论 该种与西藏星水虻 *A. xizangensis* Yang *et* Nagatomi 相似，但触角比头短；中足胫节黄色；阳茎复合体二裂。而后者触角比头长；前中足胫节褐色；阳茎复合体三裂(Yang 和 Nagatomi，1992)。

(43)双斑星水虻 *Actina bimaculata* Yu，Cui *et* Yang，2009(图 75)

Actina bimaculata Yu，Cui *et* Yang，2009. Entomotaxon. 31(24)：296. Type locality：China：Guangxi，Maoershan.

雌 体长 5.8 mm，翅长 5.2 mm。

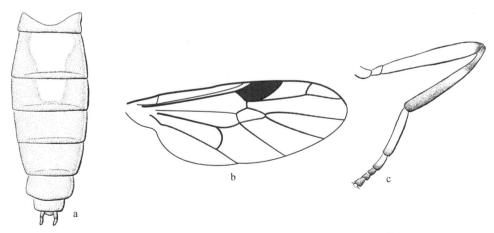

图 75 双斑星水虻 *Actina bimaculata* Yu，Cui *et* Yang(♀)

a. 腹部，背视(abdomen, dorsal view)；b. 翅(wing)；c. 后足，前视(hind leg, frontal view)。

头部黑色,但额和头顶包括单眼瘤大体上有金绿色光泽。复眼明显分离,暗褐色。头部毛浅色,但上后头具部分深褐色毛;颜、额和头顶毛较短;复眼裸。触角浅褐色,鞭节最末一节深褐色;柄节和梗节被黑毛。触角 3 节长比为 0.85∶0.45∶2.15。喙浅黄色,被黑色和浅色毛;须黄色,但端部暗褐色,被黑毛。

胸部黑色,但中胸背板和小盾片具金绿色光泽。肩胛暗褐色,翅后胛浅褐色。小盾刺黄色。胸部毛浅色。足黄色;后足股节最末端浅黑色;后足胫节浅黑色,具暗黄色亚基环;前足跗节全暗褐色,中后足第 3~5 跗节和后足第 1~2 跗节端部暗褐色。后足跗节稍加粗。足上毛浅黑色但基节具浅色毛,股节部分具浅色毛。翅透明;翅痣深褐色;翅脉深褐色;盘室后部翅脉几乎 X 形,M_1 脉和 M_2 脉基部靠近。腋瓣暗黄色,被褐色毛。平衡棒浅黄色,但基部暗黄色。

腹部暗褐色,稍带金绿色光泽;第 2~3 背板各具一黄色中斑;第 2~4 腹板黄色至暗黄色但第 3~4 腹板侧边褐色,第 5~6 腹板浅褐色。腹部毛浅色,但背面被黑毛,第 1~5 背板侧边被浅色毛。

雄 未知。

观察标本 正模♀,广西猫儿山同仁村,350 m,2004.Ⅳ.29,杨定(CAU)。

分布 广西(猫儿山)。

讨论 该种与分布于台湾的阿星水虻 A. amoena (Enderlein,1921)相似,但触角浅褐色,鞭节最末一节深褐色;后足胫节浅黑色且具暗黄色亚基环;腹部第 2~3 背板具黄色中斑。而后者触角黄褐色,柄节颜色较深;后足胫节黄色,但端半部褐色;腹部第 2~5 背板中部黄色(Enderlein,1921;Yang 和 Nagatomi,1992)。

(44) 弯突星水虻 *Actina curvata* Qi,Zhang et Yang,2011(图 76)

Actina curvata Qi,Zhang et Yang,2011. Acta Zootaxon. Sin. 36(2):280. Type locality:China:Guizhou, Kuankuoshui.

雄 体长 5.9~6.1 mm,翅长 4.4~4.6 mm。

头部黑色,但额和头顶包括单眼瘤大体上有金绿色光泽。复眼明显分离,红褐色。头部毛深褐色,但腹面有浅色毛;颜、额和头顶毛较长;复眼被短毛。触角黑色,鞭节浅黑色,但最末一节黑色;柄节和梗节被黑毛,鞭节最末一节顶端有 2 根短毛。喙浅黄色,被黑毛;须黑色,被黑毛。

胸部黑色,但中胸背板和小盾片具金绿色光泽。肩胛和翅后胛暗褐色。胸部毛浅色,但中胸背板前侧部和中后部也被深褐色长毛。小盾片具 4 根暗黄色刺。足黄色,但基节和转节浅黑色;后足股节端部褐色,后足胫节暗褐色,基部黄褐色;前足跗节全暗褐色,中后足第 3~5 跗节端部暗褐色。后足第 1 跗节稍加粗。足上毛浅黑色但基节和股节腹面被浅色毛。翅透明;翅痣深褐色;翅脉深褐色;盘室后部宽稍大于端部宽。腋瓣暗黄色,被褐色毛。平衡棒浅黄色,但基部黄色。

腹部暗褐色,稍带金紫色光泽。腹部毛浅黑色,但第 1~4 背板侧边具浅色长毛。雄性外生殖器:第 9 背板长宽大致相等,基部具一大凹缺;生殖基节背桥较小;生殖刺突近锥形,具短的端部尖锐的内叶;阳茎复合体三叶等长,端部钝,侧叶端部稍向外弯。

雌 未知。

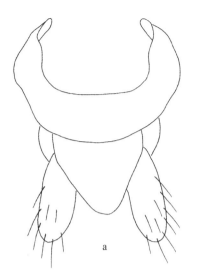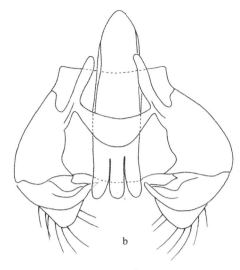

图 76　弯突星水虻 *Actina curvata* Qi, Zhang *et* Yang(♂)

a. 第 9～10 背板和尾须,背视(tergites 9～10 and cerci, dorsal view); b. 生殖体,背视(genital capsule, dorsal view)。

观察标本　正模♂,贵州宽阔水中心站,2010.Ⅵ.3,周丹(CAU)。副模 2♂♂,贵州宽阔水中心站,2010.Ⅵ.3,周丹(CAU)。

分布　贵州(宽阔水)。

讨论　该种与梵净山星水虻 *A. fanjingshana* Li, Zhang *et* Yang 相似,但翅透明;阳茎复合体具 3 个等长而端钝的叶,侧叶端部稍向外弯,生殖基节愈合部基部平直。而后者翅端部明显为浅褐色;阳茎复合体侧叶直,生殖基节愈合部基部具“V”形凹缺(Li, Zhang 和 Yang, 2009)。

(45) 独龙江星水虻 *Actina dulongjiangana* Li, Cui *et* Yang, 2009(图 77)

Actina dulongjiangana Li, Cui *et* Yang, 2009. Entomotaxon. 31(3): 161. Type locality: China: Yunnan, Dulongjiang.

雄　体长 4.2～4.3 mm,翅长 3.8～3.9 mm。

头部黑色,但额和头顶包括单眼瘤大体上有金绿色光泽。复眼明显分离,浅红褐色。头部毛深褐色;颜、额和头顶毛长,颜上的毛稍长于额上的毛;复眼被短而稀疏的毛。触角黑色。触角 3 节长比为 1.6∶0.9∶5.0,鞭节最末一节稍短于梗节;柄节和梗节被黑毛。喙主要为浅黄色,被黄毛;须黑色,被黑毛。

胸部黑色,但中胸背板和小盾片具金绿色光泽;小盾片 4 刺,盾刺顶端暗黄色。肩胛和翅后胛暗褐色。胸部毛浅色,中胸背板无长毛。足黑色,但膝黄褐色或浅褐色。后足股节棒状,基部稍细;后足股节和胫节加粗,后足胫节几乎与后足第 1 跗节等粗。足上毛白色,但跗节主要被黑毛。翅透明,翅痣深褐色;翅脉深褐色;M_1 脉和 M_2 脉基部相接。腋瓣暗黄色,被浅色毛。平衡棒浅黄色。

腹部暗褐色,稍带金绿色光泽。腹部毛浅黑色但背面侧边被浅色长毛。雄性外生殖器:第

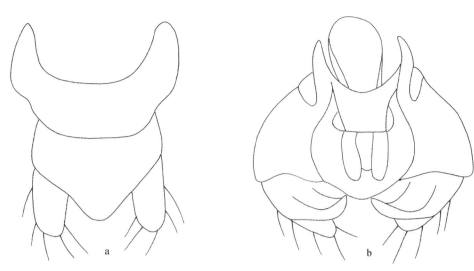

图 77 独龙江星水虻 *Actina dulongjiangana* Li，Cui *et* Yang（♂）

a. 第 9～10 背板和尾须，背视（tergites 9～10 and cerci，dorsal view）；b. 生殖体，背视（genital capsule，dorsal view）。

9 背板宽大于长，基部具一大凹缺；生殖基节背桥大；生殖刺突具明显端部尖锐的内叶；阳茎复合体端部三裂，侧叶稍长且端部汇聚。

雌 未知。

观察标本 正模♂，云南独龙江公路，2 900 m，2007. Ⅴ. 24，刘星月（CAU）。副模 1♂，云南独龙江，2 900 m，2007. Ⅴ. 24，刘星月（CAU）。

分布 云南（独龙江）。

讨论 该种比较独特，可根据其触角延长，鞭节明显长于柄节和梗节之和这个特征与本属其他已知种区分开来（Nagatomi 和 Tanaka，1969；Rozkošný，1982；Yang 和 Nagatomi，1992）。

（46）长突星水虻 *Actina elongata* Li，Zhang *et* Yang，2009（图 78）

Actina elongata Li，Zhang *et* Yang，2009. Entomotaxon. 31（3）：207. Type locality：China：Yunnan，Jinping.

雄 体长 5.1～5.6 mm，翅长 4.4～4.6 mm。

头部黑色，但额和头顶包括单眼瘤大体上有金绿色光泽。复眼明显分离，浅红褐色。头部毛深褐色，但后腹面有部分浅色毛；颜、额和头顶毛较长；复眼裸。触角黑色，但鞭节基部浅黑色；柄节和梗节被黑毛。触角 3 节长比为 1.7：0.95：3.0。喙主要为浅黄色，被黑毛；须黑色，第 2 节黄色，被黑毛。

胸部黑色，但中胸背板和小盾片具金绿色光泽。肩胛和翅后胛暗褐色。胸部毛浅色，但中胸背板也掺杂有深褐色长毛。足黄色，但后足基节和转节黑色，后足股节端部具褐色条纹，顶端黑色；后足胫节黑色，但基部黄褐色具一个窄的黑色环；跗节暗褐色，但中后足第 1～2 跗节黄色，最末端褐色。足上毛浅色，但胫节和跗节具黑毛。翅透明；翅痣深褐色；翅脉深褐色；盘室端部和后部翅脉几乎 X 形，但端部脉有时也不为 X 形。腋瓣暗黄色，被浅色毛。平衡棒黄

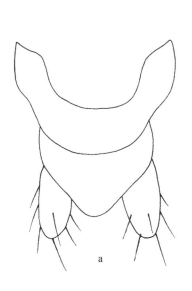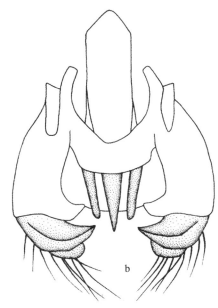

图 78 长突星水虻 *Actina elongata* Li，Zhang *et* Yang(♂)

a. 第 9～10 背板和尾须，背视（tergites 9～10 and cerci，dorsal view）；b. 生殖体，背视（genital capsule，dorsal view）。

色，球部浅黄色。

　　腹部暗褐色，稍带金绿色光泽。腹部毛浅黑色，但第 1～4 背板侧边被浅色长毛。雄性外生殖器：第 9 背板宽大于长，基部具一大凹缺；生殖基节背桥较宽；生殖刺突短，具一明显的端尖的内叶；阳茎复合体端部三裂，中叶端部尖，且长于侧叶。

　　雌 未知。

　　观察标本 正模♂，云南金平分水岭，1 790 m，2009. Ⅴ. 19，杨秀帅(CAU)。副模 1♂，云南金平分水岭，1 790 m，2009. Ⅴ. 19，杨秀帅(CAU)；1♂，云南金平丫口，1 790 m，2006. Ⅴ. 18，张俊华(CAU)。

　　分布 云南（金平）。

　　讨论 该种与匙突星水虻 *A. spatulata* Yang *et* Nagatomi 相似，但后足基节和转节黑色；阳茎复合体中叶端部尖且明显长于侧叶。而后者所有的基节和转节都为浅黑色；阳茎复合体中叶端部钝且与侧叶等长(Yang 和 Nagatomi，1992)。

(47) 梵净山星水虻 *Actina fanjingshana* Li，Zhang *et* Yang，2009(图 79)

Actina fanjingshana Li，Zhang *et* Yang，2009. Acta Zootaxon. Sin. 34(4)：798. Type locality：China：Guizhou，Fanjingshan.

　　雄 体长 5.2～5.4 mm，翅长 4.0～4.2 mm。

　　头部黑色，但额和头顶包括单眼瘤大体上有金绿色光泽。复眼明显分离，红褐色。头部毛深褐色，但后腹面被浅色毛；颜、额和头顶毛较长；复眼被短毛。触角黑色，但鞭节浅黑色；柄节和梗节被黑毛。喙浅黄色，被浅黑毛；须黑色，被黑毛。

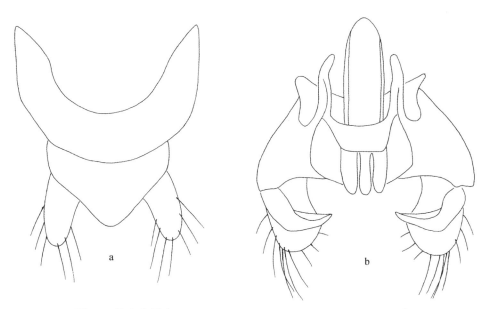

图 79　梵净山星水虻 *Actina fanjingshana* Li, Zhang *et* Yang(♂)

a. 第 9～10 背板和尾须,背视(tergites 9～10 and cerci, dorsal view);b. 生殖体,背视(genital capsule, dorsal view)。

胸部黑色,但中胸背板和小盾片具金绿色光泽。肩胛和翅后胛暗褐色。胸部毛浅色,但中胸背板前侧部和中后部被少量深褐色长毛。足黄色,但基节和转节浅黑;后足股节最末端暗褐色,后足胫节暗褐色,具黄褐色亚基环;前足跗节全暗褐色,中后足跗节端部暗褐色。后足第 1～2 跗节稍加粗。足上毛浅黑色,但基节具浅色毛。翅几乎透明;翅痣深褐色;翅脉深褐色;盘室端部翅脉 X 形。腋瓣暗黄色,被褐色毛。平衡棒浅黄色,基部暗黄色。

腹部暗褐色,稍带金绿色光泽。腹部毛浅黑色。雄性外生殖器:第 9 背板长宽大致相等,基部具一大凹缺;生殖基节背桥小;生殖刺突具明显端尖的内叶;阳茎复合体三叶等长,端部钝,侧叶宽于中叶。

雌　体长 5.3～5.5 mm,翅长 4.8～5.0 mm。

与雄虫相似,但腹部第 2～3 背板各具 1 个小的黄色中斑,所有基节全黄色,后足胫节褐色,但窄的基部和宽的端部黄褐色。

观察标本　正模♂,贵州梵净山金顶,2 100～2 200 m,2002. Ⅴ. 31,杨定(CAU)。副模 5♂♂4♀♀,贵州梵净山金顶,2 100～2 200 m,2002. Ⅴ. 31,杨定(CAU)。

分布　贵州(梵净山)。

讨论　该种与匙突星水虻 *A. spatulata* Yang *et* Nagatomi 相似,但后足胫节暗褐色,具黄褐色亚基环;生殖刺突具短的内叶,生殖基节腹面基缘具"V"形凹缺。而后者后足胫节除基部外褐色;生殖刺突近端部有一个大内叶,生殖基节腹面基缘平滑无凹缺。

(48)黄角星水虻 *Actina flavicornis*(**James, 1939**)

Hoplacantha flavicornis James, 1939. Arb. Moph. Taxon. Ent. Berlin. 6:34. Type locality:China:Taiwan, North Paiwan Distr., Shinsinei.

雌 体长 6.0 mm。

头部黑色;额、头顶和后头上部具金紫色光泽,单眼瘤具金绿色光泽。头顶宽为头宽的 1/3,额两侧强烈汇聚,触角处额宽为头顶宽的 1/3;颜窄,向口缘渐宽。额下部和颜被银白毛;颜中部暗色。头顶、额和颜还有中等长的黑毛。触角浅黄色,顶尖颜色较深;柄节和梗节密被黑毛;柄节为梗节长的 2 倍,长为宽的 3 倍。喙浅黄色,须褐色。

胸部黑色,具金绿色光泽,尤其是背面和小盾片;小盾刺除基部外黄色。胸部毛浅黄色。足黄色,但前中足跗节除第 1 跗节外颜色稍深;后足股节仅端部、后足胫节和后足第 3~5 跗节黄褐色。翅浅黄色;翅痣褐色;翅脉黄色;R_{2+3} 脉从 r-m 横脉后发出。平衡棒黄色。

腹部浅黄褐色,侧边和基部稍深,第 5 背板中部黑色;第 1~3 背板侧边被黄色长毛。

分布 中国台湾。

讨论 该种与阿星水虻 *A. amoena* (Enderlein)相似,但额强烈汇聚;后足胫节黄褐色;翅脉黄色。而后者额两侧平行;后足胫节端半部褐色;翅脉褐色。

(49)贡山星水虻 *Actina gongshana* Li, Li *et* Yang, 2011(图 80)

Actina gongshana Li, Li *et* Yang, 2011. Acta Zootaxon. Sin. 36(1):52. Type locality: China: Yunnan, Gongshan.

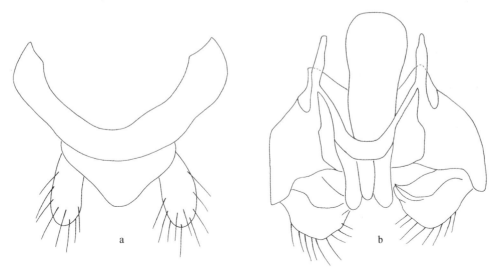

图 80 贡山星水虻 *Actina gongshana* Li, Li *et* Yang(♂)

a. 第 9~10 背板和尾须,背视(tergites 9~10 and cerci, dorsal view);b. 生殖体,背视(genital capsule, dorsal view)。

雄 体长 6.0~6.3 mm,翅长 5.0~5.4 mm。

头部黑色,但额(除前部很窄的区域外)和头顶包括单眼瘤大体上有金绿色光泽。复眼明显分离,红褐色。头部毛深褐色,但腹面被浅色毛;颜、额和头顶毛较长;复眼被稀疏短毛。触角黄褐色,鞭节(不包括基部)黑色;柄节和梗节被黑毛。触角 3 节长比为 1.0:0.5:1.7。喙主要黑色,被浅黑色毛;须浅黑色,被黑毛。

胸部亮金绿色。肩胛和翅后胛黑色。小盾刺暗黄色。胸部毛浅色,但中胸背板中纵区也具深褐色长毛。足黑色,但股节端部(不包括后足股节最末端)暗黄色;前足胫节褐色,基部黄色,中足胫节暗黄色,后足胫节全黑色;跗节暗褐色,但中后足第1~2跗节黄色。后足第1~2跗节稍加粗。足上毛浅色,但胫节和跗节全部被黑毛。翅几乎透明,但端部浅灰褐色,r_{2+3}室主要为浅色;翅痣深褐色;翅脉深褐色;盘室后部宽稍大于端部宽。平衡棒暗褐色,但球部暗黄色。

腹部暗褐色,略带紫色。腹部毛浅黑色,但第1~3背板侧边被浅色长毛。雄性外生殖器:第9背板明显宽大于长,基部具一大凹缺;生殖基节腹面愈合部基部"V"形;生殖基节背桥较窄;生殖刺突无内叶;阳茎复合体三裂,中叶稍短于侧叶。

雌 未知。

观察标本 正模♂,云南贡山丹朱,2007.Ⅴ.18,刘星月(CAU)。副模2♂♂,云南贡山丹朱,2007.Ⅴ.18,刘星月(CAU)。

分布 云南(贡山)。

讨论 该种与双突星水虻 *A. bilobata* Li, Zhang *et* Yang 相似,但前足胫节褐色且基部暗黄色;触角鞭节黑色且基部黄褐色;阳茎复合体三裂。而后者前足胫节黄色;触角鞭节黄褐色,但最末一节黑色;阳茎复合体二裂。

(50)长角星水虻 *Actina longa* Li, Li *et* Yang, 2011

Actina longa Li, Li *et* Yang, 2011. Acta Zootaxon. Sin. 36(1):53. Type locality: China:Xizang, Nyingchi.

雌 体长5.5 mm,翅长5.0 mm。

头部黑色,但额(除前部很窄的区域外)和头顶包括单眼瘤大体上有金紫色光泽。复眼明显分离,红褐色。头部毛浅色;颜部毛稍长,而额和头顶毛较短;复眼被稀疏短毛。触角黑色,鞭节(不包括基部)黑色;柄节和梗节被黑毛。触角3节长比为1.5:0.6:2.8。喙暗黄褐色,被浅黑毛;须褐色,但第2节暗黄色,被浅色毛。

胸部亮金紫色。肩胛和翅后胛暗褐色。小盾刺暗黄色。胸部毛浅色。足暗褐色,但前中足股节褐色,后足股节深褐色,基部颜色稍浅;胫节基部浅褐色;中后足第1跗节浅褐色。后足第1~2跗节稍加粗。足上毛浅色,但跗节主要被黑毛。翅透明;翅痣深褐色;翅脉深褐色;盘室端部很窄,后部尖,后部翅脉X形。平衡棒暗黄色,但基部褐色。

腹部暗褐色,略带紫色。腹部毛浅色,但第1~3背板侧边被长毛。

雄 未知。

观察标本 正模♀,西藏林芝,3 050 m,1978.Ⅵ.4,李法圣(CAU)。

分布 西藏(林芝)。

讨论 该种与变色星水虻 *A. varipes* Lindner 相似,但头部背面和胸部金紫色;触角比头长。而后者胸部为金绿色;触角比头短。

(51)多斑星水虻 *Actina maculipennis* Yang *et* Nagatomi, 1992(图81)

Actina maculipennis Yang *et* Nagatomi, 1992. South Pacific Study 12(2):136. Type locality:China:Guangxi, Tianlin.

雄 体长6.5~6.6 mm,翅长5.0~5.3 mm。

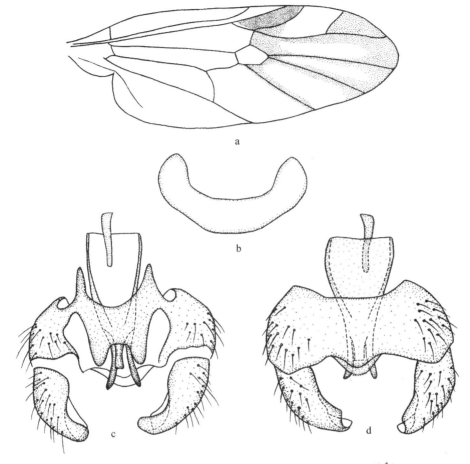

图 81　多斑星水虻 *Actina maculipennis* Yang *et* Nagatomi(♂)

a. 翅(wing)；b. 第 9 背板，背视(tergites 9, dorsal view)；c. 生殖体，背视(genital capsule, dorsal
view)；d. 生殖体，腹视(genital capsule, ventral view)。

头部黑色，额和头顶大体上有些亮金紫色，单眼瘤亮金绿色；触角上额、颜和颊有淡灰粉；
头部毛浅黄色，但后头有若干黑毛。头高为长的 1.5 倍；复眼宽为触角到中单眼距离的 1.0～
1.1 倍，为触角上额宽的 6.5～7.0 倍，为颜宽的 8.6～9.0 倍；触角上额宽为单眼瘤宽的 0.9～
1.0 倍，为颜宽 1.3～1.5 倍，为中单眼处额宽的 0.3 倍。触角褐黄色，鞭节黑色，但基部褐黄
色；柄节和梗节有黑毛，鞭节有白色微小的短柔毛；触角 3 节长比约为 1.0：0.6：3.2。触角
长为触角到中单眼距离的 1.6～1.9 倍。喙黄色，被浅黄色短毛；须黑色。

胸部黑褐色，中胸背板和小盾片亮金绿色；肩胛、翅后胛和小盾片后缘黄褐色；毛淡黄色，
但中侧片除前缘和后部外、腹侧片中后部、翅侧片下部、侧背片上部和下侧片裸；小盾片后缘黄
色，具黄色刺。足黄色，但后足股节端部浅褐色，后足胫节除基部外深褐色；前足第 2～5 跗节、
中后足第 3～5 跗节浅褐色。足上毛黄色，基节和股节有些淡黄色长毛；跗节、后足股节和胫节
有些黑色和浅褐色毛。翅透明，翅痣深褐色；沿 M_1、M_2 和 CuA_1 脉有少许褐色；r_1 室、r_{2+3} 室
基部和 r_4 室褐色；盘室长为 M_1 脉长的 0.3 倍，为 M_2 脉长的 0.4 倍。平衡棒黄色。

腹部为略带光泽的深褐色。腹部毛淡黄色，但第 1 腹板和背面两侧的毛较长。雄性外生

殖器:背桥宽,后缘有一大凹陷缺;生殖刺突无内叶,但内缘端部凹陷;阳茎复合体具细长的侧叶,侧叶长于中叶。

雌 未知。

观察标本 正模♂,广西田林,1982. Ⅴ. 29,杨集昆(CAU)。副模1♂,广西田林,1982. Ⅴ. 29,杨集昆(CAU)。

分布 广西(田林)。

讨论 该种与西藏星水虻 *A. xizangensis* Yang *et* Nagatomi 有些近似,但足主要为黄色。而后者足主要为深褐色至黑色。该种也可根据特殊的雄性外生殖器形态很容易被鉴定出来。

(52)四斑星水虻*Actina quadrimaculata* **Li, Zhang et Yang, 2011**(图82)

Actina quadrimaculata Li, Zhang *et* Yang, 2011. Acta Zootaxon. Sin. 36(2):282. Type locality:China:Taiwan, Pingdong.

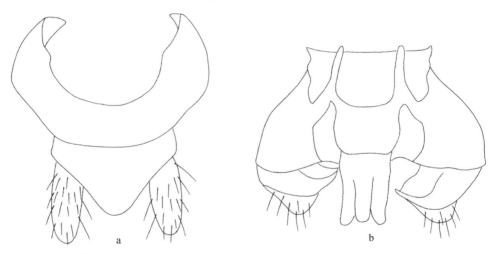

图82 四斑星水虻*Actina quadrimaculata* Li,Zhang *et* Yang(♂)

a. 第9~10背板和尾须,背视(tergites 9~10 and cerci, dorsal view); b. 生殖体,背视(genital capsule, dorsal view)。

雄 体长6.9 mm,翅长5.4 mm。

头部黑色,但额(除前部很窄的区域外)和头顶包括单眼瘤大体上有金绿色光泽。复眼明显分离,暗褐色。头部毛深褐色,但腹面被浅色毛;颜、额和头顶毛较长;复眼裸。触角黑色,但梗节和鞭节基部暗黄褐色;柄节和梗节被黑毛。触角3节长比为1.0:0.5:1.65。喙黄色,被浅色毛;须浅黑色,但第2节端部黑色,被浅色毛,但顶端具2根黑毛。

胸部亮金绿色。肩胛和翅后胛浅黑色。小盾刺除基部外暗黄色。胸部毛浅色。足黄色,但后足股节除端部外暗褐色,但最末端黑色;前中足胫节黄褐色,后足胫节黑色但基部浅黑色;跗节暗褐色,但前足第1跗节和中足第1~2跗节黄褐色,后足第1~2跗节黄色。后足第1~2跗节稍加粗。足上毛浅色,但胫节和跗节全部被黑毛,股节主要被浅黑毛。翅几乎透明,稍带灰色,r_{2+3}室主要为浅色;翅痣深褐色;翅脉深褐色;盘室后部宽大于端部宽。平衡棒黄色。

腹部暗褐色,稍带金紫色光泽,但第 2～5 背板各具一黄斑;第 1～4 腹板(除第 1 腹板前部外)和第 5 腹板前缘和后缘黄色。腹部毛黑色,但第 1 背板侧边被浅色长毛。雄性外生殖器:第 9 背板明显宽大于长,基部具一大凹缺;生殖基节背桥大,近方形;生殖刺突具内叶;阳茎复合体三裂,中叶稍短于侧叶,侧叶端部稍向外弯曲。

雌 体长 6.1 mm,翅长 5.2 mm。

与雄虫相似,但触角暗黄褐色,端部黑色;须黄褐色,第 2 节黑色;前中足胫节黄色。

观察标本 正模♂,台湾屏东大汉山,1 485 m,2010.Ⅺ.9,杨定(CAU)。副模 1♀,台湾屏东大汉山,1 485 m,2010.Ⅺ.9,杨定(CAU)。

分布 中国台湾(屏东)。

讨论 该种与三斑星水虻 A. trimaculata Yu, Cui et Yang 相似,但腹部具 4 个黄斑;触角黑色,但梗节和鞭节基部暗黄褐色。而后者腹部具 3 个黄斑;触角黄褐色,但鞭节最末一节褐色(Yu, Cui 和 Yang, 2009)。

(53)匙突星水虻 *Actina spatulata* Yang *et* Nagatomi, 1992(图 83)

Actina spatulata Yang *et* Nagatomi, 1992. South Pacific Study 12(2):136. Type locality:China:Xizang, Nyingchi.

雄 体长 5.5 mm,翅长 4.8 mm。

头部黑色,额和头顶包括单眼瘤亮金绿色,触角上额、颜和颊有淡灰粉。头部被长的浅黑毛,后头下部和颊有短的淡黄毛,复眼被浅褐色短细毛。头高为头长的 1.4 倍;复眼宽为触角到中单眼距离的 1.1 倍,为触角上额宽的 3.5 倍,为颜宽的 4.2 倍;触角上额宽为单眼瘤宽的 1.5 倍,为颜宽的 1.2 倍,为中单眼处额宽的 0.5 倍。触角黑色【鞭节缺失】,被黑毛;触角 3 节长比约为 1.0:0.5:?。喙浅黄色,被浅黄毛;须褐色。

胸部黑褐色,中胸背板、小盾片和侧板(除后部外)亮金绿色,肩胛和翅后胛褐黄色;胸部有淡黄毛,但腹侧片中后部、翅侧片(前上部除外)、下侧片和侧背片上部裸;小盾片上刺黄色,基部黑色。足【中足胫节和跗节缺失】黄色,但基节和转节浅黑色;前足胫节端半部可能为黄褐色,前足跗节褐色;后足股节端部、后足胫节除基部外和第 3～5 跗节(包括第 1～2 跗节末端)褐色。足上毛黄色,基节和股节有若干淡黄色长毛;跗节、后足股节和胫节有若干黑毛。翅透明,翅痣深褐色;盘室长为 M_1 脉长的 0.4 倍,为 M_2 脉长的 0.48 倍。平衡棒黄色。

腹部深褐色,略带亮金绿色。腹部毛淡黄色,第 1～4 腹板和背面两侧的毛较长。雄性外生殖器:生殖刺突近端部有一大的内叶;阳茎复合体具有相当宽的侧叶,侧叶与中叶近等长。

雌 未知。

观察标本 正模♂,西藏林芝 3 050 m,1978.Ⅴ.2,李法圣(CAU)。

分布 西藏(林芝)。

讨论 该种与分布于西伯利亚和日本的双体星水虻 A. diadema Lindner 及我国的尖突星水虻 A. acutula Yang et Nagatomi 近似,但基节都为深褐色至浅黑色。该种生殖刺突具有大的内叶,不同于双体星水虻 A. diadema,阳茎复合体侧叶与中叶等长而不同于尖突星水虻 A. acutula(Nagatomi 和 Tanaka, 1969)。

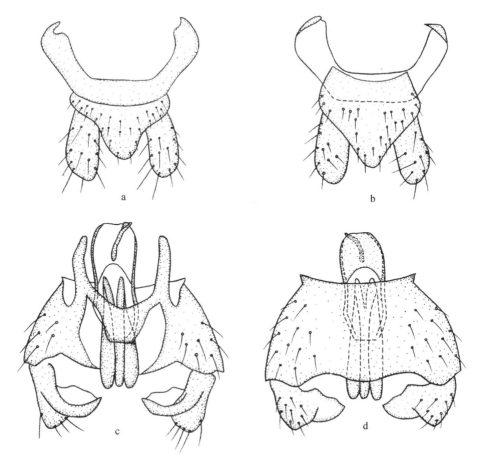

图 83 匙突星水虻 *Actina spatulata* Yang *et* Nagatomi(♂)

a. 第 9～10 背板和尾须,背视(tergites 9～10 and cerci, dorsal view);b. 第 9 背板、第 10 腹板和尾须,腹视(tergite 9, sternite 10 and cerci, ventral view);c. 生殖体,背视(genital capsule, dorsal view);d. 生殖体,腹视(genital capsule, ventral view)。

(54)腾冲星水虻 *Actina tengchongana* Li, Li *et* Yang, 2011(图 84)

Actina tengchongana Li, Li *et* Yang, 2011. Acta Zootaxon. Sin. 36(1):53. Type locality:China:Yunnan, Tengchong.

雄 体长 4.7 mm,翅长 4.0 mm。

头部黑色,但额(除前部很窄的区域外)和头顶具金紫色光泽,单眼瘤金绿色。复眼明显分离,红褐色。头部毛深褐色,但腹面被浅色毛;颜、额和头顶毛较长;复眼被稀疏短毛。触角全黑色;柄节和梗节被黑毛。触角 3 节长比为 1.0:0.5:1.8。喙黄色,被浅色毛;须黑色,被浅黑毛。

胸部亮金绿色。肩胛和翅后胛暗褐色。小盾刺暗黄色。胸部除中胸背板外被浅色毛。足【后足胫节和跗节缺失】黄色,但基节和转节黑色,后足股节暗褐色但端部(不包括最末端)暗黄色;前足胫节褐色,基部黄色;跗节暗褐色,但中足第 1～2 跗节黄色。足上毛浅色,但胫节和跗

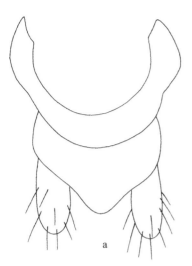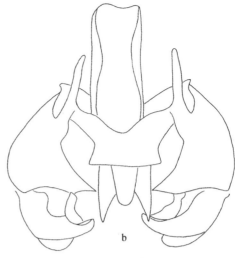

图 84 腾冲星水虻 *Actina tengchongana* Li, Li *et* Yang(♂)

a. 第 9~10 背板和尾须,背视(tergites 9~10 and cerci, dorsal view);b. 生殖体,背视(genital capsule, dorsal view)。

节被黑毛。翅透明;翅痣深褐色;翅脉深褐色;盘室后部窄,约与端部等宽。平衡棒暗褐色,但球部暗黄色。

腹部暗褐色,略带紫色。腹部毛浅黑色,但第 1~3 背板侧边被长毛。雄性外生殖器:第 9 背板宽稍大于长,基部具一大凹缺;生殖基节愈合部腹面基部具"V"形凹;生殖基节背桥宽;生殖刺突具内叶;阳茎复合体三裂,中叶端部钝,短于尖锐的侧叶。

雌 未知。

观察标本 正模♂,云南腾冲自治,2007. Ⅴ. 31,刘星月(CAU)。

分布 云南(腾冲)。

讨论 该种与黄端星水虻 *A. apiciflava* Li, Zhang *et* Yang 相似,但头部背面金紫色;阳茎复合体中叶端部钝,侧叶端部稍向内弯曲。而后者头部背面金绿色;阳茎复合体三叶尖锐。

(55)三斑星水虻 *Actina trimaculata* Yu, Cui *et* Yang, 2009(图 85)

Actina trimaculata Yu, Cui *et* Yang, 2009. Entomotaxon. 31(24):297. Type locality:China:Guizhou, Mayanghe.

雌 体长 5.0~5.2 mm,翅长 4.0~4.2 mm。

头部黑色,但额和头顶包括单眼瘤大体上有金绿色光泽。复眼明显分离,红褐色。头部毛浅色但上后头具部分深褐色毛;颜、额和头顶毛较短;复眼裸。触角黄褐色,鞭节最末一节褐色;柄节和梗节被黑毛。触角 3 节长比为 0.8:0.4:1.7。喙浅黄色,被黑色和浅色毛;须黄色,但顶端褐色,被浅黑毛。

胸部黑色,但中胸背板和小盾片具金绿色光泽。肩胛暗褐色,翅后胛浅黄褐色。小盾刺黄色。胸部毛浅色。足黄色;所有基节黄色;后足股节最末端浅黑色;后足胫节浅黑色,但基部褐色,具宽的暗黄色亚基环;所有第 3~5 跗节褐色。后足跗节稍加粗。足上毛浅黑色,但基节具浅色毛,股节部分具浅色毛。翅透明;翅痣深褐色;翅脉深褐色;盘室端部和后部翅脉非 X 形。

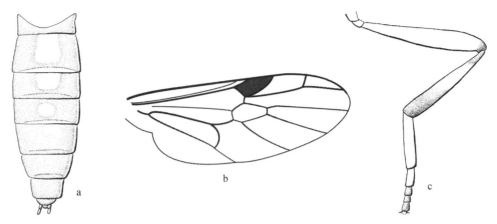

图 85　三斑星水虻 *Actina trimaculata* Yu, Cui *et* Yang(♀)

a. 腹部,背视(abdomen, dorsal view);b. 翅(wing);c. 后足,前视(hind leg, frontal view)。

腋瓣暗黄色,被褐色毛。平衡棒浅黄色,但基部暗黄色。

腹部暗褐色,稍带金绿色光泽;第 2~4 背板各具一黄色中斑;第 1~6 腹板黄色。腹部毛浅色,但背面被黑毛,第 1~5 背板侧边被浅色毛。

雄　未知。

观察标本　正模♀,贵州麻阳河,2007.Ⅹ.1,刘经贤(CAU)。副模 3♀♀,贵州麻阳河,2007.Ⅹ.1,刘经贤(CAU);1♀,广东南岭,2003.Ⅲ.25,杨定(CAU)。

分布　贵州(麻阳河)、广东(南岭)。

讨论　该种与分布于台湾的阿星水虻 *A. amoena*(Enderlein)相似,但触角褐黄色,鞭节最末一节褐色;后足胫节浅黑色,具宽的暗黄色亚基环;腹部第 2~4 背板具黄色中斑。而后者触角黄褐色,柄节颜色较深;后足胫节黄色,但端半部褐色;腹部第 2~5 背板中部黄色(Enderlein,1921;Yang 和 Nagatomi,1992)。该种也与双斑星水虻 *A. bimaculata* Yu, Cui *et* Yang 类似,但可根据腹部具 3 个黄斑,盘室后部翅脉非 X 形与后者区别开来(Yu, Cui 和 Yang,2009)。

(56) 单斑星水虻 *Actina unimaculata* Yu, Cui *et* Yang, 2009(图 86)

Actina unimaculata Yu, Cui *et* Yang, 2009. Entomotaxon. 31(24):298. Type locality: China:Guizhou, Fanjingshan.

雌　体长 5.6~5.8 mm,翅长 4.9~5.2 mm。

头部黑色,但额和头顶包括单眼瘤大体上有金绿色光泽。复眼明显分离,红褐色。头部毛浅色;颜、额和头顶毛较短;复眼裸。触角全浅黑色;柄节和梗节被黑毛。触角 3 节长比为 1.0:0.5:2.1。喙浅黄色,被黑色和浅色毛;须黄色,但末端暗褐色,被浅黑毛。

胸部黑色,但中胸背板和小盾片具金绿色光泽。肩胛和翅后胛暗褐色。小盾刺黄色。胸部毛浅色。足黄色;后足股节最末端浅黑色;后足胫节浅黑色但基部黄色;前足跗节全暗褐色,中后足第 3~5 跗节和后足第 1~2 跗节端部暗褐色。后足跗节稍加粗。足上毛浅黑色但基节具浅色毛,股节部分具浅色毛。翅透明;翅痣深褐色;翅脉深褐色;盘室端部和后部翅脉几乎为 X 形。腋瓣暗黄色,被褐色毛。平衡棒浅黄色,但基部暗黄色。

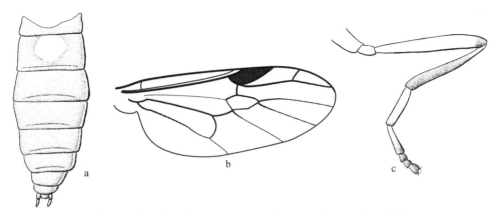

图 86　单斑星水虻 *Actina unimaculata* **Yu, Cui *et* Yang**(♀)

a. 腹部，背视(abdomen, dorsal view)；b. 翅(wing)；c. 后足，前视(hind leg, frontal view)。

腹部暗褐色，稍带金绿色光泽；仅第 2 背板具一黄色中斑；第 1～5 腹板黄色至暗黄色，但第 5 腹板前侧部褐色。腹部毛浅色，但背面被黑毛，第 1～5 背板侧边被浅色毛。

雄　未知。

观察标本　正模♀，贵州梵净山，2 100～2 200 m，2002．Ⅴ．31，杨定(CAU)。副模 10♀♀，贵州梵净山，2 100～2 200 m，2002．Ⅴ．31，杨定(CAU)。

分布　贵州(梵净山)。

讨论　该种与双斑星水虻 *A. bimaculata* Yu, Cui *et* Yang 相似，但触角浅黑色；盘室端部和后部翅脉几乎为 X 形；后足胫节黑色，但基部黄色；腹部仅具 1 个黄斑。而后者触角浅褐色，但鞭节最末一节暗褐色；仅盘室后部翅脉几乎 X 形；后足胫节浅黑色，且具暗黄色亚基环；腹部具 2 个黄斑(Yu, Cu 和 Yang，2009)。

(57)变色星水虻 *Actina varipes* **Lindner, 1940**(图 87)

Actina varipes Lindner, 1940. Dtsch. Ent. Z. 1939：21. Type locality：China：Gansu, Cheu-men.

雄　体长 5.0～5.4 mm；翅长 4.0～4.2 mm。

头部黑色，额、头顶和后头中部大体上有些亮金紫色，单眼瘤亮金绿色；触角上额、颜和颊有淡灰粉。头部被黑色长毛；复眼被浅褐色细毛，短于额和颊上的毛，但是比本属其他种的复眼毛长且密。头高为头长的 1.4 倍；复眼宽为触角到中单眼距离的 1.1～1.5 倍，为颜宽的 4.8～5.5 倍，为触角上额宽的 4.8～5.5 倍；触角上额宽为单眼瘤宽的 1.0～1.2 倍，为颜宽的 1.0 倍，为中单眼处额宽的 0.4 倍。触角黑色；柄节和梗节被黑毛，鞭节被微小的白色短柔毛；触角 3 节长比约为 1.0∶0.4∶2。触角长为触角到中单眼距离的 1.2～1.3 倍。喙黄色，被黄毛；须黑色。

胸部黑色，有亮金绿色；小盾刺棕黄色，基部黑色；胸部毛浅黄色，但中胸背板和小盾片有些黑色直立长毛；翅侧片(除前上部外)、下侧片和侧背片上部裸。足黑褐色，但股节膝棕黄色；胫节棕黄色，有时基部褐色至黄褐色；中足第 1 跗节和后足第 1～2 跗节棕黄色；后足第 1 跗节比本属中其他种膨大，宽为长的 0.2 倍，为胫节宽的 0.8 倍。足上毛浅黄色，但胫节有若干浅

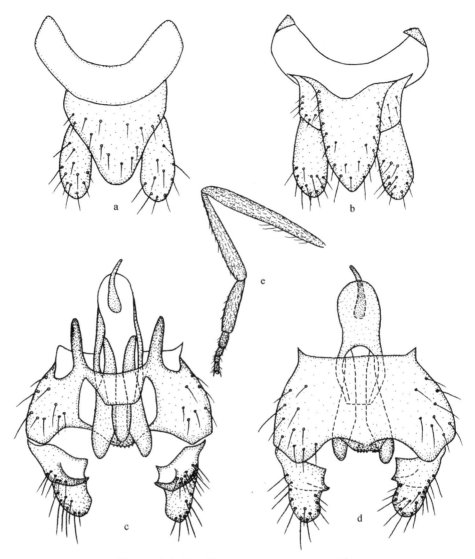

图 87 变色星水虻 *Actina varipes* Lindner (♂)

a. 第 9～10 背板和尾须,背视(tergites 9～10 and cerci, dorsal view);b. 第 9 背板、第 10 腹板和尾须,腹视(tergite 9, sternite 10 and cerci, ventral view);c. 生殖体,背视(genital capsule, dorsal view);d. 生殖体,腹视(genital capsule, ventral view);e. 后足,后视(hind leg, posterior view)。

黄色长毛,跗节有若干黑毛。翅几乎透明;翅痣深褐色;盘室长为 M_1 脉长的 0.4 倍,为 M_2 脉长的 0.55 倍。平衡棒黄色。

腹部黑色,略带亮金绿色。腹部毛淡黄色,但背面两侧的毛较长。雄性外生殖器:生殖刺突近基部有一大的内叶;阳茎复合体具有相当宽的侧叶,侧叶长于中叶。

雌 体长 4.8～5.0 mm;翅长 4.4～4.6 mm。

与雄虫相似,仅区别如下:

头部(除附器外)和复眼的毛浅黄色,比雄虫毛短。复眼较宽的分离。复眼宽为触角到中单眼距离的 0.8～0.9 倍,为触角上额宽的 1.1～1.2 倍,为颜宽的 1.0～1.1 倍;触角上额宽为单眼瘤宽的 2.7～2.8 倍，为颜宽的 0.9～1.0 倍，为中单眼处额宽的 0.9～1.0 倍。触角黄色，但鞭节端部褐色至深褐色。触角长为触角到中单眼距离的 1.8 倍。须黄色。胸部毛比雄虫的短；中胸背板和小盾片无直立长毛。足黄色，但前足跗节褐色，中足第 2～5 跗节、后足第 3～5 跗节、后足股节端部和胫节褐色。

观察标本 5♂♂3♀♀，北京青龙桥，1986. V. 6，王英、王象贤(CAU)；1♂1♀，北京金山，1986. Ⅵ. 3，王英(CAU)。

分布 北京、甘肃。

讨论 在本属各种中变色星水虻 *A. varipes* Lindner 的鉴别特征如下：翅透明（除翅痣外）无斑纹；足褐色至深的色，胫节基部和后足 1～2 跗节为黄色；后足第 1 跗节比本属其他种膨大；生殖刺突近基部有内叶，阳茎复合体有宽的侧叶且侧叶明显长于中叶。

(58)西藏星水虻 *Actina xizangensis* **Yang et Nagatomi，1992**(图 88)

Actina xizangensis Yang *et* Nagatomi，1992. South Pacific Study 12(2)：140. Type locality：China：Xizang，Bomi.

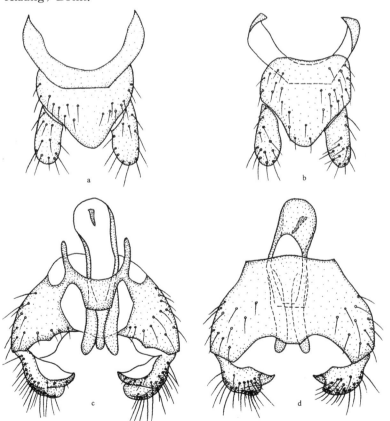

图 88　西藏星水虻 *Actina xizangensis* Yang *et* Nagatomi(♂)

a. 第 9～10 背板和尾须，背视(tergites 9～10 and cerci，dorsal view)；b. 第 9 背板、第 10 腹板和尾须，腹视(tergite 9，sternite 10 and cerci，ventral view)；c. 生殖体，背视(genital capsule，dorsal view)；d. 生殖体，腹视(genital capsule，ventral view)。

雄 体长 6.0～6.3 mm,翅长 5.0～5.1 mm。

头部黑色,额和头顶大体上有些亮金紫色,单眼瘤亮金绿色;触角上额、颜和颊有淡灰粉。头被黑色长毛,颊被淡黄色细毛,复眼被浅褐色短细毛。头高为头长的 1.6 倍;复眼宽为触角到中单眼距离的 0.9～1.0 倍,为触角上额宽的 2.5～2.6 倍,为颜宽的 2.8～3.0 倍;触角上额宽为单眼瘤宽的 2.0 倍,为颜宽的 1.1 倍,为中单眼处额宽的 0.5～0.7 倍。触角褐黄色,鞭节黄褐色(鞭节最末一节除外)或为深褐色(鞭节基部 1 或 2 节除外);柄节和梗节有黑毛,比本属其他种长,鞭节被微小的白色短柔毛;触角 3 节长比约为 1：0.5：2.2。触角长为触角到中单眼距离的 2.0～2.1 倍。喙黄色,被浅黄毛;须棕黄色。

胸部黑褐色,中胸背板和小盾片为略带金绿色的亮金紫色,肩胛和翅后胛通常为浅褐色;胸部被淡黄毛,但中胸背板混杂有可能为黑色的竖直长毛;翅侧片(除前上部外),腹侧片后下部、下侧片和侧背片上裸;小盾刺黄色,基部黑色。足深褐色至黑色;股节端部、后足第 1～2 跗节黄色;前中足胫节和中足第 1 跗节褐色。足上毛浅黄色,股节有若干淡黄色长毛;跗节、中足胫节、后足股节和胫节有若干浅褐色或黑毛。翅透明,翅痣深褐色;R_4+R_5、M_1、M_2 和 CuA_1 脉边缘浅褐色;r_1 室、r_{2+3} 室基部和 r_4 室浅褐色;盘室长为 M_1 脉长的 0.4 倍,为 M_2 脉长的 0.5 倍,M_1 和 M_2 脉基部相连。平衡棒黄色。

腹部褐色至深褐色,略带亮金紫色。腹部毛淡黄色,但第 1～4 腹板和背面两侧的毛较长。雄性外生殖器:生殖刺突近端部有一大的内叶;阳茎复合体具宽的侧叶,侧叶稍长于中叶。

雌 未知。

观察标本 正模♂,西藏波密,2 700 m,1978.Ⅶ.7～8,李法圣(CAU)。副模 2♂♂,西藏波密,2 700 m,1978.Ⅶ.7～8,李法圣(CAU)。

分布 西藏(波密)。

讨论 该种的翅斑和足色与分布于缅甸的杯端星水虻 *A. apicalis*(Frey)近似,但雄虫触角比头长。而后者触角比头短。

(59)颜氏星水虻 *Actina yeni* Li, Zhang *et* Yang, 2011(图 89)

Actina yeni Li, Zhang *et* Yang, 2011. Acta Zootaxon. Sin. 36(2)：283. Type locality：China：Taiwan, Pingdong.

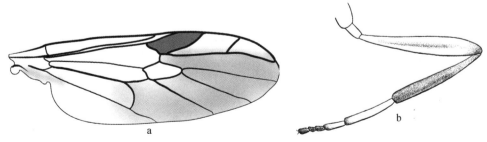

图 89 颜氏星水虻 *Actina yeni* Li, Zhang *et* Yang(♀)
a. 翅(wing); b. 后足(hind leg)。

雌 体长 6.4～6.5 mm,翅长 5.7～5.8 mm。

头部黑色,但额(除前部很窄的区域外)和头顶包括单眼瘤大体上有金绿色光泽。复眼宽分离,褐色。头部毛深褐色,但上后头中部和下后头被浅色毛;颜、额和头顶毛稍长;复眼裸。触角黑色,但梗节和鞭节基部暗黄褐色;柄节和梗节被黑毛。触角 3 节长比为 1.0∶0.5∶1.9。喙黄色,被浅色毛;须浅黑色,但第 2 节黑色,主要被浅色毛,但顶端具 2 根黑毛。

胸部亮金绿色,中胸背板侧边稍带金紫色。肩胛和翅后胛浅黑色。小盾刺除基部外暗黄色。胸部毛浅色。足黄色,但后足股节前侧具褐色纵条斑,顶端黑色;前中足胫节黄褐色,后足胫节黑色具暗黄褐色的亚基环;跗节暗褐色但中足第 1 跗节黄褐色,后足第 1～2 跗节黄色。后足第 1～2 跗节不明显加粗。足上毛浅色,但胫节和跗节全部被黑毛,股节主要被浅黑毛。翅几乎透明,稍带浅灰色,r_{2+3} 室主要为浅色;翅痣深褐色;翅脉深褐色;盘室后部窄,约与端部等宽。平衡棒浅黄色。

腹部暗褐色,稍带金紫色光泽,但第 2～5 背板各具一黄斑;第 1～5 腹板黄色。腹部毛黑色,但第 1 背板侧边被浅色长毛。

雄 未知。

观察标本 正模♀,台湾屏东大汉山,1 485 m,2010. Ⅻ. 9,杨定(CAU)。副模 1♀,台湾屏东大汉山,1 485 m,2010. Ⅻ. 9,杨定(CAU)。

分布 台湾(屏东)。

讨论 该种与四斑星水虻 *A. quadrimaculata* Li, Zhang *et* Yang 相似,但后足胫节黑色,且具暗黄褐色亚基环;盘室后部与端部近等宽。而后者后足胫节黑色,但基部浅黑色;盘室后部宽于端部(Li, Zhang 和 Yang,2011)。

(60)张氏星水虻 *Actina zhangae* Li, Li *et* Yang, 2011(图 90)

Actina zhangae Li, Li *et* Yang, 2011. Acta Zootaxon. Sin. 36(1)∶54. Type locality∶China∶Yunnan, Jinping.

雄 体长 5.6 mm,翅长 4.6 mm。

头部黑色,但额(除前部很窄的区域外)和头顶包括单眼瘤大体上有金绿色光泽。复眼明显分离,红褐色。头部毛深褐色,但腹面被浅色毛;颜、额和头顶毛较长;复眼几乎裸。触角黑色;柄节和梗节被黑毛。触角 3 节长比为 1.0∶0.5∶1.8。喙黄色,被浅黑毛;须浅黑色,但第 2 节暗黄色,被黑毛。

胸部亮金绿色。肩胛和翅后胛暗褐色。小盾刺暗黄色。胸部毛浅色。足黄色,但基节和转节黑色,后足股节最末端黑色;后足胫节黑色,基部褐色,但最基部黄褐色;跗节暗褐色,但中足第 1～2 跗节黄色。足上毛浅色,但胫节和跗节主要被黑毛。翅透明;翅痣深褐色;翅脉深褐色;盘室后部尖,与 CuA_1 脉由一条很短的横脉分开。平衡棒黄色,但基部暗褐色。

腹部暗褐色,略带紫色。腹部毛浅黑色,但第 1～3 背板侧边被长毛。雄性外生殖器:第 9 背板明显宽大于长,基部具一大凹缺;生殖基节愈合部腹面基部平直;生殖基节背桥宽;生殖刺突具弱的内叶;阳茎复合体三裂,中叶端部尖,稍长于钝的侧叶。

雌 未知。

观察标本 正模♂,云南金平丫口,2006. Ⅴ. 18,张俊华(CAU)。

分布 云南(金平)。

讨论 该种与长突星水虻 *A. elongate* Li, Zhang *et* Yang 相似,但后足股节前侧无褐色

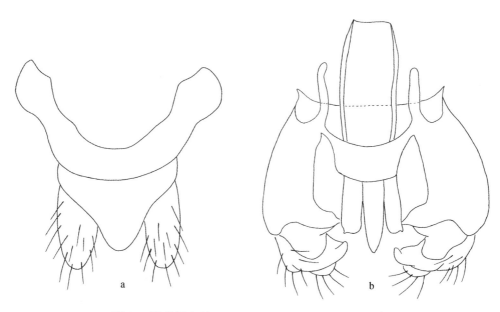

图 90 张氏星水虻 *Actina zhangae* Li，Li *et* Yang(♂)

a. 第 9～10 背板和尾须，背视(tergites 9～10 and cerci，dorsal view)；b. 生殖体，背视(genital capsule，dorsal view)。

纵带，后足胫节基部褐色；CuA_1 脉不直接与盘室相连。而后者后足股节端部具褐色条纹，后足胫节黑色，但基部黄褐色并具一个窄的黑环；CuA_1 脉直接与盘室相连。

5. 距水虻属 *Allognosta* Osten-Sacken，1883

Allognosta Osten-Sacken，1883. Berl. Ent. Z. 27：297. Type species：*Beris fuscitarsis* Say，1823.

属征 雄虫接眼式；上额三角很小，下额三角较大。雌虫离眼式，额宽约等于复眼宽，或比复眼略窄；额两侧平行，前部稍加宽；额在复眼外稍微或明显凸起。触角明显短于头长；柄节和梗节短，约等长；鞭节明显长于柄节和梗节之和；鞭节每节均宽大于长。小盾片无刺。中足胫节具一端距。翅 M_3 脉退化。腹部宽，明显背腹扁平；腹部第 2～6 背板具亚端沟(图 91；图版 7)。

讨论 该属主要分布于古北界、东洋界和澳洲界。全世界已知 63 种，中国已知 37 种。

种 检 索 表

1.	复眼裸或被稀疏短毛；中胸背板和小盾片被短毛 ·········	2
	复眼密被长毛；中胸背板和小盾片被直立长毛 ·········	36
2.	腹部部分或大部分为黄色 ·········	3
	腹部全部深褐色 ·········	25
3.	胸部侧板全部黄色或部分深色 ·········	4
	胸部侧板全部深褐色至黑色(有时翅基部下具黄褐色斑点) ·········	13

160

4. 胸部侧板部分深色 ·· 5
    胸部侧板全部黄色 ··· 11

5. 胸部主要为深褐色至黑色;触角主要为黄褐色 ························· 6
    胸部主要为黄色[背面黑色,中侧片(除背部和前部外)、腹侧片、翅侧片和侧背片黑色];触角主要为深褐色;后足股节端部 1/3 浅黑色 ·················· 黑端距水虻 *A. apicinigra*

6. 翅基部 1/2 略带浅褐色;触角不全黄色;腹部第 1～4 背板具黄斑 ······· 7
    翅基部 1/2 透明;触角全黄色;腹部仅第 2～3 或第 1～3 背板具黄斑;后足胫节基部黄色 ·········· 斑胸距水虻 *A. maculipleura*

7. 须第 1 节黄褐色,第 2 节褐色至深褐色 ····························· 8
    须第 1 节深褐色,第 2 节暗黄色或黄褐色 ··························· 9

8. 胸部侧板褐色至深褐色,但中侧片和前胸侧板黄色;后足胫节全褐色至深褐色 ·········· 东方距水虻 *A. orientalis*
    胸部侧板黄色,具一黑色纵带;后足胫节基部黄褐色 ·········· 凹距水虻 *A. concava*

9. 后足股节全部黄褐色或暗黄色 ····································· 10
    后足股节端部 1/3 黑色;平衡棒黑色,但基部黄色;腹部第 1～3 背板具大的黄色中斑 ·········· 单斑距水虻 *A. singularis*

10. 胸部侧板主要黑色;触角全黄褐色;平衡棒全暗黄色;翅几乎均匀带有深褐色 ·········· 梵净山距水虻 *A. fanjingshana*
    胸部侧板主要暗黄色;触角端部褐色;平衡棒球部褐色;翅在中部和端部部分褐色或深褐色 ·········· 彩旗距水虻 *A. caiqiana*

11. 腹部褐色至深褐色,第 1～3 背板中部黄色;翅有些深褐色(翅痣颜色更深),但有时基部 1/4 颜色较浅;平衡棒深褐色,但柄有时颜色较浅 ·········· 12
    腹部背面主要黄色;翅透明或稍带浅褐色,翅痣浅褐色;平衡棒黄色 ··· 四川距水虻 *A. sichuanensis*

12. 翅基部 1/4 浅色;后足胫节深褐色 ····················· 污翅距水虻 *A. fuscipennis*
    翅基部颜色不变浅;后足胫节基部 1/2 黄色或黄褐色 ········ 钝突距水虻 *A. obtusa*

13. 至少须第 2 节黄色或黄褐色;翅基半部浅色;平衡棒通常为黄色 ········ 14
    须全浅黑色或黑色;平衡棒褐色或深褐色,但柄黄色 ················ 16

14. 平衡棒黄色;腹部第 1 背板中部黄色 ······························· 15
    平衡棒端部深褐色;腹部第 1 背板全深褐色,第 2 背板中部和第 3 背板全黄色;翅基部 1/2 透明 ·········· 龙王山距水虻 *A. longwangshana*

15. 后足胫节端半部黑色基半部黄色;翅浅黄色,但基部 1/2 浅褐色(翅痣不明显加深);触角暗黄色,端部黑色;腹部黄褐色,但第 1～3 背板中部颜色较浅 ········ 变距水虻 *A. partita*
    后足胫节黑色,但基部黄色;翅浅褐色,但基部 1/2 浅色,翅痣、亚前缘室在翅痣上的部分、前缘室端部和 r₁ 室深色;第 1～4 背板和腹板主要为黄色 ········ 基黄距水虻 *A. basiflava*

16. 所有基节均为黄色或红褐色;所有股节均为黄色;翅带有灰色或褐色;第 1～4 腹板主要为黄色 ·········· 17
    所有基节均为黑色;所有股节除顶端外均为黑色 ················ 24

17. 后足第1跗节黄色 ………………………………………………………………………………… 18
    后足跗节全深褐色 ………………………………………………………………………………… 22
18. 雌虫额在复眼外明显凸起;腹部背板具黄斑 ………………………………………………… 19
    雌虫额在复眼外不凸起;腹部背板全黑色 …………………………… 宁夏距水虻 *A. ningxiana*
19. 生殖基节端部无指状背突;生殖基节基部无内突;后足股节端部带有褐色;腹部第1~3或第1~4
    背板中部具大黄斑 ………………………………………………………………………………… 20
    生殖基节端部具指状背突;生殖刺突基部具内突;后足股节黄色;腹部第1~5背板具大黄斑 ……
    …………………………………………………………………………… 朱氏距水虻 *A. zhuae*
20. 须全浅黑色;翅基部颜色不变浅 ………………………………………………………………… 21
    须端部黄褐色至浅褐色;翅基部透明 ………………………………… 日本距水虻 *A. japonica*
21. 触角深黄褐色,但柄节黑色,鞭节顶端浅黑色;须第1节稍短于第2节;生殖刺突的钩状顶端具缺口
    …………………………………………………………………………… 钩突距水虻 *A. ancistra*
    触角黄色,但鞭节顶端浅黑色;须第1节与第2节等长;生殖刺突无缺口 … 尖突距水虻 *A. acutata*
22. 后足股节端部非深色;腹部具更多的黄斑 …………………………………………………… 23
    后足股节端部褐色;腹部仅第1~2背板具黄斑 ……………………… 泾源距水虻 *A. jingyuana*
23. 足基节红褐色;触角鞭节部分深色;翅端部颜色不加深 …………… 大距水虻 *A. maxima*
    足基节暗黄色;触角鞭节均匀深褐色;翅端部灰色 ………………… 梁氏距水虻 *A. liangi*
24. 翅几乎透明;第1~4腹板全黄色 ………………………………………… 贡山距水虻 *A. gongshana*
    翅带有灰色;第1~2腹板具暗黄色中斑 ……………………………… 腾冲距水虻 *A. tengchongana*
25. 雌虫额在复眼外不明显突出;胸部通常全黑色 …………………………………………… 26
    雌虫额在复眼外明显突出;胸部浅黑色或部分黄色 ………………………………………… 28
26. 胸部全黑色;足主要或全部为黑色 …………………………………………………………… 27
    胸部黄色,但中胸背板和小盾片黑色;足主要为黄色;腹部第1~7腹板暗黄色 …………………
    …………………………………………………………………………… 王子山距水虻 *A. wangzishana*
27. 中足第1或第1~2跗节和后足第1~3跗节黄色;触角梗节黄褐色,第1~2鞭节黄色 …………
    …………………………………………………………………………… 奇距水虻 *A. vagans*
    所有跗节全黑色;触角黑色 …………………………………………… 间距水虻 *A. inermis*
28. 胸部侧板浅黑色,至多部分黄褐色 …………………………………………………………… 29
    胸部侧板黄色至暗黄色,至多具一个浅黑色纵斑 …………………………………………… 35
29. 胸部侧板全浅黑色;须黑色 …………………………………………………………………… 30
    中侧片具黄褐色下背侧带;须第2节暗黄色 ………………………………………………… 33
30. 平衡棒深褐色,基部暗黄色;胫节浅黑色至黑色,基部黄褐色 …………………………… 31
    平衡棒浅黄色 …………………………………………………………………………………… 32
31. 触角主要深褐色 ……………………………………………………… 保山距水虻 *A. baoshana*
    触角鞭节赤黄色末节黑色 ……………………………………………… 雁山距水虻 *A. yanshana*
32. 后足股节端部浅黑色;胫节黑色基部黄色;仅后足第1跗节浅褐色 ……… 黄棒距水虻 *A. flava*

	后足股节全黄色;胫节黄色;后足第1~3跗节黄色 ·················· 金平距水虻 *A. jinpingensis*
33.	所有胫节基部黄褐色;触角部分深色 ·· **34**
	前足胫节全褐色;触角全黄褐色 ······································ 背斑距水虻 *A. dorsalis*
34.	触角黄褐色仅柄节黑色;中侧片前部和背部暗黄色;中足第1跗节暗黄色 ··········
	·· 基黑距水虻 *A. basinigra*
	触角柄节和梗节深褐色,鞭节褐色,但最末两节深褐色;中侧片(除后上部暗黄色带外)黑色;中足跗节全深褐色 ··· 大龙潭距水虻 *A. dalongtana*
35.	触角鞭节深褐色,但基部两节赤黄色,最末一节黑色;腹侧片和下侧片黄色;中足胫节黄色 ········
	··· 刘氏距水虻 *A. liui*
	触角鞭节浅黑色,但第1鞭节黄褐色;腹侧片和下侧片主要浅黑色;中足胫节浅黑色,基部黄褐色
	·· 红河距水虻 *A. honghensis*
36.	中胸背板和小盾片被灰白色直立长毛;股节全黄色 ·········· 黄腿距水虻 *A. flavofemoralis*
	中胸背板和小盾片被黑色直立长毛;股节黑色,但最末端黄色 ········ 黑腿距水虻 *A. nigrifemur*

(61) 尖突距水虻 *Allognosta acutata* Li, Zhang *et* Yang, 2009(图92)

Allognosta acutata Li, Zhang *et* Yang, 2009. Entomotaxon. 31(3):165. Type locality: China: Guangxi, Tianlin.

雄 体长 4.6 mm,翅长 4.1 mm。

头部黑色,被灰白粉。复眼相接,暗红褐色。头部毛深褐色,但后腹面被浅色毛,复眼裸。触角黄色,但鞭节端部暗褐色;触角 3 节长比为 7.0:7.5:27.0。第 1 鞭节明显粗于梗节,柄节、梗节、第 1 鞭节和第 7~8 鞭节端部被黑毛。喙主要为黄褐色,被黑毛;须浅黑色,被黑毛,两节近等长。

胸部黑色,被浅灰粉,但中胸背板和小盾片稍有光泽。肩胛和翅后胛褐色。胸部毛浅色。足【前中足股节、胫节和跗节缺失】黄色,但后足股节近端部稍带暗褐色,后足胫节黑色,基部黄色,后足跗节黑色,但第 1 跗节(最末端除外)黄色。足上毛黑色,但基节被浅色毛。翅几乎均匀浅灰色;翅痣深褐色;翅脉深褐色。腋瓣暗黄色,被褐色毛。平衡棒暗褐色,但柄黄色。

腹部暗褐色,被灰白粉,第 2~3 背板具大的黄色中斑,第 1 背板中部小的区域暗黄色;腹面黄色,但第 4 腹板后部小区和第 5~6 腹板前部和后部不为黄色。腹部毛黑色。雄性外生殖器:第 9 背板长明显大于宽,基部具大凹缺;生殖基节背桥窄;生殖刺突端部弯曲且尖锐;阳茎复合体侧叶稍长于中叶,端部稍分离。

雌 未知。

观察标本 正模♂,广西田林李闹山,1 300 m,2002.Ⅷ.14,杨定(CAU)。

分布 广西(田林)。

讨论 该种与日本距水虻 *A. japonica* Frey 相似,但须全浅黑色;翅基部非浅色;阳茎复合体侧叶明显长于中叶,且端部分离。而后者须端部黄褐色至浅褐色;翅基部透明;阳茎复合体侧叶与中叶近等长,端部不分离(Nagatomi 和 Tanaka,1969)。

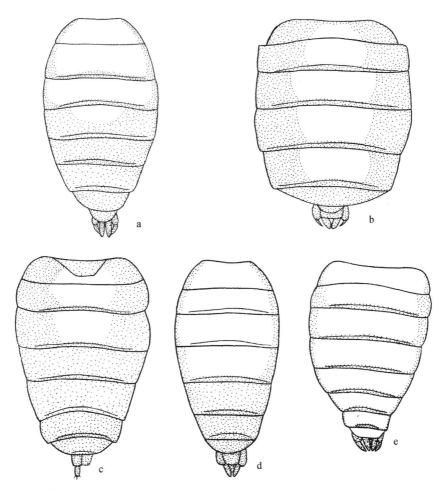

图 91　距水虻属腹部,背视(abdomens of *Allognosta* spp., dorsal view)

a. 基黄距水虻 *Allognosta basiflava* Yang et Nagatomi(♂); b. 黄腿距水虻 *Allognosta flavofemoralis* Pleske(♂);c 斑胸距水虻 *Allognosta maculipleura* Frey(♀); d. 东方距水虻 *Allognosta orientalis* Yang et Nagatomi(♂); e. 四川距水虻 *Allognosta sichuanensis* Yang et Nagatomi(♂)。

(62)钩突距水虻 *Allognosta ancistra* Li, Zhang *et* Yang, 2009(图 93)

Allognosta ancistra Li, Zhang *et* Yang, 2009. Entomotaxon. 31(3):166. Type locality: China:Guangxi, Jinxiu.

雄　体长 7.4 mm,翅长 5.5 mm。

头部黑色,被灰白粉。复眼相接,暗红褐色。头部毛深褐色,但后腹面被浅色毛,复眼裸。触角柄节黑色,梗节暗黄褐色,鞭节暗黄褐色,但顶端浅黑色;触角 3 节长比为 1.0:1.0:5.0。第 1 鞭节稍粗于梗节,柄节、梗节、第 1 鞭节和第 7~8 鞭节端部被黑毛。喙主要为黄褐色,被黑毛;须浅黑色,被黑毛,第 2 节稍长于第 1 节。

胸部黑色被浅灰粉,但中胸背板和小盾片稍有光泽。肩胛和翅后胛褐色。胸部毛浅色。

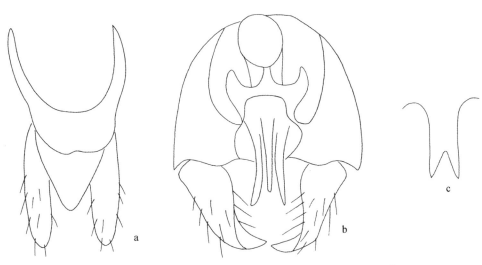

图 92 尖突距水虻 *Allognosta acutata* Li，Zhang *et* Yang(♂)

a. 第 9～10 背板和尾须，背视(tergites 9～10 and cerci, dorsal view)；b. 生殖体，背视(genital capsule, dorsal view)；c. 生殖基节愈合部腹中突，腹视(ventral median process of fused gonocoxites, ventral view)。

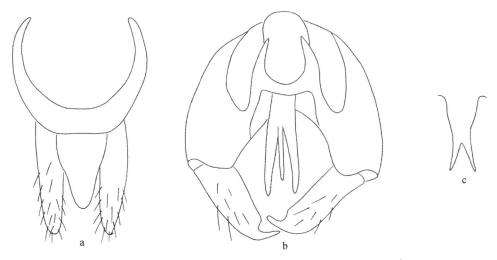

图 93 钩突距水虻 *Allognosta ancistra* Li，Zhang *et* Yang(♂)

a. 第 9～10 背板和尾须，背视(tergites 9～10 and cerci, dorsal view)；b. 生殖体，背视(genital capsule, dorsal view)；c. 生殖基节愈合部腹中突，腹视(ventral median process of fused gonocoxites, ventral view)。

足黄色，但基节黄褐色，后足股节仅端部稍带褐色，胫节黑色，基部黄色，跗节黑色，但后足第 1 跗节(最末端除外)黄色。足上毛黑色，但基节被浅色毛。翅几乎均匀浅灰色；翅痣深褐色；翅脉深褐色。腋瓣暗黄色，被褐色毛。平衡棒暗褐色。

腹部暗褐色，被灰白粉，第 1～4 背板具大的黄色中斑，第 1～4 腹板除第 2～4 腹板侧边、第 5 腹板前后缘和第 6～7 腹板后缘外黄色。腹部毛黑色。雄性外生殖器：第 9 背板长宽大致相等，基部具大凹缺；生殖基节背桥窄；生殖刺突端部弯钩状且具凹缺；阳茎复合体侧叶长于中叶，端部稍分离。

雌 未知。

观察标本 正模♂,广西金秀银杉,2005.Ⅶ.27,朱雅君(CAU)。

分布 广西(金秀)。

讨论 该种与基黄距水虻 A. *basiflava* Yang et Nagatomi 相似,但平衡棒暗褐色;须全黑色;生殖刺突端部强烈弯成钩状。而后者平衡棒黄色;须黄褐色,但第 2 节黄色;生殖刺突弱弯(Yang 和 Nagatomi,1992)。

(63)黑端距水虻 *Allognosta apicinigra* Zhang,Li *et* Yang,2009(图 94)

Allognosta apicinigra Zhang,Li *et* Yang,2009. Acta Zootaxon. Sin. 34(4):784. Type locality:China:Hainan,Baisha.

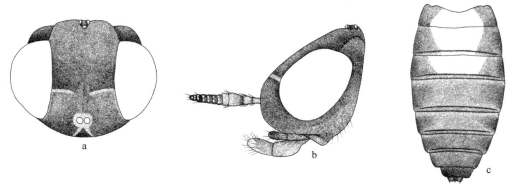

图 94 黑端距水虻 *Allognosta apicinigra* Zhang,Li *et* Yang(♀)

a. 头部,侧视(head,lateral view);b. 头部,前视(head,frontal view);c. 腹部,背视(abdomen,dorsal view)。

雌 体长 4.0 mm,翅长 3.8 mm。

头部略带亮黑色,下额、颜和颊被灰白粉,下额和颜具一对大的亮黑色侧斑。额在复眼后弱突出。复眼宽分离,浅黑色。头部毛浅色;复眼裸。触角柄节和梗节黄色,鞭节暗褐色,但基部两节赤黄色,端部 2 节黑色;触角 3 节长比为 3.0:3.0:18.5。喙浅黑色,被黑毛;须黑色,但第 1 节浅黑色,被黑毛。

胸部黄色,被灰白粉,但背面(包括肩胛和翅后胛)黑色,中胸背板和小盾片略带光泽;中侧片(上部和前部除外)、腹侧片、翅侧片和侧背片黑色。胸部毛浅色。足【前中足缺损,仅剩基节和转节】黄色,后足股节端部 1/3 浅黑色,后足胫节和第 4~5 跗节黑色。足上毛浅色,但后足胫节和第 4~5 跗节被黑毛。翅浅灰褐色,但基半部除前缘外和 r_{2+3} 室浅色;翅脉深褐色。腋瓣暗黄色,被浅色毛。平衡棒暗褐色,基部黄色。

腹部暗褐色,被灰白粉,但第 1~3 背板(侧边和第 2~3 背板后缘除外)黄色。腹部毛黑色。

雄 未知。

观察标本 正模♀,海南白沙元门红茂村,430 m,2007.Ⅹ.29,杨定(CAU)。

分布 海南(白沙)。

讨论 该种与东方距水虻 A. *orientalis* Yang *et* Nagatomi 和斑胸距水虻 A. *maculipleura* Frey 相似,但胸部主要黄色;触角主要暗褐色。而后两者胸部主要黑色;触角主要黄色。

(64)保山距水虻 Allognosta baoshana Li，Liu et Yang，2011（图 95）

Allognosta baoshana Li，Liu *et* Yang，2011. Entomotaxon. 33（1）：23. Type locality：China：Yunnan，Baoshan.

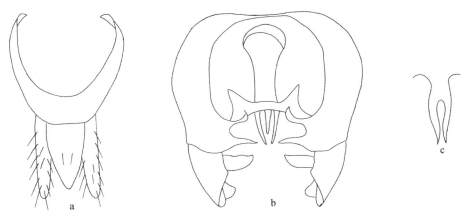

图 95　保山距水虻 *Allognosta baoshana* Li，Liu *et* Yang（♂）

a. 第 9～10 背板和尾须，背视（tergites 9～10 and cerci，dorsal view）；b. 生殖体，背视（genital capsule，dorsal view）；c. 生殖基节愈合部腹中突，腹视（ventral median process of fused gonocoxites，ventral view）。

雄　体长 5.7～6.4 mm，翅长 4.7～5.2 mm。

头部黑色，被灰白粉。头部毛浅色，但颜和颊被黑毛。复眼相接，背面小眼面稍大，暗红褐色，被稀疏短毛。触角暗褐色，但柄节、梗节和第 1 鞭节黄褐色；触角 3 节长比为 4.0：4.5：18.0。喙主要为浅黑色，被黑毛；须黑色，但第 1 节有时黄褐色，被黑毛。

胸部黑色，被浅灰粉，但中胸背板和小盾片稍有黑色光泽，侧板有时浅黑色。肩胛和翅后胛褐色。胸部毛浅色。足暗黄色，基节暗黄褐色，但后足基节浅黑色；后足股节除基部和端部外浅黑色；前后足胫节黑色，中足胫节浅黑色，基部暗黄色；跗节黑色，但中足第 1～2 跗节和后足第 1～3 跗节暗黄色。足上毛浅色，但股节部分被黑毛，胫节和跗节主要被黑毛。翅稍带浅灰色；翅痣褐色；翅脉深褐色；盘室后部略窄，后部宽约与端部宽相等。平衡棒褐色，基部暗黄褐色。

腹部暗褐色，被灰白粉。腹部毛浅黑色，但腹面被浅色毛。雄性外生殖器：第 9 背板长明显大于宽，基部具大凹缺；生殖基节端部具尖细内突；生殖刺突基部具指状内叶；生殖基节愈合部腹面中突长，分叉；阳茎复合体具 3 个细长叶，中叶短于侧叶。

雌　未知。

观察标本　正模♂，云南保山百花岭温泉，1 500 m，2007.Ⅴ.29，刘星月（CAU）。副模 2♂♂，云南保山百花岭温泉，1 500 m，2007.Ⅴ.29，刘星月（CAU）。

分布　云南（保山）。

讨论　该种与黄腿距水虻 *A. flavofemoralis* Pleske 相似，但生殖基节愈合部腹面中部窄，生殖刺突具指状内叶，端部宽。而后者生殖基节愈合部腹面中部宽，生殖刺突二分叉，指状（Yang 和 Nagatomi，1992）。

(65) 基黄距水虻 *Allognosta basiflava* **Yang *et* Nagatomi，1992**(图 96)

Allognosta basiflava Yang *et* Nagatomi，1992. South Pacific Study 12(2)：145. Type locality：China：Sichuan, Emeishan.

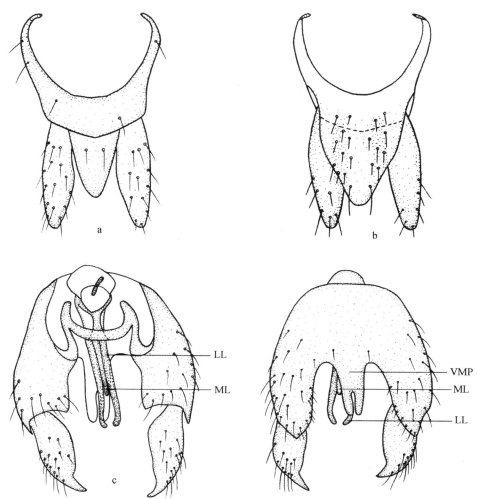

图 96　基黄距水虻 *Allognosta basiflava* **Yang *et* Nagatomi**(♂)

a. 第 9～10 背板和尾须，背视(tergites 9～10 and cerci，dorsal view)；b. 第 9 背板、第 10 腹板和尾须，腹视(tergite 9，sternite 10 and cerci，ventral view)；c. 生殖体，背视(genital capsule，dorsal view)；d. 生殖体，腹视(genital capsule，ventral view)。

雄　体长 5.0 mm,翅长 5.0 mm。

头部黑色,被淡灰粉,但后头中部一狭窄的区域无粉。头部毛淡黄色,单眼瘤、后头下部和颊上毛较长;头顶毛黑色;复眼稀被淡黄毛。头高为头长的 1.8 倍;复眼相接处长为单眼瘤长的 6.7 倍;复眼宽为触角到中单眼距离的 0.7 倍,为触角上额宽的 1.4 倍,为颜宽的 0.9 倍;触角上额宽为单眼瘤宽的 5.0 倍,为触角到中单眼距离的 0.5 倍;喙的腹面基部到触角距离是触角到中单眼距离的 0.5 倍。触角【鞭节缺失】黄色,被黑毛;触角 3 节长比为 1.0：1.1：?。喙缺失;须两节几乎等长,第1节褐黄色,第2节黄色。

胸部浅黑色,肩胛和翅后胛褐黄色;胸部毛淡黄色;侧板有淡灰粉,但腹侧片无粉。足【前足跗节缺失】黄色,但胫节褐色至深褐色,基部黄色;中、后足跗节褐色至深褐色,第1跗节(除端部外)褐黄色;足有黄色和黑色毛。翅膜质,略带浅褐色,基半部淡黄色;翅痣褐色;亚前缘室在翅痣上的部分、前缘室端部和 r_1 室褐色。平衡棒黄色。

腹部浅褐色,第1~4背板(除第2~4背板后缘和两侧外)黄色;第1~4腹板黄色,但第4腹板侧缘和后缘深黄色;腹部毛大部分为淡黄色。雄性外生殖器:生殖基节相当长,腹面端部尖锐;生殖刺突简单,顶端尖锐;生殖基节愈合部腹面中突长,中间有一深窄的凹陷;阳茎复合体具三个长的叶,侧叶远长于中叶。

雌 未知。

观察标本 正模♂,四川峨眉山,630 m,1978.Ⅸ.14,李法圣(CAU)。

分布 四川(峨眉山)。

讨论 该种与 A. japonica Frey 近似,但以下部分不同:平衡棒全黄色; r_1 室比 r_{2+3} 室颜色深或与翅痣同色;生殖基节无大的端内突,生殖基节愈合部腹面中突中间有一深窄的凹陷。该种还与分布于日本的 A. shibuyai Nagetomi et Tanaka,1969 在雄性外生殖器结构上近似,但可以根据须两节几乎等长、生殖刺突更简单、阳茎复合体中叶远短于侧叶而很容易区分。

(66)基黑距水虻 Allognosta basinigra Li,Zhang et Yang,2011(图97)

Allognosta basinigra Li,Zhang et Yang,2011. Acta Zootaxon. Sin. 36(2):273. Type locality:China:Shaanxi,Zhouzhi.

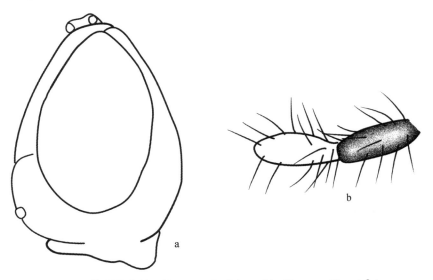

图97 基黑距水虻 Allognosta basinigra Li,Zhang et Yang(♀)
a. 头部,侧视(head, lateral view);b. 须,侧视(palpus, lateral view)。

雌 体长6.1 mm,翅长4.6 mm。

头部略带亮黑色,被灰白粉,前额不光亮密被小毛。额在复眼后明显突出。复眼明显分离,暗褐色。额稍宽于复眼;颊和下后头宽。眼后眶在头背面较窄。头部毛浅色;复眼被稀疏的毛。触角黄褐色,但柄节黑色;触角3节长比为5.0：5.0：19.0。喙暗黄色,但中部部分黑色;须浅黑色,但第2节暗黄色,被黑毛。

胸部浅黑色,被灰白粉,但中胸背板和小盾片稍有黑色光泽。肩胛和翅后胛黄褐色。前胸背板、前胸侧板、中侧片前部和上部、腹侧片后上角和下侧片后上部暗黄色。胸部毛浅色。足黄色,但基节黑色,胫节和跗节暗褐色至黑色,但胫节基部暗黄色,中足第1跗节和后足第1～2跗节暗黄色。足上毛黑色,但基节被浅色毛,股节基部和腹面被浅色毛。翅均匀浅灰色,翅痣深褐色,翅脉深褐色;盘室后部宽大于端部宽。平衡棒暗褐色,基部暗黄色。

腹部均匀暗褐色,被灰白粉,尾须暗黄褐色。腹部毛浅黑色。

雄 未知。

观察标本 正模♀,陕西周至厚畛子,2009.Ⅵ.20,盛茂领(CAU)。

分布 陕西(周至)。

讨论 该种与背斑距水虻 *A. dorsalis* Cui, Li *et* Yang 相似,但触角柄节黑色;后足股节全暗黄色,所有胫节基部均为黄褐色。而后者触角全黄褐色;后足股节具褐色端环,前足胫节全褐色(Cui,Li和Yang,2009)。

(67) 彩旗距水虻 *Allognosta caiqiana* Li, Zhang *et* Yang, 2011(图98)

Allognosta caiqiana Li, Zhang *et* Yang, 2011. Acta Zootaxon. Sin. 36(2)：273. Type locality：China：Hubei, Shennongjia.

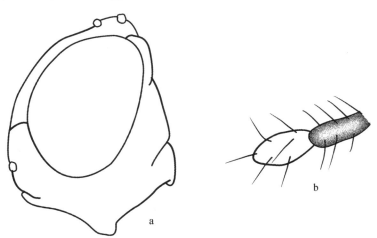

图98 彩旗距水虻 *Allognosta caiqiana* Li, Zhang *et* Yang(♀)
a. 头部,侧视(head, lateral view);b. 须,侧视(palpus, lateral view)。

雌 体长4.0 mm,翅长3.7 mm。

头部略带亮黑色,被灰白粉,前额不光亮,密被小毛,颜有两个亮黑色侧斑,部分延伸至额。额在复眼后弱突出。复眼宽分离,暗褐色。额稍宽于复眼;颊和下后头宽。眼后眶明显,在头背面近三角形。头部毛浅色;复眼裸。触角黄色,但端部褐色;触角3节长比为4.0：4.5：16.0。喙黄色,但中部部分黑色,被黑毛;须浅色,但第2节暗黄色,被黑毛。

胸部黄色,被灰白粉,但中胸背板和小盾片稍有黑色光泽。肩胛和翅后胛黄褐色。前胸背板中部褐色。中侧片后部和翅侧片前部黄褐色,腹侧片几乎全亮黑色。胸部毛浅色。

足黄色,胫节和跗节暗褐色,但胫节基部黄色,中后足第 1 跗节黄色,但端部暗褐色。足上毛黑色,但基节被浅色毛,股节基部和腹面被浅色毛。翅稍带浅褐色,但中部翅痣下的区域褐色,翅端窄的区域褐色,翅痣深褐色,翅脉深褐色;盘室后部宽约等于端部宽。平衡棒暗黄色,球部黄色。

腹部暗褐色,被灰白粉,但第 1～4 背板中部各具一个黄斑且由前向后依次变小;腹面黄色,尾须黄褐色。腹部毛浅色,但背面被浅黑毛。

雄　未知。

观察标本　正模♀,湖北神农架彩旗,2009. Ⅵ. 14,刘启飞(CAU)。

分布　湖北(神农架)。

讨论　该种与梵净山距水虻 *A. fanjingshana* Cui, Li *et* Yang 相似,但胸部侧板主要黄色;触角端部褐色;翅中部和端部部分褐色至暗褐色。而后者胸部侧板主要黑色;触角全黄褐色;翅几乎均匀暗褐色(Cui, Li 和 Yang,2009)。

(68)凹距水虻 *Allognosta concava* Li, Zhang *et* Yang, 2009(图 99)

Allognosta concava Li, Zhang *et* Yang, 2009. Entomotaxon. 31(3):209. Type locality:China:Yunnan, Hekou.

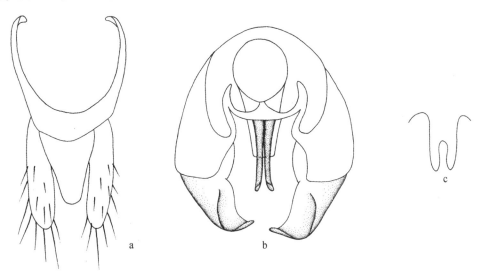

图 99　凹距水虻 *Allognosta concava* Li, Zhang et Yang(♂)

a. 第 9～10 背板和尾须,背视(tergites 9～10 and cerci, dorsal view);b. 生殖体,背视(genital capsule, dorsal view);c. 生殖基节愈合部腹中突,腹视(ventral median process of fused gonocoxites, ventral view)。

雄　体长 5.1～5.2 mm,翅长 4.0～4.2 mm。

头部黑色,被灰白粉。复眼相接,背面小眼面明显大,暗红褐色。头部毛浅色,复眼裸。触角黄色,但鞭节中部黄褐色,端部暗褐色;触角 3 节长比为 8.0:8.5:33.5。喙主要为暗黄色,被黑毛;须第 1 节暗黄褐色,第 2 节黑色,被黑毛。

胸部黄色至暗黄色被浅灰粉,但中胸背板和小盾片稍有黑色光泽;侧板具一个浅黑色纵斑,位于中侧片、翅侧片和侧背片上。肩胛和翅后胛浅褐色。胸部毛浅色。足黄色,但前中足胫节浅黑色,后足胫节黑色,但基部浅黄褐色;前足第 2～5 跗节、中足第 4～5 跗节和后足第 5

跗节暗褐色。足上毛浅色,但胫节和跗节被黑毛。翅稍带浅灰色,但基部(不包括翅瓣)和臀室浅色;翅痣褐色;翅脉深褐色。腋瓣黄色,被浅色毛。平衡棒黑色,基部黄色。

腹部暗褐色,被灰白粉,第1~4背板和第1~4腹板黄色,但窄的侧边和肛下板端部暗黄色。腹部毛黑色。雄性外生殖器:第9背板长明显大于宽,基部具大凹缺;生殖刺突具大内凹,端部尖锐且内弯;生殖基节背桥窄;生殖基节腹面中后突端部具小凹缺;阳茎复合体二裂。

雌 未知。

观察标本 正模♂,云南河口槟榔寨水库,2009. Ⅴ. 21,杨秀帅(CAU)。副模1♂,云南河口槟榔寨水库,2009. Ⅴ. 21,杨秀帅(CAU)。

分布 云南(河口)。

讨论 该种与东方距水虻 *A. orientalis* Yang *et* Nagatomi 相似,但胸部侧板黄色,具黑色纵条斑;后足胫节基部黄褐色;阳茎复合体二裂。而后者胸部侧板褐色至深褐色,仅中侧片和前胸侧板黄色;后足胫节全褐色至深褐色;阳茎复合体三裂(Yang 和 Nagatomi,1992)。

(69)大龙潭距水虻 *Allognosta dalongtana* Li, Zhang *et* Yang, 2011(图100)

Allognosta dalongtana Li, Zhang *et* Yang,2011. Acta Zootaxon. Sin. 36(2):275. Type locality:China:Hubei, Shennongjia.

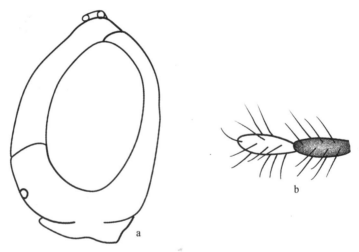

图100 大龙潭距水虻 *Allognosta dalongtana* Li, Zhang *et* Yang(♀)

a. 头部,侧视(head, lateral view);b. 须,侧视(palpus, lateral view)。

雌 体长6.0 mm,翅长4.5 mm。

头部略带亮黑色,被灰白粉,前额不光亮,密被小毛。额在复眼后明显突出。复眼宽分离,暗褐色。额稍宽于复眼;颊和下后头宽。眼后眶在头背面窄。头部毛浅色;复眼被极稀疏的毛。触角柄节和梗节暗褐色,鞭节褐色,但最末两节暗褐色;触角3节长比为1.0:1.0:4.0。喙暗黄色,但中部部分黑色,被黑毛;须褐色,但第2节黄褐色,被黑毛。

胸部主要为黑色被灰白粉,但中胸背板和小盾片稍有黑色光泽。肩胛和翅后胛黄褐色。前胸侧板主要暗黄色;胸部侧板具一个暗黄色条带从中侧片上后部延伸到侧背片。胸部毛浅色。足黄色,但基节暗黄褐色,股节端部腹面具一个黑斑,胫节黄褐色,后足第 1 跗节黄色,但端部褐色。足上毛黑色,但基节被浅色毛,股节基部和腹面被浅色毛。翅稍带灰色,端部颜色较深,翅痣深褐色,翅脉深褐色;盘室后部宽稍大于端部宽。平衡棒暗褐色,基部暗黄色。

腹部均匀暗褐色,被灰白粉。腹部毛浅黑色。

雄 未知。

观察标本 正模♀,湖北神农架大龙潭,2009. Ⅵ. 29,刘启飞(CAU)。

分布 湖北(神农架)。

讨论 该种与基黑距水虻 *A.basinigra* Li, Zhang *et* Yang 相似,但触角柄节和梗节暗褐色,鞭节褐色,最末两节暗褐色;中侧片(除后上部暗黄色带外)全黑色;中足跗节全暗褐色。而后者触角黄褐色,但柄节黑色;中侧片非全黑色,有暗黄色区;中足第 1 跗节暗黄色。

(70)背斑距水虻 *Allognosta dorsalis* Cui, Li *et* Yang, 2009(图 101)

Allognosta dorsalis Cui, Li *et* Yang, 2009. Acta Zootaxon. Sin.34(4):795. Type locality:China:Guizhou, Fanjingshan.

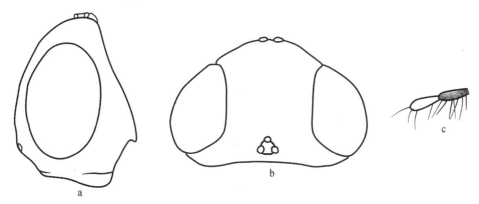

图 101 背斑距水虻 *Allognosta dorsalis* Cui, Li *et* Yang(♀)

a. 头部,侧视(head, lateral view);b. 头部,背视(head, dorsal view);c. 须,侧视(palpus, lateral view)。

雌 体长 4.2～4.6 mm,翅长 3.5～3.6 mm。

头部略带亮黑色,被灰白粉。额在复眼后明显突出。复眼宽分离,褐色。额明显宽于复眼;颊和下后头窄。头部毛浅色;复眼裸。触角黄褐色。喙大部分为黄色,被浅黑毛;须黑色,但第 2 节暗黄色,被黑毛。

胸部浅黑色,被灰白粉,但中胸背板和小盾片稍有黑色光泽。肩胛和翅后胛浅褐色。侧板下部黄色,中侧片上部具黄褐色斑。胸部毛浅色。足黄色,但后足股节具一个褐色端环,前足胫节全褐色,后足胫节暗褐色,但基部黄色,前足跗节全暗褐色,中后足跗节端部褐色。足上毛黑色,但基节被浅色毛,股节腹面具浅色毛。翅均匀的灰褐色;翅脉深褐色。腋瓣褐色,被浅色毛。平衡棒暗褐色,基部暗黄色。

腹部暗褐色,被灰白粉。腹部毛暗褐色。

雄 未知。

观察标本 正模♀,贵州梵净山棉絮岭至金顶,2 200 m,2002. Ⅴ. 30,杨定(CAU)。副模 1♀,贵州梵净山棉絮岭至金顶,2 200 m,2002. Ⅴ. 30,杨定(CAU);2♀♀,贵州梵净山护国寺,1 350～1 450 m,2009. Ⅴ.29,杨定(CAU)。

分布 贵州(梵净山)。

讨论 该种与雁山距水虻 *A. yanshana* Zhang，Li *et* Yang 相似，但颊较窄；中侧片具黄褐色背带；须第 2 节暗黄色；触角鞭节全黄褐色。而后者颊较宽；胸部侧板全浅黑色；须黑色；触角鞭节赤黄色，但最末一节黑色(Zhang，Li 和 Yang，2009)。

(71) 梵净山距水虻 *Allognosta fanjingshana* Cui，Li *et* Yang，2009(图 102)

Allognosta fanjingshana Cui，Li *et* Yang，2009. Acta Zootaxon. Sin. 34(4)：795. Type locality：China：Guizhou，Fanjingshan.

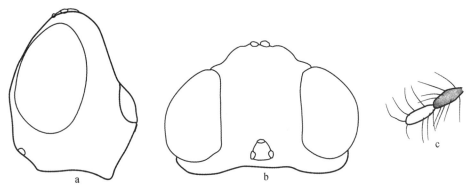

图 102 梵净山距水虻 *Allognosta fanjingshana* Cui，Li *et* Yang(♀)
a. 头部，侧视(head，lateral view)；b. 头部，背视(head，dorsal view)；c. 须，侧视(palpus，lateral view)。

雌 体长 5.3～5.8 mm，翅长 4.4～4.8 mm。

头部略带亮黑色，被灰白粉。额在复眼后明显突出。复眼宽分离，红褐色。额明显宽于复眼；颊和下后头宽。头部毛浅色；复眼裸。触角黄褐色。喙浅褐色，被浅黑毛；须暗褐色，但第 2 节暗黄色，被黑毛。

胸部浅黑色，被灰白粉，但中胸背板和小盾片稍有黑色光泽。肩胛和翅后胛黄褐色。侧板黄褐色。中侧片上部具暗褐色斑，腹侧片后上部具黄褐色斑，向后延伸到侧背片。胸部毛浅色。足【前中足股节、胫节和跗节缺失】黄褐色，但后足胫节褐色，基部黄褐色，后足跗节端部褐色。足上毛黑色，但基节毛浅色。翅稍带灰褐色，但窄的翅基和 r_{2+3} 室、bm 室、臀室和盘室浅色；翅脉深褐色。腋瓣暗黄色，被浅色毛。平衡棒暗黄色。

腹部暗褐色，被灰白粉，但第 1～4 背板中部各具一小黄斑；第 1 腹板黄褐色，第 2～3 腹板中部黄褐色。腹部毛暗褐色。

雄 未知。

观察标本 正模♀，贵州梵净山护国寺，1 350 m，2002. Ⅴ.28，杨定(CAU)。副模 2♀♀，贵州梵净山护国寺，1 350～1 450 m，2002. Ⅴ.29，杨定(CAU)。

分布 贵州(梵净山)。

讨论 该种与东方距水虻 *A. orientalis* Yang *et* Nagatomi 相似，但后足胫节基部黄褐色；触角黄褐色；须第 1 节暗褐色，第 2 节暗黄色；腹部第 1～4 背板具小黄斑。而后者后足胫节全褐色至暗褐色；触角黄色，但鞭节端部暗褐色；须第 1 节黄褐色，第 2 节褐色至暗褐色；腹部第 1～4 背板具大黄斑(Yang 和 Nagatomi,1992)。

(72)黄棒距水虻 *Allognosta flava* Liu,Li *et* Yang,2010

Allognosta flava Liu,Li *et* Yang,2010. Acta Zootaxon. Sin. 35(4):742. Type locality: China:Ningxia,Longde.

雌 体长 3.6～3.7 mm,翅长 3.6～4.0 mm。

头部略带亮黑色,下额、颜和颊被灰白粉,前额不光亮,密被小毛。额在复眼后明显突出。复眼宽分离,暗褐色。额稍宽于复眼;颊和下后头宽。眼后眶背面观中等宽。头部毛浅色;复眼被稀疏的毛。触角黑色,但第 1 鞭节暗黄褐色;触角 3 节长比为 1.0:0.9:3.6。喙浅黄色,但部分黑色,被黑毛;须浅黑色,第 2 节(不包括基部)暗黄色,被浅色毛。

胸部黑色,被灰白粉,但中胸背板和小盾片略带光泽。肩胛和翅后胛黄褐色。侧板浅黑色至黑色。胸部毛浅色。足黄色或黄褐色,但基节浅黑色,股节基部褐色或暗褐色,胫节(基部除外)和跗节(中后足第 1 跗节除外)黑色。足上毛浅色,但胫节部分被黑毛,跗节主要被黑毛。翅几乎透明,翅端和端半部沿纵脉稍带灰色;翅痣深褐色,r_{2+3} 室浅色。平衡棒浅黄或暗黄色。

腹部暗褐色,被灰白粉,但尾须暗黄色。腹部毛浅色。

雄 未知。

观察标本 正模♀,宁夏隆德苏台,2 100 m,2008.Ⅵ.24,刘经贤(CAU)。副模 2♀♀,宁夏泾源东山坡,2 180 m,2008.Ⅳ.22,姚刚、张婷婷(CAU)。

分布 宁夏(隆德、泾源)。

讨论 该种与雁山距水虻 *A. yanshana* Zhang,Li *et* Yang 相似,但眼后眶较窄;平衡棒黄色;仅后足第 1 跗节浅褐色。而后者眼后眶较宽,平衡棒暗褐色,但基部暗黄色;后足第 1～3 跗节暗黄色(Zhang,Li 和 Yang,2009)。

(73)黄腿距水虻 *Allognosta flavofemoralis* Pleske,1926(图 103)

Allognosta flavofemoralis Pleske,1926. Eos 2(4):417. Type locality:China:Sichuan,Kangding.

雄 体长 5.3 mm,翅长 5.0 mm。

头部黑色,被淡灰粉,但后头中部一狭窄的区域无粉。头部毛黑色,单眼瘤和颊上毛较长,后头下部和颊上毛颜色较浅;复眼密被黑毛,小眼面几乎全为同一大小。头高为头长的 1.9 倍;复眼相接处长为单眼瘤长的 4.3 倍;复眼宽为触角到中单眼距离的 0.7 倍,为触角上额宽的 1.3 倍,为颜宽的 0.9 倍;触角上额宽为单眼瘤宽的 3.2 倍,为触角到中单眼距离的 0.5 倍;喙到触角的距离是触角到中单眼距离的 0.5 倍。触角柄节黑色,梗节和鞭节黄色但是鞭节端部和外表面颜色较深;柄节和梗节被黑毛;鞭节被微小的白色短柔毛,但是第 1 鞭节端部有黑毛,第 7～8 鞭节有褐色毛;触角 3 节长比约为 1.0:1.0:4.0。触角长为触角到中单眼距离的 0.55 倍。喙褐黄色,被黑毛;须两节几乎等长,第 1 节褐黄色,第 2 节深褐色至黑色。

胸部浅黑色,肩胛和翅后胛褐黄色,翅侧片上部黄色。胸部密被淡黄色直立长毛;侧板有淡灰粉,腹侧片无粉。足黄色,但前、后足基节褐黄色;胫节褐色至深褐色,基部黄色;跗节褐色至深褐色,后足第 1～2 跗节黄色;足上的毛大部分为浅黄色。翅几乎透明,基部黄色,翅痣褐色;平衡棒黄色。

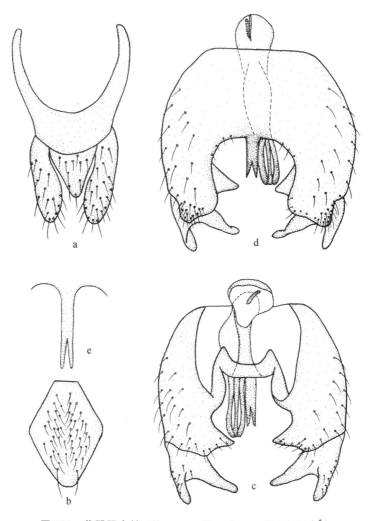

图 103　黄腿距水虻 *Allognosta flavofemoralis* Pleske(♂)

a. 第 9～10 背板和尾须,背视(tergites 9～10 and cerci, dorsal view);b. 第 10 腹
板,腹视(sternite 10, ventral view);c. 生殖体,背视(genital capsule, dorsal view);
d. 生殖体,腹视(genital capsule, ventral view);e. 生殖基节愈合部腹中突,腹视
(ventral median process of fused gonocoxites, ventral view)。

　　腹部褐色至深褐色,但第 1～5 背板中央具黄斑;第 1～5 腹板浅黄褐色,侧面颜色较深,第
6～7 腹板褐色;腹部毛大部分为淡黄色。雄性外生殖器:生殖基节相当宽,端部具尖内突,腹
面后缘宽;生殖刺突二叉;生殖基节愈合部腹面中突窄长,并有一深窄的中央凹陷;阳茎复合体
具 3 个等长的细长的叶。

　　雌　无标本。

　　观察标本　1♂,四川峨眉山 630 m,1978. Ⅸ. 14,李法圣(CAU)。

　　分布　中国四川(峨眉山);日本,缅甸。

　　讨论　该种与黑腿距水虻 *A. nigrifemur* Cui, Li *et* Yang 相似,但中胸背板和小盾片被
浅色长毛;股节全黄色;腹部背面具大黄斑。而后者中胸背板和小盾片被深褐色长毛;股节黑

色,但端部黄色;腹部全暗褐色。

(74)污翅距水虻 *Allognosta fuscipennis* Enderlein,1921

Allognosta fuscipennis Enderlein,1921. Mitt. Zool. Mus. Berlin. 10(1):183. Type locality:China:Taiwan, Toyenmongai near Tainan.

体长 4.5 mm,翅长 3.5 mm。

头部黑色,喙褐色,须黑褐色,但雌虫第 2 节通常锈黄色。触角黄褐色,但从第 2 鞭节开始颜色加深,最末两节黑色。胸部黑色被褐色毛。腹部褐色,尾须黄色,在雄虫中第 1～3 背板中部稍带黄色。平衡棒深褐色,柄稍带浅灰色。足浅黄褐色,但以下部分黑褐色:前足胫节、仅雌虫加宽的跗节(雄虫跗节细)、中足胫节除基部 1/4 外以及后足胫节和第 4～5 跗节。翅和翅脉深褐色,基部颜色较浅;r_1 室颜色较深,盘室小而狭长。

分布 台湾。

讨论 该种与四川距水虻 *A. sichuanensis* Yang *et* Nagatomi 相似,但腹部褐色至深褐色,第 1～3 背板中部稍带黄色;翅深褐色但基部 1/4 颜色较浅;平衡棒深褐色,但柄颜色稍浅。而后者腹部主要黄色;翅透明,翅痣浅褐色;平衡棒黄色(Enderlein,1921;Yang 和 Nagatomi,1992)。

(75) 贡山距水虻 *Allognosta gongshana* Zhang, Li *et* Yang, 2011(图 104、图 105)

Allognosta gongshana Zhang, Li *et* Yang, 2011. Trans. Am. Ent. Soc. 137(1+2):186. Type locality:China:Yunnan, Gongshan.

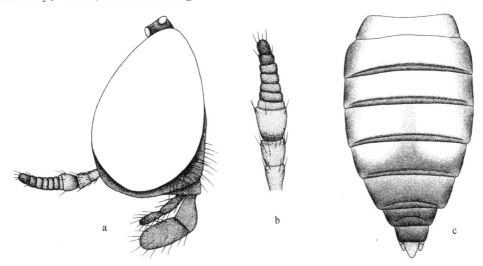

图 104 贡山距水虻 *Allognosta gongshana* Zhang, Li *et* Yang(♂)

a. 头部,侧视(head, lateral view);b. 触角(antenna);c. 腹部,背视(abdomen, dorsal view)。

雄 体长 6.4 mm,翅长 5.8 mm。

头部黑色,被灰白粉。复眼相接,浅红褐色,上部 2/3 小眼面较大,裸。头部毛浅色。触角柄节和梗节黄褐色,柄节暗褐色,但最末一节黑色;触角 3 节长比为 1.0:1.0:7.0。喙浅黑色,被黑毛;须黑色,被黑毛。

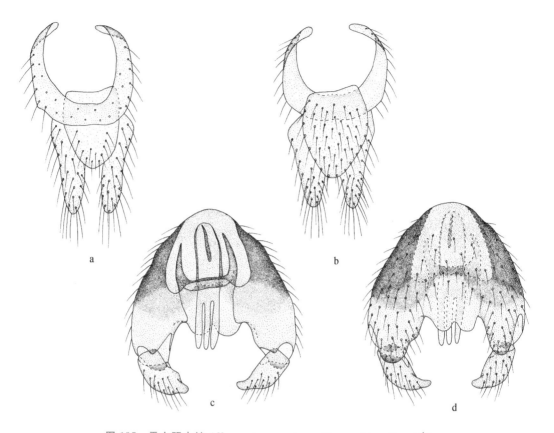

图 105　贡山距水虻 *Allognosta gongshana* Zhang, Li *et* Yang(♂)

a. 第 9 背板、第 10 腹板和尾须，背视(tergite 9, sternite 10 and cerci, dorsal view)；b. 第 9 背板、第 10 腹板和尾须，腹视(tergite 9, sternite 10 and cerci, ventral view)；c. 生殖体，背视(genital capsule, dorsal view)；d. 生殖体,腹视(genital capsule, ventral view)。

　　胸部黑色,被浅灰粉,但中胸背板和小盾片稍有光泽。肩胛和翅后胛暗黄褐色。胸部毛浅色。足黑色,但股节端部和胫节基部黄褐色。足上毛黑色,但基节和转节被浅色毛。翅几乎透明;翅痣深褐色;翅脉褐色。平衡棒黑色,基部暗黄色。

　　腹部暗褐色,被灰白粉,但第 1～4 背板除侧边和第 2～4 背板后缘外暗黄色,第 5 背板小的中前区暗黄色;第 1～4 腹板黄色。腹部毛黑色,但腹面被浅色毛。雄性外生殖器:第 9 背板长明显大于宽,基部具大凹缺;生殖刺突粗短,端部窄且稍内弯;生殖基节愈合部腹面中突宽短,端部具一小的近三角形的凹缺;阳茎复合体具 3 个较长的约等长的叶,中叶稍窄于侧叶。

　　雌　未知。

　　观察标本　正模♂,云南贡山独龙江,2007. V. 21,刘星月(CAU)。

　　分布　云南(贡山)。

　　讨论　该种与分布于日本的黄斑距水虻 *A. flavimaculata* Nagatomi *et* Tanaka 相似,但平衡棒黑色,基部暗黄色;生殖刺突端部明显窄,阳茎复合体中叶窄,端部尖且与侧叶等长。而后者平衡棒全黄褐色;生殖刺突端部宽,阳茎复合体侧叶明显粗,端部宽且稍长于中叶(Nagatomi 和 Tanaka,1969)。

(76) 红河距水虻 *Allognosta honghensis* **Li, Liu** *et* **Yang, 2011**（图 106）

Allognosta honghensis Li, Liu *et* Yang, 2011. Entomotaxon. 33(1)：24. Type locality：
China：Yunnan，Honghe.

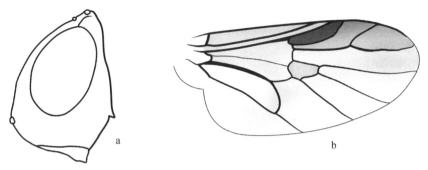

图 106　红河距水虻 *Allognosta honghensis* **Li, Liu** *et* **Yang**（♀）

a. 头部，侧视（head, lateral view）；b. 翅（wing）。

雌　体长 5.4 mm，翅长 4.0 mm。

头部略带亮黑色，被灰白粉。额在复眼后明显突出。复眼宽分离，暗褐色，额明显宽于复眼；颊和下后头宽。眼后眶背面观中等宽。头部毛浅色；复眼裸。额被短毛，但前额具一对稍带黑色光泽的斑。触角暗褐色，但柄节、梗节和第 1 鞭节黄褐色；触角 3 节长比为 4.0：5.0：27.0。喙主要为暗褐色，被浅黑毛；须黑色，第 1 节被浅色毛，第 2 节被黑毛。

胸部黑色，被浅灰粉，但中胸背板和小盾片稍有黑色光泽。肩胛和翅后胛黄褐色。侧板黄色，中侧片后部具一浅黑色纵斑；腹侧片褐色，但后上部浅色。胸部毛浅色。足黄色，但胫节（基部除外）和中后足第 4~5 跗节浅黑色。足上毛浅色，但胫节和跗节被黑毛。翅浅灰色；翅痣褐色，r_{2+3} 室和 r_{4+5} 室深色；盘室小，后部宽稍大于端部宽。平衡棒黑色，基部暗黄色。

腹部暗褐色，被灰白粉。腹部毛黑色。

雄　未知。

观察标本　正模♀，云南红河河口槟榔寨，2009.Ⅴ.21，杨秀帅（CAU）。

分布　云南（河口）。

讨论　该种与刘氏距水虻 *A. liui* Zhang, Li *et* Yang 相似，但触角鞭节浅黑色，但第 1 鞭节黄褐色；腹侧片和下侧片主要浅黑色；中足胫节浅黑色，但基部黄褐色。而后者触角鞭节暗褐色，但基部两节赤黄色，最末一节黑色；腹侧片和下侧片黄色；中足胫节黄色（Zhang, Li 和 Yang，2009）。

(77) 间距水虻 *Allognosta inermis* **Brunetti, 1912**

Allognosta inermis Brunetti, 1912. Rec. Indian Mus. 7(5)：455. Type locality：India：
West Bengal，Darjeeling.

雄　体长 4.5 mm。

头部复眼相接，裸，小眼面大小一致。额为等边三角形，黑色，具灰色光泽。触角黑色。须黑色。喙黑色，但下部黄色。后头黑色。

胸部和小盾片黑色,稍带金属光泽,粗糙,被黄毛。背板前缘和肩胛被极短的黄色小毛,并延伸到侧板上。小盾片无刺,被黄色小毛。足黑色,但膝黄褐色,爪垫浅黄色。翅黑褐色,翅痣大,褐色。平衡棒黑色。

腹部暗黑色,稍带光泽,具短黄毛。生殖器由一对粗的黑色的抱握器组成,每个抱握器上都具一个窄小的突起,上部还有一对黄色具毛的指状突。

雌 同雄虫,但复眼宽分离,眼后眶宽。

观察标本 1♀,湖北神农架金猴岭,2 410 m,2007.Ⅷ.1,刘启飞(CAU)。

分布 中国湖北(武汉、神农架);印度。

讨论 该种与奇距水虻 *A. vagans*(Loew)相似,但足黑色;触角黑色。而后者足第1或第1~2跗节和后足第1~3跗节黄色;触角梗节黄褐色,但第1~2鞭节黄色(Rozkošný,1982)。

(78)日本距水虻 *Allognosta japonica* Frey,1961(图107)

Allognosta japonica Frey,1961. Not. Ent. 40(3):84. Type locality:Japan:Honshu, Osaka, Takatsaki, Setsu Yakobei.

雄 体长3.5~5.0 mm,翅长3.0~4.0 mm。

头部暗褐色至黑色,被灰白粉,但单眼瘤和后头无粉;触角鞭节基部(有时也包括柄节和梗节)、喙和须端部黄褐色至浅褐色;头(额三角和颜侧边除外)、喙和须被浅黄毛(有时须也被黑毛),触角被黑毛,鞭节毛稀疏。

胸部暗褐色至黑色,光亮,侧板和后小盾片被灰白粉;胸部毛浅黄色,但中侧片前部(前缘除外),腹侧片(上部和下部除外),翅侧片下半部,侧背片上部和后小盾片无毛。足黄褐色,但胫节(基部除外)和跗节(后足第1跗节除外)暗褐色至黑色;基节和后足股节端部(顶尖除外)具暗褐色;有时中足胫节和中足跗节黄褐色。基节和股节被浅黄毛(股节后面毛较长)。翅暗褐色,但基部、bm室、臀室和翅瓣基部浅色;翅痣、亚前缘室在翅痣上的部分和盘室端部深色;盘室长短于 M_2 脉的1/2。

腹部暗褐色至黑色,但第1~4或第1~3背板除侧边外,第1~4或第1~3腹板除侧边外黄褐色;腹部毛浅黄色,第1节侧边毛较长。雄性外生殖器:生殖基节背面后缘具指状内突,生殖刺突端部弯且尖锐,阳茎复合体三叶近等长,端部不分离。

雌 体长4.0 mm,翅长3.5 mm。

与雄虫类似仅以下不同:头部亮黑色,颜中部、额触角上区域、颜和颊的复眼缘和额横缝被浅灰粉;复眼宽分离;额在复眼后明显突出。胸部前胸侧板、中侧片前部和上部黄褐色;肩胛和翅后胛黄褐色。

分布 中国台湾;日本。

讨论 该种与尖突距水虻 *A. acutata* Li, Zhang *et* Yang 相似,但须端部黄褐色至浅褐色;翅基部透明;阳茎复合体侧叶与中叶近等长,端部不分离。而后者须全浅黑色;翅基部非浅色;阳茎复合体侧叶明显长于中叶,且端部分离。

(79)泾源距水虻 *Allognosta jingyuana* Liu, Li *et* Yang,2010

Allognosta jingyuana Liu, Li *et* Yang,2010. Acta Zootaxon. Sin. 35(4):742. Type locality:China:Ningxia, Jingyuan.

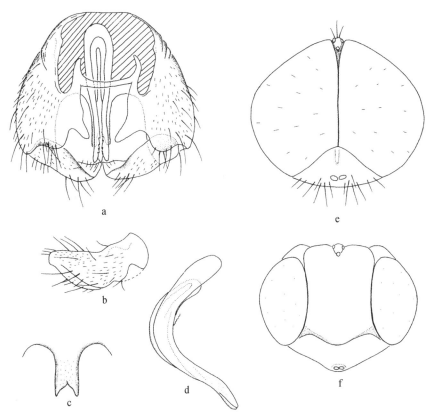

图 107 日本距水虻 *Allognosta japonica* Frey(据 Nagatomi & Tanaka,1969 重绘)

a～e. 雄虫(♂):a. 生殖体,背视(genital capsule, dorsal view),b. 生殖刺突,侧视(gonostylus, lateral view),c. 生殖基节愈合部腹中突,腹视(ventral median process of fused gonocoxites, ventral view),d. 阳茎复合体,侧视(aedeagal complex, lateral view),e. 头部,前视(head, frontal view); f. 雌虫(♀)头部,前视(head frontal view)。

雌 体长 5.4 mm,翅长 5.0 mm。

头部略带亮黑色,下额、颜和颊被灰白粉,前额不光亮,密被小毛。额在复眼后明显突出。复眼宽分离,红褐色。额稍宽于复眼;颊和下后头宽。眼后眶较窄。头部毛浅色;复眼几乎裸。触角暗黄褐色,但鞭节浅褐色端部黑色;触角 3 节长比为 3.0:4.0:22.0。喙黑色,被黑毛; 须第 1 节褐色,被浅色毛,第 2 节黑色,被黑毛。

胸部黑色,被灰白粉,但中胸背板和小盾片略带光泽。肩胛和翅后胛黄褐色。侧板浅黑色,但侧背片和后背片暗黄褐色。胸部毛浅色。足暗褐色,但后足股节端部褐色,胫节(基部除外)和跗节黑色。足上毛浅色,但胫节和跗节被黑毛。翅稍带浅灰色,翅痣深褐色,r_{2+3} 室浅色。平衡棒黑色,但基部暗黄色。

腹部暗褐色,被灰白粉,但第 1～2 背板具黄色中斑(第 1 背板的斑较宽)。腹部毛浅色。

雄 未知。

观察标本 正模♀,宁夏泾源小南川,2 100 m,2008.Ⅵ.3,姚刚(CAU)。

分布 宁夏(泾源)。

讨论 该种与大距水虻 *A. maxima* Enderlein 相似,但基节黄褐色;后足股节端部褐色;

腹部仅第 1~2 背板具黄斑。而后者基节红褐色;后足股节端部不加深;腹部具更多的黄斑(Yang 和 Nagatomi,1992)。

(80)金平距水虻 *Allognosta jinpingensis* Li,Liu *et* Yang,2011(图 108)

Allognosta jinpingensis Li,Liu *et* Yang,2011. Entomotaxon. 33(1):25. Type locality:China:Yunnan,Jinping.

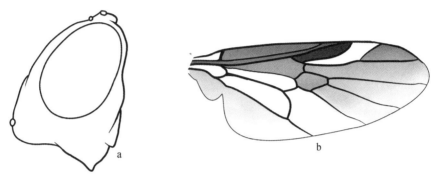

图 108 金平距水虻 *Allognosta jinpingensis* Li,Liu *et* Yang(♀)

a. 头部,侧视(head,lateral view);b. 翅(wing)。

雌 体长 6.4 mm,翅长 5.0 mm。

头部略带亮黑色,被灰白粉。额在复眼后明显突出。复眼宽分离,暗褐色,额明显宽于复眼;颊和下后头宽。眼后眶背面观窄。头部毛浅色;复眼裸。额被短毛,但前额具一对大的稍带黑色光泽的斑。触角【鞭节端部缺失】浅褐色,但柄节暗褐色。喙黄褐色,但部分浅黑色,被黑毛;须第 1 节褐色,第 2 节黑色,被黑毛。

胸部黑色,被浅灰粉,但中胸背板和小盾片稍有黑色光泽。肩胛和翅后胛暗黄褐色。侧板浅黑色,但腹侧片后上部黄褐色。胸部毛浅色。足黄色,但前足跗节、中足第 3~5 跗节和后足第 4~5 跗节暗褐色。足上毛浅色,但胫节和跗节被黑毛。翅不明显的浅灰色,但端半部明显灰色,r_{2+3} 室浅色;翅痣褐色;盘室小,后部宽明显大于端部宽。平衡棒浅黄色。

腹部暗褐色,被灰白粉。腹部毛浅黑色。

雄 未知。

观察标本 正模♀,云南金平分水岭,1 790 m,2009.Ⅴ.19,杨秀帅(CAU)。

分布 云南(金平)。

讨论 该种与雁山距水虻 *A. yanshana* Zhang,Li *et* Yang 相似,但平衡棒浅黄色;胫节全黄色;r_{2+3} 室浅色。而后者平衡棒暗褐色,基部暗黄色;胫节浅黑色至黑色,基部黄褐色;r_{2+3} 室深色(Zhang,Li 和 Yang,2009)。

(81)梁氏距水虻 *Allognosta liangi* Li,Zhang *et* Yang,2011(图 109)

Allognosta liangi Li,Zhang *et* Yang,2011. Acta Zootaxon. Sin. 36(2):276. Type locality:China:Yunnan,Lushui.

雌 体长 5.6 mm,翅长 5.6 mm。

头部略带亮黑色,被灰白粉,前额不光亮密被小毛。额在复眼后弱突出。复眼宽分离,暗

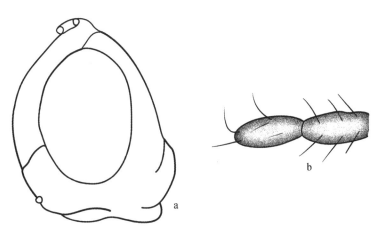

图 109 梁氏距水虻 *Allognosta liangi* Li, Zhang *et* Yang(♀)

a. 头部,侧视(head, lateral view);b. 须,侧视(palpus, lateral view)。

褐色。额稍宽于复眼;颊和下后头宽。眼后眶在头背面明显。头部毛浅色;复眼裸。触角柄节和梗节暗黄褐色,鞭节褐色;触角 3 节长比为 1.0∶1.0∶4.4。喙暗黄色,但中部部分黑色,被黑毛;须褐色,被黑毛。

胸部黑色,被灰白粉,但中胸背板和小盾片稍有黑色光泽。肩胛和翅后胛褐色。侧板部分黑色。胸部毛浅色。足黄色,所有胫节和跗节均为暗褐色,但胫节基部黄褐色。足上毛黑色,但前中足股节基部也有部分浅色毛。翅几乎透明,稍带浅灰色,但翅端明显灰色,翅痣深褐色,r_{2+3} 室浅色;翅脉深褐色;盘室延长,后部宽明显大于端部宽。平衡棒暗褐色,基部黄褐色。

腹部暗褐色,被灰白粉,但第 1~4 背板中部各具一黄斑且由前向后依次变小。腹部毛浅黑色。

雄　未知。

观察标本　正模♀,云南泸水高黎贡山姚家寨,2 000~2 400 m,2010.Ⅳ.12,梁亮(CAU)。

分布　云南(泸水)。

讨论　该种与大距水虻 *A. maxima* Enderlein 相似,但基节为暗黄色;触角鞭节均匀暗褐色;翅端部灰色。而后者基节红褐色;触角鞭节部分深色;翅端部颜色不加深(Yang 和 Nagatomi,1992)。

(82)刘氏距水虻 *Allognosta liui* Zhang, Li *et* Yang, 2009(图 110)

Allognosta liui Zhang, Li *et* Yang, 2009. Acta Zootaxon. Sin. 34(4):785. Type locality:China:Yunnan, Mengla.

雌　体长 4.2 mm,翅长 3.7 mm。

头部略带亮黑色,下额、颜和颊被灰白粉;下额具一对裸的亮黑色大斑。额在复眼后明显突出。复眼宽分离,浅红褐色。头部毛浅色;复眼裸。触角柄节和梗节黄色,鞭节暗褐色,但基部两节赤黄色,最末一节黑色;触角 3 节长比为 1.0∶1.4∶6.2。喙黑色,被黑毛;须黑色,被黑毛。

胸部黄色至暗黄色,被灰白粉,但背面黑色,中胸背板和小盾片略带光泽;侧板具一浅黑色

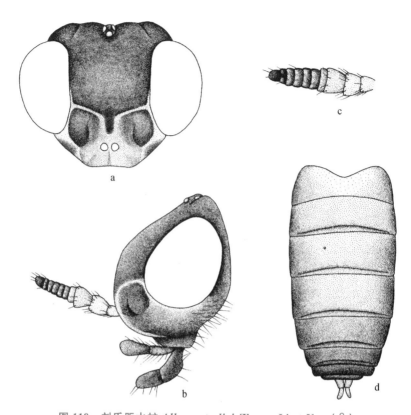

图 110 刘氏距水虻 *Allognosta liui* Zhang，Li *et* Yang(♀)

a. 头部，前视(head，frontal view)；b. 头部，侧视(head，lateral view)；c. 触角(antenna)；
d. 腹部，背视(abdomen，dorsal view)。

纵斑，此斑位于中侧片、翅侧片和侧背片上。肩胛和翅后胛浅褐色。胸部毛浅色。足黄色，前
后足胫节黑色，但基部黄褐色；跗节黑色，但中足第 1 跗节黄色、第 2 跗节黄褐色和后足第 1～
3 跗节黄色。足上毛浅色，但胫节和跗节被黑毛。翅灰褐色；翅脉深褐色。腋瓣黄色，被浅色
毛。平衡棒黑色，基部黄色。

腹部全暗褐色，被灰白粉。腹部毛黑色。

雄 未知。

观察标本 正模♀，云南勐腊勐远，430 m，2005．Ⅴ．24，刘星月(CAU)。

分布 云南(勐腊)。

讨论 该种与奇距水虻 *A．vagans*(Loew)相似，但胸部部分黄色；雌虫额在复眼后明显
突出。而后者胸部全黑色；雌虫额在复眼后不突出(Nagatomi 和 Tanaka，1969)。

(83)龙王山距水虻 *Allognosta longwangshana* Li，Zhang *et* Yang，2009(图 111)

Allognosta longwangshana Li，Zhang *et* Yang，2009. Entomotaxon. 31(3)：168. Type
locality：China：Zhejiang，Anji.

雄 体长 3.9 mm，翅长 3.3 mm。

头部黑色，被灰白粉。复眼相接，红褐色。头部毛深褐色但后腹面被浅色毛，复眼裸。触
角暗黄色；触角 3 节长比为 6.0：5.0：22.5。第 1 鞭节稍粗于梗节，柄节、梗节、第 1 鞭节和

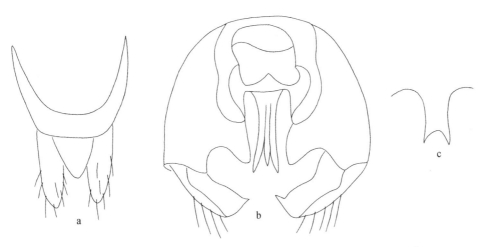

图 111　龙王山距水虻 *Allognosta longwangshana* Li, Zhang *et* Yang(♂)

a. 第 9～10 背板和尾须, 背视(tergites 9～10 and cerci, dorsal view); b. 生殖体, 背视(genital capsule, dorsal
view); c. 生殖基节愈合部腹中突, 腹视(ventral median process of fused gonocoxites, ventral view)。

第 7～8 鞭节端部被黑毛。喙暗黄色, 被黑毛; 须被黑毛, 第 1 节浅黑色, 第 2 节暗黄色并且稍长于第 1 节。

胸部黑色, 被浅灰粉, 但中胸背板和小盾片稍有光泽。肩胛和翅后胛浅黑色。胸部毛浅色。足黄色, 但前足胫节和跗节浅黑色, 后足胫节暗褐色, 具黄褐色的亚基环, 中后足第 5 跗节暗褐色。足上毛黑色, 但基节被浅色毛。翅稍带浅灰色, 但基半部除后缘外透明; 翅痣深褐色; 翅脉褐色。腋瓣暗黄色, 被褐色毛。平衡棒黄色, 球部暗褐色。

腹部暗褐色, 被灰白粉, 但第 2 背板除侧边和后缘外黄色, 第 3 背板除后缘外黄色; 第 2 腹板除侧边和后缘外黄色, 第 3 腹板除后缘外黄色。腹部毛黑色。雄性外生殖器: 第 9 背板长稍大于宽, 基部具大凹缺; 生殖基节背桥极窄; 生殖刺突具内凹且顶端尖细; 阳茎复合体侧叶稍长于中叶, 端部分离。

雌　未知。

观察标本　正模♂, 浙江安吉龙王山, 1996. Ⅵ. 13, 吴鸿(CAU)。

分布　浙江(龙王山)。

讨论　该种与日本距水虻 *A. japonica* Frey 相似, 但胫节基部暗褐色; 生殖刺突端部不弯, 阳茎复合体中叶短于侧叶。而后者胫节基部黄色; 生殖刺突端部弯, 阳茎复合体三叶近等长(Nagatomi 和 Tanaka, 1969)。

(84) 斑胸距水虻 *Allognosta maculipleura* Frey, 1961

Allognosta maculipleura Frey, 1961. Not. Ent. 40(3): 83. Type locality: Burma: Kambaiti.

雌　体长 4.2 mm, 翅长 4.1 mm。

头部亮黑色, 沿触角上的横缝、颜两侧的复眼边缘、颊和后头下部有淡灰粉被。头部被浅黄色短毛; 复眼裸, 较宽的分离。头高为头长的 1.7 倍; 复眼宽为触角到中单眼距离的 0.4 倍, 为颜宽的 0.4 倍; 横缝处额宽为单眼瘤宽的 5.5 倍, 为中单眼处额宽的 1.2 倍, 为触角到中单眼距离的 0.7 倍；喙到触角的距离是触角到中单眼距离的 0.6 倍。触角黄色,柄节和梗节被黑毛；鞭节被微小的白色短柔毛,但是第 1 鞭节端部和第 8 鞭节有若干黑毛；触角 3 节长比约为 1.0∶1.0∶4.0。触角长为触角到中单眼距离的 0.65 倍。喙深褐黄色,被褐色毛；须两节几乎等长,第 1 节褐色,被淡黄毛,第 2 节黄色,被黑毛。

胸部黑色,肩胛和翅后胛黄色；侧板黄色,但腹侧片亮黑色,侧背片和后小盾片褐色至深褐色,翅侧片部分褐色。胸部毛淡黄色,中胸背板和小盾片上有短的倒伏毛,侧板被淡灰粉,但腹侧片无粉。足黄色,但前后足胫节(除基部外)和跗节(中后足第 1 跗节基部 1/2 稍多除外)褐色至深褐色。足上毛大部分为浅黄色。翅略带淡褐色,基半部浅黄色；翅痣褐色；平衡棒褐色至深褐色,但柄黄色。

腹部褐色至深褐色,第 1～3 背板中央具黄斑,腹面全部为黄色；腹部毛大部分为淡黄色。

雄 无标本。

观察标本 1♀,西藏波密易贡,2 300 m,1978.Ⅷ.29,李法圣(CAU)；2♀♀,贵州梵净山护国寺,1 350 m,2002.Ⅴ.28,杨定(CAU)。

分布 中国西藏(波密)、贵州(梵净山)；缅甸。

讨论 该种与黑端距水虻 *A. apicinigra* Zhang, Li *et* Yang 相似,但胸部主要为黑色；触角黄色。而后者胸部主要为黄色；触角褐色。

(85)大距水虻 *Allognosta maxima* Enderlein, 1921

Allognosta maxima Enderlein, 1921. Mitt. Zool. Mus. Berlin. 10(1)：183. Type locality：China：Taiwan, Toyenmongai.

体长 7.0 mm,翅长 6.5 mm。

头部黑色,雌虫额很宽,密被刻点和毛；额和颜被黄褐色毛。触角锈色,从第 2 鞭节开始颜色变深,最末两节深褐色；柄节长宽大致相等。喙褐色,须黑色。

胸部黑色,平,被刻点和金黄毛。肩胛和翅后胛锈色。足基节锈褐色,但中足基节颜色较浅,转节、股节和胫节基部 1/5 浅黄褐色,胫节端部 4/5 和跗节黑褐色。翅浅褐色,翅脉和 r_1 室褐色,R_{2+3} 脉靠近 r-m 横脉,CuA_1 脉组成盘室的部分较长。平衡棒黑褐色,但柄黄褐色。

腹部背腹扁平,宽,卵圆形,暗褐色,雄虫第 2～5 背板和雌虫第 2～4 背板被短黄毛。尾须褐色。

分布 台湾。

讨论 该种与变距水虻 *A. partita* Enderlein 相似,但平衡棒深褐色,但柄黄褐色；须黑色；足基节黑色。而后者平衡棒黄色；须第 2 节黄色；足基节黄色(Enderlein,1921)。

(86)黑腿距水虻 *Allognosta nigrifemur* Cui, Li *et* Yang, 2009(图 112)

Allognosta nigrifemur Cui, Li *et* Yang, 2009. Acta Zootaxon. Sin. 34(4)：796. Type locality：China：Guizhou, Fanjingshan.

雄 体长 5.9～6.0 mm,翅长 5.4～5.5 mm。

头部黑色,被灰白粉。复眼相接,红褐色,小眼面大小一致。颊和下后头宽。头部毛深褐色,但腹面后部毛浅色；复眼密被深褐色长毛。触角黑色。喙浅褐色,被深褐色毛；须黑色,被

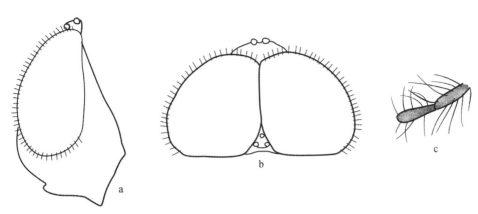

图 112 黑腿距水虻 *Allognosta nigrifemur* Cui, Li *et* Yang(♀)

a. 头部,侧视(head, lateral view);b. 头部,背视(head, dorsal view);c. 须,侧视(palpus, lateral view)。

黑毛。

胸部稍有黑色光泽。翅后胛褐色。胸部毛深褐色,但中胸背板和小盾片被褐色长毛。足黑色,但膝和后足第 1 跗节暗黄色。足上毛黑色但基节毛褐色。翅均匀稍带灰褐色;翅痣深褐色;翅脉深褐色。腋瓣褐色,被褐色毛。平衡棒暗褐色。

腹部全暗褐色,被灰白粉。腹部毛黑色,但侧边具浅色长毛。

雌 未知。

观察标本 正模♂,贵州梵净山金顶至回香坪,1 800~2 200 m,2002. Ⅵ. 1,杨定(CAU)。副模 1♂,贵州梵净山金顶至回香坪,1 800~2 200 m,2002. Ⅵ. 1,杨定(CAU)。

分布 贵州(梵净山)。

讨论 该种与黄腿距水虻 *A. flavofemoralis* Pleske 相似,但中胸背板和小盾片被深褐色长毛;股节黑色,但端部黄色;腹部全暗褐色;阳茎复合体侧叶端部尖锐。而后者中胸背板和小盾片被浅色长毛;股节全黄色;腹部背面具大斑;阳茎复合体侧叶端部钝。

(87)宁夏距水虻 *Allognosta ningxiana* Zhang, Li *et* Yang, 2009(图 113、图 114)

Allognosta ningxiana Zhang, Li *et* Yang, 2009. Acta Zootaxon. Sin. 34(4):786. Type locality:China:Ningxia, Longde.

雄 体长 5.0 mm,翅长 4.6 mm。

头部黑色被灰白粉。复眼红褐色,相接,上部 2/3 小眼面大。头部毛浅色,复眼被极稀疏的褐色短毛。触角黄褐色,但柄节黑色;触角 3 节长比为 3.0:4.0:26.0。喙褐黑色,被浅色毛;须褐色,被浅色毛。

胸部略带黑色光泽。肩胛和翅后胛浅褐色。胸部毛褐色,但腹侧片被浅色毛。足主要暗黄色;前后足基节基部浅黑色;后足股节(基部和最末端除外)褐色;胫节(基部除外)和跗节黑色。足上毛黑色,但基节和转节被浅色毛,后足股节基部和腹面被浅色毛。翅灰褐色,但 r_{2+3} 室浅色;翅痣深褐色;翅脉深褐色。腋瓣褐色,被褐色毛。平衡棒暗褐色。

腹部暗褐色,被灰白粉;第 1~7 腹板褐色,但第 2~4 腹板(侧边除外)黄色,第 5 腹板中前部具一小黄斑。腹部毛黑色,但第 1~7 腹板被浅色毛。雄性外生殖器:第 9 背板明显长大于宽,基部具大凹缺;生殖基节愈合部中后突大而宽;生殖刺突端部尖且向内弯;阳茎复合体具 3

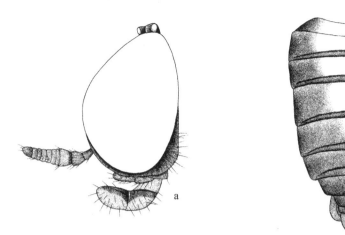

图 113　宁夏距水虻 *Allognosta ningxiana* Zhang, Li *et* Yang(♂)
a. 头部,侧视(head, lateral view);b. 腹部,背视(abdomen, dorsal view)。

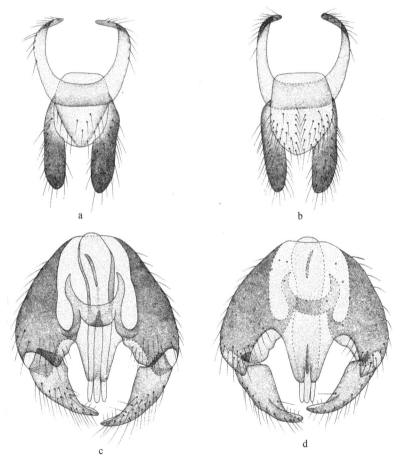

图 114　宁夏距水虻 *Allognosta ningxiana* Zhang, Li *et* Yang(♂)
a. 第 9 背板、第 10 腹板和尾须,背视(tergite 9, sternite 10 and cerci, dorsal view);b. 第 9
背板、第 10 腹板和尾须,腹视(tergite 9, sternite 10 and cerci, ventral view);c. 生殖体,背
视(genital capsule, dorsal view);d. 生殖体,腹视(genital capsule, ventral view)。

个约等长等粗的细长的叶。

雌 体长 4.7～4.8 mm,翅长 4.5～4.6 mm。

与雄虫相似仅以下不同:头部除额下部 1/3 和颜外略带黑色光泽。额在复眼后不明显突出。

观察标本 正模♂,宁夏隆德苏台,2 100 m,2008.Ⅵ.24,刘经贤(CAU)。副模 1♀,宁夏泾源小南川,1 900 m,2008.Ⅵ.3,张婷婷(CAU);1♀,宁夏泾源红峡,19 020 m,2008.Ⅵ.1,张婷婷(CAU);1♀,宁夏泾源凉殿峡,2 000 m,2007.Ⅵ.28,董奇彪(CAU)。

分布 宁夏(隆德、泾源)。

讨论 该种与日本距水虻 *A. japonica* Frey 相似,但雌虫额在复眼后不明显突出;触角黄褐色但柄节黑色;须全黑色;后足跗节全黑色。而后者雌虫额在复眼后明显突出;触角除鞭节基部外暗褐色;须端部黄褐色;后足第 1 跗节黄褐色(Nagatomi 和 Tanaka,1969)。

(88)钝突距水虻 *Allognosta obtusa* Li, Zhang *et* Yang, 2009(图 115)

Allognosta obtusa Li,Zhang *et* Yang,2009. Entomotaxon. 31(3):169. Type locality:China:Guangxi,Maoershan.

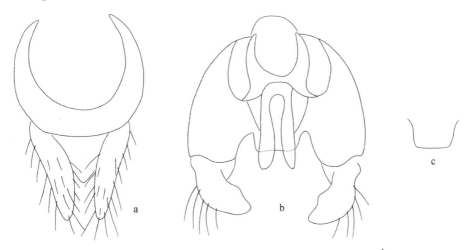

图 115 钝突距水虻 *Allognosta obtusa* Li, Zhang *et* Yang(♂)

a. 第 9～10 背板和尾须,背视(tergites 9～10 and cerci, dorsal view); b. 生殖体,背视(genital capsule, dorsal view); c. 生殖基节愈合部腹中突,腹视(ventral median process of fused gonocoxites, ventral view)。

雄 体长 6.1～6.6 mm,翅长 4.6～5.2 mm。

头部黑色,被灰白粉。复眼相接,红褐色。头部毛深褐色,但后腹面被浅色毛,复眼裸。触角黄褐色或暗黄褐色,但柄节浅褐色,鞭节端部浅黑色;触角 3 节长比为 0.9∶0.9∶5.0。第 1 鞭节稍粗于梗节。柄节和梗节被黑毛;第 1、5 鞭节和第 7～8 鞭节具少量黑毛。喙暗黄褐色,被黑毛;须被黑毛,第 1 节浅黑色,第 2 节黑色,并与第 1 节等长。

胸部黄色或黄褐色,被浅灰粉,但中胸背板和小盾片稍有黑色光泽。肩胛和翅后胛黄褐色或暗黄褐色。胸部毛浅色。足黄色,但前足胫节浅黑色,基部黄色,中足胫节黄褐色,后足胫节浅黑色基半部黄色;跗节黑色,但前足第 1 跗节黄色,后足第 2 跗节黄褐色。足上毛黑色,但基节被浅色毛。翅几乎均匀浅灰色;翅痣深褐色;翅脉褐色。腋瓣暗黄色,被褐色毛。平衡棒黄色,但球部暗褐色。

腹部暗褐色,被灰白粉,但第 1～3 背板具不达后缘的黄色中斑,第 3 背板的黄斑较小;第 1～4 腹板具融合的黄色中斑,向后依次变小,第 4 腹板上的斑很小。腹部毛黑色。雄性外生殖器:第 9 背板长宽大致相等,基部具大凹缺;生殖基节背桥极窄;生殖刺突内弯且端部钝;阳茎复合体二裂。

雌 未知。

观察标本 正模♂,广西猫儿山同仁村,350 m,2004.Ⅳ.29,杨定(CAU)。副模 1♂,云南西双版纳勐仑,888 m,2007.Ⅷ.4,郑国(CAU)。

分布 广西(猫儿山)、云南(勐仑)。

讨论 该种与黄侧距水虻 *A. flavopleuralis* Frey 相似,但后足胫节基半部黄色,中足第 1 跗节黄色;腹部背面具黄斑。而后者后足胫节全褐色,中足第 1 跗节全黑色;腹部背面无黄斑(Frey,1960)。

(89)东方距水虻 *Allognosta orientalis* **Yang** *et* **Nagatomi, 1992**(图 116)

Allognosta orientalis Yang *et* Nagatomi, 1992. South Pacific Study 12(2): 150. Type locality: China: Yunnan, Mengla.

雄 体长 4.9～5.1 mm,翅长 4.4～4.8 mm。

头部浅黑色,被淡灰粉,但额(除触角上)、颜两侧及后头中部一狭窄区域无粉。头部毛淡黄色,后头下部和颊上毛较长,额和颜两侧裸;复眼几乎裸,上部小眼面远大于下部小眼面;头高为头长的 1.5～1.8 倍;复眼相接处长为单眼瘤长的 3.7～4.0 倍;复眼宽为触角到中单眼距离的 0.6～0.7 倍,为触角上额宽的 1.1～1.4 倍,为颜宽的 0.9～1.0 倍;触角上额宽为单眼瘤宽的 3.0 倍,为触角到中单眼距离的 0.5 倍;喙到触角的距离是触角到中单眼距离的 0.5 倍。触角黄色,但鞭节端部深褐色;柄节和梗节被黑毛,鞭节被微小的白色短柔毛,但第 1 鞭节端部和第 7～8 鞭节有若干黑毛;触角 3 节长比约为 1.0:1.0:5.7。触角长约为触角到中单眼距离的 0.5 倍。喙褐黄色,被浅褐色长毛;须两节几乎等长,第 1 节褐黄色,第 2 节褐色至深褐色,被黑毛。

胸部浅黑色,肩胛和翅后胛褐黄色,侧板褐色至深褐色,但中侧片(后腹面除外)和前胸侧板黄色;胸部毛淡黄色;侧板有淡灰粉,腹侧片下部无粉。足黄色,但前足胫节除基部外、前足跗节、中足第 3～5 跗节、后足股节端部少于 1/2、后足胫节及后足第 4～5 跗节褐色至深褐色。足上毛大部分为淡黄色。翅略带浅褐色,但 r₂₊₃ 室(除基部和端部外)、bm 室、臀室和臀叶(除端部外)淡黄色;翅痣、r₁ 室和 r₂₊₃ 室端部褐色至深褐色;亚前缘室在翅痣上的部分和前缘室端部浅褐色。平衡棒褐色至深褐色,但柄基部黄色。

腹部褐色至深褐色,第 1～4 背板有大的黄斑;第 1～5 腹板黄色,边缘颜色较深。腹部毛大部分为褐色至黑色。雄性外生殖器:生殖基节相当宽,腹面端部有钝的突起;生殖刺突向内弯,端部尖;生殖基节愈合部腹面中突宽短,中间有一宽的凹缺;阳茎复合体中叶与侧叶几乎等长。

雌 未知。

观察标本 正模♂,云南勐腊 800 m,1981.Ⅳ.11,杨集昆(CAU)。副模 1♂,广西凭祥,1963.Ⅴ.17,杨集昆(CAU)。

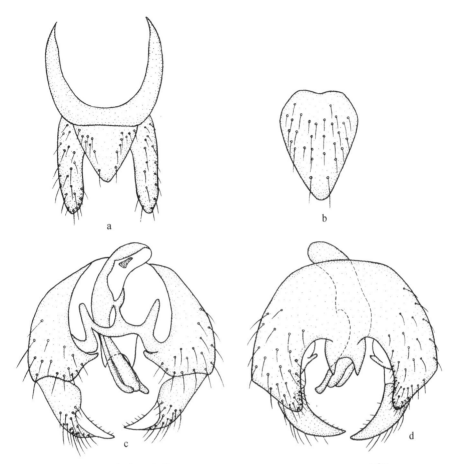

图 116 东方距水虻 *Allognosta orientalis* Yang *et* Nagatomi(♂)

a. 第 9～10 背板和尾须,背视(tergites 9～10 and cerci, dorsal view);b.第 10 腹板,腹视(sternite 10, ventral view);c. 生殖体,背视(genital capsule, dorsal view);d. 生殖体,腹视(genital capsule, ventral view)。

分布 云南(勐腊)、广西(凭祥)。

讨论 该种与分布于中国和缅甸的斑侧距水虻 *A. maculipleura* Frey 近似,但腹部第 1～4 背板具大黄斑;后足胫节全褐色至深褐色;翅基半部略带褐色。而后者腹部黄斑仅限于第 2～3 背板;后足胫节基部为黄色;翅基半部透明。

(90)变距水虻 *Allognosta partita* Enderlein,1921

Allognosta partita Enderlein,1921. Mitt. Zool. Mus. Berlin. 10(1):184. Type locality: China:Taiwan, Toyenmongai.

体长 4.75 mm,翅长 4.0 mm。

头部黑色,被灰色毛。喙褐色,须浅黄色,第 2 节黄褐色。触角黄褐色,最末两节黑色。胸部平,黑色,被褐色毛。腹部黄褐色,第 1～3 背板中部和腹板浅黄褐色。平衡棒亮黄褐色。足浅黄褐色,但以下部分黑色:前足胫节除基部外、前足跗节、后足胫节端半部和第 4～5 跗节【中足缺失】。翅和翅脉黄褐色,端半部浅褐色;CuA_1 脉组成盘室的部分短。

分布 中国台湾。

讨论 该种与基黄距水虻 *A. basiflava* Yang *et* Nagatomi 相似,但足黄色,前足胫节除基部外、前足跗节、后足胫节端半部和第4～5跗节黑色;翅黄色,但端半部浅褐色。而后者中后足第2～5跗节和第1跗节端部褐色至深褐色;翅浅褐色,但基半部颜色稍浅,前缘颜色较深(Enderlein,1921;Yang 和 Nagatomi,1992)。

(91)四川距水虻 *Allognosta sichuanensis* Yang *et* Nagatomi,1992(图 117)

Allognosta sichuanensis Yang *et* Nagatomi,1992. South Pacific Study 12(2):152. Type locality:China:Sichuan,Jiajiang.

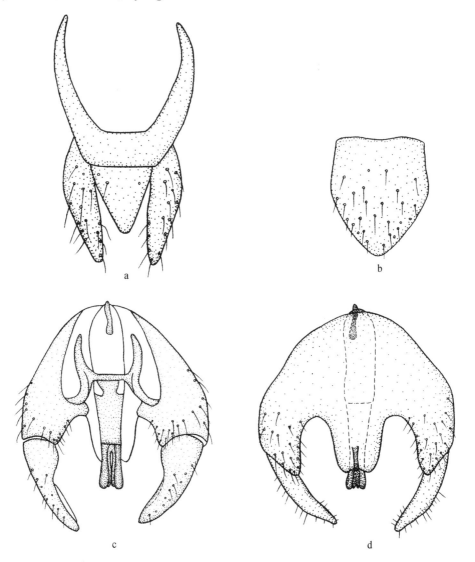

图 117　四川距水虻 *Allognosta sichuanensis* Yang *et* Nagatomi(♂)

a. 第9～10背板和尾须,背视(tergites 9～10 and cerci, dorsal view);b.第10腹板,腹视(sternite 10, ventral view);c. 生殖体,背视(genital capsule, dorsal view);d. 生殖体,腹视(genital capsule, ventral view)。

雄 体长 5.5 mm,翅长 5.3 mm。

头部浅黑色,有淡灰粉被,后头中部一狭窄的区域无粉;头部毛淡黄色。复眼裸,上部小眼面明显大于下部小眼面。头高为头长的 1.4 倍;复眼相接处长为单眼瘤长的 4.0 倍;复眼宽为触角到中单眼距离的 0.8 倍,为触角上额宽的 1.5 倍,与颜宽相等;触角上额宽为单眼瘤宽的 2.6 倍,为触角到中单眼距离的 0.5 倍;喙到触角距离为触角到中单眼距离的 0.7 倍。触角黄色;柄节和梗节被浅黑毛,鞭节被微小的白色短柔毛,但第 1 鞭节端部和第 8 鞭节有浅黑毛;触角 3 节长比约为 1.0∶1.0∶4.0。触角长约为触角到中单眼距离的 0.7 倍。喙缺失。须黄色,两节几乎等长,被浅黄毛,第 2 节端部毛变为黑色。

胸部黑色,肩胛和翅后胛黄色;侧板全黄色,被淡灰粉;胸部毛淡黄色,中胸背板和小盾片的毛几乎全部倒伏。足黄色,胫节(除基部外)和跗节褐色至深褐色。足上毛主要淡黄色。翅透明或略带淡褐色,翅痣浅褐色。平衡棒黄色。

腹部黄色,第 2～7 背板后缘和侧缘褐色至深褐色;腹部毛主要为黑色。雄性外生殖器:生殖基节很短,腹面端部有钝的突起;生殖刺突窄长,向端部逐渐变细;生殖基节腹面愈合部中突宽大,有一窄的脊;阳茎复合体中叶两叉。

雌 未知。

观察标本 正模♂,四川夹江,1978.Ⅸ.21,李法圣(CAU)。

分布 四川(夹江)。

讨论 根据 Frey(1960)的检索表,该种与分布于缅甸的 *A. flavopleuralis* Frey 近似。但平衡棒全黄色;胫节(除基部外)黄色;翅痣淡褐色;体长 5.5 mm。而后者平衡棒黑色(柄为黄色);前、后足胫节褐色至深褐色;翅痣深褐色;体长 3～4 mm。值得注意的是 *A. sichuanensis* 的雌虫和 *A. flavopleuralis* 的雄虫未知。

A. sichuanensis 的雄性外生殖器结构特征如下:生殖刺突简单;生殖基节愈合部腹面中突后缘前有窄的中脊。

(92)单斑距水虻 *Allognosta singularis* **Li, Liu *et* Yang, 2011**(图 118)

Allognosta singularis Li, Liu *et* Yang, 2011. Entomotaxon. 33(1):26. Type locality:China:Yunnan, Tengchong.

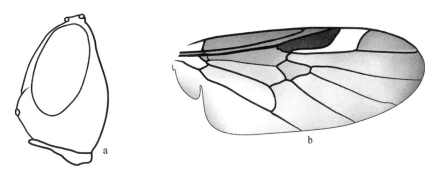

图 118 单斑距水虻 *Allognosta singularis* Li, Liu *et* Yang(♀)

a. 头部,侧视(head, lateral view);b. 翅(wing)。

雌 体长 5.2 mm,翅长 4.9 mm。

头部略带亮黑色,被灰白粉。额在复眼后明显突出。复眼宽分离,红褐色,额明显宽于复眼;颊和下后头宽。眼后眶背面观窄。头部毛浅色;复眼被极稀疏短毛。前额具一对亮黑斑。触角黄色,但第4~6鞭节黄褐色,第7~8鞭节黑色;触角3节长比为1.0∶1.0∶4.2。喙主要黑色,被黑毛;须第1节暗褐色,被浅色毛,第2节黄褐色,被黑毛。

胸部黑色,被浅灰粉,但中胸背板和小盾片稍有黑色光泽。肩胛和翅后胛暗黄褐色。侧板黄色,但腹侧片下部具一大的黑斑,下侧片黑色。胸部毛浅色。足黄色,但股节端部1/3、胫节(基部除外)和跗节黑色但后足第1跗节(端部除外)浅黑色。足上毛浅色,但胫节和跗节被黑毛。翅稍带浅灰色;翅痣和r_4室暗褐色,r_{2+3}室浅色;盘室小,后部宽约等于端部宽。平衡棒黑色,但基部暗黄色。

腹部暗褐色,被灰白粉,但第1~3背板具大的黄色中斑;腹面黄褐色但第4~6腹板(端部除外)褐色。腹部毛浅色。

雄 未知。

观察标本 正模♀,云南腾冲,2 000 m,2007.Ⅴ.31,刘星月(CAU)。

分布 云南(腾冲)。

讨论 该种与梵净山距水虻 A. fanjingshana Cui,Li et Yang 相似,但后足股节端部1/3黑色;平衡棒黑色,但基部黄色;腹部第1~3背板具大的黄色中斑。而后者后足股节全黄褐色;平衡棒全暗黄色;腹部第1~4背板具小的黄色中斑(Cui,Li 和 Yang,2009)。

(93)腾冲距水虻 *Allognosta tengchongana* Li,Liu et Yang,2011(图119)

Allognosta tengchongana Li,Liu et Yang,2011. Entomotaxon. 33(1)∶27. Type locality∶China∶Yunnan,Tengchong.

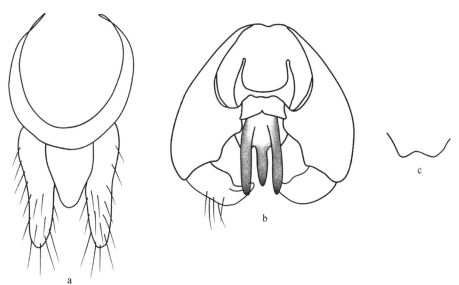

图119 腾冲距水虻 *Allognosta tengchongana* Li,Liu et Yang(♂)

a. 第9~10背板和尾须,背视(tergites 9~10 and cerci,dorsal view);b. 生殖体,背视(genital capsule,dorsal view);c. 生殖基节愈合部腹中突,腹视(ventral median process of fused gonocoxites,ventral view)。

雄 体长 6.6 mm，翅长 5.9 mm。

头部黑色，被灰白粉。头部毛浅色。复眼相接，背面 2/3 小眼面明显大，浅红褐色，裸。触角柄节和梗节暗黄褐色，鞭节暗褐色，但第 1 鞭节红褐色；触角 3 节长比为 3.0∶3.0∶17.0。喙浅黑色，被黑毛；须黑色，但第 2 节红褐色，被黑毛。

胸部黑色，被浅灰粉，但中胸背板和小盾片稍有黑色光泽。肩胛和翅后胛浅褐色。胸部毛浅色。足黑色，但股节端部和胫节基部暗黄褐色。足上毛黑色，但基节和转节被浅色毛。翅稍带浅灰色；翅痣深褐色；翅脉深褐色；盘室后部稍宽，后部宽明显大于端部宽。平衡棒黑色，但基部暗黄色。

腹部暗褐色，被灰白粉，但第 1～2 背板具黄色中斑；第 1～2 腹板具暗黄色中斑。腹部毛黑色，但腹面主要被浅色毛。雄性外生殖器：第 9 背板明显长大于宽，基部具大凹缺；生殖刺突粗，端部一小段窄且向内弯；生殖基节愈合部宽短，具浅的近三角形的端凹；阳茎复合体具 3 个长的端叶，中叶短于侧叶。

雌 未知。

观察标本 正模♂，云南腾冲，2 000 m，2007. Ⅴ. 31，刘星月（CAU）。

分布 云南（腾冲）。

讨论 该种与分布于日本的黄斑距水虻 *A. flavimaculata* Nagatomi *et* Tanaka 相似，但触角柄节和梗节黄褐色，鞭节暗褐色，但第 1 鞭节红褐色；腹部第 1～2 背板具暗黄色中斑；平衡棒黑色，但基部暗黄色。而后者触角几乎全暗褐色至浅黑色；腹部第 1～4 背板具黄褐色中斑；平衡棒黄褐色（Nagatomi 和 Tanaka，1969）。

（94）奇距水虻 *Allognosta vagans*（Loew，1873）

Metoponia vagans Loew，1873. Beschr，Europ. Dipt. 3：71. Type locality：Das nordliche Russl & Galizien.

Allognosta sapporensis Matsumura，1916. Thous & Ins. Japan. Add. 2：370. Type locality：Japan：Hokkaido，Sapporo.

Allognosta wagneri Pleske，1926. Eos 2(4)：416. Type locality：USSR：Kransnojarsk，l'embouchure du fleuve Matour，systeme de l'Abakan.

Allognosta sinensis Pleske，1926. Eos 2(4)：418. Type locality：China：Sichuan，Lunganfu，Chodzigu，6000 feet.

雄 体长 4.0～6.0 mm，翅长 3.0～4.0 mm。

头部侧面观几乎呈三角形，复眼大，相接，几乎裸。额三角和颜黑色，被银白色粉。颜被直立的深色长毛。颊窄。头部后腹面被深色和浅色的直立长毛。触角褐色，梗节端部和柄节基部黄色至红褐色。须褐色，两节约等长。喙黄褐色，被黑毛。

胸部亮黑色，肩胛和翅后胛褐色。中胸背板被浅色短毛，侧板和后小盾片被灰白粉。小盾片无刺。足主要褐色至黑色，但转节颜色较浅，膝黄色。中足第 1 跗节和后足第 1～3 跗节黄色。翅稍带褐色，翅脉和翅痣褐色。平衡棒深褐色，柄颜色稍浅。

腹部 6 节，但第 7 节和生殖基节端部通常可见。腹部全暗褐色至黑色，被褐色毛，腹面被短的浅色倒伏毛。雄性外生殖器：第 9 背板半环形，窄，生殖基节端缘具 2 分叉的中突，生殖刺突端部具尖锐内叶。阳茎复合体短，侧面观强烈弯曲。

雌　体长 4.0～6.0 mm,翅长 3.0～4.0 mm。

与雄虫相似,仅以下不同:复眼宽分离;额两侧平行,窄于头宽的 1/3,额被浅色直立短毛,颜被深色长毛,头后腹面被白色长毛。触角鞭节较宽,基部颜色稍浅。足转节和膝黄色,前足股节有时浅色。

观察标本　3♂♂6♀♀,浙江杭州,1986.Ⅶ.23,陈乃中(CAU);8♂♂2♀♀,天目山,1987.Ⅶ.22,吴鸿(CAU);1♂,浙江天目山,1957.Ⅵ.28,李法圣(CAU);1♂1♀,湖南醴陵,1986.Ⅷ.20,陈乃中(CAU);1♂,云南昆明,Ⅷ.12,(CAU);1♂,北京西苑,1983.Ⅶ.22,Wang Qin(CAU);1♂,北京西苑,1976.Ⅶ.21,杨集昆(CAU);1♀,北京西苑,1973.Ⅵ.6,杨集昆(CAU);1♀,北京香山,1973.Ⅶ.27,杨集昆(CAU);1♂1♀,浙江天目山天目石谷,2011.Ⅶ.31,潘星承(CAU);5♂2♀,浙江天目山三亩平公路,2011.Ⅶ.26,张婷婷(CAU);7♂♂,上海佘山,1962.Ⅴ.22,范、叶(SEMCAS);4♂♂,福建福州,1955.Ⅳ.18,(SEMCAS);3♂♂,福建福州,1955.Ⅳ.16,(SEMCAS);4♂♂,福建福州,1955.Ⅳ.22,(SEMCAS)。

分布　中国云南(昆明)、浙江(杭州、天目山)、湖南(醴陵)、福建(福州)、北京;德国,瑞士,奥地利,匈牙利,捷克,斯洛伐克,波兰,俄罗斯,日本。

讨论　种征和描述可参考 Nagatomi 和 Tanaka(1969)(作为 *A. sapporensis*)和 Rozkošný(1982)。Brunetti(1920)认为来自缅甸的间距水虻 *A. inermis* 与奇距水虻 *A. vagans* 为同种。然而,间距水虻 *A. inermis* 可根据跗节全黑与奇距水虻 *A. vagans* 区别开来(据Brunetti,1920)。奇距水虻 *A. vagans* 的中足第1(或第1～2)跗节和后足第1～3跗节黄色。间距水虻 *A. inermis* 触角全黑(据 Brunetti,1920),虽然不同个体之间颜色有差异,但奇距水虻 *A. vagans* 的触角第1～2鞭节黄色,梗节褐黄色。

(95)王子山距水虻 *Allognosta wangzishana* Li,Liu *et* Yang,2011(图 120)

Allognosta wangzishana Li,Liu *et* Yang,2011. Entomotaxon. 33(1):29. Type locality:China:Guangdong,Guangzhou.

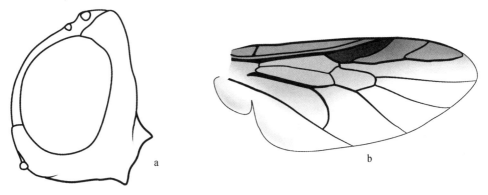

图 120　王子山距水虻 *Allognosta wangzishana* Li,Liu *et* Yang(♀)
a. 头部,侧视(head, lateral view);b. 翅(wing)。

雌　体长 6.2 mm,翅长 4.6 mm。

头部略带亮黑色,被灰白粉。额在复眼后弱突出。复眼宽分离,暗黄褐色,额明显宽于复眼;颊和下后头宽。眼后眶背面观很宽。头部毛浅色;复眼裸。前额具一对亮黑斑。触角褐色,但梗节黄褐色;触角 3 节长比为 1.0∶1.0∶5.2。喙浅黄色,被浅色毛;须暗褐色,第 1 节被浅色毛,第 2 节被黑毛。

胸部黄色,被浅灰粉,但中胸背板和小盾片稍有黑色光泽。肩胛和翅后胛黄褐色。胸部毛浅色。足黄色;胫节暗褐色,但前足胫节基部、中足胫节中环和后足胫节亚基环黄褐色;跗节褐色,但中后足第 1 跗节(端部除外)黄色。足上毛浅色,但胫节和跗节主要被黑毛。翅几乎透明;翅痣深褐色;翅脉黄褐色;盘室长,后部宽明显大于端部宽。平衡棒褐色,但基部暗黄色。

腹部暗褐色,被灰白粉;第 1~7 腹板暗黄色,但第 6~7 腹板后缘褐色。腹部毛浅色。

雄 未知。

观察标本 正模♀,广东广州花都王子山,2006.Ⅴ.20,曾洁(CAU)。

分布 广东(广州)。

讨论 该种与奇距水虻 *A. vagans*(Loew)相似,但胸部除中胸背板和小盾片外黄色;翅透明;腹部腹面几乎全暗黄色。而后者胸部全黑色;翅灰色;腹部全暗褐色(Nagatomi 和 Tanaka,1969)。

(96)雁山距水虻 *Allognosta yanshana* Zhang, Li *et* Yang, 2009(图 121)

Allognosta yanshana Zhang, Li *et* Yang, 2009. Acta Zootaxon. Sin. 34(4):787. Type locality:China:Guangxi, Yanshan.

雌 体长 4.0 mm,翅长 3.8 mm。

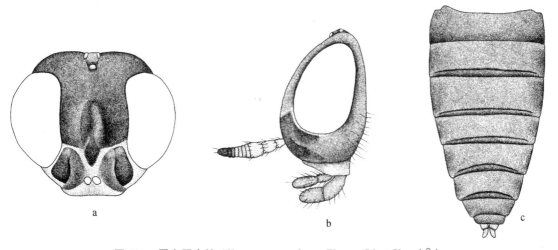

图 121 雁山距水虻 *Allognosta yanshana* Zhang, Li *et* Yang(♀)

a. 头部,前视(head, frontal view);b. 头部,侧视(head, lateral view);c. 腹部,背视(abdomen, dorsal view)。

头部略带亮黑色,下额、颜和颊被灰白粉,下额具一对大的亮黑色侧斑和一个裸的小中斑。额在眼后明显突出。复眼宽分离,黑褐色。头部毛浅色;复眼裸。触角柄节和梗节暗黄色,鞭节赤黄色,但最末一节黑色;触角 3 节长比为 3.0∶4.0∶17.0。喙浅黑色,被黑毛;须黑色,被黑毛。

胸部浅黑色被灰白粉,但中胸背板和小盾片略带光泽。肩胛和翅后胛浅褐色。腹侧片具一个亮黑色大斑;侧背片浅褐色。胸部毛浅色。足黄褐色,但基节暗黄褐色,胫节浅褐色,稍带

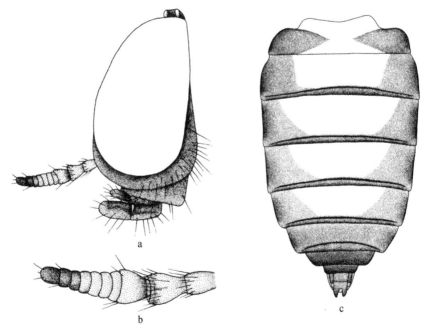

黑色,但基部黄褐色;跗节黑色,但中足第1~2跗节和后足第1~3跗节暗黄色。足上毛浅色,但胫节和跗节被黑毛。翅灰褐色;翅脉深褐色。腋瓣暗黄色,被浅色毛。平衡棒暗褐色,基部暗黄色。

腹部暗褐色,被灰白粉。腹部毛黑色。

雄 未知。

观察标本 正模♀,广西雁山,1963.Ⅳ.30,杨集昆(CAU)。

分布 广西(雁山)。

讨论 该种与刘氏距水虻 A. liui Zhang, Li et Yang 相似,但触角鞭节赤黄色,最末一节黑色;胸部侧板浅黑色,腹侧片具一个亮黑色大斑;胫节(基部除外)浅黑色至黑色。而后者触角鞭节暗褐色,但基部两节赤黄色,最末一节黑色;胸部侧板黄色至暗黄色,具一个浅黑色纵斑;中足胫节黄色(Zhang, Li 和 Yang, 2009)。

(97)朱氏距水虻 *Allognosta zhuae* Zhang, Li *et* Yang, 2011(图122、图123)

Allognosta zhuae Zhang, Li *et* Yang, 2011. Trans. Am. Ent. Soc. 137(1+2):185. Type locality:China:Yunnan, Baoshan.

图122 朱氏距水虻 *Allognosta zhuae* Zhang, Li *et* Yang(♂)
a. 头部,侧视(head, lateral view);b. 触角(antenna);c. 腹部,背视(abdomen, dorsal view)。

雄 体长5.3~5.5 mm,翅长4.6~4.8 mm。

头部黑色,被灰白粉。复眼相接,暗红褐色,小眼面大小一致,被极稀疏的短毛。头部毛浅色。触角黄褐色,但鞭节最末两节黑色;触角3节长比为4.0:4.5:16.0。喙黑色,被黑毛;须黑色,被黑毛,但第1节也被浅色毛。

胸部黑色,被浅灰粉,但中胸背板和小盾片稍有光泽。肩胛和翅后胛褐色。胸部毛浅色。足黄色;胫节黑色,但基部黄褐色;跗节黑色,但后足第1跗节暗黄色。足上毛浅色,但股节端

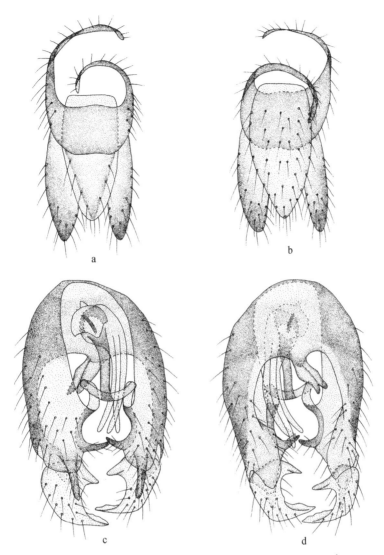

图 123 朱氏距水虻 *Allognosta zhuae* Zhang, Li *et* Yang(♂)

a. 第 9 背板、第 10 腹板和尾须,背视(tergite 9, sternite 10 and cerci, dorsal view); b. 第 9
背板、第 10 腹板和尾须,腹视(tergite 9, sternite 10 and cerci, ventral view); c. 生殖体,背
视(genital capsule, dorsal view); d. 生殖体,腹视(genital capsule, ventral view)。

部、胫节和跗节被黑毛。翅稍带浅灰色;翅痣深褐色,r$_{2+3}$室浅色;翅脉褐色。平衡棒褐色,基
部暗黄色。

腹部暗褐色,被灰白粉,但第 1~5 背板除侧边和第 2~5 背板后缘外黄色;第 1~5 腹板除
第 1~4 腹板侧边和第 5 腹板后缘外暗黄色。腹部毛浅黑色,但腹面被浅色毛。雄性外生殖
器:第 9 背板长明显大于宽,基部具大凹缺;生殖基节端部具指状背突和弯曲的内突;生殖刺突
端部强烈内弯,基部具一短内突;生殖基节愈合部腹面中突长,端部具一小的近三角形的凹缺;
阳茎复合体具 3 个细长约等长的叶。

雌 未知。

观察标本 正模♂,云南保山百花岭旧街子,1 900 m,2006. V. 24,朱雅君(CAU)。副模

中国水虻总科志

3♂♂,云南保山百花岭旧街子,1 900 m,2006. Ⅴ. 24,朱雅君(CAU)。

分布 云南(保山)。

讨论 该种与黄腿距水虻 *A. flavofemoralis* Pleske 相似,但复眼被极稀疏的短毛;生殖基节端部具指状背突和弯曲的内突,生殖刺突端部强烈内弯,不分叉,基部具一短内突。而后者雄虫复眼密被长毛;生殖基节端部无指状背突,生殖刺突端部分叉(Yang 和 Nagatomi,1992)。

6. 异长角水虻属 *Aspartimas* Woodley,1995

Aspartimas Woodley,1995. Mem. Ent. Soc. Wash. 16:62. Type species:*Spartimas formosanus* Enderlein,1921.

属征 两性复眼均分离;雄虫额分离较窄,雌虫较宽,两侧几乎平行。触角鞭节延长,明显长于柄节与梗节之和,鞭节末节加长。小盾片 4 刺。M$_3$ 脉存在且较长。后足股节粗棒状。生殖基节强烈宽短。

讨论 该属仅 1 种,分布于东洋界,中国已知 1 种,仅分布于台湾。

(98) 台湾异长角水虻 *Aspartimas formosanus* (Enderlein,1921)(图 124、图 125)

Spartimas formosanus Enderlein,1921. Mitt. Zool. Mus. Berl. 10(1):197. Type locality:China:Taiwan,Mt. Hoozan.

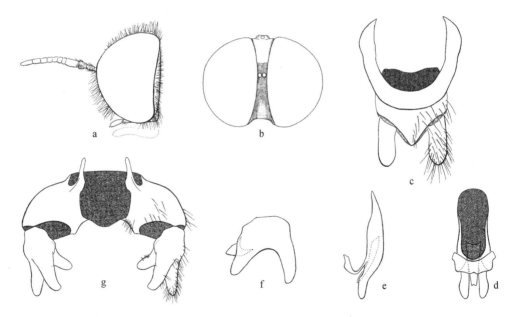

图 124 台湾异长角水虻 *Aspartimas formosanus* (Enderlein) (♂) (据 Woodley,1995 重绘)

a. 头部,侧视(head, lateral view);b. 头部,前视(head, frontal view);c. 第 9～10 背板和尾须,背视(tergites 9～10 and cerci, dorsal view);d. 阳茎复合体,背视(aedeagal complex, dorsal view);e. 阳茎复合体,侧视(aedeagal complex, lateral view);f. 左生殖刺突,后侧视(left gonostylus, posterolateral view);g. 生殖体,背视(genital capsule, dorsal view)。

体长 4.5～5.0 mm。

头部黑色,略带紫色光泽。雄虫额向上下两侧渐宽,雌虫额两侧平行,前部平。额和颜被

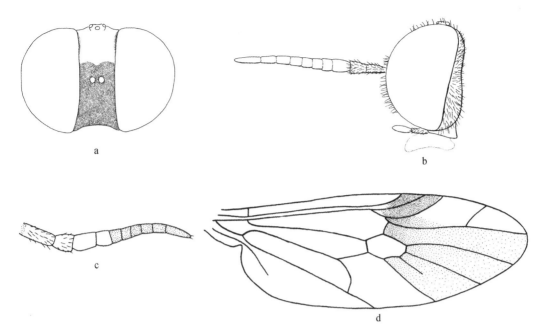

图 125　台湾异长角水虻 *Aspartimas formosanus*（Enderlein）（♀）（据 Woodley，1995 重绘）

a. 头部，前视（head，frontal view）；b. 头部，侧视（head，lateral view）；c. 触角，外侧视（antenna，outer view）；d. 翅（wing）。

银白色短毛。单眼瘤黄褐色。触角黑色，柄节长为宽的 3 倍，梗节和鞭节长为宽的 1.25 倍，鞭节长为柄节和梗节的 2.6 倍。喙和须浅黄褐色。

胸部和小盾片黑色，带有金蓝绿色或紫色光泽，被黄褐色毛。小盾片 4 刺，基部浅黄褐色，内侧刺明显长于外侧刺。足基节浅黄褐色，但第 3～5 跗节褐色。前足跗节褐色，后足胫节除基部 1/3 外褐色。翅透明，r_1 室深褐色，翅脉褐色，端半部翅脉浅褐色。无 M_3 脉（但 Woodley，1995 描述的雄虫 M_3 脉较长）。平衡棒浅黄褐色。

腹部黑色，略有蓝色光泽，基部锈褐色，尾须浅黄褐色。腹部毛黄褐色，第 1～2 节毛较长。雄性外生殖器：生殖基节极宽短，生殖基节突直，短，达生殖基节前缘；生殖基节后缘中部具一小的钝圆突；生殖刺突大，明显三裂；阳茎复合体三裂叶，侧叶长于中叶。

分布　台湾。

讨论　该种 1921 年被 Enderlein 放在长角水虻属 *Spartimas* 中，但 1995 年 Woodley 将其分出为独立的属，该种雄虫生殖基节强烈宽短，生殖刺突明显三裂；后足胫节近中部弯曲。而长角水虻属 *Spartimas* 生殖基节长宽大致相等或宽稍大于长，生殖刺突二裂；后足胫节直（Zhang 和 Yang，2010）。

7. 柱角水虻属 *Beris* Latreille，1802

Beris Latreille，1802. Hist. nat. Crust. Ins. 3：447. Type species：*Stratiomys sexdentata* Fabricius，1781（＝*Musca chalybata* Forster，1771），by monotypy.

Hexacantha Meigen，1803. Mag. Insektenk. 2：264. Type species：*Musca clavipes* Linné，1767.

Octacantha Lioy，1864. Atti. Ist. vento Sci. 9：586. Type species：*Beris fuscipes* Meigen，1820.

属征 身体通常密被毛,尤其是雄虫。两性复眼均被毛;雄虫接眼式。雌虫离眼式,额向前部渐宽,中下颜膨大具侧凹洞。触角柄节和梗节短,约等长;鞭节等于或长于柄节与梗节之和。须退化。小盾片4~8刺,全金绿色。腹部宽,背腹扁平。

讨论 该属主要分布于古北界、东洋界和新北界。全世界已知50种,中国已知22种,包括1新记录种。

种 检 索 表

1.	触角不延长,鞭节末节短 ··················	**2**
	触角明显延长,鞭节末节明显长于第一节,黑色;翅带有浅灰色,但前部均匀深褐色 ········· ·················· 长角柱角水虻 *B. dolichocera*	
2.	翅痣浅黄色或暗黄色,不深于翅其他膜质部分 ··········	**3**
	翅痣深褐色,明显深于翅的其他膜质部分 ··········	**5**
3.	翅痣浅黄色 ··················	**4**
	翅痣暗黄色 ·········· 钩突柱角水虻 *B. ancistra*	
4.	触角黑色,但鞭节基部黄褐色 ·········· 甘肃柱角水虻 *B. gansuensis*	
	触角黄褐色,但鞭节顶端褐色至深褐色 ·········· 基黄柱角水虻 *B. basiflava*	
5.	鞭节暗黄色或赤黄色,顶端浅黑色 ··········	**6**
	鞭节浅黑色至黑色 ··········	**9**
6.	翅透明,翅痣下有一大的深褐色斑;阳茎具3背针 ··········	**7**
	翅均匀褐色;阳茎无背针 ··········	**8**
7.	触角柄节和梗节赤黄色;生殖基节具长的端内突;阳茎3背针等长 ········· ·················· 斑翅柱角水虻 *B. alamaculata*	
	触角柄节和梗节褐色;生殖基节无端内突;阳茎中背针较短 ·········· 短突柱角水虻 *B. brevis*	
8.	股节顶端深色;阳茎侧叶与中叶几乎等长,端部向外弯曲 **平头柱角水虻 *B. potanini***	
	股节全黄色;阳茎侧叶显著延长,明显长于中叶,端部向内弯曲 ········· **周氏柱角水虻 *B. zhouae***	
9.	后足第1跗节明显膨大,宽于胫节 ··········	**10**
	后足第1跗节稍膨大,与胫节等宽 ··········	**18**
10.	后足第1跗节显著宽于后足胫节;后足胫节通常黄色 ··········	**11**
	后足第1跗节稍粗于后足胫节;后足胫节黑色,最多基部黄色 ··········	**15**
11.	后足胫节黄色 ··················	**12**
	后足胫节浅黑色 ·········· 三叶柱角水虻 *B. trilobata*	
12.	触角鞭节长(明显长于柄节与梗节之和) ··········	**13**
	触角鞭节短(等于柄节与梗节之和),基部不加粗,窄于梗节 ·········· 广津柱角水虻 *B. hirotsui*	

13.　复眼毛短且稀疏;第 9 背板无背针突,生殖刺突长钩状 ·································· 14

　　复眼毛长且浓密;第 9 背板具指状背针突,生殖刺突短粗 ·········· 端褐柱角水虻 *B. fuscipes*

14.　跗节深褐色,但后足第 1 跗节除外 ································· 辽宁柱角水虻 *B. liaoningana*

　　跗节全黄色 ··· 黄跗柱角水虻 *B. flava*

15.　股节黑色,至多顶端黄色 ·· 16

　　股节主要黄色;阳茎宽,分支基部融合 ·························· 洋县柱角水虻 *B. yangxiana*

16.　仅股节顶端黄色或黄褐色 ·· 17

　　股节全黑色;仅后足第 1 跗节黄色;生殖刺突大,分叉 ·········· 神农柱角水虻 *B. shennongana*

17.　足第 1 跗节暗黄色至黄色;生殖刺突基部具指状突 ·············· 指突柱角水虻 *B. digitata*

　　跗节全黑色 ·· 舟曲柱角水虻 *B. zhouquensis*

18.　翅明显为灰色;平衡棒褐色至深褐色;生殖基节愈合部中后部凹缺无中突;阳茎三裂叶 ········· 19

　　翅为极浅的灰色;平衡棒黄色;生殖基节愈合部中后凹缺具一大中突;阳茎二裂叶 ·············
　　··· 峨眉山柱角水虻 *B. emeishana*

19.　所有基节黑色;所有股节黑色,但叉突柱角水虻 *B. furcata* 股节最末端为暗黄色 ··········· 20

　　所有基节黄色;股节两端黄色;阳茎侧叶长且端部强烈内弯 ··· 黄连山柱角水虻 *B. huanglianshana*

20.　股节全黑色 ·· 21

　　股节最末端暗黄色 ·· 叉突柱角水虻 *B. furcata*

21.　第 1 跗节暗黄色;生殖刺突基部无内凹缺;生殖基节愈合部腹面中后部半圆形,具针状侧突 ·········
　　·· 刺突柱角水虻 *B. spinosa*

　　第 1 跗节腹面主要黄褐色;生殖刺突基部具内凹缺;生殖基节愈合部腹面中后部方形,无针状侧突
　　··· 凹缘柱角水虻 *B. concava*

(99)斑翅柱角水虻 *Beris alamaculata* Yang *et* Nagatomi,1992(图 126)

Beris alamaculata Yang *et* Nagatomi,1992. South Pacific Study 12(2):156. Type locality:China:Xizang, Bomi.

雄　体长 7.1 mm,翅长 6.0 mm。

头部为略带光泽的黑色,后头上部被淡灰粉;头部有浅褐色毛(单眼瘤、上颜和颊上的毛较长);下颜被白色短毛,复眼被浅褐色短毛。复眼接眼式,相接处长为单眼瘤长的 3.0 倍。复眼宽为触角到中单眼距离的 0.8 倍,为触角上额宽的 3.1 倍,为颜宽的 1.5 倍;触角上额宽为中单眼处额宽的 1.8 倍,为触角到中单眼距离的 0.2 倍;喙到触角的距离为触角到中单眼距离的 0.7 倍。上颜长为下颜的 1.2 倍,为颜宽的 0.7 倍。触角赤黄色,但鞭节端部黑色;柄节和梗节被黑毛,鞭节有微小的白色短柔毛,顶尖有 2～3 根淡褐色毛;触角 3 节长比约为 1.0:1.0:2.4。触角长约为触角到中单眼距离的 0.65 倍。喙浅黄色,被浅黄毛。

胸部亮金绿色,后小盾片和侧背片多少被淡灰粉;胸部毛浅黄色;小盾片具 7 根刺(外加1 根较短的刺)。足黄色,前、后足基节浅黑色,端部黄色;股节端部(除尖端和腹面外),后足胫节(除基部外)浅黑色;第 1～5 跗节(除前中足第 1 跗节基半部外)黑色;后足第 1 跗节膨大,宽

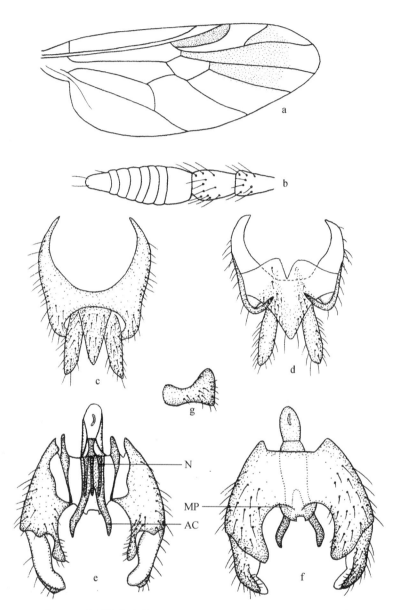

图 126　斑翅柱角水虻 _Beris alamaculata_ Yang _et_ Nagatomi(♂)

a. 翅(wing)；b. 触角,外侧视(antenna, outer view)；c. 第 9～10 背板和尾须,背视(tergites 9～10 and cerci, dorsal view)；d. 第 9 背板、第 10 腹板和尾须,腹视(tergite 9, sternite 10 and cerci, ventral view)；e. 生殖体,背视(genital capsule, dorsal view)；f. 生殖体,腹视(genital capsule, ventral view)；g. 生殖刺突,侧视(gonostylus, lateral view)。AC. 阳茎复合体端部 (apical part of aedeagal complex)；MP. 生殖基节愈合部中突(median process of fused gono-coxites)；N. 阳茎复合体背针(needle in aedeagal complex)。

为长的 0.2 倍,长为跗节其余部分长的 1.3 倍,宽为胫节端部宽的 1.1 倍。足上毛黄色,但跗节有若干黑毛。翅透明,翅痣深褐色,端半部在翅痣下有一大的褐色斑;盘室长为 M_2 脉长的 0.4 倍,M_2 脉从盘室发出。平衡棒黄色。

腹部深褐色,被浅黄毛(腹部两侧毛较长)。雄性外生殖器:第 9 背板长稍大于宽,背针突强烈内弯;第10背板很长,三角形;尾须宽;生殖基节很长,生殖刺突端部弯;生殖基节愈合部中部相当宽,中突有一明显的方形凹缺;阳茎复合体两叉,端部稍微向外弯曲,具3个短的等长的背针。

雌 体长 6.2～6.3 mm,翅长 5.8～6.0 mm。

与雄虫相似,仅区别如下:

头部亮黑色,后头仅复眼后部分被淡灰粉(雄虫也如此);单眼瘤、颜上部和颊毛短于雄虫。复眼较宽的分离。触角上额宽为中单眼处额宽的 1.2 倍,中单眼处额宽为单眼瘤宽的 3.5 倍;复眼宽为触角到中单眼距离的 0.6 倍,为触角上额宽的 0.9～1.0 倍,为颜宽的 0.8 倍;喙到触角的距离为触角到中单眼距离的 0.8～0.9 倍;上颜长为下颜长的 1.1～1.2 倍,为颜宽的 0.6 倍。触角 3 节长比约为 1.0 : 1.0 : 3.2。触角长为触角到中单眼距离的 0.9 倍。胸部毛倒伏且短于雄虫。小盾片具 6～7 根刺。翅盘室长为 M_2 脉长的 0.4 倍,M_2 脉有时从 M_1 脉基部发出。腹部背面的毛短于雄虫。

观察标本 正模♂,西藏波密,2 700 m,1978. Ⅶ.7～8,李法圣(CAU)。副模 2♀♀,西藏波密,2 700 m,1978. Ⅶ.7～8,李法圣(CAU)。

分布 西藏(波密)。

讨论 该种与短突柱角水虻 *B. brevis* Cui, Li *et* Yang 相似,但触角柄节和梗节赤黄色;生殖基节具长的端内突,阳茎复合体 3 背针等长。而后者触角柄节和梗节褐色;生殖基节无端内突,阳茎复合体中背针较短。

(100)钩突柱角水虻 *Beris ancistra* **Cui, Li *et* Yang, 2010**(图 127)

Beris ancistra Cui, Li *et* Yang, 2010. Entomotaxon. 32(4)：277. Type locality：China：Sichuan, Emeishan.

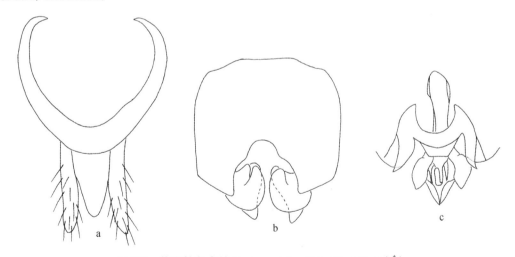

图 127 钩突柱角水虻 *Beris ancistra* Cui, Li *et* Yang(♂)

a. 第 9～10 背板和尾须,背视(tergites 9～10 and cerci, dorsal view);b. 生殖体,腹视(genital capsule, ventral view);c. 生殖基节背桥和阳茎,背视(gonocoxal bridge and aedeagus, dorsal view).

雄 体长 4.8 mm,翅长 4.7 mm。

头部黑色,被灰粉。复眼相接,暗红褐色,被毛。头部毛明显,暗褐色,但腹面也具少量浅色毛。触角【鞭节缺损】黑色;柄节和梗节被黑毛。触角 3 节长比为 1.4∶1.0∶?。喙暗黄色,被浅色毛。

胸部金绿色被浅灰粉。小盾片 8 刺,最外侧一对刺极短。胸部毛浅色,但中胸背板还具少量深褐色毛。足暗黄色,但基节和转节黑色,跗节暗褐色,但第 1 跗节(不包括前中足第 1 跗节端部)黄色。后足第 1 跗节稍膨大,稍宽于后足胫节。足上毛浅色,但跗节被深褐色毛。翅稍带浅灰色,但前部稍带黄色;翅痣暗黄色;翅脉褐色;盘室后部宽大于端部宽。平衡棒褐色。

腹部暗褐色,被灰白粉。腹部毛深褐色,但第 1~7 背板侧边具长毛。雄性外生殖器:第 9 背板宽大于长,基部具大凹缺;尾须长;生殖刺突短粗,具钩状腹突;生殖基节宽大于长腹面无后中突;阳茎复合体具 2 个粗的侧突和 3 个细的中突。

雌　未知。

观察标本　正模♂,四川峨眉山雷洞坪,2009.Ⅷ.10,王俊潮(CAU)。

分布　四川(峨眉山)。

讨论　该种与神农柱角水虻 B. shennongana Li, Luo et Yang 相似,但足主要为黄色;平衡棒褐色;生殖刺突具钩状腹突。而后者足主要黑色;平衡棒黄褐色;生殖刺突无腹突(Li, Luo 和 Yang,2009)。

(101)基黄柱角水虻 *Beris basiflava* Yang *et* Nagatomi,1992(图 128)

Beris basiflava Yang *et* Nagatomi,1992. South Pacific Study 12(2):159. Type locality:China:Xizang, Bomi.

雄　体长 5.2~6.0 mm,翅长 5.1~5.2 mm。

头部为略带光泽的黑色,后头上部被淡灰粉。头部毛浅黄色,单眼瘤、上颜和颊毛较长;复眼稀被浅褐色短毛。复眼接眼式,相接处长为单眼瘤长的 2.2~2.4 倍;复眼宽为触角到中单眼距离的 0.7~0.9 倍,为触角上额宽的 4.5 倍,为颜宽的 1.9~2.2 倍;触角上额宽为中单眼处额宽的 1.5~2.0 倍,为触角到中单眼距离的 0.2~0.4 倍;喙到触角的距离是触角到中单眼距离的 0.6~0.7 倍。上颜长为下颜长的 1.1~1.2 倍,为颜宽的 0.6 倍。触角褐黄色,鞭节端部浅褐色;柄节和梗节被黑毛,鞭节被微小的白色短柔毛,顶尖有少许浅褐色毛;触角 3 节长比约为 1.0∶1.0∶2.2。触角长约为触角到中单眼距离的 0.7 倍。喙浅黄色,被浅黄色长毛。

胸部亮金绿色,后小盾片和侧背片多少被淡灰粉;胸部被淡黄色直立长毛和倒伏短毛;小盾片具 6~7 根刺。足包括基节黄色,但前中足第 2~5 跗节、后足第 3~5 跗节深褐色,前中足第 1 跗节顶端褐色;后足第 1 跗节稍有膨大,宽为长的 0.2 倍,长为跗节其余部分长的 1.4 倍,宽为胫节端部宽的 1.1 倍。足上毛黄色,跗节有若干黑毛。翅透明,略带浅黄色,翅痣浅黄色;盘室长为 M_2 脉长的 0.5 倍,M_2 脉从盘室发出。平衡棒黄色。

腹部褐黄色,端部、第 1 背板基部和第 1 腹板褐色;腹部被浅黄毛,背面两侧毛较长。雄性外生殖器:第 9 背板长宽相等,背针突端部向内强烈弯曲;第 10 背板三角形,基部宽;尾须很短;生殖基很短,生殖刺突长且弯,端部有一凹缺;生殖基节愈合部中部宽,中突短,有一明显的方形凹缺;阳茎复合体两叉,端部变宽,有 3 个短的背针。

雌　未知。

观察标本　正模♂,西藏波密,2 700 m,1978.Ⅶ.8~9,李法圣(CAU)。副模 1♂,西藏波

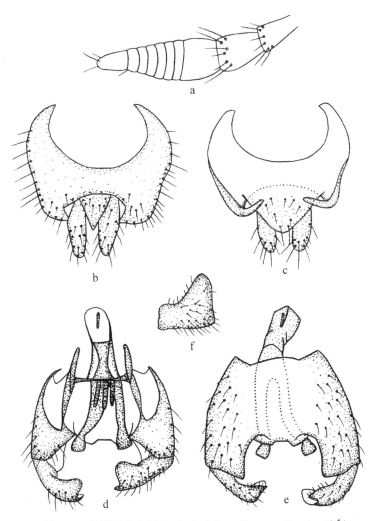

图 128　基黄柱角水虻 *Beris basiflava* Yang *et* Nagatomi(♂)

a. 触角,外侧视(antenna, outer view); b. 第 9～10 背板和尾须,背视(tergites 9～10 and cerci, dorsal view); c. 第 9 背板、第 10 腹板和尾须,腹视(tergite 9, sternite 10 and cerci, ventral view); d. 生殖体,背视(genital capsule, dorsal view); e. 生殖体,腹视 (genital capsule, ventral view); f. 生殖刺突,侧视(gonostylus, lateral view)。

密,2 700 m,1978.Ⅶ.8～9,李法圣(CAU)。

　　分布　西藏(波密)。

　　讨论　该种与甘肃柱角水虻 *B. gansuensis* Yang *et* Nagatomi,1992 近似,但触角褐黄色,鞭节端部褐色;腹部主要为棕黄色。而后者触角黑色,仅鞭节基部褐黄色;腹部主要为褐色至深褐色。

　　(102)短突柱角水虻 *Beris brevis* Cui, Li *et* Yang, 2010(图 129)

Beris brevis Cui, Li *et* Yang, 2010. Entomotaxon. 32(4):278. Type locality:China:Yunnan, Baoshan.

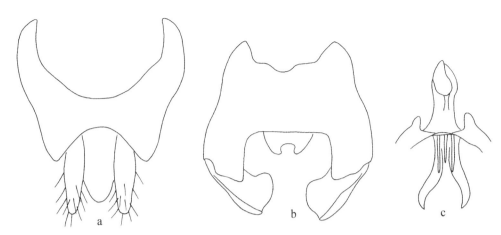

图 129　短突柱角水虻 *Beris brevis* Cui, Li *et* Yang(♂)

a. 第 9～10 背板和尾须,背视(tergites 9～10 and cerci, dorsal view); b. 生殖体,腹视(genital capsule, ventral view); c. 生殖基节背桥和阳茎,背视(gonocoxal bridge and aedeagus, dorsal view)。

雄　体长 5.7～5.9 mm,翅长 4.8～5.0 mm。

头部黑色,被灰粉。复眼相接,浅红褐色,被稀疏短毛。头部毛深褐色,但腹面被浅色毛;中下颜膨大,被浅色毛。触角柄节和梗节褐色,鞭节黄褐色,但端部黑色;柄节和梗节被黑毛,鞭节最末一节被长短不一的稀疏黑毛。触角 3 节长比为 7.0：5.0：13.0。喙黄色,被浅色毛。

胸部金绿色,被浅灰粉。小盾片 6 刺。胸部毛浅色。足黄色,但后足基节黑色,后足股节具黑色亚端环,后足胫节除基部外黑色,跗节除第 1 跗节外暗褐色。后足第 1 跗节膨大,稍宽于后足胫节。足上毛浅色,但跗节被深褐色毛。翅几乎透明,但端半部浅灰色;翅痣深褐色,颜色深于翅其他部分,r_{2+3} 室浅色;翅脉深褐色;盘室后部宽稍大于端部宽。平衡棒黄色。

腹部暗褐色,被灰白粉。腹部毛深褐色,但第 1～7 背板侧边具长毛,第 1～5 背板侧边的长毛浅色。雄性外生殖器:第 9 背板宽大于长,基部具大凹缺;尾须较短;生殖刺突宽短;生殖基节明显宽大于长,腹面后中部具半圆形中突,中突端部具小凹;阳茎复合体具 3 个较短的背针(中背针短于侧背针)和 2 个长且弯的腹突。

雌　未知。

观察标本　正模♂,云南保山百花岭温泉,1 500 m,2007.Ⅴ.29,刘星月(CAU)。副模 1 ♂,云南保山百花岭温泉,1 500 m,2007.Ⅴ.29,刘星月(CAU)。

分布　云南(保山)。

讨论　该种与斑翅柱角水虻 *B. alamaculata* Yang *et* Nagatomi 相似,但该种触角柄节和梗节褐色;生殖基节无端内突,阳茎复合体中背针短,生殖刺突端部加宽。而斑翅柱角水虻 *B. alamaculata* 触角柄节和梗节赤黄色;生殖基节具长的端内突,阳茎复合体的 3 个背针等长,生殖刺突端部较窄(Yang 和 Nagatomi,1992)。

(103)凹缘柱角水虻 *Beris concava* Li, Zhang *et* Yang, 2009(图 130)

Beris concava Li, Zhang *et* Yang, 2009. Entomotaxon. 31(3)：210. Type locality：China：Yunnan，Lvchun.

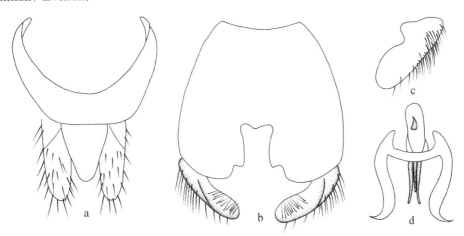

图 130 凹缘柱角水虻 *Beris concava* Li，Zhang *et* Yang(♂)

a. 第 9～10 背板和尾须，背视(tergites 9～10 and cerci，dorsal view)；b. 生殖体，腹视(genital capsule，ventral view)；c. 生殖刺突，腹视(gonostylus，ventral view)；d. 生殖基节背桥和阳茎，背视(gonocoxal bridge and aedeagus，dorsal view)。

雄 体长 8.5～8.6 mm，翅长 6.6～6.9 mm。

头部黑色，被灰粉。复眼相接，暗红褐色，密被短毛。头部密被深褐色毛。触角黑色；柄节和梗节被黑毛；鞭节最末两节被稀疏黑色短毛。触角 3 节长比为 1.0：1.0：2.5。喙主要浅黄色，被黄色和褐色毛。

胸部金绿色，被浅灰粉。小盾片 8 刺，最外侧一对刺极短。胸部密被深褐色毛。足黑色，但第 1 跗节腹面主要为黄褐色。后足跗节稍加粗；后足第 1 跗节约与后足胫节等宽。足上毛深褐色。翅明显灰色；翅痣深褐色，明显深于翅其他部分；翅脉褐色。腋瓣褐色，被深褐色毛。平衡棒暗褐色。

腹部暗褐色，被灰白粉。腹部毛深褐色。雄性外生殖器：第 9 背板宽稍大于长，基部具大凹缺；生殖刺突几乎直，基部具内凹，端部钝；生殖基节明显长大于宽，腹面后中部具近方形凹缺；阳茎复合体具 1 个短的背中叶和 2 个长的腹侧叶。

雌 未知。

观察标本 正模♂，云南红河绿春黄连山，1 790 m，2009.Ⅴ.17，杨秀帅(CAU)。1♂，湖北神农架板桥，1 170 m，2007.Ⅷ.23，刘启飞(CAU)。

分布 云南(绿春)、湖北(神农架)。

讨论 该种与峨眉山柱角水虻 *B. emeishana* Yang *et* Nagatomi 相似，但中胸背板被深褐色毛；平衡棒暗褐色；阳茎复合体三裂。而后者中胸背板被黄色和黑毛；平衡棒黄色；阳茎复合体二裂(Yang 和 Nagatomi，1992)。

(104)指突柱角水虻 *Beris digitata* Li，Zhang *et* Yang，2009(图 131)

Beris digitata Li，Zhang *et* Yang，2009. Entomotaxon.31(3)：211. Type locality：China：Yunnan，Jinping.

雄 体长 6.2 mm，翅长 5.0 mm。

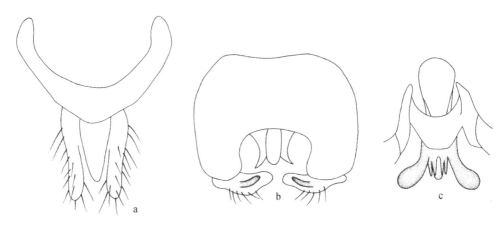

图 131　指突柱角水虻 *Beris digitata* Li, Zhang *et* Yang(♂)

a. 第 9～10 背板和尾须,背视(tergites 9～10 and cerci, dorsal view);b. 生殖体,腹视(genital capsule, ventral view);c. 生殖基节背桥和阳茎,背视(gonocoxal bridge and aedeagus, dorsal view)。

　　头部黑色,被灰粉。复眼相接,暗红褐色,被短毛。头部毛深褐色,颜上毛较长。触角黑色;柄节和梗节被黑毛;鞭节最末一节被稀疏的黑色短毛。触角 3 节长比为 1.1∶1.0∶3.2。喙主要黄色,被黑毛。

　　胸部金绿色,被浅灰粉,肩胛和翅后胛浅黑色。小盾片 8 刺,最外侧一对刺极短。胸部毛深褐色,中胸背板和小盾片密被长毛。足黑色,但股节最末端黄色,前足第 1 跗节黄褐色,但端部黑色,中足第 1 跗节暗黄色,但端部黄褐色,后足第 1 跗节黄色。后足跗节稍加粗;后足第 1 跗节稍宽于后足胫节。足上毛深褐色或黑色。翅明显灰色;翅痣深褐色,明显深于翅其他部分;翅脉褐色。腋瓣浅褐色,被深褐色毛。平衡棒暗褐色。

　　腹部暗褐色,被浅灰粉。腹部毛深褐色。雄性外生殖器:第 9 背板宽稍大于长,基部具大凹缺;生殖刺突端部稍向内弯,外缘具突,端部钝,基部具指状突;生殖基节宽大于长,腹面后中部具近方形凹缺,凹缺中部具大的突起;阳茎复合体具两个大的背叶,其端部向外弯曲,还具一个强烈上弯的腹中突,其两侧各具一个细短的侧突。

　　雌　未知。

　　观察标本　正模♂,云南金平分水岭,1 790 m,2009. Ⅴ. 19,杨秀帅(CAU)。

　　分布　云南(金平)。

　　讨论　该种与广津柱角水虻 *B. hirotsui* Ôuchi 相似,但后足胫节黑色;生殖刺突基部具指状突。而后者后足胫节黄色;生殖刺突基部无指状突(Yang 和 Nagatomi,1992)。

(105)长角柱角水虻 *Beris dolichocera* Frey,1961(中国新记录种)

Beris dolichocera Frey, 1961. Not. Ent. 40(3):77. Type locality:Myanmar:Kambati.

　　雄　体长 7.0～9.0 mm。

　　头部复眼被毛,相接。触角黑色,为头长的 1.25 倍,鞭节长为柄节和梗节长之和的 2.5 倍。颜亮黑色,被深色毛。喙黄色。

　　胸部金蓝色或绿色,被黑毛。小盾片 8 刺,有时 6 刺。足黑褐色,但胫节黄色;前中足跗节基部黄色,端部黑色,后足第 1 跗节加粗,深褐色,但基部黄色;跗节端部黑色。翅褐色,前部颜色加深,翅痣暗褐色。平衡棒球部黄色。

腹部暗黑色。

雌 体长 7.0～9.0 mm。

复眼被短毛。额亮黑色,为复眼宽的 2/3。触角黑色,长,为头长的 1.3 倍,鞭节长为柄节和梗节长之和的 3.0～4.0 倍。颜亮黑色,几乎裸。

胸部和腹部同雄虫。足褐色,但股节、胫节和第 1 跗节黄色,跗节端部黑色;后足第 1 跗节不膨大。翅深褐色,但后部颜色稍浅。

观察标本 1♀,云南云龙,2 400 m,1996.Ⅵ.5,郑乐怡(CAU)。

分布 中国云南(云龙);缅甸。

讨论 该种可根据触角明显延长,鞭节末节明显长于第 1 节,黑色,翅稍带浅灰色,但前部均匀深褐色。而本属其他种触角均短缩。

(106)峨眉山柱角水虻 *Beris emeishana* **Yang et Nagatomi, 1992**(图 132)

Beris emeishana Yang *et* Nagatomi,1992. South Pacific Study 12(2):160. Type locality:China:Sichuan, Emeishan.

雄 体长 7.8 mm,翅长 6.9 mm。

头部为略带光泽的黑色,后头上部被淡灰粉;头部被浅黄毛,单眼瘤上毛变为黑色;单眼瘤、上颜和颊上毛较长,复眼具浅褐色短毛。复眼接眼式,相接处长为单眼瘤长的 1.7 倍。复眼宽为触角到中单眼距离的 0.8 倍,为触角上额宽的 2.7 倍,为颜宽的 1.9 倍;触角上额宽为中单眼处额宽的 3.0 倍,为触角到中单眼距离的 0.3 倍;喙到触角的距离是触角到中单眼距离的 0.7 倍;上颜长为下颜长的 1.5 倍,为颜宽的 0.7 倍。触角黑色;柄节和梗节被黑毛,鞭节被微小的白色短柔毛,顶尖有少许浅褐色毛;触角 3 节长比约为 1.0：0.8：2.0。触角长约为触角到中单眼距离的 0.7 倍。喙浅黄色,被浅黄色长毛。

胸部亮金绿色,后小盾片和侧背片多少被淡灰粉;胸部毛浅黄色,但中胸背板上夹杂黑毛;小盾片 6 刺。足黄色,前后足基节浅褐色,中足基节褐黄色;后足股节端部不到 1/2(除顶尖外)、后足胫节除基部外浅黑色;跗节深褐色,但第 1 跗节黄色,前足第 1 跗节顶端浅褐色;后足第 1 跗节稍有膨大,宽为长的 0.14 倍,长为跗节其余部分长的 1.5 倍,与胫节端部等宽。足上毛黄色,但跗节有若干黑毛。翅浅灰色;翅痣深褐色;盘室长为 M_2 脉长的 0.6 倍,M_2 脉从盘室发出。平衡棒黄色。

腹部为略带光泽的褐色至深褐色;腹部毛浅黄色,背面两侧毛较长,但背面中央被短黑毛。雄性外生殖器:第 9 背板宽大于长,无背针突;第 10 背板很长,近三角形;尾须长,基部稍宽;生殖基节很短,有粗的生殖刺突;生殖基节愈合部中部宽,中突很长,有一深"V"形凹陷;阳茎复合体两叉,端部不向外弯,无背针。

雌 未知。

观察标本 正模♂,四川峨眉山,630 m,1978.Ⅸ.14,李法圣(CAU)。

分布 四川(峨眉山)。

讨论 该种可根据后足第 1 跗节不太膨大和雄性外生殖器结构与本属其他种区别开来。

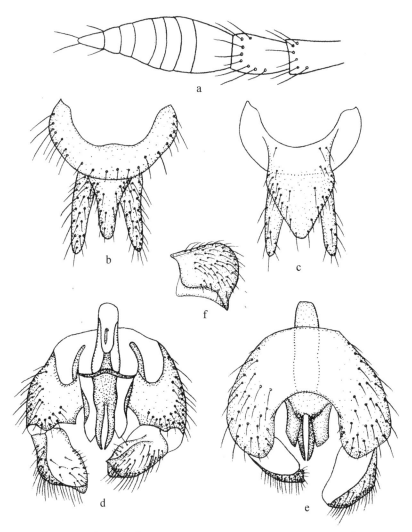

图 132　峨眉山柱角水虻 *Beris emeishana* Yang *et* Nagatomi(♂)

a. 触角,外侧视(antenna, outer view);b. 第 9～10 背板和尾须,背视(tergites 9～10 and cerci, dorsal view);c. 第 9 背板、第 10 腹板和尾须,腹视(tergite 9, sternite 10 and cerci, ventral view);d. 生殖体,背视(genital capsule, dorsal view);e. 生殖体,腹视(genital capsule, ventral view);f. 生殖刺突,侧视(gonostylus, lateral view)。

(107)黄跗柱角水虻 *Beris flava* Li，Zhang *et* Yang，2011(图 133)

Beris flava Li，Zhang *et* Yang，2011. Acta Zootaxon. Sin. 36(1)：49. Type locality：China：Ningxia, Jingyuan.

雄　体长 5.3 mm,翅长 4.7 mm。

头部黑色,被灰粉。复眼相接,暗褐色,被毛。头部毛深褐色,但腹面被浅色毛。触角黑色;柄节和梗节被黑毛。触角 3 节长比为 6.5：6.0：19.0。喙黄色,被浅色毛。

胸部金绿色,被浅灰粉。小盾片 8 刺,最外侧一对刺极短。胸部毛浅色。足黄色,但前后足基节黑色;后足第 1 跗节稍膨大,宽为后足胫节的 1.1 倍。足上毛浅色,但胫节和前足跗节

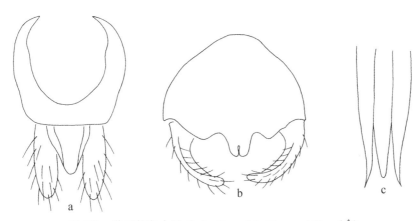

图 133 黄跗柱角水虻 *Beris flava* Li, Zhang *et* Yang(♂)

a. 第 9～10 背板和尾须,背视(tergites 9～10 and cerci, dorsal view); b. 生殖体,腹视(genital capsule, ventral view); c. 阳茎端部,背视(apical part of aedeagus, dorsal view)。

主要被浅黑毛。翅均匀浅褐色;翅痣深褐色;翅脉褐色;盘室后部较窄,端部翅脉 X 形。平衡棒褐色。

　　腹部暗褐色,被灰白粉。腹部毛深褐色,但第 1～5 背板侧边被浅色长毛。雄性外生殖器:第 9 背板长稍大于宽,基部具大凹缺;尾须长;生殖刺突长,稍向内弯,端部钝;生殖基节宽大于长,腹面后中突端部不明显分叉;阳茎复合体 2 个侧叶端部尖锐,稍长于中叶。

　　雌 未知。

　　观察标本 正模♂,宁夏泾源龙潭,1 800 m,2008.Ⅵ.5,刘经贤(CAU)。副模 1♂,宁夏泾源龙潭,1 800 m,2008.Ⅵ.5,刘经贤(CAU)。

　　分布 宁夏(泾源)。

　　讨论 该种与端褐柱角水虻 *B. fuscipes* Meigen 相似,但复眼毛短而稀疏;第 9 背板无背针突;生殖刺突长钩状。而后者复眼密被长毛;第 9 背板有背针突;生殖刺突粗短(Yang 和 Nagatomi,1992)。

(108)叉突柱角水虻 *Beris furcata* Cui, Li *et* Yang, 2010(图 134)

Beris furcata Cui, Li *et* Yang, 2010. Entomotaxon. 32(4):279. Type locality:China:Yunnan, Baoshan.

　　雄 体长 5.0～5.1 mm,翅长 4.5～5.1 mm。

　　头部黑色,被灰粉。复眼相接,暗红褐色,被毛。头部密被深褐色毛,但腹面被浅色毛。触角黑色;柄节和梗节被黑毛,鞭节最末一节被稀疏短黑毛。触角 3 节长比为 1.2∶1.0∶4.0。喙暗黄色,被浅色毛。

　　胸部暗金绿色,被浅灰粉。小盾片 8 刺,最外侧一对刺极短。胸部毛深褐色。足黑色,但股节端部暗黄色,中足第 1 跗节和后足第 1～2 跗节黄褐色。后足第 1 跗节稍膨大,约与后足胫节等宽。足上毛深褐色。翅灰褐色;翅痣深褐色,颜色深于翅其他部分;翅脉深褐色;盘室后部宽明显大于端部宽。平衡棒暗褐色。

　　腹部暗褐色,被灰褐色粉。腹部毛深褐色,但第 1～6 背板侧边具浅色长毛。雄性外生殖器:第 9 背板宽大于长,基部具大凹缺;尾须较长;生殖刺突二分叉;生殖基节明显宽大于长,腹

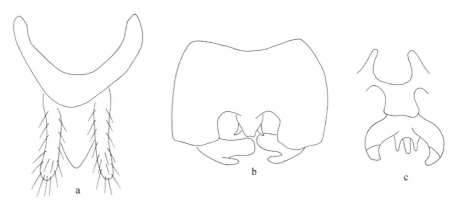

图 134　叉突柱角水虻 _Beris furcata_ Cui, Li _et_ Yang(♂)
a. 第 9～10 背板和尾须,背视(tergites 9～10 and cerci, dorsal view);b. 生殖体,腹视(genital capsule, ventral view);c. 生殖基节背桥和阳茎,背视(gonocoxal bridge and aedeagus, dorsal view)。

面后中部具粗中突,中突上具两个稍弯且端部尖的侧突;阳茎复合体具 2 个大侧突和 3 个小中突。

雌　未知。

观察标本　正模♂,云南保山百花岭温泉,1 500 m,2007.Ⅴ.29,刘星月(CAU)。副模1♂,云南保山百花岭温泉,1 500 m,2007.Ⅴ.29,刘星月(CAU);1♂,海南霸王岭,2007.Ⅴ.26,张俊华(CAU)。

分布　云南(保山)、海南(霸王岭)。

讨论　该种与凹缘柱角水虻 _B. concava_ Li, Zhang _et_ Yang 和刺突柱角水虻 _B. spinosa_ Li, Zhang _et_ Yang 相似,但股节黑色,端部暗黄色;生殖刺突二分叉。而后二者股节全黑色;生殖刺突不分叉(Li, Zhang 和 Yang,2009)。

(109)端褐柱角水虻 _Beris fuscipes_ Meigen,1802(图135)

Beris fuscipes Meigen, 1820. Syst. Beschr. 2：8. Type locality：England.

Beris nigra Meigen, 1820. Syst. Beschr. 2：7. Type locality：England.

Beris quadridentata Walker, 1848. List of the specimens of dipterous insects in the collection of the British Museum [4]：127. Type locality：Canada：Ontario, Hudson's Bay, Albany River, St. Martion's Fall.

Oplacantha annulifera Bigot, 1887. Ann. Soc. Ent. Fr. 7(1)：21. Type locality：USA：Georgia.

Actina canadensis Cresson, 1919. Proc. Acad. Nat. Sci. Phila. 71：174. Type locality：Canada：Manitoba, Aweme.

Beris annulifera var. _brunnipes_ Johnson, 1926. Psyche. 33(4-5)：109. Type locality：Canada：Labrador, Paroquet Island.

Beris sachalinensis Pleske, 1926. Eos 2(4)：408. Type locality：USSR：Sakhalin, between Kosunaya & Manue.

Beris fuscotibialis Pleske, 1926. Eos 2(4)：409. Type locality：USSR：Krasnoyarskiy kraj，Abakan River basin，"Uzun-zhuls".

Beris sychuanensis Pleske，1926. Eos 2（4）：411. Type locality：China：Sichuan，Pasinku River，near Chumse.

Beris mongolica Pleske，1926. Eos 2(4)：414. Type locality：Mongolia：Ulaan Baatar.

Beris petiolata Frey，1961. Not. Ent. 40(3)：80. Type locality：Japan：Honshu，Sinano，Kamikooti.

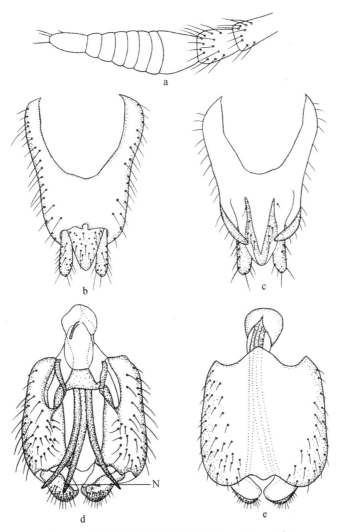

图 135　端褐柱角水虻 *Beris fuscipes* Meigen(♂)

a. 触角，外侧视(antenna, outer view)；b. 第9～10背板和尾须，背视(tergites 9～10 and cerci, dorsal view)；c. 第9背板、第10腹板和尾须，腹视(tergite 9, sternite 10 and cerci, ventral view)；d. 生殖体，背视(genital capsule, dorsal view)；e. 生殖体，腹视(genital capsule, ventral view)。N. 阳茎复合体背针(needle in aedeagal complex)。

雄　体长 6.7～7.0 mm，翅长 5.7～6.0 mm。

头部为略带光泽的黑色，后头上部被淡灰粉；头部毛黑色，但颊上毛浅黄色；单眼瘤、上颜和颊上毛较长；复眼毛比中国产本属其他种更长更密。复眼接眼式，相接处长为单眼瘤长的

2.5～2.6 倍。复眼宽为触角到中单眼距离的 0.8～0.9 倍,为触角上额宽的 2.2～2.4 倍,为颜宽的 1.5～1.6 倍;触角上额宽为中单眼处额宽的 3.0～3.2 倍,为触角到中单眼距离的 0.4 倍;喙到触角的距离是触角到中单眼距离的 0.8～1.0 倍;上颜长为下颜长的 1.4～1.5 倍,为颜宽的 0.7 倍。触角黑色,柄节和梗节被黑毛;鞭节被微小的浅褐色短柔毛,顶尖有少许淡褐色毛;触角 3 节长比约为 1.0∶0.8∶2.5。触角长为触角到中单眼距离的 0.8 倍。喙浅黄色,被浅黄色长毛。

胸部亮金绿色,后小盾片和侧背片被淡灰粉;胸部毛浅黄色或浅褐色(中侧片后部的毛和中胸背板有的毛较长);小盾片 6 刺。足黄色,基节黑色;后足股节端部(除顶端外)和后足胫节端部通常为褐色;第 2～5 跗节和前中足第 1 跗节末端褐色;后足第 1 跗节黄色或褐色,明显膨大,宽为长的 0.2 倍,长为跗节其余部分长的 1.4 倍,宽为胫节端部宽的 1.3 倍。足上毛浅褐色,但跗节有若干黑毛。翅褐色;翅痣深褐色;盘室长为 M_2 脉长的 0.5～0.6 倍,M_2 脉从盘室发出。平衡棒黄色。

腹部为略带光泽的褐色至深褐色;腹部被浅褐色毛(背面两侧毛较长)。雄性外生殖器:第 9 背板长远大于宽,背针突稍微向内弯;尾须几乎平行;第 10 背板三角形,基部宽,第 10 腹板由两个纵向的前部分叉的深色骨片组成;生殖基节长,生殖刺突短粗;生殖基节愈合部中部宽大,中突简单,略凸伸;阳茎复合体有 3 个长的针,无二叉的叶。

雌 体长 6.0～6.5 mm,翅长 5.8～6.1 mm。

与雄虫相似,仅区别如下:

头部亮黑色,后头复眼后的部分被淡灰粉;单眼瘤、上颜和颊上毛比雄虫短,复眼毛比雄虫短且稀疏。复眼较宽的分离。触角上额宽为中单眼处额宽的 1.2 倍,中单眼处额宽为单眼瘤宽的 2.0～2.1 倍;复眼宽为触角到中单眼距离的 0.8 倍,为触角上额宽的 1.0～1.2 倍,为颜宽的 0.8～0.9 倍;喙到触角的距离为触角到中单眼距离的 1.0～1.1 倍;上颜长为下颜长的 1.2～1.3 倍,为颜宽的 0.5 倍。触角黑色,但鞭节基部常呈赤黄色。触角长为触角到中单眼距离的 1.2～1.3 倍。中胸背板无直立长毛。翅盘室长为 M_2 脉长的 0.5 倍。腹部背面两侧毛短于雄虫。

观察标本 1♂,四川峨眉山,630 m,1978.Ⅸ.14,李法圣(CAU);1♂1♀,宁夏六盘山,2 100 m,1980.Ⅶ.14,杨集昆(CAU);3♀♀,宁夏隆德,2 180 m,1980.Ⅶ.16,杨集昆(CAU);1♂,宁夏泾源,1 940 m,1980.Ⅶ.13,杨集昆(CAU);1♂,甘肃文县,1 700 m,1980.Ⅷ.7,李法圣(CAU)。

分布 中国四川(峨眉山)、宁夏(六盘山、隆德、泾源)、甘肃(文县);加拿大,美国,英国,爱尔兰,苏格兰,法国,德国,瑞士,芬兰,挪威,瑞典,意大利,捷克,奥地利,匈牙利,波兰,格鲁吉亚,罗马尼亚,俄罗斯,乌克兰,哈萨克斯坦,蒙古,日本。

讨论 Nagatomi 和 Tanaka(1972)、Woodley(1981)及 Rozkošný(1983)对该种做过详细的重新描述。该种与辽宁柱角水虻 *B. liaoningana* Cui, Li *et* Yang 相似,但复眼毛长且浓密;第 9 背板具指状背针突,生殖刺突短粗。而后者复眼毛短且稀疏;第 9 背板无背针突,生殖刺突长钩状。

(110) 甘肃柱角水虻 *Beris gansuensis* **Yang et Nagatomi, 1992**(图 136)

Beris gansuensis Yang *et* Nagatomi, 1992. South Pacific Study 12(2)：165. Type locality：China：Gansu，Wenxian.

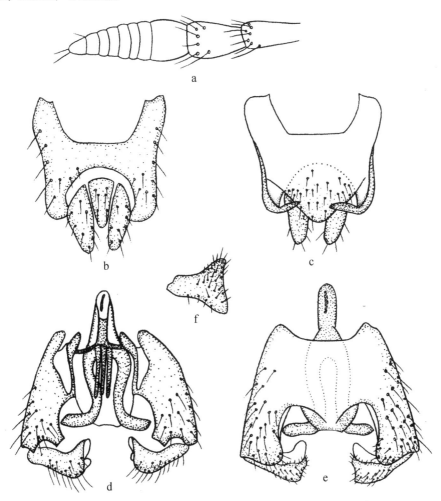

图 136　甘肃柱角水虻 *Beris gansuensis* Yang *et* Nagatomi(♂)

a. 触角，外侧视(antenna, outer view)；b. 第 9～10 背板和尾须，背视(tergites 9～10 and cerci, dorsal view)；c. 第 9 背板、第 10 腹板和尾须，腹视(tergite 9, sternite 10 and cerci, ventral view)；d. 生殖体，背视(genital capsule, dorsal view)；e. 生殖体，腹视(genital capsule, ventral view)；f. 生殖刺突，侧视(gonostylus, lateral view)。

雄　体长 6.0～6.2 mm，翅长 5.2～5.3 mm。

头部为略带光泽的黑色，后头上部被淡灰粉；头部被浅黄毛，单眼瘤、上颜和颊上毛较长，复眼被浅褐色短毛。复眼接眼式，相接处长为单眼瘤长的 2.4～2.6 倍；复眼宽为触角到中单眼距离的 0.7～0.8 倍，为触角上额宽的 4.0 倍，为颜宽的 2.1～2.5 倍；触角上额宽为中单眼处额宽的 1.7 倍，为触角到中单眼距离的 0.2 倍；喙到触角距离为触角到中单眼距离的 0.7 倍；上颜长为下颜长的 1.4 倍，为颜宽的 0.8 倍。触角黑色，鞭节基部褐黄色；柄节和梗节被黑毛；鞭节被微小的白色短柔毛，但顶尖有少许浅褐色毛；触角 3 节长比约为 1.0：1.0：2.0。触角长约为触角到中单眼距离的 0.6 倍。喙浅黄色，被浅黄色长毛。

胸部亮金绿色，后小盾片和侧背片被淡灰粉；胸部毛浅黄色，中胸背板和中侧片上有些毛较长;小盾片具6或8根刺。足黄色,基节浅黑色,端部黄色;后足股节端部(除顶尖和腹面表面外)和后足胫节端部褐色;跗节深褐色,但第1跗节黄色,其顶端浅褐色;后足第1跗节明显膨大,宽为长的0.25倍,长为跗节其余部分长的1.9倍,宽为胫节端部宽的1.5倍。足上毛浅黄色,但跗节有若干黑毛。翅透明;翅痣浅黄色;盘室长是M_2脉的0.4倍,M_2脉从盘室发出。平衡棒黄色。

腹部为略带光泽的褐色至深褐色;腹部毛浅黄色,背部两侧毛较长。雄性外生殖器:第9背板长宽相等,背针突强烈内弯;第10背板窄,近三角形;尾须短,基部宽,生殖基节很长,具L形的生殖刺突;生殖基节愈合部中部宽,中突明显凸伸,端缘近直;阳茎复合体两叉,端部强烈外弯,具3个短的背针。

雌 未知。

观察标本 正模♂,甘肃文县,1 700 m,1980.Ⅷ.7,杨集昆(CAU)。副模1♂,甘肃文县,1 700 m,1980.Ⅷ.7,杨集昆(CAU)。

分布 甘肃(文县)。

讨论 该种雄性外生殖器结构与广津柱角水虻 *B. hirotsui* Ôuchi 近似,但可根据以下方面区别开来:尾须更粗,生殖基节中突前缘横直。而后者尾须细长,生殖基节中突前缘具方形凹缺。该种与广津柱角水虻 *B. hirotsui* 外部形态区别在于头部被浅黄毛;触角柄节和梗节等长;翅痣浅黄色,颜色不深于翅的其他膜质部分。而后者头部被黑毛;触角柄节长于梗节;翅痣深褐色,颜色明显深于翅的其他膜质部分。

(111) 广津柱角水虻 *Beris hirotsui* Ôuchi, 1943(图137)

Beris hirotsui Ôuchi, 1943. Shanghai Shizen. Ken. Iho, 13(6):487. Type locality:Japan:Kyushu, Mt. Hiko.

雄 体长6.2 mm,翅长5.0 mm。

头部为略带光泽的黑色,后头上部被淡灰粉;头部被黑毛,但单眼瘤和上颜的毛较长;下颜被浅黄色短毛,颊被黄色长毛,复眼密被浅褐色短毛。复眼接眼式,相接处长为单眼瘤长的2.6倍。复眼宽为触角到中单眼距离的0.8倍,为触角上额宽的2.3倍,为颜宽的2.0倍;触角上额宽为中单眼处额宽的3.0倍,为触角到中单眼距离的0.3倍;喙到触角距离为触角到中单眼距离的0.8倍;上颜长为下颜长的1.2倍,为颜宽的0.7倍。触角黑色,梗节顶端和第2~5鞭节内表面颜色较浅;柄节和梗节被黑毛;鞭节被微小的白色短柔毛,但顶尖有两根浅褐色毛;触角3节长比约为1.0:0.8:1.8。触角长约为触角到中单眼距离的0.6倍。喙浅黄色,被黄色长毛。

胸部亮金绿色,后小盾片和侧背片被淡灰粉;胸部主要被浅黄色长毛;小盾片具8根刺。足黄色,中后足基节淡黑色;后足股节端部(除顶端和腹表面外)和后足胫节端部褐色;跗节褐色,但第1跗节黄色,末端褐色;后足第1跗节明显膨大,宽为长的0.45倍,长为跗节其余部分长的1.7倍,宽为胫节端部宽的2.8倍。翅淡褐色;翅痣深褐色,亚前缘室端部褐色;盘室长为M_2脉长的0.5倍,M_2脉从盘室发出。平衡棒黄色。

腹部为略带光泽的褐色至深褐色;腹部被浅黄毛,背面两侧毛较长。雄性外生殖器:第9背板长远大于宽,背针突强烈内弯;第10背板相当窄,近三角形;尾须细长;生殖基节很长,具L形的生殖刺突;生殖基节愈合部的中突明显凸伸,并且具一个方形的凹陷;阳茎复合体两叉

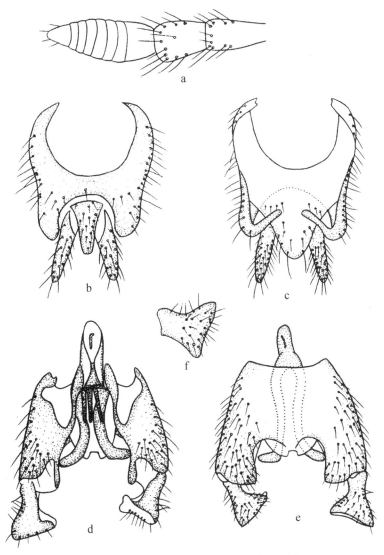

图 137　广津柱角水虻 *Beris hirotsui* Ôuchi(♂)

a. 触角,外侧视(antenna, outer view);b. 第 9～10 背板和尾须,背视(tergites 9～10 and cerci, dorsal view);c. 第 9 背板、第 10 腹板和尾须,腹视(tergite 9, sternite 10 and cerci, ventral view);d. 生殖体,背视(genital capsule, dorsal view);e. 生殖体,腹视(genital capsule, ventral view);f. 生殖刺突,侧视(gonostylus, lateral view)。

端部强烈外弯,有 3 个短的背针。

　　雌　无标本。

　　观察标本　1♂,四川峨眉山,630 m,1978.Ⅸ.14,李法圣(CAU);1♂,湖北神农架关门山,1 500 m,2007.Ⅶ.20,刘启飞(CAU)。

　　分布　中国四川(峨眉山)、湖北(神农架);日本,俄罗斯。

　　讨论　该种原始描述为 Ôuchi(1943),Nagatomi 和 Tanaka(1972)做了详细的重新描述并配有雄性外生殖器图。

（112）黄连山柱角水虻 *Beris huanglianshana* Li, Zhang *et* Yang, 2009（图 138）

Beris huanglianshana Li, Zhang *et* Yang, 2009. Entomotaxon. 31(3)：211. Type locality：China：Yunnan, Lvchun.

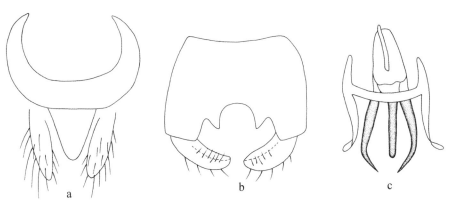

图 138　黄连山柱角水虻 *Beris huanglianshana* Li, Zhang *et* Yang(♂)

a. 第 9～10 背板和尾须，背视（tergites 9～10 and cerci, dorsal view）；b. 生殖体，腹视（genital capsule, ventral view）；c. 生殖基节背桥和阳茎，背视（gonocoxal bridge and aedeagus, dorsal view）。

雄　体长 6.6 mm，翅长 5.2 mm。

头部黑色，被灰粉。复眼相接，红褐色，裸。头部毛深褐色，但后腹面毛浅色，颜中部毛较长。触角缺损。喙主要黄色，被浅色毛。

胸部金绿色，被浅灰粉，肩胛和翅后胛浅黑色。小盾片 6 刺。胸部被稀疏的浅色毛，中胸背板和小盾片侧边具少许深褐色长毛。足浅黑色，但基节、股节两端、胫节基部和中后足第 1 跗节黄色。后足跗节稍加粗；后足第 1 跗节与后足胫节等宽。足上毛深褐色，但基节和转节被浅色毛，股节基部被浅色毛。翅明显灰色；翅痣深褐色，明显深于翅其他部分；翅脉褐色。腋瓣浅褐色，被浅色毛。平衡棒褐色至暗褐色。

腹部暗褐色，被浅灰粉。腹部毛深褐色。雄性外生殖器：第 9 背板宽大于长，基部具大凹缺；生殖刺突稍向内弯，端部钝；生殖基节宽大于长，腹面后中部具半圆形凹缺，凹缺两边具指状侧突；阳茎复合体具 1 个短的中叶和 2 个尖长的侧叶，侧叶端部强烈内弯。

雌　体长 6.5～6.6 mm，翅长 5.5～5.6 mm。

与雄虫形似，仅以下不同：复眼宽分离。触角黑色但鞭节基部暗赤黄色；柄节、梗节和鞭节末节被黑毛；触角 3 节长比为 1.0∶1.0∶4.1。

观察标本　正模♂，云南绿春黄连山，1 790 m，2009. Ⅴ. 17，杨秀帅（CAU）。副模 2♀♀，云南绿春黄连山，1 790 m，2009. Ⅴ. 17，杨秀帅（CAU）。

分布　云南（绿春）。

讨论　该种与峨眉山柱角水虻 *B. emeishana* Yang *et* Nagatomi 相似，但翅明显灰色；平衡棒褐色；阳茎复合体三裂。而后者翅稍带浅灰色；平衡棒黄色；阳茎复合体二裂（Yang 和 Nagatomi，1992）。

(113)辽宁柱角水虻 *Beris liaoningana* Cui, Li *et* Yang, 2010(图 139)

Beris liaoningana Cui, Li *et* Yang, 2010. Entomotaxon. 32(4): 280. Type locality: China: Liaoning, Kuandian.

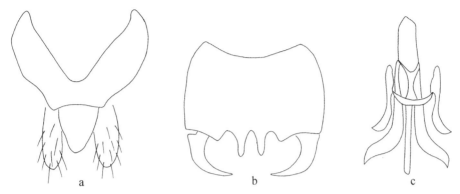

图 139 辽宁柱角水虻 *Beris liaoningana* Cui, Li *et* Yang(♂)

a. 第 9～10 背板和尾须, 背视(tergites 9～10 and cerci, dorsal view); b. 生殖体, 腹视(genital capsule, ventral view); c. 生殖基节背桥和阳茎, 背视(gonocoxal bridge and aedeagus, dorsal view)。

雄 体长 5.2 mm, 翅长 4.1 mm。

头部黑色, 被灰粉。复眼相接, 红褐色, 被稀疏短毛。头部毛深褐色, 但腹面被浅色毛。触角黑色; 柄节和梗节被黑毛, 鞭节最末一节被稀疏短黑毛。触角 3 节长比为 7.0：5.0：18.0。喙黄色, 被浅色毛。

胸部金绿色, 被浅灰粉。小盾片 6 刺。胸部毛浅色。足主要黄色, 但前后足基节黑色, 中足基节黄色, 跗节除后足第 1 跗节外暗褐色。后足第 1 跗节膨大, 为后足胫节宽的 1.35 倍。足上毛浅色, 但跗节被深褐色毛。翅灰色; 翅痣褐色, 颜色深于翅其他部分; 翅脉深褐色; 盘室后部翅脉 X 形, 端部较窄。平衡棒黄色。

腹部暗褐色, 被灰褐色粉。腹部毛深褐色, 但第 1～4 背板侧边具浅色长毛。雄性外生殖器: 第 9 背板宽大于长, 基部具大凹缺; 生殖刺突端部尖锐, 强烈内弯; 生殖基节宽明显大于长, 腹面后中部具一对指状突; 阳茎复合体具 1 个直的中叶和 2 个强烈弯曲的侧叶。

雌 未知。

观察标本 正模♂, 辽宁宽甸泉山花脖山, 700 m, 2009. Ⅶ. 4, 李彦(CAU)。

分布 辽宁(宽甸)。

讨论 该种与分布于俄罗斯的希柱角水虻 *B. hildebrandtae* Pleske 相似, 但阳茎复合体三叶较分离, 侧叶与中叶等长, 强烈向外弯曲, 端部分离。而后者阳茎复合体三叶靠近, 中叶短于侧叶, 端部稍分离(Nartshuk 和 Rozkošný, 1975)。

(114)平头柱角水虻 *Beris potanini* Pleske, 1926

Beris potanini Pleske, 1926. Eos 2(4): 410. Type locality: China: Sichuan, Kangding.

雄 体长 9.0 mm, 翅长 7.2 mm。

头部半球形, 复眼大, 相接, 被极稀疏的短毛。颜侧面观稍突出, 下后头区稍膨大。单眼瘤较低。触角短,鞭节仅为柄节和梗节长之和的 1.5 倍,最末鞭节长为宽的 1.5 倍。柄节赤黄色,最末 3 节浅黑色。额三角密被银色小短毛,颜被黄色和褐色长毛。喙黄色。

胸部黑色,稍带光泽,肩胛浅褐色。胸部毛黄褐色,中胸背板毛直立,长于柄节和梗节长之和。中侧片中部和腹侧片上部及下后部裸。足主要黄色,但前中足股节端部前侧深色,后足股节端部 1/3 除顶端外褐色,后足胫节除基部外浅褐色,跗节黑色,但后足第 1 跗节浅黄色。后足第 1 跗节明显膨大。翅稍带褐色,翅脉和翅痣深褐色。平衡棒黄色。

腹部暗褐色,稍有光泽,被浅黄毛,侧边毛较长,背面中部毛较短且倒伏。生殖基节后中突低,直;阳茎复合体短粗。

分布 中国四川(康定);蒙古。

讨论 该种与周氏柱角水虻 *B. zhouae* Qi, Zhang *et* Yang 相似,但所有股节端部深色;阳茎复合体侧叶与中叶等长,端部向外弯。而后者所有股节全黄色;阳茎复合体侧叶明显长于中叶,端部强烈内弯。

(115)神农柱角水虻 *Beris shennongana* Li, Luo *et* Yang, 2009(图 140)

Beris shennongana Li, Luo *et* Yang, 2009. Entomotaxon. 31(2):129. Type locality: China:Hubei, Shennongjia.

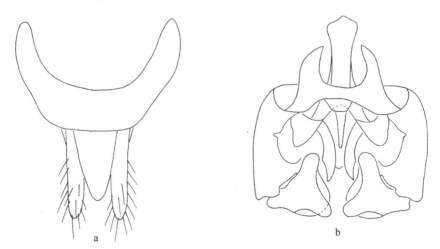

图 140 神农柱角水虻 *Beris shennongana* Li, Luo *et* Yang(♂)

a. 第 9~10 背板和尾须,背视(tergites 9~10 and cerci, dorsal view);b. 生殖体,背视(genital capsule, dorsal view)。

雄 体长 4.6~4.9 mm,翅长 4.3~4.5 mm。

头部黑色,被灰白粉。复眼相接,暗褐色,密被短毛。头部毛深褐色。触角黑色;柄节和梗节被黑毛,柄节最末两节被稀疏短毛;触角 3 节长比为 1.0:0.8:3.3。喙主要为浅黄色,被黑毛;须退化。

胸部金绿色,被浅灰粉。肩胛和翅后胛浅黑色。小盾片 8 刺,最外侧的一对刺极短。胸部毛浅色,但中胸背板还被少许褐色毛。足黑色,但后足第 1 跗节黄色。后足第 1 跗节稍粗于后足胫节。足上毛浅色,但跗节被浅黑毛。翅为不明显的灰色;翅痣褐色,颜色深于翅其他部分;翅脉深褐色。腋瓣暗黄色,被浅色毛。平衡棒黄褐色。

腹部暗褐色,被灰白粉。腹部毛黑色,侧边毛浅色;腹面毛浅色。雄性外生殖器:第9背板长大于宽,基部具大凹缺;尾须细长;生殖刺突大,分叉;阳茎复合体具3个背突(中突细,两个侧突较粗)和一个端部具凹缺的宽的腹突。

雌 未知。

观察标本 正模♂,湖北神农架板壁岩,2 590 m,2007. Ⅷ. 1,刘启飞(CAU)。副模1♂,湖北神农架板壁岩,2 590 m,2007. Ⅷ. 1,刘启飞(CAU)。

分布 湖北(神农架)。

讨论 该种可根据明显延长的尾须和大而分叉的生殖刺突很容易地与本属其他种区分开来(Nagatomi 和 Tanaka,1972;Rozkošný,1982;Yang 和 Nagatomi,1992)。

(116) 刺突柱角水虻 *Beris spinosa* Li,Zhang *et* Yang,2009(图 141)

Beris spinosa Li,Zhang *et* Yang,2009. Entomotaxon. 31(3):212. Type locality:China:Henan,Songxian.

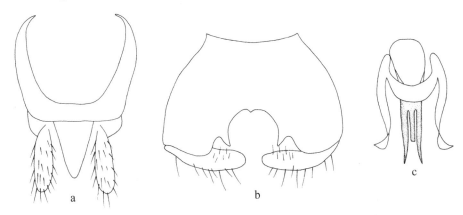

图 141 刺突柱角水虻 *Beris spinosa* Li,Zhang *et* Yang(♂)

a. 第9～10背板和尾须,背视(tergites 9～10 and cerci,dorsal view);b. 生殖体,腹视(genital capsule,ventral view);c. 生殖基节背桥和阳茎,背视(gonocoxal bridge and aedeagus,dorsal view)。

雄 体长 7.7～8.2 mm,翅长 5.9～6.0 mm。

头部黑色,被灰粉。复眼相接,红褐色,密被短毛。头部密被深褐色毛。触角黑色;柄节和梗节被黑毛,鞭节最末两节被稀疏黑色短毛;触角3节长比为1.0:1.0:4.0。喙浅黄色,被白色毛。

胸部金紫色,被浅灰粉,肩胛和翅后胛浅黑色。小盾片8刺,最外侧一对刺极短。胸部密被褐色毛。足黑色,但胫节浅黑色,第1跗节暗黄色。后足跗节稍加粗;后足第1跗节与后足胫节等宽。足上毛深褐色。翅明显灰色;翅痣褐色,明显深于翅其他部分;翅脉深褐色。腋瓣黄褐色,被深褐色毛。平衡棒褐色。

腹部暗褐色,被浅灰粉。腹部毛深褐色。雄性外生殖器:第9背板长稍大于宽,基部具大梯形凹缺;生殖刺突几乎直,端部钝;生殖基节宽大于长,腹面后中部具半圆形凹缺,凹缺两边具指状侧突;阳茎复合体具1个短的中叶和2个尖长的侧叶。

雌 未知。

观察标本 正模♂,河南嵩县白云山,2004. Ⅶ. 17,张魁艳(CAU)。副模1♂,湖北神农架大岩屋,1 700 m,1984.Ⅵ.29,杨集昆(CAU)。

分布 河南(嵩县)、湖北(神农架)。

讨论 该种与峨眉山柱角水虻 *B. emeishana* Yang et Nagatomi 相似,但中胸背板被深褐色毛;平衡棒褐色;阳茎复合体三裂。而后者中胸背板被黄色和黑色毛;平衡棒黄色;阳茎复合体二裂(Yang 和 Nagatomi,1992)。

(117) 三叶柱角水虻 *Beris trilobata* Li,Zhang *et* Yang,2009(图 142)

Beris trilobata Li,Zhang *et* Yang,2009. Entomotaxon. 31(3):213. Type locality:China:Sichuan,Kangding.

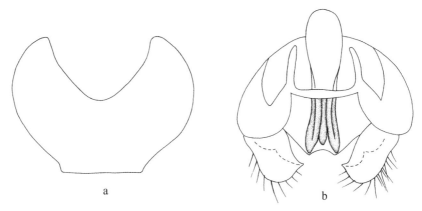

图 142 三叶柱角水虻 *Beris trilobata* Li,Zhang *et* Yang(♂)

a. 第 9 背板,背视(tergites 9, dorsal view);b. 生殖体,背视(genital capsule, dorsal view).

雄 体长 6.6 mm,翅长 5.4 mm。

头部黑色,被灰粉。复眼相接,暗红褐色,被毛。头部密被深褐色毛,但腹面毛浅色。触角黑色;柄节和梗节被黑毛,鞭节最末一节被稀疏黑色短毛;触角 3 节长比为 1.2:1.2:4.0。喙黄色,被浅黑毛。

胸部金绿色,被浅灰粉。小盾片 8 刺,最外侧一对刺极短。胸部密被褐色毛。足黑色,股节暗黄褐色,端部浅黑色,但最末端暗黄色,胫节浅黑色,后足第 1 跗节暗黄褐色。后足第 1 跗节明显膨大,明显宽于后足胫节。足上毛深褐色,但基节、转节和股节基部被白毛。翅浅灰色;翅痣褐色,明显深于翅其他部分;翅脉深褐色。腋瓣黄褐色,被浅色毛。平衡棒暗褐色。

腹部暗褐色,被浅灰粉。腹部毛深褐色,但第 1~6 背板被浅色长毛。雄性外生殖器:第 9 背板宽大于长,基部具大凹缺;生殖刺突短粗,端部内角尖锐;生殖基节宽明显大于长,腹面后中部具梯形中突,端部稍内凹;阳茎复合体具 1 个短的中叶和 2 个稍长的侧叶。

雌 体长 5.0~5.4 mm,翅长 4.8~5.0 mm。

与雄虫相似,但第 1 鞭节暗赤黄色。平衡棒黄色。

观察标本 正模♂,四川康定折多塘,3 060 m,2006.Ⅶ.7,冯立勇(CAU)。副模 1♀,云南玉龙雪山牦牛坪,3 600 m,2006.Ⅵ.28,王有(CAU);1♀,云南香格里拉碧塔海,3 700 m,2006.Ⅶ.02,王有(CAU)。

分布　四川(康定)、云南(玉龙、香格里拉)。

讨论　该种与端褐柱角水虻 *B. fuscipes* Meigen 相似,但后足胫节黑色;第9背板无背针突。而后者后足胫节黄色;第9背板有背针突(Yang 和 Nagatomi,1992)。

(118)洋县柱角水虻 *Beris yangxiana* **Cui, Li et Yang, 2010**(图143)

Beris yangxiana Cui, Li et Yang,2010. Entomotaxon. 32(4):281. Type locality:China:Shaanxi, Yangxian.

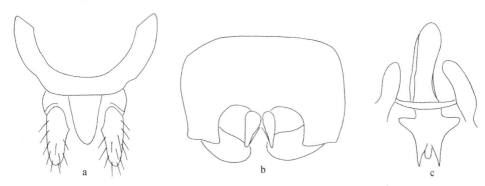

图143　洋县柱角水虻 *Beris yangxiana* Cui, Li et Yang(♂)

a. 第9～10背板和尾须,背视(tergites 9～10 and cerci, dorsal view);b. 生殖体,腹视(genital capsule, ventral view);c. 生殖基节背桥和阳茎,背视(gonocoxal bridge and aedeagus, dorsal view)。

雄　体长7.1 mm,翅长5.7 mm。

头部黑色,被灰粉。复眼相接,红褐色,被稀疏毛。头部毛深褐色,但腹面被浅色毛,膨大的中下颜被浅色毛。触角【鞭节缺损】黑色;柄节和梗节被黑毛。触角3节长比为1.4:1.1:?。喙黄色,被浅色毛。

胸部金绿色被浅灰粉。小盾片7刺。胸部毛浅色。足主要黄色,但前后足基节黑色,中足基节黄色,后足股节具一个宽的黑色亚端环,后足胫节黑色,但基部暗黄色,跗节除第1跗节(不包括后足第1跗节端半部)外黄色。后足第1跗节稍膨大,稍宽于后足胫节。足上毛浅色,但跗节被深褐色毛。翅透明,但端部稍带灰色;翅痣深褐色,颜色深于翅其他部分,r$_{2+3}$室浅色;翅脉深褐色;盘室后部稍宽于端部。平衡棒暗黄色。

腹部暗褐色,被灰褐色粉。腹部毛深褐色,但第1～5背板侧边具浅色长毛。雄性外生殖器:第9背板宽明显大于长,基部具大凹缺;尾须较短;生殖刺突短粗,端部钝;生殖基节宽明显大于长,腹面后中部具一对明显的突起;阳茎复合体宽,端部具一对尖的侧突。

雌　未知。

观察标本　正模♂,陕西洋县长青保护区杉树坪,2006.Ⅶ.29,朱雅君(CAU)。

分布　陕西(洋县)。

讨论　该种可根据生殖基节特化的腹面后中突和宽的阳茎复合体与本属其他种很容易地区分开来(Yang 和 Nagatomi,1992)。

(119)周氏柱角水虻 *Beris zhouae* **Qi, Zhang et Yang, 2011**(图144)

Beris zhouae Qi,Zhang et Yang,2011. Acta Zootaxon. Sin. 36(2):278. Type locality:

China：Guizhou，Kuankuoshui.

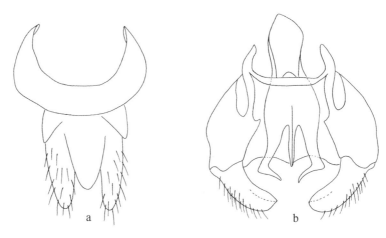

图 144 周氏柱角水虻 *Beris zhouae* Qi，Zhang *et* Yang（♂）

a. 第 9～10 背板和尾须，背视（tergites 9～10 and cerci，dorsal view）；b. 生殖体，背视
（genital capsule，dorsal view）。

雄 体长 5.3～5.6 mm，翅长 4.6～4.7 mm。

头部黑色，被灰白粉。复眼相接，暗褐色，被毛。头部毛深褐色，但腹面被浅色毛。触角柄
节和梗节黄褐色，鞭节暗黄色，但最末一节黑色；柄节和梗节被黑毛，最末鞭节顶端有 3～4 根
黑毛。触角 3 节长比为 1.0：1.0：2.4。喙黄色，被浅色毛。

胸部金绿色，被浅灰粉。小盾片 6 刺。胸部毛浅色。足黄色，但前中足基节暗黄色，后足
基节浅黑色，所有第 5 跗节褐色；后足第 1 跗节稍膨大，宽为后足胫节的 1.1 倍。足上毛浅色，
但胫节和前足跗节主要被浅黑毛。翅均匀浅褐色；翅痣深褐色；翅脉褐色；盘室后部较窄，端部
翅脉 X 形。平衡棒褐色。

腹部暗褐色，被灰白粉。腹部毛深褐色，但第 1 背板侧边毛浅色。雄性外生殖器：第 9 背
板长大于宽，基部具大凹缺；尾须粗长；生殖刺突粗，稍向内弯，端部钝；生殖基节宽大于长，腹
面具弱的后中突；阳茎复合体侧叶明显长于中叶，端部指状，强烈内弯。

雌 未知。

观察标本 正模♂，贵州宽阔水中心站，2010. Ⅵ. 3，周丹（CAU）。副模 1♂，贵州宽阔水
中心站，2010. Ⅵ. 5，张培（CAU）。

分布 贵州（宽阔水）。

讨论 该种与平头柱角水虻 *B. potanini* Pleske 相似，但所有股节全黄色；阳茎复合体侧
叶明显长于中叶，端部强烈内弯。而后者所有股节端部深色；阳茎复合体侧叶与中叶等长，端
部向外弯（Yang 和 Nagatomi，1992）。

（120）舟曲柱角水虻 *Beris zhouquensis* Li，Zhang *et* Yang，2011（图 145）

Beris zhouquensis Li，Zhang *et* Yang，2011. Acta Zootaxon. Sin. 36（1）：49. Type local-
ity：China：Gansu，Zhouqu.

雄 体长 6.4 mm，翅长 5.5 mm。

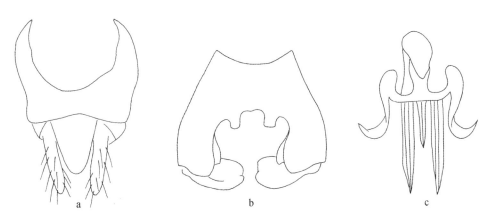

图 145　舟曲柱角水虻 *Beris zhouquensis* Li, Zhang *et* Yang(♂)

a. 第 9～10 背板和尾须,背视(tergites 9～10 and cerci, dorsal view); b. 生殖体,腹视(genital capsule, ventral view); c. 生殖基节背桥和阳茎,背视(gonocoxal bridge and aedeagus, dorsal view)。

头部黑色,被灰粉。复眼相接,暗褐色,密被长毛。头部密被深褐色长毛。触角黑色;柄节和梗节被黑毛。触角 3 节长比为 7.0∶6.0∶21.0。喙暗黄色,被褐色毛。

胸部金绿色被浅灰粉。小盾片 8 刺,最外侧一对刺极短。胸部毛深褐色。足黑色,但股节最末端黄褐色,胫节基部浅黑色;后足第 1 跗节稍膨大,稍宽于后足胫节。足上毛深褐色。翅均匀浅灰褐色;翅痣深褐色;翅脉褐色;盘室后部较宽,M_1 脉和 M_2 脉基部汇聚成一小短柄。平衡棒暗褐色。

腹部暗褐色,被灰褐色粉。腹部毛深褐色,但第 1～6 背板侧边被长毛。雄性外生殖器:第 9 背板宽大于长,基部具大凹缺;尾须长;生殖刺突宽短,端部钝;生殖基节长宽大致相等,腹面端缘具两个分离的短突;阳茎复合体 2 个侧叶长,端部尖锐,中叶较短,尖锐。

雌　未知。

观察标本　正模♂,甘肃舟曲沙滩林场,1999.Ⅵ.17,王洪建(CAU)。副模 1♂,甘肃舟曲沙滩林场,1999.Ⅵ.16,姚建(CAU)。

分布　甘肃(舟曲)。

讨论　该种与指突柱角水虻 *B.digitata* Li, Zhang *et* Yang 相似,但跗节全黑色;生殖刺突基部无突。而后者跗节黄色至黄褐色;生殖刺突基部具指状突。

8. 离眼水虻属 *Chorisops* Rondani, 1856

Chorisops Rondani, 1856. Dipt. Ital. Prodromus. 1：173. Type species：*Beris tibialis* Meigen, 1820.

Chlorisops Brauer, 1882. Denkschr. Akad. Wiss., Wien, Kl. math.-naturw. 44：72, error or unjustified emendation.

属征　头部亮金绿色或金紫色;雄虫复眼窄分离;额向前渐窄,宽为复眼宽的 1/4。额被短毛。雌虫复眼宽分离;额两侧几乎平行,宽为复眼宽的 1/2。复眼几乎裸。触角柄节细,短于梗节长的 2 倍,柄节与梗节长之和明显短于鞭节,鞭节 8 节;须发达,2 节。胸部亮金绿色;

小盾片 4～6 刺,黄色。无胫距;M_3 通常脉退化。腹部较窄。

讨论 该属主要分布于古北界和东洋界。全世界已知 16 种,中国已知 10 种。

种 检 索 表

1.	M_3 脉短或无 ···	2
	M_3 脉较长 ···	9
2.	腹部全褐色至深褐色 ···	3
	腹部具黄斑 ···	7
3.	后足股节黄色(在短突离眼水虻 *C. brevis* 中为褐色);平衡棒黄色 ···············	4
	后足股节主要深褐色;平衡棒球部褐色或浅褐色 ··	6
4.	前足跗节全深褐色 ···	5
	前足第 1 跗节黄色;阳茎具 3 叶,中叶极短 ················· 短突离眼水虻 *C. brevis*	
5.	须浅黑色;M_1 和 M_2 脉基部汇聚;小盾片端缘深色,侧刺长;翅端部和后部均匀灰色 ·············· ··· 梵净山离眼水虻 *C. fanjingshana*	
	须部分黄色;M_1 和 M_2 脉基部分离;小盾片端缘黄褐色,侧刺短;翅沿纵脉颜色加深 ·············· ··· 短刺离眼水虻 *C. separata*	
6.	鞭节暗黄褐色,端部黑色;阳茎复合体二裂,端部锯齿状 ········· 双突离眼水虻 *C. bilobata*	
	鞭节黑色,基部两节浅黑色;阳茎复合体三裂,端部非锯齿状 ····· 张氏离眼水虻 *C. zhangae*	
7.	后足股节无深色亚端环,仅最末端深褐色;盘室后部翅脉 X 形 ······················	8
	后足股节具深色亚端环,最末端深褐色;盘室后部翅脉非 X 形 ····· 黄斑离眼水虻 *C. maculiala*	
8.	腹部第 2～5 背板基中部各具一宽大黄斑;胸部侧板全黑色 ······· 长刺离眼水虻 *C. unita*	
	腹部第 2～6 背板基中部各具一窄带状黄斑;胸部侧板部分黄色或暗黄色 ·············· ··· 条斑离眼水虻 *C. striata*	
9.	M_3 脉极长,为 M_2 脉长的 2/3;盘室后部翅脉非 X 形;后足胫节基部 1/4 黄褐色;须黄褐色 ·············· ··· 长脉离眼水虻 *C. longa*	
	M_3 脉中等长,为 M_2 脉长的 1/3;盘室后部翅脉 X 形;后足胫节基部最末端暗黄褐色;须黑色 ·············· ··· 天目山离眼水虻 *C. tianmushana*	

(121)双突离眼水虻 *Chorisops bilobata* Li,Cui *et* Yang,2009(图 146)

Chorisops bilobata Li,Cui *et* Yang,2009. Entomotaxon. 31(3):162. Type locality:China:Shaanxi,Foping.

雄 体长 6.1～6.2 mm,翅长 5.1～5.2 mm。

头部黑色,但额和头顶包括单眼瘤大体上有亮金绿色光泽。复眼明显分离,暗褐色。头部毛深褐色,但腹面毛浅色,额和头顶被浅色毛;颜、额和头顶毛极短;复眼裸。触角柄节浅黑色,梗节浅褐色,鞭节暗黄褐色,但端部黑色;鞭节最末一节明显长于梗节;柄节和梗节被黑毛。触角 3 节长比为 1.6:1.0:5.2。喙黄色,被黑毛;须黄褐色或浅黑色,被黑毛。

胸部黑色,但中胸背板和小盾片亮金绿色;小盾片 4 或 6 刺,小盾片后缘和盾刺暗黄色。

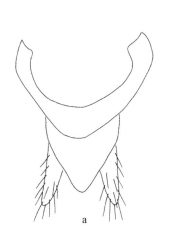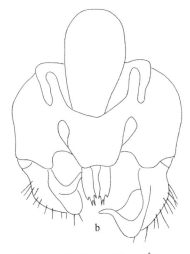

图 146　双突离眼水虻 *Chorisops bilobata* Li, Cui *et* Yang(♂)

a. 第 9～10 背板和尾须，背视(tergites 9～10 and cerci, dorsal view)；b. 生殖体，背视 (genital capsule, dorsal view)。

肩胛和翅后胛暗褐色。胸部毛浅色；中胸背板无长毛。足浅黄色，但后足基节暗褐色，后足股节暗褐色，但窄的基部黄色，最末端黑色，后足胫节黑色，但基部暗黄褐色；前足跗节和中后足第 1 跗节暗褐色。后足股节棒状，基部稍细；后足胫节和跗节稍加粗，后足胫节稍粗于后足第 1 跗节。足上毛浅黑色，但基节被浅色毛。翅稍带浅灰色，尤其是沿纵脉，但窄的翅基部、基室和 r_1 室(除基部外)浅色；翅痣深褐色；翅脉深褐色；M_1 脉和 M_2 脉基部汇聚；M_3 脉极短，仅基部可见。腋瓣暗黄色，被浅色毛。平衡棒暗黄色，但球部暗褐色。

　　腹部暗褐色，略带金绿色。腹部毛浅色或深褐色。雄性外生殖器：第 9 背板宽大于长，基部具大凹缺；生殖基节背桥大；生殖刺突端部具弯曲的内叶；阳茎复合体二裂，每叶端部锯齿状。

　　雌　未知。

　　观察标本　正模♂，陕西佛坪，2006.Ⅶ.29，朱雅君(CAU)。副模 1♂，陕西佛坪，2006.Ⅶ.29，朱雅君(CAU)。

　　分布　陕西(佛坪)。

　　讨论　该种与短刺离眼水虻 *C. separata* Yang *et* Nagatomi 相似，但后足股节主要为暗褐色；平衡棒暗黄色，球部暗褐色。而后者后足股节黄色，但端部暗褐色；平衡棒黄色(Yang 和 Nagatomi，1992)。

(122)短突离眼水虻 *Chorisops brevis* Li, Cui *et* Yang, 2009(图 147)

Chorisops brevis Li, Cui *et* Yang, 2009. Entomotaxon. 31(3)：163. Type locality：China：Henan, Songxian.

　　雄　体长 5.8 mm，翅长 4.4 mm。

　　头部黑色，但额和头顶包括单眼瘤大体上有亮金绿色光泽。复眼明显分离，暗褐色。头部毛深褐色，但腹面毛浅色，额和头顶被浅色毛；颜、额和头顶毛极短；复眼裸。触角柄节浅黑色，梗节黄褐色，鞭节褐色，但最末一节暗褐色；鞭节最末一节稍长于梗节；柄节和梗节被黑毛。触

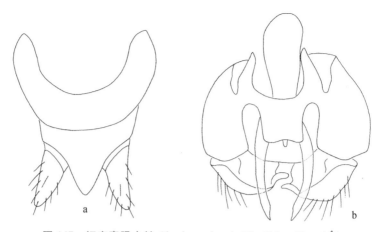

图 147 短突离眼水虻 *Chorisops brevis* Li, Cui *et* Yang(♂)

a. 第 9～10 背板和尾须,背视(tergites 9～10 and cerci, dorsal view);b. 生殖体,背视
(genital capsule, dorsal view)。

角 3 节长比为 1.9∶1.05∶4.65。喙黄色,被黑毛;须浅黑色,被黑毛。

胸部黑色,但中胸背板和小盾片亮金绿色;小盾片 4 刺,小盾片后缘和盾刺浅黄色。肩
胛和翅后胛暗褐色。胸部毛浅色;中胸背板无长毛。足浅黄色,但后足基节褐色,后足股节
褐色,但基部黄色,最末端暗褐色,后足胫节暗褐色,但最基部黄色;前足第 2～5 跗节和中
后足第 3～5 跗节暗褐色。后足股节棒状,基部稍细;后足胫节和跗节加粗,后足胫节稍粗
于后足第 1 跗节。足上毛浅黑色,但基节被浅色毛。翅均匀被浅灰色;翅痣深褐色;r_{2+3} 室
浅色;翅脉深褐色;M_1 脉和 M_2 脉基部几乎相接。腋瓣暗黄色,被浅色毛。平衡棒浅黄色,
但基部暗黄色。

腹部暗褐色,略带金绿色。腹部毛浅色,背面具深色毛,但第 1～4 背板侧边毛浅色。雄性
外生殖器:第 9 背板宽大于长,基部具大凹缺;生殖基节背桥大;生殖刺突端部具弯曲的内叶;
阳茎复合体具 1 个极短的中叶和 2 个极长的侧叶。

雌 未知。

观察标本 正模♂,河南嵩县白云山,1 500 m,1996.Ⅶ.18,杨集昆(CAU)。

分布 河南(嵩县)。

讨论 该种与短刺离眼水虻 *C. separata* Yang *et* Nagatomi 相似,但须全黑色;无 M_3 脉;
前足第 1 跗节黄色。而后者须部分黄色;M_3 脉存在;前足第 1 跗节暗褐色(Yang 和
Nagatomi,1992)。

(123)梵净山离眼水虻 *Chorisops fanjingshana* Li, Cui *et* Yang, 2009(图 148)

Chorisops fanjingshana Li, Cui *et* Yang,2009. Entomotaxon. 31(3):164. Type locali-
ty:China:Guizhou, Fanjingshan.

雄 体长 6.0～6.1 mm,翅长 4.6～4.7 mm。

头部黑色,但额和头顶包括单眼瘤大体上有亮金绿色光泽。复眼明显分离,红褐色。头部
毛深褐色,但腹面毛浅色,额和头顶被浅色毛;颜、额和头顶毛极短;复眼裸。触角柄节黑色,梗
节浅黑色,鞭节浅黑色,但基部黄褐色;鞭节最末一节稍长于梗节;柄节和梗节被黑毛。触角 3

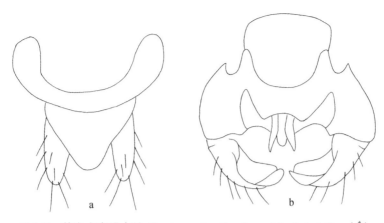

图 148　梵净山离眼水虻 *Chorisops fanjingshana* Li, Cui *et* Yang(♂)

a. 第 9～10 背板和尾须,背视(tergites 9～10 and cerci, dorsal view);b. 生殖体,背视 (genital capsule, dorsal view)。

节长比为 2.0∶1.0∶6.1。喙黄色,被浅黑毛;须浅黑色,被黑毛。

胸部黑色,但中胸背板和小盾片亮金绿色;小盾片具 4 根浅黄色刺。肩胛和翅后胛暗褐色。胸部毛浅色;中胸背板具少许长毛。足浅黄色,但后足基节暗褐色,后足股节最末端暗褐色,后足胫节黑色,但最基部浅褐色;前足跗节和中后足第 3～5 跗节暗褐色。后足股节棒状,基部稍细;后足胫节和跗节加粗,后足胫节稍粗于后足第 1 跗节。足上毛浅黑色,但基节被浅色毛。翅几乎透明,但端部和后部稍带浅灰色;翅痣深褐色;r_{2+3} 室除基部和端部外透明;翅脉深褐色;M_1 脉和 M_2 脉基部相接,M_3 脉极短,仅基部可见。腋瓣暗黄色,被浅色毛。平衡棒浅黄色。

腹部暗褐色,略带金绿色。腹部毛黑色,但第 1～4 背板侧边具浅色长毛。雄性外生殖器:第 9 背板宽大于长,基部具大凹缺;生殖基节背桥大;生殖刺突明显内弯,具内凹;阳茎复合体侧叶稍长于中叶,且端部稍分离。

雌　未知。

观察标本　正模♂,贵州梵净山金顶,2 200 m,2002.Ⅴ.30,杨定(CAU)。副模 1♂,贵州梵净山金顶,2 200 m,2002.Ⅴ.30,杨定(CAU)。

分布　贵州(梵净山)。

讨论　该种与短刺离眼水虻 *C. separata* Yang *et* Nagatomi 相似,但须全黑色;M_1 脉和 M_2 脉基部相接。而后者须部分黄色;M_1 脉和 M_2 脉基部分离(Yang 和 Nagatomi,1992)。

(124)长脉离眼水虻 *Chorisops longa* Li, Zhang *et* Yang, 2009

Chorisops longa Li, Zhang *et* Yang,2009. Entomotaxon.31(3):214. Type locality:China:Zhejiang, Anji.

雌　体长 7.4 mm,翅长 6.2 mm。

头部黑色,但额和头顶包括单眼瘤大体上有亮金绿色光泽。复眼明显分离,红褐色。头部毛浅色,后头被深褐色毛,但腹面毛浅色;颜、额和头顶毛极短;复眼裸。触角柄节浅黑色,梗节黄褐色,鞭节浅黑色,但基部黄褐色;鞭节最末一节明显长于梗节;柄节和梗节被黑毛。触角 3

节长比为 2.3∶1.4∶9.6。喙暗黄色,被黑毛;须黄褐色被浅黑毛。

胸部黑色,但中胸背板和小盾片亮金绿色;小盾片具 6 根浅黄色刺。肩胛和翅后胛暗褐色。胸部毛浅色;中胸背板和小盾片被短毛。足黄色,但后足股节最末端褐色,后足胫节黑色,但基部 1/4 黄褐色,前足跗节褐色,但第 1 跗节黄褐色,中足跗节黄褐色,但第 1~2 跗节黄色,后足跗节褐色,但第 1~2 跗节黄色。后足股节棒状,基部稍细;后足胫节稍加粗,后足跗节不明显加粗,后足胫节明显粗于后足第 1 跗节。足上毛浅黑色,但基节被浅色毛。翅几乎透明,但端部稍带灰色;翅痣深褐色;r_{2+3} 室除基部和最末端外透明;翅脉深褐色;M_1 脉和 M_2 脉基部汇聚,盘室后部翅脉非 X 形;M_3 脉长为 M_2 脉的 2/3。腋瓣黄褐色,被浅色毛。平衡棒暗黄色。

腹部暗褐色,略带金绿色。腹部毛黑色,但第 1~5 背板侧边毛浅色。

雄 未知。

观察标本 正模♀,浙江安吉龙王山,1996. Ⅵ. 13,吴鸿(CAU)。

分布 浙江(安吉)。

讨论 该种可以根据较长的 M_3 脉与本属其他种区分开来,该种 M_3 脉长达 M_2 脉的 2/3,而其他种 M_3 脉不存在或非常短(Rozkošný,1975;Yang 和 Nagatomi,1992)。

(125)黄斑离眼水虻 *Chorisops maculiala* Nagatomi,1964(图 149)

Chorisops maculiala Nagatomi,1964. Ins. Matsum. 12(2):19. Type locality:Japan:Honshu,Sasayama,Tamba.

雄 体长 5.0~6.0 mm,翅长 4.0 mm。

头部浅黑色,额和后头中部暗金蓝色;须、喙和触角黄色或黄褐色,但是触角除鞭节基部外颜色稍深;触角上额和颜被浅灰粉,但是中间被亮黑色线分开;额被毛的部分长与触角上额宽相等;触角柄节、梗节、额、颜、单眼瘤、头顶和后头被黑毛,须、喙和颊被浅黄毛;头顶毛较长,但短于柄节与梗节长之和。

胸部中胸背板和小盾片暗金蓝绿色,但翅后胛、小盾片宽的后缘和小盾刺黄色或浅褐色,肩胛暗褐色,但外角黄色或浅褐色;侧板闪亮的深褐色或黑色,稍有绿色或蓝色光泽。胸部毛浅黄色,但翅侧片裸;中胸背板还具长毛,长于触角柄节,但不长于柄节与梗节长之和。足黄色或黄褐色,但后足股节端部和胫节除膝外暗褐色;第 5 跗节和后足股节中部稍靠近端部的区域颜色稍深。足上毛浅黄色,但后足胫节也被黑毛。翅稍带褐色;翅痣、亚缘室在翅痣上的部分,r_{2+3} 室前缘和后缘,r_4 室暗褐色;翅脉褐色至深褐色;M_1 脉和 M_2 脉基部相接,M_3 脉无或极不发达。平衡棒黄色或黄褐色。

腹部背面暗褐色至褐色,有金紫色光泽,尤其是最后 3 节;第 2~5 背板中基部各具一黄色或黄褐色斑,这些斑呈倒三角形或半圆形,第 3~4 背板的斑几乎达后缘;腹面黄色或黄褐色,但第 1 腹板和第 5~7 腹板暗褐色至浅黑色。腹部第 1~4 节背腹被浅黄毛,侧边及第 1 背板毛较长而背面中部毛较短且为黑色,第 5~7 节被黑色短毛。雄性外生殖器:生殖刺突二裂成一个端部尖锐的背叶和端部钝的腹叶。

雌 体长 5.0 mm,翅长 4.0~5.0 mm。

与雄虫相似,仅以下不同:头部被毛的部分长仅为触角上额宽的一半;下颜亮黑色部分为三角形;额、颜和单眼瘤毛浅色,头顶毛不明显加长。胸部毛不长于柄节。后足胫节毛全浅黄

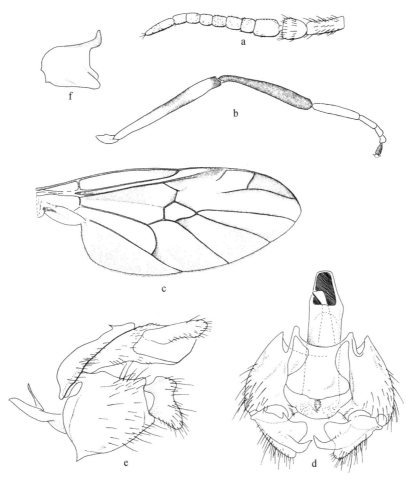

图 149　黄斑离眼水虻 *Chorisops maculiala* Nagatomi(♂)（据 Nagatomi, 1964 重绘）

a. 触角，外侧视（antenna, outer view）；b. 后足，前视（hind leg, frontal view）；c. 翅（wing）；d. 生殖体，背视（genital capsule, dorsal view）；e. 生殖体、第 9 背板和尾须，侧视（genital capsule, tergites 9 and cerci, lateral view）；f. 生殖刺突，侧视（gonostylus, lateral view）。

色。腹部第 5 节的毛和雌性生殖孔浅黄色。

观察标本　2♀♀，辽宁宽甸泉山林场（灯诱），330 m，2009.Ⅶ.8，李彦（CAU）。

分布　中国辽宁（宽甸）；日本，俄罗斯。

讨论　该种与长刺离眼水虻 *C. unita* Yang et Nagatomi 相似，但后足股节具深色亚基环，最末端深褐色；盘室后部翅脉非 X 形。而后者后足股节无深色亚基环，仅最末端深褐色；盘室后部翅脉 X 形。

(126)短刺离眼水虻 *Chorisops separata* Yang *et* Nagatomi, 1992（图 150）

Chorisops separata Yang *et* Nagatomi, 1992. South Pacific Study 12(2)：169. Type locality：China：Shaanxi, Qinling.

雌　体长 5.2～5.5 mm，翅长 4.8～5.1 mm。

头部黑色，但额和头顶为略带光泽的金紫色；触角上额和颜被淡灰粉；头部被浅黄毛，但后

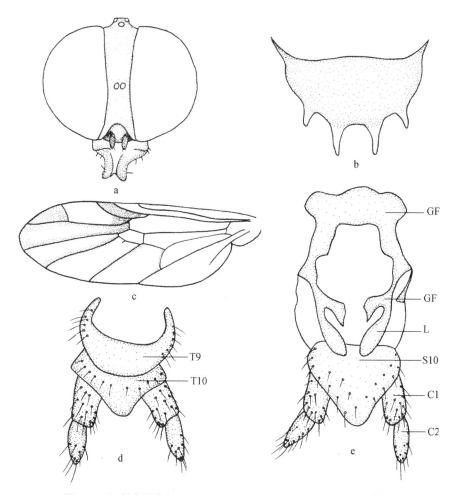

图 150　短刺离眼水虻 *Chorisops separata* Yang *et* Nagatomi(♀)

a. 头部,前视(head, frontal view);b. 小盾片,背视(scutellum, dorsal view);c. 翅(wing);d. 第 9
～10 背板和尾须,背视(tergites 9～10 and cerci, dorsal view);e. 生殖叉、第 10 腹板和尾须,腹视
(genital furca, sternite 10 and cerci, ventral view)。C1. 尾须第 1 节(segment 1 of cercus);C2. 尾
须第 2 节(segment 2 of cercus);GF. 生殖叉(genital furca);L. 生殖叉端叶(apical lobe in genital
furca);S10. 第 10 腹板(sternite 10);T9. 第 9 背板(tergite 9);T10. 第 10 背板(tergite 10)。

头有若干黑毛。头高为头长的 1.3 倍;复眼宽为触角到中单眼距离的 0.9～1.1 倍,为触角上
额宽的 2.3～2.4 倍,为颜宽的 2.0～2.4 倍;触角上额宽为单眼瘤宽的 1.5～1.7 倍,为中单眼
处额宽的 0.8～0.9 倍;喙到触角的距离为触角到中单眼距离的 1.80～1.85 倍;颜下缘微弯。
触角【鞭节缺失】柄节褐色,但端部黄色,梗节黄色;柄节和梗节被黑毛;触角 3 节长比约为
1.0∶0.6∶?。喙黄色,被浅黄毛;须至少部分黄色。

　　胸部黑色,中胸背板和小盾片亮金绿色;肩胛和翅后胛黄色至褐黄色;小盾片端缘褐黄色;
小盾片 4 刺,内刺长不到小盾片长的 1/2。胸部毛浅黄色,中侧片前缘、腹侧片中后缘、翅侧片
下部、下侧片和侧背片上部裸。足黄色,后足基节通常为褐黄色;后足股节端部和后足胫节(除
基部顶端外)褐色;前足跗节、中足第 4～5 跗节和后足第 3～5 跗节褐色至深褐色;后足第 1 跗
节比长刺离眼水虻 *Chorisops unita* 细。足上毛主要为浅黄色。翅透明;翅痣深褐色;端部 1/2

沿纵脉浅褐色，r_1 室、r_{2+3} 室基部及 r_4 室浅褐色；盘室长为 M_1 脉长的 0.3 倍，为 M_2 脉长的 0.4 倍。平衡棒黄色。

腹部褐色至深褐色，被浅黄毛。雌性外生殖器：尾须第 1 节明显比第 2 节粗；生殖叉长大于宽，后端分开，具两个巨大的叶。

雄 未知。

观察标本 正模♀，陕西秦岭，1962. Ⅷ. 5～6，杨集昆（CAU）。副模 2♀♀，陕西秦岭，1962. Ⅷ. 5～6，杨集昆（CAU）。

分布 陕西（秦岭）。

讨论 该种与分布于西伯利亚和日本的黄斑离眼水虻 *C. maculiala* Nagatomi，1964 近似，但腹部背面褐色，无明显黄斑；前足跗节褐色至深褐色。而后者腹部褐色至深褐色，具黄斑；前足跗节黄色。

(127) 条斑离眼水虻 *Chorisops striata* Qi，Zhang *et* Yang，2011

Chorisops striata Qi，Zhang *et* Yang，2011. Acta Zootaxon. Sin. 36(2)：278. Type locality：China：Guizhou，Kuankuoshui.

雌 体长 5.8～6.0 mm，翅长 4.8～5.0 mm。

头部黑色，但额和头顶包括单眼瘤大体上有亮金紫色光泽。复眼明显分离，红褐色。头部毛浅色，后头被深褐色毛，但腹面毛浅色；颜、额和头顶毛极短；复眼裸。触角黑色，但梗节和鞭节基部浅黑色；鞭节最末一节明显长于梗节；柄节和梗节被黑毛。触角 3 节长比为 1.4：1.0：6.0。喙黄色，被黑毛；须黄褐色，被浅黑毛。

胸部黑色，但中胸背板和小盾片亮金紫色；小盾片具 4 根浅黄色刺。肩胛和翅后胛暗黄褐色。前胸侧板下部、中侧片上部和翅侧片暗黄色。胸部毛浅色；中胸背板和小盾片被短毛。足黄色，但后足股节最末端黑色，后足胫节暗褐色，具黄褐色或浅褐色亚基环；前足跗节全暗褐色，中后足第 3～5 跗节褐色，后足股节棒状，基部稍细；后足跗节不明显加粗，后足胫节明显粗于后足第 1 跗节。足上毛浅黑色，但基部被浅色毛。翅几乎透明，但沿翅脉稍带灰色；翅痣深褐色；r_{2+3} 室除基部和最末端外透明；翅脉深褐色；M_1 脉和 M_2 脉基部汇聚，盘室后部翅脉 X 形；M_3 脉不存在。腋瓣黄褐色，被浅色毛。平衡棒黄色。

腹部暗褐色，但第 2～6 背板基部各具一窄的黄色横条斑，第 2～6 腹板黄褐色或黄色。腹部毛黑色，但第 1～5 背板侧边毛浅色。

雄 未知。

观察标本 正模♀，贵州宽阔水水库，2010. Ⅵ. 4，李彦（CAU）。副模 3♀♀，贵州宽阔水中心站，2010. Ⅵ. 3，周丹（CAU）。

分布 贵州（宽阔水）。

讨论 该种与长刺离眼水虻 *C. unita* Yang *et* Nagatomi 相似，但胸部侧板部分黄色或暗黄色；腹部第 2～6 背板基部各具一窄的黄色横条斑。而后者胸部侧板全黑色；腹部第 2～5 背板中基部具大而宽的黄斑（Yang 和 Nagatomi，1992）。

(128) 天目山离眼水虻 *Chorisops tianmushana* Li，Zhang *et* Yang，2009（图 151）

Chorisops tianmushana Li，Zhang *et* Yang，2009. Entomotaxon. 31(3)：215. Type locality：China：Zhejiang，Tianmushan.

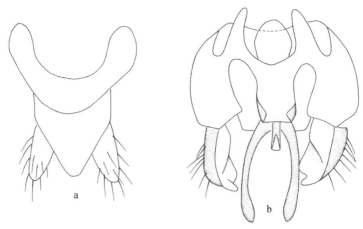

图 151　天目山离眼水虻 *Chorisops tianmushana* Li, Zhang *et* Yang(♂)

a. 第 9～10 背板和尾须,背视(tergites 9～10 and cerci, dorsal view)；b.生殖体,背
视(genital capsule, dorsal view)。

雄　体长 5.6 mm,翅长 4.4 mm。

头部黑色,但额和头顶包括单眼瘤大体上有亮金紫色光泽。复眼窄分离,红褐色。头部毛深褐色,但腹面毛浅色,额和头顶被浅色毛；额上毛极短；复眼被极稀疏短毛。触角柄节浅黑色,端部褐色,梗节浅褐色,鞭节浅黑色,但基部浅褐色；鞭节最末一节稍长于梗节；柄节和梗节被黑毛。触角 3 节长比为 1.0：0.5：2.4。喙黄色,被黄褐色毛；须黑色,被黑毛。

胸部黑色,但中胸背板和小盾片亮金绿色；小盾片具 4 根浅黄色刺。肩胛和翅后胛暗褐色。胸部毛浅色；中胸背板和小盾片还被少许长毛。足黄色,但后足股节最末端黑色,后足胫节黑色,但最基部暗黄褐色,前足跗节褐色至暗褐色,中后足第 3～5 跗节暗褐色。后足股节棒状,基部稍细；后足胫节和跗节加粗,后足胫节稍粗于后足第 1 跗节。足上毛浅黑色,但基节被浅色毛,股节部分被浅色毛。翅几乎透明,但端部和后部稍带灰色；翅痣深褐色；r_{2+3} 室除基部和最末端外透明；翅脉深褐色；M_1 脉和 M_2 脉基部汇聚,盘室后部翅脉 X 形；M_3 脉长为 M_2 脉的 1/3。腋瓣暗黄色,被浅色毛。平衡棒暗黄色。

腹部暗褐色,略带金绿色。腹部毛黑色,但第 1～4 背板侧边被浅色长毛。雄性外生殖器：第 9 背板宽大于长,基部具大凹缺；生殖基节背桥大,长明显大于宽；生殖刺突端缘具凹缺；阳茎复合体具极短的中叶和极长的侧叶。

雌　未知。

观察标本　正模♂,浙江天目山,1990.Ⅵ.3,何俊华(ZJU)。

分布　浙江(天目山)。

讨论　该种与长脉离眼水虻 *C. longa* Li, Zhang *et* Yang 相似,但 M_3 脉长为 M_2 脉的 1/3,盘室后部翅脉 X 形；后足胫节最基部暗黄褐色；须黑色。而后者 M_3 脉长为 M_2 脉的 2/3,盘室后部翅脉非 X 形；后足胫节基部 1/4 黄褐色；须黄褐色(Li, Zhang 和 Yang,2009)。

(129)长刺离眼水虻 *Chorisops unita* Yang *et* Nagatomi, 1992(图 152)

Chorisops unita Yang *et* Nagatomi, 1992. South Pacific Study 12(2)：171. Type locality：China：Jiangxi，Jinggangshan。

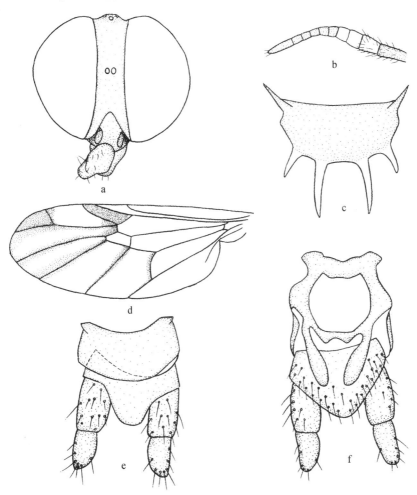

图 152　长刺离眼水虻 *Chorisops unita* Yang *et* Nagatomi(♀)
a. 头部,前视(head,frontal view)；b. 触角,外侧视(antenna,outer view)；c. 小盾片,背视
(scutellum,dorsal view)；d. 翅(wing)；e. 第 9～10 背板和尾须,背视(tergites 9～10 and
cerci,dorsal view)；f. 生殖叉、第 10 腹板和尾须,腹视(genital furca,sternite 10 and cerci,
ventral view)。

雌　体长 6.1 mm,翅长 5.4 mm。

头部黑色,但额、头顶和后头中部为略带光泽的金绿色；触角上额、颜被淡灰粉；头部毛浅黄色,后头有若干黑毛。头高为长的 1.3 倍；复眼宽为触角到中单眼距离的 1.1 倍,为触角上额宽的 2.4 倍,为颜宽的 1.9 倍；触角上额宽为单眼瘤宽的 1.3 倍,为单眼处额宽的 0.8 倍；喙到触角的距离为触角到中单眼距离的 1.9 倍；颜下缘强烈弯曲。触角褐色至深褐色,但柄节端部、梗节和第 1～2 鞭节褐黄色；柄节和梗节被黑毛,鞭节被微小的黑色短柔毛；触角 3 节长比约为 1.0：0.6：3.2。触角长为触角到中单眼距离的 2.1 倍。喙浅黄色,被浅黄毛；须褐黄色。

胸部黑色,中胸背板和小盾片亮金绿色；肩胛和翅后胛黄色；小盾片端缘褐黄色；小盾片具

4根黄色长刺,内侧一对刺长明显超过小盾片长的1/2;翅侧片略带褐黄色。胸部毛浅黄色,中侧片前部、腹侧片中后部、下侧片和侧背片上部裸。足黄色,但前足跗节、后足第3~5跗节、后足股节端部和中足第4~5跗节褐色至深褐色,后足胫节基部和端部多少为深黄色;后足第1跗节比短刺离眼水虻 *Chorisops separata* 膨大。足上毛主要为浅黄色。翅透明;翅痣深褐色;端半部沿纵脉浅褐色,r_1 室、r_{2+3} 室基部及 r_4 室浅褐色;盘室长为 M_1 脉长的 0.3 倍,为 M_2 脉长的 0.35 倍。平衡棒黄色。

腹部褐色至深褐色,第2~5背板基中部褐黄色;腹部毛主要为浅黄色。雌性外生殖器:尾须第2节与第1节等粗;生殖叉长宽相等,后端不分开,具两个巨大的叶。

雄 未知。

观察标本 正模♀,江西井冈山,1978.Ⅳ.25,杨集昆(CAU)。

分布 江西(井冈山)。

讨论 该种由于腹部背面具浅色斑,相对短刺离眼水虻 *C. separata* Yang *et* Nagatomi 更近似黄斑离眼水虻 *C. maculiala* Nagatomi,但其触角大部分为深褐色;前足跗节深褐色;后足胫节大部分为黄色;小盾片内刺长,长超过小盾片长的1/2。

(130)张氏离眼水虻 *Chorisops zhangae* Li, Zhang *et* Yang, 2009(图153)

Chorisops zhangae Li, Zhang *et* Yang, 2009. Entomotaxon. 31(3):216. Type locality:China:Hainan, Changjiang.

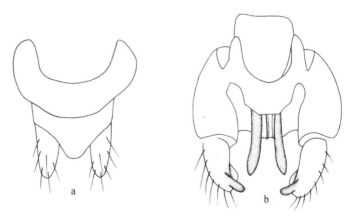

图153 张氏离眼水虻 *Chorisops zhangae* Li, Zhang *et* Yang(♂)
a. 第9~10背板和尾须,背视(tergites 9~10 and cerci, dorsal view);b.生殖体,背视(genital capsule, dorsal view)。

雄 体长 6.5~7.0 mm,翅长 5.1~5.5 mm。

头部黑色,但额和头顶包括单眼瘤大体上有亮金紫色光泽。复眼明显分离,红褐色。头部毛深褐色,但腹面毛浅色;额、颜和头顶毛极短;复眼裸。触角柄节浅黑色,端部浅褐色,梗节浅褐色,鞭节黑色,但基部2节浅褐色;鞭节最末一节稍长于梗节;柄节和梗节被黑毛。触角3节长比为1.8:1.0:5.0。喙黄色,被浅色毛;须浅黑色,但第2节暗黄色,被浅色毛。

胸部黑色,但中胸背板和小盾片亮金绿色;小盾片4刺,小盾片后缘和盾刺浅黄色。肩胛和翅后胛褐色。胸部毛浅色;中胸背板无长毛。足浅黄色,但后足基节基部浅黑色,后足股节暗褐色,但最基部黄色端部黑色,后足胫节黑色,但最基部黄褐色;前足跗节、中足第 2～5 跗节、后足第 3～5 跗节和后足第 1～2 跗节端部暗褐色。后足股节棒状,基部稍细;后足胫节和跗节稍加粗,后足胫节稍粗于后足第 1 跗节。足上毛浅黑色,但基节被浅色毛,股节部分被浅色毛。翅几乎透明,稍带浅灰色;翅痣深褐色;r_{2+3} 室除基部和最末端外透明;翅脉深褐色;M_1 脉和 M_2 脉基部分离。腋瓣暗黄色,被浅色毛。平衡棒黄色,球部浅褐色。

腹部暗褐色,略带金绿色。腹部毛黑色,但第 1～4 背板侧边被浅色长毛。雄性外生殖器:第 9 背板宽大于长,基部具大凹缺;生殖基节背桥大;生殖刺突内弯,端缘具指状突;阳茎复合体具短的中叶和长的侧叶,侧叶端部稍分离。

雌 体长 6.4 mm,翅长 5.0 mm。

与雄虫相似,仅后足股节为浅褐色。

观察标本 正模♂,海南昌江霸王岭,2007.V.26,张俊华(CAU)。副模 1♀,海南昌江霸王岭,2007.V.26,张俊华(CAU)。2♂♂,云南保山百花岭温泉,1 500 m,2007.V.29,刘星月(CAU)。

分布 海南(霸王岭)、云南(保山)。

讨论 该种与短刺离眼水虻 *C. separata* Yang et Nagatomi 相似,须全浅黑色;后足股节暗褐色,但最基部黄色,端部黑色;平衡棒球部浅褐色。而后者须部分黄色;后足股节黄色,端部褐色;平衡棒黄色(Yang 和 Nagatomi,1992)。

9. 长角水虻属 *Spartimas* Enderlein, 1921

Spartimas Enderlein,1921. Mitt. Zool. Mus. Berl. 10:196. Type species:*Spartimas ornatipes* Enderlein,1921.

属征 头部和胸部具金紫色光泽。雄虫接眼式,雌虫离眼式,额宽于复眼。复眼几乎裸。触角柄节长于梗节;柄节与梗节长之和显著短于鞭节,鞭节 8 节,最末一节较长;须发达,2 节。小盾片 4～6 刺。前足明显伸长且纤细,前足胫节和跗节长于中足胫节和跗节,无胫距。M_3 脉长达翅缘或不存在。

讨论 该属分布于东洋界,全世界已知 3 种,中国已知 3 种。

种 检 索 表

1.	胸部侧板全黄色;无 M_3 脉 ··	2
	胸部侧板部分黑色;M_3 脉较长 ·················	丽足长角水虻 *S. ornatipes*
2.	后足股节黄色,但端部黑色 ·····················	端黑长角水虻 *S. apiciniger*
	后足股节黄色,但亚端部具一窄的腹面不相接的黄褐色环 ·········	海南长角水虻 *S. hainanensis*

(131)端黑长角水虻 *Spartimas apiciniger* Zhang et Yang, 2010(图 154;图版 21)

Spartimas apiciniger Zhang et Yang,2010. Zootaxa 2538:61. Type locality:China:Guangxi,Leye.

雄 体长 6.5 mm,翅长 5.0 mm。

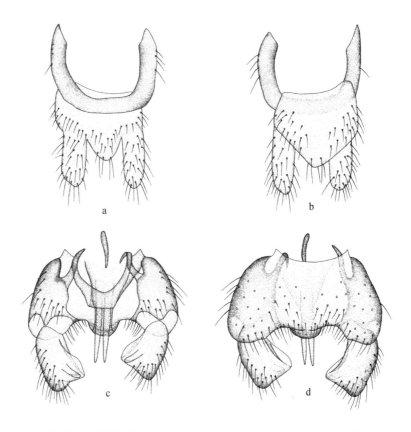

图 154　端黑长角水虻 Spartimas apiciniger Zhang et Yang (♂)

a. 第 9 背板、第 10 腹板和尾须，背视（tergite 9, sternite 10 and cerci, dorsal view）；b. 第
9 背板、第 10 腹板和尾须，腹视（tergite 9, sternite 10 and cerci, ventral view）；c. 生殖
体，背视（genital capsule, dorsal view）；d. 生殖体，腹视（genital capsule, ventral view）。

　　头部黑色，大体上有些金紫色光泽。复眼红褐色，裸，相接，上部小眼面明显大于下部小眼
面。单眼瘤大，单眼黄褐色。头部毛浅黄色，颜沿复眼缘被浅灰色短柔毛。触角黄色，但柄节
基部暗褐色，第 2～8 鞭节浅褐色至深褐色；触角被浅色短毛，但柄节和梗节外表面被深褐色
毛，第 8 鞭节具 2～3 根短毛；第 1 鞭节与第 2+3 鞭节等长，第 2～7 鞭节各节约等长，第 8 鞭
节与第 6+7 鞭节等长；触角 3 节长比为 1.0∶0.9∶3.9。喙黄色，被浅黄毛；须黄色，但第 1
节暗褐色，被浅黄毛。

　　胸部背板和小盾片亮黑色，大体上有金紫色光泽，被浅灰毛；肩胛浅褐色，翅后胛黄色；小
盾片具 6 根黄色刺，最外侧一对刺明显小于其他刺；胸部侧板全黄色。胸部毛浅黄色，中侧片
（前部和后部除外）、翅侧片和侧背片裸。足黄色【前足缺失】，但后足股节端部 1/3 褐色，后
足胫节（基部除外）暗褐色，后足第 1～2 跗节浅黄色，中后足第 3～5 跗节褐色。足上毛浅
黄色，但后足股节、胫节和跗节被褐色毛，后足第 1～2 跗节端缘和第 3～5 跗节被黑毛。翅
稍带褐色，但基部、r_{2+3} 室（翅痣下的部分及后缘除外）、bm 室端半部和 cua_1 室中部几乎透
明；翅痣和翅脉褐色，无 M_3 脉；翅面均匀覆盖微刺，但翅基部（翅瓣除外）和 cup 室基部裸。
平衡棒黄色。

　　腹部长为宽的 5.0 倍，两侧几乎平行，黄褐色至褐色，被褐色短毛，但侧边被黄色直立

长毛;第1~4腹板浅黄色被黄毛。雄性外生殖器:第9背板窄,基缘有大而深的凹缺;生殖基节背桥基缘"V"形;生殖基节端缘中部有钝圆的突起;生殖基节突短;生殖刺突宽,端部斜截,近端部具一小的指状背叶;阳茎复合体2叶,直,比海南长角水虻 S. hainanensis 的长且粗。

雌 未知。

观察标本 正模♂,广西乐业花坪,2004.Ⅷ.17,刘星月(CAU)。

分布 广西(乐业)。

讨论 该种与丽足长角水虻 S. ornatipes Enderlein 相似,但后足股节端部黑色;中侧片全黄色;M₃脉不存在;阳茎复合体二裂。而后者股节具一个宽的褐色亚端环;中侧片后部(除上缘外)、翅侧片前上部和侧背片黑色;M₃脉存在;阳茎复合体三裂(Yang 和 Nagatomi,1992)。该种也与海南长角水虻 S. hainanensis Zhang et Yang 相似,但后者后足股节仅有一个窄的黄褐色环,且该环在腹面不相连;生殖基节端缘中部具扁平突,生殖基节背桥基缘平直,阳茎复合体二叶明显细短(Zhang 和 Yang,2010)。

(132)海南长角水虻 *Spartimas hainanensis* **Zhang et Yang,2010**(图 155;图版 21)

Spartimas hainanensis Zhang *et* Yang,2010. Zootaxa 2538:64. Type locality:China:Hainan,Yingge Ridge.

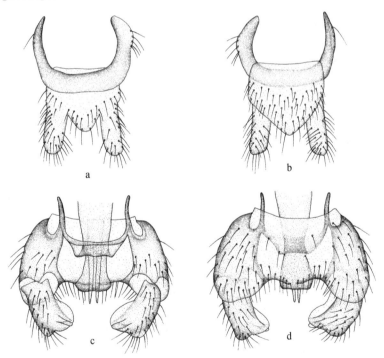

图 155 海南长角水虻 *Spartimas hainanensis* **Zhang et Yang**(♂)

a. 第9背板、第10腹板和尾须,背视(tergite 9,sternite 10 and cerci,dorsal view);b. 第9背板、第10腹板和尾须,腹视(tergite 9,sternite 10 and cerci,ventral view);c. 生殖体,背视(genital capsule,dorsal view);d. 生殖体,腹视(genital capsule,ventral view)。

雄　体长 6.5～7.5 mm,翅长 5.0～5.5 mm。

头部黑色,大体上有些金紫色光泽。复眼红褐色,裸,相接,上部小眼面明显大于下部小眼面。单眼瘤大,单眼黄褐色。头部毛浅黄色,颜沿复眼缘被浅灰色短柔毛。触角黄色,但柄节基部暗褐色,第 2～8 鞭节浅褐色至深褐色;触角被浅色短毛,但柄节和梗节外表面被深褐色毛,第 8 鞭节具 2～3 根短毛;第 1 鞭节与第 2+3 鞭节等长,第 2～7 鞭节各节约等长,第 8 鞭节与第 6+7 鞭节等长;触角 3 节长比为 1.0：(0.8～0.9)：(3.9～4.4)。喙黄色,被浅黄毛;须黄色,但第 1 节暗褐色,被浅黄毛。

胸部背板和小盾片亮黑色,大体上有金紫色光泽,被浅灰毛;肩胛浅黑色至黄褐色,翅后胛黄色至黄褐色;小盾片具 4 根黄褐色刺;胸部侧板全黄色。胸部毛浅黄色,中侧片(前部和后部除外)、翅侧片和侧背片裸。足黄色,但前足股节和中足第 4～5 跗节黄褐色,前足胫节和跗节(腹面除外)、后足胫节(基部除外)和后足第 4～5 跗节褐色,后足股节具窄的黄褐色亚端环,此环在腹面不相接,后足第 1～2 跗节浅黄色,中后足第 3～5 跗节褐色。足上毛浅黄色,但前中足股节、胫节和跗节被褐色毛,毛在腹面变粗;后足股节亚端部、后足第 2 跗节端缘和第 3～5 跗节被褐色毛。翅稍带褐色,但基部、r_{2+3} 室中部(下部除外)、bm 室端部、盘室基部和 cua_1 室(端部除外)几乎透明;翅痣明显,褐色;翅脉浅褐色至褐色,无 M_3 脉;翅面均匀覆盖微刺,但翅基部(翅瓣除外)和 cup 室基部裸。平衡棒黄色。

腹部长为宽的 5.0～5.6 倍,两侧几乎平行;褐色,有时第 1～4 背板黄褐色,被褐色短毛但侧边被黄色直立长毛;第 1～4 腹板浅黄色,被黄毛。雄性外生殖器:第 9 背板窄,基缘有大而深的凹缺;生殖基节背桥基缘平直;生殖基节端缘中部有钝扁的突起;生殖基节突长;生殖刺突宽,端部斜截,近端部具一小的指状背叶;阳茎复合体 2 叶,直,比端黑长角水虻 *S. apiciniger* 的短且细。

雌　体长 6.5～7.5 mm,翅长 5.0～5.5 mm。

与雄虫相似,仅以下不同:复眼宽分离,小眼面大小一致。额两侧几乎平行。单眼瘤不如雄虫的大且明显;单眼黄褐色。触角 3 节长比为 1.0：(0.6～0.9)：(3.9～4.3)。喙黄色,被浅褐色毛,须黄色,但第 1 节黄褐色。胸部肩胛和翅后胛黄色,但肩胛前部和翅后胛后部黄褐色;小盾片具 6 根浅黄色刺,最外侧一对刺明显短于其他刺。腹部两侧弧形,第 4 节最宽;黄褐色,第 4 背板具一对方形黄斑。尾须黄色。

观察标本　正模♂,海南鹦哥岭鹦哥嘴,2009.Ⅳ.17,霍姗(CAU)。副模 1♂,海南五指山,2007.Ⅴ.16,曾洁(CAU);2♂♂,海南尖峰岭鸣凤谷,2009.Ⅳ.25,霍姗(CAU);2♀♀,海南鹦哥岭,2007.Ⅴ.23,翁丽琼(CAU)。

分布　海南(鹦哥岭、五指山、尖峰岭)。

讨论　该种与丽足长角水虻 *S. ornatipes* Enderlein 相似,但后足股节具窄的黄褐色亚端环;中侧片全黄色;M_3 脉不存在;阳茎复合体二裂。而后者股节具一个宽的褐色亚端环;中侧片后部(除上缘外)、翅侧片前上部和后基节黑色;M_3 脉存在;阳茎复合体三裂(Yang 和 Nagatomi, 1992)。该种也与端黑长角水虻 *S. apiciniger* Zhang *et* Yang 相似,但后者后足股节端部 1/3 黑色;生殖基节端缘中部具钝圆突,生殖基节背桥基缘"V"形,阳茎复合体 2 叶明显粗长(Zhang 和 Yang, 2010)。

(133)丽足长角水虻 *Spartimas ornatipes* Enderlein, 1921(图 156、图 157;图版 21)

Spartimas ornatipes Enderlein, 1921. Mitt. Zool. Mus. Berl. 10(1):196. Type locality:

China：Taiwan，Toyenmongai.

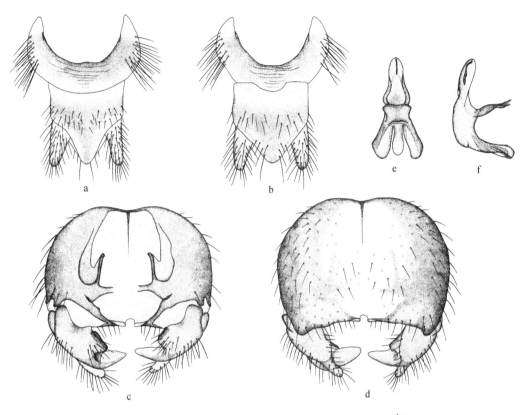

图 156　丽足长角水虻 *Spartimas ornatipes* Enderlein(♂)

a. 第 9～10 背板和尾须，背视(tergite 9～10 and cerci, dorsal view)；b. 第 9 背板、第 10 腹板和尾须，腹视(tergite 9,
sternite 10 and cerci, ventral view)；c. 生殖体，背视(genital capsule, dorsal view)；d. 生殖体，腹视(genital capsule,
ventral view)；e. 阳茎复合体，背视(aedeagal complex, dorsal view)；f. 阳茎复合体，侧视(aedeagal complex, lateral
view)。

　　头部黑色，额和头顶大体上有些金紫色光泽；触角上额和颜沿复眼缘被浅灰色短柔毛。触
角黑色，但柄节、梗节和第 1～2 鞭节黄褐色。肩胛和翅后胛黄色；小盾片 6 刺，最外侧一对刺
明显小于其他刺，有时这对刺不存在，小盾片后缘和盾刺黄色；胸部侧板黄色，但中侧片后部
(上缘除外)、翅侧片前上部和侧背片浅黑色。后足股节具一个明显宽的褐色亚端环。M₃ 脉
存在，长超过 M₂ 脉长的一半。生殖基节突极短，不达生殖基节基缘；生殖刺突向端部渐窄，端
部尖，具一个指状背叶；阳茎复合体三裂，短粗，中叶与侧叶等长。

　　观察标本　1♂,海南鹦哥岭鹦哥嘴,2009. Ⅳ. 17,霍姗(CAU)；1♀,广西龙胜,1982. Ⅵ.
25,杨集昆(CAU)。

　　分布　中国广西(龙胜)、海南(鹦哥岭)、台湾；马来西亚。

　　讨论　该种与端黑长角水虻 *S. apiciniger* Zhang *et* Yang 和海南长角水虻 *S.
hainanensis* Zhang *et* Yang 相似，但中侧片后部(除上缘外)、侧片前上部和侧背片黑色；M₃ 脉
存在；阳茎复合体三裂。而后二者胸部侧板全黄色；M₃ 脉不存在；阳茎复合体二裂(Zhang 和
Yang,2010)。

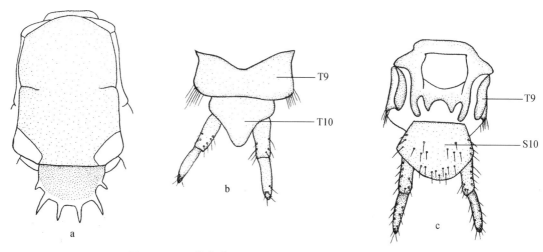

图 157 丽足长角水虻 *Spartimas ornatipes* Enderlein(♀)
a. 胸部,背视(thorax, dorsal view);b. 第 9～10 背板和尾须,背视(tergites 9～10 and cerci, dorsal view);c. 生殖叉、第 10 腹板和尾须,腹视(genital furca, sternite 10 and cerci, ventral view)。S10. 第 10 腹板(sternite 10);T9. 第 9 背板(tergite 9);T10. 第 10 背板(tergite 10)。

(二)鞍腹水虻亚科 Clitellariinae Brauer, 1882

特征 体中到大型。雄虫接眼式,雌虫离眼式,复眼通常被毛。触角鞭节 7～8 节,形状变化较大,有的鞭节为线状,有的第 1～5 鞭节膨大成纺锤形,第 6～8 鞭节呈鬃状,裸或密被毛。有时中胸背板两侧翅基上具刺状突。小盾片通常 2 刺,也有的无刺。CuA$_1$ 脉由盘室发出,但长鞭水虻属 *Cyphomyia* CuA$_1$ 脉不由盘室发出;盘室发出 3 条 M 脉。腹部近圆形,背面强烈拱突或长椭圆形背腹扁平。

讨论 鞍腹水虻亚科主要分布于古北界、东洋界、新北界和新热带界,全世界已知 40 属 259 种,中国已知 8 属 32 种,包括 2 新记录属,10 新种,2 新记录种。

属 检 索 表

1.	小盾片 2 刺 ······	2
	小盾片无刺 ······	7
2.	中胸背板在翅基上有刺状突 ······	3
	中胸背板在翅基上无刺状突 ······	4
3.	触角芒裸或被短毛 ······	5
	触角芒密被长毛 ······	黑水虻属 *Nigritomyia*
4.	腹部扁平,长椭圆形,长明显大于宽 ······	毛面水虻属 *Campeprosopa*
	腹部近圆形,背面强烈拱突 ······	6
5.	腹部近圆形,长宽大致相等;小盾刺短粗 ······	鞍腹水虻属 *Clitellaria*
	腹部长椭圆形,长明显大于宽;小盾刺细长尖锐 ······	安水虻属 *Anoamyia*
6.	触角长,丝状,鞭节各节约等长;CuA$_1$ 脉不从盘室发出 ······	长鞭水虻属 *Cyphomyia*

244

触角短,第1～5鞭节聚缩成纺锤形,第6～8鞭节形成鬃状触角芒;CuA₁脉从盘室发出 ………… ……………………………………………………………… 隐水虻属 *Adoxomyia*

7. 腹部扁平,长椭圆形,长明显大于宽 ……………………… 优多水虻属 *Eudmeta*

腹部近圆形,背面强烈拱突 ……………………………… 红水虻属 *Ruba*

10. 隐水虻属 *Adoxomyia* Kertész，1907

Adoxomyia Kertész，1907. Ann. Hist. Nat. Mus. Natl. Hung. 5(2)：499. Type species：*Clitellaria dahlii* Meigen，1830(Bezzi，1908：75).

Euclitellaria Kertész，1923. Ann. Hist. Nat. Mus. Natl. Hung. 20：96，101. Type species：*Clitellaria heminopla* Wiedemann，1819.

属征 体深色。复眼密被毛,雄虫接眼式,雌虫离眼式。触角鞭节8节,第4～6鞭节通常分节不明显,最末两节形成一个端芒。小盾片2刺分离较宽,小盾片后缘刺间距大于侧边长。CuA₁脉从盘室发出,R₄脉存在,R₂₊₃脉从 r-m 横脉后发出,M 脉发达,几乎达翅缘。腹部近圆形,宽于胸部。

讨论 该属除澳洲界外均有分布。全世界已知37种,中国已知4种。

种检索表

1.	触角全黑色 ………………………………………………	2
	触角双色 ………………………………………………	3
2.	中胸背板被金黄毛;小盾刺浅褐色;平衡棒白色 ……… 阿拉善隐水虻	A. alaschanica
	中胸背板被黑毛;小盾刺黑色;平衡棒褐色 ………… 泸沽隐水虻	A. lugubris
3.	触角鞭节浅褐色至暗褐色 ……………………… 台湾隐水虻	A. formosana
	触角柄节和梗节黑色,鞭节红褐色,被黄毛,触角芒黑褐色,被黑毛 ……	
	……………………………………………… 黄山隐水虻	A. hungshanensis

(134) 阿拉善隐水虻 *Adoxomyia alaschanica* Pleske，1925

Adoxomyia alaschanica Pleske，1925. Encycl. Ent. 1(3-4)：116. Type locality：China：Helanshan，"Zosto Vallye".

体长 7.0 mm。触角全黑色,短,端部形成短芒,触角着生于头中部;复眼密被黑褐色长毛;眼后眶窄,被银色毛;颜黄色,具2白斑。胸部黑色,被金黄毛;小盾片半圆形,具2浅褐色粗刺。翅黄褐色,翅脉黄色。足全黑色,跗节腹面红色。平衡棒白色。腹部长稍大于宽,黑色,背面中部被刻点,侧边具金黄毛;腹面被银白色短毛。

分布 中国内蒙古(贺兰山);俄罗斯。

讨论 该种与泸沽隐水虻 *A. lugubris* Pleske 相似,但复眼被黑褐毛;颜黄色;胸部有金黄毛;平衡棒白色;翅脉黄色。而后者复眼被红褐毛;颜红褐色;胸部无金黄毛;平衡棒褐色;翅脉褐色(Pleske，1925b)。

(135)台湾隐水虻 *Adoxomyia formosana*(Kertész，1923)

Euclitellaria formosana Kertész，1923. Ann. Hist. Nat. Mus. Natl. Hung. 20：102. Type locality：China：Taiwan, Toyenmongai, Kosempo.

复眼密被毛，触角鞭节8节，浅褐色至暗褐色。中胸背板在翅基上无刺状突，小盾片2刺。R₄脉存在，R₂₊₃脉从r-m横脉后发出。腹部近圆形，宽于胸部。

分布 中国台湾。

讨论 该种与黄山隐水虻 *A. hungshanensis*（Ôuchi）相似，但触角浅褐色至暗褐色。而后者触角柄节和梗节黑色，鞭节红褐色，触色黑褐色。

(136)黄山隐水虻 *Adoxomyia hungshanensis*(Ôuchi，1938)

Clitellaria hungshanensis Ôuchi，1938. J. Shanghai Sci. Inst.（Ⅲ）. 4：39. Type locality：China：Anhui, Huangshan.

雄 体长8.0 mm。

复眼上部2/3小眼面较大，密被黑褐毛，下部1/3小眼面较小，密被浅褐毛。额黑色，具中纵缝，具一对白色毛斑，与复眼相接。颜在触角下具直立的白毛，下部具黄褐毛。单眼瘤被褐色长毛。后头黑色，边缘被微小的白色短毛，但下部毛较长。喙深褐色；须黑色，被浅黄毛。触角柄节和梗节黑色，圆柱状，被黄褐毛，鞭节红褐色，纺锤状，基部三节较宽，端部两节较小，被微小的褐色短毛，触角芒黑褐色，被黑毛。

胸部亮黑色，密被刻点，背面被黑色短毛，但前胸侧板具一白色毛斑，腹板被较长的白毛。小盾片后角具两根强壮的盾刺，中等长，黑色，被深褐色长毛，小盾片腹面被白色毛，翅基上有一对小突起。足黑褐色，被黄灰色短毛。翅透明，微有浅褐色；翅脉褐色；sc室深褐色，前缘颜色稍深。平衡棒黄色。

腹部亮黑色，被刻点。第4背板后缘和第5背板被白色短毛，第1～3背板侧边被黑色长毛，第4～5背板被白色长毛。腹板黑色，被白色毛。

雌 体长10.5 mm。

与雄虫相似，仅以下不同：复眼小眼面大小一致，密被白色短毛。额亮黑色，宽为头部宽的1/6，两侧近平行。额被刻点和一条从单眼瘤至触角的中缝，但此缝在额中部为脊。触角上具一对白色毛斑，与复眼相接。颜被白毛，但复眼缘有深褐色毛。触角鞭节黑褐色。翅前缘颜色不加深。

胸部黑色，被刻点，中部具两条由银灰色毛形成的中等宽的纵条斑。

腹部第2背板后缘两侧角、第3背板前缘两侧角和后缘中部具白色毛斑。

分布 安徽(黄山)、浙江(天目山、溪口、莫干山)。

讨论 该种与双条隐水虻 *A. bistriata*(Brunetti)相似，但雄虫复眼被浅褐色毛，雌虫被白毛，雄虫小眼面上大下小；雄虫触角柄节和梗节黑色，而鞭节红褐色；胸部背面翅基上侧边有很短的小突；平衡棒黄色。而后者雄虫复眼密被深褐色毛，小眼面大小一致；触角全黑色；翅基上无小突；平衡棒黑色(Ôuchi，1938)。

(137) 泸沽隐水虻 *Adoxomyia lugubris* Pleske，1925

Adoxomyia lugubris Pleske，1925. Encycl. Ent. 1(3-4)：117. Type locality：China：Sichuan，"between Tszyagolo and Khunshuygu".

体长 6.0 mm。触角全黑色，短，端部形成短芒，触角着生于头中部；复眼密被红褐色长毛；眼后眶窄，被银色毛；颜红褐色，很长，具 2 白斑。胸部黑色，密被长黑毛；小盾片梯形，小盾片在刺之间的边缘凹，小盾刺短粗，黑色。平衡棒褐色。腹部圆形，黑色，被刻点，毛黑色，但侧边和后部被银色毛；腹面被银白色短毛。翅烟灰色，翅脉褐色。足全黑色，跗节腹面红色。

分布 四川。

讨论 该种与阿拉善隐水虻 *A. alaschanica* Pleske 相似，但复眼被红褐毛；颜红褐色；胸部无金黄毛；平衡棒褐色；翅脉褐色。而后者复眼被黑褐毛；颜黄色；胸部有金黄毛；平衡棒白色；翅脉黄色(Pleske，1925b)。

11. 安水虻属 *Anoamyia* Lindner，1935(中国新记录属)

Anoamyia Lindner，1935. Konowia 14(1)：45. Type species：*Anoamyia heinrichiana* Lindner，1935.

属征 复眼密被长毛，雄虫接眼式，雌虫离眼式，两性小眼面均大小一致。触角第 1～6 鞭节稍膨大，7～8 鞭节形成稍长的触角芒，触角芒全部或大部分裸或全被小短毛。小盾片宽大于长，小盾刺发达，中胸背板侧边翅基上的刺发达。CuA₁ 脉从盘室发出。腹部椭圆形，长明显大于宽，背面稍隆突。

讨论 该属体型与黑水虻属 *Nigritomyia* 极其相似，但后者触角芒密被黑色长毛，而该属触角芒裸或仅被极短小的毛。仅分布于东洋界，为中国新记录属。全世界已知 3 种，中国已知 2 种，包括 1 新种。

种 检 索 表

1.	小盾刺着生于小盾片两后顶角上，与小盾片背面平行；胸腹主要被黑色和白色毛；腹部长椭圆形 ………………………………………………………………………… 爪哇安水虻 *A. javana*
	小盾刺着生于小盾片背面，与小盾片背面成 90°夹角竖直向上；雄虫胸腹主要被锈红色毛，雌虫胸部毛白色，但也具锈红色毛斑；腹部长方形，尾端稍宽且平截 …… **直刺安水虻 *A. rectispina* sp. nov.**

(138) 爪哇安水虻 *Anoamyia javana* James，1936(中国新记录种)(图 158；图版 22)

Anoamyia javana James，1936. Pan-Pac. Ent. 12(2)：86. Type locality：Indonesia：Java，Soekaboemi.

雄 体长 8.9～10.2 mm，翅长 8.2～12.6 mm。

头部亮黑色，单眼瘤突出，单眼浅黄色，复眼相接，黑色，小眼面大小一致，密被长毛，褐色，但眼周区毛白色。具眼后眶。下额和颜的复眼缘脊明显。颜向下方隆突成圆锥状。头部密被灰白色毛，但单眼瘤及头顶具黑色直立长毛，下额毛黄色。触角黑褐色；第 1～3 鞭节膨大，第 7～8 鞭节细鬃状，长于其余鞭节总长；柄节和梗节被长黑毛，第 1～5 鞭节被黄粉，第 6～7 鞭节

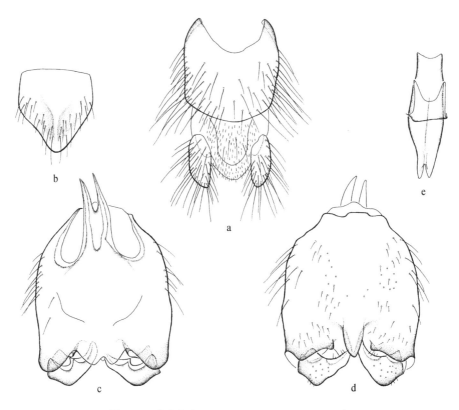

图 158　爪哇安水虻 *Anoamyia javana* James(♂)

a. 第 9～10 背板和尾须,背视(tergites 9～10 and cerci, dorsal view); b. 第 10 腹板,腹视(sternite 10, ventral view); c. 生殖体,背视(genital capsule, dorsal view); d. 生殖体,腹视(genital capsule, ventral view); e. 阳茎复合体,背视(aedeagal complex, dorsal view)。

和第 8 鞭节基部被短黑毛,第 8 鞭节除基部外裸。触角 3 节长比约为 1.8∶1.1∶6.6。喙黄褐色,被灰白毛;须黑色,被灰白毛,但第 2 节被黑毛。

胸部黑色,稍带紫色光泽,肩胛和翅后胛黄褐色,小盾片矩形,顶角着生两根长刺,小盾刺比小盾片长,中胸背板侧刺长。胸部被黑色直立毛与白色倒伏毛,背板从前缘到小盾片后缘隐约有 2 条白色毛斑;侧板和腹板密被白毛。足黑褐色至红褐色;足上毛灰白色,但胫节和跗节内侧毛红褐色。翅褐色,但翅基部、前缘室、br 室基部及上部和 bm 室基部透明,翅后部即臀叶、cup 室端部及下部和 cua₁ 室后部浅褐色;翅痣深褐色;翅脉褐色。平衡棒浅黄色。

腹部椭圆形,长大于宽,黑色。背板毛黑色,但侧边毛白色,每节两侧均有白色毛斑;腹板毛全白色。雄性外生殖器:第 9 背板长宽大致相等,基部具半圆形凹缺;生殖基节长稍大于宽,愈合部端缘中突中部稍凹,端缘腹面具中脊;阳茎复合体较粗,端部二分叉。

雌　体长 9.3～9.5 mm,翅长 12.6～12.9 mm。

与雄虫相似,仅以下不同:头部复眼分离,额向头顶汇聚,眼后眶明显,但不宽于雄虫,头部毛同雄虫,但上额裸,上额中部具一浅黄色长毛簇,复眼毛明显短于雄虫。

观察标本　1♂,西双版纳勐混,1 150 m,1958.Ⅵ.4,陈之梓(IZCAS);1♂,云南大勐龙,640 m,1957.Ⅳ.28(IZCAS);1♂,云南西双版纳小勐养,850 m,1957.Ⅴ.7,蒲富基(IZCAS);

1♀,云南西双版纳小勐养,850 m,1957.Ⅵ.24,王书永(IZCAS);2♀♀,云南西双版纳小勐养,850 m,1957.Ⅸ.12,臧令超(IZCAS);2♂♂2♀♀,云南西双版纳勐混,1 150 m,1958.Ⅳ.3,郑乐怡(IZCAS);3♂♂,云南西双版纳勐混,1 150 m,1958.Ⅵ.3,张毅然(IZCAS);2♂♂1♀,云南西双版纳勐混,1 150 m,1958.Ⅵ.37,孟绪武(IZCAS);1♀,云南西双版纳勐遮,870 m,1958.Ⅶ.3(IZCAS)。

分布 中国云南(勐混、小勐养、勐遮);印度尼西亚。

讨论 该种与分布于印度尼西亚的多毛安水虻 *A. heinrichiana* Lindner 相似,但触角芒仅基部 1/3 具小短毛。而后者整个触角芒均被小短毛(James,1936c)。

(139)直刺安水虻 *Anoamyia rectispina* sp. nov.(图 159;图版 23)

雄 体长 12.4 mm,翅长 11.2 mm。

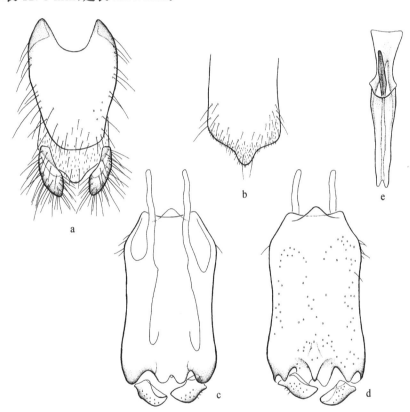

图 159 直刺安水虻 *Anoamyia rectispina* sp. nov.(♂)
a. 第 9~10 背板和尾须,背视(tergites 9~10 and cerci, dorsal view);b. 第 10 腹板,腹视(sternite 10, ventral view);c. 生殖体,背视(genital capsule, dorsal view);d. 生殖体,腹视(genital capsule, ventral view);e. 阳茎复合体,背视(aedeagal complex, dorsal view)。

头部亮黑色,背面观较扁,单眼瘤突出,单眼红褐色,复眼相接,黑色,小眼面大小一致,密被长毛,褐色,但眼周区毛白色。颜向下方隆突成圆锥状。头部被黄褐毛,但头顶具黄色直立长毛,颊被白色直立长毛。触角黑色,但第 1~6 鞭节橘黄色;第 1~6 鞭节膨大,第 7~8 鞭节呈鬃状,第 8 鞭节基半部膨大而端半部尖细,短于鞭节其余部分的总长;柄节和梗节被褐色和黄色长毛,第1~6鞭节被黄粉,第7~8鞭节裸。触角3节长比约为1.1:0.8:5.0。喙黑色,被黄褐毛;须黑色,被黄褐毛。

胸部黑色,但肩胛红褐色,小盾片侧面观背面隆突,背面观较扁,后缘中央具一小凹缺,小盾刺着生于小盾片背面,且与小盾片成90°夹角竖直向上。小盾片端半部及小盾刺褐红色,但刺顶端黑色。中胸背板侧刺短粗尖锐。胸部背板毛锈红色,但小盾片(除中部和下部外)被黑毛;小盾刺基部背面毛黑色,直立,腹面毛锈红色,端半部裸;侧板和腹板被黄毛。足黑色,中足跗节黄褐色;足上毛黑色,但胫节内侧和跗节密被红褐毛。翅浅褐色,中部盘室后有一条从翅前缘达后缘的透明横带,此横带包括 r_5 室中下部、m_1 室基部(除最基部外)及端部(不包括上下缘)和 m_2 室基半部(最基部除外);翅瓣、br 室基部 3/4 和 bm 室中上部透明;r_{2+3} 室除端部外和 m_3 室端半部略带浅褐色;翅痣深褐色;翅脉褐色。平衡棒浅黄色。

腹部长方形,长大于宽,尾端稍宽且平截,黑色。背板毛主要为锈红色,侧边及第5背板毛较密;腹板被稀疏的浅黄毛。雄性外生殖器:第9背板伸长,长明显大于宽,基部具半圆形凹缺;生殖基节明显伸长,长约为宽的2倍,愈合部端缘具两个钝突;阳茎复合体细长,端部小二分叉。

雌 体长 11.1 mm,翅长 9.8 mm。

与雄虫相似,仅以下不同:头部复眼分离,额向头顶汇聚,眼后眶明显,额的复眼缘脊明显,被刻点,中部有明显中纵缝,头部毛白色,但上额中部具一黄毛斑。触角第1~6鞭节延长,膨大。胸部毛主要为白色,仅背板中部有2条锈红色毛斑且仅达中缝处,小盾片毛主要白色,仅小盾刺基部有黑毛。腹部毛主要白色,两侧毛较密,第5背板后缘及两侧具黑毛,足上毛白色,跗节内侧被红褐毛。

观察标本 正模♂,云南西双版纳橄楠坝,650 m,1957.Ⅲ.15,臧令超(IZCAS)。副模1♂1♀,云南西双版纳橄楠坝,650 m,1957.Ⅲ.16,臧令超(IZCAS);1♂,云南西双版纳橄楠坝,650 m,1957.Ⅲ.17,臧令超(IZCAS);1♂,云南车里东北25 km,800 m,1955.Ⅳ.6,布希克(IZCAS)。

分布 云南(橄楠坝、西双版纳)。

词源 该种拉丁名意指其小盾刺与小盾片成90°夹角竖直向上。

讨论 该种与爪哇安水虻 *A. javana* James 相似,但小盾刺粗短,且与小盾片成90°夹角竖直向上,胸腹主要被锈红色毛,腹部尾端稍宽且平截。而后者小盾刺极长,且与小盾片背面平行,胸腹主要被黑色和白色毛,腹部尾端较窄。

12. 毛面水虻属 *Campeprosopa* Macquart,1850

Campeprosopa Macquart,1850. Mem. Soc. Sci. Agric. Lille. 1847(2):350. Type species:*Campeprosopa flavipes* Macquart,1850.

属征 体中到大型,背腹扁平。复眼裸,雄虫复眼窄分离或几乎相接,雌虫复眼宽分离。下额和颜向前突出,触角着生其上。触角长丝状,鞭节8节,每小节约等长。小盾片2刺,发达,基部靠近。CuA_1 脉从盘室发出,R_4 脉存在,R_{2+3} 脉从 r-m 横脉后发出,M 脉发达,几乎达翅缘。胸部侧边翅基上无刺状突。腹部约与胸部等长等宽或稍长于胸部,扁平,长椭圆形,长明显大于宽。

讨论 该属仅分布于东洋界。全世界已知 3 种,中国已知 1 种。

(140)长刺毛面水虻 *Campeprosopa longispina*(Brunetti,1913)(图 160;图版 4)

Ampsalis longispinus Brunetti,1913. Rec. Indian Mus. 9：264. Type locality：India.

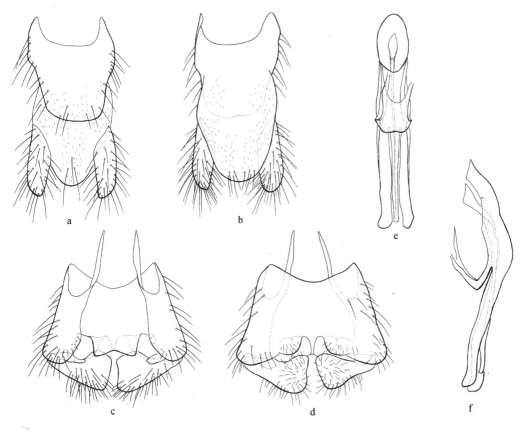

图 160 长刺毛面水虻 *Campeprosopa longispina*(Brunetti)(♂)

a. 第 9～10 背板和尾须,背视(tergites 9～10 and cerci, dorsal view);b. 第 9 背板、第 10 腹板和尾须,腹视(tergite 9, sternite 10 and cerci, ventral view);c. 生殖体,背视(genital capsule, dorsal view);d. 生殖体,腹视(genital capsule, ventral view);e. 阳茎复合体,背视(aedeagal complex, dorsal view);f. 阳茎复合体,侧视(aedeagal complex, lateral view)。

雄 体长 10.0～11.0 mm,翅长 10.0～11.5 mm。

头部黑色或黑褐色,单眼瘤突出,单眼黄色。复眼相接较长,红褐色,裸。下额及颜突出,侧面观呈矩形,触角着生于矩形的上角处。头被黑毛,颜毛较密,颊毛浅黄色稍长且直立。触角黑色或黑褐色,但梗节端部黄褐色;触角丝状,鞭节 8 节,近等长,仅第 8 鞭节稍长于其余鞭节;柄节和梗节密被黑毛,鞭节被浅黄粉;触角 3 节长比为 1.0：0.8：6.5。喙黄色,被黄毛,须黄色,被黄毛。

胸部黑色,略带蓝绿色光泽,肩胛和翅后胛黄褐色,胸部侧板具极细的黄褐色下背侧带。背板被直立和倒伏的金黄毛,倒伏毛向中央倒伏,在中央形成金黄毛带,侧板毛浅黄色。小盾刺黄色,具环形皱纹,长约为腹部长的一半,基部靠拢,两刺夹角小于 90°,微向上倾斜,被稀疏黄毛。足黄色,但前足第2~5跗节黄褐色,后足胫节和第1跗节基部2/3黑色,后足跗节其余部分淡黄色。足上毛与足色相同。翅透明,略带浅黄色,翅端及后缘和 br 室端部在翅痣下的部分浅黑色,翅端的浅黑色部分接近盘室后缘;翅痣褐色,明显;翅脉褐色。平衡棒黄色。

腹部长椭圆形,黄色,但第1背板黄褐色,第2~3背板两侧各具一褐斑,此斑一般不达基缘及侧边,第4背板褐色,但侧边黄色,第5背板基部2/3褐色,但侧边黄色。第1腹板(除端缘和侧边外)、第4腹板(除侧边外)和第5腹板基部2/3(除侧边外)褐色。腹部被黄毛,但背板中部主要被黑毛。雄性外生殖器:第9背板长大于宽,基部具一浅的"U"形凹缺;生殖基节基缘浅"V"形,端缘中部背面具一矩形突,该突端部稍凹;生殖基节突较长,明显超过生殖基节基缘;生殖刺突基部窄,端部较宽且平截;阳茎复合体三裂叶,侧叶稍长于中叶,明显宽于中叶。

雌 体长9.0~15.0 mm,翅长9.5~12.5 mm。

与雄虫相似,仅以下不同:头部复眼分离,额两侧近平行,近复眼缘处稍凹,眼后眶明显。胸部小盾刺基部颜色深而端部色浅(雄虫小盾刺颜色均匀)。腹部第2~3背板两侧的褐斑明显较大,通常达基缘,有时左右两斑在背板端部相连,但不达侧边;第2~3腹板两侧各具一直角三角形黑斑,不达侧边,顶角几乎达基缘,第2腹板中部具一向下的圆锥形小突。

观察标本 1♂,广东英德石门台横石塘,200~600 m,2004.Ⅵ.11~14,张春田(CAU);1♂,海南白沙红茂村,2007.Ⅴ.22,王永杰(CAU);1♂,云南车里,580 m,1957.Ⅳ.25,刘大华(IZCAS);2♂♂,云南屏边大围山,1 400 m,1956.Ⅳ.19,邦菲洛夫(IZCAS);1♂,广西金秀永和,500 m,1999.Ⅴ.12,袁德成(IZCAS);1♂,云南西双版纳勐混,1 200~1 400 m,1958.Ⅴ.21,孟绪武(IZCAS);1♀,福建南靖,1965.Ⅳ.21,王良臣(CAU);1♀,云南绿春黄连山,1 791 m,2009.Ⅴ.16,杨秀帅(CAU);1♀,云南西双版纳勐腊瑶区,2011.Ⅴ.2,王丽华(CAU);海南尖峰岭南天池植物园,2007.Ⅴ.12,张俊华(CAU);1♀,广西金秀罗香,200 m,1999.Ⅴ.15,张彦周(IZCAS);1♀,广东英德石门台横石塘,200~600 m,2004.Ⅵ.11~14,张春田(CAU);1♀,云南屏边大围山,1 350 m,1956.Ⅳ.21,邦菲洛夫(IZCAS);1♀,云南西双版纳勐腊,620~650 m,1959.Ⅴ.4,张毅然(IZCAS);1♀,云南勐龙版纳勐宋,1 600 m,1959.Ⅳ.22,王书永(IZCAS);1♀,云南西双版纳勐啊,1 080~1 950 m,1958.Ⅷ.11,蒲富基(IZCAS);1♀,云南车里石灰窑,400 m,1957.Ⅳ.21,王书永(IZCAS);1♀,西藏墨脱背崩,900 m,1982.Ⅸ.29,韩寅恒(IZCAS);1♀,西藏墨脱背崩,700~800 m,1983.Ⅴ.21,韩寅恒(IZCAS)。

分布 中国云南(漾濞、屏边、西双版纳)、西藏(墨脱)、广西(金秀)、广东(英德)、海南(白沙)、福建(南靖);印度,泰国。

讨论 毛面水虻属 Campeprosopa 在中国仅分布有1种,该属与优多水虻属 Eudmeta 相似,均为大型,腹部瘦长且背腹扁平;触角丝状,鞭节8节近等长。但该种小盾刺极长,而优多水虻属 Eudmeta 小盾片无刺。

13. 鞍腹水虻属 *Clitellaria* Meigen,1803

Clitellaria Meigen,1803. Mag. Insektenk. 2:265. Type species:*Stratiomys ephippium* Fabricius,1775.

Taurocera Lindner,1936. Mitt. K. naturw. Inst. Sofia 9:91. Type species:*Taurocera pontica* Lindner, 1936.

属征 体深色。复眼密被毛,雄虫接眼式,雌虫离眼式。雌虫额较宽,两侧平行或向头顶渐窄,通常具纵沟或脊。触角鞭节 8 节,第 1～6 鞭节稍膨大呈纺锤形,最末两节形成一个端芒,短于鞭节其余部分。须 2 节。中胸背板两侧翅基上各有一发达的刺;小盾片 2 刺,粗壮,中部稍膨大,基部分离较宽,小盾片后缘刺间距大于侧边长。CuA_1 脉从盘室发出,R_4 脉存在,R_{2+3} 脉从 r-m 横脉后发出,M 脉发达,达翅缘。腹部近圆形,宽于胸部。

讨论 该属主要分布于古北界和东洋界。全世界已知 20 种,中国已知 13 种,包括 4 新种。

种 检 索 表

1.	小盾刺与小盾片背面平行或微向上后方倾斜 ……………………	**2**
	小盾刺直立,与小盾片背面几乎成 90°夹角 …………………	**直刺鞍腹水虻 *C. bergeri***
2.	触角第 8 鞭节粗 ………………………………………………	**3**
	触角第 8 鞭节尖细 …………………………………………	**5**
3.	触角第 6～8 鞭节密被黑毛 …………………………………	**东方鞍腹水虻 *C. orientalis***
	触角第 6～8 鞭节被白色短毛或仅被灰粉 …………………	**4**
4.	触角黑色,第 8 鞭节黄褐色,被白色短毛,第 1～3 鞭节很长,每节长大于宽;小盾刺细长,约为小盾片长的 1/2;胸部背板被褐色直立长毛和灰白色倒伏短毛 …	**粗芒鞍腹水虻 *C. crassistilus***
	触角黑色,但第 1～3 鞭节橘红色,第 8 鞭节仅被浅灰粉,第 1～3 鞭节每节宽大于长;小盾刺短小,约为小盾片长的 1/3;胸部背板仅被黄色倒伏短毛	**微刺鞍腹水虻 *C. microspina* sp. nov.**
5.	翅深褐色 ………………………………………………………	**6**
	翅几乎透明,稍带浅褐色 ……………………………………	**7**
6.	复眼上部小眼面大,下部小眼面小;无眼后眶;中胸背板两侧翅基上的刺短小,三角形,扁平,与柄节等长;腹部背面被黑毛 …………	**黑色鞍腹水虻 *C. nigra***
	复眼小眼面大小一致;有极细的眼后眶;中胸侧板两侧的刺粗长,约为柄节长的 2 倍;腹部第 4～5 背板中部密被橘红色毛 …	**橘红鞍腹水虻 *C. aurantia* sp. nov.**
7.	小盾刺黑色 ……………………………………………………	**8**
	小盾刺黄色 ……………………………………………………	**9**
8.	触角黑色或黑褐色 ……………………………………………	**昆明鞍腹水虻 *C. kunmingana***
	触角第 1～5 鞭节橘黄色或黄褐色 …………………………	**12**
9.	触角全黑色 ……………………………………………………	**10**
	触角梗节及第 1～5 鞭节橘黄色 ……………………………	**11**
10.	无眼后眶;中后足第 1～2 跗节黄色 ………………………	**长毛鞍腹水虻 *C. longipilosa***
	有眼后眶;足全黑色 …………………………………………	**集昆鞍腹水虻 *C. chikuni***
11.	第 1～5 鞭节延长,第 5 鞭节长大于宽;后足股节黄色,但端部 1/3 褐色 ………	
	……………………………………………………………………	**黄毛鞍腹水虻 *C. flavipilosa***
	第 1～5 鞭节不延长,第 5 鞭节宽大于长;后足股节除基部和端部外全黑褐色 ……	
	……………………………………………………………………	**双色鞍腹水虻 *C. bicolor* sp. nov.**
12.	小盾刺与小盾片在同一平面上;转节黄褐色 ………………	**中黄鞍腹水虻 *C. mediflava***
	小盾刺与小盾片背面成 45°夹角向上;转节黄色 …………	**斜刺鞍腹水虻 *C. obliquispina* sp. nov.**

(141)橘红鞍腹水虻 *Clitellaria aurantia* sp. nov.(图 161；图版 24)

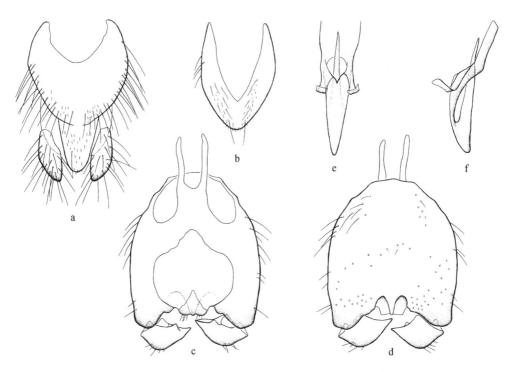

图 161 橘红鞍腹水虻 *Clitellaria aurantia* sp. nov.(♂)

a. 第 9～10 背板和尾须，背视(tergites 9～10 and cerci, dorsal view)；b. 第 10 腹板，腹视(sternite 10, ventral view)；
c. 生殖体，背视(genital capsule, dorsal view)；d. 生殖体，腹视(genital capsule, ventral view)；e. 阳茎复合体，背视
(aedeagal complex, dorsal view)；f. 阳茎复合体，侧视(aedeagal complex, lateral view)。

雄 体长 9.0 mm，翅长 8.7 mm。

头部亮黑色。单眼瘤突出，单眼红褐色。复眼相接，黑褐色，小眼面大小一致，密被黑色长毛。眼后眶极窄。头部被黑色直立毛，但眼后眶和后头被黄色倒伏毛，颊毛白色，颜下部掺杂有浅黄毛。触角黑色，柄节与梗节等长，第 1～3 鞭节稍膨大，等粗，第 4～5 鞭节向顶端渐细，第 6～7 节细短，第 8 节伸长，形成顶端不尖锐的触角芒；柄节和梗节被黑色长毛，鞭节被浅灰粉，第 6～8 鞭节有稀疏黑毛。触角 3 节长比约为 1.1：1.0：4.5。喙黑色，被黄褐毛；须黑色，被黄褐毛。

胸部黑色，肩胛顶端红褐色，背板侧刺长，顶端稍圆【小盾刺缺损】。胸部被顶端弯的浅黄色倒伏短毛和黑色直立长毛，背板中后部及小盾片上的短毛变为橘红色，背板有 3 条暗色宽纵带，侧板被浅黄色倒伏短毛和黑色直立长毛。足黑色，被浅黄色至黄褐色毛。翅深褐色，但基部和后部颜色较浅；翅痣褐色；翅脉黑褐色。平衡棒黄色，但柄基部黄褐色，球部上部具一褐色圆斑。

腹部椭圆形，长大于宽，黑色，边缘红褐色。腹部毛浅黄色，掺杂有黑色直立长毛，第 4、5 背板中部密被橘红色倒伏长毛，腹板毛浅黄色。雄性外生殖器：第 9 背板长宽大致相等，基部具"V"形凹缺；生殖基节长大于宽，背桥端缘无突；生殖刺突端部尖锐，中部具一小而尖的内

突;生殖基节愈合部端缘中突中部具一小尖突;阳茎复合体基部最宽,向端部明显变尖。

雌 体长 8.3 mm,翅长 8.0 mm。

与雄虫相似,仅以下不同:复眼分离,复眼毛明显短,红褐色,但上部、后缘及下缘较宽的区域毛为白色。额宽分离,向头顶汇聚,上额上部明显具刻点,下部及下额光滑,上额下部及下额中纵缝明显;颜和额的复眼缘脊明显;眼后眶明显。头部毛浅黄色,但眼后眶,上额下部两侧毛橘红色,颊毛白色。触角第 1～3 鞭节明显膨大,鞭节被浅褐色粉。胸部被浅黄色倒伏短毛和橘红色近直立长毛,小盾刺黄色,顶端圆钝,被黄色直立长毛。足黑色,但转节、膝部和胫节端部红褐色。平衡棒乳黄色,柄基部黄色,球部无褐色圆斑。

观察标本 正模♂,云南西双版纳大勐龙,650 m,1958. IV. 17,陈之梓(IZCAS)。副模 1♀,云南小勐养,850 m,1957. III. 28,蒲富基(IZCAS);1♀,云南小勐养,850 m,1957. IV. 2,蒲富基(IZCAS);1♀,云南小勐养,850 m,1957. III. 30,臧令超(IZCAS)。

分布 云南(大勐龙、小勐养)。

词源 该种拉丁名源于其胸部和腹部明显被橘红色毛。

讨论 该种与黄毛鞍腹水虻 *C. flavipilosa* Yang *et* Nagatomi 相似,但翅深褐色,仅基部和后部颜色较浅;足全黑色;雄虫平衡棒球部具褐色圆斑。而后者翅透明,仅中部微有褐色横斑;足部分黄色;雄虫平衡棒浅黄色,球部无褐色圆斑(Yang 和 Nagatomi,1992b)。

(142)直刺鞍腹水虻 *Clitellaria bergeri*(Pleske,1925)(图 162、图 163;图版 25)

Potamida bergeri Pleske,1925. Encycl. Ent. 1(3-4):108. Type locality:Russia:Primorskiy kraj,vicinity of Vladivostok,Sedanka.

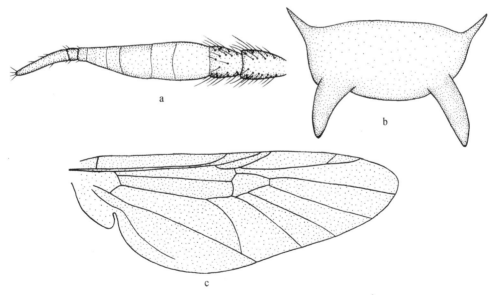

图 162 直刺鞍腹水虻 *Clitellaria bergeri*(Pleske)(♂)

a. 触角,外侧视(antenna, outer view);b. 小盾片,背视(scutellum, dorsal view);c. 翅(wing)。

雄 体长 8.8～11.9 mm,翅长 8.3～10.6 mm。

头部黑色;头部毛黑色,但触角下颜具一对灰白色毛簇;上额被灰白色倒伏短毛;额和颜沿

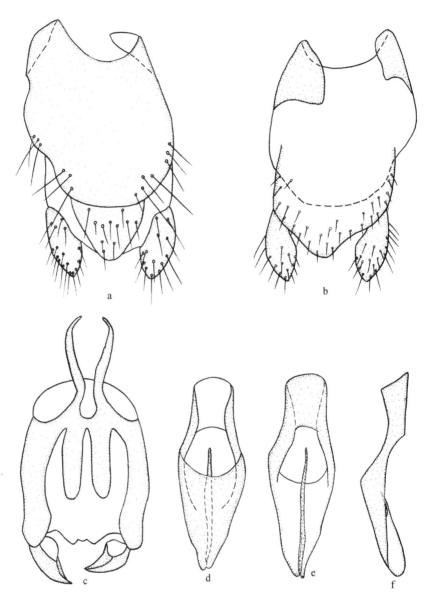

图 163 直刺鞍腹水虻 *Clitellaria bergeri* (Pleske) (♂)

a. 第 9~10 背板和尾须，背视（tergites 9~10 and cerci, dorsal view）；b. 第 9 背板、第 10 腹板和尾须，腹视（tergite 9, sternite 10 and cerci, ventral view）；c. 生殖体，背视（genital capsule, dorsal view）；d. 阳茎复合体，背视（aedeagal complex, dorsal view）；e. 阳茎复合体，腹视（aedeagal complex, ventral view）；f. 阳茎复合体，侧视（aedeagal complex, lateral view）。

复眼缘的狭窄区域被淡灰粉。复眼密被黑毛。触角黑色；柄节和梗节被黑毛，鞭节被淡灰粉，端部有稀疏的短黑毛；端部鞭节芒较短，为鞭节其余部分的 0.3~0.35 倍；触角 3 节长比为 1.0：0.7：4.1。喙黑色，被灰白色毛；须黑色，被黑毛，第 2 节为第 1 节长的 1.5 倍。

　　胸部黑色，但肩胛、翅后胛、中胸背板侧刺和小盾片通常为红褐色。胸部毛黑色，中胸背板有一对纵长的灰白色条纹。中胸背板侧刺尖粗；小盾刺极粗，圆锥形，几乎与小盾片等长，与小盾片背面成 90°夹角竖直向上。足全黑色，被黑毛。翅深褐色；翅脉褐色至深褐色。平衡棒乳黄色,柄褐色。

腹部黑色,被灰白色和黑色倒伏毛,第 1～2 背板侧边毛较长且直立。雄性外生殖器:生殖基节背桥有两个大的突起,生殖基节突基部靠拢;阳茎复合体中部最宽;生殖基节愈合部的端缘中突具 W 形凹陷。

雌 体长 9.7～9.8 mm,翅长 9.8～10.2 mm。

与雄虫相似,仅以下不同:头部毛黑色,但触角下侧斑、触角上额斑、额中部的一对斑、眼后眶以及喙被白色或浅色毛。单眼瘤周围的区域稍突起。

观察标本 1♂,北京,1967.Ⅵ.23,杨集昆(CAU);1♂,北京门头沟,1960.Ⅵ.8(CAU);1♀,北京海淀,1958.Ⅵ,李法圣(CAU);2♀♀,北京海淀,1980.Ⅵ.16～19,杨集昆(CAU);1♂,北京海淀,1973.Ⅴ.29,杨集昆(CAU);1♂,北京海淀,1974.Ⅴ.25,杨集昆(CAU);1♀,北京海淀,1967.Ⅶ.26(CAU);2♂♂,北京,1958.Ⅵ.6～8(CAU);1♂,北京,1981.Ⅵ,薛大勇(IZCAS);1♀,北京,1947.Ⅵ.20,(CAU);2♀♀,北京延庆,1975.Ⅵ.24,杨集昆(CAU);2♂♂,四川,1935.Ⅷ.1,H. T. Shih(IZCAS);1♂,1♀,辽宁兴城,1951.Ⅵ.8,李文华(CAU);4♂♂5♀♀,北京中关村,1971.Ⅵ.5(IZCAS);1♂,北京百花岭,1973.Ⅴ.29,韩寅恒(IZCAS);1♀,北京平谷,1978.Ⅵ.30,史永善(IZCAS);1♀,峨眉山报国寺,500～750 m,1957.Ⅴ.24,史永善(IZCAS);1♀,四川成都,1955.Ⅴ.29,金根桃,吴建毅(IZCAS);2♂♂1♀,浙江衢州市黄泥山头,1959.Ⅳ.10(SEMCAS);1♂,江苏兴化,1959.Ⅶ.2(SEMCAS)。

分布 中国北京(海淀、门头沟、延庆、平谷)、辽宁(兴城)、四川(成都、峨眉山)、浙江(衢州市)、江苏(兴化);俄罗斯。

讨论 该种可根据小盾刺与小盾片背面垂直与该属其他种明显地区别开来。

(143)双色鞍腹水虻 *Clitellaria bicolor* sp. nov.(图 164;图版 26)

雄 体长 9.0～10.0 mm,翅长 8.5～9.2 mm。

头部亮黑色。单眼瘤突出,单眼红褐色。复眼相接,黑褐色,小眼面大小一致,密被红褐色短毛,但上部、后缘和下缘较宽的区域毛为白色。无眼后眶。头部被黄色直立长毛,但后头毛倒伏,后头下部和颊毛白色,上额上部毛倒伏。触角橘黄色,但柄节基部和第 6～8 鞭节黑褐色;柄节与梗节等长,第 1～5 鞭节近纺锤形,第 5 鞭节宽大于长,第 8 鞭节形成细长尖芒;柄节和梗节被黄色长毛,鞭节被灰黄粉,第 8 鞭节有若干黑毛。触角 3 节长比约为 0.9:1.0:4.2。喙黑褐色,被黄褐毛;须第 1 节短粗,黄褐色,第 2 节细长,黑色,被黄毛。

胸部黑色,肩胛和背板侧刺顶端黄褐色,侧刺短,三角形,扁平;小盾刺黄色,尖长。胸部毛金黄色,背板被倒伏和直立毛,隐约有 4 条纵暗带,暗带上的倒伏毛减少或无,小盾片和小盾刺被黄色直立长毛,但小盾片中部杂有黑毛,侧板毛浅黄色,中侧片前部毛长且直立,翅侧片毛金黄色。足黑褐色,但转节、股节基部和端部、胫节基部和端部、前足第 1 跗节(除端部外)、前足第 2～5 跗节腹面和中后足跗节黄色;足上毛浅黄色,但前足第 1 跗节端部背面及前足第 2～5 跗节背面毛黑色。翅透明,微有黄褐色;翅痣黄褐色;br 室和 bm 室端部、cua$_1$ 室基部沿 Cup 脉和 cup 室端部沿 Cup 脉褐色;翅脉黄褐色。平衡棒乳黄色,柄基部黄色。

腹部长稍大于宽,黑色。腹部被褐色毛,但侧边及第 2 背板基部两侧毛浅黄色,第 4 背板端半部和第 5 背板端半部被浅黄毛,第 1～2 背板侧边毛较长且直立;腹板毛浅黄色。雄性外生殖器:第 9 背板长大于宽,基部具半圆形凹缺;生殖基节长大于宽,背桥宽,端缘具一对稍长

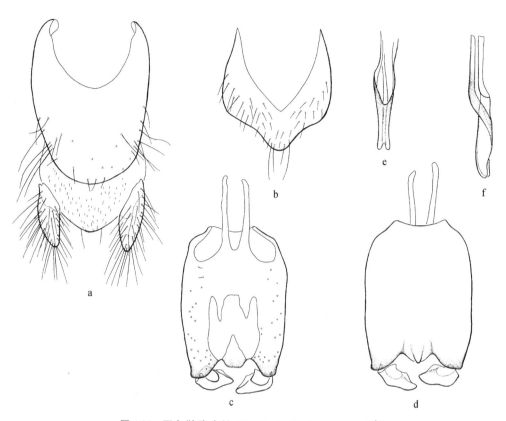

图 164　双色鞍腹水虻 *Clitellaria bicolor* sp. nov.(♂)

a. 第 9～10 背板和尾须,背视(tergites 9～10 and cerci, dorsal view); b. 第 10 腹板,腹视(sternite 10, ventral view);
c. 生殖体,背视(genital capsule, dorsal view); d. 生殖体,腹视(genital capsule, ventral view); e. 阳茎复合体,背视
(aedeagal complex, dorsal view); f. 阳茎复合体,侧视(aedeagal complex, lateral view)。

且尖的突;生殖刺突小,端部稍尖;生殖基节愈合部端缘中突端部较平;阳茎复合体中部最宽,
端部短的二分叉。

雌　体长 9.8 mm,翅长 8.4 mm。

与雄虫相似,仅以下不同:复眼分离;额向头顶汇聚,上额下部中纵脊明显;颜和额的复眼
缘脊明显;眼后眶明显;额和颜的复眼缘脊不明显。触角红褐色,但柄节、梗节基部和第 6～8
鞭节黑色。胸部被灰白色倒伏短毛,背板前缘有黄毛,具 3 条宽纵暗带,小盾刺比雄虫短粗,但
依然尖锐。腹部背板毛褐色,但第 1～3 背板基部两角、端缘中部三角、第 4 背板端半部(中部
向基部延伸)、第 5 背板端半部(中部向基部延伸几乎达基缘)和背板侧边被灰白色毛。前足第
1 跗节黑色。

观察标本　正模♂,云南西双版纳大勐龙,650 m,1958.Ⅳ.8,蒲富基(IZCAS)。副模 1♂
1♀,云南西双版纳大勐龙,650 m,1958.Ⅳ.14,王书永(IZCAS);1♂,云南西双版纳橄榄坝,
650 m,1957.Ⅲ.24,臧令超(IZCAS);1♀,云南西双版纳大勐龙,650 m,1958.Ⅳ.13,王书永
(IZCAS)。

分布　云南(大勐龙、橄榄坝)。

词源　该种拉丁名源于其触角为橘黄色但两端为黑色。

讨论 该种与黄毛鞍腹水虻 *C. flavipilosa* Yang et Nagatomi 相似,但触角第 5 鞭节宽大于长;后足股节黑褐色但端部和基部黄色,后足跗节黄色。而后者触角第 5 鞭节长大于宽;后足股节黄色,但端部 1/3(最末端除外)黄褐色,后足第 3～5 跗节背面黑色(Yang 和 Nagatomi,1992b)。

(144)集昆鞍腹水虻 *Clitellaria chikuni* Yang et Nagatomi,1992(图 165、图 166;图版 5、图版 27)

Clitellaria chikuni Yang et Nagatomi,1992. South Pacific Study 13(1):12. Type locality:China:Beijing,Xiangshan Mountain.

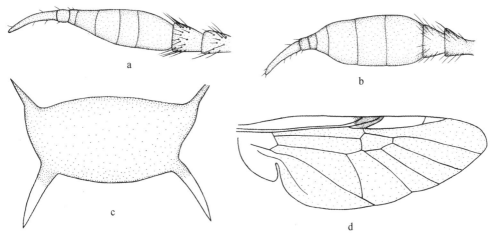

图 165 集昆鞍腹水虻 *Clitellaria chikuni* Yang et Nagatomi

a. 雄虫触角,外侧视(male antenna,outer view);b. 雌虫触角,外侧视(female antenna,outer view);c. 雄虫小盾片,背视(male scutellum,dorsal view);d. 雄虫翅(male wing)。

雄 体长 6.1～9.3 mm,翅长 6.0～8.1 mm。

头部黑色。头部毛白色和黑色,单眼瘤被白色和黑色毛;颜和额有黑毛。额三角的上部有白色倒伏细毛;头顶和后头有较长的白色倒伏细毛,后头下部和颊上毛较长且直立;颜和额有一窄的区域被淡灰粉。复眼密被黑色直立毛。有极细的眼后眶,触角黑色;柄节和梗节被黑毛,鞭节被淡灰粉,端部具黑色短毛;端部鞭节芒很长,为鞭节其余部分的 0.4～0.5 倍;触角 3 节长比约为 1.0:1.0:5.0。喙浅褐色,被灰白色毛;须被灰白色毛,但第 2 节有若干黑毛,第 2 节长为第 1 节的 2.3 倍。

胸部黑色,但肩胛和翅后胛部分红褐色。中胸背板侧缘刺很短,刀状,扁平。小盾刺赤黄色(基部黑色),为小盾片长的 0.7 倍。胸部密被淡黄毛和黄毛,但中胸背板、小盾片和中侧片上部被黑色直立长毛。中胸背板有 3 条明显的暗色宽纵斑(两侧纵斑在中缝处中断)。足黑色,转节端部和膝赤褐色;足上毛淡黄色,中足股节下腹面后部(基部除外)毛长且直立;跗节有些黑毛。翅浅灰褐色,翅痣褐色;脉褐色至暗褐色。平衡棒几乎为白色,基部褐色。

腹部黑色,被灰白色倒伏毛,第 1～2 背板侧边毛长且直立。雄性外生殖器:生殖基节明显长大于宽;生殖基节背桥端缘具一对伸长的突;生殖基节突平行;愈合的生殖基节端缘中突顶端有一明显的浅凹;生殖刺突不尖且不外伸,端部圆,有一个内凹;阳茎复合体中部最宽。

雌 体长 6.5～8.2 mm,翅长 5.5～7.9 mm。

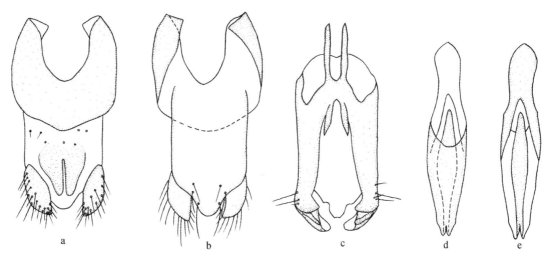

图 166　集昆鞍腹水虻 *Clitellaria chikuni* Yang *et* Nagatomi(♂)

a. 第 9～10 背板和尾须,背视(tergites 9～10 and cerci, dorsal view);b. 第 9 背板、第 10 腹板和尾须,腹视(tergite 9, sternite 10 and cerci, ventral view);c. 生殖体,背视(genital capsule, dorsal view);d. 阳茎复合体,背视(aedeagal complex, dorsal view);e. 阳茎复合体,腹视(aedeagal complex, ventral view)。

与雄虫相似,仅以下不同:头部毛浅色或白色,但颜具黑毛。触角端芒短于雄虫。中足股节无直立长毛。

观察标本　正模♂,北京香山,1956.Ⅵ.7,杨集昆(CAU);副模 1♂1♀,北京香山,1977.Ⅴ.8,杨集昆(CAU);1♂,北京香山,1954.Ⅵ.13,杨集昆(CAU);1♂,北京香山,1964.Ⅴ.26,李法圣(CAU);1♂,北京香山,1976.Ⅵ.29,杨集昆(CAU);1♂,北京香山,1987.Ⅵ.13,杜近平(CAU);2♂♂,北京香山,1986.Ⅴ.15,王象贤(CAU);2♂♂,北京,1948.Ⅴ,杨集昆(CAU);2♂♂,北京海淀,1975.Ⅳ.17～28,杨集昆(CAU);1♂,北京海淀,1979.Ⅴ.19,杨集昆(CAU);1♂,北京百花山,1962.Ⅴ.18,杨集昆(CAU);1♀,北京百花山,1983.Ⅶ.29,王琴(CAU);1♂,北京,1948.Ⅳ.12(CAU);1♂1♀,北京,1948.Ⅴ(CAU);1♂,陕西甘泉,1971.Ⅷ.23,杨集昆(CAU);6♂♂,北京樱桃沟,1982.Ⅴ.9,靳自成(IZCAS);5♂♂2♀♀,北京樱桃沟,1982.Ⅴ.9,李林福(IZCAS);1♂,北京八达岭,700 m,1964.Ⅴ.4,史永善(IZCAS);6♂♂,山西太原明仙沟,1975.Ⅵ.11,王路(SEMCAS)。

分布　北京(海淀、门头沟、昌平)、陕西(甘泉)、山西(太原)。

讨论　该种与昆明鞍腹水虻 *C. kunmingana* Yang *et* Nagatomi 相似,但足暗褐色至黑色;平衡棒白色,基部褐色。而后者中足第 1 跗节(端部除外)和后足第 1～2 跗节(通常端部除外)黄褐色;平衡棒黄色。

(145)粗芒鞍腹水虻 *Clitellaria crassistilus* Yang *et* Nagatomi, 1992(图 167)

Clitellaria crassistilus Yang *et* Nagatomi, 1992. South Pacific Study 13(1):16. Type locality:China:Yunnan, Kunming.

雌　体长 7.8 mm,翅长 6.6 mm。

头部黑色。头部毛白色,眼后眶和后头毛较短且倒伏。复眼密被黑毛。额在触角侧基部背面有一个小突;上颜中部明显凹。触角黑色;柄节和梗节被淡黄毛,鞭节被淡灰粉,端部芒密

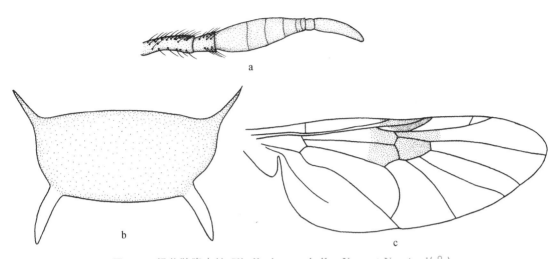

图 167 粗芒鞍腹水虻 *Clitellaria crassistilus* Yang *et* Nagatomi(♀)

a. 触角,外侧视(antenna, outer view);b. 小盾片,背视(scutellum, dorsal view);c. 翅(wing)。

被白粉;鞭节芒较粗,长为鞭节其余部分的 0.5 倍;触角 3 节长比约为 1.0∶0.4∶2.7。喙褐色至暗褐色,被灰白色毛;须褐色至暗褐色,被灰白色毛,第 2 节长为第 1 节的 1.5 倍。

胸部黑色,肩胛和翅后胛部分赤褐色。中胸背板侧缘刺扁平,长大于宽,顶端圆。小盾刺细,赤黄色,为小盾片长的 0.6 倍。胸部毛灰白色,大部分倒伏且卷曲。足黑色,但中后足第 1~2 跗节黄色;足上毛灰白色,中足股节后表面(基部除外)毛长且直立;跗节有若干黑毛。翅几乎透明,翅痣褐色;翅痣下一个大的浅褐斑伸达 bm 室端部;前缘室端部和亚前缘室在翅痣以上的部分为褐色;翅脉褐色至暗褐色。平衡棒黄色。

腹部黑色,被灰白色毛,背面中部区域有若干黑毛,端部有一个由白毛组成的窄的中纵条纹;第 1~2 背板侧边毛直立且较长。

雄 未知。

观察标本 正模♀,云南昆明,1983. V. 15,赵一星(CAU)。

分布 云南(昆明)。

讨论 该种与东方鞍腹水虻 *C. orientalis*(Lindner)相似,但触角鞭节被灰白粉。而后者触角最末三节密被短黑毛(Yang 和 Nagatomi,1992b)。

(146)黄毛鞍腹水虻 *Clitellaria flavipilosa* Yang *et* Nagatomi,1992(图 168;图版 28)

Clitellaria flavipilosa Yang *et* Nagatomi,1992. South Pacific Study 13(1):17. Type locality:China:Yunnan, Mengla.

雄 体长 11.6 mm,翅长 10.1 mm。

头部黑色,被灰白毛,单眼瘤和头顶单眼瘤后方的区域有黄毛;上颜下中部凹有黄毛。复眼密被黑毛,复眼下部毛变为灰白色。触角赤黄色,柄节基部黑色,第 6~8 鞭节黑褐色;柄节和梗节被黄毛,鞭节被淡灰粉,端部有若干不明显的灰白色毛;鞭节芒较细,长为鞭节其余部分的 0.48 倍;触角 3 节长比约为 1.0∶1.0∶5.9。喙浅褐色,被灰白毛;须被灰白毛和黄毛,第 1 节黄色,第 2 节褐色,为第 1 节长的 1.7 倍。

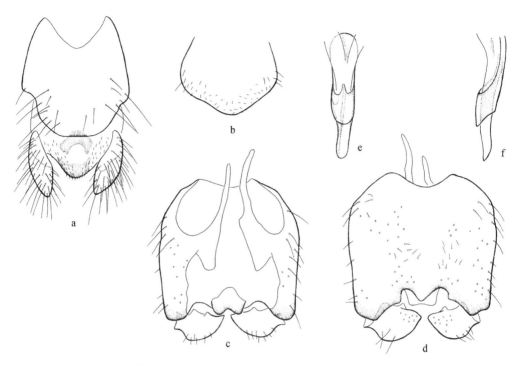

图 168　黄毛鞍腹水虻 Clitellaria flavipilosa Yang et Nagatomi(♂)

a. 第 9～10 背板和尾须,背视(tergites 9～10 and cerci, dorsal view);b. 第 10 腹板,腹视(sternite 10, ventral view);c. 生殖体,背视(genital capsule, dorsal view);d. 生殖体,腹视(genital capsule, ventral view);e. 阳茎复合体,背视(aedeagal complex, dorsal view);f. 阳茎复合体,侧视(aedeagal complex, lateral view)。

胸部黑色,肩胛和中胸背板侧缘刺黄褐色,中胸背板侧缘刺刀状,扁平。小盾刺黄色,为小盾片长的 0.8 倍。中胸背板被金黄毛,包括浓密的倒伏卷曲短毛和稀疏的直立长毛;中胸背板上倒伏短毛稀少或不存在的部分有两对深色侧斑。小盾片和小盾刺(端部除外)具金黄毛,有些毛变为黑色。侧板被灰白毛,侧背片和中侧片前部毛长且直立,翅侧片上部毛为黄色;翅侧片和侧背片后部裸。足赤黄色至黄色,但基节(端部除外)、前中足股节中部、后足股节端部 1/3、胫节[端部和基部 1/2(前足胫节)或基部不到 1/2(中后足胫节)]、前足第 2～4 跗节背面和后足第 4 跗节黑色;足上毛灰白色,前中足股节后表面背部毛长且直立;跗节有若干黑毛。翅几乎透明,有一窄的浅褐色斑从前缘室端部伸达臀叶端部;翅痣和其上部分颜色比其他膜质部分稍深或几乎与褐色斑颜色相同;翅脉褐色至暗褐色。平衡棒柄基部黄色,球部乳白色。

腹部黑色;腹部毛灰白色,但第 2～3 背板和第 4 背板基部有若干黑毛;第 5 背板和第 4 背板端部密被金黄毛;第 1～2 背板两侧毛长且直立。雄性外生殖器:生殖基节背桥有一对短而尖的突起;生殖基节突近平行;生殖基节愈合的部端缘中突有一"V"形浅凹;阳茎复合体基部最宽。

雌　体长 9.2 mm,翅长 7.9 mm。

与雄虫相似,仅以下不同:复眼分离,毛明显短于雄虫,红褐色,但上部、后缘和下缘宽的区域毛为白色。额宽,向头顶汇聚,上额具刻点,下额光滑,中部有无毛区,头部毛金黄色,但眼后眶下部、后头、颊、颜(除中部外)和下额毛为白色,下额上部两侧具一对由倒伏长毛形成的白色毛斑,颊毛稍长;颜和额的复眼缘脊明显;眼后眶明显;额和颜的复眼缘脊不明显。触角红褐色,但柄节基部和第 6~8 鞭节黑色。胸部被灰色倒伏短毛,背板具 3 条由金黄色短毛组成的宽纵带,小盾片被金黄色倒伏短毛。

观察标本　正模♂,云南勐腊,800 m,1981.Ⅳ.10,杨集昆(CAU)。1♂,云南西双版纳橄榄坝,650 m,1957.Ⅲ.15,臧令超(IZCAS);1♂1♀,云南西双版纳橄榄坝,650 m,1957.Ⅲ.16,臧令超(IZCAS);1♀,云南西双版纳橄榄坝,650 m,1957.Ⅲ.17,王书永(IZCAS);1♀,云南西双版纳小勐养附近,900 m,1957.Ⅴ.6,邦菲洛夫(IZCAS)。

分布　云南(勐腊、小勐养、橄榄坝)。

讨论　该种与长毛鞍腹水虻 *C. longipilosa* Yang *et* Nagatomi 相似,但触角芒为鞭节其余部分的 1/2;柄节与梗节等长;触角柄节和梗节(柄节基部除外)和鞭节(最后 2 小节除外)黄(或红)褐色;上颜和额三角区被灰白色或浅黄毛;中胸背板和小盾片被金黄色直立长毛。而后者触角芒远短于鞭节其余部分的 1/2;柄节明显长于梗节;触角全部为深棕色至黑色[雌虫第 1~2 鞭节端部黄(或红)褐色];雄虫上颜、额三角区、中胸背板和小盾片被直立长黑毛(Yang 和 Nagatomi,1992b)。

(147)昆明鞍腹水虻 *Clitellaria kunmingana* Yang *et* Nagatomi,1992(图 169)

Clitellaria kunmingana Yang *et* Nagatomi,1992. South Pacific Study 13(1):20. Type locality:China:Yunnan, Kunming.

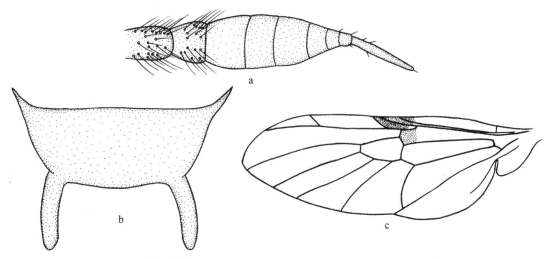

图 169　昆明鞍腹水虻 *Clitellaria kunmingana* Yang *et* Nagatomi(♀)
a. 触角,外侧视(antenna, outer view);b. 小盾片,背视(scutellum, dorsal view);c. 翅(wing).

雌　体长 5.0~5.6 mm,翅长 5.1~5.6 mm。

头部黑色;头部毛灰白色,单眼瘤被黑毛;复眼相距很远,被灰白毛和黑毛。额在触角附近有一无毛区域;上颜中部凹。触角黑色;柄节和梗节大部分被灰白毛,鞭节有淡灰粉被,鞭节芒有几根极短的黑毛;鞭节芒较细,长为鞭节其余部分的 0.47 倍;触角 3 节长比约为 1.0:0.7:4.3。喙褐色,被灰白色毛;须黑色,灰白毛和黑毛混杂,但第 1 节黄褐色,第 2 节为第 1 节长的 1.3 倍。

胸部黑色,肩胛和翅后胛稍带黄褐色;胸部毛灰白色,中胸背板和小盾片被稀疏的黑色长毛;中胸背板有一个宽的深色中纵斑和两对深色侧斑,侧斑上有黑毛。中胸背板侧缘刺刀状,扁平。小盾刺黑色,与小盾片等长,端部钝。足黑色,但中足第1跗节(端部除外)和后足第1～2跗节(通常端部除外)黄褐色;足上毛黄色,跗节有若干黑毛。翅几乎透明或微有褐色,翅痣暗褐色;前缘室端部、亚前缘室在翅痣上的部分褐色,br室端部浅褐色;翅脉暗褐色。平衡棒黄色。

腹部黑色;腹部毛灰白色,但背面有些短黑毛,主要位于中部区域。

雄 未知。

观察标本 正模♀,云南昆明,1981.Ⅲ.24,杨集昆(CAU)。副模1♀,云南昆明,1981.Ⅲ.24,杨集昆(CAU)。

分布 云南(昆明)。

讨论 该种与长毛鞍腹水虻 C. longipilosa Yang et Nagatomi 相似,但小盾刺黑色;前足第1跗节黑色。而后者小盾刺赤黄色;前足第1跗节黄色(Yang 和 Nagatomi,1992b)。

(148)长毛鞍腹水虻 Clitellaria longipilosa Yang et Nagatomi,1992(图170、图171;图版32)

Clitellaria longipilosa Yang *et* Nagatomi,1992. South Pacific Study 13(1):22. Type locality:China:Yunnan,Kunming.

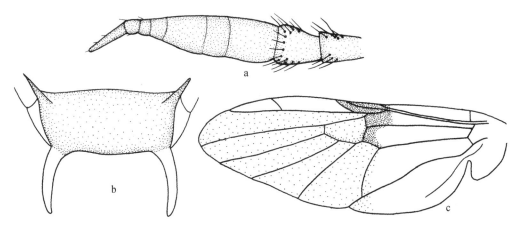

图 170 长毛鞍腹水虻 *Clitellaria longipilosa* Yang *et* Nagatomi(♂)

a. 触角,外侧视(antenna, outer view);b. 小盾片,背视(scutellum, dorsal view);c. 翅(wing)。

雄 体长 7.0～7.2 mm,翅长 6.9～7.1 mm。

头部黑褐色。头部毛灰白色,单眼瘤有黑毛,触角附近的额和颜有黑色长毛;额下部和颜沿复眼缘的狭窄区域被淡灰粉。复眼密被黑色长毛。触角黑褐色;柄节和梗节有灰白毛和黑毛,鞭节有淡灰粉被,端部有若干黑毛;鞭节芒极短,长为鞭节其余部分的 0.3 倍;触角 3 节长比约为 1.0:0.7:3.5。喙黑褐色,被灰白色毛;须黑褐色,被淡黄毛,第 2 节长,为第 1 节长的 1.7 倍。

胸部黑褐色,肩胛顶端赤褐色;胸部毛灰白色,中胸背板和小盾片有较短的倒伏毛和直立黑毛;中胸背板有一个暗的中纵斑和两对暗的侧斑,斑上无灰白色倒伏毛。中胸背板侧缘刺短,刀状,扁平。小盾刺细,赤黄色,几乎与小盾片等长。足黑色,转节黑黄色,股节基部和端部

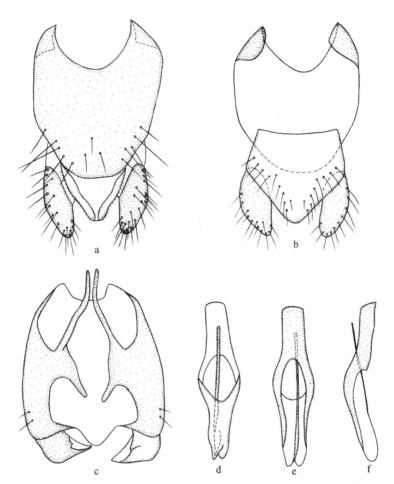

图 171　长毛鞍腹水虻 *Clitellaria longipilosa* Yang *et* Nagatomi(♂)

a. 第 9～10 背板和尾须,背视(tergites 9～10 and cerci, dorsal view);b. 第 9 背板、第 10 腹板和尾须,腹视(tergite 9, sternite 10 and cerci, ventral view);c. 生殖体,背视(genital capsule, dorsal view);d. 阳茎复合体,背视(aedeagal complex, dorsal view);e. 阳茎复合体,腹视(aedeagal complex, ventral view);f. 阳茎复合体,侧视(aedeagal complex, lateral view)。

黄色,胫节基部和端部黄色;跗节黄色,但背表面除中足第 1(或第 1～2)跗节外暗黄色;足上毛灰白色,前足股节前表面毛长(有些变为黑色),中足股节腹表面前部也有长的灰白色毛,跗节有若干黑毛。翅几乎透明,但翅痣、前缘室端部、亚前缘室在翅痣上的部分、br 室端部、bm 室端部和盘室下部褐色或暗褐色;翅脉褐色至暗褐色。平衡棒乳白色,柄基部黄褐色。

腹部黑褐色,被灰白色倒伏毛,第 1～2 背板侧边毛长且直立。雄性外生殖器:生殖基节背桥不相连,从中间分开;生殖基节背面后部内突短而细;生殖基节突端部汇聚;生殖刺突逐渐变细,具内凹;阳茎复合体中部最宽;生殖基节愈合部的腹面端缘中突简单,无凹陷。

雌　体长 6.6～7.2 mm,翅长 6.8～6.9 mm。

与雄虫相似,仅以下不同:头部毛浅色,短于雄虫。复眼宽分离,被灰白毛和黑毛,短于雄虫。胸部被灰白色毛,中胸和小盾片无黑色长毛,但中胸背板的暗色中纵斑和侧斑上有黑色短毛。足第 1～2 跗节全黄色,股节无直立长毛。腹部第 1～2 背板侧边毛短于雄虫。

观察标本 正模♂,云南昆明,1942. Ⅳ. 24(CAU)。副模 6♂♂1♀,云南昆明,1942. Ⅳ. 24(CAU);1♀,云南昆明,1945. Ⅳ. 15(CAU);1♀,云南昆明,2 000 m,1981. Ⅴ. 16,杨集昆(CAU)。1♂,云南昆明西山,2 100 m,1958. Ⅲ. 23,郑乐怡(IZCAS);1♂,云南昆明黑龙潭,1 900 m,1958. Ⅵ. 5,黄克仁等(IZCAS)。

分布 云南(昆明)。

讨论 该种与黄毛鞍腹水虻 C. flavipilosa Yang et Nagatomi 相似,但触角芒远短于鞭节其余部分的 1/2;柄节明显长于梗节;触角全为深棕色至黑色[雌虫第 1～2 鞭节端部黄(或红)褐色];雄虫上颜、额三角区、中胸背板和小盾片被黑色直立长毛。而后者触角芒为鞭节其余部分的 1/2;柄节与梗节等长;触角柄节和梗节(柄节基部除外)和鞭节(最后 2 小节除外)黄(或红)褐色;上颜和额三角区被灰白色或浅黄毛;中胸背板和小盾片被金黄色直立长毛(Yang 和 Nagatomi,1992b)。

(149)中黄鞍腹水虻 *Clitellaria mediflava* **Yang** *et* **Nagatomi**,1992(图 172;图版 29)

Clitellaria mediflava Yang *et* Nagatomi,1992. South Pacific Study 13(1):26. Type locality:China:Beijing, Xiangshan Mountain.

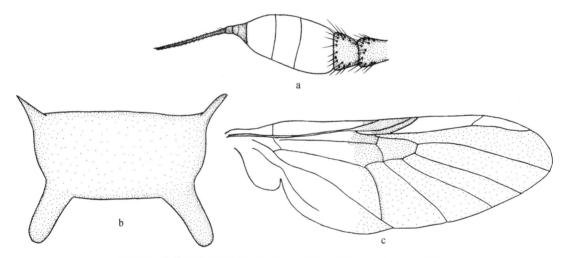

图 172 中黄鞍腹水虻 *Clitellaria mediflava* **Yang** *et* **Nagatomi**(♀)

a. 触角,外侧视(antenna, outer view);b. 小盾片,背视(scutellum, dorsal view);c. 翅(wing)。

雌 体长 10.3 mm,翅长 10.2 mm。

头部黑色。头部毛白色,但头顶和单眼瘤有若干黑毛;额有白毛,但上部 1/3 有若干黑毛。复眼相距很远,密被灰白毛和黑毛。上颜中部有些凹。触角黑色,但第 1～3 鞭节赤黄色,第 4～5 鞭节突然变窄,很短;柄节和梗节被黑毛和灰白毛,鞭节被淡灰粉,端部有短黑毛;鞭节芒很细,长为鞭节其余部分的 0.7 倍;触角 3 节长比约为 1.0∶1.0∶8.0。喙浅褐色,被灰白色毛;须浅黑色,被灰白色毛,但第 2 节黄褐色,被白色短柔毛,第 2 节长为第 1 节的 1.2 倍。

胸部黑色,但肩胛、中胸背板上较粗的侧刺和翅后胛稍带黄褐色;小盾刺黑色,为小盾片长的 0.7 倍。胸部被白色倒伏毛,中胸背板和小盾片上有若干黑色直立长毛。中胸背板有 3 条宽的由黑色倒伏毛形成的深色纵条斑(侧斑在中缝处终止)。足黑色,但转节、膝和胫节端部黄褐色;跗节部分稍带黄褐色;足上毛灰白色;跗节有若干黑毛。翅浅褐色,翅痣及其以上区域暗褐色;基部、前缘室除端部外、r_{2+3}室和r_4室颜色较浅;翅脉暗褐色。平衡棒黄色。

腹部黑色;腹部毛白色,背面主要被黑毛,第2~4背板侧边具白毛斑,第4~5背板中央具白毛斑。

雄 未知。

观察标本 正模♀,北京香山,1983.Ⅶ.18,周延里(CAU)。

分布 北京(香山)。

讨论 该种与黑色鞍腹水虻 *C. nigra* Yang *et* Nagatomi 相似,但腹部第5背板有三个明显的白毛斑;翅膜质(翅痣和其上部区域除外)区域颜色比黑色鞍腹水虻 *C. nigra* 浅;触角鞭节(最后三节除外)黄褐色。而后者腹部第5背板大部分或几乎全部被白色倒伏短毛;翅膜质部分深褐色比中黄鞍腹水虻 *C. mediflava* 颜色深;触角鞭节深褐色至黑色(最后三节除外)(Yang 和 Nagatomi,1992b)。

(150)微刺鞍腹水虻 *Clitellaria microspina* sp. nov.(图173;图版30)

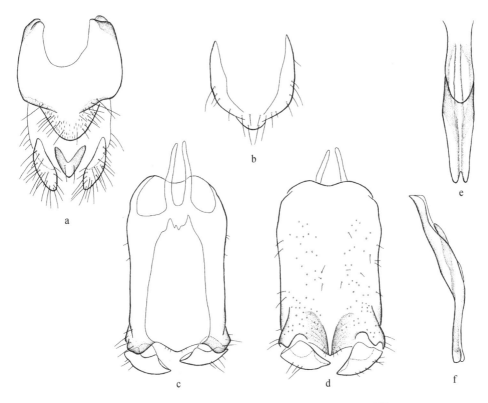

图173 微刺鞍腹水虻 *Clitellaria microspina* sp. nov.(♂)

a. 第9~10背板和尾须,背视(tergites 9~10 and cerci, dorsal view);b. 第10腹板,腹视(sternite 10, ventral view);c. 生殖体,背视(genital capsule, dorsal view);d. 生殖体,腹视(genital capsule, ventral view);e. 阳茎复合体,背视(aedeagal complex, dorsal view);f. 阳茎复合体,侧视(aedeagal complex, lateral view)。

雄 体长 9.2 mm,翅长 8.3 mm。

头部亮黑色。单眼瘤突出,单眼浅黄色。复眼相接,黑褐色,小眼面大小一致,被红褐色短毛。眼后眶明显。头部被黄色倒伏毛,颜毛稍直立,颊毛长且直立,颜掺杂有褐毛。触角黑色,但第 1～3 鞭节橘黄色至褐红色,第 4～8 鞭节褐色;柄节与梗节等长,第 1～3 鞭节稍膨大,第6～7 鞭节短缩,第 8 鞭节伸长,向顶变细,但基部不明显变细,形成粗芒;柄节和梗节被红褐毛,鞭节被浅黄粉,第 6～8 鞭节有若干黄色短毛。触角 3 节长比约为 0.8：0.7：3.5。须褐色,被褐毛,但第 1 节黄褐色,被黄褐毛。

胸部黑色,肩胛和翅后胛黄褐色,小盾刺浅黄色但基部黑色至黄褐色。小盾刺极小,尖锐,长仅为小盾片长的 1/3;背板侧刺小,圆钝,扁,黄褐色,但顶端黄色。胸部被黄色倒伏短毛,仅中侧片前部毛稍长且直立,小盾刺具若干黄色近直立长毛。足黄褐色,但基节、转节(端部除外)、股节基部 1/3～1/2(最末端除外)、前中足胫节基部 1/3 内侧(最基部除外)、后足胫节内侧靠近基部的一个小斑黑色;转节端部、股节最末端、胫节最基部、后足第 1～2 跗节黄色,前足跗节深褐色;足上毛浅黄色。翅浅黄色;翅痣黄色,不明显;翅脉黄褐色。平衡棒乳黄色。

腹部圆形,长宽大致相等,红褐色。腹部被黄色倒伏短毛,第 1～2 背板侧边毛稍长且直立。雄性外生殖器:第 9 背板长宽大致相等,端缘收缩,端突呈近三角形,基部具半圆形凹缺;生殖基节明显延长,长约为宽的 2 倍,背桥窄;生殖刺突端尖,中部具一尖的内突;生殖基节愈合部端缘中部稍突,阳茎复合体中部最宽,顶端短的二分叉。

雌 体长 8.0～6.3 mm,翅长 6.4～5.0 mm。

与雄虫相似,仅以下不同:复眼分离;额向头顶汇聚,无复眼缘脊,眼后眶明显。头部均匀被黄色倒伏短毛,颜毛稍直立,颊毛较长且稍直立。触角黑色,但第 1～3 鞭节膨大,橘红色。胸部被黄色倒伏短毛,中缝前两侧各有一个毛少的暗区。足黑褐色,但转节端部、膝、胫节端部、跗节腹面,中后足第 1～2 跗节及第 3～5 跗节腹面黄色。

观察标本 正模♂,新疆乌苏,1971. Ⅵ. 18,(IZCAS)。副模 1♀,新疆乌苏,340 m,1957.Ⅵ. 24,汪庆(IZCAS);1♀,新疆乌苏,340 m,1957. Ⅵ. 24,洪淳培(IZCAS)。

分布 新疆(乌苏)。

词源 该种拉丁名源于其小盾刺极小。

讨论 该种与中黄鞍腹水虻 *C. mediflava* Yang et Nagatomi 相似,但小盾刺极短小,仅为小盾片长的 1/3,小盾刺浅黄色;后足第 1～2 跗节黄色。而后者小盾刺长为小盾片长的 0.7倍,小盾刺黑色;足全黑色(Yang 和 Nagatomi,1992b)。

(151)黑色鞍腹水虻 *Clitellaria nigra* Yang *et* Nagatomi,1992(图 174、图 175;图版 31)

Clitellaria nigra Yang *et* Nagatomi,1992. South Pacific Study 13(1)：28. Type locality：China：Shaanxi, Huashan Mountain.

雄 体长 7.7～8.3 mm,翅长 7.8～8.7 mm。

头部黑色。头部毛白色,但单眼瘤具黑毛,头顶和上颜有若干黑毛;额三角上有一对由倒伏短毛组成的小毛簇。复眼被黑色长毛,上部小眼面明显大于下部小眼面。触角赤黄色(有时全黑褐色),基部和端部颜色较深;柄节和梗节有淡黄毛和黑毛,鞭节被淡灰粉,端部有若干黑毛;鞭节芒很细,长为鞭节其余部分的 0.65 倍;触角 3 节长比约为 1.0：1.0：5.5。喙褐色至暗褐色,被灰白色毛;须褐色至暗褐色,被灰白色毛,第 2 节长为第 1 节的 1.6 倍。

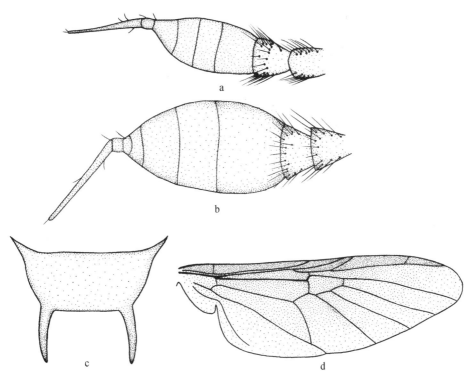

图 174　黑色鞍腹水虻 *Clitellaria nigra* Yang *et* Nagatomi

a. 雄虫触角,外侧视(male antenna, outer view);b. 雄虫触角,外侧视(female antenna, outer view);c. 雄虫小盾片,背视(male scutellum, dorsal view);d. 雄虫翅(male wing)。

胸部黑色;肩胛和翅后胛稍带赤褐色。中胸背板侧刺尖。小盾刺黑色,端部赤褐色至黄色,为小盾片长的 0.8 倍。胸部密被黑毛;侧板前部和腹面被灰白色毛。足暗褐色至黑色,但膝、胫节最末端和跗节部分赤褐色;足上毛大部分为灰白色,前中足股节后腹部有长黑毛。翅暗褐色;翅脉暗褐色。平衡棒黄褐色,球部上侧(或内侧)通常为暗褐色。

腹部黑色。背面有黑毛,端部主要为白色毛,腹面被白色毛。雄性外生殖器:生殖基节背桥端缘具一对宽突起,端部尖锐;生殖基节突短,端部分离;生殖刺突尖;生殖基节愈合部腹面端缘有一对短突;阳茎复合体端部最宽。

雌　体长 7.1～7.6 mm,翅长 6.9～7.9 mm。

与雄虫相似,仅以下不同:头部被白色毛,但单眼瘤和头顶被黑毛;复眼宽分离。胸部被浅色毛,但中胸背板和小盾片被黑毛;中胸背板具 4 条白色纵毛斑。

观察标本　正模♂,陕西华山,1956. Ⅳ. 18,杨集昆(CAU)。副模 1♀,陕西华山,1956. Ⅳ. 18,杨集昆(CAU);4♂♂2♀♀,陕西甘泉,1971. Ⅵ. 12～27,杨集昆(CAU);1♂,北京,1949. Ⅵ. 21(CAU);1♂1♀,广西田林,1982. Ⅴ. 29～30,杨集昆、王心丽(CAU);3♀♀,江苏南京,1986. Ⅶ. 4,陈乃中(CAU)。1♂,四川峨眉山,1955. Ⅵ. 10,黄克仁、金根桃(IZCAS);1♂,四川峨眉山,1955. Ⅵ. 23,黄克仁、金根桃(IZCAS);1♀,云南昆明近郊温泉,1956. Ⅴ. 15,邦菲洛夫(IZCAS);1♀,云南瑞丽,1 460 m,1956. Ⅵ. 8,黄天荣(IZCAS);1♂1♀,四川峨眉山报国寺 500～750 m,1957. Ⅴ. 1,卢佑才(IZCAS);2♀♀,四川峨眉山报国寺 500～750 m,1957. Ⅴ. 23,王宗元(IZCAS);1♂,四川峨眉山清音阁,800～1 000 m,1957. Ⅵ. 11,黄克仁

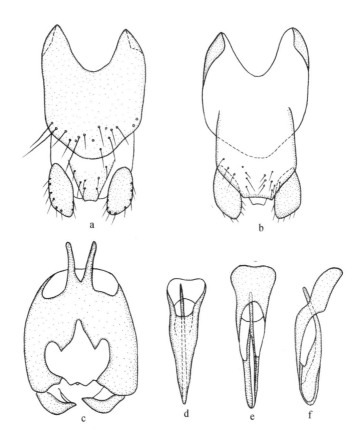

图 175 黑色鞍腹水虻 *Clitellaria nigra* Yang *et* Nagatomi(♂)

a. 第 9～10 背板和尾须,背视(tergites 9～10 and cerci, dorsal view);b. 第 9 背板、
第 10 腹板和尾须,腹视(tergite 9, sternite 10 and cerci, ventral view);c. 生殖体,
背视(genital capsule, dorsal view);d. 阳茎复合体,背视(aedeagal complex, dorsal
view);e. 阳茎复合体,腹视(aedeagal complex, ventral view);f. 阳茎复合体,侧视
(aedeagal complex, lateral view)。

(IZCAS);2♂♂,四川峨眉山清音阁,800～1 000 m,1957. Ⅵ. 28,黄克仁(IZCAS);1♀,四川峨
眉山清音阁,800～1 000 m,1957. Ⅵ. 23,朱复兴(IZCAS);1♂,云南西双版纳大勐龙,650 m,
1958. Ⅳ. 28,张毅然(IZCAS);1♂,浙江安吉龙王山,1995. Ⅷ. 1,吴鸿(IZCAS);1♀,陕西周
至厚畛子,1 350 m,灯诱,1999. Ⅵ. 24,姚建(IZCAS);1♀,陕西宁陕十八丈,1 150 m,1999.
Ⅵ. 28,袁德成(IZCAS);1♀,甘肃文县山王庙,1 500 m,1999. Ⅶ. 28,姚建(IZCAS);1♀,四川
青城山,1 000 m,1979. Ⅵ. 3,尚进文(IZCAS);4♂♂,上海松江佘山,1973. Ⅵ. 1,陈之梓
(SEMCAS);1♂,福建和溪,1962. Ⅴ. 4,金根桃(SEMCAS);1♂,江西庐山,1981. Ⅵ. 3,施达
三(SEMCAS);1♀,西藏墨脱卡布,1 050 m,1980. Ⅵ. 6,金根桃(SEMCAS);1♀,云南建水,
1 310 m,1982. Ⅴ. 7,金根桃(SEMCAS)。

分布 陕西(华山、甘泉、周至、宁陕)、北京、广西(田林)、江苏(南京)、云南(大勐龙、瑞丽、
建水)、四川(峨眉山、都江堰)、浙江(安吉)、甘肃(文县)、上海(松江)、福建(和溪)、江西(庐
山)、西藏(墨脱)。

讨论 该种与中黄鞍腹水虻 *C. mediflava* Yang *et* Nagatomi 相似,但腹部第 5 背板大部

分或几乎全部被白色倒伏短毛;翅膜质部分深褐色比中黄鞍腹水虻 *C. mediflava* 颜色深;触角鞭节深褐色至黑色(最后三节除外)。而后者腹部第 5 背板有三个明显的白色毛斑;翅膜质(翅痣和其上部区域除外)区域颜色比黑色鞍腹水虻 *C. nigra* 浅;触角鞭节(最后三节除外)黄褐色(Yang 和 Nagatomi,1992b)。

(152)斜刺鞍腹水虻 *Clitellaria obliquispina* sp. nov.(图 176;图版 32)

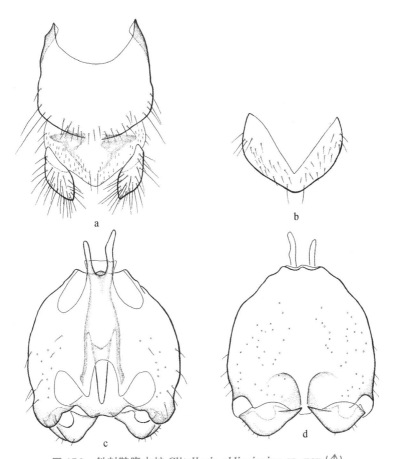

图 176 斜刺鞍腹水虻 *Clitellaria obliquispina* sp. nov.(♂)

a. 第 9~10 背板和尾须,背视(tergites 9~10 and cerci, dorsal view);b. 第 10 腹板,腹视(sternite 10, ventral view);c. 生殖体,背视(genital capsule, dorsal view);d. 生殖体,腹视(genital capsule, ventral view)。

雄 体长 8.3 mm,翅长 8.0 mm。

头部亮黑色。单眼瘤突出,单眼浅黄色。复眼相接,紫褐色,上部小眼面大于下部小眼面,密被红褐色短毛,但上部、后缘和下缘较宽的区域毛为白色。无眼后眶。头部被黄色直立长毛,但后头毛倒伏,后头下部和颊毛白色,上额上部毛倒伏。触角黄色,但柄节除端部外、第 6~8 鞭节褐色,第 4~5 鞭节黄褐色;柄节与梗节等长;柄节和梗节被黄色长毛,鞭节被浅黄粉,第 8 鞭节有若干黄色短毛。触角 3 节长比约为 0.7∶0.9∶3.2。喙黄褐色,被黄褐毛;须黄褐色,被黄毛。

胸部黑色,肩胛顶端黄色,背板侧刺端部和小盾刺端部红褐色;侧刺短尖,小盾刺尖长,且与背面成45°夹角向上后方倾斜。胸部被浅黄色倒伏短毛和直立长毛,有3条由红褐色短毛形成的宽纵暗带,小盾刺密被黄褐色直立长毛,侧板毛灰白色。足红褐色,但基节黑色,转节、股节基部、膝部、胫节端部和中后足第1跗节(除端部外)黄色;足上毛黄色,跗节毛黄褐色。翅透明,稍带浅黄褐色;翅痣浅黄色;翅脉黄褐色。平衡棒乳黄色,柄基部黄色。

腹部宽大于长,黑色。腹部背板被褐色倒伏短毛,第2背板中部、第4背板除基缘外,第5背板除基缘两侧外密被浅黄色倒伏短毛,第1～2背板侧边和第4～5背板还具浅黄色直立长毛;腹板被浅黄色倒伏短毛。雄性外生殖器:第9背板长宽大致相等,基部具浅半圆形凹缺;生殖基节长宽大致相等,背桥极宽,端缘具一对中等大小的三角形突;生殖刺突端尖;生殖基节愈合部端缘中突端部较平;阳茎复合体基部最宽,向端部明显变尖。

雌 未知。

观察标本 正模♂,云南车里附近流沙河,1957.Ⅲ.31,A·孟恰茨基(IZCAS)。

分布 云南(西双版纳)。

词源 该种拉丁名源于其小盾刺与小盾片背面成45°夹角向后上方倾斜。

讨论 该种与中黄鞍腹水虻 C. mediflava Yang et Nagatomi 相似,但足红褐色或黑褐色,基节黑色,转节、股节基部、膝、胫节端部和中后足第1跗节(除端部外)黄色;须黄褐色;小盾刺与小盾片背面成45°夹角向上倾斜。而后者足黑色,但转节、膝和胫节端部黄褐色,跗节部分稍带黄褐色;须浅黑色,但第2节黄褐色;小盾刺与小盾片在同一平面(Yang 和 Nagatomi,1992b)。

(153)东方鞍腹水虻 *Clitellaria orientalis*(Lindner,1951)(图177、图178;图版33)

Taurocera orientalis Lindner, 1951. Bonn. Zool. Beitr. 2(1-2):186. Type locality:China:Fujian,"Kua-tun near Tshung Sen".

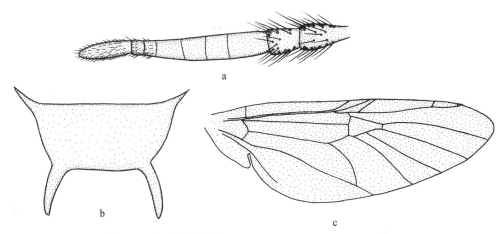

图177 东方鞍腹水虻 *Clitellaria orientalis*(Lindner)(♂)

a. 触角,外侧视(antenna, outer view);b. 小盾片,背视(scutellum, dorsal view);c. 翅(wing)。

雄 体长8.8～9.6 mm,翅长8.3～9.7 mm。

头部黑色;头部毛黑色,但上颜有若干灰白色毛;头顶和后头上部有灰白色倒伏毛;额三角

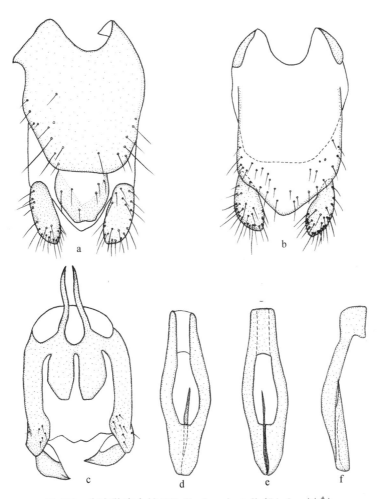

图 178　东方鞍腹水虻 *Clitellaria orientalis* (Lindner) (♂)

a. 第 9~10 背板和尾须,背视(tergites 9~10 and cerci, dorsal view);b. 第 9 背板、第 10 腹板和尾须,腹视(tergite 9, sternite 10 and cerci, ventral view);c. 生殖体,背视(genital capsule, dorsal view);d. 阳茎复合体,背视(aedeagal complex, dorsal view);e. 阳茎复合体,腹视(aedeagal complex, ventral view);f. 阳茎复合体,侧视(aedeagal complex, lateral view)。

区和颜沿复眼缘有窄的被绒毛区域。复眼密被黑毛。触角黑色;柄节和梗节被黑毛,鞭节被浅灰粉,端部 3 节密被黑毛;鞭节芒粗,为鞭节其余部分长的 0.3 倍;触角 3 节长比约为 1.0:0.7:4.5。喙黑褐色,被黑毛;须黑色,被黑毛,第 2 节长为第 1 节的 1.4 倍。

胸部黑色,但肩胛、翅后胛、中胸背板侧刺和小盾片通常微有红褐色。胸部毛黑色,中胸背板有一对由灰白色毛组成的中纵斑。中胸背板侧刺相当粗大且尖。小盾刺几乎与小盾片等长,几乎与中胸背板和小盾片在同一平面上。足黑色,被黑毛;前中足股节后表面有直立长毛。翅深褐色至黑色;翅脉深褐色至黑色。平衡棒黄色,基部褐色。

腹部黑色,有灰白毛和黑毛。雄性外生殖器:生殖基节背桥端缘有一对大突起;生殖基节突端部略聚拢;生殖刺突端部逐渐变细,基部内凹;生殖基节愈合部的端缘中突有一个浅"V"形凹;阳茎复合体中部最宽。

雌 体长 9.2～11.0 mm,翅长 9.9～10.9 mm。

与雄虫相似,仅以下不同:头部主要被灰白毛,单眼瘤毛黑色,眼后眶和额上部 2/3 被灰白毛,额下部 1/3 被黑毛,但中侧部毛仍为灰白色。复眼宽分离。中胸背板具 4 条白色纵毛斑。

观察标本 7♂♂2♀♀,西藏察隅,2 400 m,1978. Ⅵ. 22,李法圣(CAU);1♂4♀♀,云南昆明,1940. Ⅵ. 2～21(CAU);2♂♂4♀♀,云南昆明,1941. Ⅴ. 21～Ⅵ. 31(CAU);2♂♂,云南昆明,1942. Ⅵ. 6～9(CAU);1♂,云南昆明,1945. Ⅴ. 18(CAU);1♂,云南昆明,1943. Ⅴ. 26(CAU);1♂,云南呈贡,1940. Ⅶ. 2(CAU);1♀,云南呈贡,Ⅷ. 10(CAU);1♀,云南丽江,2 400 m,1974. Ⅵ. 11,周尧、袁锋(CAU);1♀,贵州茂兰,1990. Ⅴ. 18,刘志琦(CAU);1♀,广西龙州,240 m,1982. Ⅴ. 18,杨集昆(CAU);1♀,福建福州,1988. Ⅵ,余文俊(CAU);1♂,四川峨眉山报国寺,550～750 m,1957. Ⅴ. 29,王宗元(IZCAS);1♀,四川乡城,2 900 m,1982. Ⅵ. 17,王书永(IZCAS);1♀,西藏芒康达山,2 400 m,1976. Ⅵ. 5,张学忠(IZCAS);1♂,云南大理,2 100 m,1955. Ⅴ. 31,B·波波夫(IZCAS)。

分布 西藏(察隅、芒康)、云南(昆明、丽江、呈贡、大理)、贵州(茂兰)、广西(龙州)、福建(福州)。

讨论 该种与黑色鞍腹水虻 C. nigra Yang et Nagatomi 相似,但触角芒较粗,鞭节最后 3 节密被黑色短毛。而后者触角芒尖细,鞭节仅被浅灰粉,无黑毛(Yang 和 Nagatomi,1992b)。

14. 长鞭水虻属 *Cyphomyia* Wiedemann,1819

Cyphomyia Wiedemann,1819. Zool. Mag. ⅰ 3：54. Type species：*Stratiomys cyanea* Fabricius,1794.

Rondania Jaennicke,1867. Abh. Sencken. Naturforsch. Ges. 342. Type species：*Rondania obscura* Jaennicke,1867.

Neorondania Osten-Sacken,1878. Smithson. Misc. Collect. 16：50. Type species：*Rondania obscura* Jaennicke,1867.

Gyneuryparia Enderlein,1914. Zool. Anz. 44(1)：604. Type species：*Cyphomyia pilosissma* Gerstaecker,1857.

属征 头部半球形。复眼裸,雄虫接眼式,雌虫离眼式,雌虫复眼分离较宽,眼后眶很宽。触角长丝状,鞭节 8 节,每节约等长。小盾片 2 刺,基部远离。CuA_1 脉不从盘室发出,盘室发出 3 条 M 脉。胸部背板两侧翅基上无刺状突。腹部近圆形,宽于胸部,背面强烈拱突。

讨论 该属世界各动物地理区系均有分布,但绝大多数分布于新热带界和东洋界。全世界已知 85 种,中国已知 3 种,包括 1 新种。

种 检 索 表

1.	胸部深蓝色闪光;翅几乎透明,仅翅痣和基室褐色 ··················	**东方长鞭水虻 C. orientalis**
	胸部黑色;翅深褐色,仅基部浅色 ···	2

2. 胸部被灰白毛;柄节长为梗节的 2.0 倍;小盾刺黑色;阳基侧突基部强烈弯曲,端部直 ⋯⋯⋯⋯
⋯⋯⋯⋯⋯⋯⋯⋯⋯⋯⋯⋯⋯⋯⋯⋯⋯⋯⋯⋯⋯⋯ 白毛长鞭水虻 *C. albopilosa* sp. nov.

胸部密被金黄毛;柄节长为梗节的 3.0 倍;小盾刺黑色,但顶尖白色;阳基侧突基较直,基部不强烈
弯曲 ⋯⋯⋯⋯⋯⋯⋯⋯⋯⋯⋯⋯⋯⋯⋯⋯⋯⋯⋯⋯⋯⋯ 中华长鞭水虻 *C. chinensis*

(154) 白毛长鞭水虻 *Cyphomyia albopilosa* sp. nov.(图 179;图版 34)

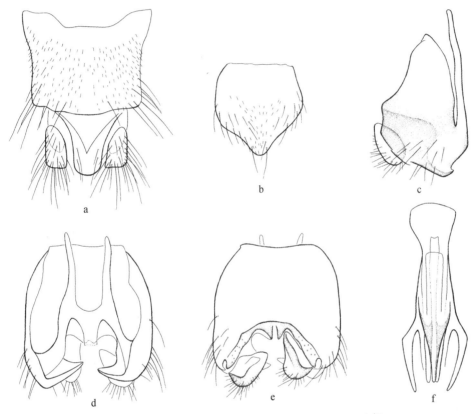

图 179　白毛长鞭水虻 *Cyphomyia albopilosa* sp. nov.(♂)

a. 第 9～10 背板和尾须,背视(tergites 9～10 and cerci, dorsal view); b. 第 10 腹板,腹视(sternite 10, ventral view); c. 生殖体,侧视(genital capsule, lateral view); d. 生殖体,背视(genital capsule, dorsal view); e. 生殖体,腹视(genital capsule, ventral view); f. 阳茎复合体,背视(aedeagal complex, dorsal view)。

雄　体长 10.0 mm,翅长 8.6 mm。

头部额、头顶和后头中央骨片黄色,后头黑色;颜黄色,但下部黄褐色。单眼瘤突出,黑色,单眼褐色,复眼相接较长,黑褐色,被稀疏的黄色短毛。头部毛金黄色。触角黑色,但柄节和梗节黄褐色,柄节长为梗节的 2.0 倍,鞭节丝状,8 小节,除第 1 鞭节和第 8 鞭节稍长外其余各节均近等长,长稍大于宽;柄节和梗节被黑毛,鞭节被黄褐色小短毛。触角 3 节长比为 2.0∶1.3∶10.1。喙褐色,被黄毛;须褐色,被黄毛。

胸部黑色,肩胛黄褐色,小盾片端缘平截,背面强烈隆突,小盾刺基部远离,小盾刺粗壮,全黑色。胸部毛灰白色。足红褐色,但前足膝、前足第 1 跗节和中足第 1～2 跗节浅黄色;足上毛

灰白色,但前足跗节、中足第3~5跗节、后足胫节和后足跗节毛褐色。翅浅褐色,基部透明;翅痣褐色且不太明显;翅脉褐色至浅褐色。平衡棒乳黄色,但柄基部黄褐色。

腹部近圆形,宽大于长,金蓝紫色,被灰白色毛。雄性外生殖器:第9背板倒梯形,宽稍大于长,基部稍凹;生殖基节长宽大致相等,侧面观端部强烈隆突;生殖基节背桥靠近端缘;生殖基节愈合部背面端部具一对钩状内突,腹面端缘强烈凹,中部具小突;生殖刺突向端部渐细,端部向上,陷于生殖基节腹面;阳茎复合体端部具一个宽的背叶和两个窄的侧叶,三叶约等长;阳基侧突基部强烈内弯,端部直,稍长于阳茎端。

雌 体长 11.1 mm,翅长 10.0 mm。

与雄虫相似,仅以下不同:头部黄色,复眼宽分离,额两侧几乎平行,眼后眶极宽,其与头顶之间有明显的缝。前足膝及前足第1跗节黄褐色。

观察标本 正模♂,云南金平勐拉,400 m,1956.Ⅳ.27,黄克仁等(IZCAS)。副模1♀,云南西双版纳勐啊,800 m,1958.Ⅵ.1,王书永(IZCAS)。

分布 云南(金平、勐阿)。

词源 该种拉丁名源于其胸部背板主要被灰白色毛。

讨论 该种与分布于东南亚的黄头长鞭水虻 C. flaviceps(Walker)相似,但体长大于10.0 mm;触角处额宽为头宽的1/4~1/3;柄节长为梗节的2.0倍。而后者体长7.0 mm;触角处额明显窄,仅为头宽的1/5;柄节长为梗节的1.3倍。

(155)中华长鞭水虻 *Cyphomyia chinensis* Ôuchi, 1938(图180;图版13、图版19、图版35)

Cyphomyia chinensis Ôuchi, 1938. J. Shanghai Sci. Inst.(Ⅲ) 4:46. Type locality: China: Zhejiang, Tianmushan.

雄 体长 9.0~9.8 mm,翅长 6.2~6.7 mm。

头部上额、头顶和后头中央骨片黄褐色,后头黑色,下额及颜黄褐色。单眼瘤突出,黑色,单眼褐色,复眼相接较长,黑褐色,密被褐毛。头部毛金黄色。触角黑色,但柄节和梗节黄褐色,柄节长为梗节的3.0倍,鞭节丝状,8小节,除第1鞭节和第8鞭节稍长外,其余各节均近等长,长稍大于宽;柄节和梗节被黑毛,鞭节被黄褐色小短毛。触角3节长比为2.5:1.4:8.8。喙褐色,被黄毛;须褐色,被黄毛。

胸部黑色,肩胛黄褐色,小盾片端缘平截,小盾刺基部远离,小盾刺粗壮,但顶尖突然变细且为白色。胸部毛灰白色,但背板中缝前毛全为金黄色。足红褐色,但前足第1~2跗节和膝黄褐色,中足第1~2跗节浅黄色;足上毛灰白色,但前足跗节、中足第3~5跗节、后足胫节和后足跗节毛褐色。翅浅褐色,基部透明;翅痣褐色,不太明显;翅脉褐色至浅褐色。平衡棒乳黄色,但柄基部黄褐色。

腹部近圆形,宽大于长,金蓝紫色,被灰白色毛。雄性外生殖器:第9背板倒梯形,宽稍大于长;生殖基节长宽大致相等,侧面观较扁平;生殖基节背桥靠近基缘;生殖基节愈合部的端缘中部具小凹;生殖刺突向端部尖细;阳茎复合体端部具一个背叶和两个侧叶,三叶约等宽等长;阳基侧突直,稍长于阳茎端。

雌 体长 8.0~9.6 mm,翅长 7.3~8.2 mm。

与雄虫相似,仅以下不同:头部黄色,复眼宽分离,额两侧几乎平行,眼后眶极宽,其与头顶之间有明显的缝。胸部毛短且稀疏,金黄毛区较小,仅限于前部和中部。

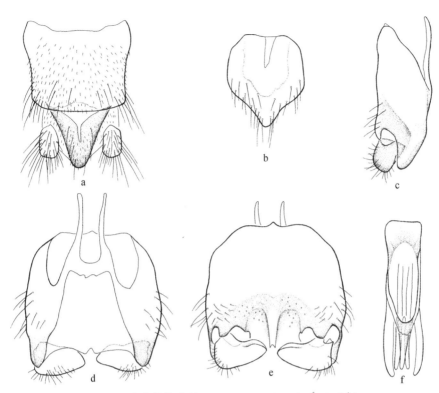

图 180　中华长鞭水虻 *Cyphomyia chinensis* Ôuchi(♂)

a. 第 9～10 背板和尾须,背视(tergites 9～10 and cerci, dorsal view);b. 第 10 腹板,腹视(sternite 10, ventral view);c. 生殖体,侧视(genital capsule, lateral view);d. 生殖体,背视(genital capsule, dorsal view);e. 生殖体,腹视(genital capsule, ventral view);f. 阳茎复合体,背视(aedeagal complex, dorsal view)。

观察标本　1♂,云南金平勐喇,400 m,1956. Ⅳ. 29(IZCAS);1♂,云南金平勐拉,500 m, 1956. Ⅴ. 2(IZCAS);1♀,云南金平勐拉,500 m,1956. Ⅴ. 3(IZCAS);1♀,湖北神农架,500～ 600 m,1981. Ⅵ. 2(IZCAS);1♀,云南西双版纳勐腊,620～700 m,1959. Ⅴ. 29(IZCAS);1♀, 云南勐腊瑶区(灯诱),2005. Ⅴ. 9,刘星月(CAU);1♀,福建南平,1985,张汉龙(CAU);9♂♂1 ♀,西藏墨脱,1 550 m,1980. Ⅴ. 24,金根桃、吴建毅(SEMCAS);3♀♀,浙江天目山,1937. Ⅵ. 1,O.PIEL.(SEMCAS)。

分布　云南(金平、西双版纳)、福建(南平)、浙江(天目山)、西藏(墨脱)。

讨论　该种与白毛长鞭水虻 *C. albopilosa* sp. nov.相似,但柄节长为梗节的 3 倍;胸部被 金黄毛;小盾刺顶端白色;生殖基节侧面观较扁,阳基侧突直。而后者柄节长为梗节的 2 倍;胸 部被灰白毛;小盾刺全黑;生殖基节侧面观端部强烈隆突,阳基侧突基部强烈向内弯曲,端 部直。

(156)东方长鞭水虻 *Cyphomyia orientalis* Kertész,1914

Cyphomyia orientalis Kertész,1914. Ann. Hist. Nat. Mus. Natl. Hung. 12(2):505. Type locality:China:Taiwan, Toyenmongai.

雄　体长 7.3～12.5 mm,翅长 7.0～11.2 mm。

头部蓝绿色,密被黄色长毛。复眼相接。下额三角小,亮黄褐色,上角有两个银白色毛斑。下颜亮黄褐色,微凸,中部稀被黄褐色长毛,复眼缘密被白毛,下部的白色毛较长。单眼瘤低,黄褐色。触角柄节黑褐色,被黑色短毛,柄节长为梗节的2.0倍,鞭节8节,窄长,稍扁,黑色,被褐毛;鞭节每小节近等长,第1鞭节和最末3节长大于宽,最末一节端部钝,第4～8鞭节内侧具椭圆形银白毛斑。后头稍凹,黄褐色,被黄毛。喙短,主要为黄褐色,底部黑色。

胸部亮褐黑色,侧边具黑褐色长毛,胸部还被银白毛,形成纵斑,中缝前具金黄毛。小盾片和盾刺亮黑蓝色,小盾刺与小盾片在同一平面上,小盾刺粗,微弯,与小盾片等长,被黑毛。足黑色,但前足股节末端黄色,前足第1跗节黄色,中足第4～5跗节暗褐色;足上毛白色,跗节毛黑色。翅透明,翅痣褐色,翅基部具小毛,尤其是基部和盘室基部,黑色,向后缘颜色变浅。

腹部金蓝色,第5背板两侧具圆形突起;第1～3背板边缘被长黑毛,第4～5背板被黄白色长毛,腹板被白色短毛。

雌 与雄虫相似,仅以下不同:头部赤黄色,复眼宽分离,额宽为头宽的1/3,眼后眶宽,头部稀被赤黄色短毛,下颜被白色毛。单眼瘤低,黑色,被黑毛;复眼蓝绿色,毛黄褐色,顶部黑色。

分布 中国台湾。

讨论 该种与中华长鞭水虻 *C. chinensis* Ôuchi 相似,但翅透明,仅翅痣和基室褐色;腹部第5背板两侧具圆形突起。而后者翅褐色,仅翅基和后部颜色稍浅;第5背板两侧无圆形突起。

15. 优多水虻属 *Eudmeta* Wiedemann,1830

Eudmeta Wiedemann,1830. Auss. Zweifl. Ⅱ 43. Type species:*Hermetia marginata* Fabrius,1805.

Toxocera Macquart,1850. Mem. Soc. Sci. Agric. Lille. 1849:348. Type species:*Toxocera limbiventris* Macquart,1850.

属征 体中到大型,瘦长且较扁平。复眼裸,雄虫接眼式,雌虫离眼式。雄虫上部小眼面大而下部小眼面小,雌虫小眼面大小一致。触角长丝状,第6～8鞭节密被毛。胸部长明显大于宽,中胸背板侧边翅基上无刺突,小盾片无刺。CuA$_1$脉从盘室发出,盘室发出3条M脉。腹部约与胸部等长等宽或稍长于胸部,扁平,长椭圆形,长明显大于宽。

讨论 该属仅分布于东洋界和澳洲界。全世界已知4种,中国已知2种。

种 检 索 表

| 1. | 体黑色,胸部和腹部具天蓝色斑纹 ················· 蓝斑优多水虻 *E. coerulemaculata* |
| | 体橘黄色,胸部全橘黄色,腹部第4～5节黑色 ········· 王冠优多水虻 *E. diadematipennis* |

(157)蓝斑优多水虻 *Eudmeta coerulemaculata* Yang,Wei *et* Yang,2010(图181;图版4、图版18)

Eudmeta coerulemaculata Yang,Wei *et* Yang,2010. Acta Zootaxon. Sin. 35(2):330. Type locality:China:Hainan,Diaoluoshan.

278

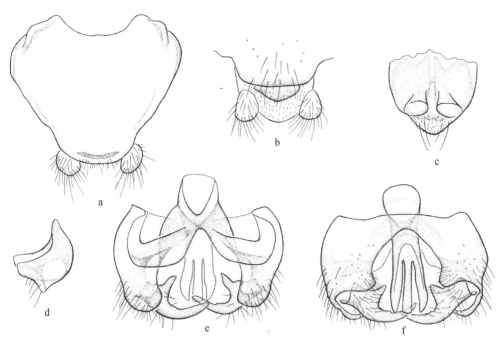

图 181 蓝斑优多水虻 *Eudmeta coerulemaculata* Yang, Wei *et* Yang(♂)

a. 第 9～10 背板和尾须,背视(tergites 9～10 and cerci, dorsal view); b. 第 9～10 背板和尾须,后视(tergites 9～10 and cerci, posterior view); c. 第 10 腹板,腹视(sternite 10, ventral view); d. 第 10 腹板,侧视 (sternite 10, lateral view); e. 生殖体,背视(genital capsule, dorsal view); f. 生殖体,腹视(genital capsule, ventral view)。

雄 体长 12.6～13.3 mm,翅长 11.8～12.2 mm。

头部浅褐色,单眼瘤突出,黑色,单眼红褐色。复眼相接较长,上部红褐色,小眼面较大,下部黑褐色,小眼面较小,分界不明显,复眼裸。上额、下额上角、中缝及颜在复眼缘的部分浅灰蓝色。头部毛白色,颜和颊毛浓密且较长。触角黑色,但梗节和第 1～3 鞭节稍带褐色;鞭节丝状,8 小节,第 1～3 鞭节长宽大致相等,第 4～5 鞭节宽明显大于长,第 6～7 鞭节长大于宽,约与柄节等长,第 8 鞭节明显加长,约为第 7 鞭节长的 3 倍;柄节、梗节和第 6～8 鞭节密被黑毛。触角 3 节长比为 1.0∶1.1∶8.2。喙浅灰蓝色,外侧具黑色斑,被白毛;须黑色,被白毛。

胸部黑色,但以下部分天蓝色:肩胛、翅后胛、背板侧边从肩胛延伸到中缝的宽纵带、前胸后侧板、中侧片后部、腹侧片、侧背片和小盾片端半部。胸部毛浅黄色,侧板被白色长毛。足黑色,但股节端部、前中足第 1 或第 1～3 跗节黄褐色;足上毛黑色。翅透明,但翅端浅褐色,此斑不达盘室后缘,br 室和 bm 室端部,盘室基部和下部、cua_1 室、cup 室及臀叶浅褐色;翅痣褐色,明显;翅脉黄褐色。平衡棒蓝色,但柄黄褐色。

腹部长椭圆形,黑色,但侧边及第 5 背板后缘天蓝色,腹板颜色同背板。腹部毛浅黄色。雄性外生殖器:第 9 背板基部宽端部窄,基部具浅凹;第 10 背板背面隆突,腹面具两个腹突;生殖基节明显宽大于长;生殖刺突长且弯,端部尖,近基部具一个大的刺突;阳茎复合体三裂,中叶与侧叶近等长。

雌 体长 12.7～13.4 mm,翅长 11.1～12.9 mm。

与雄虫相似,仅以下不同:复眼宽分离,额两侧几乎平行,额具明显的中纵缝,眼后眶宽,后头下部 2/3 在复眼缘的区域浅灰蓝色,额全褐色,下额颜色稍浅于上额。复眼小眼面大小一致。

观察标本 7♂♂6♀♀,云南河口槟榔寨水库,132 m,2009.Ⅴ.21,张婷婷(CAU);1♀,云南勐腊补蚌村,2009.Ⅴ.9,张婷婷(CAU);1♀,云南勐腊补蚌村,2009.Ⅴ.10,杨秀帅(CAU);1♀,云南勐仑西双版纳热带植物园,2009.Ⅴ.31,杨秀帅(CAU);2♂♂,云南勐仑55号地,630 m,2009.Ⅴ.7,王国全(CAU);1♂1♀,广西宁明陇瑞,2006.Ⅴ.16,张魁艳(CAU);1♀,海南尖峰岭鸣凤谷,2007.Ⅴ.14,张魁艳(CAU);1♂2♀♀,海南鹦哥岭红新村,2007.Ⅴ.23~24,刘经贤(CAU);1♂,海南水满乡五指山,2007.Ⅴ.16,刘经贤(CAU);海南白沙元门乡红茂村,2007.Ⅴ.20,王永杰(CAU);1♂1♀,云南河口南溪镇,132 m,2009.Ⅴ.21,曹亮明(CAU);6♂♂2♀♀,云南河口槟榔寨水库,2011.Ⅴ.12,李彦(CAU);4♂,云南金平勐喇,500 m,1958.Ⅴ.2,黄克仁等(IZCAS);1♀,西藏墨脱背崩,850 m,1983.Ⅵ.26,韩寅恒(IZCAS)。

分布 海南(五指山、霸王岭、鹦哥岭、白沙)、云南(河口、勐腊)、西藏(墨脱)、四川(峨眉山)。

讨论 该种与王冠优多水虻 *E. diadematipennis* Brunetti 相似,但体黑色,胸部和腹部具天蓝色斑纹。而后者体橘黄色,胸部全橘黄色,腹部第4~5节黑色。

(158)王冠优多水虻 *Eudmeta diadematipennis* Brunetti,1923(图182)

Eudmeta diadematipennis Brunetti,1923. Rec. Indian Mus. 25(1):108. Type locality: India:Assam, North Khasi Hills, lower ranges.

雄 体长 13.9~15.6 mm,翅长 12.3~14.1 mm。

头部黄色,但单眼瘤黑色,单眼赤黄褐色。复眼相接较长,上部红褐色,小眼面较大,下部黑褐色,小眼面较小,分界不明显,复眼裸。头部毛黄色,单眼瘤毛黑色。触角黑褐色,鞭节丝状,8小节,第1~3鞭节长宽大致相等,第4~5鞭节宽明显大于长,第6~7鞭节长大于宽,约与柄节等长,第8鞭节明显加长,约为第7鞭节长的3.0倍;柄节、梗节和第6~8鞭节密被黑毛。触角3节长比为1.3:0.9:11.2。喙橘黄色,被黄毛;须黄色,但第2节黑色,被黄毛。

胸部橘黄色,背板颜色稍深,密被金黄色近直立毛,小盾片无刺。足黄色,但前中足第2跗节端部及第3~5跗节黄褐色,后足胫节(基部除外)和后足跗节全黑褐色。足上毛黄色,但前中足跗节、后足胫节和后足跗节被黑毛。前中足跗节明显细,比胫节细得多。翅浅黄色,但翅端及后缘浅灰色,翅端的浅灰色区域包括 br 室和 bm 室端部;翅痣浅褐色,不明显;翅面黄色部分翅脉黄褐色,翅面灰色部分翅脉褐色。平衡棒黄褐色或黄色。

腹部长椭圆形,橘黄色,但第3背板基缘中部具一条黑色窄带,此带中部变窄,第4~5背板黑色,但侧边仍为橘黄色,第4~5腹板(第4腹板侧边和基缘除外)褐黑色。腹部背板毛大部分黑色,侧边毛黄色,腹板被黄毛。雄性外生殖器:第9背板倒梯形,基部具半圆形大凹缺;生殖基节长宽大致相等;生殖刺突长且直,端部尖;阳茎复合体三裂,中叶端部平截,侧叶端部尖,中叶稍短于侧叶。

雌 体长 13.1~14.2 mm,翅长 11.9~13.2 mm。

与雄虫相似,仅以下不同:复眼宽分离,额向头顶汇聚,眼后眶宽。腹部橘黄色,但第2~3背板两侧各具一黑斑,达端缘,但不达侧缘及基缘,第4~5背板褐色,但侧边橘黄色,有时第4背板中部及端缘黄褐色,腹板全橘黄色。前足第1跗节毛大部分为黄色,而雄虫的为黑色。

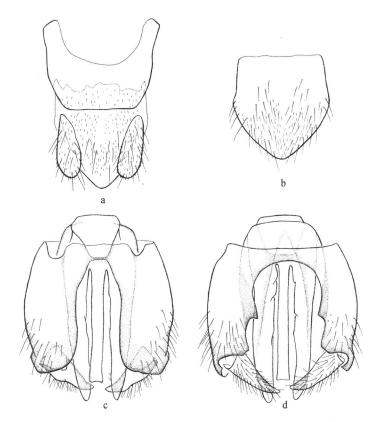

图 182　王冠优多水虻 *Eudmeta diadematipennis* Brunetti(♂)

a. 第 9～10 背板和尾须,背视(tergites 9～10 and cerci, dorsal view); b. 第 10 腹板,腹视(sternite 10, ventral view); c. 生殖体,背视(genital capsule, dorsal view); d. 生殖体,腹视(genital capsule, ventral view)。

观察标本　1♂,广西龙津大青山,1963. Ⅴ. 15,杨集昆(CAU);1♂,浙江西天目山,1987. Ⅶ. 19,吴鸿(CAU);2♂♂1♀,云南保山百花岭温泉,1 500 m,2007. Ⅴ. 29,刘星月(CAU);1♀,海南尖峰岭鸣凤谷,2007. Ⅴ. 14,张俊华(CAU);1♀,四川峨眉山报国寺,600 m,1957. Ⅵ. 5,郑乐怡(CAU);1♂,四川峨眉山清音阁,800～1 000 m,1957. Ⅵ. 11,卢佑才(IZCAS);1♂,西藏墨脱背崩,850 m,1983. Ⅴ. 21,韩寅恒(IZCAS);1♂,云南西双版纳大勐龙,650 m,1958. Ⅳ. 22,张毅然(IZCAS);2♀♀,云南西双版纳勐啊,1 050～1 080 m,1958. Ⅳ. 28,洪淳培(IZCAS)。

分布　中国广西(龙津)、浙江(天目山)、云南(保山、大勐龙、勐阿)、海南(尖峰岭)、四川(峨眉山)、西藏(墨脱)、贵州(赤水);印度。

讨论　该种与蓝斑优多水虻 *E. coerulemaculata* Yang, Wei *et* Yang 相似,但体橘黄色,胸部全橘黄色,腹部第 4～5 节黑色。而后者体黑色,胸部和腹部具天蓝色斑纹。该种体色及翅色还与瘦腹水虻亚科的金黄指突水虻 *Ptecticus aurifer*(Walker)极其相似,但触角长,线状;腹部长椭圆形,较扁平。而后者触角鞭节短缩成盘状,亚端部着生细长尖锐的触角芒;腹部纺锤形,较圆隆。

16. 黑水虻属 *Nigritomyia* Bigot，1877

Nigritomyia Bigot，1877. Bull. Soc. Ent. Fr. 98：102. Type species：*Ephippium maculipennis* Macquart，1850.

属征 复眼密被毛，雄虫接眼式，雌虫离眼式。触角鞭节明显长于柄节与梗节之和，第1～5鞭节纺锤形，第6～8鞭节形成触角芒且与鞭节其余部分等长，密被毛。胸部长大于宽，中胸背板侧边翅基上具刺突，小盾片2刺。CuA$_1$脉从盘室发出，盘室发出3条M脉。腹部约与胸部等宽，椭圆形，长大于宽，背面稍隆突。

讨论 该属仅分布于东洋界和澳洲界。全世界已知16种，中国已知4种，包括1新种，1新记录种。

种检索表

1.	身体主要为黑色 ······	2
	身体主要为蓝紫色闪光 ······	赤灰黑水虻 *N. cyanea*
2.	中胸背板和小盾片密被橘红色毛 ······	黄颈黑水虻 *N. fulvicollis*
	中胸背板被灰白色短毛 ······	3
3.	足转节褐色，后足股节基部黄色区域窄，一般宽大于长；第9背板基部具"V"形凹缺 ······ 广西黑水虻 *N. guangxiensis*	
	足转节黄色，后足股节基部黄色区域宽，一般长大于宽；第9背板基部具半圆形凹缺 ······ 黄股黑水虻 *N. basiflava* sp. nov.	

(159) 黄股黑水虻 *Nigritomyia basiflava* sp. nov.（图183；图版36）

雄 体长7.6～12.3 mm，翅长6.4～11.2 mm。

头部亮黑色，单眼瘤突出，单眼浅黄色。复眼相接较长，红褐色，小眼面大小一致，密被红褐毛，但上部、后缘、下缘及中央一窄的横带密被白毛。无眼后眶，下额及颜稍隆突。触角窝黄色。头部毛银白色，头顶具几根极长黑毛，下额中下部被黑毛。触角黑色，但第1～3鞭节褐色或黄褐色，第1鞭节内侧黄褐色；柄节和梗节被黑毛，第1～5鞭节被黄褐色粉，第6～8鞭节密被黑色长毛。触角3节长比约为1.5：1.1：9.7。喙黄褐色，被白毛；须第1节红褐色，被白毛，第2节黑色，被黑毛。

胸部黑色，但肩胛顶端黄色，中胸背板侧刺尖长，小盾刺粗尖，与背面成30～45°夹角向上倾斜，顶尖有时黄色或红褐色。胸部被黄褐色直立长毛和白色倒伏短毛，背板中央有一纵长暗斑，两侧中缝前后各有1圆形暗斑，这5个暗斑是由于白色倒伏短毛变为暗黄色形成的，侧板毛白色，但中侧片中部毛褐色。足黑色，但转节、股节宽的基部、胫节基部外侧、中后足第1跗节除端部外浅黄色，中后足第1跗节端部和中后足第2～5跗节黄褐色至褐色，前足跗节和转节褐色。足上毛白色，但跗节毛黄色，股节后侧毛长且直立。翅浅褐色，但翅基部较透明，亚端部褐色，此褐色区不达翅端及后缘且不与翅痣相连；翅痣褐色；翅脉褐色；翅面覆盖微刺，但翅基、前缘室基部和后缘基半部、cup室基部和上缘除端部外以及臀叶基部裸。平衡棒浅黄色，

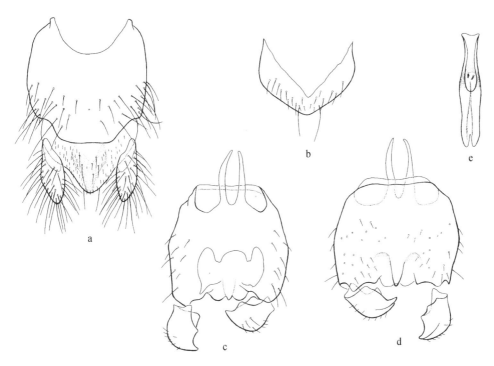

图 183　黄股黑水虻 Nigritomyia basiflava sp. nov.(♂)

a. 第9～10背板和尾须,背视(tergites 9～10 and cerci, dorsal view);b. 第10腹板,腹视(sternite 10, ventral view);c. 生殖体,背视(genital capsule, dorsal view);d. 生殖体,腹视(genital capsule, ventral view);e. 阳茎复合体,背视(aedeagal complex, dorsal view)。

但基部颜色稍深。

　　腹部黑色,被黑毛,但第1～4背板两边各具一浅黄色或银白色毛斑,第3背板后部具一三角形毛斑。第4背板中央具一长三角形毛斑达后缘,但有时不达前缘,第5背板中央具一矩形纵毛斑,达前后缘。腹板毛白黄色。雄性外生殖器:第9背板长稍大于宽,基部具半圆形凹缺;尾须粗,末端稍尖;生殖基节背桥宽;生殖刺突基部粗,端部尖,内弯;阳茎复合体端部小二分叉。

　　雌　体长7.2～11.0 mm,翅长7.1～9.2 mm。

　　与雄虫相似,仅以下不同:复眼分离,额向头顶汇聚,眼后眶明显,额和颜的复眼缘脊明显,下额中缝明显,头部毛白色,但上额下半部毛黄色,下额被稀疏长毛,但两侧各有一个黄毛斑。触角第1～3鞭节膨大。

　　观察标本　正模♂,云南河口南溪镇,300 m,2011.Ⅴ.13,李彦(CAU)。副模1♀,广西桂林雁山,1953.Ⅵ.13(IZCAS);1♂1♀,云南金平勐拉,400 m,1956.Ⅳ.27,黄克仁等(IZCAS);1♀,云南河口,200 m,1956.Ⅵ.6,邦菲洛夫(IZCAS);1♂,云南西双版纳允景洪650 m,1958.Ⅳ.26,郑乐怡(IZCAS);4♂♂,广西龙州140 m,1963.Ⅳ.30,史永善(IZCAS);2♀♀,海南万宁,1960.Ⅳ.14,李宝富(IZCAS);1♂,海南尖峰岭,1982.Ⅷ.30,刘元福(IZCAS);1♀,广西防城板八乡,250 m,2000.Ⅵ.3,姚建(IZCAS);1♂,广西龙州弄岗,2006.Ⅴ.13,张魁艳(CAU);1♀,海南儋州那大两院,2007.Ⅴ.8,张俊华(CAU)。

　　分布　广西(桂林、防城、龙州)、云南(金平、允景洪、河口)、海南(万宁、尖峰岭)。

词源　该种拉丁名源于其后足股节基部具宽的黄色部分。

讨论　该种与广西黑水虻 *N. guangxiensis* Li, Zhang *et* Yang 相似,但转节和股节宽的基部黄色,后足股节黄色区域一般长大于宽;第9背板基部具半圆形凹缺。而后者转节不为黄色,股节窄的基部黄色,后足股节黄色区域宽大于长;第9背板基部具"V"形凹缺。

(160)赤灰黑水虻 *Nigritomyia cyanea* Brunetti, 1924(中国新记录种)(图184;图版37)

Nigritomyia cyanea Brunetti, 1924. Encycl. Ent. 1(2):69. Type locality:Laos:Choleya.

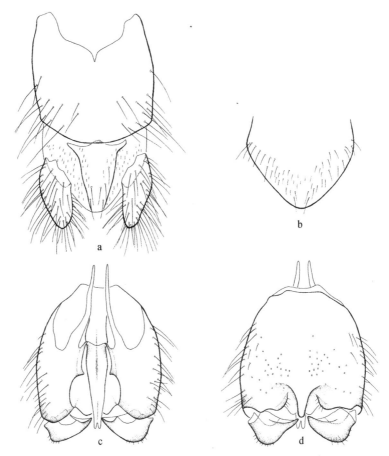

图184　赤灰黑水虻 *Nigritomyia cyanea* Brunetti(♂)

a. 第9～10背板和尾须,背视(tergites 9～10 and cerci, dorsal view);b. 第10腹板,腹视(sternite 10, ventral view);c. 生殖体,背视(genital capsule, dorsal view);d. 生殖体,腹视(genital capsule, ventral view)。

雄　体长 11.8 mm,翅长 12.6 mm。

头部金蓝紫色,但单眼瘤黑色,突出,单眼红色。复眼相接较长,黑褐色,上部小眼面大,下部小眼面小,密被毛,上半部、后缘及下缘毛浅黄色,下半部毛褐色。颜稍隆突,触角窝黄色。头部毛灰白色,单眼瘤被褐色直立长毛,颊密被直立长毛。触角黑色;柄节、梗节和第6～8鞭节密被黑色长毛,第1～5鞭节被黄粉;第1～5鞭节纺锤形,稍膨大,分节不明显,第6～8鞭节形成粗鬃状芒,较尖细。触角3节长比约为1.2∶1.0∶6.3。喙黄褐色,被灰白毛;须黑色,被灰白毛。

胸部金蓝紫色,仅肩胛和翅后胛一个很小的区域黄褐色;小盾片较扁,端部平截,小盾刺基部远离,小盾刺与小盾片背面成90°竖直向上。中胸背板侧刺长。胸部被灰白长毛,背板隐约形成2条从前缘伸达小盾片基缘的纵毛斑,小盾刺具直立长黑毛。足黑色,但转节黄褐色,股节和胫节具紫色光泽,胫节基部外侧黄褐色。足上毛灰白色,但前中足胫节端部及跗节毛黄色至褐色,后足胫节和跗节毛褐色。翅透明,端部浅褐色,此区域包括盘室;翅痣褐色,明显;翅脉褐色。平衡棒浅黄色。

腹部金蓝紫色,被黑色直立长毛,但侧边和后缘毛白色,第5背板中部具一个白色纵毛斑;腹板毛白色,倒伏,每节中后部均具一三角形白色毛斑。雄性外生殖器:第9背板长宽大致相等,基部具一大漏斗形凹缺;生殖基节长大于宽,端缘中突中部具小突;生殖刺突端尖,近端部具一小内突;阳茎复合体细长,端部小分叉。

雌 体长11.3~12.0 mm,翅长11.4~12.2 mm。

与雄虫相似,仅以下不同:复眼分离,额向头顶汇聚,上额具刻点,但具一光滑中缝,眼后眶明显,眼后眶及头顶黑色,复眼毛短于雄虫。触角第1~5鞭节明显膨大,第6~8节短于雄虫。胸部背板被稀疏的黑色直立长毛和白色倒伏短毛。第4背板端部中央也具白色毛斑。足颜色稍深于雄虫,转节和胫节基部外侧褐色。

观察标本 1♂,云南勐海茶场,1 200~1 450 m,1957.Ⅳ.24,王书永(IZCAS);1♀,云南瑞丽,1 300 m,1956.Ⅳ.10,黄天荣(IZCAS);1♀,云南西双版纳勐啊,800 m,1958.Ⅵ.9,蒲富基(IZCAS)。

分布 中国云南(勐海、瑞丽、勐阿);老挝。

讨论 该种与广西黑水虻 N. guangxiensis Li, Zhang et Yang相似,但体金蓝紫色;足黑色,股节基部及中后足第1跗节不为黄色。而后者体黑色;足黑色,但股节窄的基部及中后足第1跗节黄色。

(161)黄颈黑水虻 *Nigritomyia fulvicollis* Kertész, 1914(图185;图版38)

Nigritomyia fulvicollis Kertész, 1914. Ann. Hist. Nat. Mus. Natl. Hung. 12(2):514. Type locality:China:Taiwan, Kankau, Kosempo, Koshun, Pilam, Sokotsu, Taihorin and Tapani.

雄 体长8.3~13.1 mm,翅长8.0~11.0 mm。

头部亮黑色,单眼瘤突出,单眼浅黄色。复眼相接较长,黑色,密被褐毛,但上部、后缘、下缘及中央一窄的横带密被淡黄毛。下额及颜的复眼缘脊明显,下额中央有明显中纵缝,颜稍隆突。触角窝黄色。头部毛浅黄色,单眼瘤被黄色直立长毛,下额上角具浅黄色倒伏长毛,其余部分被稀疏的直立黑毛,颜中部毛褐色。触角柄节及第6~8鞭节黑色,梗节及第1~5鞭节黄褐色;柄节、梗节及第6~8鞭节密被长黑毛,第1~5鞭节被黄粉。触角3节长比约为1.2∶1.0∶8.5。喙黄褐色,被浅黄毛;须黑色,被黑毛。

胸部黑色,但肩胛和翅后胛很小的区域黄色,小盾刺顶尖黄色。中胸背板侧刺长。胸部背板被橘红色直立长毛和倒伏短毛,但背板前缘、肩胛、侧边、翅后胛、小盾片后缘及下部和小盾刺顶端具浅黄毛,侧板和腹板被浅黄毛。足黑色,但转节、股节基部1/4~1/3、股节端部、胫节

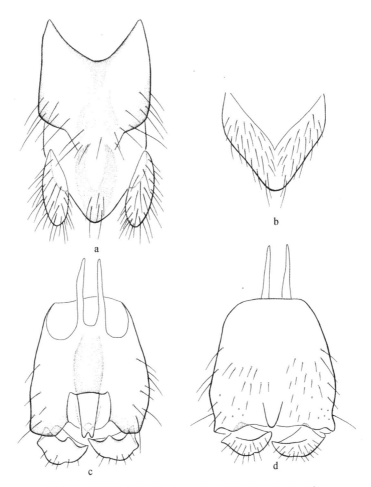

图 185 黄颈黑水虻 *Nigritomyia fulvicollis* Kertész(♂)

a. 第 9～10 背板和尾须，背视（tergites 9～10 and cerci，dorsal view）；b. 第 10 腹板，腹视（sternite 10，ventral view）；c. 生殖体，背视（genital capsule，dorsal view）；d. 生殖体，腹视（genital capsule，ventral view）。

基部、中足第 1 跗节、后足第 1 跗节（端部除外）浅黄色，前足第 1～2 跗节、中足第 2～3 跗节，后足第 1 跗节端部及第 2～3 跗节黄褐色。足上毛浅黄色，但股节端部及跗节外侧毛褐色。翅透明，但端部（除顶端和后缘外）浅褐色，此区域达 br 室和 bm 室端部；翅痣褐色，明显；翅脉褐色。平衡棒浅黄色。

腹部黑色，被黑色直立长毛，第 1～4 背板两边各具一黄毛斑，第 3 背板端缘中央、第 4 背板中央（除基缘外）和第 5 背板中央具黄毛斑，腹板毛黄褐色。雄性外生殖器：第 9 背板长稍大于宽，基部具"V"形凹缺；尾须卵圆形；生殖基节长大于宽，基缘弧形前凸；生殖基节背桥宽；生殖刺突基部粗，端部尖，内弯；阳茎复合体端部小二分叉。

雌 体长 7.2～11.9 mm，翅长 7.3～12.2 mm。

与雄虫相似，仅以下不同：复眼分离，额向头顶汇聚，上额的复眼缘脊明显，上额中部密被倒伏毛，下额上角两侧各具一浅黄毛斑。触角第 1～3 鞭节膨大。翅浅褐色，仅基部和臀叶后缘透明，翅痣浅褐色，不明显。

观察标本 1♂,四川峨眉山报国寺,550～750 m,1957.Ⅵ.1,朱复兴(IZCAS);1♂,四川峨眉山报国寺,550～750 m,1957.Ⅵ.3,朱复兴(IZCAS);1♀,湖北武昌珞珈山,1957.Ⅷ.9,应松鹤(CAU);1♀,广东韶关车八岭,2003.Ⅶ.12,刘星月(CAU);1♀,福建武夷山挂墩,1979.Ⅵ.22,杨集昆(CAU);1♀,广西龙州弄岗,240 m,1982.Ⅴ.20,李法圣(CAU);2♀♀,河南信阳鸡公山,1997.Ⅶ.10,李竹(CAU);1♀,云南金平勐阿,400 m,1956.Ⅳ.15,黄克仁等(IZCAS);1♀,云南金平勐阿,400 m,1956.Ⅳ.27,黄克仁等(IZCAS);1♀,贵州雷山,1988.Ⅶ.7,刘祖尧(SEMCAS)。

分布 湖北(武昌)、广东(韶关)、福建(武夷山)、广西(龙州)、河南(信阳)、四川(峨眉山)、云南(金平)、浙江(天目山、新昌)、贵州(雷山)、台湾。

讨论 该种与广西黑水虻 *N. guangxiensis* Li, Zhang *et* Yang 相似,但胸部背板密被橘红毛;股节基部 1/4～1/3 黄色。而后者胸部背板被灰白毛;股节基部黄色区域窄,宽大于长。

(162)广西黑水虻 *Nigritomyia guangxiensis* Li,Zhang *et* Yang,2009(图186;图版41)

Nigritomyia guangxiensis Li, Zhang *et* Yang, 2009. Acta Zootaxon. Sin. 34(4):928. Type locality:China:Guangxi, Nanning.

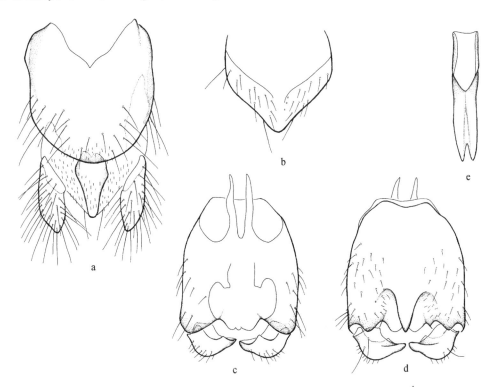

图 186 广西黑水虻 *Nigritomyia guangxiensis* Li, Zhang *et* Yang(♂)

a. 第 9～10 背板和尾须,背视(tergites 9～10 and cerci, dorsal view);b. 第 10 腹板,腹视(sternite 10, ventral view);c. 生殖体,背视(genital capsule, dorsal view);d. 生殖体,腹视(genital capsule, ventral view);e. 阳茎复合体,背视(aedeagal complex, dorsal view)。

雄 体长 8.8～9.0 mm,翅长 5.8～6.0 mm。

头部亮黑色,单眼瘤突出,单眼浅黄色。复眼相接较长,红褐色,小眼面大小一致,密被红褐毛,但上部、后缘、下缘及中央一窄的横带密被白毛。无眼后眶,下额及颜稍隆突。触角窝黄色。头部毛银白色,头顶具若干极长的黑毛,下额中下部被黑毛。触角黑色,但第1～3鞭节褐色或黄褐色,第1鞭节内侧黄褐色;柄节和梗节被黑毛,第1～5鞭节被黄褐粉,第6～8鞭节密被黑色长毛。触角3节长约比为 1.2∶1.0∶8.8。喙黄褐色,被白色毛;须第1节红褐色,被白毛,第2节黑色,被黑毛。

胸部黑色,但肩胛顶端黄色,中胸背板侧刺尖长,小盾刺粗尖,与背面成 30～45°夹角向上倾斜,顶尖有时黄色或红褐色。胸部被黄褐色直立长毛和白色倒伏短毛,背板中央有一纵长暗斑,两侧中缝前后各有 1 圆形暗斑,这 5 个暗斑是由于白色倒伏短毛变为暗黄色形成的,侧板毛白色,但中侧片中部毛褐色。足黑色,但股节窄的基部、胫节基部外侧、中后足第 1 跗节除端部外浅黄色,中后足第 1 跗节端部,中后足第 2～5 跗节黄褐色至褐色,前跗节和转节褐色。足上毛白色,但跗节毛黄色,股节后侧毛长且直立。翅浅褐色,但基部较透明,亚端部褐色,此褐色区不达翅端及后缘且不与翅痣相连;翅痣褐色;翅脉褐色;翅面覆盖微刺,但翅基、前缘室基部和后缘基半部、cup 室基部和上缘除端部外以及臀叶基部裸。平衡棒浅黄色,但基部颜色稍深。

腹部黑色,被黑毛,但第 1～4 背板两边各具一浅黄色或银白色毛斑,第 3 背板后部有一三角形毛斑。第 4 背板中央有一长三角形毛斑达后缘,但有时不达前缘,第 5 背板中央具一矩形纵毛斑,达前后缘。腹板毛白黄色。雄性外生殖器:第 9 背板长大于宽,基部具"V"形凹缺;尾须粗,末端钝;生殖基节背桥宽;生殖刺突基部粗,端部尖,内弯;阳茎复合体端部小二分叉。

雌 体长 8.0～8.5 mm,翅长 7.3～8.0 mm。

与雄虫相似,仅以下不同:复眼分离,额向头顶汇聚,眼后眶明显,额和颜的复眼缘脊明显,下额中缝明显,头部毛白色,但上额下半部毛黄色,下额稀被长毛,但两侧各有一个黄毛斑。触角第 1～3 鞭节膨大。

观察标本 正模♂,广西南宁,1982.Ⅶ.17,蒲瑞翎(CAU)。副模 1♂5♀♀,广西南宁,1982.Ⅶ.17,蒲瑞翎(CAU)。

分布 广西(南宁)。

讨论 该种与黄股黑水虻 *N. basiflava* sp. nov.相似,但转节褐色,股节窄的基部黄色,后足股节黄色区域宽大于长;第 9 背板基部具"V"形凹缺。而后者转节和股节宽的基部黄色,后足股节黄色区域一般长大于宽;第 9 背板基部具半圆形凹缺。

17. 红水虻属 *Ruba* Walker,1859(中国新记录属)

Ruba Walker,1859. J. Proc. Linn. Soc. London Zool. 4(15)∶100. Type species∶*Ruba inflata* Walker,1859.

Thylacosoma Brauer,1882. Denkschr. Akad. Wiss. Wien 44(1)∶77. Type species∶*Thylacosoma amboinense* Brauer,1882.

属征 复眼裸,雄虫接眼式,雌虫离眼式。触角鞭节明显长于柄节与梗节之和,第 1～5 鞭节稍膨大,第 8 鞭节形成稍长的触角芒。胸部长大于宽,中胸背板侧边翅基上无刺突,小盾片宽明显大于长,无刺。CuA₁ 脉从盘室发出,盘室发出 3 条 M 脉。腹部明显宽于胸部,扁圆形,宽大于长,背面强烈拱突。

讨论 该属仅分布于东洋界和澳洲界,为中国新记录属。全世界已知 9 种,中国已知 3 种,包括 3 新种。

种 检 索 表

1.	后足胫节端部 1/2 黑色 ……………………………………… 黑胫红水虻 *R. nigritibia* sp. nov.	
	后足胫节全黄色 …………………………………………………………………………… 2	
2.	翅透明无斑;腹部第 2 节后部两端各具一小黑斑 ……………… 双斑红水虻 *R. bimaculata* sp. nov.	
	翅透明,但近端部有一大的黑色横斑,翅痣前具一小黑斑;腹部全黄色 ………………	
	…………………………………………………………… 斑翅红水虻 *R. maculipennis* sp. nov.	

(163) 双斑红水虻 *Ruba bimaculata* sp. nov. (图 187;图版 39)

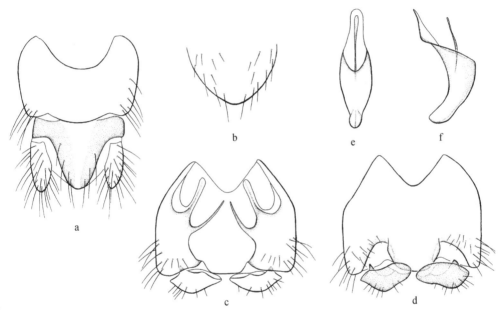

图 187 双斑红水虻 *Ruba bimaculata* sp. nov. (♂)

a. 第 9～10 背板和尾须,背视(tergites 9～10 and cerci, dorsal view); b. 第 10 腹板,腹视(sternite 10, ventral view); c. 生殖体,背视(genital capsule, dorsal view); d. 生殖体,腹视(genital capsule, ventral view); e. 阳茎复合体,背视(aedeagal complex, dorsal view); f. 阳茎复合体,侧视(aedeagal complex, lateral view)。

雄 体长 5.0 mm,翅长 6.8 mm。

头部黄色。单眼瘤突出,黑色,单眼橘黄色。复眼相接较长,复眼上部小眼面大,橘黄色,下部小眼面小,黑褐色,复眼被稀疏的黄色小短毛。头部毛黄色,但颊毛浅黄色,直立。触角橘黄色;鞭节柱状,第 6～7 鞭节短小,第 8 鞭节延长成细长的芒状,较短,长为鞭节其余部分长的 0.47 倍;柄节和梗节被黄色长毛,第 1～5 鞭节被黄粉,第 6～8 鞭节被黑毛。触角 3 节长比为 0.5∶0.4∶2.1。喙黄色,被黄毛;须黄色,第 1 节细长,第 2 节稍短,纺锤形,被黄毛。

胸部橘黄色,背板颜色稍深。密被黄毛。足黄色,但第 4～5 跗节黑色。足上毛与足色相同。翅透明;翅痣浅黄色,不明显;翅脉黄褐色。平衡棒浅黄色。

腹部扁圆形,宽稍大于长,橘黄色,背板颜色稍深,第2背板端部两侧具一对小黑斑,此斑不达侧缘。腹部密被黄毛,但小黑斑上被黑毛。雄性外生殖器:第9背板宽稍大于长,基部具半圆形凹;尾须卵圆形,端部稍尖;生殖基节宽稍大于长,基缘具"V"形凹缺;生殖基节愈合部端缘具弧形中突;生殖刺突粗短,内弯,端部腹侧稍扁;阳茎复合体粗短,端半部明显向腹面弯曲。

雌 未知。

观察标本 正模♂,四川峨眉山零公里(灯诱),2010.Ⅶ.5,王俊潮(CAU)。

分布 四川(峨眉山)。

词源 该种拉丁名意指其腹部第2背板后缘两侧具一对黑色斑。

讨论 该种与分布于印度的 *R. inflata* Walker 相似,但翅透明,无褐色斑;须第2节黄色;触角芒黄色;足黄色,但第4～5跗节黑色。而后者翅端半部褐色;须第2节黑色;触角芒黑色;足全黄色(Brunetti,1923)。

(164)斑翅红水虻 *Ruba maculipennis* sp. nov.(图版 39)

雌 体长 7.4～8.6 mm,翅长 8.7～10.1 mm。

头部黄色。单眼瘤突出,黑色,单眼橘黄色。复眼宽分离,红褐色,小眼面大小一致,被稀疏的黄色短毛。具眼后眶。额向两端渐宽。头部毛黄褐色,上额中部具一小黑毛簇。触角橘黄色,但第6～8鞭节黑色;鞭节长柱状,第6～8鞭节较细,其中第6～7鞭节极短小,第8鞭节伸长,极尖细,形成细鬃状触角芒;柄节和梗节被黄色长毛,第1～5鞭节被黄粉,第6～8鞭节裸。触角3节长比为 0.5:0.8:4.6。喙黄褐色,被黄褐毛;须第1节细长,黄色,第2节粗短,近圆形,黑色,被黄褐毛。

胸部橘黄色,背板颜色稍深;密被黄毛。足黄色,但第4～5跗节黑色。足上毛与足色相同。翅浅黄色,近透明,但端部浅褐色,此区域不达盘室,也不达翅端部;翅痣浅黄色,不明显,翅痣前还具一褐色斑;翅脉褐色。平衡棒黄褐色。

腹部近圆形,宽稍大于长,橘黄色,背板颜色稍深。腹部密被黄毛。

雄 未知。

观察标本 正模♀,四川峨眉山九老洞,1 800～1 900 m,1957.Ⅶ.28,黄克仁(IZCAS)。副模1♀,四川峨眉山九老洞,1 800～1 900 m,1957.Ⅶ.10,郑乐怡(IZCAS)。

分布 四川(峨眉山)。

词源 该种拉丁名意指其翅具亚端部浅褐色横斑和翅痣前的褐色小斑。

讨论 该种与黑胫红水虻 *R. nigritibia* sp. nov.相似,但翅端部褐斑不达翅顶端;足全黄色,仅第4～5跗节黑色;触角芒极尖细。而后者翅端部褐色;后足胫节端半部黑色;触角芒粗鬃状。

(165)黑胫红水虻 *Ruba nigritibia* sp. nov.(图 188;图版 40)

雄 体长 8.5～9.8 mm,翅长 8.9～9.0 mm。

头部黄色。单眼瘤突出,黑色,单眼橘黄色。复眼相接较长,复眼上部小眼面大,橘黄色,下部小眼面小,黑褐色,复眼被稀疏的黄色小短毛。头部毛黄褐色,但颊毛浅黄色,直立。触角

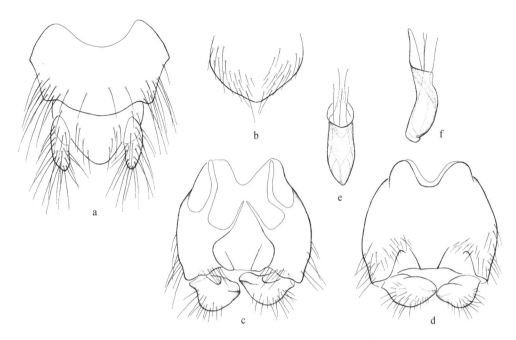

图 188　黑胫红水虻 *Ruba nigritibia* sp. nov.(♂)

a. 第 9～10 背板和尾须, 背视(tergites 9～10 and cerci, dorsal view); b. 第 10 腹板, 腹视(sternite 10, ventral view);
c. 生殖体, 背视(genital capsule, dorsal view); d. 生殖体, 腹视(genital capsule, ventral view); e. 阳茎复合体, 背视
(aedeagal complex, dorsal view); f. 阳茎复合体, 侧视(aedeagal complex, lateral view)。

橘黄色, 但第 6～8 鞭节黑色; 鞭节柱状, 第 6～8 鞭节较细, 其中第 6～7 鞭节短小, 第 8 鞭节延
长呈粗芒状; 柄节和梗节被黄色长毛, 第 1～5 鞭节被黄粉, 第 6～8 鞭节被黑毛。触角节长比
为 1.0∶0.9∶5.3。喙黄褐色, 被黄褐毛; 须第 1 节细长, 黄色, 第 2 节粗短近圆形, 黑色, 被黄
褐毛。

胸部橘黄色, 有时背板颜色稍深。胸部无侧刺和小盾刺。密被黄毛。足黄色, 但第 4～5
跗节及后足胫节端半部黑色。足上毛与足色相同。翅浅黄色, 近透明, 但翅端部浅褐色, 此区
域包括盘室端部; 翅痣黄色, 翅痣前还具一褐色斑; 翅脉褐色。平衡棒黄褐色。

腹部近圆形, 宽稍大于长, 橘黄色, 有时背板颜色稍深。腹部密被黄毛。雄性外生殖器: 第
9 背板较扁, 宽明显大于长, 基部具浅弧形凹; 尾须细小; 生殖基节宽稍大于长, 基缘具"V"形
凹缺; 生殖基节愈合部端缘较平; 生殖刺突粗短, 内弯, 端部腹侧稍扁; 阳茎复合体粗短。

雌　体长 8.0～9.0 mm, 翅长 8.4～10.0 mm。

与雄虫相似, 仅以下不同: 复眼宽分离, 小眼面大小一致。额向两端渐宽, 额宽约为头宽的
1/3, 具眼后眶, 上额中部具一小黑毛簇, 单眼瘤具黑色直立短毛。

观察标本　正模♂, 云南保山百花岭, 1 500 m, 2007. Ⅴ. 19, 刘星月(CAU)。副模 1♂, 云
南保山百花岭, 1 500 m, 2007. Ⅴ. 19, 刘星月(CAU); 1♀, 云南勐腊勐仑 55 号地, 630 m,
2009. Ⅴ. 6, 王国全(CAU); 1♂, 云南瑞丽, 1 300 m, 1956. Ⅵ. 10, 黄天荣(IZCAS); 1♀, 云南
西双版纳小勐养, 850 m, 1957. Ⅹ. 4, 王书永(IZCAS)。

分布　云南(瑞丽、小勐养)。

词源　该种拉丁名意指其后足胫节端半部黑色。

讨论 该种与分布于印度的围红水虻 *R. cincta* Brunetti 相似,但翅透明,端部浅褐色,翅痣前还有一小褐斑。而后者翅端半部褐色,翅痣前无小褐斑。

(三)扁角水虻亚科 Hermetiinae Loew, 1862

特征 体中到大型。雌雄复眼均远离,复眼裸或密被短毛。触角鞭节有 8 小节,第 1~7 鞭节长棒状,第 8 鞭节延长且扁平,有时第 8 鞭节端部尖细,但不为鬃状。小盾片无刺。CuA$_1$ 脉由盘室发出,盘室发出 3 条 M 脉,在翅缘处逐渐消失。腹部可见 5 节,长椭圆形,长明显大于宽,腹部明显长于胸部。

讨论 扁角水虻亚科全世界已知 5 属 90 种;扁角水虻属 *Hermetia* 广布,全世界各区系均有分布,其他 4 属仅分布于新热带界及澳洲界。中国已知 1 属 5 种,包括 4 新种。

18. 扁角水虻属 *Hermetia* Latreille, 1804

Hermetia Latreille, 1804. Syst. Nat. 192. Type species: *Musca illucens* Linnaeus, 1758.

Thorasena Macquart, 1838. Mem. Soc. Sci. Agric. Lille 1838(2): 177. Type species: *Hermetia pectoralis* Wiedemann, 1824.

Massicyta Walker, 1856. J. Proc. Linn. Soc. London Zool. 1(1): 8. Type species: *Massicyta bicolor* Walker, 1856.

Acrodesmia Enderlein, 1914. Zool. Anz. 44(1): 3. Type species: *Hermetia albitarsis* Fabricius, 1805.

Scammatocera Enderlein, 1914. Zool. Anz. 44(1): 5. Type species: *Scammatocera virescens* Enderlein, 1914.

属征 体中到大型。体色常为黑色。雌雄复眼均远离,复眼裸或密被毛。触角第 1~7 鞭节长棒状,第 8 鞭节延长且扁平。雌虫第 1~7 鞭节明显膨大,粗于雄虫。小盾片无刺。CuA$_1$ 脉由盘室发出,盘室发出 3 条 M 脉,在翅缘处逐渐消失。腹部长椭圆形,长明显大于宽,且腹部明显长于胸部(图版 10)。

讨论 扁角水虻属是扁角水虻亚科中最大的一个属,全世界各动物地理区系均有分布,但新热带界最多,占该属的 68%,而古北界仅有亮斑扁角水虻 *H. illucens* 1 种分布。全世界已知 82 种,中国已知 5 种,包括 4 新种。

种 检 索 表

1.	复眼裸 ····	**亮斑扁角水虻 H. illucens**
	复眼密被短毛 ····	2
2.	头部主要黄色;中胸背板侧边黄色;腹部第 3~4 背板后缘有宽的黄色横条纹 ···· **横斑扁角水虻 H. transmaculata sp. nov.**	
	头部主要黑色;中胸背板侧边黑色;腹部无黄色横条纹 ····	3
3.	小盾片后缘黄绿色;触角第 8 鞭节短,长度仅为其余鞭节总长的 2/3 ···· **短芒扁角水虻 H. branchystyla sp. nov.**	

(166)短芒扁角水虻 *Hermetia branchystyla* sp. nov.(图版 45)

雌 体长 15.0 mm,翅长 12.0 mm。

头部亮黑褐色。复眼宽分离,金红褐色,密被褐色小短毛,小眼面较小,大小一致。单眼瘤小,明显,单眼红褐色。头顶中央单眼瘤后的部分具一个三角形黄斑,单眼瘤两侧各有一个三角形黄斑。上额中部和下额微凸,下额(除中部触角上的部分外)黄绿色。颜微凸,中下部向下方延伸成一个圆锥形小鼻突;颜浅绿色,但触角两侧及下方各有一对褐斑。头部被直立白毛,但头顶和上额也具直立黑毛,头顶、颜下部和后颊毛较长。触角褐色,柄节长为梗节的 2.0 倍,第 8 鞭节较短宽,长为宽的 3.4 倍,为其余鞭节总长的 0.8 倍,第 1～7 鞭节长为宽的 5.5 倍;触角 3 节长比为 1.0:0.5:9.9;柄节和梗节被长黑毛,鞭节密被黄粉,触角芒被黑色短毛。喙浅绿色,被白色长毛。须 2 节,黑色,极短小,被黄色短毛。

胸部背面观长椭圆形,小盾片钝圆锥形,无刺。胸部黑色,肩胛和翅后胛浅绿色,小盾片端缘浅绿色,中侧片后缘具浅绿色纵带,并延伸到腹侧片上部。胸部被白色短毛,中侧片中部和下侧片前半部裸。足黑色,但前中足胫节褐色,最基部白色,后足胫节褐色,但端半部(除最末端外)白色,跗节白色,但第 4～5 跗节浅褐色。足上毛白色。翅透明,但端部和后部稍带褐色;翅痣褐色,明显;翅脉褐色;翅面覆盖微刺,由翅基向翅端逐渐变密,翅基部、翅瓣、cup 室基部和上缘以及臀叶基部几乎裸。平衡棒浅绿色,基部浅褐色。

腹部长椭圆形,向端部稍渐窄,长于胸部。腹部黑褐色,但第 3 背板后缘、第 4 背板后缘和侧缘以及第 5 背板侧缘和中部一个三角形区黄褐色,第 2 背板两侧(除侧缘和后缘外)为白色稍透明,形成两个近方形白色透明斑;第 1 腹板后部两侧和第 2 腹板白色稍透明,第 3～4 腹板后缘黄色。腹部被黑色倒伏短毛,但第 1 背板和第 2 背板侧边被白色直立长毛,第 2 背板后缘、第 3 背板后部 1/3 和第 4 背板后部 1/2 具银白色倒伏短毛,并形成银白毛斑,第 1～2 腹板被稀疏的白色近直立长毛。尾须黄褐色,2 节,第 1 节长为第 2 节的 1.5 倍。

雄 未知。

观察标本 正模♀,云南勐腊勐仑 55 号地,2009.Ⅴ.4,白晓拴(CAU)。

分布 云南(勐仑)。

词源 该种拉丁名意指其触角第 8 鞭节明显短于鞭节其余各节总长。

讨论 该种与黄斑扁角水虻 *H. flavimaculata* sp. nov.相似,但触角第 8 鞭节明显短于鞭节其余各节之和;颜浅绿色,上部在触角下具 2 个褐色斑;喙浅绿色;翅透明,仅端部和后部稍带褐色。而后者触角第 8 鞭节明显长于鞭节其余各节之和;颜黑色,但上部在触角下具三叶草形黄斑;喙黑色;翅浅褐色,仅基部颜色稍浅。

(167)黄斑扁角水虻 *Hermetia flavimaculata* sp. nov.(图 189;图版 42)

雄 体长 11.9 mm,翅长 11.2 mm。

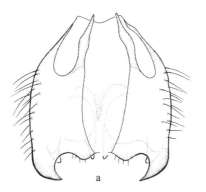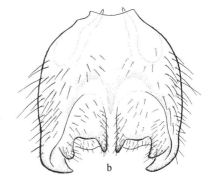

图 189 黄斑扁角水虻 *Hermetia flavimaculata* sp. nov.(♂)

a. 生殖体,背视(genital capsule, dorsal view);b. 生殖体,腹视(genital capsule, ventral view)。

　　头部黑色,上额两侧各有两个黄斑,触角窝周围黄色,颜上部中央和两侧有 3 个纺锤形黄斑,并在触角窝处相连,总体形成倒三叶草形。复眼宽分离,黑褐色,小眼面大小一致,密被褐色短毛。单眼瘤不明显,单眼褐色。额向头顶汇聚,上额中部突起,颜中部向下成圆锥突,颜在复眼缘的部分黄褐色。头部毛灰白色,但上额下部、颜下部毛褐色,头顶被黄色直立长毛,颊被白色直立长毛。触角黑色,细长,线状;柄节长为梗节的 1.5 倍,梗节长宽大致相等,第 1～6 鞭节近等长且约与梗节等长,第 7 鞭节短缩,第 8 鞭节延长并宽扁,长为其余鞭节总长的 1.57 倍;柄节和梗节被黑毛,第 1～6 鞭节被黄粉,第 7～8 鞭节密被褐色小短毛。触角 3 节长比为 1.0∶0.4∶7.2。喙黑色,被褐毛;须黑色,被灰白毛。

　　胸部黑色,但肩胛褐色,翅后胛浅黄色或黄绿色,中侧片后部浅黄色或黄绿色,形成一个纵斑。胸部背板毛灰白色近直立,侧板毛稍长,纵斑处毛为褐色。足红褐色,但前足胫节端部内侧、前足跗节、中足第 1～2 跗节端部、中足第 3～5 跗节、后足胫节基部、后足第 3 跗节端部和后足第 4～5 跗节黄褐色,中后足跗节其余部分黄白色。足上毛褐色,但胫节和跗节被白毛。翅浅褐色,但翅基、翅瓣、臀叶和 cup 室颜色较浅;翅痣黄色;翅脉褐色;翅面覆盖微刺,但翅基、臀叶基部以及 cup 室基部和上缘裸。平衡棒黄色,柄基部黄褐色,球部稍带绿色。

　　腹部红褐色,但第 1 背板端缘和第 2 背板白色,但不达侧边,白斑中央有一倒漏斗形黑斑,达白斑后缘,第 5 背板端缘黄褐色;第 2 腹板白色。腹部被灰白毛,第 1 背板侧边毛长且直立,第 4～5 背板除侧边和基角外被金黄毛。雄性外生殖器:生殖基节长宽大致相等,基缘稍凹,端缘中部具两个平缓的弧形突,两侧各具一个粗且尖的侧突;生殖基节突端部仅达生殖基节基缘;生殖刺突与生殖基节强烈愈合,陷入生殖基节腹面端部,与其几乎融为一体;生殖刺突端缘中部平缓的弧形,内侧具一个稍窄的三角形突,外侧具一个稍宽且端部钝的三角形突。

　　雌　体长 12.9～16.2 mm,翅长 11.1～14.0 mm。

　　与雄虫相似,仅以下不同:触角第 1～6 鞭节稍膨大,比雄虫粗,腹部第 2 背板仅中基部有 2 个橘红色小斑,腹板基中部有大的三角形橘红区域,第 3～4 背板主要被金黄毛,第 5 背板被褐毛,前足第 1 跗节浅黄色。

　　观察标本　正模♂,云南小勐养,900 m,1957.Ⅴ.5,蒲富基(IZCAS)。副模 1♀,云南小勐养,940 m,1957.Ⅴ.5,洪广基(IZCAS);1♀,广西龙州弄岗,240 m,1982.Ⅴ.18,李法圣(CAU)。

　　分布　云南(小勐养)、广西(龙州)。

词源 该种拉丁名意指其胸部侧板具一黄色或黄绿色纵斑。

讨论 该种与亮斑扁角水虻 *H. illucens*(Linnaeus)相似,但中侧片后部浅黄色,形成一个纵斑。而后者胸部侧板全黑色。

(168)亮斑扁角水虻 *Hermetia illucens*(Linnaeus,1758)(图190;图版6、图版18、图版43)

Musca illucens Linnaeus, 1758. Systema naturœ per regna tria naturœ, secundum classes, ordines, genera, species, cum characteribus, differentiis, synonymis, locis (4):589. Type locality:South America.

Musca leucopa Linnaeus, 1767. Systema naturœ per regna tria naturœ, secundum classes, ordines, genera, species, cum characteribus, differentiis, synonymis, locis (2):983. Type locality:America.

Hermetia rufiventris Fabricius, 1805. Systema antliatorum secundum ordines, genera, species adiectis synonymis, locis, observationibus, descriptionibus 63. Type locality:America meridionali.

Hermetia nigrifacies Bigot, 1879. Ann. Soc. Ent. Fr. 9:200. Type locality:Mexico.

Hermetia illucens var. *nigritibia* Enderlein, 1914. Zool. Anz. 44(1):9. Type locality:Brazil:Santa Catarina.

雄 体长 13.5~17.8 mm。翅长 10.0~14.0 mm。

头部亮黑色。复眼宽分离,黑褐色,裸,小眼面较小,大小一致。单眼瘤小,明显,单眼黄褐色到红褐色。后头两侧近复眼顶角处有两个浅黄斑。上额中部和下额微凸,下额上部两侧各有一个浅黄色小圆斑,中部触角上的位置有一对黄色纵条斑。颜微凸,中下部向前下方延伸成一个圆锥形小鼻突,颜中部具一个浅黄色纺锤形纵斑,两侧沿复眼缘有黄褐色向下渐窄的纵条斑。头部的浅黄斑有时为黄褐色或不明显。头部被白色直立短毛,头顶、颜下部和颊毛较明显。触角黑色,但梗节和第 1~3 鞭节红褐色,第 8 鞭节长为其余鞭节总长的 1.3 倍;触角 3 节长比约为 0.7:0.2:3.5;柄节和梗节被长黑毛,鞭节密被浅黄粉,触角芒被短黑毛。喙黑色,被长黄毛。须 2 节,黑色,极短小,被短黄毛。

胸部背面观长椭圆形,小盾片钝圆锥形,无刺。胸部黑色,肩胛和翅后胛亮红褐色,小盾片端缘浅褐色。胸部被黄色短毛,但肩胛、翅后胛和中侧片前 2/3 裸。足黑色,但前足胫节背面基部 1/3、后足胫节基部 1/3 和跗节白色,前足跗节背面稍带浅褐色,第 5 跗节背面黄褐色。足上毛白色,但前中足跗节背面毛稍带黄褐色。翅茶褐色,但翅瓣无色透明,翅痣颜色稍深,但不明显;翅脉褐色;翅面均匀覆盖微刺,但翅瓣、cup 室基部和上缘以及臀叶基部裸。平衡棒白色,基部浅褐色。

腹部长椭圆形,向端稍渐窄,长于胸部。腹部红褐色,第 1 背板和第 2 背板侧边黑褐色,第 1 背板端缘两侧(除侧边缘外)和第 2 背板两侧(除侧边缘外)为白色稍透明,形成两个近方形白色透明斑;第 1 腹板端半部和第 2 腹板白色稍透明。腹部被黑色倒伏短毛,但第 1 背板两侧被白色直立长毛,第 2~4 背板端部两侧具三角形银白毛斑,第 1~2 腹板被白色短毛。雄性外生殖器:第 9 背板长大于宽,心形,基缘具半圆形凹缺,端缘较尖;尾须长卵圆形;生殖基节长稍大于宽,基缘平,端缘中部具两个方形突,两侧各具一个端部钝的扁侧突;生殖基节突端部远超过生殖基节基缘,超出部分长几乎达生殖基节长的一半;生殖刺突与生殖基节强烈愈合,陷入

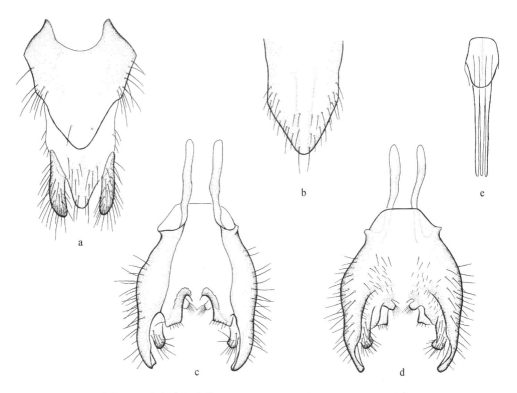

图 190　亮斑扁角水虻 *Hermetia illucens*（Linnaeus，1758）（♂）

a. 第 9～10 背板和尾须，背视（tergites 9～10 and cerci，dorsal view）；b. 第 10 腹板（sternite 10）；c. 生殖体，背视（genital capsule，dorsal view）；d. 生殖体，腹视（genital capsule，ventral view）；e. 阳茎复合体，背视（aedeagal complex，dorsal view）。

生殖基节腹面端部，与其几乎融为一体；生殖刺突端缘中部凸，内侧具一个小乳头状突，顶端具一丛刷状毛，外侧具一个较大的乳头状突；阳茎复合体明显细长，三裂叶，三叶等长，向端渐细呈针状，明显分开。

雌　体长 12.7～16.2 mm，翅长 11.1～13.3 mm。

与雄虫相似，仅触角第 1～3 鞭节明显膨大，雄虫触角第 1～3 鞭节不膨大。

观察标本　1♂，河南商城黄柏山，1996. Ⅹ. 25，申效诚（CAU）；1♂，安徽合肥，2000. Ⅷ. 2，孙超（CAU）；1♂，内蒙古伊金霍洛旗，1 400 m，2002. Ⅷ. 25，杨元（CAU）；浙江天目山龙峰尖，灯诱，1998. Ⅶ. 27，戴岳军（CAU）；1♂，北京青山，2004. Ⅸ. 4，刘志静（CAU）；1♂，福建建阳，2003. Ⅷ. 20，黄瀚（CAU）；1♂，云南曲靖陆良，2009. Ⅷ. 21，谢蓉蓉（CAU）；2♂♂1♀，安徽芜湖三山，2009. Ⅹ. 5，王娟（CAU）；1♂，安徽阜阳，2006. Ⅶ. 20，王琳（CAU）；1♂，北京海淀药用植物园，2009. Ⅸ. 10，谢蓉蓉（CAU）；1♂1♀，海南东寨港红树林自然保护站，2007. Ⅴ. 6，张俊华（CAU）；1♂，北京海淀紫竹院公园，2004. Ⅷ. 10，李丹滢（CAU）；1♂，北京百望山，2003. Ⅸ. 7，陈斌彬（CAU）；1♂，北京海淀药用植物园，2005. Ⅹ. 4，刘惠红（CAU）；1♂，海南万宁石梅湾，2008. Ⅴ. 14，刘启飞（CAU）；1♂，云南玉溪，1993. Ⅻ. 18，杨集昆（CAU）；1♀，北京怀柔青龙峡，2004. Ⅶ. 6，郑春生（CAU）；1♀，北京海淀中国农业大学西校区，2001. Ⅸ. 1，王得友（CAU）；1♀，北京昌平黑山寨，2009. Ⅸ. 3，陈寅通（CAU）；1♀，云南元谋能禹镇大平

山,2004.Ⅺ.30,郭萧(CAU);1♀,北京香山植物园,2006.Ⅶ.16,郑彬(CAU);1♀,河南郑州郑州大学新区,2006.Ⅹ.6,王俊潮(CAU);1♀,海南东寨港红树林自然保护站,2007.Ⅴ.6,张魁艳(CAU);1♀,海南乐东尖峰镇,2006.Ⅴ.17,姚刚(CAU);1♀,云南保山百花岭(灯诱),1 500 m,2006.Ⅴ.23,刘星月(CAU);1♀,云南勐腊勐远,2005.Ⅴ.24,刘星月(CAU);1♀,云南勐腊瑶区,2006.Ⅵ.3,张俊华(CAU);1♀,北京海淀中国农业大学西校区,2007.Ⅹ.4,董奇彪(CAU);1♀,云南勐腊瑶区,2011.Ⅴ.2,李彦(CAU);1♀,北京百望山,2006.Ⅷ.1,王雁(CAU);1♀,广西柳州柳南区,2006.Ⅷ.10,范慧艳(CAU);1♀,北京昌平黑山寨,2009.Ⅸ,吐尔地·牙生(CAU);1♀,北京怀柔青龙峡,2004.Ⅶ.8,余晔(CAU);1♂,北京海淀药用植物园,2009.Ⅸ.13,宋丽(CAU);1♂,海南保亭,80 m,1960.Ⅴ.14,李宝富(IZCAS);4♀♀,海南保亭,80 m,1960.Ⅴ.14,张学忠(IZCAS);1♂,海南保亭,80 m,1960.Ⅴ.15,李宝富(IZCAS);2♀♀,海南通什,340 m,1960.Ⅵ.24,李宝富(IZCAS);1♀,广西龙州,140 m,1963.Ⅴ.1,王春光(IZCAS);1♀,海南西沙永兴岛,1974.Ⅺ.24,史永善(IZCAS);1♂,海南西沙永兴岛,1974.Ⅻ.23,史永善(IZCAS);1♀,广西桂林,1984.Ⅵ.8,(IZCAS);1♂2♀♀,浙江余杭临平,1993.Ⅸ.21,佘华星(IZCAS);1♀,浙江安吉龙王山,1995.Ⅶ.12,朱旭伟(IZCAS);2♂♂1♀,云南金平勐拉,330 m,1982.Ⅵ.14,金根桃(SEMCAS);3♂♂,云南河口100 m,1982.Ⅵ.8,金根桃(SEMCAS);1♀,台湾南投,2009.Ⅵ.25,刘宪伟(SEMCAS)。

分布 中国北京(海淀、怀柔、昌平)、内蒙古(伊金霍洛旗)、河南(商城、郑州)、安徽(合肥、芜湖、阜阳)、浙江(天目山、余杭、安吉)、福建(建阳)、云南(曲靖、玉溪、元谋、保山、勐腊、金平、河口)、广西(柳州)、海南(保亭、通什、西沙、东寨港、万宁、乐东)、台湾(南投);美国、墨西哥、巴拿马、阿根廷、巴西、秘鲁、智利、伯利兹、英属维尔京群岛、哥伦比亚、哥斯达黎加、厄瓜多尔、多米尼克、多米尼加共和国、萨尔瓦多、格林纳达、危地马拉、圭亚那、海地、洪都拉斯、牙买加、巴拉圭、波多黎各、苏里南、特立尼达、委内瑞拉、乌拉圭、阿尔巴尼亚、加纳利群岛、克罗地亚、法国、意大利、西班牙、瑞士、马耳他、南斯拉夫、喀麦隆、刚果、加纳、象牙海岸、肯尼亚、马达加斯加、马里、纳米比亚、南非、坦桑尼亚、扎伊尔、赞比亚、日本、印度、印度尼西亚、马来西亚、尼泊尔、菲律宾、斯里兰卡、泰国、越南、澳大利亚、贝劳、小笠原岛、法属波利尼西亚、关岛、夏威夷群岛、基里巴斯、马绍尔群岛、密克罗尼西亚、新喀里多尼亚、新西兰、北马里亚纳群岛、巴布亚新几内亚、所罗门群岛、瓦努阿图、西萨摩亚。

讨论 该种与黄斑扁角水虻 *H. flavimaculata* sp. nov.相似,但胸部侧板全黑色。而后者中侧片后部浅黄色,形成一个纵斑。

(169)黑腹扁角水虻 *Hermetia melanogaster* sp. nov.(图191;图版41)

雄 体长10.0～14.5 mm,翅长11.2～13.0 mm。

头部黑色,但后头上部中央具一个半圆形大黄斑,额在单眼瘤两侧各具一椭圆形黄斑,不达复眼缘,上额下部两侧各有一三角形浅黄斑,也不达复眼缘,下额中部触角上的部分为黄褐色,颜中部和两侧各有一浅黄色条斑,这三个斑在触角窝处相连,总体形成"个"字形,侧斑达复眼缘。颜在复眼缘浅黄褐色。复眼宽分离,黑褐色,小眼面大小一致,密被褐色短毛。单眼瘤突出,单眼黄色。额向头顶汇聚,上额中部突起,颜中部向下成圆锥突。头部毛褐色,但上额上部、单眼瘤、头顶、后头和眼后眶毛为浅黄色,头顶毛长且直立,上额中突裸。触角黑色,但柄节端部、梗节和第1～3鞭节红褐色;柄节长为梗节的1.5倍,梗节长宽大致相等,第1～6鞭节近

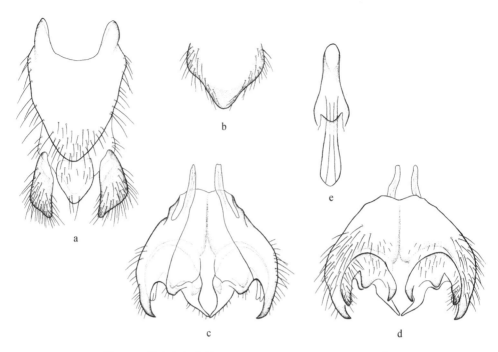

图 191　黑腹扁角水虻 *Hermetia melanogaster* sp. nov.(♂)

a. 第 9~10 背板和尾须,背视(tergites 9~10 and cerci, dorsal view);b. 第 10 腹板(sternite 10);c. 生殖体,背视(genital capsule, dorsal view);d. 生殖体,腹视(genital capsule, ventral view);e. 阳茎复合体,背视(aedeagal complex, dorsal view)。

等长且约与梗节等长,第 7 鞭节短缩,第 8 鞭节延长并宽扁,为其余鞭节总长的 2 倍;柄节和梗节被黑毛,第 1~5 鞭节被黄粉,但第 4~5 鞭节内侧具黑色裸的暗区,第 6~8 鞭节密被黑色小短毛。触角 3 节长比为 0.3∶0.2∶5.2。喙黑色,被褐毛;须黑色,被褐毛。

胸部黑色,但肩胛、翅后胛、小盾片后缘、中侧片上后角红褐色。胸部背板被端部弯的黄褐色倒伏小短毛,但侧边毛较长,侧板被较长的浅褐色直立毛,小盾片被端部弯的黄褐色倒伏小毛。足黑色,但膝和胫节端部黄褐色;跗节和后足胫节基部 1/3 浅黄色,但第 5 跗节颜色稍深。足上毛褐色,但胫节和跗节被白毛。翅黑褐色,但翅痣、前缘室和亚前缘室橘黄色,r_{2+3} 室浅黄褐色,br 室、bm 室、盘室和 r_5 室基部褐色,翅基、cup 室除端部外和 cua_1 室基下部浅黄色稍透明;翅脉褐色;翅面覆盖微刺,但前述透明区、翅瓣及臀叶基部裸。平衡棒黄色,柄基部黄褐色。

腹部黑色,但第 5 背板端缘红褐色到黄褐色,中部向基部延伸达第 5 背板一半;第 1~2 腹板中部各有一个倒三角形的黄色膜质区。腹部被黑色而倒伏的短毛,但第 1 背板侧边毛较长且直立,第 2~4 背板侧边被浅黄毛,第 3~4 背板基缘和端缘、第 3 背板中央纵带、第 4 背板中部大的梯形区以及第 5 背板中部细的纵带和前后缘中部被橘黄毛。雄性外生殖器:第 9 背板长大于宽,心形,基缘具宽大的方形凹缺,端缘较尖;尾须长三角形,端部内角稍伸长;生殖基节明显宽大于长,基缘中部稍凹,端缘中部具两个钝三角形突,端部稍平,两侧各具一个细长而尖的侧突;生殖基节突端部稍超过生殖基节基缘;生殖刺突与生殖基节强烈愈合,陷入生殖基节腹面端部,与其几乎融为一体;生殖刺突端缘中部具三角形突,端部钝,内侧背面具一个宽大的内突,其内侧端半部突然凹,使得端部突然变细呈针状,内侧腹面具一个向外侧弯的尖突,外侧具一个端部钝且分为背腹两层的长突,其端部仅达生殖基节侧突的一半;阳茎复合体向端部渐宽,三裂叶,但不分开。

雌 体长 13.5 mm,翅长 13.0 mm。

与雄虫相似,但触角第 1～5 鞭节黄褐色。

观察标本 正模♂,四川峨眉山清音阁,800～1 000 m,1957. Ⅴ. 29,黄克仁(IZCAS)。副模 2♂,四川峨眉山清音阁,800～1 000 m,1957. Ⅴ. 29,黄克仁(IZCAS);1♂,广西金秀,1982. Ⅴ. 10,李法圣(CAU);1♀,四川峨眉山零公里,1 270 m,2009. Ⅷ. 11,李彦(CAU)。

分布 四川(峨眉山),广西(金秀)。

词源 该种拉丁名意指其腹部全黑色。

讨论 该种与分布于印度尼西亚的污扁角水虻 *H. remittens* Walker 相似,但后头上部中央、单眼瘤两侧、上额下部两侧及触角上额具黄斑;足胫节黑色,但前中足胫节端部黄褐色,后足胫节基部 1/3 黄色。而后者仅额上角和触角上的横带暗黄色;胫节黑色,但基半部黄色。

(170) 横斑扁角水虻 *Hermetia transmaculata* sp. nov.(图 192;图版 44)

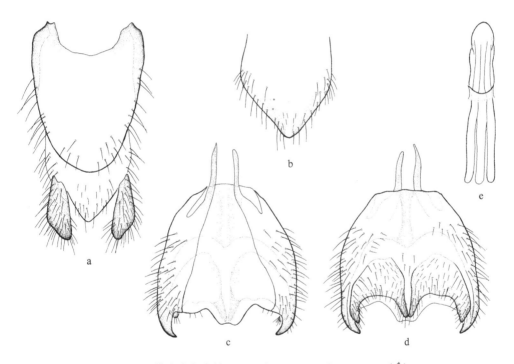

图 192　横斑扁角水虻 *Hermetia transmaculata* sp. nov.(♂)

a. 第 9～10 背板和尾须,背视(tergites 9～10 and cerci, dorsal view); b. 第 10 腹板(sternite 10); c. 生殖体,背视(genital capsule, dorsal view); d. 生殖体,腹视(genital capsule, ventral view); e. 阳茎复合体,背视(aedeagal complex, dorsal view)。

雄 体长 12.1 mm,翅长 13.2 mm。

头部黄色,但后头(除中央骨片外)黑色,头顶褐色,单眼瘤、上额上部中央包括中突和下额中央在触角窝上的部分黑色,下额两侧各具一黄褐色斑,几乎达复眼缘,颜下部黄褐色。复眼宽分离,黑褐色,小眼面大小一致,被稀疏的黄褐色小短毛。单眼瘤不明显,单眼黄褐色。额两侧几乎平行,上额中部突起,颜中部向下成圆锥突。头部毛黄色,但头顶和颊毛较长且直立,上额中突裸。触角黑色,但柄节和梗节褐色;柄节长为梗节的 2.5～3.0 倍,梗节长宽大致相等,第 1～5 鞭节近等长且约与梗节等长,第 6～7 鞭节短缩,第 8 鞭节延长并宽扁,为其余鞭节总长 1.2 倍;柄节和梗节被褐毛,第 1～5 鞭节被褐粉,但第 4～5 鞭节内侧中央有黑色暗区,第 6～8 鞭节密被黑色小短毛。触角 3 节长比为 1.0：0.2：4.0。喙黄色,但基部黑褐色,被黄毛;须黄色,但第 2 节黑色,被黄毛。

胸部黑褐色,但肩胛、翅后胛和小盾片端半部黄色,背板两侧中缝前各有一宽的黄色条斑,前端向内扩展成斧头形,中侧片后部、腹侧片上部和侧背片黄色。胸部被黄色倒伏毛,侧板毛比背板毛长,中侧片中上部裸。足黄色,但基节黑色,转节(中足转节黄褐色,颜色浅于前后足转节)、后足胫节端部 1/2(最末端除外)、后足第 1 跗节端部和后足第 2～5 跗节褐色;股节褐色,但前足股节基部 2/3、中足股节上表面和后足股节上表面基部 2/3 黄褐色。足上毛黄色,但中足股节后侧毛长且直立。翅双色,基部和前半部黄色,端部和后半部浅褐色,此区包括 r_4 室、r_5 室端半部、m_1～m_3 室、cua_1 室、cup 室和臀叶;翅瓣、臀叶基部和 cup 室基部上缘无色透明;翅痣黄色,不明显;翅面黄色区的翅脉黄色,浅褐色区的翅脉褐色;翅面覆盖微刺,但前述透明区、翅基和 bm 室基部裸。平衡棒赤黄色。

腹部黑色,但第 1 背板端半部、第 2 背板、第 3 背板端部不到 1/2、第 4 背板端部不到 1/2、第 1 腹板端半部、第 2 腹板、第 3 腹板基缘和端缘以及第 4 腹板基缘黄色,但第 1 背板和第 2 背板的黄色区域中央有一条纵纺锤形黑斑,达前缘不达后缘,黄斑中部两侧各有一从侧边伸出的三角形小黑斑,第 1 腹板黑色部分中部向端缘延伸几乎达端缘。腹部被黄毛,但第 1 背板侧边毛较长且直立。雄性外生殖器:第 9 背板长大于宽,心形,基缘具宽大的方形浅凹缺,端缘较圆钝;尾须长三角形;生殖基节长宽大致相等,基缘中部平,端缘中部具一个端部凹的大中突,两侧各具一个中等大小的尖侧突;生殖基节突端部稍超过生殖基节基缘;生殖刺突与生殖基节强烈愈合,陷入生殖基节腹面端部,与其几乎融为一体;生殖刺突端缘中部平缓的弧形内凹,内侧具一个稍窄的长指状突,外侧具一个稍宽的向端部渐窄的突;阳茎复合体向端部渐宽,三裂叶,三叶长指状,等长且等宽,明显分开。

雌 体长 13.1 mm,翅长 14.1 mm。

与雄虫相似,但体色较浅,即雄虫的黑色区域变为黄褐色或浅黑色,可能由于标本保存不当造成褪色。

观察标本 正模♂,云南西双版纳小勐养,800 m,1957.Ⅶ.8,臧令超(IZCAS)。副模,1♀,云南车里东北 25 km 小勐养,900 m,1955.Ⅳ.6,克雷让诺夫斯基(IZCAS)。

分布 云南(西双版纳)。

词源 该种拉丁名意指其腹部具黄色横斑。

讨论 该种可根据头部主要为黄色,胸部和腹部具黄斑,很容易地与本属其他种区分开来。

(四)线角水虻亚科 Nemotelinae Kertész, 1912

特征 体小型,5.0 mm 以下,通常黑色、黄色或白色。雄虫接眼式,雌虫离眼式。颜向前突出成锥形。触角纺锤状,鞭节最末两节变细成芒状。小盾片无刺。CuA_1 脉由盘室发出,盘室发出 3 条 M 脉，R_4 脉有或无。腹部稍宽于胸部，椭圆形，长稍大于宽。

讨论 线角水虻亚科主要分布于古北界、新北界、新热带界、热带区，全世界已知 4 属 221 种，中国已知 1 属 17 种。

19. 线角水虻属 *Nemotelus* Geoffroy，1762

Nemotelus Geoffroy，1762. Hist. abreg. Ins 2：542. Type species：*Musca pantherina* Linnaeus，1758.

Akronia Hine，1901. Ohio Nat. 1(7)：113. Type species：*Akronia frontosa* Hine，1901.

Geitonomyia Kertész，1923. Ann. Hist. Nat. Mus. Natl. Hung. 20：122. Type species：*Geitonomyia transsylvanica* Kertész，1923.

Epideicticus Kertész，1923. Ann. Hist. Nat. Mus. Natl. Hung. 20：126. Type species：*Nemotelus haemorrhous* Loew，1857.

Cluninemotelus Mason，1997. The Afrotropical Nemotelina（Diptera，Stratiomyidae）：49. Type species：*Nemotelus clunipes* Lindner，1960.

Temonelus Mason，1997 The Afrotropical Nemotelina（Diptera，Stratiomyidae）：110. Type species：*Nemotelus grootaerti* Mason，1997.

属征 体小型。头部黑色，有时具黄斑。雄虫接眼式，雌虫离眼式。触角纺锤形，最末两节尖细。胸部主要为黑色，有时具黄斑；腹部黑色，具黄斑，或黄色、白色，具黑斑。小盾片无刺。腹部近圆形，长稍大于宽。

讨论 该属是线角水虻亚科最大的一个属，分布于古北界、新北界、非洲界和新热带界。全世界已知 194 种，中国已知 17 种。

种 检 索 表

1.	R_4 脉存在；腹部非全黑色 ··	**2**
	无 R_4 脉；腹部全黑色 ···································· 黑线角水虻 *N. nigrinus*	
2.	翅后胛黄色或白色 ··	**3**
	翅后胛黑色 ··	**9**
3.	腹部主要黑色，具黄斑 ··	**4**
	腹部主要黄色，具黑斑 ··	**5**
4.	股节全黄色 ···································· 面具线角水虻 *N. personatus*	
	股节基部 2/3 黑色 ······························ 斯氏线角水虻 *N. svenhedini*	
5.	下侧片全黄色 ···	**6**
	下侧片全黑色，或黑色且具黄白斑 ···	**7**
6.	触角黄褐色；胫节全浅黄色，股节具极窄的褐环·········· 环足线角水虻 *N. annulipes*	
	触角褐色；足棕黄色，股节端部、胫节基部和跗节浅黄色·········· 黄颜线角水虻 *N. faciflavus*	
7.	股节和后足胫节主要深色；雄虫额具一个黄斑，且与复眼缘的黄色带相接 ···············	**8**

仅后足胫节深色;雄虫额具一个黄斑,雌虫额前部黄色并具一个褐色中斑 ·················
··· 南山线角水虻 *N. nanshanicus*

8. 下侧片全黑色;腹部浅黄色,仅第1背板具一个黑斑 ········· 新疆线角水虻 *N. xinjianganus*

下侧片黑色,具白斑;腹部背面和腹面均具黑斑 ········· 鱼卡线角水虻 *N. bomynensis*

9. 腹部具黄色或橘黄色侧边 ·· **10**

腹部无黄色侧边 ·· **16**

10. 腹部腹面主要黄色;雄虫复眼被稀疏短毛 ········· 黄腹线角水虻 *N. ventiflavus*

腹部腹面主要黑色;雄虫复眼裸 ·· **11**

11. 腹部背面主要黄色,具黑斑 ········· 沼泽线角水虻 *N. uliginosus*

腹部背面主要黑色,具黄斑 ·· **12**

12. 胫节全黑色 ·· **13**

前中足胫节浅黄色,后足胫节褐色 ·· **14**

13. 雌虫颜突较短;额具一个白斑,且与颜突的白斑相连;下背侧带深色 ··· 戈壁线角水虻 *N. gobiensis*

雌虫颜突几乎与复眼等长;额具两个黄色大方斜斑;下背侧带白色 ·················
··· 侧边线角水虻 *N. latemarginatus*

14. 颜突长,几乎与复眼等长 ········· 窄边线角水虻 *N. angustemarginatus*

颜突短,最多为复眼长的一半 ·· **15**

15. 雌虫额具两个三角形黄斑;腹部第2背板后缘具三个黄斑,第3~5背板仅具窄的黄色后缘 ········
··· 离斑线角水虻 *N. dissitus*

雌虫额具两个宽短的暗黄色带;腹部第3~5背板中部具大三角形橘黄斑 ·················
··· 满洲里线角水虻 *N. mandshuricus*

16. 胸部下背侧带黑色;腹部腹面全白色 ········· 普氏线角水虻 *N. przewalskii*

胸部下背侧带白色;腹部腹面黑色 ········· 宽腹线角水虻 *N. lativentris*

(171) 窄边线角水虻 *Nemotelus angustemarginatus* Pleske, 1937

Nemotelus angustemarginatus Pleske *in* Lindner, 1937. Flieg. Palaearkt. Reg. 4(1): 118. Type locality: China: Gobi, Bomyn River(Ichegan), North Zaidam.

体长 4.0~5.8 mm。

雄 头部亮黑色,被黄褐毛。复眼裸。颜突密被长毛,几乎达复眼长的一半。额具两个白毛斑,被黑色中纵缝分开。胸部亮黑色,被黄褐毛;肩胛白色,下背侧带浅色,翅后胛黑色。足胫节浅色,仅后足胫节深色,有时前中足胫节具褐色或黑色环斑。腹部黑色,具窄的黄色侧边;第2背板后缘中部具小黄斑;第3背板具三个黄斑,两侧斑矩形,中斑三角形;第4~5背板端缘黄色。腹板黑色,但第2腹板具三角形大黄斑,其余腹板端缘黄色。

雌 与雄虫相似,仅以下不同:头部、胸部包括小盾片亮黑色,无毛或具稀疏的银白毛。颜突粗壮,与复眼等长。额具两个黄色斜方斑。腹部第2~3背板的三角形黄斑比雄虫大。

分布 中国青海(鱼卡河);蒙古。

讨论 该种与离斑线角水虻 N. dissitus Cui, Zhang et Yang 相似,但腹部第 2 背板后缘中部具小黄斑,第 3 背板具三个黄斑,第 4~5 背板具黄色后缘。而后者第 2 背板后缘具三个黄斑,第 3~5 背板仅具窄的黄色后缘。

(172)环足线角水虻 *Nemotelus annulipes* Pleske,1937

Nemotelus annulipes Pleske *in* Lindner,1937. Flieg. Palaearkt. Reg. 4(1):118. Type locality:China:Gashun'skoe Gobi, Dankhe River, S of Sachzhou.

Nemotelus atrifrons Pleske *in* Lindner,1937. Flieg. Palaearkt. Reg. 4(1):120. Type locality:Kazakhstan:Alma-Ata Province, Big Almaatinka River, Priyutskaia colony.

体长 4.0~5.5 mm。

雄 复眼裸。额白色。颜突很短,为复眼长的 1/5~1/4,顶端琥珀色,口缘褐色。触角黄褐色,有时第 2 鞭节全暗黄色。头部下部被白毛。胸部包括小盾片亮黑色,具黄铜色短毛;肩胛白色,下背侧带明显宽,与白色翅后胛相连;中缝处有一个黄斑,有时不太清晰;下侧片白色,中侧片具白色圆斑,二者由横带相连。足胫节全浅黄色,股节具极窄的褐环。腹部主要白色,具黑斑;第 1 背板端部和第 2 背板基部具黑斑,二者相连,有时为一个黑色窄带,有时为两个黑色大侧斑;第 3 背板通常全白,有时具一个黑色小中斑或三个对称的斑,有时融合成一条横带;第 4~6 背板横带较明显或第 4 背板具两个小侧斑,第 5 背板具一个窄黑横带,或第 3~5 背板白色且具黑色基横带。腹板全白色。

雌 与雄虫相似,仅以下不同:额不到复眼宽的 1/3。头顶黑色。颜突中等大且尖,为复眼长的 3/4。腹部背板基部具黑色横带,端部白色;第 1 背板基部到第 2 背板通常黄白色。第 3 腹板具褐色侧斑,第 4~5 腹板具褐色横带。

分布 中国甘肃(噶顺戈壁);哈萨克斯坦,蒙古。

讨论 该种与黄颜线角水虻 N. faciflavus Cui, Zhang et Yang 相似,但触角黄褐色;胫节全浅黄色,股节具极窄的褐环。而后者触角褐色;足棕黄色,仅股节端部、胫节基部和跗节浅黄色。

(173)鱼卡线角水虻 *Nemotelus bomynensis* Pleske,1937

Nemotelus bomynensis Pleske *in* Lindner,1937. Flieg. Palaearkt. Reg. 4(1):122. Type locality:China:Gobi, Bomyn River(Ichegan), North Zaidam.

体长 4.8~5.6 mm。

雄 复眼裸。颜突长为复眼长的 1/3。触角和口缘褐色,复眼缘的白色侧斑与窄的白色额斑相连。胸部包括小盾片亮黑色;肩胛、下背侧带、翅后胛白色;下侧片和中侧片具白斑。足股节主要褐色,胫节浅黄色,但后足胫节褐色。腹部主要白色,但第 1 背板具一个黑色端横斑;第 2 背板具一个与前者相连的黑色基斑;第 3 背板通常全黑色,有时具两个小黑侧斑;第 4 背板基部具一个黑色小中斑和两个大侧斑;第 5~6 背板黑色,具白色边缘。腹板污白色,具暗黄色侧斑,最末腹板具黑色横带。

雌 颜突粗壮,与复眼等长。额浅黄色,具窄的褐色中纵斑,口缘褐色,头顶黑色,复眼下缘具宽的浅黄带。足浅黄色,但股节和后足胫节褐色。腹部具暗橘黄色边缘,具黑色和暗橘黄色横带。

分布 中国青海(鱼卡河);蒙古。

讨论 该种与新疆线角水虻 *N. xinjianganus* Cui, Zhang *et* Yang 相似,但下侧片具白斑,侧背片全黑色;腹部第 3～5 背板也具黑斑。而后者下侧片全黑色,侧背片具小黄斑;腹部仅第 1 背板中部具黑斑。

(174)离斑线角水虻 *Nemotelus dissitus* Cui, Zhang *et* Yang, 2009(图 193)

Nemotelus dissitus Cui, Zhang *et* Yang, 2009. Acta Zootaxon. Sin. 34(4):790. Type locality:China:Shaanxi.

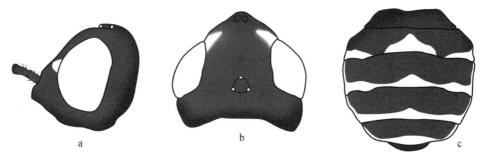

图 193 离斑线角水虻 *Nemotelus dissitus* Cui, Zhang *et* Yang(♀)

a. 头部,侧视(head, lateral view);b. 头部,背视(head, dorsal view);c. 腹部,背视(abdomen, dorsal view)。

雌 体长 5.1～5.3 mm,翅长 4.3～4.6 mm。

头部黑色,但下额具黄色三角形侧斑。头部毛浅色。头部高为长的 0.9 倍;复眼宽为触角到中单眼距离的 0.4～0.5 倍,为触角上额宽的 0.6～0.7 倍;触角上额宽为单眼瘤宽的 3.0～3.4 倍,为中单眼处额宽的 0.6～0.8 倍。触角【鞭节缺失】黑色,被浅色毛。触角 3 节长比为 1.0∶1.2∶?。喙褐色。

胸部黑色,稍有浅灰粉,肩胛黄色;中侧片上缘的下背侧带黄色。胸部毛浅色。足黑褐色,但股节端部黄色;胫节稍带黄色,但后足胫节中部黑色;跗节黄色。足上毛浅色。翅透明;翅脉浅色。平衡棒黄色。

腹部黑色,但背板具黄色侧边,第 2 背板后缘具三个黄斑,第 3～5 背板仅具窄的黄色后缘。第 1 腹板具黄色窄横带;第 2 腹板中部黄色,具一个黑色横斑;第 3～5 腹板具窄的黄色后缘。腹部毛浅色。

雄 未知。

观察标本 正模♀,陕西甘泉清泉沟,1971.Ⅵ.16,杨集昆(CAU)。副模 1♀,陕西甘泉清泉沟,1971.Ⅵ.23,杨集昆(CAU)。

分布 陕西(甘泉)。

讨论 该种与沼泽线角水虻 *N. uliginosus*(Linnaeus)相似,但两个额斑分离;腹部背面主要黑色,具黄斑,第 2 背板后缘具三个黄斑,第 3～5 背板仅窄的后缘黄色。而后者两个额斑前部汇聚;腹部背面主要黄色,具黑斑,第 1 背板基部、第 2 背板前中部和第 4～5 背板前横带黑色,有时第 3 背板前中部也具一个小黑斑,有时第 4 背板的黑横带具黄斑。

(175)黄颜线角水虻 *Nemotelus faciflavus* Cui，Zhang *et* Yang，2009(图 194)

Nemotelus faciflavus Cui，Zhang *et* Yang，2009. Acta Zootaxon. Sin. 34(4)：790. Type locality：China：Xinjiang.

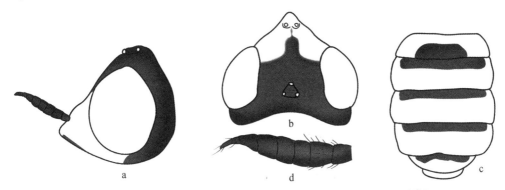

图 194　黄颜线角水虻 *Nemotelus faciflavus* Cui，Zhang *et* Yang(♀)

a. 头部，侧视(head，lateral view)；b. 头部，背视(head，dorsal view)；c. 腹部，背视(abdomen，dorsal view)；d. 触角，外侧视(antenna，outer view)。

雌　体长 4.1 mm，翅长 3.4 mm。

头部黑色，下额黄色，但中部具褐色中斑，颜黄色，但口缘褐色。头高为长的 0.7 倍；复眼宽为触角到中单眼距离的 0.5 倍，为触角上额宽的 0.7 倍；触角上额宽为单眼瘤宽的 2.7 倍，为中单眼处额宽的 0.8 倍。触角褐色；柄节、梗节和鞭节端部被浅色毛；鞭节最末一节长为其余鞭节总长的 0.15 倍，触角 3 节长比为 1.0：1.3：5.3。喙褐色。

胸部黑色，但肩胛和翅后胛黄色；中侧片上部、翅侧片、腹侧片上部和下侧片黄色；侧背片黄色但后缘黑色。胸部毛浅色。足棕黄色，但股节端部、胫节基部和跗节浅黄色。足上毛浅色。翅透明；翅脉浅黄色。平衡棒浅黄色，但基部褐黄色。

腹部黄色，但第 1 背板端部和第 2～5 背板基部具褐色横带；第 1～4 腹板窄的侧缘黄褐色。腹部毛浅色。

雄　未知。

观察标本　正模♀，新疆墨玉，1 236 m，1979.Ⅸ.9，李法圣(CAU)。

分布　新疆(墨玉)。

讨论　该种与南山线角水虻 *N. nanshanicus* Pleske 相似，但翅侧片和侧背片黄色；胫节棕黄色，但基部浅黄色。而后者翅侧片和侧背片黑色；前中足胫节稍带黄色，后足胫节深色(Cui，Zhang 和 Yang，2009)。

(176)戈壁线角水虻 *Nemotelus gobiensis* Pleske，1937

Nemotelus gobiensis Pleske *in* Lindner，1937. Flieg. Palaearkt. Reg. 4(1)：126. Type locality：Mongolia：Tufyn.

雌　体长 4.0 mm。

头部亮黑色，被银白短毛。复眼裸。颜突极短。额具白斑，且与颜突两侧的白色侧斑相连，额斑中央无褐色纵线。胸部包括小盾片亮黑色，被稀疏的银白短毛。肩胛白色，下背侧带

305

深色,翅后胛黑色。足黑色。腹部黑色,具不连续的橘黄色边缘;第2背板具一个白色三角形中斑;第3背板具两次中断的橘黄色后缘;第4～5背板具完整的橘黄色后缘,在第4背板中部扩展成一个小三角形斑。第2～3腹板黄色,具褐色侧斑;第4～5腹板褐色,具黄色后缘。

雄 未知。

分布 中国青海(鱼卡河);蒙古。

讨论 该种与侧边线角水虻 *N. latemarginatus* Pleske 相似,但颜突极短;额具一个白斑,并与颜突两侧的白色侧斑相连;下背侧带深色。而后者雌虫颜突较长,几乎与复眼等长;额具两个黄色斜方斑;下背侧带白色。

(177)侧边线角水虻 *Nemotelus latemarginatus* **Pleske,1937**

Nemotelus latemarginatus Pleske *in* Lindner,1937. Flieg. Palaearkt. Reg. 4(1):129. Type locality:China:Gobi Desert,Bomyn River(Ichegan),North Zaidam.

Nemotelus mongolicus Pleske *in* Lindner,1937. Flieg. Palaearkt. Reg. 4(1):133. Type locality:Mongolia:Altai,Khunguyu River.

体长 4.0～6.5 mm。

雄 头部亮黑色。复眼裸。颜突长为复眼长的1/4。额具白斑。颜突和头下部密被黄色长毛。胸部包括小盾片亮黑色,具金光泽;肩胛和下背侧带白色。足黑色。腹部黑色,具不连续的橘黄色边缘;第1背板全黑色;第2背板具小三角形橘黄色中斑和侧斑;第3背板具一个大中斑,有时后缘黄色,将中斑与黄色侧边相连;第4～5背板具宽的黄色边缘和三角形中斑,第4背板的中斑很大。腹板黑色,具不明显的窄黄色后缘。

雌 头部、胸部包括小盾片亮黑色,被稀疏黄毛。颜突很长,几乎与复眼等长。额具两个黄色斜方斑。腹部黑色,具很宽的弯曲黄色边缘;第2背板具后部宽的三角形中斑。

观察标本 1♀,青海都兰,1950. Ⅷ. 1,陆宝麟、杨集昆(CAU)。

分布 中国青海(鱼卡河、都兰);蒙古,俄罗斯。

讨论 该种与戈壁线角水虻 *N. gobiensis* Pleske 相似,但雌虫颜突较长,几乎与复眼等长;额具两个黄色斜方斑;下背侧带白色。而后者颜突极短;额一个白斑,并与颜突两侧的白色侧斑相连;下背侧带深色。

(178)宽腹线角水虻 *Nemotelus lativentris* **Pleske,1937**

Nemotelus lativentris Pleske *in* Lindner,1937. Flieg. Palaearkt. Reg. 4(1):130. Type locality:China:Sichuan, dol. Kusyor, Mungu-chiuti.

雌 体长 5.2 mm。

头部亮黑色,密被铜黄色短毛。复眼裸。颜突大,粗壮,几乎方形,几乎与复眼等长。额很宽,几乎达头宽的一半,具两个几乎竖直的小暗黄斑。胸部包括小盾片亮黑色,密被铜黄色短毛;肩胛白色,小,下背侧带白色,较窄。足黑色。腹部黑色,具很宽的白色边缘;第2～3背板后缘具三个白斑,其余背板与其相似。腹板黑色,第2腹板具一个白斑,其余腹板具黄色缘。

雄 未知。

分布 四川。

讨论 该种与普氏线角水虻 *N. przewalskii* Pleske 相似,但下背侧带白色;腹部腹面主要黑色,具黄白斑。而后者下背侧带黑色;腹部腹面全白色。

(179)满洲里线角水虻 *Nemotelus mandshuricus* Pleske, 1937

Nemotelus mandshuricus Pleske *in* Lindner, 1937. Flieg. Palaearkt. Reg. 4(1): 132. Type locality: Mongolia: Dornod aimak, Bujr Nuur.

体长 4.5 mm。

雄 头部亮黑色。复眼裸。颜突极短钝,仅为复眼长的 1/4。额具两个小白斑,之间具黑色中纵缝。胸部包括小盾片亮黑色,被黄灰色短柔毛;肩胛具大白斑,下背侧带浅色,后部渐宽。足胫节浅色,仅后足胫节深色。腹部黑色,第 3~5 背板基部具锯齿状带;第 2 背板后缘具中断的橘黄色带,第 5 背板后缘具完整的浅色带,第 3~5 背板中部具大三角形橘黄斑。腹板黑色,但后缘具窄的浅色带。

雌 与雄虫相似,仅以下不同:头部、胸部包括小盾片被黄铜色毛。颜突长为复眼长的 1/3。额很宽,具两个宽短的垂直于复眼缘的暗黄色带。

分布 中国东北部;蒙古。

讨论 该种与离斑线角水虻 *N. dissitus* Cui, Zhang *et* Yang 相似,但雌虫额具两个宽短的暗黄色带;腹部第 3~5 背板中部具大三角形橘黄斑。而后者额具两个三角形黄斑;腹部第 2 背板后缘具三个黄斑,第 3~5 背板仅具窄的黄色后缘。

(180)南山线角水虻 *Nemotelus nanshanicus* Pleske, 1937

Nemotelus nanshanicus Pleske *in* Lindner, 1937. Flieg. Palaearkt. Reg. 4(1): 134. Type locality: China: Gobi, Orogyn Syrtyn, Nan'shanya.

体长 4.1~5.0 mm。

雄 头部亮黑色。复眼裸。颜突中等长,为复眼长的 1/3,暗褐色,无斑,被稀疏的亮铜色短毛。额具一个白斑。胸部包括小盾片亮黑色,具金属光泽,被稀疏的亮铜色短毛;肩胛具大白斑,翅后胛白色,白色下背侧带窄,但向后渐宽;中侧片具一个小白斑,下侧片具一个大白斑。胫节浅色,仅后足胫节褐色。腹部主要白色,但以下部分黑色:第 1 背板具一个大方斑,第 2 背板的稍窄,第 5~6 背板基部具横带,第 4 背板侧边具黑带。腹部腹面白色,但第 1 腹板基部具一个黑斑,第 2~4 腹板具黑色侧斑,其余腹板黑色,端缘白色。

雌 头部亮黑色。复眼裸。颜突长,几乎与复眼等长。颜突大部分褐窄的口缘暗褐色,端部黄色。额前部黄色,具一个褐色中斑。额宽几乎为头宽之半。触角暗褐色。胸部包括小盾片亮黑色,稍带金属光泽,被亮铜色毛;肩胛、下背侧带和翅后胛白色。足色同雄虫,但有时前中足胫节稍带黄褐色。腹部背面黑色,具窄的蜜黄色边缘,第 2~4 背板后缘具大的三角形黄色中斑,但第 2~3 背板的斑较小,而第 4 背板的斑较大;第 5 背板具蜜黄色后缘。腹部腹面白色,但具黑带和黑斑。

分布 青海(南山)。

讨论 该种与黄颜线角水虻 *N. faciflavus* Cui, Zhang *et* Yang 相似,但翅侧片和侧背片黑色;前中足胫节稍带黄色,后足胫节深色。而后者翅侧片和侧背片黄色;胫节棕黄色,但基部浅黄色。

(181)黑线角水虻 *Nemotelus nigrinus* Fallén，1817（图 195；图版 45）

Nemotelus nigrinus Fallén，1817. Stratiomydae sveciae（2）：6. Type locality：Sweden：Skåne，Esperöd.

Nemotelus carneus Walker，1849. List of the specimens of dipterous insects in the collection of the British Museum（4）：521. Type locality：Canada：Ontario，Hudson's Bay，Albany River，St. Martin's Falls.

Nemotelus crassus Loew，1863. Berl. Ent. Z. 7(1-2)：7. Type locality：USA：Rhode Island.

Nemotelus unicolor Loew，1863. Berl. Ent. Z. 7(1-2)：7. Type locality：USA：Illinois.

Nemotelus carbonarius Loew，1869. Berl. Ent. Z. 13(1-2)：5. Type locality：USA：Massachusetts，Lenox.

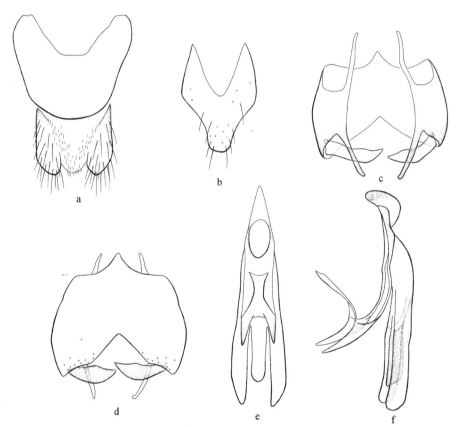

图 195　黑线角水虻 *Nemotelus nigrinus* Fallén（♂）

a. 第 9～10 背板和尾须，背视（tergites 9～10 and cerci，dorsal view）；b. 第 10 腹板，腹视（sternite 10，ventral view）；c. 生殖体，背视（genital capsule，dorsal view）；d. 生殖体，腹视（genital capsule，ventral view）；e. 阳茎复合体，背视（aedeagal complex，dorsal view）；f. 阳茎复合体，侧视（aedeagal complex，lateral view）。

雄　体长 3.8～4.5 mm。

头部亮黑色,但下额上角稍带黄褐色。单眼瘤突出,单眼棕黄色。复眼几乎相接,裸,上部 2/3 小眼面大,红褐色,下部 1/3 小眼面小,深褐色,上下小眼面之间分界明显。颜突长为头长的 1/4~1/3,末端稍向下弯,呈鹰嘴状。头部被稀疏的浅黄毛。触角黑褐色,鞭节纺锤状,6 节,最末鞭节细长,但长不超过第 4 鞭节,顶端着生 1 根浅黄色稍长的毛。触角 3 节长比约为 0.7:1.0:3.6。喙浅黄色,被浅黄毛。

胸部亮黑色,肩胛外侧具小黄斑,中侧片上缘具极窄的浅黄色下背侧带,前部与肩胛小黄斑相接。胸部被刻点和稀疏的浅黄色长毛,但中侧片前半部裸。足黑褐色,但股节端部、胫节两端和跗节浅黄色,第 3~5 跗节颜色稍深。足上毛浅黄色。翅透明;翅脉浅黄色至白色,R_{4+5} 脉不分叉。平衡棒白色,但柄褐色。

腹部黑褐色,被刻点和稀疏的浅黄色短毛。雄性外生殖器:第 9 背板长宽大致相等,基部具近"V"形凹;生殖基节宽大于长,基缘中部具小尖突,背面端缘具一对极细长的指状突,腹面端缘中部具大三角形凹缺;生殖刺突细长,端部尖;阳茎复合体明显大,为生殖基节长的 1.75 倍,为生殖基节宽的 0.4 倍,向端部渐宽,端部 1/2 三裂,分离,中叶短于侧叶,阳茎复合体背面具一对较尖的背突,且短于阳茎复合体端部的裂叶。

雌 与雄虫相似,仅以下不同:复眼宽分离,小眼面大小一致;额两侧几乎平行,额宽约为头宽的一半;具宽的眼后眶。

观察标本 1♂,宁夏六盘山秋千架,2008.Ⅶ.7~8,刘经贤(CAU);1♂1♀,宁夏六盘山苏台,2008.Ⅵ.23,姚刚(CAU);1♀,内蒙古贺兰山水磨沟南沟,2010.Ⅷ.6,崔维娜(CAU);1♂,内蒙古贺兰山水磨沟正沟,2010.Ⅷ.5,崔维娜(CAU);1♂,内蒙古贺兰山腰坝一坑沟,2010.Ⅷ.13,王丽华(CAU);2♂♂2♀♀,宁夏泾源红峡,1 920 m,2008.Ⅶ.2,张婷婷(CAU);3♂♂1♀,宁夏泾源红峡,1 920 m,2008.Ⅶ.2,姚刚(CAU);1♀,宁夏隆德峰台,2 100 m,2008.Ⅵ.27,张婷婷(CAU);1♂,陕西甘泉清泉沟,1971.Ⅵ.2,杨集昆(CAU);3♂♂3♀♀,西藏拉萨,3 700 m,1978.Ⅴ.27,李法圣(CAU);15♂♂2♀♀,青海门源风匣口,1989.Ⅶ.18,魏美才(CAU);2♀♀,青海门源,1989.Ⅶ.18,魏美才(CAU);2♂♂2♀♀,青海门源海北定位站,1989.Ⅶ.15,魏美才(CAU);1♀,青海门源风匣口,1989.Ⅶ.13,刘(CAU);1♀,青海门源风匣口,1989.Ⅶ.13,魏美才(CAU);1♂,青海门源海北定位站,1989.Ⅶ.14(CAU)。

分布 中国宁夏(六盘山、泾源、隆德)、内蒙古(贺兰山)、陕西(甘泉)、西藏(拉萨)、青海(门源);加拿大,美国,墨西哥,阿富汗,奥地利,阿塞拜疆,比利时,保加利亚,捷克,丹麦,英国,爱沙尼亚,芬兰,德国,匈牙利,爱尔兰,拉脱维亚,立陶宛,蒙古,摩洛哥,荷兰,挪威,波兰,罗马尼亚,俄罗斯,斯洛伐克,西班牙,瑞典,瑞士,乌克兰,南斯拉夫。

讨论 该种可根据翅无 R_4 脉与中国有分布的其他种明显地区分开来。后者翅 R_{4+5} 脉分叉,R_4 脉存在。在 Lindner(1937)和 Rozkošný(1983)的描述中,该种前中足胫节浅色,但观察标本中所有个体前中足胫节均为黑色而两端黄色,解剖的雄性外生殖器与 Rozkošný(1983)的图及描述并无明显差别,故认为同种。

(182)面具线角水虻 *Nemotelus personatus* Pleske, 1937

Nemotelus personatus Pleske in Lindner, 1937. Flieg. Palaearkt. Reg. 4(1):138. Type locality:China:Gobi Desert, Bomyn River(Ichegan), North Zaidam.

雌 体长 4.9 mm。

头部亮黑色,被稀疏的银白毛。复眼裸。颜突粗壮,几乎与复眼等长,上部和宽的口缘暗褐色。复眼缘具大白斑。额较窄,仅为头宽的 1/3,具两个黄色大斜斑,不与颜突的暗褐色区域相连。胸部包括小盾片亮黑色,被稀疏的银白毛;肩胛、宽的下背侧带和翅后胛白色。足黄色,仅后足胫节深色。腹部黑色,具窄的锯齿状浅色侧边,第 2～3 背板后缘中部具很小的三角形白斑;最末一节背板白色。腹板黑色,第 3～4 腹板具很大的黄色中斑。

雄 未知。

分布 中国青海(鱼卡河);阿富汗。

讨论 该种与斯氏线角水虻 N. svenhedini Lindner 相似,但股节全黄色。而后者股节基部 2/3 黑色。

(183)普氏线角水虻 Nemotelus przewalskii Pleske,1937

Nemotelus przewalskii Pleske *in* Lindner,1937. Flieg. Palaearkt. Reg. 4(1):139. Type locality:China:Neimenggu, Edzin-gol.

雌 体长 6.0 mm。

头部亮黑色,密被银白毛。复眼裸。颜突粗壮,与复眼等长。额具两个白色长方形斜斑。胸部包括小盾片亮黑色,密被银白毛;肩胛白斑较宽,下背侧带和翅后胛黑色。足全黑色。腹部黑色,具一条由 3 个斑组成的暗白色横带,中斑最宽,三角形。腹板全白色。

雄 未知。

分布 内蒙古(额济纳)。

讨论 该种与宽腹线角水虻 N. lativentris Pleske 相似,但下背侧带黑色;腹部腹面全白色。而后者下背侧带白色;腹部腹面主要黑色,具黄白斑。

(184)斯氏线角水虻 Nemotelus svenhedini Lindner,1933

Nemotelus svenhedini Lindner,1933. Ark. Zool. 27B(4):3. Type locality:China:Hutjertu-gol[= N of Bao-tou].

体长 4.0 mm。

雄 头部亮黑色,颜突、口缘和后头被黄白毛。颜突极短,为复眼长的 1/5。触角黑色。胸部包括小盾片亮黑色,稍带金蓝光泽,被黄白色直立长毛。肩胛、下背侧带和翅后胛白色。足黄色,但股节基部 2/3 黑色,后足胫节具宽的黑环,其余胫节仅隐约有黑褐色。平衡棒黄色。腹部亮黑色,具宽的锯齿状黄色侧边,第 2～5 背板后缘中部具三角形黄斑;第 4～5 背板后缘黄色,将黄色中斑与侧边相连。腹板全亮黑色。

雌 头部黑色,仅额具两个浅黄斑,二者相距较远。额宽超过复眼宽的 1/3,颜突不到复眼长的一半。头部被银白色倒伏毛。胸部包括小盾片亮黑色,稍带金光泽,被暗黄色直立长毛。腹部同雄虫,但腹板亮黑色,仅第 2 腹板中部具一个浅色斑。

观察标本 3♀♀,宁夏银川掌政镇,2007.Ⅵ.26,董奇彪(CAU)。

分布 宁夏(银川)、内蒙古(包头)。

讨论 该种与面具线角水虻 N. personatus Pleske 相似,但股节基部 2/3 黑色。而后者股节全黄色。

(185)沼泽线角水虻 *Nemotelus uliginosus*（Linnaeus，1767）（图 196）

Musca uliginosus Linnaeus, 1767. Systema naturœ per regna tria naturœ, secundum classes, ordines, genera, species, cum characteribus, differentiis, synonymis, locis.［2］：983. Type locality：Europe.

Stratiomys mutica Fabricius, 1777. *Genera insectorvm eorvmqve characters natvrales secvndvm nvmervm，figvram，sitvm et proportionem omnivm partivm oris adiecta mantissa speciervm nvper detectarvm*［16］：305. Type locality：Germany.

Nemotelus bifasciatus Meigen，1838. *Systematische Beschreibung der bekannten europäischen zweiflügligen Insekten*［2］：104. Type locality：Europe.

Nemotelus pica Loew，1840. *Bemerkungen über die in der Posener Gegend einheimischen Arten mehrerer Zweiflügler* 24. Type locality：Europe.

Nemotelus tripunctatus Pleske *in* Lindner，1937. Flieg. Palaearkt. Reg. 4（1）：144. Type locality：Kyrgyzstan：Tien Shan Province，Dzhumgol River valley.

Nemotelus uliginosus ignatowi Pleske *in* Lindner，1937. Flieg. Palaearkt. Reg. 4（1）：146. Type locality：Kazakhstan：Celinograd region，Lake Tengiz.

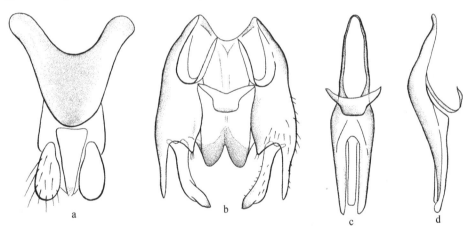

图 196　沼泽线角水虻 *Nemotelus uliginosus*（Linnaeus）（♂）（据 **Rozkošný**，1983 重绘）

a. 第 9～10 背板和尾须，背视（tergites 9～10 and cerci，dorsal view）；b. 生殖体，背视（genital capsule，dorsal view）；c.阳茎复合体，背视（aedeagal complex，dorsal view）；e. 阳茎复合体，侧视（aedeagal complex，lateral view）。

体长 4.2～7.7 mm，翅长 3.8～5.5 mm。

雄　头部侧面观近三角形。复眼裸，几乎相接，上部 2/3 小眼面大，下部 1/3 小眼面小，分界明显。颜突中等长，鹰嘴状，黑色，但顶端褐色。触角上额大部分浅黄色，中部有明显的中纵线。眼后区后下角稍凸，但背视不可见。触角黑色，最末鞭节细长，半贴伏于颜上，长于复眼且垂直于复眼下部。喙细长，深褐色。

胸部黑色，肩胛和下背侧带浅黄色，下背侧带前半部细而后半部宽。胸部密被灰黄色直立毛。足股节黑色，但端部黄色；胫节主要棕黄色，但后足胫节中部黑色；跗节黄色。翅透明；翅痣和翅脉浅黄色；翅瓣黄色，具黄色缘毛。平衡棒浅黄色。

腹部背面主要黄色,第1背板基部、第2背板前中部和第4~5背板前横带黑色,有时第3背板前中部也具一个小黑斑,有时第4背板的黑色横带具黄斑。腹面黑色,第2腹板中部具黄斑,有时其后的腹板窄的后缘也为黄色。腹部被稀疏的半倒伏白毛。雄性外生殖器:第9背板近三角形,基缘具半圆形凹;尾须卵圆形,但基部窄,端部宽圆;生殖基节长宽大致相等,背面端部具一对尖长的侧突;愈合部腹面端缘具两个近三角形大中突;生殖刺突细长,端部尖;阳茎复合体三裂叶,中叶稍短,且末端平截,侧叶末端尖。

雌 颜突稍短于复眼。额斑斜带状,发达。额宽约为头宽的1/3,两侧几乎平行。眼后区较宽。头部和胸部被稀疏的倒伏白毛,仅颊和翅侧片毛直立。腹部黑色,侧边和第5~6背板端缘黄色,第2~4背板中部具三角形黄斑;第2腹板中部稍带黄色。

观察标本 2♀♀,内蒙古海拉尔,1981.Ⅷ.2,邹(CAU);2♀♀,内蒙古海拉尔,1981.Ⅷ.3,邹(CAU);1♀,新疆阿勒泰布尔津,2007.Ⅶ.28,霍姗(CAU)。

分布 中国内蒙古(海拉尔)、新疆(阿勒泰);奥地利,比利时,捷克,丹麦,英国,芬兰,法国,德国,匈牙利,哈萨克斯坦,拉脱维亚,蒙古,荷兰,挪威,波兰,俄罗斯,斯洛文尼亚,瑞典,瑞士。

讨论 该种与离斑线角水虻 *N. dissitus* Cui, Zhang *et* Yang 相似,但两个额斑前部汇聚;腹部背面主要黄色,具黑斑,第1背板基部、第2背板前中部和第4~5背板前横带黑色,有时第3背板前中部也具一个小黑斑,有时第4背板的黑横带具黄斑。而后者两个额斑分离;腹部背面主要黑色,具黄斑,第2背板后缘具三个黄斑,第3~5背板仅窄的后缘黄色。

(186)黄腹线角水虻 *Nemotelus ventiflavus* Cui, Zhang *et* Yang, 2009(图197)

Nemotelus ventiflavus Cui, Zhang *et* Yang, 2009. Acta Zootaxon. Sin. 34(4):791. Type locality:China:Xinjiang.

雄 体长4.3 mm,翅长3.8 mm。

头部黑色,被灰白粉;下额具一个黄色中斑。头部毛浅色。复眼相接,上部小眼面大,下部小眼面小,被稀疏短毛;头部高为长的0.8倍;复眼宽与触角到中单眼距离相等,为触角上额宽的1.5倍;触角上额宽为单眼瘤宽的2.4倍,为中单眼处额宽的4.0倍。触角褐色;柄节、梗节和鞭节端部被浅色毛;鞭节最末一节长为其余鞭节总长的0.3倍,触角3节长比为1.0:1.1:4.5。喙褐色。

胸部黑色,稍被浅灰粉;肩胛黄色;中侧片上缘黄色。胸部毛浅色。足黑色,但股节端部黄色;前中足胫节黄色,后足胫节褐色,但基部黄色;跗节黄色。足上毛浅色。翅透明;翅脉浅黄色。平衡棒浅黄色,但基部黄褐色。

腹部浅黄色,但第1背板中部具黑色横带,第5背板基部具褐色横带。第1腹板具达侧边的黑色横带,第5腹板基部黄褐色。腹部毛浅色。雄性外生殖器:第9背板长大于宽,基部具半圆形凹缺;第10腹板基缘平直;生殖基节具长的侧突;愈合部端缘中部具深"V"形切口;阳茎复合体三裂叶,中叶稍短于侧叶。

雌 未知。

观察标本 正模♂,新疆和田,1 382 m,1979.Ⅸ.11,李法圣(CAU)。

分布 新疆(和田)。

讨论 该种与沼泽线角水虻 *N. uliginosus*(Linnaeus)相似,但雄虫复眼被稀疏短毛;腹部主要黄色,第1背板中部和第5背板基部具黑色或褐色横带。而后者雄虫复眼裸;腹部第1

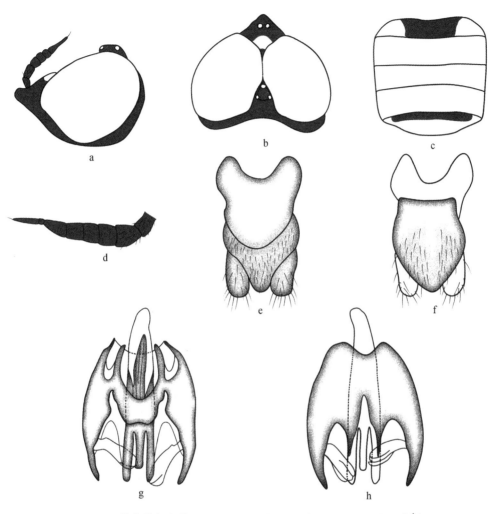

图 197 黄腹线角水虻 *Nemotelus ventiflavus* Cui, Zhang *et* Yang(♂)

a. 头部,侧视(head, lateral view);b. 头部,背视(head, dorsal view);c. 腹部,背视(abdomen, dorsal view);d. 触角,外侧视(antenna, outer view);e. 第 9~10 背板和尾须,背视(tergites 9~10 and cerci, dorsal view);f. 第 9 背板、第 10 腹板和尾须,腹视(tergite 9, sternite 10 and cerci, ventral view);g. 生殖体,背视(genital capsule, dorsal view);h. 生殖体,腹视(genital capsule, ventral view)。

背板基部、第 2 背板前中部和第 4~5 背板前横带黑色,有时第 3 背板前中部也具一个小黑斑,有时第 4 背板的黑横带具黄斑。

(187)新疆线角水虻 *Nemotelus xinjianganus* Cui, Zhang *et* Yang, 2009(图 198)

Nemotelus xinjianganus Cui, Zhang *et* Yang, 2009. Acta Zootaxon. Sin. 34(4):791. Type locality:China:Xinjiang.

雄 体长 4.4 mm,翅长 3.5 mm。

头部黑色,被灰白粉;下额具一个黄斑,沿复眼缘向下延伸。头部毛浅色。复眼几乎相接,上部小眼面大,下部小眼面小。头部高为长的 0.9 倍;复眼宽为触角到中单眼距离的 0.9 倍,

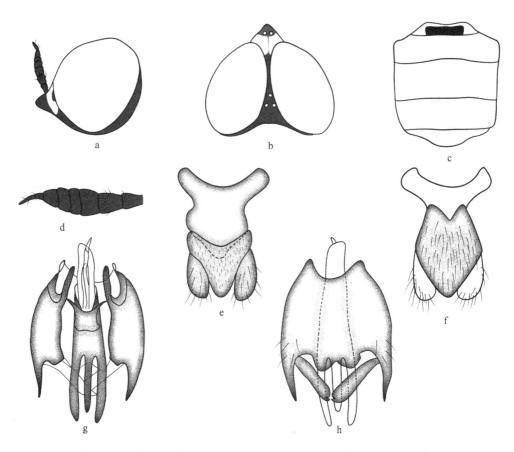

图 198　新疆线角水虻 *Nemotelus xinjianganus* Cui, Zhang *et* Yang(♂)

a. 头部，侧视(head, lateral view)；b. 头部，背视(head, dorsal view)；c. 腹部，背视(abdomen, dorsal view)；
d. 触角，外侧视(antenna, outer view)；e. 第 9～10 背板和尾须，背视(tergites 9～10 and cerci, dorsal view)；
f. 第 9 背板、第 10 腹板和尾须，腹视(tergite 9, sternite 10 and cerci, ventral view)；g. 生殖体，背视(genital
capsule, dorsal view)；h. 生殖体，腹视(genital capsule, ventral view)。

为触角上额宽的 2.1 倍；触角上额宽为单眼瘤宽的 1.8 倍，为中单眼处额宽的 2.6 倍。触角褐色；柄节、梗节和鞭节端部被浅色毛；鞭节最末一节长为其余鞭节总长的 0.3 倍，触角 3 节长比为 1.0∶1.0∶3.4。喙褐色。

胸部黑色，稍被浅灰粉；肩胛和翅后胛黄色；中侧片上部黄色，侧背片前部具一个小黄斑。胸部毛浅色。足黑色，但转节和股节最基部黄色，股节端部浅黄色；前中足胫节黄褐色至黄色；后足胫节基部和端部黄色；跗节黄色。足上毛浅色。翅透明；翅脉浅黄色。平衡棒球部浅黄色，柄褐色。

腹部浅黄色，但第 1 背板中部具黑色横带。腹部毛浅色。雄性外生殖器：第 9 背板长大于宽，基部具浅"V"形凹缺；第 10 腹板基缘具"V"形缺口；生殖基节具长的侧突；愈合部端缘中部具短突，后中部具浅"V"形凹缺；阳茎复合体三裂叶，中叶稍短于侧叶。

雌　未知。

观察标本 正模♂,新疆策勒,1 336 m,1979.Ⅸ.10,李法圣(CAU)。11 ♂♂,宁夏银川掌政镇,2007.Ⅵ.26,董奇彪(CAU);1 ♂,内蒙古呼和浩特南湖湿地,1 000 m,2008.Ⅶ.11,张婷婷(CAU)。

分布 新疆(策勒)、宁夏(银川)、内蒙古(呼和浩特)。

讨论 该种与鱼卡线角水虻 *N. bomynensis* Pleske 相似,但下侧片全黑色,侧背片具小黄斑;腹部仅第 1 背板中部具黑斑。而后者下侧片具白斑,侧背片全黑色;腹部第 3~5 背板也具黑斑(Cui,Zhang 和 Yang,2009)。

(五)厚腹水虻亚科 Pachygastrinae Loew,1856

属征 体小到中型。体形大致分为两类,一类背腹扁平,腹部瘦长,长明显大于宽,一类背面强烈拱突,腹部近圆形或扁圆形,宽大于长。雄虫接眼式,雌虫离眼式,科洛曼水虻属 *Kolomania* 等属的雄虫复眼也分离,复眼裸或被毛。触角鞭节形状变化较大,有的为线状,有的基部各节聚缩成圆形或肾形,端部具一细长的鬃状触角芒,有的基部各节呈纺锤形,端部具长或短的粗鬃状触角芒,裸或密被毛。小盾片 4 刺或无刺或仅具一系列微小的齿突。CuA_1 脉由盘室发出,盘室发出 2 条 M 脉,R_{4+5} 脉分支或不分支,r-m 横脉短,有时为点状。

讨论 厚腹水虻亚科是水虻科中第二大亚科,共有 180 属 619 种,全世界各动物地理区系均有分布,中国已知 26 属 70 种,包括 15 新种,15 中国新记录种。

属 检 索 表

1.	腹部瘦长,长明显大于宽,背腹扁平 …………………………………………………………………	**2**
	腹部近圆形或扁圆形,长宽大致相等或宽大于长,背面强烈拱突 ………………………………	**8**
2.	颜明显向下突起呈鹦鹉喙状 …………………………………………	鼻水虻属 *Nasimyia*
	颜正常,不向下突起 ……………………………………………………………………………………	**3**
3.	腹部细长,近基部细缩成柄状 …………………………………………………………………………	**4**
	腹部长椭圆形,近基部不细缩成柄状 …………………………………………………………………	**5**
4.	触角基部靠近,触角柄节细 ………………………………………	拟蜂水虻属 *Stratiosphecomyia*
	触角基部远离,触角柄节长且明显加粗 ………………………	亚拟蜂水虻属 *Parastratiosphecomyia*
5.	小盾片无刺 ………………………………………………………	异瘦腹水虻属 *Pseudomeristomerinx*
	小盾片具 4 刺 ……………………………………………………………………………………………	**6**
6.	触角鞭节基部各节聚缩成盘状,宽大于长,端部着生一长且尖的触角芒 ………	寡毛水虻属 *Evaza*
	触角鞭节长大于宽,端部着生一长且粗的触角芒 ……………………………………………………	**7**
7.	r-m 横脉存在 ………………………………………………………………	多毛水虻属 *Rosapha*
	无 r-m 横脉 ………………………………………………………………………	带芒水虻属 *Tinda*
8.	触角第 3~5 鞭节背腹各具一枝状突,雌虫第 2 鞭节腹面也具一枝状突 ………	枝角水虻属 *Ptilocera*
	触角无枝状突 ……………………………………………………………………………………………	**9**
9.	复眼密被毛 ………………………………………………………………………………………………	**10**

	复眼裸 ··	**12**
10.	触角鞭节聚缩成近圆形,顶端着生一长且尖的触角芒 ··········	**库水虻属 Culcua**
	触角鞭节纺锤形或圆柱形,长大于宽 ···	**11**
11.	触角鞭节纺锤形,第8鞭节粗针状,稍长于鞭节其余各节总长 ··········	**科洛曼水虻属 Kolomania**
	触角鞭节为基部粗而端部细的圆柱状,第8鞭节形成一短小而顶尖的粗芒,远短于鞭节其余各节总长	
	··	**箱腹水虻属 Cibotogaster**
12.	小盾片4刺 ···	**13**
	小盾片无刺或具一系列小齿突 ··	**14**
13.	小盾片后缘有凹缘;触角鞭节栗形,长宽大致相等或宽大于长 ······	**等额水虻属 Craspedometopon**
	小盾片后缘光滑无凹缘;触角鞭节松塔形,长明显大于宽 ············	**锥角水虻属 Raphanocera**
14.	R_{4+5}脉不分叉,R_4脉不存在 ···	**15**
	R_{4+5}脉分叉,R_4脉存在 ···	**17**
15.	R_{2+3}脉从r-m横脉后发出 ··	**华美水虻属 Abrosiomyia**
	R_{2+3}脉从r-m横脉前发出 ··	**16**
16.	侧单眼远离头后缘;侧面观触角仅位于头中部略靠上的位置;触角芒除顶端外密被短毛;眼后眶在头下部明显 ································	**离水虻属 Cechorismenus**
	侧单眼达头后缘;侧面观触角明显位于头上部;触角芒裸;眼后眶不明显	
	··	**亚离水虻属 Paracechorismenus**
17.	R_{2+3}脉从r-m横脉前发出 ··	**18**
	R_{2+3}脉从r-m横脉处或之后发出 ··	**22**
18.	r-m横脉点状 ···	**折翅水虻属 Camptopteromyia**
	r-m横脉虽短但明显存在 ···	**19**
19.	鞭节肾形或圆形 ···	**20**
	鞭节明显延长,纺锤状 ···	**绒毛水虻属 Aulana**
20.	触角芒密被短毛 ···	**冠毛水虻属 Lophoteles**
	触角芒裸 ···	**21**
21.	鞭节肾形;小盾片较平,与背板在同一平面上 ····························	**肾角水虻属 Abiomyia**
	鞭节圆形;小盾片强烈拱突,与背板形成25°夹角向上 ···············	**角盾水虻属 Gnorismomyia**
22.	鞭节延长,纺锤状;小盾片后缘具一系列小齿突,中部稍凹,把小齿突分为明显的两组 ········	
	··	**伽巴水虻属 Gabaza**
	鞭节圆形或肾形,小盾片无小齿突,或即使有小齿突也不明显分为两组 ··········	**23**
23.	小盾片延长且向上倾斜形成单根刺 ··	**单刺水虻属 Monacanthomyia**
	小盾片不延长,也不向上倾斜 ··	**24**
24.	无r-m横脉 ···	**革水虻属 Pegadomyia**
	r-m横脉存在 ···	**25**

20. 肾角水虻属 *Abiomyia* Kertész, 1914

Abiomyia Kertész, 1914. Ann. Hist. Nat. Mus. Natl. Hung. 12(2): 529. Type species: *Abiomyia annulipes* Kertész, 1914.

属征 头部前面观椭圆形,宽大于高;侧面观半圆形,高大于长。复眼裸;两性复眼均宽分离。雄虫无眼后眶,雌虫眼后眶窄且下部宽于上部;雄虫上额两侧几乎平行,雌虫向头顶渐宽,两性下额均凹。触角柄节最小,梗节内表面三角形或半圆形,向前凸,鞭节肾形,宽大于长,触角芒着生于鞭节端缘中部之上。须1节,小且不明显。小盾片三角形,无刺。R$_4$脉存在,R$_{2+3}$脉从r-m横脉前发出,r-m横脉长。腹部宽于胸部,背面拱突,第2~4背板尤其在中部几乎愈合;腹部毛稀疏。体毛短而细。

讨论 该属仅分布于我国云南、台湾,东南亚和日本。全世界已知4种,中国已知2种,包括1新种。

种 检 索 表

| 1. | 前足股节主要褐色,但端部和基部较窄的区黄色;第9背板基部边缘具一浅"V"形凹缺,尾须纺锤形,生殖刺突端部具一小凹缺 ·········· 褐足肾角水虻 *A. brunnipes* sp. nov. |
| | 前足股节主要黄色,中部具一窄的褐色环斑;第9背板基缘具一大的浅"U"形凹缺,尾须卵圆形但近端部腹面具一小突,生殖刺突端部尖,无凹缺 ·········· 环足肾角水虻 *A. annulipes* |

(188) 环足肾角水虻 *Abiomyia annulipes* Kertész, 1914(图199)

Abiomyia annulipes Kertész, 1914. Ann. Hist. Nat. Mus. Natl. Hung. 12(2): 531. Type locality: China: Taiwan, Chip-Chip, Kosempo, Koshun, Toyenmongai.

雄 体长3.5 mm,翅长3.2 mm。

头部亮黑色。复眼红褐色,裸,分离。单眼瘤明显,单眼褐红色。无眼后眶。额两侧几乎平行,下额和颜凹陷。头部被稀疏的黄色短毛,颜密被灰白短毛。触角梗节内表面前缘向前突出,鞭节肾形,宽明显大于长;触角橘黄色;触角密被黄色短毛,触角芒顶端一小段裸。触角各节长比(柄节∶梗节∶鞭节∶触角芒)为0.5∶1.0∶1.2∶3.0。喙黑色,被褐毛。须不明显。

胸部椭圆形,长大于宽,侧面观背板前部强烈上拱;小盾片三角形,顶端稍圆,后缘具窄的边缘,上有一系列极小的齿。胸部亮黑色,被刻点和黄毛,但背板前部突起部分、中缝后两侧突起部分和胸部侧板(除中侧片后部外)裸。足黄色,但基节基部、前中足股节端部1/2(除端部外)和后足股节端部1/4~1/3(除最末端外)黄褐色,形成一个稍宽的环斑;足上毛黄色。翅稍带浅黄;翅痣黄色,不明显;翅脉浅褐色至黄色;R$_{2+3}$脉从r-m横脉前发出,R$_4$和R$_5$脉分离;翅面覆盖黑色微刺,但翅基部除翅瓣外和cup室基部裸。平衡棒浅黄色,基部棕黄色。

腹部纺锤形,背面平,端部宽,宽于胸部。腹部亮黑色,被稀疏的近直立黄毛,但第1~3背

317

板中部不光亮,密被刻点和浅黄色倒伏短毛。雄性外生殖器:第9背板基部具大的"U"形凹缺;尾须卵圆形,但近端部腹面具一小突;生殖基节梯形,基部窄而端部宽;生殖刺突端部尖,无凹缺;阳茎复合体三裂叶,三叶形状大小均相似,均为上下等宽的指状,端部圆钝。

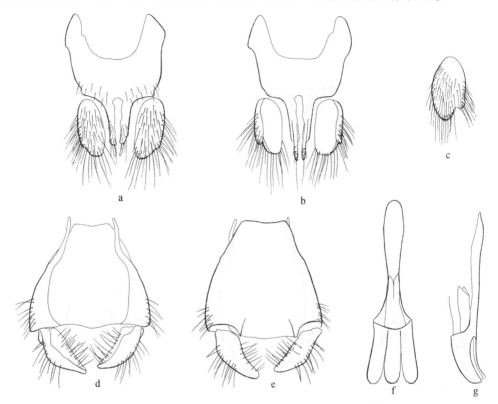

图 199　环足肾角水虻 *Abiomyia annulipes* Kertész(♂)

a. 第9～10背板和尾须,背视(tergites 9～10 and cerci, dorsal view);b. 第9背板、第10腹板和尾须,腹视(tergite 9, sternite 10 and cerci, ventral view);c. 尾须,侧视(cercus, lateral view);d. 生殖体,背视(genital capsule, dorsal view);e. 生殖体,腹视(genital capsule, ventral view);f. 阳茎复合体,背视(aedeagal complex, dorsal view);g. 阳茎复合体,侧视(aedeagal complex, lateral view)。

雌　体长 2.6～3.2 mm,翅长 2.7～3.0 mm。

头部亮黑色。复眼红褐色,裸,分离。单眼瘤明显,单眼褐红色。侧面观眼后眶上部窄而下部宽。额较宽,宽于单眼瘤宽的 3.0 倍,两侧几乎平行,下额和颜凹陷。头部被稀疏的黄色短毛,颜密被灰白色短毛。触角梗节内表面前缘向前突出,鞭节肾形,宽明显大于长;触角橘黄色,密被黄色短毛,柄节和梗节毛较长,触角芒被黄毛,向顶变长,顶端一小段裸。喙黑色,被褐毛。须不明显。

胸部椭圆形,长大于宽,侧面观背板前部强烈上拱;小盾片钝三角形,顶端稍圆,后缘具窄边,上有一系列极小的齿。胸部亮黑色,被刻点和黄毛,但背板前部突起的部分、中缝后两侧突起的部分和胸部侧板(除中侧片后部和腹侧片上部外)裸。足浅黄色,但前中足股节端部 1/2 (除最末端外)和后足股节端部 1/4～1/3(除最末端外)棕黄色,形成一个稍宽的环斑;足上毛黄色。翅稍带浅黄色;翅痣黄色,不明显;翅脉浅黄色至棕黄色;R$_{2+3}$脉从 r-m 横脉前发出,R$_4$和 R$_5$脉分离;翅面覆盖棕黄色微刺,但翅基部除翅瓣外和 cup 室基部裸。平衡棒浅黄色,基部棕黄色。

腹部近圆形,长稍大于宽,宽于胸部,背面平。腹部亮黑色,被稀疏的近直立黄毛,但第1～2背板中部和第3背板中前部不光亮,密被刻点和浅黄色倒伏短毛。尾须细,棕黄色。

观察标本 3♂♂,云南保山百花岭温泉,1 500 m,2007. Ⅴ. 29,刘星月(CAU);2♀♀,云南保山百花岭温泉,1 500 m,2007. Ⅴ. 29,刘星月(CAU);1♀,云南贡山丹珠,1 500 m,2007. Ⅴ. 18,刘星月(CAU);1♀,云南勐拉补蚌村,2009. Ⅴ. 11,张婷婷(CAU)。

分布 中国云南(保山、贡山、勐腊)、台湾;印度尼西亚。

讨论 该种与褐足肾角水虻 *A. brunnipes* sp. nov.相似,但前足股节主要黄色,中部具一窄的褐色环斑;第9背板基缘具一大的"U"形凹缺,尾须卵圆形,但近端部腹面具一小突,生殖刺突端部尖,无凹缺。而后者前足股节主要褐色,但端部和基部较窄的区黄色;第9背板基部边缘具一浅"V"形凹缺,尾须卵圆形,生殖刺突端部具一小凹缺。

(189)褐足肾角水虻 *Abiomyia brunnipes* sp. nov.(图 200)

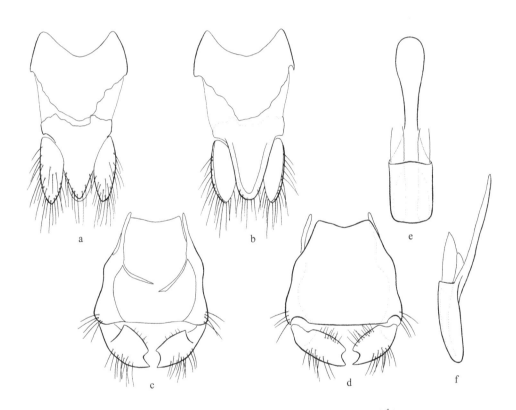

图 200　褐足肾角水虻 *Abiomyia brunnipes* sp. nov.(♂)

a. 第9～10背板和尾须,背视(tergites 9～10 and cerci, dorsal view);b. 第9背板、第10腹板和尾须,腹视(tergite 9, sternite 10 and cerci, ventral view);c. 生殖体,背视(genital capsule, dorsal view);d. 生殖体,腹视(genital capsule, ventral view);e. 阳茎复合体,背视(aedeagal complex, dorsal view);f. 阳茎复合体,侧视(aedeagal complex, lateral view)。

雄 体长 2.8～3.2 mm,翅长 2.5～2.9 mm。

头部亮黑色。复眼红褐色,裸,分离。单眼瘤明显,单眼褐红色。无眼后眶。额略宽于单

319

眼瘤,向头顶稍渐窄,触角上额凹陷;颜凹陷。头部被稀疏的黄色短毛,颜密被灰白色短毛。触角梗节内表面前缘向前突出,鞭节肾形,宽明显大于长;触角黄色,柄节棕黄色,触角芒褐色;触角密被黄色短毛,触角芒明显被黑毛,顶短一小段裸。触角各节长比为 0.5∶1.0∶1.3∶3.2。喙黑色,被黄毛。须不明显。

胸部椭圆形,长大于宽,侧面观背板前部强烈上拱;小盾片钝三角形,顶端稍圆,后缘具窄边,上有一系列极小的齿。胸部亮黑色,被刻点和黄毛,但背板前部突起的部分、中缝后两侧突起的部分和胸部侧板(除中侧片后部外)裸。足黄色,但基节除端部外、前足股节除基部和端部外以及中后足股节端部 1/3(最末端除外)褐色至黄褐色;足上毛黄色。翅稍带浅褐色;翅痣黄色,不明显;翅脉浅褐色,但翅痣前的 C 脉、Sc 脉和 R 脉褐色;翅面覆盖黑色微刺,但翅基部除翅瓣外和 cup 室基部裸。平衡棒浅黄色,基部棕黄色。

腹部纺锤形,宽于胸部,背板较平。腹部亮黑色,被稀疏的近直立黄毛,但第 1 背板、第 2 背板(除后角外)、第 3 背板中部、第 4 背板中前部密被刻点和浅黄色倒伏短毛。雄性外生殖器:第 9 背板基部边缘具一浅"V"形凹缺;尾须纺锤形,端部尖;生殖基节梯形,基部窄而端部宽;生殖刺突端部具一小凹缺,阳茎复合体端部平截,不分裂。

雌 体长 2.5~2.8 mm,翅长 2.2~2.6 mm。

头部亮黑色。复眼红褐色,裸,分离。单眼瘤明显,单眼褐红色。侧面观眼后眶上部窄下部宽。额较宽,宽于单眼瘤宽的 3 倍,向头顶渐宽,触角上额凹陷,颜凹陷。头部稀被黄色短毛,颜密被灰白色短毛。触角梗节内表面前缘向前突出,鞭节肾形,宽明显大于长;触角黄色,柄节棕黄色,触角芒褐色;触角密被黄色短毛,触角芒明显被黑毛,顶尖一小段裸。喙黑色,被黄毛。须不明显。

胸部椭圆形,长大于宽,侧面观背板前部强烈上拱,小盾片钝三角形,顶端稍圆,后缘具窄的边缘上有一系列极小的齿。胸部亮黑色被刻点和黄毛,但背板前部突起的部分、中缝后两侧突起的部分、胸部侧板(除中侧片后部和腹侧片上部外)裸。足黄色,但是基节除端部外、前足股节除基部和端部外,中后足股节端部 1/3~1/2(最末端除外)褐色至黄褐色;足上毛黄色。翅稍带浅褐色;翅痣黄色,不明显;翅脉浅褐色,但翅痣前的 C 脉、Sc 脉和 R 脉褐色;翅面覆盖黑色微刺,但翅基部除翅瓣外和 cup 室基部裸。平衡棒浅黄色,基部棕黄色。

腹部纺锤形,宽于胸部,背面较平。腹部亮黑色,被稀疏的近直立黄毛,但第 1 背板、第 2 背板(除后角外)、第 3 背板中部、第 4 背板中前部密被刻点和浅黄色倒伏短毛。尾须细,棕黄色。

观察标本 正模♂,云南勐腊绿石林,2009.Ⅴ.5,王国全(CAU)。副模 1♀,云南勐腊绿石林,2009.Ⅴ.5,王国全(CAU)。

分布 云南(勐腊)。

词源 该种拉丁名意指其前足股节大部分为褐色。

讨论 该种与环足肾角水虻 *A. annulipes* Kertész 相似,但前足股节主要褐色,但端部和基部较窄的区域黄色;第 9 背板基部边缘具一浅"V"形凹缺,尾须卵圆形,生殖刺突端部具一小凹缺。而后者前足股节主要黄色,中部具一窄的褐色环斑;第 9 背板基缘具一大的浅"U"形凹缺,尾须卵圆形但近端部腹面具一小突,生殖刺突端部尖,无凹缺。

21. 华美水虻属 *Abrosiomyia* Kertész, 1914

Abrosiomyia Kertész, 1914. Ann. Hist. Nat. Mus. Natl. Hung. 12(2)：531. Type species：*Abrosiomyia minuta* Kertész, 1914.

属征 头部前面观椭圆形,宽大于高;侧面观半圆形,高大于长。复眼裸;两性复眼均宽分离。雄虫无眼后眶,雌虫眼后眶窄,眼后眶下部宽于上部。雄虫上额两侧几乎平行,雌虫向头顶渐宽,两性下额均凹。触角柄节最小;梗节内表面三角形或半圆形,向前凸;鞭节肾形,宽大于长;触角芒着生于鞭节端缘中部之上,触角芒裸。须退化。小盾片三角形,无刺。无 R_4 脉,R_{2+3} 脉从 r-m 横脉后发出,r-m 横脉短。腹部宽于胸部,背面拱突。

讨论 该属仅分布于东洋界。全世界已知3种,中国已知2种,包括1新种。

种 检 索 表

1.	单眼瘤小,不达复眼缘;额向头顶渐宽;中后足股节端部具明显的褐色环斑,有时前足股节端部也有褐色环斑;第9背板基部宽于端部,尾须卵圆形,但中部外侧具有一钝突,生殖基节基缘具极浅的"V"形凹,端缘弧形外凸 ·················· 小华美水虻 *A. minuta*
	单眼瘤大,达复眼缘;额向颜渐宽;足股节端部均无褐色环斑;第9背板基部约与端部等宽,尾须卵圆形,中部外侧无钝突,生殖基节基缘具深"V"形凹,端缘平 ··· 黄足华美水虻 *A. flavipes* sp. nov.

(190)黄足华美水虻 *Abrosiomyia flavipes* sp. nov.(图 201)

雄 体长 2.7～3.0 mm,翅长 2.7～3.0 mm。

头部亮黑色。复眼金褐色,裸,分离。单眼瘤大,明显,达复眼缘,单眼黄褐色。无眼后眶。额两侧几乎平行,向颜稍渐宽,下额和颜凹陷。头部被稀疏的黄色短毛,后颊毛黑色,较长且直立,颜密被灰色短毛。触角柄节极短小;梗节内表面前缘向前突出;鞭节肾形,宽明显大于长;触角褐色,但鞭节黄色,触角芒褐色,基部黄色;触角密被黄色短毛,触角芒顶端一小段裸。触角各节长比为 0.3：0.5：0.8：3.2。喙黑色,被褐毛。须退化。

胸部椭圆形,长大于宽,侧面观背板前部强烈上拱;小盾片三角形,无刺。胸部亮黑色,被黄毛,但背板前部突起的部分、中缝后两侧突起的部分和胸部侧板几乎裸,毛极稀疏。足黄色,无褐斑,最多股节端部颜色稍深;足上毛黄色。翅透明,稍带浅黄色;翅痣黄色,不明显;翅脉浅黄色至浅黄褐色,R_{2+3} 脉从 r-m 横脉后发出,R_{4+5} 脉不分叉,无 R_4 脉;翅面覆盖黄色微刺,但翅基部除翅瓣外、br 室基部、bm 室基部和 cup 室基部裸。平衡棒褐色,球部白色。

腹部椭圆形,长大于宽,稍宽于胸部,背面拱突。腹部亮黑色,被稀疏的近直立黄毛,但第1～2背板中部和第3背板基中部不光亮,密被刻点和浅黄色倒伏短毛。雄性外生殖器:第9背板基部约与端部等宽,基部具大的"U"形凹缺,凹缺中部稍凸;尾须卵圆形,中部外侧无钝突;生殖基节基缘具深"V"形凹,愈合部腹面端缘平直,阳茎复合体粗短,端部宽,三裂,三叶大小形状均相似,为上下等宽的指状,端部圆钝。

雌 体长 3.2～3.0 mm,翅长 2.3～2.8 mm。

与雄虫相似,仅以下不同:头部额较宽,向头顶渐宽,具窄的眼后眶。

观察标本 正模♂,云南河口南溪镇,132 m,2009.Ⅴ.22,杨秀帅(CAU)。副模1♂,海南

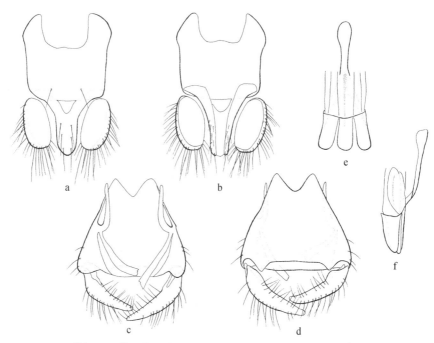

图 201 黄足华美水虻 *Abrosiomyia flavipes* sp. nov.(♂)

a. 第 9~10 背板和尾须,背视(tergites 9~10 and cerci, dorsal view);b. 第 9 背板、第 10 腹板和尾须,腹视(tergite 9, sternite 10 and cerci, ventral view);c. 生殖体,背视(genital capsule, dorsal view);d. 生殖体,腹视(genital capsule, ventral view);e. 阳茎复合体,背视(aedeagal complex, dorsal view);f. 阳茎复合体,侧视(aedeagal complex, lateral view)。

白沙鹦哥岭红新村,2007. Ⅴ. 23~24,刘经贤(CAU)。

分布 云南(河口)、海南(白沙)。

词源 该种拉丁名意指其足全黄色,无褐斑。

讨论 该种与小华美水虻 *A. minuta* Kertész 相似,但单眼瘤大,达复眼缘;额向颜渐宽;足股节端部均无褐色环斑;第 9 背板基部约与端部等宽,尾须卵圆形,中部外侧无钝突,生殖基节基缘具深“V”形凹,端缘平直。而后者单眼瘤小,不达复眼缘;额向头顶渐宽;中后足股节端部具明显褐色环斑,有时前足股节端部也有褐色环斑;第 9 背板基部宽于端部,尾须卵圆形,但中部外侧具有一钝突,生殖基节基缘具极浅的“V”形凹,端缘弧形外凸。

(191)小华美水虻 *Abrosiomyia minuta* Kertész,1914(图 202)

Abrosiomyia minuta Kertész,1914. Ann. Hist. Nat. Mus. Natl. Hung. 12(2):532. Type locality:China:Taiwan, Toyenmongai.

雄 体长 2.8~3.2 mm,翅长 2.9~3.0 mm。

头部亮黑色。复眼红褐色,裸,分离。单眼瘤小,明显,不达复眼缘,单眼红褐色。无眼后眶。额两侧几乎平行,向头顶稍渐宽,下额和颜凹陷。头部被稀疏的黄色短毛,颜密被灰色短毛。触角柄节极短小;梗节内表面前缘向前突出;鞭节肾形,宽明显大于长;触角褐色,但鞭节黄色,触角芒褐色,基部黄色;触角密被黄色短毛,触角芒顶端一小段裸。触角各节长比为 0.3:0.5:0.8:4.3。喙黑色,被褐毛。须退化。

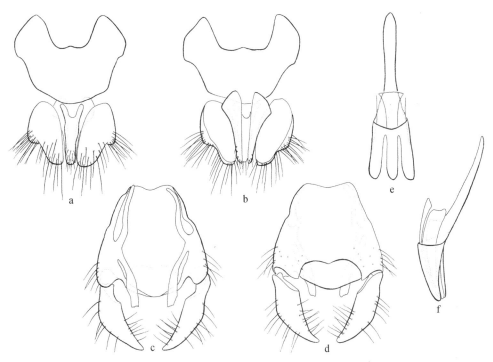

图 202　小华美水虻 *Abrosiomyia minuta* Kertész(♂)

a. 第 9～10 背板和尾须,背视(tergites 9～10 and cerci, dorsal view);b. 第 9 背板、第 10 腹板和尾须,腹视 (tergite 9, sternite 10 and cerci, ventral view);c. 生殖体,背视(genital capsule, dorsal view);d. 生殖体, 腹视(genital capsule, ventral view);e. 阳茎复合体,背视(aedeagal complex, dorsal view);f. 阳茎复合 体,侧视(aedeagal complex, lateral view).

　　胸部椭圆形,长大于宽,侧面观背板前部强烈上拱;小盾片三角形,无刺。胸部亮黑色,被 黄毛,但背板前部突起的部分、中缝后两侧突起的部分和胸部侧板几乎裸,毛极稀疏。足黄色, 但前中足股节端部 1/2(除端部外),后足股节端部 1/4～1/3(除端部外)褐色,形成一个稍宽的 环斑,但有时前足股节的褐斑颜色很淡或不存在;足上毛黄色。翅透明,稍带浅黄色;翅痣黄 色,不明显;翅脉浅黄色至浅黄褐色,R_{2+3} 脉从 r-m 横脉后发出,R_{4+5} 脉不分叉,无 R_4 脉,r-m 横脉很短;翅面覆盖黄色微刺,但翅基部除翅瓣外、br 室基部、bm 室基部和 cup 室基部裸。平 衡棒褐色,球部白色。

　　腹部近圆形,宽于胸部,背部拱突。腹部亮黑色,被稀疏的近直立黄毛,但第 1～2 背板中 部和第 3 背板基中部不光亮,密被刻点和浅黄色倒伏短毛。雄性外生殖器:第 9 背板基部宽于 端部,基部具大的"U"形凹缺,凹缺中部稍凸;尾须卵圆形,但中部外侧具一钝突;生殖基节基 缘具极浅的"V"形凹,愈合部腹面端缘弧形外凸;阳茎复合体细长,端部宽,端部三裂,三叶大 小形状均相似,为上下等宽的指状,端部圆钝。

　　雌　体长 2.5～3.5 mm,翅长 2.5～2.8 mm。

　　与雄虫相似,仅以下不同:头部额较宽,向头顶渐宽,具窄的眼后眶。

　　观察标本　1♂,云南勐腊补蛙村,2009. Ⅴ. 10,杨秀帅(CAU);5♂,湖南常德壶瓶山纸棚 河,450 m,2008. Ⅵ. 6,史丽(CAU);3♂,湖南常德壶瓶山纸棚河,450 m,2008. Ⅵ. 6,张魁艳 (CAU)。

分布 云南（勐腊）、湖南（常德）、台湾。

讨论 该种与黄足华美水虻 A. *flavipes* sp. nov.相似，但单眼瘤小，不达复眼缘；额向头顶渐宽；中后足股节端部具明显褐色环斑，有时前足股节端部也有褐色环斑；第9背板基部宽于端部，尾须卵圆形，但中部外侧具一钝突，生殖基节基缘具极浅的"V"形凹，端缘弧形外凸。而后者单眼瘤大，达复眼缘；额向颜渐宽；足股节端部均无褐色环斑；第9背板基部约与端部等宽，尾须卵圆形，中部外侧无钝突，生殖基节基缘具深"V"形凹，端缘平直。

22. 助水虻属 *Aidomyia* Kertész，1916

Aidomyia Kertész，1916. Ann. Hist. Nat. Mus. Natl. Hung. 14(1)：191. Type species：*Aidomyia femoralis* Kertész，1916.

属征 复眼裸；雄虫复眼几乎相接，上部小眼面大，下部小眼面小，分界不明显，雌虫复眼明显分离；眼后眶不明显；触角柄节梗节均宽大于长，鞭节肾形。小盾片三角形，端部宽圆，无刺。R$_4$脉存在，R$_{2+3}$脉从 r-m 横脉后发出，r-m 横脉很短。腹部宽于胸部，腹面强烈拱突。

讨论 该属仅分布于中国台湾和澳洲界。全世界已知 5 种，中国已知 1 种。

（192）股助水虻 *Aidomyia femoralis* Kertész，1916

Aidomyia femoralis Kertész，1916. Ann. Hist. Nat. Mus. Natl. Hung. 14（1）：193. Type locality：China：Taiwan，Kankau.

体小于 3.0 mm。触角柄节长大于宽。中胸侧板后半部毛不明显。足黄色，但股节褐色。

分布 台湾。

讨论 该种可根据体小于 3.0 mm 以及中胸侧板后半部毛不明显与悉尼助水虻 A. *suyderi* James 和短毛助水虻 A. *tomentosa* James 区分开来。后二者体大于 3.5 mm，中胸侧板后半部毛浓密，清晰可见。该种还可根据触角柄节长大于宽以及股节褐色与秃助水虻 A. *glabrifrons* James 和光亮助水虻 A. *nitens* James 区分开来。后二者触角柄节长不大于宽，足全黄色（James，1977）。

23. 绒毛水虻属 *Aulana* Walker，1864

Aulana Walker，1864. J. Proc. Linn. Soc. London Zool. 7(28)：204. Type species：*Aulana confirmata* Walker，1864.

Acraspidea Brauer，1882. Zweiflügler des Kaiserlichen Museums zu Wien. Ⅱ 44(1)：75. Type species：*Acraspidea felderi* Brauer，1882 [＝*Aulana confirmata* Walker].

属征 复眼裸。触角鞭节纺锤形，梗节内侧端缘向前呈指状突；触角芒密被短毛。小盾片三角形，稍向上倾斜。R$_4$脉存在，R$_{2+3}$脉从 r-m 横脉前发出，r-m 横脉很短但明显存在，盘室很大。腹部圆形，宽于胸部，背面强烈拱突。

讨论 该属仅分布于东洋界和澳洲界。全世界已知 4 种，中国已知 1 种。

(193)海岛绒毛水虻 *Aulana insularis* James，1939

Aulana insularis James，1939. Arb. Morph. Taxon. Ent. Berl. 6(1)：37. Type locality：China：Taiwan，Kankau，Koshun.

雄 体长 5.5 mm。

头部黑色；密被黑毛，颜和后头下部被银白毛。触角黑褐色，但柄节、梗节和鞭节内表面黄色。触角芒密被黑毛。胸部黑色；背板被黄色倒伏毛，侧板被白毛。小盾片稍向上倾斜，部分被黑毛。足黄色，但基节和股节除端部外黑褐色。翅灰黄色；翅脉黄色。平衡棒暗黄色，球部黑褐色。腹部亮黑色；被黑色短毛，端部毛白色；腹板被白毛。

雌 体长 4.5 mm。

与雄虫相似，仅以下不同：额两侧几乎平行，上部具皱褶，下部光滑；颜较宽。头顶具一对银白毛斑。平衡棒球部白色。

分布 台湾。

讨论 该种与强壮绒毛水虻 *A. confirmata* Walker 相似，但股节黑褐色；翅灰黄色；触角黑褐色；小盾片宽短，半圆形。而后者股节黄色，中部具宽的褐斑；翅浅灰色，端部褐色；触角暗黄色，触角芒黑色；小盾片长三角形(James，1939)。

24. 折翅水虻属 *Camptopteromyia* de Meijere，1914(中国新记录属)

Camptopteromyia de Meijere，1914. Tijdschr. Ent. 56(Supplement)：12. Type species：*Camptopteromyia fractipennis* de Meijere，1914.

属征 体深色。复眼裸。下额和颜凹陷。触角鞭节肾形，最末两节形成一个短小的端芒；触角芒被小短毛。小盾片与背板在同一平面上，半圆形，后缘有凹槽，形成一个稍窄的沿，具一系列小刺突。R_{2+3}脉由 r-m 横脉处或之前发出，R_4 脉存在，r-m 横脉极短，通常成点状，前缘脉和径脉在盘室上方变弱，翅在此处向下弯折，端半部包住整个腹部。腹部近圆形，宽于胸部，背面拱突。

讨论 该属仅分布于澳洲界和东洋界，为中国新记录属。全世界已知 8 种，中国已知 3 种，包括 3 新种。

种 检 索 表

1.	翅稍带浅褐色，颜色均匀；复眼相接；触角柄节和梗节棕黄色，鞭节和触角芒黄褐色；足褐色，但前足基节和股节黄褐色，后足第 1 跗节基部和端部以及后足第 2~4 跗节黄色 ……… **黄跗折翅水虻 *C. flavitarsa* sp. nov.**
	翅双色，基部浅黑色而端部浅黄色 …… **2**
2.	复眼被一条狭缝分开；触角黑色，但梗节和触角芒白色；足褐色，但中后足第 1~2 跗节黄色 …… **黑角折翅水虻 *C. nigriflagella* sp. nov.**
	复眼相接；触角橘黄色；足褐色，但前足胫节、中后足胫节端部 1/2 和跗节黄色至棕黄色 …… **黄角折翅水虻 *C. flaviantenna* sp. nov.**

（194）黄角折翅水虻 *Camptopteromyia flaviantenna* sp. nov.（图 203）

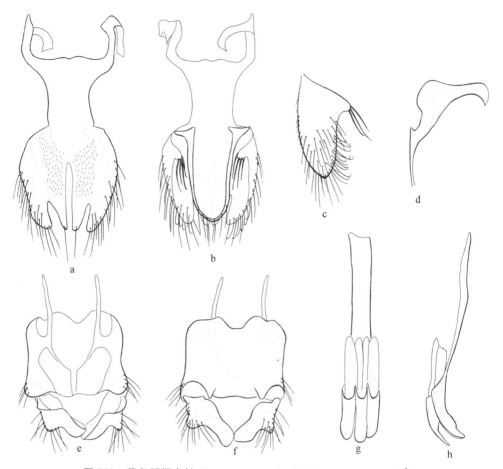

图 203　黄角折翅水虻 *Camptopteromyia flaviantenna* sp. nov.（♂）

a. 第 9～10 背板和尾须，背视（tergites 9～10 and cerci, dorsal view）；b. 第 9 背板、第 10 腹板和尾须，腹视（tergite 9, sternite 10 and cerci, ventral view）；c. 尾须，侧视（cercus, lateral view）；d. 第 9 背板，侧视（tergite 9, lateral view）；e. 生殖体，背视（genital capsule, dorsal view）；f. 生殖体，腹视（genital capsule, ventral view）；g. 阳茎复合体，背视（aedeagal complex, dorsal view）；h. 阳茎复合体，侧视（aedeagal complex, lateral view）。

雄　体长 3.5 mm，翅长 3.5 mm。

头部亮黑色，稍被粉。复眼褐红色，裸，在额处相接；上部小眼面大，下部小眼面小，分界不明显。单眼瘤大，明显，单眼褐红色。无眼后眶。上额狭长，下额宽短，下额和颜凹。头部被浅黄毛，下额和颜密被白色短柔毛，中部有一条沟，裸。触角柄节短小，鞭节肾形，宽明显大于长；触角橙黄色，梗节颜色较深；密被黄毛。触角各节长比为 1.0∶2.0∶2.6∶7.4。喙褐色，被黄褐毛。须褐色，极短小。

胸部近圆形，背面稍拱突，亮黑色，被刻点；肩胛黄褐色。小盾片与背板在同一平面上，半圆形，后缘有凹槽，形成一个稍窄的沿，具一系列小刺突。胸部毛黄色，但中侧片前中部、翅侧片、腹侧片后部、下侧片和侧背片裸。足褐色，但前足胫节、中后足胫节端半部和跗节黄色至棕黄色。足上毛棕黄色，股节毛稍长且近直立。翅透明，基半部浅黑色而端半部浅黄色；翅痣浅黄色,明显;翅面浅黑色部分翅脉褐色,浅黄色部分翅脉浅黄色;前缘脉在盘室上方翅痣处变弱;R_{2+3}脉由 r-m 横脉处发出,R_4脉存在,r-m 横脉点状;翅面均匀覆盖微刺。平衡棒褐色。

腹部近圆形,背面拱突;亮黑色,但第1~3背板中部和第4背板中上部刻点较密,不光亮。腹部被稀疏的浅黄毛。雄性外生殖器:第9背板基部宽,具大的"U"形凹缺,基部两侧角带状,较长,向腹面弯折;尾须与第9背板和第10背板愈合,侧面观长椭圆形,端部窄,基部腹面具一小突,其顶部毛较粗;生殖基节愈合部基缘具浅凹,端缘平直;生殖刺突长,指状,端部钝,基后部具一小突;阳茎复合体端部三裂,裂叶较短,仅为阳茎复合体长的 1/4,每叶近等长等宽。

雌　未知。

观察标本　正模♂,北京海淀中国农大,1973.Ⅵ.6,杨集昆(CAU)。

分布　北京(海淀)。

词源　该种拉丁名意指其触角橘黄色。

讨论　该种与黑角折翅水虻 C. nigriflagella sp. nov.相似,但触角橘黄色;足褐色,但前足胫节、中后足胫节端部 1/2 和跗节黄色至棕黄色。而后者触角黑色,但梗节、鞭节外侧和下侧以及触角芒(除基部外)白色;足褐色,但中后足第1~2跗节黄色。

(195)黄跗折翅水虻 *Camptopteromyia flavitarsa* sp. nov.(图204)

雄　体长 2.3~4.5 mm,翅长 3.5~3.8 mm。

头部亮黑色,稍被粉。复眼褐红色,裸,在额处相接;上部小眼面大,下部小眼面小,分界不明显。单眼瘤大,明显,单眼褐红色。无眼后眶。上额狭长,下额宽短,下额和颜凹。头部被浅黄毛。触角柄节和梗节短小,鞭节肾形,宽明显大于长;柄节和梗节棕黄色,鞭节黄褐色,颜色深于前两节,触角芒黄褐色;密被浅黄毛。触角各节长比为 1.0∶1.0∶1.6∶7.0。喙黑色基部黄色,被黄褐毛。须黄色,极短小。

胸部近圆形,背面稍拱突,亮黑色,被刻点;肩胛顶端棕黄色。小盾片与背板在同一平面上,半圆形,后缘有凹槽,形成一个较宽的沿,具一系列小刺突。胸部毛黄色,但中侧片前部和后部、翅侧片、腹侧片后部、下侧片和侧背片裸。足褐色,但前足基节和股节黄褐色,后足第1跗节基部和端部以及第2~4跗节黄色。足上毛棕黄色,股节毛稍长且近直立。翅透明,稍带褐色;翅痣浅黄色,明显;翅脉黄褐色至褐色;前缘脉和径脉在盘室上方变弱,翅在此处向下弯折,端半部包住整个腹部,R_{2+3}脉从 r-m 横脉前发出,R_4脉存在,r-m 横脉点状;翅面均匀覆盖微刺。平衡棒浅黑色。

腹部近圆形,背面拱突,亮黑色,被刻点和稀疏的浅黄色短毛。雄性外生殖器:第9背板基部宽,具大的"U"形凹缺,基部两侧角较长,向腹面弯折,基缘具一个突;尾须与第9背板和第10背板愈合,侧面观长三角形,端部窄;生殖基节愈合部基缘具浅"V"形凹,端缘平直;生殖刺突长,端部尖;阳茎复合体端部三裂,裂叶较长,达阳茎复合体长的 1/2,每叶近等长等宽。

雌　未知。

观察标本　正模♂,云南勐腊补蚌村,2009.Ⅴ.10,张婷婷(CAU)。副模2♂,云南勐腊补蚌村,2009.Ⅴ.9,张婷婷(CAU);1♂,云南勐腊补蚌村,2009.Ⅴ.10,杨秀帅(CAU);1♂,云南勐腊补蚌村,2009.Ⅴ.8,王国全(CAU);1♂,海南白沙鹦哥岭红新村,2007.Ⅴ.23~24,刘经贤(CAU);1♂,海南白沙红茂村山林,2007.Ⅴ.22,张俊华(CAU)。

分布　云南(勐腊)、海南(白沙)。

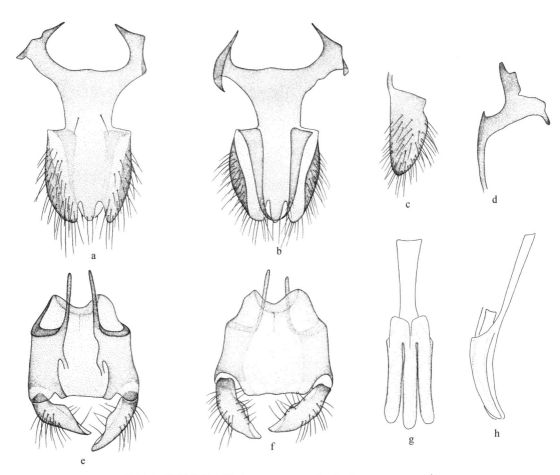

图 204　黄跗折翅水虻 *Camptopteromyia flavitarsa* sp. nov.(♂)

a. 第 9～10 背板和尾须,背视(tergites 9～10 and cerci, dorsal view);b. 第 9 背板、第 10 腹板和尾须,腹视(tergite 9, sternite 10 and cerci, ventral view);c. 尾须,侧视(cercus, lateral view);d. 第 9 背板,侧视(tergite 9, lateral view);e. 生殖体,背视(genital capsule, dorsal view);f. 生殖体,腹视(genital capsule, ventral view);g. 阳茎复合体,背视(aedeagal complex, dorsal view);h. 阳茎复合体,侧视(aedeagal complex, lateral view)。

词源　该种拉丁名意指其后足跗节黄色。

讨论　该种与分布于印度尼西亚的曲足折翅水虻 *C. fractipennis* Meijere 相似,但触角棕黄色至黄褐色;平衡棒浅黑色。而后者触角基部白色,鞭节和触角芒黑色;平衡棒白色。

(196)黑角折翅水虻 *Camptopteromyia nigriflagella* sp. nov.(图 205)

雄　体长 4.0 mm,翅长 3.8 mm。

头部亮黑色,稍被粉。复眼褐红色,裸,在额处几乎相接,仅被一条狭缝分开;上部小眼面大,下部小眼面小,分界不明显。单眼瘤大,明显,单眼褐红色。无眼后眶。上额狭长,下额宽短,下额和颜凹。头部被浅黄毛,下额和颜密被白色短柔毛,中部有一条沟,裸。触角柄节和梗节短小,鞭节肾形,宽明显大于长;触角黑色,但梗节、鞭节外侧和下侧以及触角芒(除基部外)白色;密被白毛,柄节和梗节毛稍长。触角各节长比为 1.0∶1.0∶2.0∶8.4。喙黑色,基部褐色,被黄褐毛。须黄色,极短小。

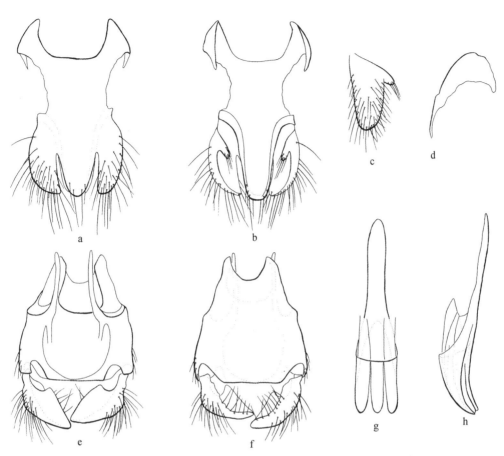

图 205　黑角折翅水虻 *Camptopteromyia nigriflagella* sp. nov.(♂)

a. 第 9 背板、第 10 腹板和尾须,背视(tergite 9, sternite 10 and cerci, dorsal view);b. 第 9 背板、第 10 腹板和尾须,腹视(tergite 9, sternite 10 and cerci, ventral view);c. 尾须,侧视(cercus, lateral view);d. 第 9 背板,侧视(tergite 9, lateral view);e. 生殖体,背视(genital capsule, dorsal view);f. 生殖体,腹视(genital capsule, ventral view);g. 阳茎复合体,背视(aedeagal complex, dorsal view);h. 阳茎复合体,侧视(aedeagal complex, lateral view)。

　　胸部近圆形,背面稍拱突,亮黑色,被刻点。小盾片与背板在同一平面上,半圆形,后缘有凹槽,形成一个较宽的厚沿,具一系列小刺突。胸部毛黄色,但中侧片中上部、翅侧片、腹侧片后部、下侧片和侧背片裸。足褐色,但中后足第 1~2 跗节黄色。足上毛棕黄色,股节毛稍长且近直立。翅形状较狭长,透明,基半部浅黑色,端半部浅黄色;翅痣浅黄色,明显;翅面浅黑色部分翅脉褐色,浅黄色部分翅脉浅黄色;前缘脉在盘室上方翅痣处变弱,R_{2+3} 脉从 r-m 横脉处发出,R_4 脉存在,r-m 横脉极短,但不为点状;翅面均匀覆盖微刺。平衡棒浅黑色。

　　腹部近圆形,背面拱突,亮黑色,但第 1~3 背板中部和第 4 背板中上部刻点较密,不光亮。腹部被稀疏的浅黄毛。雄性外生殖器:第 9 背板基部宽,具大的"U"形凹缺,基部两侧角较长,向腹面弯折;尾须与第 9 背板和第 10 背板愈合,侧面观椭圆形,端部窄,基部腹面具一个指状小突;生殖基节愈合部基缘具弧形凹,端缘平直;生殖刺突长,端部尖,背面扁平,刀片状;阳茎复合体端部三裂,裂叶较短,为阳茎复合体长的 1/3,每叶近等长等宽。

　　雌　未知。

　　观察标本　正模♂,云南勐腊补蚌村,2009. Ⅴ. 10,张婷婷(CAU)。副模 1♂,云南勐腊勐仑,1987. Ⅳ.12,邹(CAU)。

分布 云南(勐腊)。

词源 该种拉丁名意指其触角鞭节黑色。

讨论 该种与黄角折翅水虻 C. *flaviantenna* sp. nov.相似,但触角黑色,但梗节、鞭节外侧和下侧以及触角芒(除基部外)白色;足褐色,但中后足第1~2跗节黄色。而后者触角橘黄色;足褐色,但前足胫节、中后足胫节端部 1/2 和跗节黄色至棕黄色。

25. 离水虻属 *Cechorismenus* Kertész,1916

Cechorismenus Kertész,1916. Ann. Hist. Nat. Mus. Natl. Hung. 14(1):162. Type species:*Cechorismenus flavicornis* Kertész,1916.

属征 复眼裸。侧单眼远离头后缘。眼后眶在头下部明显。侧面观触角仅位于头中部略靠上的位置;触角芒除顶端外密被短毛。小盾片无刺。R_{2+3} 脉从 r-m 横脉前发出,R_4 脉不存在。腹部近圆形或扁圆形,长宽大致相等或宽大于长,背面强烈拱突。

讨论 该属仅分布于俄罗斯和中国台湾。全世界已知 1 种,中国已知 1 种。

(197)黄角离水虻 *Cechorismenus flavicornis* **Kertész,1916**

Cechorismenus flavicornis Kertész,1916. Ann. Hist. Nat. Mus. Natl. Hung. 14(1):163. Type locality:China:Taiwan,Kankau.

分布 中国台湾;俄罗斯。

26. 箱腹水虻属 *Cibotogaster* Enderlein,1914

Cibotogaster Enderlein,1914. Zool. Anz. 43(7):305. Type species:*Acanthina azurea* Gerstaecker,1857.

Tetracanthina Enderlein,1914. Zool. Anz. 44(1):11. Type species:*Clitellaria varia* Walker,1854.

属征 复眼密被毛;雄虫接眼式,雌虫离眼式。下额向前突起呈圆锥形,触角着生于突起顶端。触角圆柱状,向端部渐细,顶端具一短钝的芒。雄虫有极狭窄的眼后眶而雌虫眼后眶极发达。胸部通常具蓝紫色光泽,小盾片 4 刺。翅褐色,具透明区;R_4 脉存在,R_{2+3} 脉从 r-m 横脉后发出。腹部近圆形,蓝紫色,边缘被银白毛。

讨论 该属仅分布于东洋界和澳洲界。全世界已知 8 种,中国已知 1 种。

(198)金领箱腹水虻 *Cibotogaster auricollis*(**Brunetti,1907**)(图 206;图版 46)

Acanthina auricollis Brunetti,1907. Rec. Indian Mus.1(2):100. Type locality:India:Assam,Sadiya.

Artemita stellipilia Chen,Liang *et* Yang,2010. Entomotaxon. 32(2):131. Type locality:China:Yunnan.

雄 体长 7.4~10.0 mm,翅长 6.5~8.5 mm。

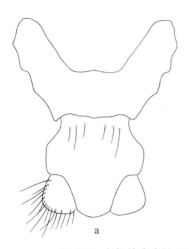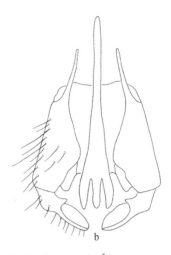

图 206 金领箱腹水虻 *Cibotogaster auricollis*（Brunetti）（♂）

a. 第 9～10 背板和尾须，背视（tergites 9～10 and cerci，dorsal view）；b. 生殖体，背视（genital capsule，dorsal view）。

头部黑色，但头顶和下额棕黄色，下额下部颜色较深，后头外缘黄褐色。下额向前突起呈圆锥形，触角着生于突起顶端。单眼瘤突出，单眼赤黄色。复眼几乎相接，仅被一条狭缝分开，小眼面大小一致，密被黑色短毛，但上、后、下缘一个较宽的区域毛为金黄色；有极狭窄的眼后眶。颜和颊在复眼缘有明显的脊。头部毛黄色，但上额下部 1/4 和颜在复眼缘的区域被黑毛，下额裸。触角柄节、梗节和第 1 鞭节棕黄色，第 2～6 鞭节棕黄色至黑褐色，第 8 鞭节黑色；柄节稍长于梗节，第 1～5 鞭节粗圆柱状并向顶端渐细，第 6～7 鞭节细且短缩，第 8 鞭节为粗短的钝芒状；柄节被黑毛，梗节被黄毛和黑毛，鞭节被黄褐粉，第 8 鞭节具若干黄色短毛。触角 3 节长比为 0.8∶0.8∶3.3。喙棕黄色，基部褐色；须黑色。

胸部梯形，长大于宽，后缘最宽；小盾片半圆形，具 4 根短的钝刺。胸部黑色，稍带蓝紫色光泽；小盾刺顶端黄褐色或红褐色，有时也全黑色。胸部密被白色倒伏和半直立毛，但前胸及中胸背板两侧肩胛内的区域被金黄毛，背板前缘中部、前部两侧、两侧中缝后、后缘中部及小盾片基半部毛为灰白色，中侧片前上部、后部和翅侧片毛较浓密。足黑色，稍带蓝紫色光泽，膝和胫节端部红褐色。足上毛白色，但胫节端部和跗节被红褐毛，前中足股节后侧毛长且直立。翅褐色，但基部、盘室后部、cua$_1$ 室、cup 室、bm 室、臀叶和翅瓣浅色透明；翅痣褐色；翅脉褐色至黄褐色；翅面覆盖微刺，但翅基、前缘室后缘基半部、盘室后半部、m$_1$ 室基角、m$_2$ 室基后角、cua$_1$ 室从基部延伸入中部的狭长区域、cup 室基部和上部、臀叶基部以及翅瓣基部裸。平衡棒浅黄色。

腹部扁圆形，宽大于长；黑色，稍带蓝紫色光泽。腹部密被白色倒伏毛，但第 3 背板端半部、第 4 背板基中部以及第 5 背板中部和亚后缘毛较少，形成暗区；腹板被灰白色倒伏毛。雄性外生殖器：第 9 背板宽大于长，基部宽而端部窄，基部具大的梯形凹缺；尾须粗短，端部平截；生殖刺突长，内弯，端半部宽扁，近基部具一尖内突；阳茎复合体端部三裂，三叶近等长。

雌 体长 6.1～9.2 mm，翅长 5.1～8.9 mm。

与雄虫相似，仅以下不同：头部黄色，但单眼瘤黑色，后头中部、颜、口缘和后颊黑色，上额下部和下额黄褐色，但下额两侧复眼缘处各有一纵长黄斑。复眼宽分离。眼后眶极发达。单眼黄色。胸部小盾刺尖端黄色或全黑；背板的暗区大于雄虫，前部暗区与后部暗区连通，形成纵贯背板的暗带，小盾片全暗区，仅后缘具白色长毛。

观察标本 1♂，云南勐腊勐仑，1981.Ⅳ.11，杨集昆（CAU）；1♂，云南瑞丽勐休，1981.Ⅳ.29，杨集昆（CAU）；2♂♂，云南勐海南糯山，1 100～1 500 m，1957.Ⅳ.27，蒲富基（IZCAS）；1♀，云南小勐养，850 m，1957.Ⅴ.3，刘大华（IZCAS）；1♂，云南小勐养附近 940 m，1957.Ⅴ.4，洪广基（IZCAS）；3♂♂，云南西双版纳允景洪，910～850 m，1958.Ⅵ.25，张毅然（IZCAS）；1♂，云南西双版纳勐遮，1 200 m，1958.Ⅶ.3，王书永（IZCAS）；2♂♂，云南西双版纳勐啊，1 050～1 080 m，1958.Ⅷ.19，蒲富基（IZCAS）；2♂♂1♀，云南西双版纳勐腊，620～650 m，1959.Ⅶ.12，蒲富基（IZCAS）。

分布 中国云南（勐腊、瑞丽、允景洪、小勐养、勐海、勐遮、勐啊）；印度，老挝，越南。

讨论 该种与天蓝箱腹水虻 C. azurea（Gerstaecker）相似，但前胸背板和中胸背板前部在肩胛内的部分被金黄毛；翅透明区较小，盘室仅后部透明。而后者胸部无金黄毛；翅透明区明显较大，整个盘室均透明（Kertész，1914）。

27. 等额水虻属 *Craspedometopon* Kertész，1909

Craspedometopon Kertész，1909. Ann. Hist. Nat. Mus. Natl. Hung. 7（2）：373. Type species：*Craspedometopon frontale* Kertész，1909.

Acanthinoides Matsumura，1916. Thousand insects of Japan. Additamenta. 2［4］：367. Type species：*Acanthinoides basalid* Matsumura，1916［＝ *Craspedometopon frontale* Kertész，1909］.

属征 体深色。复眼裸或被毛；雄虫接眼式，上部小眼面大，下部小眼面小；雌虫离眼式，小眼面大小一致。触角短小，鞭节短缩，端部具长的触角芒。小盾片半圆形，端部具明显的凹缘，具 4 刺，有时小盾片背面中部具一根竖直的锥状粗刺。CuA_1 脉从盘室发出，R_4 存在，R_{2+3} 脉从 r-m 横脉后发出。腹部扁圆形或心形，背面强烈拱突，宽于胸部。

讨论 该属仅分布于古北界和东洋界。全世界已知 5 种，中国已知 4 种，包括 1 新种，1 新记录种。

种 检 索 表

1.	雄虫复眼被细长毛，最长的毛长于中单眼直径；雌虫头上部无眼后眶 ……	**东方等额水虻 C. orientale**
	雄虫复眼裸或具短毛，最长的毛通常短于中单眼直径；雌虫头上部眼后眶窄但明显，至少与侧单眼等宽 ……	**2**
2.	触角和平衡棒红褐色至黑色；小盾片中部近基部有一向上的角状突；后足股节黄褐色，后足胫节橘黄色 ……	**刺等额水虻 C. spina**
	触角和平衡棒黄色至棕黄色，小盾片无角状突 ……	**3**
3.	后足股节端部 1/3 黄色，跗节浅褐色；翅基半部浅褐色，端半部浅黄色 ……	**等额水虻 C. frontale**
	后足股节褐色，跗节黄色；翅透明，但 br 室端部和 bm 室微有浅褐色 …… **西藏等额水虻 C. tibetense sp. nov.**	

(199)等额水虻 *Craspedometopon frontale* Kertész，1909（图 207；图版 7、图版 47）

Craspedometopon frontale Kertész，1909. Ann. Hist. Nat. Mus. Natl. Hung. 7(2)：375.
Type locality：China：Taiwan，Kosempo.

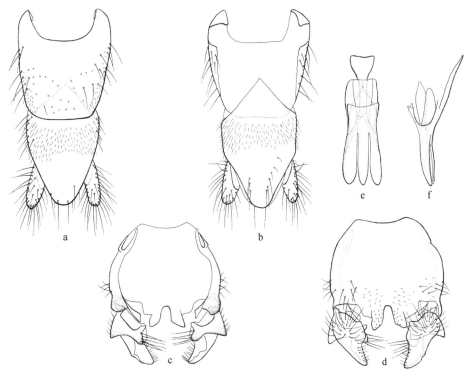

图 207　等额水虻 *Craspedometopon frontale* Kertész(♂)

a. 第 9～10 背板和尾须，背视(tergites 9～10 and cerci，dorsal view)；b. 第 10 腹板，腹视(sternite 10，ventral view)；c. 生殖体，背视(genital capsule，dorsal view)；d. 生殖体，腹视(genital capsule，ventral view)；e. 阳茎复合体，背视(aedeagal complex，dorsal view)；f. 阳茎复合体，侧视(aedeagal complex，lateral view)。

雄　体长 5.5～6.8 mm，翅长 6.5～8.0 mm。

头部黑色。复眼深红褐色，几乎裸，相接距离较长；上部小眼面大而下部小眼面小，但无明显分界。单眼瘤大而明显，单眼橙黄色。下额中部有一条深长的纵沟。单眼瘤、颜和颊被黄毛，颜和后颊毛较长且直立，颜和眼后区还密被黄色短毛，下额被灰白色短柔毛，但上角裸。触角柄节长约为宽的 2.0 倍；梗节短于柄节，长宽大致相等，内侧端缘平缓的弧形；鞭节正三角形，端部较尖；触角橙黄色，被黄毛，但柄节和梗节外侧毛黑色，鞭节还密被浅黄色短柔毛；触角芒黄褐色，顶端一小段裸。触角各节长比为 0.8：0.9：0.8：3.0。喙棕黄色，被黄粉和稀疏的棕黄色长毛。须很短，约为喙长的一半，两节，第 1 节棕黄色，第 2 节黄褐色，被黄粉和稀疏的黄色长毛。

胸部长宽大致相等，背部明显拱起；小盾片很大，宽明显大于长，边缘有一明显的沿，具 4 刺，大致等长。胸部黑色，但肩胛、翅后胛、中侧片上缘狭窄的下背侧带和小盾刺端半部红褐色。胸部密被刻点和倒伏的黄色小短毛，但中侧片前中部一小区域、翅侧片后部、下侧片和侧背片裸。足褐色,但股节端部宽的区域棕黄色,胫节端部尤其是内侧棕黄色,跗节浅褐色。足上毛黄色和褐色,股节后侧毛较长且直立,跗节背面毛褐色,腹面毛黄色。翅基半部在盘室前的部分浅褐色,端半部浅黄色;翅痣浅黄色;翅面浅褐色的部分翅脉浅褐色,浅黄色的部分翅脉浅黄色;翅面均匀覆盖微刺,颜色与翅面颜色一致。平衡棒黄色,球部棕黄色。

腹部心形,宽明显大于长,背面强烈拱起,黑色,密被刻点和倒伏小黄毛,但第1背板侧边毛稍长且直立。雄性外生殖器:第9背板长大于宽,基部具浅"U"形凹缺;第10背板明显长;尾须指状;生殖基节基部稍凹,愈合部腹面端缘具两个突,二突之间具内凹;生殖刺突端部细,基部粗大,背面内侧和外侧明显突出,阳茎复合体端部三裂,三叶等长等宽。

雌 体长 4.0～7.0 mm,翅长 5.8～7.3 mm。

与雄虫相似,仅以下不同:复眼小眼面大小相同。眼后眶窄但明显。额宽于雄虫,上额两侧几乎平行,微凹但复眼缘突起,上额中部有一窄的纵脊,下部有两个小圆突;下额梯形,中部有一倒水滴形深纵沟。头部毛黄色,颜和后颊毛较长且直立,下额(但上缘有一裸的横带)、颜、颊和后头密被灰色短柔毛。触角橘黄色,同雄虫,但鞭节栗形,端部较圆滑,宽稍大于长。须比雄虫粗短。

观察标本 1♂3♀♀,贵州花溪,1 000 m,1981. Ⅴ. 27,杨集昆(CAU);1♂,贵州花溪,1 000 m,1981. Ⅴ. 22,杨集昆(CAU);1♂,贵州花溪,1 000 m,1981. Ⅴ. 24,李法圣(CAU);1♂,贵州花溪,1 000 m,1981. Ⅴ. 22,李法圣(CAU);4♀♀,贵州花溪,1 000 m,1981. Ⅴ. 23,李法圣(CAU);1♀,贵州花溪,1 000 m,1981. Ⅴ. 21,李法圣(CAU);1♀,贵州花溪,1 000 m,1981. Ⅴ. 29,李法圣(CAU);1♀,贵州花溪,1 000 m,1981. Ⅴ. 26,杨集昆(CAU);1♂,云南贡山迪麻洛,1 600 m,2007. Ⅴ. 19,刘星月(CAU);1♂,云南保山百花岭温泉,1 500 m,2007. Ⅴ. 29,刘星月(CAU);1♀,云南贡山丹珠,1 500 m,2007. Ⅴ. 18,刘星月(CAU);1♀,山东青岛崂山(灯诱),2004. Ⅶ. 1,董慧(CAU);1♂,四川峨眉山清音阁,800～1 000 m,1957. Ⅳ. 25,黄克仁(IZCAS);1♂,四川峨眉山清音阁,800～1 000 m,1957. Ⅳ. 27,黄克仁(IZCAS)。

分布 中国浙江(天目山)、贵州(花溪)、云南(贡山、保山)、山东(青岛)、四川(峨眉山)、台湾;日本,韩国,俄罗斯,印度。

讨论 该种与基等额水虻 *C. basale*(Matsumura)相似,但触角和平衡棒黄色;后足股节端部棕黄色。而后者触角和平衡棒黑色;后足股节全黑色。

(200)东方等额水虻 *Craspedometopon orientale* Rozkošný et Kovac,2007(中国新记录种)(图 208;图版 48)

Craspedometopon orientale Rozkošný et Kovac,2007. Acta Zool. Acad. Sci. Hung. 53(3):212. Type locality:Thailand:Pangmapa.

雄 体长 5.9～7.5 mm,翅长 7.0～8.8 mm。

头部黑色。复眼红褐色,被浅黄色细长毛,相接距离较长;上部小眼面大,下部小眼面小,分界明显。单眼瘤突出,单眼浅黄色。头部被浅黄粉和褐色直立毛,但单眼瘤和后颊毛黄色。触角棕黄色,被黄毛,鞭节密被浅黄色短柔毛,触角芒黄褐色,顶尖一小段裸。触角各节长比为0.8:0.7:0.7:4.2。喙棕黄色,被黄粉和稀疏的棕黄色长毛。须棕黄色,但第2节除基部外黄褐色,被黄粉和稀疏的黄色长毛。

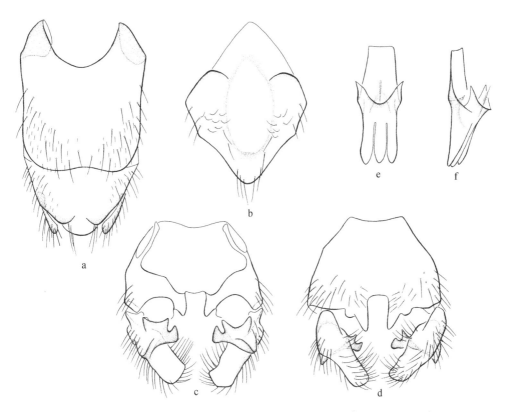

图 208 东方等额水虻 *Craspedometopon orientale* Rozkošný *et* Kovac(♂)

a. 第 9～10 背板和尾须,背视(tergites 9～10 and cerci, dorsal view);b. 第 10 腹板,腹视(sternite 10, ventral view);c. 生殖体,背视(genital capsule, dorsal view);d. 生殖体,腹视(genital capsule, ventral view);e. 阳茎复合体,背视(aedeagal complex, dorsal view);f. 阳茎复合体,侧视(aedeagal complex, lateral view)。

　　胸部长宽大致相等,背部明显拱起;小盾片很大,宽明显大于长,边缘有一明显的沿,具 4 刺,大致等长。胸部黑色,肩胛顶端和翅后胛顶端红褐色。小盾刺基半部黑色,粗糙,密被刻点和毛,端半部突然变细,光滑,浅黄色。胸部密被刻点和毛,但中侧片前中部一小区域、翅侧片后部、下侧片和侧背片裸。足黑褐色,但前足股节端部和中后足胫节端部棕黄色,前足胫节黄色(但基半部外侧稍带褐色);跗节黄色,但第 2～5 跗节赤黄色。足上毛黄色,但前中足股节后侧毛黄褐色,长且直立。翅透明;翅痣浅黄色;基半部翅脉黄褐色,端半部翅脉黄色;翅面均匀覆盖微刺。平衡棒棕黄色,基部暗黄色。

　　腹部扁圆形,宽明显大于长,背面强烈拱起,黑色,密被刻点和倒伏小黄毛,但第 1～2 背板侧边毛稍长且直立。雄性外生殖器:第 9 背板长大于宽,基部具半圆形凹缺;第 10 背板长宽大致相等;尾须细;生殖基节基缘平,愈合部腹面端缘具两个突,二突之间具方形内凹;生殖刺突端部钝,内角稍尖,基部粗大,背面内侧和外侧明显突出;阳茎复合体端部三裂,三叶等长等宽。

　　雌 体长 7.5 mm,翅长 8.5 mm。

　　与雄虫相似,仅以下不同:复眼几乎裸,复眼小眼面大小相同。无眼后眶,额宽于雄虫,上额两侧几乎平行,微凹陷,但复眼缘突起,上额中部有一窄的纵脊,下部有两个圆形小突,下额梯形,中部有较长的深纵沟。

观察标本 1♂,云南大勐龙,700 m,1957.Ⅳ.10,梁秋珍(IZCAS);1♀,云南大勐龙,600 m,1957.Ⅳ.29,刘大华(IZCAS);1♀,云南小勐养,850 m,1957.Ⅴ.7,邦菲洛夫(IZCAS);1♀,云南勐龙版纳勐宋,1 600 m,1958.Ⅳ.22,陈之梓(IZCAS);1♀,云南勐龙版纳勐宋,1 600 m,1958.Ⅳ.22,洪淳培(IZCAS);1♂,云南西双版纳勐啊,800 m,1958.Ⅴ.13,蒲富基(IZCAS);1♂,云南西双版纳勐啊,800 m,1958.Ⅵ.2,王书永(IZCAS)。

分布 中国云南(大勐龙、小勐养、勐宋、勐啊);泰国。

讨论 该种与等额水虻 C. *frontale* Kertész 相似,但复眼被毛;雌虫无眼后眶。而后者复眼裸;雌虫具眼后眶。

(201)刺等额水虻 *Craspedometopon spina* Yang, Wei *et* Yang, 2010(图 209;图版 47)

Craspedometopon spina Yang, Wei *et* Yang, 2010. Acta Zootaxon. Sin. 35(1):81. Type locality:China:Yunnan, Gaoligong.

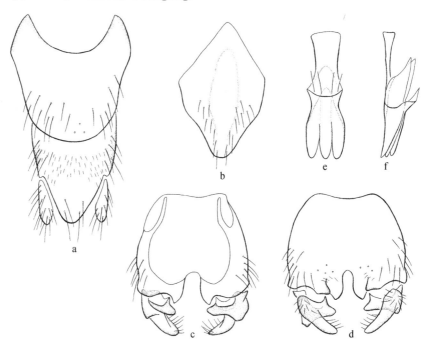

图 209 刺等额水虻 *Craspedometopon spina* Yang, Wei *et* Yang(♂)

a. 第 9~10 背板和尾须,背视(tergites 9~10 and cerci, dorsal view); b. 第 10 腹板,腹视 (sternite 10, ventral view); c. 生殖体,背视(genital capsule, dorsal view); d. 生殖体,腹视 (genital capsule, ventral view); e. 阳茎复合体,背视(aedeagal complex, dorsal view); f. 阳茎复合体,侧视(aedeagal complex, lateral view)。

雄 体长 4.8~7.2 mm,翅长 5.2~6.4 mm。

头部亮黑色。复眼褐色,相接,被褐色短毛;上部小眼面大,下部小眼面小。单眼褐色。无眼后眶。头部被黑色直立毛,额和颜密被黄白色短毛,但下额上角裸。触角橘黄色,触角芒端部颜色较深;柄节稍长于梗节,梗节内缘稍凸,鞭节栗形,宽稍大于长;柄节和梗节被黑毛,鞭节被浅黄粉。触角各节长比为 1.0：0.8：1.0：4.0。喙棕黄色,被黄毛;须棕黄色,被黑毛。

胸部黑色,密被刻点和棕黄毛,背面拱突;肩胛、翅后胛及中侧片上缘窄的下背侧带红褐色。小盾片半圆形,具4刺,盾刺黄色,但基部黑色,小盾片背面还具一锥形粗刺;小盾片被直立黑毛和倒伏黄毛。足棕黄色,基节黑色;足上毛黄色,但前中足股节后部被直立长黑毛,前足胫节也有少许黑毛。翅近透明,翅痣前具一浅褐色横斑;翅痣黄色,明显;基半部翅脉褐色,端半部翅脉棕黄色。平衡棒黄色。

腹部心形,黑色,被刻点和黄色倒伏毛,第1~2背板侧边毛黑色,长且直立;腹板被黄色倒伏毛。雄性外生殖器:第9背板长稍大于宽,基部具浅凹;尾须指状;生殖基节基缘平,愈合部腹面端缘中部具深"U"形凹,两角稍尖;生殖刺突端部尖,基部具大的内叶;阳茎复合体端部三裂,较长,三叶近等长等宽。

雌 体长6.5 mm,翅长7.1 mm。

与雄虫相似,仅以下不同:复眼分离,黑褐色,被稀疏短黑毛,小眼面大小一致。上额中脊、下额中沟、复眼缘脊明显。头部毛黄色,但上额下部裸。胸部全黄色倒伏毛,小盾片中部的直立刺粗于雄虫。腹部全黄色倒伏毛。足上全黄毛,前中足股节后侧毛长且直立。

观察标本 1♂,云南勐海茶场,1 200~1 450 m,1957. Ⅳ. 24,王书永(IZCAS);1♂,云南版纳勐遮,1 350 m,1958. Ⅵ. 25,陈之梓(IZCAS);1♀,云南勐龙版纳勐宋,1 600 m,1958. Ⅳ. 22,洪淳培(IZCAS);1♀,云南瑞丽勐休,1981. Ⅴ. 4,杨集昆(CAU)。

分布 云南(勐海、勐遮、勐宋、瑞丽、保山)。

讨论 该种可根据小盾片中部具一根竖直的锥状刺与本属其他种很容易的区分开来。

(202)西藏等额水虻 *Craspedometopon tibetense* **sp. nov.**(图210;图版47)

雄 体长4.8~7.2 mm,翅长5.2~6.4 mm。

头部亮黑色。复眼褐色,相接,被黑色短毛;上部小眼面大,下部小眼面小,分界不明显。单眼褐色。无眼后眶。头部被直立黑毛和浅黄粉,但单眼瘤毛棕黄色,后头毛黄色,额无直立黑毛仅有浅黄粉,下额上角的三角形区裸,后颊还具直立黄毛。触角棕黄色,触角芒褐色,基部黄褐色;柄节稍长于梗节,梗节内缘稍凸,鞭节栗形,宽稍大于长;柄节和梗节被黑毛,鞭节被浅黄粉。触角各节长比为0.8:0.7:0.8:3.6。喙黄色,被黄毛;须黄色,但第2节黑色,被黄毛。

胸部近圆形,黑色,背面拱突,肩胛、翅后胛窄的红褐色。小盾片大半圆形,后缘具明显的凹缘,具4刺,盾刺细长,端半部浅黄色。胸部密被刻点和半直立的褐毛,侧板被直立的棕黄毛。足黄色,但基节和转节黑色,股节棕黄色,但前足股节基部、中后足股节基部2/3红褐色,前足胫节基半部外侧略带褐色,中后足胫节(除端部外)红褐色,第3~5跗节背面略带褐色。足毛黄色,但前足股节后部毛黑色,长且直立,跗节端部背面被少许黑毛。翅透明,br、bm室端部稍带浅褐斑;翅痣黄色,明显;翅基半部翅脉褐色,端半部翅脉棕黄色。平衡棒黄色。

腹部心形,黑色,被刻点和黄色倒伏毛,第1~2背板侧边毛长且直立;腹板被黄色倒伏毛。雄性外生殖器:第9背板长稍大于宽,基部具浅弧凹;尾须细小,端部尖;生殖基节基缘具浅凹,愈合部腹面端缘中部具两个突,二突之间具深"U"形凹;生殖刺突端部尖,基部具大的横向的背叶,向内外突出;阳茎复合体粗短,端部三裂,三叶近等长等宽。

雌 未知。

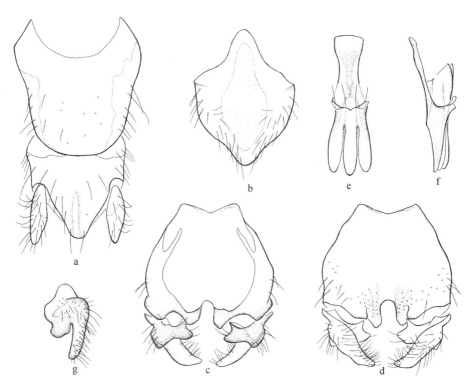

图 210　西藏等额水虻 *Craspedometopon tibetense* sp. nov.(♂)

a. 第 9～10 背板和尾须,背视(tergites 9～10 and cerci, dorsal view);b. 第 10 腹板,腹视(sternite 10, ventral view);c 生殖体,背视(genital capsule, dorsal view);d. 生殖体,腹视(genital capsule, ventral view);e. 阳茎复合体,背视(aedeagal complex, dorsal view);f. 阳茎复合体,侧视(aedeagal complex, lateral view);g. 生殖刺突,侧视(gonostylus, lateral view)。

观察标本　正模♂,西藏夏拉木友谊桥,1 700 m,1966. Ⅴ. 3,王书永(IZCAS)。

分布　西藏(夏拉木)。

词源　该种以其正模标本产地西藏命名。

讨论　该种与等额水虻 *C. frontale* Kertész 相似,但复眼被毛;跗节黄色。而后者复眼裸;跗节浅褐色。

28. 库水虻属 *Culcua* Walker,1856

Culcua Walker,1856. J. Proc. Linn. Soc. London Zool. 1(3):109. Type species: *Culcua simulans* Walker,1856.

属征　体深色。复眼被毛;雄虫接眼式,雌虫离眼式;小眼面大小一致。触角短小,鞭节短缩,端部具长的触角芒。小盾片半圆形,具 4 刺。CuA_1 脉从盘室发出,R_4 存在,R_{2+3} 脉从 r-m 横脉处或之后发出。腹部扁圆形或心形,背面强烈拱突,宽于胸部,背面通常具圆形突起。

讨论　该属仅分布于古北界和东洋界。全世界已知 13 种,中国已知 8 种,包括 3 新种,3 新记录种。

种 检 索 表

1. 后足第 1 跗节浅黄色;小盾片较大,小盾刺上具长而稀疏的毛 ·········· **2**

   后足第 1 跗节黑色;小盾片较小,小盾刺至少在基部密被毛 ·········· **3**

2. 雄虫复眼被极狭的额分开;胫节黑色 ·········· 切尼库水虻 *C. chaineyi*

   雄虫复眼相接;前足胫节(除基半部内侧外)、中足胫节(除前后侧外)和后足胫节端部浅黄色 ··········
   ·········· 长刺库水虻 *C. longispina* sp. nov.

3. 胸部背板上的毛至少在中缝前金黄色;雄虫前足胫节基部 1/3 黄色 ·········· 克氏库水虻 *C. kolibaci*

   胸部背板毛白色;雄虫仅前足胫节最基部红色 ·········· **4**

4. 中足第 1 跗节黄色;胸部毛短,背板毛主要为白色,直立的长黑毛不明显 ·········· **5**

   中足第 1 跗节暗褐色至黑色;胸部背板和小盾片除白色倒伏毛外,直立的黑毛发达,小盾片前区和
   小盾片上的直立黑毛长于股节最宽处 ·········· **7**

5. 无眼后眶 ·········· 无眶库水虻 *C. immarginata* sp. nov.

   有眼后眶 ·········· **6**

6. 眼后眶与单眼瘤等宽 ·········· 银灰库水虻 *C. argentea*

   眼后眶明显窄于单眼瘤宽 ·········· 窄眶库水虻 *C. angustimarginata* sp. nov.

7. 触角暗褐色至黑色,但鞭节端部和触角芒基部红褐色;生殖基节端缘无中突 ··········
   ·········· 白毛库水虻 *C. albopilosa*

   触角亮橙色;生殖基节端缘具中突 ·········· 同库水虻 *C. simulans*

(203)白毛库水虻 *Culcua albopilosa*(Matsumura,1916)(图 211;图版 49)

Acanthinoides albopilosa Matsumura,1916. Thousand insects of Japan. Additamenta 2 (4):366. Type locality:China:Taiwan, Tainan.

雄 体长 9.0 mm,翅长 8.3 mm。

头部亮黑色。复眼红褐色,密被黑色短毛,在额处相接。眼后眶明显,窄于单眼瘤宽度的一半。单眼瘤明显,单眼黄褐色。后头、头顶、单眼瘤、颜和颊被白色至浅黄色长毛,后颊毛较长,后头最外圈、额和颜密被浅黄色或白色短柔毛,但下额上角裸。触角柄节长宽大致相等;梗节长宽大致相等,内侧前缘弧形;鞭节肾形,宽明显大于长;触角褐色,触角芒褐色,但基部黄褐色。柄节和梗节被黄毛,但外侧毛黑色,鞭节密被黄色短柔毛,触角芒顶端一小段裸。触角各节长比为 0.6:0.8:1.2:4.5。喙褐色,被棕黄毛。须稍短于喙,圆柱状,2 节,第 1 节短于第 2 节,褐色,被黄粉。

胸部梯形,长大于宽,背面强烈上拱;小盾片宽稍大于长,稍呈长方形,具 4 刺。胸部亮黑色,肩胛和翅后胛顶端红褐色,小盾刺黑色,端半部褐色。胸部密被刻点和白色长毛,但背板前缘、肩胛和翅后胛顶端、小盾片侧缘、中侧片中上部包括前缘上部和翅侧片后部裸。足黑色;足上毛白色,但跗节毛除背面外黄褐色,股节毛较长且直立。翅褐色,但翅基部无色透明,翅中部有一条通过盘室的透明横带(此区域包括 r_4 室除前上角外、m_1 室在盘室上的部分、盘室、m_3 室在盘室下的部分和 cua_1 室端半部),臀叶为极浅的褐色;翅痣褐色;翅脉褐色;翅面覆盖黑色

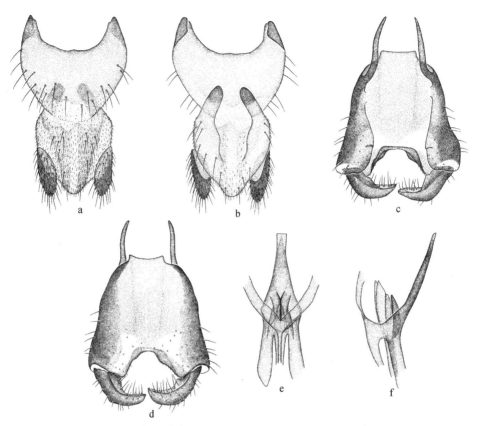

图 211　白毛库水虻 Culcua albopilosa (Matsumura) (♂)

a. 第 9～10 背板和尾须，背视(tergites 9～10 and cerci, dorsal view)；b. 第 9 背板、第 10 腹板和尾须，腹视 (tergite 9，sternite 10 and cerci, ventral view)；c. 生殖体，背视(genital capsule, dorsal view)；d. 生殖体，腹 视(genital capsule, ventral view)；e. 阳茎复合体，背视(aedeagal complex, dorsal view)；f. 阳茎复合体，侧视 (aedeagal complex, lateral view)。

微刺，但翅基部除翅瓣外、前缘室基部除上缘外、br 室基部上缘、cup 室基部和上缘以及臀叶基部裸。平衡棒浅黄色。

腹部近圆形，第 5 节向端部急剧变窄，背面观此节仅见端部一小部分，背面明显上拱，第 3 背板左右各有一个钝圆锥形突，第 3 背板端部和第 4 背板基部中央有一个不明显的大突。腹部黑色，密被刻点和白毛；第 1～4 背板两侧毛较长，形成不明显的白毛斑。腹板密被白色长毛，第 5 腹板毛较短。雄性外生殖器：第 9 背板半圆形，长宽大致相等，基部具浅"U"形凹缺；生殖基节长大于宽，基缘平，愈合部腹面端缘具大的梯形内凹；生殖刺突端部稍尖，明显内弯；阳茎复合体端部三裂叶，三叶近等长等宽，阳茎复合体背面具一细短的背突。

雌　未知。

观察标本　1♂，云南保山赧亢站，1 900 m，2006. Ⅴ. 14，朱雅君(CAU)；1♂，海南尖峰岭天池，900 m，1980. Ⅳ. 11(IZCAS)。

分布　云南(保山)、海南(尖峰岭)、台湾。

讨论　该种与同库水虻 C. simulans Walker 相似，但触角暗褐色至黑色，鞭节端部和触角芒基部红褐色；生殖基节端缘无中突。而后者触角亮橙色；生殖基节端缘具中突。

(204)窄眶库水虻 *Culcua angustimarginata* sp. nov.(图 212;图版 49)

雄 体长 6.7~8.4 mm,翅长 6.2~7.1 mm。

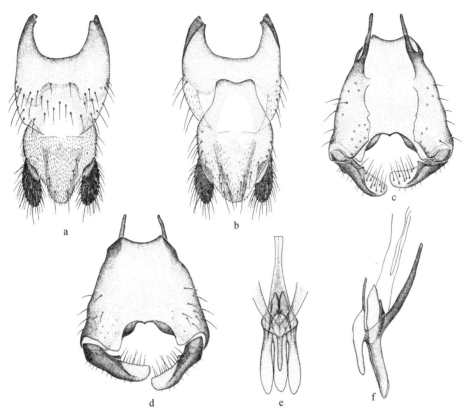

图 212 窄眶库水虻 *Culcua angustimarginata* sp. nov.(♂)

a. 第 9~10 背板和尾须,背视(tergites 9~10 and cerci, dorsal view);b. 第 9 背板、第 10 腹板和尾须,腹视(tergite 9, sternite 10 and cerci, ventral view);c. 生殖体,背视(genital capsule, dorsal view);d. 生殖体,腹视(genital capsule, ventral view);e. 阳茎复合体,背视(aedeagal complex, dorsal view);f. 阳茎复合体,侧视(aedeagal complex, lateral view)。

头部亮黑色。复眼红褐色,被稀疏的黑色短毛,在额处相接。眼后眶明显,窄于单眼瘤宽度的一半。单眼瘤明显,单眼黄褐色。后头、头顶、单眼瘤、颜和颊被白色至浅黄色长毛,后颊毛较长,后头最外圈、额、颜密被浅黄色或白色短柔毛,但下额上角裸。触角柄节长大于宽,柄节短于梗节;梗节长宽大致相等,前缘弧形;鞭节肾形,宽明显大于长;触角黄褐色至红褐色,触角芒褐色,但基部 1/4 黄褐色。触角柄节和梗节被黄毛,但外侧毛黑色,鞭节密被黄色短柔毛,触角芒顶端一小段裸。触角各节长比为 1.0∶(0.7~0.8)∶(1.1~1.2)∶(5.5~5.8)。喙褐色,被棕黄毛。须褐色,被黄粉,稍短于喙,2 节,第 2 节纺锤状,稍扁平。

胸部梯形,长大于宽,背面强烈上拱;小盾片宽稍大于长,大半圆形,具 4 刺。胸部亮黑色,肩胛和翅后胛红褐色,小盾刺端半部浅黄色。胸部密被刻点和白色长毛,但胸部在中缝后的部分和小盾片基半部毛较短,中侧片中上部包括前缘上部和翅侧片后部裸。足褐色,但前足股节末端和中足第 1 跗节除最末端外淡黄色。足上毛浅黄色,但跗节除中足第 1 跗节外还具黑毛,股节毛较长且直立。翅透明，但翅端半部(不包括盘室)浅褐色，但后缘和端部颜色稍浅；br室端半部除上缘外和bm室后上角浅褐色，cua$_1$室基部和后缘，cup室端部，臀叶端部稍带不明显的浅褐色；翅痣浅褐色；翅脉褐色；翅面覆盖黑色微刺，但翅基部除翅瓣外、前缘室基部除上缘外、br室基部上缘、cup室基部和上缘以及臀叶基部裸。平衡棒浅黄色，基部棕黄色。

腹部近圆形，第5节向端部急剧变窄，背面观此节仅见端部一小部分，背面明显上拱。腹部黑色，密被刻点和浅黄毛，第1～4背板两侧毛较长，形成不明显的白毛斑。腹板密被白色长毛，第5腹板毛较短。雄性外生殖器：第9背板长大于宽，基部具"U"形凹缺；生殖基节长大于宽，基缘具浅凹，愈合部腹面端缘具大的梯形内凹，中部具一个小尖突；生殖刺突端部圆钝，近中部具一个大且尖的内齿；阳茎复合体端部三裂叶，三叶近等长等宽，阳茎复合体背面具一细短的背突。

雌 体长8.5 mm，翅长8.0 mm。

头部眼后眶明显，宽于单眼瘤。复眼几乎相连，仅被一道极狭窄的缝分开。后头外圈无浓密的白色短柔毛。

小盾刺除基部外黄色。翅浅褐色，但基部透明，中部有一条透明横带，此区域包括r$_{2+3}$室基部、盘室、r$_5$室基部在盘室上的部分、m$_2$室基部在盘室下的部分以及cua$_1$室端半部除端部顶端外；翅痣褐色；翅脉褐色；翅面被黑色微刺，裸区同雄虫。

腹部同雄虫，但是第3背板两侧各有一个中等大小的向上的圆突，第3背板端部中央和第4背斑基部中央合并成一个比侧突稍大的中突。腹部毛较长，仅中突毛较短。

观察标本 正模♂，广西弄岗，1982.Ⅴ.20，杨集昆(CAU)。副模1♂，云南勐腊瑶区，2009.Ⅴ.13，杨秀帅(CAU)；1♂，云南西双版纳景洪，545 m，1974.Ⅴ.14～16，22～25，周尧、袁锋(CAU)；1♀，广西弄岗，1982.Ⅴ.19，杨集昆(CAU)；2♂♂，云南西双版纳景洪，850 m，1958.Ⅵ.26，郑乐怡(IZCAS)；2♂♂，云南西双版纳景洪，850 m，1958.Ⅵ.25，张毅然(IZCAS)。

分布 广西(弄岗)、云南(勐腊、景洪)。

词源 该种拉丁名意指其眼后眶极窄，窄于单眼瘤宽度的一半。

讨论 该种与银灰库水虻 *C. argentea* Rozkošný *et* Kozánek 相似，但眼后眶极细；小盾刺基半部黑色，端半部浅黄色；生殖基节愈合部腹面端缘具大的弧形内凹，中部具一个小尖突。而后者眼后眶与单眼瘤等宽；小盾刺全黄色；生殖基节愈合部腹面端缘具大内凹，中部具长的中突，中突长大于宽，端部圆钝。

(205)银灰库水虻 *Culcua argentea* Rozkošný *et* Kozánek，2007(中国新记录种)(图213；图版50)

Culcua argentea Rozkošný *et* Kozánek，2007. Ins. syst. Evol. 38：39. Type locality：Laos：Vientiane.

雄 体长6.5 mm，翅长6.7 mm。

头部亮黑色。复眼红褐色，被黑色短毛，在额处相接。眼后眶明显，与单眼瘤等宽，中部较窄。单眼瘤明显，单眼黄褐色。头顶、后头、颜和颊被白色至浅黄色长毛，后颊毛较长，额和颜密被浅黄色或白色短柔毛，但下额上角裸，棕黄色。触角柄节和梗节约等长，二者长宽均大致相等，梗节前缘弧形；鞭节肾形，宽明显大于长；触角及触角芒黄褐色；柄节和梗节被黄粉和黑

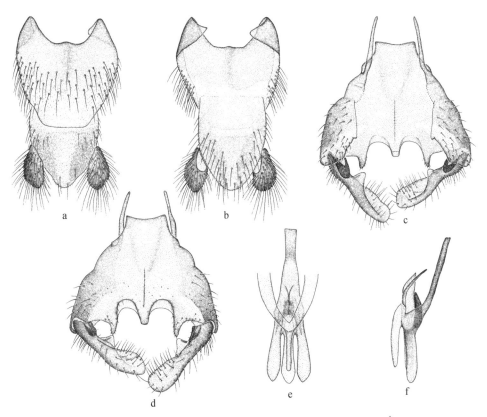

图 213　银灰库水虻 *Culcua argentea* Rozkošný *et* Kozánek(♂)

a. 第 9～10 背板和尾须,背视(tergites 9～10 and cerci, dorsal view);b. 第 9 背板、第 10 腹板和尾须,
腹视(tergite 9, sternite 10 and cerci, ventral view);c. 生殖体,背视(genital capsule, dorsal view);
d. 生殖体,腹视(genital capsule, ventral view);e. 阳茎复合体,背视(aedeagal complex, dorsal view);
f. 阳茎复合体,侧视(aedeagal complex, lateral view)。

毛,鞭节密被黄色短柔毛,触角芒顶端一小段裸。触角各节长比为 0.9∶0.5∶0.9∶3.5。喙
褐色,被黄色短毛和棕黄色长毛。须 2 节,稍短于喙,褐色,圆柱状,被黄褐色长毛。

胸部梯形,长大于宽,背面强烈上拱;小盾片宽稍大于长,大半圆形,具 4 刺。胸部亮黑色,
肩胛和翅后胛红褐色,小盾刺除基部外浅黄色。胸部密被刻点和银白色长毛,小盾片被黄色短
毛,但边缘毛为白色且较长,中侧片中上部包括前缘上部以及翅侧片后部裸。足褐色,但前足
膝黄褐色,中足第 1 跗节除最末端外淡黄色;足上毛白色,胫节和跗节毛赤黄色,但中足第 1 跗
节毛浅黄色,股节毛较长且直立。翅浅褐色,基部透明,中部有一透明横带,此带包括 r_{2+3} 室在
盘室上的部分、r_5 室在盘室上的部分、盘室、m_2 室在盘室下的部分和后缘、m_3 室端半部;翅痣
浅褐色,不明显;翅脉褐色;翅面覆盖黑色微刺,但翅基部除翅瓣外、前缘室基部除上缘外、br
室上缘、cup 室基部和上缘以及臀叶基部裸。平衡棒黄色,柄浅黄色。

腹部近圆形,背面明显上拱,第 3 背板两侧分别有一个明显的圆锥形突,中部稍隆起,第 5
节向端部急剧变窄,背面观此节仅见端部一小部分。腹部黑色,密被刻点和黄白毛,第 1～4 背
板两侧毛较长,形成不很明显的白毛斑。腹板被白毛,第 5 腹板毛较短。雄性外生殖器:第 9
背板长大于宽,基部明显较宽,具浅凹缺,凹缺中部稍凸;生殖基节梯形,基部强烈窄,端部很

宽,基缘具浅弧形凹,愈合部腹面端缘具大的弧形内凹,中部具一个稍长的钝突,内凹的两侧各具一个指状突;生殖刺突端部圆钝,近中部具一个稍大且不很尖的内齿,基部具小而钝的背叶;阳茎复合体端部三裂叶,三叶近等长等宽,阳茎复合体背面具一细短的背突。

雌 体长 6.5～7.9 mm,翅长 6.3～7.2 mm。

与雄虫相似,仅以下不同:复眼分离。额最窄处与单眼瘤等宽,额上部 1/3 的复眼缘具带状浅褐色至白色的毛斑;颜被白色短毛。触角鞭节明显大,颜色浅于雄虫。小盾刺基部 1/3 黑色。翅上的透明带短于雄虫(Rozkošný 和 Kozánek,2007)。

观察标本 1♂,云南西双版纳景洪,545 m,1974. Ⅴ. 14～16,22～25,周尧、袁锋(CAU);1♂,云南小勐养附近,900～1 100 m,1957. Ⅴ. 6,洪广基(IZCAS)。

分布 中国云南(景洪、小勐养);老挝。

讨论 该种与窄眶库水虻 *C. angustimarginata* sp. nov.相似,但眼后眶与单眼瘤等宽;小盾刺几乎全黄色;生殖基节愈合部腹面端缘具大内凹,中部具长的中突,中突长大于宽,端部圆钝。而后者眼后眶极细;小盾刺基半部黑色,端半部浅黄色;生殖基节愈合部腹面端缘具大的弧形内凹,中部具一个小尖突。

(206)切尼库水虻 *Culcua chaineyi* Rozkošný *et* Kozánek,2007(中国新记录种)(图 214;图版 50)

Culcua chaineyi Rozkošný *et* Kozánek,2007. Ins. Syst. Evol. 38：41. Type locality：Malaysia：North Borneo.

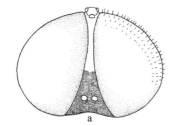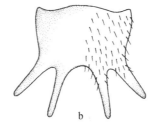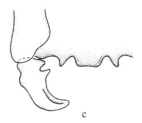

图 214 切尼库水虻 *Culcua chaineyi* Rozkošný *et* Kozánek(♂)

(据 Rozkošný & Kozánek,2007 重绘)

a. 头部,前视(male head, frontal view);b. 小盾片,背视(scutellum, dorsal view);c. 生殖体后缘和左生殖刺突(posterior margin of genital capsule and left gonostylus)。

雄 体长 8.9 mm,翅长 8.0 mm。

头部黑色。复眼几乎相接,小眼面大小一致,黑褐色,被极短的黑毛。眼后眶极窄,窄于单眼瘤宽的一半。单眼瘤稍突出,单眼黑褐色。头部被浅黄毛,但下额上角裸,颊毛长且直立。触角黄褐色,触角芒(除基部外)褐色;柄节和梗节等长,被黑毛和黄毛,鞭节被浅黄粉。触角各节长比为 0.9：0.8：1.2：5.1。喙红褐色,被黄毛;须红褐色,被黄毛。

胸部梯形,长大于宽;小盾片大半圆形,长宽相等,具 4 刺,侧边刺较向外伸。胸部黑色,但小盾刺除基部外红褐色。胸部密被银白色倒伏长毛,但中侧片除前下角和后部外裸。足黑色,但前足膝红褐色,中后足第 1 跗节除端部外浅黄色。足上毛白色,但前足跗节、中后足第 1 跗节端部和第 2～5 跗节毛为红褐色,中足股节后部毛长且直立。翅褐色,但基部和翅中部的一条横带浅褐色,半透明,此半透明区包括:翅基、前缘室(除端部外)、br 室基部、bm 室(除端部外）、cup 室基部、臀叶基部、翅瓣、r$_{2+3}$ 室基后角、r$_5$ 室基部、盘室基部以及 cua$_1$ 室端部和前部；翅痣褐色，明显；翅脉褐色；翅面均匀覆盖微刺，但翅基、前缘室后缘基部、cup 室基部和臀叶基部裸。平衡棒赤黄色或浅黄色。

腹部长宽大致相等，背面强烈拱突，每节两侧各有一圆形突起。腹部被褐色倒伏短毛，但背板每节后缘两侧具不太明显的白毛斑；腹板被白色倒伏毛。雄性外生殖器：第 9 背板长大于宽，基部具凹缺；生殖基节愈合部腹面端缘中部具一端部平截的梯形短突，两侧各具一个小尖突；生殖刺突端部稍尖，明显内弯，近中部具尖内齿；阳茎复合体端部三裂，背面具一个细短的背突。

雌 体长 8.5 mm，翅长 7.9 mm。

与雄虫相似，仅以下不同：头部复眼分离。额向头顶渐宽。眼后眶与单眼瘤等宽。

观察标本 1♂，海南尖峰岭沟谷雨林，500～950 m，2004. Ⅴ. 19～20，张春田（CAU）；1♂，云南版纳景洪，900～850 m，1958. Ⅵ. 26，张毅然（IZCAS）；3♂，云南版纳允景洪，900～850 m，1958. Ⅵ. 26，虞佩玉、王书永（IZCAS）；1♀，云南版纳勐遮，890 m，1958. Ⅶ. 4，王书永（IZCAS）。

分布 中国云南（景洪、勐遮）、海南（尖峰岭）；马来西亚。

讨论 该种与窄眶库水虻 *C. angustimarginata* sp. nov. 相似，但后足第 1 跗节浅黄色。而后者后足第 1 跗节黑色。

(207) 无眶库水虻 *Culcua immarginata* sp. nov.（图 215）

雄 体长 9.0 mm，翅长 8.0 mm。

头部亮黑色。复眼红黑色，密被黑色短毛，在额处相接。无眼后眶。单眼瘤明显，单眼黄褐色。颊被白色至浅黄色长毛，后颊毛较长，后头最外圈、额和颜密被浅黄色或白色短柔毛，但下额上角裸。触角柄节和梗节约等长，二者长宽均大致相等，梗节前缘弧形；鞭节肾形，宽明显大于长；触角柄节和梗节黄褐色，鞭节基部黄褐色，端部棕黄色，触角芒褐色，但基部棕黄色；触角柄节和梗节被黄粉和黑毛，鞭节密被黄色短柔毛，触角芒顶端一小段裸；触角各节长比为 1.0∶0.8∶1.0∶6.5。喙褐色，被黄色短毛和棕黄色长毛。须 2 节，稍短于喙，褐色，圆柱状，第 1 节短，光亮，被黄褐色长毛，第 2 节较长，密被黄色短毛。

胸部梯形，长大于宽，背面强烈上拱；小盾片宽稍大于长，大半圆形，具 4 刺。胸部亮黑色，肩胛和翅后胛红褐色，小盾刺除基部外浅黄色。胸部密被刻点和银白色长毛，中侧片中上部包括前缘上部和翅侧片后部裸。足褐色，但前足膝红褐色，中足第 1 跗节除最末端外淡黄色；足上毛白色，但跗节除中足第 1 跗节外具黑毛，股节毛较长且直立。翅浅褐色，基部透明，中部有一透明横带，此带包括 r$_{2+3}$ 室（除末端上角外）、r$_5$ 室在盘室上的部分、盘室、m$_2$ 室在盘室下的部分和下缘以及 m$_3$ 室上部和后部；翅痣褐色；翅脉褐色；翅面覆盖黑色微刺，但翅基部除翅瓣外、前缘室基部除上缘外、br 室上缘、cup 室基部和上缘以及臀叶基部裸。平衡棒浅黄色。

腹部近圆形，背面明显上拱，第 3 背板两侧分别有一个明显的圆锥形突，第 3 背板后中部和第 4 背板前中部稍隆起，第 5 节向端部急剧变窄，背面观此节仅见端部一小部分。腹部黑色，密被刻点和黄白毛，第 1～4 背板两侧毛较长，形成不明显的白毛斑；腹板被白毛，第 5 腹板毛较短。雄性外生殖器：第 9 背板长大于宽，具浅"U"形凹缺；生殖基节宽大于长，基缘具浅弧形凹，愈合部腹面端缘平，中部具一个小"V"形切口，两侧各具一个向外弯的指状突；生殖刺突

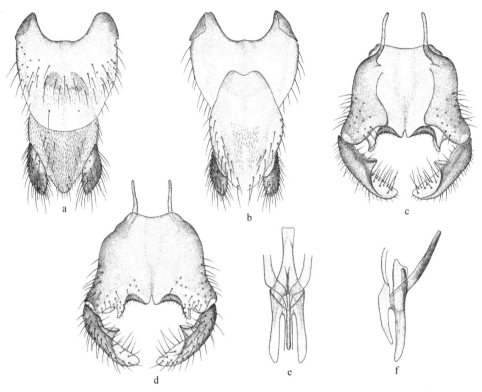

图 215　无眶库水虻 *Culcua immarginata* sp. nov.(♂)

a. 第9～10背板和尾须,背视(tergites 9～10 and cerci, dorsal view);b. 第9背板、第10腹板和尾须,腹视(tergite 9, sternite 10 and cerci, ventral view);c. 生殖体,背视(genital capsule, dorsal view);d. 生殖体,腹视(genital capsule, ventral view);e. 阳茎复合体,背视(aedeagal complex, dorsal view);f. 阳茎复合体,侧视(aedeagal complex, lateral view)。

端部圆钝,近中部具一个稍大且尖的内齿;阳茎复合体端部三裂叶,三叶近等长等宽,阳茎复合体背面具一细短的背突。

雌　未知。

观察标本　正模♂,云南保山百花岭温泉,1 500 m,2007.Ⅴ.2,刘星月(CAU)。

分布　云南(保山)。

词源　该种拉丁名意指其无眼后眶。

讨论　该种与银灰库水虻 *C. argentea* Rozkošný *et* Kozánek 相似,但无眼后眶;生殖基节愈合部腹面端缘中部具小"V"形切口。而后者眼后眶与单眼瘤等宽;愈合部腹面端缘具大的梯形内凹,中部具一个小尖突。

(208)克氏库水虻 *Culcua kolibaci* Rozkošný *et* Kozánek, 2007(中国新记录种)(图216;图版51)

Culcua kolibaci Rozkošný *et* Kozánek, 2007. Ins. syst. Evol. 38:43. Type locality:Laos:Vientiane.

雄　体长 7.3 mm,翅长 6.3 mm。

头部黑色。复眼相接,小眼面大小一致,黑褐色,被稀疏的黑色短毛。有眼后眶,眼后眶窄

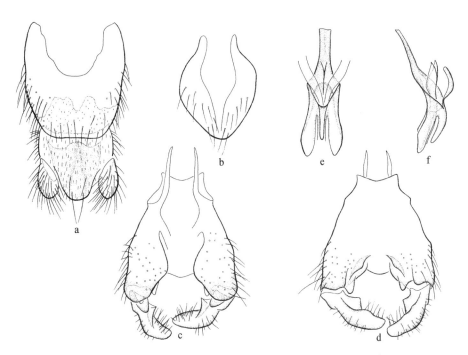

图 216 克氏库水虻 *Culcua kolibaci* Rozkošný *et* Kozánek(♂)

a. 第 9~10 背板和尾须,背视(tergites 9~10 and cerci, dorsal view);b. 第 9 背板、第 10 腹板和尾须,腹视(tergite 9, sternite 10 and cerci, ventral view);c. 生殖体,背视(genital capsule, dorsal view);d. 生殖体,腹视(genital capsule, ventral view);e. 阳茎复合体,背视(aedeagal complex, dorsal view);f. 阳茎复合体,侧视(aedeagal complex, lateral view)。

于单眼瘤。单眼瘤突出,单眼红褐色。头部被浅黄毛,但单眼瘤、头顶和眼后眶毛为黄色,下额上角裸,颊毛长且直立。触角黄色,触角芒(除基部外)褐色;柄节和梗节等长,被黑毛和黄毛,鞭节被浅黄粉。触角各节长比为 1.0∶1.0∶2.0∶7.6。喙黄褐色,被黄毛;须黄褐色至黑褐色,被黄毛。

胸部梯形,长大于宽;小盾片大,半圆形,具 4 刺,稍短于小盾片长。胸部黑色,但肩胛和翅后胛红褐色,小盾刺端半部浅黄色。胸部被浓密的银白色倒伏长毛和稀疏的银白色直立长毛,但背板中缝前(不含两后角)毛全金黄色,此区在中部稍向后延伸到中缝后;背板中缝后两侧各有一扁圆形区域被黑毛;小盾片(除后缘外)毛为黑色,但其上的直立毛仍为白色;中侧片除前下角和后部外裸。足黑色,但前足膝、前足胫节基部和中足第 1 跗节浅黄色。足上毛白色,但前后足跗节和中足第 2~5 跗节毛为红褐色,前中足股节后部毛长且直立。翅浅褐色至褐色,但基部和翅中部的一条横带透明,此透明区包括:翅基、前缘室、br 室基部、bm 室基部和后部、cup 室基部、臀叶基部、r_{2+3} 室基部、r_5 室基部、盘室(除端部外)、m_2 室基后角以及 cua_1 室端部和前部;翅痣褐色,不明显;翅脉褐色;翅面均匀覆盖微刺,但翅基、前缘室后缘基部、br 室前缘基部、cup 室基部和臀叶基部裸。平衡棒浅黄色,球部端部稍带红色。

腹部宽大于长,背面强烈拱突,每节两侧各有一圆形突起。腹部被黑色倒伏及直立毛,但第 1~3 背板后缘两侧、第 4 背板后缘两侧并斜向内部延伸到前缘以及第 5 背板主要被银白色倒伏和直立毛;腹板被白色倒伏毛。雄性外生殖器:第 9 背板长大于宽,基部具半圆形凹缺;尾须粗短;生殖基节基部强烈窄,愈合部腹面端缘具梯形凹,中部稍凸,凹缺两侧各具一个小突;

生殖刺突端部圆钝,近中部具尖内齿,基部具一个短小且圆钝的背叶;阳茎复合体端部三裂,中叶稍窄于侧叶,背面具一个细短的背突。

雌 体长 7.1 mm,翅长 6.0 mm。

与雄虫相似,仅以下不同:头部复眼分离。额向头顶渐宽。眼后眶明显宽于单眼瘤。

观察标本 1♂,云南版纳大勐龙,650 m,1958. Ⅴ. 3,蒲富基(IZCAS);1♂,云南版纳允景洪,850 m,1958. Ⅵ. 25,郑乐怡(IZCAS);1♀,云南版纳勐混,750 m,1958. Ⅴ. 31,孟绪武(IZCAS)。

分布 中国云南(大勐龙、允景洪、勐混);老挝,泰国,马来西亚。

讨论 该种与银灰库水虻 *C. argentea* Rozkošný *et* Kozánek 相似,但胸部背板前部被金黄毛;生殖基节愈合部腹面端缘具梯形凹缺。而后者胸部被银白毛;生殖基节愈合部腹面端缘具梯形凹缺,但凹缺中部具明显的指状中突。

(209)长刺库水虻 *Culcua longispina* sp. nov.(图 217;图版 52)

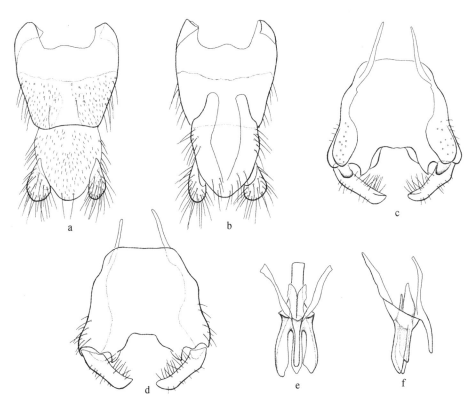

图 217　长刺库水虻 *Culcua longispina* sp. nov.(♂)

a. 第 9~10 背板和尾须,背视(tergites 9~10 and cerci, dorsal view);b. 第 9 背板、第 10 腹板和尾须,腹视(tergite 9, sternite 10 and cerci, ventral view);c. 生殖体,背视(genital capsule, dorsal view);d. 生殖体,腹视(genital capsule, ventral view);e. 阳茎复合体,背视(aedeagal complex, dorsal view);f. 阳茎复合体,侧视(aedeagal complex, lateral view)。

雄 体长 8.6 mm,翅长 8.0 mm。

头部黑色。复眼相接,小眼面大小一致,黑色,密被黑褐色短毛。眼后眶窄于单眼瘤宽。

单眼瘤突出,单眼褐色。头部被浅黄毛,但下额被白粉,上角裸,颊毛长且直立。触角红褐色,触角芒褐色;柄节和梗节被黑毛和黄毛,鞭节被浅黄粉。触角各节长比为 0.7:0.9:1.0:4.5。喙褐色,被黄毛;须黑色,被黄毛。

胸部黑色,椭圆形,后缘仅比前缘稍宽;小盾片半圆形,具 4 刺,盾刺粗长,为小盾片长的 1.5 倍。胸部密被银白色倒伏长毛,但中侧片除前下角和后部外裸。小盾片被稀疏的白色直立毛。足黑色,但前足膝、前足胫节(除基半部内侧外)、中足胫节(除前后侧外)、后足胫节端部、前足第 1 跗节和中后足跗节浅黄色(但中后足第 3~5 跗节颜色较深),前足第 2~5 跗节褐色。足上毛白色,但前足跗节、中后足跗节端部毛棕黄色,中足股节后部毛长且直立。翅褐色,但基部和翅中部的一条横带透明,横带中部较宽,此透明区包括:翅基、前缘室基部、br 室基部、bm 室基部、cup 室基部、臀叶基部、翅瓣、r$_{2+3}$ 室、r$_5$ 室基部、盘室、m$_2$ 室基部以及 cua$_1$ 室端部和前部;翅痣褐色,不明显;翅脉褐色;翅面均匀覆盖微刺,但翅基、前缘室后缘基部、br 室基部、cup 室基部和臀叶基部裸。平衡棒浅黄色。

腹部长宽大致相等,背面强烈拱突,每节两侧的圆形突不明显。腹部黑色,被黑色倒伏短毛和白色直立毛,但背板中央直立毛不明显,第 1~3 背板后缘两侧及第 4 背板后缘倒伏毛为白色,第 1~2 背板侧边毛较长且直立;腹板被白色倒伏短毛。雄性外生殖器:第 9 背板长大于宽,基部具浅"U"形凹缺,中部微凸,端部具大的非骨化区;尾须短小,端部宽;生殖基节愈合部腹面端缘中部具梯形凹缺,两侧各具一个小尖突;生殖刺突直,端部稍钝,基部具短小且钝圆的背叶;阳茎复合体短小,端部三裂叶,中叶稍短,背面具一个细短的背突。

雌 未知。

观察标本 正模♂,西藏墨脱背崩,700~800 m,1983. Ⅴ. 21,韩寅恒(IZCAS)。

分布 西藏(墨脱)。

词源 该种拉丁名意指其明显延长的小盾刺。

讨论 该种可根据明显延长的小盾刺与本属其他种明显地区别开来,该种小盾刺长为小盾片长的 1.5 倍,而本属其他种小盾刺短于或等于小盾片长。

(210)同库水虻 *Culcua simulans* **Walker**,1856(图 218)

Culcua simulans Walker,1856. J. Proc. Linn. Soc. London Zool. 1(3):109. Type locality:Malaysia:Sarawak.

雄 体长 6.4~8.7 mm,翅长 6.0~7.1 mm。

头部复眼几乎相连,相接距离为头顶到触角距离的 1/4,密被褐色短柔毛。头顶窄长,黑色,有少量黑色短毛。单眼瘤明显,单眼暗白色。下额较大,被白色短柔毛,但上角毛为黑色。颜两边渐宽,头下部具一小的灰色短毛斑。后头黑色,最外缘白色。触角亮橙色,柄节暗褐色,触角芒深褐色;柄节和梗节短,梗节大约为杯状,鞭节圆形,具顶端裸的触角芒。喙褐色,被黄毛,为头长的 3/4;须与喙几乎等长,中等细,圆柱状,褐色。

胸部黑色,被短白毛,肩胛后、背板后缘、中缝末端、侧板以及胸部腹面的毛较密且稍明显。小盾片基半部被深褐色短柔毛,其余部分被白色短柔毛,具 4 根橘黄色刺,内侧小盾刺短于小盾片长,盾刺被中等长的白毛。足黑色,仅膝很窄的区域赤黄色,中足第 1 跗节基部褐色;足被白色短柔毛。翅灰色,翅端部深褐色,达盘室后缘;翅痣深褐色,一个发散的窄褐斑从超过 br 室端部沿横脉到 CuA$_1$ 脉顶端,此斑的界限有少许变化;翅脉深褐色。平衡棒浅黄色。

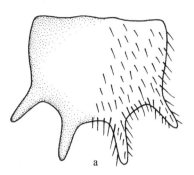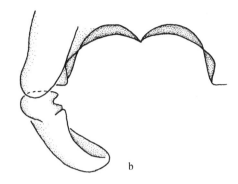

图 218　同库水虻 *Culcua simulans* Walker(♂)（据 Rozkošný 和 Kozánek，2007 重绘）

a. 小盾片,背视(scutellum, dorsal view)；b. 生殖体后缘和左生殖刺突(posterior margin of genital capsule and left gonostylus)。

　　腹部近圆形,长稍大于宽,黑色;被灰色短柔毛,第 2～4 背板侧边形成毛斑,第 4～5 背板后部稍明显,整个腹部覆盖显微镜下可见的微小的鬃。腹板黑色,与背板一样被白色短柔毛和微小的鬃。雄性外生殖器:生殖刺突钝,两个亚中部内齿接近,基部具圆形的外侧叶;生殖基节愈合部腹面端缘浅凹,中部具小尖突。

　　分布　中国台湾;马来西亚,印度尼西亚,苏门答腊,印度,日本。

　　讨论　该种与白毛库水虻 *Culcua albopilosa*(Matsumura)相似,但触角亮橙色;生殖基节端缘中部具小尖突。而后者触角暗褐色至黑色,鞭节端部和触角芒基部黄褐色;生殖基节端缘无中突。

29. 寡毛水虻属 *Evaza* Walker, 1856

　　Evaza Walker, 1856. J. Proc. Linn. Soc. London Zool. 1(3)：109. Type species：*Evaza bipars* Walker, 1856.

　　Nerua Walker, 1858. J. Proc. Linn. Soc. London Zool. 3(10)：81. Type species：*Nerua scenopinoides* Walker, 1858.

　　Pseudoevaza Kertész, 1916. Ann. Hist. Nat. Mus. Natl. Hung. 14(1)：146. Type species：*Evaza argyroceps* Bigot, 1879.

　　属征　复眼裸;雄虫接眼式,雌虫离眼式。触角鞭节短缩成盘状,端部着生长而尖细的鬃状触角芒。小盾片 4 刺。CuA_1 脉从盘室发出,R_4 脉存在,R_{2+3} 脉从 r-m 横脉后发出。腹部扁平,长椭圆形,长大于宽(图版 8)。

　　讨论　该属分布于古北界、东洋界和澳洲界。全世界已知 64 种,中国已知 13 种,包括 1 新种。

种 检 索 表

1.	体黄色 ···	2
	体暗褐色至黑色 ···	3

2. 翅痣和翅端部暗褐色，r₂₊₃室透明；后足胫节棕黄色 ·············· 棕胫寡毛水虻 *E. ravitibia*

翅浅黄色；翅痣浅黄褐色；后足胫节端部 2/3 棕黑色 ·············· 黑胫寡毛水虻 *E. nigritibia*

3. 翅透明；翅痣浅黄色，不明显 ·············· 透翅寡毛水虻 *E. hyliapennis* **sp. nov.**

翅全部或部分浅黑色或褐色 ·············· 4

4. 翅浅黑色，但基部近透明，端部 1/3 黄色 ·············· 5

翅浅黑色或褐色，或具褐斑 ·············· 6

5. 小盾片黄色 ·············· 张氏寡毛水虻 *E. zhangae*

小盾片黑色 ·············· 双色寡毛水虻 *E. bicolor*

6. 翅斑不连续，r₂₊₃室透明 ·············· 7

翅斑连续 ·············· 8

7. 第9背板长大于宽，基缘具"U"形凹缺；生殖基节细，端部稍尖，近基部具小内突 ··············
　　　　　　　　　　　　　　　　　　　　　　　黄缘寡毛水虻 *E. flavimarginata*

第9背板宽大于长，基缘具半圆形凹缺；生殖基节端部钝，无小内突 ··············
　　　　　　　　　　　　　　　　　　　　　　　黄盾寡毛水虻 *E. flaviscutellum*

8. 腹部橘黄色至赤黄色 ·············· 杂色寡毛水虻 *E. discolor*

腹部黑色 ·············· 9

9. 足主要黄褐色 ·············· 黑翅寡毛水虻 *E. nigripennis*

足主要浅黄色 ·············· 10

10. 胫节深褐色 ·············· 胫寡毛水虻 *E. tibialis*

胫节浅黄色，至多棕黄色 ·············· 11

11. 跗节浅黄色 ·············· 台湾寡毛水虻 *E. formosana*

跗节褐色或棕黄色 ·············· 12

12. 胸部背板具大刻点，无金属光泽；小盾片黑色，仅盾刺灰黄色；中后足第 4～5 跗节浅黄色 ··········
　　　　　　　　　　　　　　　　　　　　　　　印度寡毛水虻 *E. indica*

胸部背板具小刻点，有金属光泽；小盾片黑色，但后缘和小盾刺黄色；中后足第 4～5 跗节褐色 ·····
　　　　　　　　　　　　　　　　　　　　　　　海南寡毛水虻 *E. hainanensis*

(211)双色寡毛水虻 *Evaza bicolor* **Chen, Zhang** *et* **Yang, 2010**(图 219)

Evaza bicolor Chen, Zhang *et* Yang, 2010. Acta Zootaxon. Sin. 35(1)：202. Type locality：China：Guangxi, Longzhou.

雄 体长 8.0～8.2 mm，翅长 6.0～6.3 mm。

头部黑色，被浅灰粉。复眼红褐色，相接；上部小眼面大，下部小眼面小。单眼瘤明显，单眼黄褐色。上额狭长而下额宽短。头部毛浅黄色，但单眼瘤被黑毛，颜和后颊毛较长。触角黄色，被浅黑毛；触角芒黑色，但基部黄褐色，密被细毛，但端部 1/5 裸。触角梗节内侧端缘明显向前突。触角各节长比为 1.0：0.9：0.5：5.3。喙基部黄色，端部浅黑色，被浅黄毛；须细长，黄色，但端部浅黑色，被浅黄毛。

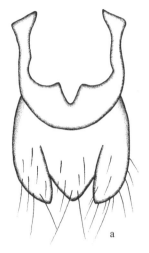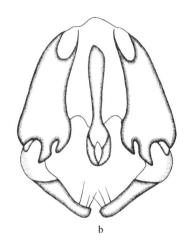

图219　双色寡毛水虻 *Evaza bicolor* Chen，Zhang *et* Yang(♂)

a. 第9～10背板和尾须，背视(tergites 9～10 and cerci, dorsal view)；b. 生殖体，背视(genital capsule, dorsal view)。

胸部黑色，被浅灰粉，但中胸背板和小盾片光亮，肩胛和翅后胛浅黑色。小盾片仅端缘和盾刺黄色，刺盾比为0.44。胸部毛浅黄色，中胸背板和小盾片密被直立毛。足浅黄色，但跗节末端浅黑色；后足胫节除基部和窄的末端外浅黑色。足上毛浅黄色，但前足胫节、跗节和后足胫节被黑毛。翅浅黑色，但基部色浅，近透明，端部黄色；翅脉黑色，但端部黄色区翅脉黄色；翅面被黑色微刺，但黄色区被黄色微刺。平衡棒暗黄色。

腹部背板亮黑色，被褐色短毛，但侧边毛浅黄色，较长且直立；腹板褐色，被浅黄毛。雄性外生殖器：第9背板长稍大于宽，基部具大的近方形凹缺，凹缺中部还有一小三角形凹缺；尾须粗；生殖刺突较长，基部粗，端部渐窄。

雌　未知。

观察标本　正模♂，广西龙州弄岗，1982. Ⅴ. 19，杨集昆(CAU)。副模2♂♂，海南五指山水满乡，2007. Ⅴ. 15～16，刘经贤、曾洁(CAU)；1♂，海南五指山观景台，2007. Ⅴ. 16，张俊华(CAU)；1♂，海南白沙鹦哥岭红茂村，2007. Ⅴ. 21，张俊华(CAU)。

分布　广西(龙州)、海南(五指山、白沙)。

讨论　该种与张氏寡毛水虻 *E. zhangae* Zhang *et* Yang 相似，但小盾片黑色，仅后缘和盾刺黄色。而后者小盾片全柠檬黄色。

(212)杂色寡毛水虻 *Evaza discolor* de Meijere，1916

Evaza discolor de Meijere，1916. Tijdschr. Ent. 58(Supplement)：15. Type locality：Indonesia：Pulau Simeulue，Sinabang.

复眼侧面观圆。触角全黄色。中胸背板全黑，至多翅后或侧边有不明显的黄色，肩胛和下背侧带黄色。小盾片扁平，与背板在同一平面上；黑色，仅窄的末端和小盾刺黄色。翅前缘深色，但不为明显的褐斑；R_{2+3}脉不与R_1脉平行；盘室覆盖微刺。足黄色，但前足跗节色稍深。腹部橘黄色或赤黄色，侧边宽的区颜色稍深。

分布　中国浙江(天目山)；日本，印度尼西亚，巴布亚新几内亚。

　　讨论　该种与分布于巴布亚新几内亚的半寡毛水虻 *E. dimidiata* James 相似,但小盾片黑色,仅窄的末端和小盾刺黄色。而后者小盾片栗色到黄褐色。

(213)黄缘寡毛水虻 *Evaza flavimarginata* **Zhang et Yang,2010**(图 220、图 221)

Evaza flavimarginata Zhang et Yang,2010. Ann. Zool. 60(1):90. Type locality:China:Hainan, Jianfengling.

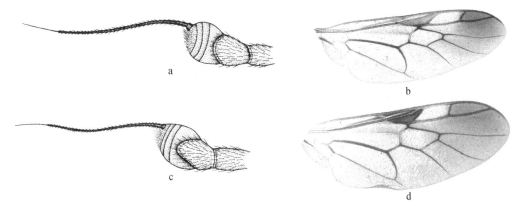

　　图 220　黄缘寡毛水虻 *Evaza flavimarginata* Zhang et Yang(♂,♀)

a. 雄虫触角,侧视(antenna, lateral view)(♂); b. 雄虫翅(wing)(♂); c. 雌虫触角,侧视(antenna, lateral view)(♀); d. 雌虫翅(wing)(♀)。

　　雄　体长 5.5~6.5 mm,翅长 5.0~6.0 mm。

　　头部亮黑色,被浅灰粉。复眼红褐色,相接;上部小眼面大,下部小眼面小。单眼瘤明显,单眼黄褐色。上额狭长而下额宽短。下额(除上角的三角形区域外)、颜和后颊被倒伏短白毛,颜和后颊还被近直立长毛;下额具梯形白毛斑,达复眼缘。触角黄色,但最末鞭节黄褐色,被浅色毛;柄节和梗节被黄毛,但外侧被黑毛;触角芒褐色,密被黄色细毛,但端部 1/5~1/4 裸;梗节内侧端缘微凸。触角各节长比为 1.0:(0.6~0.9):(0.6~1.0):(4.0~4.5)。喙黄色,被棕黄毛;须黄色,但第 2 节除基部外黄褐色,被黄毛,但第 2 节被褐毛。

　　胸部亮黑色,但肩胛和翅后胛棕黄色;小盾片黄褐色,但中部褐色,侧边和后缘浅黄色,盾刺浅黄色;中侧片黑褐色,但上缘浅黄色。胸部毛浅黄色。足浅黄色,但股节端部、前足胫节背面、中足胫节和后足第 4~5 跗节黄色,前足胫节腹面、前足跗节、后足胫节(除基部外)和后足第 4~5 跗节黄褐色。足上毛浅黄色,但前足胫节和跗节部分被黑毛。翅透明,但 r_4 室和 r_5 室端部浅褐色;翅痣浅黄色,不明显;翅脉褐色,但基部翅脉、翅痣处翅脉和 r_{2+3} 室上下缘翅脉浅黄色;翅面均匀覆盖微刺,但翅基部包括翅瓣、cup 室后下部和臀叶基部裸。平衡棒浅黄色。

　　腹部褐色至暗褐色,被黄褐色短毛,侧边被黄色直立长毛。腹面黑色,被黄毛,但第 5 腹板端部被黑毛。雄性外生殖器:第 9 背板基部具大"U"形凹缺;生殖刺突细长,基部具小内突;生殖基节愈合部腹面端缘中部具钝三角形突,中突明显短于侧突。

　　雌　体长 5.5 mm,翅长 5.0 mm。

　　与雄虫相似,仅以下不同:复眼分离;小眼面大小一致。眼后眶宽。下额三角的白毛斑不达复眼缘。触角梗节内侧端缘明显向前突。翅痣颜色稍深。

　　观察标本　正模♂,海南尖峰岭天池,2006. Ⅴ.18,姚刚(CAU)。副模 1♂,海南元门红茂

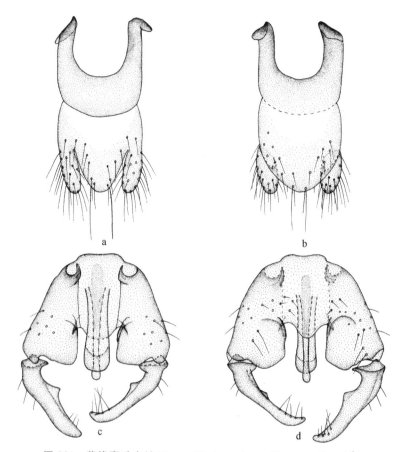

图 221　黄缘寡毛水虻 *Evaza flavimarginata* Zhang et Yang(♂)

a. 第 9～10 背板和尾须,背视(tergites 9～10 and cerci, dorsal view); b. 第 9 背板、第 10 腹板
和尾须,腹视(tergite 9, sternite 10 and cerci, ventral view); c. 生殖体,背视(genital capsule,
dorsal view); d. 生殖体,腹视(genital capsule, ventral view)。

村,2007. Ⅴ. 20,张魁艳(CAU);1♂,海南尖峰岭,2007. Ⅵ. 4,曾洁(CAU);1♂,海南尖峰岭
南天池,2007. Ⅵ. 5～7,刘经贤(CAU);1♂,海南五指山登山道,2007. Ⅴ. 17,张俊华(CAU);
1♂,海南鹦哥岭红新村,2007. Ⅴ. 23～24,刘经贤(CAU);2♀♀,海南尖峰岭南天池植物园,
2007. Ⅴ. 12,张俊华(CAU);1♀,海南元门红茂村,2007. Ⅴ. 22,张魁艳(CAU)。

　　分布　海南(尖峰岭、五指山)。

　　讨论　该种与爪哇寡毛水虻 *E. javanensis* de Meijere 相似,但翅的深色区较大;翅痣黄
色。而后者仅 r_4 室端部和 r_5 室褐色;翅痣褐色。

(214)黄盾寡毛水虻 *Evaza flaviscutellum* Chen, Zhang *et* Yang, 2010(图 222)

Evaza flaviscutellum Chen, Zhang *et* Yang, 2010. Acta Zootaxon. Sin. 35(1):202.
Type locality:China:Guangxi, Jinxiu.

　　雄　体长 5.4～6.8 mm,翅长 4.9～6.0 mm。

　　头部黑色,被浅灰粉。复眼浅红褐色,相接;上部小眼面大,下部小眼面小。单眼瘤明显,
单眼黄褐色。上额狭长而下额宽短。头部毛浅黄色,但单眼瘤被黑毛,颜和后颊毛较长。触角

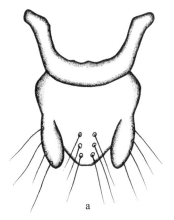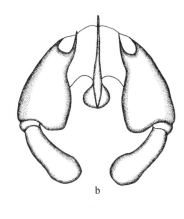

图 222　黄盾寡毛水虻 *Evaza flaviscutellum* Chen, Zhang *et* Yang(♂)

a. 第 9～10 背板和尾须,背视(tergites 9～10 and cerci, dorsal view); b. 生殖体,背视(genital capsule, dorsal view)。

黄色,毛部分黑色;触角芒黑色,密被细毛,但端部 1/5 裸。触角梗节内侧端缘稍向前突。触角各节长比为 1.0∶0.9∶0.9∶5.4。喙黄色,被浅黄毛;须细长,黄色,但端部浅黑色,被浅黄毛。

胸部黑色,被浅灰粉,但中胸背板和小盾片光亮,肩胛和翅后胛浅黑色。小盾片亮黄褐色(有时亮浅黑色),宽的后缘黄色,盾刺黄色,刺盾比为 0.62。中侧片上缘浅黄色。胸部毛浅黄色,中胸背板和小盾片密被直立毛。足浅黄色,但前足和后足胫节除基部外褐色,前足跗节暗褐色,中足跗节末端暗黄色。足上毛浅黄色。翅近透明,端部灰褐色,但 r_{2+3} 室透明;翅痣暗褐色;翅脉褐色;翅面均匀覆盖褐色微刺。平衡棒浅黄色。

腹部背板亮黑色,被褐色短毛,但侧边被较长的直立浅黄毛;腹板褐色,被浅黄毛。雄性外生殖器:第 9 背板宽大于长,基部具大的"U"形凹缺;尾须短粗;生殖刺突棒状,末端粗钝。

雌　体长 5.4～6.4 mm,翅长 5.1～6.1 mm。

与雄虫相似,仅以下不同:复眼窄的分离。上额长,向前明显变窄,近亮黑色;下额宽短,光亮,仅中央在触角上具小的三角形白毛斑。眼后眶明显,与单眼瘤等长。梗节内侧端缘向前明显突出。

观察标本　正模♂,广西金秀大瑶山,1982. Ⅵ. 12,杨集昆(CAU)。副模 1♀,广西金秀大瑶山,1982. Ⅵ. 13,李法圣(CAU);1♂,贵州贵阳花溪,1 000 m,1981. Ⅴ. 27,李法圣(CAU);1♂,云南勐腊勐仑,800 m,1981. Ⅳ. 11,杨集昆(CAU);2♀♀,海南尖峰岭植物园,2007. Ⅴ. 12,张俊华(CAU);1♂1♀,海南白沙鹦哥岭红茂村,2007. Ⅴ. 20～22,张魁艳(CAU)。

分布　广西(金秀)、贵州(花溪)、云南(勐腊)、海南(尖峰岭、白沙)。

讨论　该种与黄缘寡毛水虻 *E. flavimarginata* Zhang *et* Yang 相似,但第 9 背板宽大于长,前缘具半圆形凹缺;生殖基节端部钝,无小内突。而后者第 9 背板长大于宽,前缘具"U"形凹缺;生殖基节细,端部稍尖,近基部具小内突。

(215)台湾寡毛水虻 *Evaza formosana* Kertész, 1914

Evaza formosana Kertész, 1914. Ann. Hist. Nat. Mus. Natl. Hung. 12(2): 556. Type locality：China：Taiwan，Toyenmongai.

体长 6.0～9.0 mm,翅长 5.6～8.3 mm。

头部亮黑色,被银白毛。触角浅黄色;触角芒黑褐色,但基部黄色,裸。喙浅黄色。胸部黑色,背板和小盾片拱突,小盾刺粗壮,稍带褐色。胸部密被褐色短毛,小盾片后缘被黄色小毛。侧板亮黑色,被黄毛。腹部外观几乎圆形,长仅稍大于宽,密被刻点。足浅黄色,但股节稍带褐色。翅透明,稍带褐色,基室黑褐色;翅痣黄色;基半部翅脉褐色而端半部翅脉黄色。平衡棒亮黄色。腹部黑色,背板被黑毛,但第 1 背板毛褐色,第 1～2 背板侧边被长黑毛;腹板毛浅黄色,但第 1 腹板被褐毛。

分布 台湾。

讨论 该种与海南寡毛水虻 E. hainanensis Zhang et Yang 相似,但跗节浅黄色。而后者后足第 4～5 跗节褐色。

(216)海南寡毛水虻 *Evaza hainanensis* **Zhang et Yang,2010**(图 223、图 224)

Evaza hainanensis Zhang et Yang,2010. Ann. Zool. 60(1)：93. Type locality：China：Hainan，Jianfengling.

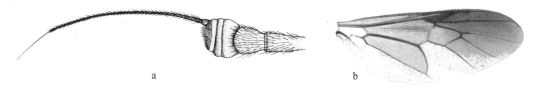

图 223 海南寡毛水虻 *Evaza hainanensis* Zhang et Yang(♂)

a. 触角,侧视(antenna, lateral view)；b. 翅(wing)。

雄 体长 6.0～9.0 mm,翅长 6.0～8.0 mm。

头部亮黑色,被浅灰粉。复眼红褐色,相接;上部小眼面大,下部小眼面小。单眼瘤明显,单眼黄色至黄褐色。上额狭长而下额宽短。下额(除上角的三角形区域外)、颜和后颊被倒伏短白毛,颜和后颊还被近直立长毛;下额具钝三角形白毛斑,除基部外达复眼缘。触角浅黄色至黄色,被浅色毛;柄节和梗节被黄毛,但外侧被黑毛;触角芒褐色,密被黄色细毛,但端部 1/6～1/4 裸;梗节内侧端缘稍凸。触角各节长比为 1.0：(0.7～0.9)：(0.6～0.8)：(4.3～4.7)。喙浅黄色至黄色,被棕黄毛;须浅黄色至黄色,但第 2 节除基部外黄褐色,被黄毛,但第 2 节被褐毛。

胸部亮黑色,但肩胛和翅后胛浅黑色;小盾片黑色,后缘和小盾刺浅黄色;中侧片全黑褐色。胸部毛浅黄色。足浅黄色,但前足股节端部黄色,胫节(除基部和窄的背侧外)棕黄色;前足股节、中后足第 4～5 跗节褐色。足上毛浅黄色,但前足胫节和跗节被黑毛,中后足第 3～5 跗节部分被黑毛。翅稍带浅褐色,但端部前缘褐色;翅痣褐色,明显;翅脉褐色,但盘室之前的 M 脉浅黄色;翅面均匀覆盖微刺,但翅基部包括翅瓣、臀叶基部裸。平衡棒浅黄色。

腹部暗褐色,被黄色短毛,侧边被黄色直立长毛;腹板褐色,被黄毛,但第 5 腹板端部被黑毛。雄性外生殖器:第 9 背板基部具大半圆形凹缺;生殖刺突细长,中部具小内突;生殖基节愈合部腹面端缘中部具锐三角形突,中突明显短于侧突。

雌 未知。

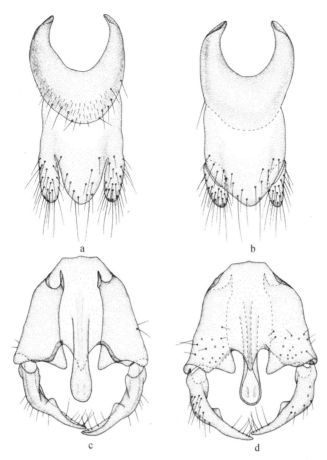

图 224 海南寡毛水虻 *Evaza hainanensis* Zhang *et* Yang(♂)

a. 第 9～10 背板和尾须,背视(tergites 9～10 and cerci, dorsal view);b. 第 9 背板、第 10 腹板和尾
须,腹视(tergite 9, sternite 10 and cerci, ventral view);c. 生殖体,背视(genital capsule, dorsal
view);d. 生殖体,腹视(genital capsule, ventral view)。

观察标本 正模♂,海南尖峰岭植物园,2007.Ⅹ.24,杨定(CAU)。副模 1♂,海南尖峰岭,
2007.Ⅵ.4,曾洁(CAU);1♂,海南五指山,2007.Ⅴ.16,刘经贤(CAU);1♂,海南吊罗山,
2006.Ⅶ.16,许再福(CAU);1♂,海南尖峰岭植物园,2007.Ⅹ.23,杨定(CAU);1♂,海南元门
红茂村,2007.Ⅴ.22,张俊华(CAU)。

分布 海南(尖峰岭、吊罗山、元门)。

讨论 该种与黑翅寡毛水虻 *E. nigripennis* Kertész 相似,但生殖刺突端部尖细。而后者
生殖刺突端部粗钝。

(217)透翅寡毛水虻 *Evaza hyliapennis* sp. nov.(图 225;图版 52)

雄 体长 6.0～6.5 mm,翅长 6.5～7.5 mm。

头部亮黑色,稍带浅灰粉。复眼红褐色,相接;上部小眼面大,下部小眼面小。单眼瘤明
显,单眼黄色至红褐色。上额狭长而下额宽短。下额(除上角的三角形区域外)、颜和后颊被倒
伏短白毛头部被浅黄毛,颜和后颊还被近直立长毛;下额具梯形白毛斑,达复眼缘。触角黄色,

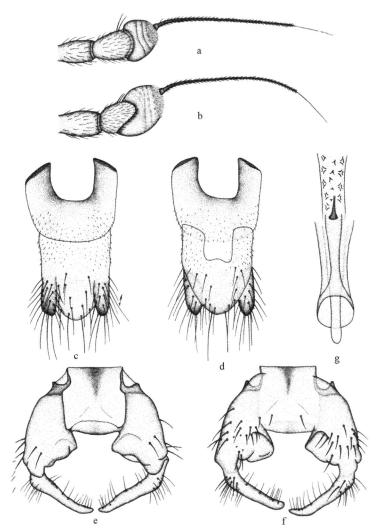

图 225　透翅寡毛水虻 *Evaza hyliapennis* sp. nov.(♂)

a. 雄虫触角,侧视(antenna, lateral view)(♂); b. 雌虫触角,侧视(antenna, lateral view)(♀); c. 第9～
10 背板和尾须,背视(tergites 9～10 and cerci, dorsal view); d. 第 9 背板、第 10 腹板和尾须,腹视
(tergite 9, sternite 10 and cerci, ventral view); e. 生殖体,背视(genital capsule, dorsal view); f. 生殖
体,腹视(genital capsule, ventral view); g. 阳茎复合体,背视(aedeagal complex, dorsal view)。

但最末鞭节黄褐色,被浅色毛;柄节和梗节被黄毛,但外侧被黑毛;触角芒褐色,密被黄色细毛,
但端部 1/4～2/5 裸;梗节内侧端缘稍凸。触角各节长比为 1.0∶(0.8～1.0)∶(0.8～1.0)∶
(4.4～5.2)。喙黄色,被棕黄毛;须黄色,被浅黄毛。

胸部亮黑色,但肩胛棕黄色至浅褐色,翅后胛棕黄色;小盾片黑色,但后缘和小盾刺浅黄
色;中侧片黑褐色,但上缘浅黄色。胸部毛浅黄色。足浅黄色。足上毛浅黄色,但跗节端部具
少许黑毛。翅完全透明;翅痣浅黄色不明显;翅脉黄褐色,但基部翅脉浅黄色;翅面均匀覆盖微
刺,但翅基部包括翅瓣、cup 室后下部和臀叶基部裸。平衡棒浅黄色。

腹部褐色至暗褐色被黄褐色短毛,侧边被黄色直立长毛。腹面黑色,被黄毛,但第 5 腹板
端部被黑毛。雄性外生殖器:第 9 背板基部具大"U"形凹缺;生殖刺突细长,基部具小内突;生

殖基节愈合部腹面端缘平直。

雌　体长 5.0～6.0 mm,翅长 5.5～6.5 mm。

与雄虫相似,仅以下不同:复眼分离;小眼面大小一致。眼后眶宽。下额三角的白毛斑(除基部外)不达复眼缘。触角梗节内侧端缘明显向前突。

观察标本　正模♂,云南贡山独龙江(灯诱),2007. V. 22,刘星月(CAU)。副模 5♂♂ 3♀♀,云南贡山独龙江(灯诱),2007. V. 22,刘星月(CAU)。

分布　云南(贡山)。

词源　该种拉丁名意指其翅完全无色透明。

讨论　该种可根据完全透明的翅与本属其他种明显区分开来,本属其他种翅褐色至浅褐色,或具褐斑。

(218)印度寡毛水虻 *Evaza indica* Kertész,1906

Evaza indica Kertész,1906. Ann. Hist. Nat. Mus. Natl. Hung. 4(2):289. Type locality:India:Bombay, Toyenmongai.

体小型,5.0～6.5 mm。胸部背板具大刻点,无金属光泽;小盾片黑色,仅盾刺灰黄色;足浅黄色,股节黄色,向端部颜色加深,前足跗节黑褐色。翅浅褐色;翅痣褐色。腹部黑色。

观察标本　1♀,西藏易贡,2 300 m,1978. VI. 11,李法圣(CAU)。

分布　中国云南(大理)、西藏(易贡);印度。

讨论　该种与海南寡毛水虻 *E. hainanensis* Zhang *et* Yang 相似,但胸部背板具大刻点,无金属光泽;小盾片黑色,仅盾刺灰黄色;中后足第 4～5 跗节浅黄色。而后者胸部背板具小刻点,有金属光泽;小盾片黑色,但后缘和小盾刺黄色;中后足第 4～5 跗节褐色。

(219)黑翅寡毛水虻 *Evaza nigripennis* Kertész,1909

Evaza nigripennis Kertész,1909. Ann. Hist. Nat. Mus. Natl. Hung. 7(2):372. Type locality:China:Taiwan, Kosempo.

体长 7.0～9.0 mm,翅长 6.0～7.5 mm。

头部亮深褐色至黑色。下额的白色毛斑钝三角形,不达复眼缘。触角黄褐色,但触角芒深褐色;梗节内侧端缘弧形,不向前强烈延长呈指状。喙黄褐色,但第 2 节深褐色。

胸部亮深褐色至黑色,肩胛和翅后胛红褐色,小盾片后缘和小盾刺黄褐色。足黄褐色,但前中足胫节端半部颜色稍深,第 4～5 跗节褐色。翅稍带褐色至深褐色,但翅基、br 室、cua$_1$ 室、cup 室、臀叶和翅瓣浅色;翅痣深褐色。

腹部亮深褐色至黑色,被黑毛,但第 1 背板、第 2 背板边缘、第 1～4 或第 1～5 腹板和生殖器被浅黄毛。雄性外生殖器:第 9 背板宽大于长,基部具浅"V"形凹缺;生殖刺突端部钝,基部无内突;生殖基节愈合部腹面端缘具钝三角形中突。

观察标本　1♂,广西龙津大青山,1963. V. 15,杨集昆(CAU);1♀,广西龙胜天平山,680 m,1982. VI. 2,杨集昆(CAU)。

分布　中国广西(龙津、龙胜)、台湾;日本。

讨论　该种与日本寡毛水虻 *E. japonica* Lindner 相似,但雄虫触角梗节内侧端缘弧形;下额白色毛斑钝三角形,不达复眼缘。而后者雄虫触角梗节内侧端缘强烈前突;下额白色毛斑梯形,达复眼缘。

(220)黑胫寡毛水虻 *Evaza nigritibia* Chen，Zhang *et* Yang，2010(图226)

Evaza nigritibia Chen，Zhang *et* Yang，2010. Acta Zootaxon. Sin. 35(1)：203. Type locality：China：Guangxi, Longzhou.

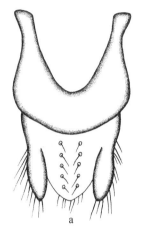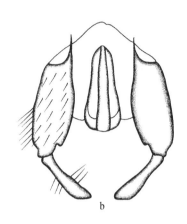

图226 黑胫寡毛水虻 *Evaza nigritibia* Chen，Zhang *et* Yang(♂)

a. 第9～10背板和尾须,背视(tergites 9～10 and cerci, dorsal view)；b. 生殖体,背视(genital capsule, dorsal view)。

雄 体长5.6～5.7 mm,翅长4.9～5.0 mm。

头部黑色,被浅灰粉。复眼浅红褐色,相接；上部小眼面大,下部小眼面小。单眼瘤明显,单眼黄褐色。上额狭长而下额宽短。头部毛浅黄色,但单眼瘤被黑毛,颜和后颊毛较长。触角黄色,毛部分黑色；触角芒黑色,密被细毛,但端部1/4裸。触角梗节内侧端缘平截。触角各节长比为1.5：1.0：1.0：5.8。喙黄色,被浅黄毛；须细长,约为喙长的一半,黄色,被浅黄毛。

胸部黄色,被浅灰粉,中胸背板和小盾片亮黄色,中胸背板具3个褐色纵斑,中斑短,侧斑在中缝处断开。小盾片刺盾比为0.5。胸部毛浅黄色,中胸背板和小盾片毛短。足浅黄色,后足胫节除基部和窄的末端外黑色。足上毛浅黄色,但跗节和后足胫节有少许黑毛。翅浅黄色；翅痣黄褐色；翅脉黄色；翅面均匀覆盖黄色微刺。平衡棒黄色。

腹部黄色,背板亮黄色,被浅黄色短毛,但侧边毛较长且直立。雄性外生殖器：第9背板长稍大于宽,基部具大的"V"形凹缺；尾须短粗；生殖刺突直,基部较细,端部膨大圆钝。

雌 体长4.5～4.7 mm,翅长4.6～4.7 mm。

与雄虫相似,仅以下不同：复眼宽分离。上额长,向前明显变窄,具中脊,亮浅黑色；下额宽短,光亮,仅中央触角上具大的三角形白毛斑。眼后眶明显,与单眼瘤等长。梗节内侧端缘向前明显突出。

观察标本 正模♂,广西龙州弄岗,1982.Ⅴ.19,杨集昆(CAU)。副模1♂6♀♀,贵州贵阳花溪1 000 m,1981.Ⅴ.21～26,杨集昆(CAU)。

分布 广西(龙州)、贵州(花溪)。

讨论 该种与分布于巴布亚新几内亚的土黄寡毛水虻 *E. lutea* James相似,但中胸背板具褐斑；后足胫节大部分黑色。而后者中胸背板无斑；后足胫节全黄色。

(221)棕胫寡毛水虻 *Evaza ravitibia* Chen，Zhang *et* Yang，2010(图 227)

Evaza ravitibia Chen，Zhang *et* Yang，2010. Acta Zootaxon. Sin. 35(1)：203. Type locality：China：Yunnan，Ruili.

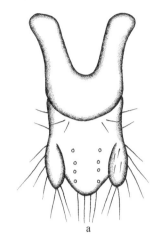 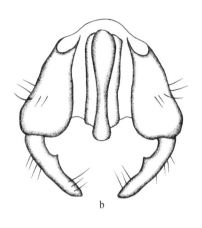

图 227　棕胫寡毛水虻 *Evaza ravitibia* Chen，Zhang *et* Yang(♂)

a. 第 9～10 背板和尾须，背视(tergites 9～10 and cerci, dorsal view)；b. 生殖体，背视(genital capsule, dorsal view)。

雄　体长 4.9～5.1 mm，翅长 4.9～5.4 mm。

头部黑色，被浅灰粉。复眼红褐色，相接；上部小眼面大下部小眼面小。单眼瘤明显，单眼浅黄褐色。上额狭长而下额宽短。头部毛浅黄色，颜和后颊毛较长。触角黄色，毛部分黑色；触角芒黑色，密被细毛，但端部 1/4 裸。触角梗节内侧端缘平截。触角各节长比为 1.2：1.0：1.0：6.0。喙黄色，被浅黄毛；须细长，约为喙长的一半，黄色，被浅黄毛。

胸部黄褐色；中胸背板和小盾片亮黄色，中胸背板具 3 个褐色纵斑，中斑短，侧板在中缝处断开。小盾片刺盾比为 0.6。侧背片暗褐色，中背片褐色。胸部毛浅黄色；中胸背板和小盾片毛短。足黄色，但前后足胫节褐色，前足跗节暗褐色，中后足跗节端部褐色。足上毛浅黄色，但前足跗节和中后足跗节端部被黑毛。翅近透明，端部浅灰褐色；翅痣暗褐色；翅脉褐色；翅面均匀覆盖褐色微刺。平衡棒暗黄色。

腹部黄褐色，背板亮黄褐色，被浅黄色短毛，但侧边毛较长且直立。雄性外生殖器：第 9 背板长明显大于宽，基部具大的"V"形凹缺；尾须短粗；生殖刺突细长，中基部具小内齿，末端稍尖。

雌　未知。

观察标本　正模♂，云南瑞丽勐休，1981. Ⅴ. 1，杨集昆(CAU)。副模 2♂♂，云南瑞丽勐休，1981. Ⅴ. 2～4，杨集昆(CAU)；1♂，云南瑞丽南京里，1981. Ⅴ. 5，李法圣(CAU)。

分布．云南(瑞丽)。

讨论　该种与黑胫寡毛水虻 *E. nigritibia* Chen，Zhang *et* Yang 相似，但侧背片暗褐色；后足胫节棕褐色；翅端部浅灰褐色。而后者侧背片黄色；后足胫节除基部和窄的末端外黑色；翅浅黄色。

(222)胫寡毛水虻 *Evaza tibialis*（Walker，1861）

Clitellaria tibialis Walker，1861. J. Proc. Linn. Soc. London Zool. 5(19)：258. Type locality：Indonesia：Sulawesi，Manado.

体大型,9 mm。股节浅黄色,胫节深褐色。腹部黑色。

分布 中国台湾;印度尼西亚。

讨论 该种与黑翅寡毛水虻 *Evaza nigripennis* Kertész 相似,但足股节全浅黄色,胫节全深褐色。而后者足股节黄褐色,但前中足胫节端半部颜色稍深。

(223)张氏寡毛水虻 *Evaza zhangae* Zhang *et* Yang，2010(图 228、图 229)

Evaza zhangae Zhang *et* Yang，2010. Ann. Zool. 60(1)：90. Type locality：China：Hainan，Jianfengling.

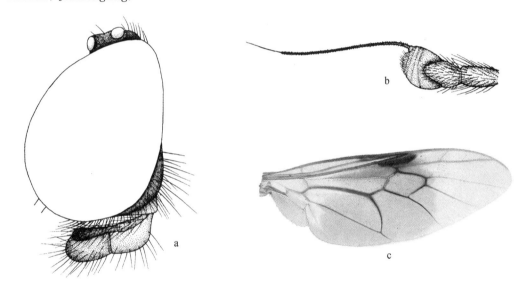

图 228 张氏寡毛水虻 *Evaza zhangae* Zhang *et* Yang(♂)
a. 头部,侧视(head, lateral view)；b. 触角,侧视(antenna, lateral view)；c. 翅(wing)。

雄 体长 9.0 mm,翅长 7.8 mm。

头部亮黑色,被浅灰粉。复眼红褐色,相接;上部小眼面大,下部小眼面小。单眼瘤明显,单眼黄褐色。上额狭长而下额宽短。头部毛浅黄色,但头顶、颜和后颊还被近直立长毛;下额具钝三角形白毛斑,除基部外不达复眼缘。触角黄色,但最末鞭节黄褐色,被浅色毛;柄节和梗节被黄毛;触角芒褐色,密被黄色细毛,但端部 1/5～1/4 裸;梗节内侧端缘明显向前突。触角各节长比为 1.0：0.9：1.0：4.0。喙黄色,端部浅褐色,被浅黄毛,但端部毛黑色;须黄色,但端部黑色,被黄毛,但端部被黑毛。

胸部亮黑色,但肩胛和翅后胛棕黄色;小盾片柠檬黄色,小盾刺浅黄色;中侧片黑褐色,但上缘浅黄色。胸部毛浅黄色。足黄色,但后足胫节端部 2/3 黑色,跗节端部棕黄色。足上毛浅黄色,但胫节和跗节部分被黑毛。翅浅黑色,但基部几乎透明,端部 1/3 黄色;翅脉黑色,但翅面黄色的部分翅脉黄色;翅面均匀覆盖褐色微刺,但翅面黄色部分被黄色微刺,翅基部包括翅

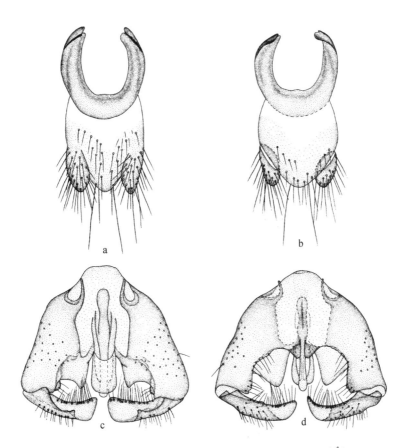

图 229　张氏寡毛水虻 *Evaza zhangae* Zhang *et* Yang(♂)

a. 第 9～10 背板和尾须,背视(tergites 9～10 and cerci, dorsal view);b. 第 9 背板、第 10 腹板和尾
须,腹视(tergite 9, sternite 10 and cerci, ventral view);c. 生殖体,背视(genital capsule, dorsal
view);d. 生殖体,腹视(genital capsule, ventral view)。

瓣、cup 室后下部和臀叶基部裸。平衡棒浅黄色。

　　腹部褐色至暗褐色,第 1 背板中部浅色。腹部被褐色短毛,侧边毛稍长且直立。腹面褐
色,密被黄毛。雄性外生殖器:第 9 背板窄,基部具大的半圆形凹缺;生殖刺突近端部具小内
突,端部斜截;生殖基节愈合部腹面端缘中部具 1 对小突。

　　雌　未知。

　　观察标本　正模♂,海南尖峰岭鸣凤谷,2007. Ⅴ. 14,张俊华(CAU)。副模 1♂,海南尖峰
里避暑山庄(灯诱),2009. Ⅳ. 24,霍姗、周丹(CAU)。

　　分布　海南(尖峰岭)。

　　讨论　该种与双色寡毛水虻 *E. bicolor* Chen, Zhang *et* Yang 相似,但小盾片全柠檬黄
色。而后者小盾片黑色,仅后缘和盾刺黄色。

30. 伽巴水虻属 *Gabaza* Walker，1858

Gabaza Walker，1858. J. Proc. Linn. Soc. London Zool. 3(10)：80. Type species：*Gaba-*

za argentea Walker, 1858.

Wallacea Doleschall, 1859. Natuurkd. Tijdschr. Ned.-Indie 17：82. Type species：*Wallacea argentea* Doleschall, 1859.

Musama Walker, 1864. J. Proc. Linn. Soc. London Zool. 7(28)：205. Type species：*Musama pauper* Walker, 1864.

属征 体小型。复眼裸或被短毛；雄虫接眼式，雌虫离眼式。触角鞭节纺锤形，最末节端部具一细长的鬃状触角芒，雌虫触角芒较粗。小盾片约为等边三角形，具极扁的沿，边缘具一系列小齿，小盾片后缘中部具一稍大的凹，将小盾齿分为明显的两组。CuA_1 脉从盘室发出，R_4 脉存在，r-m 横脉很短或点状，R_{2+3} 脉从盘室顶点后发出。腹部近圆形，背面强烈拱突，宽大于长且宽于胸部。

讨论 该属仅分布于古北界、东洋界和澳洲界。全世界已知 13 种，中国已知 5 种。

种 检 索 表

1.	雄虫，复眼相接或被极狭的额分开 ··	2
	雌虫，复眼宽分离，中央具额中线 ··	6
2.	翅脉基半部暗褐色 ·· 中华伽巴水虻 *G. sinica*	
	翅脉淡黄色至棕黄色 ··	3
3.	复眼被极狭的额分开 ·· 银灰伽巴水虻 *G. argentea*	
	复眼相接 ··	4
4.	复眼被浓密的毛 ··	5
	复眼几乎裸，仅被稀疏的黄色短毛 ················ 白鬃伽巴水虻 *G. albiseta*	
5.	触角鞭节黑褐色，长约为宽的 2.0 倍 ················ 津田伽巴水虻 *G. tsudai*	
	触角鞭节浅褐色，较长，长为宽的 2.5～3.0 倍 ········ 胫伽巴水虻 *G. tibialis*	
6.	基半部翅脉暗褐色 ·· 中华伽巴水虻 *G. sinica*	
	翅脉淡黄色至棕黄色 ··	7
7.	腹部明显 5 节，不紧密相接，两侧平行，体被银白毛 ···· 银灰伽巴水虻 *G. argentea*	
	腹部明显 5 节，紧密相接，两侧不平行，体被黑毛或金黄毛 ··············	8
8.	额不及头宽的 1/4；中胸背板和小盾片被浓密金黄毛；前足胫节基部和端部以及中后足胫节被浅黄毛；附节除端节外黄白色 ················ 胫伽巴水虻 *G. tibialis*	
	额不窄于头宽的 1/3 ··	9
9.	复眼几乎裸；前足胫节黄褐色 ················ 白鬃伽巴水虻 *G. albiseta*	
	复眼被浅黄色短毛；前足胫节黑色 ················ 津田伽巴水虻 *G. tsudai*	

(224) 白鬃伽巴水虻 *Gabaza albiseta* (de Meijere, 1907) (图 230)

Wallacea albiseta de Meijere, 1907. Tijdschr. Ent. 50 (4)：236. Type locality：Indonesia：Java, Semarang.

Wallacea albiseta borealis James, 1962. Insects of Micronesia. 123：101. Type locality：

Bonin Islands：Chichi Jima group，Ototo Jima，Kammuri-iwa.

雄 体长 3.0～3.5 mm,翅长 3.0～3.5 mm。

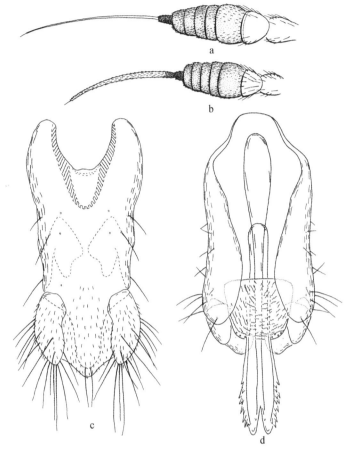

图 230 白鬃伽巴水虻 Gabaza albiseta (de Meijere)(♂)(据 Nagatomi, 1975 重绘)
a. 雄虫触角,内侧视(antenna, inner view)(♂); b. 雌虫触角,内侧视(antenna, inner view)(♀);
c. 第9～10 背板和尾须,背视(tergites 9～10 and cerci, dorsal view); d. 生殖体,背视(genital cap-
sule, dorsal view)。

头部亮黑色。复眼几乎裸,窄分离。额在复眼缘无浅灰毛,单眼瘤、后头和颊毛较长,触角
柄节、梗节毛较短;上颜被浅色毛。触角黄色,鞭节端部暗褐色至黑色,触角芒黄色至浅黑色;
鞭节长为宽的 2.0 倍,触角芒长为其余鞭节总长的 1.4～1.5 倍,触角 3 节长比(不包括触角
芒)为 1.05：1.0：2.2。喙暗褐色,被浅色毛。

胸部亮黑色,胸部背板和小盾片被黑色直立毛,肩胛、中缝之间的侧边、背板后部在小盾片
前的部分和翅基部被浅色倒伏短毛;中胸背板前部除肩胛外裸;侧板被直立黑毛,但中侧片除
前部和后部外、翅侧片除上部外和下侧片无直立黑毛;前胸侧板、后胸侧板后部和后小盾片被
灰粉,无毛。足黄褐色,但中后足胫节除基部和端部外带有暗褐色。足被黑毛,股节后侧毛较
长。翅透明,稍带黄褐色;翅痣黄褐色;翅面覆盖微刺,但翅基和翅瓣基部裸。平衡棒暗褐色,
球部大部分暗褐色。

腹部亮黑色;第 1 背板、第 2 背板除后侧边外和第 3 背板不光亮,被灰粉;腹部被浅色倒伏

毛,但第1~2背板侧边被直立黑毛,第3背板边缘被黑毛,第1腹板中部被浅色毛。雄性外生殖器:第9背板明显长大于宽,基缘中部具倒梯形凹缺;尾须长大于宽,稍内弯,端部稍尖;生殖基节明显长大于宽,基缘具半圆形突;生殖刺突椭圆形,后缘中部稍凹,端部圆钝;阳茎复合体端部二裂叶,二叶较短且端部渐尖,为阳茎复合体长的1/12~1/11,侧边具小齿。

雌 体长3.0 mm,翅长3.0 mm。

与雄虫相似,但触角黄褐色至红褐色,触角芒白色,但基部黑色。头部毛全浅色,单眼瘤和头顶毛不明显加长。具眼后眶。中胸背板和小盾片被浓密金黄毛。足基节和股节被浅色毛。腹部第2背板后部和第3背板无光泽。

观察标本 1♀,海南东寨港红树林自然保护站,2007.Ⅴ.6,张魁艳(CAU)。

分布 中国海南(东寨港)、香港、台湾;俄罗斯,日本,印度,印度尼西亚,马来西亚,斯里兰卡,小笠原群岛,关岛,北马里亚纳群岛。

讨论 该种与津田伽巴水虻 *G. tsudai* (Ôuchi)相似,但复眼裸;额在复眼缘无灰白毛;平衡棒球部暗褐色。而后者复眼被毛;额在复眼缘具窄的灰白毛斑;平衡棒球部浅褐色或白色。

(225)银灰伽巴水虻 *Gabaza argentea* Walker, 1858

Gabaza argentea Walker, 1858. J. Proc. Linn. Soc. London Zool. 3(10):80. Type locality:Indonesia:Maluku, Kepulauan Aru.

Wallacea argentea Doleschall, 1859. Natuurk. Tijdschr. Ned.-Indie 17:82. Type locality:Indonesia:Maluku, Pulau Ambon.

Pachygaster nigrofemorata Brunetti, 1912. Rec. Indian Mus. 7(5):449. Type locality:India:NE Madras, Lake Chilka.

Wallacea splendens Hardy, 1933. Proc. Linn. Soc. N. S. W. 58(5-6):410. Type locality:Australia:Queensland, Brisbane.

雄 体长3.2 mm,翅长2.8 mm。

雌 体长4.3 mm,翅长4.0 mm。

雄虫复眼被极狭的额分开;雌虫复眼宽分离,额较宽,两侧平行,两侧具银白色窄毛斑。触角赤黄色,触角芒白色,密被毛。胸部和小盾片暗黑色。胸部被黄色小毛。足黑褐色,股节稍浅,膝浅褐色,中后足跗节黄白色,但末节深色。平衡棒白色,但柄和球部下部深色。腹部暗黑色,大部分裸,仅第3背板侧边和第4~5背板被银白毛。

分布 中国上海;圣诞岛,印度,印度尼西亚,马来西亚,缅甸,菲律宾,澳大利亚,贝劳,巴布亚新几内亚,所罗门群岛,瓦努阿图。

讨论 该种与胫伽巴水虻 *G. tibialis* (Kertész)相似,但前足胫节黑褐色。而后者前足胫节棕黄色。

(226)中华伽巴水虻 *Gabaza sinica* (Lindner, 1940)(图231)

Pseudowallacea sinica Lindner, 1940. Dtsch. Ent. Z. 1939(1-4):35. Type locality:China:Gansu, Cheumen.

雄 体长2.5~3.0 mm,翅长2.4~3.0 mm。

头部亮黑色。复眼相接较短,复眼红褐色;小眼面大小一致,裸。单眼瘤突出,单眼橘黄

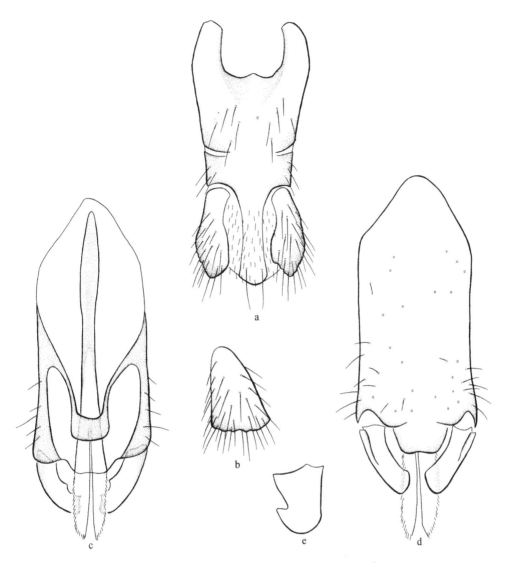

图 231　中华伽巴水虻 *Gabaza sinica*（Lindner）（♂）

a. 第 9～10 背板和尾须，背视（tergites 9～10 and cerci, dorsal view）；b. 尾须，侧视（cercus, lateral view）；
c. 生殖体，背视（genital capsule, dorsal view）；d. 生殖体，腹视（genital capsule, ventral view）；e. 右生殖刺
突，侧视（right gonostylus, lateral view）。

色。上额狭长而下额宽短。头部毛黑褐色，单眼瘤和头顶毛较长且直立，下额具两个长的银白
色纵毛斑，颜在复眼缘窄的区域被银白毛。触角棕黄色，触角芒褐色，但端部颜色较浅；触角被
黄毛。触角各节长比为 1.0：1.2：2.6：7.0。喙褐色，被黄褐毛。

　　胸部黑色，被红褐色直立毛，但中侧片前部裸。足褐色，但胫节棕黄色，中部颜色稍深，跗
节黄白色，但第 4～5 跗节黑色。足上毛黄色。翅透明；翅痣褐色；基半部翅脉褐色，端半部翅
脉浅黄色。平衡棒褐色，但球部白色。

　　腹部黑色，扁圆形，宽大于长。腹部被白毛，但第 1～3 背板中部无毛，仅被黄褐粉；腹板毛
白色，但第 1 腹板被黄褐粉。雄性外生殖器：第 9 背板明显长大于宽，基缘中部具"U"形凹缺，

与第 10 背板愈合;尾须长大于宽,侧面观近三角形,端部平截;生殖基节明显长大于宽,基缘具三角形突;生殖刺突椭圆形,侧面观背面具两个小突,一个位于基部,一个位于近端部;阳茎复合体向端部渐宽,二裂叶,二叶分离且端部渐尖,约为阳茎复合体长的 1/5,侧边具小齿。

雌 体长 2.8~3.5 mm,翅长 3.0~3.2 mm。

与雄虫相似,仅复眼宽分离。触角芒粗于雄虫。

观察标本 5♂♂,北京海淀公主坟,1956. V. 28,杨集昆(CAU);2♂♂,北京海淀公主坟,1956. V. 25,杨集昆(CAU);1♂,北京海淀中国农业大学西校区(灯诱),1957. V. 28,杨集昆(CAU);1♂,北京海淀中国农业大学西校区,1980. VI. 10,杨集昆(CAU);1♂,北京海淀中国农业大学西校区,2011. VIII. 24,张婷婷(CAU);1♀,江苏宜兴祝陵,1974. IX. 28,李法圣(CAU);1♀,辽宁沈阳东陵,1989. V. 20,WMS(CAU)。

分布 北京(海淀)、江苏(宜兴)、上海、辽宁(沈阳)、甘肃、台湾。

讨论 该种与津田伽巴水虻 G. tsudai(Ôuchi)相似,但该种复眼裸,翅基部翅脉褐色而端部翅脉黄色。而后者复眼被毛,翅脉全棕黄色。

(227)胫伽巴水虻 *Gabaza tibialis* (Kertész,1909)

Wallacea tibialis Kertész, 1909. Ann. Hist. Nat. Mus. Natl. Hung. 7(2):385. Type locality:China:Taiwan, Kosempo.

雌 体长 4.3 mm,翅长 4.3 mm。

头部亮黑色。复眼被毛。额为头宽的 1/4,两侧几乎平行,单眼瘤下具一个三角形凹,触角处圆突。下颜窄的边缘被银白毛。触角浅褐色,触角芒白色,密被毛。胸部被铜黄色小毛,侧板被白毛。足黑色;膝、前足胫节、中后足胫节基部和端部黄褐色,跗节黄白色,但最末节深色。翅透明,翅痣和盘室处的翅脉蜜黄色。平衡棒白色,柄褐色。腹部被黄色小毛,腹板被白色短毛。

分布 中国台湾。

讨论 该种与津田伽巴水虻 G. tsudai(Ôuchi)相似,但足黑色,膝、前足胫节、中后足胫节基部和端部黄褐色,跗节黄白色,但最末节深色。而后者足暗褐色至黑色,但跗节(除第 3~5 或第 4~5 跗节背面深色外)、膝和胫节端部黄褐色。

(228)津田伽巴水虻 *Gabaza tsudai*(Ôuchi, 1940)(图 232)

Pseudowallacea tsudai Ôuchi, 1940. J. Shanghai Sci. Inst.(Ⅲ)4:267. Type locality:China:Shanghai, Taiwan;Japan:Ryukyu Islands, Naha.

雄 体长 3.5~4.5 mm,翅长 3.5~4.0 mm。

头部亮黑色。复眼密被短毛。额三角在复眼缘、颜和额三角的一对长斑被浅灰色毛,上颜被浅色毛,上额、单眼瘤、头顶、后头、颊和下颜两侧被黑毛;单眼瘤、后头和颊毛较长。触角暗褐色,但部分红褐色至褐色;柄节和梗节被短黑毛,鞭节被极微小的毛。触角芒长为其余鞭节总长的 1.4~1.5 倍,鞭节长为宽的 2.0 倍,触角 3 节长比(不包括触角芒)为 1.1:1.0:2.4。喙暗褐色,被浅色毛。

胸部亮黑色,胸部背板和小盾片被黑色直立毛,肩胛和中缝之间的侧边、背板后部在小盾片前的部分和翅基部被浅色倒伏短毛,中胸背板前部除肩胛外裸;侧板被直立黑毛,但中侧片

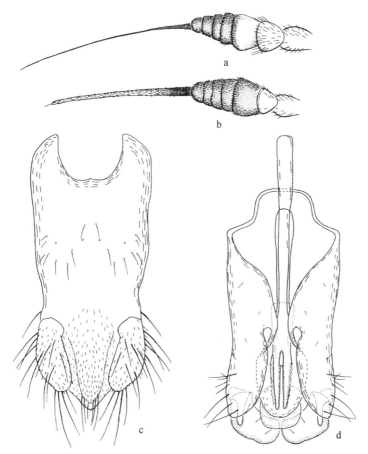

图 232 津田伽巴水虻 *Gabaza tsudai* (Ôuchi) (♂) (据 Nagatomi，1975 重绘)

a. 雄虫触角，内侧视（antenna，inner view）(♂)；b. 雌虫触角，内侧视（antenna，inner view）
（♀）；c. 第 9～10 背板和尾须，背视（tergites 9～10 and cerci，dorsal view）；d. 生殖体，背视
（genital capsule，dorsal view）。

除前部和后部外、翅侧片除上部外、下侧片无直立黑毛，前胸侧板、后胸侧板后部和后小盾片被
灰粉，无毛。足暗褐色至黑色，但跗节（除第 3～5 或 4～5 跗节背面深色外）、膝和胫节端部黄
褐色；基节和股节多少有光泽，足被黑毛，股节后侧毛较长。翅膜质，透明或稍带黄褐色或褐
色；翅痣和翅痣下的区域黄褐色。平衡棒暗褐色但球部浅褐色或白色。

腹部亮黑色；第 1 背板、第 2 背板除后侧边外、第 3 背板前中部和第 1 腹板不光亮，被灰
粉；腹部被浅色倒伏毛（第 1～2 背板和第 3 背板中前部被黑毛），第 1～2 背板侧边和第 1 腹板
中部被直立黑毛。雄性外生殖器：第 9 背板明显长大于宽，基缘中部具大半圆形凹缺；尾须长
大于宽，端部稍钝；生殖基节明显长大于宽，基缘具梯形突；生殖刺突椭圆形，端部圆钝；阳茎复
合体端部二裂叶，二叶较长，约为阳茎复合体长的 1/6，侧边具小齿。

雌 体长 3.0～4.5 mm，翅长 3.0～4.5 mm。

与雄虫相似，仅以下不同：触角黄褐色至红褐色，触角芒白色但基部黑色；下额无一对白毛
斑；头部毛全浅色，单眼瘤和头顶毛不明显加长。具眼后眶。胸部无直立毛。足基节和股节被
浅色毛。腹部第 1～2 背板侧边和第 1 腹板中部被浅色毛。

分布 中国上海、台湾;日本。

讨论 该种与胫伽巴水虻 *G. tibialis* (Kertész)相似,但足暗褐色至黑色,但跗节(除第3～5或4～5跗节背面深色外)、膝和胫节端部黄褐色。而后者足黑色,膝、前足胫节、中后足胫节基部和端部黄褐色,跗节黄白色,但最末节深色。

31. 角盾水虻属 *Gnorismomyia* Kertész, 1914

Gnorismomyia Kertész, 1914. Ann. Hist. Nat. Mus. Natl. Hung. 12(2): 533. Type species: *Gnorismomyia flavicornis* Kertész, 1914.

属征 体深色。复眼裸;雌雄虫复眼均较宽分离。单眼瘤不太突出。眼后眶极窄,仅侧面观在头后下部可见。触角位于头中部,柄节和梗节极短,触角着生处稍凹,柄节和梗节侧面观不可见;鞭节椭圆形,宽大于长;触角芒细长,裸。后头凹陷。胸部长稍大于宽,背面强烈拱突,小盾片正三角形,与背板成25°夹角向上倾斜,背面强烈拱突,边缘具一系列小齿。R_4 脉存在,R_{2+3} 脉从 r-m 横脉前发出。腹部梨形,背面拱突,背板愈合,分界不明显,腹板分界较明显。

讨论 该属全世界已知1种,仅分布于台湾。

(229)黄角角盾水虻 *Gnorismomyia flavicornis* Kertész, 1914

Gnorismomyia flavicornis Kertész, 1914. Ann. Hist. Nat. Mus. Natl. Hung. 12(2): 534. Type locality: China: Taiwan, Takao.

体长 2.5 mm,翅长 2.25 mm。

头部亮黑色。额中部裸,额在复眼缘稍凹,被褐色短毛。触角暗黄色,触角芒黑色。胸部被稀疏的刻点和毛,但在小盾片之前较密。侧板裸,但后胸侧板后缘和腹板被白色长毛。足浅黄色,股节暗褐色。翅透明;翅痣蜜黄色;翅脉黄色,亚前缘脉部分浅黑色。平衡棒球部乳黄色,但下部褐色,柄褐色。腹部亮黑色,被小白毛,但第1背板、第2背板侧边和第1腹板中部前1/3密被刻点。

分布 中国台湾。

讨论 该属全世界已知1种,该属与肾角水虻属 *Abiomyia* 和华美水虻属 *Abrosiomyia* 较相似,但华美水虻属 *Abrosiomyia* 的 R_4 脉不存在,肾角水虻属 *Abiomyia* 触角鞭节肾形,可与本属相区别。

32. 科洛曼水虻属 *Kolomania* Pleske, 1924

Kolomania Pleske, 1924. Encycl. Ent. B(Ⅱ), Diptera 1(2): 99. Type species: *Artemita pilosa* Pleske, 1922.

Acanthinoides Ôuchi, 1940. J. Shanghai Sci. Inst.(Ⅲ)4: 269. Type species: *Acanthinoides nipponensis* Ôuchi, 1940.

Ouchimyia Nagatomi *et* Miyatake, 1965. Trans. Shikoku Ent. Soc. 8(4): 132. Type species: *Acanthinoides nipponensis* Ôuchi, 1940.

属征 复眼密被毛;雌雄复眼均宽分离,小眼面大小一致。眼后眶明显。触角鞭节8节,

第 4～6 节通常分界不明显,纺锤形,长大于宽,最末节形成长而稍粗的端芒。小盾片 4 刺。CuA$_1$ 脉从盘室发出,R$_4$ 存在,R$_{2+3}$ 脉从 r-m 横脉处发出。腹部近圆形,宽于胸部。

讨论 该属仅分布于古北界,全世界已知 3 种,中国已知 1 种。

(230)白毛科洛曼水虻 *Kolomania albopilosa*(Nagatomi, 1975)(图 233;图版 53)

Ouchimyia albopilosa Nagatomi,1975. Ann. Hist. Nat. Mus. Natl. Hung. 12(2):384. Type locality:Japan:Hokkaido, Maruyama, Sapporo.

雄 体长 5.0～5.5 mm,翅长 4.5～5.0 mm。

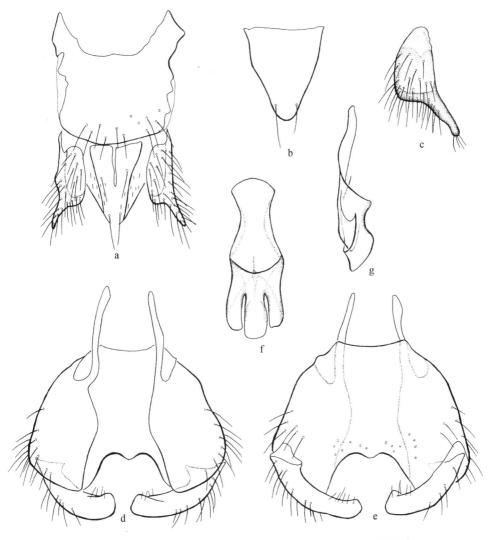

图 233 白毛科洛曼水虻 *Kolomania albopilosa*(Nagatomi, 1975)(♂)

a. 第 9～10 背板和尾须,背视(tergites 9～10 and cerci, dorsal view);b. 第 10 腹板(sternite 10);c. 尾须,侧视(cercus, lateral view);d. 生殖体,背视(genital capsule, dorsal view);e. 生殖体,腹视(genital capsule, ventral view);f. 阳茎复合体,背视(aedeagal complex, dorsal view);g. 阳茎复合体,侧视(aedeagal complex, lateral view)。

头部亮黑色。复眼褐色,密被褐色长毛,宽分离。眼后眶明显,窄于单眼瘤宽的一半。单眼瘤较扁,单眼白色。单眼瘤、额、颜和颊被黑色长毛,长于复眼毛,但上额靠近单眼瘤的部分毛较短,触角上额具一个倒三角形的裸区,裸区两侧各有一个白色三角形短毛斑。触角深褐色,梗节端缘黄褐色。触角 3 节长比为 1.0：0.8：5.4。喙浅褐色,被棕黄粉和棕黄色长毛;须短,褐色,被黄色短毛和黑色长毛。

胸部近圆形,长宽大致相等,背板上拱;小盾片较宽扁,宽约为长的 2.0 倍,具 4 刺。胸部黑色,肩胛和翅后胛深红褐色;小盾刺基半部黑色,端半部黄褐色,顶尖黄色。胸部密被刻点和黑色近直立长毛,背板基部和小盾片被白色长毛,中侧片除前部和后部外,下侧片和侧背片裸。足深褐色,但跗节、前足股节端部、前足胫节、中足胫节基部和端部以及中后足股节最末端黄色。足上毛黑色,但胫节和跗节毛黄色。翅稍带浅黄色;翅痣浅黄色;翅脉浅黄色但基半部(翅痣前的部分)翅脉棕黄色,翅面均匀覆盖微刺,但基部除翅瓣外裸。平衡棒浅黄色。

腹部稍扁的圆形,明显宽于胸部,背面明显上拱。腹部密布刻点和黄色短毛。第 2 背板和第 3～4 背板中部密被长白毛。雄性外生殖器:第 9 背板长稍大于宽,基部具梯形凹缺;尾须卵圆形,端部外侧具长指状突,突起长约等于尾须主体长;生殖基节宽大于长,基缘平,愈合部腹面端缘具大的半圆形凹缺,凹缺中部具小突;生殖刺突长,端部圆钝,基部和端部近等宽,明显内弯;阳茎复合体粗短,端部三裂,中叶稍长于侧叶。

雌 体长 4.8 mm,翅长 4.6 mm。

头部亮黑色。复眼黑色,被黑色长毛,宽分离。眼后眶明显,大致与单眼瘤宽度相等或稍窄。单眼瘤较扁,单眼黄褐色。头部毛黄色,远短于雄虫,触角上额具一个倒三角形裸区,裸区两侧各有一个白色三角形短毛斑。触角黄色,但柄节黄褐色,第 6～7 鞭节黑色;触角密被黄色短柔毛,柄节和梗节还具黄毛,外侧被黑毛。触角 3 节长比为 1.0：0.8：3.5。喙浅黑色,被黄色短毛和黑色长毛;须短,黑褐色,被黄色短毛和黑色长毛。

胸部椭圆形,长稍大于宽,基部最宽,背板上拱;小盾片较宽扁,宽约为长的 2.0 倍,具 4 刺。胸部黑色,肩胛和翅后胛深红褐色;小盾刺基半部黑色,端半部黄色。胸部亮黑色,被刻点和黄色倒伏毛,背板基部和小盾片毛较长,中侧片除前部和后部外、下侧片和侧背片裸。足同雄虫。翅基半部(翅痣前的部分)浅黑色,端半部浅黄色;翅痣浅黄色;基半部翅脉褐色,端半部翅脉浅黄色,同翅面颜色;翅面均匀覆盖微刺,颜色同翅面,翅基部除翅瓣外裸。平衡棒浅黄色,基部棕黄色。

腹部近圆形,端部稍尖,黑色,被刻点和黄色倒伏短毛。尾须黄色。

观察标本 2♂♂,甘肃文县邱家坝,1998.Ⅵ.29,张学忠(IZCAS);1♀,北京门头沟小龙门,2004.Ⅵ.3,王孟卿(CAU)。

分布 中国甘肃(文县)、北京(门头沟);日本,韩国。

讨论 该种与分布于日本的日本科洛曼水虻 *K. nipponensis* Ôuchi 相似,但中足胫节黑色,但基部和端部黄色;尾须端部外侧具较长的指突。而后者中足胫节黄褐色;尾须较短,端部外侧稍尖,无长指突。

33. 边水虻属 *Lenomyia* Kertész, 1916

Lenomyia Kertész, 1916. Ann. Hist. Nat. Mus. Natl. Hung. 14(1):186. Type species:

Lenomyia honesta Kertész，1916.

属征 体深色。复眼裸；雄虫接眼式，雌虫离眼式。触角鞭节圆形，端部具一根长的鬃状触角芒。小盾片具宽沿，无刺。CuA_1 脉从盘室发出，R_4 脉存在，R_{2+3} 脉从 r-m 横脉后发出。腹部近圆形，拱突。

讨论 该属主要分布于澳洲界的巴布亚新几内亚和印度尼西亚，在东洋界仅分布于台湾，全世界已知 9 种，中国已知 1 种。

(231) 实边水虻 *Lenomyia honesta* **Kertész，1916**

Lenomyia honesta Kertész，1916. Ann. Hist. Nat. Mus. Natl. Hung. 14(1)：188. Type locality：China：Taiwan，Kankau.

复眼上部小眼面大而下部小眼面小，分界明显。翅透明，但基部 1/2 深色。小盾片圆拱。

分布 中国台湾。

讨论 该种可根据翅基半部具深色云状斑与该属其他种明显地区分开来，其他种翅透明，或稍带褐色，并无明显的深色云状斑(James，1977)。

34. 冠毛水虻属 *Lophoteles* Loew，1858(中国新记录属)

Lophoteles Loew，1858. Berl. Ent. Z. 2(2)：110. Type species：*Lophoteles plumula* Loew，1858.

属征 头部球形。复眼裸；雄虫复眼相接，上部小眼面大，下部小眼面小，雌虫复眼宽分离，小眼面大小一致。触角鞭节近圆形，宽稍大于长；雄虫梗节内侧端缘弧形，雌虫梗节内侧端缘明前向前突；触角芒长，密被毛。小盾片近三角形，无刺。R_4 脉存在，R_{2+3} 脉从 r-m 横脉前发出。腹部长稍大于宽，稍扁平。

讨论 该属分布于非洲界、澳洲界和东洋界，为中国新记录属。全世界已知 11 种，中国已知 1 种。

(232) 羽冠毛水虻 *Lophoteles plumula* **Loew，1858**(中国新记录种)(图234；图版53)

Lophoteles plumula Loew，1858. Berl. Ent. Z. 2(2)：111. Type locality：Marshall Islands：Radak.

Salduba exigua Wulp，1898. Termeszetr. Fuz. 21(3-4)：413. Type locality：Papua New Guinea：Astolabe Bay，Erima.

雄 体长 2.8 mm，翅长 2.5 mm。

头部亮黑色。复眼相接，裸，红褐色；上部小眼面大，下部小眼面小，分界不明显。单眼瘤突出，单眼红褐色。下额和颜密被银白色倒伏短毛。触角黄色，但梗节内侧稍有黄褐色，端缘平缓的弧形；鞭节扁圆形，宽大于长；触角芒密被黑毛。触角各节长比为 1.0：0.8：0.9：5.0。喙黑褐色，被红褐毛。

胸部亮黑色；小盾片长宽大致相等，较扁平，后缘圆，无刺。胸部被黄色倒伏短毛。足棕黄色，被黄毛。翅浅黄色；翅瓣后角尖锐；翅痣浅黄色不明显；翅脉浅黄色至黄褐色，R_4 脉存在，R_{2+3} 脉从 r-m 横脉前发出；翅面均匀覆盖微刺，仅翅基部裸。平衡棒浅黄色，球部棕黄色。

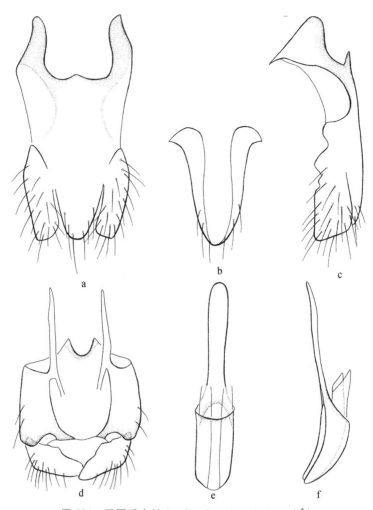

图 234　羽冠毛水虻 *Lophoteles plumula* Loew(♂)

a. 第 9～10 背板和尾须,背视(tergites 9～10 and cerci, dorsal view); b. 第 10 腹板,腹视 (sternite 10, ventral view); c. 第 9～10 背板和尾须,侧视(tergites 9～10 and cerci, lateral view); d. 生殖体,背视(genital capsule, dorsal view); e. 阳茎复合体,背视(aedeagal complex, dorsal view); f. 阳茎复合体,侧视(aedeagal complex, lateral view)。

腹部亮黑褐色,但中部不光亮,被黄毛。雄性外生殖器:第 9 背板长大于宽,基部具大半圆形凹缺,但凹缺中部具小尖突;尾须长大于宽,端部稍平截,腹面基部具小突;生殖基节长宽大致相等,基缘具两个小中突,端缘平;生殖基节突长;生殖刺突基部宽,向端部渐窄,但端部圆钝;阳茎复合体粗短,端部三裂,但不分离。

雌　体长 2.8 mm,翅长 2.5 mm。

与雄虫相似,仅以下不同:复眼分离,小眼面大小一致。额两侧几乎平行。触角梗节内侧端缘明显向前突出。足浅黄色。翅脉浅黄色。

观察标本　1♂,广西龙州响水保护站,2006.Ⅴ.15,廖银霞(CAU);1♀,广西龙州响水保护站,2006.Ⅴ.15,廖银霞(CAU)。

分布　中国广西(龙州);科摩洛群岛,马达加斯加,塞舌尔群岛,贝劳,马绍尔群岛,密克罗尼西亚,北马里亚纳群岛,巴布亚新几内亚,所罗门群岛,瓦努阿图。

讨论 该种与斑翅冠毛水虻 *L. vittipennis*(Lindner)相似,但翅完全透明。而后者翅烟灰色,中部颜色较深,端部和后部颜色较浅。

35. 单刺水虻属 *Monacanthomyia* Brunetti,1912

Monacanthomyia Brunetti,1912. Rec. Indian Mus. 7(5):448. Type species:*Monacanthomyia annandalei* Brunetti,1912.

Ceratothyrea de Meijere,1914. Tijdschr. Ent. 56(Supplement):14. Type species:*Ceratothyrea nigrifemur* de Meijere,1914.

Prostomomyia Kertész,1914. Ann. Hist. Nat. Mus. Natl. Hung. 12(2):550. Type species:*Prostomomyia atronitens* Kertész,1914.

属征 体深色。复眼裸;雄虫接眼式,雌虫离眼式。触角鞭节圆形,端部具一根鬃状触角芒。小盾片无刺,后缘向后强烈延长成刺状。CuA$_1$ 脉从盘室发出,R$_4$ 脉存在,R$_{2+3}$ 脉从 r-m 横脉处发出。腹部近圆形,拱突。

讨论 该属仅分布于东洋界和澳洲界。全世界已知 6 种,中国已知 2 种,包括 1 新记录种。

种 检 索 表

1.	足黄色,仅中后足近端部具暗褐环 ·············· **黑亮单刺水虻 *M. atronitens***
	足浅黄色,但基节以及股节除端部和基部外黑褐色;额亮黑色,触角上方具银白毛斑 ············· ·············· **安氏单刺水虻 *M. annandalei***

(233)安氏单刺水虻 *Monacanthomyia annandalei* **Brunetti,1912**(中国新记录种)

Monacanthomyia annandalei Brunetti,1912. Rec. Indian Mus. 7 (5):448. Type locality:India:West Bengal, Kurseong.

雌 体长 2.7 mm,翅长 2.7 mm。

头部亮黑色。单眼瘤突出,单眼浅黄色。额宽分离,两侧近平行。复眼红褐色,小眼面大小一致,裸。眼后眶明显。下额稍凹陷。头部被稀疏的浅黄色短毛,触角上额具银白毛斑,颜两侧在复眼缘具稍宽的银白毛斑。触角黄色;鞭节肾形,明显宽大于长;触角芒黄褐色;触角被浅黄毛,鞭节和触角芒仅被浅黄粉。触角 3 节长比为 1.0:1.0:2.5:8.0。喙褐色被褐毛。

胸部亮黑色,较拱突;小盾片中后部向上后方延伸形成单根刺。胸部被金黄色倒伏短毛,但背板中前部几乎裸,中侧片中上部裸。足浅黄色,但基节以及股节除基部和端部外黑色。足上毛浅黄色。翅透明;翅痣浅黄色;翅脉浅棕黄色,CuA$_1$ 脉从盘室发出,R$_4$ 脉存在,R$_{2+3}$ 脉从 r-m 横脉处发出;翅面均匀覆盖微刺,但翅基和 cup 室上部裸。平衡棒浅黄色。

腹部亮黑色,近圆形,背面拱突,被稀疏的金黄色短毛。

观察标本 1♀,海南白沙元门红茂村河边,2007. V. 20,张魁艳(CAU)。

分布 中国海南(白沙);印度。

讨论 该种与黑亮单刺水虻 *M. atronitens* (Kertész)相似,但足基节及股节大部分黑色。

而后者足黄色,仅中后足近端部具暗褐环。

（234）黑亮单刺水虻 *Monacanthomyia atronitens*（Kertész，1914）

Prostomomyia atronitens Kertész，1914. Ann. Hist. Nat. Mus. Natl. Hung. 12(2)：551. Type locality：China：Taiwan，Toyenmongai.

雌 体长 2.5 mm,翅长 2.5 mm。

体黑色,光亮,几乎裸。触角黄色,触角芒黑褐色。胸部光滑,仅侧边毛稍长,小盾片前被浅黄色短毛,小盾片被黑毛;侧板也几乎裸,仅腹侧片被白色小毛。足黄色,中后足近端部具暗褐环。翅覆盖浅褐色微刺,翅痣黄色;翅脉黄色;盘室长为宽的 3.0 倍。平衡棒球部黄白色,柄褐色。腹部仅侧边毛较密,第 1 背板和第 2 背板中部密布刻点,不光亮;腹板被白色小短毛。

分布 台湾。

讨论 该种与安氏单刺水虻 *M. annandalei* Brunetti 相似,但足黄色,中后足近端部具暗褐环。而后者足浅黄色,但基节以及股节除基部和端部外黑色。

36. 鼻水虻属 *Nasimyia* Yang *et* Yang，2010

Nasimyia Yang *et* Yang，2010. Zootaxa 2402：61. Type species：*Nasimyia megacephala* Yang *et* Yang，2010.

属征 体细长。颜向下突出形成鹦鹉喙状突。头前面观心形,侧面观半球形。复眼裸;雄虫接眼式或离眼式,雌虫离眼式。触角基部靠近,长超过头长的 2.0 倍;柄节长为梗节的 2.0 倍;鞭节 8 节,线状。后头稍凹,侧面观不可见。须 2 节。小盾片无刺。CuA$_1$ 脉从盘室发出,R$_4$ 脉存在,R$_{2+3}$ 脉从 r-m 横脉后发出。腹部长椭圆形,明显长于胸部,稍宽于胸部,有时第 2～3 节极细瘦,呈细柄状。

讨论 该属仅分布于东洋界。全世界已知 4 种,中国已知 4 种。

种 检 索 表

1.	腹部两侧平行,后足股节端部不向端部膨大,足全黄色 ……………… **大头鼻水虻** *N. megacephala*	
	腹部明显细缩呈柄状;足具深色斑,后足股节向端部膨大 ……………………………………… 2	
2.	雄虫(复眼相接,但长茎鼻水虻 *N.elongoverpa* 除外;尾须 1 节) …………………………… 3	
	雌虫(复眼分离;尾须 2 节) ……………………………………………………………………… 5	
3.	雄虫复眼分离 ………………………………………………………… **长茎鼻水虻** *N. elongoverpa*	
	雄虫复眼相接 ………………………………………………………………………………………… 4	
4.	腹部大部分为深褐色,侧边无明显黄斑;阳茎复合体二裂 ……… **宽跗鼻水虻** *N. eurytarsa*	
	腹部第 1～3 背板侧边具棕黄斑;阳茎复合体三裂 …………… **若氏鼻水虻** *N. rozkosnyi*	
5.	后足第 1 跗节黑色,明显膨大,其余跗节黄白色 ………………… **宽跗鼻水虻** *N. eurytarsa*	
	后足第 1 跗节不膨大,跗节全黄白色 ……………………………………………………………… 6	
6.	腹部全黑色 ……………………………………………………………… **长茎鼻水虻** *N. elongoverpa*	
	腹部第 1～2 背板侧边具棕黄斑 ………………………………… **若氏鼻水虻** *N. rozkosnyi*	

(235)长茎鼻水虻 *Nasimyia elongoverpa* Yang et Hauser，2013(图 235)

Nasimyia elongoverpa Yang et Hauser，2013. Zootaxa 3619(5)：532. Type locality：China：Yunnan，Baoshan.

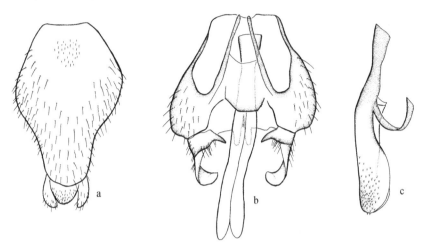

图 235 长茎鼻水虻 *Nasimyia elongoverpa* Yang et Hauser(♂)(据 Yang 等，2013 重绘)

a. 第 9～10 背板和尾须，背视(tergites 9～10 and cerci，dorsal view)；b. 生殖体，背视(genital capsule，dorsal view)；c. 阳茎复合体，侧视(aedeagal complex，lateral view)。

雄 体长 6.0 mm，翅长 5.0 mm。

头部明显宽于胸部，亮黑色。复眼红褐色，分离；上部小眼面大，下部小眼面小。单眼瘤小而突出，亮黑色，几乎裸。上额向颜渐窄，最窄处位于中单眼与触角基部之间，额宽为头宽的 0.12 倍。额亮黑色，在复眼缘被白色短柔毛，形成条斑。后头亮黑色，被稀疏短毛。触角长为头长的 2.0 倍；柄节和梗节黄褐色，被稀疏的深色毛；柄节杯状，长为梗节的 2.0 倍；第 1～2 鞭节黄褐色，其余鞭节黑色，被黑色短毛，鞭节每节长大于宽。触角各节长比为：2.0：1.0：2.0：1.5：1.5：1.5：1.4：1.0：2.0：2.0，各节宽比为：0.8：0.6：0.8：0.6：0.5：0.4：0.3：0.3：0.2：0.2。喙黄色，但基部深褐色，被稀疏的黄色长毛；须深褐色。

胸部细长，黑色，但肩胛和翅后胛黄色，小盾片后缘黄白色。胸部密布刻点和灰色倒伏短毛；侧板被浅色毛，但中侧片裸。足黄白色，被短黄毛，但后足基节深褐色至黑色，后足股节端部 2/3 浅褐色至深褐色，后足胫节黄色，但中部颜色稍深；后足股节端半部膨大。翅透明，但盘室上部具一个浅褐色小横斑，翅端上部包括 r₄ 室浅褐色；翅痣深褐色；翅脉深褐色；翅面覆盖微刺。平衡棒黑色，但柄黄色。

腹部细长，明显窄于胸部，宽约为胸部的 0.4 倍；第 1 节向端部渐窄，第 2 节最窄，第 3～5 节向端部渐宽，第 5 节端部最宽。腹部背板亮黑色，侧边褐色，密布刻点和稀疏的灰毛；腹板与背板相同。雄性外生殖器：第 9 背板心形，被浅色短毛；第 10 背板小，藏在第 9 背板下，仅端部可见；生殖基节端缘具一对明显的小突；生殖刺突端部向内弯曲，基部内侧具针状突；阳茎复合体明显延长，二裂，具小齿突。

雌 体长 6.7～7.2 mm，翅长 5.0～6.0 mm。

与雄虫相似，仅以下不同：额明显宽于雄虫，侧边几乎平行，额宽为头宽的 0.25 倍，亮黑色,被白色短柔毛,形成不规则的侧斑。头宽为胸宽的 1.1 倍,头长为宽的 0.6 倍,为头高的 0.7 倍。后足胫节端部 2/3 黑色,膨大。腹部腹面全黑色。

分布 云南(保山)。

讨论 该种与宽跗鼻水虻 *N. eurytarsa* Yang et Hauser 相似,但雄虫复眼分离;跗节全黄白色,后足第 1 跗节不膨大。而后者雄虫复眼相接;后足第 1 跗节黑色,膨大。

(236)宽跗鼻水虻 *Nasimyia eurytarsa* Yang *et* Hauser,2013(图 236)

Nasimyia eurytarsa Yang *et* Hauser,2013. Zootaxa 3619(5):529. Type locality:China:Yunnan, Baoshan.

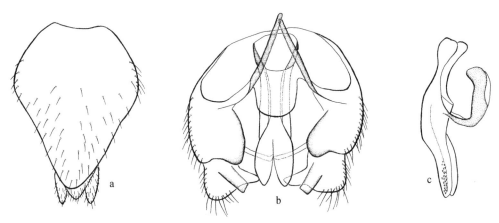

图 236 宽跗鼻水虻 *Nasimyia eurytarsa* Yang *et* Hauser(♂)(据 Yang 等,2013 重绘)

a. 第 9～10 背板和尾须,背视(tergites 9～10 and cerci, dorsal view);b. 生殖体,背视(genital capsule, dorsal view);c. 阳茎复合体,侧视(aedeagal complex, lateral view)。

雄 体长 8.5～9.0 mm,翅长 5.5～6.0 mm。

头部亮黑色。复眼红褐色,裸,在额处相接;前部和上部小眼面大,后部和下部小眼面小,分界不明显。单眼瘤大,明显,单眼红褐色。颜中部有一个大的圆锥形突起。头部被白色短毛,但单眼瘤和下额中部裸,复眼缘毛较密,颜的圆锥突毛较稀疏,顶端被黑毛,颜、颊毛较长且直立。触角黑色,但柄节和梗节黄色至棕黄色,鞭节基部黄褐色;触角长,丝状,柄节长大于宽,柄节长为梗节的 2.0 倍,第 1 鞭节长为梗节的 2.0 倍,第 2～7 鞭节比 1 鞭节稍短,各节近等长,第 8 鞭节稍长,大约与第一鞭节等长。触角 3 节长比约为 1.0:0.5:7.7;柄节和梗节被黑毛,鞭节密被黄色和黑色短毛。喙黄色至棕黄色,基部黄褐色,被黄粉和稀疏的棕黄色长毛;须褐色,被黄粉和稀疏的棕黄色长毛。

胸部亮黑色,仅肩胛、翅后胛(中部除外)和小盾片后缘稍带红褐色。小盾片无刺。胸部密被黄毛,但侧板和腹板毛白色,中侧片中上部一个近方形的区域裸。足细长,但后足股节端半部膨大,后足胫节粗,但基部 1/5 很细,后足第 1 跗节长且膨大,明显宽于其他跗节,第 4 跗节很短,明显短于其他跗节;足黄色,但前、中足基节、转节、股节基半部、中足跗节、后足第 2～5 跗节淡黄色,前足胫节端半部前缘、中足胫节端部 2/3 和后足基节黄褐色,后足股节端半部、后足胫节除基部 1/5 外、后足第 1 跗节除基部和最末端外黑色。足上毛浅黄色,但前足胫节端半部、前足跗节前侧和中后足深色部分(基节和跗节除外)被黑毛。翅透明,但 br、bm 室端部、

r_{2+3}室端部、r_4室和r_5室基部浅褐色,盘室和翅端后缘即r_5、m_1、m_2室端部、cua_1室和臀叶下部稍带浅褐色;翅痣褐色;翅面均匀覆盖微刺,但翅基部除翅瓣外、cup室和臀叶基部裸;翅脉褐色。平衡棒黄色,球部黑色。

腹部细长,第1节基部与小盾片基部几乎等宽,向端部迅速变窄,第2、3节很窄,圆柱形,第4节梯形,端部与胸部几乎等宽,第5节近方形,宽度与第4节基部相等。亮深褐色,但第1背板端部、第2～3背板和第4背板基部黄褐色,第1腹板端半部、第2～3腹板和第4腹板基部黄色。腹部被稀疏的黑毛,但侧边毛浅黄色较长且直立。雄性外生殖器:第9背板明显长大于宽,端部渐窄,末端稍尖;尾须小,端部尖;生殖基节基缘凸,愈合部腹面端缘凸;生殖刺突大,后部圆钝,端部具稍尖的指状突;阳茎复合体端部二裂。

雌 体长 7.0 mm,翅长 5.5 mm。

头部亮黑色。复眼红褐色,裸,在额处宽的分离;小眼面大小相等。单眼瘤不如雄虫明显,单眼红色至红黄色。颜中部有一个大的圆锥形突起。头部被白色短毛,但单眼瘤、额中部一个狭长的区域及触角上额不包括复眼缘的部分裸,复眼缘的毛较密,颜的圆锥突起上毛较稀疏,顶端被黑毛,颜、颊毛较长且直立。触角同雄虫。触角3节长比约为 1.1:0.7:7.4。喙和须同雄虫。

胸部同雄虫,仅下述部分不同:前足胫节端半部黄褐色,前沿颜色加深,中足胫节端部2/3、后足股节端半部除最末端外和后足胫节除基部外褐色,后足第1跗节稍微膨大,但全浅黄色,同跗节其余部分,中后足深色部分(除侧背面外)主要被黄毛,有少许黑毛。翅同雄虫,但cup室基半部及上缘裸,bm室中部大部分区域裸。

腹部较雄虫粗,第一节基部宽于小盾片基部,向端部迅速变窄,第2节窄,圆柱形,第3节梯形,端部与胸部等宽,第4～5节近方形,与第3节基部等宽。腹部颜色为亮深褐色,第2节褐色,但基缘和端缘红褐色,第3节端部两角棕黄色,第1腹板端半部、第2腹板和第3腹板基部棕黄色。腹部毛黄色。尾须2节,黄色。

观察标本 3♂,云南勐腊补蚌村,2009.V.9,张婷婷(CAU);1♂,云南勐腊补蚌村,2009.V.11,张婷婷(CAU);1♂,云南勐腊补蚌村,2009.V.8,王国全(CAU);1♂,云南勐腊龙门,2009.V.9,白晓栓(CAU);1♀,云南勐腊瑶区,2005.V.8,白晓拴(CAU);1♀,云南勐腊补蚌村,2009.V.11,张婷婷(CAU)。

分布 中国云南(勐腊、保山、瑞丽、盈江);泰国。

讨论 该种与若氏鼻水虻 *N. rozkosnyi* Yang *et* Hauser 相似,但腹部主要为深褐色,侧边无棕黄斑;阳茎复合体二裂。而后者腹部第1～3背板侧边具棕黄斑;阳茎复合体三裂。

(237)大头鼻水虻 *Nasimyia megacephala* Yang *et* Yang, 2010(图237;图版53)

Nasimyia megacephala Yang *et* Yang,2010. Zootaxa 2402:63. Type locality:China:Yunnan,Baoshan.

Nasimyia nigripennis Yang *et* Yang,2010. Zootaxa 2402:65. Type locality:China:Yunnan,Tengchong.

雄 体长 5.5～6.7 mm,翅长 4.5～5.1 mm。

头部黑褐色,等于或稍宽于胸部。单眼瘤明显突出,单眼棕黄色。复眼裸,相接,红褐色;上部小眼面大,下部小眼面小,分界不明显。颜向下成鹦鹉嘴状突起。无眼后眶。头部毛褐

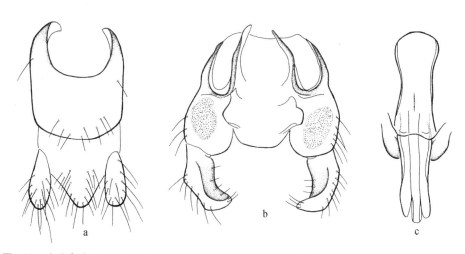

图 237 大头鼻水虻 *Nasimyia megacephala* Yang et Yang(♂)(据 Yang & Yang, 2010 重绘)

a. 第 9~10 背板和尾须,背视(tergites 9~10 and cerci, dorsal view);b. 生殖体,背视(genital capsule, dorsal view);c. 阳茎复合体,背视(aedeagal complex, dorsal view)。

色,上额裸,复眼缘被极短小的直立黄毛或密被白色短毛,下额裸,但上角密被灰白毛形成的毛斑,颜和颊密被灰白短毛,鼻突毛为黑色较稀疏。触角基部靠近,线状,柄节、梗节及鞭节各小节近等长,均长大于宽,第 8 鞭节有时稍加宽。柄节和梗节黄色,鞭节第 1~2 节棕黄色,第7~8 节黑色,第 3~6 节黄褐色,逐渐变深为黑褐色;触角被黑色短毛。触角 3 节长比为 1.0:0.8:6.3。喙黄色,被黄色和黑毛,须褐色或第 1 节黄色,第 2 节黄褐色,但基部棕黄色,最末端黑色,被浅黄毛。

胸部椭圆形,长大于宽,褐色。小盾片三角形,端部圆钝,无刺。胸部密被刻点和黄色倒伏短毛,但中侧片中上部和翅侧片后下角裸。足黄色,有时第 2~5 跗节背面褐色;足上毛黄色,但胫节端部和跗节背面也具黑毛。翅浅褐色,r_{2+3} 室端部 1/4~1/3、r_4 室、r_5 室端部上缘褐色,形成明显褐斑;翅痣褐色,明显;翅面均匀覆盖微刺,但翅基部和臀叶裸;翅瓣稍扁长。平衡棒球部黑色,柄浅黄色。

腹部扁平,长椭圆形,从基部到端部褐色至黑褐色,密被刻点及黄褐色倒伏短毛,但侧边毛黑色长且直立;腹板被棕黄色倒伏短毛。雄性外生殖器:第 9 背板长稍大于宽,基部具大半圆形凹缺;尾须卵圆形,长大于宽,端部圆钝;生殖基节宽稍大于长,基缘稍凹,愈合部腹面端缘稍凸;生殖刺突长,端部稍尖且内弯;阳茎复合体长,三裂,三叶大致等长等宽。

雌 体长 6.7 mm,翅长 5.2 mm。

与雄虫相似,仅以下不同:复眼分离,小眼面大小一致,额两侧几乎平行。头密被浅黄色倒伏短毛。平衡棒浅黄色。腹部仅第 1~2 背板侧边具直立长毛,其余背板侧边无直立长毛。

观察标本 15♂♂,云南小勐养,850 m,1957. V.3,臧令超(IZCAS);8♂♂3♀♀,云南小勐养,850 m,1957. V.3,刘大华(IZCAS);1♂,云南小勐养,850 m,1957. V.3,蒲富基(IZCAS);8♂♂,云南小勐养,850 m,1957. V.3,王书永(IZCAS);1♂,云南龙陵,1 600 m,1955.V.15,布希克、吴乐(IZCAS);1♂,云南龙陵,1 600 m,1955. V.19,薛予峰(IZCAS);4♂♂,云南金平勐拉,400 m,1944.Ⅳ.24,黄克仁(IZCAS);1♂1♀,云南金平勐拉,400 m,1944.Ⅳ.29,黄克仁(IZCAS);1♀,云南小勐养,850 m,1957. X.25,臧令超(IZCAS);1♀,云南西双版

纳勐混,1 200～1 400 m,1958.Ⅵ.1,郑乐怡(IZCAS);2♀♀,云南西双版纳勐混,1 200～1 400 m,1958.Ⅴ.22,洪淳培(IZCAS);1♀,云南西双版纳勐混,1 200～1 400 m,1958.Ⅴ.17,孟绪武(IZCAS);1♀,云南西双版纳允景洪,850～900 m,1958.Ⅵ.26,张毅然(IZCAS);1♀,云南西双版纳大勐龙,640 m,1957.Ⅳ.28,王书永(IZCAS)。

分布　中国云南(景洪、大勐龙、小勐养、龙陵、金平、勐混、保山、瑞丽、盈江);老挝。

讨论　该种可根据腹部长椭圆形与该属其他种明显地区分开来。后者腹部前部均明显细缩呈柄状。

(238)若氏鼻水虻 *Nasimyia rozkosnyi* Yang *et* Hauser, 2013(图 238)

Nasimyia rozkosnyi Yang *et* Hauser,2013. Zootaxa 3619(5):535. Type locality:China:Yunnan, Ruili.

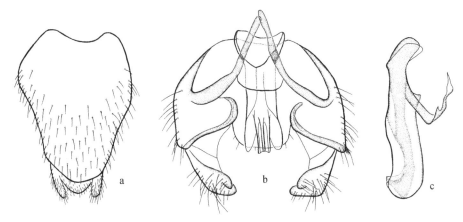

图 238　若氏鼻水虻 *Nasimyia rozkosnyi* Yang *et* Hauser(♂)(据 Yang 等, 2013 重绘)

a. 第 9～10 背板和尾须,背视(tergites 9～10 and cerci, dorsal view);b. 生殖体,背视(genital capsule, dorsal view);c. 阳茎复合体,侧视(aedeagal complex, lateral view)。

雄　体长 6.0～7.1 mm,翅长 3.8～4.1 mm。

头部稍宽于胸部,头长为宽的 0.8 倍,头长与高相等,亮黑色。复眼红褐色;上部小眼面大,下部小眼面小。单眼瘤小而突出,亮黑色,被稀疏的灰色鬃。上额小,近三角形,中部亮黑色,侧边沿复眼缘具由白色短柔毛形成的纵斑。颜亮黑色,鼻突中部具黑毛,其余部分被短白毛,沿复眼缘形成明显的白色纵毛斑。后头亮黑色,被稀疏的白色短柔毛。触角长为头长的 2.0 倍;柄节和梗节黄褐色,被稀疏的深色毛;柄节杯状,长为梗节的 2.0 倍;第 1 鞭节黄褐色,其余鞭节黑色,密被黑色短毛,鞭节每节长大于宽。触角各节长比为:1.0:0.5:1.2:1.0:0.8:0.8:1.0:1.0:1.1:1.2,各节宽比为:0.9:1.2:1.0:1.0:1.0:0.9:1.0:1.1:1.1:1.1。喙黄色,但基部黑色,被稀疏的黄褐色长毛;须黑色。

胸部明显粗短,长约为宽的 1.4 倍,黑色,但肩胛、翅后胛浅褐色。胸部密布刻点和金色倒伏短毛;侧板被浅色毛,但中侧片几乎裸。小盾片黑色,后缘圆钝且为浅黄色。前足基节黄色,中后足基节黑色;前中足股节棕黄色,后足股节基半部黄白色,端半部深褐色至黑色;前中足胫节基半部棕黄色,端部褐色至黑色,后足胫节黑色,但基部黄色;跗节黄白色,但后足第 1 跗节黑色;后足股节和胫节端半部较粗,后足第 1 跗节膨大。足被短毛,颜色与足色相同。翅几乎透明,但盘室上部具一个浅褐色小横斑,翅端部包括 r_4 室浅褐色;翅痣深褐色;翅脉深褐色;翅面覆盖微刺。平衡棒黑色,但柄黄色。

腹部细长,长为胸部的 2.0 倍,但明显窄,第 1 节宽仅为胸部的一半;第 1 节向端部渐窄,端部宽为基部的一半,第 2 节中部最窄,第 3~5 节向端部渐宽,第 5 节端部最宽。腹部背板黑色,但第 1~3 背板侧边浅褐色到黄色,背板密布刻点和稀疏的白毛,基部毛较长且直立;第 1 腹板端半部至第 3 腹板黄色,其余部分深褐色至黑色。雄性外生殖器:第 9 背板心形,被稀疏的毛;第 10 背板小,藏在第 9 背板下;生殖基节端缘具一对明显的中突;生殖刺突叶片状;阳茎复合体三裂。

雌 体长 7.0 mm,翅长 4.5 mm。

体型稍大于雄虫。与雄虫相似,仅以下不同:复眼分离。额宽为头宽的 0.25 倍,侧边平行,亮黑色,白色短柔毛形成的对称侧斑明显。触角上额稍凸。后足第 1 跗节黄白色,不膨大。

分布 中国云南(瑞丽、盈江、勐腊);泰国。

讨论 该种与宽跗鼻水虻 *N. eurytarsa* Yang *et* Hauser 相似,但腹部第 1~3 背板侧边具黄斑;阳茎复合体三裂。而后者腹部深褐色,侧边无黄斑;阳茎复合体二裂。

37. 亚离水虻属 *Paracechorismenus* Kertész,1916

Paracechorismenus Kertész,1916. Ann. Hist. Nat. Mus. Natl. Hung. 14(1):163. Type species:*Paracechorismenus intermedius* Kertész,1916

属征 体深色。复眼裸;雄虫接眼式,雌虫离眼式。侧单眼位于头后缘。无眼后眶。触角着生于头中部之上,鞭节肾形,端部具一根裸的鬃状触角芒。小盾片无刺。CuA_1 脉从盘室发出,R_4 脉不存在,R_{2+3} 脉从 r-m 横脉前发出。腹部近圆形,拱突。

讨论 该属主要分布于澳洲界和东洋界,全世界已知 5 种,中国已知 1 种。

(239)中间亚离水虻 *Paracechorismenus intermedius* Kertész,1916

Paracechorismenus intermedius Kertész,1916. Ann. Hist. Nat. Mus. Natl. Hung. 14(1):163. Type locality:China:Taiwan,Toyenmongai.

触角全黄色。中胸背板前部和中缝后被黑毛。股节端部 1/3 深色。

分布 台湾。

讨论 该种与分布于关岛的关岛亚离水虻 *P. guamae* James 相似,但后者触角鞭节端部和触角芒黑褐色;中胸背板密被金毛;股节全黄色。

38. 亚拟蜂水虻属 *Parastratiosphecomyia* Brunetti,1923

Parastratiosphecomyia Brunetti,1923. Rec. Indian Mus. 25(1):67. Type species:*Parastratiosphecomyia stratiosphecomyioides* Brunetti,1923.

属征 体深色。复眼裸;雄虫接眼式,雌虫离眼式。触角基部明显分离,柄节稍膨大,鞭节 8 节,线状。小盾片无刺。CuA_1 脉从盘室发出,R_4 脉存在,R_{2+3} 脉从 r-m 横脉后发出,M 脉发达,几乎达翅缘。腹部细长扁平,宽于胸部,第 2 节细缩呈柄状。

讨论 该属仅分布于东洋界和古北界。全世界已知 4 种,中国已知 2 种,包括 1 新记录种。

种检索表

1. 雄虫生殖刺突明显尖长,为大的弯钩状,生殖基节中后部凹陷;雌虫第 8 腹板侧缘后部向背面延伸,
   与后缘形成尖锐的圆角,角后缘沿生殖器边缘延伸,稍覆盖生殖器边缘 ·············
   ················· 四川亚拟蜂水虻 *P. szechuanensis*

   雄虫生殖刺突粗短,端部二分叉,生殖基节中后部圆隆,不凹陷;雌虫第 8 腹板侧边后部向背面延
   伸,与后缘形成圆润的角,不与生殖器侧边重叠 ················ 若氏亚拟蜂水虻 *P. rozkosnyi*

(240)若氏亚拟蜂水虻 *Parastratiosphecomyia rozkosnyi* Woodley,2012(中国新记录种) (图 239;图版 54)

Parastratiosphecomyia rozkosnyi Woodley,2012. Zookey 238:13. Type locality:Laos:Louang Namtha Province,Namtha to Muang Sing.

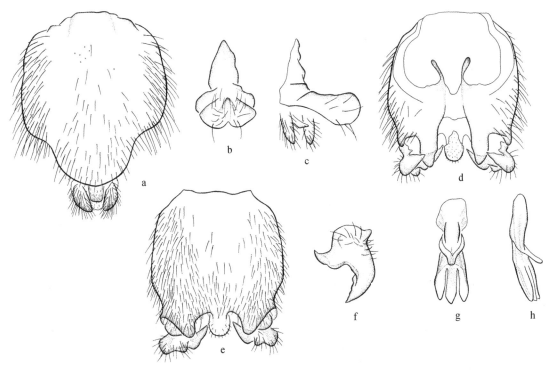

图 239 若氏亚拟蜂水虻 *Parastratiosphecomyia rozkosnyi* Woodley(♂)

a. 第 9～10 背板和尾须,背视(tergites 9～10 and cerci, dorsal view);b.第 10 腹板,腹视(sternite 10, ventral view);c. 第10腹板和尾须,侧视(sternite 10 and cerci, lateral view);d. 生殖体,背视(genital capsule, dorsal view);e. 生殖体,腹视(genital capsule, ventral view);f. 右生殖刺突,后视(right gonostylus, posterior view);g. 阳茎复合体,背视(aedeagal complex, dorsal view);h. 阳茎复合体,侧视(aedeagal complex, lateral view)。

雄 体长 12.0～13.2 mm,翅长 9.0～10.0 mm。

外形与四川亚拟蜂水虻 *Parastratiosphecomyia szechuanensis* Lindner 极其相似,仅以下不同:触角 3 节长比为 1.2：0.5：4.0。雄性外生殖器:第 9 背板长大于宽,基部近圆形,端部

变窄;尾须短小,纺锤状;第10腹板与第9背板成90°角向腹面弯折;生殖基节近圆形,基缘较平,愈合部腹面中央圆隆,不凹陷,端缘内凹,中部具一较大的钝圆突;生殖刺突粗短,端部二分叉,尖;阳茎复合体端部三裂叶,三叶等长。

雌 体长10.6~11.5 mm,翅长9.2~10.0 mm。

与雄虫相似,仅以下不同。头部黑色。复眼红褐色,几乎裸,较宽的分离,小眼面大小一致。单眼裸,不如雄虫明显,单眼瘤下方有一个宽的脊,一直延伸到额中部黑色部分底边的方形凹缺上。触角窝黑色,其上方各有一个黄褐色菱形斑,此斑达触角窝及复眼缘,触角窝下方各有一个黄褐色近方形斑,此斑游离,不达触角窝和复眼缘。下颜两侧,触角窝的延长线上各有一个钝圆锥形的突起。头部毛黄色,单眼瘤和脊上的毛较稀疏,额黄色部分和颜在触角窝之间及之下的一个三角形区域裸。腹部有时背板中部颜色较浅。雌性外生殖器:尾须黄色;第8腹板侧边后部向背面延伸,与后缘形成圆润的角,不与生殖器侧边重叠。

观察标本 1♂,云南屏边大围山,1 400 m,1956.Ⅵ.19,邦菲洛夫(IZCAS);1♂1♀,云南屏边大围山,1 500 m,1956.Ⅵ.19,黄克仁(IZCAS);1♀,云南河口,80 m,1956.Ⅵ.5,黄克仁(IZCAS);5♂♂1♀,云南西双版纳小勐养,850 m,1957.Ⅸ.5,王书永(IZCAS);3♂♂1♀,云南西双版纳允景洪,850~910 m,1958.Ⅵ.25,张毅然(IZCAS);1♂1♀,云南西双版纳允景洪,850 m,1958.Ⅵ.25,郑乐怡(IZCAS);1♂2♀♀,云南西双版纳大勐龙,650 m,1958.Ⅶ.12,郑乐怡(IZCAS);1♂,云南西双版纳勐混,950~550 m,1958.Ⅵ.6,洪淳培(IZCAS)。

分布 中国云南(屏边、河口、小勐养、大勐龙、勐混、允景洪);老挝,泰国。

讨论 该种与四川亚拟蜂水虻 *P. szechuanensis* Lindner 相似,但生殖刺突粗短,端部二分叉,尖;生殖基节腹面中部圆隆;雌虫第8腹板侧边后部向背面延伸,与后缘形成圆润的角,不与生殖器侧边重叠。而后者生殖刺突长,为大的弯钩状,端部尖,基部具稍长的小尖突;生殖基节腹面中后部向背面强烈凹陷;雌虫第8腹板侧缘后部向背面延伸,与后缘形成尖锐的圆角,角后缘沿生殖器边缘延伸,稍覆盖生殖器边缘。

(241)四川亚拟蜂水虻 *Parastratiosphecomyia szechuanensis* Lindner,1954(图240;图版11、图版55)

Parastratiosphecomyia szechuanensis Lindner,1954. Ann. Hist. Nat. Mus. Natl. Hung. 14(1):208. Type locality:China:Fujian, Guadun.

雄 体长11.5~13.6 mm,翅长9.3~10.9 mm。

头部黑色,但下额和颜上部黄色,后颊两边中部各有一个黄斑,不达复眼缘。复眼红褐色,几乎裸,在额处相接,但相接部分较短;前部和上部的小眼面大,后部和下部小眼面小,但分界不明显。单眼瘤大,明显,单眼橙色。触角窝黑色,其上方各有一个黄褐色菱形斑,此斑达触角窝及复眼缘,触角窝下方各有一个黄褐色近方形斑,此斑游离,不达触角窝和复眼缘。下颜两侧,触角窝的延长线上各有一个锥形的钝圆突。头部毛黄色,下额和颜在触角窝之间及之下的一个三角形区域裸。触角黑色,但柄节黄色,端部黄褐色,梗节棕黄色。触角基部分离,靠近复眼缘,长,丝状;柄节长,中部稍膨大,但不明显向腹面突出,梗节短小,鞭节8小节,第1~6节近等长,第7~8节稍长,触角3节长比约为1.4∶0.5∶5.3。柄节和梗节被黑毛,但内侧毛为黄色,鞭节密被黄色和黑色短毛。喙黄色,被黄色短毛和稀疏的棕黄色长毛;须两节,第1节黄色,极短小,第2节较长,深褐色,须被浓密的黄色短毛和稀疏长毛。

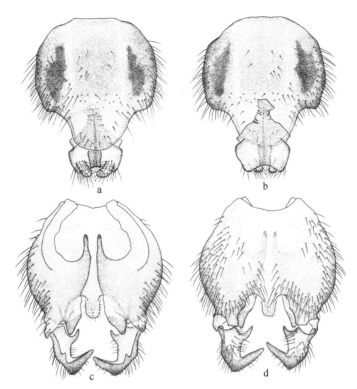

图 240 四川亚拟蜂水虻 *Parastratiosphecomyia szechuanensis* Lindner(♂)

a. 第 9～10 背板和尾须,背视(tergites 9 and 10 and cerci, dorsal view);b. 第 9 背板、第 10 腹板和尾须,腹视(tergite 9, sternite 10 and cerci, ventral view);c. 生殖体,背视(genital capsule, dorsal view);d. 生殖体,腹视(genital capsule, ventral view)。

  胸部背板亮黑色,肩胛和翅后胛黄色,中缝两侧上部各有一个三角形小黄斑,小盾片黑色,但后缘和侧缘为黄色,形成一个月牙形黄斑,宽度为小盾片长的 1/4～1/3,小盾片无刺。胸部侧板浅黄色,但前胸侧板、中侧片后下部、腹侧片(后缘除外,其中部还有一个黄色小圆斑)、侧背片和中胸腹板黑色。胸部密被黄毛,但中侧片中上部裸。足细长,中足第 1 跗节纤细,后足第 1 跗节稍膨大,各足第 4 跗节短,为跗节最短一节。足黄色,但前中足股节基部后侧有一个褐色小纵斑,端部 1/3 棕黄色(后部颜色加深,中足为褐色);前中足胫节棕黄色,前沿和后沿基部 1/3 褐色,后足股节褐色,但端部 1/4 黑色,膝棕黄色,后足胫节褐色,基部 1/3 黑色,端部 1/3 内侧棕黄色;前后足跗节橘黄色,各足第 5 跗节棕黄色至褐色。足上毛黄色,但胫节、第 3～5 跗节背面和后足股节端半部被黑毛,第 1～2 跗节有少许黑毛。翅浅黑色,r_4 室除上缘外和 r_5 室基部 2/3 及上缘,有时包括 r_{2+3} 室端部颜色较深,翅前缘翅痣前的部分、r_{2+3} 室基部、翅基部除翅瓣外、br 和 bm 室除端部外、cup 室基部和上沿以及臀叶基部颜色较浅;翅痣褐色;翅面覆盖黑色微刺,但翅基部除翅瓣外、bm 室基部 2/3、cup 室基部和上沿以及臀叶基部裸。平衡棒浅黄色,球部淡黑色。

  腹部拟蜂态,第 1 节倒梯形,第 2 节圆柱形,第 3 节梯形,基部约与胸部等宽,第 3～6 节近卵圆形。腹部黑褐色;但第 1 背板基部有一"V"形黄斑,端部有一三角形黄斑,此斑有时中间向基部延伸呈倒"T"形;腹板黄褐色,但第 1～3 腹板黄色至棕黄色。腹部毛黑色,侧缘毛较长且直立,第 1 背板和第 1～3 背板侧缘毛黄色,第 1～2 腹板毛黄色,第 3 腹板夹杂黄毛。雄性外生殖器膨大,露在体外:第9背板长大于宽,基部近圆形,端部变窄;尾须短小,指状;第10腹板与第9背板成90°角向腹面弯折;生殖基节近圆形,基缘弧形凹,愈合部腹面中部强烈纵凹,端缘内凹,中部具一钝圆的突起;生殖刺突长,为大的弯钩状,端部尖,基部具稍长的小尖突;阳茎复合体端部三裂叶,三叶等长。

雌 体长 11.6～14.0 mm,翅长 9.5～11.2 mm。

同雄虫,仅以下不同:头部黑色,但额下半部和颜上半部黄色,额上半部黑色部分下缘中部有一个方形的凹缺,后颊中部后缘各有一个黄色的近方形凹缺。复眼红褐色,几乎裸,宽分离,小眼面大小一致。单眼裸,不如雄虫明显,单眼橙黄色,单眼瘤下方有一个宽的脊,一直延伸到额中部黑色部分底边的方形凹缺上。触角窝黑色,其上方各有一个黄褐色菱形斑,此斑达触角窝及复眼缘,触角窝下方各有一个黄褐色近方形斑,此斑游离,不达触角窝和复眼缘。下颜两侧,触角窝的延长线上各有一个钝圆锥形的突起。头部毛黄色,单眼瘤和脊上的毛较稀疏,额黄色部分和颜在触角窝之间及之下的一个三角形区域裸。腹部有时背板中部颜色较浅。雌性外生殖器黄色裸露在外:尾须黄色;第8腹板侧缘后部向背面延伸,与后缘形成尖锐的圆角,角后缘沿生殖器边缘延伸,稍覆盖生殖器边缘。

观察标本 3♂♂1♀,广西龙津大青山,1963. Ⅴ. 15,杨集昆(CAU);3♂♂2♀♀,福建崇安挂墩,1979. Ⅵ. 25,杨集昆(CAU);1♂,广东英德石门台横石塘,200～600 m,2004. Ⅵ. 11～14,张春田(CAU);1♀,福建南平,1987. Ⅵ. 18,张惠兰(CAU);1♂,福建崇安星村挂墩,840～1 210 m,1960. Ⅵ. 21,张毅然(IZCAS);1♀,福建崇安星村龙渡,580～640 m,1960. Ⅵ. 19,张毅然(IZCAS);1♂,广西龙腾红滩,900 m,1963. Ⅵ. 12,王书永(IZCAS);1♂1♀,广西龙腾天平山,740 m,1963. Ⅵ. 3,王书永(IZCAS);1♀,广西龙腾天平山,740 m,1963. Ⅵ. 3,王春光(IZCAS);1♂1♀,广西金秀罗香,400 m,1999. Ⅴ. 15,刘大军(IZCAS);1♀,广西金秀罗香,400 m,1999. Ⅴ. 15,杨星科(IZCAS);1♂2♀♀,广西那坡德孚,1 350 m,2000. Ⅵ. 18,姚建(IZCAS)。

分布 中国福建(崇安、南平)、广西(龙津、金秀、那坡、龙腾)、广东(英德)、贵州(赤水、兴义);老挝,越南。

讨论 该种与若氏亚拟蜂水虻 *P. rozkosnyi* Woodley 相似,但生殖刺突长,为大的弯钩状,端部尖,基部具稍长的小尖突;生殖基节腹面中后部向背面强烈凹陷;雌虫第8腹板侧缘后部向背面延伸,与后缘形成尖锐的圆角,角后缘沿生殖器边缘延伸,稍覆盖生殖器边缘。而后者生殖刺突粗短,端部二分叉,尖;生殖基节腹面中部圆隆;雌虫第8腹板侧边后部向背面延伸,与后缘形成圆润的角,不与生殖器侧边重叠。

39. 革水虻属 *Pegadomyia* Kertész, 1916

Pegadomyia Kertész, 1916. Ann. Hist. Nat. Mus. Natl. Hung. 14(1): 182. Type species: *Pegadomyia pruinosa* Kertész, 1916.

属征 头部球形。复眼裸。触角鞭节近圆形,宽稍大于长,端部具一根长鬃状触角芒。小盾片近圆形,后缘有一系列小刺突,但不明显分为两组。R_4 脉存在,R_{2+3} 脉从 r-m 横脉处或之后发出。腹部近圆形,宽稍大于长。

讨论 该属仅分布于东洋界和澳洲界。全世界已知 4 种,中国已知 1 种。

(242) 冰霜革水虻 *Pegadomyia pruinosa* Kertész，1916

Pegadomyia pruinosa Kertész，1916. Ann. Hist. Nat. Mus. Natl. Hung. 14(1)：183. Type locality：China：Taiwan，Fuhosho，Tapani and Kankau.

雄 体长 4.6～6.0 mm，翅长 4.0～5.4 mm。

头黑色，下额和颜密被白毛。触角黄色，鞭节黄褐色，内侧颜色稍深，触角芒黄色，被微毛。颊被褐毛，但眼后区下部密被白毛。喙黑色，但腹面褐色，被黑毛；须黄色，细长，第 1 节明显长于第 2 节。

胸部亮黑色，但肩胛和中侧片窄的上缘黄色。胸部包括小盾片被银白色倒伏毛，但中缝、头后的近三角形区、中侧片凹陷处、翅侧片大部分、腹侧片上后角和中背片裸；前胸侧板被直立白毛。小盾片稍凹缘。足浅黄色，但前足股节宽的中环、前足基节和胫节褐色。翅透明，但基半部深色；翅痣黄色；翅脉黄色，但基半部翅脉深色。平衡棒浅黄色至白色。

腹部亮黑色，密被黑毛，侧边具稀疏的直立白毛，前部侧边毛较长且直立。雄性外生殖器：第 9 背板基缘具大半圆形凹缺；尾须大，稍长，叶片状；生殖基节腹面端缘平直，无中突；生殖刺突向端渐窄，内侧无齿；阳茎复合体端部三裂叶，扁平，侧边平行。

雌 体长 3.9～6.0 mm，翅长 3.4～4.3 mm。

与雄虫相似，仅以下不同：眼后眶背面观窄。额较宽，最窄处位于下部 1/3 处，向头顶和颜渐宽。额上部 2/3 亮黑色，下部 1/3 被白色毛，并被黑色中纵缝分开。触角比雄虫大，触角芒短于雄虫。须短于雄虫，且两节近等长。

分布 中国台湾；泰国，马来西亚。

讨论 该种可根据足主要为黄色与锡兰革水虻 *P. ceylonica* Rozkošný 区别开来。后者足主要深褐色至黑色。该种还可根据额下部 1/3 密被白毛与小革水虻 *P. nana* Rozkošný 和凸颜革水虻 *P. nasuta* Rozkošný 区别开来。后二者额下部 1/3 裸或仅在复眼缘具白毛斑 (Rozkošný，2008)。

40. 异瘦腹水虻属 *Pseudomeristomerinx* Hollis，1963(中国新记录属)

Pseudomeristomerinx Hollis，1963. Ann. Mag. Nat. Hist. 5(57)：563. Type species：*Pseudomeristomerinx nigricornis* Hollis，1963.

属征 复眼裸；雄虫接眼式，雌虫离眼式。触角鞭节 8 节，线状。小盾片无刺。CuA₁ 脉从盘室发出，R₄ 脉存在，R₂₊₃ 脉从 r-m 横脉后发出。腹部椭圆形，长大于宽，背腹扁平。

讨论 该属仅分布于东洋界，为中国新记录属。全世界已知 5 种，中国已知 3 种，包括 3 新种。

种 检 索 表

1. 雄虫，复眼相接 ·· 2	
雌虫，复眼宽分离 ······································ 3	
2. 小盾片侧边和后缘具宽的黄斑；胸部侧边黄斑仅达中缝前；翅近透明，稍带浅褐色，翅痣和 r₅ 室褐色 ··· 黄缘异瘦腹水虻 *P. flavimarginis* sp. nov.	

小盾片黑色,侧边和后缘具极细的黄斑;胸部侧边黄斑达肩胛;翅褐色,翅痣和 r₅ 室深褐色 ………

…………………………………… 黑盾异瘦腹水虻 *P. nigroscutellus* sp. nov.

3. 头顶和眼后眶黄色;腹部背面黄色,仅每节两侧各有一褐斑;中足胫节黄色 …………

…………………………………… 黑斑异瘦腹水虻 *P. nigromaculatus* sp. nov.

头顶和眼后眶黑色;腹部背面黑色;中足胫节除基部外深褐色 …………

…………………………………… 黑盾异瘦腹水虻 *P. nigroscutellus* sp. nov.

(243)黄缘异瘦腹水虻 *Pseudomeristomerinx flavimarginis* sp. nov.(图 241;图版 56)

雄 体长 6.8 mm,翅长 6.0 mm。

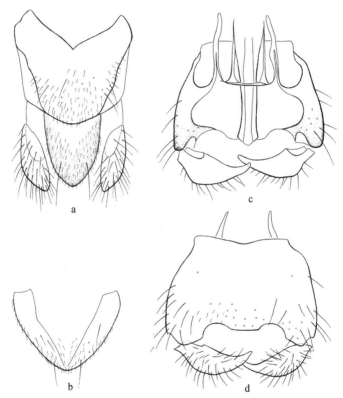

图 241 黄缘异瘦腹水虻 *Pseudomeristomerinx flavimarginis* sp. nov.(♂)

a. 第 9～10 背板和尾须,背视(tergites 9～10 and cerci, dorsal view);b. 第 10 腹板,腹视
(sternite 10, ventral view);c. 生殖体,背视(genital capsule, dorsal view);d. 生殖体,腹视
(genital capsule, ventral view)。

头部黑色,但颜两侧沿复眼缘各有一条狭长的三角形黄斑,颜中部的黑色区域呈长方形。复眼相接,裸,红褐色;上部小眼面大,下部小眼面小,分界不明显。无眼后眶。单眼瘤突出,单眼红褐色。头部毛浅黄色,较稀疏,后颊毛长且直立。触角黑色;柄节长约为梗节的 1.5 倍,鞭节线状,8 节,各节长大于宽,且约等长,第 8 鞭节稍长,密被黑褐毛。触角 3 节长比约为 1.0：0.5：7.0。喙黄色,被黄毛;须黄色,被黄毛。

胸部黑色,但肩胛和翅后胛黄色,背板后部两侧各有一大的黄色纵斑,此斑延伸至中缝前中缝前的部分不达背板两侧。小盾片黑色,但侧边和后缘具宽的黄色带,与背板两侧黄色区域连接大致呈"U"形,小盾片无刺。侧板黄色,但前胸侧板和中侧片下部黑色;腹板黑色,但前胸腹板黄色。胸部被黄色倒伏短毛,但中侧片中部上部裸。足黄色,但前足胫节端半部黄褐色,前足跗节、后足胫节(除基部外)、后足第 1 跗节端半部和后足第 2～5 跗节黑褐色。翅近透明,稍带浅褐色,r_{2+3} 室基部 2/3 透明,r_{2+3} 室端部 1/3、r_4 室、r_5 室端部上缘褐色,形成一个明显的褐斑;翅痣褐色,明显;翅脉褐色;翅面均匀覆盖微刺,但翅基、bm 室基部和后缘基半部、cup 室基部和上缘以及臀叶基部裸。平衡棒浅黄色。

　　腹部长椭圆形,背板黑色,但第 4～5 背板侧边和第 5 背板后缘黄色;腹板棕黄色。背板密被黑色短毛,侧边毛长且直立;腹板被稀疏的黄色短毛。雄性外生殖器:第 9 背板长宽大致相等,基部具浅"V"形凹;尾须纺锤形,端部尖;第 10 腹板三角形;生殖基节宽大于长,基缘稍平,愈合部腹面中部稍凸;生殖刺突中等粗,端部明显延长且尖细,阳茎复合体较细,中部宽约为生殖基节宽的 1/10,端部三裂叶不分离,近端部稍宽,顶端平截。

　　雌　未知。

　　观察标本　正模♂,海南白沙元门红茂村山林,2007.Ⅴ.22,张魁艳(CAU)。副模 1♂,广西龙州大青山,360 m,1963.Ⅳ.19,史永善(IZCAS)。

　　分布　海南(白沙)、广西(龙州)。

　　词源　该种拉丁名意指其小盾片具宽的黄色边缘。

　　讨论　该种与分布于马来西亚的黑角异瘦腹水虻 *P. nigricornis* Hollis 相似,但后足基节黄色,前中足胫节全黄色。而后者后足基节黑色,前足胫节深色,中足胫节黄色,但端部 1/3 深色。

(244)黑斑异瘦腹水虻 *Pseudomeristomerinx nigromaculatus* sp. nov.

　　雌　体长 6.9 mm,翅长 6.3 mm。

　　头部黄色,但单眼瘤黑色,下额在触角上具黑色梯形斑,后头中央黑色。复眼分离,裸,红褐色;小眼面大小一致。眼后眶明显。单眼瘤突出,单眼黄色。额两侧几乎平行。头部被浅黄色稀疏短毛。触角黑色,但梗节和第 1～2 鞭节棕黄色;柄节长约为梗节的 1.5 倍,鞭节线状,8 节,各节长大于宽,且约等长,第 8 鞭节稍长,密被黑褐毛。触角 3 节长比约为 1.0：0.5：8.0。喙黄色,被浅黄毛;须黄色,被浅黄毛。

　　胸部黄色,但前胸背板两侧黑褐色,中胸背板具 3 条浅红褐色纵斑,中斑前部黑色,侧斑前部较宽后部较窄,3 条斑在后部相连通。中侧片下部、腹侧片、侧背片、胸部腹板和后小盾片黑色,小盾片无刺。胸部被黄色倒伏短毛,但中侧片中上部裸。足黄色,但后足胫节除基部外、前足跗节、中足第 4～5 跗节、后足第 1 跗节端半部和第 2～5 跗节黑褐色,后足第 1 跗节基半部黄褐色。翅透明,但 r_{2+3} 室端部、r_4 室和 r_5 室端部上缘褐色,形成一个明显的褐斑;翅痣褐色,明显;翅脉褐色;翅面均匀覆盖微刺,但翅基、bm 室基部和后缘基半部、cup 室基部和上缘以及臀叶基部裸。平衡棒浅黄色。

　　腹部长椭圆形,黄色,第 1～5 背板两侧各具一褐斑;腹板黄色,第 5 腹板两侧各具一褐斑。腹部毛浅黄色,侧边毛长且直立。尾须和生殖器黑褐色。

　　观察标本　正模♀,云南勐腊补蚌村,2009.Ⅴ.10,杨秀帅(CAU)。

　　分布　云南(勐腊)。

词源 该种拉丁名意指其身体大部分黄色,头部和腹部具黑斑。

讨论 该种可根据头部黄色,胸部和腹部主要黄色,但胸部背板具浅褐色纵条斑;腹部两侧具黑斑与本属其他种明显区分开来。

(245)黑盾异瘦腹水虻 *Pseudomeristomerinx nigroscutellus* sp. nov. (图242;图版56)

雄 体长 7.0~7.3 mm,翅长 6.8~7.0 mm。

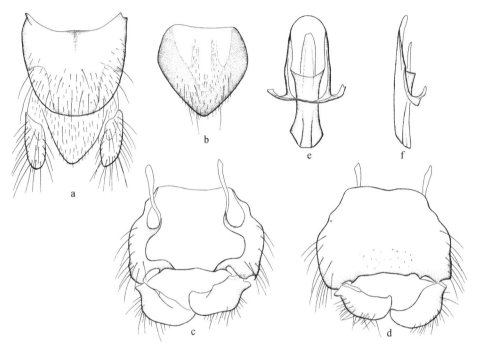

图 242 黑盾异瘦腹水虻 *Pseudomeristomerinx nigroscutellus* sp. nov. (♂)

a. 第 9~10 背板和尾须,背视(tergites 9~10 and cerci, dorsal view);b. 第 10 腹板,腹视(sternite 10, ventral view);c. 生殖体,背视(genital capsule, dorsal view);d. 生殖体,腹视(genital capsule, ventral view);e. 阳茎复合体,背视(aedeagal complex, dorsal view);f. 阳茎复合体,侧视(aedeagal complex, lateral view)。

头部黑色,颜黄色,但中部有一纵长的三角形黑斑。复眼相接,裸,红褐色;上部小眼面大,下部小眼面小,分界不明显。无眼后眶。单眼瘤突出,单眼棕黄色。头部毛浅黄色,较稀疏,后颊毛稍长且直立。触角黑色;柄节长约为梗节的 1.5 倍,鞭节线状,8 节,各节长大于宽,且约等长,第 8 鞭节稍长,密被黑褐毛。触角 3 节长比约为 1.0∶0.7∶9.0。喙黄色,被浅黄毛;须黄色,被浅黄毛。

胸部黑色,但肩胛和翅后胛黄色,背板两侧从肩胛到翅后胛各具一条宽黄斑,但此斑并不达背板侧缘。小盾片黑色,但侧边和后缘具极窄的浅黄斑,小盾片无刺。侧板黄色,但中侧片下部和腹侧片下部黑色,腹板黑色,但前胸腹板黄褐色。胸部被黄色倒伏短毛,但中侧片中上部裸。足黄色,但胫节除基部外、前足第 2~5 跗节和中后足第 3~5 跗节黑褐色,胫节基部、前足第 1 跗节和中后足第 1~2 跗节黄褐色。翅浅褐色,但 r_{2+3} 室端部、r_4 室和 r_5 室端部上缘褐色,形成一个明显的褐斑;翅痣褐色,明显;翅脉褐色;翅面均匀覆盖微刺,但翅基、bm 室基部和后缘基半部、cup 室基部和上缘以及臀叶基部裸。平衡棒浅黄色。

腹部长椭圆形,背板黑色,腹板黄色,但第4～5腹板褐色。背板密被黑色短毛,侧边毛长且直立,腹板被稀疏的黄色短毛。雄性外生殖器:第9背板长宽大致相等,基部具浅弧形凹;尾须卵圆形;第10腹板心形;生殖基节宽大于长,基缘稍平,愈合部腹面中部稍凹;生殖刺突粗,向端部渐细但顶端圆钝;阳茎复合体较粗,中部宽约为生殖基节宽的1/6,端部三裂叶不分离,近端部稍宽,顶端平截。

雌 体长6.5～7.8 mm,翅长7.0～7.8 mm。

与雄虫相似,仅以下不同:头部黑色,但颊、颜和后头下部黄色,上额中上部褐黄色且在中部向下延伸到上额下缘。下额在触角上具一梯形黑褐斑,颜中部具窄的黑褐色纵斑。复眼分离,小眼面大小一致,额两侧几乎平行,眼后眶明显。胸部背板的两条黄斑前部先向内再向后延伸形成弯钩状。翅透明;翅痣褐色,翅端部具褐斑,r_{2+3}室除端部外透明。

观察标本 正模♂,云南保山百花岭温泉,1 500 m,2007.Ⅴ.29,刘星月(CAU)。副模1♂,云南贡山县城(灯诱),1 400 m,2007.Ⅴ.14,刘星月(CAU);1♀,云南保山百花岭温泉,1 500 m,2007.Ⅴ.29,刘星月(CAU);1♀,西藏察隅洞窘,1 570 m,1978.Ⅵ.24,李法圣(CAU);1♀,西藏察隅红卫村,2 100 m,1978.Ⅵ.29,李法圣(CAU)。

分布 云南(保山、贡山)、西藏(察隅)。

词源 该种拉丁名意指其小盾片背面全黑色。

讨论 该种与黄缘异瘦腹水虻 *P. flavimarginis* sp. nov.相似,但小盾片全黑色,中胸背板中缝前两侧具黄色带;中足胫节端部2/3除最末端外褐色。而后者小盾片后缘黄色,中胸背板中缝前两侧黑色;中足胫节全黄色。

41. 枝角水虻属 *Ptilocera* Wiedemann,1820(中国新记录属)

Ptilocera Wiedemann,1820. Munus rectoris in Academia Christiano-Albertina iterum aditurus nova dipterorum genera offert iconibusque illustrat. Christian Friderici Mohr, Kiliae [=Kiel],Ⅰ-Ⅷ:7. Type species:*Stratiomys quadridentata* Fabricius,1805.

Ptilocera Henning,1832. Bull. Soc. Nat. Moscou,4(2):321. Type species:*Stratiomys quadridentata* Fabricius,1805. Preoccupied by Wiedemann,1820.

属征 体深色,背面被彩虹色闪光的鳞片。复眼裸;雄虫接眼式,雌虫离眼式。触角鞭节8节,雄虫第3～5鞭节,雌虫第2～5鞭节具枝状突。小盾片4刺。CuA_1脉从盘室发出,R_4脉存在,R_{2+3}脉从r-m横脉处发出。腹部近圆形,强烈拱突(图版10)。

讨论 该属仅分布于东洋界和澳洲界,为中国新记录属。全世界已知12种,中国已知4种,包括2新种。

种 检 索 表

1.	胸部背板前部两侧各具一大的方形斑,由浓密的金黄色和黄绿色鳞片组成,前面观呈橄榄黄褐色,不闪绿光 ········· **方斑枝角水虻 *P. quadridentata***
	胸部被板前部无明显的方形的鳞片斑,仅具由紫色或绿色鳞片形成不明显的四条纵带 ········· 2
2.	雄虫,复眼相接,触角鞭节第2节无枝状突;触角黑色;翅褐色,中部具黄色横带;腹部第5背板的白色毛斑半环形,开口向内后方 ········· **连续枝角水虻 *P. continua***

雌虫,复眼宽分离,触角鞭节第2节腹面具一枝状突 ·················· **3**

3. 小盾片近方形,宽约为长的 2.0 倍,后缘稍平直;翅褐色至浅褐色,中部无黄色横带 ···········
   ················· **宽盾枝角水虻 P. latiscutella sp. nov.**

   小盾片半圆形,宽至多为长的 1.5 倍,后缘圆 ················· **4**

4. 颜黄色;触角第 6 鞭节短于第 8 鞭节;翅浅灰色;小盾刺棕黄色;足股节和胫节具棕黄色区 ········
   ················· **黄刺枝角水虻 P. flavispina sp. nov.**

   颜黑色;触角第 6 鞭节长于第 8 鞭节;翅浅褐色至褐色;小盾刺黑色;足全黑色 ·············
   ················· **连续枝角水虻 P. continua**

(246)宽盾枝角水虻 *Ptilocera latiscutella* **sp. nov.**(图版 58)

雌 体长 8.0～11.2 mm,翅长 7.3～9.3 mm。

头部黑色。复眼分离,裸,紫褐色或绿褐色,中部有彩带;小眼面大小一致。具眼后眶。单眼瘤明显,单眼红褐色。额两侧几乎平行,上额上部具刻点和褐色小短毛。头部毛浅黄色,仅上额,单眼瘤毛褐色。下额及颜中部光滑,下额上部两侧各有一灰白色短毛斑。触角黑色,第1～2 鞭节黄褐色,第 8 鞭节全白色;第 2 鞭节腹面有一枝状突,第 3～5 鞭节背腹各具一枝状突,这些枝状突几乎等长(仅第 2 节的稍短),第 5 鞭节的枝状突最多达第 6 节端缘,第 6 鞭节明显延长,约为第 7 鞭节长的 3.5 倍,第 8 鞭节长为第 7 鞭节的 3.0 倍;柄节和梗节毛黄色,第1～2 鞭节密被棕黄色短绒毛,枝状突明显被褐色直立短毛,第 6～8 鞭节密被直立短毛,与触角同色。触角 3 节长比 1.8:1.0:10.7。喙和须黑褐色,被褐色短毛和黄色长毛,但须第 2 节仅被短毛。

胸部黑色,但背板和小盾片带蓝色反光,肩胛顶角红褐色;小盾片扁,近方形,宽约为长的 2 倍,后缘稍平直,具 4 根等长的极短的小尖刺。背板两侧翅基上具半圆形扁平突。背板和小盾片被多数闪紫光少数闪绿光的鳞片,但背板中央及两侧有 3 条无鳞片的暗纵带,中央纵带从背板前缘一直伸达后缘并越过盾间沟进入小盾片中央,但不达小盾片后缘,两侧的暗纵带不达背板前缘及侧边但达背板后缘,中侧片中部有一纵的裸区直达下缘,后上部和翅侧片上部也具鳞片。胸部背板被闪蓝绿光的倒伏短毛,侧板被灰白毛。足黑色;被灰白毛,胫节端部和跗节毛黄褐色,中足股节后部侧边毛长且直立。翅浅褐色;翅痣褐色;翅脉褐色;翅面覆盖微刺,但翅基和翅瓣裸,透明。平衡棒褐色。

腹部黑色,长宽大致相等,带蓝色光泽;腹部毛褐色,第 1～2 背板侧边毛长且直立,第 3 背板基部两侧各有一白毛斑,第 4 背板具一对斜白毛斑,从基缘两边向下向外延伸到侧边,近似向下弯的弧形,第 5 背板具 2 个大的白毛斑,但此斑外上角为无白毛的暗带。

雄 未知。

观察标本 正模♀,云南西双版纳勐啊,1 050～1 080 m,1958.Ⅴ.29,王书永(IZCAS)。副模 1♀,云南西双版纳勐遮,1 200 m,1958.Ⅶ.11,王书永(IZCAS);1♀,云南勐龙版纳勐宋,1 600 m,1958.Ⅳ.22,陈之梓(IZCAS)。

分布 云南(勐啊、勐遮、勐宋)。

词源 该种拉丁名意指其小盾片近方形,宽明显大于长。

讨论 该种与连续枝角水虻 *P. continua* Walker 相似,但该种小盾刺等长,小盾片近方形;第5背板的白毛环开口向外。而后者小盾刺外刺明显小于内刺,小盾片大半圆形,长仅稍短于宽;第5背板的白毛环开口向内。

(247)连续枝角水虻 *Ptilocera continua* **Walker,1851**(中国新记录种)(**图 243;图版 9、图版 57**)

Ptilocera continua Walker,1851. Insecta Saundersiana: or characters of undescribed insects in the collection of William Wilson Saunders, Esq. Diptera. Part II. 84. Type locality:Indonesia:Java.

Ptilocera fastuosa Gerstaecker,1857. Linn. Ent. 11:332. Type locality:Sri Lanka.

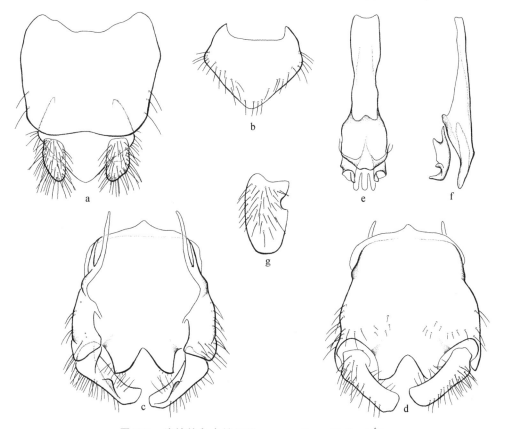

图 243　连续枝角水虻 *Ptilocera continua* **Walker(♂)**

a. 第 9~10 背板和尾须,背视(tergites 9~10 and cerci, dorsal view);b. 第 10 腹板,腹视(sternite 10, ventral view);c. 生殖体,背视(genital capsule, dorsal view);d. 生殖体,腹视(genital capsule, ventral view);e. 阳茎复合体,背视(aedeagal complex, dorsal view);f. 阳茎复合体,侧视(aedeagal complex, lateral view);g. 左生殖刺突,后视(left gonostylus, posterior view)。

雄　体长 6.0~9.2 mm,翅长 5.7~8.8 mm。

头部黑色。复眼相接,裸,红褐色,中部有彩带;上部小眼面大,下部小眼面小,分界不明显。无眼后眶。单眼瘤突出,单眼红褐色。头部毛浅黄色,但上额下部在复眼缘有浓密的直立短黑毛,单眼瘤、头顶和复眼下缘毛褐色,颜毛灰白色。触角黑色;柄节长为梗节的 2.0 倍,鞭节第 1 节长宽大致相等,第 2~3 节短缩,第 4~8 节均长大于宽,第 3~5 鞭节背腹各有一枝状突,第 3 鞭节背突较短,第 3～4 鞭节其余枝状突超过后一节端缘,第 5 鞭节枝状突仅达第 6 鞭节一半,第 8 鞭节长为第 7 鞭节的 4.0 倍。柄节和梗节被黑毛,鞭节密被黄褐色短毛,第 6～8 鞭节毛黑色,明显近直立且比其他鞭节毛长。触角 3 节长比为 1.0∶0.6∶8.5。喙和须褐色,被黄褐色短毛和黄色长毛,但须第 2 节仅被短毛。

胸部黑色,肩胛红褐色;小盾片大半圆形,宽稍大于长,具 4 根尖细的刺,端部稍上翘,外刺长最多达内刺一半;外刺黑色,顶端红褐色,内刺基部黑色,端半部由红褐色变为棕黄色。背板两侧翅基上具半圆形扁突。胸部被鳞片,多数闪紫红光,少数闪绿光,但有时也多数闪绿光。背板具 4 条宽纵鳞片带,两侧带达前缘、侧边及后缘,中间两条带在前缘与侧带相接,在中缝后稍中断,背板后缘又继续延伸越过盾间沟达小盾片侧边及后缘,背面观中间两条带与小盾片的鳞片带形成横断的"U"形。中侧片上后部和翅侧片上部也被鳞片。胸部毛褐色,但中侧片上中部裸。腹板毛灰白色。足黑褐色;被灰白毛,但胫节和跗节毛黄褐色,中足股节后侧毛长且直立。翅浅黑色,翅痣处有一条从翅前缘延伸到翅中部,有时达翅后缘的黄色横带,此带包括 sc 室端部、r_1 室、r_{2+3} 室基部、r_5 室基部、盘室端部和 CuA_1 脉两侧;翅痣黄色;翅脉棕黄色;翅面均匀覆盖微刺,但翅基、臀叶(除后缘外)、cua_1 室基部浅黄色,但不裸。平衡棒褐色,柄棕黄色。

腹部长宽大致相等,黑色,稍带蓝色光泽;毛褐色,第 1～2 背板侧边毛长且直立,第 2～4 背板侧边有少许白毛,第 4 背板中部有一对斜向上的白毛斑,第 5 背板主要被白毛,中部和两侧具 3 个无白毛的暗区,端部相连形成类似三叶草形的暗区;腹板毛浅黄色。雄性外生殖器:第 9 背板长宽大致相等,基缘具浅梯形凹缺;第 10 腹板心形,基缘具浅方形凹缺;尾须卵圆形;生殖基节长宽大致相等,基缘中部具一小尖突,愈合部腹面端缘具两个近三角形大突;生殖刺突叶片状,端部钝,背面近基部具一个小突;阳茎复合体三裂,近端部背面两侧各具一个结构复杂的圆柱形突,该突端部具一个小扁突。

雌 体长 6.6～10.4 mm,翅长 6.2～10.0 mm。

头部黑色。复眼分离,裸,紫褐色或绿褐色,中部有彩带。具眼后眶。单眼瘤明显,单眼红褐色。额两侧几乎平行,上额上部具刻点和褐色小短毛。头部毛浅黄色,仅上额,单眼瘤毛褐色,下额及颜中部光滑,下额上部两侧各有一灰白色短毛斑。触角黑色,第 1～2 鞭节黄褐色,第 8 鞭节黄白色至白色,但基部黑色;第 2 鞭节腹面有一枝状突,第 3～5 鞭节背腹各具一枝状突,这些枝状突几乎等长(仅第 2 节的稍短),比雄虫的枝状突长得多,第 5 鞭节的枝状突超过第 6 节端缘,但不达第 7 节端缘,第 6 鞭节明显延长,约为第 7 鞭节长的 3.5 倍,第 8 鞭节长为第 7 鞭节的 3.0 倍;柄节和梗节被黄毛,第 1～2 鞭节密被棕黄色短绒毛,枝状突明显被褐色直立短毛,第 6 鞭节和第 7～8 鞭节密被直立短毛,与触角同色。触角 3 节长比为 1.1∶0.8∶8.2。喙和须黑褐色,被褐色短毛和黄色长毛,但须第 2 节仅被短毛。

胸部黑色,但背板和小盾片带蓝色闪光,肩胛顶角红褐色,小盾片大半圆形,宽稍大于长,具 4 根极短小的粗尖刺,外刺稍短于内刺。背板两侧翅基上具半圆形扁平突。背板和小盾片被多数闪紫光少数闪绿光的鳞片,但背板中央及两侧具 3 条无鳞片的暗纵带,中央纵带从背板前缘一直伸达后缘并越过盾间沟进入小盾片中央,但不达小盾片后缘,两侧的暗纵带不达背板前缘及侧边,但达背板后缘;中侧片上裸,后上部和翅侧片上部也具鳞片。胸部背板被倒伏短毛,闪蓝绿光,侧板毛灰白色。足黑色;被灰白毛,胫节端部和跗节毛黄褐色,中足股节后部侧边毛长且直立。翅浅褐色,中部的黄色横带极不明显,有的无黄色横带;翅痣褐色;翅脉褐色;翅面覆盖微刺,但翅基、翅瓣、臀叶(不包括前缘和后缘端部)、cup 室(不包括基部和后缘)和 cua₁ 室基部裸,透明。平衡棒褐色。

腹部黑色,长宽大致相等,带蓝色光泽;毛褐色,第 1～2 背板侧边毛长且直立,第 3 背板基部两侧各有一白毛斑,第 4 背板具一对斜白毛带,第 5 背板被白毛,但具三叶草形暗区,与雄虫相似。

观察标本　1♂,云南勐仑西双版纳热带植物园,2009. Ⅴ. 31,杨秀帅(CAU);3♂♂,云南金平勐拉,370 m,1956. Ⅳ. 17,黄克仁(IZCAS);2♂♂,云南金平勐拉,420 m,1956. Ⅳ. 21,黄克仁(IZCAS);1♂,云南车里,620 m,1957. Ⅳ. 18,臧令超(IZCAS);1♂,云南西双版纳小勐养,850 m,1958. Ⅴ. 13,张毅然(IZCAS);1♂,云南西双版纳勐阿,1 050～1 080 m,1958. Ⅴ. 29,王书永(IZCAS);1♂,云南西双版纳允景洪,650 m,1958. Ⅶ. 23,王书永(IZCAS);1♂,云南金平勐拉,500 m,1956. Ⅴ. 2,黄克仁(IZCAS);1♂,云南西双版纳小勐养,850 m,1957. Ⅵ. 23,王书永(IZCAS);1♂,云南西双版纳允景洪,850～900 m,1958. Ⅵ. 26,张毅然(IZCAS);1♂,云南车里,500 m,1955. Ⅵ. 8,B·波波夫(IZCAS);1♂,云南河口,80 m,1956. Ⅵ. 5,黄克仁(IZCAS);1♂,云南瑞丽,1 300 m,1956. Ⅵ. 10,黄天荣(IZCAS)1♀,广西南宁陇瑞,1983. Ⅴ. 23,陆晓林(CAU);1♀,云南红河河口南溪镇,300 m,2011. Ⅴ. 13,李彦(CAU);2♀♀,云南金平勐拉,370 m,1956. Ⅳ. 17,黄克仁(IZCAS);4♀♀,云南金平勐拉,370 m,1956. Ⅳ. 21,黄克仁(IZCAS);1♀,云南金平勐拉,370 m,1956. Ⅳ. 22,黄克仁(IZCAS);2♀♀,云南金平勐拉,370 m,1956. Ⅴ. 2,黄克仁(IZCAS);1♀,云南金平长坡头,1 000 m,1956. Ⅴ. 22,黄克仁(IZCAS);1♀,云南河口,200 m,1956. Ⅵ. 12,邦菲洛夫(IZCAS);2♀♀,云南河口,200 m,1956. Ⅵ. 6,邦菲洛夫(IZCAS);2♀♀,云南河口,80 m,1956. Ⅵ. 6,黄克仁(IZCAS);1♀,云南西双版纳勐混,750 m,1958. Ⅵ. 3,张毅然(IZCAS);1♀,云南西双版纳勐混,750 m,1958. Ⅵ. 7,孟绪武(IZCAS);1♀,云南西双版纳小勐养,850 m,1958. Ⅶ. 6,孟绪武(IZCAS);1♀,云南西双版纳大勐龙,650 m,1958. Ⅷ. 13,张毅然(IZCAS);1♀,云南易武版纳勐崙,650 m,1959. Ⅶ. 27,李宝福(IZCAS)。

分布　中国广西(南宁)、云南(勐仑、勐阿、景洪、河口、金平、勐混、小勐养、大勐龙、易武、瑞丽)、海南(尖峰岭);印度,印度尼西亚,马来西亚,菲律宾,斯里兰卡,泰国,柬埔寨,越南,老挝,缅甸,新加坡,尼泊尔,安达曼群岛,尼科巴群岛,巴布亚新几内亚。

讨论　该种与分布于印度尼西亚、菲律宾和巴布亚新几内亚的黑角枝角水虻 *P. smaragdina* Walker 相似,但雄虫第 8 鞭节白色;腹部第 5 背板白毛斑环状。而后者雌虫触角第 8 鞭节黑色;腹部第 5 背板白毛斑近三角形或线形,不为环状。

(248)黄刺枝角水虻 *Ptilocera flavispina* sp. nov.(图版 58)

雌　体长 7.0～8.0 m,翅长 6.0～6.3 mm。

头部黑色,但头顶棕黄色,后头中央、下额和颜中部黄色。复眼分离,紫褐色,有彩带,裸;小眼面大小一致。具眼后眶。单眼瘤黄色,但顶部褐色,单眼黄色。头部毛浅黄色,但上额密被褐色短毛,下额及颜中突光滑。触角黑褐色,梗节端部和鞭节第 1～2 节黄褐色,第 8 鞭节白色,但基部黄色;第 6 鞭节长为第 7 鞭节的 2～2.5 倍,第 8 鞭节长为第 7 鞭节的 2.5～3 倍。触角 3 节长比为 1.0∶0.8∶9.0。喙和须褐色,被棕黄色短毛和黄色长毛,但须第 2 节仅被短毛。

胸部背板红褐色,带蓝色光泽,侧板黄褐色,肩胛棕黄色。小盾片半圆形,后缘具明显的沿,具 4 根棕黄色刺,向顶颜色变浅。背板侧边翅基上具黑色半圆形扁突。胸部鳞片多数闪紫红色光,少数闪绿光,背板中央及两侧有 3 条无鳞片的暗纵带,中央纵带从背板前缘一直伸达后缘并越过盾间沟进入小盾片中央,但不达小盾片后缘,两侧的暗纵带不达背板前缘及侧边,但达背板后缘。中侧片后部和翅侧片也有鳞片,但中侧片上缘有一个三角形裸区。背板毛黑色,闪蓝绿色光,侧板毛灰白色。足褐色,但股节基半部、胫节中部棕黄色;毛浅黄色,但胫节端部和跗节毛金黄色,中足股节后侧毛长且直立。翅浅灰色,有时 r_1 室、r_{2+3} 室基部和 r_5 室基部浅黄色;翅痣浅黄色,不明显;翅面均匀覆盖微刺,但翅基、翅瓣后部、臀叶基部、cup 室除前后缘外,cua_1 室基部裸,透明。平衡棒棕黄色。

腹部宽稍大于长,背面黑褐色,带蓝紫色光泽,腹面黄褐色;毛浅黄色,第 1～2 背板侧边毛长且直立,第 3～4 背板侧边具白毛斑,第 4 背板具一对斜向上的白毛斑,第 5 背板主要被白毛,中部和两侧具 3 个无白毛的暗带,端部相连形成类似三叶草形的暗区。

雄 未知。

观察标本 正模♀,云南河口小南溪,200 m,1956. Ⅵ. 9,黄克仁(IZCAS)。副模 1♀,云南河口小南溪,200 m,1956. Ⅵ. 9,黄克仁(IZCAS);1♀,云南河口小南溪,200 m,1956. Ⅵ. 10,黄克仁(IZCAS)。

分布 云南(河口)。

词源 该种拉丁名意指其小盾刺棕黄色。

讨论 该种与连续枝角水虻 *P. continua* Walker 相似,但颜黄色;触角第 6 鞭节短于第 8 鞭节;翅浅灰色;小盾刺棕黄色;足股节和胫节具棕黄色区。而后者颜黑色;触角第 6 鞭节长于第 8 鞭节;翅主要浅褐色至褐色;雌虫小盾刺黑色,雄虫小盾刺基部黑色而端部红褐色至棕黄色;足全黑色。

(249)方斑枝角水虻 *Ptilocera quadridentata*(Fabricius,1805)(中国新记录种)(图 244;图版 9、图版 59)

Stratiomys 4dentata Fabricius,1805. Systema antliatorum secundum ordines, genera, species adiectis synonymis, locis, observationibus, descriptionibus. Ⅰ-Ⅻ: 86. Type locality: Indonesia:Sumatra.

雄 体长 7.2～9.1 mm,翅长 6.2～7.1 mm。

头部黑色。复眼相接,红褐色,但中部有斜向上后方的三条紫红色横彩带,裸;上部小眼面大,下部小眼面小,但分界不明显。无眼后眶。单眼瘤突出,单眼红褐色。头部毛黑褐色,但下额光裸,仅上部被灰白粉且被中缝分开,颜毛白色,但颜中部裸,颊毛白色,长,直立,后头下部毛棕黄色。触角黑褐色,梗节端部及第 1～2 鞭节黄褐色;柄节细长,约为梗节长的 2 倍,梗节长宽大致相等,鞭节第 1 节长宽大致相等,第 2～3 节短缩,宽大于长(不包括第 3 节的枝状突),第 3～5 鞭节背腹各具一向顶端延长的枝状突,较短,最多达后一节的端缘,第 6～8 鞭节不具枝状突,长大于宽,第 8 鞭节延长,约为第 7 节长的 4.0 倍;柄节和梗节毛浅黄色,鞭节密被黄褐毛,第 1 鞭节基部和第 8 鞭节端部毛色稍浅,第 6～8 鞭节毛明显长于其余鞭节毛,且稍直立。触角 3 节长比为 1.0∶0.5∶8.8。喙褐色,被浅褐色短毛和黄色长毛;须第 2 节稍加宽,端部钝圆,被浅褐色短毛和黄色长毛,但第 2 节无黄色长毛。

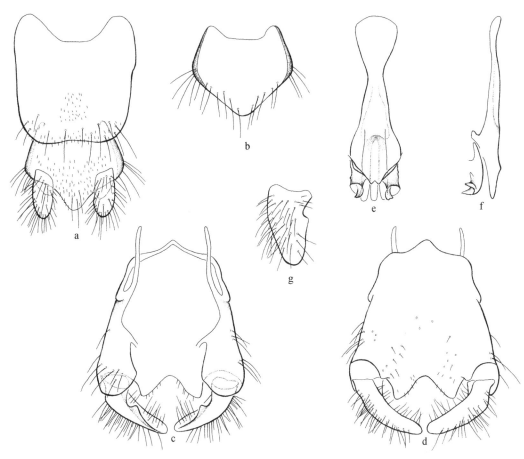

图 244 方斑枝角水虻 *Ptilocera quadridentata*（Fabricius）（♂）

a. 第 9～10 背板和尾须，背视（tergites 9～10 and cerci, dorsal view）；b. 第 10 腹板，腹视（sternite 10, ventral view）；c. 生殖体，背视（genital capsule, dorsal view）；d. 生殖体，腹视（genital capsule, ventral view）；e. 阳茎复合体，背视（aedeagal complex, dorsal view）；f. 阳茎复合体，侧视（aedeagal complex, lateral view）；g. 左生殖刺突，后视（left gonostylus, posterior view）。

胸部黑色，但肩胛和翅后胛稍带红褐色；小盾片大半圆形，宽稍大于长，具 4 刺，小盾刺与背板在同一平面上，但端部稍上翘，外侧刺很小，内侧刺细长，外刺长最多达内刺的 1/2；外刺黑色，仅顶端红褐色，内刺基半部黑色，端半部向顶由红褐色变为黄色。背板两侧翅基上各有一扁圆形突。胸部背板前部两侧在中缝前的部分全被向头部倒伏的闪绿光的鳞片，前面观这些鳞片为黄褐色，不闪绿光，此鳞片区内缘直，且向头部汇聚，鳞片区在中缝后沿背板边缘延伸达翅后胛，但中缝后的鳞片闪紫光。背板后缘和小盾片侧边也具有少许闪紫光的鳞片。背板毛棕黄色，侧板毛灰白色，但上部毛褐色。足红褐色至黑褐色，被浅黄白毛，但胫节和跗节毛黄色，中足股节后侧毛长且直立。翅浅黑色，但翅痣处有一条从翅前缘延伸到翅中部，有时达翅后缘的黄色横带，此带包括 sc 室端部、r_1 室、r_{2+3} 室基部、r_5 室基部、盘室端部和 CuA_1 脉两侧；翅痣黄色；翅脉棕黄色；翅面均匀覆盖微刺，但翅基、翅瓣、臀叶基部裸。平衡棒褐色，柄棕黄色。

腹部近圆形，长宽大致相等，黑色，稍带紫色光泽；背面毛褐色，第 1～2 背板侧边毛长且直立,第 3 背板基部两侧各有 2 个小白毛斑,第 4 背板有一对从端部中央向上斜伸达基部的斜横白毛斑,第 5 背板主要被白毛,但中部及两侧各有 3 个无白毛的暗带,并在端部连通形成类似三叶草形的暗区;腹板主要被浅黄毛。雄性外生殖器:第 9 背板长宽大致相等,基缘具浅梯形凹缺;第 10 腹板心形,基缘具浅方形凹缺;尾须卵圆形;生殖基节长宽大致相等,基缘中部具一尖突,愈合部腹面端缘具两个近三角形大突;生殖刺突叶片状,端部稍尖,背面近基部具一个小突;阳茎复合体三裂,近端部背面两侧各具一个结构复杂的圆柱形突,该突端部具一个小扁突。

雌 体长 8.5～10.3 mm,翅长 6.4～7.9 mm。

与雄虫相似,仅以下不同:头部复眼分离,复眼褐绿色或褐红色,中部有 3 条紫红色彩带。眼后眶明显。额两侧几乎平行,上额密被刻点和褐色小短毛,下额光滑,仅上部两侧各有一暗灰色小毛斑。头部毛褐色,但眼后眶、后头、颊和颜毛灰白色。触角黑色,但第 1～2 鞭节黄褐色,鞭节第 2 节腹面具一枝状突,第 3～5 鞭节背腹各具一枝状突,这些枝状突几乎等长(仅第 2 节的稍短),比雄虫的枝状突长得多,且明显密被近直立黑毛,第 5 鞭节的枝状突超过第 6 节端缘,但不达第 7 节端缘,第 6 鞭节明显延长,约为第 7 鞭节长的 3.0 倍,第 8 鞭节长为第 7 鞭节的 4.0 倍,第 8 鞭节端部 1/3 白色,有时顶尖褐色。

胸部小盾刺均粗短尖锐,外刺仅比内刺稍短。侧板均被灰白色短毛。背板中缝后的鳞片也闪绿光。中缝前的鳞片区后内角向下延伸形成两条纵带直达背板后缘,这两条纵带被闪紫光的鳞片,小盾片两侧及后缘也被闪紫光和绿光的鳞片,背面观所有闪紫光的鳞片区呈"U"形。翅痣褐色。

腹部第 2 背板基部两侧也有两个白毛斑。

观察标本 1♂,云南西双版纳勐仑橡胶林,580 m,1994.Ⅳ.11,徐环李(CAU);2♀♀,云南勐腊瑶区,782 m,2009.Ⅴ.13,杨秀帅(CAU);1♀,云南金平勐拉,370 m,1956.Ⅳ.12,黄克仁(IZCAS);3♂♂4♀♀,云南金平勐拉,370 m,1956.Ⅳ.17,黄克仁(IZCAS);3♂♂2♀♀,云南金平勐拉,420 m,1956.Ⅳ.22,黄克仁(IZCAS);2♂♂,云南金平勐拉,400 m,1956.Ⅳ.24,黄克仁(IZCAS);1♂,云南金平勐拉,400 m,1956.Ⅳ.27,黄克仁(IZCAS);4♂♂4♀♀,云南金平勐拉,400 m,1956.Ⅴ.2,黄克仁(IZCAS);1♀,云南西双版纳小勐养,850 m,1957.Ⅹ.12,王书永(IZCAS);1♂,云南西双版纳勐混,750 m,1958.Ⅴ.21,洪淳培(IZCAS);1♂1♀,云南西双版纳大勐龙,650 m,1958.Ⅴ.4,王书永(IZCAS);1♂1♀,云南西双版纳允景洪,850～910 m,1958.Ⅵ.25,张毅然(IZCAS)。

分布 中国云南(勐仑、勐腊、金平、小勐养、大勐龙、景洪);斐济,印度尼西亚,马来西亚,泰国,柬埔寨,老挝,越南,菲律宾,新加坡,巴布亚新几内亚。

讨论 该种可根据胸部背板前部被金黄色至棕色闪光的鳞片与该属其他种明显地区别开来。该属其他种胸部背板鳞片闪紫光或绿光,不闪金黄光。

42. 锥角水虻属 *Raphanocera* Pleske, 1922(中国新记录属)

Raphanocera Pleske, 1922. Ann. Mus. Zool. Acad. Sci. Russie Petrograd 23:338. Type species:*Raphanocera turanica* Pleske, 1922.

属征 复眼裸;雄虫接眼式,雌虫离眼式。触角鞭节呈松塔状,向顶变尖,端部着生一根髭状触角芒。小盾片 4 刺,后缘无凹沿。CuA_1 脉从盘室发出,R_4 脉存在,R_{2+3} 脉从 r-m 横脉后发出。腹部近圆形,强烈拱突。

讨论 该属仅 1 种,分布于古北界,为中国新记录属。中国已知 1 种。

(250)图兰锥角水虻 *Raphanocera turanica* Pleske,1922(中国新记录种)(图 245;图版 60)

Raphanocera turanica Pleske,1922. Ann. Mus. Zool. Acad. Sci. Russie Petrograd 23: 338. Type locality:Kazakhstan:Zhulek.

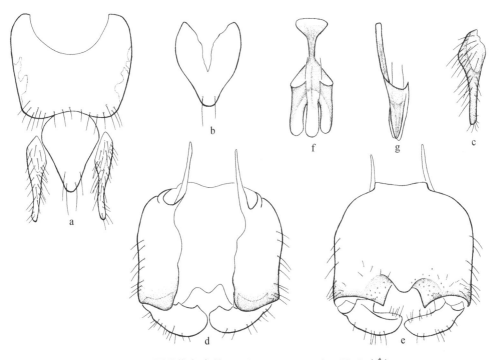

图 245　图兰锥角水虻 *Raphanocera turanica* Pleske(♂)

a. 第 9～10 背板和尾须,背视(tergites 9～10 and cerci, dorsal view);b. 第 10 腹板,腹视(sternite 10, ventral view);c. 尾须,侧视(cercus, lateral view);d. 生殖体,背视(genital capsule, dorsal view);e. 生殖体,腹视(genital capsule, ventral view);f. 阳茎复合体,背视(aedeagal complex, dorsal view);g. 阳茎复合体,侧视(aedeagal complex, lateral view)。

雄 体长 6.0 mm,翅长 5.4 mm。

头部黑色。复眼几乎相接,仅被一条狭缝分开,裸,小眼面上大下小,分界不明显。无眼后眶。单眼瘤突出,单眼黄色。头部毛浅黄色,颊毛长且直立。触角橘黄色;柄节和梗节近等长,梗节宽大于长,鞭节呈松塔状,向顶变尖,长大于宽,端部具鬃状触角芒;柄节和梗节被黄毛,鞭节被浅黄粉。触角各节长比为 1.0:1.0:2.5:4.0。喙黄色,被黄毛;须黄褐色,被黄毛。

胸部近圆形,黑色,肩胛和翅后胛窄的红褐色;小盾片扁半圆形,宽约为长的 2.0 倍,后缘无凹沿,小盾片 4 刺,盾刺黄色,但基部红褐色。胸部毛黄白色,中侧片中部上部裸。足黑色,但膝和胫节端部棕黄色,跗节黄褐色;足上毛浅黄色至黄色。翅透明;翅痣黄色;翅脉黄色;翅面均匀覆盖微刺,但翅基、c 室、bm 室、盘室(除中后部外)、cup 室(除端部后部外)、臀叶基部和翅瓣基部裸。平衡棒浅黄色,柄基部黄色。

腹部近圆形,长稍大于宽,黑色,背腹均匀被黄白色倒伏短毛,仅第 1～2 背板侧边毛长且直立。雄性外生殖器:第 9 背板宽大于长,基部具半圆形凹缺;尾须细长,端部细长,呈指状;生殖基节宽稍大于长,愈合部端缘中部具梯形凹缺,但凹缺中部稍凸;生殖刺突粗短;阳茎复合体三裂。

雌 体长 6.5 mm。

复眼宽分离,额宽约为头宽的 1/5,在触角基部稍窄。触角上额具银白斑;颊在复眼缘也是银白色窄边。眼后眶明显。

观察标本 1♂,新疆玛纳斯石河子 415～550 m,1957.Ⅵ.7,洪淳培(IZCAS);1♂,新疆乌苏车排子,280 m,1957.Ⅵ.20,洪淳培(IZCAS)。

分布 中国新疆(玛纳斯、乌苏);哈萨克斯坦,土库曼斯坦。

讨论 该属全世界已知 1 种,与等额水虻属 Craspedometopon 和库水虻属 Culcua 相似,但后二者触角鞭节短缩,近圆形。等额水虻属 Craspedometopon 小盾片后缘有凹沿,库水虻属 Culcua 复眼被毛,也与该属有所区别。

43. 多毛水虻属 *Rosapha* Walker, 1859

Rosapha Walker, 1859. J. Proc. Linn. Soc. London Zool. 4(15): 100. Type species: *Rosapha habilis* Walker, 1859.

Calochaetis Bigot, 1877. Bull. Soc. Ent. Fr. 98: 102. Type species: *Calochaetis bicolor* Bigot, 1877.

属征 复眼裸;雄虫接眼式,雌虫离眼式。触角鞭节短缩,纺锤状,端部着生一根长的触角芒,密被短毛,或扁平,中央具纵脊,仅被极短的微毛。小盾片 4 刺。CuA_1 脉从盘室发出,R_4 脉存在,r-m 横脉存在,R_{2+3} 脉从 r-m 横脉后发出。腹部椭圆形,长大于宽,背腹扁平。

讨论 该属仅分布于东洋界和澳洲界。全世界已知 13 种,中国已知 4 种,包括 2 新记录种和 1 新组合。

种检索表

1.	胸部背板橘黄色,但前中部有倒水滴形褐斑;腹部褐色,但背板侧边橘黄色 ·········· 双斑多毛水虻 *R. bimaculata*	
	胸部背板黑色,但小盾刺棕黄色;腹部黑褐色 ·· 2	
2.	触角芒鬃状,密被羽状黑毛 ······························· 云南多毛水虻 *R. yunnanana*	
	触角芒扁带状,仅被极短小的微毛 ·· 3	
3.	小盾刺短小,长仅为小盾片长的一半;翅痣褐色 ··············· 短刺多毛水虻 *R. brevispinosa*	
	小盾刺约与小盾片等长;翅痣黄色 ··························· 长刺多毛水虻 *R. longispina*	

(251)双斑多毛水虻 *Rosapha bimaculata* Wulp, 1904(中国新记录种)(图 246)

Roshapha bimaculata Wulp in de Meijere, 1904. Bijdr. Dierk. 17/18: 96. Type locality: Indonesia: Java, West Preanger, Gunong Tji Salimar.

雄 体长 6.8～7.8 mm,翅长 6.0～6.5 mm。

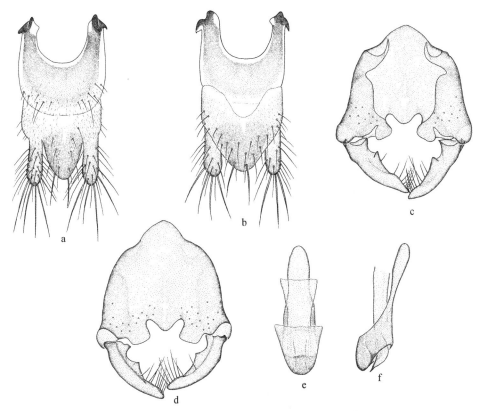

图 246　双斑多毛水虻 *Rosapha bimaculata* Wulp(♂)

a. 第 9～10 背板和尾须,背视(tergites 9～10 and cerci, dorsal view);b. 第 9 背板、第 10 腹板和尾须,腹视
(tergite 9, sternite 10 and cerci, ventral view);c. 生殖体,背视(genital capsule, dorsal view);d. 生殖体,腹
视(genital capsule, ventral view);e. 阳茎复合体,背视(aedeagal complex, dorsal view);f. 阳茎复合体,侧
视(aedeagal complex, lateral view)。

头部亮黑色,复眼红褐色,裸,在额处相接;上部和前部的小眼面较大,下部和后部的小眼
面较小,但分界不明显。单眼瘤大,明显,单眼红褐色。上额窄长,下额宽短,下额中部有一条
深长的纵沟,从两触角中间一直延伸到颜上部。颜微凹。头顶毛黑色,单眼瘤毛棕黄色,额裸,
颜被浅黄色短毛,复眼缘被浓密的白色短柔毛,颜还被黑色直立的长毛,后颊被浅黄色直立的
长毛。触角黄色,柄节棕黄色,鞭节顶端褐色;梗节内侧端缘平直,鞭节长卵圆形,顶端具有一
根较长的被浓密黑毛的褐色触角芒,触角芒长约为触角其余部分总长的 2.0 倍。触角各节长
比为 1.0∶0.8∶1.5∶8.5;柄节和梗节被黑毛,鞭节密被浅黄色短柔毛,端部的毛黑色。喙棕
黄色,被黄色短柔毛和褐色长毛;须长约为喙的一半,两节近等长,第 1 节棕黄色,第 2 节褐色,
须被淡黄色短柔毛和黄色长毛。

胸部背面观椭圆形,小盾片钝圆锥形,具 4 刺。胸部橘黄色,背板前中部有一个倒水滴形
或倒三角形的褐斑,肩胛黄色,小盾刺除基部外黄色,背侧缝浅黄色,前胸后侧片和胸部腹板褐
色。胸部被刻点和黄毛,但中侧片除前部和后部外、翅侧片下后部和侧背片裸。足黄色,但基
节、前中足股节基半部、后足股节除端部外和中后足第 1～2 跗节(后足第 2 跗节端半部除外)
浅黄色,前中足胫节棕黄色,前足跗节、中后足第 3～5 跗节、后足第 2 跗节端半部、后足股节端

部和后足胫节褐色。足上毛黄色,但胫节和足上的褐色部分毛褐色,股节和胫节上的毛较长且直立。翅透明,但翅端部,包括 r_{2+3} 室端缘、r_4 室、r_5 室在盘室后的部分、m_1 室和 m_2 室前半部浅褐色,此斑上部颜色较深,r_5 室在翅痣下的部分、br 室除前缘和基部外、翅后部包括 cua_1 室基后部、cup 室端后部以及臀叶除基部外稍带浅褐色,r_5 室基部有一个透明斑;翅痣褐色;翅脉褐色;翅面均匀覆盖微刺,但翅基、翅瓣基后部、cup 室基部和上缘(前部除外)以及臀叶基部裸。平衡棒淡黄色。

腹部长圆形,约与胸部等长,背面较平,两侧稍平行。腹部褐色,背板边缘橘黄色,腹部被浅黄毛和刻点,侧边毛较长且直立。雄性外生殖器:第 9 背板基部具半圆形大凹缺;尾须指状,直;生殖基节基缘凸,愈合部腹面端缘具一个钝三角形中突,两侧各有一个方形短突;生殖刺突细长,向端部渐细,基中部具一个宽内齿。

雌 体长 6.0~8.0 mm,翅长 5.8~7.2 mm。

与雄虫相似,仅以下不同:头部亮黑色,被灰白粉。复眼宽分离。眼后眶宽。上额长倒梯形,下额短梯形;上额下部和下额裸。须第 1 节纺锤形,膨大。触角梗节内侧端缘向前突出。

尾须 2 节,黄色。

观察标本 17♂♂29♀♀,云南红河金平分水岭(灯诱),2011. V. 9,李彦(CAU);1♀,云南绿春黄连山,1 791 m,2009. V. 16,杨秀帅(CAU);1♂,云南河头寨,1 600 m,1956. V. 14,黄克仁(IZCAS)。

分布 中国云南(金平、绿春、河头寨);印度,泰国,老挝,越南,马来西亚,印度尼西亚。

讨论 该种与广布于东南亚的易多毛水虻 R. habilis Walker 相似,但后足股节端部褐色,后足胫节全褐色。而后者后足股节全黄色,后足胫节基部黄色。

(252)短刺多毛水虻 Rosapha brevispinosa Kovac et Rozkošný,2012(中国新记录种)(图 247;图版 61)

Rosapha brevispinosa Kovac et Rozkošný, 2012. Zootaxa 3333:5. Type locality:Thailand:Mae Hong Son Province, Pangmapha, near Ban Nam Rin, Rudi valley.

雄 体长 7.6~9.0 mm,翅长 7.5~8.0 mm。

头部黑色。复眼相接,裸,红褐色;上部小眼面大,下部小眼面小,分界不明显。无眼后眶。单眼瘤突出,单眼红褐色。头部毛棕黄色,颜密被灰白粉,后颊毛浅黄色,下额光裸,仅触角基部有一极小的灰白毛斑,颊在复眼缘毛黑色。触角基部稍分离,柄节长为梗节的 1.5 倍,柄节和梗节黄色;鞭节第 1~7 节聚合成纺锤状,每节宽大于长,第 8 鞭节延长呈扁带状,第 1~4 鞭节橘黄色,第 5~8 鞭节褐色;柄节和梗节被黑毛,鞭节被黄粉,第 8 鞭节被极短小的黑毛。触角 3 节长比为 1.0∶0.6∶6.8。喙黄褐色,被黑色长毛;须棕黄色,但第 1 节颜色稍浅,密被黑色短毛。

胸部扁平,长椭圆形;小盾片半圆形,后缘明显凹,具 4 刺,小盾刺长约为小盾片长的一半。胸部黑色,但肩胛和翅后胛红褐色,中侧片上缘具窄的黄色下背侧带,小盾片后缘及盾刺黄色。胸部被黄色半直立毛,但肩胛毛红褐色,侧板毛浅黄色,中侧片中上部、翅侧片后部和腹侧片裸。足黄色,但前足第 2~5 跗节和中后足第 4~5 跗节褐色。足上毛黄色,但前足胫节前侧面和前足跗节背面毛黑色。翅浅褐色,前缘颜色加深;翅痣褐色;翅脉褐色;翅面均匀覆盖微刺,但翅基、cup 室基部上缘、臀叶基部和翅瓣裸。平衡棒棕黄色,球部褐色。

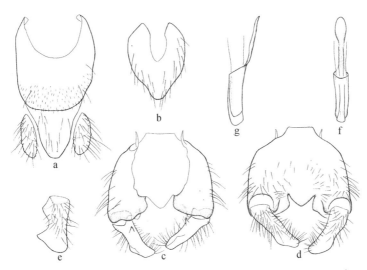

图 247 短刺多毛水虻 *Rosapha brevispinosa* Kovac *et* Rozkošný(♂)

a. 第 9～10 背板和尾须,背视(tergites 9～10 and cerci, dorsal view);b. 第 10 腹板,腹视(stern-
ite 10, ventral view);c. 生殖体,背视(genital capsule, dorsal view);d. 生殖体,腹视(genital
capsule, ventral view);e. 右生殖刺突,后视(right gonostylus, posterior view);f. 阳茎复合体,
背视(aedeagal complex, dorsal view);g. 阳茎复合体,侧视(aedeagal complex, lateral view)。

腹部长椭圆形,长于胸部,扁平,背板黑色,腹板红褐色;背板被褐毛,腹板被浅黄毛,第
1～2 背板侧边毛稍长且直立。雄性外生殖器:第 9 背板长大于宽,基部具大半圆形凹缺;第 10
腹板心形,基部具深"V"形凹缺;生殖基节宽大于长,基缘具端部平的短突;生殖基节愈合部腹
面端缘中部凹,但凹缺中部向后突;生殖刺突内侧基部具一个明显的细小尖突。

雌 体长 7.8～8.2 mm,翅长 6.7～6.9 mm。

与雄虫相似,仅以下不同:头部复眼分离,小眼面大小一致。单眼瘤不突出,单眼棕黄色或
浅黄色。眼后眶发达,与单眼瘤等宽,背面观眼后眶宽度变化不大,仅最外侧变窄。头部毛浅
黄色,上额下部 1/3 及下额裸,下额中央具灰白色小毛斑,颊在复眼缘毛褐色。触角第 1～3 鞭
节膨大,第 1～5 鞭节呈长松果状,明显大于雄虫。

观察标本 1♂,云南西双版纳大勐龙,640 m,1957. Ⅳ. 29,刘大华(IZCAS);1♂,云南西
双版纳勐混,1 200～1 400 m,1958. Ⅴ. 23,洪淳培(IZCAS);1♀,云南西双版纳勐混,750～
850 m,1958. Ⅳ. 3,洪淳培(IZCAS)。

分布 中国云南(大勐龙、勐混);泰国,老挝。

讨论 该种与云南多毛水虻 *R. yunnanana* Chen, Liang *et* Yang 相似,但触角芒扁带状,
仅被极短的黑色小毛;足胫节全为黄色。后者触角芒粗鬃状,密被黑色羽状毛;前足胫节和后
足胫节外侧棕黑色。

(253)长刺多毛水虻 *Rosapha longispina*(Chen, Liang *et* Yang, 2010),comb. nov.(图 248)

Tinda longispina Chen, Liang *et* Yang, 2010. Entomotaxon. 32(2):133. Type
locality:China:Yunnan, Ruili.

雄 体长 3.8 mm,翅长 4.0 mm。

头部半球形。复眼橘红色,相接;上部小眼面大,下部小眼面小,但分界不清晰。单眼深棕

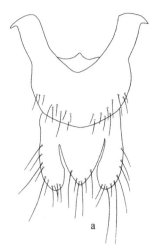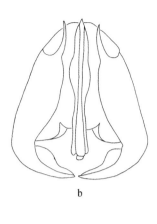

图 248　长刺多毛水虻 *Rosapha longispina* (Chen, Liang *et* Yang)(♂)

a. 第 9～10 背板和尾须,背视(tergites 9～10 and cerci, dorsal view);b. 生殖体,背视
(genital capsule, dorsal view)。

色。头顶、额和颜黑色,有刻点和黑色微毛。上额宽为中单眼的 1.9 倍;下额除最顶端外,着生白色小毛。颜具白色缘毛,与下额的白毛相连。触角柄节黄褐色,具黑毛;梗节黄褐色,具黄褐毛;鞭节基部愈合体可见 6 节,基部 3 节棕红色,其余部分黑褐色;触角芒宽扁,中央有 1 脊,无毛,具平行的横纹。喙和须均为深棕色,不发达。

胸部黑色,具强的光泽;背板被倒伏金色小毛,侧板和腹板被银色小毛。肩胛棕红色,无毛。小盾片上翘,与背板成一角度,黑色,端缘明显为棕黄色;盾刺棕黄色,发达,与小盾片等长。足淡黄色,但股节末端和胫节基部颜色稍加深。翅大部分透明,具金紫色和金绿色反光;r-m 横脉极短;翅痣淡黄色;翅痣前的 C、Sc 和 R 脉深棕色。平衡棒黄色。

腹部几乎为圆形,长宽比为 5.5∶4.8;可见 5 节,被淡色小毛,但腹面的毛较稀少。雄性外生殖器:第 9 背板长大于宽,基部具近梯形凹缺;尾须粗指状;生殖突强烈内弯,端尖。

雌　体长 3.6～4.3 mm,翅长 3.9～4.1 mm。

与雄虫相似,仅以下不同:后头、头顶和额多刻点,着生淡色小毛。额宽,向头顶渐宽。触角鞭节基部愈合体大,椭圆形,明显分成 6 小节,均为棕红色,仅端部两小节棕黑色。足淡黄色。

观察标本　正模♂,云南瑞丽勐休,1981.Ⅴ.4,杨集昆(CAU)。副模 4♀♀,云南瑞丽勐休,1981.Ⅴ.4,杨集昆(CAU)。

分布　中国云南(瑞丽)。

讨论　该种触角芒为扁长带状,与带芒水虻属 *Tinda* 极相似,但其翅具 r-m 横脉,而带芒水虻属 *Tinda* 无 r-m 横脉,因此将该种归入多毛水虻属 *Rosapha*。该种与分布于印度和马来西亚的黄痣多毛水虻 *R. flavistigmatica* Kovac *et* Rozkošný 相似,但下额除最顶端外密被白毛,且与颜两侧的纵白毛斑相连;翅透明,无褐色区域。而后者下额仅具小的白毛斑,不达复眼缘,也不与颜两侧的纵白毛斑相连;翅 r5 室稍带褐色。

(254)云南多毛水虻 *Rosapha yunnanana* Chen，Liang *et* Yang，2010(图 249)

Rosapha yunnanana Chen，Liang *et* Yang，2010，Entomotaxon. 32(2)：132. Type locality：China：Yunnan，Jinghong.

雄 体长 4.6 mm，翅长 4.0 mm。

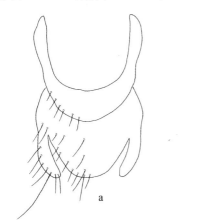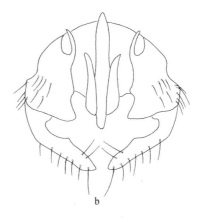

图 249 云南多毛水虻 *Rosapha yunnanana* Chen，Liang *et* Yang(♂)

a. 第 9～10 背板和尾须，背视(tergites 9～10 and cerci，dorsal view)；b. 生殖体，背视(genital capsule，dorsal view)。

头部黑褐色。复眼棕红色，被极狭长而呈线形的额分开，裸。单眼橘红色。头顶黑色，裸；下额和颜黑褐色，具暗色小毛；颜具褐色缘毛。触角橘红色，很长，柄节和梗节具黑毛，鞭节愈合呈圆柱形，顶端稍收缩并着生一根粗长的触角芒，触角芒被棕黑色羽状毛。喙基部棕黄色，端部 2/3 黑褐色，被浅褐毛；须细长，伸达喙的一半，第 1 节黄色，第 2 节黑色，膨大，末端尖，具黑毛。

胸部黑色并具光泽，被倒伏小黄毛；肩胛棕黄色，具毛；中侧片上缘的下背侧带清晰，棕黄色。小盾片棕黄色，有淡色小毛；盾刺黄色，长为小盾片的 1/2。足棕黄色，具棕黄色小毛；前足跗节黑色、前足胫节、中足第 2～5 跗节、后足胫节外侧和第 3～5 跗节棕黑色。翅淡棕色，中部颜色稍深；翅痣明显，棕黑色。平衡棒黄色。

腹部扁平，略呈梨形，第 4 节最宽；黑色，具淡棕色毛，但基部 2 节疏生棕色长缘毛。雄性外生殖器：第 9 背板长大于宽，基部具很大而近梯形凹缺；尾须指状；生殖突长而内弯，基部内缘凹缺。

观察标本 正模♂，云南景洪，545 m，1981.Ⅳ.9，杨集昆(CAU)。

分布 云南(景洪)。

讨论 该种类似分布于印度尼西亚的杂色多毛水虻 *R. variegate* de Meijere，但翅淡棕色，无明显斑纹；前足胫节、后足胫节外侧棕黑色。而后者翅前缘具两个明显的褐色斑，类似双斑多毛水虻 *R. bimaculata*；足胫节浅黄色，仅雌虫中后足胫节稍带褐色。

44. 拟蜂水虻属 *Stratiosphecomyia* Brunetti，1913(中国新记录属)

Stratiosphecomyia Brunetti，1913. Rec. Indian Mus. 9(5)：261. Type species：*Stratiosphecomyia variegata* Brunetti，1913.

属征 复眼裸，雄虫接眼式，雌虫离眼式。触角基部紧靠，柄节细，鞭节 8 节，线状。小盾片无刺。CuA_1 脉从盘室发出，R_4 脉存在，R_{2+3} 脉从 r-m 横脉后发出。腹部近背腹扁平，细长，第 2 节细缩呈圆柱状。

讨论 该属仅 1 种，分布于东洋界，为中国新记录属。我国已知 1 种。

(255)多斑拟蜂水虻 *Stratiosphecomyia variegata* Brunetti，1913(中国新记录种)(图版 60)

Stratiosphecomyia variegata Brunetti，1913. Rec. Indian Mus. 9（5）：262. Type locality：India：West Bengal，Darjeeling，1 000-3 000 feet.

雄 体长 9.8 mm，翅长 8.5 mm。

头部黑色，但上额和头顶褐色，眼后眶及后头边缘、颊、下额、颜上部 2/3～3/4 黄色。复眼相接，黑褐色，小眼面大小一致，裸。头部被浅黄色短毛，颊毛较长且直立，颜在触角下有一对褐色小圆斑。触角丝状，黑褐色，但柄节、梗节、第 1 鞭节（端部除外）棕黄色，触角基部紧靠，梗节长为柄节的一半，鞭节各节近等长，约与柄节等长，第 8 鞭节稍长且较扁，端部圆钝，约为第 7 鞭节长的 1.5 倍。触角 3 节长比为 1.2：0.5：9.8。柄节和梗节被黄毛，鞭节密被黄褐色短毛。喙黄色，被浅黄毛；须第 1 节黄色，第 2 节棕黄色，被浅黄毛。

胸部黑色，但肩胛和翅后胛、前胸下侧片、中侧片上部和后部、翅侧片下后部、腹侧片上部和侧背片黄色。背板两侧在中缝前各有一大三角形黄斑，外角达背板边缘，背板后部盾间沟前有一黄色横带，并向前突出有 4 个峰。前胸腹板前中部有一三角形黄斑。小盾片黑色，后缘极窄的边缘黄色，小盾片无刺。胸部被倒伏黄毛，中侧片上中部裸。足棕黄色，但基节黑色，前中足股节基部、胫节外侧和后足跗节黄褐色，前中足第 2～5 跗节、后足股节、胫节（膝棕黄色）深褐色。足上毛黄色，但胫节和前后足跗节也被褐毛。翅透明，但端部（包括盘室）稍带浅褐色；翅痣浅褐色，明显；翅脉褐色。平衡棒黄色，柄棕黄色。

腹部拟蜂状，第 1 节倒三角形，第 2 节细缩成圆柱状，第 3～5 节呈水滴状，最宽处为第 4 节后缘；背板黑色，但第 3 背板基缘、第 3～5 背板侧边和第 5 背板后部黄褐色。腹板黄褐色，但第 1 腹板基部 2/3(不含侧边)褐色，第 1 腹板侧边及端部 1/3、第 2 腹板和第 3 腹板基中部黄色。背板被褐毛，但第 1～3 背板侧边毛黄色，长且直立；腹板被黄色倒伏短毛。

雌 无观察标本。

观察标本 1♂,云南西双版纳勐阿,800 m,1958. V. 31,蒲富基(IZCAS)。

分布 中国云南(勐阿)；印度，老挝。

讨论 该属仅 1 种，体型与四川亚拟蜂水虻 *Parastratiosphecomyia szechuanensis* Lindner 相似，腹部均为拟蜂形态，但该种触角基部紧靠，柄节较细。而后者触角基部远离，柄节稍膨大。

45. 带芒水虻属 *Tinda* Walker，1859(中国新记录属)

Tinda Walker，1859. J. Proc. Linn. Soc. London Zool. 4(15)：101. Type species：*Tinda mordifera* Walker，1859＝[Beris javana Macquart].

Elasma Jaennicke，1867. Abh. Senckenb. Naturforsch. Ges. 6：322. Type species：*Elasma acanthinoidea* Jaennicke，1867.

属征 复眼裸，雄虫接眼式，雌虫离眼式。触角鞭节聚合成圆柱状，端部着生一根长而扁平的触角芒，裸。小盾片 4 刺。CuA_1 脉从盘室发出，R_4 脉存在，无 r-m 横脉，R_{2+3} 脉从盘室与 R 脉交点之后发出。腹部椭圆形，长大于宽，背腹扁平。

讨论 该属分布于东洋界、澳洲界和新热带界，为中国新记录属。全世界已知 7 种，中国已知 2 种。

种 检 索 表

1.	复眼圆形；中后足基节和中后足股节(除基部和端部外)深褐色；翅 r_4 室透明 ·· 印度带芒水虻 *T. indica*
	复眼短，椭圆形；足全黄色；翅 r_4 室稍带浅褐色 ·········· 爪哇带芒水虻 *T. javana*

(256)印度带芒水虻 *Tinda indica* (Walker，1851)(中国新记录种)(图 250；图版 8、图版 62)

Biastes indica Walker，1851. Insecta Saundersiana：or characters of undescribed insects in the collection of William Wilson Saunders，Esq. Diptera. Part II 81. Type locality：India.

Phyllophora angusta Walker，1856. J. Proc. Linn. Soc. London Zool. 1(1)：7. Type locality：Singapore.

Phyllophora bispinosa Thomson，1869. Kongliga svenska fregatten Eugenies resa omkring jorden under befall af C. A. Virgin åren 1851－1853(2,1)：454. Type locality：Philippines：Luzon，Manila.

雄 体长 5.8～7.0 mm，翅长 4.7～5.7 mm。

头部黑色。复眼相接，裸，红褐色；上部小眼面大，下部小眼面小，分界不明显。无眼后眶。单眼瘤突出，单眼红褐色。头部毛棕黄色，下额(除上角外)和颜密被灰白粉，颊在复眼缘有浓密黑毛。触角基部稍分离，柄节长为梗节的 1.8 倍，鞭节第 1～7 节聚合成圆柱状，各节宽大于长，第 8 鞭节延长成扁芒状；柄节和梗节黄色，第 1～3 鞭节橘黄色，第 4～8 鞭节褐色；柄节被黑毛，梗节被黑毛和黄毛，鞭节被黄粉，第 8 鞭节被极短小的黑毛。触角 3 节长比为 1.0：0.7：5.1。喙黄褐色，被黑色长毛；须第 1 节棕黄色，第 2 节端部加宽成扁锤状，黑褐色，密被黑色短毛。

胸部扁平，长椭圆形；小盾片半圆形，4 刺。胸部黑色，但肩胛红褐色，中侧片上缘具宽的黄色下背侧带，小盾片后缘及小盾刺黄色。胸部被黄色倒伏毛，侧板毛颜色稍浅，中侧片中上部、翅侧片后部和腹侧片裸。足黄色，但中后足基节和中后足股节(除基部和端部外)褐色，有时中后足胫节端部稍带黄褐色。足上毛黄色。翅透明，r_5 室端部稍带浅褐色；翅痣浅棕黄色；

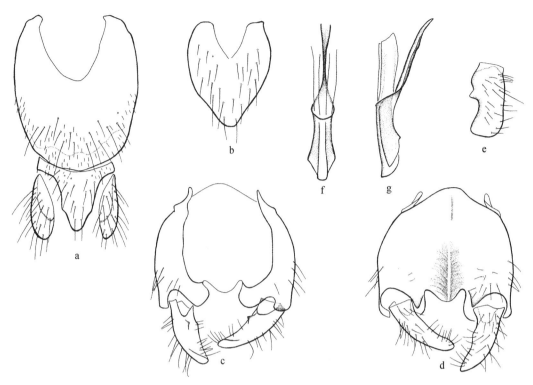

图 250　印度带芒水虻 Tinda indica（Walker）（♂）

a. 第 9～10 背板和尾须，背视（tergites 9～10 and cerci, dorsal view）；b. 第 10 腹板，腹视（sternite 10, ventral view）；c. 生殖体，背视（genital capsule, dorsal view）；d. 生殖体，腹视（genital capsule, ventral view）；e. 右生殖刺突，后视（right gonostylus, posterior view）；f. 阳茎复合体，背视（aedeagal complex, dorsal view）；g. 阳茎复合体，侧视（aedeagal complex, lateral view）。

翅脉褐色；翅面均匀覆盖微刺，但翅基、cup 室基部和上缘、臀叶基部和翅瓣基部裸。平衡棒黄褐色，球部褐色。

腹部长椭圆形，长于胸部，扁平，黑色；被黄毛和黑毛，第 1～2 背板侧边毛稍长且直立。雄性外生殖器：第 9 背板长大于宽，基部具"V"形凹缺；第 10 腹板心形，基部具"V"形凹缺；生殖基节宽大于长，基缘凸；生殖基节愈合部腹面端缘中部凹，但凹缺中部具钝三角形突；生殖刺突端部平截，近基部具一稍尖的小刺突。

雌　体长 6.8～7.2 mm，翅长 4.5～5.8 mm。

与雄虫相似，仅以下不同：头部复眼分离，小眼面大小一致。单眼瘤不突出，单眼棕黄色或浅黄色。眼后眶发达，约与单眼瘤等宽，背面观眼后眶向外侧渐宽。头部毛黄白色，上额下部 1/3 及下额裸，但下额中部触角上有一对灰白色小毛斑，上额中部在单眼瘤下有一倒三角形裸区，最多与单眼瘤等长。触角第 1～3 鞭节膨大，聚合体纺锤状，粗于雄虫。

观察标本　1♂，云南河口槟榔寨水库，132 m，2009.Ⅴ.21，张婷婷（CAU）；1♂，云南河口南溪镇，132 m，2009.Ⅴ.22，杨秀帅（CAU）；1♀，云南河口南溪镇，132 m，2009.Ⅴ.22，王国全（CAU）；5♂♂，云南河口槟榔寨水库，2011.Ⅴ.12，李彦（CAU）；1♀，云南墨江城郊，1955.Ⅲ.27，杨星池（IZCAS）；1♂1♀，云南金平勐拉，400 m，1956.Ⅳ.13，黄克仁（IZCAS）；2♂♂2♀♀，云南金平勐拉，370 m，1956.Ⅳ.17，黄克仁（IZCAS）；1♂1♀，云南金平勐拉，420 m，

1956. Ⅳ. 21,黄克仁(IZCAS);1♂1♀,云南金平勐拉,400 m,1956. Ⅳ. 24,黄克仁(IZCAS);1♂,云南金平勐拉,400 m,1956. Ⅳ. 27,黄克仁(IZCAS);2♂♂,云南金平勐拉,400 m,1956. Ⅳ. 29,黄克仁(IZCAS);1♂1♀,云南金平勐拉,500 m,1956. Ⅴ. 2,黄克仁(IZCAS);1♂,云南西双版纳大勐龙,650 m,1958. Ⅵ. 18,洪淳培(IZCAS);1♂,云南西双版纳允景洪,850～910 m,1958. Ⅷ. 10,孟绪武(IZCAS);1♀,海南保亭,80 m,1960. Ⅴ. 14,张学忠(IZCAS);1♂,海南琼中,400 m,1960. Ⅶ. 13,张学忠(IZCAS);1♀,广西凭祥下石,230 m,1963. Ⅳ. 16,王春光(IZCAS);1♀,广西凭祥下石,230 m,1963. Ⅳ. 16,史永善(IZCAS);1♂1♀,广西龙州大青山,360 m,1963. Ⅳ. 18,王书永(IZCAS);1♀,福建漳州,1963. Ⅶ. 26,章有为(IZCAS);1♂,广东广州,1983. Ⅶ. 15,虞佩玉(IZCAS)。

分布　中国云南(河口、墨江、金平、大勐龙、允景洪)、海南(保亭、琼中)、广西(凭祥、龙州)、福建(漳州)、广东(广州);印度,塞舌尔,印度尼西亚,马来西亚,菲律宾,新加坡。

讨论　该种与爪哇带芒水虻 *T. javana*(Macquart)相似,但复眼圆形;中后足基节和中后足股节(除基部和端部外)褐色;r_4 室透明。而后者复眼短,椭圆形;足全黄色;r_4 室稍带褐色。

(257)爪哇带芒水虻 *Tinda javana*(**Macquart, 1838**)(中国新记录种)(图 251;图版 63)

Beris javana Macquart, 1838. Diptères exotiques nouveaux ou peu connus. Tome premier.-2ᵉ partie. N. E. Roret, Paris. 188. Type locality: Indonesia: Java.

Tinda modifera Walker, 1859. J. Proc. Linn. Soc. London Zool. 4(15): 101. Type locality: Indonesia: Sulawesi. Ujung Pandang.

雄　体长 5.7～6.0 mm,翅长 4.9～5.8 mm。

头部黑色。复眼相接,裸,红褐色;上部小眼面大,下部小眼面小,分界不明显。无眼后眶。单眼瘤突出,单眼红褐色。头部毛棕黄色,下额(除上角外)和颜密被灰白粉,颊在复眼缘被浓密黑毛。触角基部稍分离,柄节长为梗节的 1.8 倍,鞭节第 1～7 节聚合成圆柱状,各节宽大于长,第 8 鞭节延长成一扁芒;柄节和梗节黄色,第 1～3 鞭节橘黄色,第 4～8 鞭节褐色;柄节被黑毛,梗节被黑毛和黄毛,鞭节被黄粉,第 8 鞭节被极短小的黑毛。触角 3 节长比为 1.0:0.5:4.5。喙黄褐色,被黑色长毛;须第 1 节棕黄色,第 2 节端部加宽成扁锤状,黑褐色,密被黑色短毛。

胸部扁平,长椭圆形;小盾片半圆形,4 刺。胸部黑色,但肩胛红褐色,中侧片全黑色,上缘无黄色下背侧带,小盾片后缘及小盾刺黄色。胸部被黄色倒伏毛,但肩胛毛红褐色,侧板毛颜色稍浅,中侧片中上部、翅侧片后部和腹侧片裸。足黄色,但后足基节最基部褐色,有时中后足股节中部颜色稍暗,但不为明显的褐色。足上毛黄色。翅浅黄色,r_4 室、r_5 室端部和上缘稍带浅褐色;翅痣浅棕黄色;翅脉褐色;翅面均匀覆盖微刺,但翅基、cup 室窄的上缘和臀叶基部极小的区域裸。

腹部长椭圆形,长于胸部,扁平,黑色;被黄毛和黑毛,第 1～2 背板侧边毛稍长且直立。雄性外生殖器:第 9 背板长大于宽,基部具方形凹缺;第 10 腹板心形,基部具浅"V"形凹缺;生殖基节宽大于长,基缘凸;生殖基节愈合部腹面端缘中部凹,但凹缺中部具弧形突;生殖刺突端部尖。

雌　体长 5.3～6.0 mm,翅长 4.2～5.5 mm。

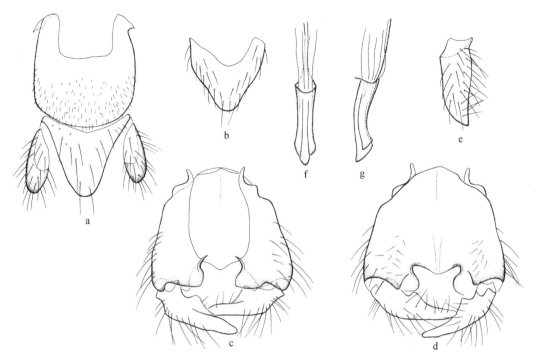

图 251　爪哇带芒水虻 *Tinda javana*（Macquart）（♂）

a. 第 9 背板、第 10 腹板和尾须，背视（tergite 9, sternite 10 and cerci, dorsal view）；b. 第 10 腹板，腹视（sternite 10, ventral view）；c. 生殖体，背视（genital capsule, dorsal view）；d. 生殖体，腹视（genital capsule, ventral view）；e. 右生殖刺突，后视（right gonostylus, posterior view）；f. 阳茎复合体，背视（aedeagal complex, dorsal view）；g. 阳茎复合体，侧视（aedeagal complex, lateral view）。

与雄虫相似，仅以下不同：头部复眼分离，小眼面大小一致。单眼瘤不突出，单眼棕黄色或浅黄色。眼后眶发达，约与单眼瘤等宽，背面观眼后眶向外侧渐宽。头部毛黄白色，上额下部 1/4 及下额裸，下额被灰白色短毛，仅窄的复眼缘及上缘裸，上额中部在单眼瘤下有一倒三角形裸区，长于单眼瘤，几乎达上额长的一半。触角第 1～3 鞭节膨大，聚合体纺锤状，粗于雄虫。

观察标本　1♂，海南昌江霸王岭，2006.Ⅵ.4，董慧（CAU）；1♂，海南白沙牙叉果园，2009.Ⅳ.19，霍姗（CAU）；

分布　中国海南（昌江、白沙）；日本，塞舌尔，印度尼西亚，菲律宾，斯里兰卡。

讨论　该种与印度带芒水虻 *T. indica*（Walker）相似，但复眼短，椭圆形；足全黄色；r_4 室稍带褐色。而后者复眼圆形；中后足基节和中后足股节（除基部和端部外）褐色；r_4 室透明。

（六）瘦腹水虻亚科 Sarginae Walker, 1834

特征　体小到大型。体型多瘦长，常具金绿色、金紫色或金褐色光泽。台湾水虻属 *Formosargus*、指突水虻属 *Ptecticus* 和瘦腹水虻属 *Sargus* 雌雄复眼均分离，而绿水虻属 *Chloromyia*、红头水虻属 *Cephalochrysa* 和小丽水虻属 *Microchrysa* 雄虫接眼式而雌虫离眼式。复眼通常裸，但绿水虻属 *Chloromyia* 复眼密被毛。下颜至少部分膜质；后头强烈内凹。触角鞭节 3～4 节，较短，通常宽大于长或长稍大于宽，端部或亚端部具一根细长的鬃状触角芒。小盾片无刺,后小盾片大。CuA₁脉不从盘室发出,但台湾水虻属 *Formosargus* 的 CuA₁脉从盘室发出,盘室发出 3 条 M 脉。腹部瘦长,棒状或纺锤状。

讨论 瘦腹水虻亚科全世界各区系均有分布,全世界已知 23 属 516 种,中国已知 6 属 45 种,包括 9 新种,6 中国新记录种。

属 检 索 表

1.	复眼密被毛 ··	绿水虻属 *Chloromyia*
	复眼裸或仅被不明显的稀疏短毛 ································	2
2.	CuA₁脉从盘室发出 ······································	台湾水虻属 *Formosargus*
	CuA₁脉不从盘室发出 ····································	3
3.	触角梗节内侧端缘向前突出呈指状 ····················	指突水虻属 *Ptecticus*
	触角梗节内侧端缘平直,无指状突 ······················	4
4.	触角鞭节 3 节,触角芒着生于最末鞭节顶端中央 ······	红头水虻属 *Cephalochrysa*
	触角鞭节 4 节,触角芒着生于鞭节亚端部 ··············	5
5.	体型较大,通常在 7.0 mm 以上。腋瓣具带状结构;cup 室细长,长明显大于宽的 2.0 倍 ··········	
	··	瘦腹水虻属 *Sargus*
	体型较小,通常在 5.0 mm 以下。腋瓣无带状结构;cup 室宽短,长约为宽的 2.0 倍	
	··	小丽水虻属 *Microchrysa*

46. 红头水虻属 *Cephalochrysa* Kertész, 1912

Cephalochrysa Kertész, 1912. Trans. Linn. Soc. London 15(1): 99. Type species: *Sargus bovas* Bigot, 1859.

Parasargus Lindner, 1935. Dtsch. Ent. Z. 1934(3—4): 300. Type species: *Parasargus africanus* Lindner, 1935.

Isosargus James, 1936. Can. Ent. 67(12): 273. Type species: *Chrysonotus nigricornis* Loew, 1866.

属征 雄虫接眼式,雌虫离眼式。复眼几乎裸,仅具短而稀疏的毛;雄虫小眼面上大下小,雌虫小眼面大小一致。雄虫侧单眼靠近头顶后缘;雌虫侧单眼位于复眼顶角处,额较平,向头顶渐宽,上部色深而下部色浅;雌虫眼后眶较宽;颜分为上下两部分,下部宽,几丁质。触角鞭节卵圆形,明显分 3 小节,顶端中央着生触角芒;梗节端缘直。须锤状,短于下颜,2 节。后小盾片发达。Rs 脉在 r-m 横脉和 R₂₊₃脉之间的部分远长于 r-m 横脉;盘室小,发出 3 条 M 脉,腋瓣具带状突。腹部较宽短。

讨论 该属体小型,与小丽水虻属 *Microchrysa* Loew 相似,但触角鞭节 3 节,触角芒着生于第 3 鞭节端部中央。而后者触角鞭节 4 节,触角芒着生于鞭节亚端部。该属除澳洲界外均有分布。全世界已知 22 种,中国已知 1 种。

（258）狭腹红头水虻 *Cephalochrysa stenogaster* James，1939（图 252）

Cephalochrysa stenogaster James，1939. Arb. Morph. Taxon. Ent. Berl. 6(1)：35. Type locality：China：Taiwan, Toa Tsui Kutsu.

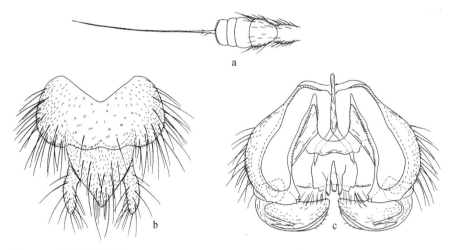

图 252　狭腹红头水虻 *Cephalochrysa stenogaster* James（♂）（据 Nagatomi，1975 重绘）

a. 触角，内侧视（antenna, inner view）；b. 第 9～10 背板和尾须，背视（tergites 9～10 and cerci, dorsal view）；c. 生殖体，背视（genital capsule, dorsal view）。

雄　体长 6.0～7.5 mm，翅长 5.0～6.0 mm。

头部暗褐色至黑色，但额、颜上部、触角和喙黄褐色至浅褐色。额、上颜、触角柄节和梗节被黑毛，额和上颜毛较长；单眼瘤、头顶、后头、颊、须和下颜侧边被浅黄毛，单眼瘤和头顶毛较长且直立，后头毛较短且倒伏。复眼上部小眼面较大，下部小眼面小，分界明显。复眼宽与触角到中单眼距离相等。触角 3 节长比约为（0.8～1.0）：1.0：（1.0～1.4）。

胸部中胸背板、小盾片和后小盾片金绿色，具蓝色反光，侧板暗褐色至黑色，光亮（通常带有绿色或紫色），但肩胛和中侧片上缘浅黄色或浅褐色；胸部被浅黄毛，但前胸背板、中胸背板前部包括肩胛、中侧片前部（前缘除外）、翅侧片除上部外、侧背片后部和后小盾片裸。足黄褐色；基节和股节被浅黄毛。翅透明，微有褐色；翅痣黄褐色至褐色；翅脉黄褐色至褐色。平衡棒黄褐色。

腹部暗褐色至浅黑色，光亮，稍带绿色或紫色。腹部被浅黄毛或浅褐毛，第 1～4 背板侧边毛较长且直立。雄性外生殖器：黄褐色。第 9 背板后缘直；生殖基节背面端内突端部具 2～3 个小齿；生殖刺突扁平，近基部具一个背突；阳茎复合体基半部扁平且背面窄，端半部很宽且端缘具浅的侧凹和深的中凹，阳茎复合体端半部具一个三裂叶的背中突。

雌　体长 6.0 mm，翅长 6.0 mm。

头部亮黑色，额下部黄褐色，额在复眼缘具一对白毛斑。复眼宽分离，黑褐色，裸，小眼面大小一致。眼后眶较宽。头部毛浅黄色。触角黄褐色至褐色，鞭节 3 节，端部着生一长而尖细的触角芒；柄节和梗节被黑毛，鞭节被浅灰粉；触角芒裸，基部有几根短毛。触角 3 节长比为 0.8：1.0：1.5。喙黄褐色，被浅黄毛；须黄褐色，被浅黄毛。

胸部背板金绿色，但肩胛浅黄色；侧板暗褐色，稍带金光泽，上缘具浅黄色横带。小盾片无刺。胸部毛浅黄色,但前胸背板、中胸背板前部包括肩胛、中侧片前部(前缘除外)、翅侧片除上部外,侧背片后部和后小盾片裸。足黄褐色,被浅黄毛。翅透明,微有褐色;翅痣黄褐色;翅脉黄褐色至褐色。平衡棒黄褐色。

腹部窄,暗褐色,稍有金绿色光泽。腹部被浅褐毛和浅黄毛,第1～4背板侧边毛较长且直立。

观察标本 1♀,西藏墨脱卡布,1 050 m,1980. V. 9,金根桃、吴建毅(SEMCAS)。

分布 中国西藏(墨脱)、台湾;日本。

讨论 该种与分布于太平洋和印度洋地区的其他种区别在于腹部匙形,最宽处位于腹部第4节端部;中胸背板光滑,刻点仅限于毛基部,皱纹不发达;颜和足颜色单一,黄色或黄褐色。而其他种腹部卵圆形,第2节端部和第4节端部等宽;中胸背板皱纹明显,刻点不只限于毛基部,明显汇合;颜和足部分暗色。

47. 绿水虻属 *Chloromyia* Duncan,1837

Chloromyia Duncan,1837. Mag. Zool. Bot. 1(2):164. Type species:*Musca formosa* Scopoli,1763.

Afrosargus Lindner,1955. Ann. Mus. R. Congo Belg.(Zool.)(Ser. 8),36(1):294. Type species:*Afrosargus clitellarioides* Lindner,1955〔=*Chloromyia tuberculata* James,1952〕.

属征 身体具金光泽。两性复眼均密被毛。雄虫接眼式,小眼面上大下小,雌虫离眼式,小眼面大小一致。雌虫侧单眼与复眼后缘平齐。触角鞭节较长,近卵圆形,4节,亚端部着生触角芒。盘室稍大,发出3条M脉,M脉发达,达翅缘,R_{2+3}脉从r-m横脉后发出。腹部长大于宽,但通常短于瘦腹水虻属*Sargus*。

讨论 该属全世界已知7种,仅新热带界和澳洲界无分布,中国已知2种,包括1新种。

种 检 索 表

1.	胸部侧板黑色;中后足第1跗节黄色,第2～3跗节黄褐色;R_{2+3}脉从盘室端部之前发出 ············ ·· 特绿水虻 *C. speciosa*
	胸部侧板金绿色;中足跗节全黑色;R_{2+3}脉从盘室端部之后发出 ······ 蓝绿水虻 *C. caerulea* sp. nov.

(259)蓝绿水虻 *Chloromyia caerulea* sp. nov.(图253;图版64)

雄 体长8.4～8.0 mm,翅长8.1～6.9 mm。

头部红褐色。复眼相接;上部小眼面大,红褐色;下部小眼面小,黑褐色,分界明显。头部和复眼密被红褐毛;头部毛与复眼毛等长,单眼瘤毛较长,下颜毛稍长,黑色;颊毛浅黄色。触角柄节和梗节红褐色,被黑毛;第1～3鞭节红褐色,第4鞭节黑褐色,被浅黄短毛;触角芒红褐色,基部膨大的部分较小,被黑毛。触角各节长比(柄节:梗节:鞭节:触角芒)为0.9:1.0:0.9:5.2。喙黄色,被浅黄毛。

胸部背板和侧板均为金绿色,具蓝色反光,但肩胛黄褐色,翅后胛褐色。胸部毛浅黄色,稍

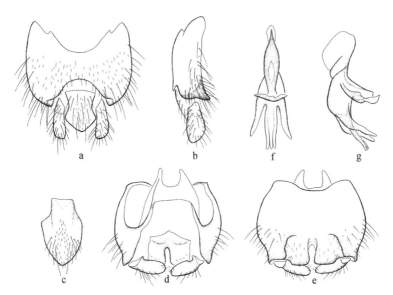

图 253　蓝绿水虻 *Chloromyia caerulea* sp. nov.(♂)

a. 第 9～10 背板和尾须,背视(tergites 9～10 and cerci, dorsal view); b. 第 9 背板,侧视 (tergite 9, lateral view); c. 第 10 腹板,腹视(sternite 10, ventral view); d. 生殖体,背视 (genital capsule, dorsal view); e. 生殖体,腹视(genital capsule, ventral view); f. 阳茎复合 体,背视(aedeagal complex, dorsal view); g. 阳茎复合体,侧视(aedeagal complex, lateral view)。

直立。足黑褐色,但膝和胫节最端部黄色;足被黄毛。翅浅黄褐色;翅痣褐色,明显;翅脉褐色, R_{2+3} 脉从盘室端部之后发出。平衡棒黄色。

腹部水滴形,基部窄,端部稍宽,宽于胸部;蓝紫色,背板中部颜色稍暗,腹板黑色。腹部被浅黄毛。雄性外生殖器:第 9 背板宽大于长,基端缘均具弧形凹,基缘两侧还具两个小尖突,端缘两侧具短的背针突;尾须指状,端部仅比基部稍粗;生殖基节背桥前缘具"U"形凹缺;生殖基节愈合部基缘稍凹,腹面端缘平,中部具窄的"U"形凹;生殖刺突端部圆钝;阳茎复合体较短粗,具阳基侧突,短于阳茎,阳茎端部三裂,三叶等长且不分离。

雌　未知。

观察标本　正模♂,云南西双版纳勐宋,1 600 m,1958.Ⅳ.27,王书永、蒲富基(IZCAS)。副模 1♂,云南西双版纳勐宋,1 600 m,1958.Ⅳ.27,王书永、蒲富基(IZCAS)。

分布　云南(勐宋)。

词源　该种拉丁名源于其胸部侧板和腹部背板具蓝色反光。

讨论　该种与特绿水虻 *C. speciosa* (Macquart)相似,但触角第 1～3 鞭节红褐色;胸部侧板金绿色,带蓝色反光;腹部蓝紫色,中部稍暗,腹部宽于胸部;第 9 背板具背针突,阳茎复合体具阳基侧突且短于阳茎,阳茎端部 3 裂,但不分离。而后者触角第 1～3 鞭节橘黄色;胸部侧板黑色;腹部金绿色,腹部窄于胸部,最多与胸部等宽;第 9 背板无背针突,阳茎复合体具两个细长腹突,长于阳茎,阳茎端部 3 裂,分离,中叶短于侧叶。

(260)特绿水虻 *Chloromyia speciosa* (Macquart,1834)(图 254;图版 64)

Chrysomyia speciosa Macquart,1834. Histoire naturelle des Insectes [4]: 263. Type locality：Italy：Bologna.

Sargus melampogon Zeller，1842. Isis von Oken 1842：825. Type locality：Hungary.

Chloromyia melampogon var. *subalpina* Strobl，1910. Mitt. Naturwiss. Ver. Steiermark 46 (1)：46. Type locality：Austria：Styria，Natterriegel，Lichtenwald.

Chloromyia melampogon nigripes Pleske，1926. Eos 2(4)：397. Type locality：Russia：Irkutsk oblast'，Kaymarskaya road.

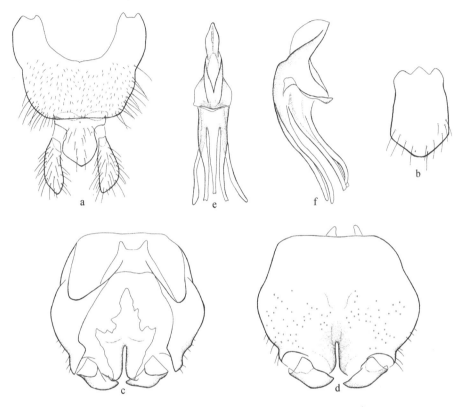

图 254　特绿水虻 *Chloromyia speciosa*（Macquart）（♂）

a. 第 9～10 背板和尾须,背视（tergites 9～10 and cerci, dorsal view）；b. 第 10 腹板,腹视（sternite 10, ventral view）；c. 生殖体,背视（genital capsule, dorsal view）；d. 生殖体,腹视（genital capsule, ventral view）；e. 阳茎复合体,背视（aedeagal complex, dorsal view）；f. 阳茎复合体,侧视（aedeagal complex, lateral view）。

雄　体长 8.7～11.3 mm,翅长 7.9～8.4 mm。

头部亮黑色。复眼相接,黑褐色；上部小眼面大而下部小眼面小,但分界不明显。头部和复眼密被黑毛；头毛长于复眼毛,颊和单眼瘤毛较长,淡黄色。触角柄节和梗节黑色,密被黑毛；第 1～3 鞭节橘黄色,第 4 鞭节黄褐色,密被浅黄毛。触角各节长比为 1.0：0.8：1.0：2.1。喙浅黄色,被浅黄毛。

胸部背板金绿色,但肩胛黄褐色,翅后胛黄褐色；侧板黑色。胸部被浅黄色且稍直立长毛,侧板被浅黄毛和黑毛。足黑色,但膝、胫节最端部和中后足第 1 跗节（端部除外）黄色,中后足第 1 跗节端部和第 2～3 跗节黄褐色。足上毛黄色,但基节、转节和股节基部被黑毛。翅浅黄褐色；翅痣浅黄褐色,不明显；翅脉浅褐色,R_{2+3} 脉从盘室端部之前发出。平衡棒橘黄色。

腹部长椭圆形,约与胸部等宽或窄于胸部,节间稍窄;背板金黄绿色,腹板黑色。腹部毛浅黄色。雄性外生殖器:第9背板宽稍大于长,基部具一大的半圆形凹缺,端缘直,无背针突;尾须基部窄,端部宽且内侧稍尖;生殖基节背桥前缘具浅凹;生殖基节愈合部腹面端缘圆突,中部具深窄的凹缺;生殖刺突基部宽,端部尖;阳茎复合体较细长,具两个腹突,长于阳茎,阳茎端部三裂叶,分离,中叶稍短于侧叶。

雌 体长 10.0 mm,翅长 9.0 mm。

与雄虫相似,但复眼宽分离,小眼面大小一致。具宽的眼后眶,中单眼约与复眼后顶角平齐。上下额交界处两侧具一对横长的近三角形的白斑。胸部稍带蓝色光泽,腹部较宽,宽于胸部。

观察标本 1♂,西藏和达,3 400 m,1976.Ⅶ.29,韩寅恒(IZCAS);1♂,四川乡城,2 900~3 500 m,1980.Ⅵ.28,王书永(IZCAS);1♂,河南济源王屋山,700 m,2000.Ⅵ.3,申效诚(CAU);1♂,山西垣曲历山,2000.Ⅵ.1,王福明(CAU);2♂♂,北京门头沟龙门洞,2004.Ⅵ.3,刘星月(CAU);1♂,北京门头沟小龙门,2005.Ⅶ.5,董慧(CAU);1♂,河南宝天曼,2006.Ⅵ.21,申效诚(CAU);1♀,辽宁丹东宽甸白石砬子,1 000 m,2001.Ⅵ.3,盛茂领(CAU)。

分布 中国西藏(和达)、四川(乡城)、河南(济源、宝天曼)、山西(垣曲)、北京(门头沟)、辽宁(宽甸);爱尔兰,法国,德国,意大利,西班牙,瑞士,奥地利,匈牙利,格鲁吉亚,希腊,立陶宛,阿尔巴尼亚,亚美尼亚,保加利亚,捷克,斯洛伐克,波兰,罗马尼亚,南斯拉夫,土耳其,俄罗斯,乌克兰。

讨论 该种与蓝绿水虻 C. caerulea sp. nov.相似,但触角第1~3鞭节橘黄色,胸部侧板黑色;腹部金绿色;腹部窄于胸部,最多与胸部等宽;第9背板无背针突,阳茎复合体具两个细长腹突,长于阳茎,阳茎端部3裂,分离,中叶短于侧叶。而后者触角第1~3鞭节红褐色;胸部侧板金绿色,带蓝色反光;腹部蓝紫色,中部稍暗,腹部宽于胸部;第9背板具背针突,阳茎复合体具阳基侧突,短于阳茎,阳茎端部三裂,但不分离。

48. 台湾水虻属 *Formosargus* James, 1939

Formosargus James, 1939. Arb. Morph. Taxon. Ent. Berl. 6(1):36. Type species: *Formosargus kerteszi* James, 1939.

属征 复眼裸,宽分离,额两侧几乎平行,但雄虫额较窄。触角梗节前缘直;鞭节各节宽大于长。头顶侧面观较圆。单眼瘤为等边三角形,远离头后缘。cup 室宽约为两个基室宽之和;CuA_1 脉从盘室发出;R_{2+3} 脉从 r-m 横脉前发出;R_4 脉存在;r-m 横脉长,稍倾斜。小盾片无刺。

讨论 该属全世界已知 2 种,仅分布于东洋界,中国已知 1 种。

(261)克氏台湾水虻 *Formosargus kerteszi* James, 1939

Formosargus kerteszi James, 1939. Arb. Morph. Taxon. Ent. Berl. 6(1):36. Type locality:China:Taiwan,Kankau(Koshun).

雄 体长 5.5 mm。

体亮黄色。额窄于头宽的1/5,两侧平行,颜向口缘渐宽。头部黄色,额上部具一个宽的黑色横带,该区域包括单眼瘤;后头除近头顶和近喙的部分外黑色。触角黄色,触角芒褐色。头部毛浅黄色,不明显。喙黄色。

胸部黄色,中胸背板从颈到小盾片端部具一个稍带光泽的黑色纵条斑;中胸向后渐宽,宽的侧边和小盾片端部黄色,后小盾片黑褐色,中侧片在背侧缝附近具2个不规则的黑褐斑。胸部毛黄色。足黄色,被黄毛。翅透明;翅脉黄褐色。平衡棒黄色。

腹部黄色,第1、3、4背板端半部具褐色横带,不与前后边缘相连,但这些横斑在侧边窄相连,腹面斑纹相同,但区域较小。

雌 体长 7.0～7.5 mm。

与雄虫相似,但额宽于雄虫。胸部的黑斑区域较小;中部纵斑存在,但较窄,前部消失,中侧片具一个黑褐斑。腹部全黄色。

分布 台湾。

讨论 该种与分布于菲律宾的多色台湾水虻 *F. variegates* James 相似,但中胸背板中部具一个从颈部延伸到小盾片端部的黑色宽纵条斑。而后者中胸背板具"U"形黑斑(James,1969)。

49. 小丽水虻属 *Microchrysa* Loew, 1855

Microchrysa Loew, 1855. Mag. Zool. Bot. 1(2): 164. Type species: *Musca formosa* Scopoli, 1763.

属征 体小型,具金光泽。复眼裸,雄虫接眼式,上部小眼面大于下部小眼面;雌虫离眼式,小眼面大小一致。触角鞭节栗形,长宽大致相等或长稍大于宽,亚端部着生一根尖细触角芒,触角梗节内侧端缘直。雄虫无眼后眶,雌虫眼后眶明显。下颜中部骨化区域较宽。须2节,锤状,短于下颜。盘室较小,cup 室宽约为两个基室宽之和;从盘室发出3条M脉,不达翅缘,R$_{2+3}$脉从 r-m 横脉后发出,R$_4$脉存在,r-m 横脉之间的 Rs 脉远长于 r-m 横脉。腹部宽短。

讨论 该属全世界已知41种,全世界各区系均有分布,中国已知6种。

种 检 索 表

1.	触角全黑褐色或黑色;中侧片上缘无黄色下背侧带;足主要黑色 ………… 光滑小丽水虻 *M. polita*
	触角黄色或黄褐色,或柄节和梗节黄色而鞭节褐色;中侧片上缘具明显的黄色下背侧带;足主要黄色,有时具黑斑 ……………………………………………………………………… 2
2.	后足胫节黄色或黄褐色,无黑斑 ………………………………………………… 3
	后足胫节端半部黑褐色或黑色 ………………………………………………… 4
3.	触角黄褐色;腹部黄色,或黄色且具褐斑,或金绿色,但第2～4背板边缘黄色 ……………… 上海小丽水虻 *M. shanghaiensis*
	触角柄节和梗节黄色,鞭节褐色;腹部金绿色,边缘不为黄色 …… 黄角小丽水虻 *M. flavicornis*
4.	颜黄褐色;胸部暗褐色,稍带蓝绿色反光;腹部黄褐色,无黑斑 …… 莫干山小丽水虻 *M. mokanshanensis*
	颜金绿色;胸部金绿色;腹部黄褐色,第4或第5背板具黑斑 ………………… 5

(262)黄角小丽水虻 *Microchrysa flavicornis*（Meigen，1822）（图 255）

Sargus flavicornis Meigen，1822. Systematische Beschreibung der bekannten Europäischen zweiflügligen Insekten Ⅰ-Ⅹ：112. Type locality：England.

Sargus pallipes Meigen，1830. Systematische Beschreibung der bekannten Europäischen zweiflügligen Insekten Ⅰ-Ⅻ：344. Type locality：Europe.

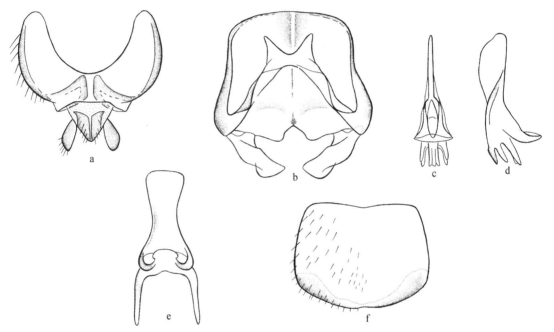

图 255 黄角小丽水虻 *Microchrysa flavicornis*（Meigen）（♂，♀）（据 **Rozkošný，1982** 重绘）

a～d. 雄虫（♂）：a. 第 9～10 背板和尾须,背视（tergites 9～10 and cerci，dorsal view），b. 生殖体,背视（genital capsule，dorsal view），c. 阳茎复合体,背视（aedeagal complex，dorsal view），d. 阳茎复合体,侧视（aedeagal complex，lateral view）；e～f. 雌虫（♀）：e. 生殖叉,背视（genital furca，dorsal view），f. 第 8 腹板,腹视（sternite 8，ventral view）。

雄 体长 3.5～4.8 mm,翅长 4.0～4.5 mm。

头部复眼裸,相接;上部小眼面大,下部小眼面小。无眼后眶。单眼瘤等边三角形,与后头的距离小于单眼瘤长。额黑色,稍带光泽,中部具中沟,被浅灰短毛。颜上部金绿色,下部侧边具宽的骨化带。触角柄节和梗节黄色,鞭节褐色,亚端部具长的触角芒。头部被浅色短毛,颜毛较长。喙黄褐色。

胸部亮金绿色,但肩胛黄色,翅后胛黄褐色,中侧片上缘具浅色的下背侧带。胸部毛浅色。足黄色,仅中后足股节大部分黑色。翅透明;翅痣黄色;翅脉黄色。腋瓣黄褐色,被浅色毛。平衡棒黄色。

腹部金绿色,短圆。腹部背面密被黑色和白色短毛,腹面被白毛。雄性外生殖器:生殖基节端缘中部具深的圆形凹缺;阳茎复合体基半部明显变细,阳基侧突短,分上下 2 叶,明显后移。

雌　与雄虫相似,仅以下不同:复眼分离,额宽为头宽的 1/3。额金绿色,光亮且被稀疏刻点。眼后眶明显,但下部窄。胸部背板和小盾片被白毛。股节均为深色,后足胫节端部浅黑色,第 5 跗节颜色较暗。腹部金绿色,被稀疏的倒伏白毛。

分布　中国浙江(舟山)、上海;加拿大,美国,英国,爱尔兰,法国,德国,荷兰,奥地利,匈牙利,瑞士,捷克,比利时,保加利亚,丹麦,芬兰,挪威,瑞典,波兰,斯洛文尼亚,俄罗斯,哈萨克斯坦,蒙古。

讨论　该种与上海小丽水虻 *M. shanghaiensis* Ôuchi 相似,但雄虫中后足股节深色;雌虫所有股节均为深色。而后者前中足股节黄色。

(263)黄腹小丽水虻 *Microchrysa flaviventris*（Wiedemann，1824）（图 256；图版 12）

Sargus flaviventris Wiedemann，1824. Diptera Exotica，Section Ⅱ，Ⅰ-Ⅳ：31. Type locality：East Indies.

Sargus affinis Wiedemann，1824. Diptera Exotica，Section Ⅱ，Ⅰ-Ⅳ：31. Type locality：East Indies.

Chrysomyia annulipes Thomson，1869. Kongliga svenska fregatten Eugenies resa omkring jorden under befall af C. A. Virgin åren 1851-1853(2,1)：461. Type locality：Philippines：Manila.

Microchryza ? gemma Bigot，1879. Ann. Soc. Ent. Fr. 9：231. Type locality：Sri Lanka.

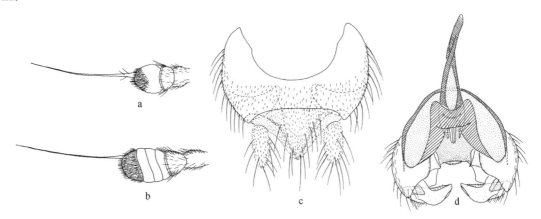

图 256　黄腹小丽水虻 *Microchrysa flaviventris*（Wiedemann）(♂)（据 Nagatomi，1975 重绘）

a. 雄虫触角,内侧视(antenna, inner view)(♂)；b. 雌虫触角,内侧视(antenna, inner view)(♀)；c. 第 9～10 背板和尾须,背视(tergites 9～10 and cerci, dorsal view)；d. 生殖体,背视(genital capsule, dorsal view)。

雄　体长 3.8～4.8 mm,翅长 3.5～4.0 mm。

头部亮黑褐色,具金绿色光泽。复眼红褐色,在额处相接,被极稀疏的黄色短毛;上部小眼面较大,下部小眼面较小,分界明显。无眼后眶。单眼瘤明显,单眼红褐色。下额上角黄褐色,下颚具一道浅横沟。头部毛浅黄色。触角鞭节1~2节,分节不明显,宽大于长。触角黄褐色,触角芒黑褐色,基部黄色;触角被黄毛,鞭节端部毛较长,触角芒基部有2~3根较长的毛;触角各节长比(柄节∶梗节∶鞭节∶触角芒)为0.8∶1.0∶1.2∶4.0。喙黄色,被黄毛。须带状,极短,黄色,被黄毛。

胸部椭圆形,长稍大于宽,背部上拱;小盾片钝三角形,无刺。胸部亮红褐色,具金绿色光泽,肩胛浅黄色,翅后胛黄褐色,中侧片上缘具窄的浅黄色下背侧带,从肩胛一直延伸到翅基前。胸部毛黄色,但中侧片除前部和后部外以及腹侧片中部裸。足黄色,但后足股节中部褐色,约占后足股节的1/3,靠近端部,后足胫节端部1/3~1/2(除最末端外)褐色,第5跗节背面褐色。足上毛黄色。翅透明,翅痣浅黄色;翅脉黄色至黄褐色,盘室与r_5室之间的脉正常;翅面覆盖黄色微刺,但翅基包括翅瓣、cup室基部和上缘以及臀叶基部裸。平衡棒浅黄色。

腹部椭圆形,宽于胸部,长大于宽,较扁平。腹部黄色,第1、3、4背板两侧上角各有一个浅褐斑(有时也无此斑),第5背板基半部有褐色横带,但有时全褐色;腹部被黄毛,但背面除侧边外主要被粗的黑毛,第1~2背板两侧毛稍长且直立。雄性外生殖器:第9背板宽大于长,基部具大的凹缺;尾须细;生殖基节宽大于长,端部较宽;生殖基节愈合部基缘圆,腹面端缘中央具一个半圆形大凹;生殖刺突端部尖;阳基侧突稍短于阳茎或近等长,阳茎端部三裂。

雌 体长3.5~5.0 mm,翅长3.8~4.2 mm。

与雄虫相似,仅以下不同:头部金绿色或金紫色。复眼宽分离,小眼面较小,大小一致;具眼后眶,侧面观眼后眶上部宽,下部极细。额向头顶渐宽,触角上额无毛斑,具一道中断的横沟,颜色无变化。触角鞭节4节,第4鞭较大,密被长毛。腹部金紫色或金绿色。

观察标本 8♂♂6♀♀,山东泰安泰山,1086.Ⅶ.18,李强(CAU);1♂1♀,山东烟台昆嵛山,2004.Ⅵ.28,张莉莉(CAU);1♂1♀,云南贡山丹珠,1 500 m,2007.Ⅴ.18,刘星月(CAU);1♂3♀♀,云南保山百花岭温泉,1 500 m,2007.Ⅴ.29,刘星月(CAU);1♂,云南腾冲大竹坝,2006.Ⅴ.20,朱雅君(CAU);1♂1♀,云南河口槟榔寨水库,132 m,2009.Ⅴ.21,杨秀帅(CAU);1♂1♀,云南河口南溪镇,132 m,2009.Ⅴ.22,杨秀帅(CAU);1♂,云南勐腊补蚌村,2009.Ⅴ.8,杨秀帅(CAU);3♂♂5♀♀,湖北竹溪,1979.Ⅶ(CAU);1♀,湖北五峰后河,2002.Ⅶ.21,张小伟(CAU);2♂♂,四川成都,1962.Ⅷ.12,杨集昆(CAU);1♂,四川峨眉山零公里(灯诱),1 270 m,2009.Ⅷ.12,李彦(CAU);1♀,四川峨眉山零公里(灯诱),1 270 m,2009.Ⅷ.11,王俊潮(CAU);1♂1♀,浙江杭州,1986.Ⅶ.23,陈乃中(CAU);1♂2♀♀,浙江天目山,2007.Ⅶ.19,朱雅君(CAU);1♂,浙江天目山(灯诱),2007.Ⅶ.19,朱雅君(CAU);1♂,海南乐东尖峰岭南天池(灯诱),800 m,2008.Ⅴ.7,刘启飞(CAU);1♀,海南乐东尖峰镇,2006.Ⅴ.16,董慧(CAU);1♂,西藏波密易贡,2 300 m,1978.Ⅵ.13,李法圣(CAU);1♂,贵州都匀,1981.Ⅵ.7,李法圣(CAU);1♂,广西龙州,1982.Ⅴ.23,李法圣(CAU);河南郑州郑州大学新区,2006.Ⅸ.8,王俊潮(CAU);1♂,陕西武功西北农学院,1962.Ⅷ.10,李法圣(CAU);1♀,广西龙州响水保护站,2006.Ⅴ.15,张魁艳(CAU);1♀,河北承德兴隆雾灵山,2006.Ⅶ.5,董慧(CAU);1♂,四川丰都鬼城,240 m,1984.Ⅹ.4,李法圣(CAU)。

分布 中国浙江(杭州、舟山、天目山)、山东(泰安、烟台)、云南(贡山、保山、腾冲、河口、勐拉)、湖北(竹溪、五峰)、四川(峨眉山、成都、丰都)、海南(乐东)、西藏(波密)、贵州(都匀)、广西(龙州)、陕西(武功)、河北(兴隆)、河南(郑州)、台湾;俄罗斯,日本,印度,巴基斯坦,泰国,马来西亚,印度尼西亚,菲律宾,斯里兰卡,贝劳,关岛,密克罗尼西亚,新加利多尼亚,北马里亚纳群岛,巴布亚新几内亚,所罗门群岛,瓦努阿图,马达加斯加,科摩罗岛,塞舌尔。

讨论 该种与日本小丽水虻 *M. japonica* Nagatomi 相似,但触角鞭节分节不明显,端部明显具长毛;生殖基节愈合部腹面端缘中部具半圆形大凹缺。而后者触角鞭节明显 3 节,仅被极短的毛;生殖基节愈合部腹面端缘中部具两个三角形长尖突。

(264)日本小丽水虻 *Microchrysa japonica* Nagatomi, 1975(图 257;图版 12)

Microchrysa japonica Nagatomi, 1975. Trans. R. Ent. Soc. London 126(3):323. Type locality:Japan:Hokkaido, Ashoro.

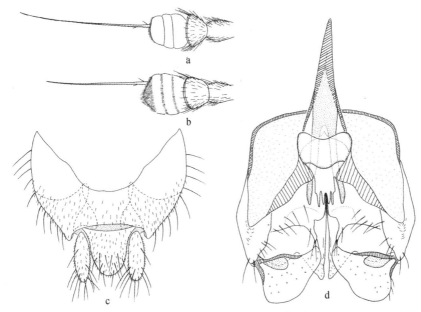

图 257 日本小丽水虻 *Microchrysa japonica* Nagatomi(♂)(据 Nagatomi, 1975 重绘)

a. 雄虫触角,内侧视(antenna, inner view)(♂); b. 雌虫触角,内侧视(antenna, inner view)(♀); c. 第 9~10 背板和尾须,背视(tergites 9~10 and cerci, dorsal view); d. 生殖体,背视(genital capsule, dorsal view)。

雄 体长 3.8~4.8 mm,翅长 3.8~4.5 mm。

头部金绿色或金紫色。复眼裸,相接;上部小眼面较大,红褐色,下部小眼面较小,褐色,分界明显。无眼后眶。单眼瘤明显,单眼红褐色。头部毛黄褐色。触角鞭节 3 节;触角褐色,但梗节黄褐色;触角被黄褐色短毛,鞭节端部毛极短,触角芒基部有 2 根较长的毛;触角各节长比为 0.8:1.0:1.2:3.5。喙黄褐色,端部黄褐色,被黄毛。须带状,极短,褐色,被黄毛。

胸部椭圆形,长稍大于宽,背部上拱,小盾片钝三角形,无刺。胸部金绿色,肩胛和翅后胛褐色,中侧片上缘具窄的浅黄色下背侧带,从肩胛一直延伸到翅基前。胸部毛黄色,但中侧片除前部和后部外以及腹侧片中上部裸。足黄褐色,但基节、后足股节除最基部和端部外、后足胫节端部 1/3~1/2 除最端部外和第 4~5 跗节褐色。足上毛黄色。翅透明,翅痣浅黄色;翅脉黄色至黄褐色,盘室与 r₅ 室之间的脉正常;翅面覆盖黄色微刺,但翅基包括翅瓣、cup 室基部和上缘以及臀叶基部裸;翅瓣狭长。平衡棒浅黄色。

腹部椭圆形,宽于胸部,长稍大于宽,较扁平。腹部黄色,但第 5 腹板黑色;腹部被黄毛,第 1~2 背板两侧毛稍长且直立。雄性外生殖器:第 9 背板宽大于长,基部具大的凹缺;尾须细;

生殖基节宽大于长,端部较宽;生殖基节愈合部基缘圆,腹面端缘中央具两个三角形稍长的尖突,二突之间具窄深凹;生殖刺突近三角形,端部尖;阳基侧突稍短于阳茎或近等长,阳茎端部三裂。

雌 体长 3.2～4.8 mm,翅长 3.5～5.0 mm。

与雄虫相似,仅以下不同:头部金绿色或金紫色。复眼宽分离,小眼面较小,大小一致;具眼后眶,侧面观眼后眶上部宽,下部极细。额向头顶渐宽,触角上额无毛斑,具一道中断的横沟,颜色无变化。触角鞭节 4 节,第 4 鞭节较小,被极短的毛。腹部金紫色和金绿色。

观察标本 8♂♂12♀♀,北京门头沟小龙门,2005. Ⅶ. 4,董慧(CAU);35♂♂50♀♀,北京门头沟小龙门,2005. Ⅶ. 5,刘星月(CAU)。

分布 中国北京(门头沟);日本。

讨论 该种与黄腹小丽水虻 *M. flaviventris* (Wiedemann)相似,但该种触角鞭节明显 3 节,仅被极短的毛;生殖基节愈合部腹面端缘中部具两个三角形长尖突。而后者触角鞭节分节不明显,端部明显具长毛;生殖基节愈合部腹面端缘中部具半圆形大凹缺。

(265)莫干山小丽水虻 *Microchrysa mokanshanensis* Ôuchi，1938

Microchrysa mokanshanensis Ôuchi，1938. J. Shanghai Sci. Inst.（Ⅲ）4：58. Type locality：China：Zhejiang, Moganshan.

雌 体长 4.0 mm。

头部额宽为头宽的 1/3,向头顶渐宽,亮金紫色,也具蓝绿色反光,后头橘黄色,被暗黄白毛。单眼瘤黑褐色,侧边橘黄色,单眼橘黄色。眼后眶宽,深紫色,被暗黄白毛。下额在触角附近具一对窄的白色横毛斑。颜黄褐色,被黄白毛。触角橘黄色,触角芒橙褐色。喙橘黄色。

胸部亮深褐色,具金蓝绿色光泽,被浅黄毛。肩胛、翅后胛和中侧片的下背侧带浅黄色。足黄色,后足股节中部具宽的黑褐色横带,胫节端半部具褐色横带。足上毛浅黄色。翅透明;翅脉黄色。平衡棒浅黄色。

腹部黄褐色,第 1 和第 5 背板具浅黄毛,第 2～4 背板被浅褐色短毛。腹部侧边被浅黄毛。第 1、4、5 腹板被浅黄毛。生殖器橙褐色。

雄 未知。

分布 浙江(莫干山)。

讨论 该种与黄角小丽水虻 *M. flavicornis* (Meigen)相似,但额下部在触角上有一对白色横毛斑;体色主要为褐色。而后者额下部无白色横毛斑;体色主要为金蓝绿色。

(266)光滑小丽水虻 *Microchrysa polita* (Linnaeus，1758)(图 258)

Musca polita Linnaeus，1758. Syst. Nat. 598. Type locality：Europe.

Nemotelus auratus De Geer，1776. Memoires pour server a l'histoire des insects Ⅰ-Ⅷ：202. Type locality：Sweden.

Musca caesia Rossi，1790. Fauna Etrusca sistens insect quae in provinciis florentina et Pisana praesertim collegit［2］：310. Type locality：Italy.

Sargus splendens Meigen，1804. Klassifikazion und Beschreibung der europäischen Zweiflügligen Insekten Ⅰ-ⅩⅩⅧ：144. Type locality：Germany.

Sargus cyaneus Fabricius, 1805. Systema antliatorum secundum ordines, genera, species adiectis synonymis, locis, observationibus, descriptionibus Ⅰ-ⅩⅣ: 258. Type locality: Denmark.

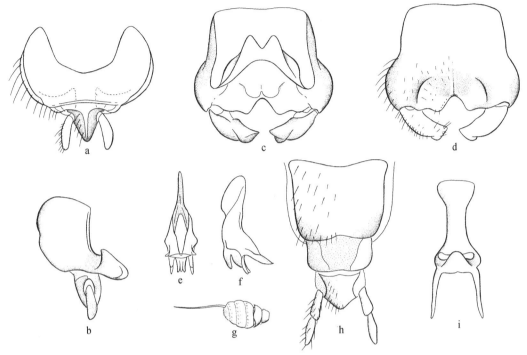

图 258　光滑小丽水虻 *Microchrysa polita* (Linnaeus) (♂，♀) (据 Rozkošný，1982 重绘)

a～f. 雄虫(♂)：a. 第 9～10 背板和尾须，背视(tergites 9～10 and cerci, dorsal view)，b. 第 9～10 背板和尾须，侧视(tergites 9～10 and cerci, lateral view)，c. 生殖体，背视(genital capsule, dorsal view)，d. 生殖体，腹视(genital capsule, ventral view)，e. 阳茎复合体，背视(aedeagal complex, dorsal view)，f. 阳茎复合体，侧视(aedeagal complex, lateral view)；g～i. 雌虫(♀)：g. 触角，侧视(antenna, lateral view)，h. 第 8～10 背板和尾须，背视(tergites 8～10 and cerci, dorsal view)，i. 生殖叉，背视(genital furca, dorsal view)。

雄　体长 4.5～5.5 mm，翅长 4.8～5.3 mm。

头部复眼裸，相接；上部小眼面大，下部小眼面小。无眼后眶。单眼瘤等边三角形，与后头的距离小于单眼瘤长。额黑色，稍带光泽，中部具中沟，被浅灰短毛。颜上部金绿色，下部侧边具宽的骨化带。触角短，黑色，柄节和梗节光亮；鞭节近圆形，亚端部具长的触角芒。头部被不明显的浅色短毛，单眼瘤后毛黑色，额和颜毛白色，颜毛较长。喙暗褐色至黑色。

胸部黑色，具金光泽，但肩胛颜色较浅，中侧片无浅色的下背侧带。胸部背板和小盾片密被黑色直立短毛，侧板和基节被白色长毛。足黑色，但前中足胫节后部黄色，膝和第 1 跗节黄色。翅透明；翅痣黄色；翅脉黄色。腋瓣黑色，被黑毛。平衡棒黄色，柄颜色较暗。

腹部暗色，带有金绿色，短圆。腹部背面密被黑色短毛，腹面被白毛。雄性外生殖器：生殖基节端缘中部凹缺较深；阳茎复合体基部不变细，阳基侧突短，端部上下二分叉，基部粗，不明显后移。

雌　与雄虫相似，仅以下不同：复眼分离，额宽为头宽的 1/3。额金紫色或金绿色，光亮且被刻点，中沟浅。眼后眶明显，但下部窄。头部毛全白色。翅后胛浅褐色。胸部背板和小盾片被白毛。腹部背面被白毛。

观察标本 2♀♀,内蒙古乌拉特前旗乌位山大桦背,1978.Ⅶ.14,杨集昆(CAU)。

分布 中国内蒙古(乌拉特前旗);加拿大,美国,英国,爱尔兰,法国,德国,意大利,西班牙,瑞士,比利时,奥地利,匈牙利,荷兰,芬兰,挪威,瑞典,波兰,捷克,斯洛伐克,格鲁吉亚,立陶宛,罗马尼亚,保加利亚,南斯拉夫,乌克兰,蒙古。

讨论 该种可根据触角黑色,胸部无下背侧带,足主要为黑色,与本属其他种很容易地区分开。

(267)上海小丽水虻 *Microchrysa shanghaiensis* Ôuchi,1940(图 259)

Microchrysa flaviventris var. *shanghaiensis* Ôuchi, 1940. J. Shanghai Sci. Inst.(Ⅲ)4:284. Type locality:China:Shanghai.

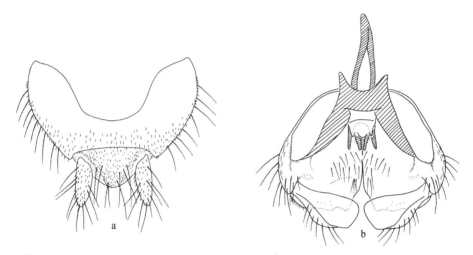

图 259 上海小丽水虻 *Microchrysa shanghaiensis* Ôuchi(♂)(据 Nagatomi,1975 重绘)
a. 第 9~10 背板和尾须,背视(tergites 9~10 and cerci, dorsal view);b. 生殖体,背视(genital capsule, dorsal view)。

雄 体长 3.8~4.2 mm,翅长 3.2~3.5 mm。

头部亮黑色,具金绿色光泽,下额红褐色。复眼在额处相接,被极稀疏的黄色短毛,上部小眼面较大,红褐色,下部小眼面较小,褐色,分界明显。无眼后眶。单眼瘤明显,单眼红褐色。头部毛浅黄色,下额密被浅黄色短柔毛,中间有一道无毛的浅沟。触角鞭节近圆形,长宽大致相等,4 节,第 4 节小。触角深黄色,第 4 鞭节褐色,触角芒黑褐色;触角被黄毛;触角芒基部有两根较长的毛;触角各节长比为 0.7:0.8:1.0:2.8。喙深黄色,端部深褐色,被黄毛。须带状,极短,深黄色,被黄毛。

胸部椭圆形,长稍大于宽,背部上拱;小盾片钝三角形,无刺。胸部金绿色,肩胛浅黄色,翅后胛黄褐色,中侧片上缘具窄的浅黄色下背侧带,从肩胛一直延伸到翅基前。胸部毛黄色,但中侧片除后部外,腹侧片中部和下侧片裸。足黄色,但基节基部黄褐色,后足股节中部黑色,约占后足股节的 1/2,稍靠近端部。足上毛黄色。翅透明;翅痣浅黄色,不明显;翅脉黄色;翅面覆盖黄色微刺,但翅基包括翅瓣、cup 室基部和上缘以及臀叶基部裸。平衡棒黄色。

腹部椭圆形,宽于胸部,长稍大于宽,较扁平。腹部黄色,有时第 1 背板基部或两侧色暗,第2背板两侧和第4～5背板中部具黑斑。腹部被黄毛,但背面中部被黑毛,第1背板两侧毛稍长且直立。雄性外生殖器:第9背板宽大于长,基部具大的凹缺;尾须细;生殖基节宽大于长,端部较宽;生殖基节愈合部基缘圆,腹面端缘中央具窄深凹;生殖刺突端部较宽,圆钝;阳基侧突稍短于阳茎或近等长,阳茎端部三裂。

雌　体长 3.5～4.3 mm,翅长 3.0～3.5 mm。

与雄虫相似,但以下部分不同:

头部复眼宽分离,小眼面较小,大小一致;具眼后眶,侧面观眼后眶上部宽,下部极细。额向头顶渐宽,触角上额无毛斑,但具一对窄的浅黄色横斑,与复眼相接。触角鞭节近圆形,长宽大致相等,鞭节 4 节,第 4 节小,褐色;触角芒基部有两个较长的毛。足基节除端部外褐色,颜色深于雄虫。腹部金绿色,中部金紫色,被黄毛。

观察标本　8♂♂9♀♀,北京平谷桃园,2007.Ⅷ.2,董民(CAU);2♂♂1♀,陕西武功,1962.Ⅷ.10,杨集昆(CAU);1♂,北京香山,2009.Ⅶ.18,石旭明(CAU);1♂,北京海淀中国农业大学西校区,1986.Ⅷ.12(CAU);2♀♀,浙江杭州,1986.Ⅶ.23,陈乃中(CAU);1♂,浙江天目山(灯诱),2007.Ⅶ.19,朱雅君(CAU);1♀,湖北五峰后河,2002.Ⅷ.20,向正玉(CAU)。

分布　中国北京(平谷、海淀)、陕西(武功)、湖北(五峰)、浙江(杭州、天目山)、上海;日本。

讨论　该种与黄腹小丽水虻 *M. flaviventris* (Wiedemann)相似,但后足胫节全黄色。而后者后足胫节端部具黑斑。在 Ôuchi(1940)及 Nagatomi(1975)的描述中,上海小丽水虻 *M. shanghaiensis* 腹部金绿色,侧边黄色,但本文中腹部黄色区较多的种类解剖后生殖器与该种完全相同,故认为是同种。

50. 指突水虻属 *Ptecticus* Loew,1855

Ptecticus Loew,1855. Verh. Zool.-Bot. Ges. Wien. 5(2):142. Type species:*Sargus testaceus* Fabricius,1805.

Pedicella Bigot,1856. Ann. Soc. Ent. Fr. 4:63,85. Type species:*Sargus petilolatus* Macquart,1838.

Macrosargus Bigot,1879. Ann. Soc. Ent. Fr. 9:187. Type species:*Sargus petilolatus* Macquart,1838.

Gongrozus Enderlein,1914. Zool. Anz. 43(13):585. Type species:*Gongrozus nodivena* Enderlein,1914.

属征　体被短毛。雌雄复眼均分离。复眼几乎裸,小眼面上大下小。额分为上下两部分,雄虫上额为长三角形,雌虫为长梯形;下额泡状,称额胂,额最窄处位于下额上部。单眼瘤明显位于复眼后顶角连线之前。颜分为上下两部分;下颜膜质,但中部宽的部分骨化。触角梗节内侧端缘明显向前突出成指状,鞭节端缘直,触角芒着生于鞭节端上部。须锤状,2 节。肩胛裸或被毛;小盾片无刺;后小盾片发达。R$_{2+3}$脉从 r-m 横脉处发出或很靠近 r-m 横脉,r-m 横脉和 R$_{2+3}$脉之间的 Rs 脉不存在或与 r-m 横脉等长。下腋瓣无带状突。跗节细长。腹部细长,纺锤形或长棒状(图版 10、图版 12)。

讨论　该属全世界已知 143 种,全世界各区系均有分布,中国已知 15 种,包括 2 新种,5

中国新记录种。

种 检 索 表

1.	后头中央骨片黑色 ……………………………………………………………	2
	后头中央骨片黄色 ……………………………………………………………	11
2.	后足全黑;尾须延长;腹部第 2 节白色,但背面中央具一个三角形黑斑 ……………… 日本指突水虻 *P. japonicus*	
	后足部分黄色;尾须不延长 …………………………………………………	3
3.	CuP 脉明显,M₃ 脉明显成波状 ……………………………………………	4
	CuP 脉不发达,仅为一透明褶,M₃ 脉直,与 M₂ 脉平行 …………………	6
4.	中胸背板主要黑色 ……………………………………………………………	5
	中胸背板全黄褐色,腹部有黑色横斑 ……………………… 横带指突水虻 *P. cingulatus*	
5.	中胸背板有 3 条很宽的黑色纵带 ………………………… 三色指突水虻 *P. tricolor*	
	中胸背板全黑色 ………………………………………… 双色指突水虻 *P. bicolor* sp. nov.	
6.	R₂₊₃ 脉从 r-m 横脉前发出,终止于 R₁ 脉上,极短,几乎不可见,M₁ 脉弱,仅基部较明显;体小型,6 mm 以下 ……………… 白木指突水虻 *P. shirakii*	
	R₂₊₃ 脉从 r-m 横脉处发出,不终止于 R₁ 脉上;体中到大型,7.0 mm 以上 ………	7
7.	小盾片主要黑色;翅明显延长,长于腹部的 1.5 倍 ………… 长翅指突水虻 *P. longipennis*	
	小盾片全黄色;翅不明显延长,短于腹部的 1.5 倍 …………………………	8
8.	额胛下半部深色 …………………………………………… 狡猾指突水虻 *P. vulpianus*	
	额胛全白色 ……………………………………………………………………	9
9.	生殖基节腹面端缘中央突起不明显 ……………………… 南方指突水虻 *P. australis*	
	生殖基节腹面端缘中央突起较大 ……………………………………………	10
10.	生殖基节腹面端缘中央突起方形,中间有深凹;阳茎复合体大 ……… 斯里兰卡指突水虻 *P. srilankai*	
	生殖基节腹面端缘具两个细长突起;阳茎复合体小,端部 2 分叉 …… 福建指突水虻 *P. fukienensis*	
11.	翅双色,颜色较深 ……………………………………………………………	12
	翅色单一,颜色较浅 …………………………………………………………	13
12.	翅黄色,端部和后部浅灰色;尾须长三角形,端部较尖 ………… 克氏指突水虻 *P. kerteszi*	
	翅橘黄色,端部和后部黑褐色;尾须粗短,端部钝 …………… 金黄指突水虻 *P. aurifer*	
13.	足主要黄色,仅前中足第 4~5 跗节黑色,或后足胫节及第 1 跗节基部黑色 …………	14
	足主要黑色,跗节黄褐色,但第 1 跗节除端部外黑色 ………… 烟棕指突水虻 *P. brunescens*	
14.	足黄色,但后足胫节全黑色;后足跗节白色,但第 1 跗节基部 1/3 黑色 ………………… 新昌指突水虻 *P. sichangensis*	
	足黄色,仅前中足第 4~5 跗节黑色 …………………… 狭指突水虻 *P. elongatus* sp. nov.	

(268)金黄指突水虻 *Ptecticus aurifer*（Walker，1854）（图 260；图版 13）

Sargus aurifer Walker，1854. List of the specimens of dipterous insects in the collection of the British Museum Part Ⅴ. Suppl. Ⅰ〔6〕：96. Type locality：China：North China；India：Hindostan.

Sargus insignis Macquart，1855. Mem. Soc. Sci. Agric. Lille. 1：66. Type locality：China：Boréale.

Gongrozus sauteri Enderlein 1914. Zool. Anz. 43（13）：586. Type locality：China：Taiwan：Kosempo.

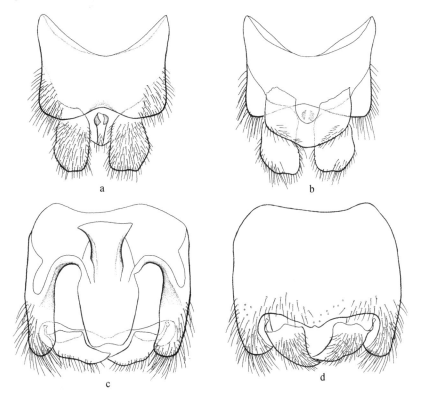

图 260　金黄指突水虻 *Ptecticus aurifer*（Walker）（♂）

a. 第 9～10 背板和尾须，背视（tergites 9～10 and cerci, dorsal view）；b. 第 9 背板、第 10 腹板和尾须，腹视（tergite 9, sternite 10 and cerci, ventral view）；c. 生殖体，背视（genital capsule, dorsal view）；d. 生殖体，腹视（genital capsule, ventral view）。

雄　体长 13.5～21.0 mm，翅长 12.5～18.9 mm。

头部橘黄色，但额胛和颜浅黄色，后头黑色。复眼黑褐色，裸，分离。单眼瘤黑褐色，小而明显，不达复眼缘，侧单眼不达头后缘，单眼橘黄色。后头强烈内凹，具较窄的眼后眶。上额向头顶渐宽，下额除基部外膜质，向前隆凸，额最窄处为中单眼处额宽的 0.17 倍，颜膜质。头部被黄色直立长毛，后头外圈被倒伏毛和一圈向后直立的缘毛。触角梗节内侧端缘向前突出呈指形，鞭节宽稍大于长，前缘平截或稍凹；触角橘黄色，鞭节颜色稍浅；触角芒黑色，但基部橘黄色；触角柄节和梗节密被黄色长毛，鞭节被黄色短柔毛，触角芒裸，基部具 2～4 根褐毛；触角各节长比(柄节：梗节：鞭节：触角芒)为 1.0：0.8：1.2：5.4。喙浅黄色,被浅黄毛;须两节,极短小,第 2 节明显短于第 1 节,浅黄色。

胸部近长方形,长大于宽,后部稍窄;小盾片与胸部背板在同一平面上,钝三角形,宽显著大于长。后小盾片发达,长于小盾片。胸部橘黄色,不光亮,领部黄色。胸部毛黄色,背板还被黑毛,较短,侧板毛较长且直立,但中侧片中部、下侧片和侧背片裸。足橘黄色,有时后足股节端部、后足胫节和跗节颜色稍深;足上毛黄色,但前足第 4～5 跗节和中后足第 5 跗节端部被黑毛(有时后足第 5 跗节不具黑毛)。若后足具有深色部分,则深色部分也被黑毛。翅橘黄色,但端半部黑色,臀叶除基部外和翅瓣后部浅黑色;翅痣不明显;R_{2+3} 脉从 r-m 横脉处发出,终止于 R_1 脉末端,r-m 横脉明显;翅橘黄色部分的翅脉橘黄色,黑色和浅黑色部分的翅脉以及前缘脉端半部黑色;翅面橘黄色部分覆盖橘黄色微刺,黑色和浅黑色部分覆盖黑色微刺。平衡棒橘黄色,球部稍带黑色。

腹部纺锤形,两端较窄。腹部橘黄色,但第 4～6 节(第 4 背板基部两侧、侧边和端部两侧除外)褐色,有时第 2～3 背板中部和第 3 腹板中部也具褐斑,但第 5～6 节的褐斑仅限于中部。腹部被黑色倒伏短毛,但第 1 背板两侧毛金黄色,较长且直立,第 2～4 背板基部两侧和端部两侧、第 1～3 腹板和第 4 腹板基部及两侧被金黄毛,有时背板各节后缘也具金黄毛。雄性外生殖器:第 9 背板宽大于长,基部具大弧形凹缺,无背针突;尾须宽短;生殖基节基缘稍凹,愈合部腹面端缘中部稍凸,突起顶端具极小的缺口;生殖刺突基部宽,向端部渐细,顶端尖锐;阳茎复合体大,中部最宽,端缘平,中部稍凹。

雌 体长 11.3～21.4 mm,翅长 11.5～20.9 mm。

与雄虫相似,仅以下部分不同:额分离较宽。尾须两节,黄褐色至黑色。

观察标本 3♂♂,安徽黄口汤山,1986.Ⅶ.18～20,陈乃中(CAU);1♀,江西官山东河站,2002.Ⅷ.4,张万良(CAU);1♂,河北武陵山,2008.Ⅶ.7,李彦(CAU);1♂,湖南大庸,1988.Ⅷ.17,王家贤(CAU);15♀♀,辽宁宽甸天华山,2009.Ⅶ.12,李彦(CAU);2♂♂,云南保山潞江坝,2006.Ⅶ.17～20,张魁艳(CAU);1♂,云南河口槟榔寨水库,2009.Ⅴ.21,张婷婷(CAU);1♂,云南腾冲界头乡,2006.Ⅴ.18,刘星月(CAU);1♂,云南昭通永善黄华镇老医院,2004.Ⅵ.28,毛家波(CAU);1♂,云南贡山丹珠,2007.Ⅴ.18,刘星月(CAU);1♂,云南保山百花岭,2007.Ⅴ.29,刘星月(CAU);1♂,云南勐仑 55 号地,2010.Ⅴ.30,杨秀帅(CAU);1♂,云南普洱,1981.Ⅳ.6,杨集昆(CAU);1♂,云南西双版纳勐仑 55 号地,2011.Ⅳ.22,李彦(CAU);2♂♂,四川二郎山,2006.Ⅶ.18,张家宇(CAU);6♂♂,四川青城山天师洞,1987.Ⅶ.21,王象贤(CAU);1♂,四川峨眉山净水,2009.Ⅷ.13,王俊潮(CAU);1♂,四川泸定甘谷地,2006.Ⅷ.24,刘星月(CAU);1♂,四川冕宁,2000.Ⅷ.4,巫燕(CAU);1♂,四川峨眉山零公里,2009.Ⅷ.11,李彦(CAU);1♂,四川南坪几寨,1987.Ⅶ 王象贤(CAU);2♂♂,四川万县王二包,1993.Ⅶ.13,姚建(CAU);1♂,福建崇安三港,1979.Ⅵ.27,杨集昆(CAU);1♂,福建崇安三港,1982.Ⅷ.5,陈(CAU);1♂,福建建阳街头,1974.Ⅹ.26,杨集昆(CAU);1♂,福建武夷山桐木村,2009.Ⅸ.26,张婷婷(CAU);3♂♂1♀,浙江安吉龙王山,1996.Ⅵ.11～13,吴鸿(CAU);2♂♂,浙江凤阳山凤阳庙,2007.Ⅷ.24,刘胜龙(CAU);2♂♂2♀♀,浙江天目山老殿(灯诱),1998.Ⅶ.31 俞智勇(CAU);1♂,浙江天目山龙峰尖,1998.Ⅶ.27,王正加(CAU);1♂,浙江庆元百山祖,1993.Ⅸ.27,吴鸿(CAU);1♂,浙江天目进山门(黑灯诱),1998.Ⅶ.27,赵明水(CAU);1♂,浙江西天目山,1987.Ⅶ.23,吴鸿(CAU);1♂,浙江天目山仙人顶,1999.

Ⅶ.18,杨定(CAU);1♂,浙江天目山龙峰尖-仙人顶,2011.Ⅶ.27,潘星承(CAU);2♂♂,浙江天目山忠烈祠,2011.Ⅶ.28,潘星承(CAU);1♂,贵州贵阳贵州林科所,1984.Ⅸ.25,赵牧华(CAU);1♂,贵州梵净山,2011.Ⅷ.1,赵芳(CAU);2♂♂,浙江天目老殿,1998.Ⅷ.4,赵明水(CAU);1♂,海南五指山雨林栈道,2007.Ⅴ.16,张魁艳(CAU);1♂,海南白沙南开莫好村,2008.Ⅳ.29,刘启飞(CAU);1♂,海南白沙元门乡红茂村山林,2007.Ⅴ.22,张俊华(CAU);1♂,海南东寨港红树林自然保护区,2007.Ⅴ.6,张俊华(CAU);1♂,贵州花溪,1981.Ⅵ.9,李法圣(CAU);1♂,贵州大方,1995.Ⅶ.21,徐纪恩(CAU);1♂,济源王屋山,2007.Ⅶ.28,王俊潮(CAU);1♂,河南宝天曼,2006.Ⅵ.21,申效诚(CAU);1♂,河南内乡宝天曼,2004.Ⅶ.24,王志良(CAU);1♂,河南栾川,1996.Ⅶ.14,彩万志(CAU);3♂♂,河南嵩县,1996.Ⅶ.17,徐纪恩(CAU);3♂♂,河南辉县八里沟,2004.Ⅶ.10~11,张魁艳(CAU);1♂,河南新乡辉县关山三岔口,2006.Ⅶ.25,张俊华(CAU);1♂1♀,河南洛阳宜阳花果山(灯诱),2006.Ⅷ.2,霍姗(CAU);1♂,河南鸡公山,1997.Ⅶ.10,李竹(CAU);2♂♂,河南南阳内乡宝天曼,2004.Ⅶ.25,董慧(CAU);4♂♂,北京黑山寨,2009.Ⅸ.1~3,陈天元(CAU);4♂♂,北京黑山寨,2006.Ⅸ.5~7,郑彬(CAU);2♂♂1♀,北京黑山寨,2005.Ⅷ月底,李荣归(CAU);1♂,北京怀柔云蒙山,2009.Ⅸ.10,周丹(CAU);1♂,北京怀柔青龙峡,2004.Ⅶ.9,徐莹(CAU);1♂,北京百花山,1986.Ⅶ.8,舟(CAU);1♂,北京香山,1980.Ⅵ.20,李法圣(CAU);1♂,北京植物园,2004.Ⅸ.5,彭钊(CAU);1♂,北京植物园,2003.Ⅷ.26,秦骁(CAU);1♂,北京北安河,2003.Ⅸ.3,韩艳红(CAU);1♂,北京香山,1961.Ⅶ.20,杨集昆(CAU);1♂,北京香山,2004.Ⅸ.4,刘志静(CAU);1♂,北京上庄水库,2004.Ⅸ.8,尹大根(CAU);1♂,北京樱桃沟,1981.Ⅴ.28,薛大勇(CAU);1♂,北京凤凰岭,2007.Ⅷ.17,刘屹湘(CAU);1♂,北京虎峪,2009.Ⅷ.21,唐婷(CAU);1♂,北京妙峰山,2004.Ⅷ.23,蔡晓月(CAU);1♂,北京妙峰山,1964.Ⅷ.11,李法圣(CAU);1♂,北京海淀中国农业大学,1977.Ⅵ.21,杨集昆(CAU);1♂,北京海淀中国农业大学,1977.Ⅵ.17,杨集昆(CAU);1♀,北京百花山,2005.Ⅸ 吴隆起(CAU);2♀♀,辽宁宽甸,2009.Ⅶ.12,李彦(CAU);1♀,北京海淀中国农业大学,1979.Ⅷ.8,杨集昆(CAU);1♀,北京海淀中国农业大学,1980.Ⅵ.14,杨集昆(CAU);1♀,北京香山,1956.Ⅵ.7,杨集昆(CAU);1♀,北京妙峰山,1955.Ⅵ.18,杨集昆(CAU);1♀,浙江天目仙人顶(马氏诱),1998.Ⅶ.20,吴鸿(CAU);1♀,浙江安吉龙王山,1995.Ⅶ.18,吴鸿(CAU);2♂2♀,广西南宁大明山,2001.Ⅴ.29,张婷婷(CAU);1♀,陕西佛坪东河台(灯诱),2006.Ⅶ.25,朱雅君(CAU);1♂1♀,广西花坪红滩,1963.Ⅵ.12,杨集昆(CAU);1♀,北京香山,1953.Ⅵ.12,杨集昆(CAU);1♀,安徽黄山温泉,1977.Ⅵ.18,李法圣(CAU);1♀,云南曲靖,2001.Ⅷ.1,胡慧芳(CAU);1♀,浙江凤阳山双折瀑(马氏诱),2007.Ⅸ.4,刘胜龙(CAU);1♀,四川奉都鬼城,1994.Ⅸ.4,李法圣(CAU);1♀,湖北九宫山,1995.Ⅶ.10,彭好文(CAU);2♀♀,龙峪湾,1997.Ⅷ.17,R.L.S(CAU);1♀,嵩县白云山,1996.Ⅶ.16,申效诚(CAU);1♀,白云山,1997.Ⅷ.15,R.L.S(CAU);5♂♂1♀,广东连州大东山南岭自然保护区,2004.Ⅵ.21~25,张春田(CAU);1♂,湖北神农架板桥,2007.Ⅶ.24,刘启飞(CAU);2♂♂,湖北九宫山,1996.Ⅶ.6,张振波(CAU);3♂♂,湖北兴山龙门河,1993.Ⅵ.20,姚建(CAU);2♂♂,江苏无锡惠山,1987.Ⅷ.19,李强(CAU);1♂,广西猫儿山,2003.Ⅶ.1,崔建新(CAU);1♂,广西金秀,1982.Ⅵ.11,李法圣(CAU);1♂,广西夏石,1963.Ⅴ.6,杨集昆(CAU);1♂,广西金秀大瑶山,1982.Ⅵ.14,王心丽(CAU);2♂♂,广东韶关南岭,2011.Ⅴ.20,罗心宇(CAU);2♂♂,陕西华阴华山,

1987.Ⅶ.9,王象贤(CAU);1♂,陕西周至楼观台,1962.Ⅷ.16,杨集昆(CAU)。

分布 中国北京(昌平、怀柔、海淀、门头沟)、江西(官山)、河北(雾灵山)、湖南(大庸)、辽宁(宽甸)、浙江(安吉、天目山、凤阳山、溪口、莫干山)、贵州(梵净山、雷山、花溪、大方)、海南(五指山、白沙、东寨港、保山)、河南(济源、内乡、栾川、嵩县、辉县、新乡、洛阳、鸡公山、南阳)、江苏(无锡)、广西(南宁、花坪、金秀、夏石)、广东(连州、韶关)、陕西(华阴)、四川(二郎山、灌县、峨眉山、万县、南坪、冕宁、泸定)、福建(崇安、建阳、武夷山)、云南(贡山、普洱、西双版纳、昭通、腾冲、保山、河口、曲靖)、湖北(九宫山、巴东三峡、武当兴山)、安徽(黄山)、台湾;俄罗斯,日本,印度,越南,马来西亚,印度尼西亚。

讨论 该种体形与日本指突水虻 *P. japonicus* Thunberg 极相似,但体橘黄色;翅橘黄色和黑色;腹部橘黄色,第2~6节褐色或具褐斑。而后者体黑色;翅黄褐色;腹部黑色,但第2节白色且中部具三角形黑斑。

(269)南方指突水虻 *Ptecticus australis* Schiner,1868(图 261)

Ptecticus australis Schiner,1868. Zoologischer Theil 2,1(B):65. Type locality:Nicobar Islands,Faui.

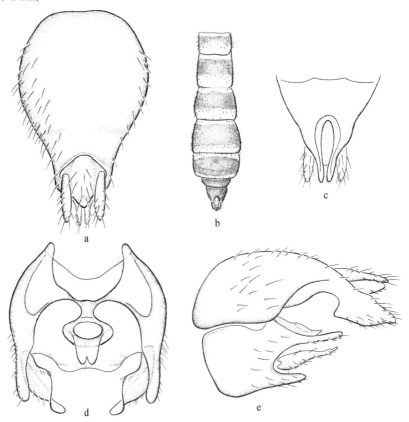

图 261 南方指突水虻 *Ptecticus australis* Schiner(♂)(据 Rozkošný 和 Hauser,1998 重绘)

a. 第 9~10 背板和尾须,背视(tergites 9~10 and cerci, dorsal view);b. 腹部,背视(abdomen, dorsal view);c. 第9背板、第 10 腹板和尾须,腹视(tergite 9, sternite 10 and cerci, ventral view);d. 生殖体,背视(genital capsule, dorsal view);e. 雄虫外生殖器,侧视(male genitalia, lateral view)。

体长 8.8～10.6 mm,翅长 8.5～11.0 mm。

雄 头部额、单眼瘤和头顶亮黑色,额胛白色。颜、触角和喙黄色。复眼在额胛上几乎相接。触角梗节内侧端缘明显向前突,鞭节端部横截。头部黑色区被黑毛,黄色区被黄毛。

胸部亮黄色至浅褐色,背板和小盾片颜色稍深,肩胛白色。胸部背板前部、胸部侧板被黄色直立长毛,背面被近直立短毛。足黄色,但前足跗节除第 1 跗节端半部外和中足第 2～5 跗节颜色较暗,后足胫节和后足第 1 跗节基半部黑色,后足跗节其余部分白色。翅透明;翅痣黄色;翅脉深褐色,R_{2+3} 脉从 r-m 横脉前发出,平行于 R_1 脉,终止于前缘脉,长度约为 Rs 脉的 2 倍,前横脉长,m-cu 横脉几乎无,M_1 脉弧形,M_3 脉与 M_2 脉平行,M_3 脉端部 1/5 消失。平衡棒暗褐色,但柄基半部黄色。

腹部亮黄色,背板具宽的黑色横斑,达侧边;第 6 背板黑色。雄性外生殖器:亮黑色,第 9 背板近圆形,强烈隆突;背针突长于尾须,腹面愈合;生殖基节背面端后突长,腹面端部具大的较扁平的短突,中部稍凹;生殖刺突端部叶片状。

雌 与雄虫相似,但额较宽,最窄处宽于单眼瘤。

分布 中国浙江(天目山)、台湾;印度,泰国,斯里兰卡,尼科巴群岛。

讨论 该种与斯里兰卡指突水虻 *P. srilankai* Rozkošný *et* Hauser 相似,但第 9 背板背针突较长,生殖基节愈合部端缘较平。而后者第 9 背板背针突较短,生殖基节愈合部端缘具两个大中突。

(270)双色指突水虻 *Ptecticus bicolor* sp. nov.(图 262;图版 65)

雄 体长 9.7 mm,翅长 9.4 mm。

头部黑色,额胛浅黄白色,但下部稍带黄褐色,颜黄褐色。复眼黑褐色,裸,分离。单眼瘤黑褐色,小而明显,不达复眼缘,侧单眼不达头后缘,单眼黄褐色。后头强烈内凹,无眼后眶。上额向头顶渐宽。头部被黑褐毛,后头外侧无直立缘毛。触角褐色,但柄节黑褐色;梗节内侧端缘向前突出呈指形;鞭节栗形,宽大于长,前缘稍凸;柄节和梗节被黑毛,鞭节被黄色短毛。触角各节长比为 1.0:1.3:1.0:6.0。喙橘红色,被黄毛。

胸部椭圆形,长大于宽,后部稍宽;小盾片与胸部背板在同一平面上,钝三角形,宽显著大于长。后小盾片发达,长于小盾片。胸部黑色,有金蓝色光泽,领部黄色,肩胛浅黄白色,翅后胛黄褐色,中侧片上缘和腹侧片上部浅黄白色,侧背片浅黄色,但下部黑色。胸部毛浅黄色。足黄色,但中足基节除端部外、后足基节和转节、后足胫节(最基部除外)以及后足第 1 跗节基部黑色,后足跗节(第 1 跗节基部除外)白色。足上毛黄色,但后足胫节被黑毛,后足跗节毛浅黄色至白色。翅浅黄色;翅痣黄色,稍明显;翅脉黑褐色;R_{2+3} 脉从 r-m 横脉处发出,终止于 R_1 脉末端,r-m 横脉明显,CuP 脉明显。平衡棒黄褐色。

腹部橘红色;第 1 背板中部具倒梯形黑斑,不达侧边;第 2 背板中部具近三角形黑斑,仅达前缘,不达侧缘和后缘;第 3～4 背板中部也具黑斑;第 5 背板大部分黑色,仅侧边橘红色;腹板侧边黑色,第 1 腹板中央具黑纵斑,第 5～6 腹板黑色。腹部毛浅黄色,第 1～2 背板侧边毛稍长且直立。雄性外生殖器:第 9 背板近长方形,长大于宽,基缘有浅"V"形凹;尾须极细小;生殖基节基缘平直,愈合部端缘中部具两个小指状突,端尖;生殖刺突长三角形,端尖;阳茎复合体大,基部椭圆形,端部较宽,锤状,端部两侧还具一些小刺突。

雌 未知。

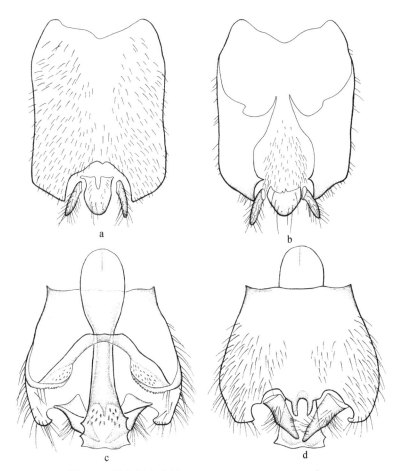

图 262　双色指突水虻 *Ptecticus bicolor* sp. nov.(♂)

a. 第 9～10 背板和尾须,背视(tergites 9～10 and cerci, dorsal view); b. 第 9 背板、第 10 腹板和尾须,腹视(tergite 9, sternite 10 and cerci, ventral view); c. 生殖体,背视(genital capsule, dorsal view); d. 生殖体,腹视(genital capsule, ventral view)。

观察标本　正模♂,云南勐龙版纳勐宋,1 600 m,1958.Ⅳ.26,王书永(IZCAS)。

分布　云南(勐宋)。

词源　该种拉丁名意指其胸部黑色而腹部橘红色,为两种不同颜色。

讨论　该种与三色指突水虻 *P. tricolor* Wulp 相似,但中胸背板几乎全黑色。而后者中胸背板具三条很宽的黑色纵带。

(271)烟棕指突水虻 *Ptecticus brunescens* Ôuchi, 1938

Ptecticus brunescens Ôuchi, 1938. J. Shanghai Sci. Inst.(Ⅲ)4：54. Type locality：China：Zhejiang, Tianmushan, Moganshan.

雄　体长 19.0 mm。

头部复眼黑色,额、颜暗黄色,但额三角带有浅黄褐色,被黑毛。后头浅黄褐色,具白色缘毛。触角黄褐色;柄节和梗节被黑毛,鞭节裸,触角芒橙褐色。喙橘黄色。

胸部浅黄褐色,被白毛,但中缝后和小盾片中部被黑毛;侧板和腹板浅黄褐色,被白毛,但中侧片上缘和翅侧片上缘被浅褐毛。前足基节基部黑色,端部黄褐色,中后足基节黑色;转节褐色;股节基半部和最末端浅褐色,其余部分黑褐色。前足胫节除前侧窄带外黑褐色,中部具窄的浅黄褐色横斑;中足胫节黑褐色,中部两侧具窄的浅黄褐色短条斑;后足胫节黑褐色,但中部具浅黄褐色横带;所有胫节基部和最末端均为橙黄色。前后足跗节黑褐色,但第2~5跗节和第1跗节端部微有黄褐色。足上毛白色,但跗节内侧毛橘黄色。翅浅灰色;翅脉暗黄色。平衡棒浅黄褐色,球部暗黄色。

腹部较宽,暗褐色被白毛,但第1背板基侧角到第2背板基侧角以及第2~4背板前缘两侧被黑毛,侧边毛较长且直立。腹面浅褐色,被白毛,每节后缘还有黑毛。

雌 体长17.0 mm。

与雄虫相似,仅以下不同:触角鞭节和触角芒颜色较浅。第5背板侧边和前缘被白毛。

分布 浙江(天目山、莫干山)。

讨论 该种与双色指突水虻 *P. bicolor* sp. nov.相似,但后头黄褐色;腹部暗褐色;股节主要黑色或褐色。而后者后头黑色;腹部橘红色,具黑斑;股节黄色。

(272)横带指突水虻 *Ptecticus cingulatus* Loew,1855(图263)

Ptecticus cingulatus Loew,1855. Verh. Zool.-Bot. Ver. Wien 5(2):143. Type locality:Malaysia:Pulo-Penang.

Sargus latifascia Walker,1856. J. Proc. Linn. Soc. London Zool. 1(3):110. Type locality:Malaysia:Sarawak.

体长16.5 mm,翅长15.2 mm。

头部包括后头黑色。复眼在额胛上几乎相接。触角鞭节圆形。中胸背板、小盾片黄褐色,胸部侧板亮黄色,无黑斑。前中足黄色,但基节和第2~3跗节浅黑色;后足股节前腹面基部2/3具褐色纵斑,此斑末端达背面;后足胫节和跗节黑色,密被黑毛,但第1跗节端部和第2~3跗节白色。翅浅褐色。腹部端部稍宽,黄色,具黑色横带,但不达侧缘。雄性外生殖器黑色,第9背板瘦长,无背针突;尾须细;生殖基节突长;生殖基节愈合部端缘具一个中突;生殖刺突基部很窄,端部宽,近方形,近基部具一个小而钝的背内突;阳茎复合体长,管状,阳基侧突愈合成管套。

分布 中国台湾;印度,印度尼西亚,马来西亚,斯里兰卡。

讨论 该种与斯里兰卡指突水虻 *P. srilankai* Rozkošný et Hauser 相似,但后头中央骨片黑色;腹部的黑色横带不达侧边;第9背板瘦长,无背针突,生殖基节腹面端缘具一个中突。而后者后头中央骨片黄色;腹部横带达侧边;第9背板近圆形,有背针突,生殖基节腹面端缘具两个大中突。

(273)狭指突水虻 *Ptecticus elongatus* sp. nov.(图264;图版65)

雄 体长14.6 mm,翅长12.1 mm。

头部黄色。复眼红褐色,裸,分离。单眼瘤黑褐色,小而明显,不达复眼缘,侧单眼不达头后缘,单眼黄褐色。后头强烈内凹,无眼后眶。上额向头顶渐宽。头部被黄毛,后头外侧无直立缘毛。触角黄色,但触角芒黄褐色;触角梗节内侧端缘向前突出呈指形,鞭节极扁,宽显著大于长;柄节和梗节被黄毛,鞭节被黄色短毛。触角各节长比为1.0:1.0:1.8:5.8。喙黄色,

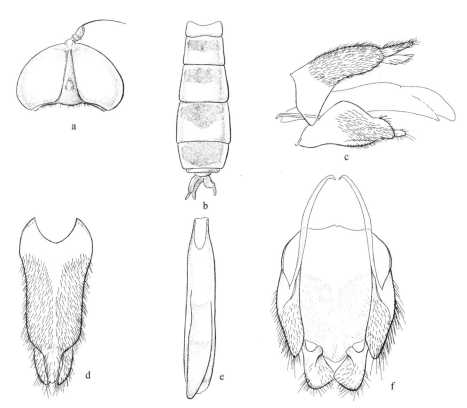

图 263　横带指突水虻 *Ptecticus cingulatus* Loew(♂)(据 Rozkošný 和 Kovac，1996 重绘)

a. 头部，背视(male head, dorsal view)；b. 腹部，背视(abdomen, dorsal view)；c. 雄虫外生殖器，侧视(male genitalia, lateral view)；d. 第 9～10 背板和尾须，背视(tergites 9～10 and cerci, dorsal view)；e. 阳茎复合体，背视(aedeagal complex, dorsal view)；f. 生殖体，背视(genital capsule, dorsal view)．

被黄毛。

胸部长椭圆形，长大于宽。后小盾片发达，长于小盾片。胸部黄褐色，背板颜色稍深。胸部毛浅黄色。足黄色，但前足第 4～5 跗节黑褐色，中足第 4～5 跗节黄褐色。足上毛黄色，但前中足第 4～5 跗节被褐毛。翅浅灰色，但基半部前部包括盘室、br 室和 bm 室黄色；翅痣浅黄色，不明显；翅脉黄褐色；R_{2+3} 脉从 r-m 横脉后发出，右翅 R_{2+3} 脉较短，终止于 R_1 脉端部 1/4 处，而左翅 R_{2+3} 较长，终止于 R_1 脉末端。平衡棒黄色。

腹部极瘦长，黄色，第 1～5 背板基部具浅褐色横斑，均不达前缘和侧边，第 1～2 背板的斑中断。腹部毛黄色，但背板也具黑毛。雄性外生殖器：第 9 背板极狭长，长约为宽的 2 倍，约为尾须长的 4 倍，近基部稍宽而近端部稍窄，基缘具浅凹；尾须指状；生殖基节长为宽的 2 倍，基缘平，端缘中部具大突；生殖刺突近长方形，端缘为两个平缓的钝突，腹面近端部还具 1 小钝突；阳茎复合体细长，长度约为生殖基节的 1.5 倍。

雌　未知。

观察标本　正模♂，四川峨眉山洗象池，1 800～2 000 m，1957.Ⅷ.20，黄克仁(IZCAS)。

分布　四川(峨眉山)。

词源　该种拉丁名意指其极其瘦长的腹部和生殖器。

讨论　该种可根据其极其瘦长的腹部和生殖器与本属其他种明显地区别开来。

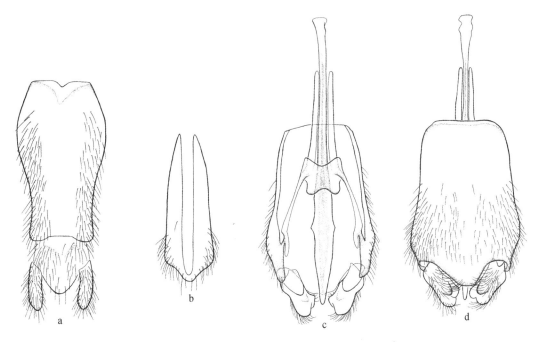

图 264 狭指突水虻 *Ptecticus elongatus* sp. nov.(♂)

a. 第 9～10 背板和尾须,背视(tergites 9～10 and cerci, dorsal view);b. 第 10 腹板,腹视(sternite 10, ventral view);

c. 生殖体,背视(genital capsule, dorsal view);d. 生殖体,腹视(genital capsule, ventral view)。

(274)福建指突水虻 *Ptecticus fukienensis* Rozkošný *et* Hauser，2009(图 265；图版 66)

Ptecticus fukienensis Rozkošný *et* Hauser，2009. Zootaxa 2034：7. Type locality：China：Fujian，Shaowu.

雄 体长 10.8 mm,翅长 11.3 mm。

头部浅黄色,但上额、头顶和后头黑色。复眼红褐色,裸,宽分离。单眼瘤黑褐色,小而明显,不达复眼缘,侧单眼不达头后缘,单眼褐色。后头强烈内凹,无眼后眶。上额向头顶渐宽。头部被黄毛,后头外侧无直立缘毛。触角黄色,但触角芒黄褐色;触角梗节内侧端缘向前突出呈指状;触角被黄毛,但柄节外侧具黑毛。触角各节长比为 0.8：0.6：1.0：3.7。喙黄色,被黄毛。

胸部椭圆形,长大于宽。后小盾片发达,长于小盾片。胸部黄色,背板颜色稍深。胸部毛浅黄色。足黄色,但前中足第 4～5 跗节黄褐色,后足胫节(除基部和最端部外)和后足第 1 跗节基半部褐色,后足第 2～5 跗节白色。足上毛黄色,但黑色区被黑毛,白色区被浅黄毛。翅透明,但端部微有浅黄褐色;翅痣黄褐色,不明显;翅脉褐色;R_{2+3} 脉从 r-m 横脉处发出,较长,与 R_1 脉近平行,m-cu 横脉几乎不存在。平衡棒浅黄色,但球部内侧稍带褐色。

腹部黄色,第 1～5 背板具黑色横斑,第 1 背板横斑占前部 2/3,第 2～5 背板的斑均不达前后缘,从前向后斑逐渐增大,第 6 背板中部也有黑斑,尾部黄褐色。腹部被黄毛,但黑斑也具黑毛,侧边毛稍长且直立。雄性外生殖器:第 9 背板近圆形,长大于宽,端部稍窄,基缘凸,但中部稍凹,端缘内凹,具短的背针突;尾须小,指状;生殖基节基缘具大弧形凹缺,愈合部腹面端缘

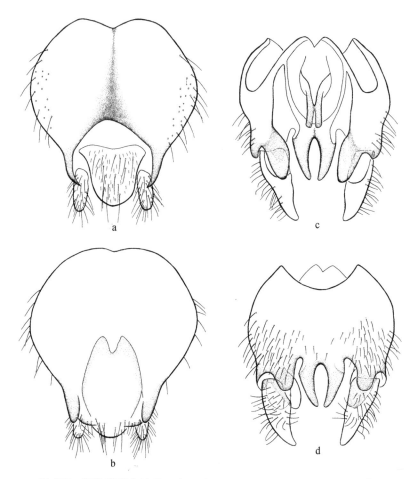

图 265　福建指突水虻 Ptecticus fukienensis Rozkošný et Hauser(♂)

a. 第 9～10 背板和尾须,背视(tergites 9～10 and cerci, dorsal view);b. 第 9 背板、第 10 腹板和尾须,腹视(tergite 9, sternite 10 and cerci, ventral view);c. 生殖体,背视(genital capsule, dorsal view);d. 生殖体,腹视(genital capsule, ventral view)。

中部具两个长的指状中突,向端部渐细,愈合部背面端缘两侧各具一个大的舌状突;生殖刺突长,向端部渐细,顶端尖;阳茎复合体短小,端部裂为指状二叶。

雌　体长 14.0 mm,翅长 12.5 mm。

与雄虫相似,但额较宽。触角鞭节褐色。腹部第 6～7 节黑斑较宽。

观察标本　1♂,广西龙州大青山,600～700 m,1963. IV. 26,史永善(IZCAS);1♂,云南勐腊补蚌村,2009. V. 9,张婷婷(CAU);1♀,浙江庆元百山祖,700 m,1994. IV. 21,林敏(CAU)。

分布　广西(龙州)、云南(勐腊)、浙江(庆元)、福建(邵武,崇安)。

讨论　该种与狡猾指突水虻 P. vulpianus (Enderlein)相似,后足第 1 跗节基半部褐色;第 9 背板近圆形,生殖基节愈合部端缘中突较靠近,中部无大半圆形内凹;阳茎复合体短小,不达生殖基节端缘。而后者后足第 1 跗节白色,仅最基部褐色;第 9 背板梯形,生殖基节愈合部腹面端缘中部的两个中突之间具大半圆形凹,深度达生殖基节长之半;阳茎复合体长,超过中突端部。

(275)日本指突水虻 *Ptecticus japonicus*（Thunberg，1789）（图 266）

Musca japonicus Thunberg，1789. Cujus Partem Septimam［2］：90. Type locality：Japan.

Sargus tenebrifer Walker，1849. List of the specimens of dipterous insects in the collection of the British Museum Part Ⅲ［4］：517. Type locality：China：Foo-chou-foo.

Sargus natalensis Macquart，1855. Mem. Soc. Sci. Agric. Lille. 1：65. Type locality：South Africa.

Ptecticus illucens Schiner，1868. Zoologischer Theil 2，1(B)：65. Type locality：China：Hong Kong.

Ptecticus sinensis Pleske，1928. Konowia 7(1)：73. Type locality：China：Tianjin.

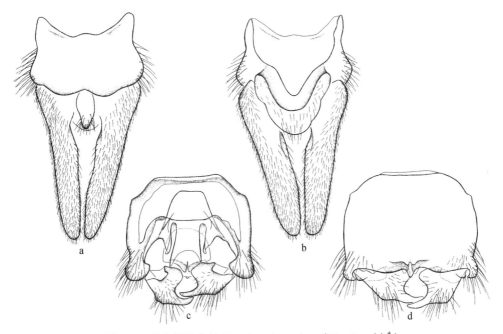

图 266　日本指突水虻 *Ptecticus japonicus*（Thunberg）（♂）

a. 第 9～10 背板和尾须，背视（tergites 9～10 and cerci, dorsal view）；b. 第 9 背板、第 10 腹板和尾须，腹视（tergite 9, sternite 10 and cerci, ventral view）；c. 生殖体，背视（genital capsule, dorsal view）；d. 生殖体，腹视（genital capsule, ventral view）。

雄　体长 11.7～18.8 mm，翅长 9.6～10.4 mm。

头部亮黑色，稍被粉，但额胛浅黄色，颜中部稍带黄褐色。复眼黑褐色，裸，分离。单眼瘤小而明显，不达复眼缘，侧单眼不达头后缘，单眼浅黄色。后头强烈内凹，具较窄的眼后眶。上额向头顶渐宽，下额除基部外膜质，向前隆凸，额最窄处为中单眼处额宽的 0.36～0.38 倍。头部被黑色直立长毛，后头和颊毛黄色。触角梗节内侧端缘向前突出呈指状，鞭节宽稍大于长，前缘平截或稍凹。触角黑褐色，鞭节浅黑褐色或黄褐色，浅于前两节；触角芒黑色，基部褐色；柄节和梗节密被黑色长毛，鞭节被黄色短柔毛，触角芒裸，基部具 3～4 根黑毛。触角各节长比为 1.0：0.8：1.0：3.6。喙浅黄色，被浅黄毛；须两节，极短小，第 2 节明显短于第 1 节，浅黄色。

胸部近长方形,长大于宽,小盾片与胸部背板在同一平面上,钝三角形,宽显著大于长。后小盾片发达,长于小盾片。胸部黑色,不光亮,领部前缘中部具一个浅黄色扁圆形斑,肩胛黄褐色,中侧片上缘下背侧带窄,黄褐色。胸部毛黄色,但后小盾片和侧板毛白色,中侧片中部和侧背片无长毛,下侧片裸且光亮。足黑色,但前足股节端部、前足胫节基部 1/3 外表面、中足胫节基部外表面、中足第 1~2 跗节黄褐色。足上毛黑色,但基节毛白色,前中足胫节和第 1~2 跗节大部分被黄毛。翅黄褐色;翅痣不明显;翅脉褐色;R_{2+3} 脉从 r-m 横脉处发出,终止于 R_1 脉末端,r-m 横脉很短;翅面覆盖黑色微刺。平衡棒黑色,柄黄褐色。

腹部纺锤形,两端较窄,但第 1 节倒梯形,基部宽于端部。腹部黑色,第 2 节白色,但第 2 背板侧边和中部三角形区域黑色,此三角形区域有时延伸到第 2 背板基部,有时也与侧边的黑色条斑相接。腹部被黑色倒伏短毛,但第 1 背板两侧毛白色,较长且直立,第 2~5 背板端部两侧具银白色三角形毛斑。雄性外生殖器:第 9 背板长宽大致相等,两端宽,中部最窄,基部具梯形凹缺;尾须强烈延长,长于第 9 背板,向端部渐细,密被黑毛;生殖基节基缘微凸而中部稍凹,愈合部端缘中部具两个小突;生殖基节背桥后缘具两个指状突;生殖刺突向端部渐细,近端部具一个扁平的大背叶;阳茎复合体中等大小,最宽处位于近端部,端缘平。

雌 体长 13.5~15.1 mm,翅长 11.3~13.5 mm。

与雄虫相似,仅以下部分不同:额分离较宽,两侧近平行。尾须 2 节,黑色。

观察标本 2♂♂,辽宁宽甸天华山,2009.Ⅶ.15,李彦(CAU);6♂♂,辽宁宽甸天华山,2009.Ⅶ.15,王俊潮(CAU);1♂,北京凤凰岭,2007.Ⅶ.17,刘屹湘(CAU);1♂,北京凤凰岭,2007.Ⅶ.17,陈牧(CAU);1♂,辽宁桓仁,2009.Ⅶ.19,王俊潮(CAU);3♂♂,辽宁桓仁老秃顶,2009.Ⅶ.21,李彦(CAU);3♂♂,辽宁桓仁老秃顶,2009.Ⅶ.24,王俊潮(CAU);1♂,北京海淀中国农业大学西校区,2006.Ⅸ.3,陈瑞清(CAU);1♂,北京海淀中国农业大学西校区,2005.Ⅶ.8,张丹凤(CAU);1♂,山东聊城,2006.Ⅷ.16,宗元元(CAU);2♂♂,湖南岳阳,1987.Ⅷ.15,王象贤(CAU);1♂,黑龙江乌苏镇,2006.Ⅷ.12,陈保桦(CAU);1♂,河北栾城,2006.Ⅶ.15,娄巧哲(CAU);1♂,北京金山,2003.Ⅸ.13,李晞(CAU);2♂♂,北京上庄水库,2004.Ⅸ.7,陈轩(CAU);4♂♂,秦皇岛北戴河,2004.Ⅷ.15~24,刘曦(CAU);1♂,江西新余北湖,2004.Ⅶ.17,张博(CAU);1♂,浙江天目山禅源寺,1957.Ⅶ.1,李法圣(CAU);1♂,浙江杭州西湖灵隐寺,1957.Ⅵ.22,李法圣(CAU);2♂♂,北京怀柔百泉山,2009.Ⅷ.26,崔维娜(CAU);1♂,辽宁千山,2006.Ⅵ.21~23,王萍(CAU);4♂♂,辽宁长白山,2007.Ⅵ.22,张春田(CAU);2♂♂,辽宁本溪铁刹山,2006.Ⅷ.13,张春田(CAU);1♂,辽宁本溪汤沟,2007.Ⅷ.1~3,张春田(CAU);1♂,辽宁沈阳,2003.Ⅵ.26,孙素平(CAU);1♂,北京海淀药用植物园,2006.Ⅷ.25,王琳(CAU);1♂,山东菏泽,2005.Ⅶ.9,李静(CAU);1♂,黑龙江鹤岗,2006.Ⅷ.28,王鹏韬(CAU);1♂,山东泰安黄前水库,2000.Ⅵ.20,牟少飞(CAU);1♂,河北秦皇岛,2006.Ⅴ.20,张媛媛(CAU);1♂,河南郑州郑州大学新区,2006.Ⅸ.9,王俊潮(CAU);1♂,山东临沂兰山,2006.Ⅷ.20,徐建美(CAU);1♂,四川巫山江东村,1994.Ⅸ.23,姚建(CAU);1♂,北京昌平黑山寨,2006.Ⅸ.8,夏菲(CAU);1♀,南京孝陵卫,1957.Ⅶ.10,杨集昆(CAU));4♀♀,河南郑州郑州大学新区,2006.Ⅸ.6~10,王俊潮(CAU);2♀♀,北京昌平黑山寨,2009.Ⅸ.2,谢惠君(CAU);1♀,秦皇岛北戴河,2004.Ⅷ.15,刘曦(CAU);2♀♀,辽宁沈阳北陵,2003.Ⅵ.26,孙素平(CAU);1♀,甘肃平凉崆峒区,2006.Ⅶ.20,李源(CAU);1♀,

北京海淀上庄水库,2004.Ⅸ.7,陈轩(CAU);2♀♀,山西太原,2004.Ⅷ.9,郝阳(CAU);1♀,广东连州大东山南岭自然保护区,650～950 m,2004.Ⅵ.21～25,张春田(CAU);1♀,黑龙江乌苏镇,2006.Ⅷ.14,陈保桦(CAU);1♀,辽宁千山,2006.Ⅵ.21～23,刘浏(CAU);1♀,辽宁桓仁,2009.Ⅶ.19,王俊潮(CAU);1♀,辽宁长白山,2007.Ⅵ.22,张春田(CAU);2♀♀,辽宁桓仁老秃顶,2009.Ⅵ.21,李彦(CAU);1♀,辽宁宽甸天华山,2009.Ⅶ.15,李彦(CAU);1♀,辽宁桓仁老秃顶,2009.Ⅶ.24,王俊潮(CAU)。

分布　中国辽宁(桓仁、宽甸、千山、长白山、新宾、本溪、沈阳、彰武)、北京(海淀、昌平、延庆、门头沟、密云)、江西(万载、新余)、山东(菏泽、泰安、聊城、临沂)、黑龙江(鹤岗、鸡西、乌苏)、湖北(武汉)、河北(秦皇岛、栾城)、江苏(南京)、山西(太原)、内蒙古(阿鲁科尔沁)、河南(郑州)、四川(巫山)、湖南(岳阳)、广东(连州)、上海、甘肃(天平山、平凉)、浙江(杭州、舟山、温州、天目山)、安徽(黄山)、香港;日本,韩国,俄罗斯。

讨论　该种体型与金黄指突水虻 *P. aurifer*(Walker)极相似,但体黑色;翅黄褐色;腹部黑色,但第 2 节白色且中部具三角形黑斑。而后者体橘黄色;翅橘黄色和黑色;腹部橘黄色,第 2～6 节褐色或具褐斑。

(276)克氏指突水虻 *Ptecticus kerteszi* de Meijere,1924(图 267)

Ptecticus kerteszi de Meijere,1924. Tijdschr. Ent. 67(Suppl.):11. Type locality:Indonesia:Sumatra, Gunung Talakmau.

Ptecticus zhejiangensis Yang *et* Yang,1995. In:Insects of Baishanzu Mountain, Eastern China 490. Type locality:China:Zhejiang, Baishanzu.

雄　体长 15.3 mm,翅长 11.3 mm。

头部黄色,但上额暗黄色,单眼瘤黑色,后头除中央骨片外黑色。头部毛黄色,但额和头顶主要被黑毛。复眼黑褐色,裸,窄分离。触角黄色,但触角芒浅黑色,基部黄色;柄节和梗节被黄毛和黑毛,鞭节几乎裸;触角各节长比为 1.0∶0.5∶1.2∶3.0。喙黄色,被黄毛。

胸部黄色,但背面颜色稍暗。胸部毛黄色,肩胛裸。足黄色,但后足基节稍带黑色,前中足第 4～5 跗节、后足胫节和跗节褐色;足上毛黄色,但前中足跗节端部以及后足胫节和跗节被黑毛。翅黄色,但端部和后缘浅灰色。平衡棒黄色。

腹部黄色至黄褐色,第 1～5 背板具黑色横斑;腹部主要被黑毛。雄性外生殖器:第 9 背板宽大于长,基缘和端缘具浅凹;尾须长,近三角形,端部尖;第 10 腹板"U"形;生殖基节宽大于长,基缘平,愈合部的腹面端缘中具一个短突;生殖刺突基部宽,端部突然窄但不尖锐,阳茎复合体端部圆。

观察标本　1♂,浙江百山祖,1 500 m,1993.Ⅸ.30,吴鸿(CAU)。

分布　中国浙江(百山祖);印度尼西亚。

讨论　该种与金黄指突水虻 *P. aurifer*(Walker)相似,但翅端部和后缘浅灰色;后足胫节和跗节褐色。而后者翅端部和后缘黑色;后足胫节和跗节黄褐色。

(277)长翅指突水虻 *Ptecticus longipennis*(Wiedemann,1824)(中国新记录种)(图 268;图版 66)

Sargus longipennis Wiedemann,1824. Diptera Exotica, Section Ⅱ,Ⅰ-Ⅳ:31. Type

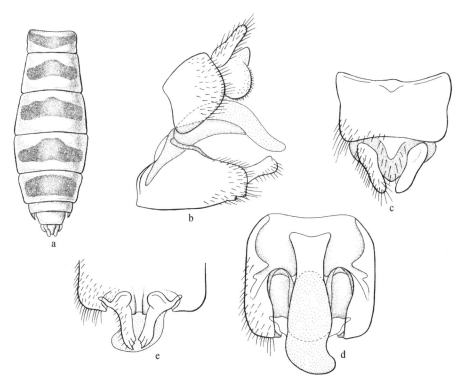

图 267 克氏指突水虻 *Ptecticus kerteszi* de Meijere(♂)(据 Rozkošný 和 De Jong, 2001 重绘)

a. 腹部,背视(abdomen, dorsal view);b. 雄虫外生殖器,侧视(male genitalia, lateral view);c. 第 9~10 背板和尾须,背视(tergites 9~10 and cerci, dorsal view);d. 生殖体,背视(genital capsule, dorsal view);e. 生殖体端部,腹视(apical part of genital capsule, ventral view)。

locality:Indonesia:Java.

雄 体长 12.0~9.6 mm,翅长 14.5~17.0 mm。

头部亮黑色,但额胛和颜白色,后头黑色。复眼黑褐色,裸,在额中部几乎相接,仅由一条狭缝分开。单眼瘤明显,不达复眼缘,侧单眼不达头后缘,单眼浅黄色。后头强烈内凹,无眼后眶。上额向头顶渐宽,下额除基部外膜质,向前隆凸,侧面观呈顶部圆钝的三角形。头部被黄色直立长毛,后头外圈被倒伏毛和一圈向后直立的缘毛,额胛顶部和上部裸。触角梗节内侧端缘向前突出呈弧形;鞭节栗形,宽大于长,前缘弧形;触角浅黄色,鞭节褐色,触角芒褐色,基部黄褐色;触角柄节和梗节被浅黄色长毛,鞭节被浅黄色短柔毛,触角芒裸,基部具 2~4 根黄褐毛。触角各节长比为 0.8∶1.0∶1.0∶5.0。喙浅黄色,被浅黄毛;须两节,极短小,第 2 节明显短于第 1 节,白色。

胸部椭圆形,长大于宽;小盾片与胸部背板在同一平面上,钝三角形,宽显著大于长。后小盾片发达,长于小盾片。胸部黄褐色,肩胛黄色;背板中部具一条纵斑,此斑约占胸部背板总面积的 1/3,在中缝前后稍往两侧延伸,稍带金蓝色光泽;小盾片黄褐色。胸部侧板和腹板黄色,但中侧片(除上缘外)黄褐色。胸部被黄色直立毛,侧板毛较稀疏,中侧片中部大部裸。足黄色,但前足第 1 跗节端部和第 2~5 跗节、中足胫节基半部背面、后足第 1 跗节端半部背面以及第 2~5 跗节背面黄褐色,后足胫节和第 1 跗节基半部褐色,后足第 1 跗节端半部腹面和第 2~5 跗节腹面白色。足上毛与足色相同,但中后足股节背面也被黑毛。翅较长,长度为腹部长的

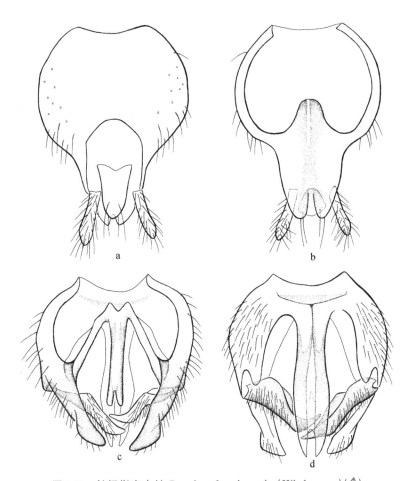

图 268　长翅指突水虻 *Ptecticus longipennis*（Wiedemann）（♂）

a. 第 9～10 背板和尾须，背视（tergites 9～10 and cerci, dorsal view）；b. 第 9 背板、第 10 腹板和尾须，腹视（tergite 9, sternite 10 and cerci, ventral view）；c. 生殖体，背视（genital capsule, dorsal view）；d. 生殖体，腹视（genital capsule, ventral view）。

2.0 倍，透明，但端部 1/4 褐色；翅痣浅褐色；翅脉褐色；R_{2+3} 脉从 r-m 横脉处发出，不向 R_1 脉弯曲，r-m 横脉明显；翅面覆盖黑色微刺，但翅基包括翅瓣、cup 室基部和上部、bm 室基部以及臀叶基部裸。平衡棒黄褐色。

　　腹部棒状，两侧几乎平行。腹部褐色，但第 2～5 背板侧边相接处形成 3 对三角形黄斑，第 5 背板后缘两侧、第 1 腹板后缘、第 2～4 腹板和第 5～6 腹板前缘黄色，但有时第 2 腹板中部大部分和第 3～4 腹板侧缘也具褐斑。腹部毛黑色和黄色，侧边尤其是第 1～3 背板侧缘毛黄色，较长且直立。雄性外生殖器：第 9 背板近圆形，侧面观背面较拱突，腹面愈合，端部具长的背针突；尾须细，杆状；生殖基节长宽大致相等，愈合部背面两侧具端尖的大突，愈合部腹面深凹，中部具极细长的二分叉的中突；生殖刺突向端部尖细，端尖，阳茎复合体短小，端部二分叉。

　　雌　未知。

　　观察标本　1♂，云南西双版纳勐仑 55 号地，2011. Ⅳ. 22，李彦（CAU）；3♂♂，海南尖峰岭沟谷雨林，500～950 m，2004. Ⅴ. 19～20，张春田（CAU）；1♂，湖北神农架老君山，714 m，2007. Ⅷ. 4，刘启飞（CAU）；1♂，四川泸定甘谷地，2006. Ⅶ. 24，白晓拴（CAU）；1♂，云南小勐

养,850 m,1957. Ⅴ. 7,邦菲洛夫(IZCAS);1♂,云南西双版纳勐混,1958. Ⅵ. 6,洪淳培(IZ-CAS)。

分布 中国云南(勐仑、小勐养、勐混)、海南(尖峰岭)、湖北(神农架)、四川(泸定);印度,印度尼西亚,马来西亚,菲律宾。

讨论 该种可根据翅极长,约为腹部长的 2.0 倍,与本属其他种很容易地区分开来。

(278)白木指突水虻 *Ptecticus shirakii* Nagatomi,1975(中国新记录种)

Ptecticus shirakii Nagatomi,1975. Trans. R. Ent. Soc. Lond.126(3):342. Type locality:Japan:Ryukyu Island, Amamioshima, Kinase.

雌 体长 5.0 mm,翅长 5.4 mm。

头部黄色,但上额、头顶、后头黑褐色。复眼黑褐色,裸,宽分离。额两侧近平行。单眼瘤黑褐色,小而明显,不达复眼缘,侧单眼不达头后缘,单眼褐色。后头强烈内凹,无眼后眶。头部被黄毛,后头外侧无直立缘毛,单眼瘤具黑毛。触角橘黄色;梗节内侧端缘无指状突;触角被黄毛。触角各节长比为 1.0:1.0:1.2:4.5。喙黄色,被黄毛。

胸部椭圆形,长大于宽。后小盾片发达,长于小盾片。胸部黄色。胸部毛浅黄色。足黄色,被黄毛。翅透明;翅痣不明显;翅脉褐色;R_{2+3} 脉从 r-m 横脉前发出,终止于 R_1 脉上,极短,几乎不可见,M_1 脉弱,仅基部明显。平衡棒黄色,但球部除端部外黄褐色。

腹部黄色,第 1~5 背板具成对黑斑。腹部毛黄色。

雄 未知。

观察标本 1♀,云南西双版纳勐海,1 200~1 600 m,1938. Ⅶ. 21,王书永(IZCAS)。

分布 中国云南(西双版纳);日本。

讨论 该种体型明显小于本属其他种,6.0 mm 以下,R_{2+3} 脉从 r-m 横脉前发出,腹部第 1~5 背板具成对的黑斑,可以与本属其他种明显的区分开来。

(279)新昌指突水虻 *Ptecticus sichangensis* Ôuchi,1938(图 269)

Ptecticus sichangensis Ôuchi,1938. J. Shanghai Sci. Inst.(Ⅲ)4:51. Type locality:China:Zhejiang, Tianmushan.

雄 体长 10.0~10.2 mm,翅长 8.0~10.0 mm。

头部浅黄色,后头除中央骨片外黑色。复眼黑褐色,裸,分离。单眼瘤黑褐色,小而明显,不达复眼缘,侧单眼不达头后缘,单眼褐色。后头强烈内凹,无眼后眶。上额向头顶渐宽。头部被黄毛,后头外侧无直立缘毛。触角橘黄色,但触角芒褐色;梗节内侧端缘向前突出呈指状;触角被黄毛,但柄节外侧具黑毛。触角各节长比为 1.0:1.5:2.0:5.2。喙黄色,被黄毛。

胸部椭圆形,长大于宽。后小盾片发达,长于小盾片。胸部黄褐色。胸部被浅黄色短毛。足黄色,但前足第 4~5 跗节黄褐色,后足胫节及后足第 1 跗节基部 1/3 褐色,后足第 1 跗节端部 2/3 及第 2~5 跗节白色。足上毛黄色,但褐色区被黑毛。翅浅黄色;翅痣浅黄色,不明显;翅脉黄褐色。平衡棒黄色,但球部浅褐色。

腹部黄褐色,但第 3 背板到尾端底色稍深,第 2~5 背板具黑色纺锤形横斑,横斑接近前缘且不达前缘。腹部被黄毛,但黑斑也具黑毛,侧边毛稍长且直立。雄性外生殖器:第 9 背板近长方形,基缘具浅弧形凹缺,端缘平直;生殖基节长宽大致相等,愈合部端缘有一个扁的短突,

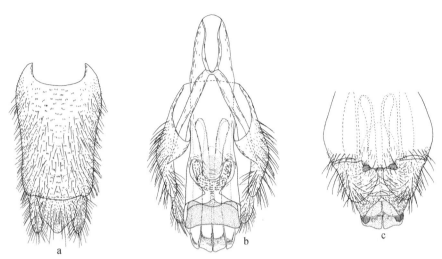

图 269 新昌指突水虻 *Ptecticus sichangensis* Ôuchi(♂)（据 Nagatomi，1975 重绘）

a. 第 9～10 背板和尾须，背视（tergites 9～10 and cerci, dorsal view）；b. 生殖体，背视（genital capsule, dorsal view）；c. 生殖体端部，腹视（apical part of genital capsule, ventral view）。

其端缘直；生殖刺突基部窄，端部宽大，黑色；阳茎复合体粗长，背面具 4 个黑色的纵骨化带。

雌 体长 8.0～12.0 mm，翅长 7.0～10.0 mm。

与雄虫相似，但额较宽。

观察标本 1♂，浙江新昌 1935. Ⅶ. 11（SEMCAS）；2♀♀，浙江天目山 1935. Ⅶ. 16（SEMCAS）。1♂，浙江天目山大镜谷，2007. Ⅶ. 20，朱雅君（CAU）。

分布 中国浙江（新昌、天目山）；日本。

讨论 该种由 Ôuchi 根据浙江新昌和天目山的标本描述，该种的模式标本保存于上海昆虫博物馆，但 Ôuchi 没有指定正模。该种与南方指突水虻 *P. australis* Schiner 相似，但腹部第 1 背板无黑色横带；后足第 1 跗节基部 1/3 黑褐色；第 9 背板近长方形，无背针突。而后者腹部第 1 背板有黑色横带；后足第 1 跗节白色；第 9 背板近圆形，有长的背针突。

(280)斯里兰卡指突水虻 *Ptecticus srilankai* **Rozkošný** *et* **Hauser，2001**（中国新记录种）**（图 270）**

Ptecticus srilankai Rozkošný *et* Hauser，2001. Stud. Dipt. 8(1)：221. Type locality：Sri Lanka，Kandy Lake.

雄 体长 7.2～12.0 mm，翅长 7.5～10.8 mm。

头部浅黄色，但上额、头顶和后头黑色。复眼红褐色，裸，在额胛上几乎相接。单眼瘤黑褐色，小而明显，不达复眼缘，侧单眼不达头后缘，单眼褐色。后头强烈内凹，无眼后眶。上额向头顶渐宽。头部被黄毛，但单眼瘤和头顶毛黑褐色。触角黄色，但触角芒黄褐色；触角梗节内侧端缘向前突出呈指状；触角被黄毛，但柄节外侧具黑毛。触角各节长比为 1.0：1.4：1.8：5.0。喙浅黄色，被浅黄毛。

胸部椭圆形，长大于宽。后小盾片发达，长于小盾片。胸部黄色。胸部毛浅黄色。足黄色，但前足第 1 跗节端部、前足第 2～5 跗节、中足第 2 跗节端部和中足第 3～5 跗节浅褐色至黑色，后足胫节和后足第 1 跗节基部黑色，后足跗节其余部分白色。足上毛黄色，但黑色区被

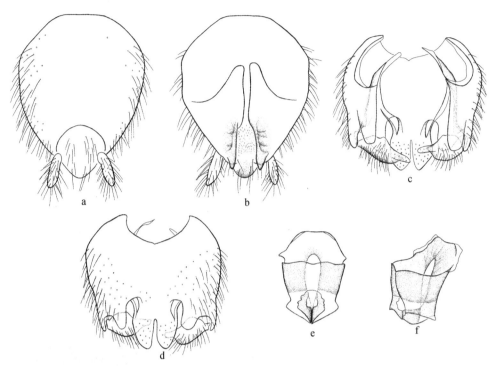

图 270 斯里兰卡指突水虻 *Ptecticus srilankai* Rozkošný *et* Hauser(♂)

a. 第 9～10 背板和尾须,背视(tergites 9～10 and cerci, dorsal view);b. 第 9 背板、第 10 腹板和尾须,腹视(tergite 9, sternite 10 and cerci, ventral view);c. 生殖体,背视(genital capsule, dorsal view);d. 生殖体,腹视(genital capsule, ventral view);e. 阳茎复合体,背视(aedeagal complex, dorsal view);f. 阳茎复合体,侧视(aedeagal complex, lateral view)。

黑毛,白色区被浅黄毛。翅透明,但端部稍带浅褐色;翅痣黄褐色,不明显;翅脉褐色;R_{2+3} 脉从 r-m 横脉处发出,较长,与 R_1 脉近平行,m-cu 横脉几乎不存在。平衡棒浅褐色,但基部黄色,球部前缘颜色稍浅。

腹部黄色,第 1～4 背板前部具宽的达侧缘的黑色横斑,第 3～4 背板的横斑不达前缘。第 5 背板(除前缘外)和第 6 背板黑色。腹部被黄毛,但黑斑也具黑毛,侧边毛稍长且直立。雄性外生殖器:第 9 背板近圆形,长大于宽,端部稍窄,端缘内凹,腹面不愈合,具短的背针突;尾须小,指状;生殖基节基缘具大弧形凹缺,愈合部腹面端缘中部具 2 个宽大的中突,两侧各有一个小突,愈合部背面端缘两侧各具一个小钝突;生殖刺突长,端部突然变细,顶端指状;阳茎复合体宽大,短,为端部具中隔的筒状。

雌 体长 7.6～10.0 mm,翅长 7.8～9.0 mm。

与雄虫相似,但额较宽,两侧近平行。前中足跗节颜色较浅。腹部第 7～8 节包括尾须黑色。

观察标本 1♂,广西南宁大明山,2011. Ⅴ. 26,张婷婷(CAU);1♂,广东韶关小坑镇(灯诱),2011. Ⅴ. 26,罗心宇(CAU);1♂,海南琼中吊罗山,2006. Ⅴ. 26,董慧(CAU);1♂,海南尖峰岭三分区,1981. Ⅺ. 24,华立中(CAU);1♂,海南尖峰岭天池,1981. Ⅶ. 7,苏庆宁(CAU);1♂,云南河口槟榔寨水库,132 m,2009. Ⅴ. 21,张婷婷(CAU);1♂,云南河口南溪镇,132 m,2009. Ⅴ. 22,张婷婷(CAU);1♂,海南东寨港红树林保护站,2007. Ⅴ. 6,张魁艳

(CAU);2♂♂,广西弄岗,200 m,1993.Ⅵ.2,崔永胜(CAU);1♀,广西弄岗,1982.Ⅴ.19,杨集昆(CAU);1♀,海南五指山雨林栈道,2007.Ⅴ.16,张魁艳(CAU);1♀,海南白沙莫好村,860 m,2008.Ⅳ.29,刘启飞(CAU)。

分布　中国广西(南宁、弄岗)、广东(韶关)、云南(河口)、海南(琼中、东寨港、尖峰岭、白沙、五指山);泰国,斯里兰卡。

讨论　该种与南方指突水虻 P. australis Schiner 相似,但后足第 1 跗节除基部外全白色;第 5～6 背板除第 5 背板前缘外全黑色;第 9 背板背针突短于尾须,生殖基节愈合部的腹面端缘具两个大中突。而后者后足第 1 跗节基部 1/3 黑色;第 5 背板前后缘均为黄色;第 9 背板背针突长于尾须,生殖基节愈合部的腹面端缘仅有一个端缘平的宽扁的短突。

(281)三色指突水虻 Ptecticus tricolor Wulp, 1904(中国新记录种)(图 271;图版 68)

Ptecticus tricolor Wulp *in* de Meijere, 1904. Bijdr. Dierkd. 17/18: 95. Type locality: Indonesia: Java, Sukabumi.

雄　体长 19.5 mm,翅长 18.5 mm。

头部亮黑色。复眼黑褐色,裸,在额胛上几乎相接。额胛白色,颜浅黄色。单眼瘤黑褐色,小而明显,不达复眼缘,侧单眼不达头后缘,单眼褐色。后头强烈内凹,无眼后眶。上额向头顶渐宽。头部被黑毛。触角黑色,但鞭节和触角芒基部褐色;梗节内侧端缘向前突出呈指形,鞭节端部平截;柄节和梗节外侧密被黑毛,鞭节几乎裸。触角各节长比为 1.2:1.5:1.3:?。喙浅黄色,被浅黄毛。

胸部椭圆形,长大于宽。后小盾片发达,长于小盾片。胸部背板黄色,具 3 条很宽的黑色纵斑,中斑延伸到小盾片上,但不达小盾片端缘;肩胛黄色,翅后胛黄褐色;侧板黑色,但中侧片上缘具宽的黄色下背侧带,腹侧片上半部黄色,翅侧片后半部黄褐色,侧背片上后部黄色。背板被金黄色倒伏短毛,侧板浅色区被稀疏的金黄毛。足黄色,中足基节基部和端部、后足基节、后足转节、前中后足股节端半部、前中足第 2 跗节端半部、第 3～5 跗节、前中足胫节内侧、后足胫节和跗节黑色。足主要被黑毛,黄色区域也有黄毛。翅黄褐色,翅端颜色稍深;翅痣黄褐色,不明显;翅脉黄褐色;R_{2+3} 脉从 r-m 横脉处发出,终止于 R_1 脉端部,CuP 脉明显。平衡棒黄色,但球部前缘黑色。

腹部橘黄色,但第 1 背板具黑色倒梯形横斑,不达端缘,第 2～5 背板中央具红褐色细的纵带,第 6 背板至尾端黑色;第 1 腹板黑色,但后缘黄色,第 2～4 腹板中部具黑斑,从前向后黑斑逐渐增大,第 5 腹板及之后的腹板黑色。腹部毛黄色,但黑色区也具黑毛。雄性外生殖器:第 9 背板极长,长为宽的 2 倍,基缘具大的半圆形凹缺,端缘具浅"V"形凹;生殖基节长为宽的 2 倍,愈合部的基缘弧形凸,腹面端缘具凹缺,其中部还有一个小凹;生殖基节背面端缘两侧各具一个稍大的舌状突;生殖刺突向端部渐窄,具一个端尖的内叶,阳茎复合体大,端部稍膨大。

雌　未知。

观察标本　1♂,云南小勐养,850 m,1957.Ⅷ.26,臧令超(IZCAS);1♂,云南西双版纳孔明山,2 200 m,1957.Ⅸ.21,臧令超(IZCAS)。

分布　中国云南(小勐养、勐海);印度,印度尼西亚,马来西亚,泰国。

讨论　该种与分布于泰国的暹罗指突水虻 P. siamensis Rozkošný et Kovac 相似,但后足跗节全黑色;腹部第 2～4 背板橘黄色。而后者后足跗节中部具宽的白斑;腹部第 2～4 背板主

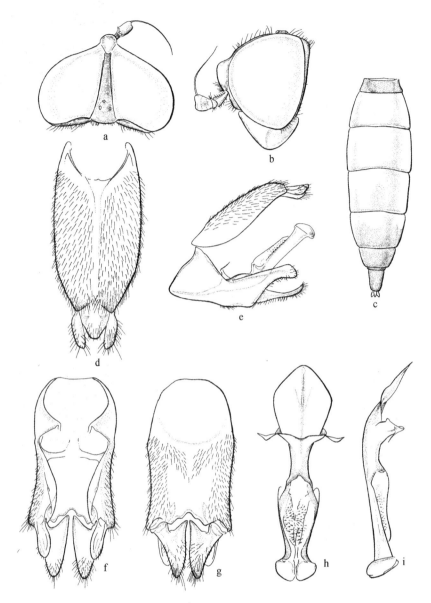

图 271　三色指突水虻 *Ptecticus tricolor* Wulp(♂)（据 Rozkošný 和 Kovac，1996 重绘）

a. 头部，背视（male head，dorsal view）；b. 头部，侧视（head，lateral view）；c. 腹部，背视（abdomen，dorsal view）；d. 第 9～10 背板和尾须，背视（tergites 9～10 and cerci，dorsal view）；e. 雄虫外生殖器，侧视（male genitalia，lateral view）；f. 生殖体，背视（genital capsule，dorsal view）；g. 生殖体，腹视（genital capsule，ventral view）；h. 阳茎复合体，背视（aedeagal complex，dorsal view）；i. 阳茎复合体，侧视（aedeagal complex，lateral view）。

要为暗褐色或黑色。

(282)狡猾指突水虻 *Ptecticus vulpianus*（Enderlein，1914）（中国新记录种）（图 272；图版 67）

Gongrozus vulpianus Enderlein，1914. Zool. Anz. 43(13)：95. Type locality：Indonesia：Sumatra，Soekaranda.

雄　体长 8.5～13.5 mm，翅长 7.3～14.0 mm。

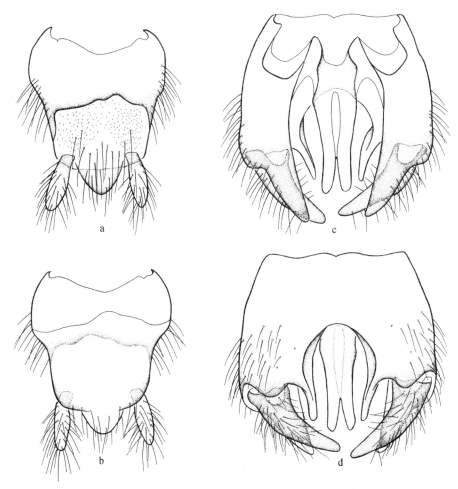

图 272　狡猾指突水虻 *Ptecticus vulpianus*（Enderlein）（♂）

a. 第 9～10 背板和尾须，背视（tergites 9～10 and cerci, dorsal view）；b. 第 9 背板、第 10 腹板和尾须，腹视（tergite 9, sternite 10 and cerci, ventral view）；c. 生殖体，背视（genital capsule, dorsal view）；d. 生殖体，腹视（genital capsule, ventral view）。

头部亮黑色。复眼黑褐色，裸，在额胛上几乎相接；额胛白色，但下部浅褐色；颜浅黄色。单眼瘤黑褐色，小而明显，不达复眼缘，侧单眼不达头后缘，单眼褐色。后头强烈内凹，无眼后眶。上额向头顶渐宽。头部被黄毛，但单眼瘤和后头毛黑色。触角黄色，但触角芒褐色；梗节内侧端缘向前突出呈指状。触角柄节和梗节被黄毛，鞭节几乎裸。触角各节长比为 1.0：1.5：2.2：5.3。喙浅黄色，被浅黄毛。

胸部椭圆形，长大于宽。后小盾片发达，长于小盾片。胸部黄色，被浅黄毛。足黄色，但前中足第 4～5 跗节、前足第 1 跗节端部和前中足第 2～3 跗节稍带浅褐色，后足胫节和第 1 跗节基部黑褐色，后足跗节其余部分白色。足上毛黄色，但黑色区被黑毛，白色区被浅黄毛。翅透明；翅痣黄色，不明显；翅脉褐色；R$_{2+3}$ 脉从 r-m 横脉处发出，较长，终止于前缘脉上。平衡棒浅褐色，但基部黄色，球部前缘颜色稍浅。

腹部黄色，第 1～4 背板前部具宽的达侧缘的黑色横斑，有时这些斑中部向后凸达背板后缘。第 5 背板（除前缘外，但有时黑色区域达前缘中部）和第 6 背板黑色。腹部被黄毛，但黑斑也具黑毛,侧边毛稍长且直立。雄性外生殖器:第9背板梯形,基缘具浅"V"形凹缺,端部具大的非骨化区域;生殖基节宽稍大于长,基缘直,愈合部背面端缘两侧具两个端尖的长三角形突;生殖基节愈合部腹面端缘具两个指状突,二突中间有一个大而深的半圆形内凹,深度达生殖基节长之半;生殖刺突长,向端部渐窄;阳茎复合体长,超过生殖基节腹突端部,阳茎复合体端部二裂叶。

雌 体长 8.8~9.2 mm,翅长 9.2~10.2 mm。

与雄虫相似,但额较宽,向头顶渐宽。

观察标本 1♂,浙江天目山禅源寺,1957. Ⅵ. 29,李法圣(CAU);1♂,浙江天目山大镜谷,2007. Ⅶ. 20,刘立群(CAU);1♂,浙江天目山忠烈祠,2011. Ⅷ. 1,张婷婷(CAU);1♂1♀,福建武夷山桐木村,2009. Ⅸ. 27,崔维娜(CAU);1♂,云南昆明新舍,1940. Ⅶ. 11,(CAU);1♂,广西弄岗,1982. Ⅴ. 19,杨集昆(CAU);1♂,四川峨眉山伏虎寺,550 m,2009. Ⅷ. 6,李彦(CAU);1♂,云南西双版纳勐仑 55 号地,2011. Ⅳ. 22,李彦(CAU);1♂,云南昆明小河镇回流村,2006. Ⅶ. 26,张魁艳(CAU);1♂,湖北神农架老君山,2007. Ⅷ. 3,刘启飞(CAU);1♂,吉林长白山,2008. Ⅹ. 6,盛茂领(CAU);1♀,陕西周至楼观台,1962. Ⅷ. 17,杨集昆(CAU);1♀,云南贡山县城(灯诱),1 500 m,2007. Ⅴ. 14,刘星月(CAU);1♀,云南西双版纳勐仑,1993. Ⅸ. 8,张晓玫(CAU);1♀,云南金平保护站,2006. Ⅴ. 18,张俊华(CAU);1♀,广西长安西山,1939. Ⅸ(CAU);

分布 中国浙江(天目山)、福建(武夷山)、云南(昆明、勐仑、贡山、金平)、广西(弄岗)、四川(峨眉山)、湖北(神农架)、吉林(长白山)、陕西(周至);印度尼西亚;马来西亚。

讨论 该种与斯里兰卡指突水虻 *P. srilankai* Rozkošný *et* Hauser 相似,但前足第 1 跗节端部和第 2~3 跗节浅黄褐色;第 9 背板梯形,无背针突;生殖基节愈合部端缘具两个长的中突,之间有半圆形深凹;阳茎复合体长,端部二裂。而后者前足第 1 跗节端部和第 2~5 跗节黑色;第 9 背板近圆形,有背针突;生殖基节愈合部腹面端缘具两个宽大中突;阳茎复合体呈粗短的筒状。

51. 瘦腹水虻属 *Sargus* Fabricius, 1798

Sargus Fabricius, 1798. Ent. Syst. Suppl. 549. Type species:*Musca cupraria* Linnaeus, 1758.

Chrysonotus Loew, 1855. Ann. Soc. Ent. Fr. 4:146. Type species:*Musca bipunctata* Scopoli, 1763.

Chrysochroma Williston, 1896. Manual of the families and genera of North American Diptera. I-LIV, [2], 47. Type species:*Musca bipunctata* Scopoli, 1763. New name for *Chrysonotus* Loew.

Chrysonotomyia Hunter, 1900. Trans. Am. Ent. Soc. 27:124. Type species:*Musca bipunctata* Scopoli, 1763. New name for *Chrysonotus* Loew.

Geosargus Bezzi, 1907. Wien. Ent. Ztg. 26(2):53. Type species:*Musca cupraria* Linnaeus, 1758. New name for Sargus Fabricius.

Pedicellina James, 1952. J. Wash. Acad. Sci. 42(7):225. Type species:*Sargus natatus* Wiedemann, 1830[=*Sargus fasciatus* Fabricius, 1805].

Himantoloba McFadden，1970. Proc. Ent. Soc. Wash. 72(2)：274. Type species：*Chrysonotus flavopilosus* Bigot，1879.

属征 雌雄复眼均分离，复眼裸，小眼面上大下小。单眼瘤明显位于复眼后顶角连线之前。额分为上下两部分，被一条细横沟或一对小凹或一对灰白毛斑分开；额最窄处位于上额中单眼处或中单眼前，但上额通常平行；下额泡状，称额胼。颜分为上下两部分，下颜膜质但中部窄的部分骨化。触角梗节内侧端缘平直或微凸，鞭节端缘圆，触角芒着生于鞭节端上部。须带状，不明显，1～2节。小盾片无刺。R_{2+3}脉从 r-m 横脉后很远处发出，r-m 横脉和 R_{2+3} 脉之间的 Rs 脉远长于 r-m 横脉。下腋瓣具带状突。跗节不明显细长。腹部细长，长棒状。身体毛较指突水虻属 *Ptecticus* 长而密(图版 14、图版 18)。

讨论 该属全世界已知 111 种，全世界各区系均有分布，中国已知 20 种，包括 6 新种，1 中国新记录种。

种 检 索 表

12. 足黄色,基节褐色,但前基节端部黄色,后足第2~5或第3~5跗节背面褐色 ……………………
   ………………………………………………… 四川瘦腹水虻 *S. sichuanensis* sp. nov.
   足黑褐色 ………………………………………………………………………………… 13

13. 触角黄色 ……………………………………… 黑颜瘦腹水虻 *S. nigrifacies* sp. nov.
   触角黑色 ……………………………………………………………………………… 14

14. 体长17.0 mm;前中足胫节棕黄色,后足胫节中部具白环 …… 万氏瘦腹水虻 *S. vandykei*
   体长大于21.0 mm;前足胫节外侧、中足胫节中后部外侧和后足胫节中部外侧的一个点白色 ……
   ……………………………………………………………………… 巨瘦腹水虻 *S. goliath*

15. 足黑色 ……………………………………………………………………………… 16
   足黄色或主要为黄色且具褐斑 ……………………………………………………… 17

16. 雄虫腹部亮金属铜绿色,雌虫腹部亮紫色;后足股节端部和后足胫节基部加宽;雄虫腹部密被暗橘
   黄毛,雌虫腹部被白毛 ……………………………… 芽瘦腹水虻 *S. gemmifer*
   雄虫腹部亮深紫色,雌虫腹部亮深绿色;后足股节端部和后足胫节基部不加宽;雄虫腹部密被黑毛
   和白毛,雌虫腹部被白毛 ………………………………………… 大瘦腹水虻 *S. grandis*

17. 足全黄色 ……………………………………………… 丽瘦腹水虻 *S. metallinus*
   足不全黄色,有褐斑 ………………………………………………………………… 18

18. 翅痣褐色,明显;足黄色,基节褐色,后足胫节基部1/3~1/2褐色,中足股节端部背面,后足股节中
   部背面,中足胫节基部1/3背面有褐斑 …………… 宽额瘦腹水虻 *S. latifrons* sp. nov.
   翅痣浅黄色,不明显;前中足基节黄色,后足基节褐色,中后足股节黄色 …………………… 19

19. 后足胫节基部1/3~1/2褐色 …………………………………… 红斑瘦腹水虻 *S. mactans*
   后足胫节全黄色 ……………………………………… 短突瘦腹水虻 *S. brevis* sp. nov.

(283)棒瘦腹水虻 *Sargus baculventerus* Yang et Chen,1993(图273;图版68)

Sargus baculventerus Yang et Chen,1993. In:Insects of Baishanzu Mountain,Eastern China 585. Type locality:China:Guizhou,Tongren,Tongchuan.

雄 体长15.3 mm,翅长10.6 mm。

头部黑色,具光泽。复眼黑褐色,裸,分离。单眼橘黄色。额呈梯形,上下额之间无明显分界,2/3处具一对显著的白色额斑;下颜侧面有很宽的骨化带。头顶、单眼瘤和下颜具淡褐毛丛,夹杂少许黑毛;后头无直立缘毛。触角黑褐色;柄节和梗节被黑毛,鞭节基部可见4节,触角芒黑色。触角各节长比(柄节:梗节:鞭节:触角芒)为2.0:1.9:2.1:6.1。喙黄色,被褐毛。

胸部背板蓝绿色,并有铜褐色光泽,有刻点,密布直立的淡黄色小毛;侧板和腹板黑褐色,被淡褐毛;肩胛黑褐色,仅后侧黄色,无毛。足橘红色,被褐色小毛,基节及股节基部黑色;前足第1跗节内侧及其余跗节、中足第3~5跗节和后足跗节(除第1跗节基部1/3红褐色外)深褐色;中后足胫节中部缢缩。翅褐色,前缘稍深,翅痣不明显。平衡棒柄褐色,端部黑褐色。

腹部紫褐色,有绿色光泽,粗壮,呈球棒状,第4节最宽,宽于胸部;背板密被浅黄色短毛;腹板毛白色。生殖器外露,黑色。雄性外生殖器:第9背板心形,基部宽,端部窄,宽稍大于长,

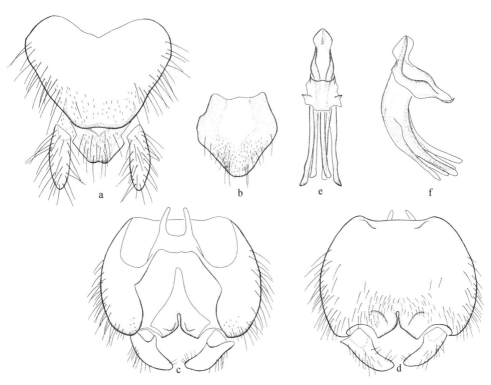

图 273　棒瘦腹水虻 *Sargus baculventerus* Yang *et* Chen(♂)

a. 第 9～10 背板和尾须,背视(tergites 9～10 and cerci, dorsal view); b. 第 10 腹板,腹视(sternite 10, ventral view); c. 生殖体,背视(genital capsule, dorsal view); d. 生殖体,腹视(genital capsule, ventral view); e. 阳茎复合体,背视(aedeagal complex, dorsal view); f. 阳茎复合体,侧视(aedeagal complex, lateral view)。

基缘具一浅"V"形凹陷,无背针突;尾须长卵圆形,端部稍尖;生殖基节基缘平直,端部具两个大突起,端部稍尖,二突之间具一窄深的凹陷;生殖刺突长大于宽,端部较尖,阳茎端部三裂,阳基侧突细长,与阳茎等长。

雌　体长 15.4 mm,翅长 11.2 mm。

与雄虫相似,仅以下不同:额两侧平行;触角各节长比为 1.0∶1.0∶1.5∶5.1;胸部黑紫色,具黄色光泽;腹部黑紫色,具蓝绿色光泽,具白色长缘毛,第 4 节缘毛黑色,第 5 节腹面毛全白色。

观察标本　正模♂,贵州铜仁铜川,1988.Ⅹ.19,吴燕如(CAU)。副模 1♂2♀♀,贵州铜仁铜川,1988.X.19,吴燕如(CAU)。2♂♂1♀,贵州铜仁铜川,1988.Ⅹ.18-19,徐环李(CAU);1♂,湖南吉首,1988.Ⅹ.15,徐环李(CAU)。1♂4♀♀,黑龙江帽儿山,1973.Ⅸ.3(CAU);1♀,辽宁丹东宽甸,2006.Ⅸ.29,高纯(CAU);1♀,辽宁新宾,2005.Ⅸ.8(CAU);1♂,黑龙江密山兴凯,1970.Ⅷ.25(IZCAS)。

分布　贵州(铜川)、湖南(吉首)、黑龙江(哈尔滨、密山)、辽宁(宽甸、新宾)。

讨论　该种与李氏瘦腹水虻 *S. lii* Chen, Liang *et* Yang 相似,但中侧片上缘无浅色下背侧带;腹部第 4 节明显加宽;第 9 背板基部具浅凹。而后者中侧片上缘具浅色下背侧带;腹部明显细长,第 4 节不加宽;第 9 背板基部凹缺较深。

(284)短突瘦腹水虻 *Sargus brevis* sp. nov.(图 274;图版 69)

雄 体长 9.5 mm,翅长 7.4 mm。

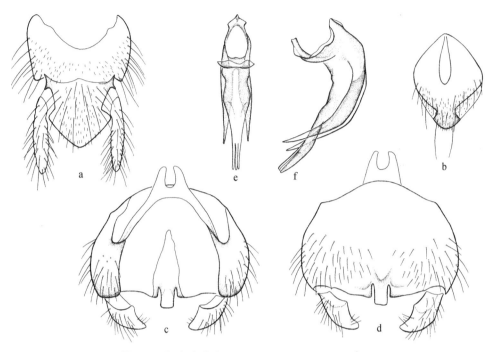

图 274 短突瘦腹水虻 *Sargus brevis* sp. nov.(♂)

a. 第 9~10 背板和尾须,背视(tergites 9~10 and cerci, dorsal view);b. 第 10 腹板,腹视(sternite 10, ventral view);c. 生殖体,背视(genital capsule, dorsal view);d. 生殖体,腹视(genital capsule, ventral view);e. 阳茎复合体,背视(aedeagal complex, dorsal view);f. 阳茎复合体,侧视(aedeagal complex, lateral view)。

头部黑色。复眼黑褐色,裸,几乎相接。单眼瘤小,单眼黄褐色。额胛白色或浅黄色,颜黄色。头部毛黄色,但头顶毛黑色,后头外圈具直立缘毛。触角黄褐色;柄节和梗节具黑毛,鞭节基部可见 4 节;触角芒黑色。触角各节长比为 1.0∶0.8∶0.7∶4.3。喙黄色,被黄褐毛。

胸部背板亮金绿色,肩胛黄色,翅后胛褐色,背板密布淡黄色直立小毛;侧板和腹板黑褐色稍带金绿色,上缘颜色稍浅,具淡褐毛。足黄色,但前足基节基部和中后足基节红褐色,后足第 4~5 跗节褐色。翅透明,稍带浅黄褐色;翅痣浅黄色,不明显;翅脉褐色。平衡棒浅黄色。

腹部约与胸部等宽,金褐色,瘦长,向尾端稍渐宽。背板密被浅黄色短毛,侧边毛稍长且直立。雄性外生殖器:第 9 背板宽明显大于长,基部具大的弧形凹缺;尾须细长;生殖基节宽大于长,基缘弧形凸;生殖基节愈合部后缘中部具一个长方形的中突,中突稍内陷,长大于宽,端部超过生殖基节后缘;生殖刺突端部稍尖;阳茎端部尖细,三裂叶,不分离;阳基侧突端部极尖,短于阳茎端部。阳基侧突端部极尖,短于阳茎端部。

雌 未知。

观察标本 正模♂,四川峨眉山报国寺,550~750 m,1957.Ⅴ.30,王宗元(IZCAS)。副模 1♂,四川峨眉山报国寺,550~750 m,1957.Ⅴ.1,王宗元(IZCAS)。

分布 四川（峨眉山）。

词源 该种拉丁名意指其阳基侧突明显短于阳茎。

讨论 该种与红斑瘦腹水虻 *S. mactans* Walker 相似，但后足胫节黄色；阳茎端部和阳基侧突端部极尖，阳基侧突短于阳茎。而后者后足胫节基部 1/3～1/2 红褐色；阳茎端部和阳基侧突不尖，阳基侧突与阳茎等长。

（285）黄足瘦腹水虻 *Sargus flavipes* Meigen，1822（图 275；图版 69）

Sargus flavipes Meigen，1822. Systematische Beschreibung der bekannten Europäischen zweiflügligen Insekten Ⅰ-Ⅹ：108. Type locality：Germany：Hessen.

Sargus nigripes Zetterstedt，1842. Diptera scandinaviae disposita et descripta Ⅰ-ⅩⅥ：159. Type locality：Sweden：Gotland，Martebo.

Sargus angustifrons Loew，1855. Mag. Zool. Bot. 1(2)：134. Type locality：Austria：near Vienna.

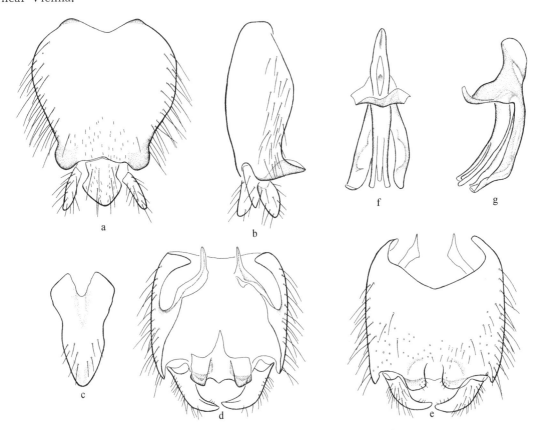

图 275　黄足瘦腹水虻 *Sargus flavipes* Meigen(♂)

a. 第 9～10 背板和尾须，背视（tergites 9～10 and cerci, dorsal view）；b. 第 9 背板、第 10 腹板和尾须，侧视（tergite 9，sternite 10 and cerci, lateral view）；c. 第 10 腹板，腹视（sternite 10, ventral view）；d. 生殖体，背视（genital capsule, dorsal view）；e. 生殖体，腹视（genital capsule, ventral view）；f. 阳茎复合体，背视（aedeagal complex, dorsal view）；g. 阳茎复合体，侧视（aedeagal complex, lateral view）。

雄 体长 6.5 mm,翅长 6.0 mm。

头部复眼裸,上部小眼面仅稍大于下部小眼面。中单眼处额宽为单眼瘤宽的 2.0 倍,额向触角渐宽;头顶宽为单眼瘤宽的 2.0 倍;下颜侧面观微凸,复眼缘的亮白色额斑明显;上颜黑色稍带光泽,稍膨大;下颜中部具窄的膜质区,两侧沿复眼缘有宽的骨化带。头部毛黑色,单眼瘤、额和上颜毛长且直立,头顶和下颜侧边毛白色。后头无直立缘毛。触角黑色;柄节和梗节被黑毛,鞭节被褐色短毛。触角各节长比为 0.8∶1.0∶0.8∶3.0。

胸部亮金绿色,肩胛翅和后胛黑褐色;侧板黑色,中侧片上缘无浅黄色下背侧带。胸部被白色直立小毛,但中胸背板中部具稍长的黑毛,肩胛裸。足黄色,但基节全黑色,后足第 2~5 跗节背面黑色。翅透明,稍带褐色;翅痣黄褐色。平衡棒黄色。

腹部亮金绿色,稍带铜色光泽。腹部被浅黑色倒伏短毛,侧边毛白色且直立,但腹端侧边毛仍为黑色。雄性外生殖器:第 9 背板大,背针突明显;生殖基节端缘具一对扁平的短突;生殖刺突长,向端部渐窄,且内弯;阳茎端部三裂,具一对粗长的阳基侧突,约与阳茎等长。

雌 未知。

观察标本 1♂,黑龙江密山兴凯,1970.Ⅷ.25(IZCAS)。

分布 中国黑龙江(哈尔滨);英国,爱尔兰,法国,德国,意大利,西班牙,瑞士,奥地利,匈牙利,比利时,芬兰,丹麦,挪威,瑞典,捷克,斯洛伐克,拉脱维亚,荷兰,波兰,爱沙尼亚,罗马尼亚,保加利亚,俄罗斯,蒙古,朝鲜。

讨论 该种与李氏瘦腹水虻 S. lii Chen, Liang et Yang 相似,但该种胸部侧板全黑色,无浅黄色下背侧带;腹部金绿色。而后者胸部侧板具浅黄色下背侧带;腹部黑褐色。

(286)芽瘦腹水虻 *Sargus gemmifer* Walker, 1849

Sargus gemmifer Walker, 1849. List of the specimens of dipterous insects in the collection of the British Museum Part Ⅲ [4]:516. Type locality:Pakistan:Sylhet.

Sargus ? magnificus Bigot, 1879. Ann. Soc. Ent. Fr. 9:222. Type locality:India:Assam.

体长 17~18 mm。雌虫额不明显宽于雄虫。雄虫胸部亮铜绿色,雌虫亮紫色。雄虫腹部金绿色,而雌虫腹部亮紫色。后足股节端部加宽,后足胫节基部加宽。雄虫腹部密被橘色短毛,雌虫被白色短毛。

分布 中国福建(挂墩);巴基斯坦,印度,印度尼西亚,马来西亚,缅甸,泰国。

讨论 该种与大瘦腹水虻 S. grandis (Ôuchi, 1938)相似,但后者雌虫额明显宽于雄虫;雄虫腹部紫色,雌虫腹部绿色;后足股节端部和后足胫节基部不加宽;腹部被黑色和白毛。

(287)巨瘦腹水虻 *Sargus goliath* (Curran, 1927)(图 276;图版 14)

Macrosargus goliath Curran, 1927. Am. Mus. Novit. 245:2. Type locality:China:Yen-ping.

雄 体长 21.6~22.4 mm,翅长 11.0~12.1 mm。

头部黑紫色。复眼黑褐色,裸,明显分离。单眼瘤小,单眼褐色。额胛白色。头部毛褐色,后头外圈具白色直立缘毛。触角暗褐色;柄节和梗节被黑色长毛,鞭节被浅黄色短毛。触角各节长比为 1.6∶1.2∶1.0∶7.5。喙浅黄色,具浅黄毛。

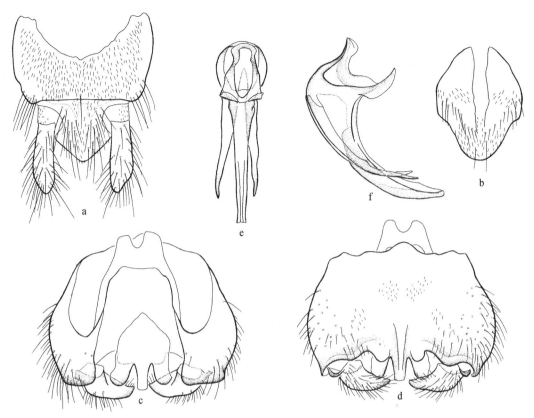

图 276　巨瘦腹水虻 *Sargus goliath*（Curran）（♂）

a. 第 9～10 背板和尾须，背视（tergites 9～10 and cerci, dorsal view）；b. 第 10 腹板，腹视（stenite 10, venteral view）；c. 生殖体，背视（genital capsule, dorsal view）；d. 生殖体，腹视（genital capsule, ventral view）；e. 阳茎复合体，背视（aedeagal complex, dorsal view）；f. 阳茎复合体，侧视（aedeagal complex, lateral view）。

胸部金蓝色，肩胛和翅后胛褐色；侧板金蓝紫色。胸部密被白毛，但中侧片前部 2/3 裸。足黑褐色，但基节端部、前足胫节外侧、中足胫节中后部外侧和后足胫节中部外侧的一个点白色。足上毛白色。翅浅褐色，后缘颜色稍浅；翅痣浅褐色，不明显；翅脉褐色。平衡棒黄色。

腹部约与胸部等宽，金蓝紫色。腹部被白毛，背板每节前侧角具白毛斑，背板侧边毛较长且直立。雄性外生殖器：第 9 背板极宽扁，宽明显大于长，基缘具浅"V"形凹；尾须指状；生殖基节基缘波状，中部稍凸，愈合部的端缘中部具稍内陷的方形中突，中突明显长大于宽；生殖刺突粗短，端部稍尖；阳茎长，端部较细，三裂，不分离；阳基侧突，向端部渐细，顶端稍内弯，稍短于阳茎。

雌　体长 22.5～23.3 mm，翅长 16.1～17.2 mm。

与雄虫相似，但额分离较宽，中部两侧平行，向两端渐窄。

观察标本　1♂，四川峨眉山报国寺，550～750 m，1957. Ⅵ. 5，卢佑才（IZCAS）；1♂，福建崇安星村三港，580～640 m，1960. Ⅵ. 19（IZCAS）；2♂♂，福建福州，1955. Ⅵ. 26（IZCAS）；1♂，福建福州魁岐，1955. Ⅶ. 27（IZCAS）；1♀，福建福州魁岐，1955. Ⅷ. 3（IZCAS）；1♂2♀♀，广西金秀花王山庄，600 m，1999. Ⅴ. 20，袁德成（IZCAS）；1♂，广西金秀花王山庄，600 m，1999. Ⅴ. 20，李文柱（IZCAS）；1♂，广西灵川灵田，225 m，1984. Ⅴ. 13（IZCAS）；2♂♂，四川峨

眉山报国寺,550~750 m,1957. Ⅵ. 6,王宗元(IZCAS);1♀,四川峨眉山报国寺,550~750 m,
1957. Ⅵ. 15,王宗元(IZCAS);1♂,四川峨眉山报国寺,550~750 m,1957. Ⅵ. 20,王宗元(IZ-
CAS);3♂♂,四川峨眉山,1955. Ⅶ. 1,黄克仁、金根桃(IZCAS);2♂♂,四川峨眉山,1955. Ⅵ.
28,黄克仁、金根桃(IZCAS);1♂,四川峨眉山,1955. Ⅵ. 30,黄克仁、金根桃(IZCAS);1♂,四
川峨眉山,1955. Ⅵ. 13,黄克仁、金根桃(IZCAS);1♂,四川峨眉山,1955. Ⅵ. 14,黄克仁、金根
桃(IZCAS);1♂,四川峨眉山,1955. Ⅵ. 19,黄克仁、金根桃(IZCAS);1♂,四川峨眉山,1955.
Ⅵ. 24,黄克仁、金根桃(IZCAS);1♂,四川峨眉山,580~1 100 m,1955. Ⅵ. 25,李锦华(IZ-
CAS);1♂,浙江杭州,1933. Ⅷ. 9(IZCAS)。

分布 福建(崇安、福州、延平)、广西(金秀、灵川、百寿)、四川(峨眉山)、浙江(杭州)。

讨论 该种与黑颜瘦腹水虻 *S. nigrifacies* sp. nov.相似,但额胛全白色;触角黑褐色;肩
胛褐色;生殖基节愈合部后缘中突细长,明显长大于宽。而后者额胛上半部黑色;触角黄色;肩
胛黄褐色;生殖基节愈合部后缘中突较扁,宽大于长。

(288)大瘦腹水虻 *Sargus grandis* (Ôuchi, 1938)

Ptecticus grandis Ôuchi, 1938. J. Shanghai Sci. Inst.(Ⅲ)4. Type locality:China:Zhe-
jiang, Tianmushan.

雄 体长 20.0~21.0 mm

头部复眼黑色。额较窄,中部两侧平行,上下分别向头顶和下额渐宽;额上部蓝色,中部蓝
绿色,下部黄褐色;额被褐色短毛。颜褐色,被红色和褐色短毛。后头具白色缘毛。触角棕橙
色,柄节和梗节上下面被黑毛。喙橙黄色。

胸部亮金绿色,稍带紫色光泽,密被浅褐色短柔毛。中侧片上缘具黄褐色下背侧带。侧板
金绿色,具紫色反光,被白毛,但中侧片上后缘和侧背片上缘被浅褐毛。腹板被白毛。后足基
节亮黑色,股节黑褐色,胫节褐色,但前足胫节颜色稍浅,中足胫节前侧和后足胫节端半部前侧
具橘黄色纵带,跗节褐色,但前足第5跗节橘黄色。足被白毛,但中后足胫节内侧毛橘黄色,跗
节端部具黑毛。翅褐色,前部颜色较深。平衡棒橘黄色,但球部颜色稍深。

腹部闪亮的暗紫色,密被黑毛,背板每节前后角、侧边和后缘具白毛,腹板被黑毛,每节后
缘具白毛。生殖器黄褐色。

雌 体长 19.0~21.5 mm。

与雄虫类似,仅以下不同:额比雄虫宽,上下额交界处宽约为雄虫的 2.0 倍。胸部金紫色,
被白色短毛;腹部闪亮的暗绿色,毛明显比雄虫密。

分布 浙江(天目山)。

讨论 该种与芽瘦腹水虻 *S. gemmifer* Walker 相似,但雌虫额明显宽于雄虫;雄虫腹部
紫色而雌虫腹部绿色,后足股节端部以及后足胫节基部不加宽;腹部被黑色和白毛。而后者雌
虫额不明显宽于雄虫;雄虫腹部金绿色,而雌虫腹部亮紫色;后足股节端部和后足胫节基部加
宽;雄虫腹部密被橘色短毛,雌虫被白色短毛。

(289)黄山瘦腹水虻 *Sargus huangshanensis* Yang, Yu *et* Yang, 2012(图 277)

Sargus huangshanensis Yang, Yu *et* Yang, 2012. Acta Zootaxon. Sin. 37(2):379.
Type locality:China:Anhui, Huangshan.

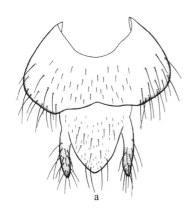
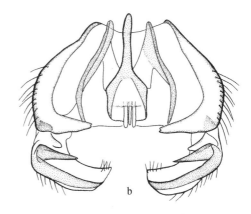

图 277　黄山瘦腹水虻 *Sargus huangshanensis* Yang, Yu *et* Yang(♂)

(据 Yang, Yu 和 Yang, 2012 重绘)

a. 第 9～10 背板和尾须,背视(tergites 9～10 and cerci, dorsal view);b. 生殖体,背视(genital capsule, dorsal view)。

雄　体长 6.5～8.0 mm,翅长 5.5～6.5 mm。

头部褐色,但下额和颜上部黄色,被稀疏的黄褐色长毛,上额裸。复眼红褐色,裸,接眼式。单眼瘤暗褐色,被稀疏的黄褐色长毛。触角柄节和梗节黄色,被黑色长毛,鞭节橘黄色,触角芒黑色。触角 3 节长比(不包括触角芒)为 1.0∶1.0∶4.0。喙棕黄色,被黄毛;须黄色。

中胸背板和小盾片暗金绿色,密被刻点和稀疏的灰白色长毛;肩胛、翅后胛和中侧片上缘的下背侧带黄色;中胸侧板和腹板暗褐色至黑色,但边缘色淡,被黄白色长毛。足黄色,被黄色短毛。翅透明,稍带黄色;翅脉黄褐色。平衡棒黄色,柄棕黄色。

腹部背板黑色,稍带黄铜色闪光,被灰白色近直立长毛;腹板暗褐色,被灰白色倒伏短毛。雄性外生殖器:第 9 背板宽明显大于长,基缘中央稍凹陷;生殖基节宽大于长,端缘较平直,基缘中央明显凹陷;生殖刺突片状,基部背面着生齿状突,长为生殖刺突的一半;阳茎端部三裂,侧叶稍长于中叶,阳茎复合体基部细且尖。

雌　体长 6.0～7.0 mm,翅长 5.5～6.0 mm。

与雄虫类似,仅以下不同:复眼宽分离;额向前渐窄,触角上额宽约为头宽的 0.3 倍,下额棕黄色;头部高为长的 0.7 倍。腹部背板稍带紫色光泽。尾须 2 节。

分布　安徽(黄山)。

讨论　该种与红额瘦腹水虻 *S. rufifrons* (Plesk)相似,但额黄色;足全黄色。而后者额红褐色;前足黄色,中后足股节黑色且具金蓝色光泽,但最末端黄色,胫节基部深色(Yang, Yu 和 Yang, 2012)。

(290)宽额瘦腹水虻 *Sargus latifrons* **sp. nov.**(图 278;图版 70)

雄　体长 9.6～10.5 mm,翅长 8.0～9.0 mm。

头部金紫色,稍带绿色光泽。复眼黑褐色,裸,宽分离。单眼瘤大,单眼黄褐色。额两侧几乎平行;额胛白色,颜黄色,下半部黄褐色。头部毛黄色,但头顶毛黑色,后头外圈具直立缘毛。触角黄褐色;柄节和梗节具黑毛,鞭节基部可见 4 节,触角芒黑色。触角各节长比为 1.0∶0.6∶1.2∶4.1。喙黄色,被黄褐毛。

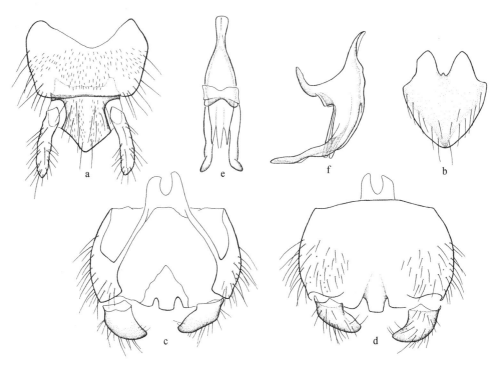

图 278 宽额瘦腹水虻 *Sargus latifrons* sp. nov.(♂)

a. 第 9～10 背板和尾须，背视(tergites 9～10 and cerci, dorsal view)；b. 第 10 腹板，腹视(sternite 10, ventral view)；c. 生殖体，背视(genital capsule, dorsal view)；d. 生殖体，腹视(genital capsule, ventral view)；e. 阳茎复合体，背视(aedeagal complex, dorsal view)；f. 阳茎复合体，侧视(aedeagal complex, lateral view)。

胸部背板亮金蓝绿色，稍带紫色光泽，肩胛和翅后胛黄褐色；侧板金绿色，中侧片上缘具浅黄色下背侧带。胸部毛黄色。足黄色，基节褐色，但前足基节端部黄色，后足股节中部背面有不明显的褐斑，后足胫节基部 1/3～1/2 褐色，后足跗节褐色，但第 1 跗节基部 2/3 浅黄色，中足股节端部背面及中足胫节基部 1/3 背面具褐斑。翅透明，微有浅黄褐色；翅痣褐色，明显；翅脉褐色。平衡棒浅黄色。

腹部约与胸部等宽，金褐色；背板密被浅黄色短毛，侧边毛稍长且直立。雄性外生殖器：第 9 背板明显宽大于长；尾须很长，指状；生殖基节宽大于长，基缘直；生殖基节愈合部腹面端缘中部具一个内陷的方形中突，中突端部仅稍长于生殖基节腹面端缘，中突宽大于长；生殖刺突粗短，向端部渐细；阳茎短，端部三裂，尖细，分离；具一对极长的阳基侧突，端部向外弯；阳茎基背片窄。

雌 体长 11.2～11.7 mm，翅长 7.0～7.6 mm。

与雄虫相似，但翅痣黄色，明显，腹部稍宽于胸部，金紫色。

观察标本 正模♂，四川峨眉山报国寺，550～750 m，1957. Ⅵ. 4，朱复兴(IZCAS)。副模1♂，广西桂林雁山，1953. X. 20(IZCAS)；1♀，福建建阳，270 m，1960. Ⅳ. 4，张毅然(IZCAS)；1♀，甘肃文县铁楼，1 450 m，1999. Ⅶ. 2，姚建(IZCAS)；1♀，广西凭祥，230 m，1963. Ⅳ. 9，史永善(IZCAS)；1♀，陕西宁陕火地塘(灯诱)，1 580 m，1998. Ⅷ. 17，袁德成(IZCAS)；1♀，四川峨眉山报国寺，550～750 m，1957. Ⅳ. 11，黄克仁(IZCAS)；1♀，四川峨眉山报国寺，550～750 m，1957. Ⅳ. 12，王宗元(IZCAS)；1♀，四川峨眉山报国寺，550～750 m，1957. Ⅴ. 19，朱

复兴(IZCAS);1♀,四川峨眉山清音阁,800～1 000 m,1957. Ⅳ. 22,王宗元(IZCAS);1♀,四川峨眉山清音阁,800～1 000 m,1957. Ⅵ. 21,黄克仁(IZCAS);1♀,西藏日喀则,3 800 m,1961. Ⅵ. 6,王林瑶(IZCAS);1♀,西藏亚东,2 800 m,1961. Ⅵ. 7,王林瑶(IZCAS);1♀,新疆喀什,1 335 m,1959. Ⅵ. 14,李长庆(IZCAS);1♀,云南昆明近郊温泉,1956. Ⅴ. 15,邦菲洛夫(IZCAS);1♀,云南西双版纳大勐龙,650 m,1958. Ⅶ. 3,张毅然(IZCAS)。

分布 中国广西(桂林、凭祥)、福建(建阳)、甘肃(文县)、陕西(宁陕)、四川(峨眉山)、西藏(日喀则、亚东)、新疆(喀什)、云南(昆明、大勐龙)。

词源 该种拉丁名意指其额明显宽。

讨论 该种与红斑瘦腹水虻 S. mactans Walker 相似,但该种翅痣明显;中足基节褐色;阳基侧突明显长于阳茎端部。而后者翅痣不明显;中足基节黄色;阳基侧突与阳茎等长。

(291)李氏瘦腹水虻 *Sargus lii* Chen, Liang *et* Yang, 2010(图 279)

Sargus lii Chen, Liang *et* Yang, 2010. Entomotaxon. 32(2):129. Type locality: China:Xizang, Bomi.

雄 体长 13.5 mm,翅长 11.0 mm。

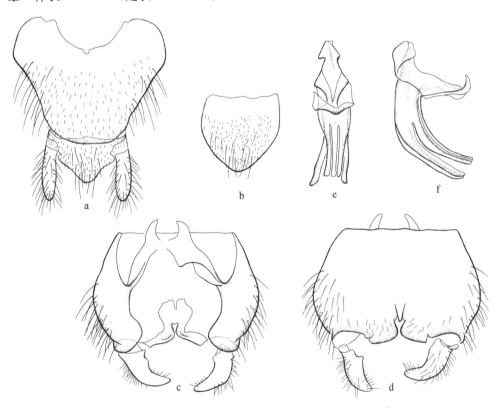

图 279 李氏瘦腹水虻 *Sargus lii* Chen, Liang *et* Yang(♂)

a. 第9～10背板和尾须,背视(tergites 9～10 and cerci, dorsal view);b. 第10腹板,腹视(sternite 10, ventral view);
c. 生殖体,背视(genital capsule, dorsal view);d. 生殖体,腹视(genital capsule, ventral view);e. 阳茎复合体,背视(aedeagal complex, dorsal view);f. 阳茎复合体,侧视(aedeagal complex, lateral view)。

头部紫色。复眼深褐色,分离。头顶、单眼瘤和额具褐毛。额向头顶渐宽,上下额无明显分界线,额斑白色。单眼棕黑色。下颜除中脊外,侧缘有很宽的骨化带,膜质部分小于骨化部分,骨化带被棕色长毛。触角黑紫色,柄节和梗节被黑毛,鞭节基部可见 4 节,宽稍大于长,被浅色小毛;触角芒裸,仅基部具小毛。触角各节长比为 1.2∶1.0∶1.5∶7.0。喙黄色,具黄色短毛。

胸部背板金蓝绿色,有光泽,被淡褐毛;肩胛和翅后胛黑褐色,肩胛裸;侧板和腹板紫黑色,被淡褐毛,中侧片上缘具窄的黄色下背侧带。足黄褐色,具黄色短毛;基节黑色,但前足基节端部黄色;胫节及膝稍呈红褐色;前中足跗节除第 1 跗节为黄褐色外,其余均为黑色,并被黑毛;后足第 1 跗节基部褐红色,向端部颜色逐渐加深,末端为黑色;其余跗节黑色,内侧具黄毛列,外侧具黑毛列,对比明显。翅稍带浅褐色,翅痣褐色,明显;翅脉褐色,基部红褐色。平衡棒黄褐色,球部颜色稍深。

腹部细长,两侧近平行,明显窄于胸部,长度为胸部的 2.0 倍以上;黑褐色,前 3 节具淡褐色长缘毛,后 2 节具黄色短缘毛;背板密被黄色倒伏短毛,第 4~5 背板前侧角毛黑色;腹板毛浅色,但比背板毛长。生殖器黑色,多毛。雄性外生殖器:第 9 背板长明显大于宽,基部近"V"形凹缺,无背针突;尾须指状;生殖基节基缘平直,端部具两大突起,其端部稍尖,二突中间具一窄深的凹陷;生殖刺突长大于宽,端部较尖,且稍向内侧弯;阳茎复合体端部三裂,阳基侧突细长,约与阳茎等长。

雌 未知。

观察标本 正模♂,西藏波密结达村,3 050 m,1978.Ⅶ.16,李法圣(CAU)。

分布 西藏(波密)。

讨论 该种类似棒瘦腹水虻 S. baculventerus Yang et Chen,但胸部具黄色下背侧带;腹部明显细长,第 4 节不加宽;第 9 背板基部凹缺较深。而后者胸部具黄色下背侧带;腹部第 4 节明显加宽;第 9 背板基部具浅凹。

(292)红斑瘦腹水虻 *Sargus mactans* Walker,1859(中国新记录种)(图 280;图版 15)

Sargus mactans Walker,1859. J. Proc. Linn. Soc. London Zool. 4(15):97. Type locality:Indonesia:Sulawesi, Ujung Pandang.

雄 体长 10.7~12.1 mm,翅长 8.6~10.4 mm。

头部金绿色。复眼红褐色,裸,几乎相接。单眼瘤小,单眼黄褐色。额胛白色;颜黄色,下半部金褐色。头部毛浅黄色,但头顶毛黑色,后头外圈具直立缘毛。触角黄褐色,触角芒黑色;柄节和梗节外侧具黑毛,鞭节被浅黄色短毛。触角各节长比为 0.9∶0.7∶1.0∶3.0。喙黄色,被浅黄毛。

胸部背板亮金绿色,肩胛和翅后胛黄褐色,翅后胛有时稍带金绿色;侧板金绿色,中侧片上缘具浅黄色下背侧带。胸部毛黄色。足黄色,但后足基节和后足胫节基部 1/3~1/2 褐色,后足第 2~5 跗节黄褐色,有时第 1 跗节端部稍带褐色。足上毛黄色,但后足跗节也有黑毛。翅透明,稍带浅黄褐色;翅痣浅黄褐色,不明显;翅脉黄褐色。平衡棒黄色。

腹部金褐色;背板密被浅黄色短毛,侧边毛稍长且直立。雄性外生殖器:第 9 背板明显宽大于长,基部具大的"V"形凹缺,边缘锯齿状;尾须很长,指状;生殖基节宽大于长,基缘直;生殖基节愈合部腹面端缘中部一个内陷的方形中突,中突端部与生殖基节腹面端缘平齐,中突

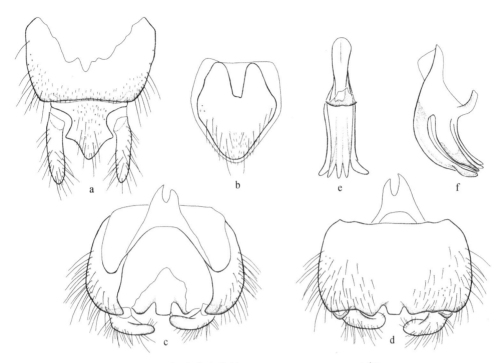

图 280　红斑瘦腹水虻 *Sargus mactans* Walker(♂)

a. 第 9~10 背板和尾须,背视(tergites 9~10 and cerci, dorsal view);b. 第 10 腹板,腹视(stenite 10, venteral view);c. 生殖体,背视(genital capsule, dorsal view);d. 生殖体,腹视(genital capsule, ventral view);e. 阳茎复合体,背视(aedeagal complex, dorsal view);f. 阳茎复合体,侧视(aedeagal complex, lateral view)。

宽大于长;生殖刺突粗短,向端部渐窄,但端部圆钝;阳茎复合体短,端部三裂,尖细,分离;具一对阳基侧突,端部稍窄且向外弯。

雌　体长 9.5~11.0 mm,翅长 7.6~9.0 mm。

与雄虫相似,但复眼分离稍宽,额中部两侧平行,向两端渐宽。

观察标本　1♂,北京公主坟,1951.Ⅸ.20,杨集昆(CAU);1♂,北京公主坟 1957.Ⅷ.11,杨集昆(CAU);4♂♂,北京香山,1962.Ⅵ.18,李法圣(CAU);1♂,北京百望山,2005.Ⅸ.15,任子翀(CAU);2♂♂,陕西西安,1950.Ⅶ.11,杨集昆(CAU);1♂,陕西周至楼观台,1962.Ⅷ.13,杨集昆(CAU);7♂♂6♀♀,陕西武功西北农学院,1962.Ⅷ.10,杨集昆(CAU);1♂4♀♀,吉林柳河罗通山,1993.Ⅶ.22,李志红(CAU);1♂,辽宁长白山,2007.Ⅵ.22,张春田(CAU);1♂,西藏扎木,2 700 m,1978.Ⅶ.7,李法圣(CAU);1♂,广西凭祥,1963.Ⅴ.9,杨集昆(CAU);1♂1♀,广西雁山,1963.Ⅳ.30,杨集昆(CAU);1♂,广西柳州,1982.Ⅵ.7,李法圣(CAU);2♂♂1♀,广西南宁,1982.Ⅴ.16,李法圣(CAU);1♂,河北昌黎,1959.Ⅷ.28,李法圣(CAU);1♂,山西长治,1981.Ⅶ.23,王心丽(CAU);1♂1♀,贵州荔波永康乡尧兰村,2005.Ⅵ.11,张俊华(CAU);1♂,贵州花溪,1 000 m,1981.Ⅴ.23,李法圣(CAU);1♂,贵州花溪,1 000 m,1981.Ⅴ.24,李法圣(CAU);1♂,湖北武昌珞珈山,1963.Ⅵ.24,杨集昆(CAU);1♂,福建德化水口,1974.Ⅺ.12,李法圣(CAU);1♂,浙江天目山禅源寺,1957.Ⅶ.1,杨集昆(CAU);1♂,浙江天目山老殿,1957.Ⅵ.24,杨集昆(CAU);3♂♂,浙江普陀山,1974.Ⅹ.9,李法圣(CAU);1♂2♀♀,浙江普陀山,1974.Ⅹ.9,杨集昆(CAU);1♂1♀,浙江普陀山,1974.

Ⅹ.10,杨集昆(CAU);1♂,北京昌平黑山寨,2006.Ⅸ.7,李冠林(CAU);2♂♂,广东韶关小坑镇(灯诱),2011.Ⅴ.23,罗心宇(CAU);1♂,湖南常德壶瓶山毛竹河,250 m,2008.Ⅵ.5,史丽(CAU);2♀♀,湖南常德壶瓶山毛竹河,250 m,2008.Ⅵ.5,张魁艳(CAU);1♂,山西文水南关村,2005.Ⅷ.8,贺春霞(CAU);1♀,北京香山,1953.Ⅸ.12,杨集昆(CAU);1♀,北京颐和园,1947.Ⅵ.5,杨集昆(CAU);1♀,北京百望山,1980.Ⅵ.20,杨春华(CAU);1♀,陕西华山,1956.Ⅵ.15,杨集昆(CAU);1♀,陕西华山,1962.Ⅷ.21,杨集昆(CAU);2♀♀,吉林长白山白河,740 m,1985.Ⅷ.22,杨集昆(CAU);1♀,西藏波密易贡,2 300 m,1978.Ⅵ,李法圣(CAU);1♂,贵州花溪,1 000 m,1981.Ⅴ.27,李法圣(CAU);2♀♀,广东始兴车八岭,1991.Ⅳ.20,李法圣(CAU);1♀,福建建阳,1974.Ⅹ.24,杨集昆(CAU);1♀,浙江普陀山,1974.Ⅹ.8,李法圣(CAU);1♂,福建崇安星村,210 m,1960.Ⅵ.7,张毅然(IZCAS);2♀♀,福建福州魁岐,1955.Ⅳ.25(IZCAS);1♀,甘肃舟曲沙滩林场,2 350 m,1998.Ⅶ.4,姚建(IZCAS);1♀,甘肃舟曲沙滩林场,2 400 m,1998.Ⅶ.14,贺同利(IZCAS);1♀,甘肃康县,1 200 m,1998.Ⅶ.11,姚建(IZCAS);1♀,甘肃康县白云山,1 250~1 450 m,1998.Ⅶ.12,张学忠(IZCAS);1♂,河北蔚县西合营,860 m,1964.Ⅶ.29,韩寅恒(IZCAS);1♀,河南西峡太平,1998.Ⅶ.17,史永善(IZCAS);1♀,河南内乡夏馆,1988.Ⅶ.12,史永善(IZCAS);1♂,湖北神农架红坪林场,1 660 m,1981.Ⅶ.19,韩寅恒(IZCAS);1♀,湖北秭归九岭头,110 m,1994.Ⅴ.1,杨星科(IZCAS);1♀,湖南长沙,300 m,1989.Ⅶ.4,乔阳(IZCAS);1♀,吉林长白山,740 m,1990.Ⅶ.26,虞佩玉(IZCAS);1♂,江西九连山,1979.Ⅸ.27,陈元清(IZCAS);2♀♀,江西弋阳,1975.Ⅴ.14,章有为(IZCAS);1♂1♀,辽宁凤城,1962.Ⅶ.3,史永善(IZCAS);1♀,辽宁大连,1972.Ⅶ.24(IZCAS);1♀,山东青岛崂山林场,1975.Ⅸ.24,韩寅恒(IZCAS);2♂♂,陕西留坝县城,1 020 m,1998.Ⅶ.18,姚建(IZCAS);1♂,陕西佛坪,890 m,1999.Ⅵ.26(IZCAS);3♂♂,陕西宁陕火地塘,1 620 m,1979.Ⅶ.21,韩寅恒(IZCAS);1♂,四川峨眉山报国寺,550~750 m,1957.Ⅳ.20,卢佑才(IZCAS);1♂,四川成都,1974.Ⅴ.26,韩寅恒(IZCAS);2♂♂,云南大理,2 100 m,1955.Ⅴ.31,布希克(IZCAS);1♂,云南景东,1 170 m,1956.Ⅴ.21,克雷让诺夫斯基(IZCAS);1♂,云南版纳勐海,1 200~1 600 m,1958.Ⅶ.21,王书永(IZCAS);1♀,云南金平长坡头,1 200 m,1956.Ⅴ.23,黄克仁等(IZCAS);1♀,云南德钦梅里雪山东陂,1982.Ⅶ.27,柴怀威(IZCAS);1♀,云南昆明近郊温泉,1956.Ⅴ.15,邦菲洛夫(IZCAS);1♀,云南西双版纳勐混,950 m,1958.Ⅵ.2,孟绪武(IZCAS);1♀,浙江杭州,1973.Ⅵ.22,虞佩玉(IZCAS)。

分布 中国北京(海淀)、陕西(武功、留坝、佛坪、宁陕)、吉林(柳河、长白山)、辽宁(凤城、大连、长白山)、西藏(波密、扎木)、广西(凭祥、柳州、南宁、桂林)、河北(昌黎、蔚县)、山西(长治、文水)、贵州(荔波、花溪)、福建(德化、建阳、崇安、福州)、湖北(武昌、神农架、秭归)、浙江(杭州、天目山、普陀山)、广东(韶关)、湖南(常德、长沙)、甘肃(舟曲、康县)、河南(西峡、内乡)、江西(九连山、弋阳)、山东(青岛)、四川(峨眉山、成都)、云南(大理、景东、勐海、金平、德钦、昆明、勐混);日本,印度,印度尼西亚,马来西亚,巴基斯坦,斯里兰卡,澳大利亚,巴布亚新几内亚。

讨论 该种与丽瘦腹水虻 *S. metallinus* Fabricius 相似,但后足基节黄褐色,后足胫节基部1/3~1/2褐色;生殖基节腹面后缘中突几乎与后缘平齐,阳茎复合体宽短,阳基侧突中等宽,端部不尖。而后者足全黄色;生殖基节腹面后缘中突明显长于后缘,阳茎复合体细长,端尖,阳基侧突端极尖。

(293)华瘦腹水虻 *Sargus mandarinus* Schiner, 1868

Sargus mandarinus Schiner, 1868. Zoologischer Theil 2, 1(B): 62. Type locality: China: Hong Kong.

雄虫复眼几乎相接。触角黄色。膝颜色较深。翅微有浅黄褐色。腹部黑褐色,背面稍带绿色光泽。

分布 上海、浙江(莫干山、舟山、江山)、江苏(南京、苏州)、山东(泰山、崂山)、北京、内蒙古(满洲里)、香港。

讨论 该种与黄足瘦腹水虻 *S. flavipes* Meigen 相似,但雄虫复眼几乎相接;触角黄色。而后者雄虫复眼分离;触角黑色。

(294)丽瘦腹水虻 *Sargus metallinus* Fabricius, 1805(图281;图版72)

Sargus metallinus Fabricius, 1805. Systema antliatorum secundum ordines, genera, species adiectis synonymis, locis, observationibus, descriptionibus I-XIV: 258. Type locality: India: Bengalia.

Sargus formicaeformis Doleschall, 1857. Natuurkd. Tihdschr. Ned.-Indie 14: 403. Type locality: Indonesia: Maluku, Pulau Ambon.

Sargus redhibens Walker, 1859. J. Proc. Linn. Soc. London Zool. 4(15): 97. Type locality: Indonesia: Sulawesi, Ujung Pandang.

Sargus pallipes Bigot, 1879. Ann. Soc. Ent. Fr. 9: 222. Type locality: Sri Lanka.

雄 体长 7.3~9.9 mm,翅长 6.6~9.0 mm。

头部金绿色。复眼红褐色,裸,几乎相接。单眼瘤小,单眼黄褐色。额胛小,不明显,颜黄褐色至褐色。头部毛浅黄色,但头顶毛黑色,后头外圈具直立缘毛。触角黄褐色,触角芒黑色;柄节和梗节外侧具黑毛,鞭节被浅黄色短毛。触角各节长比为 0.8：0.9：0.8：3.2。喙浅黄色,具浅黄毛。

胸部背板亮金绿色,肩胛浅黄色,翅后胛黄褐色,稍带金绿色;侧板黄褐色,稍带金绿色,中侧片上缘具浅黄色下背侧带。胸部毛黄色。足黄色,被浅黄毛。翅透明,稍带浅黄褐色;翅痣浅黄褐色,不明显;翅脉黄褐色。平衡棒黄色。

腹部稍窄于胸部,金褐色;背板密被浅黄色短毛,侧边毛稍长且直立。雄性外生殖器:第9背板极宽扁,宽明显大于长,基部具浅的弧形凹缺;尾须很长,约与第9背板等长;生殖基节宽大于长,基缘直;生殖基节愈合部腹面端缘中部具一个内陷的方形中突,中突长大于宽,其端部超过生殖基节腹面端缘;生殖刺突粗短,向端部渐窄,但端部圆钝;阳茎细长,端部极尖细,三裂,不分离;具一对细长的阳基侧突,端部极尖,短于阳茎端部。

雌 体长 7.0~11.0 mm,翅长 6.0~9.5 mm。

与雄虫相似,但复眼分离稍宽,额中部两侧平行,向两端渐宽。

观察标本 1♂,云南版纳允景洪,650 m,1957.Ⅶ.3,臧令超(IZCAS);1♂,云南车里,1957.Ⅳ.19,臧令超(IZCAS)。

分布 中国云南(西双版纳),香港;日本,韩国,俄罗斯,印度,印度尼西亚,马来西亚,缅

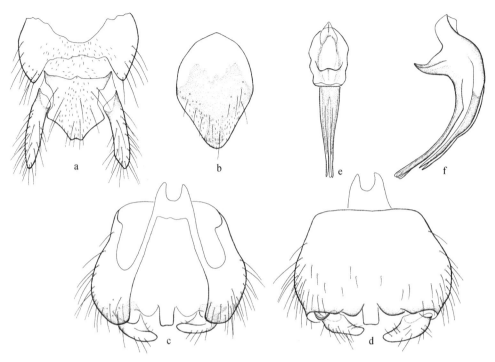

图 281　丽瘦腹水虻 *Sargus metallinus* Fabricius(♂)

a. 第 9～10 背板和尾须,背视(tergites 9～10 and cerci, dorsal view);b. 第 10 腹板,腹视(stenite 10, ven-teral view);c. 生殖体,背视(genital capsule, dorsal view);d. 生殖体,腹视(genital capsule, ventral view);e. 阳茎复合体,背视(aedeagal complex, dorsal view);f. 阳茎复合体,侧视(aedeagal complex, lateral view)。

甸,菲律宾,斯里兰卡,泰国,新加利多尼亚,巴布亚新几内亚,所罗门群岛。

讨论　该种与红斑瘦腹水虻 *S. mactans* Walker 相似,但足全黄色;生殖基节腹面后缘中突明显长于后缘;阳茎复合体细长,端尖,阳基侧突端部极尖。而后者后足基节黄褐色,后足胫节基部 1/3～1/2 褐色;生殖基节腹面后缘中突几乎与后缘平齐;阳茎复合体宽短,阳基侧突中等宽,端部不尖。

(295)黑基瘦腹水虻 *Sargus nigricoxa* sp. nov.(图 282;图版 71)

雄　体长 9.8 mm,翅长 9.2 mm。

头部浅黄色,后头除中央骨片外黑色;复眼红褐色,裸,明显分离;单眼瘤小,黑色,单眼黄色;额胛和颜白色。头部毛浅黄色,后头外圈无直立缘毛。触角黄色;被浅黄毛。触角各节长比为 1.0∶0.8∶0.8∶3.2。喙黄色,具浅黄毛。

胸部黄色,被黄毛。足黄色,但后足基节黑色,后足股节中后部(最端部除外)黄褐色。翅透明,稍带浅黄色;翅痣浅黄色,不明显;翅脉黄褐色。平衡棒黄色。

腹部窄长,明显窄于胸部,黄色,但第 2 背板端部两角、第 3～4 背板(除侧边外)和第 5 背板(除后缘和侧边外)黄褐色;第 3～5 腹板褐色。腹部被黄毛和褐毛。雄性外生殖器:第 9 背板长宽大致相等,基缘具浅"V"形凹,端部具背针突;尾须粗短,端部稍尖;生殖基节基缘具浅弧形凹,愈合部的端缘具两个大的半圆形突;生殖刺突粗短,端部稍尖;阳茎复合体三裂叶,中

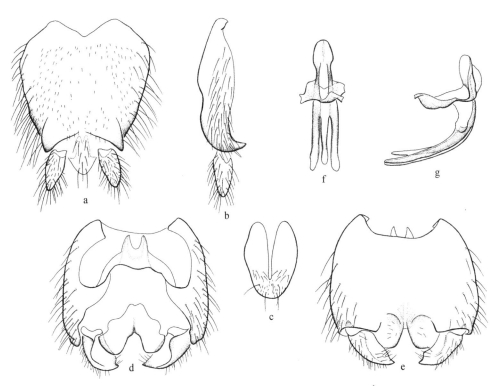

图 282　黑基瘦腹水虻 *Sargus nigricoxa* sp. nov.(♂)

a. 第 9～10 背板和尾须,背视(tergites 9～10 and cerci, dorsal view);b. 第 9 背板、第 10 腹板和尾须,侧视
(tergite 9, sternite 10 and cerci, lateral view);c. 第 10 腹板,腹视(sternite 10, ventral view);d. 生殖体,
背视(genital capsule, dorsal view);e. 生殖体,腹视(genital capsule, ventral view);f. 阳茎复合体,背视
(aedeagal complex, dorsal view);g. 阳茎复合体,侧视(aedeagal complex, lateral view)。

叶稍短于侧叶,无阳基侧突。

雌　体长 15.0 mm,翅长 14.0 mm。

与雄虫相似,仅以下不同:复眼宽分离,单眼瘤仅中部黑色,头顶到上额沿复眼缘有渐宽的
具刻点的橘黄毛带;触角橘黄色,鞭节端部平截。腹部纺锤形,宽于胸部,黄色,但第 3～5 背板
中后部具浅褐斑,不达两侧及后缘,腹板全黄色。

观察标本　正模♂,四川峨眉山洗象池,1 800～2 000 m,1957. Ⅷ. 27,朱复兴(IZCAS)。
副模 1♀,四川峨眉山九老洞,1 800～1 900 m,1957. Ⅷ. 31,卢佑才(IZCAS)。

分布　四川(峨眉山)。

词源　该种拉丁名意指其后足基节黑色。

讨论　该种由于头部和胸部黄色,腹部大部分为黄色,可与本属其他带有金绿色、金蓝色、
金紫色或金褐色的深色种明显地区分开来。

(296)黑颜瘦腹水虻 *Sargus nigrifacies* sp. nov.(图 283;图版 72)

雄　体长 8.2 mm,翅长 11.6 mm。

头部黑色,带金紫色。复眼红褐色,裸,明显分离。单眼瘤小,黑色,单眼黄色。额两侧平
行,额胛下半部白色;颜大部分黑紫色,但复眼缘及上部黄色。头部毛白色,后头外圈具直立缘

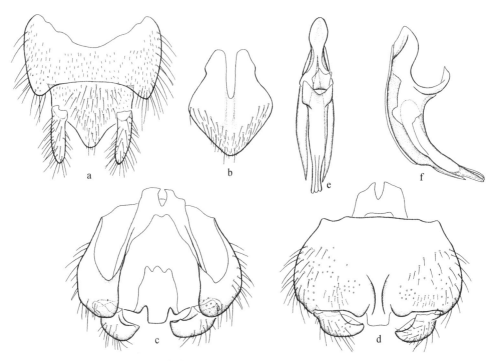

图 283 黑颜瘦腹水虻 *Sargus nigrifacies* sp. nov.(♂)

a. 第 9～10 背板和尾须,背视(tergites 9～10 and cerci, dorsal view);b. 第 10 腹板,腹视(stenite 10, venteral view);c. 生殖体,背视(genital capsule, dorsal view);d. 生殖体,腹视(genital capsule, ventral view);e. 阳茎复合体,背视(aedeagal complex, dorsal view);f. 阳茎复合体,侧视(aedeagal complex, lateral view)。

毛。触角黄色;柄节梗节被黑毛,鞭节被浅黄色短毛。触角各节长比为 1.0∶1.0∶0.5∶4.8。喙黄色,具浅黄毛。

胸部金蓝紫色,有时稍带绿色光泽,肩胛黄褐色,翅后胛浅褐色,稍带蓝紫色光泽;侧板金蓝紫色;胸部密被白毛。足黑褐色,但基节端部、转节、股节基部、前中足胫节外侧、后足胫节外侧端部 2/3 浅黄色,前中足第 4～5 跗节和后足第 5 跗节浅褐色。足上毛白色。翅透明,端半部稍带浅褐色;翅痣褐色,明显;翅脉褐色。平衡棒浅黄色。

腹部约与胸部等宽,黑色,稍带金蓝紫色光泽。腹部被白毛,背板侧边毛较长且直立。雄性外生殖器:第 9 背板极宽扁,宽明显大于长,基缘具浅"V"形凹;尾须指状;生殖基节基缘平,愈合部的端缘中部具稍内陷的方形中突,中突宽大于长,其端部超过生殖基节端缘;生殖刺突粗短,端部稍尖且内弯;阳茎复合体长,端部较细,三裂,不分离;具一对阳基侧突,较粗,端部尖锐,稍短于阳茎。

雌 未知。

观察标本 正模♂,陕西宁陕火地塘,1 580～1 650 m,1999.Ⅵ.26,袁德成(IZCAS)。副模 1♂,陕西宁陕火地塘,1 580～1 650 m,1999.Ⅵ.26,袁德成(IZCAS);1♂,陕西留坝庙台子,1 350 m,1998.Ⅶ.21,姚建(IZCAS);1♂,四川峨眉山九老洞,1 800～1 900 m,1967.Ⅶ.30,卢佑才(IZCAS)。

分布 陕西(宁陕、留坝)、四川(峨眉山)。

词源　该种拉丁名意指其颜大部分为黑紫色。

讨论　该种与四川瘦腹水虻 S. sichuanensis sp. nov.相似,但足主要黑褐色。而后者足主要黄色。

(297)日本瘦腹水虻 *Sargus niphonensis* Bigot, 1879

Sargus niphonensis Bigot, 1879. Ann. Soc. Ent. Fr. 9：221. Type locality：Japan.

Geosargus(*Geosargus*)*jankowskii* Pleske, 1926. Eos 2(4)：392. Type locality：Russia：Primoskiy kraj, near Vladivostok.

雄　体长 11.0～16.0 mm,翅长 9.0～12.0 mm。

头部暗褐色至黑色,额和颜通常稍带绿色,额下部 3/4 处有一对达复眼缘的白色或浅黄斑。额、上颜、单眼瘤、头顶、触角柄节和梗节被黑毛,但触角上的毛较短,头顶和上颜下部有时掺杂浅黄毛,下颜侧边、颊、后头和喙具浅黄毛,后头和喙上毛较短,后头无直立缘毛。触角黑色,鞭节有时褐色。触角 3 节长比(不包括触角芒)为 1.26：1.0：1.55。喙黄褐色。

胸部金绿色,肩胛和翅后胛褐色至暗褐色,前胸背板具大的白色或浅黄色中斑;侧板亮褐色至黑色,有时稍带金绿色或紫色。胸部被浅黄毛,但翅侧片除上半部外、下侧片除上部和后部外、后小盾片、中胸背板前部包括肩胛裸。足暗褐色至黑色,但膝、中后足胫节(除腹面靠近中部的部分外)、中足第 1 或第 1～2 跗节和后足第 1 跗节基部或腹面黄褐色,有时中足胫节、中足第 1 跗节和后足胫节具暗褐色;基节和股节被浅黄毛。翅稍带褐色至深褐色,但翅基、前缘室和亚前缘室除端部外、br 和 bm 室除端部外均颜色较浅。平衡棒褐色。

腹部金绿色。腹部毛浅黄色,第 1～3 背板侧边毛较长,第 1～4 或第 1～5 背板中部毛主要为黑色;第 4～5 腹板毛黑色。雄性外生殖器:第 9 背板基缘具大的"V"形凹陷,尾须与第 9 背板相接;生殖基节端缘中部具一小而深的凹缺;阳茎复合体向背面强烈弯曲,三裂叶,具两个阳基侧突,这 5 叶在长度和形状上均类似。

雌　体长 9.0～16.0 mm,翅长 8.0～12.0 mm。

与雄虫相似,仅以下部分不同:额、单眼瘤、头顶和颜主要被浅色毛;触角 3 节长比为 1.41：1.0：1.54。腹部毛全浅色,仅第 6～7 节毛为黑色。

分布　中国东北部;日本,韩国,俄罗斯。

讨论　该种与棒瘦腹水虻 S. baculventerus Yang et Chen 相似,但腹部不为球棒状,第 4 节不膨大;股节黑色。而后者腹部球棒状,第 4 节膨大;股节基部黑色,端部为橘红色。

(298)红额瘦腹水虻 *Sargus rufifrons* (Pleske, 1926)

Geosargus(*Chrysochroma*)*rufifrons* Pleske, 1926. Eos 2(4)：387. Type locality：China：Hebei, Kuancheng.

额前部红褐色,有 3 个凹,一个位于中间,另外两个位于最高点,额后部很窄,亮金蓝色。触角柄节和梗节浅橙色,被黑毛;鞭节缺失。后头黑色,复眼后无直立缘毛。喙橙色。胸前部金蓝色,后部金绿色,被稀疏的白色短毛。肩胛浅黄褐色,中侧片上缘的下背侧带宽,暗褐色,深于肩胛。前足黄色,中后足股节黑色,具金蓝色光泽,但最末端黄色,胫节基部深色。足上毛浅黄白色。翅几乎透明;翅痣浅褐色;翅脉深褐色。平衡棒黄褐色。

分布　中国河北(宽城);俄罗斯。

讨论 该种与分布于北美和欧洲的铜色瘦腹水虻 *S. cuprarius*（Linnaeus）相似,但触角柄节和梗节浅橙色;翅几乎透明。而后者触角黑色,翅中部具深色云状斑。

(299)四川瘦腹水虻 *Sargus sichuanensis* sp. nov.(图284;图版73)

雄 体长12.3 mm,翅长9.5 mm。

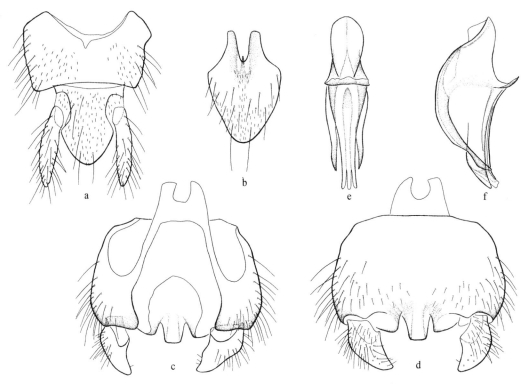

图284　四川瘦腹水虻 *Sargus sichuanensis* sp. nov.(♂)

a. 第9～10背板和尾须,背视(tergites 9～10 and cerci, dorsal view);b. 第10腹板,腹视(sternite 10, ventral view);c. 生殖体,背视(genital capsule, dorsal view);d. 生殖体,腹视(genital capsule, ventral view);e. 阳茎复合体,背视(aedeagal complex, dorsal view);f. 阳茎复合体,侧视(aedeagal complex, lateral view)。

头部金绿色。复眼红褐色,裸,接近。单眼瘤小,单眼黄褐色。额胛黄褐色,颜黄褐色,下半部金褐色。头部毛浅黄色,后头外圈具直立缘毛。触角黄褐色,触角芒黑色;柄节和梗节外侧具黑毛,鞭节被浅黄色短毛。触角各节长比为1.0∶0.7∶1.0∶3.4。喙黄色,具浅黄毛。

胸部背板亮金绿色,肩胛黄褐色,翅后胛金绿色;侧板金绿色,中侧片上缘无浅黄色下背侧带。胸部毛浅黄色,足黄色,基节褐色,但前足基节端部浅黄色,后足第2～5或第3～5跗节背面褐色。足上毛黄色,但后足跗节也有黑毛。翅浅褐色;翅痣黄褐色,不明显;翅脉黄褐色。平衡棒黄色。

腹部窄于胸部,金褐色,第6背板金紫色;背板密被浅黄色短毛,侧边毛稍长且直立。雄性外生殖器:第9背板明显宽大于长,基部具大的弧形凹缺;尾须很长,等长于或稍长于第9背板;生殖基节宽大于长,基缘微凸;生殖基节愈合部腹面端缘中部具一个内陷的方形中突,中突长大于宽,其端部超过生殖基节腹面端缘;生殖刺突粗短,端部尖锐;阳茎复合体端部三裂,细且端部圆钝;具一对阳基侧突,端部尖细且微向内弯,明显短于阳茎。

雌 未知。

观察标本 正模♂,四川理县米亚罗,2 780～3 300 m,1963. Ⅵ. 6,张学忠(IZCAS)。副模 1♂,四川灌县,700～1 000 m,1963. Ⅵ. 22,张学忠(IZCAS)。

分布 四川(理县、灌县)。

词源 该种以产地四川命名。

讨论 该种与红斑瘦腹水虻 *S. mactans* Walker 相似,但基节褐色,但前足基节端部浅黄色,后足胫节全黄色;生殖刺突端尖,阳茎复合体向端部渐细,阳基侧突端尖,短于阳茎。而后者前中足基节黄色,后足基节褐色,后足胫节基部 1/3～1/2 褐色;生殖刺突端部钝,阳茎复合体不向端部渐细,阳基侧突稍粗,且与阳茎等长。

(300)三色瘦腹水虻 *Sargus tricolor* sp. nov.(图 285;图版 73)

雄 体长 14.0 mm,翅长 11.2 mm。

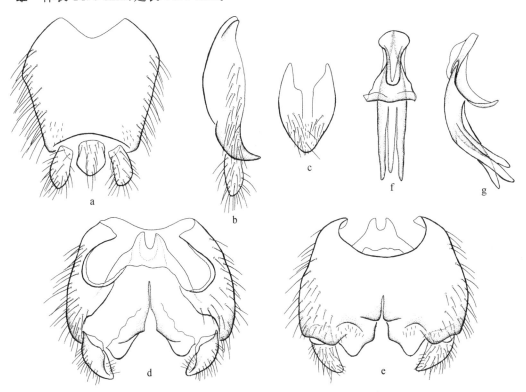

图 285 三色瘦腹水虻 *Sargus tricolor* sp. nov.(♂)

a. 第 9～10 背板和尾须,背视(tergites 9～10 and cerci, dorsal view);b. 第 9 背板、第 10 腹板和尾须,侧视(tergite 9, sternite 10 and cerci, lateral view);c. 第 10 腹板,腹视(stenite 10, venteral view);d. 生殖体,背视(genital capsule, dorsal view);e. 生殖体,腹视(genital capsule, ventral view);f. 阳茎复合体,背视(aedeagal complex, dorsal view);g. 阳茎复合体,侧视(aedeagal complex, lateral view)。

头部黑色。复眼红褐色,裸,分离,两侧几乎平行。单眼瘤小,单眼黄褐色。额胛浅黄色至白色,颜浅黄色。头部毛浅黄色,后头外圈无直立缘毛。触角黄褐色,触角芒褐色;被浅黄色短毛。触角各节长比为 1.0∶0.8∶1.0∶3.0。喙黄色,具浅黄毛。

胸部背板亮金绿色,肩胛浅黄色,翅后胛黄褐色;侧板金褐色,中侧片上缘具浅黄色下背侧带。胸部毛浅黄色。足黄色,但中足基节和转节、后足转节黄褐色,后足基节黑色。足上毛黄色。翅透明,稍带浅褐色;翅痣褐色,明显;翅脉褐色。平衡棒橘黄色。

腹部细长,明显窄于胸部,末端稍加宽,第1背板除端部和两侧外以及第3背板除端部和两侧外黄褐色,第2背板黄色,第4~5背板黑色带有紫色光泽。背板密被浅黄色短毛,侧边毛稍长且直立。雄性外生殖器:第9背板长宽大致相等,最宽处位于近基部,基缘中部具一个浅"V"形凹缺,端缘两侧具背针突;尾须短,端部钝;生殖基节宽大于长,基缘微凹,愈合部腹面端缘具大而深的"V"形凹缺;生殖刺突短小,端部稍尖;阳茎复合体三裂,中叶稍短于侧叶,无阳基侧突。

雌 未知。

观察标本 正模♂,四川峨眉山,1 800～2 100 m,1955. Ⅵ. 24,杨星池(IZCAS)。副模1♂,四川峨眉山九老洞,1 800～1 900 m,1957. Ⅷ. 5,黄克仁(IZCAS)。

分布 四川(峨眉山)。

词源 该种拉丁名意指其腹部具3种颜色。

讨论 该种体型和生殖器与黑基瘦腹水虻 *S. nigricoxa* sp. nov.相似,但头部和胸部黑色,稍带金绿光泽;基节和转节黄褐色至黑色,后足股节全黄色。而后者头部和胸部黄色;足黄色,但后足基节黑色,后足股节中后部具褐斑。

(301)万氏瘦腹水虻 *Sargus vandykei* (James,1941)

Geosargus vandykei James, 1941. Pan-Pac. Ent. 17(1):15. Type locality:China:Jiangsu, Tung Ko Forest Station.

雌 体长 17.0 mm。

头部额窄,最窄处窄于触角鞭节宽,金绿色,头顶紫色,颜黑色,额胛黄色。触角柄节和梗节黑色,鞭节和触角芒黄褐色,但触角芒端部颜色加深。头部毛黄色,但额和触角柄节被黑毛,颜毛较密;后头具黄色直立缘毛。喙污黄色。

胸部紫色,侧板稍带红色,后胸背板翠绿色。胸部密被白毛,但后部和下部毛浅黄色。足基节、转节和股节黑色,前中足胫节和跗节棕黄色,中足胫节颜色稍深,后足胫节和跗节黑褐色,胫节中部具明显的浅色环。翅几乎全褐色,后缘色稍浅。平衡棒棕黄色。

腹部铜色,但基部金紫色,腹板紫色。腹部密被灰白毛,但背板后部和末端有带状黑毛。生殖器黑色。

分布 江苏(太湖)。

讨论 该种与巨瘦腹水虻 *S. goliath* (Curran)相似,但体型稍小,体长 17.0 mm,前中足胫节棕黄色,后足胫节中部具浅色环。而后者体型较大,体长 21 mm 以上,前足胫节外侧、中足胫节中后部外侧和后足胫节中部外侧的一个点白色。

(302)绿纹瘦腹水虻 *Sargus viridiceps* Macquart,1855

Sargus viridiceps Macquart, 1855. Mémoires de la Société Impériale des Sciences de l'Agriculture *et* des Arts de Lille, IIe série, 1:66. Type locality:China:China boréale.

额和颜金绿色。触角黄褐色,梗节红色。喙黄褐色。胸部金绿色。足黄褐色,但胫节后基部黑色;后足基部黑色,后足第 3～5 跗节褐色。翅稍带黄色;翅痣浅黄色。平衡棒黄褐色。腹部亮铜色。

分布 中国北方。

讨论 该种与日本瘦腹水虻 *S. niphonensis* Bigot 相似,但触角黄褐色,梗节红色;翅稍带黄色,翅痣浅黄色。而后者触角黑色;翅稍带褐色至深褐色。

(七)水虻亚科 Stratiomyinae Latreille，1802

特征 雄虫复眼为接眼,雌虫复眼为离眼。复眼大,大部分光裸,但有些种类密布长毛。触角较长,柄节和梗节近等长,或柄节长于梗节;鞭节柱状或纺锤状,由 5～6 节组成,一些种类最末 2 节形状发生特化。小盾片通常有 1 对强壮的刺,偶尔退化。R_4 常短,但明显,仅在短角水虻属 *Odontomyia* 部分种类和脉水虻属 *Oplodontha* 种类中消失;M 脉通常较弱,M_3 退化或完全消失;CuA_1 常从 bm 室发出。腹部宽扁,可见节为 5 节。

讨论 目前水虻亚科世界共有 47 属 662 种。我国该亚科已知 7 属 81 种。

属检索表

1.	触角鞭节基部卵圆形,具亚端芒;雌雄复眼均具明显的眼后眶 ………… 对斑水虻属 *Rhaphiocerina*
	触角鞭节柱状或纺锤状;雄虫复眼无可见的眼后眶 ……………………………………… 2
2.	触角鞭节末节特化成细长的触角芒或芒状结构,芒至少与前两触角节等长(一些盾刺水虻属 *Oxycera* 的种类),通常远长于其他鞭节的总长 ………………………………………… 3
	触角鞭节末节和其他鞭节没有明显不同,或短于其他鞭节,稍特化,但非芒状 …………… 5
3.	CuA_1 从盘室发出,无 m-cu 横脉;腹部长宽相等或宽大于长;身体无蓝绿色金属光泽 ……… 盾刺水虻属 *Oxycera*
	CuA_1 不从盘室发出,通过 m-cu 横脉与盘室分离;腹部明显长大于宽;体有明显的蓝绿色金属光泽 ………………………………………………………………………… 4
4.	M_3 脉消失,盘室发出 2 条 M 脉;小盾片无刺 ……………… 丽额水虻属 *Prosopochrysa*
	M_3 脉存在,盘室发出 3 条 M 脉;小盾片有 1 对明显的刺 ……… 诺斯水虻属 *Nothomyia*
5.	R_{2+3} 缺失,与 R_1 明显愈合;盘室很小,与 R_s 融合,即无 r-m 横脉;M_1、M_2、M_3 弱,甚至在盘室后完全消失 ………………………………………………… 脉水虻属 *Oplodontha*
	R_{2+3} 存在;盘室大,不与 R_s 融合,即有 r-m 横脉;M_1、M_2、M_3 常发达,容易辨认,但短角水虻属 *Odontomyia* 某些种类 M_1,有时 M_3 变短或接近消失 ……………………… 6
6.	M_3 弱,明显弱于 M_2 或 CuA_1,经常完全消失(盘室发出 2 条脉),M_1 也常弱,特别是在基部细弱;触角柄节长至多为梗节的 2 倍 ………………… 短角水虻属 *Odontomyia*
	M_3 与 M_2 和 CuA_1 一样发达,M_1 也常发达(盘室发出 3 条脉);触角柄节长为梗节的 3～6 倍 ………………………………………………………… 水虻属 *Stratiomys*

52. 诺斯水虻属 *Nothomyia* Loew，1869

Nothomyia Loew，1869. Berl. Ent. Z. 13(1−2)：4. Type species：*Nothomyia scutellata*

Loew，1882(designation by Brauer).

Pseudoberis Enderlein，1921. Mitt. Zool. Mus. Berl. 10(1)：227. Type species：*Pseudoberis fallax* Enderlein，1921.

Berisargus Lindner，1933. Rev. Ent.(Rio J.)3(2)：201. Type species：*Berisargus borgmeieri* Lindner，1933.

属征 体一般偏细瘦,黑色,有明显的绿色到蓝色金属光泽,但没有明显的黄色。头部半球形。雄虫复眼为接眼,雌虫复眼离眼。触角鞭节分为 6 亚节,鞭节末节特化成芒状结构。胸部长大于宽,小盾片端部有 2 个短刺。盘室发出 3 条 M 脉,CuA_1 不从盘室发出,即 m-cu 脉存在。腹部明显长大于宽。雌虫尾须仅 1 节。

讨论 全世界已知 19 种,中国分布 2 种。

种 检 索 表

1.	翅 R_4 存在;腹部暗棕色 ··························	**长茎诺斯水虻 *N. elongoverpa***
	翅 R_4 缺失;腹部暗,有蓝绿色金属光泽 ··················	**云南诺斯水虻 *N. yunnanensis***

(303)长茎诺斯水虻 *Nothomyia elongoverpa* Yang，Wei *et* Yang，2012(图 286)

Nothomyia elongoverpa Yang，Wei *et* Yang,2012. Entomotaxon. 34(2)：297. Type locality：China：Guangdong.

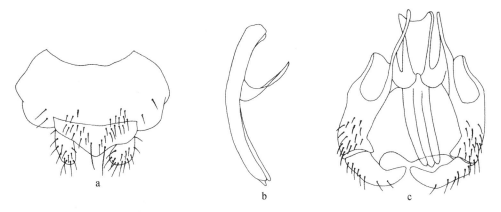

图 286　长茎诺斯水虻 *Nothomyia elongoverpa* Yang，Wei *et* Yang，2012

（据 Yang，Wei *et* Yang,2012 重绘）

a. 第 9～10 背板和尾须,背视(tergites 9～10 and cerci, dorsal view)；b. 阳茎复合体,侧视(aedeagal complex, lateral view)；c. 生殖体,背视(genital capsule, dorsal view)。

雄 体长 4.6～5.2 mm,翅长 3.8～4.2 mm。

头部黑色,被暗色毛。头顶黑色,单眼黄色;复眼接眼,光裸,有窄的眼后眶。额和颜隆起,触角着生在最前端。触角暗棕色至黑色,柄节与梗节约等长,梗节宽于柄节;鞭节基 5 节向端部逐渐变细,末节基部粗,到端部逐渐变细,长约为其余触角的总长。

中胸背板有暗蓝绿色金属光泽,被稀疏的黑黄相间的直立毛。肩胛和翅后胛有暗棕色金属光泽;小盾片后缘具 2 短刺。侧板亮黑色,被部分灰白色短毛。翅浅灰色,翅痣和翅脉暗棕色,但后缘的脉浅棕色;R$_4$ 存在,盘室发出 3 条脉。足黑色,被黑毛,但中、后足第 1～2 跗节黄白色,被黄白短毛;平衡棒黄白色。

腹部暗棕色,基部和端部色略深;背板中央具灰白色的倒伏毛,两侧毛长,色也较深。腹板有灰白色短毛。雄性外生殖器:第 9 背板宽略大于长;生殖基节突发达;生殖刺突内缘弧形;阳茎复合体较长,端部分为 3 叶。

雌 体长约 4.5 mm,翅长约 4.0 mm。

大部分特征和雄虫类似,但复眼为离眼,眼后眶明显宽于雄虫;额宽,两侧接近平行,额在触角上方侧缘额隆起的基部有一对小的灰白色毛斑。

分布 广东(仁化、南岭、大顶山)。

讨论 该种与 *N. longisetosa* Lindner 相似,但触角鞭节末节基部粗,到端部逐渐变细。而后者鞭节细长,芒状(Yang, Wei *et* Yang, 2012)。

(304)云南诺斯水虻 *Nothomyia yunnanensis* Yang，Wei *et* Yang，2012(图 287)

Nothomyia yunnanensis Yang, Wei *et* Yang, 2012. Entomotaxon. 34(2):298. Type locality:China:Yunnan.

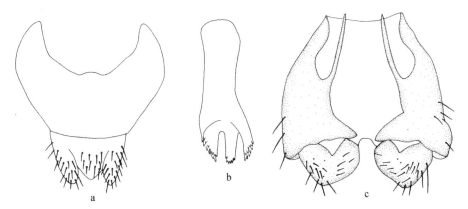

图 287　云南诺斯水虻 *Nothomyia yunnanensis* Yang, Wei *et* Yang, 2012

(据 Yang, Wei *et* Yang,2012 重绘)

a. 第 9～10 背板和尾须,背视(tergites 9～10 and cerci, dorsal view); b. 阳茎复合体,背视(aedeagal complex, dorsal view); c. 生殖体,背视(genital capsule, dorsal view)。

雄 体长 5.0 mm,翅长 4.0 mm。

头部黑色,被暗棕色毛;头顶黑色,单眼黄色;复眼为接眼,光裸;额和颜隆起,触角着生在最前端;额亮黑,侧缘有 1 对小的灰白色毛斑。触角深棕色至黑色,柄节与梗节约等长,鞭节基部 5 节纺锤状,端部有触角芒。

胸部背板有绿色金属光泽,被稀疏的灰色毛;肩胛和翅后胛黑色;侧板亮黑色,被部分灰白色短毛。翅透明,翅痣黄色,翅脉黄到棕黄色;R$_4$ 缺失,cu-m 脉存在,盘室发出 3 条脉。足黑色,被浅黄毛,但中、后足第 1～2 跗节黄白色,具黄白短毛。平衡棒黄白色。

腹部背板有蓝绿色金属光泽,被灰白毛,基部毛长而直立;腹板深棕色,有白色短毛。雄性外生殖器:第 9 背板弧形,宽大于长;阳茎复合体短粗,端部分为 3 叶,均有刺状突起。

雌 体长约 5.0～5.2 mm,翅长约 4.5～5.0 mm。

大部分特征和雄虫类似,但复眼为离眼,眼后眶明显宽于雄虫;额宽,两侧接近平行。

分布 云南(大理、苍山、剑川、洱海)。

讨论 该种与 *N. viridi* Hine 相似,但颜被黑毛,所有的股节和胫节黑色。而后者颜被白毛,所有的股节端部以及胫节内侧暗黄色(Yang,Wei *et* Yang,2012)。

53. 短角水虻属 *Odontomyia* Meigen,1803

Odontomyia Meigen,1803. Mag. Insektenkd. 2:265. Type species:*Musca hydroleon* Linnaeus,1758.

Eulalia Meigen,1800. Nouv. Class. 21. Type species:*Musca hydroleon* Linnaeus,1758.

Opseogymmus Costa,1857. Giambattista Vico. 2:443. Type species:*Opseogymmus flavosignatus* Costa,1857.

Trichacrostylia Enderlein,1914. Zool. Anz. 43:607. Type species:*Stratiomys angulata* Panzer,1798.

Neuraphanisis Enderlein,1914. Zool. Anz.43:608. Type species:*Stratiomys tigrina* Fabricius,1775.

Catatasina Enderlein,1914. Zool. Anz. 43:608. Type species:*Stratiomys angulata* Panzer,1794.

Orthogoniocera Lindner,1951. Bonn. Zool. Beitr. 2:187. Type species:*Odontomyia hirayamae* Matsumura,1916.

属征 头部宽于胸部。复眼有明显的毛或光裸,雄虫为接眼,雌虫大部分种类复眼为离眼。触角柄节等于或长于梗节;鞭节分为 6 亚节,末节在形态上变化较大,但没有触角芒,第 6 鞭节通常很短或仅有 5 个鞭节。喙很发达,呈膝状弯曲;须相当小。小盾片近半圆形,有 2 刺;后小盾片发达。翅有 R_{2+3},不与 Rs 愈合,R_4 有时缺失;CuA_1 不从盘室发出,即 m—cu 脉存在;盘室大,M_3 退化,不发达或完全缺失。

讨论 该属目前是世界水虻科最大的属,全世界共有 216 种(Woodley,2001),分布在世界各陆地动物地理区。中国已知 22 种。

种 检 索 表

1.	翅 R_4 缺失 ⋯⋯⋯⋯⋯⋯⋯⋯⋯⋯⋯⋯⋯⋯⋯⋯⋯⋯⋯⋯⋯⋯⋯⋯⋯⋯⋯⋯⋯⋯⋯⋯⋯⋯⋯⋯⋯⋯	**2**
	翅 R_4 存在 ⋯⋯⋯⋯⋯⋯⋯⋯⋯⋯⋯⋯⋯⋯⋯⋯⋯⋯⋯⋯⋯⋯⋯⋯⋯⋯⋯⋯⋯⋯⋯⋯⋯⋯⋯⋯⋯⋯	**10**
2.	复眼明显被毛 ⋯⋯⋯⋯⋯⋯⋯⋯⋯⋯⋯⋯⋯⋯⋯⋯⋯⋯⋯⋯⋯⋯⋯⋯⋯⋯⋯⋯⋯⋯⋯⋯⋯⋯⋯⋯⋯	**3**
	复眼光裸无毛 ⋯⋯⋯⋯⋯⋯⋯⋯⋯⋯⋯⋯⋯⋯⋯⋯⋯⋯⋯⋯⋯⋯⋯⋯⋯⋯⋯⋯⋯⋯⋯⋯⋯⋯⋯⋯⋯	**5**
3.	复眼上的毛黑棕色;股节全为黑色 ⋯⋯⋯⋯⋯⋯⋯⋯ **四国短角水虻 *O. shikokuensis***	
	复眼上的毛白色;股节不全为黑色,至少部分黄棕色 ⋯⋯⋯⋯⋯⋯⋯⋯⋯⋯⋯⋯⋯⋯⋯	**4**
4.	胸部淡绿色,有黑色斑;小盾片黑色,但后部淡绿色;前足股节有黑色的中环 ⋯⋯⋯⋯⋯	
	⋯⋯⋯⋯⋯⋯⋯⋯⋯⋯⋯⋯⋯⋯⋯⋯⋯⋯⋯⋯⋯⋯⋯⋯⋯⋯ **须短角水虻 *O. barbata***	

胸部黑色;小盾片黑色,有黄棕色下后缘;股节基部黄色,端部黑色 ………… **排列短角水虻** *O. alini*

5. 雌雄腹部背板黑色,没有黄斑,至多只有黄色边缘(青被短角水虻 *O. atrodorsalis* 雄背板有黄色侧斑)
………………………………………………………………………………………… **6**

雌雄腹部背板黑色,有或大或小的黄色侧斑 ……………………………………… **7**

6. 雄虫后足第4跗节不对称(雌虫正常);雌虫头部黑色 ………… **微毛短角水虻** *O. hirayamae*

雄虫后足第4跗节正常,不特化;雌虫单眼瘤左右两侧各有一个黄斑 ………………
…………………………………………………………… **青被短角水虻** *O. atrodorsalis*

7. 雄腹部第2背板黄侧斑卵圆形或方形,大,左右相连或近相连(雌黄斑与腹板侧缘分离) …………
…………………………………………………………… **临沼短角水虻** *O. halophila*

雌雄腹部第2背板黄侧斑三角形或条形,小,左右不相连 ………………………… **8**

8. 雄虫肩胛和翅后胛黄棕色;雌虫股节端半部黑色 ………… **银色短角水虻** *O. argentata*

雄虫肩胛和翅后胛黑色;雌虫股节全黄棕色,至少端部黄棕色 …………………… **9**

9. 雌虫股节全黄棕色;雌虫单眼下的额有3个近圆形黄斑;雌雄腹部第2背板侧斑三角形 …………
…………………………………………………………… **平额短角水虻** *O. pictifrons*

雌虫股节端部黄色,基部黑色;雌虫额有2个黄色纵斑;雌雄腹部第2背板侧斑条形 …………
…………………………………………………………… **微足短角水虻** *O. microleon*

10. 雌雄足包括基节全为黄色(注:部分雌性基节带小部分黑色,雄虫中黄绿斑短角水虻 *O. garatas* 基节黑色,股节黑棕色,两端黄色;怪足短角水虻 *O. hydrileon* 基节黑色外,足包括基节全为黄色) …
……………………………………………………………………………………… **11**

雌雄足不全为黄色,至少基节黑色 ………………………………………………… **17**

11. 腹部背板黄色,无斑纹 ………………………………… **封闭短角水虻** *O. lutatius*

腹部背板黄色或绿色,有黑色斑纹 ………………………………………………… **12**

12. 小盾片全为黄色,或至少侧缘和后缘明显黄色 ………………………………… **13**

小盾片主要黑色,至多下后缘有窄细的黄色(怪足短角水虻 *O. hydroleon* 部分个体黄色区较多) …
……………………………………………………………………………………… **15**

13. 雌虫小盾片全黄色,雄虫小盾片基部有半圆形黑斑;腹部黑斑延伸到侧缘 …………
…………………………………………………………… **黄绿斑短角水虻** *O. garatas*

雌虫小盾片主要为黄色,但基部有半圆形黑斑;腹部黑斑集中在中间,侧缘和后缘黄绿色 ……… **14**

14. 腹部背板黑斑为上宽下窄的梯形 …………………… **角短角水虻** *O. angulata*

腹部背板黑斑形状不规则,黑斑中后部稍缢缩 ………… **防城短角水虻** *O. fangchengensis*

15. 从盘室发出3条M脉,虽M$_3$弱,但仍可见 ……………………………………… **16**

从盘室发出2条M脉 …………………………………… **平头短角水虻** *O. picta*

16. 雌虫头部全黑色,除了口孔边缘黄色(雄未知) ………… **紫翅短角水虻** *O. claripennis*

雌虫头部基本为黄色;雄虫头部黑色,仅隆起的上颜中脊常黄色 ……… **怪足短角水虻** *O. hydroleon*

17. 柄节明显长于梗节 …………………………………… **杨氏短角水虻** *O. yangi*

柄节与梗节差不多等长或短于梗节 ………………………………………………… **18**

18.	雌虫额上半部黑色,下半部全为黄色 ……………………………… 贵州短角水虻 *O. guizhouensis*
	雌虫额全为黑色,或至多有黄色斑 ………………………………………………………… **19**
19.	雌虫额全为黑色,没有任何黄斑(雄未知)………………………… 黑盾短角水虻 *O. uninigra*
	雌虫额触角上方左右各有一个小黄斑 …………………………………………………… **20**
20.	足黑色,但股节和胫节稍带棕黄色;M₃弱,不易分辨(雄未知)……… 双斑短角水虻 *O. bimaculata*
	足黄色,但基节黑色;M₃弱,但可以分辨 ……………………………… 中华短角水虻 *O. sinica*

注:双带短角水虻 *Odontomyia inanimis* Walker 因为描述不详,没放入检索表。

(305)排列短角水虻 *Odontomyia alini* Lindner,1955(图版74)

Odontomyia(*Catatasina*)*alini* Lindner, 1955. Bonn. Zool. Beitr. 6(3-4):221. Type locality:China:Heilongjiang.

雄 体长8.2 mm,翅长7.0 mm。

头部黑色,有浅灰色粉被。触角上方的额三角黑色,裸。触角正下方隆起的上颜中脊黄棕色,口孔两侧稍带棕色;颜被浅黄色长毛。复眼为接眼,被长毛;单眼瘤黑色,单眼黄棕色;眼后眶下部棕黄色。触角棕黑色,柄节和梗节短,被浅色毛。触角柄节、梗节和鞭节的长比为1:0.4:3.0;鞭节最末节很短,末端钝圆。喙黑色,被浅色毛;下颚须棕黄色,但基部黑色,被白色毛。

胸部黑色,被浅黄色直立长毛。小盾片黑色,下后缘黄棕色,小盾片上的刺棕黄色到黄色,小盾片上的刺是小盾片的0.4倍。足棕黄色到黄色;基节和转节黑色;股节基部黄棕色,端部(除了最末端)黑色;胫节黄棕色;跗节棕色到深棕色,但基跗节色浅。足被浅色毛。翅透明,前缘稍带黄色;R₄缺失,M₃弱,可见部分很短。平衡棒棕色,球部黄色。

腹部黑色,第2~4背板后侧缘有窄的棕黄色侧斑,第5背板侧后缘棕黄色;腹板黑色,基部略带棕黄色。腹部被短的浅色毛,但第1~2背板侧缘和第4背板后缘的毛长。

雌 未知。

观察标本 1♂,北京,1947.V.2,杨集昆(CAU);1♂,北京,1949.Ⅳ.12,杨集昆(CAU);1♂,北京清华农学院,1947.Ⅳ.15,杨集昆(CAU);1♂,北京颐和园,1949.Ⅳ.13,杨集昆(CAU);1♂,北京,1947.Ⅳ.22,采集人不详(CAU)。

分布 黑龙江(哈尔滨)、北京。

讨论 该种与须短角水虻 *O. barbata*(Lindner)相似,复眼都有浓密的长毛,但胸部黑色;小盾片黑色,有黄棕色下后缘;股节基部黄色,端部黑色。而后者胸部淡绿色,有黑色斑;小盾片黑色,但后部淡绿色;前足股节有黑色的中环(Yang,1995)。

(306)角短角水虻 *Odontomyia angulata*(Panzer,1798)(图版75)

Stratiomys angulata Panzer,1798. Fauna Ins. German. init. Dtld. Ins. Heft. 58:19. Type locality:Germany.

Stratiomys hydropota Meigen,1822. Syst. Beschr. Bek. Europ. Zweifl. Ins. Ⅰ-Ⅹ:147. Type locality:Europe.

Odontomyia latifaciata Macquart,1834. Hist. Nat. Ins. 4:115. Type locality:France.

Stratiomys brevicornis Loew，1840. Öffentl. Prüf. Schül. Kön. Friedrich-Wilhelms-Gymnasiums Posen：25. Type locality：Poland.

雄 体长 8.0～12.0 mm，翅长 7.8～10.2 mm。

头部复眼为接眼，棕色，裸，下部 1/3 小眼面小。上额三角有细的中纵沟，包括单眼瘤在内亮黑，近裸；下额三角小，黑色，被浅色密毛。颜黑棕色，被浅色密毛，但触角到口孔之间的颜突和口孔两侧黄色，裸。触角等特征同雌虫。

胸部和腹部特征类似雌性。

雌 体长 8.8～10.2 mm，翅长 6.8～8.3 mm。

头部黄色；额有中纵缝，黄色，但有的标本中纵缝左右两侧稍带黑色，触角上方有细的黑色横带。颜黄色，额和颜几近光裸，被短的浅色毛，只有颜和复眼交界处有浅黄色长毛。复眼光裸无毛，单眼瘤黑色，后头区有一个大黑斑，也有个别标本后头区黄色。触角黄色，柄节、梗节和鞭节的长比为 1：1：3.6，鞭节末端有时黑色，尖细，有钩。喙黑色被浅色毛；下颚须棕黄色被浅色毛。

胸部棕色到黑色，但肩胛、翅后胛黄色。小盾片黄色，但基部有一个黑斑；小盾片上的刺黄色，刺长是小盾片的 0.3～0.6 倍。前足基节上方的前胸侧板和中胸侧板，翅侧片，中胸侧板上缘，下侧片稍带黄色。胸部被浅色且倒伏的毛，但前胸侧板、中侧片上缘和侧背片上的毛直立。足包括基节全黄色，被浅色毛。翅透明；R_4 存在，M_1 细弱，M_3 可见部分较长，长约为其他 M 脉的 1/2。平衡棒棕黄色，但球部黄绿色。

腹部黄色或黄绿色；第 1～5 背板中央有纵贯整个腹节的梯形黑斑，有时形状稍有变化。腹板全为黄绿色。腹部被短的浅色毛，但背板的毛主要为黑色。

观察标本 3♂♂ 14♀♀，北京圆明园，1965.Ⅶ.4，韩寅恒（IZCAS）；1♂ 1♀，北京，1949.Ⅵ.15，小王（IZCAS）；1♀，北京，1937.Ⅶ.8，采集人不详（IZCAS）；4♂♂，新疆沙湾砲台，1957.Ⅵ.17，汪广（IZCAS）；3♂♂ 1♀，新疆沙湾砲台，350 m，1957.Ⅵ.17，洪淳培（IZCAS）；1♀，新疆沙湾砲台，22～350 m，1957.Ⅵ.22，李常庆（IZCAS）；1♂，北京，1936.Ⅶ.1，采集人不详（IZCAS）；1♂，新疆石河子，415～550 m，1957.Ⅵ.7，汪广（IZCAS）；1♂，新疆独山子，440 m，1957.Ⅵ.26，汪广（IZCAS）；1♂，新疆独山子，440 m，1957.Ⅵ.26，洪淳培（IZCAS）；1♂，新疆塔城，1955.Ⅵ.26，马世骏等（IZCAS）；1♂，新疆，1959.Ⅴ.7，采集者不详（IZCAS）；1♂ 3♀♀，新疆焉耆，950～1 170 m，1958.Ⅶ.9，李常庆（IZCAS）；2♀♀，山西太谷，1953.Ⅶ.8，采集人不详（IZCAS）；1♀，新疆阿图什，1987.Ⅵ.22，张学忠（IZCAS）；1♀，北京农大，1981.Ⅵ.12，王心丽（CAU）；1♀，北京农大，1950.Ⅵ.23，杨集昆（CAU）；1♀，采集信息不详。

分布 中国北京（农大）、山西（太谷）、新疆（沙湾砲台、石河子、独山子、塔城、焉耆、阿图什）；古北界。

讨论 该种与防城短角水虻 *O. fangchengensis* Yang 相似，但腹部背板黑斑为梯形。而后者腹部背板黑斑形状不规则，黑斑中后部稍缢缩。

(307) 银色短角水虻 *Odontomyia argentata* (Fabricius，1794)（图 288）

Stratiomys argentata Fabricius，1794. Ent. Syst. 4：266. Type locality：Gemany.

Stratiomys anilis Schrank，1803. Fauna Boica. Durch. Gesch. Baiern ein. zahmen Thiere Ⅰ-Ⅷ：97. Type locality：Gemany.

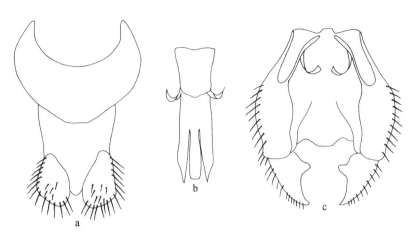

图 288　银色短角水虻 *Odontomyia argentata*（Fabricius）（据 Rozkošný，1982 重绘）
a. 第 9～10 背板和尾须，背视（tergites 9～10 and cerci, dorsal view）；b. 阳茎复合体，背视（aedeagal complex, dorsal view）；c. 生殖体，腹视（genital capsule, ventral view）。

雄　头部复眼裸，近相接。颜明显突出，眼后区下半部稍膨大，在复眼边缘有窄细的黄色。触角柄节长是梗节的 2 倍，鞭节末节短。额和颜密布黄棕色长毛和银白色短毛。单眼瘤、头顶和头腹面也有长的直立毛。喙黑色。

胸部黑色发亮，肩胛、翅后胛和小盾片后缘黄棕色；小盾片刺小，黄色。胸部密布细长的灰白色直立毛。足深棕色和黄色，股节除了端部外色深，胫节端部、跗节除了基跗节外棕色到黑色。翅透明，R_4 缺失。平衡棒黄色。

腹部黑色，第 2～4 背板有黄色侧缘和长三角形侧斑，第 5 背板侧缘和后缘黄色。腹板黄色，第 3 和第 4 腹板有 1 对小中斑。雄性外生殖器：生殖基节腹面愈合部中突很短，阳茎复合体简单，有侧突。

雌　额宽，向颜渐宽；颜突出，中部常橙黄色。眼后眶宽与梗节长近相等。头部主要被短而倒伏的金色毛，但头部腹面、中胸背板和侧板被长白毛。股节常仅端半部黑色，胫节和跗节黄棕色，末端 3 跗节色深，各足胫节常有一个黑色的中环，腹部侧后缘有窄细的黄色。

分布　中国黑龙江；古北界。

讨论　该种与微足短角水虻 *O. microleon*（Linnaeus）相似，但雄虫肩胛和翅后胛黄棕色；雌虫股节端半部黑色。而后者雄虫肩胛和翅后胛黑色；雌虫股节全黄棕色，至少端部黄棕色。

（308）青被短角水虻 *Odontomyia atrodorsalis* James，1941（图版 76、图版 77）

Odontomyia atrodorsalis James，1941. Pan-Pac. Ent. 17(1)：20. Type locality：China：Heilongjiang.

雄　体长 10.0 mm，翅长 8.5 mm。

复眼棕色，接眼，被浅黄色长毛，复眼有窄细的黄色后缘。上额三角包括单眼瘤黑色发亮，有浅色长毛；下额三角小，被浓密的浅色倒伏毛。颜黑色发亮，但触角到口孔之间的中纵脊及口孔两侧黄棕色，颜被浓密的浅色长毛。颊和后头黑色发亮。喙黑棕色被浅色毛。

胸部黑色，被浓密的浅黄色直立长毛。小盾片、足和翅特征同雌虫。

腹部背板黑色，有明显的黄棕色侧缘和端缘，第 2～4 背板有楔形黄侧斑；腹板同雌虫，腹部背板和侧板毛较雌虫长。

雌 体长 7.3～8.4 mm,翅长 7.3～8.2 mm。

头部黑色发亮,但以下 5 个区域黄色:额(从触角到中单眼之间)中纵缝两侧窄的条斑、单眼瘤两侧的头顶 2 个斑、上颜中间大的半圆区(位于触角正下方)、窄细的下眼后区、中下颜口孔周围。额被银白色短毛,但触角上方的侧横带裸。颜被银白色长毛。复眼为离眼,裸,眼后眶被银白色细毛。触角黑色;柄节和梗节被浅色毛。触角柄节、梗节和鞭节的长比为 1: 0.5:3.6;鞭节末端短而钝。喙棕色到黑棕色,被浅色毛;下颚须黄色被浅色毛,但基部黑色。

胸部黑色被银白色倒伏短毛,但侧板和背板边缘的毛直立。小盾片黑色,但下后缘黄色;刺黄色,短,长为小盾片的 0.4 倍。足黄色,但基节黑色;股节近端部腹面黑色;跗节(除了基部)黑棕色。足上被短的浅色毛。翅透明,前缘稍带黄色,前半部翅脉黄色,后半部翅脉与翅膜同色;R_4 缺失,M_3 弱,可见部分短。平衡棒浅黄色,基部黑色。

腹部背板黑色,无侧斑,只有窄的黄色侧缘和端缘;腹板黄棕色到黄色,第 3、4 腹板有不明显的成对的小圆棕斑,腹部有极短的浅色毛,但背板上的毛部分黑色。雄性外生殖器:第 9 背板宽稍大于长,基部半圆形内凹;尾须近三角形,端部宽而平;生殖基节近半圆形,基部窄,端部侧突短而圆钝;生殖刺突位于生殖基节端腹面,鸟喙状,向端部渐窄,末端尖;阳茎复合体短粗,基部两侧有圆形侧突,末端分 3 叶,裂深,侧叶长于中叶,侧叶末端尖细,中叶末端平钝。

观察标本 1♂2♀♀,北京(自养),1950. Ⅴ. 11,王林瑶(IZCAS);6♂♂1♀,北京,1936. Ⅳ. 14,采集人不详(IZCAS);1♀,北京,1936. Ⅳ. 12,采集人不详(IZCAS);3♀♀,北京,1936. Ⅳ. 25,采集人不详(IZCAS);2♀♀,北京,1936. Ⅳ. 28,采集人不详(IZCAS);1♀,北京西郊公园,1950. Ⅳ. 13,王林瑶(IZCAS);1♀,北京西郊公园,1950. Ⅳ. 10,王林瑶(IZCAS);1♀,北京西山,1950. Ⅵ. 12,王林瑶(IZCAS);1♀,北京西郊公园,1948. Ⅳ. 18,采集人不详(IZCAS);1♀,北京万牲园,1948. Ⅴ. 4,采集人不详(IZCAS);1♀,北京圆明园,1962. Ⅳ. 25,采集人不详(IZCAS);5♀♀,北京圆明园,1962. Ⅳ. 20,采集人不详(IZCAS);1♀,北京清华农学院,1948. Ⅲ. 16,杨集昆(CAU);1♀,北京清华农学院,1948. Ⅳ. 14,杨集昆(CAU);1♀,颐和园,1949. Ⅳ. 13,杨集昆(CAU);2♀♀,北京,1949. Ⅳ. 12,杨集昆(CAU);1♀,北京农大,1975.Ⅳ. 17,杨集昆(CAU);1♀,北京香山卧佛寺,1976. Ⅳ. 29,杨集昆(CAU);1♀,天津青光农场,1965. Ⅳ. 6,采集人不详(CAU);1♀,天津蓟县于桥水库,1976. Ⅳ. 28,采集人不详(CAU);2♀♀,北京,1947. Ⅳ. 15,王汝祺(CAU);1♀,北京,1947. Ⅳ. 25,采集人不详(CAU);1♀,北京,1936.Ⅳ. 25,采集人不详(CAU);1♀,北京,1936.Ⅳ. 12,采集人不详(CAU);1♀,北京,1948.Ⅳ. 17,采集人不详(CAU);1♀,北京植物园,2006.Ⅳ. 24,董慧(CAU);1♀,采集信息不详。

分布 黑龙江、北京(清华、颐和园、香山、植物园)、天津(蓟县)。

讨论 在 1941 年的原始文献中,观察标本的鞭节消失,描述中没有关于涉及触角鞭节的特征,根据上述观察标本对该特征进行了重新描述。首次发现该种的雄虫个体并补充描述。该种与微毛短角水虻 *O. hirayamae* Matsumura 相似,但雄虫后足第 4 跗节正常,不特化;雌虫单眼瘤左右两侧各有一个黄斑。而后者雄虫后足第 4 跗节不对称(雌虫正常);雌虫头部黑色。

(309)须短角水虻 *Odontomyia barbata*（Lindner, 1940）（图289）

Eulalia barbata Lindner, 1940. Dtsch. Ent. Z. 1939(1—4)：30. Type locality：China：Gansu.

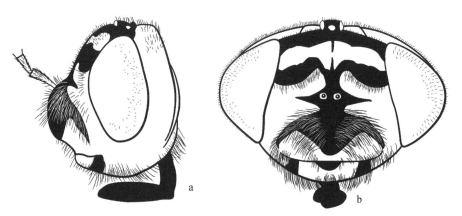

图289 须短角水虻 *Odontomyia barbata*（Lindner）（据 Lindner, 1940 重绘）

a. 雌虫头部,侧视(female head, lateral view)；b. 雌虫头部,前视(female head, frontal view)。

雌 体长约9.5 mm。头部绿色,额和颜有复杂的斑纹。上额被直立的黑色短毛,头部其他部位被白色长毛。复眼密布白色短毛,接近后头区的部位黑色。触角黑色,柄节约为梗节长的2倍,两节都较长(第3节缺失)。喙黑色。

胸部淡绿色,有黑色斑纹。中胸背板主要为黑色,如小盾片前中部,侧板窄条斑,肩胛和翅后胛,后小盾片和胸部边缘都为黑色,而小盾片后部、2根短刺和胸部其他部分为淡绿色,被长白毛。翅红棕色,有 r-m 和 m-cu 横脉,R_4 缺失。从盘室发出3条脉,平衡棒绿色。所有的股节,特别是前足股节有黑色的中环,跗节末端黑褐色。

腹部黑色,有3对绿色侧斑,第5背板有宽的绿色后缘,但中间中断。

雄 未知。

分布 甘肃。

讨论 该种与排列短角水虻 *O. alini* Lindner 相似,但胸部淡绿色有黑色斑;小盾片黑色,但后部淡绿色;前足股节有黑色的中环。而后者胸部黑色;小盾片黑色,有黄棕色下后缘;股节基部黄色,端部黑色(Yang, 1995)。

(310)双斑短角水虻 *Odontomyia bimaculata* Yang, 1995（图版78）

Odontomyia bimaculata Yang, 1995. Entomotaxon. 17：63. Type locality：China：Guangxi.

雌 体长8.3 mm,翅长7.3 mm。

头部近亮黑色,具浅灰色粉被。额黑色,有中纵缝,触角上方中纵缝两侧各有一个棕黄色胛;胛光滑无毛,但胛上下各有白色短毛形成的毛斑带。隆起的上颜中脊黑色光裸,下颜口孔两侧棕黄色,下颜和颊被白色长毛。复眼为离眼,裸,没有明显的眼后眶。触角柄节和梗节黄棕色,被黑毛;鞭节(端部破损)黑色。触角柄节、梗节和鞭节的长比为1：1：?。喙黑色,被浅色毛;下颚须棕黄色,被浅色毛。

胸部近亮黑,背板有极短的直立浅色毛,侧板被白色倒伏长毛。小盾片黑色;刺深棕黄色,顶端黑色,刺长是小盾片的 0.6 倍。足黑色,但股节和胫节稍带棕黄色;足被浅色毛。翅透明,盘室之前的翅脉深棕色,其他翅脉与翅膜同色;R_4 存在,M_3 退化而不易分辨。平衡棒棕黄色,但基部黑色。

腹部暗黄色,第 3～4 背板黑色,侧缘暗黄色。腹部毛非常浅且短。

雄 未知。

观察标本 正模♀,广西龙津大青山,1963.Ⅴ.8,杨集昆(CAU)。

分布 广西(龙州)。

讨论 此种与中华短角水虻 *O. sinica* Yang 相近,但足黑色,股节和胫节稍带棕黄色;M_3 弱而不易分辨。而后者足黄色,但基节黑色;M_3 弱,但可以分辨(Yang,1995)。

(311)紫翅短角水虻 *Odontomyia claripennis* Thomson,1869

Odontomyia claripennis Thomson,1869. Kongliga svenska fregatten Eugenies resa omkring jorden under befäl of C. A. Virgin åren 1851−1853. 2(1):456. Type locality:Philippine.

雌 体长约 7 mm。头部全黑色,除了口孔边缘黄色;上额黑色发亮,具中纵缝,上额两侧各有一个圆的光滑的胝,下缘两侧各有一个被银色毛的小凹坑,下颜与复眼交界处也被银色毛。后头区上部有稀疏的金黄毛。触角柄节和鞭节几乎等长,淡黄色。

胸部黑色,中胸背板尤其在边缘有金黄毛。小盾片黑色,被短而浓密的毛,有窄细的黄色端缘;刺黄色,具黑色端部。侧板黑色,被银白色毛。翅透明,翅脉黄色,具 R_4 和 R_{2+3} 脉,从盘室发出 3 条 M 脉,但 M_3 弱,仅有残脉;具 m-cu 脉。足黄色,所有的股节宽,深棕色。平衡棒绿色。

腹部绿色,第 5 背板中部有一个宽的斑,被黑色短毛。

雄 未知。

分布 中国福建;菲律宾。

讨论 该种与怪足短角水虻 *Odontomyia hydroleon* (Linnaeus)相似,但雌虫头部全黑色,除了口孔边缘黄色。而后者雌虫头部基本为黄色;雄虫头黑色,仅隆起的上颜中脊常黄色。

(312)防城短角水虻 *Odontomyia fangchengensis* Yang,2004(图 290)

Odontomyia fangchengensis Yang in Yang, X. (ed.) 2004. Insects from Mt. Shiwandashan area of Guangxi. P. 534. Type locality:China;Guangxi.

雌 体长 11.5 mm,翅长 8.5 mm。

头部黄绿色,头顶和上额暗黄褐色,单眼瘤黑色;上后头正中央有些变暗。眼后眶窄于柄节长。上额毛黑色,下额两侧和侧颜位于复眼内缘有 3 个白毛斑。复眼光裸无毛。触角全黄褐色,柄节、梗节和鞭节的长比约为 1:0.8:4.0,末节长而尖;触角基部 2 节有黄毛。喙黑色,有黄毛;下颚须短小,黄色,有白毛。

胸部黄绿色;中胸背板黑色,肩胝和翅后胝黄绿色;小盾片基部和中部黑色。中侧片后下区有一暗黄褐斑;腹侧片除上后区外黑色。胸部毛白色,中胸背板前缘区和两侧区有密而呈倒伏状的金黄毛。足黄褐色;后足跗节端部褐色。足上的毛黄色。翅白色透明,翅脉暗黄色;R_4

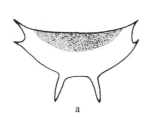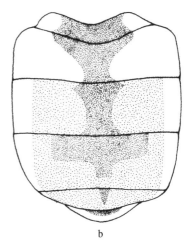

图 290　防城短角水虻 *Odontomyia fangchengensis* Yang

a. 小盾片，背视(scutellum, dorsal view)；b. 雌虫腹部，背视(female abdomen, dorsal view)。

存在。平衡棒暗黄色，球部黄绿色。

腹部黄褐色且带绿色，背腹板四周边缘明显黄绿色；第 1～6 背板中部有黑斑，且第 3～6 背板除侧缘外呈浅褐色。腹部的毛白色；背板除边缘区外毛黑色，腹板毛全白色。

雄　未知。

观察标本　1♀，广西防城扶隆，200 m，1999.Ⅴ.26，张学忠(IZCAS)。

分布　贵州、广西(防城)。

讨论　该种与角短角水虻 *O. angulata* Panzer 相似，但腹部背板黑斑形状不规则，黑斑中后部稍缢缩。而后者腹部背板黑斑为梯形。

(313)黄绿斑短角水虻 *Odontomyia garatas* Walker, 1849(图版 79、图版 80)

Odontomyia garatas Walker, 1849. List Dipt. Brit. Mus. Part Ⅲ (4)：532. Type locality：China：Fujian.

Odontomyia staurophora Schiner, 1868. Reise Oster. Freg. Nov., Dipt. 2：59. Type locality：China：Hong Kong.

雄　体长 10.4～12.4 mm，翅长 8.3～9.6 mm。

头部黑色，有浅灰色粉被；额三角小，黑色，有浅色短毛。隆起的上颜中纵脊黄棕色，中下颜口孔两侧黄色，颜光裸，只有两侧有稀疏的浅色毛。复眼为接眼，复眼上 2/3 棕色，小眼面大，下 1/3 半部黑棕色，小眼面小，复眼光裸无毛。单眼瘤黑色，单眼黄色。触角柄节和梗节黄色发亮，被浅色毛；鞭节棕色；触角柄节、梗节和鞭节的长比为 1：1：3.8；鞭节末节细长而尖锐。喙棕色到黑色，有淡黄毛；下颚须黄褐色被浅色毛。

胸部黑色发亮，肩胛和翅后胛黄绿色，小盾片和刺均为黄绿色，部分标本小盾片基缘有窄细条状或三角形黑斑。侧板黑色，有黄绿色斑：侧板上部有一个宽的黄色横带，翅侧片后部、侧背片前区、下侧片上缘黄绿色。胸部被浅色毛，近直立；中胸背板(除了侧面)被倒伏毛。足基节黑色；股节黑棕色，但两端黄色；胫节和跗节黄棕色，稍带黑色。足被浅色毛。翅色浅，透明，翅脉淡黄色；具 R_4，M_3 部分退化，可见部分较长。平衡棒棕黄色，球部稍带绿色。

腹部棕黄色:第1背板和第2~5背板基部黑色,第2背板(或第2~3背板)的黑色部分延伸到中后缘。腹部被浅色毛,但背板有些黑毛。雄性外生殖器:第9背板长稍大于宽,侧缘包向腹面,基部有较浅的内凹;尾须近三角形,端部宽而平;生殖基节近方形,基部稍窄,生殖基节具端部平滑的侧突;生殖刺突位于生殖基节腹面,侧突,鸟喙状,向端部渐窄,末端尖,阳茎复合体短粗,基部两侧有指形侧突,末端分3叶,裂深,侧叶长于中叶,侧叶末端尖细,中叶末端平。

雌 体长10.4~12 mm,翅长8.1~9.6 mm。

雌虫体型和大小与雄虫类似,但有如下区别:头部黄绿色到黄色。额向颜渐宽,单眼瘤到触角有黑色中纵缝,上额左右各有一个黑色侧斑与纵缝相连;黑斑前方为圆形胛,光滑无毛,但黑斑上有黑色短毛。颜和颊区黄色,有短细的浅色毛。复眼为离眼,黑色,裸,小眼面均匀;单眼瘤黑色。眼后眶宽,黄色,后头黄色,有黑斑。喙黑棕色,有浅色毛。

胸部黑色,有黄色或绿色斑;背板肩胛和翅后胛以及它们之间的背板边缘黄色。小盾片全黄色,刺黄色。中胸侧板大部分黄色,但下部和下侧片(除了上面的部分)黑色。足包括基节黄色,跗节末3节色深。

观察标本 1♂,江苏无锡锡山,1987. Ⅷ. 17,李强(CAU);1♂,河北唐山丰南,1952. Ⅶ. 24,杨集昆(CAU);1♂,北京清华农学院,1947. Ⅵ. 10,杨集昆(CAU);1♂,北京,1947. Ⅷ. 3,杨集昆(CAU);1♂,北京农大,1951. Ⅵ. 6,张学敏(CAU);1♂,采集地点不详(Heng-Kong-?),1940. Ⅵ. 16,采集人不详(CAU);3♂♂2♀♀,云南昆明,1941. Ⅶ. 21,王家桥(CAU);1♂,云南昆明菱角塘,1943. Ⅵ. 23,采集人不详(CAU);1♂,云南昆明,Ⅵ. 22,采集时间采集人不详(CAU);2♂♂,云南昆明岗头村,1940. Ⅶ. 9,采集人不详(CAU);2♂♂,采集信息不详。1♀,采集地点不详,1965. Ⅵ. 10,李法圣(CAU);1♀,浙江天目山禅源寺,1957. Ⅷ. 1,李法圣(CAU);1♀,广西南宁,1982. Ⅴ. 16,李法圣(CAU);1♀,北京清华农学院,1947. Ⅷ. 1,杨集昆(CAU);1♀,北京清华农学院,1947. Ⅶ. 15,杨集昆(CAU);1♀,北京,1947. Ⅷ. 7,杨集昆(CAU);1♀,北京,1947. Ⅷ. 2,杨集昆(CAU);1♀,广西灵川灵田水库,1984. Ⅵ. 4,杨定(CAU);1♀,广西灵川,1984. Ⅵ. 7,任(CAU);1♀,采集地点不详(Heng-Kong-?),1940. Ⅵ. 20,采集人不详(CAU);1♀,云南昆明岗头村,1940. Ⅵ. 16,采集人不详(CAU);1♀,吉林市郊区,1982. Ⅵ. 23,任树芝(NKU);1♀,云南昆明,1943?. Ⅶ. 12,采集人不详(CAU);1♀,浙江杭州西湖,1972. Ⅶ. 30,杨集昆(CAU);1♀,湖南大庸,1988. Ⅶ. 17,王家贤(CAU);3♂♂,湖南浏阳,采集人不详,1984. Ⅵ. 26(IZCAS);1♀,湖南浏阳,采集人不详,1984. Ⅷ. 8(IZCAS);1♂,湖南浏阳,1984. Ⅴ. 19,采集人不详(IZCAS);1♂,广西阳朔,185 m,1963. Ⅶ. 20,王书永(IZCAS);2♂♂1♀,广西阳朔,150 m,1963. Ⅶ. 23,王书永(IZCAS);1♀,广西阳朔,150 m,1963. Ⅶ. 22,史永善(IZCAS);1♀,广西阳朔,150 m,1963. Ⅶ. 19,史永善(IZCAS);3♂♂,广西桂林,1952. Ⅵ. 13,采集人不详(IZCAS);3♂♂1♀,广西桂林,1952. Ⅵ. 8,采集人不详(IZCAS);1♂,广西桂林,1953. Ⅴ. 21,采集人不详(IZCAS);1♂,广西桂林,1952. Ⅵ. 3,采集人不详(IZCAS);1♂1♀,广西桂林,1952. Ⅵ. 6,采集人不详(IZCAS);1♀,广西桂林,200 m,1963. Ⅶ. 9,王书永(IZCAS);1♀,广西桂林,200 m,1963. Ⅴ. 15,王春光(IZCAS);1♀,广西桂林,1952. Ⅵ. 25,采集人不详(IZCAS);1♀,广西桂林,1952. Ⅴ. 28,采集人不详(IZCAS);1♀,广西桂林,1953. Ⅴ. 23,采集人不详(IZCAS);1♀,广西桂林,1952. Ⅴ. 15,采集人不详(IZCAS);1♀,广西桂林,1952. Ⅳ. 30,采集人不详(IZCAS);1♀,广西灵川,1984. Ⅵ. 6~7,采集人不详(IZCAS);1♀,广西资源,1976. Ⅶ. 14,张宝林(IZCAS);1♀,广西桂林,

1984.Ⅴ.3,采集人不详(IZCAS);1♂,四川峨眉山,550～750 m,1957.Ⅵ.5,卢佑才(IZCAS);1♂,四川峨眉山,550～750 m,1957.Ⅵ.7,王宗元(IZCAS);1♂,四川峨眉山,550～750 m,1957.Ⅵ.4,王宗元(IZCAS);1♂1♀,四川峨眉山,550～750 m,1957.Ⅵ.4,黄克仁(IZCAS);1♀,四川峨眉山,550～750 m,1957.Ⅵ.13,黄克仁(IZCAS);1♀,四川峨眉山,550～750 m,1957.Ⅵ.5,黄克仁(IZCAS);1♀,四川峨眉山,550～750 m,1957.Ⅵ.5,朱复兴(IZCAS);1♀,四川峨眉山,550～750 m,1957.Ⅵ.7,朱复兴(IZCAS);1♀,四川成都,500 m,1955.Ⅵ.15,克雷让诺夫斯基(IZCAS);1♀,四川永川,1934.Ⅵ.10,采集人不详(IZCAS);1♂,北京,1949.Ⅵ.15,小王(IZCAS);1♂,北京,1949.Ⅵ.8,小王(IZCAS);1♀,北京西苑,50 m,1962.Ⅶ.23,王春光(IZCAS);1♀,北京大兴,1971.Ⅵ.21,宋士美(IZCAS);1♀,北京圆明园,1962.Ⅵ.12,王书永(IZCAS);1♀,北京圆明园,1952.Ⅵ.5,张毅然(IZCAS);1♀,北京温泉,100 m,1961.Ⅵ.9,王书永(IZCAS);2♀♀,湖南宜章,1974.Ⅵ.29,王书永(IZCAS);3♀♀,湖南宜章,1974.Ⅶ.1,王书永(IZCAS);1♀,湖南,1956.Ⅳ.24,采集人不详(IZCAS);1♀,云南,1 780 m,1981.Ⅶ.10,廖素柏(IZCAS);1♀,云南西双版纳,850 m,1958.Ⅷ.22,张毅然(IZCAS);1♀,云南西双版纳,550 m,1959.Ⅵ.30,蒲富基(IZCAS);1♀,湖南东安,1955.Ⅴ.25,采集人不详(IZCAS);1♂,湖南益阳,1956.Ⅶ.23,采集人不详(IZCAS);1♂,云南昆明,1 900 m,1956.Ⅶ.5,黄克仁等(IZCAS);1♂,湖南白地,1956.Ⅳ.25,采集人不详(IZCAS);1♂,江西南昌,1955.Ⅶ.18,王林瑶(IZCAS);1♂1♀,江西南昌,1955.Ⅶ.18,王林瑶(IZCAS);1♀,江西,1955.Ⅶ.17,克雷让诺夫斯基(IZCAS);1♀,江西龙南(灯诱),1975.Ⅵ.21,章有为(IZCAS);1♀,采集地点不详,1980.Ⅵ.12,陶正武(IZCAS);1♀,采集地点不详,1937.Ⅵ.15,采集人不详(IZCAS);1♀,浙江杭州,1957.Ⅴ.19,采集人不详(IZCAS);1♀,浙江,1991.Ⅵ.2,采集人不详(IZCAS);1♀,浙江,1955.Ⅷ.28,王林瑶(IZCAS);1♀,湖北神农架,600 m,1998.Ⅷ.4,周海生(IZCAS);1♀,贵州梵净山,800 m,1988.Ⅴ.31,杨龙龙(IZCAS);1♂,河北保定,1981,采集人不详(IZCAS);1♂,江苏无锡,采集时间和采集人不详(IZCAS);1♂,吉林口前镇,1981.Ⅶ.27,采集人不详(IZCAS);1♂,四川成都,1934.Ⅴ.26,采集人不详(IZCAS);2♂♂,广西桂林,1984.Ⅴ.3,采集人不详(IZCAS)。

分布 中国吉林(口前镇)、河北(保定、唐山)、北京、四川(永川、峨眉山、成都)、贵州(梵净山)、云南(昆明、西双版纳)、湖北(神农架)、湖南(浏阳、大庸、东安、宜章、益阳、白地)、江苏(无锡、南京)、上海、浙江(杭州、天目山)、江西(南昌、龙南)、福建、台湾、广西(灵川、资源、阳朔、桂林)、香港;日本,韩国。

讨论 该种与角短角水虻 O. angulata Panzer 相似,但雌虫小盾片全黄色,雄虫小盾片基部有半圆形黑斑,腹部黑斑延伸到侧缘。而后者雌虫小盾片黄色,但基部有半圆形黑斑;腹部黑斑集中在中间,侧缘和后缘黄绿色。

(314)贵州短角水虻 *Odontomyia guizhouensis* Yang, 1995(图版 12、图版 81)

Odontomyia guizhouensis Yang, 1995. Entomotaxon. 17:66. Type locality:China:Guizhou, Luodian.

雄 体长 12.5 mm,翅长 9.5 mm。

复眼棕色,接眼,裸,下部小眼面小于上部,无明显的眼后眶。上额三角包括单眼瘤黑色,有浅黄色短毛,单眼黄棕色;下额三角小,被浓密的银白色毛。颜黑色被银白色长毛,但颜中突和口孔两侧黄棕色,裸。喙黑色被浅色短毛。触角等特征类似雌虫。

胸黑色,部分个体翅后胛稍带黄棕色;背板被浅黄色直立长毛,侧板被银白色直立长毛。小盾片特征同雌虫。足和翅特征类似雌虫,但前足和中足股节中后部有黑环,特别是腹面黑色明显。

腹部个体之间颜色有变化,基本上背板黑色,有大面积的黄绿斑。有的个体背板黑色,第1～3背板有黄绿色大侧斑,有的个体第4～5背板也有宽的黄色侧缘。腹板有的个体全黄色,有的个体在背板黄斑对应的腹板黄色,背板黑色部位对应的腹板黑色。

雌　体长 10.7 mm,翅长 8.4 mm。

头部黄色。额上半部黑色,有浓密的金黄色短毛,触角上方的额下半部黄棕色,额中纵缝两侧各有一个光滑的黄棕色胛,胛下方触角两侧有白色毛斑带。颜黄色,上颜中上部裸,下颜有浅黄毛;颊区黄色,被白色长毛。复眼为离眼,黑棕色,裸;单眼瘤黑色,单眼棕色;眼后眶和触角柄节几乎等长,被细的金黄色倒伏毛;后头黑色。触角红棕色,柄节亮,柄节和梗节主要被浅色毛,鞭节深棕色。触角柄节、梗节和鞭节的长比为 1∶1∶4.0;鞭节最后一节短且尖锐。喙黑色,被浅色毛;下颚须浅棕黄色,被浅色毛。

胸部黑色,但以下部位带点黄色:肩胛外侧、翅后胛、前足基节上方的前胸侧板和中胸侧板、中胸侧板后缘和翅侧片。小盾片侧缘与端缘黄绿色;刺黄色,顶端黑色,刺长是小盾片的0.5倍。胸部被极短的浅色且部分直立的毛。足黄色,但前足基节亮黑色;前足和中足的第2～5跗节以及后足跗节带棕色至棕色;后足胫节背侧颜色较深。足被浅色毛,但跗节有些黑毛。翅透明,但前区包括基室和盘室黄色;R_4 存在,M_3 弱,部分可见。平衡棒黄色,但基部颜色较深。

腹部黑棕色,有暗黄色后缘和黄绿色斑。第1背板黄绿色;第2背板左右各有一个大的黄绿色圆侧斑;第3～5背板黑棕色。腹部的毛非常短,黑色,但腹板被浅色毛。雄性外生殖器:第9背板长宽近相等,基部有深的半圆形内凹;尾须近三角形;生殖基节"U"形,基部窄,端部两侧具短的钝突;生殖刺突指状,中部相向内弯;阳茎复合体短粗,基部两侧有圆形侧突,末端分3叶,侧叶稍长于中叶,末端尖细,中叶末端平截。

观察标本　正模♀,贵州罗甸 500 m,1981.Ⅴ.25,李法圣(CAU);1♀,广西灵川,1984.Ⅵ.7,任(NKU);1♂,云南芒市,1955.Ⅴ.16,杨星池(IZCAS);1♂1♀,云南保山,1955.Ⅴ.28,波波夫(IZCAS);1♂,云南保山,1 200～1 800 m,1955.Ⅴ.28,克雷让诺夫斯基(IZCAS);1♂,云南永平,1955.Ⅴ.29,布希克(IZCAS);1♂,云南景东,1 250 m,1956.Ⅵ.10,克雷让诺夫斯基(IZCAS);1♂,云南景东,1 250 m,1956.Ⅴ.30,克雷让诺夫斯基(IZCAS);1♂,云南景东,1 250 m,1956.Ⅴ.30,波波夫(IZCAS);1♂,广西桂林,1952.Ⅵ.12,采集人不详(IZCAS);3♂♂,广西桂林,1952.Ⅴ.1,采集人不详(IZCAS);1♂,广西桂林,1952.Ⅴ.19,采集人不详(IZCAS);1♂,广西临桂,260 m,1963.Ⅵ.30,王书永(IZCAS);1♀,云南芒市,1 200 m,1955.Ⅴ.18,布希克(IZCAS);1♀,云南元江,500 m,1957.Ⅴ.12,梁秋珍(IZCAS);1♀,云南景东,1 170 m,1956.Ⅴ.21～23,扎古良也夫(IZCAS);1♀,广西桂林,1952.Ⅵ.13,采集人不详(IZCAS);1♀,广西灵川,1984.Ⅵ.7,经希立(IZCAS);1♀,广西灵川,1984.Ⅵ.6～7,采集人不详(IZCAS);1♀,广西阳朔,150 m,196 3.Ⅶ.19,史永善(IZCAS);1♀,广西阳朔,150 m,1963.Ⅶ.19,王书永(IZCAS);1♀,广西桂林,150 m,1963.Ⅴ.19,史永善(IZCAS);1♀,海南,1963.Ⅳ.17,采集人不详(IZCAS)。

分布 贵州(罗甸)、云南(芒市、元江、保山、永平、景东)、广西(桂林、临桂、灵川、阳朔)、海南。

讨论 首次发现该种的雄虫个体并补充描述。该种与黑盾短角水虻 *O. uninigra* Yang 相似,但雌虫额上半部黑色,下半部全为黄色;小盾片黑色,但侧缘与端缘黄色。而后者雌虫额全为黑色,没有任何黄斑;小盾片全为黑色。

(315)临沼短角水虻 *Odontomyia halophila* Wang, Perng *et* Ueng, 2007(图版 82)

Odontomyia halophila Wang, Perng *et* Ueng, 2007. Aquat. Ins. 29(4):248. Type locality:China:Taiwan.

雄 体长 6.3 mm,翅长 4.7 mm。

头部黑棕色。复眼为接眼,棕色,裸,上下小眼面均匀,无明显的眼后眶,只有窄细的黄色柔毛,向中下部渐宽。上额三角包括单眼瘤黑色,有稀疏的浅色毛,稍被蓝灰粉;下额三角黑色,被浅色密毛。颜黑棕色,被稀疏的浅色长毛,但颜突和口孔两侧黄棕色,裸。触角柄节比梗节稍长,黄棕色,被黑毛;鞭节黑色,鞭节末 2 节尖锐,形成一种短的端部结构。触角柄节、梗节和鞭节的长比为 4:3.5:14。

胸部黑色,背板包括小盾片和侧板有蓝绿色闪光粉,胸被浅色直立毛;小盾片刺短,黄棕色。前足基节黑色,其他各节黄棕色,中足黄棕色,但股节中部黑色,后足基节黑色,转节黄棕色,股节除了端部外黑棕色,胫节基半部棕色,端半部黑棕色,跗节黄棕色。翅透明,盘室之前的翅脉黄色,之后的翅脉与翅膜同色,M_1 和 M_3 退化,R_4 缺失。平衡棒浅黄色。

腹部黑色但有大面积的黄斑。第 1 腹板黑色具黄侧斑;第 2~4 背板有近直角梯形的黄侧斑,侧斑前缘几到达背板前缘,后缘近或相连;第 5 背板黄色,仅前缘黑色。腹板侧缘黑棕色,中间黄棕色。雄性外生殖器:生殖背板宽,前缘明显内凹;阳茎复合体短而钝,侧突和中突等长,生殖刺突有明显的内叶。

雌 大部分特征与雄虫类似,主要区别在头部和腹部斑纹。头黑色,有蓝绿色闪光粉。复眼离眼,黑棕色,裸,眼后眶被柔毛,有明显的蓝绿色闪光。从背面看,额宽和复眼等宽,额两侧几平行,向触角渐宽;额包括单眼瘤黑色,单眼棕色,中单眼到触角有中纵沟,沟两侧各有一个黑色发亮的圆形胅,裸,但胅和触角之间有浅色密毛。颜黑棕色,但颜突和口孔两侧棕色,颜两侧有稀疏的浅色长毛。

腹部黑色有宽的黄色侧缘。第 1 背板前半部黄色,后半部黑色;第 2~4 背板各有一对游离的黄斑。第 2 背板黄斑最大,长圆形,第 3 背板黄斑次之,圆形,第 4 背板圆斑最小,边界模糊,第 5 背板黑色,仅有黄色后缘。腹板黑棕色,中间带棕色。

观察标本 3♂♂2♀♀,辽宁旅大,1972.Ⅶ.22,采集人不详(IZCAS)。

分布 辽宁(旅大)、台湾。

讨论 发现了采自辽宁的同种标本,虽然部分特征与原描述稍有差异,但翅脉、腹部斑纹等关键特征与原始描述类似,定为同一种,并对雌雄特征进行了重描述。该种与 *O. pictifrons* Loew 相似,但小盾片暗绿色,而后者全黑色。与封闭短角水虻 *O. lutatius* Walker 也相似,但 R_4 缺失,雄虫腹部背板奶白色有黑斑;而后者 R_4 存在,雄虫腹部橙黄色(Wang 等,2007)。

(316) 微毛短角水虻 *Odontomyia hirayamae* Matsumura, 1916（图版 83）

Odontomyia hirayamae Matsumura, 1916. Thousand Ins. Japan. Add. 2(4)：364. Type locality：Japan.

雄 体长 11.0～12.0 mm，翅长 7.5～8.0 mm。

头部黑棕色到黑色。复眼接眼，黑棕色，裸，下部小眼面小于上部，无明显的眼后眶。上额三角包括单眼瘤黑色，有稀疏的浅色长毛，单眼棕色；下额三角黑色发亮，被浅色长毛。颜和颊亮黑，有稀疏的浅色毛。喙黑色被浅色毛。

胸部包括小盾片黑色，小盾片刺黄棕色，胸背板被浓密的金黄色直立毛，侧板的直立毛色浅，稀疏。足黑棕色被黄毛，但中后足基跗节黄棕色，后足第 4 跗节左右不对称。翅透明，翅痣黄棕色，前半部翅脉黑棕色，M_3 和 R_4 缺失，M_1 和 M_2 不到达翅缘。平衡棒黄棕色。

腹部黑色，第 1 背板有浅灰色粉，第 2～4 背板后侧部被浓密的金黄毛，形成金黄色的三角形毛侧斑，第 5 背板后缘黄棕色，也被浓密的金黄毛，第 2～4 背板的其余部分被短的黑色倒伏毛，也有些浅黄色的直立毛。

雌 体长 12.0～14.0 mm，翅长 9.5 mm。

大部分特征类似雄虫，主要区别在头部：头亮黑。复眼离眼，黑色，裸，有宽的眼后眶，眼后眶上有浓密的浅黄色细柔毛。额黑色，向触角渐宽，有中纵缝，中纵缝两侧的中下额有一对亮黑色的延伸到复眼的长方形胛，光裸，胛上下的额有金黄色毛。颜亮黑，有稀疏杂乱的浅色毛。有的个体胸部毛短而倒伏，但前胸侧板和侧背片上有直立毛。后足第 4 跗节形状正常。腹部的毛金黄色，比雄虫的毛更倒伏，但侧面也有些直立毛。

观察标本 1♀，云南贡山迪麻洛，1 600 m，2007.Ⅵ.2，崔俊芝（CAU）；1♀，浙江西天目山，1980.Ⅴ.5，杨集昆（CAU）；1♂，湖北神农架，900 m，1981.Ⅵ.18，宋洛（IZCAS）；1♀，湖北兴山，1 300 m，1994.Ⅴ.11，章有为（IZCAS）；1♀，陕西宁陕，2007.Ⅵ.2，崔俊芝（IZCAS）。

分布 中国陕西（宁陕）、湖北（兴山、神农架）、浙江（天目山）、云南（贡山）、福建；日本。

讨论 该种与青被短角水虻 *O. atrodorsalis* James 相似，但雄虫后足第 4 跗节不对称（雌虫正常）；雌虫头部黑色。而后者雄虫后足第 4 跗节正常，不特化；雌虫单眼瘤左右两侧各有一个黄斑。

(317) 怪足短角水虻 *Odontomyia hydroleon* (Linnaeus, 1758)（图版 84）

Musca hydroleon Linnaeus, 1758. Syst. Nat. 589. Type locality：Europe.

Stratiomys feline Panzer, 1798. Fauna Ins. German. init. Dtld. Ins. Hefe 58：22. Type locality：Germany.

Odontomyia hydroleon var. *alpine* Jaennicke, 1866. Berl. Ent. Z. 10(1-3)：230. Type locality：Switzerland.

雄 体长 8.0～12.0 mm，翅长 6.4～8.5 mm。

头部额和颜黑色，颜纵向中央突出，仅隆起的上颜中脊常黄色。眼后区窄，只在头部下半部明显。复眼为接眼，裸，下 1/3 小眼面小。头部密布白色短毛。触角长，黑棕色，柄节和梗节几乎等长，鞭节末节细长。喙黑色。

胸部黑色，仅肩胛侧缘棕色，有浓密的白色长毛。小盾片黑色，刺之间的小盾片后缘黄色；

刺淡黄色,中等长,强壮而直立。胸部密布长而直立的灰白色毛。足棕黄色,但基节黑色。翅透明,淡黄色,具 R_4,M_3 存在,仅部分退化。平衡棒黄色。

腹部黄色或绿色,背板中央有大面积梯形黑斑,黑斑前后纵向相连,并向背板前缘两侧延伸,腹板全为浅色,没有任何黑斑。腹部有稀疏且短的倒伏毛,只有前两节背板有长而直立的白毛。雄性外生殖器:生殖基节腹面愈合部中突宽而低,阳茎复合体中间稍细,后侧叶几近缺失。

雌 头部基本为黄色。复眼黑色,裸,小眼面上下部均匀,有明显的黄色眼后眶,宽度约等于梗节的长。额向触角渐宽,有明显的中纵缝,额黄棕色,但中纵缝边缘黑棕色,触角上面有一条棕色横带。颜黄棕色,口孔两侧有黑斑,黑斑与触角之间有黑线相连。触角和雄虫类似,但基部两节常色浅。肩胛部分黄色,足基节大部分和其他各节一样为黄色。胸部密被短的倒伏毛,胸部背板金黄色而侧板银白色。腹部斑纹类似雄虫,但面积更大。

观察标本 1♀,新疆布尔津,1955.Ⅶ.27,马世骏、夏凯龄(IZCAS);1♀,吉林通化,1983.Ⅶ.24,赵建铭(IZCAS)。

分布 中国黑龙江、吉林(通化)、新疆(布尔津);古北界。

讨论 该种与角短角水虻 *O. angulata* Panzer 相似,但颜更突出,小盾片色深,腹部黑色中斑在前缘延伸到两侧,生殖基节腹面愈合部中突宽而低(Rozkošný,1982)。

(318)双带短角水虻 *Odontomyia inanimis*(Walker,1857)

Stratiomys inanimis Walker,1857. Trans. Ent. Soc. London. New series(4):121. Type locality:China.

分布 中国。

(319)封闭短角水虻 *Odontomyia lutatius* Walker,1849

Odontomyia lutatius Walker,1849. List. Dipt. Brit. Mus. Part Ⅲ,(4):532. Type locality:China:Taiwan.

Stratiomya diffusa Walker,1854. List. Dipt. Colln. Brit. Mus. 5:53. Type locality:Indonesia:Java.

雌 体长 10 mm。

头部明显宽于胸部,复眼裸。额两侧平行,上半部黑色,被金黄色短柔毛,下额有中纵缝,发亮,黄棕色。颜和头下部黄色,被金黄色短毛。后头黑色,眼后眶中等宽,被金色短绒毛。触角橙黄色,梗节稍长于柄节;鞭节红棕色,分 4 亚节,末节色深。

胸部黑色,背板和侧板被浓密极短的金黄毛,侧板黑色,翅下区域淡黄色。足全为黄色,被浅色毛,胫节端部棕色。翅透明,翅脉和翅痣浅黄色,从盘室发出 2 条脉。平衡棒黄色。

腹部背板和侧板均橙黄色,被短绒毛,背板有微弱的中线。

雄 未知。

分布 中国贵州、台湾;印度,印度尼西亚。

讨论 该种与平头短角水虻 *Odontomyia picta*(Pleske)相似,但腹部背板黄色,无斑纹。而后者腹部绿色有黑色侧斑。

(320)微足短角水虻 *Odontomyia microleon*（Linnaeus，1758）

Musca microleon Linnaeus，1758. Syst. Nat. 589. Type locality：Europe.

Eulalia microleon minor Pleske，1922. Annu. Mus. Zool. 23：335. Type locality：Russia.

雄 体长 7.0～11.0 mm；翅长 6.0～8.2 mm。

头部黑色发亮，但复眼下后边缘带点黄色。头部被直立的黄色长毛，但上额有黑棕色短毛，头部腹面的毛长。复眼为接眼，裸，下半部小眼面小。触角上部的额三角有中纵缝，颜明显突出，形成发亮的中脊，眼后眶下半部稍膨大。触角黑色，柄节约是梗节的 2 倍，鞭节末两节短。

胸部亮黑，仅小盾片后缘黄色。小盾片刺黄色，端部黑色。中胸背板有浓密的黄色直立毛，但侧板的毛银白色。足主要为黑色，只有股节端部、胫节和跗节基部黄色。翅透明，翅痣和翅脉黄色，R_4 和 M_3 缺失，M_1 常部分退化，平衡棒黄色。

腹部背板亮黑，在背板后缘有窄细的黄色侧斑。腹板黄色，在第 3～5 腹板上有 2 个不明显的黑色中斑。腹部的黑色区密被黑色短毛，但背板基部和端部，尤其是在侧缘有稀疏的黄色直立长毛。雄性外生殖器：生殖刺突简单，近三角形，生殖基节腹面愈合部中突分 2 叶。

雌 额黑色，约为头宽的 1/3，向触角渐宽，有明显的中纵缝，中纵缝左右两侧各有一个黄色纵斑；颜亮黑，有宽的突起，侧面观显著比触角基部两节长；眼后眶很窄，宽度和梗节长差不多，头部被银白色半倒伏的短毛。眼后眶的毛密而倒伏。胸部有白色短毛，半倒伏到倒伏状，但背板的毛金黄色。足的黄色部分多于雄虫。腹部斑纹和雄虫类似，但黄色侧斑更窄细，腹部毛更短。

分布 中国甘肃；古北界。

讨论 该种与平额短角水虻 *O. pictifrons* Loew 相似，但雌虫股节端部黄色，基部黑色；雌虫额有 2 个黄色纵斑；雌雄腹部第 2 背板侧斑三角形。而后者雌虫股节全黄棕色；雌虫单眼瘤下的额有 3 个近圆形黄斑；雌雄腹部第 2 背板侧斑三角形。

(321)平头短角水虻 *Odontomyia picta*（Pleske，1922）

Eulalis picta（*Trichacrostylia*）Pleske，1922. Annu. Mus. Zool. 23：335. Type locality：Mongolia.

雌 体长 9 mm。

头部上额黑色，有两条黄色横斑。颜亮黑，被稀疏的黄毛，但唇基上部橙黄色。触角深棕色，柄节和梗节几乎等长，被黑毛。复眼黑色，光裸，眼后眶上部黑色，下部橙黄色，但上部的黑色完全被浓密的银白色毛所覆盖。后头区亮黑，两侧各有一个圆黄斑。眼后眶两侧各有一个三角形的浅黄毛斑。

胸部包括侧板黑色，中胸背板有短的金黄毛，侧板有银白色毛。小盾片基部黑色，后缘淡黄色，刺黑色，小盾片边缘有些黄毛。足黄色。翅脉黄棕色，具 R_4，从盘室发出 2 条 M 脉，平衡棒绿色。

腹部绿色，有黑色斑纹。第 1 背板黑色，有绿色侧斑；第 2 背板有相当宽的横带，绿色后缘只占背板宽的 1/3；第 3 背板也有和第 2 背板一样的更大的斑；第 4 背板黑色，但有很小的黑绿色侧斑；第 5 背板黑色,有黄色边缘。腹部背板的毛近黄色,腹板黄绿色,被黄毛。

雄 未知。

分布 中国内蒙古;蒙古。

讨论 该种与封闭短角水虻 *O. lutatius* Walker 相似,但腹部绿色,有黑色侧斑。而后者腹部背板黄色,无斑纹。

(322)平额短角水虻 *Odontomyia pictifrons* Loew,1854(图 291;图版 85)

Odontomyia pictifrons Loew,1854. Programm K. Realschule zu Meseritz. 1854:16. Type locality:Russia.

Zoniomyia pictifrons kansuensis Pleske,1922. Annu. Mus. Zool. Acad. Sci. USSR. 23:334. Type locality:China:Gansu.

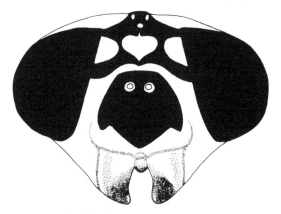

图 291　平额短角水虻 *Odontomyia pictifrons* Loew

(据 Lindner,1938 重绘)

雌虫头部,前视(female head,frontal view)。

雄 体长 11 mm。头部黑色,有相当长的黄毛。复眼裸,但单眼瘤和中纵缝有黄毛。胸部包括小盾片黑色,仅小盾片两刺之间的后缘黄色。胸部毛长,暗黄色到金黄色。足股节除了端部外黑色,腹部斑纹与雌虫相似,被黄色长毛。

雌 体长 11.0 mm,翅长 8.1 mm。

上额相当平滑,只有单眼瘤隆起。单眼瘤位于一个宽的黑色横带中,黑色一直延伸到后头区。单眼瘤下的额有 3 个黄斑,由一条黑色的横带把它们连接在一起,与复眼相连的黄斑半圆形,中间的黄斑心形或梨形,黑色横带与触角之间为黄色横带。下颜突出,复眼裸,眼后眶黄色,后头区黑色有宽的黄色区。额被短粗的黑毛,颜被金黄毛,额有些黑毛。触角处于一个盾形的黑斑中,盾形黑斑上部延伸到黄色横带。口孔两侧黄色,左右各有一个黄棕色的斑。触角柄节是梗节长的 1/2,全亮黑,被黄毛。

中胸背板黑色,被金黄毛,有 3 个黄斑,肩胛的黄斑小,第 2 个黄斑位于横缝处,第 3 个黄斑大,位于第 2 个黄斑之后。小盾片黄色,只有基部棕色。中胸侧板主要为黄色,部分区域黑色,侧板被黄色长毛。足基节、转节黑色;股节黑色、端部黄棕色;胫节黄棕色,中部有黑环;跗节端部黄棕色。翅脉黄棕色,盘室发出 3 条脉,R_4 缺失,平衡棒黄色。

腹部黑色,有黄色侧斑;第2背板侧斑三角形,第3和第4背板的侧斑窄,长约为后缘的1/3;第5背板后缘宽,侧缘有窄的黄色,后缘有一个黄色斑。腹板黄绿色。

观察标本 1♀,吉林长白山,1 100～1 300 m,1986.Ⅶ.1,于(CAU)。

分布 中国吉林(长白山)、甘肃;哈萨克斯坦,韩国,蒙古,俄罗斯。

讨论 该种与微足短角水虻 *O. microleon* (Linnaeus)相似,但雌虫股节全黄棕色;雌虫单眼瘤下的额有 3 个近圆形黄斑;雌雄腹部第 2 背板侧斑三角形。而后者雌虫股节端部黄色,基部黑色;雌虫额有 2 个黄色纵斑;雌雄腹部第 2 背板侧斑三角形。

(323)四国短角水虻 *Odontomyia shikokuana*(Nagatomi,1977)

Orthogonicera shikokuana Nagatomi,1977. Kontyû 45(4):547. Type locality:Japan,Shikoku.

雄 体长约 9.5 mm,翅长约 8 mm。

头部黑色,被暗棕色毛。额黑色,被稀疏毛,额和颜隆起。颜黑色,被浓密的淡黄色长毛。复眼接眼,被明显的黑棕色长毛。触角黑色,柄节约为梗节的 2 倍,被黄毛;鞭节黑色。喙和下颚须黑色,被浅黄毛。

胸部黑色,被银白色到淡黄色长毛。小盾片刺黄色,端部黑色。足黑色,被浅黄色短毛,但各足跗节黄棕色,端部色深。翅基部黄棕色,端部和后缘透明,翅脉和翅痣黄棕色,R₄ 缺失,M₃ 退化。平衡棒黄色。

腹部黑色,被稀疏的白色短毛,但侧缘的毛较长。各节背板侧缘后侧具浅黄毛斑;腹板黑色,被浅黄色短毛。生殖刺突端部尖,阳茎复合体分 3 叶,几乎等长。

雌 类似雄虫,但复眼为离眼,有宽的眼后眶;眼后眶黑色,被银白色短毛。额两侧几乎平行,额凹凸不平,两侧具光裸的胛。中胸背板和小盾片除了倒伏毛外,侧板的中侧片和翅侧片有直立毛。

分布 中国贵州;日本。

讨论 该种与微毛短角水虻 *O. hirayamae* Matsumura 相似,但雌雄复眼均被稀疏的毛,腹部第 2～5 背板后侧有稀疏的倒伏毛,雌虫中胸背板和小盾片除了有倒伏的毛外,也有直立的毛,雄虫后足第 4 跗节形状不特化。而后者雌雄复眼均光裸无毛,雌雄腹部第 2～5 背板后侧部均密布金黄色的倒伏毛,雌虫中胸背板和小盾片没有直立的毛,雄虫后足第 4 跗节形状明显不对称(Nagatomi,1977)。

(324)中华短角水虻 *Odontomyia sinica* Yang,1995(图 292;图版 86)

Odontomyia sinica Yang,1995. Entomotaxon. 17:68. Type locality:China:Xizang.

雄 体长 9.4～10.1 mm,翅长 7.8～8.2 mm。

头部额和上颜亮黑,下颜口孔两侧黄色。头部被银白色毛,但上额和单眼瘤有黑毛。复眼裸,下部小眼面小。触角黑色,柄节和梗节棕色,有黑毛。触角柄节、梗节和鞭节的长比为 1:1:3.9;鞭节最后一节短且钝。喙黑色,被浅色毛;下颚须黄色,被浅色毛。

胸部黑色,有浅色粉被。小盾片黑色,但下后端缘黄色;刺黄色,但顶端黑色,刺长是小盾片的 0.6 倍。胸部被浅黄色直立长毛,中胸背板有些倒伏的金黄毛;侧板被银白色长毛。足黄色,但基节黑色,前足和中足的第 3～5 跗节以及后足跗节(除基部)棕色到黑色。足被浅色毛。

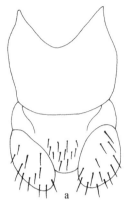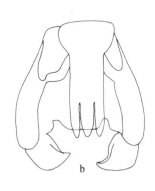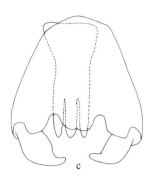

图 292　中华短角水虻 *Odontomyia sinica* Yang

a. 第 9～10 背板和尾须,背视(tergites 9～10 and cerci, dorsal view); b. 生殖体,背视(genital capsule, dorsal view);c. 生殖体,腹视(genital capsule, ventral view)。

翅透明,但前缘弱带黄色;R_4 存在,M_3 弱,几乎不可见。平衡棒柄黑棕色,球部黄绿色。

腹部黑色,有黄绿色侧缘和侧斑。第 2 背板侧斑方形,宽度占据了腹节宽;第 3 背板有窄于第 2 背板的方形斑。腹部被浅色毛,但背板有黑毛。雄性外生殖器:第 9 背板长大于宽,基部有一个深的凹陷;第 10 背板和第 10 腹板很发达;尾须长于宽,端部钝;生殖基节腹面愈合部中突端部稍微内凹;生殖刺突端部弯曲且窄细;阳茎复合体端部分为 3 叶,中叶比侧叶稍宽。

雌　体长 9.4～10.1 mm,翅长 7.8～8.2 mm。除了以下几点外与雄虫类似:额黑色,有中纵缝;触角上方的下额中纵缝两侧各有方形的黑色胛,但胛上有两个黄棕色圆斑。胛光滑无毛,但胛上方包括单眼瘤被金黄毛,形成金黄色的毛斑横带;胛下方的触角两侧有穿过触角的银白色毛斑横带。上颜黑色,但触角周围和隆起的中脊黄棕色,光裸;下颜黑色,但口孔两侧黄色,下颜和复眼交界处有 2 个小黄棕色斑,颜和颊区被银白色毛,头下部的毛长。复眼黑色,裸,眼后眶有窄的倒伏的金黄毛,窄于柄节的长。中胸背板大部分为倒伏的金黄毛。腹部背板的斑点窄细,前端短。

观察标本　正模♂,西藏林芝,3 050 m,1978.Ⅵ.6,李法圣(CAU)。配模♀,同正模(CAU)。副模 1♂,西藏米林,2 950 m,1978.Ⅵ.6,李法圣(CAU);1♂,西藏波密,3 050 m,1978.Ⅶ.18,李法圣(CAU);1♀,西藏察隅,1 570 m,1978.Ⅵ.23,李法圣(CAU);1♂,西藏米林,2 950 m,1978.Ⅵ.5,李法圣(CAU);1♂,西藏吉隆,2 800 m,1975.Ⅶ.20,张学忠(IZCAS);1♂,西藏吉隆,2 800 m,1975.Ⅶ.19,张学忠(IZCAS);1♂,西藏墨脱,2 000 m,1982.Ⅹ.14,韩寅恒(IZCAS);1♂,西藏墨脱,2 000 m,1982.Ⅸ.21,韩寅恒(IZCAS);1♂,西藏林芝,2 950～3 050 m,1983.Ⅷ.7,林再(IZCAS);1♂,西藏林芝,3 000 m,1983.Ⅷ.9,韩寅恒(IZCAS);1♂,四川峨眉山,550～750 m,1957.Ⅳ.20,卢佑才(IZCAS);2♂♂,四川峨眉山,550～750 m,1957.Ⅳ.25,卢佑才(IZCAS);1♂,四川峨眉山,550～750 m,1957.Ⅴ.1,卢佑才(IZCAS);2♂♂,四川峨眉山,550～750 m,1957.Ⅴ.2,朱复兴(IZCAS);1♂,四川峨眉山,550～750 m,1957.Ⅵ.6,朱复兴(IZCAS);1♂,四川峨眉山,550～750 m,1957.Ⅴ.8,黄克仁(IZCAS);1♂,四川汶川,900～1 000 m,1983.Ⅷ.1,张学忠(IZCAS);1♂,四川汶川,1 000 m,1983.Ⅸ.15,张学忠(IZCAS);5♂♂,四川青城山,650～700 m,1989.Ⅷ.6,采集人不

详(IZCAS);1♂,云南勐海,1977.Ⅳ.20,李铁生(IZCAS);1♂,云南思茅,1 380 m,1959.Ⅳ.26,蒲富基(IZCAS);1♂,云南景东,1 170 m,1956.Ⅴ.21～23,扎右良也夫(IZCAS);1♂,福建将乐,800 m,1990.Ⅸ.11,王敏生(IZCAS);1♂,福建将乐,800 m,1990.Ⅸ.8,李鸿兴(IZCAS);1♂,福建崇安,800 m,1960.Ⅷ.2,左永(IZCAS);1♂,海南营根,200 m,1960.Ⅶ.4,李锁富(IZCAS);1♂,海南营根,200 m,1960.Ⅴ.7,张学忠(IZCAS);1♂,广西桂林,1952.Ⅳ.24,采集人不详(IZCAS);1♂,广西桂林,1952.Ⅳ.18,采集人不详(IZCAS)。

分布 西藏(吉隆、墨脱、林芝、米林、波密、察隅)、四川(汶川、峨眉山、青城山)、云南(思茅、景东、勐海)、福建(崇安、将乐)、海南(营根)、广西(桂林)。

讨论 该种与双斑水虻 O. bimaculata Yang 相似,但足黄色,但基节黑色;M₃弱,但可以分辨。而后者足黑色,但股节和胫节稍带棕黄色;M₃弱,不易分辨(Yang,1995)。

(325)黑盾短角水虻 *Odontomyia uninigra* Yang,1995(图版 87)

Odontomyia uninigra Yang,1995. Entomotaxon. 17:69. Type locality:China:Guangxi.

雌 体长 10.6 mm,翅长 7.9 mm。

头部黑色发亮,但复眼边缘的后头区有浅灰色粉;额黑色,凹凸不平,被白色倒伏短毛。颜黑色,但下颜口孔两侧黄色,上颜隆起的中脊带棕色,裸,其他颜被极短的白毛。复眼裸,眼后眶窄,被短细的白色倒伏毛。触角(鞭节破损)棕到棕黑色;柄节和梗节棕色,被短的浅色毛。触角柄节、梗节和鞭节的长比为 1:1:?。喙棕黑色,被浅色毛;下颚须棕黄色,被浅色毛。

胸部黑色,有浅色粉被。胸部被极短的白色倒伏毛,但前胸侧板上的毛长,非倒伏;下侧片裸;侧背片有长毛,但在前后边缘和内后部光裸。小盾片黑色,刺棕黄色,顶端黑色,刺长是小盾片的 0.5 倍。足黑色,跗节腹面棕色。足被浅色黑毛。翅浅黄色,透明,但两个基室和盘室带点黄色;C 室端部,Sc 室和第一缘室深棕色;R₄存在,M₃退化。平衡棒淡黄色,柄棕黄色。

腹部背板黑色,有黄色侧缘和黄斑。第 1 背板前缘两侧黄色;第 2 背板两侧有三角形黄斑;第 3 背板侧斑长条形;第 4 背板侧斑细长,但左右不相连;第 5 背板后缘黄色。腹板主要为黄棕色;第 1 腹板黄色;第 2～3 腹板黄棕色,带黑色;第 4 腹板黑棕色,仅前侧角黄棕色;第 5 腹板黑色,后缘中间黄色。腹板上毛短,色浅。

雄 未知。

观察标本 正模♀,广西龙州弄岗,240 m,1982.Ⅴ.20,杨集昆(CAU);1♀,湖南宜章,2008.Ⅷ.15,王荣荣,丁亮(IZCAS)。

分布 湖南(宜章)、广西(龙州)。

讨论 该种与双斑短角水虻 O. bimaculata Yang 相似,但雌虫额全为黑色,没有任何黄斑。而后者雌虫额触角上方左右各有一个小黄斑。

(326)杨氏短角水虻 *Odontomyia yangi* Yang,1995(图 293;图版 88)

Odontomyia yangi Yang,1995. Entomotaxon. 17:70. Type locality:China:Xizang.

雄 体长 11.4 mm,翅长 8.8 mm。

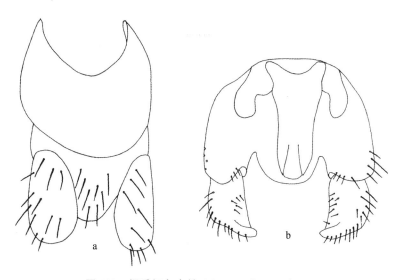

图 293　杨氏短角水虻 *Odontomyia yangi* Yang

a. 第 9～10 背板和尾须,背视(tergites 9～10 and cerci, dorsal view);b. 生殖体,背视 (genital capsule, dorsal view)。

　　头部黑色,有淡灰色粉被。额和颜亮黑,但下颜口孔两侧有时黄棕色。额、颜、颊被银白色毛,直立或接近直立,下颜和颊区的毛长。复眼为接眼,裸;复眼间中纵缝和单眼瘤有黑棕色毛。触角黑色,柄节和梗节主要被浅色毛。触角柄节、梗节和鞭节的长比为 1∶0.6∶3.2。鞭节最后一节短,尖锐。喙黑色,被浅色毛;下颚须带黑色,被浅色毛。

　　胸部黑色,有淡灰色粉被。胸部背板被浓密的金黄色长毛,蓬松而直立,侧板被浓密的银白色直立长毛。小盾片黑色,下后缘黄色,刺黄色,顶点黑色,刺长是小盾片的 0.5 倍。足黑色,但中足、后足股节基部以及前足、中足胫节基部棕黄色到黄色。足上被浅色毛,但跗节有少许棕色毛。翅透明,但前缘室、亚前缘室和第一缘室带棕色;R_4 存在,M_3 退化,不可见。平衡棒棕黄色,但球部淡绿色。

　　腹部黑色,但第 1 背板侧缘、第 2 背板两侧、第 3 背板后外缘、第 4 背板侧后缘和第 5 背板侧缘棕黄色到黄色;第 1～3 腹板黄色,第 2～3 腹板两侧部分为棕黄色到深棕色,第 4～5 腹板棕色到棕黑色。腹部被浅色毛,但背板有一些黑毛。雄性外生殖器:第 9 背板长稍大于宽,基部有个深的凹缺;第 10 背板和第 10 腹板很发达;尾须明显的长大于宽,端部圆;生殖基节腹面愈合部中突端部不凹入;生殖突端部弯曲且窄细;阳茎复合体中叶比侧叶稍长。

　　雌　未知。

　　观察标本　正模♂,西藏米林,2 950 m,1978.Ⅵ.5,李法圣(CAU)。

　　分布　西藏(米林)。

　　讨论　此种区分于中国分布的其他种类的特点是该种 R_4 存在,柄节明显长于梗节 (Yang,1995)。

54. 脉水虻属 *Oplodontha* Rondani,1863

Oplodontha Rondani,1863. Arch. Zool. Mod. 3:78. Type species:*Stratiomys viridula*

Fabricius，1775.

属征 体通常较小。触角短于头部，鞭节由 6 节组成，末两节小，短而钝。小盾片有 2 个明显的短刺。翅脉 R_{2+3} 缺失，与 R_1 愈合，M_1 退化，无 M_3 和 R_4 脉；盘室很小，与 Rs 愈合（即没有 r-m 横脉）。腹部具绿色或黄色的斑纹。

讨论 与短角水虻属相似，但主要区别是翅脉退化。该属目前世界已知 23 种，分布在非洲界、古北界、东洋界，中国已知 5 种。

种 检 索 表

1.	腹部第 2~4 背板都有明显的黑斑 ┄┄┄	2
	腹部背板没有明显的黑斑，至少雌虫第 2 背板无斑 ┄┄┄	4
2.	复眼被短而稀疏的棕色毛；小盾片前缘黑色，后半部黄色（雌未知）┄┄┄	黑颜脉水虻 O. facinigra
	复眼裸，小盾片全为黑色 ┄┄┄	3
3.	肩胛和翅后胛黄棕色；足股节除了端部外黑色（雄未知）┄┄┄	中华脉水虻 O. sinensis
	肩胛和翅后胛黑色；足股节浅黄色 ┄┄┄	隐脉水虻 O. viridula
4.	雌虫腹部第 1 背板有一个小黑斑，第 3~5 背板中部有大黑斑；雄虫第 1 背板黑斑部分延伸到第 2 背板 ┄┄┄	长纹脉水虻 O. elongata
	腹部颜色在个体间有差异，但基本为黄色到棕黄色，无明显黑斑 ┄┄┄	红胸脉水虻 O. rubrithorax

(327) 长纹脉水虻 *Oplodontha elongata* Zhang, Li *et* Yang, 2009（图版 16、图版 89）

Oplodontha elongata Zhang, Li *et* Yang, 2009. Acta Zootaxon. Sin. 34(2)：259. Type locality：China：Shaanxi, Ganquan.

雄 体长约 6.0 mm。

头部黑色。复眼为接眼，黑色，裸；单眼瘤黑色，单眼红棕色。额三角很小，黑色，裸；颜和颊亮黑，上颜几乎光裸，下颜两侧有浅色长毛，颊被浅色长毛。触角和喙类似雌虫特征。

胸部包括肩胛、翅后胛、小盾片和侧板全黑色，小盾片刺黄色，胸部被浅色的倒伏毛，背板中间毛短，背板边缘和侧板毛长。足和翅特征类似雌虫。

腹部斑纹类似雌虫，但黑斑面积比雌虫中大。第 1 背板的黑斑部分扩展到第 2 背板，第 3 背板黑斑明显。

雌 体长 6.2 mm，翅长 6.2 mm。

头部黑色；颜中下部两侧棕色，颜上部突出部分棕色；头顶单眼瘤后方有 2 个红棕色的小斑点，颊复眼下方有 2 条淡红棕色的条带。头部毛浅色，倒伏，但在眼后眶的毛浓密。触角棕黄色，但柄节基半部黑色，第 4~5 鞭节棕色；触角柄节、梗节和鞭节的长比为 1.0：0.7：3.4。喙棕黑色，被浅色毛；下颚须浅色，被浅色毛。

胸部黑色，但肩胛棕黄色；翅后胛浅棕黄色；中胸后侧片和中胸侧片前下缘黄色。小盾片上的刺黄色。胸部毛浅色，中胸背板和小盾片上的毛倒伏，侧板的毛倒伏。足黄色，但基节、转节、股节（除了顶端）黑色；后足胫节近基部有一个棕色的细环；跗节末端棕黄色到棕色。足上的毛浅色。翅透明，但 R_1 室黄色。平衡棒浅黄色，但柄带点棕色，球部稍带绿色。

腹部浅黄色,但第 1 背板有一个小黑斑,第 3~5 背板中部有大黑斑,但第 3 背板的黑斑不明显。腹部的毛短而浅色,但背板有些黑毛。

观察标本 正模♀,陕西甘泉,1971. V. 31,杨集昆(CAU);1♂,甘肃宕昌,2 700 m,1998. Ⅶ. 8,王洪建(IZCAS);1♀,北京八达岭,700 m,1962. Ⅵ. 29,王春光(IZCAS);1♀,北京八达岭,700 m,1974. Ⅶ. 2,史永善(IZCAS)。

分布 北京、陕西(甘泉)、甘肃(宕昌)。

讨论 首次发现雄虫标本,并对雄虫特征进行了描述。该种与红胸脉水虻 *O. rubrithorax* (Macquart)相似,但雌虫腹部第 1 背板有一个小黑斑,第 3~5 背板中部有大黑斑。而后者腹部背板颜色在个体间有差异,但基本为黄色到棕黄色,无明显黑斑。

(328)黑颜脉水虻 *Oplodontha facinigra* Zhang, Li *et* Yang, 2009 (图版 90)

Oplodontha facinigra Zhang, Li *et* Yang, 2009. Acta Zootaxon. Sin. 34(2):257. Type locality:China:Jiangsu,Nanjing.

雄 体长 5.1 mm,翅长 3.9 mm。

头部黑色,颜中下部黄色。头部上的毛浅色,复眼上有短而稀疏的棕色毛。触角黑棕色,但柄节棕黄色;触角柄节、梗节和鞭节的长比为 1.0:0.7:2.3。喙棕黑色,被浅色毛;下颚须棕色,被浅色毛。

胸部黑色,肩胛黑色,外侧黄色。小盾片前缘黑色,但后半部和刺黄色;中胸侧片近前缘有一个黄色的前斑点和一个黄色的后斑点(正好在翅基前);背板边缘棕黄色;中胸后侧片后部黄色,与中胸侧片上的一个黄色的窄斜斑点相连。胸部毛浅色,但中侧片前缘大部分裸,下侧片全裸。足黑色,但转节棕黄色;股节基部和端部棕黄色到黄色,后足胫节基部 2/5 和端部棕黄色到黄色;跗节黄色,后足末节棕色。翅透明,M_1 极短,只有基部残脉,M_2 短,短于 CuA_1 远不到盘室到翅端的一半。平衡棒黄色。

腹部黑棕色,但第 1~4 背板两侧各有一对长椭圆形黄斑,一般第 2~3 背板的黄斑较大,个别个体第 4 背板侧斑不明显,第 5 背板侧缘和后缘黄色;腹板全黄色,个别个体第 4~5 腹板黑棕色。腹部的毛浅色。

雌 体长约 4.9 mm,翅长 3.9 mm。

头部黄色。复眼黑色,被明显的浅色毛,眼后宽,黄色发亮,裸,后头黑色。上额包括头顶和单眼瘤黑色,单眼黄棕色,单眼瘤后方两侧各有一个黄斑;下额黄色,触角基部上方有一个黑斑,左右两侧各有一个倾斜的椭圆形斑。颜和颊黄色,但颜突和口孔两侧棕色;颜突两侧各有一个黑斑,额被较密的浅色毛。喙黑色被浅色毛。

胸部主要黑色,颜色和斑纹类似雄虫。腹部斑纹类似雄虫,第 1~4 背板有黄色侧斑,第 5 背板有黄色后缘,但个别个体第 4 背板黄斑左右相连形成黄色后缘。

观察标本 正模♂,江苏南京,1986. Ⅶ. 4,陈乃中(CAU);1♂,云南西双版纳,1 050~1 080 m,1958. Ⅺ. 8,蒲富基(IZCAS);1♂,云南西双版纳,850 m,1957. Ⅶ. 8,臧令超(IZCAS);1♀,云南西双版纳,870 m,1958. Ⅷ. 7,陈之梓(IZCAS);1♀,云南西双版纳,870 m,1958. Ⅸ. 3,王书永(IZCAS);1♀,海南,870 m,1936. V. 10,采集人不详(IZCAS)。

分布 云南(西双版纳)、江苏(南京)、海南。

讨论 首次发现雌虫标本,并对雌虫特征进行了描述。该种与 *O. minuta* (Fabricius)相似,但颜(除了中下颜)和头部下方黑色,腹部大部分黑色,但有黄斑;触角黑棕色,柄节棕黄色。而后者的颜和头部下方黄色;腹部黄色,有黑色的背斑;触角棕色,柄节和梗节黄色(Brunetti,1920,1923)。

(329)红胸脉水虻 *Oplodontha rubrithorax* (Macquart,1838)(图版16、图版91)

Odontomyia rubrithorax Macquart,1838. Dipt. Exot. 185. Type locality:India.

Odontomyia immaculata Brunetti,1907. Rec. Indian Mus. 1(6):130. Type locality:India.

雄 体长 7.0 mm,翅长 5.5 mm。

复眼为接眼,光裸无毛。复眼上半部棕色,小眼大而疏,复眼下半部黑色,小眼小而致密。上额包括单眼瘤黑色,有黑毛;下额三角很小,裸或有浅黄色毛。颜黑色,被浅黄色短毛,触角下方的颜隆起形成黑色瘤突,瘤突稍带棕色。触角柄节和梗节棕黄色,鞭节黑色,末端变细,有一个小弯钩;触角柄节、梗节和鞭节的长比为 1.0:1.0:3.3。喙棕黑色,发亮,有稀疏的浅色毛;下颚须黄色,被浅色毛。

胸部黑色,肩胛和翅后胛稍带棕色;胸部背板包括小盾片有倒伏的浅黄色短毛,腹板有倒伏的白色毛。小盾片上的刺黄色,短,长仅为小盾片的 1/4~1/3。各足浅黄色,只有前足和后足基节黑色,各足股节中间腹面带黑色。翅透明,盘室之前的翅脉淡黄色,其余翅脉和翅面同色;M₁ 长,长约为盘室到翅端的一半,M₂ 不到翅缘。平衡棒柄棕色,球部浅黄色。

腹部颜色在个体间有差异,但基本为黄色到棕黄色,第 4 和第 5 腹节中部色深。腹部有稀疏的浅色毛。

雌 体长 7.0 mm,翅长 6.5 mm。

复眼为离眼,黑棕色,裸。头部黑色。单眼瘤黑色发亮,单眼浅黄色。额两侧平行,有中纵沟,被杂乱的黄色短毛。颜向前隆起,黑色发亮,只有隆起部分顶部和口孔两侧棕色,颜和颊有银白色的短毛。眼后眶有致密的浅黄色短毛。

腹部颜色在个体间有差异,多为黄绿色,黄色,有的个体在中后部棕色,还有的在黄绿色中夹杂着黑色。腹部有稀疏的浅色短毛。其他特征类似雄虫。

观察标本 3♂♂2♀♀,宁夏永宁,1980.Ⅶ.20,杨春华(CAU);1♂4♀♀,天津东局子苇塘,1987.Ⅷ.20,采集人不详(CAU);2♂♂3♀♀,宁夏银川,1982.Ⅶ.6,采集人不详(CAU);1♀,宁夏五区甸子乡,1957.Ⅶ.18,采集人不详(CAU);1♀,北京黑山扈稻田,1975.Ⅶ.27,李法圣(CAU);1♀,北京农大,1976.Ⅵ.22,杨集昆(CAU);1♀,北京百望山,1986.Ⅶ.3,舟(CAU);1♀,北京运河,1983.Ⅶ.20,冀宗伟(CAU);1♀,北京香山,1983.Ⅶ.18,石梅明(CAU);1♀,北京,1980.Ⅵ.4,郑志新(CAU);3♂♂11♀♀,新疆乌什,1 530 m,1959.Ⅶ.18,王书永(IZCAS);1♀,新疆乌什,1 530 m,1959.Ⅶ.18,田阿福(IZCAS);1♀,新疆乌什,1 530 m,1959.Ⅶ.3,田阿福(IZCAS);1♀,新疆乌什,1 530 m,1959.Ⅶ.18,李常庆(IZCAS);1♀,新疆喀什,1 335 m,1959.Ⅵ.23,李常庆(IZCAS);1♀,新疆喀什,1 360 m,1959.Ⅶ.3,田阿福(IZCAS);2♀♀,新疆,1959.Ⅶ.18,采集人不详(IZCAS);1♀,新疆青河,1 324 m,2009.Ⅶ.8,黄鑫磊(IZCAS);1♀,新疆青河,1 383 m,2009.Ⅶ.8,王志良(IZCAS);1♀,新疆阿克苏,1 210~1 240 m,1958.Ⅸ.1,李常庆(IZCAS);1♀,新疆石河子,1992.Ⅶ.20,黄春梅(IZCAS);1♀,新疆温宿,1 210 m,1958.Ⅸ.1,李常庆(IZCAS);1♀,新疆疏勒,

1 200 m,1959. Ⅵ. 17,田阿福(IZCAS);1♀,新疆疏附,1 200 m,1959. Ⅶ. 5,李常庆(IZCAS);1♀,新疆库尔勒,1 000 m,1958. Ⅶ. 10,李常庆(IZCAS);1♀,新疆库尔勒,1 000 m,1958. Ⅶ. 10,汪广(IZCAS);1♀,新疆独山子,430 m,1957. Ⅵ. 26,汪广(IZCAS);1♀,新疆阿合齐,2 010 m,1959. Ⅶ. 19,田阿福(IZCAS);1♀,河北蔚县,860 m,1964. Ⅶ. 29,王春光(IZCAS);1♀,河北蔚县,860 m,1964. Ⅶ. 23,李炳谦(IZCAS);1♀,黑龙江富锦,1970. Ⅷ. 14,采集人不详(IZCAS);1♀,黑龙江山河屯,1970. Ⅶ. 17,采集人不详(IZCAS);1♀,北京圆明园,1965. Ⅶ. 27,韩寅恒(IZCAS);1♀,山西太谷,1953. Ⅶ. 11,采集人不详(IZCAS);1♀,山西太谷,1953. Ⅶ. 2,采集人不详(IZCAS);1♂,新疆焉耆,950～1 170 m,1958. Ⅶ. 6～7,李常庆(IZCAS);1♂,新疆绥定头台,460～480 m,1957. Ⅶ. 12,洪淳培(IZCAS);2♂♂,新疆沙湾砲台,350 m,1957. Ⅵ. 17,汪广(IZCAS);1♂2♀♀,新疆尉犁,1 000～1 030 m,1956. Ⅶ. 12,李常庆(IZCAS);1♂,新疆,1 310 m,1959. Ⅶ. 25,田阿福(IZCAS);1♂,山西太谷,1953. Ⅵ. 26,采集人不详(IZCAS);1♂,内蒙古乌盟,1932. Ⅵ. 28,采集人不详(IZCAS);1♂,北京,1937. Ⅶ. 6,采集人不详(IZCAS)。

分布 中国黑龙江(富锦、山河屯)、河北(蔚县)、北京、天津、山西(太谷)、内蒙古(乌盟)、宁夏(银川、永宁)、新疆(乌什、喀什、青河、阿克苏、石河子、温宿、疏勒、疏附、库尔勒、独山子、阿合齐、焉耆、绥定、沙湾砲台、尉犁);扎伊尔,印度,印度尼西亚(爪哇),日本(琉球群岛),菲律宾,斯里兰卡,泰国。

讨论 该种与长纹脉水虻 *O. elongata* Zhang, Li *et* Yang 相似,但腹部背板颜色在个体间有差异,但基本为黄色到棕黄色,无明显黑斑。而后者腹部第1背板有一个小黑斑,第3～5背板中部有大黑斑。

(330)中华脉水虻 *Oplodontha sinensis* **Zhang, Li** *et* **Yang, 2009** (图版92)

Oplodontha sinensis Zhang, Li *et* Yang,2009. Acta Zootaxon. Sin. 34(2):258. Type locality:China:Yunnan, Kunming.

雌 体长 7.1～7.7 mm,翅长 7.1～7.2 mm。

头部黑色。复眼黑棕色,离眼,光裸;眼后眶宽,密被金黄色倒伏短毛;后头黑色。额包括单眼瘤和头顶黑色,单眼黄棕色,中单眼到触角之间有中纵缝;触角上方的下额中纵缝左右两侧各有一个圆形胛。颜亮黑,上颜瘤突部分和下颜口孔两侧有时棕色。除了额胛和瘤突部分,头部被金黄色倒伏毛,颊有浅色长毛。触角棕黄色,但柄节基半部黑色,第4～5鞭节棕色;柄节、梗节和鞭节的长比为 1.0:1.0:3.9。喙棕黑色,被浅色毛;下颚须浅色,被浅色毛。

胸部黑色,但肩胛和翅后胛棕黄色。胸部被金黄色毛,中胸背板和小盾片上的毛倒伏,侧板上的毛半倒伏。小盾片上的刺黄色。足黄色,但基节、转节和股节(除了端部)黑色;跗节端部棕色。足上的毛浅色。翅透明,但 R_1 室黄色。平衡棒黄色,柄绿色。

腹部黄绿色,但背板中部有面积很大的斑块,第1～2背板的斑块较窄。腹部的毛短而色浅,但背板有些黑毛。

雄 未知。

观察标本 正模♀,云南昆明,1940. Ⅵ. 23,采集人不详(CAU);副模 1♀,云南昆明,1947,采集人不详(CAU);副模2♀♀,云南呈贡,1947.Ⅷ. 10-12,采集人不详(CAU);1♀,云南小中甸,3 800 m,1984. Ⅶ. 30,王书永(IZCAS)。

分布 云南(昆明、呈贡、小中甸)。

讨论 该种与隐脉水虻 *O. viridula*(Fabricius)相似,但胸肩胛和翅后胛黄棕色;足股节除了端部外黑色。而后者胸肩胛和翅后胛黑色;足股节浅黄色。

(331)隐脉水虻 *Oplodontha viridula*(Fabricius,1775)(图 294;图版 93)

Stratiomys viridula Fabricius,1775. Syst. Ent. 32:760. Type locality:Europe.

Stratiomys canina Panzer,1798. Fauna Ins. German. init. Dtld. Ins. Heft 58:23. Type locality:Germany.

Musca jejuna Schrank,1803. Fauna Boica. Durch. Gesch. Baiern ein. zahmen Thiere I-Ⅷ:96. Type locality:Germany.

Odontomyia holosericea Olicier,1811. Encycl. Méth. Hist. Nat. Ins. 77:434. Type locality:Iraq.

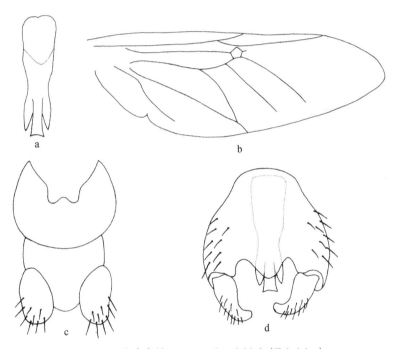

图 294 隐脉水虻 *Oplodontha viridula*(Fabricius)
a. 阳茎复合体,背视(aedeagal complex, dorsal view);b. 翅(wing);c. 第 9～10 背板和尾须,背视(tergites 9～10 and cerci, dorsal view);d. 生殖体,腹视(genital capsule, ventral view)。

雄 体长 7.0 mm,翅长 5.5 mm。

头部黑色。复眼稍宽于胸部或至少与胸部等宽;复眼上部 2/3 为棕色,小眼大;下部 1/3 为黑棕色,小眼小而致密,裸;眼后眶不明显。单眼瘤黑色发亮,单眼黄色,单眼瘤后方有稀疏的浅色长毛。额上下三角黑色发亮,有淡黄色的毛;颜黑色发亮,上颜中部隆起成瘤突,有些个体下颜口孔两侧黄棕色,颜有稀疏的白色毛,但颜与复眼交界处的毛长而致密。颊黑色发亮,有浅色长毛。触角柄节和梗节棕黄色,发亮,但柄节基半部黑棕色,鞭节灰棕色,有极短的白色绒毛簇,末端变细,有一个黑色的钝弯钩;柄节、梗节和鞭节的长比为 1.0∶1.1∶4.0。喙黑色发亮,有稀疏的浅色毛;下颚须黄棕色,被浅色毛。

胸部黑色发亮,背板有浅黄色短毛,侧板和腹板有白色短毛。小盾片也为黑色,但刺为黄棕色,短,长仅有小盾片的 1/4~1/3。各足除了基节黑色外,其他各节浅黄色。翅无色透明,盘室之前的翅脉淡黄色,其余翅脉和翅面同色;M_1 短,仅有很短的残脉,M_2 不到翅缘;盘室小。平衡棒柄棕色,球部浅黄色。

腹部背板黄绿色发亮,大部分个体具黑色的不规则的中央纵斑带;腹板黄绿色。腹部有稀疏而极短的黑毛。雄性外生殖器:第 9 背板端部稍拱起,基部有两个内凹;尾须长卵圆形,端部圆;生殖基节长宽近相等,基部窄,中部侧缘外扩,生殖基节背面端突短,生殖基节腹面愈合部中突长,三角形;生殖刺突指状,端部稍膨大,末端圆钝;阳茎复合体短粗,中部缢缩,末端分 3 叶,中叶长于侧叶,侧叶末端尖锐,中叶末端平截。

雌 体长 7.0 mm,翅长 5.5 mm。

体大部分特征与雄虫类似,头部有明显的区别:复眼为离眼,有明显的眼后眶,眼后眶上有银白色的倒伏毛。复眼黑棕色,颜色均匀,小眼大小均一。额呈方形,黑色发亮,上额及下额中央部分有刻点。上额和下额之间有银白色毛斑横带,触角基部上方的额有银白色的毛斑横带,额其他地方无毛。颜包括瘤突黑色发亮,被银白色毛,但瘤突顶部和触角两侧的颜光裸。

观察标本 1♂,新疆西天山巩留,2007.Ⅷ.4,霍珊(CAU);1♂,宁夏泾源六盘山,2 000 m,2007.Ⅵ.29,姚刚(CAU);2♂♂,甘肃舟曲沙滩林场,2 400 m,1999.Ⅶ.14,姚建(IZCAS);1♂1♀,青海西宁,1950.Ⅶ.23,陆宝麟、杨集昆(CAU);1♂,内蒙古包头,1978.Ⅶ.16,杨集昆(CAU);1♂1♀,北京清华农学院,1957.Ⅵ.23,杨集昆(CAU);2♀♀,新疆阿尔泰北屯,2007.Ⅶ.20,霍珊(CAU);2♀♀,新疆阿尔泰禾木,2007.Ⅶ.24,霍珊(CAU);1♀,内蒙古海拉尔,1981.Ⅸ.3,邹(CAU);1♀,采集地点不详但寄主为水稻,1973.Ⅱ.收到(CAU);1♀,内蒙古鄂尔多斯鄂前旗甘草地,1988.Ⅷ.李新成(CAU);1♀,陕西甘泉清泉镇东沟,1971.Ⅴ.31,采集人不详(CAU);1♀,五营,1980.Ⅶ.20,采集人不详(CAU);1♀,内蒙古海拉尔,1981.Ⅷ.2,邹(CAU);1♀,昆明苗圃,1940.Ⅵ.23,采集人不详(CAU);1♀,青海西宁,1950.Ⅶ.21,陆宝麟、杨集昆(CAU);2♀♀,青海西宁,1950.Ⅶ.24,陆宝麟、杨集昆(CAU);1♀,甘肃平凉,1950.Ⅶ.12,陆宝麟、杨集昆(CAU);2♀♀,青海希里沟,1950.Ⅶ.31,陆宝麟、杨集昆(CAU);1♀,内蒙古凉城,1978.Ⅷ.4,陈合明(CAU);1♀,云南昆明,1947,采集人不详(CAU);1♀,云南呈贡,Ⅷ.10,采集人不详(CAU);1♀,云南呈贡,Ⅷ.12,采集人不详(CAU);5♂♂2♀♀,内蒙古乌盟,1932.Ⅵ.28,采集人不详(IZCAS);1♂,内蒙古乌旗,1932.Ⅵ.28,采集人不详(IZCAS);1♂,内蒙古锡盟,1972.Ⅶ.23,采集人不详(IZCAS);1♀,内蒙古锡盟,1971.Ⅷ.1,采集人不详(IZCAS);1♀,内蒙古锡盟,1971.Ⅷ.7,采集人不详(IZCAS);1♀,蒙东乌旗,1971.Ⅷ.19,沙麦(IZCAS);1♂,内蒙古草原定位站,2 150 m,1990.Ⅶ.24,杨龙龙(IZCAS);2♀♀,内蒙古草原定位站,2 150 m,1990.Ⅶ.23,杨龙龙(IZCAS);7♂♂2♀♀,新疆青河,1 260 m,1960.Ⅶ.4,王书永(IZCAS);1♀,新疆青河,1 260 m,1960.Ⅶ.5,王书永(IZCAS);1♂,新疆富蕴,1 200 m,1960.Ⅶ.13,王书永(IZCAS);1♂,新疆乌什,1 530 m,1959.Ⅶ.18,王书永(IZCAS);1♀,新疆乌什,1 530 m,1959.Ⅶ.18,田阿福(IZCAS);1♀,新疆乌什,1 390 m,1959.Ⅶ.17,田阿福(IZCAS);1♂,新疆,1 200 m,1959.Ⅶ.18,采集人不详(IZCAS);1♂,新

疆哈密,1981. Ⅵ,采集人不详(IZCAS);1♀,新疆哈密,1981. Ⅵ,王古来(IZCAS);1♀,新疆哈密,1981. Ⅵ,杜祥(IZCAS);1♂,新疆喀纳斯,1 566 m,2009. Ⅶ. 21,王志良(IZCAS);1♀,新疆喀纳斯,400～550 m,1957. Ⅶ. 4,汪广(IZCAS);1♀,新疆新源,1 350～1 460 m,1967. Ⅷ. 14,陈永林(IZCAS);1♀,新疆喀纳斯,400～550 m,1957. Ⅶ. 4,汪广(IZCAS);1♂,新疆库尔勒,1 000 m,1951. Ⅷ. 18,李常庆(IZCAS);1♀,新疆库尔勒,1 000 m,1951. Ⅷ. 17,李常庆(IZCAS);1♂,新疆库尔勒,1 000 m,1957. Ⅶ. 10,李常庆(IZCAS);1♂,新疆哈密,1981. Ⅵ,马宝(IZCAS);1♂,新疆昭苏,1 200 m,1952. Ⅷ. 11,汪广(IZCAS);1♀,新疆昭苏,1 200 m,1957. Ⅷ. 11,洪淳培(IZCAS);1♀,新疆昭苏,1 210～1 240 m,1958. Ⅸ. 5,李常庆(IZCAS);1♀,新疆,1959. Ⅶ. 18,采集人不详(IZCAS);2♀♀,新疆尉黎,1 000～1 030 m,1958. Ⅶ. 12,李常庆(IZCAS);2♀♀,新疆尉黎,1 000～1 030 m,1958. Ⅶ. 13,李常庆(IZCAS);1♀,新疆托克斯,1 160 m,1957. Ⅷ. 6,汪广(IZCAS);1♂,新疆焉耆,950～1 170 m,1958. Ⅶ. 9,李常庆(IZCAS);1♂,新疆焉耆,950～1 170 m,1958. Ⅶ. 7,李常庆(IZCAS);1♂1♀,新疆塔城,1955. Ⅵ. 26,马世骏、夏凯龄(IZCAS);1♀,新疆塔城,1955. Ⅶ. 20,马世骏、夏凯龄(IZCAS);1♀,新疆乌鲁木齐,890 m,1956. Ⅶ. 14,杨维文(IZCAS);1♀,新疆天山,620 m,1952. Ⅷ. 21,汪广(IZCAS);1♂,新疆疏勒,1 200 m,1959. Ⅵ. 17,李常庆(IZCAS);2♂♂2♀♀,新疆焉耆,950～1 170 m,1958. Ⅶ. 6～7,李常庆(IZCAS);1♂,新疆喀纳斯,1 566 m,2009. Ⅶ. 21,王志良(IZCAS);3♂♂2♀♀,黑龙江富锦,1970. Ⅷ. 14,采集人不详(IZCAS);2♂♂2♀♀,黑龙江泰来,采集时间和采集人不详(IZCAS);1♀,黑龙江哈尔滨,1953. Ⅷ. 2,采集人不详(IZCAS);1♂1♀,河北蔚县,860 m,1964. Ⅶ. 28,韩寅恒(IZCAS);3♂♂1♀,河北蔚县,860 m,1964. Ⅶ. 23,韩寅恒(IZCAS);2♀♀,河北蔚县,920 m,1964. Ⅷ. 3,韩寅恒(IZCAS);2♂♂,河北蔚县,860 m,1964. Ⅶ. 26,王春光(IZCAS);1♀,河北蔚县,860 m,1964. Ⅶ. 28,王春光(IZCAS);4♀♀,河北蔚县,860 m,1964. Ⅶ. 29,王春光(IZCAS);2♂♂1♀,北京圆明园,50 m,1962. Ⅶ. 26,王春光(IZCAS);2♀♀,北京圆明园,1961. Ⅷ. 16,王书永(IZCAS);1♀,北京紫竹院,1957. Ⅷ. 20,王春光(IZCAS);1♂,北京圆明园,1952. Ⅵ. 25,张毅然(IZCAS)。

分布 中国黑龙江(泰来、富锦)、河北(蔚县)、北京、山西、陕西(甘泉)、内蒙古(包头、海拉尔、鄂尔多斯、凉城、乌盟、锡盟、乌旗)、宁夏(泾源)、甘肃(舟曲、平凉)、新疆(巩留、青河、哈密、喀纳斯、尉黎、新源、富蕴、乌什、托克斯、焉耆、库尔勒、巴尔坤、塔城、疏勒、昭苏)、青海(西宁、希里沟)、云南(昆明、呈贡);古北界。

讨论 该种与中华脉水虻 O. sinensis Zhang, Li et Yang 相似,但胸部肩胛和翅后胛黑色;足股节浅黄色。而后者胸部肩胛和翅后胛黄棕色;足股节除了端部外黑色。

55. 盾刺水虻属 *Oxycera* Meigen,1803

Hermione Meigen,1800. Nouv. Class. 22. Type species:*Musca hypoleon* Linnaeus,1767 [=*Musca trilineata* Linnaeus].

Oxycera Meigen,1803. Illiger's Magaz. F. Ins. 2:265. Type species:*Musca hypoleon* Linnaeus,1767[=*Musca trineata* Linnaeus].

Macroxycera Pleske,1925. Encycl. Ent. B(Ⅱ), Dipt. 1(3-4):171. Type species:*Oxycera pulchella* Meigen.

　　属征　体黑色具黄斑纹或黄色具黑斑纹,但有时胸部或腹部几乎全为黑色。复眼有稀疏的毛(或近光裸)或浓密的毛;雄虫复眼相接或近相接,雌虫复眼则为离眼;雄虫复眼上半部小眼面大。雌虫有明显的眼后眶。从侧面看,雄虫下后头区在复眼后或强或弱地突出。雌虫额宽,近平行,接近颜面宽。触角短于头长;柄节和梗节几乎等长;第 $1\sim4$ 鞭节纺锤状,第 $5\sim6$ 鞭节在背部末端形成触角芒。下颚须短而不明显,顶部柄状。中侧片中部光裸。小盾片有 2 个刺。通常 R_4 脉存在;M_1、M_2、M_3 及 CuA_1 脉不完全,CuA_1 脉从盘室发出。腹部大于或等于胸宽,背板强烈凸出。

　　分布　新北界、古北界、非洲界、东洋界。

　　讨论　该属目前世界已知 94 种,中国已知 25 种。

种 检 索 表

1.	腹部背板全为黑色,或至多第 5 背板端部黄色或黄棕色 ·············	**2**
	腹部背板具黄色或黄绿色的斑,背板侧斑向内伸出 ·············	**12**
2.	翅烟棕色,有透明的斑,或翅透明,但部分烟棕色 ·············	**3**
	翅膜质部分颜色均匀,全透明或全带浅烟棕色 ·············	**5**
3.	翅烟棕色,有透明的斑:在盘室下部有一个透明的三角形斑,另一个透明斑位于臀室附近 ·············	
	············· **透点盾刺水虻** *O. fenestrata*	
	翅透明,但有烟棕色部分 ·············	**4**
4.	复眼被稀疏的毛;腹部全黑色;肩胛黑色;翅端部均一烟灰色 ············· **崔氏盾刺水虻** *O. cuiae*	
	复眼被浓密的毛;腹部黑色,但第 5 背板后缘黄色;肩胛黄色;翅近端部有一个大的烟褐色的斑,另一个小的烟褐斑延伸到盘室和 bm 室 ············· **端褐盾刺水虻** *O. apicalis*	
5.	腹部黑色,但第 5 背板端半部或后缘黄色(雄未知) ·············	**6**
	腹部全为黑色 ·············	**8**
6.	雌虫额有 2 对黄斑 ············· **四斑盾刺水虻** *O. quadripartita*	
	雌虫额有 1 对黄斑 ·············	**7**
7.	复眼被稀疏的毛;股节黄色,但中部有黑环 ············· **集昆盾刺水虻** *O. chikuni*	
	复眼被浓密的毛;股节红棕色 ············· **好盾刺水虻** *O. excellens*	
8.	胸部全为黑色(不包括小盾刺) ·············	**9**
	胸部主要黑色,但有小黄斑或中侧片后上缘黄色 ·············	**10**
9.	复眼被浓密的毛;雌虫额有 1 对砖红色纵斑 ············· **黔盾刺水虻** *O. qiana*	
	复眼被稀疏的毛;雌虫额有 2 对黄斑 ············· **贵州盾刺水虻** *O. guizhouensis*	
10.	翅后胛黑色,中侧片后上缘黄色 ············· **广西盾刺水虻** *O. guangxiensis*	
	翅后胛黄色或暗棕色 ·············	**11**
11.	翅全烟棕色;小盾片黑色,两刺之间没有暗黄色后缘 ············· **宁夏盾刺水虻** *O. ningxiaensis*	
	翅透明;小盾片黑色,但两刺之间的后缘暗黄色 ············· **刘氏盾刺水虻** *O. liui*	

12. 胸部背板中央无明显的成对的黄色纵条带,至多有游离的黄斑 ……………………… **13**

胸部背板中央有明显的成对的黄色或黄绿色纵条带 …………………………………… **19**

13. 胸部背板中央有游离的成对黄斑 ………………………………………………………… **14**

胸部背板中央黑色,无游离的成对黄斑 …………………………………………………… **15**

14. 个体小(至多5 mm);胸部背板中央具2对小而不明显的黄斑;R_4缺失;小盾片黑色,但边缘黄色;额中上部两侧有1对"S"形黄绿色侧斑 ……………………………… **李氏盾刺水虻 *O. lii***

个体大(至少9 mm);胸部背板中央具1对大而明显的黄斑;R_4存在;小盾片全黄色;额和颜两侧有大面积的长条形黄绿色侧斑 …………………………………… **梅氏盾刺水虻 *O. meigenii***

15. 小盾片主要黄色 …………………………………………………………………………… **16**

小盾片主要黑色 …………………………………………………………………………… **17**

16. 腹部有两对侧斑;雌虫额触角上方有3对黄斑,额与复眼的交界处左右各有1个三角形黄斑 ……
………………………………………………………………………… **罗氏盾刺水虻 *O. rozkosnyi***

腹部有一对斜着指向内上方的侧斑;雌虫额有一对大的黄色纵斑 ……… **双斑盾刺水虻 *O. laniger***

17. R_4存在,个体较大(大约7 mm) ……………………………………………………… **18**

R_4缺失,个体较小(大约4 mm) ……………………………… **小黑盾刺水虻 *O. micronigra***

18. 腹部第2~4背板有黄绿色侧斑(雌未知) ……………………… **大理盾刺水虻 *O. daliensis***

腹部背板仅在第4背板有一对小黄侧斑(雄未知) ……………… **基盾刺水虻 *O. basalis***

19. 胸部背板中央的黄色纵条带不超过横缝,即横缝后没有延续横缝前的黄条带 ……………… **20**

胸部背板中央的黄绿色纵条带超过横缝,虽然有时在横缝处间断,但横缝后有延续横缝前的黄条带 ……………………………………………………………………………………………… **21**

20. 胸背板上的条带宽,中间不间断,前缘与肩胛黄斑相连,后缘到达横缝;腹部第2背板有侧斑 ……
………………………………………………………………………… **青海盾刺水虻 *O. qinghensis***

胸背板上的条带细,中间间断,前缘不与肩胛黄斑相连,后缘不到达横缝;腹部第2背板无侧斑 ……
………………………………………………………………………… **黄斑盾刺水虻 *O. flavimaculata***

21. 小盾片刺粗壮而且直立,刺后的小盾片大而明显突出;腹部第1背板和第5背板各有2个黄色侧斑 ……
………………………………………………………………………… **立盾刺水虻 *O. vertipila***

小盾片上的刺细长,与胸部几乎平行,刺后的小盾片不突出;腹部第1背板和第5背板各有1个黄斑 ……
…………………………………………………………………………………………………… **22**

22. 雄虫额主要黄色,至多有个小黑斑 ……………………………………………………… **23**

雄虫额全为黑色 …………………………………………………………………………… **24**

23. 雄虫额主要黄色,触角上方的额有个小黑斑;胸部黄斑超过横缝,远不到达胸背板后缘;腹部主要黑色,有黄色侧斑(雌未知) ……………………………………… **中华盾刺水虻 *O. sinica***

雄虫额全为黄色;胸部黄斑到达或几乎到达胸背板后缘;腹部主要黄绿色,有黑斑 ……
………………………………………………………………………… **三斑盾刺水虻 *O. trilineata***

24. 体较大(约6 mm);复眼被浓密的毛;雄虫腹部第3背板有一对黄色侧斑,雌虫腹部第3背板有并排的4个黄斑 ………………………………………………… **斑盾刺水虻 *O. signata***

体较小(约4.5 mm);复眼被稀疏的毛;雌雄腹部第3背板有横向的黄斑带(极少数雌虫个体分为3个斑) ………………………………………………… **唐氏盾刺水虻 *O. tangi***

(332)端褐盾刺水虻 *Oxycera apicalis* (Kertész, 1914)

Hermione apicalis Kertész, 1914. Ann. Hist. Nat. Mus. Natl. Hung. 12(2)：495. Type locality：China：Taiwan.

雄 体长 6.2 mm,翅长 5.2 mm。

头部黑色。复眼有浓密的短毛。触角黄棕色,但芒黑棕色,长为触角其余部分总长的 2 倍。从侧面看,后头下半部稍发达。胸部黑色,肩胛、中侧片后上缘、小盾片窄的后缘及小盾片刺(除了端部)黄色。翅透明,端部有一个大的烟褐色的斑,另一个小的烟褐色斑延伸到基室和盘室,R_4 存在。平衡棒棕色,球部绿色。腹部黑色,第 5 背板后缘黄色。

雌 头部黑色,额有 4 个黄色斑,上面 2 个接近中单眼,下面 2 个(在额中间)稍大,延长,和复眼分离。

分布 台湾。

讨论 该种与崔氏盾刺水虻 *O. cuiae* Wang, Li *et* Yang 相似,但复眼被浓密的毛;腹部黑色,但第 5 背板后缘黄色;肩胛黄色;翅近端部有一个大的烟褐色的斑,另一个小的烟褐斑延伸到盘室和第 2 基室。而后者复眼被稀疏的毛;腹部全黑色;肩胛黑色;翅端部均一烟灰色。

(333)基盾刺水虻 *Oxycera basalis* Zhang, Li *et* Yang, 2009(图版 94)

Oxycera basalis Zhang, Li *et* Yang, 2009. Acta Zootaxon. Sin. 34(3)：460. Type locality：China：Ningxia.

雌 体长 6.3～6.7 mm,翅长 5.7～6.5 mm。

头部亮黑,下额与复眼交界处有一对暗黄色侧条纹。眼后眶上部有一个小的近三角形的黄斑,中下部有一个长的棕黄色条纹。头上的毛浅色。复眼有短而稀疏的棕色毛。额和颜有一对白色被粉的条带,条带从下额的暗黄色侧条纹处沿着复眼边缘向下延伸;眼后眶中下部也有一个白色的被粉条带。触角黑棕色;触角柄节、梗节和鞭节的长比为 7：9：23,宽比为 6.0：8.0：8.5;触角芒(第 5～6 鞭节)(包括末端的毛)是鞭节其余部分的 1.5 倍。喙棕黑色,被浅色毛;下颚须棕色,被浅色毛。

胸部亮黑,肩胛黑色;翅后胛有一个小的黄色或暗黄色的前斑。小盾片黑色,刺棕黑色,末端黑色;刺长约为小盾片长的 2 倍。中胸背板侧缘有窄的黄色条斑。中胸后侧片下后方暗黄色或黑色;胸部的毛浅色,但小盾片的毛主要为黑色。足黑色,但股节端部暗黄色,中后足第 1 跗节基部暗黄色。足上的毛大部分浅色。翅透明,但 R_1 室黄色;翅脉深棕色。平衡棒浅黄色,但柄深棕色。

腹部近亮黑,但第 1 背板有一个小的黄中斑,第 4 背板有一对小黄侧斑,第 5 背板后部黄色。腹板全为黑色。腹部的毛浅色。

雄 未知。

观察标本 正模♀,宁夏隆德峰台,2 280 m,2008.Ⅵ.28,张婷婷(CAU);副模 1♀,宁夏隆德峰台,2 280 m,2008.Ⅵ.28,姚刚(CAU);1♀,宁夏泾源六盘山,2 000 m,2007.Ⅵ.29,董奇彪(CAU)。

分布 宁夏(隆德、泾源)。

讨论 该种与大理盾刺水虻 *O. daliensis* Zhang, Li *et* Yang 相似,但腹部背板仅在第 4

背板有一对小侧斑。而后者腹部第 2～4 背板有黄绿色侧斑。

(334)集昆盾刺水虻 *Oxycera chikuni* Yang *et* Nagatomi，1993(图版 95)

Oxycera chikuni Yang *et* Nagatomi，1993. South Pacific Study 13(2)：136. Type locality：China：Guizhou.

雌 体长 7.3 mm，翅长 7.3 mm。

头部黑色，但额有一对黄色中斑；眼后眶后上部有一个黄色的条带，下部有一个红棕色斑。颜和下额棕黄色，两侧和复眼交界的下后头区有浓密的浅色粉被。头部被浅色毛，但单眼瘤和额的上 2/3 有黑毛；复眼有稀疏而明显的毛。触角黄色，但触角芒黑色；柄节的毛大部分色浅，梗节的毛主要为黑色。触角柄节、梗节和鞭节(除去触角芒)的长比为 80：100：222，宽比为 60：120：100；触角芒(即鞭节 5～6 节)(包括毛长)是其余鞭节长的 2 倍。喙棕色，被浅色毛。

胸部黑色，但肩胛和翅后胛前部黄色；中侧片后上部有一个大黄斑；小盾片刺后的中后缘黄色。小盾片刺黄色，端部黑色，稍倾斜。胸部被浅色毛，但小盾片上毛主要为黑色。足黄色，但基节大部分黑色，股节中部有一个黑环；胫节黑色，但基部和端部色浅；基跗节和第 4～5 跗节黑色。足被浅色毛，但跗节有些黑毛。翅近透明，有黄色到黄棕色翅痣，翅脉黄色到黄棕色；R_4 和 R_5 之间的翅缘长度是 R_4 和 R_{2+3} 之间长度的 0.5 倍。平衡棒黄色，但柄绿色。

腹部黑色，但第 5 背板后缘黄色；腹部被浅色毛，但背板有些短的黑毛。

雄 未知。

观察标本 正模♀，贵州茂兰瑶寨，1990.Ⅴ.13，杨集昆(CAU)。

分布 贵州(茂兰)。

讨论 该种与好盾水虻 *O. excellens* (Kertész)相似，但复眼被稀疏的毛；股节黄色，但中部有黑环。而后者复眼被浓密的毛；股节红棕色。

(335)崔氏盾刺水虻 *Oxycera cuiae* Wang，Li *et* Yang，2010(图版 96)

Oxycera cuiae Wang，Li *et* Yang，2010. Acta Zootaxon. Sin. 35(1)：84. Type locality：China：Guizhou.

雌 体长 6.4～6.6 mm，翅长 6.1～6.3 mm。

头部亮黑。额有两对黄斑；上面一对小，接近中单眼，下面一对稍大，稍长圆。头部的毛浅色；复眼有短而稀疏的白色和棕色毛。下额和下颜沿复眼边缘有一对白色被粉带，眼后眶中下部也有一对侧生的白色被粉条带。触角棕黄色；触角柄节、梗节和鞭节的长比为 0.7：0.8：1.95，宽比为 0.8：1.0：1.2；触角芒(第 5～6 鞭节)(包括末端的毛)是鞭节其余部分的 1.9 倍。喙黑棕色，有一些浅色毛；下颚须棕色，被浅色毛。

胸部亮黑，肩胛和翅后胛黑色。小盾片黑色，后缘和刺暗黄色，刺向上伸出。中侧片后上角黄色。胸部的毛浅色，但小盾片的毛主要为黑棕色。足黑色，但股节端部暗黄色，中后足胫节端部暗黄色，中足和后足第 1～3 跗节淡黄色。足上的毛浅色。翅透明，但 R_1 室暗棕色；翅端部为均一的烟灰色；翅脉深棕色。平衡棒柄棕色，球部黄绿色。

腹部全为亮黑。腹部的毛浅色，但背板的毛大部分黑棕色，部分毛浅色。

雄 未知。

观察标本 正模♀，贵州麻阳河黄土乡，920 m，2007.Ⅸ.28，崔育思(CAU)；副模 1♀，同正模(CAU);2♀♀,四川峨眉山,800~1 000 m,1957. Ⅷ. 28,黄克仁(IZCAS)。

分布 四川(峨眉山)、贵州(麻阳河)。

讨论 该种与分布于台湾的端褐盾刺水虻 *O. apicalis*(Kertész)相似,但复眼被稀疏的毛;腹部全黑色;肩胛黑色;翅端部一致烟灰色。而后者复眼被浓密的毛;腹部黑色,但第 5 背板后缘黄色;肩胛黄色;翅近端部有一个大的烟褐色斑,另一个小的烟褐斑延伸到盘室和 bm。

(336)大理盾刺水虻 *Oxycera daliensis* Zhang, Li *et* Yang, 2010(图版 97)

Oxycera daliensis Zhang, Li *et* Yang, 2010. Aquat. Ins. 32(1):29. Type locality:China:Yunnan.

雄 体长 6.8 mm,翅长 6.8 mm。

头部近亮黑,下额和颜沿复眼边缘密布白色粉被。除了额和单眼瘤有棕色毛外,头上的毛白色;复眼有浓密的棕色毛。复眼在额相接。触角柄节和梗节黑色,鞭节暗棕黄色,触角芒带黑色。触角柄节、梗节、鞭节(除去触角芒)和触角芒的长比为 5:5:12.5:17。喙黑棕色,被浅色毛;下颚须黑棕色,被浅色毛。

胸部近亮黑,小盾片没有任何黄斑;肩胛有一个小的黄绿色斑,翅基前部有一个楔形的黄绿色斑,翅后胛有一个大的黄绿色斑;小盾片全为黑色,有两根近垂直于小盾片的长黑刺,长约为小盾片的 2 倍。中侧片后上方黄绿色。除了盾片前部和小盾片有些黑毛外,胸部的毛白色。足黑色,但中后足第 1 跗节黄色,端部深棕色。足上的毛大部分浅色。除了跗节有些黑毛外,足上的毛白色。翅淡灰棕色;翅脉暗棕色。平衡棒棕黄色,柄黄绿色。

腹部近亮黑,第 2 背板有一对小的黄绿色侧斑,第 3~4 背板分别有一对倾斜的黄绿色侧斑,第 5 背板侧面和后部黄绿色。腹部被白毛,但背板中部有些黑毛。

雄性外生殖器:第 9 背板长大于宽,基部明显有缺刻;尾须短,指状,端部钝;生殖基节突细长;生殖刺突短粗,后缘内凹,阳茎分为 3 叶,中叶稍长于侧叶。

雌 未知。

观察标本 正模♂,云南大理,2 000 m,1996.Ⅵ. 17,卜文俊(CAU);1♂,四川峨眉山,800~1 000 m,1957. Ⅷ. 28,黄克仁(IZCAS);1♂,四川峨眉山,800~1 000 m,1957.Ⅵ. 14,黄克仁(IZCAS);1♂,四川峨眉山,1 800~1 900 m,1957.Ⅵ. 17,卢佑才(IZCAS);1♂,四川峨眉山,760 m,1955.Ⅵ. 21,李锦华(IZCAS)。

分布 四川(峨眉山)、云南(大理)。

讨论 该种与基盾刺水虻 *O. basalis* Zhang, Li *et* Yang 相似,但腹部第 2~4 背板有黄绿色侧斑。而后者腹部背板仅在第 4 背板有一对小侧斑。

(337)好盾刺水虻 *Oxycera excellens*(Kertész, 1914)

Hermione excellens Kertész, 1914. Ann. Hist. Nat. Mus. Natl. Hung. 12(2):497. Type locality:China:Taiwan.

雌 体长 8.5 mm,翅长 7.2 mm。

头部黑色;下额有 2 个和复眼分离的小斑。眼后眶发达。复眼被浓密的长毛。触角黄棕色,芒约为其余鞭节的 1/2。

胸部黑色,肩胛、中胸背板后侧部、中侧片窄的上缘黄色。中侧片后上部有一个卵圆形的暗黄色斑,翅侧片下角和小盾片后缘暗黄色;小盾片刺(除了端部)黄色,小盾片和刺形成45°角。足黑棕色,股节红棕色,胫节在近中部有红棕色的细环,端部黄色,中足第1~2跗节黄棕色,后足1~2跗节黄白色。翅稍带烟褐色,翅痣黄棕色,具R₄脉。平衡棒棕黄色,球部黄绿色。

腹部黑色,背板有极细的红棕色边缘,但第5背板后缘的黄斑宽。

雄 未知。

分布 浙江(天目山),台湾。

讨论 该种与集昆盾刺水虻 *O. chikuni* Yang *et* Nagatomi 相似,但复眼被浓密的毛,股节红棕色。而后者复眼被稀疏的毛;股节黄色,但中部有黑环。

(338)透点盾刺水虻 *Oxycera fenestrata*(Kertész, 1914)

Hermione fenestrata Kertész, 1914. Ann. Hist. Nat. Mus. Natl. Hung. 12(2):498. Type locality:China:Taiwan.

雌 体长8.0 mm,翅长7.5 mm。

头部蓝黑色,复眼有稀疏的毛,上额有2个大的延伸到中单眼的红黄斑(外缘内凹而内缘凸出),下额也有2个红棕色的斑,但明显比上面的2个斑宽。眼后眶很发达,亮黑。触角黄色,触角芒色深(除了基部),长是其余鞭节的2倍。

胸部蓝黑色,肩胛和中胸背板后侧部和翅基黄色,中侧片后上部有黄斑;小盾片黑色,但端部黄色,小盾片上刺黑棕色发亮,粗壮,明显长于小盾片。足深棕色,前足股节端半部、中足和后足股节端部和中足第1~2跗节黄棕色,后足第1~2跗节黄色。翅烟褐色,盘室下面有一个透明的三角形斑,另一个透明的斑位于臀室附近。平衡棒黄色。

腹部黑色,背板发亮。

雄 未知。

分布 台湾。

讨论 该种与端褐盾刺水虻 *O. apicalis*(Kertész)相似,但翅烟褐色,在盘室下部有一个透明的三角形斑,另一个透明斑位于臀室附近。而后者翅透明,翅端有一个大的烟褐色斑,另一个小的烟褐色斑延伸到基室和盘室(Yang,1993)。

(339)黄斑盾刺水虻 *Oxycera flavimaculata* Li,Zhang *et* Yang,2009(图版98)

Oxycera flavimaculata Li,Zhang *et* Yang,2009. Trans. Am. Ent. Soc. 135:383. Type locality:China:Ningxia.

雌 体长8.1 mm,翅长8.3 mm。

头部亮黑,但额和颜有一对黄色侧斑。眼后眶上部有一个小的近三角形的黄斑,中下部有一个被复眼边缘分割开的长黄色条带。除了额和单眼瘤有棕色毛外,头部的毛浅色;复眼有稀疏的棕色短毛。颜在狭窄的侧缘密布白色粉被。眼后眶中下部有白色粉被。触角黑棕色;触角柄节、梗节、鞭节(除去触角芒)的长比为7:5:19。宽比为6:8:9.5;触角芒(第5~6鞭节)(包括末端的毛)是鞭节其余部分的1.4倍。喙黑棕色,有一些浅色毛;下颚须棕色,被浅色毛。

胸部亮黑;肩胛和翅后胛黄色;中胸背板有一对与黄色肩斑分离的中纵条斑,但条斑窄细且后半部不明显。中侧片有连接肩胛和翅后胛的黄色横条斑,后部稍宽。小盾片主要黄色,但侧缘和后缘黑色;刺红黑色。胸部毛浅色,但小盾片上的毛主要为黑色。足全为黑色,但胫节和跗节腹面黄棕色。足上的毛大部分浅色。翅脉灰色,但 R_1 脉室暗黄色,R_4 脉存在;翅脉深棕色。平衡棒黄色,柄深棕色。

腹部近亮黑,第 3～4 背板各有一对斜的黄色侧斑,第 5 背板中后部有一个小的黄斑;第 2～3 腹板有大的黄色中斑,第 4 腹板中前部有小的黄斑。腹部的毛浅色。

雄 未知。

观察标本 正模♀,宁夏泾源和尚堡,2 000 m,2008.Ⅵ.25,张婷婷(CAU)。

分布 宁夏(泾源)。

讨论 该种与青海盾刺水虻 *O. qinghensis* Yang *et* Nagatomi 相似,胸部背板中央的黄色纵条带都不超过横缝,但胸背板上的条带细,中间间断,前缘不与肩胛黄斑相连,后缘不到达横缝;腹部第 2 背板无侧斑。而后者胸背板上的条带宽,中间不间断,前缘与肩胛黄斑相连,后缘到达横缝;腹部第 2 背板有侧斑(Yang 和 Nagatomi,1993)。

(340)广西盾刺水虻 *Oxycera guangxiensis* Yang *et* Nagatomi,1993(图 295;图版 99)

Oxycera guangxiensis Yang *et* Nagatomi, 1993. South Pacific study 13(2):139. Type locality:China:Guangxi.

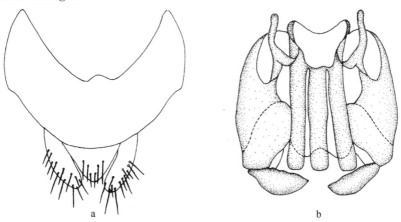

图 295 广西盾刺水虻 *Oxycera guangxiensis* Yang

a. 第 9～10 背板和尾须,背视(tergites 9～10 and cerci, dorsal view);b. 生殖体,背视(genital capsule, dorsal view)。

雄 体长 8.0 mm,翅长 6.1 mm。

头部全黑色。从侧面观,复眼后的下后头区不发达。头部毛浅色,但单眼瘤和复眼间的中纵缝有黑毛;复眼有稀疏但明显的毛;额三角和上颜两侧有浓密的浅色毛。触角黄色,但触角芒除了基部外红棕色;柄节和梗节有黑毛。触角柄节、梗节、鞭节(除去触角芒)的长比为 75:100:213,宽比为 75:125:125;触角芒(第 5～6 鞭节)(包括末端的毛)是鞭节其余部分的 2.9 倍。喙黄棕色,被浅色毛。

胸部黑色,但中侧片后上缘黄色;小盾片上的刺黄色,端部黑色,稍倾斜。胸部被浅色毛,但小盾片上的毛多为黑色。足黑色,但股节端部黄色;胫节黄色,在中部或近基部有黑色区,但前足胫节黑色区较长;前足跗节黑色,中后足跗节黄色且端部黑色。足被浅色毛,但跗节有些黑毛。翅近透明,翅痣黄棕色,翅脉黄棕色;R_4 和 R_5 之间的翅缘长度是 R_4 和 R_{2+3} 之间长度的 0.8 倍。平衡棒黄棕色,但柄奶白色。

腹部全为黑色,腹部被浅色毛。雄性外生殖器:生殖刺突较细,末端稍尖锐;阳茎复合体分 3 叶,中叶和侧叶等长;生殖基节腹面愈合部中突端部稍内凹。

雌 体长 7.8～8.9 mm,翅长 6.4～8.3 mm。大部分特征类似雄虫,但有下面不同:头部被浅色毛,但额常有部分黑毛。额有一对红黄斑;眼后眶全为黑色或中部有一个不太明显的小的浅色斑。额、下颜和复眼边缘的眼后眶下部有浓密的浅色毛。眼后眶上部强烈拱起。触角柄节、梗节、鞭节(除去触角芒)的长比为 79(75～83)：115(100～125)：132(117～150),宽比为 75：125：125;触角芒(第 5～6 鞭节)(包括末端的毛)是鞭节其余部分的 2.0～2.8 倍。翅后胛前部常为黄色的。胫节常黑色且基部和端部黄红色。R_4 和 R_5 之间的翅缘长度是 R_4 和 R_{2+3} 之间长度的 0.6～0.7 倍。

观察标本 正模♂,广西龙胜粗江,800 m,1982.Ⅵ.24,杨集昆(CAU);副模 2♀♀,同正模(CAU)。

分布 贵州、广西(龙胜)。

讨论 该种与宁夏盾刺水虻 *O. ningxiaensis* Yang, Yu *et* Yang 相似,但翅后胛黑色,中侧片后上缘黄色。而后者翅后胛黄色。

(341)贵州盾刺水虻 *Oxycera guizhouensis* Yang, Wei *et* Yang, 2008

Oxycera guizhouensis Yang, Wei *et* Yang, 2008. Ent. News 119(2)：204. Type locality：China：Guizhou.

雄 体长 6.5 mm,翅长 5.0 mm。

头部亮黑。头部的毛灰白色,但单眼瘤和复眼之间的额无毛;后头被长而密的灰白色毛;复眼棕色,具稀疏但很明显的毛;额缘和侧颜具浓密的灰白色毛。颜黑色,中央毛稀疏;下部较上部的毛长而浓密。触角柄节和梗节褐色或暗棕色,具稀疏的黄毛,均呈杯状,鞭节黄棕色。触角柄节、梗节、鞭节(除去触角芒)的长比为 1：1：2;宽比为 1：1.8：1.8。触角芒黑色,长为鞭节其余部分的 2 倍。喙黄色,具稀疏的黄色长毛;下颚须黑色。

胸部全为黑色,具白色毛。小盾片黑色,上面的刺棕黄色,顶端黑色。小盾片上的刺长是小盾片的 2/3 倍。翅透明,翅脉褐色,R_{2+3} 脉从 r-m 横脉处发出。足大部分被黑毛,但股节末端和胫节两端棕黄色,中后足第 1～2 跗节淡黄色。平衡棒柄黑褐色,球部绿色。

腹部全为黑色,被灰白色毛。雄性外生殖器:生殖基节后缘稍突起,阳茎复合体端部分 3 叶,各叶均细瘦,但明显分开。

雌 体长 6.4 mm,翅长 5.4 mm。和雄虫类似,主要区别如下:头部被灰白色毛;复眼远离,复眼后有较宽的眼后眶,后缘整个黑色;额具两对小黄斑,上面的一对与单眼瘤接近;肩胛有很小的黄斑;小盾片上的刺退化或不发达,仅剩下刺痕。

分布 贵州(荔波)。

讨论 该种与黔盾刺水虻 *O. qiana* Yang, Wei *et* Yang 相似,但复眼被稀疏的毛;雌虫额有 2 对黄斑。而后者复眼被浓密的毛;雌虫额有 1 对砖红色纵斑。

(342)刘氏盾刺水虻 *Oxycera liui* Li, Zhang *et* Yang, 2009(图版 100)

Oxycera liui Li, Zhang *et* Yang, 2009. Trans. Am. Ent. Soc. 125(3)：384. Type locality：China：Ningxia.

雄 体长 6.6 mm,翅长 5.4 mm。

头部亮黑。头部的毛浅色;复眼有极稀疏的棕色短毛。复眼在额相接。触角棕黄色,柄节黑色;触角芒(端部破损)黑色,基部棕黄色。触角柄节、梗节、鞭节(除去触角芒)的长比为 4：5.5：11。宽比为 5：7：7.5。喙棕黑色,有一些浅色毛;下颚须棕色,被浅色毛。

胸部亮黑;翅后胛有一对小的暗棕黄色斑。小盾片黑色,下后缘两刺之间暗黄色;刺(端部破损)暗黄色。中侧片后上方黄色。胸部毛浅色,但小盾片的毛主要黑色。足黑色,但股节端部黄色,胫节两端棕黄色;跗节黑色,但中后足第 1～2 跗节浅黄色。足上的毛大部分浅色。翅透明,但 R_1 室暗黄色;翅脉深棕黄色,R_4 脉存在。平衡棒黄色,柄深棕色。

腹部全部近亮黑,没有任何黄斑。腹部的毛浅色。外生殖器:第 9 背板宽大于长,基部明显切口;尾须短厚,端部钝;生殖基节突细长;生殖刺突相当宽,后缘强烈突出;阳茎分为 3叶,中叶比侧叶稍厚。

雌 未知。

观察标本 1♂,宁夏泾源凉殿峡,2 000 m,2008.Ⅶ.4,刘经贤(CAU);1♂,四川峨眉山,1 783 m,1957.Ⅵ.26,朱复兴(IZCAS);1♂,陕西留坝,1 500～1 650 m,1998.Ⅶ.22,陈军(IZCAS);1♂,甘肃舟曲,2 400 m,1999.Ⅶ.14,姚建(IZCAS)。

分布 陕西(留坝)、宁夏(泾源)、甘肃(舟曲)、四川(峨眉山)。

讨论 该种与宁夏盾刺水虻 *O. ningxiaensis* Yang, Yu *et* Yang 相似,但翅透明;小盾片黑色,但两刺之间的后缘暗黄色。而后者翅全烟棕色;小盾片黑色,两刺之间没有暗黄色后缘。

(343)双斑盾刺水虻 *Oxycera laniger* (Séguy, 1934) (图 296;图版 101)

Hermione laniger Séguy, 1934. Encycl. Ent. B(Ⅱ). Dipt. 7：2. Type locality：China：Xizang.

雄 体长 7.6～8.2 mm,翅长 6.9～7.3 mm。

头部全黑。头部被浅色毛,但单眼瘤和复眼之间的中纵缝有黑毛。复眼为接眼,黑棕色,被有浓密的长黑毛。触角黄棕色到红棕色,柄节和梗节黑色发亮,被浅色毛;鞭节黄色,有极短的白绒簇。触角柄节、梗节和鞭节(除去触角芒)的长比为 100：100：237,宽比为 74：102：119;触角芒(第 5～6 鞭节)(包括末端的毛)是鞭节其余部分的 1.4～1.7 倍。喙黑棕色,被浅色毛。

胸部黑色,有亮黄斑。肩胛黄色,中侧片上缘黄色,背板中部横缝前方有长条状黄斑,翅基部的黄斑与背板横缝处的黄斑相连;背板有金黄色且直立的长毛,腹板有稍长的银白色毛。小盾片黄色,但两刺之间及之后棕色到深棕色,有黑色长毛;刺直立,黄棕色到棕色,末端黑色;刺长约为小盾片的 3 倍。各足基节、转节、股节全为黑色,仅中足和后足股节基部带棕色;胫节棕色,中部稍带黑色;前足跗节全为黑色,中后足跗节末 3 节黑色,其他各节棕色。足上的毛大体上为黄色。翅烟色,但基部、后部和翅尖色浅;R_4 和 R_5 之间的翅缘长度是 R_4 和 R_{2+3} 之间长度的 0.6～0.8 倍。平衡棒柄黄棕色到棕色,球部奶黄色。

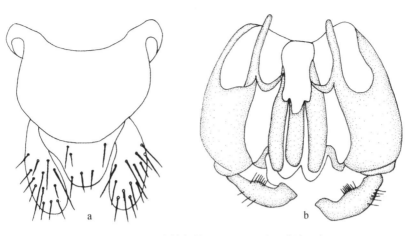

图 296 双斑盾刺水虻 *Oxycera laniger* (Séguy)

a. 第 9～10 背板和尾须,背视(tergites 9～10 and cerci, dorsal view);b. 生殖体,背视
(genital capsule, dorsal view)。

腹部黑色,有数对黄斑:第 3 背板两侧各有一个斜的红棕色斑;第 5 背板末端有一个斑,斑与腹部的黄色侧缘相连;第 2～3 腹板中间黄色。腹部被浅色毛,但背板有些黑毛。雄性外生殖器:生殖刺突内缘稍内凹;阳茎复合体分 3 叶,中叶稍短于侧叶;生殖基节腹面愈合部中突有一个"V"形凹陷。

雌 体长 7.7～8.1 mm,翅长 7.9～8.2 mm。

体色和斑等特征与雄虫类似,主要区别如下:复眼为离眼,黑色发亮,有短的棕色毛;眼后眶(除了前上部)黄色,光亮,眼后眶后半部有银白色粉被。头部亮黑,但额和颜有大面积的黄色纵斑。颜中部黑色,两侧大部分明黄色,有浓密的银白色粉被;颊和复眼边缘的下后头区也有银色粉被。额和颜被稀疏的白色毛。触角柄节黑色,其他各节黄棕色。触角柄节、梗节和鞭节(除去触角芒)的长比为 102(83～120)：100：317(267～360),宽比为 84：124：137;触角芒(第 5～6 鞭节)(包括末端的毛)是鞭节其余部分的 1.1～1.4 倍。前足基跗节黄棕色。R_4 和 R_5 之间的翅缘长度是 R_4 和 R_{2+3} 之间长度的 0.6 倍。

观察标本 1♂,甘肃文县,1 700 m,1980.Ⅷ.7,杨集昆(CAU);1♂,西藏波密结达3 050 m,1978.Ⅶ.16,李法圣(CAU);2♀♀,贵州花溪 1 000 m,1981.Ⅴ.23,杨集昆(CAU);1♂,西藏察雅吉塘,3 600 m,1976.Ⅷ.24,韩寅恒(IZCAS);1♂,西藏察雅吉塘,3 600 m,1976.Ⅶ.249,韩寅恒(IZCAS);1♂,西藏察雅吉塘,3 600 m,1976.Ⅷ.24,韩寅恒(IZCAS);2♀♀,西藏察雅吉塘,3 600 m,1976.Ⅶ.8,韩寅恒(IZCAS);1♀,西藏哈密,2 750 m,1982.Ⅷ.28,韩寅恒(IZCAS);2♀♀,云南小中甸,3 200 m,1984.Ⅶ.30,王书永(IZCAS);1♀,云南小中甸,3 200 m,1984.Ⅷ.2,王书永(IZCAS);1♀,云南宁蒗泸沽湖,3 352 m,2010.Ⅵ.3,杨干燕(IZCAS);1♀,云南泸水,2 500 m,1981.Ⅵ.4,王书永(IZCAS);1♀,云南中甸,3 150 m,1981.Ⅷ.4,王书永(IZCAS);1♀,四川青城山,1 000 m,1979.Ⅴ.20,高平(IZCAS);1♀,湖北神农架,1980.Ⅶ.19,虞佩玉(IZCAS);1♀,陕西佛坪,1 750～2 150 m,1999.Ⅵ.28,姚建(IZCAS)。

分布 甘肃(文县)、西藏(波密、察雅吉塘、哈密)、云南(泸水、小中甸、中甸、宁蒗)、西藏、湖北(神农架)、陕西(佛坪)、四川(青城山)四川、贵州(花溪)。

讨论 该种与罗氏盾刺水虻 *O. rozkosnyi* Yang, Yu et Yang 相似,但腹部有一对斜向内上方的侧斑;雌虫额有一对大的黄色纵斑。而后者腹部有两对侧斑,雌虫额触角上方有 3 对黄斑,额与复眼的交界处左右各有 1 个三角形黄斑。

(344)李氏盾刺水虻 *Oxycera lii* Yang et Nagatomi, 1993(图 297;图版 102)

Oxycera lii Yang et Nagatomi, 1993. South Pacific study 13(2):144. Type locality: China:Guizhou, Huaxi.

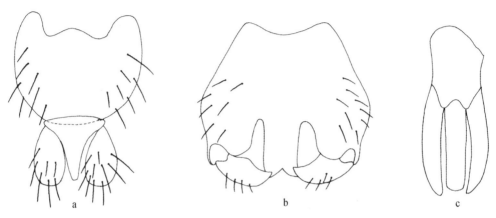

图 297 李氏盾刺水虻 *Oxycera lii* Yang et Nagatomi

a. 第 9～10 背板和尾须,背视(tergites 9～10 and cerci, dorsal view);b. 生殖体,腹视(genital capsule, ventral view);c. 阳茎复合体,背视(aedeagal complex, dorsal view)。

雄 体长 3.0～3.5 mm,翅长 3.0 mm。

头部亮黑。复眼棕色,接眼,光裸,下半部小眼小而致密。上额三角包括单眼瘤黑色,裸,单眼黄棕色;下额三角黑棕色,近裸,仅两侧有稀疏短毛。颜黑棕色,被稀疏浅色毛,颜两侧与复眼交界处具浓密的银白色毛斑纵带;颊毛长而浓密。触角柄节和梗节黄色,均呈杯状,具稀疏的黄毛,鞭节黑色,有环状的灰白色毛斑,端部具芒,向下弯曲,芒长约为其他触角节的长;触角柄节、梗节、鞭节(除去触角芒)的长比为 1:1.2:3。喙黄色,具稀疏的黄色长毛。

胸部亮黑,背板和侧板具黄斑,胸部颜色和斑纹类似雌性,但小盾片颜色有区别:小盾片全黄色,具黄毛;刺黄褐色,顶端黑色,刺长是小盾片长的 1.5 倍。足和翅类似雌性。

腹部背板颜色和斑纹与雌虫有较大区别:背板主要黄色,具黑斑。第 1 腹板黑色,但前缘有一很窄的黄色横带,第 3～5 节背板黄色,具一前宽后窄的蘑菇形或"工"字形黑斑,腹末黑色;腹部腹板全黑色。雄性外生殖器:第 9 背板端部半圆形拱起,基部有两个内凹;尾须长卵圆形,端部圆;生殖基节宽稍大于长,近方形,基部窄,向端部渐宽,近端部侧缘外扩,生殖基节背面端突短,生殖基节腹面愈合部中突长,分叉;生殖刺突棒状,端部尖;阳茎复合体短粗,末端分 3 叶,裂深,中叶短于侧叶,侧叶末端细,中叶末端平钝。

雌 体长 4.1 mm,翅长 4.3 mm。

头部黑色,但额中上部两侧有 1 对"S"形黄绿色侧斑,向上延伸到单眼瘤。眼后斑黄绿色,很长,几乎覆盖了整个眼后眶,眼后眶中下部有浅色粉被,并有银白色长毛。颜和下额沿着复眼边缘的区域黄色,也有浅色粉被,但并不与眼后眶的粉被相连。头部被浅色毛;复眼为离眼,有稀疏的不明显的毛。触角黑色,但柄节和梗节黄色,被短的浅色毛。喙黄色被浅色毛。触角柄节、梗节和鞭节(除去触角芒)的长比为 67∶100∶267,宽比为 100∶133∶167;触角芒(第5～6鞭节)(包括末端的毛)是鞭节其余部分的 1.8 倍。

胸部黑色发亮,但背板有 2 对小而不明显的黄色中斑,其中一对黄色横斑正好位于横缝之前;肩胛和翅后胛黄色。小盾片基部黑色,端缘和侧缘黄绿色,刺黄棕色,稍倾斜,刺长约为小盾片长的长度;中侧片后上部黄色。背板有黄色短毛,腹板有稍长的银白色毛。足大致为黄色,但前足、后足基节亮黑色;后足胫节除了基部和端部外黑色;前足跗节、中足第 3～5 跗节、后足跗节带黑色。足被浅色毛,但前足跗节有黑毛。翅近透明,有黄色翅痣,左上部翅脉棕色,右下部翅脉与翅膜同色;R_4 缺失。平衡棒柄棕色,球部奶黄色。

腹部亮黑色,有数对黄绿色斑;第 1 背板基部黄色;第 2 背板中端部有黄色的三角形斑;第3、4 背板的侧斑大,斜条状;第 5 背板端部有个较大的近三角形斑。腹板全为黑色,腹部被浅色毛。

观察标本 正模♀,贵州花溪,1 000 m,1981.Ⅴ.22,李法圣(CAU);1♂,西藏察雅吉塘,1976.Ⅷ.16,韩寅恒(IZCAS);1♂2♀♀,西藏察雅吉塘,3 600 m,1976.Ⅶ.7,韩寅恒(IZCAS);1♂,西藏察雅吉塘,3 600 m,1976.Ⅷ.8,韩寅恒(IZCAS);1♀,西藏察雅吉塘,3 600 m,1976.Ⅷ.20,韩寅恒(IZCAS)。

分布 陕西、西藏(察雅吉塘)、四川、重庆、贵州(花溪)、云南。

讨论 该种与双斑盾刺水虻 O. laniger(Séguy)相似,但个体较小(4 mm 左右);R_4 缺失,股节全为黄色,小盾片上的刺倾斜,翅色全为近透明,腹部背板有 2 对黄色侧斑,雌虫额上部有延伸到单眼瘤的黄色侧条斑。而后者个体较大(8 mm 左右),R_4 存在,股节除了基部和端部外黑色,小盾片上的刺细长而呈水平状,翅色(除了雌虫中基半部和雄虫中端部和后缘外)明显加深,腹部背板有一对黄色侧斑,雌虫额上部没有黄色侧条斑(Yang et Nagatomi,1993)。

(345)梅氏盾刺水虻 *Oxycera meigenii* Staeger,1844(图版 103、图版 104)

Oxycera meigenii Staeger,1844. Stettin. Ent. Ztg. 5(12):410. Type locality:Denmark.

Oxycera fraterna Loew,1873. Syst. Beschr. bek. europ. zweifl. Insekt. 95. Type locality:Tajikistan.

Hermione caucasica Kertész,1916. Ann. Hist. Nat. Mus. Natl. Hung. 14(1):214. Type locality:Caucasus.

Hermione turkestanica Kertész,1916. Ann. Hist. Nat. Mus. Natl. Hung. 14(1):215. Type locality:Kazakhstan.

雄 体长 9.0 mm,翅长 8.0 mm。

头部大部分面积为复眼,复眼为接眼,灰黑色,被棕色毛。额三角形,柠檬黄色,有短的浅色毛。颜中间黑色,两侧柠檬黄色,与额的黄色相连。颊黑色,与颜均有浅色长毛。眼后眶上部不明显,但下部较宽,柠檬黄色。触角柄节和梗节黑色发亮,鞭节黑棕色,有极短的白绒簇;触角柄节、梗节和鞭节(不包括触角芒)的长比为 1∶1∶2.2;第 5～6 鞭节(包括末端的毛)是鞭节其余部分的 1.4 倍。喙浅黄色,被浅色毛。

胸部黑色,有数对柠檬黄色斑。背板除了小盾片黄色外,共有 4 对黄斑:背板前部肩胛及附近、背板中部横缝基部和端部、翅后胛各有一对黄斑;侧板有两对黄斑,分别位于翅基前和腹侧片上缘,其中翅基前的黄斑与背板横缝处的黄斑相连。背板有黑色短毛,但背板前缘和侧缘有浅色长毛,腹板有稍长的银白色毛。小盾片黄色,刺黄绿色,刺长约为小盾片的 1.3 倍。足也为黄黑相间的颜色:各足基节、转节、股节基半部全为黑色,股节端半部、胫节全为黄色,跗节黄棕到黑棕色。翅浅褐色,透明,翅脉棕色;具 R_4,M 脉均不到达翅缘。平衡棒浅黄色,但柄棕色。

腹部黑色,有数对黄斑:第 1 背板基部黄色;第 2 背板两侧各有一个楔形的黄斑;第 3、4 背板两侧有向中上方倾斜的长条状黄斑;第 5 背板中后部有半圆形黄斑。第 2 腹板中间有黄斑,第 3 腹板有 3 个小黄斑。雄性外生殖器:第 9 背板弯月形,端部半圆形拱起,背板端半部中间有浓密的刺,基部半圆形内凹;尾须长卵圆形,基部窄,端部圆;生殖基节长约等于宽,近方形,基部窄,中部侧缘外扩,生殖基节背面端突不明显,生殖基节腹面愈合部中突长,中部内凹;生殖刺突背视块状,后缘突出;阳茎复合体短,末端分 2 叶,裂深,末端圆钝。

雌 体长 11.0 mm,翅长 9.0 mm。

体色和斑纹等特征与雄虫类似,主要区别如下:复眼为离眼,黑色,光裸,眼后眶宽,黄色发亮,仅在头顶左右各有一个楔形黑斑。头部亮黑,但额和颜两侧有大面积的柠檬黄斑;黄斑外侧与复眼相连,内侧到达触角基部,使额和颜中部形成稍宽于触角间距的黑色纵条。触角黑棕色,但梗节端部和第 1 鞭节基部黄棕色。腹部第 1 背板除了基部黄色外,中部也有小黄斑。

观察标本 1♀,宁夏龙德峰台,2 280 m,2008.Ⅵ.28,张婷婷(CAU);1♂,宁夏泾源凉殿峡,2 000 m,2008.Ⅶ.4,刘经贤(CAU);1♂,新疆明遥路,1 790 m,1959.Ⅶ.8,李常庆(IZCAS);5♂♂,新疆阿克陶,2 950 m,1989.Ⅶ.10,张学忠(IZCAS);1♂1♀,新疆塔什,3 550 m,1989.Ⅶ.11,张学忠(IZCAS);1♂,新疆昭苏,1 650 m,1957.Ⅶ.10,汪广(IZCAS);2♂♂,新疆吐鲁番,360 m,1967.Ⅷ.25,陈永林(IZCAS);1♂,新疆明遥路,1 790 m,1959.Ⅵ.20,李常庆(IZCAS);1♂,新疆富蕴,1 200 m,1960.Ⅷ.11,王书永(IZCAS);3♀♀,新疆和田,1959.Ⅵ.3,王书永(IZCAS);1♀,新疆哈密,1981.Ⅶ,王士来(IZCAS);1♀,新疆波斯坦铁列克,2 500 m,1959.Ⅶ.9,王书永(IZCAS);1♀,甘肃肃南,2 250 m,1957.Ⅷ.19,张毅然(IZCAS)。

分布 中国内蒙古、新疆(阿克陶、哈密、明遥路、昭苏、和田、波斯坦铁列克、塔什、吐鲁番、富蕴)、宁夏(隆德、泾源)、甘肃(肃南);古北界。

讨论 该种与李氏盾刺水虻 O. lii Yang et Nagatomi 相似,但胸部背板中央具 1 对大而明显的黄斑;R_4 存在;小盾片全黄色;额和颜两侧有大面积的长条形黄绿色侧斑。而后者胸部背板中央具 2 对小的黄斑;R_4 缺失;小盾片黑色,但边缘黄色;额中上部两侧有 1 对"S"形黄绿色侧斑。

(346)小黑盾刺水虻 *Oxycera micronigra* Yang, Wei *et* Yang, 2009

Oxycera micronigra Yang, Wei *et* Yang, 2009. Zootaxa 2299:23. Type locality: China:Guizhou.

雌 体长 3.5～3.8 mm,翅长 2.5 mm。

头部亮黑;额侧缘接近平行,几乎全为黑色,左右两侧各有一个小的红棕色斑。颜黑色,中间有黑毛,与复眼交界处有白毛。复眼为离眼,黑棕色,光裸;复眼后有宽的眼后眶。触角黄棕色,柄节短;梗节中部稍膨大,为柄节长的 2 倍;第 1～4 鞭节组成纺锤状结构,芒长约等于其余触角长。

胸部黑色发亮,仅小盾片后缘和刺黄色,刺端部黑色。翅基前下方的中侧片有一个小黄斑。足黄色,但前足胫节、前足跗节以及后足胫节端半部黑色。翅透明,翅痣黄色,翅脉黄色到棕色;R_4 缺失,盘室及从它发出的翅脉模糊不清。平衡棒黄绿色。

腹部黑色,被稀疏的白毛,左右两侧各有一个窄的黄色侧斑,从第 3 背板后缘一直延伸到第 4 背板后缘,第 5 背板端缘黄色。

雄 未知。

分布 重庆、贵州。

讨论 该种与大理盾刺水虻 *O. daliensis* Zhang,Li *et* Yang 以及基盾刺水虻 *O. basalis* Zhang,Li *et* Yang 相似,但 R_4 缺失,个体较小,一般不超过 4 mm。而后者 R_4 存在,个体较大,一般超过 6 mm。

(347)宁夏盾刺水虻 *Oxycera ningxiaensis* Yang,Yu *et* Yang,2012(图 298)

Oxycera ningxiaensis Yang,Yu *et* Yang,2012. Zookeys 198:73. Type locality:China:Ningxia.

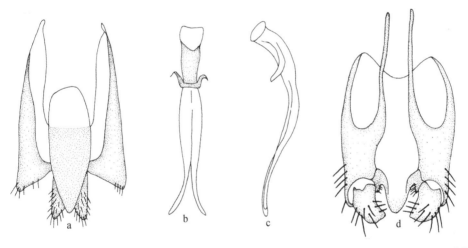

图 298　宁夏盾刺水虻 *Oxycera ningxiaensis* Yang,Yu *et* Yang(据 Yang,Yu *et* Yang,2012 重绘)
a. 第 9～10 背板和尾须,背视(tergites 9～10 and cerci,dorsal view);b. 阳茎复合体,背视(aedeagal complex,dorsal view);c. 阳茎复合体,侧视(aedeagal complex,lateral view);d. 生殖体,背视(genital capsule,dorsal view)。

雄 体长 4.8～5.2 mm,翅长 4.3～5.0 mm。

头部黑色发亮。额和颜黑色,几乎光裸,但下颜和复眼交界处有银白色的毛斑。复眼为接眼,红棕色,裸,下部小眼明显小。单眼瘤黑色,有黑毛。后头亮黑,被黑毛。触角黑色,柄节、梗节和鞭节(不包括触角芒)的长比为 3:5:10;触角芒长约为其余触角节的长度。喙浅黄色,被浅色毛。

胸部大部分亮黑,被黑毛。肩胛、翅后胛、小盾片刺及前胸侧板窄的上缘黄色。小盾片刺短,约为小盾片长的 1/4。足大部分黑色,但股节和胫节基部和端部黄色,中足和后足基跗节黄色。足被黄色短毛。翅烟棕色,翅痣和翅脉暗棕色;R_4 存在。平衡棒黄色,但基部暗棕色。

腹部亮黑,第 1～2 背板有浓密的黑毛,第 3～5 背板有稀疏的浅色毛,腹板毛和背板类似。

雄性外生殖器:第9背板梯形,基部窄于端部;第10背板长卵形,基部圆钝;阳茎复合体分2叶,基部膨大,端部变尖。

雌 未知。

分布 宁夏(六盘山)。

讨论 该种与刘氏盾刺水虻 *O. liui* Li,Zhang *et* Yang 相似,但翅全烟棕色;小盾片黑色,两刺之间没有暗黄色后缘。而后者翅透明;小盾片黑色,但两刺之间的后缘暗黄色。

(348)罗氏盾刺水虻 *Oxycera rozkosnyi* Yang, Yu *et* Yang, 2012

Oxycera rozkosnyi Yang, Yu *et* Yang, 2012. Zookeys 198:74. Type locality:China:Ningxia.

雌 体长 6.3 mm,翅长 5.6 mm。

头部亮黑,有黄斑,被浅色毛。额在触角上方有3对黄斑,额与复眼的交界处左右各有1个三角形黄斑,额沿复眼有纵长的白色毛斑带。复眼被稀疏的棕色短毛。眼后眶上部有一个椭圆形的黄斑,后颊有近三角形的斑。触角黄棕色,但柄节和梗节基部深棕色;柄节、梗节和鞭节(不包括触角芒)的长比为 1:1.5:4,相对宽比为 5:7:9;触角芒长约为其余触角节长的0.9倍。喙黄色,被浅色毛。

胸部背板包括肩胛亮黑,有浅黄毛,翅后胛有小的近三角形的黄斑。小盾片黄色,被稀疏的黄毛;刺黄色,端部黑色。侧板从肩胛到翅后胛有窄的黄色上缘,侧板均被浅色毛。足基节和股节基部 4/5 黑色,第 3~5 跗节深棕色到黑色,其余黄棕色。翅透明,翅脉浅黄色到黄棕色,R₄ 存在。平衡棒黄色,基部深棕色。

腹部亮黑,有黄斑:第1背板基部有大黄斑,第3、4节各有一对黄色侧斑,第5背板有黄色端斑。背板有浓密的刻点和稀疏的毛。腹板全黑色,被浅色毛。

雄 未知。

分布 宁夏(六盘山)。

讨论 该种与双斑盾刺水虻 *O. laniger* (Séguy)相似,但腹部有两对侧斑,雌虫额触角上方有3对黄斑,额与复眼的交界处左右各有1个三角形黄斑。而后者腹部有一对斜向内上方的侧斑;雌虫额有一对大的黄色纵斑。

(349)黔盾刺水虻 *Oxycera qiana* Yang, Wei *et* Yang, 2009

Oxycera qiana Yang, Wei *et* Yang, 2009. Zootaxa 2299:20. Type locality:China:Guizhou.

雄 体长 6.5~6.8 mm,翅长 5.0 mm。

头部黑色,被浓密的黑毛。复眼为接眼,暗棕色,被浓密的黑毛,额和颜黑色发亮,有黑色长毛。触角柄节和梗节暗棕色,具黑毛;柄节柱状,长约为梗节的 1.5 倍;鞭节红棕色,基部 4节组成纺锤状结构,芒是其余触角节的 1.2 倍。

胸黑色发亮,被黑色长毛,仅小盾片上的刺黄色。胸部背板和小盾片有浓密的刻点。翅浅棕色,翅痣和翅脉黄色。足黑色,被短的黑毛,但股节基部、胫节基部和端部有黄棕色环,前足跗节暗棕色,中后足跗节黄棕色。平衡棒黄绿色。

腹部黑色发亮,背板近光裸,仅侧缘具黑色长毛,腹板被白色短毛。雄性外生殖器:第9背板侧缘被长毛,生殖刺突小而光裸,阳茎复合体长而粗,端部分 3 叶。

雌 体长 5.5～6.0 mm,翅长 5.0 mm。

大部分特征类似雄虫,但复眼为离眼,眼后眶上半部砖红色,下半部白色。额有一对砖红色纵斑,颜和复眼交界处有白色短绒毛,额和颜有中纵沟。头部被稀疏的毛。中侧片上缘、肩胛和翅后胛黄色,盾片有很短的棕色毛。

分布 重庆、贵州。

讨论 该种很容易与本属其他种类以如下特征进行区分:雄虫头部和胸部被浓密的黑毛,雄性外生殖器形状独特:生殖体端半部逐渐变窄,后缘中部有一个深的凹陷,生殖基节突远超出生殖体边缘,阳茎复合体分 3 叶,侧叶明显短于中叶。雌虫额有一对大的砖红色纵斑。而该属其他种类头被短而稀疏的毛,胸部和腹部主要为倒伏毛;雌虫一般有小的红棕色斑(Yang,Wei *et* Yang,2009)。

(350)青海盾刺水虻 *Oxycera qinghensis* **Yang** *et* **Nagatomi,1993**(图 299;图版 105)

Oxycera qinghensis Yang *et* Nagatomi,1993. South Pacific study 13(2):144. Type locality:China:Qinghai, Xining.

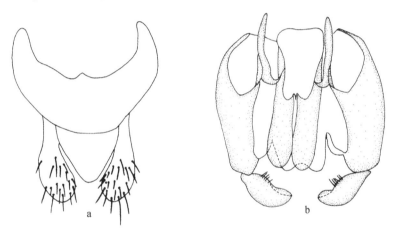

图 299 青海盾刺水虻 *Oxycera qinghensis* **Yang** *et* **Nagatomi**
a. 第 9～10 背板和尾须,背视(tergites 9～10 and cerci, dorsal view);b. 生殖体,
背视(genital capsule, dorsal view)。

雄 体长 7.3 mm,翅长 8.1 mm。

头部黑色,但额除了触角基部上方有一个小的三角形的黑斑外,额三角黄色,上颜侧面有黄色宽条斑;但下半部宽,有一个短的黄色条斑(条斑的宽度和柄节的长度几乎相等)。头部被浅色毛,但单眼瘤和复眼间的中纵缝有黑毛;复眼有浓密而明显的黑毛。触角黑色,但触角芒端部红棕色;柄节和梗节被浅色毛。触角柄节、梗节和鞭节(除去触角芒)的长比为 90：100：220,宽比为 80：120：120;触角芒(第 5～6 鞭节)(包括末端的毛)是鞭节其余部分的 1.8 倍。喙黄色,被浅色毛。

胸部黑色,但中胸背板有一对黄色纵条斑,条斑前部与肩胛的黄斑相连,后部一直延伸到横缝。背板横缝前有一对大的黄斑,还有一对大的后侧斑(包括翅后胛)。小盾片黄色,但边缘和穿过刺的细横带黑色;小盾片上的刺黑棕色到黑色。中侧片前上部有一个小的黄斑,后上部有一个大的黄斑。胸部被浅色毛,但中胸背板有些黑毛。足黑色,但股节端部黄色;胫节黄色,近端部或中部有相当不明显的黑色斑;跗节黑色,但中足和后足基跗节黄棕色;足被浅色毛。翅近透明,翅痣和翅脉黄色;R_4 和 R_5 之间的翅缘长度是 R_4 和 R_{2+3} 之间长度的 0.4 倍。

腹部黑色。第 2~4 背板两侧各有一个黄色侧斑,第 5 背板端部有半圆形黄斑;腹板黑色,但第 2 腹板中间有黄斑。腹部被浅色毛,但背板有些短的黑毛。雄性外生殖器:生殖刺突后半部稍内凹;阳茎复合体分 2 叶;生殖基节腹面愈合部中突有一个近"U"形的凹陷。

雌 未知。

观察标本 1♂,青海西宁,1950.Ⅶ.21,陆宝麟,杨集昆(CAU);1♂,内蒙古四子王旗,1971.Ⅶ.26,采集人不详(IZCAS)。

分布 青海(西宁)、内蒙古(四子王旗)。

讨论 该种与黄斑盾刺水虻 *O. flavimaculata* Li, Zhang *et* Yang 相似,胸部背板中央的黄色纵条带都不超过横缝,但胸背板上的条带宽,中间不间断,前缘与肩胛黄斑相连,后缘到达横缝;腹部第 2 背板有侧斑。而后者胸背板上的条带细,中间间断,前缘不与肩胛黄斑相连,后缘不到达横缝;腹部第 2 背板无侧斑。

(351)四斑盾刺水虻 *Oxycera quadripartita* (Lindner, 1940)(图版 106)

Hermione quadripartita Lindner, 1940. Dtsch. Ent. Z. 1939(1-4):33. Type locality: China: Fujian.

雌 体长 9.4~10.1 mm,翅长 7.8~8.2 mm。头部黑色。额亮黑,有 4 个黄斑,分别位于上额和下额中纵缝左右两侧,额被稀疏的黑色短毛。颜亮黑,左右两侧与复眼交界处有宽的银白粉纵条斑,颜被稀疏的白毛。复眼黑灰色,有稀疏的浅色短毛;眼后眶上半部亮黄色,下半部被银白粉。触角黄色,触角柄节、梗节和鞭节(除去触角芒)的长比为 3:4:10,触角芒(第 5~6 鞭节)(包括末端的毛)是鞭节其余部分的 1.5 倍。喙小,黄色,被浅色毛。

胸部黑色,肩胛和翅后胛黄色,背侧缝下(中侧片上缘)有连接肩胛和翅后胛的黄色横带,黄色在翅基前变成一个长圆斑;小盾片黑色,但后缘及腹面、小盾片刺黄色,端点黑色。胸背板被金黄色倒伏短毛,侧板被银白色倒伏短毛。前足基节和转节黑色,股节黄色,但腹面稍带黑色,胫节外侧黄色,中部有棕色环,胫节内侧黑色,仅基部黄色,跗节黑棕色;中足颜色类似前足,但胫节黑色区少,且中足跗节浅黄色,仅末节色深;后足颜色同中足,但转节黄色。翅透明,翅脉和翅痣黄色,R_4 存在。平衡棒白色,基部色深。

腹部背板和腹板黑色,但第 5 背板端半部黄白色,背板背极短的浅色毛。

雄 未知。

观察标本 1♀,浙江凤阳山,1 470 m,2007.Ⅷ.24,刘胜龙(CAU)。

分布 陕西、浙江(凤阳山)、福建。

讨论 该种与好盾刺水虻 *O. excellens* (Kertész)相似,但股节黄色,近端部有宽的黑棕色环,胫节特别是前足和中足胫节颜色加深,前足跗节黑棕色,中足和后足跗节白色(除了第 5 跗节色深),额有 4 个黄斑,眼后眶黄色。而后者股节红棕色,胫节近中部有红棕色的细环,端部黄色,前足跗节黑棕色,中足跗节黄棕色,后足跗节黄白色,下额有 2 对小黄斑,眼后眶黑色(Yang, 1993)。

（352）中华盾刺水虻 *Oxycera sinica*（Pleske，1925）（图 300；图版 107）

Hermione（*Macroxycrea*）*meigeni* ssp. *sinica* Pleske，1925. Encycl. Ent. B（Ⅱ）. Dipt. 1(3-4):174. Type locality：China：Gansu.

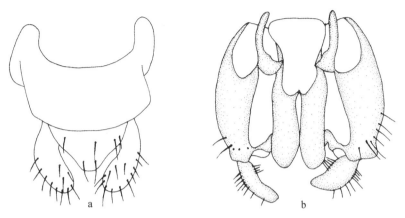

图 300　中华盾刺水虻 *Oxycera sinica* Pleske

a. 第 9～10 背板和尾须，背视（tergites 9～10 and cerci，dorsal view）；b. 生殖体，背视（genital capsule，dorsal view）。

雄　体长 7.3 mm，翅长 7.0 mm。

头部黑色，但额除了触角基部上方有一个小的三角形黑斑外，额三角黄色，颜侧面有黄色宽条斑；头部有一个长的眼后黄色条斑，条斑的宽度远大于触角柄节的长度（条斑的上端和单眼瘤明显分离）。头部被浅色毛，但单眼瘤和复眼间的中纵缝有黑毛；复眼有稀疏而明显的毛。触角黑色，但触角芒端部红棕色；柄节和梗节被浅色毛。触角柄节、梗节和鞭节（除去触角芒）的长比为 67：100：250，宽比为 67：83：83；触角芒（第 5～6 鞭节）（包括末端的毛）是鞭节其余部分的 1.3 倍。侧面观眼后的下后头区很发达。喙黄色，被浅色毛。

胸部黑色，但中胸背板有一对黄色纵条斑，条斑前部与肩胛的黄斑相连，后部一直延伸到横缝。背侧板上在横缝前有一对大的黄侧斑，还有一对大的后侧斑（包括翅后胛）。中侧片前上方有一个小黄斑，后上方有一个大的黄斑；腹侧片后上方有一个小的黄斑；后胸侧板后上角有一个小黄斑；小盾片黄色，小盾片上的刺黄色，但端部黑色。胸部被浅色毛，但中胸背板和小盾片有些短的黑毛。足黑色，但前足股节端部黄色；中足和后足股节黄色，但除了端部外股节背侧色深；胫节黄色（背侧中部或近端部带点黑色）；后足基跗节和中足基跗节基部红棕色。足被浅色毛，但跗节有些黑毛。翅近透明，翅痣黄色；翅脉黄色到黄棕色；R_4 和 R_5 之间的翅缘长度是 R_4 和 R_{2+3} 之间长度的 0.6 倍。平衡棒柄棕色，球部黄色。

腹部黑色。第 2～4 背板两侧各有一个黄色侧斑，侧斑与腹板的黄色侧缘相连；第 5 背板端部有半圆形黄斑；腹板黑色，但第 2～3 腹板中间有黄斑，第 2 腹板也有一些小的黄色后侧斑。腹部被浅色毛，但背板也有一些短的黑毛。雄性外生殖器：生殖刺突后半部稍内凹；阳茎复合体分 2 叶；生殖基节腹面愈合部中突有一个近"V"形的凹陷。

雌　未知。

观察标本　1♂，新疆阿克陶恰尔隆，2 950 m，1989.Ⅶ.8，张学忠（IZCAS）。

分布 甘肃、新疆(阿克陶)。

讨论 该种与三斑盾刺水虻 *O. trilineata* (Linnaeus)相似,但雄虫额主要黄色,触角上方的额有个小黑斑;胸部黄斑超过横缝,但不到达胸背板后缘;腹部主要黑色,有黄色侧斑。而后者雄虫额全为黄色;胸部黄斑到达胸背板后缘;腹部主要黄绿色,有黑斑。

(353)斑盾刺水虻 *Oxycera signata* **Brunetti, 1920**(图版16、图版108)

Oxycera signata Brunetti *in* Shipley, A. E. (ed.), 1920. Fauna British India, including Ceylon and Burma. Diptera, Brachycera 1. P. 54. Type locality:India.

雄 体长6.0 mm,翅长5.0~5.5 mm。

头部黑色发亮,被黑毛;复眼为接眼,暗棕色,被浓密的黑毛。触角黑色,端缘有黑毛,柄节和梗节约等长,鞭节基部4节形成纺锤状结构,末节芒状,长约为其他触角节总长;额和颜黑色发亮,几乎光裸,复眼边缘有白色粉被。

胸部黑色发亮,被浅灰色毛,但肩胛和翅后胛黄色;背板中央有1对黄色纵斑,纵斑在横缝处中断且和背板前后缘分离;背板侧缘从肩胛到横缝有一条宽的黄色横带;侧板上缘从肩胛到翅基有明显的黄色横带;小盾片主要为黄色,但后缘黑色,刺黄棕色。足股节基部2/3黑色,端部1/3黄色;前足胫节基半部黄棕色,端半部暗棕色;中足胫节黄棕色;后足胫节基部和端部黄棕色,中间部分黑色;前足跗节黑色,中足和后足跗节基部1~2节黄棕色,端部2节黑色。翅透明,翅脉和翅痣黄棕色。平衡棒黄色。

腹部黑色,但以下部分黄色:第1背板基部有窄的黄色横带,第2背板有窄的黄色侧缘,第3和第4背板两侧各有一个三角形黄斑,第4背板的黄斑较小,第5背板端部有1个小黄斑。雄性外生殖器小,阳茎复合体分2叶。

雌 体长5.5~6.0 mm,翅长5.0 mm。

大部分特征与雄虫类似,但有如下区别:复眼为离眼,有宽的眼后眶,额具一对宽的长带纵斑,与颜侧面的白色毛斑相连;触角黄棕色。胸部背板的黄色纵带前达背板前缘,后达翅后胛。腹部第1背板基部的黄斑大,近方形;第2节侧缘的黄斑较雄虫明显大;第3腹板中部还有一对圆形斑。

观察标本 1♀,西藏察雅吉塘,1976.Ⅷ.16,韩寅恒(IZCAS)。

分布 中国贵州(贵阳,花溪);印度。

讨论 该种与唐氏盾刺水虻 *O. tangi* Lindner 相似,但个体大(长约6.0 mm),雄虫腹部第3背板有1对黄色侧斑,雌虫第3背板有4个黄斑,雄虫阳茎复合体分2叶。而后者个体小(长约4.5 mm),雄虫和雌虫腹部第3背板均有黄色横带(偶尔一些雌虫个体中,横带分为3个斑),雄虫阳茎复合体分3叶(Yang, Wei 和 Yang, 2009)。

(354)唐氏盾刺水虻 *Oxycera tangi*(**Lindner, 1940**)(图301;图版109)

Hermione tangi Lindner, 1939. Dtsch. Ent. Z. 1939(1-4):34. Type locality:China, Shanxi.

雄 体长4.3 mm,翅长4.0 mm。

头部全为黑色。头部被浅色毛,但复眼间的中纵缝有黑毛;复眼几乎光裸或有非常短而稀疏的毛。额、颜两侧与复眼的交界处有浓密的银白色粉被,粉被与眼后眶下方的粉被相连。触

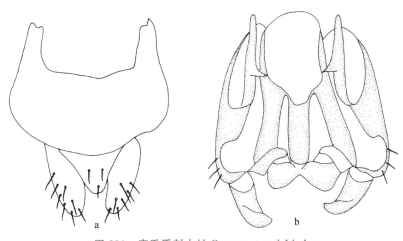

图 301 唐氏盾刺水虻 *Oxycera tangi* Lindner

a. 第 9～10 背板和尾须, 背视(tergites 9～10 and cerci, dorsal view); b. 生殖体, 背视
(genital capsule, dorsal view)。

角柄节和梗节黄色, 被浅色毛; 鞭节深棕色, 近腹面的部位黄色。触角柄节、梗节和鞭节(除去触角芒)的长比为 67：100：267, 宽比为 100：133：167; 触角芒(第 5～6 鞭节)(包括末端的毛)是鞭节其余部分的 1.5 倍。侧面观眼后的下后头区不发达, 几乎不可见。喙浅黄色, 被浅色毛。

胸部黑色, 但肩胛和翅后胛黄色; 中胸背板具一对纵条斑, 此斑向后与翅后胛的黄斑相连, 在中缝处有时中断; 中胸背板两侧横缝前具大的黄色斑, 此斑向前与肩胛相连, 此外后侧部还具与翅后胛相连的黄斑。侧板黑色, 但中侧片上缘具一个中部稍窄的黄色横带, 腹侧片上后部、翅侧片后上部和中部以及下侧片下部黄色。小盾片(除基部外)和小盾刺黄色。胸部被浅色毛。足黄色, 但前足和后足基节主要为黑色。足被浅色毛。翅透明, 翅痣黄色, 前部翅脉淡黄色, 后部翅脉与翅膜同色; R_4 和 R_5 之间的翅缘长度是 R_4 和 R_{2+3} 之间长度的 0.4 倍。平衡棒黄色。

腹部黑色, 有黄斑: 第 1 背板基部有一个小黄斑; 第 2 背板有一对窄的黄色侧条斑; 第 3～4 背板各有一个黄色横带, 第 4 背板上的横带窄细, 几近中断; 第 5 背板端部有一个黄斑。腹板黑色, 腹部被浅色毛, 但背板有些黑毛。雄性外生殖器: 生殖刺突内缘近端部稍内凹; 阳茎复合体分 3 叶, 中叶稍短于侧叶; 生殖基节腹面愈合部中突有一个 "V" 形的凹陷。

雌 体长 4.4 mm, 翅长 4.3 mm。

体色和斑纹等特征与雄虫类似, 主要区别在头部, 区别如下: 额前 2/3 左右两侧各有一个中间缢缩的长条状黄斑; 颜和额下 1/3 与复眼交界处有黄色侧条斑, 上有浓密的浅色粉被, 或多或少地与眼后眶的浅色粉被相连; 眼后眶(除了前上边缘有窄细、不明显的黑色外)全黄色; 头顶单眼瘤前有一个大的黄色三角形斑块。头部被浅色毛, 但额前 1/2 有黑毛。触角鞭节黄色, 但末端和触角芒棕到深棕色。触角柄节、梗节和鞭节(除去触角芒)的长比为 100：100：267, 宽比为 100：167：200; 触角芒(第 5～6 鞭节)(包括末端的毛)是鞭节其余部分的 1.5 倍。R_4 和 R_5 之间的翅缘长度是 R_4 和 R_{2+3} 之间长度的 0.7 倍。腹部第 3 背板有一个黄色横带, 横带或多或少分为 3 个斑, 第 4 背板上有类似的斑带, 但较宽, 中间间断。

观察标本 1♂, 北京香山, 1983.Ⅶ.18, 陈伟(CAU); 1♀, 山西沁水中条山, 1 500 m,

1981.Ⅷ.14,杨集昆(CAU)。

分布 中国北京(香山)、山西(沁水)、四川、贵州(贵阳);日本。

讨论 该种最早由 Lindner(1940)据来自山西的标本进行描述,杨定和 Nagatomi 在 1993年对雌虫特征进行了首次描述,并对雄虫的外生殖器特征进行了绘制。该种与斑盾刺水虻 *O. signata* Brunetti 相似,雄虫额全为黑色,但体较小,大约 4.5 mm;复眼被稀疏的毛;雌雄腹部第 3 背板有横向的黄斑带(极少数雌虫个体分为 3 个斑)。而后者个体较大,长约 6 mm;复眼被稀疏的毛;雄虫腹部第 3 背板有一对黄色侧斑,雌虫腹部第 3 背板有并排的 4 个黄斑。

(355)三斑盾刺水虻 *Oxycera trilineata*(Linnaeus,1767)(图版 110、图版 111)

Musca trilineata Linnaeus,1767. Syst. Nat. Ed. 12,1(2):980. Type locality:Sweden.

雄 体长 5.5~6.0 mm,翅长 5.5~6.5 mm。

复眼黑棕色,裸,上半部小眼面大,下半部小眼面小。触角上的下额三角黄色发亮,裸;上额三角包括单眼瘤黑色。颜主要黑色,但上颜中间黄色,沿复眼两侧有白色粉被组成的纵条斑。后头和颊黑色。眼后眶下 1/3 突出,沿复眼边缘有白色粉被。颜有浅色短毛,颊和后头有黑毛。触角黑棕色,触角柄节、梗节和鞭节的长比为 3∶4∶9,触角芒约为鞭节其余部分的长度。胸部和腹部斑纹与雌虫类似。雄性外生殖器:第 9 背板月牙形,基部半圆形内凹,端部半圆形凸出;生殖刺突棒状,端部尖,阳茎复合体分 3 叶,裂深,中叶稍短于侧叶。

雌 体长 4.3~5.4 mm,翅长 4.2~5.9 mm。

头部黄色,额中部有一个游离的黑色中纵斑,上额左右两侧与复眼交界处也有黑色侧条斑,条斑一直到达单眼瘤;单眼瘤、头顶、后头区(除了眼后眶)和唇基中部黑色,颜下部两侧各有一个大小不一的斑;颜及额的下 1/4 有浓密的浅色粉被,粉被与眼后眶的粉被相连。头部被浅色毛,复眼几乎裸或有非常短而稀疏的毛。触角柄节和梗节黄色,被浅色毛,鞭节端部和触角芒黄色到黄棕色。触角柄节、梗节和鞭节的长比为 80∶100∶224,宽比为 84∶136∶161;第 5~6 鞭节(包括末端的毛)是鞭节其余部分的 1.5~2.0 倍。喙黄色,被浅色毛。

胸部黄色;中胸背板有一个从前部一直延伸到后缘的黑色中纵斑,1 对长的黑色侧斑,横缝后 1 对小的黑斑;小盾片基缘黑色,刺端部黑棕色;侧板如下区域黑色:前胸侧板(除了一个斑点),中侧片前部和下部,腹侧片(除了后上部),后胸侧板后部,后小盾片;翅侧片下部也有黑色区。胸部被浅色毛。足黄色,被浅色毛。翅透明,有浅黄色翅痣,翅脉黄色;R_4 和 R_5 之间的翅缘长度是 R_4 和 R_{2+3} 之间长度的 0.7~1.0 倍。平衡棒黄色。

腹部黄色;第 1~4 背板有 3 条窄的节间黑条斑,前两个条斑在中部相连接;第 5 背板也有 1 条非常细的中央黑条斑,但经常中断或消失;第 2~4 腹板每节都有黑色的前侧斑,斑与侧缘很远地分离,黑斑大小和形状有变化,第 2 腹板上的黑斑常消失。腹部被浅色毛。雄性外生殖器:第 9 背板宽大于长,弯月形,端部半圆形拱起,基部半圆形内凹;尾须长卵圆形;生殖基节宽大于长,近方形,基部稍窄,生殖基节背面端突短;生殖刺突棒状,向末端渐尖细;阳茎复合体短粗,末端分 3 叶,末端均圆,中叶短于侧叶。

观察标本 1♂,宁夏泾源和尚铺,2 000 m,2008.Ⅵ.25,张婷婷(CAU);1♂1♀,宁夏泾源东山坡,2 100 m,2008.Ⅵ.21,张婷婷(CAU);2♂♂3♀♀,宁夏泾源和尚铺,2 000 m,2008.Ⅵ.26,张婷婷(CAU);1♀,宁夏隆德峰台,2 280 m,2008.Ⅵ.28,张婷婷(CAU);1♀,北京卧佛寺,1963.Ⅶ.7,杨集昆(CAU);1♀,陕西甘泉清泉沟,1971.Ⅶ.6,杨集昆(CAU);1♀,陕西甘

泉清泉镇,1971.Ⅴ.27,采集人不详(CAU);1♀,北京香山碧云寺,1957.Ⅵ.11,采集人不详(CAU);1♀,北京西山,1957.Ⅵ.10,应松鹤,李绍华(CAU);1♀,新疆青河,1 324 m,2009.Ⅷ.8,黄鑫磊(IZCAS);1♀,新疆昭苏,1 200 m,1957.Ⅷ.11,洪淳培(IZCAS);2♀♀,新疆昭苏,1 200 m,1957.Ⅷ.11,汪广(IZCAS);6♀♀,新疆青河,1 260 m,1960.Ⅶ.4,王书永(IZCAS);1♀,新疆沙湾砲台,350 m,1957.Ⅵ.17,洪淳培(IZCAS);1♀,新疆特克斯雅马图,690 m,1957.Ⅷ.4,汪广(IZCAS);1♀,新疆哈密,350 m,1981.Ⅵ,黄春梅(IZCAS);1♀,甘肃岷县,2 600 m,1998.Ⅷ.8,杨星科(IZCAS);1♀,北京八达岭,1972.Ⅶ.22,采集人不详(IZCAS);1♀,北京,1974.Ⅵ.27,周士秀(IZCAS)。

分布 中国北京、陕西(甘泉)、宁夏(泾源、隆德)、甘肃(岷县)、新疆(青河、昭苏、沙湾砲台、特克斯雅马图、哈密);欧洲,哈萨克斯坦,中亚,西伯利亚,土耳其,以色列,蒙古,北非。

讨论 该种与中华盾刺水虻 *O. sinica*(Pleske)相似,但雄虫额全为黄色;胸部黄斑到达胸背板后缘;腹部主要黄绿色,有黑斑。而后者雄虫额主要黄色,触角上方的额有个小黑斑;胸部黄斑超过横缝,但不到达胸背板后缘;腹部主要黑色,有黄色侧斑。

(356)立盾刺水虻 *Oxycera vertipila* Yang *et* Nagatomi,1993(图版 112)

Oxycera vertipila Yang *et* Nagatomi,1993. South Pacific Study 13(2):158. Type locality:China:Yunnan, Kunming.

雌 体长 8.2 mm,翅长 9.1 mm。

头部深棕色到黑色,下面区域有黄绿色斑块:上额有 1 对侧斑(位于中单眼下较远距离);下额和颜与复眼的交界处有浓密的浅色粉被;斑在上颜向内伸出,向下逐渐变细;眼后眶后上部有一个细长的斑;复眼下缘一个大的后头条斑,向下逐渐变细,但不与颜上的斑相连。头部被浅色毛,但额上 2/3 有黑毛。复眼有浓密的黑毛。触角深棕色到黑色,柄节和梗节被浅色和黑毛。触角柄节、梗节和鞭节的长比为 77:100:223;第 5~6 鞭节(包括末端的毛)是鞭节其余部分的 1.4 倍。喙黄棕色有浅色毛。

胸部黑色,但肩胛黄绿色。中胸背板具一对细的黄绿色纵条斑,但此斑在横缝处中断;两侧横缝前还具一个黄绿色大斑,但此斑不达肩胛;后侧部具大的方形黄绿色斑(包括翅后胛)。侧板黑色,但中侧片(除大的中上部外)、腹侧片后上部、翅侧片(除前上部和下部外)、下侧片及后胸侧板(除后部外)黄绿色。小盾片黑色,但小盾刺间具一条黄绿色窄带,刺后的小盾片中后部具一个大的黄绿斑。小盾刺直立,棕色,末端黑色。胸部被浅色毛,但中胸背板和小盾片上有部分黑毛。足深棕色到黑色,但中足和后足基跗节(除了端部)黄色。足有浅色毛,但跗节有些黑毛。翅稍带棕色,有棕色到深棕色翅痣;翅脉棕色到深棕色;R₄ 和 R₅ 之间的翅缘长度是 R₄ 和 R₂₊₃ 之间长度的 0.7 倍。平衡棒柄黄色到棕色,球部黄绿色。

腹部黑色,第 1~5 背板有 5 对黄绿色侧斑,侧斑与黄绿色侧缘相连,第 3~4 背板上的斑要大些;腹板深棕色,第 3~5 腹板侧缘黄色。腹部被浅色毛,但背板有些短的黑毛。

雄 未知。

观察标本 正模♀,昆明西山,1943.Ⅹ.17,采集人不详(CAU);1♀,四川峨眉山,800~1 000 m,1957.Ⅵ.11,卢佑才(IZCAS)。

分布 四川(峨眉山)、云南(昆明)。

讨论 该种与中华盾刺水虻 *O. sinica*(Pleske)和三斑盾刺水虻 *O. trilineata*(Linnaeus)

相似,但很容易以小盾片上的刺粗壮而直立,刺后区域大且后部突出等特征与它们区分(Yang 和 Nagatomi,1993)。

56. 丽额水虻属 *Prosopochrysa* de Meijere,1907

Prosopochrysa de Meijere,1907. Tijdschr. Ent. 50(4):220. Type species:*Chrysochlora vitripennis* Doleschall,1856.

属征 复眼裸,雄虫复眼不完全相接,被窄细的额分开。触角着生于瘤突上,触角上方额有横长的凹陷。单眼之间距离较近,没有明显的单眼瘤,眼后眶极窄。触角短,柄节和梗节等长,鞭节长约为前两节之和,鞭节可见 4 节,有端芒。胸部和腹部几乎等长,小盾片无刺,腹部可见节 5 节。

分布 古北界、东洋界。

讨论 该属目前世界已知 4 种,中国已知 2 种。

种 检 索 表

| 1. | 足基本黑色,但雄虫中后足股节基半部红棕色,跗节前两节黄棕色;雌虫中后足跗节前两节黄白色;腹部背板黑棕色 ⋯⋯⋯⋯⋯⋯⋯⋯⋯⋯⋯⋯⋯⋯⋯⋯⋯ 舟山丽额水虻 *O. chusanensis* |
| | 足全黑色;腹部背板紫黑色 ⋯⋯⋯⋯⋯⋯⋯⋯⋯⋯⋯⋯⋯⋯⋯⋯⋯⋯⋯⋯⋯ 中华丽额水虻 *O. sinensis* |

(357)舟山丽额水虻 *Prosopochrysa chusanensis* Ôuchi,1938(图版 16、图版 113、图版 114)

Prosopochrysa chusanensis Ôuchi,1938. J. Shanghai Sci. Inst,Section Ⅲ. 4:56. 13(2):144. Type locality:China:Zhejiang.

雄 体长 6.0 mm,翅长 5.0 mm。

头部大部分为复眼,复眼近接眼,棕色,小眼均匀,裸,没有明显的眼后眶。额中间狭小,两端为狭小的上额三角和稍大的下额三角,上额三角包括单眼瘤黑色,单眼棕色,有蓝绿色金属光泽,下额向前隆起呈瘤状,黑色,有紫色金属光泽。上下额三角均光裸无毛,但单眼瘤以及额中部复眼相接的狭小的部分有黑色长毛。颜和颊暗黑色,有刻点,被黑棕色长毛。触角柄节黑色,梗节黑棕色,柄节和梗节几乎等长,被稀疏的黑毛;鞭节黄色,有极短的白色绒毛簇,鞭节末节黑棕色,有黑色细长的刚毛状的触角芒;触角柄节、梗节和鞭节(不含触角芒)的长比为 2:2:5,芒长约为其余触角的 1.7 倍。喙棕色,有浅黄毛。

胸部黑色,有蓝绿色金属光泽;背板和侧板被白色长毛。小盾片近三角形,后缘窄,无刺。前足各节黑色;中足和后足股节基半部红棕色,端半部黑色;胫节黑色;基跗节长,跗节前两节黄棕色,其他各节黑色。翅无色,透明,前部翅脉淡黄色,后部翅脉与翅膜同色;R_4 和 M_3 缺失,盘室发出 2 条脉。平衡棒柄黑棕色,球部黄色,有的个体端部绿色。

腹部黑棕色,发亮;背板边缘及腹板基部有白色长毛。

雌 体长 6.0 mm,翅长 5.5 mm。

体色等特征与雄虫类似,主要区别在头部,区别如下:复眼为离眼,大部分小眼金色,裸。额向头顶渐窄,呈窄长的梯形,上额包括单眼瘤黑色发亮(单眼黄棕色),有中纵沟,有紫色金属光泽,从侧面看上额稍隆起;上额有稀疏的黑色短毛,单眼瘤后方有较长的黑色长毛;下额向前隆起,裸,黑棕色发亮。颜和颊黑色发亮,有蓝绿色金属光芒,被黑色长毛。前足各节黑色;中后足股节和胫节黑色,但跗节前2节明显黄白色,末3跗节黑色。其他特征类似雄虫。

观察标本 1♂,福建仙港,1974.Ⅺ.15,李法圣(CAU);1♀,北京清华农学院,1948.Ⅵ. 15,杨集昆(CAU);1♀,贵州罗甸,1981.Ⅴ.25,李法圣(CAU);1♀,海南那大,1974.Ⅻ.10,李法圣(CAU);1♀,云南保山,1 630 m,1981.Ⅴ.11,杨集昆(CAU);1♂,四川峨眉山,1 800~ 1 900 m,1957.Ⅷ.5,黄克仁(IZCAS);1♂,北京,1977.Ⅷ.26,周士秀(IZCAS);1♂,云南开远,1978.Ⅵ.2,史永善(IZCAS);1♂,云南景东,1957.Ⅴ.2,朱增浩(IZCAS);1♀,北京玉泉山,1955.Ⅵ.23,张毅然(IZCAS);1♀,北京玉泉山,1955.Ⅵ.17,张毅然(IZCAS);1♀,云南西双版纳,850 m,1958.Ⅷ.22,张毅然(IZCAS);1♀,云南墨江,1 300 m,1955.Ⅲ.23,布希克(IZCAS);1♀,云南景东,1957.Ⅴ.9,朱增浩(IZCAS);1♀,海南万宁,10 m,1960.Ⅳ.10,张学忠(IZCAS);2♀♀,海南营根,200 m,1960.Ⅴ.6,张学忠(IZCAS);1♀,湖南宜章,1974.Ⅵ. 29,王书永(IZCAS)。

分布 中国北京、四川(峨眉山)、重庆、贵州(罗甸)、云南(保山、景东、西双版纳、墨江、开远)、湖南(宜章)、浙江、福建(仙港)、海南(那大、万宁、营根);菲律宾。

讨论 该种和中华丽额水虻 *P. sinensis* Lindner 相似,但胸部黑色发亮,腹板黑棕色。而后者胸部有深绿色金属光泽,背板紫黑色。

(358)中华丽额水虻 *Prosopochrysa sinensis* **Lindner,1940**

Prosopochrysa sinensis Lindner,1940. Dtsch. Ent. Z. 1939(1-4):23. Type locality:China:Fujian.

雄 体长 5.0 mm。

复眼光裸无毛,额黑色,宽,中央有窄的纵沟,下部有紫色金属光泽,下额和下颜形成一个明显的瘤突,触角着生在突起最前端,下颜有绿色金属光泽。触角柄节和梗节几乎等长,黑色,鞭节棕色,鞭节基部亚节连接紧密,末节为基部稍粗的芒状。喙被黑毛。后头区黑色,眼后眶窄,窄于触角的宽度,发亮,部分被灰白色粉被或短毛。

胸深绿色,有金属光泽,中胸背板和小盾片被杂乱的白色短毛,但侧缘的毛长。足(跗节缺失)全黑色,被白色毛。翅透明,翅脉和翅痣黄色,R_4 和 M_3 缺失,r-m 和 m-cu 发达,R_{2+3} 靠近 R_1,后部的脉细弱,与翅面同色。

腹部紫黑色,发亮,被白毛,活体时第3和第4背板侧缘可能为橙黄色。

雌 未知。

分布 福建。

讨论 该种和舟山丽额水虻 *P. chusanensis* Ôuchi 相似,但胸部有深绿色金属光泽,背板紫黑色。而后者胸部黑色发亮,腹板黑棕色。

57. 对斑水虻属 *Rhaphiocerina* **Lindner,1936**

Rhaphiocerina Lindner,1936. Flieg. Palaearkt. Reg. 4(1):32. Type species:*Rhaphiocerina hakiensis* Matsumura,1936.

属征 体长 6～7 mm。雌雄复眼均光裸无毛,雄虫复眼为接眼式,雌虫复眼远离;雌雄复眼后面具宽的眼后眶。触角着生在一个方形的突起上,鞭节长为柄节和梗节的总长。雄虫额线形,眼后眶窄。胸部与头部等宽。小盾片梯形,端部有一对退化的短刺。R₄ 存在,M₃ 不完整或退化;CuA₁ 不从盘室发出。腹部长大于宽。

分布 古北界(日本)、东洋界(中国广西)。

讨论 该属目前世界已知 1 种,中国已知 1 种。

(359)日本对斑水虻 *Rhaphiocerina hakiensis* Matsumura,1916(图版 115)

Rhaphiocerina hakiensis Matsumura,1916. Thousand Ins. Japan. Add. 2:372. Type locality:Japan.

雄 体长 7.0 mm,翅长 5.0 mm。

头黑棕色。上额三角小,黑棕色,光裸无毛;触角上方的下额光裸,有一个近三角形黄斑。复眼为接眼,棕色,光裸无毛。眼后眶宽,上部 2/3 黄色,下部 1/3 黑色,被浅色毛。颜和颊黑棕色,被浅色长毛。触角柄节和梗节黑棕色,被暗色毛,鞭节黄棕色,端部触角芒长,黑棕色。触角柄节、梗节和鞭节(不含触角芒)的长比为 2∶3∶5,芒长约为其余触角的 1.7 倍。喙小,浅黄色,被浅色毛。

胸黑棕色,但肩胛和翅后胛黄色,背板有一对黄纵斑,前端游离,几到背板前缘,后缘到达小盾片,与翅后胛的黄色相连。小盾片侧缘和后缘黄色,中间黑棕色,小盾片刺黄色,很短;侧板上缘从肩胛到翅基有一条宽的黄色条斑。胸部被浅色毛。各足基节黑色,其他各节黄色被黄毛,平衡棒黄色。翅透明,略带黄色,翅脉浅黄色,具明显的 m-cu 脉,从盘室仅发出 2 条 M 脉;M₃ 退化,R₄ 存在。

腹部黑棕色,有宽的黄色侧缘和黄侧斑。第 1 背板黑色;第 2～4 背板侧后缘有长条形的黄侧斑;第 5 背板后缘黄色。腹板黑棕色,腹背板和腹板被浅色毛。

雌 体长 6.5 mm,翅长 5.0 mm。

大部分特征与雄虫类似,但有如下区别:复眼为离眼,黑棕色,裸,眼后眶宽,上部 2/3 黄色发亮,下部 1/3 亮黑色。额窄,约为头宽的 1/5,向触角渐宽,额黑色发亮,光裸,触角上方的下额有一个小隆突,隆突上有一个长扁的椭圆形黄斑,两侧伸达复眼。颜亮黑,被稀疏的浅色短毛,颊亮黑,被浅色长毛。触角黑褐色,柄节和梗节几乎等长,鞭节纺锤状,末节有细长的芒,芒长约为其余触角节的 1.5 倍。喙短小,黄色,被浅色毛。

胸部和腹部斑纹类似雄性。

观察标本 1♂,广西龙州,2006.Ⅴ.15,廖银霞(CAU);1♀,广西桂林,1953.Ⅵ.19,采集人不详(IZCAS);1♀,广西桂林,1953.Ⅵ.27,采集人不详(IZCAS)。

分布 中国广西(龙州、桂林);日本。

58. 水虻属 *Stratiomys* Geoffroy,1762

Stratiomys Geoffroy,1762. His. Abreg. Ins. 2:449,475. Type species:*Stratiomys chamaeleon* Linnaeus,1758.

属征 体大而粗壮,一般体长超 10 mm。通常在头部(尤其雌虫)、小盾片和腹部有黄斑。

雄虫复眼相接或接近,雌虫为离眼。雌虫有眼后眶,但雄虫无眼后眶或仅部分发达。触角较长,柄节杆状,长至少是梗节的 3~6 倍;鞭节由 5~6 个亚节组成,末节小,向前直伸。翅从盘室发出 3 条脉,R_{2+3} 远离 r-m 横脉,有 R_4。小盾片有 1 对粗壮的刺。见图版 18。

分布　新北界、古北界、新热带界、东洋界、非洲界。

讨论　全世界共有 92 种,中国已知 24 种。

种 检 索 表

1.	雌胸部有黄斑(非肩胛和翅后胛的位置);雄颜主要黄色,中间有窄的黑棕色纵条,或颜主要黑色,但与复眼交界处有小的黄侧斑 …………………………………………	**2**
	雌雄胸部全黑色(不包括肩胛和翅后胛的位置) ………………………………………	**4**
2.	雄颜主要黄色,中间有窄的黑棕色纵条;腹部腹板黄色 ………… **缩眼水虻 _S. portschinskyana_**	
	雄颜主要黑色,但与复眼交界处有小的黄侧斑;腹部腹板主要黄色,但有黑色横带 ………	**3**
3.	雌胸侧板大部分黑色,仅翅基前的中侧片明显黄色;雄腹部第 2 背板黄色侧斑近三角形,第 3 背板和第 4 背板黄色侧斑条状,第 4 背板黄斑小,第 5 背板的端斑三角形 ……… **异色水虻 _S. chamaeleon_**	
	雌胸侧板大部分黄色,仅腹面黑色;雄腹部第 2 和第 3 背板有大的近方形的侧斑;第 4 背板的侧斑边缘较窄,但向背板中间渐宽,第 5 背板的端斑大而宽 ……… **高贵水虻 _S. nobilis_**	
4.	小盾片主要为黄色,全为黄色或仅基部黑色,侧缘和后缘黄色 …………………………	**5**
	小盾片主要为黑色,全为黑色或仅在两刺之间的后缘有或多或少的黄色 …………………	**8**
5.	小盾片全为黄色 ……………………………………………………………………………	**6**
	小盾片非全黄色,至少基部黑色 ……………………………………………………………	**7**
6.	雌额紧靠中单眼有一个三角形的黄斑;胫节基本为黑棕色,但基部色浅 ……… **蒙古水虻 _S. mongolica_**	
	雌额单眼前无三角形黄斑;胫节橙黄色(雄未知) ………………… **满洲里水虻 _S. mandshurica_**	
7.	腹部第 3 和第 4 背板侧斑边缘窄,但向内扩展成大的圆形黄斑 ………… **周斑水虻 _S. choui_**	
	腹部第 3 和第 4 背板侧后缘黄斑线状(雄未知) ………………………… **连水虻 _S. annectens_**	
8.	复眼被毛,大部分种类被浓密毛,部分种类被稀疏的毛 …………………………………	**9**
	雌雄复眼均光裸无毛 ………………………………………………………………………	**17**
9.	腹部腹板主要为黄绿色,有时有棕色斑 ……………………………………………………	**10**
	腹部腹板主要为黑色,至多黑色与黄色等宽,上有黄色斑或黄色横带 ……………………	**12**
10.	雄股节黑色但端部黄色;雌股节端部棕色 ……………………………… **科氏水虻 _S. koslowi_**	
	雄股节黑色,至少端半部黑色 ………………………………………………………………	**11**
11.	雄股节基半部黑棕色,端半部黑色;雌股节基半部黄色,端半部黑色;腹部第 2 背板侧斑三角形 ……… **腹水虻 _S. ventralis_**	
	雌雄足黑色;腹部第 2 背板侧斑小长方形 ………………………… **罗氏水虻 _S. roborowskii_**	
12.	腹部第 2 背板黄斑大或中等大小 ……………………………………………………………	**13**
	腹部第 2 背板黄斑小或无 …………………………………………………………………	**14**
13.	腹部第 2 背板黄斑大,近方形,侧缘达到第 2 背板前缘 ………… **陀螺水虻 _S. apicalis_**	
	腹部第 2 背板黄斑中等大小,长条形,侧缘不达到第 2 背板前缘 ……… **顶斑水虻 _S. approximata_**	

14. 复眼被白色长毛,腹部第1～4背板无黄侧斑,只在第5背板端部有一个三角形黄斑 ……………………………………………………………………………… 中华水虻 *S. sinica*

复眼被棕色长毛,腹部第1～4背板有小的黄侧斑,第5背板端部有黄斑 …………… **15**

15. 雌额大部分黑色,只在触角上方有一对分离的黄斑,黄斑外侧不到达复眼 ……… 独行水虻 *S. singularior*

雌额大部分黄色,只上额黑色,下额黄斑外侧到达复眼 …………………………… **16**

16. 足主要为黑色,仅膝部和第1～3跗节黑色,后足胫节常黄色 ……… 长角水虻 *S. longicornis*

足主要为黄色,股节棕色,胫节黄棕色,跗节黑色 ……………………… 棒水虻 *S. barca*

17. 腹部腹板主要为黄色,具黑色斑 …………………………………………………… **18**

腹部腹板主要为黑色,至多黑色与黄色等宽,上有黄色斑或黄色横带 …………… **20**

18. 股节黄棕色;腹部第2背板侧斑圆,腹部腹板第2节有黑斑,第3节前缘黑色(雄未知) ……… …………………………………………………………………… 贝氏水虻 *S. beresowskii*

股节黑色;腹部第2背板侧斑为三角形,腹部腹板第2节和第3节几乎全部黄色 ……… **19**

19. 复眼下半部有一条带绿色金属光泽的横带;下颜与复眼交界处有2个黄斑 …… 平头水虻 *S. potanini*

复眼无金属光泽横带;下颜无黄斑 ………………………………… 李氏水虻 *S. licenti*

20. 雄虫腹部腹板有几乎等宽的黑黄相间的横带,第2腹板的横带稍宽;雌虫腹部腹板基部有宽的黑色区,后缘黄色 ……………………………………………… 博克仑水虻 *S. bochariensis*

雌雄腹部腹板主要为黑色,有黄色横带 …………………………………………… **21**

21. 翅主要为红色,翅端无色;前足和中足股节基半部白色,后足股节端部黑色 ……… …………………………………………………………………… 红翅水虻 *S. rufipennis*

翅浅棕色到黄棕色;股节主要为黑色 ……………………………………………… **22**

22. 雌虫额前部有2个长方形的橙黄色胛;触角梗节基部黑色,端部砖红色,第1～3鞭节内侧砖红色;第2背板侧斑三角形 …………………………………… 杏斑水虻 *S. laetimaculata*

雌虫额前部无橙黄色胛;触角梗节黑色;鞭节全为黑色,无内侧为砖红色的鞭节;第2背板侧斑方形或条状,非三角形 ………………………………………………… **23**

23. 腹部第2～4背板侧斑长方形,第4背板后缘中部有三角形黄斑,把左右侧斑连接起来 … …………………………………………………………………… 泸沽水虻 *S. lugubris*

腹部第2～4背板侧斑非长方形,长条形或椭圆形,第4背板后缘中间无三角形黄斑 …… …………………………………………………………………… 正眼水虻 *S. validicornis*

(360)连水虻 *Stratiomys annectens* **James, 1941**

Stratiomys annectens James, 1941. Pan-Pac. Ent. 11(1-2): 18. Type locality: China: Heilongjiang.

雌 体长10.0 mm。

头部大部分黄色,但如下部位黑色:后头(除了眼后眶)、头顶、额上部3/5、触角基部、颜大部分和颊黑色。复眼裸,额和颜有稀疏的黄毛。触角黑色,柄节长是梗节的3倍多,触角柄节、梗节和鞭节的长比为18：6：35。

胸部黑色,被浓密的黄色倒伏毛,后胸侧板毛黄色。小盾片黄色,基部1/4黑色,刺黄色。

足基节、转节和股节(除了端部)黑色;胫节黄色,后足胫节有一个不明显的棕色环;跗节明显黄色(前足和中足跗节缺失)。翅透明,翅脉黄色。平衡棒黄色。

腹部黑色,有黄色斑纹。第2背板有1对三角形黄色侧斑;第3和第4背板侧后缘有线状黄斑;第5背板后缘有一个小的三角形黄斑。腹板黑色,每节腹板后缘黄色,第2腹板的黄色最宽,几乎达到腹板中部。

雄 未知。

分布 黑龙江(滨江)、内蒙古、新疆。

讨论 该种与亚洲的 *S. prezwalskii* Pleske 和新北区的 *S. currani* James 相似,但头顶及后头黑色这一特征很容易与这两种区分(James,1941)。该种也与高贵水虻 *S. nobilis* Loew 相似,但雌虫小盾片基部 1/4 黑色;雌虫胸部背板无黄斑;腹板主要黑色,有黄色横带;第5背板后缘有一个小的三角形黄斑。而后者雌虫小盾片黄色,雄虫小盾片仅在基部有个三角形黑斑;雌虫胸部背板有黄斑;腹板主要黄色,有黑色横带;第5背板后缘黄斑大而宽。

(361) 陀螺水虻 *Stratiomys apicalis* Walker,1854(图 302)

Stratiomys apicalis Walker,1854. List Dipt. Brit. Mus. PartV,(6):53. Type locality:China:Shanghai.

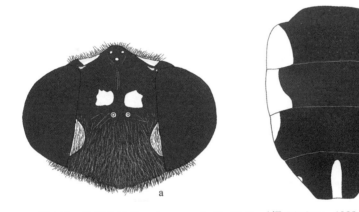

图 302 陀螺水虻 *Stratiomys apicalis* Walker(据 Lindner,1938 重绘)

a. 雌虫头部,前视(female head, frontal view);b. 雌虫腹部,背视(female abdomen, dorsal view)。

雄 体长 11.0～17.0 mm。

复眼被毛。下颜黑色,有散乱的银白色毛,两侧和复眼的交界处有一个小黄斑。触角黑色,柄节长是梗节的6倍。胸部有散乱的红棕色毛。小盾片后缘黄色,刺黄色。腹部第2背板有两个相当大的黄色侧斑;第3和第4背板侧缘也有形状不规则的黄斑;第5背板端缘有一个长条形黄斑,第4背板上的侧斑有时消失。腹部腹板黑色,腹中后部有黄色后缘。

雌 上额宽,触角上方有两个发亮的黄色大圆斑;后头有两个三角形的黄斑。眼后眶黑色,宽度与触角柄节几乎等长。胸部被稀疏的短毛,侧板被浓密的银白色长毛。足黑色,胫节背面和跗节稍带黄色。翅黄棕色。腹部有相当宽的黄色边缘,第4背板后缘的黄色区窄,不连续或完全消失。

分布 中国湖南、上海、华北;韩国,俄罗斯。

讨论 该种与长角水虻 *S. longicornis*（Scopoli）相似，但腹部背板黑色，常有大的黄色侧斑，尤其第 2 背板黄斑侧缘达到第 2 背板的前缘。而后者腹部背板黑色，通常无黄斑；如果有斑纹，则常细而短，斑纹前缘远不到所在体节前缘。

(362) 顶斑水虻 *Stratiomys approximata* Brunetti, 1923

Stratiomyia approximata Brunetti, 1923. Rec. Indian Mus. 25(1)：115. Type locality：India.

雄 复眼为接眼，被稀疏的短毛。上额三角黑色，有些黄毛，额、颜和颊黑色，被松散的淡长黄毛；后头黑色，有稀疏的浅色毛。触角黑色。

胸部黑色，背板被浓密的黄棕色长毛，侧板的毛色浅。小盾片黑色，后缘和刺黄色。足主要为黑色，但股节端部或多或少带黄棕色；后足胫节浅黄色，中间和端部有细环；所有跗节黄棕色，端部色深，足被黄毛。翅浅灰色，盘室和臀室浅黄棕色。平衡棒浅黄色，有时绿色。

腹部黑色，稍亮，第 2～4 背板后缘有中等大小的长条形黄色侧斑，第 5 背板有一个纵长的黄斑，不到背板前缘，但后缘向两侧扩展。腹板黑色，但各节腹板中间和后缘有大面积的黄色。

雌 额和颜黑色，约为头宽的一半，两侧缘平行。头顶后有 2 个明显卵圆形的亮黄斑，有时合并成一个大的半圆形斑。额有 2 个长形的黄色胛，其内侧几乎相接，外侧和复眼相连，并延伸到触角下方。颜两侧黄色，中间有黑色纵条，被白毛。眼后眶窄，被白毛，但下半部宽，黄色。腹部腹板黄色较雄虫的浅，面积小，在一些标本中，仅后缘黄色（除了第 2 腹板）。

分布 中国湖北（汉口）、上海；印度。

讨论 Brunetti(1907，1920)把该种误订为 *S. barca* Walker，给出了详细描述，并提到该种的原始描述来自中国。在 1923 年做了订正，经过与存放在印度博物馆的模式标本对比后，认为不是同一种，为新种。Brunetti 还提到，有两个标签为 Hankow, China, 22. Ⅳ.(19)06 和 Shanghai, 9. Ⅴ.(19)06 的两个标本，虽然没有经过与模式标本比对，但可能与顶斑水虻 *Stratiomys approximata* 为同一个种。

(363) 棒水虻 *Stratiomys barca* Walker, 1849

Stratiomys barca Walker, 1849. List Dipt. Brit. Mus. Part Ⅲ ,(4)：530. Type locality：China：Fujian, Foo-chow-foo.

雄 体黑色，头部窄于胸部，被浓密的金黄毛。复眼棕色，上半部小眼面大于下半部。触角黑色，长度是头部的 2 倍。喙黑色，被黄色短毛。胸部被褐色短毛，侧板有浅黄毛。小盾片刺黄色，端部黑色。足被黄毛，转节黑色，股节棕色，胫节黄棕色，跗节黑色。翅黄棕色，翅痣和翅脉棕色，后半部翅脉黄色。平衡棒黄色。腹部被黄毛，毛长于胸部的毛。腹部每节背板侧缘和后缘黄色，第 5 背板有一个短的黄棕色条斑。

雌 头部被白毛；胸部有浅黄毛，小盾片后缘和刺黄棕色；股节黄棕色。

分布 中国贵州、福建（福州）；日本。

讨论 Lindner(1938)提到这个种自从发表以来，再也没有被采集到或被描述过，故怀疑这个种类和长角水虻 *S. longicornis* （Scopoli）是同一个种。事实上，该种与长角水虻 *S. longicornis*（Scopoli）非常相似，但足主要为黄色，股节棕色，胫节黄棕色，跗节黑色。而后者足主要为黑色，只有膝和第 1～3 跗节黑色，后足胫节常黄色。

(364)贝氏水虻 *Stratiomys beresowskii* Pleske，1899

Stratiomyia beresowskii Pleske，1899. Wien. Ent. Ztg. 18(8)：241. Type locality：China：Beijing.

雌　复眼裸。上额黑色,触角基节上方有 2 个小黄斑。下颜宽,黄色,唇基黑色;触角基部到复眼边缘没有黑色的横带;下颜的毛淡黄色。复眼边缘有宽的黄色区,后头黄色。触角柄节与鞭节几乎等长,黑色,梗节和鞭节棕色。

胸部黑色,被金黄色的短绒毛,侧板被白色长毛。小盾片基部有宽的黑色区,端缘和刺黄色。足黄色,股节和胫节黄棕色;所有的股节和前足胫节有不明显的浅棕色环。翅黄色,有红棕色翅脉。

腹部黑色。第 1 背板基部黄色;第 2 和第 3 背板有黄色圆侧斑,第 3 背板的黄斑较大;第 4 背板有一个窄的外后缘,中部加宽,形成一个小突起,第 4 背板的侧斑侧缘稍宽;第 5 背板端部有一个三角形的中间稍内凹的黄斑,几乎延伸到第 4 背板。第 1~2 腹板黄棕色,有黑斑;第 3 腹板黑色,后缘有很宽的黄色边缘,前缘中间有一个黄斑;第 4 和第 5 腹板黑色,但侧缘和后缘黄色。

雄　未知。

分布　中国北京;蒙古。

讨论　该种与李氏水虻 *S. licenti* Lindner 相似,但股节黄棕色;腹部第 2 背板侧斑圆,腹部第 2 腹板有黑斑,第 3 节前缘黑色。而后者股节黑色;腹部第 2 背板侧斑为三角形,腹部第 2~3 腹板几乎全部黄色。

(365)博克仑水虻 *Stratiomys bochariensis* Pleske，1899(图 303)

Stratiomyia bochariensis Pleske，1899. Wien. Ent. Ztg. 18(9)：278. Type locality：Tajikistan.

Stratiomyia（*Metastratiomyia*）*turkestanca* Pleske，1922. Annu. Mus. Zool. 23：330. Type locality：Turkestan.

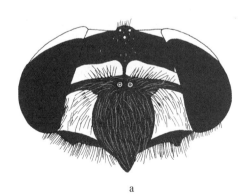

图 303　博克仑水虻 *Stratiomys bochariensis* Pleske(据 Lindner,1938 重绘)

a. 雌虫头部,前视(female head, frontal view);b. 雌虫腹部,背视(female abdomen, dorsal view)。

雄 体长 11.0～14.0 mm。

复眼裸。额和下颜亮黑,颜强烈凸出,被金黄毛,与复眼交界处毛浓密。触角黑色,相对较长。柄节长约为鞭节的 1/2。

胸部黑色,有浓密的黄棕色毛。小盾片基部和侧缘黑色,端缘和刺黄色,被黄棕色毛。足主要为红棕色,股节端部黑色;胫节特别是后足胫节有时色深,但不为环状。翅浅黄棕色,翅脉深黄色。

腹部黑色,中央被稀疏的黄棕色毛。第 2 背板的黄色侧斑几乎和第 2 背板等宽;第 3 和第 4 背板上的侧斑长条形;第 5 背板端缘的黄斑为大三角形,端部平截。腹板有几乎等宽的黑黄相间的横带,第 2 腹板的横带稍宽。

雌 复眼裸。上额部分黄色,其后有宽的黑色区,中间前缘有一个小的缝状突起,把前额黄色部分分成左右两部分。下颜黄色,颜隆起部分黑色,扩展成杯状;一条黑色横带穿过触角基部并向两侧伸展,但并不总是伸达复眼边缘。眼后眶宽,黄色,黄色一直扩展到头顶部分,但两部分黄色并不愈合,而是由一条黑缝分离。触角黑色,柄节长约为鞭节的 1/2。喙黑色。

胸部黑色,被浓密的灰黄毛。小盾片黄色,基部和侧缘有窄的黑色区;足黄色,股节黑色,后足股节基部色浅,但端部明显黑色。腹部第 5 背板有三角形黄斑,从基部向侧缘逐渐扩展。腹板基部有宽的黑色区,后缘黄色。

分布 中国黑龙江(绥芬河)、内蒙古(呼伦贝尔);哈萨克斯坦,俄罗斯,塔吉克斯坦,土耳其,乌兹别克斯坦。

讨论 该种与红翅水虻 *S. rufipennis* Macquart 相似,但雄虫腹部腹板有几乎等宽的黑黄相间的横带,第 2 腹板的横带稍宽;雌虫腹部腹板基部有宽的黑色区,后缘黄色。而后者雌雄腹部腹板主要为黑色,有黄色横带。

(366)异色水虻 *Stratiomys chamaeleon* (Linnaeus,1758)(图版 116)

Musca chamaeleon Linnaeus, 1758. Syst. Nat. 589. Type locality:Europe.

Musca spatula Scopoli, 1763. Ent. Carn. 38:341. Type locality:Europe.

Stratiomys nigrodentata Meigen,1804. Klass. Beschr. beka. Europ. zweifl. Insek.(Diptera Linn)Ⅰ-ⅩⅩⅧ:127. Type locality:France.

Stratiomys unguicornis Becker, 1887. Berl. Ent. Z. 31(1):103. Type locality:Switzerland.

Stratiomyia kosnakowi Pleske, 1901. Sitzgsber. Naturf. Ges. Univ. Jurjeff(Dorpat)12 (3):365. Type locality:Kazakhstan.

雄 体长 12.0～16.0 mm,9.8～12.3 mm。

头部黑色,发亮。额三角、颜和颊黑色发亮,被银白色毛,仅在头顶、单眼瘤、复眼中纵缝有黑色直立毛。复眼为接眼,黑色,裸,下部 1/3 小眼面小而致密。颜两侧与复眼交界处有窄长的棕色斑。眼后眶不明显,下半部膨大,上部窄。触角黑色,柄节长约是梗节的 4 倍,鞭节由 5 亚节组成。触角柄节、梗节和鞭节的长比为 3:1:6。

胸部黑色,被浓密浅黄色直立毛。小盾片主要为黄色,基部有窄的黑色区(也有的个体小盾片全为黄色),刺粗壮,黄棕色。足股节黑色,但端部黄棕色;各足胫节黄色,但腹面中间带黑色;跗节全为橙黄色,足被黄毛。翅黄褐色,透明,翅脉棕色,平衡棒柄棕色,球部黄白色。

腹部黑色,有非常稀疏的白毛。第2背板黄色侧斑近三角形;第3背板和第4背板黄色侧斑条状,第4背板黄斑小;第5背板有黄色三角形端斑。腹板主要为黄绿色,但第3~5腹板有1~2条黑色横带,有时第3和第4腹板有成对的小黑斑。雄性外生殖器:第9背板半圆形,基部有较浅的内凹;尾须较长,近长方形,近端部内侧有突起,端部尖;生殖基节"U"形,基部稍窄,中部稍外扩,生殖基节背面端部具较长的指状侧突;生殖刺突位于生殖基节端腹面,末端尖;阳茎复合体细长,基部两侧有指形侧突,末端分3叶,末端均尖细,侧叶稍长于中叶,侧叶基部膨大。

雌 额宽,亮黑,向头顶渐窄。触角上方的额黄斑伸达复眼边缘,并与颜的黄色区愈合。颜主要为黄色,中间有一个很窄的黑色纵带。颊在复眼下缘常有一个亮黑斑。眼后眶宽,全黄色,在头顶中断。后头常黑色,有一对黄斑。胸部黑色,但翅基前的中侧片有明显的黄色区。胸部毛短,大部分倒伏,背板上的毛灰色到金黄色,侧板上的毛色浅并部分直立。足常全为橙黄色。腹部和雄虫类似,但腹板上的黑色区更加集中,通常在第2腹板也有黑斑。

观察标本 1♂,新疆天山果子沟,1979.Ⅷ.18,杨集昆(CAU);1♂,新疆西天山巩留,2007.Ⅷ.4,霍珊(CAU);3♂♂5♀♀,新疆塔城,470 m,1963.Ⅸ.10,王书永(IZCAS);8♂♂1♀,新疆青河,1 260 m,1960.Ⅶ.4,王书永(IZCAS);1♂,新疆青河,1 260 m,1960.Ⅶ.5,王书永(IZCAS);1♂3♀♀,莫斯科街,1958.Ⅴ.21,采集人不详(IZCAS);1♀,新疆青河,1 260 m,1960.Ⅶ.5,王书永(IZCAS);2♀♀,新疆青河,1 260 m,1960.Ⅶ.13,王书永(IZCAS);2♀♀,新疆青河,1 260 m,1960.Ⅶ.14,王书永(IZCAS);1♀,西藏扎太地牙马,3 500 m,1976.Ⅵ.30,黄复生(IZCAS);1♀,新疆阿勒太,880 m,1960.Ⅷ.19,王书永(IZCAS)。

分布 中国新疆(天山、西天山、塔城、青河、阿勒太)、西藏(扎太地牙马);古北界。

讨论 该种与满洲里水虻 *S. mandshurica* (Pleske)相似,但足的颜色不同:雄虫股节黑色,胫节有一个在背面中断的黑色中环;雌虫足全为橙黄色;腹板主要为黄色,但第1腹板常全黑色,第3~5腹板有黑色横带。而后者雌虫股节黑色,但端部橙黄色;胫节和跗节橙黄色;腹板主要为黑色,但第2腹板黄色,有宽的黑色侧斑,其他腹板黑色,有宽的黄色边缘。

(367)周斑水虻 *Stratiomys choui* Lindner, 1940(图版117)

Stratiomyia (*Laternigera*) *choui* Lindner, 1940. Dtsch. Ent. Z. 1939(1-4):27. Type locality:China:Shaanxi.

雄 体长11.0~12.0 mm,翅长0.8~0.9 mm。

头部黑色。额三角、颜和颊黑色发亮,有浅长黄毛。头部大部分面积为复眼,复眼为接眼,黑色发亮,有稀疏的黑毛;复眼上部2/3的小眼大,下部1/3的小眼面小而致密,无眼后眶。单眼瘤黑色,单眼黄色,有稀疏的黑色长毛;后头黑色。柄节和梗节黑色发亮,有黑色短毛;柄节长,长约为梗节的4倍多;鞭节黑色,有5个亚节。触角柄节、梗节和鞭节的长比为60:13:100。

胸部黑色发亮,密布浅黄色的长毛。小盾片主要为黄色,但基部有条形或三角形黑斑,侧缘和端部黄棕色,被浅黄毛,刺黄棕色,顶端带黑色。各足股节黑色,仅端部黄色,有长黄毛;胫节基半部黄色,端半部黑色;跗节黄色,胫节和跗节被黄色短毛。翅浅黄色,翅端透明无色;前半部翅脉棕色,后半部翅脉与翅膜同色。平衡棒黄色。

腹部背板主要黑色,有黄色侧缘,第2~5背板有黄色侧斑,密布金黄长毛。第2背板侧斑三角形,黄色,延伸到第2背板前缘;第3背板侧斑侧缘窄,向内逐渐扩大成圆形;第4背板侧斑侧缘很窄,向内扩展,在后缘形成半圆形;第5背板后缘有大的三角形黄斑。第1腹板黑色,其他腹板黑色,但后缘中央有黄色条斑。雄性外生殖器:第9背板长明显大于宽,梯形,近基部侧缘外扩,基部近平直;尾须细长,长三角形,端部窄;生殖基节明显长大于宽,窄条形,基部稍窄于端部,生殖基节背端延长成较长的指状突;生殖刺突位于生殖基节端部腹面,鸟喙状,末端尖;阳茎复合体细长,基部两侧有侧突,末端分3叶,末端均尖细,中叶短,明显短于侧叶,侧叶基部膨大。

雌 体色和斑纹等外形特征与雄虫类似,主要区别在头部,如下:复眼为离眼,黑色,裸,复眼小眼面大小一致。复眼有眼后眶,眼后眶窄,被银白色细毛。上额包括单眼瘤黑色发亮(单眼黄色),被稀疏的浅色毛,但在触角上方有2个连在一起的三角形黄斑。颜和颊黑色发亮,被浅长黄毛。单眼瘤后方的头顶黄色,与后头的黄斑相连。雌虫小盾片黄色区比雄虫的多,触角梗节端部棕色。

观察标本 2♂♂2♀♀,辽宁(水稻害虫),采集时间和采集地点不详(CAU);3♂♂1♀,黑龙江哈尔滨,1957.Ⅷ.2,采集人不详(IZCAS);1♂,黑龙江泰来,采集时间和采集人不详(IZCAS);1♀,黑龙江牡丹江,1957.Ⅶ.22,采集人不详(IZCAS);3♀♀,河北蔚县,920 m,1964.Ⅷ.3,韩寅恒(IZCAS);1♀,河北蔚县,920 m,1964.Ⅷ.5,韩寅恒(IZCAS)。

分布 黑龙江(哈尔滨、牡丹江、泰来)、辽宁、河北(蔚县)、陕西(榆林)。

讨论 该种与罗氏水虻 *S. roborowskii* Pleske 相似,但小盾片黄色,仅在基部有一个窄的黑三角;雄虫复眼被稀疏的毛,雌虫复眼裸;腹部第4背板有大的半圆形黄斑。而后者小盾片黄色,仅基部和侧缘黑色;雌雄复眼均被毛;腹部第4背板黄斑非半圆形,一般为长方形。

(368)科氏水虻 *Stratiomys koslowi* Pleske,1901

Stratiomyia koslowi Pleske,1901. Sitzgsber. Naturf. Ges. Univ. Jurjeff(Dorpat) 12(3):359. Type locality:China:Gobi Desert, Bomyn River north of Zaidam.

雄 体长 12.0 mm。

复眼被毛,下面和侧面的小眼面小。下颜黑色,与复眼交界处有深黄斑。头部被浓密而杂乱的浅黄毛。眼后眶有窄的黄色。触角短,黑色,梗节棕色,柄节长约为梗节的3倍,为鞭节的1/2。

胸部黑色,被杂乱的浅黄毛,侧板的毛长。小盾片基部和侧缘黑色,中间黄色,刺黄色,端部黄棕色。足稍带红色,股节黑色,但端部黄色,有时后足基部深红棕色;与股节端部相比,胫节色深;跗节红棕色,至多端部黄棕色。翅透明,翅脉黄棕色。

腹部黑色,侧缘有短的长度中等的浅黄毛。常有窄的黄色边缘,这些黄色边缘延伸到背板后角,形成黄色三角,第5背板端缘黄斑三角形。腹板黄色,有时在第3、第4或第5腹板上有棕色侧斑。

雌 触角和雄虫类似,复眼仅被细微的毛。下颜、额和头顶黄色,下颜被黄毛,从口缘到触角基部有一个宽的卵圆形隆起;额有一个宽的常为"V"字形的黑斑。黄色的后头斑分离。

胸部黑色。小盾片基部黑色,其他部位和刺黄色。胸部被金黄色短毛,侧板的毛长。足红棕色,股节端部棕色。翅透明,前半部翅脉粗,黄棕色,平衡棒球部淡绿色。

腹部黑色,有黄色或绿色边缘。边缘向背板内延伸,形成三角形的黄斑。第2背板上的黄斑大;第 2 和第 3 背板黄斑向内渐窄;第 4 背板黄斑小,三角形黄斑的边缘凸出。腹板黄色或绿色,有时有不规则的棕色斑。

分布 中国青海(大柴旦);蒙古。

讨论 该种与罗氏水虻 S. roborowskii Pleske 相似,但腹部黑色,常有窄的黄色侧缘,侧缘向内延伸形成三角形黄色侧斑。而后者腹部黑色,第 2～3 背板、有时第 4 背板有窄的长方形黄色侧斑。

(369)杏斑水虻 Stratiomys laetimaculata(Ôuchi, 1938)(图版 118)

Oreomyia laetimaculata Ôuchi, 1938. J. Shanghai Sci. Inst.(Sect. 3) 4∶42. Type locality∶China∶Zhejiang.

雄 体长 14 mm。

头部黑色,被黄色短毛,仅在复眼之间的中纵缝有直立的黑色短毛。复眼为接眼,光裸,下半部小眼面小而致密。单眼瘤黑色,有些黑色短毛,凸出;单眼大,黄棕色;没有眼后眶。额和颜黑色发亮,被金黄色短毛。后头黑色,有些稀疏的深棕色长毛。触角柱状,柄节长,黑色,被黑色短毛,长约为梗节的 5 倍;梗节基部黑色,端部砖红色,端部有些黄棕毛;鞭节由 5 亚节组成,第 1～3 鞭节内侧砖红色,外侧黑色,其余鞭节黑色。触角柄节、梗节和鞭节的长比为 9∶2∶18。

胸部黑色,稍发亮,被金黄色的倒伏短毛。小盾片黑色,刺及两刺之间后缘黄棕色。足股节黑色,但端部稍带橙黄色;前足和中足胫节黑色,但基部稍带黄色,后足胫节浅黄色;所有的跗节橙黄色,但末节棕色。足被黄毛。翅烟褐色,但翅端色浅,翅脉棕褐色。平衡棒柄黄棕色,球部黄绿色。

腹部黑色,背板被金黄色夹杂着黑色的短毛,腹板被浓密的黄毛。第 2 背板有大的三角形黄色侧斑;第 3 背板后缘两侧各有一个小的条形黄色横斑;第 4 背板后缘有窄的黄色横带;第 5 背板端部有一个黄色纵条斑,前部不伸达背板前缘,后部沿着端缘向左右扩展。腹板主要为黑色,末节腹板后缘有黄色横带,第 2 腹板黄色宽。雄性外生殖器:第 9 背板长宽几乎相等,基部内凹;尾须近三角形,端部平截;生殖基节长大于宽,近三角形,基部窄,向端部渐宽,端部两侧具指状突;生殖刺突位于生殖基节端腹面,近三角形,端部尖;阳茎复合体较短,端部稍膨突,分 3 叶,侧叶尖细且长,中叶较短,末端尖。

雌 体长 16.5 mm。

体色和斑纹等外形特征与雄虫类似,主要区别在头部,如下:额和颜侧缘平行,额有 2 个长方形的橙黄色胛,光滑无毛,稍凸出;胛内侧被单眼和触角的黑色中纵缝分开,外侧伸达复眼边缘。复眼为离眼,裸,复眼小眼面大小一致,眼后眶窄。单眼瘤黑色,单眼黄棕色,单眼瘤左右有黑色横带,黑带前方与额区黄色胛相连,后侧为橙黄色头顶,额只有黑色横带有稀疏的黄色短毛。触角基部有黑色横带,延伸到复眼边缘。颜中部黑色,两侧黄色,颜密被金黄色短毛。后头有 2 个明显的橙黄斑,斑的前缘伸达单眼瘤,与头顶黄色相连。胸部大部分特征类似雄虫,但胸部背板和侧板毛更短,色浅。腹部斑纹类似雄虫,但第 3 背板黄斑也为三角形,并有黄色侧缘,腹部的毛短于雄虫。

观察标本 1♂,浙江杭州西湖玉泉,1957.Ⅶ.5,冯连阁(CAU);1♂,四川万县王二包,1 200 m,1993.Ⅶ.10,李文柱(IZCAS);1♂,北京,1947.Ⅷ.2,采集人不详(CAU);2♂♂,浙江天目山禅源寺,1957.Ⅶ.1,杨集昆(CAU);3♂♂2♀♀,四川峨眉山,1955.Ⅵ.30,黄克仁、金

根桃(IZCAS);1♂,四川峨眉山,550～750 m,1957. Ⅵ. 23,卢佑才(IZCAS);1♀,四川峨眉山,550～750 m,1957. Ⅷ. 11,卢佑才(IZCAS);1♀,四川峨眉山,1 800～1 900 m,1957. Ⅶ. 25,卢佑才(IZCAS);1♂1♀,四川峨眉山,550～750 m,1957. Ⅵ. 18,王宗元(IZCAS);1♂,四川峨眉山,550～750 m,1957. Ⅵ. 9,王宗元(IZCAS);1♀,四川峨眉山,550～750 m,1957. Ⅵ. 24,王宗元(IZCAS);1♀,四川峨眉山,580 m,1955. Ⅵ. 2,黄克仁(IZCAS);1♂,四川峨眉山,580 m,1955. Ⅵ. 24,金根桃(IZCAS);2♂♂,四川峨眉山,580 m,1955. Ⅵ. 25,黄克仁、金根桃(IZCAS);1♀,四川峨眉山,580 m,1955. Ⅵ. 24,黄克仁、金根桃(IZCAS);1♀,四川峨眉山,580 m,1955. Ⅵ. 25,冷怀橘(IZCAS);1♂2♀♀,四川峨眉山,580～1 100 m,1955. Ⅵ. 25,李锦华(IZCAS);1♂,四川峨眉山,550～750 m,1957. Ⅵ. 3,黄克仁(IZCAS);1♀,四川峨眉山,550～750 m,1957. Ⅵ. 2,黄克仁(IZCAS);1♀,四川峨眉山,550～750 m,1957. Ⅵ. 5,黄克仁(IZCAS);1♀,四川峨眉山,550～750 m,1957. Ⅶ. 27,朱复兴(IZCAS);1♀,四川峨眉山,550～750 m,1957. Ⅵ. 18,朱复兴(IZCAS);1♀,四川峨眉山,550～750 m,1957. Ⅵ. 5,朱复兴(IZCAS);1♀,四川峨眉山,550～750 m,1957. Ⅵ. 7,朱复兴(IZCAS);2♀♀,四川峨眉山,550～750 m,1957. Ⅷ. 2,朱复兴(IZCAS);1♀,四川青城山,700～1 000 m,1963. Ⅶ. 29,毛金龙(IZCAS);2♂♂,广西阳朔,150 m,1963. Ⅶ. 23,史永善(IZCAS);1♀,广西阳朔,150 m,1963. Ⅶ. 24,史永善(IZCAS);1♀,浙江天目山,1957. Ⅶ. 1,采集人不详(IZCAS);1♂,广西阳朔,150 m,1963. Ⅶ. 20,王书永(IZCAS);1♂,广西阳朔,150 m,1963. Ⅶ. 14,王书永(IZCAS);1♂,广西阳朔,150 m,1963. Ⅶ. 22,王书永(IZCAS);1♂,广西阳朔,150 m,1963. Ⅶ. 21,王春光(IZCAS);1♂,广东,1973. Ⅴ. 16,采集人不详(IZCAS);1♂,四川荥经,950 m,1984. Ⅵ. 25,王瑞琪(IZCAS);1♀,湖南泸溪,200 m,1988. Ⅵ. 17,杨龙龙(IZCAS);1♀,广西凭祥,1976. Ⅵ. 8,张宝林(IZCAS)。

分布 中国北京、浙江(杭州、天目山)、四川(万县、峨眉山、青城山、荥经)、湖南(泸溪)、广西(阳朔、凭祥)、广东;日本。

讨论 该种由Ôuchi在1938年作为新种发表,原始描述中提到雌雄复眼均有绿色横带,但观察标本中没有这一特征,但其他特征如触角颜色、雌虫额的橙黄色胛等与描述非常吻合,故确定观察标本为杏斑水虻 *Stratiomyia laetimaculata*。

该种与红翅水虻 *S. rufipennis* Macquart 相似,但触角不全为黑色,触角部分砖红色,足基本全为黑色,所有跗节橙黄色,翅棕色。而后者触角全为黑色,前足和中足股节基半部黄白色,跗节前三节黄色,翅红色(Ôuchi,1938)。

(370)李氏水虻 *Stratiomys licenti* Lindner,1940(图304;图版17)

Stratiomyia licenti Lindner,1940. Dtsch. Ent. Z. 1939(1-4):28. Type locality:China:Shanxi.

雄 体长 13.5 mm。

头部黑色,复眼裸。下颜有些黄色发亮的短毛,边缘和触角周围有浓密的直立毛组成的环状毛斑,夹杂长黄毛;复眼中纵缝有黑毛。后头黑色,眼后眶仅在中间凸出的部分窄,被细毛。触角柄节长,长为梗节的4倍,柄节和梗节黑色【鞭节缺失】。

胸部黑色,稍发亮。中胸背板和小盾片被长而杂乱的红棕色毛;中胸背板侧缘有黑毛;侧板有白色长毛。小盾片黑色,后缘稍带黄色,有2个黄色刺,端部稍向前弯曲。股节黑色,被浅长黄毛;胫节端部和腹侧黑色,基部和背侧黄色;跗节红棕色,端部特别是后足跗节端部色浅。翅面颜色均匀,浅褐色。平衡棒黄色。

腹部黑色,有黄斑纹。第1背板黑色;第2和第3背板在侧后角有大的三角形黄斑,第2背板的黄斑宽;第3背板的黄斑长;第4背板后缘左右两侧各有窄的黄色条斑,中间的三角形斑较高;第5背板端部中间有三角形黄斑,黄斑顶端稍圆,几乎到达第5背板前缘。第2和第3腹板几乎全黄色,其他各节腹板前缘都有宽的黑色纵条斑。

雌 未知。

分布 山西。

讨论 该种与平头水虻 S. potanini Pleske 相似,但复眼没有金属光泽横带;下颜没有黄斑。而后者复眼上下半部有一条带绿色金属光泽的横带;下颜与复眼交界处有2个黄斑。

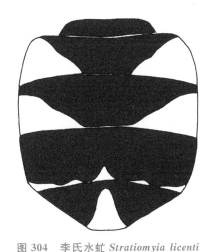

图 304 李氏水虻 *Stratiomyia licenti*
Lindner(据 Lindner, 1940 重绘)
雄虫腹部,背视(male abdomen, dorsal view)。

(371)长角水虻 *Stratiomys longicornis*(Scopoli,1763)(图版 17、图版 119)

Hirtea longicornis Scopoli, 1763. Ent. Carn. 38:367. Type locality:Slovenijia.

Musca tenebricus M. Harris, 1778. An exposition of English insects:45. Type locality:England.

Stratiomys tomentosa Schrank,1803. Fauna Boica. Durch. Gesch. Baiern ein. zahmen Thiere Ⅰ-Ⅷ:94. Type locality:Germany.

Stratiomys villosa Meigen,1804. Klass. Beschr. beka. Europ. zweifl. Insek.(Diptera Linn)Ⅰ-ⅩⅩⅧ:124. Type locality:Europe.

Stratiomys hirtuosa Meigen,1830. Syst. Besch. Der bek Euro. Zweif. Ins. Ⅰ-Ⅻ:347. Type locality:Europe.

Hirtea efflatouni Lindner,1925. Bull. Soc. R. Ent. Egypt 9(1-3):148. Type locality:Egypt.

Stratiomyia(*Hirtea*)*longicornis flavoscutellata* Lindner,1940. Dtsch. Ent. Z. 1939 (1-4):24. Type locality:China:Shanxi.

雄 体长 12.5～14.0 mm,翅长 10.0～10.5 mm。

头部黑色,发亮。额三角、颜和颊黑色发亮,被浅长黄毛,但上颜和复眼的交界处棕色。复眼为接眼,黑色,下部小眼面小而致密,密布黑棕色短毛;复眼间的中纵缝有直立的黑棕色毛;单眼瘤黑色,有黑棕色长毛,单眼棕色;没有眼后眶。触角柱状,柄节细长,杆状,黑色发亮,上有黑棕色鬃毛,长约为梗节的 5～6 倍;梗节黑色发亮,上有棕色毛,端部带棕色且宽于基部;鞭节黑色,有 5 个亚节。触角柄节、梗节和鞭节的长比为 15∶3∶22。喙黑棕色,有黑棕色毛。

胸部黑色发亮,被浓密的半倒伏黄毛。小盾片黑色,只有刺之间的后缘棕色,刺棕色,小盾片被金黄毛。各足股节黑色;前足和中足胫节基部 1/3 黄色,其他部分黑色,后足胫节基本为黄色,但基部 1/3 处和端部黑棕色;前足跗节黑棕色,中后足跗节黄色,末两节黑棕色。足被黄色短毛。翅烟褐色,但翅端无色透明,翅脉棕褐色。平衡棒奶白色,基部色深。腹部背板黑棕色,有窄的黄色侧缘,被金黄长毛。第1背板黑色;第2～4背板后缘有一对条形黄侧斑,有时第4背板黄侧斑左右相连形成窄的黄色后缘;第5背板后缘有三角形黄斑。腹板黑色,但第2～5腹板有黄色后缘,第2腹板黄色后缘宽,腹板被黄毛。雄性外生殖器:第9背板长大于宽,基部内凹;尾须近三角形,端部平截;生殖基节长明显大于宽,近三角形,基部窄,端部两侧具指状突;生殖刺突位于生殖基节端腹面,近三角形,端部尖;阳茎复合体较长,端部膨突,分3叶,侧叶尖细且长,中叶较短。

雌 体长 15 mm,翅长 13 mm。

体色和斑纹等外形特征与雄虫类似,主要区别在头部,如下:头部黄色。额向颜渐宽;上额包括单眼瘤和头顶在内黑色,黑色向下变细,延伸到触角基部,把下额的黄斑分为左右两部分。颜两侧黄色,与下额的黄色相连,但颜中央(包括触角基部)黑色。额、颜和颊都被有浓密的浅色长毛,颜的毛更长。复眼为离眼,黑色,上有稀疏的黑色短毛,复眼小眼面大小一致。复眼有明显的黑棕色眼后眶,眼后眶有银白色粉。在单眼瘤后方的后头有大的黄斑。大部分的股节基部红棕色,端部黑色,但也有的个体股节全部为黑色。

观察标本 5♂♂,河南汝州寄料,2007.Ⅷ.26,王俊潮(CAU);4♂♂,贵州贵阳林科院,1 000 m,1961.Ⅴ.25,杨集昆(CAU);1♂,北京公主坟,1951.Ⅳ.16,杨集昆(CAU);1♂,北京清华农学院,1948.Ⅳ.14,杨集昆(CAU);1♂,北京公主坟,1947.Ⅴ.3,杨集昆(CAU);1♂,北京农大,1955.Ⅵ,宫云志(CAU);1♂,北京农大,1955.Ⅵ,沈中霞(CAU);1♂,北京本校,1951.Ⅴ,武忠文(CAU);1♂,北京马连洼,采集时间和采集人不详(CAU);1♂,北京农大,1955.Ⅵ.29,夏雪珠(CAU);1♂,浙江天目山,1987.Ⅶ.22,吴鸿(CAU);1♂,陕西甘泉清泉沟,1971.Ⅶ.29,杨集昆(CAU);1♂,宁夏银川农科所,1961.Ⅴ.25,采集人不详(CAU);1♂,福建武夷三港,1986.Ⅷ.4,陈乃中(CAU);1♂,广西雁山,1963.Ⅴ.29,杨集昆(CAU);1♂,甘肃兰州雁滩,1950.Ⅶ.16,陆宝麟,杨集昆(CAU);1♂,山东泰山普照寺,2000.Ⅶ.13,黄安(CAU);1♂,江苏云台农场,2004.Ⅷ.3,刘志静(CAU);1♂,湖北阳新白沙港坪,2004.Ⅷ.20,罗祖勇(CAU);1♂,北京,1947.Ⅵ.10,李达(CAU);1♂,北京,1948.Ⅷ.13,采集人不详(CAU);1♂,北京清华,1931.Ⅶ.27,采集人不详(CAU);1♀,北京卧佛寺,1986.Ⅴ.15,王音(CAU);1♀,河北秦皇岛北戴河,2004.Ⅷ.15,刘曦(CAU);1♀,北京香山,1981.Ⅶ.5,薛大勇(CAU);1♀,北京巨山农场,1981.Ⅴ.10,薛大勇(CAU);1♀,北京颐和园,1981.Ⅳ.9,薛大勇(CAU);1♀,北京清华农学院,1947.Ⅴ.6,杨集昆(CAU);1♀,北京东北旺,1986.Ⅶ.12,丹(CAU);1♀,北京昌平十三陵,1956.Ⅶ.25,李庆巷(CAU);2♀♀,北京昌平十三陵,1956.Ⅶ.,吴强(CAU);1♀,北京农大,1986.Ⅳ.20,王象贤(CAU);1♀,北京马连洼,Ⅵ.7,采集年份和采集人不详(CAU);1♀,湖南邵东,2001.Ⅷ.25,采集人不详(CAU);1♀,贵州贵阳林科院1 000 m,1981.Ⅴ.25,杨集昆(CAU);1♀,陕西甘泉清泉沟,1971,杨集昆(CAU);1♀,天津青光农场,1965.Ⅴ.4,采集人不详(CAU);1♀,福建厦门,2004.Ⅷ.10,熊玉芬(CAU);2♀♀,江苏南京孝陵卫,1957.Ⅶ.10,杨集昆(CAU);1♀,辽宁辽西北镇,1951.Ⅵ.2,李伟华(CAU);1♀,江苏云台农场,2004.Ⅷ.26,刘志静(CAU);1♀,采集地点不详,1951.Ⅴ.2,罗,曾(CAU);1♀,河南许昌,1980.Ⅵ,宋秦(CAU);1♀,北京,1947.Ⅳ.29,王汝祺(CAU);1♀,北京,1947.Ⅳ.29,王洪春(CAU);1♀,北京,1947.Ⅳ.29,李达(CAU);1♀,农院,1947.Ⅵ.17,采集人不详(CAU);1♀,北京,采集时间和采集人不详(CAU);1♀,南京,采集时间和采集人

不详(CAU);1♀,北京,采集时间和采集人不详(CAU);1♀,北京玉泉山,1947.Ⅷ.13,采集人不详(CAU);1♀,北京,1947.Ⅳ.25,采集人不详(CAU);1♀,北京,1935.Ⅶ.22,采集人不详(CAU);1♀,北京,1947.Ⅴ.5,采集人不详(CAU);1♀,北京青龙桥,1947.Ⅴ.8,采集人不详(CAU);1♀,北京青龙桥,1950.Ⅳ.28,采集地点和采集人不详(CAU);8♂♂1♀,北京圆明园,1982.Ⅳ.14,靳自成(IZCAS);3♂♂,北京圆明园,1982.Ⅳ.2,靳自成(IZCAS);5♂♂1♀,北京圆明园,1982.Ⅳ.5,靳自成(IZCAS);1♀,北京中关村,1957.Ⅵ.15,采集人不详(IZCAS);1♂,北京,1978.Ⅴ.3,周士秀(IZCAS);1♂,北京圆明园,1978.Ⅳ.18,史永善(IZCAS);1♂,内蒙古,采集时间不详,徐环李(IZCAS);2♂♂,四川永川,1974.Ⅵ.10,韩寅恒(IZCAS);1♀,陕西华荫,450 m,1972.Ⅷ.9,王春永(IZCAS);1♀,湖北神农架,1980.Ⅶ.4,虞佩玉(IZCAS);10♂♂7♀♀,北京西郊公园,1950.Ⅴ.8,王林瑶(IZCAS);3♂♂1♀,北京西郊公园,1950.Ⅴ.14,王林瑶(自养)(IZCAS);1♀,北京朝外,1950.Ⅳ.11,王林瑶(IZCAS);7♀♀,北京万牲园,1950.Ⅶ.11,王林瑶(IZCAS);1♂,北京西山,1950.Ⅵ.19,王林瑶(IZCAS);4♂♂,北京中关村,1972.Ⅶ.10,采集人不详(IZCAS);1♀,北京中关村,1972.Ⅵ.19,采集人不详(IZCAS);1♀,北京中关村,1965.Ⅳ.30,采集人不详(IZCAS);1♀,北京中关村,1973.Ⅴ,采集人不详(IZCAS);1♀,北京中关村,1973.Ⅵ.22,史永善(IZCAS);2♂♂2♀♀,北京圆明园,1964.Ⅴ.20,史永善(IZCAS);1♂1♀,北京圆明园,1964.Ⅵ.14,史永善(IZCAS);1♀,北京圆明园,1964.Ⅵ.12,史永善(IZCAS);1♂,北京圆明园,1986.Ⅴ.16,采集人不详(IZCAS);1♂,北京圆明园,1974.Ⅳ.26,姜胜巧(IZCAS);1♂1♀,北京圆明园,1955.Ⅴ.24,张毅然(IZCAS);2♀♀,北京圆明园,1977.Ⅴ,王书永(IZCAS);1♀,北京圆明园,1977.Ⅴ.14,虞佩玉(IZCAS);2♀♀,北京圆明园,1962.Ⅶ.4,采集人不详(IZCAS);1♀,北京圆明园,1962.Ⅶ.10,王春光(IZCAS);1♀,北京圆明园,1982.Ⅴ.6,靳自成(IZCAS);6♀♀,北京,采集时间和采集人不详(IZCAS);1♂,北京动物园,1957.Ⅵ.17,小苏(IZCAS);1♀,北京动物园,1957.Ⅴ.22,小苏(IZCAS);1♂,北京安河桥,1961.Ⅵ.22,王书永(IZCAS);2♂♂1♀,北京长辛店,1957.Ⅴ.10,小苏(IZCAS);1♂1♀,北京温泉,1966.Ⅴ.11,史永善(IZCAS);1♂,北京南苑,50 m,1962.Ⅷ.8,王春光(IZCAS);1♀,北京南苑,1951.Ⅳ.26,采集人不详(IZCAS);1♂,北京,1972.Ⅴ.4,采集人不详(IZCAS);1♂1♀,北京玉渊潭,1965.Ⅵ.6,韩寅恒(IZCAS);1♂1♀,北京香山,1983.Ⅴ.27,王瑞琪(IZCAS);1♀,北京香山,1973.Ⅶ.28,采集人不详(IZCAS);1♂,北京碧云寺,1964.Ⅵ.16,周勤(IZCAS);1♀,北京卧佛寺,100 m,1961.Ⅶ.25,王书永(IZCAS);1♀,北京昌平南口,1961.Ⅶ.5,王书永(IZCAS);1♀,北京西郊,1951.Ⅳ.2,采集人不详(IZCAS);1♀,北京,1952.Ⅴ.30,张毅然(IZCAS);1♀,北京二里沟,1955.Ⅵ.28,周琴(IZCAS);1♂,北京,1928.Ⅳ,采集人不详(IZCAS);1♂1♀,河北蔚县,860 m,1964.Ⅵ.6,王春光(IZCAS);2♀♀,河北蔚县,860 m,1964.Ⅵ.7,李炳谦(IZCAS);1♀,河北蔚县,860 m,1964.Ⅵ.10,韩寅恒(IZCAS);1♀,河北蔚县,860 m,1964.Ⅵ.11,韩寅恒(IZCAS);1♀,河北蔚县,860 m,1964.Ⅵ.11,王春光(IZCAS);1♀,河北蔚县,860 m,1964.Ⅶ.24,李炳谦(IZCAS);1♀,河北蔚县,860 m,1964.Ⅶ.25,李炳谦(IZCAS);1♀,河北蔚县,860 m,1964.Ⅴ.29,王春光(IZCAS);2♂♂,甘肃文县,700 m,1998.Ⅵ.24,张学忠(IZCAS);1♀,甘肃文县,700 m,1998.Ⅵ.25,陈军(IZCAS);1♂,广西桂林,1952.Ⅳ.19,采集人不详(IZCAS);1♂,广西桂林,1952.Ⅵ.13,采集人不详(IZCAS);1♀,广西桂林,1952.Ⅵ.11,采集人不详(IZCAS);1♂1♀,广西桂林,1952.Ⅳ.16,采集人不详(IZCAS);

1♀,广西桂林,1952. Ⅴ. 4,采集人不详(IZCAS);1♂,广西阳朔,150 m,1963. Ⅶ. 18,王书永(IZCAS);1♀,广西阳朔,150 m,1963. Ⅶ. 17,王书永(IZCAS);1♀,广西阳朔,150 m,1963. Ⅶ. 20,史永善(IZCAS);1♂,广西阳朔,1963. Ⅶ. 20,王书永(IZCAS);1♀,广西上思,350 m,2000. Ⅵ. 9,李文柱(IZCAS);1♂,广东翁城,1975. Ⅶ,采集人不详(IZCAS);1♀,广东广州,1958. Ⅲ. 29,张宝林(IZCAS);1♂,天津,1959. Ⅳ. 4,采集人不详(IZCAS);1♀,天津,1959. Ⅴ. 10,采集人不详(IZCAS);2♀♀,天津,1959. Ⅳ. 20,采集人不详(IZCAS);1♂,浙江临安,1961. Ⅷ. 8,采集人不详(IZCAS);1♂,浙江天目山,1957. Ⅶ. 1,采集人不详(IZCAS);1♀,浙江金华,1973. Ⅵ. 26,虞佩玉(IZCAS);1♀,浙江黄岩,1955. Ⅵ. 27,采集人不详(IZCAS);1♂,四川紫经,1 100 m,1984. Ⅵ. 25,王书永(IZCAS);1♂,四川峨眉山,550～750 m,1957. Ⅵ. 20,王宗元(IZCAS);1♂,四川峨眉山,550～750 m,1957. Ⅴ. 30,朱复兴(IZCAS);1♂,四川峨眉山,550～750 m,1957. Ⅵ. 17,王宗元(IZCAS);1♀,四川峨眉山,550～750 m,1957. Ⅵ. 4,黄克仁(IZCAS);1♀,四川峨眉山,1964. Ⅳ. 20,吴燕如(IZCAS);1♀,四川成都,500 m,1955. Ⅵ. 18,波波夫(IZCAS);1♀,四川成都,500 m,1955. Ⅵ. 26,克雷让诺夫斯基(IZCAS);1♂,山东威海,1980. Ⅴ. 31,采集人不详(IZCAS);1♂,山东莱阳,1986. Ⅴ. 10,采集人不详(IZCAS);1♂,山东文登,1960. Ⅴ. 14,采集人不详(IZCAS);1♀,山东平度,1960. Ⅴ. 31,采集人不详(IZCAS);1♂,湖南宣章,1974. Ⅵ. 29,王书永(IZCAS);1♂,新疆福海,1960. Ⅶ. 23,王书永(IZCAS);1♂,北京,1937. Ⅸ. 13,采集人不详(IZCAS);1♂,江西上饶,1930. Ⅴ. 14,采集人不详(IZCAS);1♂,浙江舟山,1931. Ⅳ. 22,采集人不详(IZCAS);1♂1♀,南京孝陵卫,1957. Ⅶ. 10,采集人不详(IZCAS);2♀♀,黑龙江带岭,1971. Ⅵ. 19,采集人不详(IZCAS);1♀,黑龙江,1970. Ⅵ. 18,采集人不详(IZCAS);1♀,黑龙江,1970. Ⅵ. 23,采集人不详(IZCAS);1♀,湖北秭归,1994. Ⅳ. 30,杨星科(IZCAS);1♀,湖南泸溪,1988. Ⅵ. 21,杨龙龙(IZCAS);1♀,江苏徐州,1961. Ⅵ. 4,孟祥玲(IZCAS);1♀,陕西佛坪,870～1 000 m,1998. Ⅶ. 25,廉振民(IZCAS);1♀,山西太谷,1953. Ⅶ. 3,采集人不详(IZCAS);1♀,福建东山,1980. Ⅷ. 20,采集人不详(IZCAS);1♀,海南海口,1980. Ⅲ. 15,蒲富基(IZCAS);1♀,北京,1983. Ⅶ. 13,张宗葆(IZCAS)。

分布 中国黑龙江(带岭)、辽宁(辽西)、河北(蔚县、秦皇岛)、北京、天津、山西(大同)、陕西(佛坪、华荫、甘泉)、河南(汝州、许昌)、山东(泰山、莱阳、威海、文登、平度)、内蒙古、宁夏(银川)、甘肃(文县、兰州)、新疆(福海)、四川(峨眉山、永川、紫经、成都)、贵州、湖北(秭归、神农架、阳新)、湖南(宣章、泸溪)、江苏(云台、南京、无锡)、上海、浙江(黄岩、金华、临安、舟山、天目山)、江西(上饶)、福建(东山、武夷山、厦门)、广西(阳朔、上思、桂林、雁山)、广东(翁城、广州)、海南(海口);古北界。

讨论 该种与棒水虻 *S. barca* Walker 非常相似,但足主要为黑色,只有膝和基部 3 跗节黑色,后足胫节常黄色。而后者足主要为黄色,股节棕色,胫节黄棕色,跗节黑色。该种也与陀螺水虻 *S. apicalis* Walker 相似,但腹部背板黑色,常没有任何黄斑;如果有斑纹,则常细而短,斑纹前缘远不到所在体节前缘。而后者腹部背板黑色,常有大的黄色侧斑,尤其第 2 背板黄斑侧缘达到第 2 背板的前缘。

(372)泸沽水虻 *Stratiomys lugubris* Loew,1871(图版 120)

Stratiomyia lugubris Loew,1871. Syst. Beschr. Bek. Europ. Zweifl. Ins. 36. Type locality：Russia.

Stratiomyia lugubris roederi Lindner，1937. Flieg. Palaearkt. Reg. 4(1)：64. Type lo-cality：China，Ta-Aschian-sy.

雄 体长 15.0 mm。

复眼大，裸。下颜黑色发亮，有浓密的毛；仅在复眼边缘两侧各有一个窄的黄斑，被白毛。后头黑色，边缘黄色，窄，下部较宽。触角黑色，柄节长约为鞭节的 2/3。

胸部黑色。中胸背板中部有杂乱的黄毛，侧面毛稍黑，侧板被白毛。小盾片黑色，刺黄色，两刺之间的小盾片后缘黄色。股节黑色；胫节黄色，稍带棕色斑纹；跗节红棕色，端部稍带黄棕色。翅黄棕色，翅脉红棕色。

腹部第 2～4 背板两侧有近长方形的黄侧斑，各节侧斑在腹部侧缘不相连；第 4 背板后缘中间有一个小的三角形黄斑，如一个锥形结构把两侧黄斑连接起来；第 5 背板上端部的黄斑三角形。腹板黑色，每节有黄色后缘；第 2～4 腹板的黄色后缘窄；第 5 腹板的黄色后缘宽，稍带黑色，中部向前延伸。

雌 体长 14.5 mm，翅长 11.5 mm。

头主要为黄色，额宽，向触角渐宽；额有大面积的柠檬黄色的方形胝，发亮，光滑无毛，稍凸出；触角周围黑色，基部有伸达复眼的黑色横带，额只在黄色胝周围有稀疏的浅色短毛。上颜稍隆起，中间黑色，两侧黄色，下颜黑色，颜被明显的浅色毛。复眼分离，黑色，裸，眼后眶黄色，光亮，只在顶部两侧有黑斑；单眼瘤黑色，单眼棕色，单眼瘤周围有半圆形黑斑，但黑斑不延伸到复眼。后头黑色，但单眼瘤后方的后头有两个黄色的楔形斑。触角黑色，柄节、梗节和鞭节的长比为 3：1：5。喙黑色被浅色毛。足颜色和腹部斑纹等特征类似雄虫。

观察标本 1♀，吉林二道白河，1981.Ⅸ.27，吴燕如(IZCAS)。

分布 中国吉林(二道白河)、浙江；韩国，俄罗斯，蒙古。

讨论 该种与正眼水虻 *S. validicornis* (Loew)相似，但腹部第 2～4 背板侧斑长方形，第 4 背板后缘中部有三角形黄斑，把左右侧斑连接起来。而后者腹部第 2～4 背板侧斑非长方形，长条形或椭圆形，第 4 背板后缘中间无三角形黄斑。

(373)满洲里水虻 *Stratiomys mandshurica*（Pleske，1928）

Stratiomyia (Eustratiomyia) mandshurica Pleske，1928. Konowia 7(1)：67. Type lo-cality：China：Heilongjiang，Haerbin.

雌 体长 13.5 mm。

复眼裸，上无横带。眼后眶很宽，浅黄色。后头亮黑，下颜柠檬黄色，有黑斑，触角基部有一个斑，另一个卵圆形的斑在下颜中间，下颜被长而密的黄白毛；额浅柠檬黄色，无毛，额上部包括头顶和单眼瘤亮黑色。后头亮黑，底部有 2 个小的三角形黄斑。触角黑色，柄节长是梗节的 3 倍，鞭节长约为柄节的 1/2。

胸部棕黑色，被浓密的金黄色倒伏毛。小盾片包括刺柠檬黄色。股节黑色，但端部橙黄色；胫节和跗节橙黄色。翅透明，翅脉黄棕色。

腹部黑色，几乎裸。第 2 背板两侧有黄色三角形侧斑，侧斑宽度稍超过背板宽的一半；第 3 和第 4 背板的侧斑为宽的长方形，向背板中部变窄，但左右侧斑并不相连。第 2 腹板黄色，有宽的黑色侧斑；其他腹板黑色，有宽的黄色边缘。

雄　未知。

分布　黑龙江、内蒙古。

讨论　该种与蒙古水虻 *S. mongolica* (Lindner)相似,但雌虫额紧靠中单眼有一个三角形的黄斑;翅后胛红棕色。而后者雌虫额在中单眼前没有三角形的黄斑;翅后胛黑色。

(374)蒙古水虻 *Stratiomys mongolica* (Lindner, 1940)(图版121)

Stratiomyia (Eustratiomyia) mongolica Lindner, 1940. Dtsch. Ent. Z. 1939(1-4): 25. Type locality: China: Hebei, Sichan.

雄　体长 13.0 mm,翅长 11.0 mm。

头部黑色。额三角、颜和颊黑色发亮,有浅黄毛。复眼为接眼,黑棕色,有的个体有金色光泽,小眼大小一致,裸,没有眼后眶。触角柱状,柄节和梗节黑色发亮,有黑毛;柄节长,长约为梗节的 3 倍;鞭节黑色,有 5 个亚节。触角柄节、梗节和鞭节的长比为 3.0:1.0:5.5。

胸部黑色,被浓密的直立长黄毛。小盾片全为黄色,被黄毛;刺黄棕色,端点稍带黑色。股节黑色,但端部棕色;胫节基本为黑棕色,但基部色浅;跗节黄棕色,末 2 节背面色深。足被黄毛。翅烟褐色,透明,翅脉棕色。平衡棒柄棕色,球部浅黄色。

腹部黑色,有黄色侧斑;背板有黑色短毛,腹板有黄毛。第 2 背板两侧各有一个三角形黄斑;第 3、第 4 背板两侧各有一个细长的条形黄斑,第 4 背板黄斑窄而长,后缘中间也稍带黄色;第 5 背板后缘中间有竖条斑,后缘变宽。腹板黑色,有黄色后缘,第 2 腹板黄色宽,仅留 2 个黑色前侧角。雄性外生殖器:第 9 背板两侧基本平行,端部半圆形拱起,基部内凹;尾须长,基部宽,中部内侧有突起,端部窄;生殖基节长大于宽,近"U"形,基部窄,向端部渐宽,生殖基节背面端突指状,生殖基节腹面愈合部中突末端平;生殖刺突棒状,端缘有突起,末端尖;阳茎复合体细长,末端分 3 叶,末端尖细,侧叶长于中叶。

雌　体长 12.5~14 mm。

体色和腹部斑纹等特征与雄虫类似,主要区别在头部,区别如下:头部黄色。额两侧平行,向颜稍加宽;额上半部包括单眼瘤和头顶在内有黑色黑带,但紧靠中单眼有一个黄斑(一般为三角形),黑色横带一般占据整个额宽;额下半部黄色,额有稀疏的浅色短毛。颜黄色,但从触角基部到口孔有窄的黑纵条带,口孔及周围黑色,颜被浅长黄毛。复眼为离眼,黑色发亮,裸,小眼面上下一致;复眼有宽的柠檬黄色眼后眶,眼后眶黄色一直延伸到后头的一半,后头黑色。

胸部黑色,但翅后胛红棕色。胸部被倒伏的金黄毛,侧板的毛色浅。足和腹部斑纹与雄虫类似。

观察标本　2♂♂,陕西甘泉清泉沟,1971.Ⅶ.10,杨集昆(CAU);1♀,陕西甘泉清泉沟,1971.Ⅷ.13,杨集昆(CAU);1♀,陕西甘泉清泉沟,1971.Ⅷ.7,杨集昆(CAU);1♀,陕西甘泉清泉沟,1971.Ⅷ.16,杨集昆(CAU);1♀,北京清华农学院,1947.Ⅷ.23,杨集昆(CAU);1♀,北京香山,1984.Ⅵ.23,陈彪(CAU);1♂,北京昌平,1964.Ⅵ.2,廖素柏(IZCAS);1♂,北京玉泉山,1955.Ⅵ.23,张毅然(IZCAS);1♂,北京颐和园,1958.Ⅷ.23,柴中民(IZCAS);1♀,河北蔚县,860 m,1964.Ⅶ.23,韩寅恒(IZCAS);1♀,河北蔚县,860 m,1964.Ⅶ.23,王春光(IZCAS);1♀,河北蔚县,860 m,1964.Ⅶ.27,王春光(IZCAS);1♀,河北蔚县,860 m,1964.Ⅶ.24,李炳谦(IZCAS);2♀♀,河北蔚县,920 m,1964.Ⅷ.4,王春光(IZCAS);1♀,河北蔚县,920 m,1964.Ⅷ.3,韩寅恒(IZCAS);1♀,河北蔚县,920 m,1964.Ⅷ.31,韩寅恒(IZCAS);1

♀,山西太谷,1964.Ⅵ.23,采集人不详(IZCAS);1♀,山西太谷,1964.Ⅵ.25,采集人不详(IZCAS);1♀,浙江天目山,1957.Ⅵ.26,采集人不详(IZCAS);1♀,北京中关村,1973.Ⅷ.20,采集人不详(IZCAS);1♀,北京中关村,1961.Ⅷ.17,王书永(IZCAS);2♀♀,北京中关村,1957.Ⅷ.18,采集人不详(IZCAS);1♀,北京安河桥,1961.Ⅵ.22,王书永(IZCAS);1♀,北京八达岭,700 m,1979.Ⅶ.24,高平(IZCAS);1♀,北京圆明园,1961.Ⅷ.16,王书永(IZCAS);2♀♀,河北沙岭子,1980.Ⅶ.17,廖素柏(IZCAS)。

分布　河北(蔚县、沙岭子)、北京、山西(太谷)、陕西(甘泉)、浙江(天目山)。

讨论　首次发现该种的雄虫个体,并加以描述。雌虫额的黑斑有个体变化,有的个体额黑斑和复眼交界处色浅;有的个体中单眼前有黄色区,但三角形斑不明显。

该种与满洲里水虻 *S. mandshurica* (Pleske)相似,但额紧靠中单眼有一个三角形的黄斑;翅后胛红棕色。而后者额单眼前没有三角形黄斑;翅后胛黑色。

(375)高贵水虻 *Stratiomys nobilis* Loew,1871(图版 122)

Stratiomyia nobilis Loew,1871. Syst. Beschr. Bek. Europ. Zweifl. Ins. 38. Type locality:Uzbekistan.

Stratiomyia nobilis var. *fischeri* Wagner,1912. Russ. Ent. Obozr. 12(2):249. Type locality:Kazakhstan.

雄　体长 15~17.5 mm。

复眼为接眼,裸,下半部的小眼面很小。额和后头黑色,额和颜被银白色毛。下颜黑色,只在复眼边缘有小的黄色侧斑,喙基部有黄色边缘。眼后眶白色,小,仅在下半部稍宽,被倒伏的银白色毛。触角黑色,柄节长约为梗节和鞭节总长的1/2。

胸部黑色,被白色毛;侧板上的毛长而密,小盾片被黑毛。小盾片和刺黄色,仅在小盾片基部有个三角形黑斑。股节除了端部外黑色;胫节和跗节红棕色,各足胫节有细的前端开放的黑棕色环。翅透明,有红棕色翅脉。

腹部黑色。第2和第3背板有大的近方形的侧斑,几乎占据了整个侧缘;第4背板的侧斑边缘较窄,但向背板中间渐宽;第5背板的端斑大而宽。腹板黄色,有黑色横带:第1腹板基部黑色横带宽;第2腹板有2个相对较小的斑;第3腹板有一个窄的、中间向前拱起的横带;第4腹板有一个宽的横带。

雌　体长 12.4 mm;翅长 9.5 mm。

头部黄色,额黄色发亮,但单眼瘤左右两侧有黑斑,几光裸。颜黄色,有稀疏的浅色毛。眼后眶和后头边缘为黄色,宽。复眼为离眼,黑色,光裸。单眼瘤黑色,单眼黄色。

胸部黑色,但肩胛和翅后胛黄色,侧板大部分黄色,只在腹面黑色;背板有极稀疏的浅色倒伏毛,但背板侧缘毛长;侧板被浓密的浅色长毛。小盾片全为黄色,刺黄色。足全为黄色,只在股节腹面稍带黑色。

腹部第1背板和雄虫类似;第2背板黄斑侧缘窄,向背板中间强烈扩展;第3背板侧斑条状,后缘相连;第5背板黄斑侧面宽。腹板全为黄色。

观察标本　1♀,新疆乌苏,1 800 m,1957.Ⅸ.2,汪广(IZCAS)。

分布　中国新疆(乌苏);亚美尼亚,伊朗,哈萨克斯坦,吉尔吉斯斯坦,乌兹别克斯坦。

讨论　该种与连水虻 *S. annectens* James 相似,但雌虫小盾片黄色,雄虫小盾片仅在基部有个三角形黑斑;雌虫胸部背板有黄斑;腹板主要黄色,有黑色横带;第5背板后缘黄斑大而宽。而后者雌虫小盾片基部1/4黑色;雌虫胸部背板无黄斑;腹板主要黑色,有黄色横带;第5背板后缘有一个小的三角形黄斑。

(376)缩眼水虻 *Stratiomys portschinskana* Narshuk *et* Rozkošný,1984(图版123)

Stratiomyia portschinskana Narshuk *et* Rozkošný,1984. Acta Ent. Bohem. 81(4):296 Type locality:China:Xinjiang. New name for *Stratiomys brevicornis* Portschinsky,1887.

Stratiomys brevicornis Portschinsky,1887. Horae Soc. Ent. Ross. 21:176. Type locality:China:Xinjiang.

Preoccupied by *Stratiomys brevicornis* Loew,1840.

雄 体长 12.0 mm;翅长 10.0 mm。

复眼为接眼,黑色,裸。下额三角黑色发亮,有稀疏的黑毛。颜两侧黄色,但触角到口孔之间的颜中间黑色,下颜主要黄色,口孔稍带黑色,口孔两侧的颜有黑斑,颜被浅色长毛。眼后眶黄色,中上部窄细,向下部渐宽;后头黑色,单眼瘤黑色,单眼黄色。触角黑色,触角柄节、梗节和鞭节的长比为 9:3:16。喙黑棕色,有浅色毛。

胸部黑色发亮,但肩胛稍带红棕色,翅后胛明显黄棕色;胸侧板主要黑色,但翅侧片、腹侧片前上角和中侧片后上方黄棕色;背板被浓密的金黄色倒伏毛,侧板被金黄色半直立长毛。小盾片主要为黄色,只在基部有窄细的黑色,刺黄色。足基节、转节黑色,股节黑棕色,但端部黄色;胫节和跗节黄色。

腹部背板黑色,有黄色侧缘,第2~4背板有黄色侧斑,第5背板有三角形到半圆形黄色端斑,腹板全黄色。雄性外生殖器:第9背板半圆形,端部圆,基部内凹;尾须近长方形,中部内凹,端部具弯向腹部的近三角形突起;生殖基节近方形,但基部窄,端部两侧具指状突;生殖刺突位于生殖基节端腹面,近三角形,后缘基部和端部各有一个小突起,端部尖;阳茎复合体较长,端部稍膨突,分3叶,末端均尖细,中叶短于侧叶。

雌 体长 12.0 mm;翅长 10.0 mm。

头部黄色。额基本黄色,仅在上额单眼瘤前下方左右各有一个黑斑,颜黄色,但触角到口孔只见有窄细的黑纵条,额几乎裸,颜被浅色短毛。复眼黑色,离眼,裸,眼后眶黄色,宽,裸;单眼瘤黑色,单眼棕色;后头外缘黄色,中间黑色。

胸部背板颜色同雄虫,侧板主要黄色,仅中侧片后下方有黑斑,背板和侧板被浅色倒伏短毛。小盾片全为黄色,刺黄色。足基本黄色,但基节、转节黑棕色,股节中后部有黑色环。腹面的黑色区大。

腹部颜色和斑纹类似雄虫,但第4背板侧斑左右相连。

观察标本 1♂,新疆沙湾砲台,350 m,1957. Ⅵ.17,汪广(IZCAS);2♂♂,新疆乌鲁木齐,980 m,1959. Ⅸ.2,王书永(IZCAS);1♀,新疆石河子,590 m,1959. Ⅷ.27,王书永;1♀,新疆昌吉,680 m,1959. Ⅷ.21,王书永(IZCAS)。

分布 新疆(沙湾砲台、石河子、昌吉、乌鲁木齐)。

讨论 该种为 *Stratiomys brevicornis* Portschinsky,1887 的新名,最初记载采自我国新疆,Lindner 在 1938 年古北志中描述了该种的特征,但比较简单,上述采自新疆和内蒙古的观察标本与 Lindner 的描述类似,但因原描述简单,不能完全判定为同一种,暂定为缩眼水虻。

与独行水虻 S. singularior（Harris）相似，但胸部背板有黄斑，腹部腹板为黄色。而后者胸部肩胛和翅后胛棕色，有时侧板也部分棕色；腹部腹板黑色，第2～5腹板后缘有黄色横带。

(377) 平头水虻 *Stratiomys potanini* Pleske, 1899

Stratiomyia potanini Pleske, 1899. Wien. Ent. Ztg. 18(9)：275. Type locality：China：Beijing.

雄 复眼为接眼，裸，下部有一条带金绿色光泽的横带。眼后眶黄色，窄，侧面稍宽，下方有银白色细毛。后头黑色，复眼间的中纵缝有黑色短毛。下颜黑色，被稀疏的黄棕色长毛，与复眼交界处有2个黄斑；复眼下方的毛长而密，胡子状。触角长，黑色，柄节长约为梗节的4倍，为鞭节的2/3；触角基部被黑毛。

胸部侧板毛长，主要为灰白色。小盾片黑色，刺以及两刺中间的后缘黄色，被稀疏的黄棕色长毛。足黑色，胫节和跗节橙黄色，被金黄毛；股节被黄棕色长毛。翅为均一的黄棕色，翅脉浅黄色。平衡棒淡绿色，柄黄色。

腹部亮黑。第1和第2背板有大的黄色侧斑，侧斑端部尖，不钝圆；第4背板后侧角有一个小黄斑；第5背板只有一个黄斑，柱状，向后缘渐宽。腹部密被黑色短毛，仅在背板的前侧缘有黄棕色长毛。腹板棕色，中间黄色，第一节和最后一节腹板黑棕色；腹板被稀疏的长黄毛。

雌 复眼裸，眼后眶黄色，宽。头顶黑色。下颜主要为黑色，眼后眶有黄斑，通过触角上方的一条细黄线相连。触角柄节稍短，长约为鞭节的2/3。胸部黑色，中胸背板有短的黄棕色毛，前缘有两个不明显的纵条；侧板毛明显长。小盾片黑色，刺和两刺之间的后缘黄色。足黄色，股节黑色。翅红棕色，有红棕色翅脉。腹部黑色。第2和第3背板有大的三角形黄侧斑，侧斑在侧缘相连；第4背板黄斑长方形，宽；第5背板黄斑三角形。腹板黄色，第1腹板有一对黑斑；腹板末节上的斑大，几乎充满整个腹节。

分布 内蒙古、北京。

讨论 该种与李氏水虻 S. *licenti* Lindner 相似，但复眼上下半部有一条带金绿色光泽的横带；下颜与复眼交界处有2个黄斑。而后者复眼没有金属光泽横带；下颜没有黄斑。

(378) 罗氏水虻 *Stratiomys roborowskii* Pleske, 1901

Stratiomyia roborowskii Pleske, 1901. Sitzgsber. Naturf. Ges.Univ. Jurjeff(Dorpat) 12 (3)：357. Type locality：China：Gansu.

雄 体长 10.0～12.0 mm。

复眼被毛，下半部和侧面的小眼面小。眼后眶黄色，窄。下颜黑色，有蓬松的浅黄毛。触角黑色，很短，柄节长为梗节的3倍，鞭节的一半。

胸部黑色，有长的浅黄毛，侧板上的毛更长。小盾片基部和侧缘黑色，中间浅黄色；刺黄色，但基部黑色。足黑色，被浅黄毛；跗节端部黑色，基部红棕色，后足跗节大部分红棕色。翅透明，基部浅黄色；翅脉厚，红棕色。

腹部黑色，中间裸，边缘有浅黄毛。腹部第2和第3背板、有时第4背板有小的长方形黄斑；第5背板有三角形暗黄斑，有时后缘特别是第4和第5背板后缘暗黄色。腹板黄色，第3和第4腹板多有小而成对的棕色斑。

雌 触角和雄虫类似。复眼被毛。下颜黑色，被红棕色毛。触角上方的下额黄色，宽，上额和头顶黑色,被浅黄毛。后头黑色,有2个小的楔形黄斑。颊和喙黄色。胸部黑色,有浓密的金黄色倒伏毛。小盾片基部和侧缘黑色,有金黄毛;小盾片中间和刺基部黄色,端部黑色。腹部黑色,有短而稀疏的倒伏的金黄毛,第2~4背板有窄的长方形侧斑,第5背板有大的三角形斑。

分布 甘肃(金昌)。

讨论 该种与科氏水虻 S. koslowi Pleske 相似,但腹部黑色,第2~3背板、有时第4背板有窄的长方形黄色侧斑。而后者腹部黑色,常有窄的黄色侧缘,侧缘向内延伸形成三角形黄色侧斑。

(379)红翅水虻 *Stratiomys rufipennis* Macquart,1855

Stratiomyia rufipennis Macquart,1855. Dipt. exot.,suppl. 62. Type locality:China:Borealis.

雌 体长 11.0 mm。

额亮黑,前侧黄色;后头有一个黄斑。颜亮黑色,被白毛,侧面黄色且有白毛。触角黑色。胸部黑色,被黄毛;侧板有白毛。小盾片刺之间和盾片后缘黄色。足黑色,前足和中足股节基半部白色,后足股节端部黑色,基部 3 跗节黄色。翅红色,翅端无色。腹部黑色,外缘和后缘背板黄色,后缘中间中断,第 3 和第 4 背板外缘窄,第 4(或 5)背板有黄色背线;腹板黑色,有黄色的侧后缘。

分布 中国北方。

讨论 Lindner 于 1938 年提到,红翅水虻 *Stratiomys rufipennis* Macquart 是一个有疑问的种,认为可能与棒水虻 *S. baeca* 或长角水虻 *S. longicornis* 是一个种,它们非常相似,只是 *S. baeca* 小盾片端半部黑色,*S. rufipennis* 小盾片刺都为黄色。

该种与杏斑水虻 *S. laetimaculata*(Ôuchi)相似,但触角全为黑色,前足和中足股节基半部黄白色,第 1~3 跗节黄色,翅红色。而后者触角部分砖红色,足基本全为黑色,所有跗节橙黄色,翅棕色(Ôuchi,1938)。

(380)中华水虻 *Stratiomys sinensis* Pleske,1901

Stratiomyia sinensis Pleske,1901. Sitzgsber. Naturf. Ges. Univ. Jurjeff(Dorpat) 12(3):362. Type locality:China:Beijing.

雄 复眼被长白毛。下颜黑色,窄;复眼边缘有不明显的黄斑。头部毛主要为黑色,唇基侧缘夹杂着黄毛。眼后眶黄色,窄。触角黑色,短;柄节长为梗节的 3 倍,鞭节长约为柄节的 2 倍。

胸部黑色。中胸背板前部有浅黄毛,后部毛黑色;侧板有杂乱的黑毛;腹侧毛长,金黄色。小盾片大部分黑色,但两刺之间有一个很大的方形端斑;刺黑棕色,基部黄色。足黑色,股节有杂乱的黑色和金黄色相间的毛;胫节和跗节主要为金黄毛。翅透明,翅脉和前缘黄棕色。

腹部前四节背板黑色,在前侧角有黑毛斑,被短黑毛;背板侧缘有稀疏的金黄毛,第 5 背板上毛浓密,端部有一个三角形黄斑。腹板黑色,每节腹板后缘具黄斑点,第 2 腹板的黄斑点大。

雌 未知。

分布 北京。

讨论 该种与腹水虻 S. ventralis Loew 相似,但复眼被白色长毛,腹部第 1～4 腹板黑色,只在第 5 背板端部有一个三角形黄斑。而后者复眼被黑灰色毛,腹部除了第 5 背板端部的三角形黄斑外,第 2～4 背板也有三角形黄色侧斑。

(381) 独行水虻 *Stratiomys singularior* (Harris, 1778)

Musca singularius Harris, 1778. An exposition of English insects: 45. Type locality: England.

Strationmys furcata Fabricius, 1794. Entomologia systematica emendata *et* aucta 32: 760. Type locality: Europe.

Strationmys riparia Meigen, 1822. Syst. Beschr. Bek. Europ. zweifl. Insek. Ⅰ-Ⅹ: 138. Type locality: Europe.

Strationmys paludosa Siebke, 1863. Nytt mag. Naturvidensk. 12: 149. Type locality: Norway.

雄 体长 11.0～17.0 mm;翅长 8.5～12.5 mm。

复眼近接眼,有浓密的棕色毛;复眼之间仅有窄的中纵条,着生一列棕色毛。额三角和颜全黑色;眼后眶黄色,窄。触角黑色,柄节长是梗节的 4 倍;鞭节有 5 亚节,长约等于柄节和梗节总长。头上毛浅黄色到白色,浓密而直立。喙黑色。

胸部黑色,但肩胛、翅后胛、有时侧板棕色。小盾片端半部或仅后缘黄色,刺全黄色。胸部毛密,大部分直立;侧板被灰白毛,背板毛红棕色。足黑色,膝部黄色,跗节端部色深。翅烟褐色,但端部透明。翅脉粗,黄到棕色。

腹部主要黑色,第 2～4 背板的黄色侧斑以及第 5 节背板的端斑小,窄细。腹板黑色,第 2～5 腹板后缘有浅黄色横带,横带宽约为腹板宽的 1/3,但第 2 腹板的横带宽。腹部黑色区被浓密的倒伏短毛,背板其他区域及腹板被黄毛。雄性外生殖器:第 9 背板近方形,尾须卵圆形,生殖基节腹面愈合部长,中突短,中间有突起,生殖刺突末端稍内凹,阳茎复合体长而光滑。

雌 额宽约为头宽的 1/3,黑色;触角上方有一对分离的黄斑,另一对黄斑在后头,常在头顶小面积重叠。股节常基部色浅,后足胫节基半部黄色。腹部侧斑比雄虫的大,向前侧明显扩展。腹板第 2 节的黄色横带宽常在中间占据腹板宽的一半以上,下面的横带窄。体上的毛半倒伏状,短于雄虫,白色到灰色。

分布 中国黑龙江(哈尔滨);古北界。

讨论 该种与缩眼水虻 S. *portschinskana* Narshuk *et* Rozkošný 相似,但胸部肩胛和翅后胛棕色,有时侧板也部分棕色;腹部腹板黑色,第 2～5 腹板后缘有黄色横带。而后者胸部背板有黄斑,腹部腹板为黄色。

(382) 正眼水虻 *Stratiomys validicornis* (Loew, 1854) (图 305)

Hoplomyia validicornis Loew, 1854. Programm K. Realschule Meseritz 1854: 17. Type locality: Russia.

Stratiomys kaszabi Lindner, 1967. Reichenbachia 9(9): 90. Type locality: Mongolia.

雄 体长 11.8～13.0 mm;翅长 8.8～9.8 mm。

复眼裸,近接眼;复眼中纵缝有直立棕色毛。额和颜黑色。眼后眶窄,在头部下 1/3 明显,

图 305　正眼水虻 *Odontomyia validicornis*（Loew）（据 Lindner，1938 重绘）
a. 雌虫头部，前视（female head，frontal view）；b. 雌虫腹部，背视（female abdomen，dorsal view）。

黄色，窄。头部毛中等长度，大部分直立，主要为黄色。触角很短，触角侧视长度不到复眼的高度；柄节长为梗节的 2.5 倍，为鞭节的 1/2。喙黑色。

胸部亮黑。胸部毛不太长，主要为灰白色直立毛，但背板毛黄色。小盾片端半部黄色；刺黄色，基部黑色。足基节和股节除了端部外黑色；胫节和跗节黄棕色，前足和后足胫节中部色深，端部 2 跗节棕色。翅透明，前缘稍带黄色；翅脉黄棕色。平衡棒浅黄色，柄色深。

腹部黑色；第 2～4 背板侧斑及第 5 背板端斑浅黄色，第 2 背板侧斑为背板宽的 1/2；第 3～4 背板侧斑为背板宽的 1/3。腹板黑色，第 2～5 腹板后缘有黄色横带，第 2 腹板的横带最宽，超过背板宽的一半。腹部毛棕色，相对短，基部侧角毛长。雄性外生殖器：第 9 背板端部圆；尾须大；生殖刺突末端细，阳茎复合体光滑。

雌　额主要黑色，宽约为头宽的 1/3，向头顶稍变窄；触角上方有一对近长圆形黄斑，额斑到达复眼边缘，但大部分与颜的黄斑分离。在复眼边缘的颜黄斑小，颜的中间和腹面大部分黑色。

分布　中国新疆；哈萨克斯坦，蒙古，俄罗斯。

讨论　该种与泸沽水虻 *S. lugubris* Loew 相似，但腹部第 2～4 背板侧斑非长方形，长条形或椭圆形，第 4 背板后缘中间无三角形黄斑。而后者腹部第 2～4 背板侧斑长方形，第 4 背板后缘中部有三角形黄斑，把左右侧斑连接起来。

(383) 腹水虻 *Stratiomys ventralis* Loew，1847（图版 124）

Stratiomys ventralis Loew，1847. Stettin. Ent. Ztg. 8(12)：369. Type locality：Russia.
Stratiomyia serica Pleske，1901. Sitzgsber. Naturf. Ges. Univ. Jurjeff(Dorpat) 12(3)：369. Type locality：China：Sun-Nan.

雄　体长 12.5 mm，翅长 9.5 mm。

头部黑色，发亮。额三角、颜和颊黑色发亮，有浅长黄毛，只在触角周围有些黑色长毛。复眼为接眼，棕色，下部小眼面小，密布黑棕色毛；没有眼后眶。触角柱状，柄节和梗节黑色发亮，有黑色长毛；柄节长，长约为梗节的 3 倍；鞭节黑色，有 5 个亚节。触角柄节、梗节和鞭节的长比为 8：3：17。喙黑棕色，有淡黄毛。

胸部黑色发亮，被浓密的长黄毛。小盾片基部和侧缘黑色发亮，小盾片后缘两刺之间黄色;刺短,基部黄棕色,端部黑色(有的个体全为棕黑色)。股节黑色,但基半部黑棕色,端半部黑色;胫节基半部黄棕色,端半部黑色;跗节黄棕色,末2节黑色。足被黄毛。翅烟褐色,透明;前半部翅脉黄褐色,后半部翅脉与翅膜同色。平衡棒柄棕色,球部奶白色。

腹部黑色,有稀疏的长黄毛。第2背板两侧各有一个三角形黄斑;第3、第4背板两侧各有一个小的条形黄斑,第4背板黄斑小;第5背板后缘中间有三角形黄斑。腹板黄绿色,有时在第3和第4腹板有成对的棕色斑,腹板被稀疏的白色毛。雄性外生殖器:第9背板心形,基部内凹;尾须长,基部宽,中部内侧有突起,端部窄;生殖基节长宽几近相等,"U"形,基部窄,生殖基节背面端突指状,生殖基节腹面愈合部中突末端平;生殖刺突棒状,端缘有突起,末端尖;阳茎复合体细长,末端分3叶,末端尖细,侧叶稍长于中叶。

雌 体长13.0 mm,翅长10.0 mm。

体色和腹部斑纹等特征与雄虫类似,主要区别在头部和足的颜色,区别如下:头部黄色。额向颜渐宽;上额包括单眼瘤和头顶在内黑色,被黑棕色毛;下额柠檬黄色,近光裸。颜中间黑色,两侧黄色,有时触角基部有伸达复眼边缘的横线;颜被白色长毛。复眼为离眼,黑色发亮,上有稀疏的棕色短毛,小眼面上下一致;复眼后有宽的黄色眼后眶。雌虫部分个体小盾片黄色区比雄虫大。各足基节和转节黑色,股节基半部黄色,端半部黑色;胫节基半部黄色,端半部黑色;跗节最后2节黑棕色,其他各节黄色。足上有黄毛。

观察标本 1♂,青海海北门源站,1989.Ⅶ.17,魏美才(CAU);1♂,青海门源风匣口,1989.Ⅶ.13,魏美才(CAU);1♀1♂,青海门源风匣口,1989.Ⅶ.14,刘国卿(CAU);2♂♂1♀,青海门源风匣口,1989.Ⅶ.18,魏美才(CAU);1♂,青海西宁,1950.Ⅶ.21,陆宝麟,杨集昆(CAU);2♂♂,青海喇嘛河,1950.Ⅶ.27,陆宝麟,杨集昆(CAU);1♀,青海西宁,1950.Ⅶ.23,陆宝麟,杨集昆(CAU);1♀,青海西宁,1950.Ⅶ.24,陆宝麟,杨集昆(CAU);1♀,青海都兰,1950.Ⅶ.30,陆宝麟,杨集昆(CAU);1♀,青海都兰希里满,1950.Ⅶ.31,陆宝麟,杨集昆(CAU);1♀,甘肃连城,1993.Ⅷ.15,吕(CAU);1♀,宁夏固原,1961.Ⅷ.16(CAU);1♂,甘肃岷县,2 600 m,1998.Ⅶ.8,张学忠(IZCAS);2♂♂,青海祁连,2 560 m,1957.Ⅷ.9,张毅然(IZCAS);1♀,四川红原,3 500 m,1985.Ⅷ.28,张学忠(IZCAS)。

分布 中国内蒙古、甘肃(连城、岷县)、宁夏(固原)、青海(祁连、门源、西宝、都兰)、四川(红原、理县);蒙古,俄罗斯。

讨论 首次对雌虫特征进行描述。该种与中华水虻 *S. sinensis* Pleske 相似,但复眼被黑灰色毛,腹部除了第5背板端部的三角形黄斑外,第2~4背板也有三角形黄色侧斑。而后者复眼被白色长毛,腹部第1~4腹板黑色,只在第5背板端部有一个三角形黄斑。

参考文献

Adams C. F. 1903a. Dipterological contributions. *The Kansas University Science Bulletin*, 2 (2):21-47.

Adams C. F. 1903b. Descriptions of six new species. pp. 221-223, in Snow, F. H. A preliminary list of the Diptera of Kansas. *The Kansas University Science Bulletin*, 2(5):211-223.

Adisoemarto S. 1973. New species of *Solva* Meigen from Indonesia (Diptera: Solvidae). *Treubia*, 28(2):35-40.

Adisoemarto S. 1974. A new genus of soldier flies from Indonesia (Diptera:Stratiomyidae). *Treubia*, 28(3):69-71.

Adisoemarto S. 1975. Additional *Hermetia* Latreille recorded from Indonesia (Diptera:Stratiomyidae). *Treubia*, 28(4):129-133.

Agassiz L. 1846. *Nomenclatoris zoologici index universalis*, *continens nomina systematica classium*, *ordinum*, *familiarum et generum animalium omnium*, *tam viventium quam fossilium*, *secundum ordinem alphabeticum unicum disposita*, *adjectis homonymous plantarum*, *nec non variis adnotationibus et emendationibus*. Jent et Gassmann, Soloduri [=Solothurn, Switzerland]. I -Ⅷ. 1-393.

Albuquerque D. de O. 1955. Duas novas espécies de Hermetiinae do Brasil (Diptera, Stratiomyidae). *Revista Brasileira de Entomologia*, 3:129-135.

Aldrich J. M. 1905. A catalogue of North American Diptera (or two-winged flies). *Smithsonian Miscellaneous Collections*, 46(1444):[2], 1-680.

Aldrich J. M. 1928. New Diptera or two-winged flies from South America. *Proceedings of the United States National Museum*, 74(2746):1-25.

Aldrich J. M. 1933. Notes on Diptera. No. 6. *Proceedings of the Entomological Society of Washington*, 35(8):165-173.

Andersson H. 1971. Taxonomic notes on Scandinavian species of the genus *Sargus* Fabr. (Dipt., Stratiomyidae). *Entomologica scandinavica*, 2(3):237-240.

Arnaud P. H. Jr. 1979. A catalog of the types of Diptera in the collection of the California A-cademy of Sciences. *Myia* 1:i-vi, 1-505.

Aubertin D. 1930. Stratiomyiidae. pp. 93-105, in *Diptera of Patagonia and South Chile*, Part V, Fascicle 2. British Museum, London. 93-197.

Aubertin D. 1932. Note on the name of a genus in the family Stratiomyiidae. P. 284, in *Diptera of Patagonia and South Chile* Part V, Fascicle 3. British Museum, London.

Austen E. E. 1899. On the preliminary stages and mode of escape of the imago in the dipterous genus *Xylomyia*, Rond. (*Subula*, Mg. et auct.), with especial reference to *Xylomyia maculata*, F.; and on the systematic position of the genus. *Annals and Magazine of Natural History*(7),3(14):181-190.

Austen E. E. 1901. An addition to the British Stratiomyidae, with the description of a new genus. *The Entomologist's Monthly Magazine*, Second series, 12(142):241-246.

Baez M. 1988. Dípteros de Canarias XIII. Solvidae. *Annali del Museo Civico di Storia Naturale di Genova*,87:115-126.

Banks N. 1920. Descriptions of a few new Diptera. *The Canadian Entomologist*,52(3):65-67.

Banks N. 1926. Descriptions of a few new American Diptera. *Psyche*,33(2):42-44.

Barretto M. P. 1947. Estudos sôbre "Stratiomyidae" Brasileiros. I. Duas novas espécies de "*Rhingiopsis*" Röder, 1886 (Diptera). *Revista Brasileira de Biologia*,7(4):439-443.

Becker T. 1887. Beiträge zur Kenntniss der Dipteren-Fauna von St. Moritz. *Berliner Entomologische Zeitschrift*,31(1):93-141.

Becker T. 1902. Aegyptische Dipteren. *Mitteilungen aus dem Zoologischen Museum in Berlin*,2(2):1-66.

Becker T. 1906. Die Ergebnisse meiner dipterologischen Frühjahrsreise nach Algier und Tunis [part]. *Zeitschrift für systematische Hymenopterologie und Dipterologie*, 6(1):1-16.

Becker T. 1908. Dipteren der Kanarischen Inseln. *Mitteilungen aus dem Zoologischen Museum in Berlin*,4(1):1-180.

Becker T. 1909. Collections recueillies par M. Maurice de Rothschild dans l'Afrique orientale anglaise. Insectes: Diptères nouveaux. *Bulletin du Muséum National d'Histoire Naturelle*,15(3):113-121.

Becker T. 1910. Voyage de M. Maurice de Rothschild en Éthiopie et dans l'Afrique orientale [1904-1906] Diptères nouveaux. *Annales de la Société entomologique de France*,79(1):22-30.

Becker T. 1915. Diptera aus Tunis in der Sammlung des Ungarischen National-Museums. *Annales Musei Nationalis Hungarici*,13(1):301-330.

Becker T. 1919. Diptères. Brachycères. pp. 163-215, in *Mission du Service Géographique de l'Arm-ée pour la Mesure d'un Arc de Méridien Équatorial en Amérique du Sud sous le contrôle scientifique de l'Académie des Sciences* 1899-1906. Tome 10. Entomologie. - Botanique. Fascicule 2. - Opiliones. - Diptères. - Myriapodes. Gauthier-Villars et Cie, Paris. [4], 121-275. [June 1919].

Becker T., Stein F. 1913. Persische Dipteren von den Expeditionen des Herrn N. Zarudny 1898 und 1901. *Annuaire du Musée Zoologique de l'Académie imperial de Sciences de St.-Pétersbourg*, 17:503-654.

Bellardi L. 1859. *Saggio di ditterologia messicana*. Parte I.^{A} Stamperia Reale, Torino. [2], 1-80.

Bellardi L. 1862. *Saggio di ditterologia messicana*. Appendice. Stamperia Reale, Torino. 1-28, [2].

Berezovsky V. V., Nartshut E. P. 1993. On the genus *Geitenomyia* with description of a new species from Azerbaijan and Turkey (Diptera:Stratiomyidae). *Zoosystematica Rossica*, 1: 97-101.

Berthold A. A. 1827. *Natürliche Familien des Thierreichs aus dem Französischen. Mit Anmerkungen und Zusätzen*. Gr. H. S. priv. Landes = Industrie Comptoirs, Weimar. i-x, 1-606.

Beschovski V. L. & Manassieva E. P. 1996. Contribution to the study of the Stratiomyidae species in the Balkan Peninsula, with description of *Nemotelus rumelicus* spec. nov. (Insecta:Diptera). Reichenbachia, 31(39):217-223.

Bezzi M. 1896. Eine neue europäische Stratiomyia-Art mit zum Theil rothgefärbten Fühlern. *Wiener Entomologische Zeitung*, 15(7):215-217.

Bezzi M. 1898. Contribuzioni alla fauna ditterologica italiana. II. Ditteri delle Marche e degli Abruzzi. *Bullettino della Società Entomologica Italiana*, 30(1-2):19-50.

Bezzi M. 1902. Neue Namen für einige Dipteren-Gattungen. *Zeitschrift für systematische Hymenopterologie und Dipterologie*, 2(3):190-192.

Bezzi M. 1903. Band II. Orthorrhapha Brachycera. *In* Bcker, T., Bezzi, M., Bischof, J., Kertész, K., & Stein, P. (eds.). *Katalog der Paläarktischen Dipteren*. Budapest. [2], 1-396.

Bezzi M. 1906. Ditteri eritrei raccolti dal Dott. Andreini e dal Prof. Tellini. Parte prima. Diptera orthorrhapha. *Bullettino della Società Entomologica Italiana*, 37(2-4):195-304.

Bezzi M. 1907. Nomenklatorisches über Dipteren. *Wiener Entomologische Zeitung*, 26(2): 51-56.

Bezzi M. 1908a. Nomenklatorisches über Dipteren. Ⅲ. *Wiener Entomologische Zeitung*, 27 (2-3):74-84.

Bezzi M. 1908b. Eine neue brasilianische Art der Dipterengattung Allognosta O. S. *Deutsche Entomologische Zeitschrift*, 1908(4):471-475.

Bezzi M. 1908c. Diagnoses d'espèces nouvelles de Diptères d'Afrique. *Annales de la Société entomologique de Belgique*, 52:374-388.

Bezzi M. 1909. Diptera syriaca et aegyptia a cl. P. Beraud S. J. collecta. *Brotéria*, 8(2):37-65.

Bezzi M. 1914a. Ditteri raccolti cal Prof. F. Silvestri durante il suo viaggio in Africa del 1912-

1913. *Bollettino del Laboratorio di Zoologia generale e agrarian della R. Scuola superior d'Agricoltura in Portici*, 8: 279-308.

Bezzi M. 1914b. Studies in Philippine Diptera, I. *The Philippine Journal of Science*, 8(4): 305-332.

Bezzi M. 1922a. The first eremochaetous dipteron with vestigial wings. *Annals and Magazine of Natural History*, Series 9, 9(52): 323-328.

Bezzi M. 1922b. On the South American species of the dipterous genus *Chiromyza* Wied. *Annals of the Entomological Society of America*, 15(2): 117-124.

Bezzi M. 1928. *Diptera Brachycera and Athericera of the Fiji Islands based on material in the British Museum (Natural History)*. British Museum, London. ⅰ-ⅷ, 1-220.

Bezzi M., Lamb C. G. 1926. Diptera (excluding Nematocera) from the Island of Rodriguez. *Transactions of the Entomological Society of London*, 1925(3-4): 537-573.

Bigot J. M. F. 1856. Essai d'une classification générale et synoptique de l'ordre des Insectes Diptères. 4ᵉ Mémoire. *Annales de la Société Entomologique de France*, *Troisième Série*, 4: 51-91.

Bigot J. M. F. 1857. Essai d'une classification générale et synoptique de l'ordre des Insectes Diptères. 5ᵉ Mémoire. *Annales de la Société Entomologique de France*, *Troisième Série*, 5: 517-564.

Bigot J. M. F. 1858a. Ordre Vⅱ. Diptères. pp. 346-376, *in* Thomson, J. (ed.). Voyage au Gabon. Histoire naturelle des Insectes et des Arachnides recueillis pendant un voyage fait au Gabon en 1856 et en 1857 par M. Henry C. Deyrolle sous les auspices de Mm. Le Comte de Mniszech et James Thomson. *In* Thomson, J. *Archives entomologiques ou recueil contenant des illustrations d'insectes nouveaux ou rare*. Tome deuxième. Bureau du Trésorier de la Société entomologique de France, Paris. 1-469, [3].

Bigot J. M. F. 1858b. Essai d'une classification générale et synoptique de l'ordre des Insectes Diptères. VIᵉ Mémoire. *Annales de la Société Entomologique de France*, *Troisième Série*, 6: 569-595.

Bigot J. M. F. 1859a. Diptères de Madagascar. Première Partie. *Annales de la Société Entomologique de France*, *Troisième Série*, 7: 115-135.

Bigot J. M. F. 1859b. Essai d'une classification générale et synoptique de l'ordre des Insectes Diptères. Ⅶᵉ Mémoire. *Annales de la Société Entomologique de France*, *Troisième Série*, 7: 201-231.

Bigot J. M. F. 1861. Diptères de Sicile recueillis par M. E. Bellier de la Chavignerie et description de onze espèces nouvelles. *Annales de la Société Entomologique de France*, *Troisième Série*, 8: 765-784.

Bigot J. M. F. 1874. Sixième suite á ses Notes sur les Diptères exotiques nouveaux. *Bulletin des séances de la Société entomologique de France*, 25: 86.

Bigot J. M. F. 1876. Diptères nouveaux ou peu connus. 5ᵉ partie. Ⅶ. Espèces nouvelles du genre *Cyphomyia*. *Annales de la Société entomologique de France*, *Cinquième série*, 5:

483-488.

Bigot J. M. F. 1877a. Diagnoses de nouveaux genres de Diptères. *Bulletin des séances de la Société entomologique de France*, 97:88.

Bigot J. M. F. 1877b. Diagnoses qui suivent. *Bulletin des séances de la Société entomologique de France*, 98:101-102.

Bigot J. M. F. 1878a. Diagnose d'un nouveau genre de Diptères du groupe Stratiomydae des Stratiomydae. *Bulletin des séances de la Société entomologique de France*, 117:26.

Bigot J. M. F. 1878b. Descriptions de trios nouveaux genres de Diptères exotiques. *Bulletin des séances de la Société entomologique de France*, 118:42-44.

Bigot J. M. F. 1879a. Descriptions de trois genres nouveaux de Diptères. *Bulletin des séances de la Société entomologique de France*, 145:86-87.

Bigot J. M. F. 1879b. Diptères nouveaux ou peu connus. 11ᵉ partie. XVI. Curiae Xylophagidarum et Stratiomydarum (Bigot) [part]. *Annales de la Société Entomologique de France*, *Cinquième série*, 9:183-208.

Bigot J. M. F. 1879c. Diptères nouveaux ou peu connus. 11ᵉ partie. XVI. Curiae Xylophagidarum et Stratiomydarum (Bigot) [part]. *Annales de la Société Entomologique de France*, *Cinquième série*, 9:209-234.

Bigot J. M. F. 1880. Diptères nouveaux ou peu connus. 13ᵉ partie. XX. Quelques Diptères de Perse et du Caucase. *Annales de la Société Entomologique de France*, (5) 10:139-154.

Bigot J. M. F. 1881a. Diptères nouveaux ou peu connus. *Bulletin des séances de la Société entomologique de France*, 194:81.

Bigot J. M. F. 1881b. Diptères nouveaux ou peu connus. 17ᵉ partie. XXVI. *Annales de la Société entomologique de France*, 6ᵉ série, 1:363-371.

Bigot J. M. F. 1883. Note relative à un nouveau genre de Diptères. *Bulletin des séances de la Société entomologique de France*, 247:132-133.

Bigot J. M. F. 1887a. Diptères nouveaux ou peu connus. 31ᵉ partie. XXXIX. Descriptions de nouvelles espèces de Stratiomydi et de Conopsidi. *Annales de la Société entomologique de France*, 6ᵉ série, 7(1):20-46.

Bigot J. M. F. 1887b. Note suivant. *Bulletin des séances de la Société entomologique de France*, 1887(23):CCV-CCVI.

Bigot J. M. F. 1891a. Catalogue of the Diptera of the Oriental Region. Part I. *Journal of the Asiatic Society of Bengal*, *New Series*, 60 [Part II (3)]:250-282.

Bigot J. M. F. 1891b. Voyage de M. Ch. Alluaud aux Iles Canaries (Novembre 1889-Juin 1890). Diptères. *Bulletin de la Société Zoologique de France*, 16:275-279.

Bigot J. M. F. 1891c. Voyage de M. Ch. Alluaud dans le territoire d'Assinie 8ᵉ Mémoire (Afrique occidentale) en juillet et août 1886. *Annales de la Société entomologique de France*, 60:365-386.

Blanchard E. 1852. Orden IX, Dipteros. pp. 327-468, in Gay, C. (ed.). *Historia fisica y politica de Chile segun documentos adquiridos en esta republica durante doce años de resi-*

dencia en ella y piblicada bajo los auspicious del supremo gobierno. Zoologia. Tomosétimo. By the author, Paris, and Museo de Historia Natural, Santiago. 1-471.

Blanchard E. E. 1938. Descripciones y anotaciones de Díteros Argentinos, *Anales de la Sociedad Cientifica Argentina*, 126:345-386.

Brammer C. A. 2005. *Quichuamyia*, a new Neotropical genus of Stratiomyidae (Insecta: Diptetra). *Zootaxa*, 990:1-14.

Brammer C. A. & von Dohlen C. D. 2007. Evolutionary history of Stratiomyidae (Insecta: Diptera):The molecular phylogeny of a diverse family of flies. *Molecular Phylogenetics and Evolution*, 43(2):660-673.

Brammer C. A. & von Dohlen C. D. 2010. Morphological phylogeny of the variable fly family Stratiomyidae (Insecta, Diptera). *Zoologica Scripta*, 39(4):363-377.

Brauer F. 1882. Zweiflügler des Kaiserlichen Museums zu Wien. II. Denkschriften der Kaiserlichen Akademie der Wissenschaften Mathematisch-Naturwissenschaftliche Classe. Wien, 44(1):59-110.

Brèthes J. 1907. Catálogo de los Dípteros de las Repúblicas del Plata. *Anales del Museo Nacional de Buenos Aires*, Serie Ⅲ, Tomo Ⅸ, 16:277-305.

Brèthes J. 1922. Himenópteros y Dípteros de varias procedensias. *Anales de la Sociedad Cientifica Argentina*, 93:119-146.

Brèthes J. 1925. Sur quelques Dipteres Chiliens. *Revista Chilena de Historia Natural*, 28:104-111.

Brimley C. S. 1925. New species of Diptera from North Carolina. *Entomological News*, 36(3):73-77.

Brullé L. 1833. IVᵉ Classe. Insectes [part]. Livraison 7. pp. 289-336, *in* Bory de Saint-Vincent (ed.). Expédition scientifique de Morée. Section de sciences physiques. Tome Ⅲ.-1.ʳᵉ Partie. Zoologie. Deuxième Section, - Des animaux articulés. F. G. Levrault, Paris & Strasbourg. 1-400.

Brunetti E. 1889a. List of the British Stratiomyidae, with analytical tables and notes [part]. *The Entomologist*, 22(311):81-86.

Brunetti E. 1889b. List of the British Stratiomyidae, with analytical tables and notes [part]. *The Entomologist*, 22(312):130-134.

Brunetti E. 1907. Revision of the Oriental Stratiomyidae, with Xylomyia and its allies. *Records of the Indian Museum*, 1(2):85-132+corrigendum slip.

Brunetti E. 1912. New Oriental Diptera, I. *Records of the Indian Museum*, 7(5):445-513.

Brunetti E. 1913a. Zoological results of the Abor Expedition, 1911-1912. Diptera. *Records of the Indian Museum*, 8(2):149-190.

Brunetti E. 1913b. New and interesting Diptera from the eastern Himalayas. *Records of the Indian Museum*, 9(50):255-277.

Brunetti E. 1920. Diptera Brachycera. Vol. I. *In* Shipley, A. E. (ed.). *The Fauna of British India*, *including Ceylon and Burma*. Taylor and Francis, London. ⅰ-Ⅹ, 1-401.

Brunetti E. 1923. Second revision of the Oriental Stratiomyidae. *Records of the Indian Museum*, 25(1):45-180.

Brunetti E. 1924. Nouvelles espèces de Stratiomyidae de l'Indo-Chine recueillies per M. R. Vitalis de Salvaza. *Encyclopédie Entomologique*, *Série B* (Ⅱ), *Diptera*, 1(2):67-71.

Brunetti E. 1925. Description of a new species of Oriental Stratiomyidae: also a change of name. *Records of the Indian Museum*, 27(6):451.

Brunetti E. 1926. New Belgian Congo Stratiomydae, with a species from British East Africa. *Revue Zoologique Africaine*, 14(1):123-136.

Brunetti E. 1927. Notes on Malayan Diptera, with descriptions of new species. *Journal of the Federated Malay States Museums*, 13(4):281-309.

Bull R. M. 1976. The larval stages of the pasture and yellow soldier flies, *Inopus rubriceps* (Macq.) and *I. flavus* (James) (Diptera, Stratiomyidae). *Bulletin of Entomological Research*, 65:567-572.

Byers G. W., Blank F., Hanson W, J., Beneway D. F., and Fredrichson R. W. 1962. Catalogue of the types in the Snow Entomological Museum. Part Ⅲ (Diptera). *University of Kansas Science Bulletin*, 43(5):131-181.

Camousseight A. 1980. *Catálogo de los Tipos de Insecta depositados en la colección del Museo Nacional de Historia Natural* (*Sanntiago*, *Chile*). Publicación Ocasional No. 32. Museo Nacional de Historia Natural, Santiago, Chile. 1-41.

Chagnon G. 1901. Preliminary list, No. 1, of Canadian Diptera [part]. *The Entomological Student*, 2(1):508.

Chai Z. Q, Wang F. B. & Guo M. F. *et al*. 2012. Research of Stratiomyidae and its utilization. Guangdong Agricultural Sciences, 10:182-185, 195.

Chen G., Liang L. & Yang D. 2010. Four new species of Stratiomyidae (Diptera) from China. *Entomotaxonomia*, 32(2):129-134.

Chen G., Zhang T. T. & Yang D. 2010. New species of *Evaza* from China (Diptera, Stratiomyidae), *Acta Zootaxonomica Sinica*, 35(1):202-205.

Cole F. R. 1912. Some Diptera of Laguna Beach. pp. 150-162, in Baker, C. F. (ed.). *First Annual Report of the Laguna Marine Laboratory at Laguna Beach*, *Orange County*, *California*.Department of Biology, Pomona College, Claremont, California. 1-218.

Cole F. R. 1923. Expedition of the California Academy of Sciences to the Gulf of California in 1921. Diptera from the islands and adjacent shores of the Gulf of California. Ⅱ. General Report. *Proceedings of the California Academy of Sciences*, *Fourth Series*, 12(25):457-481.

Cole F. R. & Lovett A. L. 1919. New Oregon Diptera. *Proceedings of the California Academy of Sciences*, *Fourth Series*, 9(7):221-255.

Copello A. 1926. Biología de *Hermetia illuscens* Latr. (La mosca de nuestras colmenas). *Revista de la Sociedad Entomologica Argentina*, 1(2):23-27.

Coquebert A. J. 1804. *Illustratio iconographica insectorum quæ in musæ parisinis observavit et in lucem edidit Joh. Christ. Fabricius, praemissis ejusdem descriptionibus; accedunt species plurimœ, vel minus aut nondum cognitœ.* Tabularum decas tertia. Petri Didot Natu Majoris, Parisiis [= Paris]. [4], 92-142, plates XXI-XXX.

Coquillett D. W. 1901. Original descriptions of new Diptera. pp. 585-586, *in* Needham, J. G. & Betten, C. Aquatic insects in the Adirondacks. *New York State Museum Bulletin*, 47: 383-612.

Coquillett D. W. 1902. New Diptera from North America. *Proceedings of the United States National Museum*, 25(1280):83-126.

Coquillett D. W. 1904. Diptera from southern Texas with descriptions of new species. *Journal of the New York Entomological Society*, 12(1):31-35.

Coquillett D. W. 1909. A new stratiomyid from Texas. *The Canadian Entomologist*, 41 (7):212.

Coquillett D. W. 1910. The type-species of the North American genera of Diptera. *Proceedings of the United States National Museum*, 37(1719):499-647.

Costa A. 1857. Contribuzione alla fauna ditterologica italiana. *Il Giambattista Vico Giornale Scientifico (Napoli)*, 2:438-460.

Costa A. 1866. Acquisti fatti durante l'anno 1863. *Annuario del Museo Zoologico della R. Università di Napoli*, 3:13-48.

Costa A. 1869. Acquisti fatti durante l'anno 1865. *Annuario del Museo Zoologico della R. Università di Napoli*, 5:8-22.

Costa A. 1884. Notizie ed osservazioni sulla geo-fauna Sarda. Memoria terza. Risultamento selle ricerche fatte in Sardegna nella estate del 1883. *Atti della Reale Accademia delle Scienze Fisiche e Matematiche di Napoli*, Serie 2ª, 1(9):1-64.

Costa A. 1893. Miscellanea entomologica, memoria quarta. *Atti della Reale Accademia delle Scienze Fisiche e Matematiche di Napoli*, Serie, 2ª, 5(14):1-30.

Costa O. G. 1844. Descrizione di dodici specie nuove dell'ordine de'ditteri ed illustrazione di alter quattordici meno ovvie raccolte nella state del 1834. *Atti della Reale Accademia delle scienze, sezione della Società Reale Borbonica (Napoli)* 5 (Parte II A):81-107.

Cresson E. T., Jr. 1919. Dipterological notes and descriptions. *Proceedings of the Academy of Natural Sciences of Philadelphia*, 71:171-194.

Csiby M. & Tóth S. 1981. A bakony hegység katonalégy-faunája (Diptera:Stratiomyidae). *A Veszprém Megyei Múzeumok Közleményei, Természettudomány*, 16:179-201.

Cui W. N., Li Z. & Yang D. 2009. New species of *Allognosta* from Guizhou (Diptera, Stratiomyidae). *Acta Zootaxonomica Sinica*, 34(4):795-797.

Cui W. N., Li Z. & Yang D. 2010. Five new species of *Beris* (Diptera:Stratiomyidae) from China. *Entomotaxonomia*, 32(4):277-283.

Cui W. N., Zhang T. T. & Yang D. 2009. Four new species of *Nemotelus* from China (Diptera, Stratiomyidae). *Acta Zootaxonomica Sinica*, 34(4):790-794.

Curran C. H. 1923a. New Diptera in the Canadian National Collection. *The Canadian Ento-*

mologist ,54(12):277-287.

Curran C. H. 1923b. Changes of names. *The Canadian Entomologist* ,55(3):74.

Curran C. H. 1924. The generic position of *Beris viridis* Say (Stratiomyidae, Diptera). *The Canadian Entomologist* ,56(1):24.

Curran C. H. 1925a. New American Diptera.-Ⅰ. *Annals and Magazine of Natural History* , Series 9, 16(92):243-253.

Curran C. H. 1925b. New American Diptera.-Ⅱ. *Annals and Magazine of Natural History* , Series 9, 16(93):338-354.

Curran C. H. 1925c. Four new Nearctic Diptera. *The Canadian Entomologist*, 57 (10): 254-257.

Curran C. H. 1927a. New Neotropical and Oriental Diptera in the American Museum of Natural History. *American Museum Novitates* ,245:1-9.

Curran C. H. 1927b. Synopsis of the Canadian Stratiomyidae (Diptera). *Transactions of the Royal Society of Canada* , *Third Series* 21 (Section Ⅴ):191-228.

Curran C. H. 1928a. Insects of Porto Rico and the Virgin Islands. Diptera or two-winged flies. *Scientific Survey of Porto Rico and the Virgin Islands* ,11(1):1-118.

Curran C. H. 1928b. Records and descriptions of Diptera, mostly from Jamaica. pp. 29-45, in Gowdey, C. C. *Catalogus insectorum jamaicensis*. Department of Science and Agriculture, Entomological Bulletin No. 4, Part 3. Kingston, Jamaica.

Curran C. H. 1928c. New Stratiomyidae and Diopsidae from the Belgian Congo (Diptera). *American Museum Novitates* ,324:1-5.

Curran C. H. 1929a. New Diptera in the American Museum of Natural History. *American Museum Novitates* , 339:1-13.

Curran C. H. 1929b. The genus *Myxosargus* Brauer (Stratiomyidae, Diptera). *American Museum Novitates* ,378:1-4.

Curran C. H. 1931. First supplement to the 'Diptera of Porto Rico and the Virgin Islands'. *American Museum Novitates* ,456:1-23.

Curran C. H. 1932a. New North American Diptera, with notes on others. *American Museum Novitates* ,526:1-13.

Curran C. H. 1932b. New American Diptera. *American Museum Novitates* ,534:1-15.

Curran C. H. 1932c. The Norwegian Zoological Expedition to the Galapagos Islands 1925, Conducted by Alf Wollebaek. Ⅳ. Diptera. (Excl. of Tipulidae and Culicidae). *Nyt Magazin for Naturvidenskaberne* , 71:347-366.

Curran C. H. 1933. Two new Diptera from Guatemala. *American Museum Novitates* , 643: 1-2.

Curran C. H. 1934a. The Templeton Crocker Expedition of the California Academy of Sciences, 1932. No. 13. Diptera. *Proceedings of the California Academy of Sciences* , *Fourth Series* ,21(13):147-172.

Curran C. H. 1934b. The Diptera of Kartabo, Bartica District, British Guiana, with descriptions of new species from other British Guiana localities. *Bulletin of the American Museum of Natural History*, 66(3):287-532.

Curran C. H. 1936. The Templeton Crocker Expedition to western Polynesian and Melanesian islands, 1933. No. 30. Diptera. *Proceedings of the California Academy of Sciences, Fourth Series*, 22(1):1-66.

Curtis J. 1824. *British entomology; being illustrations descriptions of the genera of insects found in Great Britain and Ireland; containing coloured figures from nature of the most rare and beautiful species, and in many instances of the plants upon which they are found*. Vol. 1 [part]. Privately published, London. Plates 39-42.

Curtis J. 1830. *British entomology; being illustrations descriptions of the genera of insects found in Great Britain and Ireland; containing coloured figures from nature of the most rare and beautiful species, and in many instances of the plants upon which they are found*. Vol. 1 [part]. Privately published, London. Plates 334-337.

Curtis J. 1833. *British entomology; being illustrations descriptions of the genera of insects found in Great Britain and Ireland; containing coloured figures from nature of the most rare and beautiful species, and in many instances of the plants upon which they are found*. Vol. 1 [part]. Privately published, London. Plates 438-441.

Czerny L., & Strobl G. 1909. Spanische Dipteren. Ⅲ. Beitrag [part]. *Verhandlungen der kaiserlich-königlichen zoologisch-botanischen Gesellschaft in Wien*, 59(6):209-301. (The "Nachträge", pp. 290-294, is specifically attributed to Strobl).

Dale J. C. 1841. *Beris morrisii of Curtis's Guide. The Entomologist*, 1(11):175.

Dale J. C. 1842. Descriptions, & C. of a few rare or undescribed species of British Diptera, principally from the collection of J. C. Dale, Esq., M. A., F. L. S., & C. *The Annals and Magazine of Natural History*, 8(53):430-433.

Daniels G. 1977. The Xylomyidae (Diptera) of Australia and Papua New Guinea. *Journal of the Australian Entomological Society*, 15(4):453-460.

Daniels G. 1978. A catalogue of the type specimens of Diptera in the Australian Museum. *Records of The Australian Museum*, 31(11):411-471.

Daniels G. 1979. The genus *Ptecticus* Loew from Australia, New Guinea and the Bismarck and Solomon Archipelagos (Diptera:Stratiomyidae). *Records of The Australian Museum*, 32(18):563-588.

Daniels G. 1985. Type-specimens of Diptera (Insecta) in the Queensland Museum. *Memoirs of the Queensland Museum*, 22(1):75-100.

Das B. C., Sharma R. M., & Dev Roy M. 1984. A new fly *Nigritomyia andamanensis* (Diptera:Stratiomyidae) from the Andamans. *Bulletin of the Zoological Survey of India*, 6(1-3):99-100.

Day L. T. 1882. The species of *Odontomyia* found in the United States. *Proceedings of the Academy of Natural Sciences of Philadelphia*, 1882:74-88.

De Geer C. 1776. *Memoires pour server a l'histoire des insects*. Tome Sixieme. Pierre Hesselberg, Stockholm. Ⅰ-Ⅷ, 1-522, [2].

De Villers C. J. 1789. *Caroli Linnœi entomologia*, *faunœ suecicœ descriptionibus aucta*; *DD. Scopoli*, *Geoffroy*, *de Geer*, *Fabricii*, *Schrank*, & *C. speciebus vel in systemate non enumerates*, *vel nuperrime detectis*, *vel speciebus Galliœ Australis locupletata*, *generum specierumque rariorum iconibus ornate*. Tomus tertius. Piestre et Delamollière, Lugduni. [2], 1-657.

Doleschall C. L. 1856. Eerste bijdrage tot de kennis der dipterologische fauna van Nederlandsch Indië. *Natuurkundig Tijdschrift voor Nederlandsch Indië*, 10:403-414.

Doleschall C. L. 1857. Tweede bijdrage tot de kennis der dipterologische fauna van Nederlandsch Indië. *Natuurkundig Tijdschrift voor Nederlandsch Indië*, 14:377-418.

Doleschall C. L. 1859. Derde bijdrage tot de kennis der dipterologische fauna van Nederlandsch Indië. *Natuurkundig Tijdschrift voor Nederlandsch Indië*, 17:73-128.

Dufour L. 1841. Note sur la larve du *Pachygaster meromelas*, insect de l'ordre des Diptères. *Annales des Sciences Naturelles*, *Seconde Série*, 16 (zoologie):264-266.

Dufour L. 1847. Histoire des métamorphoses du *Subula citripes* et de quelques espèces de ce genre de Diptères. *Annales des Sciences Naturelles*. (3, Zool.) 7:5-14.

Dufour L. 1852. Description et iconographie de quelques Diptères de l'Espagne. (Suite.). *Annales de la Société entomologique de France*, *Deuxième Série*, 10:5-10.

Duméril A. M. C. 1805. *Zoologie analytique*, *ou méthode naturelle de classification des animaux*, *rendue plus facile a l'aide de tableaux synoptiques*. Allais, Paris. Ⅰ-ⅩⅩⅫ, [2], 1-344.

Duncan J. 1837. Characters and descriptions of the dipterous insects indigenous to Britain. Magazine of Zoology and Botany, 1(2):145-167.

Duponchel P. A. J. 1839. Acanthina. P. 29, in d'Orbigny, C. (ed.). *Dictionnaire universel d'histoire naturelle résumant et complétant tous les faits présentés par les encyclopédies*, *les anciens dictionnaires scientifiques*, *et les meilleurs traités spéciaux sur les diverses branches des sciences naturelles*; *-donnant la description des êtres et des divers phénomènes de la nature*, *l'étymologie et la définition des noms scientifiques*, *les principales applications des corps organiques et inorganiques*, *relatives à l'agriculture*, *à la médicine*, *aux arts industriels*, *etc*. Tome premier [part]. Livraison 1. [C. Renard], Paris. 1-48.

Duponchel P. A. J. 1844. Cyphomyie. P. 548, in d'Orbigny, C. (ed.). *Dictionnaire universel d'histoire naturelle résumant et complétant tous les faits présentés par les encyclopédies*, *les anciens dictionnaires scientifiques*, *les œuvres complètes de Buffon*, *et les meilleurs traités spéciaux sur les diverses branches des sciences naturelles*; *-donnant la description des êtres et des divers phénomènes de la nature*, *l'étymologie et la définition des noms scientifiques*, *et les principales applications des corps organiques et inorganiques à l'agriculture*, *à la médecine*, *aux arts industriels*, *etc*. Tome quatrième [part]. Livraisons 43-47. [C. Renard]; Langlois et Leclercq; and Fortin, Masson et Cie, Paris and L. Michelsen, Leipzig. ??? -704.

Duponchel P. A. J. 1845. Hopliste. P. 676，in d'Orbigny，C. (ed.). *Dictionnaire universel d'histoire naturelle résumant et complétant tous les faits présentés par les encyclopédies, les anciens dictionnaires scientifiques, les œuvres complètes de Buffon, et les meilleurs traités spéciaux sur les diverses branches des sciences naturelles；-donnant la description des êtres et des divers phénomènes de la nature, l'étymologie et la définition des noms scientifiques, et les principales applications des corps organiques et inorganiques à l'agriculture, à la médecine, aux arts industriels, etc.* Tome sixième. Livraisons 61-72. Renard, Martinet et Cie ; Langlois et Leclercq; and Fortin, Masson et Cie, Paris and L. Michelsen, Leipzig. [4], 1-792.

Dušek J. & Rozkošný R. 1963. *Adoxomyia lindneri* sp. n.-eine neue Stratiomyiden-Art aus der Südslowakei. *Časopis Československé Spole čnosti Entomologické*,60(3)：197-201.

Dušek J. & Rozkošný R. 1967. Ergebnisse der Albanien-Expedition 1961 des Deutschen Entomologischen Institutes. 57. Beitrag. Diptera：Stratiomyidae. *Beiträge zur Entomologie*, 16(5-6)：507-521.

Dušek J. & Rozkošný R. 1968. *Beris strobli* nom. nov. (Diptera，Stratiomyidae). *Reichenbachia*,10(39)：293-298.

Dušek J. & Rozkošný R. 1970. Revision der palaearktischen Arten der Gattung *Lasiopa* Brullé, 1832 (Diptera：Stratiomyidae). *Beiträge zur Entomologie*,20(1-2)：19-41.

Dušek J. & Rozkošný R. 1974. Revision mitteleuropäischer Arten der Familie Stratiomyidae (Diptera) mit besonderer Berücksichtigung der Fauna der ČSSR. V. Gattung *Oxycera* Meigen. *Acta entomologica bohemoslovaca*,71(5)：322-341.

Dušek J. & Rozkošný R. 1975. Revision mitteleuropäischer Arten der Familie Stratiomyidae (Diptera) mit besonderer Berücksichtigung der Fauna der ČSSR. VI. Unterfamilie Pachygasterinae. *Acta entomologica bohemoslovaca*,72(4)：259-271.

Eberhard W. G. 1988. Paradoxical post-coupling courtship in *Himantigera nigrifemorata* (Diptera，Stratiomyidae). *Psyche*,95；115-122.

Edwards F. W. 1915. Report on the Diptera collected by the British Ornithologists' Union Expedition and the Wollaston Expedition in Dutch New Guinea. *Transactions of the Zoological Society of London*,20(13)：391-424.

Edwards F. W. 1919. Ⅱ. Diptera. Collected in Korinchi, West Sumatra, by Messrs. H. C. Robinson and C. Boden Kloss. *Journal of the Federated Malay States Museums*,8(3)：7-59.

Edwards M. A. & Hopwood A. T. (eds.). 1966. *Nomenclator Zoologicus*. Vol. Ⅵ. 1946-1955. The Zoological Society of London, London，(12)：1-329.

Egger J. 1854. Neue Zweiflügler der österreichischen Fauna nebst andern dipterologischen Beobachtungen. *Verhandlungen des zoologisch-botanischen Vereins in Wien*,4；1-8.

Egger J. 1859. Dipterologische Beiträge. *Verhandlungen der kaiserlich-königlichen zoologisch-botanischen Gesellschaft in Wien*,9；387-407.

Enderlein G. 1913a. Dipterologische Studien. Ⅲ. Über Lagarinus nov. gen., eine isoliert stehende Fliegengattung. *Zoologischen Anzeiger*, 42(6):250-253.

Enderlein G. 1913b. Dipterologische Studien. Ⅴ. Zur Kenntnis der Familie Xylophagidae. *Zoologischen Anzeiger*, 42(12):533-552.

Enderlein G. 1914a. Dipterologische Studien. Ⅷ. Zur Kenntnis der Stratiomyiiden-Unterfamilien mit 2ästiger Media Pachygasterinae, Lophotelinae und Prosopochrysinae. *Zoologischen Anzeiger*, 43(7):289-315.

Enderlein G. 1914b. Dipterologische Studien. Ⅸ. Zur Kenntnis der Stratiomyiiden mit 3ästiger Media und ihre Gruppierung. A. Formen, bei denen der 1. Cubitalast mit der Discoidalzelle durch Querader verbunden ist oder sie nur in einem Punkte berührt (Subfamilien: Geo-sarginae, Analcocerinae, Stratiomyiinae). *Zoologischen Anzeiger*, 43(13): 577-615.

Enderlein G. 1914c. Dipterologische Studien. Ⅹ. Zur Kenntnis der Stratiomyiiden mit 3ästiger Media und ihre Gruppierung. B. Formen, bei denen der 1. Cubitalast mit der Discoidalzelle eine Strecke verschmolzen ist (Familien: Hermtiinae, Clitellariinae). *Zoologischen Anzeiger*, 44(1):1-25.

Enderlein G. 1917. Dipterologische Studien. ⅩⅪ. Dipterologische Notizen [part]. *Zoologischen Anzeiger*, 49(3-4):65-72.

Enderlein G. 1920. 20. Ord. Diptera, Fliegen, Zweiflügler. pp. 265-315. In Brohmer, P. (ed.), *Fauna von Deutschland. Ein Bestimmungsbuch unserer heimischen Tierwelt.* Quelle & Meyer, Leipzig. Ⅰ-Ⅷ:1-472.

Enderlein G. 1921a. Dipterologische Studien. ⅩⅦ. *Zoologischen Anzeiger*, 52(8-9):219-232.

Enderlein G. 1921b. Über die phyletisch älteren Stratiomyiidensubfamilien (Xylophaginae, Chiromyzinae, Solvinae, Beridinae, und Coenomyiinae). *Mitteilungen aus dem Zoologischen Museum in Berlin*, 10(1):151-214.

Enderlein G. 1930. Dipterologische Studien. ⅩⅩ. *Deutsche Entomologische Zeitschrift*, 1930 (1):65-71.

Enderlein G. 1932. Zwei biogeographisch interessante neue Xylophagidengattungen der südlichen Hemisphäre. *Zoologischer Anzeiger*, 99(9-10):269-271.

Enderlein G. 1934. Dipterologica. I. *Sitzungsberichte der Gesellschaft Naturforschender Freunde zu Berlin*, 1933(3):416-429.

Enderlein G. 1936. 22. Ordnung: Zweiflügler, Diptera. *In* Brohmer, P, Ehrmann, P, & Ulmer, G. (eds.). *Die Tierwelt Mitteleuropas* 6(2), Insekten 3. Teil. Von Quelle & Meyer, Leipzig:1-259.

Enderlein G. 1937. Dipterologica. Ⅳ. *Sitzungsberichte der Gesellschaft Naturforschender Freunde zu Berlin*, 1936(3):431-443.

Enderlein G. 1938. Entomologica Canaria. Ⅸ. Eine neue Stratiomyiide von Gomera. *Sitzungsberichte der Gesellschaft Naturforschender Freunde zu Berlin*, 1938(2):97-98.

Erickson M. C., Islam M. C., Sheppard C. *et al*. 2004. Reduction of *Escherichia coli* Q$_{157}$:

H$_7$ and *Salmonella enterica serovar* Enteritidis in chicken manure by larvae of the black soldier fly. *Journal of Food Protection*, 67(4):685-690.

Erichson W. F. 1841. Ueber die Insecten von Algier mit besonderer Berücksichtigung ihrer geographischen Verbreitung. pp. 140-194, *in* Wagner, M. (ed.). *Reisen in der Regentschaft Algier in den Jahren* 1836, 1837 *und* 1838. Dritter Band. Leopold Voss, Leipzig. I - XVIII, [2]:1-296.

Erichson W. F. 1842. Beitrag zur Insecten-Fauna von Vandiemensland, mit besonderer Berücksichtigung der geographischen Verbreitung der Insecten. *Archiv für Naturgeschichte*, 8(1):83-287.

Evenhuis N. L. 1979. Catalog of entomological type in the Bishop Museum. Diptera: Stratiomyidae. *Pacific Insects*, 21(1):1-8.

Evenhuis N. L. 1994. *Catalogue of the fossil flies of the world (Insecta: Diptera)*. Backhuys Publishers, Leiden. (8):1-600.

Evenhuis N. L. 1997. *Litteratura • Taxonomica • Dipterorum* (1758-1930) *being a selected list of the books and prints of Diptera taxonomy from the beginning of Linnaean zoological nomenclature to the end of the year* 1930; *containing information on the biographies, bibliographies, types, collections, and patronymic genera of the authors listed in this work; including detailed information on publication dates, original and subsequent editions, and other ancillary data concerning the publications listed herein.* 2 volumes. Backhuys Publishers, Leiden, i-x:1-426; [4]:427-871.

Evenhuis N. L. & Thompson F. C. 1990. Type designations of genus-group names of Diptera given in d'Orbigny's *Dictionnaire Universel d'Histoire Naturelle*. *Bishop Museum Occasional Papers*, 30:226-258.

Evenhuis N. L., Thompson F. C., Pont A. C., and Pyle B. L. 1989. Literature cited. pp. 809-991, in Evenhuis, N. L. (ed.). *Catalog of the Diptera of the Australasian and Oceanian Regions*. Bishop Museum Special Publication No. 86, Bishop Museum Press and E. J. Brill, Honolulu and Leiden:1-1155.

Evenhuis N. L. & Pont A. C. 2004. The Diptera genera of Jacques-Marie-Frangile Bigot. *Zootaxa*, 751:1-94.

Fabricius J. C. 1775. *Systema entomologiae, Sistens insectorvm classes, ordines, genera, species, adiectis synonymis, locis, descriptionobvs, observationibvs*. Kortii, Flensbvrgi et Lipsiae. [= Flensburg and Leipzig]. (32):1-832.

Fabricius J. C. 1777. *Genera insectorvm eorvmqve characters natvrales secvndvm nvmervm, figvram, sitvm et proportionem omnivm partivm oris adiecta mantissa specivm nvper detectarvm*. Mich, Friendr. Bartschii, Chilonii [=Kiel]. [16]:1-310.

Fabricius J. C. 1781. *Species insectorvm exhibentes eorvm differentias specificas, synonyma avctorvm, loca natalia, metamorphosin adiectis observationibvs, descriptionibvs*. Tom. II. Carol. Ernest. Bohnii, Hambvrgi et Kilonii. [2]:1-494.

Fabricius J. C. 1787. *Mantissa insectorvm sistens species nvper detectas adiectis synonymis, observationibvs*, *descriptionibvs*, *emendationibvs*. Tom. Ⅱ. Christ. Gottl. Proft, Hafniae [= Copenhagen]. [2]:1-382.

Fabricius J. C. 1794. *Entomologia systematica emendata et aucta. Secundum classes, ordines, genera, species adjectis synonimis, locis, observationibus, descriptionibus.* Tom IV. C. G. Proft, Fil. et Soc., Hafniae [= Copenhagen]. [8], 1-472, [6].

Fabricius J. C. 1798. *Supplementum entomologiae systematicae.* Proft et Storch, Hafniae [= Copenhagen]. [4]: 1-572.

Fabricius J. C. 1805. *Systema antliatorum secundum ordines, genera, species adiectis synonymis, locis, observationibus, descriptionibus.* Carolum Reichard, Brunsvigae. I-XIV, 15-172, [4], 1-30.

Falck M. 2007. Notes on the Norwegian species of *Beris* Latreille, 1802 (Diptera, Stratiomyidae). *Norwegian Journal of Entomology*,54:55-58.

Fallén C. F. 1817. *Stratiomydae sveciae.* Berlingianis, Lundae. [2]: 1-14. Farris J. A. 1988. *Hennig* 86, *Version* 1. 5. [computer software package]. Port Jefferson Station, New York.

Forster J. R. 1770. *A catalogue of British insects.* William Eyres, Warrington:1-16.

Forster J. R. 1771. *Novae species insectorum.* Centuria I. T. Davies & B. White, London. i-viii:1-100.

Fourcroy A. F. de. 1785. Entomologia Parisiensis; sive Catalogus Insectorum quœ in Agro Parisiensi reperiumtur; secundum methodum Geoffrœanam in sectiones, genera & species distributus;cui addita sunt nomina trivialia & fere trecentœ novœ species. Pars secunda. Via et Ædibus Serpentineis, Parisiis [= Paris]. [2]:233-544.

Frey R. 1911. Zur Kenntnis der Dipterenfauna finlands. *Acta Societatis pro Fauna et Flora Fennica*,34(6):1-59.

Frey R. 1934. Diptera brachycera von den Sunda-Inseln und Nord-Australien. *Revue Suisse de Zoologie*,41(15):299-339.

Frey R. 1936. Die Dipterenfauna der Kanarischen Inseln und ihre Probleme. *Societas Scientiarum Fennica, Commentationes Biologicae*,6(1):1-237.

Frey R. 1960. Die paläarktischen und südostasiatischen Solviden (Diptera). *Societas Scientiarum Fennica, Commentationes Biologicae*,23(1):1-16.

Frey R. 1961a. Orientalische Stratiomyiiden der Subfamilien Beridinae und Metoponiinae (Dipt.). *Notulae Entomologicae*,40(3):73-85.

Frey R. 1961b. Berichtigung. *Notulae Entomologicae*,40(4):156.

Froriep L. F. 1806. *C. Dumeril's, Doctors und Professors an der Medicinischen Schule zu Paris, Analytische Zoologie. Aus dem Französischen, mit zusätzen.* Landes-Industrie-Comptoirs, Weimar. [2]: Ⅰ-Ⅵ, 1-344.

Fuesslin J. C. 1775. *Verzeichnis der ihm bekannten Schweizerschen Inseckten mit einer ausgemahlten Kupfertafel: nebst der Ankündigung eines neuen Insecten Werks.* The author and Heinrich Steiner und Compagnie, Zürich and Winterthur. Ⅰ-Ⅻ:1-62.

Fuller M. E. 1934. Notes on the genus *Ophiodesma* (Dipt., Stratiomyiidae). *Proceedings of* the Linnean Society of New South Wales, 59(5-6): 421-429.

Geoffroy E. L. 1762. *Histoire abregée des insectes qui se trouvent aux environs de Paris*; *dans laquelle ces animaux sont rangés suivant un ordre méthodique.* Tome Second. Durand, Paris. [4]: 1-690.

Germar E. F. 1844. *Fauna insectorum europae.* Fasciculus vicesimus tertius. Car. Aug. Kümmelii, Halae. [4], 25 plates + leaf of text for each, interleaved.

Gerstaecker A. 1857. Beitrag zur Kenntniss exotischer Stratiomyiden. *Linnaea Entomologica*, 11: 261-350.

Giglio-Tos E. 1891a. Nuove specie di Ditteri del Museo Zoologico di Torino. V. *Bollettino dei Musei di Zoologia ed Anatomia comparata della R. Università di Torino*, 6(102): 1-4.

Giglio-Tos E. 1891b. Diagnosi di quattro nuovi generi di Ditteri, *Bollettino dei Musei di Zoologia ed Anatomia comparata della R. Università di Torino*, 6(108): 1-6.

Giglio-Tos E. 1893. *Ditteri del Messico.* Parte I. Stratiomyidae-Syrphidae. Carlo Clausen, Torino: 1-72.

Gimmerthal B. A. 1847a. Zwölfneue Dipteren beschrieben und Namens des Naturforschenden Vereins zu Riga als Beitrag zur Feier des 50jährigen Doctor-Jubiläums Sr. Excellenz des Herrn Dr. Gotthelf Fischer von Waldheim wirklichen Staatsraths und Ritters, vieler gelehrten Gesellschaften Mitgliedes und Vice-Präsidenten der Kaiserlichen Naturforschenden Gesellschaften zu Moskau. Pages 7-12 in *Sr. Excellenz dem Herrn Dr. Gotthelf Fischer von Waldheim, wirklichem Staatsrathe und mehrer hohen Orden Ritter, vieler gelehrten Gesellschaften Mitgliede und Vice-Präsidenten der Kaiserl. Naturforschenden Gesellschaft zu Moskau, zur Feier Seines 50 jährigen Doctor-Jubiläums den* 12. *Februar* 1847 *hochachtungsvoll gewidmet von dem Naturforschenden Vereine zu Riga.* Wilhelm Ferdinand Häcker, Riga: 1-12.

Gimmerthal B. A. 1847b. Vierter Beitrag zur Dipterologie Russlands. *Bulletin de la Société Inpériale des Naturalistes de Moscou*, 20(3): 140-208.

Gistl J. N. F. X. 1837. Kritische Revisionen und Ergänzungen zu *Schrank's* "Enumeratio Insectorum Austriae, Fauna boica u. s. w." Aus dem bisher noch ingedruchten literarischen Nachlasse des sel. *Schrank* mitgetheilt von *Gistl.* Faunus. *Zeitschrift für Zoologie und vergleichende Anatomia, Neue Folge*, 1: 5-19.

Gmelin J. F. 1790. *Caroli a Linné, Systema naturae per regna tria naturae, secundum classes, ordines, genera, species, cum characteribus, differentiis, synonymis, locis. Editio decima tertia, aucta, reformata.* Tom. I. Pars V. Gerog. Emanuel. Beer. Lipsiae [= Leipzig]. [2]: 2225-3020.

González R. H., Arretz P. & Campos L. E. 1973. *Catalogo de las plagas agricolas de Chile.* Publicacion en Ciencias Agricolas No. 2. Universidad de Chile, Santiago.

Graenicher S. 1913. Records of Wisconsin Diptera. *Bulletin of the Wisconsin Natural History Society*, 10(3-4): 171-185.

Gravenhorst J. L. C. 1807. *Vergleichende Uebersicht des Linneischen und einiger neuern zo-*

ologischen Systeme. Heinrich Dieterich, Göttingen, I - XX :1-476.

Gravenhorst J. L. C. 1832. Bericht der entomologischen Section in der Schlesischen Gesellschaft für vaterländische Kultur, am Ende des Jahres 1831. pp. 72-77, *in Uebersicht der Arbeiten und Veränderungen der schlesischen Gesellschaft für vaterländische Kultur im Jahre 1831*. Grass, Barth und Comp., Breslau:1-96.

Gravenhorst J. L. C. 1835. Bercht der entomologischen Section. pp. 88-95, *in Uebersicht der Arbeiten und Veränderungen der schlesischen Gesellschaft für vaterländische Cultur im Jahre 1834*. Grass, Barth und Comp., Breslau:1-143.

Gravenhorst J. L. C. 1837. Bercht der entomologischen Section vom Jahre. pp. 82-88, *in Uebersicht der Arbeiten und Veränderungen der schlesischen Gesellschaft für vaterländische Kultur im Jahre 1836*. Grass, Barth und Comp., Breslau:1-157.

Greene C. T. 1918. Three new species of Diptera. *Proceedings of the Entomological Society of Washington*,20(4):69-71.

Greene C. T. 1940. Two new species of the genus *Hermetia* (Stratiomyiidae - Diptera). *Proceedings of the Entomological Society of Washington*,42(7):150-155.

Griffith E. & Pidgeon E. 1832. *The Class Insecta arranged by the Baron Cuvier, with supplementary additions to each order. Volume the second. In Griffith, E. The Animal Kingdom arranged in conformity with its orgenization, by the Baron Cuvier, member of the Institute of France, &c. &c. &c. with supplementary additions to each order.* Volume the fifteenth. Whittaker, Treacher, and Co,. London. [4]:1-796.

Grünberg K. 1915. Zoologische Ergebnisse der Expedition des Herrn G. Tessmann nach Südkamerun un Spanisch-Guinea. Diptera. I. Stratiomyidae. *Mitteilungen aus dem Zoologischen Museum in Berlin*,8(1):41-70.

Guérin-Méneville F. E. 1828. Explication des planches d'histoire naturelle, des Crustacés,des Arachnides et des Insectes (Planche 1 à 268 inclus.). Livraison 100 in Encyclopédie méthodique. Histoire naturelle. *Entomologie, ou histoire naturelle des Crustacés, des Arachnides et des Insectes.* Mme veuve Agasse, Paris:1-142.

Guérin-Méneville F. E. 1831. Insectes, Plates 11, 21, Livraison 24. *In* Duperrey, L. I. (ed.). *Voyage autour du monde, exécuté par ordre du Roi, sur la corvette de sa majesté, La Coquille, pendant les années 1822, 1823, 1824, et 1825, sous le ministère et conformément aux instructions de S. E. M. le Marquis de Clermont-Tonnerre, Ministre de la Marine; et piblié sous les quspices de son excellence Mgr le Cte de Chabrol, Ministre de la Marine et des Colonies.* Zoologie. Tome Second. = 2^e Partie. Atlas. Arthus Bertrand, Paris. Plates Crustacés 5; Insectes 1-21, 14 bis; Zoophytes 16.

Guérin-Méneville F. E. 1835. Plates 95-98, Livraison 41. In *Iconographie du règne animal de G. Cuvier, ou représentation d'après nature de l'une des espèces les plus remarquables, et souvent non encore figurées, de chaque genre d'animaux. Avec un texte descriptif mis ou courant de la science. Ouvrage pouvant servir d'atlas a tous les traités de zoologie.* Tome II. Planches des Animaux invertébrés. J. B. Baillière, Paris and London. Plates 1-

104，1-38，1-25，1-10，1-35，1-6.

Guérin-Méneville F. E. 1838. Première division. Crustacés, arachnides et insectes. *In* Duper-rey, L. I. (ed.). *Voyage autour du monde, exécuté par ordre du Roi, sur la corvette de sa majesté, La Coquille, pendant les années 1822, 1823, 1824, et 1825, sous le ministère et conformément aux instructions de S. E. M. le Marquis de Clermont-Tonnerre, Ministre de la Marine; et piblié sous les auspices de son excellence Mgr le Cte de Chabrol, Ministre de la Marine et des Colonies.* Zoologie. Tome Second. = 2^e Partie. Arthus Bertrand, Paris. ［4］, i -XII:9-319.

Guérin-Méneville F. E. 1844. Livraison 46-50. In *Iconographie du règne animal de G. Cu-vier, ou représentation d'après nature de l'une des espèces les plus remarquables, et sou-vent non encore figurées, de chaque genre d'animaux. Avec un texte descriptif mis ou courant de la science. Ouvrage pouvant servir d'atlas a tous les traités de zoologie.* In-sectes. J. B. Baillière, Paris and London:1-576.

Hanson W. J. 1958. A revision of the subgenus *Melanonemotelus* of America north of Mexico (Diptera: Stratiomyidae). *University of Kansas Science Bulletin* 38 (Part Ⅱ), (19): 1351-1391.

Hanson W. J. 1963. New species of the genus *Nemotelus* from the western United States (Diptera:Stratiomyidae). *Journal of the Kansas Entomological Society*,36(3):133-146.

Hardy G. H. 1918. Notes on Tasmanian Diptera and fescription of new species. *Papers & Proceedings of the Royal Society of Tasmania*,1917:60-66.

Hardy G. H. 1920a. Australian Stratiomyiidae. *Papers and Proceedings of the Royal Society of Tasmania*,1920:33-64.

Hardy G. H. 1920b. A revision of the Chiromyzini (Diptera). *Proceedings of the Linnean Society of New South Wales*,45(4):532-542.

Hardy G. H. 1922. Descriptions of some Australian flies belonging to the Diptera Brachycera. *Records of the Australian Museum*,13(5):193-200.

Hardy G. H. 1924a. Notes on and the synonymy of *Xanthoberis siliacae* White (Diptera-Stratiomyiidae). *Records of the South Australian Museum*,2(4):553-554.

Hardy G. H. 1924b. A revision of the Australian Chiromyzini (Stratiomyiidae. Diptera). *Proceedings of the Linnean Society of New South Wales*,49(3):360-370.

Hardy G. H. 1931. On the genus *Damaromyia*, Kertesz (Stratiomyiidae). *Annals and Mag-azine of Natural History, Series 10*, 8(43):120-128.

Hardy G. H. 1932a. Australian flies of genus *Actina* (Stratiomyiidae). *Proceedings of the Royal Society of Queensland*,43(10):50-55.

Hardy G. H. 1932b. Notes on Australian Stratiomyiidae. *Proceedings of the Royal Society of Queensland*, 44(3):41-49.

Hardy G. H. 1933. Miscellaneous notes on Australian Diptera. I. *Proceedings of the Linnean Society of New South Wales*, 58(5-6):408-420.

Hardy G. H. 1939. Miscellaneous notes on Australian Diptera. V. On eye-coloration, and other notes. *Proceedings of the Linnean Society of New South Wales*, 64(1-2):34-50.

Harris M. 1778. *An exposition of English insects, with curious observations and remarks, wherein each insect is particularlt described; its parts and properties considered; the different sexes distinguished, and the natural history faithfully related. The whole illustrated with copper plates, drawn, engraved, and coloured, by the author.* Decad Ⅱ. Published by the author, London: 41-72, plates Ⅺ-ⅩⅩ.

Harris M. 1780. *An exposition of English insects, with curious observations and remarks, wherein each insect is particularlt described; its parts and properties considered; the different sexes distinguished, and the natural history faithfully related. The whole illustrated with copper plates, drawn, engraved, and coloured, by the author.* Decad V. Published by the author, London. 139-166, [4], plates XLI-L.

Harris T. W. 1835. Ⅷ.-Insects. pp. 553-602, in Hitchcock, E. *Report on the geology, mineraology, botany, and zoology of Massachusetts. Second edition, corrected and enlarged.* J. S. and C. Adams, Amherst, Massachusetts. [4], ⅰ-Ⅻ, 13-702.

Hart C. A. 1895. On the entomology of the Illinois River and adjacent waters. First paper. *Bulletin of the Illinois Atate Laboratory of Natural History*, 4:149-273.

Hauser M. 1998. Eine neue Art der Gattung *Nemotelus* aus Nordafrika (Diptera, Stratiomyidae). *Studia dipterologica*, 4(2):453-456.

Hauser M. 2002. A new species of *Adoxomyia* Kertész, 1907 (Diptera:Stratiomyidae) from Socotra, Yemen. *Fauna of Arabia*, 19:463-466.

Hauser M. & Rozkošný R. 1999. An annotated list of Stratiomyidae (Diptera) from Sri Lanka with taxonomic notes on some genera. *Stuttgarter Beiträge zur Naturkunde Serie A (Biologie)*, 585:1-15.

Hendel F. 1908. Nouvelle classification de mouches à deux ailes (Diptera L.). D'après un plan tout nouveau par J. G. Meigen, Paris, an Ⅷ (1800 v.s.). *Verhandlungen der k. k. zoologisch-botanischen Gesellschaft in Wien*, 58:43-69.

Hennig W. 1973. 31. Diptera (Zweiflügler). *In* Helmcke, J.-G., Starck, D. & Wermuth, H. (eds.). *Handbuch der Zoologie. Eine Naturgeschichte der Stämme des Tierreiches gegründer von Willy Kükenthal.* Ⅳ. Band:Arthropoda-2. Hälfte:Insecta. Zweite Auflage. 2. Teil:Spezielles. Walter de Gruyter, Berlin & New York, (4):1-337.

Henning J. 1832. Nova Dipterorum genera offert illustratque. *Bulletin de la Société Impériale des Naturalistes de Moscou*, 4(2):313-342.

Hentsch G. F. 1804. *Epitome entomologiae systematicae secundum Fabricium continens genera et species insectorum Europaeorum.* Sumptibus officinae publicae inservientis literaturae, Lipsiae:1-6, 1-218, Ⅰ-Ⅶ.

Heyden L. von. 1870. Entomologische Reise nach dem südlichen Spanien, der Sierra Guadarrama und Sierra Morena, Portugal und den Cantabrischen Gebirgen. *Berlin Entomologische Zeitschrift* 14 (Beiheft):[2]:1-218.

Hill G. F. 1919. Australian Stratiomyidae (Diptera), with description of new species. *Pro-

ceedings of the Linnean Society of New South Wales,44(2):450-462.

Hine J. S. 1901. Description of new species of Stratiomyidae with notes on others. *The Ohio Naturalist*,1(7):112-114.

Hine J. S. 1902. New or little known Diptera. *The Ohio Naturalist*,2(5):228-230.

Hine J. S. 1904. The Diptera of British Columbia. (First Part.). *The Canadian Entomologist*,36(4):85-92.

Hine J. S. 1911. A new species of *Northomyia*. *The Ohio Naturalist*, 11(5):301-302.

Hollis D. 1963. New and little known Stratiomyidae (Diptera, Brachycera) in the British Museum. *Annals and Magazine of Natural History*, Series 13, 5(57):557-565.

Hrbáček J. 1945. Poznámky o našich Stratiomuiidách (Diptera). *Časopis Československé Společnosti Entomollogické*,42(1-4):95-100.

Hull F. M. 1930. Notes on several species of North American Pchygasterinae (Diptera:Stratiomyidae) with the description of a new species. *Entomological News*, 41(4):103-106.

Hull F. M. 1942. Notes and descriptions of North American Stratiomyidae. *Bulletin of the Brooklyn Entomological Society*, 37(2):70-72.

Hull F. M. 1945. Notes upon flies of the genus *Solva* Walker. *Entomological News*,55: 263-265.

Hunter W. D. 1900. A catalogue of the Diptera of South America. Part II , Homodactyla and Mydiadae [part]. *Transactions of the American Entomological Society*,27:121-136.

Hutton F. W. 1881. *Catalogues of the New Zealand Diptera*, *Orthoptera*, *Hymenoptera*; *with descriptions of the species*. Colonial Museum and Geological Survey of New Zealand. George Didsbury, Government Printer, Wellington, New Zealand. i -X :1-132.

Hutton F. W. 1901. Synopsis of the Diptera brachycera of New Zealand. *Transactions and Proceedings of the New Zealand Institute*,33:1095.

Iide P. 1966. Estudo sôbre as espécies brasileiras do gênero *Chrysochlorina* James, 1939 (Diptera, Stratiomyidae). *Arquivos de Zoologia do Estado de São Paulo*,14(2):69-113.

Iide P. 1967. Estudo sôbre uma nova espécie Amazônica do gênero "*Cyphomyia*" Wiedemann (Diptera, Stratiomyidae). *Atas do Simpósio sôbre a Biota Amazônica* 5 (Zoologia): 225-238.

Iide P. 1968. Contribuição ao conhecimento das espécies brasileiras do gênero "*Euryneura*" Schiner, 1867 (Diptera, Stratiomyidae). *Revista Brasileira de Biologia*,28(3):251-272.

Iide P. 1971. Estudo sôbre os Stratiomyiidae da coleção do Unites States National Museum. II:O gênero *Pelagomyia* Williston, 1896 (Insecta, Diptera). *Revista Brasileira de Biologia*,31(4):497-506.

International Commission on Zoological Nomenclature. 1957a. Opinion 441. Validation under the Plenary Powers of the names for five genera in the Order Diptera (Class Insecta) published in 1762 by Geoffroy (E. L.) in the work entitled *Histoire abrégée des Insectes qui se trouvent aux Environs de Paris* (Opinion supplementary to Opinion 228). *Opinions and Declarations rendered by the International Commission on Zoological Nomenclature*,15

(6):83-120.

International Commission on Zoological Nomenclature. 1957b. Opinion 442. Validation under the Plenary Powers of the generic name *Stratiomys* Geoffroy, 1762 (Class Insecta, Order Diptera). *Opinions and Declarations rendered by the International Commission on Zoological Nomenclature*, 15(7):121-162.

International Commission on Zoological Nomenclature. 1963. Opinion 678. The suppression under the plenary powers of the pamphlet published by Meigen, 1800. *The Bulletin of Zoological Nomenclature*, 20(5):339-342.

International Commission on Zoological Nomenclature. 1987a. Opinion 1443. *Microchrysa* Loew, 1855 (Insecta, Diptera):conserved. *The Bulletin of Zoological Nomenclature*, 44(2):148.

International Commission on Zoological Nomenclature. 1987b. Opinion 1444. *Musca trilineata* Linnaeus, 1767 (currently *Oxycera trilineata*; Insecta, Diptera):specific name conserved. *The Bulletin of Zoological Nomenclature*, 44(2):149.

International Commission on Zoological Nomenclature. 1988. Opinion 1472. *Cyclaxyra* Broun, 1893 (Insecta, Coleoptera):conserved. *The Bulletin of Zoological Nomenclature*, 45(1):69-70.

Jaennicke F. 1866. Beiträge zur Kenntniss der europäischen Stratiomyden, Xylophagiden u. Coenomyiden sowie Nachtraag zu den Tabaniden. *Berliner Entomologische Zeitschrift*, 10 (1-3):217-237.

Jaennicke F. 1867. Neue exotische Dipteren. *Abhandlungen, herausgegeben von der Senckenbergischen Naturforschenden Gesellschaft*, 6:311-407.

James M. T. 1932. New Stratiomyidae in the American Museum of Natural History. *American Museum Novitates*, 571:1-7.

James M. T. 1933a. New and little-known Colorado Diptera. *Journal of the New York Entomological Society*, 40(4):435-438.

James M. T. 1933b. New Stratiomyidae in the Snow Entomological Collection. *Journal of the New York Entomological Society*, 6(2):66-71.

James M. T. 1934. *Hoplitimyia*, a new genus of Stratiomyidae. *Annals of the Entomological Society of America*, 27(3):443-444.

James M. T. 1935a. The Nearctic species of *Adoxomyia* (Diptera, Stratiomyidae). *The Pan-Pacific Entomologist*, 11(2):62-64.

James M. T. 1935b. The genus *Hermetia* in the United States (Diptera, Stratiomyidae). *Bulletin of the Brooklyn Entomological Society*, 30(4):165-170.

James M. T. 1936a. A review of the Nearctic Geosarginae (Diptera, Stratiomyidae). *The Canadian Entomologist*, 67(12):267-275.

James M. T. 1936b. The Stratiomyidae of Colorado and Utah [part]. *Journal of the Kansa Entomological Society*, 9(1):33-36.

James M. T. 1936c. A proposed classification of the Nearctic Stratiomyinae (Diptera; Stratiomyidae). *Transactions of The American Entomological Society*, 62(1):31-36.

James M. T. 1936d. New Stratiomyidae in the collection of the California Academy of Sciences. *The Pan-Pacific Entomologist*, 12(2):86-90.

James M. T. 1936e. Notes on *Nemotelus* (Dipt., Stratiomyidae). *Bulletin of the Brooklyn Entomological Society*, 31(3):86-91.

James M. T. 1936f. The genus *Odontomyia* in America north of Mexico (Diptera, Stratiomyidae). *Annals of the Entomological Society of America*, 29(3):517-550.

James M. T. 1936g. New and little-known Neotropical Stratiomyidae (Diptera) in the Museum of Comparative Zoology. *Psyche*, 43(2-3):49-55.

James M. T. 1937. Some new and little-known Neotropical and subtropical Stratiomyidae. *Bulletin of the Brooklyn Entomological Society*, 32(4):149-155.

James M. T. 1938a. New and little known Neotropical Stratiomyidae (Diptera). *Revista de Entomologia (Rio de Janeiro)*, 8(1-2):196-203.

James M. T. 1938b. A second species of *Scoliopelta* (Diptera, Stratiomyidae). *The Pan-Pacific Entomologist*, 14(4):156-157.

James M. T. 1939a. Stidies in Neotropical Stratiomyidae (Diptera). Ⅰ. The American species formerly referred to *Chrysochlora* Latreille. *Journal of the Kansas Entomological Society*, 12(1):32-36.

James M. T. 1939b. New Formosan Stratiomyidae in the collection of the Deutsches Entomologisches Institut. *Arbeiten über morphologische und taxonomische Entomologie aus Berlin-Dahlem*, 6(1):31-37.

James M. T. 1939c. Studies in Neotropical Stratiomyidae (Diptera). Ⅱ. The genus *Hoplitimyia* James. Ⅲ. The genus *Udamacantha* Enderlein. *Journal of the Kansas Entomological Society*, 12(2):37-46.

James M. T. 1939d. The species of *Euparyphus* related to *crotchii* O. S. (Diptera, Stratiomyidae). *The Pan-Pacific Entomologist*, 15(2):49-56.

James M. T. 1939e. Neotropical flies of the family Stratiomyidae in the United States National Museum. *Proceedings of the United States National Museum*, 86(3065):595-607.

James M. T. 1939f. A review of the Nearctic Beridinae (Diptera, Stratiomyidae). *Annals of the Entomological Society of America*, 32(3):543-548.

James M. T. 1939g. Notes on my monograph of *Odontomyia* (Diptera, Stratiomyidae). *Bulletin of the Brooklyn Entomological Society*, 34(4):220.

James M. T. 1940a. Studies in Neotropical Stratiomyidae (Diptera). Ⅳ. The genera related to *Cyphomyia* Wiedemann. *Revista de Entomologia (Rio de Janeiro)*, 11(1-2):119-149.

James M. T. 1940b. Two new Neotropical Stratiomyidae. *Arbeiten über morphologische und taxonomische Entomologie aus Berlin-Dahlem*, 7(2):120-122.

James M. T. 1940c. Notes on some African Stratiomyidae (Diptera) belonging to genera related to *Odontomyia*. *American Museum Novitates*, 1088:1-3.

James M. T. 1941a. New species and records of Stratiomydae from Palearctic Asia (Diptera).

The Pan-Pacific Entomologist, 17(1):14-22.

James M. T. 1941b. Notes on the Nearctic Geosarginae (Diptera:Stratiomyiidae). *Entomologocal News*, 52(4):105-108.

James M. T. 1941c. New species and records of Mexican Stratiomyidae (Diptera). *Anales de la Escuela Nacional de Ciencias Biologicas*, 2(2-3):241-249.

James M. T. 1941d. A preliminart study of the New World Geosarginae (Dipt., Stratiomyidae). *Lloydia*, 4:300-309.

James M. T. 1942. A review of the Myxosargini (Diptera, Stratiomyidae). *The Pan-Pacific Entomologist*, 18(2):49-60.

James M. T. 1943a. Studies in Neotropical Stratiomyidae (Diptera). Ⅴ. The Classification of the Rhaphiocerinae. *Annals of the Entomological Society of America*, 36(3):365-379.

James M. T. 1943b. Studies in Neotropical Stratiomyidae (Diptera). Ⅵ. A new genus relates to *Adoxomyia*. *Annals of the Entomological Society of America*, 36(3):380-382.

James M. T. 1943c. A revision of the Nearctic species of *Adoxomyia* (Diptera, Stratiomyidae). *Proceedings of the Entomological Society of Washington*, 45(7):163-171.

James M. T. 1947. The Oriental species of *Oplodontha* (Diptera:Stratiomyidae). *The Pan-Pacific Entomologist*, 23(4):167-170.

James M. T. 1948. Flies of the family Stratiomyidae of the Solomon Islands. *Proceedings of the United States National Museum*, 98(3228):187-213.

James M. T. 1949a. Some African and Brazilian Stratiomyidae (Diptera). *American Museum Novitates*, 1386:1-7.

James M. T. 1949b. A review of the Ethiopian species of *Chelonomima* (Diptera-Stratiomyidae), with notes and descriptions of other African Pachygastrinae. *The Proceedings of the Royal Entomological Society of London. Series B. Taxonomy*, 18(5-6):103-108.

James M. T. 1950a. A new stratiomyid from Madagascar (Diptera). *Proceedings of the Entomological Society of Washington*, 52(20):100-101.

James M. T. 1950b. Some new and poorly-known Adoxomyiinae (Diptera, Stratiomyidae) from the southwest. *Journal of the Kansas Entomological Society*, 23(2):71-73.

James M. T. 1950c. Some Stratiomyidae (Diptera) from Okinawa and Guam. *Pacific Science*, 4(3):184-187.

James M. T. 1950d. The Stratiomyidae (Diptera) of New Caledonia and the New Hebrides with notes on the Solomon Islands forms. *Journal of the Washington Academy of Sciences*, 40(8):248-260.

James M. T. 1950e. A new *Damaromyia*, and the larva of *D. tasmanica* Kertesz (Diptera, Stratiomyidae). *Proceedings of the Entomological Society of Washington*, 52(6):312-315.

James M. T. 1951a. A new species of *Solva* (Diptera:Erinnidae) from Guadalcanal *Island*. *Wasmann Journal Biology*, 9(2):149-150.

James M. T. 1951b. The Stratiomyidae of Alaska (Diptera). *Proceedings of the Entomolog-*

ical Society of Washington，53(6)：342-343.

James M. T. 1952a. The pachygastrine tribe Meristomeringini，with descriptions of a new genus and species (Diptera，Stratiomyidae). *Annals of the Entomological Society of America*，45(1)：38-43.

James M. T. 1952b. The Ethiopian genera of Sarginae，with descriptions of new species. *Journal of the Washington Academy of Sciences*，42(7)：220-226.

James M. T. 1952c. The genera *Epideicticus*，*Afrodontomyia*，and *Cyrtopus* (Diptera，Stratiomyidae). *Journal of the Kansas Entomological Society*，25(4)：125-129.

James M. T. 1953a. The Stratiomyidae (Diptera) of Bimini，British West Indies. *American Museum Navitates*，1613：1-6.

James M. T. 1953b. A preliminary review of the Argentine genera and species of Stratiomyidae (Diptera). Part I. Stratiomyinae. *Acta Zoologica Lilloana*，13：307-326.

James M. T. 1955. Two new Diptera from the Pacific Coast states. *Journal of the Kansas Entomological Society*，28(2)：47-48.

James M. T. 1957a. Some characteristic Ethiopian elements of the Stratiomyinae (Diptera，Stratiomyidae). *Annals of the Entomological Society of America*，50(1)：9-15.

James M. T. 1957b. Some Sarginae collected in South India (Diptera，Stratiomyidae). *Proceedings of the Entomological Society of Washington*，59(1)：25-30.

James M. T. 1957c. The genus *Eulalia* in Florida and the West Indies. *The Florida Entomologist*，40(1)：15-18.

James M. T. 1957d. A new *Stratiomys* from California (Diptera：Stratiomyidae). *The Pan-Pacific Entomologist*，33(1)：43-44.

James M. T. 1960a. Genus *Brachycara* Thomson. *Insects of Hawaii*，10：311-314.

James M. T. 1960b. Les Potamidinae et Hermetiinae de Madagascar (Diptera，Stratiomyidae). *Le Naturaliste Malgache*，11(1-2)：147-152.

James M. T. 1961. A new *Chiromyza* from Australia (Diptera，Stratiomyidae). *Annals and Magazine of Natural History*，Series 13，4(42)：365-368.

James M. T. 1962a. The genus *Dicyphoma* James (Diptera：Stratiomyidae). *Annals of the Entomological Society of America*，55(1)：15-20.

James M. T. 1962b. Diptera：Stratiomyidae；Calliphoridae. *Insects of Micronesia*，13(4)：[4]：75-127.

James M. T. 1965a. Family Xylomyidae. pp. 289-299，*in* Stone, A., Sabrosky, C. W., Wirth, W. W., Foote, R.H., and Coulson, J. R. (eds.). *A catalog of the Diptera of American north of Mexico*. Agricultural Research Service，United States Department of Agriculture, Washington, D. C. Ⅰ-Ⅳ：1-1696.

James M. T. 1965b. Family Stratiomyidae. pp. 299-319，in Stone, A., Sabrosky, C. W., Wirth, W. W., Foote, R.H., and Coulson, J. R. (eds.). *A catalog of the Diptera of American north of Mexico*. Agricultural Research Service，United States Department of Agriculture, Washington, D. C. Ⅰ-Ⅳ：1-1696.

James M. T. 1965c. Contributions to our knowledge of the Nearctic Pachygasterinae (Diptera, Stratiomyidae). *Annals of the Entomological Society of America*, 58(6):902-908.

James M. T. 1966a. A new genus of Pachygasterine Stratiomyidae reared from cactus (Diptera). *Journal of the Kansas Entomological Society*, 39(1):109-112.

James M. T. 1966b. The Stratiomyidae (Diptera) of the Galápagos Islands. *Proceedings of the California Academy of Sciences*, *Fourth series*, 33(17):535-542.

James M. T. 1966c. The genera of Rhaphiocerinae with the elongated first antennal segment (Diptera:Stratiomyidae). *Journal of the Kansas Entomological Society*, 39(4):676-681.

James M. T. 1967a. The *Hermetia comstocki* group (Diptera:Stratiomyidae). *The Pan-Pacific Entomologist*, 43(1):61-64.

James M. T. 1967b. Bredin-Archbold-Smithsonian biological survey of Dominica. 5. Family Stratiomyidae (Diptera). *Proceedings of the United States National Museum*, 123(3622):1-23.

James M. T. 1967c. A preliminary review of the Argentine genera and species of Stratiomyidae (Diptera). Part 2. Pachygasterinae. *Acta Zoologica Lilloana*, 21:95-121.

James M. T. 1968. A new stratiomyid pest of sugar cane in Australia (Diptera:Stratiomyidea). *Journal of the Australian Entomological Society*,7(2):155-157.

James M. T. 1969a. The genus *Evaza* in the Philippines and the Australasian Region (Diptera:Stratiomyidae). *Pacific Insects*,11(1):81-116.

James M. T. 1969b. The soldier flies (Diptera, Stratiomyidae) collected in the Philippine Islands by the Noona Dan Expedition. *Entomologiske Meddeleser*, 37(4):339-350.

James M. T. 1970a. A new species, correction of synonymy, and new records of Nearctic Stratiomyidae (Diptera). *Proceedings of the Entomological Society of Washington*, 72(3):327-332.

James M. T. 1970b. A new *Beris* (Dipt., Stratiomyidae) from Cyprus. *Entomologist's Monthly Magazine*,106 (1271-1273):121-122.

James M. T. 1971. The South American species of *Artemita*. *Journal of the Kansas Entomological Society*, 44(1):59-70.

James M. T. 1972a. A new *Hermetia* of potential economic importance (Diptera:Stratiomyidae). *Pacific Insects*, 14(1):73-75.

James M. T. 1972b. New species and records of Stratiomyidae from the West Indies. *Caribbean Journal of Science*, 12(3-4):145-150.

James M. T. 1973a. 26. Stratiomyidae. *In A catalogue of the Diptera of the Americas south of the United States*. Museu de Zoologia, Universidade de São Paulo, São Paulo, 26:1-26,95.

James M. T. 1973b. A preliminary review of the Stratiomyidae of Chile. Part I. *Revista Chilena de Entomologia*,7:11-23.

James M. T. 1974a. The status of *Odontomyia arcuata* Loew, *O. inaequalis* Loew, and their close relatives in western North America (Diptera:Stratiomyidae). *Journal of the Kansas*

Entomological Society, 47(2):222-226.

James M. T. 1974b. The genus *Nemotelus* in South America (Diptera, Stratiomyidae). *Melanderia*, 14:[2], 1-22.

James M. T. 1974c. The pachygastrine genera *Dactylodeictes*, *Chalcidomorphina*, and *Thopomyia* in South American (Diptera, Stratiomyidae). *Melanderia*, 14:23-32.

James, M. T. 1975a. New taxa and records of Stratiomyidae from Madagascar (Diptera). *Annals of the Entomological Society of America*, 68(3):473-481.

James M. T. 1975b. A preliminary review of the Stratiomyidae of Chile. Part Ⅱ. *Melanderia*, 20: i-iv, 1-28.

James M. T. 1975c. Family Stratiomyidae. pp. 14-42, *in* Delfinado, M. D. & Hardy, D. E. (eds.). *A catalog of the Diptera of the Oriental Region*. Volume Ⅱ. Suborder Brachycera through Division Aschiza, Suborder Cyclorrhapha. The University Press of Hawaii, Honolulu. i-x:1-459.

James M. T. 1977a. *Labostigmina hieroglyphica* (Olivier) and its closest relatives in eastern North America (Diptera:Stratiomyidae). *Proceedings of the Entomological Society of Washington*, 79(1):41-44.

James M. T. 1977b. New species and synonymy of Stratiomyidae (Diptera) from Jamaica, based on the R. E. Woodruff collections. *The Florida Entomologist*, 59(4):417-423.

James M. T. 1977c. The South American species of *Oplachantha* (Diptera:Stratiomyidae). *The Canadian Entomologist*, 109(2):305-315.

James M. T. 1977d. The genera *Saldubella* and *Lophoteles* in New Guinea and the Bismarck Archipelago (Diptera, Stratiomyidae, Pachygastrinae). *Pacific Insects*, 17(2-3):301-318.

James M. T. 1977e. The pachygastrine generea *Lenomyia*, *Dialampsis*, *Aidomyia*, *Adraga*, *Eupachygaster*, and *Pegadomyia* in New Guinea and the Bismarck Archipelago (Diptera:Stratiomyidae). *Pacific Insects*, 17(4):473-488.

James M. T. 1978. New and poorly known genera of Pachygastrinae (Diptera:Stratiomyidae) from New Guinea and the Bismarck Archipelago. *Pacific Insects*, 19(1-2):17-30.

James M. T. 1980a. New genera and species of Pachygastrinae (Diptera:Stratiomyidae) obtained in investigations of forest insects near Bulolo, Papua New Guinea. *Pacific Insects*, 21(4):293-303.

James M. T. 1980b. 20. Stratiomyidae. pp. 253-274, *in* Crosskey, R. W. (ed.). *Catalogue of the Diptera of the Afrotropical Region*. British Museum (Natural History), London: 1-1437.

James M. T. 1981. Stratiomyidae. Chapter 36. pp. 497-511, *in* McAlpine, J. F., Peterson, B. V., Shewell, G. E., Teskey, H.J., Vockeroth, J. R., & Wood, D. M. (eds.). *Manual of Nearctic Diptera*. Volume 1. Monograph No. 27. Research Branch, Agriculture Canada, Ottawa. (4), i-vi:1-674.

James M. T. & McFadden M. W. 1969. The genus *Adoxomyia* in America north of Mexico (Diptera:Stratiomyidae). *Journal of the Kansas Entomological Society*, 42(3):260-276.

James M. T. & McFadden M. W. 1971. The genus *Merosargus* in Middle America and the Andean Subregion (Diptera：Stratiomyidae). *Melandria*，7：[2]，1-76.

James M. T. & McFadden M. W. 1979. The Stratiomyinae (Diptera，Stratiomyidae) of Middle America. *Melandria*，32：[2]，1-40.

James M. T. & McFadden M. W. 1982. The Sarginae (Diptera，Stratiomyidae) of Middle America. *Melandria*，40：ⅶ-ⅹ，1-50.

James M. T. & McFadden M. W.，& Woodley N. E. 1980. The Pachygastrinae (Diptera，Stratiomyidae) of Middle America. *Melandria*，34：[2]，1-36.

James M. T. & Steyskal G. C. 1952. A review of the Nearctic Stratiomyini (Diptera，Stratiomyidae). *Annals of the Entomological Society of America*，45(3)：385-412.

James M. T. & Wirth W. W. 1967. The species of *Hermetia* of the *aurata* group (Diptera：Stratiomyidae). *Proceedings of the United States National Museum*，123(3603)：1-19.

Johannsen O. A. 1926. *Beris quadridentata* Walker (Stratiomyiidae，Diptera). *Bulletin of the Brooklyn Entomological Society*，20(5)：214.

Johnson C. W. 1894. List of the Diptera of Jamaica with descriptions of new species. *Proceedings of the Academy of Natural Science of Philadelphia*，1894(2)：271-281.

Johnson C. W. 1895a. A review of the *Stratiomyia* and *Odontomyia* of North America. *Transactions of the American Entomological Society*，22：227-278.

Johnson C. W. 1895b. Diptera of Florida [part]. *Proceedings of the Academy of Natural Science of Philadelphia*，1895(2)：303-338.

Johnson C. W. 1900. Some notes and descriptions of seven new species and one new genus of Diptera. *Entomological News*，11(1)：323-328.

Johnson C. W. 1903. Some notes and descriptions of three new Leptidae. *Entomological News*，14(1)：22-26.

Johnson C. W. 1912. New North American Diptera. *Psyche*，19(1)：1-5.

Johnson C. W. 1913. Insecta of Florida. I. Diptera. *Bulletin of the American Museum of Natural History*，32：37-90.

Johnson C. W. 1914a. The dipteran fauna of Bermuda. *Annals of the Entomological Society of America*，6(4)：443-452.

Johnson C. W. 1914b. A new stratiomyid. *Psyche*，21(5)：158-159.

Johnson C. W. 1919. A revised list of the Diptera of Jamaica. *Bulletin of the American Museum of Natural History*，41：421-449.

Johnson C. W. 1920. Descriptions of some new tropical Pachygastrinae. *Psyche*，27(5)：112-115.

Johnson C. W. 1923. New and interesting species of Diptera. *Occasional Papers of the Boston Society of Natural History*，5：69-72.

Johnson C. W. 1925. Diptera of the Harris Collection. *Proceedings of the Boston Society of Natural History*，38(2)：57-99.

Johnson C. W. 1926a. The synonymy of *Actina viridis* (Say). *Psyche*，33(3)：88-90.

Johnson C. W. 1926b. A note on *Beris annulifera* (Bigot). *Psyche*, 33(4-5):108-109.

Jong H. de. 2000. The types of Diptera described by J. C. H. de Meijere. Backhuys Publishers, Leiden, Ⅰ-Ⅷ:1-271.

Kassebeer C. F. 1996. Eine neue Art der Gattung *Beris* Latreille, 1802 aus Marokko (Diptera, Stratiomyidae). *Studia dipterologica*, 3(1):155-159.

Kazerani F., Khaghaninia S. & Havaskary M. 2012. First records of the subfamily Sarginae (Diptera:Stratiomyidae) from Iran. *Calodema*, 239:1-6.

Kehlmaier C. 2004. Faunistic and taxonomic notes of Anisopodidae, Acroceridae, Conopidae and Stratiomyidae (Diptera) collected on the Iberian Peninsula. *Faunistische Abhandlungen*, 25:125-137.

Kertész K. 1901. Legyek [Diptera]. pp. 179-201, *in* Horváth, G. (ed.). *Zichy Jenö Gróf Harmadik Ázsiai Utazása*. Ⅱ. *Kötet. Zichy Jenö Gróf Harmadik Ázsiai Utazásának Állattani Eredményei*. Viktor Hornyánszky, Budapest and Karl W. Hiersemann, Leipzig. Ⅰ-Ⅻ:1-470.

Kertész K. 1906a. Die Dipteren-Gattung *Evaza* Walk. [part]. *Annales Historico-Naturales Musei Nationalis Hungarici*, 4(1):276-288.

Kertész K. 1906b. Die Dipteren-Gattung *Evaza* Walk. [part]. *Annales Historico-Naturales Musei Nationalis Hungarici*, 4(2):289-292.

Kertész K. 1907. Ein neuer Dipteren-Gattungsname. *Annales Historico-Naturales Musei Nationalis Hungarici*, 5(2):499.

Kertész K. 1908a. Vorarbeiten zu einer Monographie der Notacanthen. Ⅰ-Ⅺ. *Annales Historico-Naturales Musei Nationalis Hungarici*, 6(1):321-374.

Kertész K. 1908b. *Catalogus dipterorum hucusque descriptorum. Volumen* Ⅲ. *Stratiomyiidae, Erinnidae, Coenomyiidae, Tabanidae, Pantophthalmidae, Rhagionidae.* Museum Nationale Hungaricum, Budapestini [= Budapest]. [2], 1-366, [2].

Kertész K. 1909. Vorarbeiten zu einer Monographie der Notacanthen. Ⅻ-ⅩⅫ. *Annales Historico-Naturales Musei Nationalis Hungarici*,7(2):369-397.

Kertész K. 1911. Ueber die generische Hinzugehörigkeit der bis jetzt beschriebenen Pachygaster = Arten. pp. 29-32. in *Ier Congrès International d'Entomologie*. Volume Ⅱ. Mémoirs. Hayez, Bruxelles:1-520.

Kertész K. 1912. The Percy Sladen Trust Expedition to the Indian Ocean in 1905, under the leadership of Mr J. Stanley Gardiner, M. A. Volume IV. No. VI.-Diptera. Stratiomyiidae. *The Transactions of the Linnean Society of London 2nd Series*, *Zoology*,15(1):95-99.

Kertész K. 1914. Vorarbeiten zu einer Monographie der Notacanthen. ⅩⅩⅢ-ⅩⅩⅩⅤ. *Annales Historico-Naturales Musei Nationalis Hungarici*,12(2):449-557.

Kertész K. 1916. Vorarbeiten zu einer Monographie der Notacanthen. ⅩⅩⅩⅥ-ⅩⅩⅩⅧ. *Annales Historico-Naturales Musei Nationalis Hungarici*, 14(1):123-218.

Kertész K. 1921. Vorarbeiten zu einer Monographie der Notacanthen. ⅩⅩⅩⅨ-ⅩⅬⅣ. *Annales Historico-Naturales Musei Nationalis Hungarici*, 18:153-176.

Kertész K. 1923a. A new *Hermione* from Hungary. (Dipt.). *Folia entomologica Hungarica*,1(1):9-11.

Kertész K. 1923b. Vorarbeiten zu einer Monographie der Notacanthen. XLV-L. *Annales Historico-Naturales Musei Nationalis Hungarici*, 20:85-129.

Kessel E. L. 1948. Australian sod fly introduced into California (Diptera:Stratiomyidae). *Science*, 108(2813):607.

Kovac D. & Rozkošný R. 2012. A revision of the genus *Rosapha* Walker (Diptera:Stratiomyidae). *Zootaxa*, 3333:1-23.

Kirkaldy G. W. 1910. On some preoccupied generic names in insects. *The Canadian Entomologist*, 42(1):8.

Kraft K. J. & Cook E. F. 1961. A revision of the Pachygasterinae (Diptera, Stratiomyidae) of America north of Mexico. *Miscellaneous Publications of the Entomological Society of America*, 3(1):1-24.

Krivosheina N. P. 1965. New data on the taxonomy of dendrophilous chameleon flies (Diptera, Stratiomyidae) and their larvae. *Entomologicheskoye obozreniye*, 44(3):652-664. In Russian.

Krivosheina N. P. 1972. Some new data on the systematics and biology of the dipterous family Xylomyidae in the USSR. *Zoologicheskii Zhurnal*,51(1):69-78. In Russian.

Krivosheina N. P. 1973. New data on chameleon flies of the subfamily Pachygasterinae (Diptera, Stratiomyidae) of the Soviet Union. *Entomologicheskoye obozreniye*, 52(1):178-194. In Russian.

Krivosheina N. P. 1976. Two-winged insects of the family Xylomyidae (=Solvidae) of the Far East. *Trudy Biol. Pochvenn. Inst*,(N. S.) 43(146):121-134. In Russian.

Krivosheina N. P. 1983. New data on soldier-flies of the genus *Wallacea* Doleschall and related groups (Diptera, Stratiomyidae). *Bulletin Zoologisch Nuseum Universiteit van Amsterdam*, 9(11):97-106.

Krivosheina N. P. 1988. Family Xylomyidae. *Catalogue of Palaearctic Diptera*, 5:38-42.

Krivosheina N. P. 1992. Results of the examination of the type specimens of *Cyclogaster detracta* and *C. infera* (Diptera, Stratiomyidae). *Zoologicheskii Zhurnal*, 71(5):83-90. In Russian.

Krivosheina N. P. 1993a. On the taxonomy of the stratiomyid flies of the genus *Cibotogaster* End. (Diptera, Stratiomyidae). *Entomologicheskoye obozreniye*, 71(3):674-687. In Russian. In Russian.

Krivosheina N. P. 1993b. A new species of the genus *Saruga* and position of this genus among Pachygasterinae (Diptera, Stratiomyidae). *Vestnik zoologii*, 1993(2):39-45. In Russian.

Krivosheina N. P. 1999a. Xylophilous flies of the genera *Macroceromys* and *Xylomya* (Diptera, Xylomyidae) from the fauna of Russia and adjacent countries. *Zoologicheskii Zhurnal*,78(2):202-216. In Russian.

Krivosheina N. P. 1999b. Xylophilous flies of the genus *Solva* Walker（Diptera, Xylomyidae) of the fauna of Russia and adjacent countries. *Entomologicheskoe Obozrenie*, 78(1):196-206. In Russian.

Krivosheina N. P. 2002. Review of xylophilous flies of the genus *Wallacea*（Diptera, Streatiomyidae). *Zoologicheskii Zhurnal*, 81(5):597-607.

Krivosheina N. P. 2004. A review of the stratiomyid-fly genera *Neopachygaster* Austen, *Eupachygaster* Kertész and *Pachygaster* Meigen（Diptera, Stratiomyidae) from Russia and neighbouring countries. *Entomologicheskoe obozrenie*, 83(2):490-506. In Russian.

Krivosheina N. P. & Freidberg A. 1004. New species of xylophilous soldier-flies（Diptera, Stratiomyidae) from Israel. *Entomologicheskoe obozrenie*, 83(3):894-901.

Krivosheina N. P., Nartshuk E. P., & Kandybina M. N. 1984. Family Xylomyidae. pp. 7-9. In Kandybina, M. N., Krivosheina, N. P., Nartshuk, E. P., & Olsufjev, N. G (eds.), *Catalog of the type specimens in the collection of the Zoological Institute*, *Academy of Sciences of the USSR. Insecta*, *Diptera*, *No. 2. Families Coenomyiidae*, *Xylophagidae*, *Glutopidae*, *Xylomyidae*, *Stratiomyidae*, *Tabanidae*. Akademia Nauk USSR, Leningrad [=St. Petersburg]. 1-56. In Russian.

Krivosheina N. P. & Rozkošný R. 1985. Additional notes on Palaearctic Pachygasterinae （Diptera, Stratiomyidae). *Acta entomologica bohemoslovaca*, 82(2):143-149.

Krivosheina N. P. & Rozkošný R. 1990. *Zabrachia stackelbergi* sp. n., a new species of xylophilous soldier fly from eastern Asia（Diptera, Stratiomyidae). *Acta entomologica bohemoslovaca*, 87(4):304-313.

Kühbandner M. 1984. Eine neue *Oxycera*-Art aus der Südosttürkei（Diptera:Stratiomyidae). *Entomofauna*, 5(34):471-480.

Kühbandner M. 1995. Beschreibung der Larve und Puppe von *Solva caprerae*（Becker, 1908)（Diptera, Solvidae). *Entomofauna*, 16(23):421-428.

Lachaise D. & Lindner E. 1973. Les Diptères des savanes tropicales préforestières de Lamto （Cote-d'Ivoire). I.- Note écologique sur les Stratiomyidae de Lamto et description d'une espèce nouvelle:*Odontomyia magnifica*. *Annales de la Société Entomologique de France*, *Nouvelle série*, 9(3):593-608.

Latreille P. A. 1797. *Précis des caractères génériques des Insectes*, *disposés dans un ordre naturel*. Prévôt, Paris and F. Bourdeaux, Brive. i-xiii, [1], 1-201, [7].

Latreille P. A. 1802. *Histoire naturelle*, *genérale et particulière*, *des Crustacés et des Insectes. Ouvrage faisant suite à l'Histoire Naturelle genérale et particulière*, *composée par Leclerc de Buffon*, *et rédigée par C. S. Sonnini*, *membre de plusieurs Sociétés savantes.* Tome Troisième. F. Dufart, Paris. i-xii, 13-467, [1].

Latreille P. A. 1804. Tableau méthodique des Insectes. pp. 129-200, *in* Tableaux méthodiques d'histoire naturelle. 238 pp, in *Nouveau dictionnaire d'histoire naturelle*, *appliquée aux arts*, *principalement à l'agriculture et à l'économie rurale et domestique*: *par une société de naturalistes et d'agriculteurs:avec des figures tirées des trois règnes de la nature*. Tome XXIV. Crapelet and Deterville, Paris. [2], 1-84, 1-85, [3], 1-238, [2], 1-18,1-34.

Latreille P. A. 1805. *Histoire naturelle, genérale et particulière, des Crustacés et des Insectes. Ouvrage faisant suite aux Œuvres de Leclerc de Buffon, et partie du Cours complet d'Histoire naturelle rédigée par C. S. Sonnini, membre de plusieurs Sociétés savantes.* Tome QuatorzièTome. F. Dufart, Paris:1-432.

Latreille P. A. 1806. *Genera crustaceorum et insectorum secundum ordinem naturalem in familias disposita, inconibus exemplisque plurimis explicata.* Tomus primus. Amand Kœnig, Parisiis et Argentorati (= Paris and Strasbourg). [6], i - xviii, 1-302, [1].

Latreille P. A. 1809. *Genera crustaceorum et insectorum secundum ordinem naturalem in familias disposita, inconibus exemplisque plurimis explicata.* Tome quartus et ultimus. Amand Kœning, Parisiis et Argentorati (= Paris and Strasbourg):1-399.

Latreille P. A. 1810. *Considérations générales sur l'ordre naturel des animaux composant les classes des Crustacés, des Arachnides,et des Insectes; avec un tableau méthodique de leurs genres, disposés en familles.* F. Schoell, Paris:1-444.

Latreille P. A. 1829. Les Crustacés, les Arachnides et les Insectes, distribués en familles naturelles, ouvrage formant les Tomes 4 et 5 de celui de M. Le Baron Cuvier sur le Règne animale (deuxième édition).Tome Secind. Volume 5 *in* Cuvier, G. L. C. F. D. *Le règne animal disribué d'après son organisation, pour servir de base à l'histoire des animaux et d'introduction à l'anatomie comparée.* Nouvelle édition, revue et augmentée. Déterville & Crochard, Paris. i - xxiv, 1-556.

Leal M. do C. A. 1977. Sobra três espécies novas de *Ptecticus* Loew, 1855 (Diptera, Stratiomyidae). Revista Brasileira de Biologia, 37(1):65-70.

Leonard M. D. 1930. A revision of the dipterous family Rhagionidae (Leptidae) in the United States and Canada. *Memoirs of the American Entomological Society* 7:[2], 1-181, [1], i - iv.

Lepeletier A. L. M. & Serville J. G. A. 1828. Stratiome. pp. 501-504, *in* Laterille, P. A. *Encyclopédie méthodique. Histoire naturelle. Entomologie, ou histoire naturelle des Crustacés, des Arachnides et des Insectes.* Tome Dixième [part]. Livraison 100. Mme veuve Agasse, Paris:345-832, [1].

Li Q., Zheng L. Y., Cai H. *et al.* 2010. From organic waste to biodiesel:Black soldier fly, *Hermetia illucens*, makes it feasible. *Fuel* 90:1545-1548.

Li Q., Zheng L. Y., Qiu N., *et al.* 2011. Bioconversion of dairy manure by black soldier fly (Diptera:Stratiomyidae) for biodiesel and sugar production. *Waste Management*,31(6): 1316-1320.

Li Y., Li Z. & Yang D. 2011. Five new species of *Actina* from China (Diptera, Stratiomyidae). *Acta Zootaxonomica Sinica*, 36(1):52-55.

Li Z., Cui W. N., Zhang T. T. & Yang D. 2009. New species of Beridinae (Diptera:Stratiomyidae) from China. *Entomotaxonomia*, 31(3):161-171.

Li Z., Liu Q. F. & Yang D. 2011. Six new species of *Allognosta* (Diptera:Stratiomyidae) from China. *Entomotaxonomia*, 33(1):23-31.

Li Z., Luo C. M. & Yang D. 2009. Two species of *Beris* Latreille (Diptera:Stratiomyidae) from Hubei. *Entomotaxonomia*,31(2):129-131.

Li Z., Zhang T. T. & Yang D. 2009a. Eleven new species of Beridinae (Diptera:Stratiomyidae) from China. *Entomotaxonomia*,31(3):206-220.

Li Z., Zhang T. T. & Yang D. 2009b. Two new species of *Actina* from China (Diptera,Stratiomyidae). *Acta Zootaxonomica Sinica*, 34(4):798-800.

Li Z., Zhang T. T. & Yang D. 2009c. One new species of *Nigritomyia* from China (Diptera, Stratiomyidae). *Acta Zootaxonomica Sinica*, 34(4):928-929.

Li Z., Zhang T. T. & Yang D. 2009d. New species of *Oxycera* from Palaearctic China (Diptera, Stratiomyidae). *Transactions of the American Entomological Society*, 135(3): 383-387.

Li Z., Zhang T. T. & Yang D. 2011a. Two new species of *Beris* from China (Diptera,Stratiomyidae). *Acta Zootaxonomica Sinica*,36(1):49-51.

Li Z., Zhang T. T. & Yang D. 2011b. Four new species of *Allognosta* from China (Diptera, Stratiomyidae). *Acta Zootaxonomica Sinica*,36(2):273-277.

Li Z., Zhang T. T. & Yang D. 2011c. Two new species of *Actina* from Taiwan, China (Diptera,Stratiomyidae). *Acta Zootaxonomica Sinica*,36(2):282-284.

Lichtwardt B. 1901. *Lasiopa königi* n. sp. ♀. (Dipt.). *Zeitschrift für systematische Hymenopterologie und Dipterologie*,1(2):68-69.

Lindner E. 1924. Eine neue Chiromyzide (Dipt.) *Clavimyia alticola Lind., spec. nov. Zoologischer Anzeiger*,60(5-6):160-161.

Lindner E. 1925. Neue ägyptische Stratiomyidae (Dipt). *Bulletin de la Société Royale Entomologique d'Égypt*,9(1-3):145-151.

Lindner E. 1928a. Dr. L. Zürchers Dipteren-Ausbeute aus Paraguay:Stratiomyiiden. *Archiv für Naturgeschichte*, *Abteilung A*,92(12):94-103.

Lindner E. 1928b. Die von Prof. Dr. A. Seitz in Brasilien gesammelten Stratiomyiden (Ins. Dipt.). *Senckenbergiana*,10(6):235-244.

Lindner E. 1929a. Die Ausbeute der deutschen Chaco-Expedition 1925/26. (Diptera). XIV. Stratiomidae und XV. Rhagionidae. *Konowia*,8(3):273-285.

Lindner E. 1929b. Ergebnisse einer zoologischen Sammelreise nach Brasilien, insbesondere in das Amazonasgebiet, ausgeführt von Dr. H. Zerny. II. Teil. Diptera:Stratiomyidae und Rhagionidae. *Annalen des Naturhistorischen Museums in Wien*, 43:257-268.

Lindner E. 1930. Über einige ägyptische Stratiomyiden (Dipt.). *Bulletin de la Société Royale Entomologique d'Égypt*,14(1):25-29.

Lindner E. 1931. Beitrag zur Kenntnis der südamerikanischen Stratiomyidenfauna (Dipt.). *Revista de Entomologia (Rio de Janeiro)*,1(3):304-312.

Lindner E. 1933a. Zweiter Beitrag zur Kenntnis der südamerikanischen Stratiomyidenfauna

(Dipt.). *Revista de Entomologia (Rio de Janeiro)*, 3(2):199-205.

Lindner E. 1933b. Schwedisch-chinesische wissenschaftliche Expedition nach den nordwestlichen Provinzen Chinas, unter Leitung von Dr. Sven Hedin unf Prof. Sü Ping-chang. Insekten gesammelt vom schwedischen Arzt der Expedition Dr. David Hummel 1927-1930. 35. Diptera. 10. Phryneidae, Rhagionidae und Stratiomyidae. *Arkiv för Zoologi* 27B(4):1-5.

Lindner E. 1933c. Neotropische Stratiomyiiden des Senckenberg-Museums. (Diptera.). *Senckenbergiana*, 15(5-6):325-334.

Lindner E. 1935a. Stratiomyiiden von Celebes (Dipt.). (Sammlung Gerd Heinrich.). *Konowia*, 14(1):42-50.

Lindner E. 1935b. Äthiopische Stratiomyiiden (Dipt.). *Deutsche Entomologische Zeitschrift*, 1934(3-4):291-316.

Lindner E. 1935c, Dritter Beitrag zur Kenntnis der südamerikanischen Stratiomyidenfauna (Dipt.). *Revista de Entomologia (Rio de Janeiro)*, 5(4):396-413.

Lindner E. 1936a. Stratiomyiiden von Madagaskar (Dipt.). Konowia, 15(1):33-50.

Lindner E. 1936b. Stratiomyiiden von Costa Rica (Dipt.). *Stettiner Entomologische Zeitung*, 97(1):153- 158.

Lindner E. 1936c. Über die von Gerd Heinrich im Jahre 1935 in Bulgarien gesammelten Diptera-Stratiomyiidae. *Mitteilungen aus den königlichen Naturwissenschaftlichen Instituten in Sofia*, 9:91-92.

Lindner E. 1936d. 18. Stratiomyiidae [part]. Lieferung 104. pp. 1-48. *in* Lindner, E. (ed). *Die Fliegen der palaearktischen Region*. Band IV₁. E. Schweizerbart'sche Verlagsbuchhandlung (Erwin Nägele), Stuttgart:1-218.

Lindner E. 1937a. 18. Stratiomyiidae [part]. Lieferung 108. pp. 49-96. *in* Lindner, E. (ed). *Die Fliegen der palaearktischen Region*. Band IV₁. E. Schweizerbart'sche Verlagsbuchhandlung (Erwin Nägele), Stuttgart:1-218.

Lindner E. 1937b. 18. Stratiomyiidae [part]. Lieferung 110. pp. 97-144. *in* Lindner, E. (ed). *Die Fliegen der palaearktischen Region*. Band IV₁. E. Schweizerbart'sche Verlagsbuchhandlung (Erwin Nägele), Stuttgart:1-218.

Lindner E. 1937c. Indo-australische Stratiomyiiden (Diptera). *Annals and Magazine of Natural History*, Series 10, 20(117):370-394.

Lindner E. 1937d. Stratiomyiiden (Diptera) von den Kleinen Sundainseln. (Ergebnisse der Sunda-Expedition Rensch.). *Mitteilungen aus dem Zoologischen Museum in Berlin*, 22(2): 265-267.

Lindner E. 1937e. 18. Stratiomyiidae [part]. Lieferung 114. pp. 145-176. *in* Lindner, E. (ed). *Die Fliegen der palaearktischen Region*. Band IV₁. E. Schweizerbart'sche Verlagsbuchhandlung (Erwin Nägele), Stuttgart:1-218.

Lindner E. 1938a. 18. Stratiomyiidae [part]. Lieferung 116. pp. 177-218. *in* Lindner, E. (ed). *Die Fliegen der palaearktischen Region*. Band IV₁. E. Schweizerbart'sche Verlagsbuchhandlung (Erwin Nägele), Stuttgart:1-218.

Lindner E. 1938b. Äethiopische Stratiomyiiden (Dipt.) Ⅱ. *Mitteilungen der Deutschen Entomologischen Gesellschaft*, *E. V*, 8(5-10):66-73.

Lindner E. 1938c. *Lasiopa krkensis*, spec. nov. (Dipt., Stratiomyiidae). *Konowia*, 17(1): 5-7.

Lindner E. 1938d. Stratiomyiiden aus dem Kongo-Gebeit. (Diptera). *Bulletin du Musée royal d'Histoire naturelle de Belgique*, 14(54):1-35.

Lindner E. 1938e. The Diptera of the Territory of New Guinea. Ⅵ. Family Stratiomyidae. *Proceedings of the Linnean Society of New South Wales*, 63(5-6):431-436.

Lindner E. 1939a. Stratiomyidae. pp. 1-11, in *British Museum (Natural History) Ruwenzori Expedition* 1934-5. Volume Ⅱ. Number 1-2. British Museum (Natural History), London:1-47.

Lindner E. 1939b. Neue westpaläarktische Stratiomyiiden (Diptera). *Zoologischer Anzeiger*, 127(11-12):312-317.

Lindner E. 1940a. Chinesiche Stratiomyiiden (Dipt.). *Deutsche Entomologische Zeitschrift*, 1939(1-4):20-36.

Lindner E. 1940b. Stratiomyiiden von Costa Rica (Diptera). *Zoologischer Anzeiger*, 132(7-8):193-194.

Lindner E. 1941a. Stratiomyiiden (Dipt.). *Beiträge zur Fauna Perus*, 1:177-188.

Lindner E. 1941b. Über einige Stratiomyiiden aus Mandschukuo. (Diptera.). *Arbeiten über morpholo gische und taxonomische Entomologie aus Berlin-Dahlem*, 8(2):94-98.

Lindner E. 1943a. Zwei neue afrikanische *Nemotelus*-Arten. Dipt., Fam. Stratiomyiidae. *Zoologischer Anzeiger*, 141(7-8):176-178.

Lindner E. 1943b. Neue Dipteren aus dem Gebiet der Alpen. *Mitteilungen der Münchner Entomologischen Gesellschaft (e. V.)*, 33(1):244-247.

Lindner E. 1943c. Südchilenische Stratiomyiiden (Dipt.). *Annalen des Naturhistorischen Museums in Wien*, 53(2):89-100.

Lindner E. 1943d. Beiträge zur Kenntnis der Insektenfauna Deutsch-Ostafrikas, insbesondere des Matengo-Hochlandes. Ergebnisse einer Sammelreise H. Zerny's 1935/36. VI. Diptera: 2. Stratiomyiidae. *Annalen des Naturhistorischen Museums in Wien*, 53(2):101-106.

Lindner E. 1949a. Neotropische Stratiomyiiden des Britischen Museums in London. - Theil Ⅰ. *Annals and Magazine of Natural History*, *Series* 12, 1(11):782-821.

Lindner E. 1949b. Neotropische Stratiomyiiden des Britischen Museums in London. - Theil Ⅱ. *Annals and Magazine of Natural History*, *Series* 12, 1(12):851-891.

Lindner E. 1951a. Stratiomyiiden (Dipt.). *Beiträge zur Fauna Perus*.2:172-183.

Lindner E. 1951b. Über einige südchinesische Stratiomyiiden (Dipt.). Bonner Zoologische Beiträge,2(1-2):185-189.

Lindner E. 1951c. Stratiomyiiden von Sumba und Timor [Dipt.]. *Verhandlungen der Naturforschenden Gesellschaft in Basel*,62:218-223.

Lindner E. 1951d. Vierter Beitrag zur Kenntnis der suedamerikanischen Stratiomyiidenfauna

(Dipt.). *Revista de Entomologia（Rio de Janeiro）*,22(1-3):245-264.

Lindner, E. 1952. Aethiopische Stratiomyiiden（Dipt.）Ⅲ. *Revue de Zoologie et de Botanique Africaines*, 46(3-4):333-344.

Lindner E. 1953. Ostafrikanische Stratiomyiiden（Dipt.）（Ergebnisse der Deutschen Zoologischen Ostafrika-Expedition 1951/52, Gruppe Lindner-Stuttgart, Nr. 12）. *Jahreshefte des Vereins für vaterländische Naturkunde in Württemberg*,108:18-29.

Lindner E. 1954. Über einige südchinesische Stratiomyiiden（Dipt.）（Nachtrag）. Bonner Zoologische Beiträge, 5(3-4):207-209.

Lindner E. 1955a. Contributions à l'étude de la faune entomologique de Ruanda-Urundi（Mission P. Basilewsky 1953）. XXX. Diptera Stratiomyiidae. *Annales du Musée Royal de Congo Belge Tervuren（Belgique）Série in-8°Sciences Zoologiques*, 36(1):290-295.

Lindner E. 1955b. Congo-Stratiomyiidae（Dipt.）. *Revue de Zoologie de Botanique Africaines*, 52(3-4):241-245.

Lindner E. 1955c. Zur Kenntnis der ostasiatischen Stratiomyiiden（Dipt.）. *Bonner Zoologische Beiträge*, 6(3-4):207-209.

Lindner E. 1955d. Stratiomyiiden von Ceylon（Dipt.）. *Verhandlungen der Naturforschenden Gesellschaft in Basel*, 66(2):218-223.

Lindner E. 1957. Results of the Archbold Expeditions. Stratiomyiiden von Neu-Guinea（Dipt.）. *Nova Guinea, new series*, 8(2):183-196.

Lindner E. 1958a. Äthiopische stratiomyiiden（Diptera）. Ⅳ. *Journal of the Entomological Society of Southern Africa*,21(1):121-128.

Lindner E. 1958b. Stratiomyiidae（Diptera Orthorrhapha）. *Parc National de l'Upemba I. Mission G. F. De Witte en collaboration avec W. Adam, A. Janssens, L. van Meel er R. Verheyen*（1946-1949）,52(3):33-38.

Lindner E. 1958c. Über einige neuseeländische Stratiomyiiden Osten-Sachens im Deutschen Entomologischen Institut in Berlin（Diptera）. *Beiträge zur Entomologie*, 8(3-4):431-437.

Lindner E. 1959a. Stratiomyiidae de Madagascar［Diptera］. *Le Naturaliste Malgache*,10:87-91.

Lindner E. 1959b. Chapter ⅪⅩ. Diptera（Brachycera）Stratiomyiidae. *South African Animal Life*, 6:373-375.

Lindner E. 1960. Afrikanische Stratiomyiiden（Dipt.）（Ergebnisse der Forschungsreise Lindner 1958/59 - Nr. 2）. *Stuttgarter Beiträge zur Naturkunde*, 44:1-8.

Lindner E. 1961. Äthiopische stratiomyiiden（Diptera）Ⅴ. *Stuttgarter Beiträge zur Naturkunde*, 68:1-13.

Lindner E. 1964. Beitrag zur Kenntnis der neotropischen Pachygasterinae（Stratiomyidae, Dipt.）. *Stuttgarter Beiträge zur Naturkunde*, 129:1-22.

Lindner E. 1965a. Aethiopische Stratiomyiiden（Diptera）Ⅵ. *Stuttgarter Beiträge zur Naturkunde*, 137:1-15.

Lindner E. 1965b. Stratiomyiidae（Diptera Brachycera）. *Parc National de la Garamba.*

-*Mission H. De Saeger en collaboration avec P. Baert, G. Demoulin, I. Denisoff, J. Martin, M. Micha, A. Noirfalise, P. Schoemaker, G. Troupin et J. Verschuren* (1949-1952), 46(4):45-65.

Lindner E. 1965c. Stratiomyiiden von der Elfenbeinküste (Diptera Stratiomyiidae). *Revue de Zoologie et de Botanique Africaines*, 71(3-4):225-229.

Lindner E. 1966a. Aethiopische Stratiomyiiden (Diptera) Ⅶ. *Stuttgarter Beiträge zur Naturkunde*, 151:1-8.

Lindner E. 1966b. Stratiomyiiden aus dem Kongo im Musée Royal de l'Afrique centrale in Tervuren, mit einer Bestimmungstabelle der Unterfamilie der afrikanischen Pachygasterinae. *Revue de Zoologie et de Botanique Africaines*, 73(3-4):351-384.

Lindner E. 1966c. Stratiomyiden von Madagaskar. *Stuttarter Beiträge zur Naturkunde*, 156:1-26.

Lindner E. 1966d. Aethiopische Stratiomyiden (Diptera) Ⅷ. *Stuttarter Beiträge zur Naturkunde*, 169:1-10.

Lindner E. 1967a. Stratiomyiden aus der Mongolei Ergebnisse der zoologischen Forschungen von Dr. Z. Kaszab in der Mongolei (Diptera). *Reichenbachia*, 9(9):85-92.

Lindner E. 1967b. Eine neue Stratiomyiden-Gattung aus Madagascar (Diptera). *Stuttarter Beiträge zur Naturkunde*, 178:1-2.

Lindner E. 1968a. Contribution à la faune du Congo (Brazzaville). Mission A. Villiers et A. Descarpentries. LXXV. Diptères Stratiomyidae. *Bulletin de l'Institut Fondamental d'Afrique Noire*, Série A, 30(2):784-786.

Lindner E. 1968b. Madagassische Stratiomyiden aus dem Muséum National d'Histoire Naturelle de Paris (Diptera). *Stuttarter Beiträge zur Naturkunde*, 190:1-18.

Lindner E. 1969. Fünfter Beitrag zur Kenntnis der südamerikanischen Stratiomyidenfauna (Dipt.). *Stuttarter Beiträge zur Naturkunde*, 203:1-15.

Lindner E. 1970. Westafrikanische Stratiomyiden aus dem Muséum national d'Histoire naturelle de Paris. *Bulletin de l'Institut Fondamental d'Afrique Noire*, Série A, 32(3):817-823.

Lindner E. 1972a. Aethiopische Stratiomyiden (Diptera) Ⅸ. *Stuttarter Beiträge zur Naturkunde*, 239:1-17.

Lindner E. 1972b. Über einige Stratiomyidae des Transvaal Museums (Diptera:Brachycera). *Annals of the Transvaal Museum*, 28(3):27-34.

Lindner E. 1973. Stratiomyiden aus der Mongolei Ergebnisse der zoologischen Forschungen von Dr. Z. Kaszab in der Mongolei (Diptera). *Reichenbachia*, 14(28):223-232.

Lindner E. 1974. On the Stratiomyidae (Diptera) of the Near East. *Israel Journal of Entomology*, 9:93-108.

Lindner E. 1975. On some Stratiomyidae (Diptera) from the Near East. *Israel Journal of Entomology*, 10:41-49.

Lindner E. 1976. *Odontomyia fiebrigi*, spec. nov. und *Himantoloba illuminata* (Lind.) 1949 aus Paraguay (Diptera, Stratiomyidae). *Stuttarter Beiträge zur Naturkunde*, 290:1-4.

Lindner E. 1977. Eine neue mexikanische Hermetia aus dem Naturhistorische Museum in Wien (Stratiomyidae, Diptera). *Stuttarter Beiträge zur Naturkunde*, 294:1-3.

Lindner E. 1979. Diptera Stratiomyiidae von den Comoren aus dem Muséum National d'Histoire Naturelle, Paris. *Mémoires du Muséum national d'Hisatoire naturelle, Nouvelle Série, Série A, Zoologie*, 109:307-310.

Lindner E. & Freidberg A. 1978. New records of Stratiomyidae (Diptera) from the Near East with a key to the species of Israel, Sinai and the Golan. *Israel Journal of Entomology*, 12:51-64.

Linnaeus C. 1758. *Systema naturæ per regna tria naturæ, secundum classes, ordines, genera, species, cum characteribus, differentiis, synonymis, locis*. Tomus I. Editio decima, reformata. Laurentii Salvii, Holmiæ [=Stockholm]. [4], 1-823, [1].

Linnaeus C. 1767. *Systema naturæ per regna tria naturæ, secundum classes, ordines, genera, species, cum characteribus, differentiis, synonymis, locis*. Editio duodecima reformata. Tom. I. Pars II. Laur. Salvii, Holmiæ [=Stockholm]. [2], 533-1327, [37].

Liu N. & Nagatomi A. 1994. The spermatheca and female terminalia of some Xylomyidae (Diptera). *Acta Zoologica Academiae Scientiarum Hungaricae*, 40(4):329-336.

Liu Q. L., Tomberlin J. K., Brady J. A., et al. 2008. Black soldier fly (Diptera:Stratiomyidae) larvae reduce *Escherichia coli* in dairy manure. *Environmental Entomology*, 37(6): 1525-1530.

Liu Q. F., Li Z. & Yang D. 2010. Two new species of *Allognosta* from Ningxia, China (Diptera, Stratiomyidae). *Acta Zootaxonomica Sinica*, 35(4):742-744.

Lioy P. 1864. I ditteri distribuiti secondo un nuovo metodo di classificazione naturale. *Atti dell'i R. Istituto Veneto di Scienze, Lettere ed Arte, Serie Terza*, 9:569-604.

Loew H. 1840a. *Bemerkungen über die in der Posener Gegend einheimischen Arten mehrerer Zweiflügler = Gattungen. Zu der öffentlichen Prüfung der Schüler des königlichen Friedrich-Wilhelms-Gymnasiums zu Posen*. W. Decker & Comp., Pozen [= Poznań]. 1-40.

Loew H. 1840b. Ueber die im Grossherzogthum Posen aufgefundenen Zweyflügler; ein Beytrag zur genaueren tritischen Bestimmung der europäischen Arten. *Isis von Oken*, 1840:512-584.

Loew H. 1845. Dipterologische Beiträge. *Öffentlichen Prüfung der Schüler des königlichen Friedrich-Wilhelms-Gymnasiums zu Posen*, 1845:1-50, [2].

Loew H. 1846a. Fragmente zur Kenntniss der europäischen Arten einiger Dipterengattungen. *Linnaea Entomologica*, 1:319-530.

Loew H. 1846b. Bemerkungen über die Gattung *Beris* und Beschreibung eines Zwitters von *Beris nitens* [part]. *Entomologische Zeitung* (Stettin), 7(9):282-289.

Loew H. 1847. Dipterologisches. *Entomologische Zeitung* (Stettin), 8(12):368-376.

Loew H. 1854. Neue Beiträge zur Kenntniss der Dipteren. Zweiter Beitrag. *Programm*

Königlichen Realschule zu Meseritz, 1854:1-24.

Loew H. 1855a. Einige Bemerkungen über die Gattung *Sargus*. *Verhandlungen des zoologisch-botanischen Vereins in Wien*, 5(2):131-148.

Loew 1855b. Druckfehlerverzeichniss. *Verhandlungen des zoologisch-botanischen Vereins in Wien* 5:Ⅸ-Ⅹ.

Loew H. 1857a. Bidrag till kännedomen om Afrikas Diptera [part]. *Öfversigt af Kongl. Vetens-kaps-Akademiens Förhandlingar*, 13(9-10):255-264.

Loew H. 1857b. Ueber die europäischen Arten der Gattung *Oxycera*. *Berliner Entomologische Zeitschrift*, 1:21-34.

Loew H. 1858a. Ueber einige neue Fligengattungen. *Berliner Entomologische Zeitschrift*, 2(2):101-122.

Loew H. 1858b. Bidrag till kännedomen om Afrikas Diptera [part]. *Öfversigt af Kongl. Vetens-kaps- Akademiens Förhandlingar*,15(7-8):335-341.

Loew H. 1859. Zwei neue Fliegen. *Wiener Entomologische Monatschrift*, 3(7):221-224.

Loew H. 1860. *Die Dipteren-Fauna Südafrika's*. Erste Abtheilung. Mittler & Sohn, Berlin. i-xi, 1-330.

Loew H. 1862. Ueber griechische Dipteren. *Berliner Entomologische Zeitschrift*, 6(1-2):69-89.

Loew H. 1863a. Diptera Americe septentrionalis indigena. Centuria tertia. *Berliner Entomologische Zeitschrift*, 7(1-2):1-55.

Loew H. 1863b. Diptera Americae septentrionalis indigena. Centuria quarta. *Berliner Entomologische Zeitschrift*, 7(3-4):275-326.

Loew H. 1866a. Diptera Americae septentrionalis indigena. Centuria sexta. *Berliner Entomologische Zeitschrift*, 9(2-4):127-186.

Loew H. 1866b. Diptera Americae septentrionalis indigena. Centuria septima. *Berliner Entomologische Zeitschrift*, 10(1-3):1-54.

Loew H. 1869a. Cilicische Dipteren und einige mit ihnen concurrirende Arten. *Berliner Entomologische Zeitschrift*, 12(3-4):369-386.

Loew H. 1869b. *Beschreibungen europäischer Dipteren. Erster Band. Systematische Beschreibung der bekannten europäischen zweiflügeligen Insecten. Von Johann Wilhelm Meigen*. Achter Theil oder zweiter Supplementband. H. W. Schmidt, Halle. i-ⅩⅥ, 1-310, [2].

Loew H. 1869c. Diptera Americae septentrionalis indigena. Centuria octava. *Berliner Entomologische Zeitschrift*, 13(1-2):1-52.

Loew H. 1871. *Beschreibungen europäischer Dipteren. Zweiter Band. Systematische Beschreibung der bekannten europäischen zweiflügeligen Insecten. Von Johann Wilhelm Meigen*. Neunter Theil oder dritter Supplementband. H. W. Schmidt, Halle. i-Ⅷ:1-320.

Loew H. 1872. Diptera Americae septentrionalis indigena. Centuria decima. *Berliner Entomologische Zeitschrift*, 16(1):49-124.

Loew H. 1873a. *Beschreibungen europäischer Dipteren. Dritter Band. Systematische Beschreibung der bekannten europäischen zweiflügeligen Insecten. Von Johann Wilhelm Meigen.* Zehnter Theil oder vierter Supplementband. H. W. Schmidt, Halle. i -viii:1-320.

Loew H. 1873b. Diptera nova, in Pannoniâ inferiori et in confinibus Daciae regionibus a Ferd. Kowarzio capta. *Berliner Entomologische Zeitschrift*, 17(1-2):33-52.

Lord, W. D., Goff, M. L. & Adkin, T. R. 1994. The black soldier fly *Hermetia illucens* (Diptera:Stratiomyidae) as a Potential measure of human postmortem interval:Observations and case histories. *Journal of Forensic Sciences*, 39(1):215-222.

Lucas P. H. 1849. Huitième Ordre. Les Diptères. pp. 414-503, in Lucas, P. H. Histoire naturelle des animaux articulés. Troisième Partie. Insectes. In *Exploration scientifique de l'Algérie pendant les années 1840, 1841, 1842 publiée par ordre du gouvernement et avec le concours d'une commission académique.* Sciences Physiques Zoologie III. Imprimerie Nationale, Paris. [6], 1-527.

Lynch Arrbálzaga E. 1881a. Ⅳ. Diptera. pp. 88-91, *in* Berg, D. C. Insectos. *In* Doerning, D. A. (ed.). Entrega I.-Zoología. In *Informe Oficial de la Comision Científica agregada al Estado Mayor General de la Expedicion al Rio Negro (Patagonia) realizada en los meses de Abril, Mayo y Junio de 1879, bajo las órdenes del General D. Julio A. Roca.* Ostwald y Martinez, Buenos Aires. Ⅰ-ⅩⅩⅣ, [2], 1-168.

Lynch Arrbálzaga E. 1881b. Neue Dipteren aus dem südlichen Gebiet der Pampa. *Entomologische Zeitung (Stettin)*, 42(4-6):189-192.

Lynch Arrbálzaga E. 1882. Catálogo de los Dípteros hasta ahora descritos que se encuentran en las Repúblicas del Rio de la Plata. *Boletin de la Academia Nacional de Ciencias en Córdoba (República Argentina.)*, 4(2):109-152.

Lyneborg L. 1969. On some Stratiomyidae, Rhagionidae, Tabanidae, Acroceridae, Therevidae, and Nemestrinidae from southern Spain (Diptera), with description of a new species. *Entomologiske Meddelelser*, 37(3):262-271.

Macfarlane R. P. & Andrew I. G. 2000. New Zealand Diptera diversity, biogeography and identification:a summary. *Records of the Canterbury Museum*, 14:in press.

Macleay W. S. 1827. Catalogue of Insects, collected by Captain King, R. N. pp. 438-469, in Appendix B. Containing a list and description of the subjects of natural history collected during Captain King's survey of the intertropical and western coasts of Australia. pp. 408-565, *in* King, P. P. *Narrative of a survey of the intertropical and western coast of Australia. Performed between the years 1818 and 1822.* vol. Ⅱ. John Murray, London. i -viii:1-637.

Macquart P. J. M. 1826. Insectes Diptères du nord de la France. Asiliques, bombyliers, xylotomes, leptides, stratiomydes, xylophagites et tabaniens. *Recueil des Travaux de la Société des Sciences, de l'Agriculture et des Arts, de Lille*, 1825:324-499.

Macquart P. J. M. 1834. *Histoire naturelle des Insectes.* Diptères. Tome Premier. Librairie Encyclopédique de Roret, Paris. [4], 1-578, 1-8.

Macquart P. J. M. 1835a. *Histoire naturelle des Insectes*. Diptères. Tome Deuxième. Librairie Encyclopédique de Roret and Pourrat Frères, Paris. [4], 1-578, 1-8.

Macquart P. J. M. 1835b. Description d'un nouveau genre d'insectes Diptères de la famille des Notacanthes. *Mémoires de la Société Royale des Sciences, de l'Agriculture et des Arts, de Lille*, 1834:504-509.

Macquart P. J. M. 1838a. Insectes diptères nouveaux ou peu connus. Tome premier. - 1re partie. N. E. Roret, Paris:5-221.

Macquart P. J. M. 1838b. Diptères exotiques nouveaux ou peu connus. Tome premier. - 2e partie. N. E. Roret, Paris:5-207.

Macquart P. J. M. 1839. Diptères. pp. 97-119, in Webb P. B. & Berthelot S. (eds.). *Histoire naturelle des Iles Canaries*. Tome Deuxième, Deuxième Partie, Livraison 44. Béthune, Paris:89-119.

Macquart P. J. M. 1842. Description d'un nouveau genre d'insectes Diptères. *Annales de la Société entomologique de France*, 11:41-44.

Macquart P. J. M. 1846. Diptères exotiques nouveaux ou peu connus. Supplément. *Mémoires de la Société Royale des Sciences, de l'Agriculture et des Arts, de Lille*, 1844:133-364, 363-364.

Macquart P. J. M. 1847. Diptères exotiques nouveaux ou peu connus. 2.e Supplément. Roret, Paris:5-104.

Macquart P. J. M. 1848. Diptères exotiques nouveaux ou peu connus. Suite de 2.me Supplément. *Mémoires de la Société Royale des Sciences, de l'Agriculture et des Arts, de Lille*,1847(2):161-237.

Macquart P. J. M. 1850. Diptères exotiques nouveaux ou peu connus. 4.e Supplément. *Mémoires de la Société Royale des Sciences, de l'Agriculture et des Arts, de Lille*, 1849: 309-479.

Macquart P. J. M. 1855. Diptères exotiques nouveaux ou peu connus. 5.e Supplément. *Mémoires de la Société Impériale des Sciences, de l'Agriculture et des Arts, de Lille*, IIe série, 1:25-156.

Maes J.-M. 1999. *Catalogo de los insectos y artropodos terrestres de Nicaragua*. Volumen III. Published by the author. León, Nicaragua. [20], 1170-1898, [1].

Malloch J. R. 1916. A revision of the North American Pachygasterinae with unspined scutellum (Diptera). *Annals of the Entomological Society of America*, 8(4):305-320.

Malloch J. R. 1917. A preliminary classification of Diptera, exclusive of Pupipara, based upon larval and pupal characters, with keys to imagines in certain families. Part I. *Bulletin of the Illinois State Laboratory of Natural History*, 12(3): i -vi ;161-409.

Malloch J. R. 1928. Notes on Australian Diptera, No. xvi. *Proceedings of the Linnean Society of New South Wales*, 53(4):343-366.

Marschall A. F. 1873. *Nomenclator zoologicus continens nomina systematica generum animalium tam viventitum quam fossilium, secundum ordinem alphabeticum disposita sub auspiciis et sumptibus C. R. Societatis Zoologico-Botanicae*. Caroli Ueberreuter (M. Salzer), Vindobonae [=Vienna]. Ⅰ-Ⅵ, [2]:1-482.

Martin C. H. & Papavero N. 1970. Asilidae. In *A catalogue of the Diptera of the Americas south of the United States*. Museu de Zoologia, Universidade de São Paulo, São Paulo. 35b:1-139.

Martinez M. & Cocquempot C. 1986. Un Diptère mythique retrouvé et réhabilité:*Exochostoma nitidum* (1) Macquart (Stratiomyidae). *Revue française d'Entomologie*, 8(1):43-47.

Mason F. 1989. A new species of *Nemotelus* from Crete Island (Greece) (Diptera Stratiomyidae). *Bollettino della Società Entomologica Italiana*, 121(2):147-150.

Mason F. 1995. Note sul genere *Exochostoma* Macquart, 1842 (Diptera Stratiomyidae). *Bollettino della Società Entomologica Italiana*, 126(3):260-268.

Mason F. 1997a. Revision of the Afrotropical genus *Microchrysa* Loew, 1855 (Diptera:Stratiomyidae, subfamily Sarginae). *Annales de Musée Royal de l'Afrique Centrale Tervuren, Belgique, Sciences Zoologiques*, 269:1-90.

Mason F. 1997b. *The Afrotropical Nemotelinae (Diptera, Stratiomyidae)*. Monografie ⅩⅩⅣ. Museo Regionale di Scienze Naturali, Torino:1-309.

Mason F. & Rozkošný R. 1990. Geitonomyia transsylvanica Kertész: a valid species and genus of West Palaeartic Stratiomyidae (Diptera). *Bollettino della Società Entomologica Italiana*, 122(1):53-57.

Mason F. & Rozkošný R. 2005a. Identity of the Oriental Stratiomyidae described by Camillo Rondani (Diptera). *Bollettino della Società Entomologica Italiana*, 137(1):49-60.

Mason F. & Rozkošný R. 2005b. Taxonomic and distributional notes on exotic *Ptecticus* and *Sargus* species from some Italian natural history museums (Diptera, Stratiomyidae). *Annali del Museo Civico Storia Naturale "Giacomo Doria"*, 96:439-451.

Mason F. & Rozkošný R. 2003. Interesting records of European Stratiomyidae including description of the female of *Nemotelus danielssoni* (Diptera Stratiomyidae). *Bollettino della Società Entomologica Italiana*, 134(3):253-264.

Mason F. & Rozkošný R. 2008a. A review of the Oriental *Campeprosopa* species (Diptera: Stratiomyidae). *Zootaxa*, 1794:49-64.

Mason F. & Rozkošný R. 2008b. A new species of *Sargus* Fabricius, 1798 from Europe (Diptera, Stratiomyidae). *Deutsche Entomologische Zeitschrift*, 55(2):303-309.

Mason F. & Rozkošný R. 2011. A review of the Oriental and Australasian *Ptilocera* species (Diptera:Stratiomyidae). *Zootaxa*, 3007:1-49.

Matsumura S. 1915. *Konchu-bunruigaku*. Part 2. Tokyo. [2], 1-316, 1-10, 1-10.

Matsumura S. 1916. *Thousand insects of Japan. Additamenta*. Volume 2. Keisei-sha, Tokyo. [4], 185-474,plates ⅩⅥ-ⅩⅩⅤ, 1-2, 1-2, [4].

McFadden M. W. 1967. Soldier fly larvae in America north of Mexico. *Proceedings of the United States National Museum*, 121(3569):1-72.

McFadden M. W. 1970a. New Rhaphiocerinae from Mexico, with a key to known genera

（Diptera：Stratiomyidae）. *Annals of the Entomological Society of America*，63（1）：316-320.

McFadden M. W. 1970b. Notes on the synonymy of *Chrysochroma* Williston and a new name for the Species formerly referred to *Chrysochroma*（Diptera：Stratiomyidae）. *Proceedings of the Entomological Society of Washington*，72（2）：274.

McFadden M. W. 1971a. A note in the synonymy of *Antissops denticulata* Enderlein（Diptera：Stratiomyidea）. *Proceedings of the Entomological Society of Washington*，73（1）：51.

McFadden M. W. 1971b. Two new species of *Ptecticus* with a key to species occurring in America north of Mexico. *The Pan-Pacific Entomologist*，47（2）：94-100.

McFadden M. W. 1971c. Lectotype designations of Mexcian soldier flies located in European collections. Part Ⅱ. Museo de Istituto di Zoologia Sistematica dell'Università di Torino（Diptera Stratiomyidae）. *Bollettino della Società Entomologia Italiana*，103（10）：199-208.

McFadden M. W. 1972a. Lectotype designations of Mexcian soldier flies located in European collections（Insecta，Diptera，Stratiomyidae）. Part Ⅲ. Museum National D'Histoire Naturelle，Paris；Naturhistorisches Museum，Vienna；Universitetets Zoologiske Museum，Copenhagen. *Steenstrupia*，1（8）：121-126.

McFadden M. W. 1972b. The soldier flies of Canada and Alaska（Diptera：Stratiomyidae）. Ⅰ. Beridinae，Sarginae，and Clitellariinae. *The Canadian Entomologist*，104（4）：531-562.

McFadden M. W. 1972c. Lectotype designations of Mexcian soldier flies located in European collections（Diptera：Stratiomyidae）. Part Ⅰ. British Museum（Natural History），London. *Transactions of the American Entomological Society*，98（3）：255-270.

McFadden M. W. & James M. T. 1969. The *Cyphomyia bicarinata* species group（Diptera：Stratiomyidae）. *Journal of the Kansas Entomological Society*，42（3）：313-320.

Mead F. W. 1992. Bureau of Entomology. *Tri-ology*，31（6）：4-6.

Meigen J. W. 1800. *Nouvelle classification des mouches a deux ailes*，（Diptera L.），*d'après un plan tout nouveau*. J. J. Fuchs，Paris：1-40.

Meigen J. W. 1803. Versuch einer neuen Gattungs Eintheilung der europäischen zweiflügligen Insekten. *Magazin für Insektenkunde*，*herausgegeben von Karl Illiger*，2：259-281.

Meigen J. W. 1804. *Klassifikazion und Beschreibung der europäischen Zweiflügligen Insekten.（Diptera Linn.）*. Erster Band，erste Abtheilung. Karl Reichard，Braunschweig. Ⅰ-ⅩⅩⅧ：1-152.

Meigen，J. W. 1820. *Systematische Beschreibung der bekannten Europäischen zweiflügligen Insekten*. Zweiter Theil. Fridrich Wilhelm Forstmann，Aachen，Ⅰ-Ⅹ：1-363.

Meigen J. W. 1822. *Systematische Beschreibung der bekannten Europäischen zweiflügligen Insekten*. Dritter Theil. Schultz-Wundermann'schen Buchhandlung，Hamm. Ⅰ-Ⅹ：1-416.

Meigen J. W. 1830. *Systematische Beschreibung der bekannten Europäischen zweiflügligen*

Insekten. Sechster Theil. Schulzische Buchhandlung，Hamm. Ⅰ-Ⅻ，1-401，[3].

Meigen J. W. 1835. Neue Arten von Dipteren aus der Umgegend von München，benannt und beschrieben von Meigen，aufgefunden von Dr. J. Waltl，Professor der Naturgeschichte in Passau. *Faunus. Zeitschrift für Zoologie und vergleichende Anatomie*，2：66-72.

Meigen J. W. 1838. *Systematische Beschreibung der bekannten europäischen zweiflügligen Insekten*. Siebenter Theil. Schulzische Buchhandlung，Hamm. Ⅰ-Ⅻ，1-434，[2].

Meijere J. C. H. de. 1904. Neue und bekannte süd-asiatische Dipteren. *Bijdragen tot de Dierkunde*，17/18：83-118.

Meijere J. C. H. de. 1906. Diptera. Résultats de l'Expédition Scientifique Néerlandaise à la Nouvelle-Guinée. *Nova Guinea*，5：67-99.

Meijere J. C. H. de. 1907. Studien über südostasiatische Dipteren. I. *Tijdschrift voor Entomologie*，50(4)：196-264.

Meijere J. C. H. de. 1910. Studien über südostasiatische Dipteren. Ⅳ. Die neue Dipterenfauna von Krakatau. *Tijdschrift voor Entomologie*，53(1-2)：5-194.

Meijere J. C. H. de. 1911. Studien über südostasiatische Dipteren. Ⅵ. *Tijdschrift voor Entomologie*，54(3-4)：258-432.

Meijere J. C. H. de. 1913. Dipteren I. Résultats de l'Expédition Scientifique Néerlandaise à la Nouvelle-Guinée. *Nova Guinea*，9：305-386.

Meijere J. C. H. de. 1914. Studien über südostasiatische Dipteren. Ⅷ. *Tijdschrift voor Entomologie*，56(Supplement)：1-99.

Meijere J. C. H. de. 1916a. Fauna Simalurensis-Diptera. *Tijdschrift voor Entomologie*，58(Supplement)：1-63.

Meijere J. C. H. de. 1916b. Studien über südostasiatische Dipteren. Ⅹ. Diptera von Sumatra. *Tijdschrift voor Entomologie*，58(Supplement)：64-97.

Meijere J. C. H. de. 1919. Beitrag zur Kenntnis der Sumatranischen Dipteren. *Bijdragen tot de Dierkunde*，21(Feestnummer)：13-40.

Meijere J. C. H. de. 1924. Studien über südostasiatische Dipteren. ⅩⅤ. Dritter Beitrag zur Kenntnis der sumatranischen Dipteren. *Tijdschrift voor Entomologie*，67(Supplement)：1-64.

Meijere J. C. H. de. 1933. Über Dipteren，deren Larven in Termitennestern leben，nebst über einige weitere，z. T. neue，gleichfalls aus Djati-Wäldern auf Java. *Tijdschrift voor Entomologie*，76(1-2)：103-114.

Melander A. L. 1904. A review of the North America species of *Nemotelus*. *Psyche*，10(325-326)：171-183.

Melander A. L. 1904. Notes on North American Stratiomyidae [part]. *The Canadian Entomologist*，36(1)：14-24.

Meleney H. E. & Harwood，P. D. 1935. Human intestinal myiasis due to the larvae of the soldier fly *Hermatia illucens* Linné (Diptera，Stratiomyidae). *The American Journal of Tropical Medecine*，15(1)：45-49.

Mik J. 1867. Dipterologische Beiträge zur "Fauna austriaca." *Verhandlungen der kaiserlich-königlichen zoologisch-botanischen Gesellschaft in Wien*, 17(1):413-423.

Mik J. 1882. Dipterologische Mittheilungen，Ⅱ. *Verhandlungen der kaiserlichköniglichen zoo-logisch-botanischen Gesellschaft in Wien*, 31(2):315-330.

Mik J. 1897. Dipterologische Miscellen. (2. Serie.). *Wiener Entomologische Zeitung*, 16(1): 34-40.

Miller D. 1917. Contributions to the Diptera Fauna of New Zealand:Part I. *Transactions of the New Zealand Institute*, 49:172-194.

Miller D. 1945. Generic name changes in Diptera. *Proceedings of the Royal Entomological Society of London*, *Series*, B, 14(5-6):72.

Miller D. 1950. *Catalogue of the Diptera of the New Zealand Sub-region*. Bulletin No.100. Entomological Research Station Publication No.5. Department of Scientific & Industrial Research, New Zealand, Wellington:1-194.

Millot J. & Paulian R. 1959. Nouveaux genres, espèces et forms décrits dans ce volume. *Le Naturaliste Malgache*, 10(1-2): Ⅴ-Ⅵ.

Millot J. & Paulian R. 1960. Nouveaux genres, espèces et formes décrits dans ce volume. *Le Naturaliste Malgache*, 11(1-2):v-vi.

Miyatake M. 1965. Six new species and one new name of some dipterous families from Japan. *Transaction of the Shikoku Entomological Society*, 8(4):105-114.

Myers H. M., Tomberlin J. K., Lambert B. D., *et al*. 2008. Development of black soldier fly (Diptera:Stratiomyidae) larvae fed dairy manure. *Enviromental Entomology*, 37(1): 11-15.

Nagatomi A. 1964. The *Chorisops* of the Palaearctic Region (Diptera:Stratiomyidae). *Insecta Matsumurana*, 27(1):18-23.

Nagatomi A. 1975a. The Sarginae and Pachygasterinae of Japan (Diptera:Stratiomyidae). *The Transaction of the Royal Entomological Society of London*, 126(3):305-421.

Nagatomi A. 1975b. Family Solvidae. *Catalogue of the Diptera of the Oriental Region*, 2: 10-13.

Nagatomi A. 1977a. The Clitellariinae (Diptera:Stratiomyidae) of Japan. *Kontyû*, 45(2): 222-241.

Nagatomi A. 1977b. The Stratiomyinae (Diptera:Stratiomyidae) of Japan, Ⅰ. *Kontyû*, 45 (3):377-394.

Nagatomi A. 1977c. The Stratiomyinae (Diptera:Stratiomyidae) of Japan, Ⅱ. *Kontyû*, 45 (4):538-552.

Nagatomi A. 1981. Some characters of the low Brachycera (Diptera) and their plesiomorphy and apomorphy. *Kontyû*, 49(3):397-407.

Nagatomi A. 1990. Species-groups of *Sargus* and a new Japanese species (Diptera, Stratio-myidae). *Japanese Journal of Entomology*, 58(4):735-745.

Nagatomi A. 1991. History of some families of Diptera, chiefly those of the lower Brachycera

(Insecta: Diptera). *Bulletin of the Biogeographical Society of Japan*, 46(2):21-37.

Nagatomi, A. 1993. Taxonomic notes on Xylomyidae (Diptera). *South Pacific Study*, 14 (1):85-93.

Nagatomi A. & Iwata K. 1978. Female terminalia of lower Brachycera-Ⅱ. *Berträge zur Entomologie*, 28(2):263-293.

Nagatomi A. & Miyatake M. 1965. *Ouchimyia* new name for *Acanthinoides* Ouchi (Diptera: Stratiomyidae). *Transaction of the Shikoku Entomological Society*, 8(4):132.

Nagatomi A. & Tanaka A. 1969. The Japanese *Actina* and *Allognosta* (Diptera, Stratiomyidae). *The Memoirs of the Faculty of Agriculture, Kagoshima University*, 7 (1): 149-176.

Nagatomi A. & Tanaka A. 1971. The Solvidae of Japan (Diptera). *Mushi*, 45(6):101-146.

Nagatomi A. & Tanaka A. 1972. The Japanese *Beris* (Diptera, Stratiomyidae). *The Memoirs of the Faculty of Agriculture, Kagoshima University*, 8(2):87-113.

Nagatomi A. & Yukawa J. 1968. The genus *Inopus* (＝*Metoponia*, *Altermetoponia*) (Diptera: Stratiomyidae). *Pacific Insects*, 10(3-4):521-528.

Nagatomi A. & Yukawa J. 1969. The Chiromyzinae from New Guinea (Diptera: Stratiomyidae). *Pacific Insects*, 11(3-4):633-643.

Nartshuk E. P. 1969. A description of two new species of the genus *Nemotelus* Geoffroy (Diptera, Stratiomyidae) and notes on some European species of the genus. *Entomologicheskoye obozreniye*, 48(2):343-351.

Nartshuk E. P. 1972. Stratiomyidae (Diptera) from the Mongolian People's Republic. pp. 751-783, in *Nasekomiye Mongolii*. Volume 1. Leningrad. 1-990. In Russian with English title.

Nartshuk E. P. 1976. New data on the fauna of Stratiomyidae (Diptera) of the Mongolian People's Republic. pp. 461-471, in *Nasekomiye Mongolii*. Volume 4. Leningrad. 1-639. In Russian with English title.

Nartshuk E. P. 2004. New data on *Adoxomyia* Bezzi from the Caucasus and eastern Europe (Diptera: Stratiomyidae). *Zoosystematica Rossica*, 12(2):263-266.

Nartshuk E. P. & Kandybina M. N. 1984. Family Stratiomyidae. pp. 9-34, *in* Kandybina, M. N., Krivosheina, N. P., Nartshuk, E. P., & Olsufjev, N. G. *Catalog of the type specimens in the collection of the Zoological Institute, Academy of Sciences of the USSR. Insecta, Diptera, No. 2. Families Coenomyiidae, Xylophagidae, Glutopidae, Xylomyidae, Stratiomyidae, Tabanidae*. Akademia Nauk USSR, Leningrad [＝St. Petersburg]. 1-56. In Russian.

Nartshuk E. P. & Rozkošný R. 1975. New distributional data on Palearctic Beridinae with redescriptions of some little known species (Diptera, Stratiomyidae). *Scripta Facultatis Scientiarum Naturalium Universitatis Purkynianae Brunensis, Biologia*, 5(2):81-90.

Nartshuk E. P. & Rozkošný R. 1976. Taxonomic and distributional notes on some Palearctic Beridinae (Diptera, Stratiomyidae). *Acta entomological bohemoslovaca*, 73(2):128-134.

Nartshuk E. P. & Rozkošný R. 1977. On the synonymy of Palearctic soldier-flies of the genus *Nemotelus* Geoffroy (Diptera, Stratiomyidae). *Entomologicheskoye obozreniye* 56 (1):205-210. In Russian.

Nartshuk E. P. & Rozkošný R. 1984. Four new names and taxonomic notes on genera and species of Stratiomyidae (Diptera). *Acta entomological bohemoslovaca*, 81(4):292-301.

Neave S. A. (ed.). 1939. *Nomenclator Zoologicus. A list of the names of genera and subgenera in zoology from the tenth edition of Linnaeus 1758 to the end of 1935.* Vol. II. D-L. The Zoological Society of London, London. (4):1-1025.

Nerudová J., Kovac D. & Rozkošný R. 2007. Description of the Oriental *Stratiomys reducta*, new species, and its larva and puparium (Diptera:Stratiomyidae). *The Raffles Bulletin of Zoology*, 55(2):245-252.

Nerudová-Horsáková J., Kovac D. & Rozkošný R. 2007. Identity, larva and distribution of the Oriental soldier fly, *Odontomyia ochropa* (Diptera:Stratiomyidae). *European Journal of Entomology*, 104(1):111-118.

Nowak R. M. 1999. *Walker's Mammals of the World.* Sixth Edition. Volume I. The Johns Hopkins University Press, Baltimore & London. ⅰ-liv, 1-836, lv-lxx.

Nowicki M. 1875. *Beitrag zur Kenntniss der Dipterenfauna Neu-Seelands.* Published by the author, Krakau:1-29.

Oken L. 1815. *Okens Lehrbuch der Naturgeschichte.* Dritter Theil Zoologie. Erste Abtheilung Fleischlose Thiere. August Schmid und Comp., Jena. [6], Ⅰ-ⅩⅩⅧ, 1-850, Ⅰ-ⅩⅧ.

Oldroyd H. 1964. *The natural history of flies.* Weidenfeld and Nicolson, London. I-xiv: 1-324.

Olivier G. A. 1811a. Némotèle. pp. 181-184, *in* Olivier, G. A. (ed.). *Encyclopédie méthodique. Histoire naturelle. Insectes.* Tome huitième [part]. Livraison 75. H. Agasse, Paris. [2]. 1-360.

Olivier G. A. 1811b. Odontomyie. pp. 429-436, *in* Olivier, G. A. (ed.). *Encyclopédie méthodique. Histoire naturelle. Insectes.* Tome huitième [part]. Livraison 77. H. Agasse, Paris:361-722.

Olivier G. A. 1811c. Oxycère. pp. 597-601, *in* Olivier, G. A. (ed.). *Encyclopédie méthodique. Histoire naturelle. Insectes.* Tome huitième [part]. Livraison 77. H. Agasse, Paris:361-722.

Osten Sacken C. R. 1877. Western Diptera:Descriptions of new genera and species of Diptera from the region west of the Mississippi and especially from California. *Bulletin of the United States Geological and Geographical Survey of the Territories*, 3(2):189-354.

Osten Sacken C. R. 1878. Catalogue of the described Diptera of North America. Second Edition. *Smithsonian Miscellaneous Collections* 16:I-XLVIII:1-276.

Osten Sacken C. R. 1881. Enumeration of the Diptera of the Malay Archipelago collected by Prof. Odoardo Beccari, M.ʳ L. M. d'Albertis and others. *Annali del Museo Civivo di Sto-*

ria Naturale di Genova , 16：393-492.

Osten Sacken C. R. 1882. On Professor Brauer's paper：Versuch einer Characteristik der Gattungen der Notacanthen. 1882. *Berliner Entomologische Zeitschrift* , 26(2)：363-380.

Osten Sacken C. R. 1883. Synonymica concerning exotic dipterology. No. Ⅱ. *Berliner Entomologische Zeitschrift* , 27(2)：295-298.

Osten Sacken C. R. 1886a. Diptera [part]. pp. 1-24, *in* Godman, F. D.& Salvin, O. (eds.). *Biologia Centrali-Americana* , *or* , *contributions to the knowledge of the fauna and flora of Mexico and Central America. Zoologia. Class Insecta. Order Diptera*. Vol. I. London. ⅰ-ⅷ：1-378.

Osten Sacken C. R. 1886b. Diptera [part]. pp. 25-48, *in* Godman, F. D.& Salvin, O. (eds.). *Biologia Centrali-Americana* , *or* , *contributions to the knowledge of the fauna and flora of Mexico and Central America. Zoologia. Class Insecta. Order Diptera*. Vol. I. London. ⅰ-ⅷ：1-378.

Ôuchi T. 1938. On some stratiomyiid flies from eastern China. *The Journal of the Shanghai Science Institute* , Section Ⅲ , 4：37-61.

Ôuchi T. 1940. An additional note on some stratiomyiid flies from eastern Asia. *The Journal of the Shanghai Science Institute* , Section Ⅲ , 4：265-285.

Ôuchi T. 1943. Contributiones ad Congnitionem Insectorum Asiae Orientalis 13. Notes on some dipterous insects from Japan and Manchoukuo. *Shanghai Sizenkagaku Kenkyūsyo Ihō* 13(6)：483-492. *In Japanese with English summary.*

Panzer G. W. F. 1792. *Favnae insectorvm germanicae initia oder Devtschlands Insecten*. Heft 1. Felsecker, Nürnberg. 1-24, 24 plates.

Panzer G. W. F. 1798a. *Favnae insectorvm germanicae initia oder Devtschlands Insecten*. Heft 54. Felsecker, Nürnberg. 1-24, 24 plates.

Panzer G. W. F. 1798b. *Favnae insectorvm germanicae initia oder Devtschlands Insecten*. Heft 58. Felsecker, Nürnberg. 1-24, 24 plates.

Papavero N. & Artigas J. N. 1991. Phylogeny of the American genera of Solvidae (Xylomyidae) (Diptera), with illustrations of the female spermatheca. *Gayana Zool* , 55(2)：101-113.

Paramonov S. J. 1926a. Fragmente zur Kenntnis der Dipterenfauna Armeniens [part]. *Societas entomologica* , 41(3)：38-39.

Paramonov S. J. 1926b. Ueber einige neue Arten und Varietaeten von Dipteren (Fam. Stratiomyiidae et Syrphidae). *Zapiski Fizichno-Matematichnogo viddilu* , *Ukrains'ka Akademiya Nauk* , 2(1)：87-93.

Peris S. V. 1947. Notas Dipterologicas. I. Una nueva especie de *Stratiomyia* de Persia. *Eos* , 23(3)：237-239.

Perris E. 1870. Histoire des insects du Pin maritime. Diptères [part]. *Annales de la Société Entomologique de France* , *Quatrième série* ,10(2-3)：169-232.

Perty M. 1833a. Plates 25-40, in *Delectus animalium articulatorum* , *quae in itinere per*

Brasiliam annis MDCCCXVII-MDCCCXX jussu et auspiciis Maximiliani Josephi I. Bavariae regis augustissimi peracto collegerunt Dr. J. B. de Spix, et Dr. C. F. Ph. de Martius. The Editors, Monachii [=Munich]; Müller et Soc., Amstelodami [=Amsterdam]; Perthes et Besser, Hamburgi [=Hamburg]; Fr. Fleischer, Lipsiae [=Leipzig]; Treuttel, Würtz et Richter, Londini [=London]; Artaria et Fontaine, Manhemii [=Mannheim]; Renouard and Treuttel et Würtz, Parisiis [=Paris]; and Rohrmann et Schweigerd, Vindobonae [=Vienna]. [8], I-IV, 1-44, 1-224.

Perty M. 1833b. pp. 125-224, in *Delectus animalium articulatorum, quae in itinere per Brasiliam annis MDCCCXVII-MDCCCXX jussu et auspiciis Maximiliani Josephi I. Bavariae regis augustissimi peracto collegerunt Dr. J. B. de Spix, et Dr. C. F. Ph. de Martius.* The Editors, Monachii [=Munich]; Müller et Soc., Amstelodami [=Amsterdam]; Perthes et Besser, Hamburgi [=Hamburg]; Fr. Fleischer, Lipsiae [=Leipzig]; Treuttel, Würtz et Richter, Londini [=London]; Artaria et Fontaine, Manhemii [=Mannheim]; Renouard and Treuttel et Würtz, Parisiis [=Paris]; and Rohrmann et Schweigerd, Vindobonae [=Vienna]. [8], I-IV, 1-44, 1-224.

Philippi R. A. 1865. Aufzählung der chilenischen Dipteren. *Verhandlungen der kaiserlich-königlichen zoologisch-botanischen Gesellschaft in Wien*, 15:595-782.

Pimentel T. & Pujol-Luz J. R. 2000. Os generous de Raphiocerinae (Diptera, Stratiomyidae) do Brasil e algumas species da América do Sul. Parte 1-A tribo Analcocerini (Sensu Enderlein, 1914). *Contribuições Avulsas Sobre a História Natural do Brasil, Série Zoologia*, 23:1-18.

Pimentel T. & Pujol-Luz J. R. 2001. Os generous de Raphiocerinae (Diptera, Stratiomyidae) do Brasil e algumas species da América do Sul. Parte 2-Atribo Raphiocerini (sensu Schiner). *Contribuições Avulsas Sobre a História Natural do Brasil, Série Zoologia*, 33:1-31.

Pimentel T. & Pujol-Luz J. R. 2002. Insecta-Diptera-Stratiomyidae (subfamília Raphiocerinae). *Fauna da Amazônia Brasileira*, 12:1-3.

Pleske T. 1899a. Beitrag zur Kenntniss der *Stratiomyia*-Arten aus dem europäisch-asiatischen Theile der palaearctischen Region. I. Theil. *Wiener Entomologische Zeitung*, 18(8):237-244.

Pleske T. 1899b. Beitrag zur Kenntniss der *Stratiomyia*-Arten aus dem europäisch-asiatischen Theile der palaearctischen Region. I. Theil. *Wiener Entomologische Zeitung*, 18(9):257-278.

Pleske T. 1901a. Beitrag zur weiteren Kenntniss der Stratiomyia-Arten mit rothen oder zum Theil roth gefärbten Fühlern aus dem palaearktischen Faunengebiete. *Sitzungsberichten der Naturforscher-Gesellschaft bei der Universität Jurjew (Dorpat)*,12(3):323-334.

Pleske T. 1901b. Studien über palaearktische Stratiomyiden. *Sitzungsberichten der Naturforscher-Gesellschaft bei der Universität Jurjew (Dorpat)*,12(3):335-340.

Pleske T. 1901c. Beiträge zur weiteren Kenntniss der *Stratiomyia*-Arten mit schwarzen Fühlern aus dem europäisch-asiatischen Theile der palaearktischen Region. *Sitzungs-*

berichten der Naturforscher-Gesellschaft bei der Universität Jurjew (Dorpat), 12(3): 341-370.

Pleske T. 1902. Nachtrag zu meinen Arbeiten über die palaearktischen Arten der Dipteren-Gattung *Stratiomyia*. *Természetrajzi Füzetek*, 25:411-416.

Pleske T. 1903. Uebersicht der europäisch-asiatischen Arten der Dipteren-Gattung Clitellaria Meig. *Sitzungsberichten der Naturforscher-Gesellschaft bei der Universität Jurjew (Dorpat)*, 13(1):49-55.

Pleske T. 1922. Revue critique des genres, espèces et sous-espèces paléarctiques des sous-familles des Stratiomyiinae et des Pachygastrinae (Diptères). *Annuiare du Museé Zoologique de l'Académie russe des Sciences*, 23:325-338.

Pleske T. 1924a. Etudes sur les Stratiomyinae (Diptera) de la region paléarctique. I. Les espèces paléarctiques des genres:*Alliocera* Saund., *Oreomyia* Plsk. et *Stratiomyia* Macq. [part]. *Notulae Entomologicae*,4(1):14-25.

Pleske T. 1924b. Études sur les Stratiomyidae de la region plearctique. Ⅱ.- Revue des espèces paléarctiques de la sous-famille des Pachygastrinae. *Encylopédie Entomologique*, Série B (Ⅱ), *Diptera*, 1(2):95-103.

Pleske T. 1925a. Études sur les Stratiomyiinae de la region paléarctique. Les espèces paléarctiques du genre *Eulalia* Meigen. *Encylopédie Entomologique*, Série B (Ⅱ), *Diptera*, 2(1):23-40.

Pleske T. 1925b. Études sur les Stratiomyiinae de la region paléarctique. Ⅲ.-Revue des espèces paléarctiques de la sous-famille des Clitellariinae. *Encylopédie Entomologique*, Série B (Ⅱ), *Diptera*, 1(3-4):105-119; 165-188.

Pleske T. 1925c. Révision des espèces paléarctiques des familles Erinnidae et Coenomyiidae. *Encylopédie Entomologique*, Série B(Ⅱ), *Diptera*, 2(4):161-184.

Pleske T. 1926. Études sur les Stratiomyiinae de la region paléarctique(Dipt.). Revue des espèces paléarctiques de la sousfamilles Sarginae et Berinae. *Eos*, 2(4):385-420.

Pleske T. 1928a. Supplément à mes travaux sur les Stratiomyiidae, Erinnidae, Coenomyidae et Oestridae paléarctiques (Diptera). *Konowia*, 7(1):65-87.

Pleske T. 1928b. Description d'une espèce nouvelle du genre *Eulalia* (Diptera, Stratiomyidae), provenant de la Corée. *Comptes Rendus de l'Académie des Sciences de l'Union de Républiques Soviétiques Socialistes*,1928(18-19):359-360.

Pleske T. 1930. Résultats scientifiques des expeditions entomologiques de Musée Zoologique dans la region de l'Oussouri. Ⅱ. Diptera:Les Stratiomyiidae, Erinnidae, Coenomyiidae et Oestridae. *Annuaire du Musée Zoologique de l'Académie des Sciences de l'URSS*,31(2): 181-206.

Poda von Neuhaus N. 1761. *Insecta musei Græcensis, que in ordines, genera et species juxta Systema Naturæ Caroli Linnæi digessit*. Hæredum Widmanstadii, Græcii [=Graz]. [8], 1-127, [12].

Pontoppidan E. 1763. *Den Danske Atlas eller konge-riget Dannemark, med dets Naturlige*

Egenskaber, *Elementer*, *Indbyggere*, *Vcexter*, *Dyr og andre Affødninger*, *dets gamle Tildragelser og ncervœrende Omstœndigheder i alle Provintzer*, *Stœder*, *Kirker*, *Slotte og Herre-gaarde. Forestillet ved en udførlig Lands-Beskrivelse*, *saa og oplyst med dertil forfœrdigede Land-Kort over enhver Provintz*, *samt ziret med Stœdernes Prospecter*, *Grund-Ridser*, *og andere merkvœrdige Kaaber-Stykker.* Vol. I. A. H. Godiche, Kiobenhavn. [8], I -XL, [4], 1-723, [1].

Portschinsky J. 1887. Diptera europaea et asiatica nova aut minus cognita. Ⅵ. *Horae Societatis entomologicae rossicae*, 21(1-2):176-200.

Pujol-Luz J. R. 2000. *Panacris proxima* Kertész, 1908 new synonym of *Panacris lucida* Gerstaecker, 1857 (Diptera, Stratiomyidae) with notes on the male terminalia. *Studia dipterologica*, 7(1):155-159.

Pujol-Luz J. R. & Assis-Pujol C. V. de. 2002. Revalidação do gênero *Spyridopa* Gerstaecker, 1857 (Diptera, Stratiomyidae). *Boletim do Museu Nacional. Nova Série*, 491:1-5.

Pujol-Luz J. R. & Galinkin J. 2004. Um novo gênero de Pachygastrinae (Diptera:Stratiomyidae) do Brasil. *Neotropical Entomology*, 33(1):35-38.

Pujol-Luz J. R. & Papavero N. 1998. A new genus of Stratiomyini (Diptera:Stratiomyidae) from Argentina. *Annales de la Société Entomologique de France*, *Nouvelle série*, 34(2): 209-214.

Pujol-Luz J. R. & Vieira F. D. 2000. A larva de *Chiromyza vittata* Wiedemann (Diptera: Stratiomyidea). *Anais da Sociedade Entomologica do Brasil*, 29:49-55.

Qi F. Zhang T. T. & Yang D. 2011. Three new species of Beridinae from China (Diptera, Stratiomyidae). *Acta Zootaxonomica Sinica*,36(2):278-281.

Quist J. A. & James M. T. 1973. The genus *Euparyphus* in America north of Mexico, with a key to the New World genera and subgenera of Oxycerini (Diptera:Stratiomyidae). *Melanderia* 11:[2], 1-26.

Reed E. C. 1888. Catálogo de los insectos dipterous de Chile. *Anales de la Universidad de Chile*,73:271-316.

Ricardo G. 1929. Stratiomyiidae, Tabanidae and Asilidae. pp. 109-122, in *Insects of Samoa and other Samoan terrestrial Arthropoda.* Part Ⅶ, Fascicle 3. British Museum (Natural History), London:109-175.

Riley C. V. & Howard L. O. 1889. *Hermetia mucens* infesting bee-hives. *Insect Life*,1(11): 353-354.

Röder V. v. 1886. Ueber drei neue Gettungen der Nortacanthen. *Entomologische Nachrichten*, 12(9):137-140.

Röder V. v. 1894. *Chaetosargus* nov. gen. Dipterorum. *Wiener Entomologische Zeitung*, 13 (5):169.

Rohlfien K. & Ewald B. 1979. Katalog der in den Sammunlungen der Abteilung Taxonomie der Insekten des Institutes für Pflanzenschutzforschung, Bereich Eberswalde (ehemals

Deutsches Entomologisches Institut），aufbewahrten Typen-ⅩⅧ （Diptera：Brachycera）. *Beiträge zur Entomologie*，29（1）：201-247.

Rondani C. 1848. Esame di varie specie d'insetti ditteri brasiliani. *Studi Entomologici*，1：63-112.

Rondani C. 1850. Osservazioni sopra alquante specie di esapodi del Museo Torinese. *Nuovi Annali delle Scienze Naturaliu di Bologna*，ser，32：165-197.

Rondani C. 1856. *Dipterologiae italicae prodromus. Vol：Ⅰ. Genera italic ordinis dipterorum ordinatim disposita et distinct et in familias et stirpes aggregate.* Alexandri Stocchi，Parmae. 1-226，[2].

Rondani C. 1861. *Dipterologiae italicae prodromus. Vol. Ⅳ. Species italicae ordinis dipterorum in genera characteribus definite，ordinatim collectae，method analatica distinctae，et novia vel minus cognitis descriptis. Pars tertia. Muscidae Tachininarum complementum.* Alexandri Stocchi，Parmae：1-174.

Rondani C. 1863. *Diptera exotica revisa et annotata novis nonnullis descriptis.* Eredi Soliani，Modena. [2]，1-99.

Rondani C. 1875. Muscaria exotica Musei Civici Januensis observata et distinct. Feagmentum Ⅲ. Species in Insula Bonae fortunae （Borneo），Provincia Sarawak，annis 1865-1868，lectae a March. J. Doria et Doct. O Beccari. *Annali del Museo Civico di Storia Naturale di Genova*，7：421-464.

Rosenhauer W. G. 1856. *Die Thiere Andalusiens nach dem Resultate einer Reise zusammengestell，nebst den Beschreibungen von 249 neuen oder bis jetzt noch unbeschriebenen Gattungen und Arten.* Theodor Blaesing，Erlangen. Ⅰ-Ⅷ：1-429.

Rossi P. 1790. *Fauna Etrusca sistens insecta quae in provinciis florentina et Pisana praesertim collegit.* Tomus secundus. Thomae Masi & Sociorum，Liburni [= Livorno]. [2]，1-348，[2].

Rossi P. 1794. *Mantissa insectorum exhibens species nuper in Etruria collectas a Petro Rossio adiectis Faunae Etruscae illustrationibus，ac emendationibus.* Tom. Ⅱ. Prosperi，Pisis [=Pisa]：1-154.

Rozkošný，R. 1973. The Stratiomyioidea （Diptera） of Fennoscandia and Denmark. *Fauna Entomologica Scandinavian Sciense Press，Kobenhavn*，1：1-140，（11）.

Rozkošný R. 1974. *Nemotelus subliginosus* sp. n. and some notes on the taxonomy of West-Palaearctic Stratiomyidae （Diptera）. *Folia Facultatis Scientiarum Naturalium Universitatis Purkynianae Brunensis* 15（1），Biologia，43：45-50.

Rozkošný R. 1977. The West-Palearctic species of *Nemotelus* Geoffroy （Diptera，Stratiomyidae）. *Folia Facultatis Scientiarum Naturalium Universitatis Purkynianae Brunensis* 17（3），Biologia，51：1-105.

Rozkošný R. 1979. Revision of the Plaearctic species of *Chorisops*，including the description of a new species （Diptera，Stratiomyidae）. *Acta entomologica bohemoslovaca*，76（2）：127-136.

Rozkošný R. 1982a. *A biosystematic study of the European Stratiomyidae（Diptera）. Volume 1. Introduction，Beridinae，Sarginae and Stratiomyidae.* Dr. W. Junk, The Hague, Boston, London. Ⅰ-Ⅷ:1-401.

Rozkošný R. 1982b. *Nemotelus pappi* sp. n. and some further records of Stratiomyidae from Afghanistan (Diptera). *Folia Facultatis Scientiarum Naturalium Universitatis Purkynianae Brunensis* 23(7), Biologia, 74:117-122.

Rozkošný R. 1983. *A biosystematic study of the European Stratiomyidae（Diptera）. Volume 2. Clitellariinae，Hermetiinae，Pachygasterinae and Bibliography.* Dr. W. Junk, The Hague, Boston, London. Ⅰ-Ⅷ:1-431.

Rozkošný R. 2002. A revision of the Oriental *Ptecticus* species described by G. Enderlein (Stratiomyidae, Diptera). *Acta Zoologia Academiae Scientiarum Hungaricae*, 48(1): 21-33.

Rozkošný R. & Báez M. 1983. The Stratiomyidae of the Canary Islands, including a description of a new species of *Zabrachia* Coquillet (Diptera). *Vieraea*, 12(1-2):75-94.

Rozkošný R. & Courtney G. W. 2005. New records of *Ptecticus* species from Thailand including description of a new species (Stratiomyidae, Diptera). *Acta Zoologica Academiae Scientiarum Hungaricae*, 51(4):343-348.

Rozkošný, R. & Hauser M. 1998. A new species of *Ptecticus* Loew (Diptera:Stratiomyidae) from Sri Lanka. *Studia dipterologica*, 5(2):337-342.

Rozkošný R. & Hauser M. 2001. Additional records of *Ptecticus* Loew from Sri Lanka, with a new species and a new name (Diptera:Stratiomyidae). *Studia dipterologica*, 8(1): 217-223.

Rozkošný R. & Jong H. de. 2003. Taxonomic and distributional notes on the little known Australasian species of *Ptecticus* Loew (Diptera, Stratiomyidae). *Tijdschrift voor Entomologie*, 146(2):241-258.

Rozkošný R. & Kovac D. 1994a. Adults and larvae of two *Ptecticus* Loew from peninsular Malaysia (Diptera, Stratiomyidae). *Tijdschrift voor Entomologie*, 137(1):75-86.

Rozkošný R. & Kovac D. 1994b. A new species of *Odontomyia* Meigen (Insecta:Diptera: Stratiomyidae) from Sabah, Borneo. *The Raffles Bulletin of Zoology*, 42(4):859-867.

Rozkošný R. & Kovac D. 1996a. The Malaysia soldier flies of the genus *Ptecticus* Loew 1855, including new records and description of three new species (Insecta:Diptera:Stratiomyidae). *Senckenbergiana biologica*, 75(1-2):181-191.

Rozkosny R. & Kovac D. 1996b. A new synonym and first description of the larva of *Solva completa* (Diptera, Xylomyidae) from the Oriental region. *Studia Dipterologica*, 3(2): 289-299.

Rozkošný R. & Kovac D. 1997. *Ptecticus minimus*, a new species of Sarginae from West Malaysia including the description if its larva and puparium (Insecta:Diptera:Stratiomyidae). *The Raffles Bulletin of Zoology*, 45(1):39-51.

Rozkošný R. & Kovac D. 1998a. Four new Oriental species of *Ptecticus*, with taxonomic and biological notes on some other species (Diptera: Stratiomyidae). *Entomological Problems*, 29(1):69-77.

Rozkošný R. & Kovac D. 1998b. A new species of *Pachygaster* (Diptera: Stratiomyidae, Pachygasterinae) from West Malaysia and Thailand. *Studia dipterologica*, 5(1):3-12.

Rozkošný R. & Kovac D. 2000. A revision of the *Ptecticus tenebrifer* species group (Insecta: Diptera: Stratiomyidae). *The Raffles Bulletin of Zoology*, 48(1):103-110.

Rozkošný R. & Kovac D. 2003. Seven new species of *Ptecticus* including new distributional records and a key to the Oriental species (Insecta, Diptera. Stratiomyidae, Sarginae). *Senckenbergiana biologica*, 82(1-2):191-211.

Rozkošný R. & Kovac D. 2006. A review of Oriental *Hermetia bicolor* group with descriptions of two new species (Diptera: Stratiomyidea). *Insect Systematics & Evolution*, 37 (1):81-90.

Rozkošný R. & Kovac D. 2007a. A review of the Oriental *Culcua* with descriptions of seven new species (Diptera: Stratiomyidae). *Insect Systematics & Evolution*, 38(1):35-50.

Rozkošný R. & Kovac D. 2007b. Plaearctic and Oriental Species of *Craspedometopon* Kertész (Diptera, Stratiomyidae). *Acta Zoologica Academiae Scientiarum Hungaricae*, 53(3): 203-218.

Rozkošný R. & Kovac D. 2008. A revision of *Pegadomyia* Kertesz with descriptions of a new genus and four new speies (Diptera, Stratiomyidae). *Insect Systematics & Evolution*, 39:171-187.

Rozkošný R. & Narshuk E. P. 1980. Two new species of *Beris*, with a key to the Palaearctic species of the genus (Diptera, Stratiomyidae). *Acta entomologica bohemoslovaca*, 77(6): 408-418.

Rozkošný R. & Narshuk E. P. 1988. Family Stratiomyidae. pp 42-96, *in* Soós, A., ed. *Catalogue of Palaearctic Diptera*. Volume 5. Athericidae-Asilidae. Akadémiai Kiadó, Budapest:1-446.

Rozkošny R. & Woodley N. E. 2010. A new genus and three new species of Oriental Oxycerini (Diptera: Stratiomyidae: Stratiomyinae) with notes on new generic synonyms in two other Stratiomyine genera. *Insect Systematics & Evolution*, 41:275-294.

Rye E. C. 1879. Diptera. *Zoological Record*, 14:186-198.

Sabrosky C. W. 1999. Family-group names in Diptera. *Myia*, 10:1-360.

Sack P. 1911. Die Gattung *Pycnomalla* Gerst. (Dipterorum genus). *Entomologische Zeitschrift (Frankfurt a. M.)*, 25(25):145-146.

Samouelle G. 1819. *The entomologist's useful compendium; or an introduction to the knowledge of British insects, comprising the best means of obtaining and preserving them, and a description of the apparatus generally used; together with the genera of Linné, and the modern method of arranging the classes Crustacea, Myriapoda, spiders, mites and insects, from their affinities and structure, according to the view of Dr. Leach. Also an explanation of the terms used in entomology; a calendar of the times of appearance* and usual situations of near 3 000 *species of British insects*; *with instructions for collecting and fitting up objects for the microscope*. Thomas Boys, London:1-496.

Saunders S. S. 1845. Descriotion of a new genus of Diptera allied to *Stratiomys*. *The Transactions of the Entomological Society of London*,4(1):62.

Say T. 1823a. Descriptions of dipterous insects of the United States [part]. *Journal of the Academy of Natural Sciences of Philadelphia*, 3(1):9-32.

Say T. 1823b. Descriptions of dipterous insects of the United States [part]. *Journal of the Academy of Natural Sciences of Philadelphia*, 3(1):65-96.

Say T. 1824. Appendix. Part I.-Natural History. 1. Zoology. pp. 253-378, *in* Keating, W. H. *Narrative of an expedition to the source of St. Peter's River*, *Lake Winnepeek*, *Lake of the Woods*, *&c. &c. performed in the year* 1823, *by order of the Hon. J. C. Calhoun*, *Secretary of War*, *under the command of Stephen H. Long*, *Major U. S. T. E. Compiled from the notes of Major Long*, *Messrs. Say*, *Keating*, *and Colhoun*. Vol. II. H. C. Carey&I. Lea, Philadelphia. ⅰ-Ⅵ:5-459.

Say T. 1829. Descriptions of North American dipterous insects [part]. *Journal of the Academy of Natural Sciences of Philadelphia*,6(1):149-178.

Schacht W. & Heuck P. 2006. Eine neue Art der Gattung *Madagascara* Lindner, 1936 von Madagaskar (Diptera, Stratiomyidae). *Entomofauna*, 27(24):293-296.

Schellenberg J. R. 1803. *Genres de Mouches Diptères représentés en* ⅩLⅡ. *planches projettées et dessinées*. Orell, Fuesli et Compagnie, Zuric [=Zurich]. Ⅰ-ⅩⅢ:14-95.

Schiner J. R. 1855a. *Nemotelus signatus*, J. v. Frivaldsky. Eine neues Dipteron aus Ungarn. *Verhandlungen des zoologisch-botanischen Vereins in Wien*, 5(2):81-82.

Schiner J. R. 1855b. Diptera Austriaca. Aufzählung aller im Kaiserthume Oesterreich bisher aufgefundenen Zweiflügler. II. Die österreichischen Stratiomyden und Xylophagiden. *Verhandlungen des zoologisch-botanischen Vereins in Wien*, 5(4):613-682.

Schiner J. R. 1857. Dipterologische Fragmente. *Verhandlungen des zoologisch-botanischen Vereins in Wien*, 7(1):1-20.

Schiner J. R. 1860. Vorläufiger Commentar zum dipterologischen Theile der "Fauna austriaca", mit einer näheren Begründung der in derselben aufgenommenen neuen Dipteren-Gattungen. *Wiener Entomologische Monatschrift*, 4(2):47-55.

Schiner J. R. 1868a. Zweiter Bericht über die von der Weltumseglungsreise der k. Fregatte Novara mitgebrachten Dipteren. *Verhandlungen der kaiserlich-königlichen zoologisch-botanischen Gesellschaft in Wien*, 17(1):303-314.

Schiner J. R. 1868b. Diptera. *In Reise der österreichischen Fregatte Novara um die Erde in den Jahren* 1857,1858,1859, *unter den Befehlen des Commodore B. von Wüllerstorf-Urbair*. Zoologischer Theil 2, 1 (B). Kaiserlich-königlichen Hof-und Staatsdruckeri in commission bei Karl Gerold's Sohn, Wien. Ⅰ-Ⅵ:1-388.

Schrank F. von P. 1781. *Envmeratio insectorvm Avstriae indigenorum*. Eberhardi Klett et Franck, Avgvstae Vindelicorvm [=Augsburg]. [24], 1-548, [4].

Schrank F. von P. 1803. *Favna Boica. Durchgedachte Geschichte der in Baiern einheimischen und zahmen Thiere*. Dritter und lezten Bandes erste Abtheilung. Philipp Krüll, Landshut. ⅰ -Ⅷ:1-272.

Schremmer F. 1953. Die bisher unbekannte Larve von *Lasiopa villosa* Fabr. (Dipt., Stratiomyidae). *Österreichische Zoologische Zeitschrift*, 4(3):363-374.

Scopoli J. A. 1763. *Entomologia carniolica exhibens insecta carnioliae indigena et distributa in ordines, genera, species, varietates. Methodo Linnaeana*. Ioannis Thomae Trattner, Vindobonae [=Vienna]. [38], 1-418, [1].

Scopoli J. A. 1777. *Introdvctio ad historiam natvralem sistens genera lapidvm, plantarvm, et animalivm hactenvs detecta, caracteribvs essentialibvs donate, in tribvs divisa, svbinde ad leges natvrae*. Wolfgangvm Gerle, Pragae. [10], 3-506, [34].

Scudder S. H. 1882. Supplemental list of genera in zoology. List of generic names employed in zoology and paleontology to the close of the year 1879, chiefly supplemental to those catalogues by Agassiz and Marschall, or indexed in the Zoological Record, pp. 1-376, *in* Scudder, S. H. Nomenclator zoologicus. An alphabetical list of all generic names that have been employed by naturalists for recent and fossil animals fron the earliest times to the close of the year 1879. In two parts:I. Supplemental list. Ⅱ Universal Index. *Bulletin of the United States National Museum* 19: Ⅰ -ⅩⅫ, 1-376, [2], 1-340.

Scudder S. H. 1884. Universal index to genera in Zoology. Complete list of generic names employed in zoology and paleontology to the close of the year 1879, as contained in the nomenclators of Agassiz, Marschall, and Scudder, and in the Zoological Record. pp. 1-340, *in* Scudder, S. H. Nomenclator zoologicus. An alphabetical list of all generic names that have been employed by naturalists for recent and fossil animals fron the earliest times to the close of the year 1879. In two parts:I. Supplemental list. Ⅱ Universal Index. *Bulletin of the United States National Museum* 19: Ⅰ -ⅩⅫ, 1-376, [2], 1-340.

Séguy E. 1926. *Faune de France 13 Diptères (Brachycères)(Stratiomyiidae, Erinnidae, Coenomyiidae, Rhagionidae, Tabanidae, Codidae, Nemestrinidae, Mydaidae, Bombyliidae, Therevidae, Omphralidae)*. Paul Lechevalier, Paris, [4], 1-308.

Séguy E. 1929a. Étude systématique d'une collection de Diptères d'Espagne formée par le R. P. Longin Navás, S. J. *Memorias de la Sociedad Entomológica de Edpaña*, 3:1-30.

Séguy E. 1929b. Sur un Stratiomyide nouveau du nord de l'Afrique. *Annales de la Société Entomolo- gique de France*, 98(1-2):162.

Séguy E. 1930. Contribution a l'étude des Dipterès du Marco. *Mémoires de la Société des Sciences naturelles du Marco*, 24:1-206.

Séguy E. 1931. Contribution a l'étude de la faune du Mozambique 3ᵉ Note.- Dipteres (1ʳᵉ partie)[part]. Voyage de M. P. Lesne 1928-1929. *Bulletin du Muséum National d'Histoire Naturelle*, 2ᵉ Serie, 2(6):645-656.

Séguy E. 1932. Dipteres nouveaux ou peu connus. *Encyclopédie Entomologique, Série B* (Ⅱ), *Diptera*, 6:125-132.

Séguy E. 1934a. Diptères d'Espagne etude systématique basée principalement sur les collections formées par le R. P. Longin Navas, S. J. *Memorias de la Academia de Ciencias Exactas, Físico-Químicas y Naturales de Zaragoza*, 3:1-54.

Séguy E. 1934b. Dipteres de Chine de la collection de M. J. Hervé-Bazin. *Encyclopédie Entomologique, Série B (Ⅱ), Diptera*, 7:1-28.

Séguy E. 1938. Diptera I. Nematocera et Brachycera. Mission scientifique de l'Omo. Tome IV, Fascicule 39. *Mémoires du Muséum National d'Histoire Naturelle, Nouvelle série*, 8:319-380.

Séguy E. 1946. Un *Solva* nouveau des Bengkalis (Solvidae). *Encylopédie Entomologique, Série B(Ⅱ), Diptera*, 10:32.

Séguy E. 1948. Diptères nouveaux ou peu connus d'extrême-orient. *Notes d'Entomologie Chinoise*, 12(14):153-172.

Séguy E. 1953. La réserve naturelle intégrale du Mt. Nimba. Fascicule Ⅰ. Ⅹ.- Diptères. *Mémoires de l'Institut français d'Afrique noire*, 19:151-164.

Séguy E. 1956. Diptères nouveaux ou peu connus d'extrême-orient. *Revue Française d'Entomologie*, 23(3):174-178.

Sheppard D. 1983. House fly and lesser fly control utilizing the black soldier fly in manure management systems for caged laying hens. *Environmental Entomology*, 12 (5): 1439-1442.

Shi Y. S. 1992. Diptera:Asilidae, Rachiceridae, Stratiomyiidea, Rhagionodae. P. 1116-1133, *in* Peng, J. & Liu, Y. *Iconography of forest insects in Hunan China*. Hunan Forestry Institute, Changsha. [8], 1-1473, [1].

Siebke H. 1863. Beretning om en I Sommeren 1861 foretagen entomologisk Reise. *Nyt Magazin for Naturvidenskaberne*, 12:105-192.

Sinclair B. J. 1989. The biology of *Euparyphus* Gerstaecker and *Caloparyphus* James occurring in madicolous habitats of eastern North America, with descriptions of adult and immature stages (Diptera:Stratiomyidae). *Canadian Journal of Zoology*, 67:33-41.

Sinclair B. J. 1992. A phylogenetic interpretation of the Brachycera (Diptera) based on the larval mandible and associated mouthpart structures. *Systematic Entomology*, 17:233-252.

Sinclair B. J., Cumming J. M. & Wood D. M. 1994. Homology and phylogenetic implications of male genitalia in Diptera-Lower Brachycera. *Entomologica Scandinavica*, 24 (4): 407-432.

Smith K. G. V. 1977. The larva of *Chrysochlorina vespertilio* (F.)(Dipt., Stratiomyiidae). *The Entomologist's Monthly Magazine*, 112:41-44.

Smith K. G. V. & Chainey J. E. 1989. The larval habits of some stratiomyid "travellers" (Diptera), with new synonymy. *The Entomologist's Monthly Magazine*,125(1500-1503): 141-142.

Snellen van Vollenhoven S. C. 1857. Notes diptérologiques. *Tijdschrift voor Entomologie*,

1(3):88-93.

Snow F. H. 1904. Lists of Coleoptera, Lepidoptera, Diptera and Hemiptera collected in Arizona by the entomological expeditions of the University of Kansas in 1902 and 1903. *The Kansas University Science Bulletin* 2:(Whole Series, 12):323-350.

Speiser P. 1905. Ergänzungen zu Czwalinas "Neuem Verzeichnis der Fliegen Ost-und Westpreussens." Ⅳ. *Zeitschrift für wissenschaftliche Insektenbiologie*, 1(10):405-409.

Speiser P. 1908. Dipteren aus Deutschlands afrikanischen Kolonieen. *Berliner Entomologische Zeitschrift*, 52(3):127-149.

Speiser P. 1910. 4. Orthorhapha. Orthorhapha Brachycera. pp. 64-112, *in* Sjöstedt, B. Y. (ed.). *Wissenschaftliche Ergebnisse der schwedischen zoologischen Expedition nach den Kilimandjaro, dem Meru und den umgebenden Massaisteppen Deutsch-Ostafrikas* 1905-1906 *under Leitung von Prof. Dr. Yngve Sjöstedt*. Volume 2, Part 10. P. Palmquists Aktiebolag, Stockholm.

Speiser P. 1913. Beiträge zur Dipterenfauna von Kamerum. Ⅰ. *Deutsche Entomologische Zeitschrift*, 1913(2):131-146.

Speiser P. 1920. Zur Kenntnis der Diptera Orthorrhapha Brachycera. *Zoologischen Jahrbüchern, Abteilung für Systematik, Geographie und Biologie der Tiere*, 43(1-4):195-220.

Speiser P. 1922. Zwei neue, auffallende Pachygastrinen-Formen (Diptera) aus Kamerum. *Zoologischen Anzeiger*, 54(5-6):133-137.

Speiser P. 1923. Aethiopische Dipteren. *Wiener Entomologische Zeitung*, 40(1-4):81-99.

Staeger R. C. 1844. Bemerkungen über *Musca hypoleon* Lin. *Entomologische Zeitung (Stettin)*, 5(12):403-410.

Stephens J. F. 1829. *A systematic catalogue of British insects:being an attempt to arrange all the hitherto discovered indigenous insects in accordance with their natural affinities. Containing also the references to every English writer on entomology, and to the principal foreign authors. With all the published British genera to the present time.* Part Ⅱ. Insecta Haustellata. Baldwin & Cradock, for the author, London:1-388.

Steyskal G. C. 1938. New Stratiomyidae and Tetanoceridae (Diptera) from North America. *Occasional Papers of the Museum of Zoology, University of Michigan*, 386:1-10.

Steyskal G. C. 1941. A new species of *Euparyphus* from Michigan (Diptera, Stratiomyidae). *Bulletin of the Brooklyn Entomological Society*, 36(3):123-124.

Steyskal G. C. 1947. A revision of the Nearctic species of *Xylomyia* and *Solva* (Diptera, Erinnidae). *Papers of the Michigan Academy of Science, Arts, and Letters*, 31:181-190.

Steyskal G. C. 1949. New Diptera from Michigan (Stratiomyidae, Sarcophagidae, Sciomyzidae). *Papers of the Michigan Academy of Science, Arts, and Letters*, 33:173-180.

Steyskal G. C. 1951. A new species of *Euparyphus* from Ontario (Diptera, Stratiomyidae). *Proceedings of the Entomological Society of Washington*, 53(5):273-274.

Strand E. 1928. Miscellanea nomenclatorial Zoological et Palaeontologica. Ⅰ-Ⅱ. *Archiv für Naturgeschichte*, Abteilung A, 92(8):30-75.

Strand E. 1929. Zoological and Palaeontological nomenclatorial notes. *Latvijas Universitātes Raksti*, 20:3-29.

Strobl G. 1898. Spanische Dipteren. Ⅰ. Theil. *Wiener Entomologische Zeitung*, 17(10): 294-302.

Strobl G. 1902. Novi prilozi fauni diptera balkanskog poluostrova. *Glasnika zemal'skog muzeya u Bosnii i Hertsegovini*, 14:461-518.

Strobl G. 1906. Spanische Dipteren. Ⅱ. Beitrag. *Memorias de la Real Sociedad Española de Historia Natural*, 3(5):271-422.

Strobl G. 1910. Die Dipteren von Steiermark. Ⅱ. Nachtrag. *Mitteilungen des Naturwissenschaftlichen Vereines für Steiermark*, 46(1):45-293.

Stuke J.-H. 2004. Eine neue Art der Gattung *Beris* Latreille, 1802 aus Mitteleuropa (Diptera:Stratiomyidae). *Beiträge zur Entomofauna*, 27(24):193-296.

Stuckenberg B. R. 1973. The Athericidae, a new family in the lower Brachycera (Diptera). *Annals of the Natal Museum*, 21(2):640-673.

Sulzer J. H. 1761. *Die Kennzeichen der Insekten, nach Anleitung des Königl. Schwed. Ritters und Leibarzts Karl Linnaeus, durch* ⅩⅩⅣ. *Kupfertafeln erläutert und mit derselben natürlichen Geschichte begleitet*. Heidegger und Comp., Zürich. Ⅰ-ⅩⅧ, 1-203, [1], 1-67, [1].

Szilády Z. 1929. Notacanthen-Studien. Ⅱ. *Annales Historico-Naturales Musei Nationalis Hungarici*, 26:250.

Szilády Z. 1932. Dornfliegen oder Notacantha. *Die Tierwelt Deutschlands und der angrenzenden Meersteile nach ihren Merkmalen und nach ihrer Lebenweise*, 26:1-39.

Szilády Z. 1941. Paläarktische Stratiomyiden. *Annales Historico-Naturales Musei Nationalis Hungarici*, 34(Pars Zoologica):88-101.

Szilády Z. 1942. Neue Dipteren aus Bayern, Tirol und Vorarlberg. *Mitteilungen der Münchner Entomologischen Gesellschaft*, 32(2-3):624-626.

Thompson F. C., Evenhuis N. L. & Sabrosky C. W. 1999. Bibliography. Myia, 10:361-574.

Thompson F. C. & Pont A. C. 1994. *Systematic database of* Musca *names* (*Diptera*). Koeltz Scientific Books, Koenigstein. [4], 1-219, [2].

Thomson C. G. 1869. Diptera. Species nova descripsit. pp. 443-614, in *Kongliga svenska fregatten Eugenies resa omkring jorden under brfäl af C. A. Virgin åren* 1851-1853. Vol. 2 (Zoologie), 1:Insekter. P. A. Norstedt & Söner, Stockholm:1-617.

Thomson J. 1864. *Systema cerambycidarum ou exposé de tous genres compris dans la famille des cérambycides et familles limitrophes*. Livraisons 1-3. H. Dessain, Liège; C. Muquardt, Bruxelles & Leipzig; Roret, Paris, (2):1-352.

Thunberg C. P. 1789. *D. D. Museum Naturalium Academice Upsaliensis. Cujus Partem Septimam*. Joh. Edman, Upsaliæ [=Uppsala]. [2]:85-94.

Townsend C. W. T. 1895. On the Diptera of Baja California, including some species from adjacent regions. *Proceedings of the California Academy of Sciences, Second series*, 4: 535-542.

Troiano G. 1995. Una nuova specie di *Chorisops* della Liguria (Diptera, Stratiomyidae). *Fragmenta entomologica*, 27(1):155-161.

Troiano G. & Toscano E. 1995. Descrizione di *Chorisops masoni* n. sp. dell'Italia (Diptera Stratiomyidae). *Bollettino della Società Entomologica Italiana*,127(1):57-62.

Trustees of the British Museum (Natural History). 1939. *Caroli Linnaei Systema Naturae. A photographic facsimile of the first volume of the tenth edition* (1758). British Museum (Natural History), London. [4]. 1-823, [1].

Tsacas L. 1963. Contribution à la connaissance de Diptères de Grèce, IV *Lasiopa obscura* n. sp. et quelques autres Stratiomyiidae. *Bulletin de la Société Entomologique de France*, 68 (1-2):45-48.

Turton W. 1801. *A general system of nature, through the three grand kingdoms, of animals, vegetables, and minerals: systematically divided into their several classes, orders, genera, species, and varieties, with their habitations, manners, economy, structure and peculiarities. Translated from Gmelin's last edition of the celebrated Systema Naturce, by Sir Charles Linne: amended and enlarged by the improvements and discoveries of later naturalists and societies, with appropriate copper-plates.* Vol III. David Williams, Swansea and Lackington, Allen and Co., London:1-784.

Ururahy-Rodrigues A. 2004. *Artemita bicolor* Kertész, novo sinônimo de *Artemita podexargenteus* Enderlein, (Diptera, Stratiomyidae) com notas nas terminálias masculine e feminine. *Revista Brasileira de Zoologia*, 21(2):397-402.

Üstuner T., Hasbenli A. & Aktumsek A. 2002. Contribution to subfamily Clitellariinae (Diptera, Stratiomyidae) Fauna of Turkey. *Journal of the Entomological Research Society*, 4(1):19-24.

Üstüner T. & Hasbenli A. 2005. A new species of *Oxycera* Meigen (Diptera:Stratiomyidae) from Turkey. *Entomological News*,115(3):163-167.

Üstüner T. & Hasbenli A. 2007. A new species and some new records of the genus *Oxycera* (Diptera:Stratiomyidae) from Turkey. *Entomological News*, 118(2):179-183.

Vaillant F. 1950. Contribution a l'étude des Stratiomyiidae du genre *Hermione* Meigen. *Revue française d'Entomologie*, 17(4):245-255.

Vaillant F. 1952. Une nouvelle Hermione d'Algérie. Notes sur quelques Hermiones des Alpes françaises [Dipt. Stratiomyiidae]. *Bulletin de la Société entomologique de France*, 57(1): 15-16.

Vaillant F. & Delhom M. 1956. Les formes adaptives de l'appareil bucco-pharyngien chez les larves de Stratiomyidae (Diptera). *Bulletin de la Société d'Histoire Naturelle de l'Afrique du Nord*,47(5-6):217-250.

Vasey C. E. 1977. A description of a new Nearctic species of *Xylomya* (Diptera:Xylomyidae). *Journal of the New York Entomological Society*, 85(3):115-118.

Verhoeff C. 1891. Eine neue Stratiomyide. *Entomologische Nachrichten*, 17(1):3-4.

Verrall G. H. 1888. *A list of British Diptera*. Part Ⅰ. Pratt & Company, London, 1-33. [1].

Verrall G. H. 1901. *A list of British Diptera*. University Press, Cambrige:1-47.

Verrall G. H. 1909. Stratiomyidae and succeeding families of the Diptera Brachycera of Great Britain. Volume 5. *In* Verrall, G. H. (ed.). *British Flies*. Gurney & Jackson, London. ⅰ-Ⅷ:1-780.

Villeneuve J. 1908. Travaux diptérologiques. *Wiener Entomologische Zeitung*, 27(9-10): 281-288.

Villeneuve J. 1911. *Diptères nouveaux recueillis en Syrie par M. Henri Gadeau de Kerville et décrits*. Lecerf Fils, Rouen:1-15.

Wagner J. 1903. *Stratiomyia Pleskei*, n. sp., eine neue *Stratiomyia*-Art aus Turkestan. *Sitzungs-berichten der Naturforscher-Gesellschaft bei der Universität Jurjew (Dorpat)*, 13 (1):108-109.

Wagner J. 1912. *Stratiomyia nobilis* Loew var. *fischeri* n. (Diptera). *Russkoye Entomologicheskoye obozreniye*, 12(2):249.

Wahlberg P. E. 1854. Bidrag till kännedomen om de nordiska Diptera. *Öfversigt af Kongl. Vetenskaps-Akademiens Förhandlingar*, 11(7):211-216.

Walckenaer C. A. 1802. *Faune parisienne, insectes. Ou histoire abrégée des insectes des environs de Paris, classés d'après le systême de Fabricius; Précédée d'un discours sur les insected en général, pour servir d'introduction à l'étude de l'entomologie; accompagnée de sept planches gravées*. Tome Second. Dentu, Paris. [4], ⅰ-ⅩⅩⅡ, 1-438, [2].

Walker F. 1836. Descriptions, &c. of the Diptera. pp. 331-359, *in* Curtis, J., Haliday, A. H., & Walker, F. Descriptions, &c. of the insects collected by Captain P. P. King, R. N., F. R. S., in the survey of the Straits of Magellan. *Transactions of the Linnaean Society of London*, 17:315-359.

Walker F. 1848. *List of the specimens of dipterous insects in the collection of the British Museum*. Part Ⅰ. British Museum, London. [4]:1-229.

Walker F. 1849a. *List of the specimens of dipterous insects in the collection of the British Museum*. Part Ⅲ. British Museum, London. [4]:485-687.

Walker F. 1849b. *List of the specimens of dipterous insects in the collection of the British Museum*. Part Ⅳ. British Museum, London. [4]:689-1172.

Walker F. 1850a. Characters of undescribed Diptera in the British Museum [part]. *The Zoologist:a popular miscellany of Natural History (Appendix)* 8:xcv-xcix.

Walker F. 1850b. *Insecta Saundersiana:or characters of undescribed insects in the collection of William Wilson Saunders, Esq. Diptera*. Part Ⅰ. John Van Voorst, London. [4]: 1-76.

Walker F. 1851a. *Insecta Saundersiana:or characters of undescribed insects in the collection* of *William Wilson Saunders*, *Esq*. *Diptera*. Part Ⅱ. John Van Voorst, London:77-156.

Walker F. 1851b. *Insecta Britannica*. *Diptera*. Vol. I. Reeve & Benham, London. i-vi: 1-314.

Walker F. 1852. *Insecta Saundersiana* :*or characters of undescribed insects in the collection of William Wilson Saunders*, *Esq*. *Diptera*. Part Ⅲ. John Van Voorst, London:157-252.

Walker F. 1854. *List of the specimens of dipterous insects in the collection of the British Museun*. Part Ⅴ. Supplement I. British Museun, London. [6]:1-330.

Walker F. 1856a. Catalogue of the dipterous insects collected at Singapore and Malacca by Mr. A. R. Wallace, with descriptions of new species. *Journal of the Proceedings of the Linnean Society*, 1(1):4-39.

Walker F. 1856b. Catalogue of the dipterous insects collected at Sarawak, Borneo, by Mr. A. R. Wallace, with descriptions of new species. *Journal of the Proceedings of the Linnean Society*, 1(3):105-136.

Walker F. 1857. Characters of undescribed Diptera in the collection of W. W. Saunders, Esq., F. R. S., &c. [part]. *The Transactions of the Entomological Society of London. New Series*, 4(5):119-158.

Walker F. 1858. Catalogue of the dipterous insects collected in the Aru Islands by Mr. A. R. Wallace, with descriptions of new species [part]. *Journal of the Proceedings of the Linnean Society*, 3(10):77-110.

Walker F. 1859a. Catalogue of the dipterous insects collected at Makessar in Celebes, by Mr. A. R. Wallace, with descriptions of new species [part]. *Journal of the Proceedings of the Linnean Society*, 4(14):90-96.

Walker F. 1859b. Catalogue of the dipterous insects collected at Makessar in Celebes, by Mr. A. R. Wallace, with descriptions of new species [part]. *Journal of the Proceedings of the Linnean Society*, 4(15):97-144.

Walker F. 1860a. Catalogue of the dipterous insects collected in Amboyna by Mr. A. R. Wallace, with descriptions of new species [part]. *Journal of the Proceedings of the Linnean Society (Supplement)*, 5(17):144-168.

Walker F. 1860b. Characters of undescribed Diptera in the collection of W. W. Saunders, Esq., F. R. S., &c. [part]. *The Transactions of the Entomological Society of London. New Series*, 5:268-296.

Walker F. 1861a. Catalogue of the dipterous insects collected at Dorey, New Guinea, by Mr. A. R. Wallace, with descriptions of new species. *Journal of the Proceedings of the Linnean Society*, 5(19):229-254.

Walker F. 1861b. Catalogue of the dipterous insects collected at Manado in Celebes, and in Tond, by Mr. A. R. Wallace, with descriptions of new species. *Journal of the Proceedings of the Linnean Society*, 5(19):258-270.

Walker F. 1861c. Catalogue of the dipterous insects collected in Batchian, Kaisaa and Makian, and at Tidon in Celebes, by Mr. A. R. Wallace, with descriptions of new species.

Journal of the Proceedings of the Linnean Society, 5(20):270-303.

Walker F. 1861d. Catalogue of the dipterous insects collected at Gilolo, Ternate, and Ceram, by Mr. R. Wallace, with descriptions of new species. *Journal of the Proceedings of the Linnean Society*, 6(21):4-23.

Walker F. 1864. Catalogue of the dipterous insects collected in Waigiou, Mysol, and North Ceram by Mr. R. Wallace, with descriptions of new species. *Journal of the Proceedings of the Linnean Society*, 7(28):202-238.

Walker F. 1865. Descriptions of new species of the dipterous insects of New Guinea [part]. *Journal of the Proceedings of the Linnean Society*, 8(30):102-108.

Walker F. 1866. Synopsis of the Diptera of the Eastern Archipelago discovered by Mr. Wallace, and noticed in the 'Journal of the Linnean Society.' *Journal of the Proceedings of the Linnean Society*, 9(33):1-30.

Wandolleck B. 1897. *Blastocera atra*, eine neue Diptere aus St. Cruz. *Wiener Entomologische Zeitung*, 16(8):216.

Wang L. H., Li Z. & Yang D. 2010. One new species of *Oxycera* from Guizhou, China (Diptra, Stratiomyidae). *Acta Zootaxonomica Sinica*, 35(1):84-85.

Wang W. C., Peng J. J. & Ueng Y. T. 2007. A new species of *Odontomyia* Meigen (Diptera:Stratiomyidae) from Taiwan. *Aquatic Insects*, 29(4):247-253.

Washburn F. L. 1905. The Diptera of Minnesota. pp. 19-168. *In Tenth annual report of the state entomologist of Minnesota to the governor for the year* 1905. Agricultural Experiment Station, St. Anthony Park, Minnesota. i-Ⅹⅷ:19-168.

Webb D. W. 1980. Primary insect types in the Illinois Natural History Survey Collection, exclusive of the Collembola and Thysanoptera. *Illinois Natural History Survey Bulletin*,32 (2):51-191.

Webb D. W. 1984. A revision of the Nearctic species of the family Solvidae (Insecta: Diptera). *Transactions of the Amerian Entomological Societyt*,110(3):245-293.

Weidner H. 1969. Die Entomologischen Sammlungen des Zoologischen Staatsinstituts und Zoologischen Museums Hamburg. Ⅻ. Teil. *Mitteilungen aus dem Hamburgischen Zoologischen Museum und Institute*, 66:227-236.

Westwood J. O. 1840. Synopsis of the genera of British insects. [part]. pp. 97-158. In Westwood, J. O (ed.), *An introduction to the modern classification of insects; founded on the natural habits and corresponding organisation of the different families*. Vol. Ⅱ. Longman, Orme, Brown, Green, and Longmans, London. i-Ⅹⅱ, 1-587, [1], 1-158.

White A. & Butler A. G. 1874. Insects [part]. pp. 24-51, *in* Richardson, J. and Gray, J. E. (eds.). *The Zoology of the voyage of H. M. S. Erebus & Terror, under the command of Captain Sir James Clark Ross, R. N., F. R. S., during the years* 1839 *to* 1843. E. W. Janson, London. i-Ⅳ:1-51.

White A. 1914. The Diptera-Brachycera of Tasmania. Part I. Families Leptidae, Stratiomyidae, Nemestrinidae, & Cyrtidae. *Royal Society of Tasmania; Papers and Proceedings*,

1914:35-74.

White A. 1916a. A revision of the Stratiomyidae of Australia. *Proceedings of the Linnean Society of New South Wales*, 41(1):71-100.

White A. 1916b. The Diptera-Brachycera of Tasmania. Part Ⅲ. Families Asilidae, Bombylidae, Empidae, Dolichopodidae, & Phoridae. *Royal Society of Tasmania: Papers and Proceedings*, 1916:148-266.

Wiedemann C. R. W. 1819a. Beschreibung neuer Zweiflügler aus Ostindien und Afrika. *Zoologisches Magazin*, 1(3):1-39.

Wiedemann C. R. W. 1819b. Beschreibung Zweiflügler. *Zoologisches Magazin*, 1(3):40-56.

Wiedemann C. R. W. 1820. *Munus rectoris in Academia Christiano-Albertina iterum aditurus nova dipterorum genera offert iconibusque illustrat*. Christiani Friderici Mohr, Kiliae [=Kiel]. Ⅰ-Ⅷ:1-23.

Wiedemann C. R. W. 1821. *Diptera Exotica. Sectio Ⅱ*. Antennis parumarticulatis. Kiliae [=Kiel]. [2], Ⅰ-Ⅳ:43-101.

Wiedemann C. R. W. 1824. *Munus rectoris on Academia Christiano Albertina aditurus Analecta entomologica ex Museo Regio Havniensi maxime congesta profert iconibusque illustrat*. Kiliae [=Kiel]:1-60.

Wiedemann C. R. W. 1828. *Aussereuropäische zweiflügelige Insekten*. Erster Theil. Schulzischen Buchhandlung, Hamm. Ⅰ-ⅩⅩⅫ:1-608.

Wiedemann C. R. W. 1830. *Aussereuropäische zweiflügelige Insekten*. Zweiter Theil. Schulzischen Buchhandlung, Hamm. Ⅰ-Ⅻ:1-684.

Wiegmann B. M., Tsaur S.-C., Webb D. W., Yeates D. K., & Cassel B. K. 2000. Monophyly and relationships of the Tabanomorpha (Diptera:Brachycera) based on 28S ribosomal gene sequences. *Annals of the Entomological Society of America*, 93(5):1031-1038.

Williston S. W. 1885a. Notes and descriptions of North American Xylophagidae and Stratiomyidae. *The Canadian Entomologist*, 17(7):121-128.

Williston S. W. 1885b. On the classification of North American Diptera (Third paper)[part]. *Entomologica Americana*, 1(8):152-155.

Williston S. W. 1888a. *Synopsis of the families and genera of North American Diptera, exclusive of the genera of Nematocera and Muscidae, with bibliography and new species*, 1878-1888. J. T. Hathaway, New Haven:1-84.

Williston S. W. 1888b. Diptera Brasiliana, ab H. H. Smith collecta. Part I-Stratiomyidae, Syrphidae. *Transactions of the American Entomological Society*,15:243-292.

Williston S. W. 1896a. A new genus of Hippobosidae. *Entomological News*,7(6):184-185.

Williston S. W. 1896b. *Manual of the families and genera of North American Diptera*. Secong Edition. James T. Hathaway, New Haven. I-LIV, [2], 1-167.

Williston S. W. 1896c. On the Diptera of St. Vincent (West Indies). *The Transactions of the Entomological Society of London*,1896(3):253-446.

Williston S. W. 1900. Supplement [part]. pp. 217-248 [signatures 2f-2i], *in* Godman, F. D.

& Salvin, O. (eds.). *Biologia Centrali-Americana*, *or*, *contributions to the knowledge of the fauna and flora of Mexico and Central America. Zoologia. Class Insecta. Order Diptera*. Vol. I. London. ⅰ-ⅷ, 1-378.

Williston S. W. 1901. Supplement [part]. pp. 249-264 [signatures 2k-2l], *in* Godman, F. D. & Salvin, O. (eds.). *Biologia Centrali-Americana*, *or*, *contributions to the knowledge of the fauna and flora of Mexico and Central America. Zoologia. Class Insecta. Order Diptera*. Vol. I. London. ⅰ-ⅷ:1-378.

Williston S. W. 1908. *Manual of North American Diptera*. Third Edition. James T. Hathaway, New Haven:1-405.

Williston S. W. 1917. Camptopelta, a new genus of Stratiomyidae. *Annals of the Entomological Society of America*, 10(1):23-26.

Woodley N. E. 1981a. Synonymy of *Archisolva* Enderlein and its placement in the Stratiomyidae (Diptera). *Psyche*, 87(3-4):245-248.

Woodley N. E. 1981b. A revision of the Nearctic Beridinae (Diptera:Stratiomyidae). *Bulletin of the Museum of Comparative Zoology*, 149(6):319-369.

Woodley N. E. 1985. Synonymy of *Pseudoberis* Enderlein with *Nothomyia* Loew, with notes on the genus and a key to the South American species (Diptera:Stratiomyidae). *Psyche*, 92(1):83-90.

Woodley N. E. 1986. Parhadrestiinae, a new subfamily for *Parhadrestia* James and *Cretaceogaster* Teskey (Diptera:Atratiomyidae). *Systematic Entomology*,11(3):377-387.

Woodley N. E. 1987a. The Afrotropical pachygastrine genera *Ashantina* Kertész and *Meristomeringina* James, with two new generic synonyms (Diptera, Stratiomyidae). *Proceedings of the Entomological Society of Washington*, 89(1):103-121.

Woodley N. E. 1987b. The Afrotropical Beridinae (Diptera:Stratiomyidae). *Annals of the Natal Museum*, 28(1):119-131.

Woodley N. E. 1989a. Phylogeny and classification of the "orthorrhaphous" Brachycera. Chapter 115. pp. 1371-1395, *in* McAlpine, J. F. (ed.). *Manual of Nearctic Diptera*. Volume 3. Monograph No. 32. Research Branch, Agriculture Canada, Ottawa. (4), ⅰ-ⅵ: 1333-1581.

Woodley N. E. 1989b. 33. Family Stratiomyidae. pp. 301-320, in Evenhuis, N. L. (ed.). *Catalog of the Diptera of the Australasian and Oceanian Regions*. Bishop Museum Special Publication No. 86, Bishop Museum Press and E. J. Brill, Honolulu and Leiden: 1-1155.

Woodley N. E. 1991. Stratiomyidae of Cocos Island, Costa Rica (Diptera). *Proceedings of the Entomological Society of Washington*, 93(3):457-462.

Woodley N. E. 1995. The genera of Beridinae (Diptera:Stratiomyidae). *Memoirs of the Entomological Society of Washington*, 16:1-231.

Woodley N. E. 1997. A review of the Afrotropical pachygastrine genus *Meristomerinx* Enderlein (Diptera: Stratiomyidae). *Memoirs of the Entomological Society of*

Washington，18：289-297.

Woodley N. E. 1999. Lectotype designations in Xylomyidae and Stratiomyidae（Diptera）. *Entomological News*，110（4）：201-205.

Woodley N. E. 2000. A new Afrotropucal species of *Allognosta* Osten Sacken（Diptera：Stratiomyidae）. *Proceedings of the Entomological Society of Washington*，102（4）：924-928.

Woodley N. E. 2001. A world catalog of the Stratiomyidae（Insecta：Diptera）. *Myia* 11：[6]：1-475.

Woodley N. E. 2004. A remarkable new *Solva* Walker（Diptera：Xylomyidae）from northern Borneo. *Proceedings of the Entomological Society of Washington*，106（4）：900-904.

Woodley N. E. 2007. Notes on South American *Dasyomma*，with the description of a remarkable new species from Chile（Diptera：Athericidae）. *Zootaxa*，1443：29-35.

Woodley N. E. 2008a. Two new Stratiomyinae，including *Panamamyia* gen. nov.，from the Neotropical Region（Diptera：Stratiomyidae）. *Zootaxa*，1701：29-39.

Woodley N. E. 2008b. *Kerteszmyia*，a new genus of Pachygastrinae fron the Neotropical Region（Diptera：Stratiomyidae）. *Zootaxa*，1746：39-45.

Woodley N. E. 2009a. A review of the genus *Ditylometopa* Kertész（Diptera：Stratiomyidae）. *Zootaxa*，2032：39-47.

Woodley N. E. 2009b. *Microchrysa flaviventris*（Wiedemann），a new immigrant soldier fly in the United States（Diptera：Stratiomyidae）. *Proceedings of the Entomological Society of Washington*，111（2）：527-529.

Woodley N. E. 2009c. Family Stratiomyidae，pp. 100-106. *In* Gerlach J.（ed.）. *The Diptera of the Seychelles islands*.Pensoft Publishers，Sofia. and Moscow：431.

Woodley N. E. 2010. *Parameristomerinx copelandi*—a new genus and species of Afrotropical Pachygastrinae and a new generic synonym of *Dolichodema* Kertész（Diptera：Stratiomyidae）. *Zootaxa*，2397：41-47.

Woodley N. E. 2011a. *Vitilevumyia*，an enigmatic new genus of Stratiomyidae from Fiji（Diptera）. *Zootaxa*，2821：62-68.

Woodley N. E. 2011b. A World Catalog of the Stratiomyidae（Insecta：Diptera）：A Supplement with Revisionary Notes and Errata. *Myia*，12：379-415.

Woodley N. E. 2011c. A Catalog of the World Xylomyidae（Insecta：Diptera）. *Myia*，12：417-453.

Woodley N. E. 2012a. *Brianmyia stuckenbergi*，a new genus and species of Prosopochrysini from South Africa（Diptera：Stratiomyidae）. *African Invertebrates*，53（1）：369-374.

Woodley N.E. 2012b. Revision of the southeast Asian soldier-fly genus *Parastratiosphecomyia* Brunetti，1923（Diptera，Stratiomyidae，Pachygastrinae）. *Zookeys*，238：1-21.

Wulp F. M. van der. 1867. Eenige Noord-Americaansche Diptera. *Tijdschrift voor Entomologie*，10：125-164.

Wulp F. M. van der. 1869. Diptera uit den Oost-Indischen Archipel. *Tijdschrift voor Entomologie*，11：97-119.

614

Wulp F. M. van der. 1879. *Rhapiocera picta* nouvelle espèce de la famille des Stratiomyides. *Comptes Rendus des Séances de la Société Entomologique de Belgique*, Série Ⅱ, 70:9-10Wulp F. M. van der. 1880. Eenige Diptera van Nederlandsch Indie. *Tijdschrift voor Entomologie*, 23:155-194.

Wulp F. M. van der. 1881. Amerikaansche Diptera. *Tijdschrift voor Entomologie*, 24:141-168.

Wulp F. M. van der. 1885a. On exotic Diptera. Part 2 [part]. *Notes from the Leyden Museum*, 7:57-64.

Wulp F. M. van der. 1885b. On exotic Diptera. Part 2 [part]. *Notes from the Leyden Museum*, 7:65-86.

Wulp F. M. van der. 1888. Nieuwe Argentijnsche Diptera van wijlen Prof. H. Weyenbergh, Jr. *Tijdschrift voor Entomologie*, 31(4):359-376.

Wulp F. M. van der. 1896. *Catalogue of the described Diptera from South Asia*. Published by the Dutch Entomological Society, Martinus Nijhoff, The Hague. [8]; 1-219; [1].

Wulp F. M. van der. 1898. Dipteren aus Neu-Guinea in der Sammlung des Ungarischen National-Museums. *Természetrajzi Füzetek* 21(3-4):409-426.

Yang D. 1995. The Chinese *Odontomyia* (Diptera:Stratiomyidae). *Entomotaxonomia* 17 (Supplement):58-72.

Yang D., Gao C. X. & An S. W. 2002. One new species of Xylomyidae from Henan (Diptera:Brachycera). pp. 25-26, in Shen X. C. & Zhao Y. (eds.), *Insects of the mountains of Taihang and Tongbai regions. The fauna and taxonomy of insects in Henan*. Volum 5. China Agricultural Science and Technology Press, Beijing:1-453.

Yang D., Gao C. X. & An S. W. 2005. Diptera:Xylomyidae. pp. 731-733, in Yang X. (ed.), *Insect fauna of middle-west Qinling Range and south mountains of Gansu province*. Science Press, Beijing:1-1055.

Yang D. & Nagatomi A. 1992a. A study of the Chinese Beridinae (Diptera:Stratiomyidea). *South Pacific Study*, 12(2):129-178.

Yang D. & Nagatomi A. 1992b. The Chinese *Clitellaria* (Diptera:Stratiomyidae). *South Pacific Study*,13(1):1-35.

Yang D. & Nagatomi A. 1993a. The Chinese *Oxycera* (Diptera:Stratiomyidae). *South Pacific Study*,13(2):131-160.

Yang D. & Nagatomi A. 1993b. The Xylomyidae of China (Diptera). *South Pacific Study*, 14(1):1-84.

Yang D. & Yang C. 1995. Diptera:Stratiomyidae. pp. 490-492, *in* Hong, W. U. (ed.). *Insects of Baishanzu Mountain, Eastern China*. China Forestry Publishing House, Beijing. i - ⅷ:1-586.

Yang D. & Chen G. 1993. Diptera:Stratiomyidae. pp. 585-586, *in* Huang, F. (ed.). *Insects of Wuling Mountains area, southwestern China*. Science Press, Beijing. [8], i - Ⅹ:1-777.

Yang Z. H. 2010. Systematics of Stratiomyidae from China. Unpublished Ph. D. dissertation. University of Guizhou, Guizhou:1-278.

Yang Z. H., Hauser M., Yang M. F. & Zhang T. T. 2013. The Oriental genus *Nasimyia* (Diptera:Stratiomyidae): Geographical distribution, key to species and descriptions of three new species. *Zootaxa*, 3619 (5):526-540.

Yang Z. H., Wei L. M. & Yang M. F. 2009. Two new species of *Oxycera* and description of the female of *O. signata* Brunetti from China (Diptera, Stratiomyidae). *Zootaxa*, 2299: 19-28.

Yang Z. H., Wei L. M. & Yang M. F. 2010a. A new species of *Craspedometopon* Kertész (Diptera, Stratiomyidae) from Yunnan, China. *Acta Zootaxonomica Sinica*, 35(1): 81-83.

Yang Z. H., Wei L. M. & Yang M. F. 2010b. A new species of the genus *Eudmeta* Wiedemann (Diptera, Stratiomyidae) from China. *Acta Zootaxonomica Sinica*, 35(2):330-333.

Yang Z. H., Wang J. J. & Yang M. F. 2008. Two new records genera and species of Chinese Clitellariinae (Diptera, Stratiomyidae). *Acta Zootaxonomica Sinica*, 33(4):829-831.

Yang Z. H. & Yang M. F. 2010. A new genus and two new species of Pachygastrinae from the Oriental Region (Diptera, Stratiomyidae). *Zootaxa*, 2402:61-67.

Yang Z. H., Yang M. F. & Wei L. M. 2008. Descriptions of a new species of *Oxycera* Meigen and the male of *O. Lii* Yang and Nagatomi from Southwest China (DipteraI:Stratiomyidae). *Entomological News*, 119(2):201-206.

Yang Z. H., Yu J. Y. & Yang M. F. 2012a. Two new species of *Oxycera* (Diptera, Stratiomyidae) from Ningxia, China. *Zookeys*, 198:69-77.

Yang Z. H., Yu J. Y. & Yang M. F. 2012b. A new species of *Sargus* (Diotera, Stratiomyidae, Sargiinae) from Anhui, China. *Acta Zootaxonomica Sinaca*, 37(2):378-381.

Yaroshevskiy V. A. 1877. *Dopolnenie k spisku dvukrilikh nasekomikh Kharkova i ego okrestnostey s ukazaniem rasprostraneniya ikh v predelakh Evropeiskoy Rossii*. (Addition to the list of two-winged insecrs of Kharkov and its vicinity with their distribution within European Russia). V universitetskoi tipografii, Kharkov. (2):1-138. In Russian.

Yu S. S., Cui W. N. & Yang D. 2009. Three new species of *Actina* (Diptera:Stratiomyidae) from China. *Entomotaxonomia*, 31(4):296-300.

Zack R. S. 1984. Catalog of types in the James Entomological Collection. *Melanderia* 42: ⅰ-ⅱ, 1-41.

Zeller P. C. 1842. Dipterologische Beyträge. Zweyte Abtheilung. *Isis von Oken*, 1842: 807-847.

Zetterstedt J. W. 1837. Conspectus Familiarum, Generum et Specierum Dipterorum, in Fauna Insectorum Lapponica descriptorum. *Isis von Oken*, 1837:28-67.

Zetterstedt J. W. 1838. Sectio tertia. Diptera. pp. 477-868, in *Insecta lapponica*. Leopoldi Voss, Lipsiae [=Leipzig]. ⅰ-ⅵ:1-1140.

Zetterstedt J. W. 1842. *Diptera scandinaviae disposita et descripta*. Tomus primus. Lundberg, Lund. Ⅰ-ⅩⅥ:1-440.

Zetterstedt J. W. 1849. *Diptera scandinaviae disposita et descripta*. Tomus octavus. Lundberg, Lund.[4], 2935-3366.

Zhang T. T., Li Z. & Yang D. 2009a. One new species of *Oxycera* from China (Diptera, Stratiomyidae). *Acta Zootaxonomica Sinica*, 34(3):460-461.

Zhang T. T., Li Z. & Yang D. 2009b. New species of *Allognosta* from China (Diptera, Stratiomyidae). *Acta Zootaxonomica Sinica*, 34(4):784-789.

Zhang T. T., Li Z. & Yang D. 2010. Note on species of *Oxycera* Meigen from China with description of a new species (Diptera,Stratiomyidae). *Aquatic Insects*, 32(1):29-34.

Zhang T. T., Li Z. & Yang D. 2011. New species of *Allognosta* from Oriental China (Diptera:Stratiomyidae). *Transactions of the American Entomological Society*, 137(1+2): 185-189.

Zhang T. T., Li Z., Zhou X. & Yang D. 2009. Three new species of *Oplodontha* from China (Diptera, Stratiomyidae). *Acta Zootaxonomica Sinica*, 34(2):257-260.

Zhang T. T. & Yang D. 2010a. Three new species of the genus *Evaza* from Hainan, China (Diptera:Stratiomyidae). *Annales Zoologici*, 60(1):89-95.

Zhang T. T. & Yang D. 2010b. Two new species of the genus *Spartimas* Enderlein from China (Diptera:Stratiomyidae). *Zootaxa*, 2538:60-68.

Zheng L. Y., Li Q., Zhang J. B. *et al*. 2011. Double the biodiesel yield:Rearing black soldier fly larvae, *Hermetia illucens* on solid residual fraction of restaurant waste after grease extraction for biodiesel production. *Renewable Energy*, 41:75-79.

Zikán W. & Wygodzinsky P. 1948. Catálogo dos tipos de insetos do Instituto de Ecologia e Experimentação Agricolas. *Boletim do Serviço Nacional de Pesquisas Agronômicas*, 4: 3-93.

Zimsen E. 1954. The insect types of C. R. W. Wiedemann in the Zoological Museum in Copenhagen. *Spolia Zoologica Musei Hauniensis*, 14:1-43.

Zimsen E. 1964. *The type material of I. C. Fabricius*. Munksgaard, Copenhagen:1-656.

英文摘要
English Summary

The present work deals with the Stratiomyoidea fauna of China. It consists of two sections, general section and taxonomic section. In the general section, the historic review of classification, taxonomic systems, material and methods, morphology, biology and biogeography of Stratiomyoidea are introduced. In the taxonomic section, 58 genera and 383 species from China are described or redescribed. Among them 38 species are described as new to science. The keys to the subfamilies, genera and species of Stratiomyoidea from China are provided. The types of the new species are deposited in the Entomological Museum of China Agricultural University (CAU), Beijing and Institute of Zoology, China Academy of Sciences (IZCAS), Beijing.

The superfamily Stratiomyoidea is one of the primitive groups in lower Brachycera with over 3 100 known species. It is divided into two families, Xylomyidae and Stratiomyidae. The Stratiomyidae is a highly diversified group with 382 genera and over 3000 known species all over the world, while the Xylomyidae is relatively rare with 5 genera and 138 known species. There are 3 genera and 37 known species of Xylomyidae and 55 genera and 346 known species of Stratiomyidae in China. The diagnosis and keys are presented as follows.

Family Xylomyidae

Diagnosis. Body slender, with short hairs. Head transversely broadened. Eyes bare, widely separated in both sexes, same in size of facets. Antennal scape+pedicel much shorter than flagellum; flagellum 8-segmented, flagellomere 8 usually acute at tip. Proboscis well developed, fleshy; palpus well developed, 1- or 2-segmented. Mesonotum weakly convex; scutellum unarmed. Prosternum fused with propleura, forming a precoxal bridge. Hind femur and tibia distinctly longer than fore and mid femora and tibiae respectively. Hind coxa with a ventral process at base. Tibial spur formula 0-2-2. Wing: Alula developed; vein C ending at or before vein M_2; Rs arising well before base of discal cell; apices of veins R_1 and R_{2+3} distant from each other; vein R_5 ending at wing tip; cell m_3 and anal cell closed just before wing margin; discal cell well developed, elongate. Abdomen slender with 7 or 8 visible segments; tergite 1 with a large membranous area at base in *Solva* (excluding *Solva basiflava*) and *Formosolva*.

Remarks. There are 5 genera and 138 known species of Xylomyidae known from the world. Three genera and 37 species are known to occur in China.

Key to genera of family Xylomyidae from China

1.	Palpus 2-segmented; hind femur usually swollen, with ventral teeth (excluding *Solva varia*); abdominal tergite 1 with large semicircular membranous area at base (excluding *Solva basiflava*). Male tergite 9 without surstylus; cercus usually small or slender; sternite 10 simple; sternite 8 undivided apically ·· **2**
	Palpus 1-segmented; hind femur slender, without ventral teeth; abdomen tergite 1 without large membranous area at base. Male tergite 9 with surstylus; cercus large and broad; sternite 10 trilobed apically; sternite 8 divided into two lobes apically ···································· ***Xylomya***
2.	Lateral ocelli situated before uppermost corner of eye; frons convergent toward vertex, distinctly narrower than one eye; clypeus bounded by a lateral sulcus ·································· ***Solva***
	Lateral ocelli situated opposite or behind uppermost corner of eye; frons nearly parallel-sided, at least as wide as one eye; clypeus bounded by a deep lateral pit ·················· ***Formosolva***

1. Genus *Formosolva* James, 1939

Diagnosis. Frons and face parallel-sided, frons as wide as or wider than one eye and somewhat wider than face. Ocellar triangle much wider than long. Lateral ocelli situated opposite or behind uppermost corner of eye. Clypeus bounded by a deep lateral pit. Antenna much longer than wide; flagellomere 1 not thicker and longer than each of flagellomeres 2-5; flagellomere 8 without acute tip. Palpus 2-segmented with segment 2 swollen. Costa ending beyond vein R_5. Vein between cell bm and cell m_3 distinct (much shorter than that between cell bm and discal cell). Hind femur narrower than hind coxa, with ventral teeth. Abdominal tergite 1 with a large basal membranous area.

Remarks. There are 5 *Formosolva* species known from the world. Four species are known to occur in China.

Key to species

1.	Space between antennae wider than that between antenna and eye; frons just above antennae wider than on eye ·· **2**

Space between antennae narrower than that between antenna and eye; frons just above antennae as wide as one eye; frons rather flat ·· **F. planifrons**

2.　Frons distinctly concave, without median tubercle ·· **3**

　　Frons with a median tubercle ··· **F. tuberifrons**

3.　Concavity on frons shallower and without deepest hollow before median ocellus ········ **F. concavifrons**

　　Concavity on frons deeper and with deepest hollow before median ocellus ··········· **F. devexifrons**

2. Genus *Solva* Walker, 1859

Diagnosis. Frons convergent toward vertex, distinctly narrower than one eye. Lateral ocelli situated before uppermost corner of eye. Clypeus bounded by a lateral sulcus. Antenna much longer than wide; flagellomere 1 thicker and longer than each of flagellomeres 2-7; flagellomere 8 with acute tip. Palpus 2-segmented with segment 2 swollen in some species. Hind femur swollen and with ventral teeth (excluding *Solva varia*). Abdominal tergite 1 with large semicircular membranous area at base (excluding *Solva basiflava*). Male genitalia: tergite 9 without surstylus; cercus usually small or slender; sternite 10 simple; sternite 8 undivided apically.

Remarks. There are 96 *Solva* species known from the world. 22 species are known to occur in China.

Key to species

1.　Thorax largely black; body smaller (5.4-11.0 mm); antenna 1.5-3.1 times as long as distance from antenna to median ocellus ··· **2**

　　Thorax largely yellow; body larger (13.0-14.0 mm); antenna 3.5 times as long as distance from antenna to median ocellus ··· **S. tigrina**

2.　All coxae black or brown, at least hind coxa black ································· **3**

　　All coxae yellow ·· **11**

3.　Mid-anterior or apical portion of wing darkened; mesopleuron without yellow upper band ······ **4**

　　Wing wholly hyaline; mesopleuron with yellow upper band ························ **5**

4.　Mid-anterior portion of wing darker; antenna shorter than fore femur ··········· **S. mediomacula**

　　Apical portion of wing darker; antenna longer than fore femur ················ **S. apicimacula**

5.　Apex or apical 1/2 of hind tibia brown to dark brown; base and sides of scutellum black ······ **6**

　　Hind tibia yellow; scutellum (except sides) yellow ···························· **9**

6.　All coxae black ·· **7**

　　Only hind coxa black ·· **S. shanxiensis**

7.　Hind tarsomere 1 black or dark brown ································· **S. marginata**

　　Hind tarsomere 1 largely yellow, only basal or apical portion black or dark brown ··········· **8**

8. Base of hind tarsomere 1 darkened; humeral callus yellow with anterior and posterior areas black ··· *S. yunnanensis*

    Apex of hind tarsomere 1 darkened; humeral callus black with outer area yellow ··· *S. hubensis*

9. Coxae black; hind femur with black markings ·· **10**

    Fore coxa dark brown, mid and hind coxae brown; hind femur wholly yellow ········· *S. clavata*

10. Posterior margins of abdominal tergites 2-6 with narrow pale yellow band; abdominal sternites wholly pale yellow ·· *S. nigricoxis*

    Posterior margins of abdominal tergites 3-4 with narrow pale yellow band; abdominal sternites wholly black ··· *S. completa*

11. Hind tibia brown to dark brown, at least apical portion so ····························· **12**

    Hind tibia yellow ··· **15**

12. Hind femur yellow ··· **13**

    Hind femur with apico-ventral surface black ·· *S. mera*

13. Hind tibia partly yellow ··· **14**

    Hind tibia wholly brown to dark brown ··· *S. gracilipes*

14. Basal 2/5 of hind tibia yellow; abdominal tergite 1 with very narrow basal membranous area ··· ·· *S. basiflava*

    Dorsal surface (except for basal 1/5 and apical 2/5) of hind tibia yellow; abdominal tergite 1 with large basal membranous area ··· *S. dorsiflava*

15. Abdomen chiefly yellow or reddish yellow ·· **16**

    Abdomen chiefly black ··· **19**

16. Thorax black ··· **17**

    Thorax yellow, dorsum somewhat darker than pleura; mesopleuron with an irregular brownish spot behind front coxa; mesonotum with an irregular brownish black area medianly behind suture ·· *S. aurifrons*

17. Only abdominal tergite 1 tinged with dark brown behind membranous area ············· **18**

    Abdominal tergite 2 with mid-basal margin black and tergites 3-7 with large black mid-basal spot ·· *S. flavipilosa*

18. Hind femur wholly yellow ··· *S. uniflava*

    Hind femur with a long outer ventral band black ··· *S. striata*

19. Pteropleuron and metapleuron black; mesonotum (except for humeral callus chiefly or partly yellow) wholly black; hind femur with ventral teeth ··································· **20**

    Pteropleuron (at upper part) and metapleuron yellow; postero-lateral part of mesonotum yellow; hind femur without ventral teeth ·· *S. varia*

20. Posterior margins of abdominal tergites yellow to yellowish brown ···················· **21**

    Abdominal tergites wholly black ··· *S. kusigematii*

21. Hind femur ventrally with a black stripe ·· *S. sinensis*

    Hind femur wholly yellow ··· *S. schnitnikowi*

3. Genus *Xylomya* Rondani, 1861

Diagnosis. Frons convergent toward vertex. Antenna much longer than wide; flagellomere 1 thicker and longer than each of flagellomeres 2-7; flagellomere 8 with acute tip. Palpus 1-segmented. Hind femur slender and without ventral teeth. Abdominal tergite 1 without large membranous area at base. Male genitalia: tergite 9 with surstylus; cercus large and broad; sternite 10 trilobed apically; sternite 8 divided into two lobes apically.

Remarks. There are 37 *Xylomya* species known from the world. 11 species are known to occur in China.

Key to species

1.	Antenna 1.5-3.0 times as long as distance from antennae to median ocellus	2
	Antenna over 5.0 times as long as distance from antenna to median ocellus	*X. longicornis*
2.	Thorax and abdomen chiefly yellow with dark markings or thorax wholly yellow	3
	Thorax and abdomen largely or wholly dark brown to black	5
3.	Thorax with darker markings	4
	Thorax wholly yellow; face yellow	*X. sauteri*
4.	Face dark brown; darker markings on mesonotum distinct, with median stripe having mid-anterior yellow vitta and two lateral spots extending to lateral margin; pteropleuron (except upper part) and hypopleuron darkened	*X. decora*
	Face yellow; darker markings on mesonotum indistinct and with lateral spots not extending to lateral margin; pteropleuron and hypopleuron wholly or almost wholly yellow	*X. chekiangensis*
5.	Thorax and abdomen black with yellow markings; wing without black median spot	6
	Thorax and abdomen wholly black; wing with a wide black median spot	*X. alamaculata*
6.	Mesonotum without yellow median longitudinal stripes	7
	Mesonotum with a pair of yellow narrow median longitudinal stripes	9
7.	Hind tarsomere 1 wholly black; coxae partly or wholly yellow	8
	Hind tarsomere 1 yellow at basal portion; coxae black	*X. moiwana*
8.	Coxae wholly yellow; humeral callus yellow; antero-lateral spots on mesonotum large and distinct	*X. gracilicorpus*
	Coxae black with yellow apex; humeral callus black; antero-lateral spots on mesonotum smaller and indistinct	*X. xixiana*
9.	Wing with dark brownish apical portion	10
	Wing hyaline, without dark brownish apical portion	*X. sichuanensis*
10.	Palpus yellow but basal 1/3 brown; abdominal tergite 2 black with posterior margin yellow; genital furca with wider and rounded apex	*X. sinica*
	Palpus wholly yellow; abdominal tergite 2 black with a pair of large yellow lateral spots; genital furca with acute apex	*X. wenxiana*

Family Stratiomyidae

Diagnosis. Body slender to robust, some species mimic wasps. Body 2.0-28.0 mm in length, yellow or black, with black, yellow, blue, green or white patterns, sometimes with strong green or purple metallic luster. Bristles not developed, body bare to densely haired. Head hemispherical or spherical, sometimes produced forward or downward. Eyes bare to densely pubescent, usually contiguous in males and widely separated in females, sometimes separated in both sexes. Upper facets larger than lower facets in males, but female facets same in size. Antennal scape sometimes elongate, flagellum with 5-8 flagellomeres, highly varied in shape, sometimes with apical stylus. Proboscis well developed, fleshy; palpus well developed, 1- or 2-segmented. Mesonotum weakly convex; scutellum unarmed or with 2-8 spines or with row of apical tubercles. Legs simple without apical spur except *Allognosta* with one mid tibial spur. Wing hyaline or with dark patterns. Alula developed; vein C ending before vein M_1; vein Rs arising well before base of discal cell; radial veins crowded anteriorly towards costal margin of wing; vein R_4 present or absent; vein R_5 ending before wing tip; cell m_3 never closed before wing margin; discal cell rather small. Abdomen with 5-8 visible segments, highly varied in shape, slender to rounded, sometimes constricted at base.

Remarks. There are 382 genera and over 3000 known species of Stratiomyidae known from the world. 55 genera and 346 species are known to occur in China. 38 species are described as new to science.

Key to subfamilies of family Stratiomyidae from China

1.	Vein CuA_1 arising from discal median cell	2
	Vein CuA_1 at most touching discal cell or separated from it by crossvein m-cu	10
2.	Antennal flagellum 8-segmented, slender or spindle-shaped, sometime flagellomere 8 elongated and flattened	3
	Antennal at most 7-segmented, if flagellomere 8 present, last two segments forming an apical stylus	5
3.	Flagellomere 8 elongated and flattened	4
	Antenna different in shape	9
4.	4 veins arising from cell dm; scutellum unspined	**Hermetiinae**
	3 veins arising from cell dm; scutellum with 4 spines	**Pachygastrinae (in part)**
5.	3 veins arising from cell dm; scutellum with 4 spines or unspined	**Pachygastrinae (in part)**
	4 veins arising from cell dm; scutellum with 2 spines or unspined	6
6.	Scutellum without spines	7
	Scutellum with 2 spines	8

7.	Face produced forward into a cone; antennal flagellum spindle-shaped, last two flagellomeres forming a sharp stylus ··· **Nemotelinae**
	Face flattened or rounded but never produced forward into a cone; antennal flagellum rounded or wider than long, with an arista ··· **Sarginae** (**in part**)
8.	Antennal flagellum 8-segmented; mostly dark species, head and body without any pale pattern ··· ··· **Clitellariinae** (**in part**)
	Antennal flagellum 6-segmented; usually with pale pattern on head and body ···················· ··· **Stratiomyinae** (**in part**)
9.	Antenna elongated, filiform; scutellum with 2 spines or unspined; 4 veins arising from cell dm ··· ··· **Clitellariinae** (**in part**)
	Antenna spindle-shaped or cylindrical; scutellum with 4-8 spines, if without spines, then tibial apical spur developed ··· **Beridinae**
10.	Scutellum without spines or tubercles ··· **11**
	Scutellum with 2 spines or processes ··· **12**
11.	Vein R_4 absent; 2 veins arising from cell d ··· **Stratiomyinae** (**in part**)
	Vein R_4 present; 3 veins arising from cell d ··· **Sarginae** (**in part**)
12.	Antenna elongated, filiform, 8-segmented ··· **Clitellariinae** (**in part**)
	Antenna short, different in shaped, 5- or 6-segmented ··· **Stratiomyinae** (**in part**)

Ⅰ. Subfamily Beridinae Westwood, 1838

Diagnosis. Antennal flagellum cylindrical or spindle-shaped, consisting of 8 segments, of which the last one is not thin or needle-like. Scutellum with 4-8 spine-like processes, but unarmed in *Allognosta*. Vein M_3 absent or incomplete; vein CuA_1 arising from cell dm. Tibial spur formula 0-0-0, but 0-1-0 in *Allognosta*. Abdomen with 7 exposed large segments, but segment 6 rather markedly reduced in *Allognosta*.

Remarks. There are 33 genera and 276 known species of Beridinae known from the world. Six genera and 96 species are known to occur in China.

Key to genera

1.	Scutellum without spines; mid tibia with an apical spur; body depressed and more robust ········· ··· ***Allognosta***
	Scutellum with 4-8 spines; tibia without apical spur; body more slender ························· **2**
2.	Mid-lower face swollen; palpus vestigial or 1-segmented; male eyes contiguous; flagellomeres mostly wider than long; eyes pilose in both sexes ··· ***Beris***
	Mid-lower face flat; palpus well developed, 2-segmented; male eyes separated (except *Spartimas*) ··· **3**

624

3.　Male eyes contiguous; fore tibia and tarsus distinctly slender, elongate, longer than middle tibia and tarsus; thoracic pleura chiefly yellow ··· ***Spartimas***

Male eyes separated; fore tibia and tarsus never slender as long as the same structures of middle leg; thoracic pleura chiefly metallic green ··· **4**

4.　M₃ absent; eyes pilose in both sexes; male frons and face long erect pilose; scape + pedicel subequal to flagellum in length (except *Actina dulongjiangana*); scape over twice as long as pedicel; flagellomeres mostly wider than long ··· ***Actina***

M₃ present or absent; eyes bare or practically so in both sexes; scape + pedicel much shorter than flagellum; scape less than twice as long as pedicel ······························· **5**

5.　Hind femur thick, robust, strongly clavate; hind tibia thickened, slightly bent near middle; gonostylus strongly trifurcate ·· ***Aspartimas***

Hind femur slender, weakly clavate; hind tibia straight; gonostylus at most bifurcate ········· ***Chorisops***

4. Genus *Actina* Meigen, 1804

Diagnosis. Body shining metallic green or purple. Eyes pilose and separated in both sexes. Male frons gradually narrowed toward antennae; female frons distinctly wider than male one, parallel-sided. Vertex, frons and face in males with long hairs. Antenna rather long; scape distinctly elongated while pedicel shortened, much longer than pedicel; scape + pedicel nearly as long as flagellum (except *Actina dulongjiangana*); most flagellomeres wider than long. Palpus well developed, 2-segmented. Scutellum with 4 spines, yellow or dark yellow. Abdomen relatively narrow.

Remarks. There are 33 *Actina* species known from the world. 23 species are known to occur in China.

Key to species

1.　Abdomen entirely dark brown or black ··· **2**

Abdomen with yellow spots dorsally ·· **17**

2.　Antenna short, with flagellum nearly as long as scape + pedicel ·················· **3**

Antenna long with flagellum much longer than scape + pedicel, black; legs black; wing without dark markings except stigma ·· ***A. dulongjiangana***

3.　Wing (except stigma) hyaline without markings ·································· **4**

Wing (except stigma) hyaline with markings ····································· **13**

4.　Femora yellow except hind femur partly or largely dark brown ···················· **5**

All femora brown to dark brown; posterior veins of cell dm X-shaped ·············· **12**

5.　Aedeagus with long lateral lobes as long as or longer than median lobe ············ **6**

Aedeagus with long acute median lobe longer than lateral lobes; antenna black except flagellum blackish basally; palpus with apical segment yellow ···························· **11**

6.   Aedeagus with lateral lobes distinctly longer than median lobe ·· **7**

    Aedeagus with lateral lobes nearly as long median lobe; palpus brown or black; coxae and trochanters blackish ·· **9**

7.   Antenna black; palpus black; all coxae black; hind femur dark brown with yellow apex and dark brown extreme tip; hind tibia entirely blackish ··· **8**

    Antenna brownish yellow except flagellum black apically; palpus yellow, but black apically; fore and mid coxae yellow, hind coxa dark brown; hind femur yellow with black apex; hind tibia with extreme base yellow ·· ***A. acutula***

8.   Head metallic purple; gonocoxal fused ventral portion with a V-shaped incision; aedeagus with median lobe obtuse and lateral ones apically weakly curved inward ························· ***A. tengchongana***

    Head metallic green; gonocoxal fused ventral portion nearly straight; aedeagus with median lobe obtuse and lateral ones apically weakly curved outward ···································· ***A. apiciflava***

9.   Hind tibia dark brown with a subbasal brownish yellow ring; gonostylus with short inner lobe ········· **10**

    Base of hind tibia yellow; gonostylus with long wide inner lobe; fused ventral portion of gonocoxites nearly straight at base ··· ***A. spatulata***

10.   Wing indistinctly tinged brownish apically; aedeagus with lateral lobe straight at tip; fused ventral portion of gonocoxites with a V-shaped incision at base; female abdominal tergites 2-3 each with one small yellow median spot ·· ***A. fanjingshana***

    Wing hyaline; aedeagus with lateral lobe weakly curved outward at tip; fused ventral portion of gonocoxites nearly straight at base ·· ***A. curvata***

11.   Hind femur with brown anterior stripe; basal portion of hind tibia brownish yellow with a very narrow black ring; vein CuA_1 directly connected with discal cell ····························· ***A. elongata***

    Hind femur without brown anterior stripe; basal portion of hind tibia brown; vein CuA_1 not directly connected with discal cell ··· ***A. zhangae***

12.   Dorsal surface of head and thorax metallic purple; antenna elongated, longer than head ········· ***A. longa***

    Dorsal surface of head and thorax metallic green; antenna shorter than head ············· ***A. varipes***

13.   Coxae and femora dark brown or black except apex of femora yellow; gonostylus with inner lobe near apex ·· **14**

    Coxae and femora yellow except apex of hind femur dark brown; gonostylus without inner lobe ··· ··· ***A. maculipennis***

14.   Antenna shorter than head; fore and mid tibiae wholly or partly yellow ····························· **15**

    Antenna longer than head; fore and mid tibiae brown; aedeagus trilobate ············ ***A. xizangensis***

15.   Fore tibia brown or dark brown with yellow base; antennal flagellum black except base brownish yellow; aedeagus trilobate ··· **16**

    Fore tibia yellow; antennal flagellum brownish yellow except last flagellomere black; aedeagus bilobate ·· ***A. bilobata***

16.   Fore tibia brown with yellow base, mid tibia dark yellow; flagellum black except base brownish yellow; gonocoxal dorsal bridge narrow; cell dm with posterior width slightly larger than apical width ············ ··· ***A. gongshana***

	Fore tibia dark brown, mid tibia dark brown with dark yellow base; flagellum black except base blackish; cell dm with posterior width distinctly larger than apical width ················· **A. basalis**
17.	Wing hyaline; veins dark brown ··· **18**
	Wing light yellowish; veins yellow ··· **A. flavicornis**
18.	Hind tibia not as below; abdominal dorsum at least with 2 yellow spots ·················· **19**
	Hind tibia blackish with yellow base; abdominal dorsum with only one yellow spot; antenna blackish; apical veins and posterior veins of cell dm nearly X-shaped ················ **A. unimaculata**
19.	Hind tibia mostly blackish or black, at most with a dark yellow subbasal ring ··············· **20**
	Hind tibia yellow with apical half brown; antenna brownish yellow with dark scape (4 times longer than wide); abdominal dorsum with 4 yellow spots ····························· **A. amoena**
20.	Abdominal dorsum with 2 or 3 yellow spots ······································· **21**
	Abdomen with 4 yellow spots ··· **22**
21.	Abdominal dorsum with 2 yellow spots; posterior veins of cell dm nearly X-shaped ····· **A. bimaculata**
	Abdominal dorsum with 3 yellow spots; posterior veins of cell dm not X-shaped ········· **A. trimaculata**
22.	Hind tibiae black except extreme base blackish; discal cell of wing with posterior width large, larger than apical width ·· **A. quadrimaculata**
	Hind tibiae black except brownish yellow or darker subbasal ring; discal cell of wing with posterior width small, equal to apical width ··· **A. yeni**

5. Genus *Allognosta* Osten-Sacken, 1883

Diagnosis. Body brownish black to black, without metallic luster. Male eyes contiguous on frons; upper frontal triangle very small while lower frontal triangle rather large. Female eyes widely separated on frons; frons slightly narrower than or nearly as wide as eye, parallel-sided but widened anteriorly; frons weakly or distinctly projected beyond eyes. Antenna distinctly shorter than head; scape and pedicel short, subequal in length; flagellum distinctly longer than scape+pedicel; most flagellomeres wider than long. Scutellum without spines. Mid tibia with an apical spur. Wing with vein M_3 absent. Abdomen broad and distinctly depressed dorsoventrally; abdominal tergites 2-6 each with subapical groove.

Remarks. There are 63 *Allognosta* species known from the world. 37 species are known to occur in China.

Key to species

1.	Eyes bare or sparsely short haired; mesonotum and scutellum with short hairs ·················· **2**
	Eyes densely long haired; mesonotum and scutellum with long erect hairs ·················· **36**
2.	Abdomen partly or largely yellow ·· **3**
	Abdomen entirely dark brown ·· **25**

3. Thoracic pleuron entirely yellow or partly dark ·· **4**

Thoracic pleuron entirely dark brown to black (sometimes excepting brownish yellow spot below wing base) ·· **13**

4. Thoracic pleuron partly dark ·· **5**

Thoracic pleuron entirely yellow ·· **11**

5. Thorax mostly dark brown to blackish; antenna mostly brownish yellow ················· **6**

Thorax mainly yellow [dorsum black, mesopleuron (except dorsal and anterior portions), sterno-pleuron, pteropleuron and laterotergite black]; antenna mostly dark brown; apical 1/3 of hind femur blackish ·· ***A. apicinigra***

6. Basal 1/2 of wing partly tinged with brownish; antenna not entirely yellow; abdominal tergites 1-4 with yellow markings ·· **7**

Basal 1/2 of wing hyaline; antenna entirely yellow; yellow markings of abdominal dorsum confined to tergites 2-3 (or 1-3); hind tibia yellow at base ··································· ***A. maculipleura***

7. Palpal segment 1 brownish yellow, segment 2 brown to dark brown ························· **8**

Palpal segment 1 dark brown, segment 2 dark yellow or brownish yellow ··············· **9**

8. Thoracic pleuron brown to dark brown except mesopleuron and propleuron yellow; hind tibia entirely brown to dark brown ··· ***A. orientalis***

Thoracic pleuron yellow with a black longitudinal band; hind tibia brownish yellow at base ········· ··· ***A. concava***

9. Hind femur entirely brownish yellow or dark yellow ·· **10**

Apical 1/3 of hind femur black; halter black with the yellow base; abdominal tergites 1-3 with large yellow median spot ··· ***A. singularis***

10. Thoracic pleuron mostly black; antenna entirely brownish yellow; halter entirely dark yellow; wing nearly uniformly tinged dark brown ··· ***A. fanjingshana***

Thoracic pleuron mostly dark yellow; antenna brown apically; halter knob brown; wing partly brown or dark brown at middle and tip ·· ***A. caiqiana***

11. Abdominal dorsum brown to dark brown except tergites 1-3 yellowish at middle; wing somewhat dark brown (stigma darker), but sometimes basal 1/4 pale; halter dark brown, stem somewhat paler ·· **12**

Abdominal dorsum largely yellow; wing hyaline (or with light brown tinge) and stigma light brown; halter yellow ·· ***A. sichuanensis***

12. Basal 1/4 of wing pale; hind tibia dark brown ································· ***A. fuscipennis***

Wing not pale basally; basal 1/2 of hind tibia yellow or brownish yellow ··············· ***A. obtusa***

13. At least palpal segment 2 yellow or brownish yellow; wing with basal half pale; halter usually yellow ·· **14**

Palpus entirely blackish or black; halter brown or dark brown, but stem yellow ··············· **16**

14. Halter yellow; abdominal tergite 1 yellow at middle ··································· **15**

Halter dark brown apically; abdominal tergite 1 entirely dark brown, median portion of tergite 2 and entirely tergite 3 yellowish; basal 1/2 of wing whitish ·················· *A. longwangshana*

15. Hind tibia with basal half yellow; wing yellowish except apical 1/2 pale brown (stigma apparently not darker); antenna dark yellow with black apex; abdomen brownish yellow except tergites 1-3 pale at middle ························ *A. partita*

Hind tibia black with yellow base; wing light brownish except basal 1/2 of wing paler with stigma, subcostal cell above stigma, apex of costal cell, and cell r_1 darker; tergites and sternites 1~4 mostly yellow ·························· *A. basiflava*

16. All coxae yellow or red-brown; all femora yellow; wing tinged with grayish or brown; sternites 1~4 mostly yellow ···························· **17**

All coxae black; all femora black except apex ····················· **24**

17. Hind tarsomere 1 yellow ···························· **18**

Hind tarsus entirely dark brown ······················· **22**

18. Female frons distinctly projected beyond eyes; abdominal dorsum with yellow spots ·········· **19**

Female frons not projected beyond eyes; abdominal dorsum entirely black ········· *A. ningxiana*

19. Hind femur tinged brown apically; abdomen with large yellow spots on tergites 1-3 or 1-4; gonocoxites apically without finger-like dorsal process; gonostylus without inner process at base ········· **20**

Hind femur entirely yellow; abdomen with large yellow spots on tergites 1-5; gonocoxites apically with a finger-like dorsal process; gonostylus with an inner process at base ··············· *A. zhuae*

20. Palpus entirely blackish; wing not pale basally ····················· **21**

Palpus brownish yellow to brownish apically; wing hyaline basally ··············· *A. japonica*

21. Antenna dark brownish yellow except scape black and apex of flagellum blackish; palpus with basal segment slightly shorter than apical segment; gonostylus with an incision at hook-like tip ·········
·············· *A. ancistra*

Antenna yellow except apex of flagellum blackish; palpus with basal segment as long as apical segment; gonostylus without incision ····················· *A. acutata*

22. Hind femur not dark apically; abdomen with more yellow spots ················· **23**

Hind femur brown apically; only abdominal tergites 1-2 with yellow spot ········· *A. jingyuana*

23. Coxae red brown; antennal flagellum partly darker; wing not darker apically ········· *A. maxima*

Coxae dark yellow; antennal flagellum uniformly dark brown; wing gray apically ········ *A. liangi*

24. Wing nearly hyaline; sternites 1-4 entirely yellow ················· *A. gongshana*

Wing tinged grayish; sternites 1-2 with dark yellow median spots ··············· *A. tengchongana*

25. Female frons indistinctly projected beyond eyes; thorax usually entirely black ············· **26**

Female frons distinctly projected beyond eyes; thorax blackish or partly yellow ············· **28**

26. Thorax entirely black; legs mostly or entirely black ················· **27**

Thorax yellow except mesonotum and scutellum black; abdominal sternites 1-7 dark yellow ······
····················· *A. wangzishana*

27. Mid tarsomere 1 (or 1-2) and hind tarsomeres 1-3 yellow; antennal pedicel brownish yellow and flag-ellomeres 1-2 yellow ·· *A. vagans*

All tarsi black; antennae black ·· *A. inermis*

28. Thoracic pleuron blackish, at most partly brownish yellow ··· **29**

Thoracic pleuron yellow to dark yellow, at most with one blackish longitudinal spot ············ **35**

29. Thoracic pleuron entirely blackish; palpus black ··· **30**

Mesopleuron with brownish yellow dorsal band; palpal segment 2 dark yellow ················ **33**

30. Halter dark brown with dark yellow base; tibiae blackish to black with brownish yellow bases ········ **31**

Halter pale yellow ··· **32**

31. Antenna mostly dark brown ·· *A. baoshana*

Antennal flagellum reddish yellow except last segment black ································· *A. yanshana*

32. Hind femur blackish apically; tibiae black with yellow bases; only hind tarsomere 1 brownish ···
·· *A. flava*

Hind femur entirely yellow; tibiae yellow; hind tarsomeres 1-3 yellow ············· *A. jinpingensis*

33. All tibiae with brownish yellow bases; antenna partly darker ······························· **34**

Fore tibia entirely brown; antenna entirely brownish yellow ································ *A. dorsalis*

34. Antenna brownish yellow with only scape black; anterior and dorsal portions of mesopleuron dark yellow; mid tarsomere 1 dark yellow ··· *A. basinigra*

Antennal scape and pedicel dark brown, flagellum brown with two last flagellomeres dark brown; mesopleuron black except dorsal band dark yellow; mid tarsus entirely dark brown ···············
·· *A. dalongtana*

35. Antennal flagellum dark brown except 2 basal segments reddish yellow and last segment black; ster-nopleuron and hypopleuron yellow; mid tibia yellow ··· *A. liui*

Antennal flagellum blackish with basal segment brownish yellow; sternopleuron and hypopleuron mostly blackish; mid tibia blackish with brownish yellow base ····························· *A. honghensis*

36. Mesonotum and scutellum with long erect pale hairs; femora entirely yellow ··········
·· *A. flavofemoralis*

Mesonotum and scutellum with long erect black hairs; femora black except yellow extreme tip ···
·· *A. nigrifemur*

6. Genus *Aspartimas* Woodley, 1995

Diagnosis. Male eyes narrowly separated on frons; female eyes widely separated on frons; frons nearly parallel-sided. Antennal flagellum much longer than scape + pedicel, last flagellomere elongated. Scutellum with 4 spines. Wing with vein M_3 present and long. Hind femur thick, robust, strongly clavate; hind tibia thickened, slightly bent near middle. Gono-coxites strongly transversely broadened.

Remarks. The genus has only one species *Aspartimas fomosanus* (Enderlein), just occur in Taiwan, China.

7. Genus *Beris* Latreille, 1802

Diagnosis. Hairs on body usually dense, particularly in males. Eyes in both sexes usually pilose; males eyes contiguous on frons. Female frons wide, weakly widened forward. Mid-lower face swollen, with lateral pits. Antennal scape and pedicel short, subequal in length; flagellum as long as or longer than scape + pedicel. Flagellum rather thick; most flagellomeres wider than long. Palpus vestigial. Scutellum with 4-8 spines entirely metallic green. Abdomen wide, flattened dorsoventrally.

Remarks. There are 50 *Beris* species known from the world. 22 species are known to occur in China.

Key to species

1.	Antenna not elongated with last flagellomere short ·························	**2**
	Antenna distinctly elongated with last flagellomere much longer than first flagellomere, black; wing tinged grayish, but uniformly dark brown on anterior portion ·············	***B. dolichocera***
2.	Stigma yellowish or dark yellow, not darker than rest of wing membrane ·············	**3**
	Stigma dark brown, distinctly darker than rest of wing membrane ·············	**5**
3.	Stigma yellowish ·············	**4**
	Stigma dark yellow ·············	***B. ancistra***
4.	Antenna black with basal part of flagellum brownish yellow ·············	***B. gansuensis***
	Antenna brownish yellow with apex of flagellum brown to dark brown ·············	***B. basiflava***
5.	Flagellum dark yellow or reddish yellow with blackish apex ·············	**6**
	Flagellum blackish to black ·············	**9**
6.	Wing hyaline with one large brown spot below dark brown stigma; aedeagus with three dorsal needles ·············	**7**
	Wing uniformly brown; aedeagus without dorsal needles ·············	**8**
7.	Antennal scape and pedicel reddish yellow; gonocoxites with long apico-inner process; three needles of aedeagus equal in length ·············	***B. alamaculata***
	Antennal scape and pedicel brown; gonocoxites without apico-inner process; median needle of aedeagus shorter ·············	***B. brevis***
8.	All femora darkened at tip; aedeagus with lateral lobes nearly as long as median lobe, apically curved outward ·············	***B. potanini***
	All femora entirely yellow; aedeagus with lateral lobes much elongated, distinctly longer than median lobe, apically curved inward ·············	***B. zhouae***
9.	Hind tarsomere 1 distinctly swollen, wider than tibia ·············	**10**

Hind tarsomere 1 weakly swollen, as wide as tibia ·· **18**

10. Hind tarsomere 1 distinctly wider than hind tibia; hind tibia usually yellow ········· **11**

Hind tarsomere 1 slightly thicker than hind tibia; hind tibia black, at most with yellow base ········· **15**

11. Hind tibia yellow ·· **12**

Hind tibia blackish ··· ***B. trilobata***

12. Antennal flagellum long (distinctly longer than scape and pedicel together) ··············· **13**

Antennal flagellum short (as long as scape and pedicel together), not thickened basally, narrower than pedicel ··· ***B. hirotsui***

13. Hairs on eyes short and sparse; tergite 9 without surstylus, gonostylus long hook-like ········· **14**

Hairs on eyes longer and denser; tergite 9 with finger-like surstylus, gonostylus short thick ······
··· ***B. fuscipes***

14. Tarsi dark brown except hind tarsomere 1 ···························· ***B. liaoningana***

Tarsi entirely yellow ··· ***B. flava***

15. Femora black, at most yellow at tip ··· **16**

Femora mostly yellow; aedeagus wide, with branches mostly fused basally ·········· ***B. yangxiana***

16. Only extreme tips of femora yellow or brownish yellow ························· **17**

Femora entirely black; only hind tarsomere 1 yellow; gonostylus large, furcated ····· ***B. shennongana***

17. All tarsomere 1 dark yellow to yellow; gonostylus with a finger-like process at base ··· ***B.digitata***

Tarsi entirely black ·· ***B. zhouquensis***

18. Wing distinctly gray; halter brown or dark brown; mid-posterior incision fused gonocoxites without median process; aedeagus trilobate ··· **19**

Wing very pale gray; halter yellow; mid-posterior incision fused gonocoxites with large median process; aedeagus bilobate ··· ***B. emeishana***

19. All coxae black; femora entirely black except extreme tips dark yellow in *B. furcata* ·········· **20**

All coxae yellow; femora with both ends yellow; lateral lobe of aedeagus long and strongly incurved inward apically ·· ***B. huanglianshana***

20. Femora entirely black ··· **21**

Femora with extreme tip dark yellow ·································· ***B. furcata***

21. Tarsomere 1 dark yellow; gonostylus without inner incision basally; mid-posterior incision of fused ventral gonocoxites semicircular with spine-like lateral processes ·················· ***B. spinosa***

Tarsomere 1 mainly brownish yellow ventrally; gonostylus with inner incision basally; mid-posterior incision of fused ventral gonocoxites quadrate without spine-like lateral process ········ ***B. concava***

8. Genus *Chorisops* Rondani, 1856

Diagnosis. Body shining metallic green or purple. Male eyes narrowly separated on frons; frons gradually narrowed forward, 1/4 as wide as eye. Frons with short hairs. Female eyes widely separated on frons; frons nearly parallel-sided, about 1/2 as wide as eye. Eyes nearly bare. Antenna rather long and somewhat thin; scape distinctly elongated, distinctly longer than pedicel; flagellum distinctly elongated, distinctly longer than scape + pedicel, most flagellomeres longer than wide. Scutellum with 4-6 spines yellow. Abdomen relatively narrow.

Remarks. There are 16 *Chorisops* species known from the world. 10 species are known to occur in China.

Key to species

1.	M_3 very short or absent ⋯⋯⋯⋯⋯⋯⋯⋯⋯⋯⋯⋯⋯⋯⋯⋯⋯⋯⋯	**2**
	M_3 rather long ⋯⋯⋯⋯⋯⋯⋯⋯⋯⋯⋯⋯⋯⋯⋯⋯⋯⋯⋯⋯⋯⋯	**9**
2.	Abdomen entirely brown to dark brown ⋯⋯⋯⋯⋯⋯⋯⋯⋯⋯⋯	**3**
	Abdomen with yellow spots ⋯⋯⋯⋯⋯⋯⋯⋯⋯⋯⋯⋯⋯⋯⋯⋯⋯	**7**
3.	Hind femur yellow (brown in C. *brevis*); halter yellow ⋯⋯⋯⋯	**4**
	Hind femur mostly dark brown; halter with knob brown or brownish ⋯⋯	**6**
4.	Fore tarsus entirely dark brown ⋯⋯⋯⋯⋯⋯⋯⋯⋯⋯⋯⋯⋯⋯	**5**
	Fore tarsomere 1 yellow; aedeagus with 3 lobes but median lobe very short ⋯⋯⋯	***C. brevis***
5.	Palpus blackish; M_1 and M_2 convergent at base; scutellum with apical margin dark, lateral spine long; wing nearly uniformly gray on apical and posterior portions ⋯⋯⋯⋯	***C. fanjingshana***
	Palpus partly yellow; M_1 and M_2 separate at base; scutellum with apical margin brownish yellow, lateral spines short; wing dark mainly along longitudinal veins ⋯⋯⋯⋯	***C. separata***
6.	Flagellum dark brownish yellow with apical portion black; palpus brownish yellow or blackish; aedeagus with two lobes serrate apically ⋯⋯⋯⋯⋯⋯⋯	***C. bilobata***
	Flagellum black with two basal segments blackish; palpus blackish except apical segment dark yellow; aedeagus trilobite, not serrate apically ⋯⋯⋯⋯	***C. zhangae***
7.	Hind femur without dark subapical ring, only extreme tip dark brown; posterior veins of cell dm X-shaped ⋯⋯⋯⋯⋯⋯⋯⋯⋯⋯⋯⋯⋯⋯⋯⋯⋯	**8**
	Hind femur with brown subapical ring and dark brown extreme tip; posterior veins of cell dm not X-shaped ⋯⋯⋯⋯⋯⋯⋯⋯⋯⋯⋯⋯⋯⋯	***C. maculiala***
8.	Abdominal tergites 2-5 each with large wide yellow mid-basal spot; thoracic pleuron entirely black ⋯⋯⋯⋯⋯⋯⋯⋯⋯⋯⋯⋯⋯⋯⋯⋯⋯⋯⋯	***C. unita***
	Abdominal tergites 2-6 each with narrow transverse strip-like yellow mid-basal spot; thoracic pleuron partly yellow or dark yellow ⋯⋯⋯⋯⋯⋯	***C. striata***
9.	M_3 very long, 2/3 of M_2; veins around lower portion of discal cell not X-shaped; basal 1/4 of hind tibia brownish yellow; palpus brownish yellow ⋯⋯⋯	***C. longa***
	M_3 moderately long, 1/3 of M_2; veins around lower portion of discal cell X-shaped; extreme base of hind tibiae dark brownish yellow; palpus black ⋯⋯⋯	***C. tianmushana***

9. Genus *Spartimas* Enderlein, 1921

Diagnosis. Head and thorax metallic purple. Male eyes contiguous on frons. Female eyes widely separated on frons; frons gradually widened forward, slightly narrower than eye. Eyes nearly bare. Antenna filiform; scape distinctly longer than pedicel; flagellum distinctly elongated, distinctly longer than scape and pedicel together, flagellomere 8 as long as flagellomeres 6+7. Scutellum with 4-6 spines yellow. Fore tibia and tarsus distinctly slender, elongate, longer than same structures of middle leg. Wing with vein M_3 rather long or absent. Abdomen relatively narrow.

Remarks. There are 3 *Spartimas* species known from the world. All species are known to occur in China.

Key to species

1.	Thoracic entirely yellow; M_3 absent ·· 2
	Thoracic pleuron partly black; M_3 with long base ·· ***S. ornatipes***
2.	Hind femur yellow, with apical 1/3 black ··· ***S. apiciniger***
	Hind femur yellow, with a brown narrow subapical ring not connected on ventral surface ········· ··· ***S. hainanensis***

II. Subfamily Clitellariinae Brauer, 1882

Diagnosis. Medium to large sized. Eyes in both sexes usually pilose; males eyes contiguous on frons; female eyes widely separated on frons. Antennal flagellum 7- or 8-segemented, highly varied in shape, filiform or spindle-shaped with an apical stylus, bare or densely haired. Occasionally a slender spine or shot process on each side of mesonotum just above wing base. Scutellum with 2 spines or unarmed. Wing with vein CuA_1 arising from cell dm (except *Cyphomyia*); 3 medial veins arising from discal cell. Abdomen rounded or elongated.

Remarks. There are 40 genera and 259 known species of Clitellariinae known from the world. Eight genera and 32 species are known to occur in China. 10 species are described as new to science.

Key to genera

1.	Scutellum with 2 spines ··· 2
	Scutellum unarmed ·· 7
2.	Mesonotum with spines or short processes just above wing base ······································· 3
	Mesonotum without spines or short processes above wing base ··· 4

3.	Apical stylus bare or pubescent ·· **5**
	Apical stylus densely long haired ··· ***Nigritomyia***
4.	Abdomen long elliptic, flattened dorsoventrally ······························· ***Campeprosopa***
	Abdomen rounded, strongly convex dorsally ······································· **6**
5.	Abdomen nearly circular, as wide as long; scutellar spines short and thick ············· ***Clitellaria***
	Abdomen long elliptic, much longer than wide; scutellar spines slender and acute ······ ***Anoamyia***
6.	Antenna filiform, flagellomeres subequal in length; vein CuA$_1$ separated from discal cell ··· ***Cyphomyia***
	Antenna short, flagellomeres 1-5 spindle-shaped, flagellomeres 6-8 forming an apical stylus; vein CuA$_1$ arising from discal cell ···················· ***Adoxomyia***
7.	Abdomen flattened, long elliptic, barely wider than thorax ······················· ***Eudmeta***
	Abdomen spherical, much wider than thorax ·· ***Ruba***

10. Genus *Adoxomyia* Kertész, 1907

Diagnosis. Body darkened. Eyes densely haired, contiguous in males and widely separated in females. Antennal flagellum 8-segmented, but flagellomeres 4-6 often indistinctly separated; last 2 flagellomeres forming an apical stylus. Scutellum with 2 widely-separated spines, posterior margin of scutellum much longer than lateral margin. Wing with vein CuA$_1$ arising from cell dm, vein R$_{2+3}$ arising behind crossvein r-m, vein R$_4$ present, media vein well developed, almost reaching wing margin. Abdomen rounded, wider than thorax.

Remarks. There are 37 *Adoxomyia* species known from the world. Four species are known to occur in China.

Key to species

1.	Antenna entirely black ··· **2**
	Antenna with two colors, not entirely black ·· **3**
2.	Mesonotum golden haired; scutellar spines brownish; halter white ··········· ***A. alaschanica***
	Mesonotum black haired; scutellar spines black; halter brown ·············· ***A. lugubris***
3.	Antennal flagellum brownish to dark brown ······································· ***A. formosana***
	Antennal scape and pedicel black, flagellum reddish brown with yellow hairs, apical stylus blackish brown with black hairs ···················· ***A. hungshanensis***

11. Genus *Anoamyia* Lindner, 1935

Diagnosis. Eyes densely haired, contiguous in males and widely separated in females; same in size of facets. Antennal flagellomeres 1-6 slightly swollen; flagellomeres 7-8 forming a long stylus, pubescent entirely or partly. Scutellum wider than long, spines well developed. Mesonotum with a long spine in each side just above wing base. Wing with vein CuA$_1$ arising from cell dm. Abdomen elliptic, much longer than wide, weakly convex dorsally.

Remarks. There are 3 *Anoamyia* species known from the world. Two species are known to occur in China. One species is described as new to science.

Key to species

1.	Spines situated at posterior corners of scutellum, in same plane as mesonotum and scutellum; thorax and abdomen with black and white hairs; abdomen long elliptic ······················· *A. javana*
	Spines situated on dorsum of scutellum and strongly directed upward; thorax and abdomen with rusty red hairs in males, white and rusty red hairs in females; abdomen rectangular with posterior margin slightly broad and somewhat truncated ······················· *A. rectispina* **sp. nov.**

1. *Anoamyia rectispina* sp. nov. (fig. 159; pl. 23)

Diagnosis. Eyes black, densely covered with brown hairs which white in margins of eyes; facets uniform in both sexes. Face produced forward and downward into a cone. Antenna black with flagellomeres 1-6 orange yellow, this part slightly elongate and swollen in females. Proboscis and palpus black with yellowish brown hairs. Thorax black with humeral callus reddish brown. Thoracic lateral spines short and thick with acute tip. Scutellum with apical half brownish red, convex dorsally, short, with a small incision on middle of apical margin; scutellar spines strongly directed upward, nearly vertical, brownish red with black tips. Hairs on thorax chiefly rusty red. Legs black with mid tarsus yellowish brown. Wing pale brown with a hyaline transverse band behind discal cell, aula, basal 3/4 of cell br and mid-anterior part of cell bm hyaline; stigma dark brown; veins brown. Halter pale yellow. Abdomen black covered with rusty red hairs on dorsum in males and chiefly white haired in females; long rectangular, apical part broadened and truncated. Male genitalia distinctly elongate, gonocxites with a pair of blunt mid-apical processes, aedeagal complex bifurcated apically.

Type. Holotype male, China: Yunnan, Xishuangbanna, Gannanba, 650 m, 15. Ⅲ. 1957, L. C. Zang (IZCAS). Paratypes 1♂1♀, China: Yunnan, Xishuangbanna, Gannanba, 650 m, 16. Ⅲ. 1957, L. C. Zang (IZCAS); 1♂, China: Yunnan, Xishuangbanna, Gannanba, 650 m, 17. Ⅲ. 1957, L. C. Zang (IZCAS);1♂, China: Yunnan, 25 km away from northeast of Cheli, 800 m, 6. Ⅳ. 1955 (IZCAS).

Distribution. Yunnan.

Etymology. The specific name refers to the vertical scutellar spines.

Remarks. The new species is somewhat similar to *A. javana* James from China and Indonesia, but the latter has very long scutellar spines which in the same plane as mesonotum; thorax and abdomen chiefly covered with black and white hairs; distal of abdomen is narrow.

12. Genus *Campeprosopa* Macquart, 1850

Diagnosis. Medium to large sized. Eyes bare, separated by a frontal vitta in both sexes, but touching in males of *C. longispina*. Antennae inserted on a distinct conical protubrance, slender, filiform; flagellum 8-segmented and most flagellomeres subequal in length. Scutellum with 2 long, slender and diverging spines. Wing with vein CuA_1 arising from cell dm, vein R_{2+3} arising behind crossvein r-m, vein R_4 present, media vein well developed, almost reaching wing margin. Mesonotum without spines above wing base. Abdomen flattened, long elliptic, as wide and long as thorax or slightly longer than thorax.

Remarks. There are 3 *Campeprosopa* species known from the world. One species is known to occur in China.

13. Genus *Clitellaria* Meigen, 1803

Diagnosis. Body darkened. Eyes densely haired, contiguous in males and widely separated in females. Female frons wide, parallel-sided or gradually narrowed toward vertex and with a longitudinal groove from median ocellus to antennae; wide postocular rim present in females. Antennal flagellum 8-segmented; flagellomeres 1-6 slightly swollen, spindle-shaped, the last two flagellomeres forming an apical stylus, but shorter than rest of flagellomeres. Palpus 2-segmented. Mesonotum above wing base with a pair of well developed spines. Scutellum with 2 strong and swollen spines, posterior margin of scutellum longer than lateral margin. Wing with vein CuA_1 arising from cell dm, vein R_{2+3} arising behind crossvein r-m, vein R_4 present, media vein well developed, almost reaching wing margin. Abdomen rounded, wider than thorax.

Remarks. There are 20 *Clitellaria* species known from the world. 13 species are known to occur in China. Four species are described as new to science.

Key to species

1.	Spines on scutellum in same plane as mesonotum and scutellum or somewhat inclined, never vertical ······ **2**	
	Spines on scutellum strongly directed upward ······ ***C. bergeri***	
2.	Apical stylus of antennal flagellum thick ······ **3**	
	Apical stylus of antennal flagellum thin ······ **5**	
3.	Last three flagellomeres densely covered with short black hairs ······ ***C. orientalis***	
	Last three flagellomeres tomentose or pale grey pollinose ······ **4**	
4.	Antenna black but last flagellomere yellowish brown, white tomentose; flagellomeres 1-3 rather long, each longer than wide; spines on scutellum slender, about 1/2 as long as scutellum; mesonotum covered with erect, longer brown hairs and recumbent, shorter white hairs ··· ***C. crassistilus***	
	Antenna black but flagellomeres 1-3 reddish orange, last flagellomere pale grey pollinose; flagellomeres 1-3 wider than long; spines on scutellum rather small, about 1/3 as long as scutellum; mesonotum yellow recumbent pilose ······ ***C. microspina* sp. nov.**	

5. Wing dark brown ··· **6**

   Wing nearly hyaline, at most tinged pale brown ··· **7**

6. Eyes with upper facets larger than lower facets; without postocular rim; lateral spine on mesonotum as long as antennal scape, triangular, flattened; abdomen with black haired dorsally ······ ***C. nigra***

   Eyes consisting of uniform facets; with very narrow postocular rim; lateral spines on mesonotum thick, twice as long as antennal scape; abdominal tergites 4-5 reddish orange haired at middle ··· ·· ***C. aurantia*** **sp. nov.**

7. Spines on scutellum black ··· **8**

   Spines on scutellum yellow ··· **9**

8. Antenna black or blackish brown ·· ***C. kunmingana***

   Antennal flagellomeres 1-5 orange yellow or yellowish brown ··················· **12**

9. Antenna entirely black ··· **10**

   Antennal pedicel and flagellomeres 1-5 orange yellow ····························· **11**

10. Postocular rim absent; mid and hind tarsomeres 1-2 yellow ········· ***C. longipilosa***

    Postocular rim present; legs entirely black ······························· ***C. chikuni***

11. Antennal flagellomeres 1-5 elongated, flagellomere 5 longer than wide; hind femur yellow with apical 1/3 brown ··· ***C. flavipilosa***

    Antennal flagellomeres 1-5 not elongated, flagellomere 5 wider than long; hind femur blackish brown except both ends ··· ***C. bicolor*** **sp. nov.**

12. Spines on scutellum in same plane as mesonotum and scutellum; trochanters yellowish brown ··· ·· ***C. mediflava***

    Spines on scutellum inclined, about 45 degrees angle with scutellar disc; trochanters yellow ······ ·· ***C. obliquispina*** **sp. nov.**

2. *Clitellaria aurantia* sp. nov. (fig. 161; pl. 24)

Diagnosis. Eyes blackish brown, densely covered with longer brown hairs which shorter in females; facets uniform in both sexes. Postocular rim very narrow in males and broad in females. Antenna black, flagellomeres 1-3 distinctly swollen in females; stylus with blunt tip. Proboscis and palpus black with yellowish brown hairs. Thorax black with top of humeral callus reddish brown. Thoracic lateral spines longer with round tips. Thorax covered with erect, longer black hairs and recumbent, shorter pale yellow hairs which turn to orange red on posterior part of scutum and scutellum. Scutum with 3 wide longitudinal dark stripes. Legs black. Wing dark brown except basal and posterior part paler; stigma brown; veins blackish brown. Halter yellow with a brown spot on upper part of knob, but absent in females. Abdomen elliptic, longer than wide, black with reddish brown margins. Hairs of abdomen chiefly pale yellow, but tergites 4-5 covered with dense recumbent, long orange red hairs. Male gonostylus acute at tip, with a small acute inner process; gonocoxites with a small acute mid-apical process; aedeagal complex attenuated apically.

Type. Holotype male, China: Yunnan, Xishuangbanna, Damenglong, 650 m, 17. Ⅳ. 1958, Z. Z. Chen (IZCAS). Paratypes 1♀, China: Yunnan, Xiaomengyang, 850 m, 28. Ⅲ. 1957, F. J. Pu (IZCAS); 1♀, China: Yunnan, Xiaomengyang, 850 m, 2. Ⅳ. 1957, F. J. Pu (IZCAS); 1♀, China: Yunnan, Xiaomengyang, 850 m, 30. Ⅲ. 1957, L. C. Zang (IZCAS).

Distribution. Yunnan.

Etymology. The specific name refers to the orange red hairs on its thorax and abdomen.

Remarks. The new species is somewhat similar to C. *flavipilosa* Yang *et* Nagatomi from China, but the latter has hyaline wing with indistinct pale brown transverse band at middle; legs are partly yellow; male halter is pale yellow without brown spot on the knob.

3. *Clitellaria bicolor* sp. nov. (fig. 164; pl. 26)

Diagnosis. Eyes blackish brown, densely covered with longer reddish brown hairs which white in margins of eyes; facets uniform in both sexes. Postocular rim absent in males and broad in females. Male antenna orange yellow, but base of scape and flagellomeres 6-8 blackish brown. Female antenna reddish brown, but scape, base of pedicel and flagellomeres 6-8 black. Proboscis blackish brown with yellowish brown hairs. Palpus yellow haired; segment 1 short and broad, yellowish brown; segment 2 slender, black. Thorax black with humeral callus and tips of lateral spines yellowish brown. Thoracic lateral spines triangular, short and flattened. Scutellum with 2 slender, acute yellow spines. Hairs on mesonotum golden yellow in males and chiefly pale and recumbent in females; scutum with 4 longitudinal dark stripes in males and 3 stripes in females. Legs black brown with trochanter, femoral and tibial bases and tips, fore tarsomere 1 except tip (entirely black in females), ventral surface of fore tarsomeres 2-5 and mid and hind tarsi yellow. Wing nearly hyaline, tinged yellowish brown; stigma and veins yellowish brown. Halter whitish yellow. Abdomen black, slightly longer than wide, covered with brown hairs, but lateral margin, basal corners of tergite 2 and apical half of tergites 4~5 with pale yellow hairs. Male gonostylus small with acute tip; mid-apical process of gonocoxites with straight distal margin; aedeagal complex with short bifurcate apex.

Type. Holotype male, China: Yunnan, Xishuangbanna, Damenglong, 650 m, 8. Ⅳ. 1958, F. J. Pu (IZCAS). Paratypes 1♂1♀, China: Yunnan, Xishuangbanna, Damenglong, 650 m, 14. Ⅳ. 1958, S. Y. Wang (IZCAS); 1♂, China: Yunnan, Xishuangbanna, Gannanba, 650 m, 24. Ⅲ. 1957, L. C. Zang (IZCAS); 1♀, China: Yunnan, Xishuangbanna, Damenglong, 650 m, 13. Ⅳ. 1958, S. Y. Wang (IZCAS).

Distribution. Yunnan.

Etymology. The specific name refers to the bicolored antenna.

Remarks. The new species is somewhat similar to C. *flavipilosa* Yang *et* Nagatomi from China, but the latter has elongated flagellomere 5 which is longer than wide; hind femur is yellow with apical third yellowish brown; hind tarsomeres 3-5 have the black dorsal surface.

4. *Clitellaria microspina* sp. nov. (fig. 173; pl. 30)

Diagnosis. Eyes covered with reddish brown hairs; facets uniform in both sexes. Postocular rim distinct in both sexes. Antenna black with flagellomeres $1\sim3$ orange yellow to brownish red and flagellomeres 4-8 brown, apical stylus (= flagellomere 8) slightly thick. Palpus brown, but segment 1 yellowish brown, with yellowish brown hairs. Thorax black with humeral and postalar calli yellowish brown. Thoracic lateral spines small and rounded, yellowish brown but tips yellow. Scutellar spines tiny and acute, about 1/3 as long as scutellum, pale yellow but black to yellowish brown at base. Thorax chiefly covered with recumbent, shorter yellow hairs. Legs yellowish brown, but coxae, trochanters except tips, basal third to half of femora, basal third of fore and mid tibiae and an inner-base spot on hind tibia black; tips of trochanters, apices of femora, extreme bases of tibiae and hind tarsomeres 1-2 yellow. Wing pale yellow; stigma yellow, indistinct. Halter whitish yellow. Abdomen rounded, as long as wide, reddish brown, covered with recumbent, shorter yellow hairs. Male gonostylus with acute tip and an acute inner process at middle; apical margin of gonocoxites slightly convex at middle; aedeagal complex with short bifurcate apex.

Type. Holotype male, China: Xinjiang, Wusu, 18. Ⅶ. 1971 (IZCAS). Paratypes 1♀, China: Xinjiang, Wusu, 340 m, 24. Ⅵ. 1957, Q. Wang (IZCAS); 1♀, China: Xinjiang, Wusu, 340 m, 24. Ⅵ. 1957, C. P. Hong (IZCAS).

Distribution. Xinjiang.

Etymology. The specific name refers to the tiny scutellar spines.

Remarks. The new species is somewhat similar to *C. mediflava* Yang *et* Nagatomi from China, but the latter has the longer black scutellar spines which are 0.7 times as long as scutellum; legs are black.

5. *Clitellaria obliquispina* sp. nov. (fig. 176; pl. 32)

Diagnosis. Eyes purple brown, densely covered with reddish brown hairs which are white at eye margin; upper facets lager than lower facets in males. Postocular rim absent in males. Antenna yellow, but scape except apex and flagellomeres 4-8 yellowish brown to brown. Proboscis and palpus yellowish brown with yellowish brown hairs. Thorax black, but upper points of humeral callus yellow, thoracic lateral spines tips and scutellar spines tips reddish brown. Scutellar spines slender, inclined, about 45 degrees angle with scutellar disc. Thorax covered with pale yellow hairs, with 3 wide longitudinal stripes covered with reddish brown pubescence. Legs reddish brown, but coxae black, trochanters, femoral base, knees, apical part of tibiae and mid and hind tarsomere 1 except tips yellow. Wing nearly hyaline, tinged pale yellowish brown; stigma pale yellow; veins yellowish brown. Halter whitish yellow. Abdomen wider than long, black, covered with recumbent, shorter brown hairs, but middle of tergite 2, tergites 4-5 except basal margin densely pale yellow haired. Male genitalia with mid-apical process of gonocoxites with straight distal margin; aedeagal complex long triangular.

Type. Holotype male, China: Yunnan, Cheli, Liushahe, 31. Ⅲ. 1957, А. Мончадский (IZCAS).

Distribution. Yunnan.

Etymology. The specific name refers to the oblique scutellar spines.

Remarks. The new species is somewhat similar to *C. mediflava* Yang *et* Nagatomi from China, but the latter has the chiefly black legs and pale black palpus, the scutellar spines are in the same plane as mesonotum.

14. Genus *Cyphomyia* Wiedemann, 1819

Diagnosis. Head hemispherical. Eyes bare, contiguous in males and widely separated in females. Wide postocular rim present. Antenna long, filiform; flagellum 8-segmented, flagellomeres as wide as long. Scutellum with 2 spines. Vein CuA_1 separated from discal cell by crossvein m-cu; 3 veins arising from discal cell. Mesonotum without lateral spines. Abdomen rounded, strongly convex dorsally, wider than thorax.

Remarks. There are 85 *Cyphomyia* species known from the world. Three species are known to occur in China. One species is described as new to science.

Key to species

1.	Thorax shining navy blue; wing nearly hyaline with stigma and basal cell brown ······ *C. orientalis*
	Thorax black; wing dark brown with base paler ·· **2**
2.	Thorax grey pilose; antennal scape twice as long as pedicel; spines on scutellum black; aedeagal parameres with strongly bended base and straight apex ···················· *C. albopilosa* sp. nov.
	Thorax densely golden pilose; antennal scape 3 times as long as pedicel; spines on scutellum black with white tips; aedeagal parameres straight ························· *C. chinensis*

6. *Cyphomyia albopilosa* sp. nov. (fig. 179; pl. 34)

Diagnosis. Head with frons, vertex and median occipital sclerite yellow, rest of occiput black; face yellow but lower part yellowish brown. Ocellar tubercle black. Eyes sparsely yellow pubescent. Antenna black with scape and pedicel yellowish brown. Proboscis and palpus brown with yellow hairs. Thorax black with yellowish brown humeral callus. Scutellum with straight posterior margin, strongly convex dorsally; spines entirely black, robust, widely separated at base. Hairs on thorax pale. Legs reddish brown, but fore tarsomere 1 and mid tarsomeres 1-2 pale yellow. Wing pale brown, but hyaline at base; stigma brown, indistinct; veins pale brown to brown. Halter whitish yellow. Abdomen rounded, wider than long, metallic bluish violet, covered with pale hairs. Male genitalia strongly convex in profile, gonocoxites with hook-like lateral process on dorsal apical margin, ventral apical margin strongly concaved and with a small median process; aedeagal complex with a wide dorsal lobe and two narrower lateral lobes; parameres strongly curved inward at base.

Type. Holotype male, China: Yunnan, Jinping, Mengla, 400 m, 27. Ⅳ. 1956, K. R. Huang (IZCAS). Paratypes 1♀, China: Yunnan, Xishuangbanna, Meng'a, 800 m, 1. Ⅵ. 1958, S. Y. Wang (IZCAS).

Distribution. Yunnan.

Etymology. The specific name refers to the pale hairs of mesonotum.

Remarks. The new species is somewhat similar to *C. flaviceps* (Walker) from Southeast Asia, but the latter has the small size, less than 7.0 mm in length; frons is narrow, only 1/5 of head; scape is 1.3 times as long as pedicel.

15. Genus *Eudmeta* Wiedemann, 1830

Diagnosis. Body elongated and flattened, medium to large sized. Eyes bare, contiguous in males and widely separated in females; upper facets larger than lower facets in males and uniform in females. Antenna long, filiform, flagellomeres 6-8 densely haired. Thorax distinctly longer than wide, without lateral spines above wing base. Scutellum unarmed. Wing with vein CuA_1 arising from cell dm, 3 medial veins arising from cell dm. Abdomen flattened, long elliptic, as wide and long as thorax or slightly longer than thorax.

Remarks. There are 4 *Eudmeta* species known from the world. Two species are known to occur in China.

Key to species

1.	Body chiefly black with cerulean markings especially on thorax and abdomen ········· *E. coerulemaculata*
	Body chiefly orange yellow, abdominal segments 4-5 black ····················· *E. diadematipennis*

16. Genus *Nigritomyia* Bigot, 1877

Diagnosis. Eyes densely haired, contiguous in males and widely separated in females. Antennal flagellum distinctly longer than scape+pedicel, flagellomeres 1-5 spindle-shaped, flagellomeres 6-8 forming a densely pilose apical stylus as long as rest of flagellum. Thorax longer than wide, with lateral spines above wing base. Scutellum with 2 spines. Wing with vein CuA_1 arising from cell dm, 3 medial veins arising from cell dm. Abdomen elliptic, as wide as thorax, slightly longer than wide, weakly convex dorsally.

Remarks. There are 16 *Nigritomyia* species known from the world. Four species are known to occur in China. One species is described as new to science.

Key to species

1.	Body chiefly black ···	**2**
	Body chiefly shining bluish violet ·····················	***N. cyanea***
2.	Mesonotum and scutellum densely covered with reddish orange hairs ···············	***N. fulvicollis***
	Mesonotum covered with short grey hairs ···················	**3**
3.	Trochanters brown, hind femur with a narrower yellow area at base, usually wider than long; male tergite 9 with a V-shaped basal incision ····················	***N. guangxiensis***
	Trochanters yellow, hind femur with a wider yellow area at base, usually longer than wide; male tergite 9 with a semicircular basal incision ···············	***N. basiflava* sp. nov.**

7. *Nigritomyia basiflava* sp. nov. (fig. 183; pl. 36)

Diagnosis. Eyes densely covered with reddish brown hairs which are white at eye margin; facets uniform in both sexes. Postocular rim absent in males and wide in females. Antenna black, but flagellomeres 1-3 brown or yellowish brown. Proboscis yellowish brown with white hairs. Palpal segment 1 reddish brown with white hairs, segment 2 black with black hairs. Thorax black with upper points of humeral callus yellow. Thoracic lateral spines slender with acute tips. Scutellar spines black with yellow or reddish brown acute tips, robust, inclined, about 30-45 degrees angle with scutellar disc. Thorax covered with erect, longer yellowish brown hairs and recumbent, shorter white hairs. Scutum with 5 darkened spots. Legs black, but trochanters, wider base of femora, outer side of tibial base, mid and hind tarsomeres 1 except apex pale yellow. Wing pale brown with hyaline base, subapical part brown; stigma brown; veins brown. Halter pale yellow. Abdomen black, with black hairs, but tergites 1-4 with pairs of spots covered with pale yellow or slivery hairs, tergites 3-5 with triangular or rectangular haired spots at middle. Male tergite 9 with a semicircular incision at basal margin; gonostylus curved inward; aedeagal complex with short bifurcate apex.

Type. Holotype male, China: Yunnan, Hekou, Nanxi, 300 m, 13. Ⅴ. 2011, Y. Li (CAU). Paratypes 1♂; China: Guangxi, Longzhou, Nonggang, 13. Ⅴ. 2006, K. Y. Zhang (CAU). 1♀, China: Hainan, Danzhou, Nadaliangyuan, 8. Ⅴ. 2007, J. H. Zhang (CAU); 1♀, China: Guangxi, Guilin, Yanshan, 13. Ⅵ. 1953 (IZCAS); 1♂1♀, China: Yunnan, Jinping, Mengla, 400 m, 27. Ⅳ. 1956, K. R. Huang (IZCAS); 1♀, China: Yunnan, Hekou, 200 m, 6. Ⅵ. 1956, Д. Панфилов (IZCAS); 1♂, China: Yunnan, Xishuangbanna, Yunjinghong, 650 m, 26. Ⅳ. 1958, L. Y. Zheng (IZCAS); 4♂♂, China: Guangxi, Longzhou, 140 m, 30. Ⅳ. 1963, Y. S. Shi (IZCAS); 2♀♀, China: Hainan, Wanning, 14. Ⅳ. 1960, B. F. Li (IZCAS); 1♂, China: Hainan, Jiangfengling, 30. Ⅷ. 1982, Y. F. Liu (IZCAS); 1♀, China: Guangxi, Fangcheng, Banbaxiang, 250 m, 3. Ⅵ. 2000, J. Yao (IZCAS).

Distribution. Guangxi, Yunnan, Hainan.

Etymology. The specific name refers to the hind femoral base yellow.

Remarks. The new species is somewhat similar to *N. guangxiensis* Li, Zhang *et* Yang from China, but the latter's trochanters are not yellow; the yellow areas of femora are narrow, usually wider than long; male tergite 9 has a V-shaped incision at base.

17. Genus *Ruba* Walker, 1859

Diagnosis. Eyes bare, contiguous in males and widely separated in females. Antennal flagellum distinctly longer than scape+pedicel, flagellomeres 1-5 slightly swollen, flagellomere 8 forming an apical stylus. Thorax longer than wide, without lateral spines. Scutellum distinctly wider than long, unarmed. Wing with vein CuA_1 arising from cell dm, 3 medial veins arising from cell dm. Abdomen much wider than thorax, spherical, sometimes wider than long, strongly convex dorsally.

Remarks. There are 9 *Ruba* species known from the world. Three species are known to occur in China. Three species are described as new to science.

Key to species

1.	Hind tibia yellow with apical half black ·························	***R. nigritibia* sp. nov.**
	Hind tibia entirely yellow ···	**2**
2.	Wing hyaline, without dark markings; abdominal tergite 2 with a pair of small black spots on posterior portion ·············	***R. bimaculata* sp. nov.**
	Wing hyaline with a large black marking near apex and a small black spot before stigma; abdomen entirely yellow ·············	***R. maculipennis* sp. nov.**

8. *Ruba bimaculata* sp. nov. (fig. 187; pl. 39)

Diagnosis. Head yellow. Ocellar tubercle black. Eyes sparsely yellow pubescent; upper facets larger and orange yellow, lower facets smaller and blackish brown. Antennal orange yellow, apical stylus short, 0.47 times as long as rest of flagellum. Proboscis and palpus yellow with yellow hairs, palpal segment 1 slender and segment 2 spindle-shaped. Thorax orange yellow with dense yellow hairs. Legs yellow with tarsomeres 4-5 black. Wing hyaline; stigma pale yellow, indistinct; veins yellowish brown. Halter pale yellow. Abdomen orange yellow with pair of black lateral spots on tergite 2. Male tergite 9 with a semicircular incision at base; gonogcoxites with a large mid-apical process.

Type. Holotype male, China: Sichuan, Emeishan Mountain, Linggongli (light trap), 5. Ⅶ. 2010, J. C. Wang (CAU).

Distribution. Sichuan.

Etymology. The specific name refers to the paired black spots of abdominal tergite 2.

Remarks. The new species is somewhat similar to *R. inflata* Walker from India, but the latter has bicolor wing; palpal segment 2 and antennal stylus are black; legs are yellow.

9. *Ruba maculipennis* sp. nov.(pl. 39)

Diagnosis. Head yellow. Ocellar tubercle black. Eyes reddish brown, sparsely yellow pubescent, widely separated and with uniform facets in females. Postocular rim wide. Frons widened toward vertex and face. Antenna orange yellow, but flagellomeres 6-8 black; stylus very slender and acute. Proboscis yellowish brown with yellowish brown hairs; palpal segment 1 slender, yellow, segment 2 rounded, black. Thorax orange yellow with dense yellow hairs. Legs yellow with tarsomeres 4-5 black. Wing nearly hyaline, tinged pale yellow, with a large brown subapical spot and a small brown spot just before stigma; stigma pale yellow, indistinct; veins brown. Halter yellowish brown. Abdomen orange yellow with dense yellow hairs.

Type. Holotype female, China: Sichuan, Emeishan Mountain, Jiulaodong, 1 800-1 900 m. 28. Ⅶ. 1957, K. R. Huang (IZCAS). Paratype 1♀, China: Sichuan, Emeishan Mountain, Jiulaodong, 1 800-1 900 m, 10. Ⅶ. 1957, L. Y. Zheng (IZCAS).

Distribution. Sichuan.

Etymology. The specific name refers to the wing has the markings.

Remarks. The new species is somewhat similar to *R. nigritibia* sp. nov., but the latter's brown markings are on the apex of wing; apical half of hind tibia is black; antennal stylus is thick.

10. *Ruba nigritibia* sp. nov. (fig. 188; pl. 40)

Diagnosis. Head yellow. Ocellar tubercle black. Eyes sparsely yellow pubescent; upper facets larger and orange yellow, lower facets smaller and blackish brown; female facets small, blackish brown and uniform. Antenna orange yellow, but flagellomeres 6-8 black; stylus long and thick. Proboscis yellowish brown with yellowish brown hairs. Palpal segment 1 slender, yellow; segment 2 rounded, black. Thorax orange yellow with dense yellow hairs. Legs yellow, but tarsomeres 4-5 and apical half of hind tibia black. Wing nearly hyaline, tinged pale yellow, with a large brown apical spot and a small brown spot just before stigma; stigma yellow; veins brown. Halter yellowish brown. Abdomen orange yellow with dense yellow hairs. Male tergite 9 with a shallow incision at base; gonocoxites with straight apical margin.

Type. Holotype male, China: Yunnan, Baoshan, Baihualing, 1500 m. 19. Ⅴ. 2007, X. Y. Liu (CAU). Paratypes 1♂, China: Yunnan, Baoshan, Baihualing, 1500 m. 19. Ⅴ. 2007, X. Y. Liu (CAU); 1♀, China: Yunnan, Mengla, Menglun, No. 55 field, 630 m, 6. Ⅴ. 2009, G. Q. Wang (CAU); 1♂, Yunnan, Ruili, 1300 m, 10. Ⅵ. 1956, T. R. Huang; 1♀, China: Yunnan, Xishuangbanna, Xiaomengyang, 850 m, 4. Ⅹ. 1957. S. Y. Wang (IZ-CAS);

Distribution. Yunnan.

Etymology. The specific name refers to the black apical half of the hind tibia.

Remarks. The new species is somewhat similar to *R. cincta* Brunetti from India, but the latter does not have a small brown spot before the stigma.

III. Subfamily Hermetiinae Loew, 1862

Diagnosis. Medium to large sized. Head transverse and relatively short. Eyes widely separated in both sexes. Antennal flagellum 8-segmented, flagellomeres 1-7 long clavate, flagellomere 8 flattened and lanceolate. Scutellum unarmed. Wing with vein CuA_1 arising from cell dm, 3 medial veins arising from cell dm and evanescent towards wing margin. Abdomen distinctly longer than thorax, consisting of 5 visible segments.

Remarks. There are 5 genera and 90 species of Hermetiinae known from the world. One genus and 5 species are known to occur in China. Four species are described as new to science.

18. Genus *Hermetia* Latreille, 1804

Diagnosis. Body usually large and slender, dark in color. Eyes widely separated in both sexes. Antennal flagellum 8-segmented, flagellomeres 1-7 long clavate, somewhat swollen in females; flagellomere 8 flattened and lanceolate. Scutellum unarmed. Wing with vein CuA_1 arising from cell dm, 3 medial veins arising from cell dm and evanescent towards wing margin. Abdomen long elliptic, distinctly longer than thorax, consisting of 5 visible segments.

Remarks. The genus is the largest genus in subfamily Hermetiinae with 82 known species from the world. Five species are known from China. Four species are described as new to science.

Key to species

1.	Eyes bare	*H. illucens*
	Eyes densely pubescent	2
2.	Head chiefly yellow; mesonotum with yellow lateral margin; abdominal tergites 3-4 with broad yellow transverse bands along posterior margin	*H. transmaculata* sp. nov.
	Head chiefly black; mesonotum with black lateral margin; abdomen without yellow bands	3
3.	Scutellum with yellowish green posterior margin; antennal flagellomere 8 short, only 2/3 of rest of flagellum in length	*H. branchystyla* sp. nov.
	Scutellum entirely black; antennal flagellomere 8 long, as long as or longer than rest of flagellum	4

4.   Mesopleuron with a longitudinal yellow spot; abdominal tergite 2 white with lateral margin and middle longitudinal spot black ·········· **H. flavimaculata sp. nov.**

     Thorax and abdomen entirely black, without white or yellow markings ···········
··········· **H. melanogaster sp. nov.**

11. *Hermetia branchystyla* sp. nov. (pl. 45)

Diagnosis. Eyes densely brown pubescent; facets uniform. Vertex with a yellow triangular spot at middle. Two yellow triangular spots situated beside ocellar tubercle. Lower frons yellowish green. Face pale green, with 3 brown spots beside and under antennae. Antenna brown, flagellomere 8 short, 0.8 times as long as rest of flagellum. Proboscis pale green with white long hairs. Palpus black, very small, with yellow short hairs. Thorax black, with humeral and postalar calli pale green. Scutellum with pale green posterior margin. Posterior part of mesopleuron with a green longitudinal stripe, extended to upper part of sternopleuron. Legs black, but extreme base of fore and mid tibiae, apical half of hind tibia, tarsomeres 4-5 white, basal half of hind tibia and tarsomeres 1-3 brown. Wing hyaline with apical and posterior part tinged brown; stigma brown, distinct; veins brown. Halter pale green with pale brown base. Abdomen blackish brown, but posterior margin of tergite 3, posterior and lateral margins of tergite 4, lateral margins and median triangular spot of tergite 5 yellowish brown; tergite 2 with 2 subquadrate translucent white spots. Female cercus yellowish brown, segment 1 1.5 times as long as segment 2.

Type. Holotype female, China: Yunnan, Mengla, Menglun, No. 55 field, 4. V. 2009, X. S. Bai (CAU).

Distribution. Yunnan.

Etymology. The specific name refers to the distinctly short flagellomere 8.

Remarks. The new species is somewhat similar to *H. flavimaculata* sp. nov., but the latter's flagellomere 8 is much longer than the rest of flagellum; face is black with a clover-shaped yellow spot under antennae; proboscis is black; wing is pale brown, only paler at base.

12. *Hermetia flavimaculata* sp. nov. (fig. 189; pl. 42)

Diagnosis. Head black, but upper frons with 4 yellow spots, upper face with 3 yellow spindle-shaped spots, connected with each other at antennal fovea, face along eyes yellowish brown. Eyes densely brown pubescent. Antenna black, flagellomere 8 1.57 times as long as rest of flagellum. Proboscis black with brown hairs. Palpus black with pale hairs. Thorax black, with humeral callus brown and postalar callus pale yellow or yellowish green. Posterior part of mesopleuron with a pale yellow or yellowish green longitudinal stripe. Legs reddish brown, but fore tarsus, apical parts of mid tarsomeres 1-2, mid tarsomeres 3-5, hind tibial base, apical part of hind tarsomere 3 and hind tarsomeres 4-5 yellowish brown, rest of mid and hind tarsi yellowish white. Wing pale brown with base and posterior part paler; stigma yellow; veins brown. Halter yellow with stem base yellowish brown and knob somewhat green. Abdomen reddish brown, but apical margin of tergite 1 and tergite 2 white, tergite 2 with a funnel-shaped black spot, apical margin of tergite 5 yellowish brown. Hairs on abdomen chiefly pale, but tergite 4-5 golden haired.

Type. Holotype male, China: Yunnan, Xiaomengyang, 900 m, 5. Ⅴ. 1957, F. J. Pu (IZCAS). Paratypes 1♀, China: Yunnan, Xiaomengyang, 940 m, 5. Ⅴ. 1957, G. J. Hong (IZCAS); 1♀, China: Guangxi, Longzhou, Nonggang, 240 m, 18. Ⅴ. 1982, F. S. Li (CAU).

Distribution. Yunnan, Guangxi.

Etymology. The specific name refers to the yellow or yellowish green longitudinal stripe on mesopleuron.

Remarks. The new species is somewhat similar to *H. illucens* (Linnaeus), but the latter's mesopleuron is entirely black.

13. *Hermetia melanogaster* sp. nov. (fig. 191;pl. 41)

Diagnosis. Head black, but posterior part of vertex with a large semicircular yellow spot, frons with a elliptic yellow spot on each side of ocellar tubercle, not connected with eye margin, lower part of upper frons with pair of triangular yellow spots, also not connected with eye margin, lower face jut above antennae yellowish brown; upper face with 3 pale yellow stripes, connected with each other at antennal fovea, lateral stripes reaching eye margin, face along eyes pale yellowish brown. Eyes densely brown pubescent. Antenna black, flagellomere 8 twice as long as rest of flagellum. Proboscis and palpus black with brown hairs. Thorax black, but humeral callus, postalar callus, posterior margin of scutellum, upper posterior corner of mesopleuron reddish brown. Legs black, but knees and tibial apex yellowish brown, tarsi and hind tibial basal third pale yellow, last tarsomeres somewhat darker. Wing blackish brown, but basal anterior part including stigma orang yellow, cell r_{2+3} pale yellowish brown, wing base and posterior part pale yellow; veins brown. Halter yellow with darker base. Abdomen black, but apical margin of tergite 5 reddish brown to yellowish brown, sternites 1-2 each with middle triangular membranous area. Hairs on abdomen black, but tergites 3-5 chiefly with orange yellow hairs.

Type. Holotype male, China: Sichuan, Emeishan Mountain, Qingyin'ge, 800-1000 m, 29. Ⅴ. 1957, K. R. Huang (IZCAS). Paratypes 2♂, same data as holotype; 1♂, China: Guangxi, Jinxiu, 10. Ⅴ. 1982, F. S. Li (CAU); 1♀, China: Sichuan, Emeishan Mountain, Linggongli, 11. Ⅷ. 2009, Y. Li (CAU).

Distribution. Sichuan, Guangxi.

Etymology. The specific name refers to the entirely black abdomen.

Remarks. The new species is somewhat similar to *H. remittens* Walker from Indonesia, but the latter has a dark yellow transverse stripe only at the upper corner of frons and just above antennae; the tibiae are black with yellow basal half.

14. *Hermetia transmaculata* sp. nov. (fig. 192;pl. 44)

Diagnosis. Head yellow , but ocellar tubercle, occiput except median occipital sclerite, middle of frons black, vertex brown; lower frons with pair of yellowish brown spots, almost reaching eye margin; lower face yellowish brown. Eyes sparsely yellowish brown pubescent. Antenna black, but scape and pedicel brown, flagellomere 8 1. 2 times as long as rest of flagellum. Proboscis yellow with blackish brown base, yellow haired. Palpus yellow but segment 2 black, yellow haired. Thorax blackish brown, but humeral calli, postalar calli and apical half of scutellum yellow, scutum with 2 wide yellow stripes before transverse suture; mesonotum chiefly yellow. Legs yellow, but coxae black, trochanters, femora, apical part of hind tibia, apex of hind tarsomere 1 and hind tarsomeres 2-5 brown. Wing hyaline, tinged pale yellow, apical and posterior parts tinged pale brown; stigma yellow, indistinct. Halter reddish yellow. Abdomen black, but lateral margins, apical half of tergite 1, tergite 2 chiefly, apical parts of tergites 3-4 yellow.

Type. Holotype male, China：Yunnan, Xishuangbanna, Xiaomengyang, 800 m, 8. Ⅶ. 1957, L. C. Zang (IZCAS). Paratype 1♀, China：Yunnan, 25 km away from northeast of Cheli, 900 m, 6. Ⅵ. 1955, Крщжанвс (IZCAS).

Distribution. Yunnan.

Etymology. The specific name refers to the yellow transverse bands of abdomen.

Remarks. The new species can be easily distinguished by the yellow head and transverse bands of abdomen.

Ⅳ. Subfamily Nemotelinae Kertész, 1912

Diagnosis. Small-sized. Eyes bare or densely haired, contiguous in males and widely separated in females. Face produced forward into a cone. Antenna spindle-shaped with last two flagellomeres forming an apical stylus. Scutellum unarmed. Wing with vein CuA_1 arising from cell dm, 3 medial veins arising from cell dm. Abdomen elliptic, slightly wider than thorax.

Remarks. There are 4 genera and 221 known species of Nemotelinae known from the world. One genus and 17 species are known to occur in China.

19. Genus *Nemotelus* Geoffroy, 1762

Diagnosis. Usually rather small species, mostly about 5. 0 mm long or smaller. Head mostly black, sometimes with yellow markings. Eyes usually bare, contiguous in males and widely separated in females; upper 2/3 facets larger than lower 1/3 facets in males while small and uniform in females. Face produced forward into a cone. Antenna short, spindle-shaped, last two flagellomeres forming an acute apical stylus. Thorax mostly black, sometimes with yellow markings. Wing with vein R_4 present or absent. Abdomen nearly circular, slightly longer than wide; mostly black with yellow markings or white with black markings.

Remarks. The genus is the largest genus in subfamily Nemotelinae with 194 known species from the world. 17 species are known from China.

Key to species

1.	Vein R_4 present; abdomen not wholly black	2
	Vein R_4 absent; abdomen wholly black	*N. nigrinus*
2.	Postalar callus yellow or white	3
	Postalar callus black	9
3.	Abdomen chiefly black with yellow markings	4
	Abdomen chiefly yellow or white with black markings	5
4.	Femora wholly yellow	*N. personatus*
	Femora with basal 2/3 black	*N. svenhedini*
5.	Hypopleuron wholly yellow	6
	Hypolpeuron wholly black or with yellow or white markings	7
6.	Antenna yellowish brown; all tibiae pale yellow, femora with very narrow brown ring	
		N. annulipes
	Antenna brown; legs brownish yellow but apex of femora, base of tibiae and tarsi pale yellow	
		N. faciflavus
7.	Femora and hind tibia chiefly dark; male frons with a yellow spot connected with the yellow band along eye margin	8
	Only hind tibia dark; male frons with a yellow spot, female frons yellow on front portion with a brown median spot	*N. nanshanicus*
8.	Hypopleuron wholly black; abdomen pale yellow, but only tergite 1 with one black spot	
		N. xinjianganus
	Hypopleuron black with yellow or white spot; abdomen with black markings on dorsum and venter	
		N. bomynensis
9.	Abdomen with yellow or orange yellow lateral margin	10
	Abdomen without yellow lateral margin	16
10.	Venter of abdomen chiefly yellow; male eyes with short sparse hairs	*N. ventiflavus*
	Venter of abdomen chiefly black; male eyes bare	11
11.	Dorsum of abdomen chiefly yellow with black makings	*N. uliginosus*
	Dorsum of abdomen chiefly black with yellow markings	12
12.	All tibiae black	13
	fore and mid tibiae pale yellow, hind tibia brown	14

13. Facial projection of female shorter; frons with one white spot connected with white markings on facial projection; subnotopleural stripes dark ·· ***N. gobiensis***

Facial projection of female longer, as long as eye; frons with 2 large yellow square spots; subnotopleural stripes white ·· ***N. latemarginatus***

14. Facial projection longer, as long as eye ································· ***N. angustemarginatus***

Facial projection shorter, at most half of eye in length ··································· **15**

15. Female frons with 2 yellow triangular spots; abdominal tergite 2 with 3 yellow spots on posterior portion, tergites 3-5 with narrow posterior portion yellow ······················ ***N. dissitus***

Female frons with 2 dark yellow, short broad stripes; abdominal tergites 3-5 with large orange yellow triangular spots at middle ·································· ***N. mandshuricus***

16. Subnotopleural stripes black; venter of abdomen wholly white ··············· ***N. przewalskii***

Subnotopleural stripes white; venter of abdomen wholly black ··············· ***N. lativentris***

V. Subfamily Pachygastrinae Loew, 1856

Diagnosis. Small to medium sized. Eyes bare to densely haired, contiguous in males and widely separated in females, but in some genera male eyes also separated. Antenna highly varied in shape, bare or densely haired. Scutellum with 4 spines or unarmed or with row of apical tubercles. Wing with CuA_1 arising from cell dm, 2 median veins arising from cell dm, R_4 present or absent, crossvein r-m short or punctiform. Abdomen elongated, flattened or rounded, strong convex dorsally, sometimes with petiolate base.

Remarks. There are 180 genera and 619 known species of Pachygastrinae known from the world. 26 genera and 70 species are known to occur in China. 15 species are described as new to science.

Key to genera

1. Abdomen elongated, distinctly longer than wide, flattened dorsoventrally ····················· **2**

Abdomen rounded, as wide as or wider than long, strongly convex dorsally ················ **8**

2. Face produced forward and downward forming a parrot beak shaped projection ··········· ***Nasimyia***

Face flat, not forming a projection ··· **3**

3. Abdomen slender, with petiolate base ·· **4**

Abdomen long elliptic, basal portion not petiolate ·· **5**

4. Antennae close at base, scape slender ································· ***Stratiosphecomyia***

Antennae widely separated at base, scape long and conspicuously produced downward ···········
·· ***Parastratiosphecomyia***

5. Scutellum unarmed ··· ***Pseudomeristomerinx***

	Scutellum with 4 spines ··· **6**
6.	Antennal flagellum short, rounded, wider than long, with an apical arista ·················· *Evaza*
	Antennal flagellum elongated conical, longer than wide, with an thick apical stylus ············· **7**
7.	Corssvein r-m present ··· *Rosapha*
	Crossvein r-m absent ·· *Tinda*
8.	Antenna with slender lateral projections on flagellomeres 3-5 in males and 2-5 in females ····· *Ptilocera*
	Antenna without lateral projections ··· **9**
9.	Eyes densely haired ··· **10**
	Eyes bare ··· **12**
10.	Antennal flagellum short, rounded, with an apical arista ································ *Culcua*
	Antennal flagellum spindle shaped or long conical ······································· **11**
11.	Antennal flagellum spindle-shaped, flagellomere 8 forming a thick stylus, slightly longer than rest of flagellum ··· *Kolomania*
	Antennal flagellum long conical, flagellum 8 forming a short thick stylus with cute tip, much shorter than rest of flagellum ··· *Cibotogaster*
12.	Scutellum with 4 spines ·· **13**
	Scutellum unarmed or with row of apical tubercles ······································· **14**
13.	Scutellum with marginal rim; antennal flagellum chestnut-shaped, as wide as or wider than long ··· *Craspedometopon*
	Scutellum without marginal rim; antennal flagellum pinecone shaped, distinctly longer than wide ··· *Raphanocera*
14.	Vein R_4 absent ··· **15**
	Vein R_4 present ··· **17**
15.	R_{2+3} arising behind crossvein r-m ··· *Abrosiomyia*
	R_{2+3} arising before crossvein r-m ··· **16**
16.	Lateral ocelli further away from vertical margin; antenna barely above middle of head in profile; arista except tip, shortly and densely pubescent; occipital margin distinctly in lower part of head ······ ··· *Cechorismenus*
	Lateral ocelli on vertical margin; antenna distinctly above middle of head in profile; arista bare; occipital margin quite absent ··· *Paracechorismenus*
17.	R_{2+3} arising before crossvein r-m ··· **18**
	R_{2+3} arising above or behind crossvein r-m ··· **22**
18.	crossvein r-m punctiform ·· *Camptopteromyia*
	crossvein r-m present, even if short ·· **19**
19.	Antennal flagellum kidney-shaped or rounded ··· **20**
	Antennal flagellum elongated, spindle-shaped ··· *Aulana*

20.	Antennal arista densely short haired ·· ***Lophoteles***
	Antennal arista bare ·· **21**
21.	Antennal flagellum kidney-shaped, distinctly wider than long; scutellum flat, in same plane as mesonotum ·· ***Abiomyia***
	Antennal flagellum rounded, as wide as long; scutellum strongly convex dorsally, about 25 degrees angle with mesonotum ·· ***Gnorismomyia***
22.	Antennal flagellum elongated, spindle-shaped; scutellum with marginal rim bearing a row of small teeth-like processes and a distinct middle incision divide processes into two groups ········· ***Gabaza***
	Antennal flagellum rounded or kidney-shaped; scutellum unarmed, if with a row of tubercles, not divided into two groups ·· **23**
23.	Scutellum elongated, produced upward, spine-like ···················· ***Monacanthomyia***
	Scutellum semicircular or subtriangular, not produced upward ······················· **24**
24.	Crossvein r-m absent ··· ***Pegadomyia***
	Crossvein r-m present ··· **25**
25.	Scutellum with wide marginal rim ··· ***Lenomyia***
	Scutellum without marginal rim ··· ***Aidomyia***

20. Genus *Abiomyia* Kertész, 1914

Diagnosis. Body shortly and thin haired. Head elliptic in frontal view, wider than high; hemispherical in profile, higher than long. eyes bare, widely separated in both sexes. Postocular rim narrow, widened ventrally in females, but absent in males. Male frons parallel-sided, female frons widened toward vertex. Lower frons depressed in both sexes. Antennal scape small, pedicel triangular or semicircular in inner view, produced forward, flagellum kidney-shaped, wider than long, arista insert above middle of apical margin. Palpus small, not segmented. Scutellum triangular, without spines. Wing with R_4 present, R_{2+3} arising before crossvein r-m, crossvein r-m longer. Abdomen sparsely haired, wider than thorax, convex dorsally, tergites 2-4 nearly fused at middle.

Remarks. There are 4 *Abiomyia* species known from the world. Two species are known to occur in China. One species is described as new to science.

Key to species

| 1. | Fore femur chiefly brown with both ends yellow; male tergite 9 with a shallow basal incision; male cercus spindle-shaped; gonostylus with a small apical incision ················· ***A. brunnipes*** **sp. nov.** |
| | Fore femur chiefly yellow with a narrow middle brown ring; male tergite 9 with a large U-shaped basal incision; male cercus oval with a small ventral process near apex; gonostylus with cute tip, without apical incision ··· ***A. annulipes*** |

15. *Abiomyia brunnipes* sp. nov. (fig. 200)

Diagnosis. Head black, sparsely yellow haired, but face densely pale pubescent. Eyes bare, reddish brown. Antenna yellow with brownish yellow scape and brown arista. Proboscis black with yellow hairs. Palpus indistinct. Thorax black with yellow hairs. Legs yellow, but coxae except apical part, fore femur except both ends and apical third of mid and hind femora brown to yellowish brown. Wing tinged pale brown; stigma yellow, indistinct; veins pale brown to brown. Halter pale yellow with darker base. Abdomen black with sparse erect yellow hairs, but middle of dorsum with dense recumbent pale yellow pubescence. Male tergite 9 with a shallow V-shaped basal incision; cercus spindle-shaped; gonostylus with a small incision at tip.

Type. Holotype male, China: Yunnan, Mengla, Lvshilin, 5. Ⅴ. 2009, G. Q. Wang (CAU). Paratype 1♀, same data as holotype.

Distribution. Yunnan.

Etymology. The specific name refers to the chiefly brown fore leg.

Remarks. The new species is somewhat similar to *A. annulipes* Kertész from China and Indonesia, but the latter's fore femur is chiefly yellow, with only a narrow brown ring at middle; male tergite 9 has a large shallow U-shaped basal incision; cercus is oval with a small subapical ventral process; the apex of gonostylus is acute without incision.

21. Genus *Abrosiomyia* Kertész, 1914

Diagnosis. Body short and thin haired. Head elliptic in frontal view, wider than high; hemispherical in profile, higher than long. Eyes bare, widely separated in both sexes. Postocular rim narrow, widened ventrally in females, but absent in males. Male frons parallel-sided, female frons widened toward vertex. Lower face depressed in both sexes. Antennal scape small, pedicel triangular or semicircular in inner view, produced forward; flagellum kidney-shaped, wider than long; arista bare, insert above middle of apical margin. Palpus vestigial. Scutellum subtriangular, without spines. Wing with R_4 absent, R_{2+3} arising behind crossvein r-m, crossvein r-m shorter. Abdomen wider than thorax, convex dorsally.

Remarks. There are 3 *Abrosiomyia* species known from the world. Two species are known to occur in China. One species is described as new to science.

Key to species

1.	Ocellar tubercle smaller, not connected with eye margin; frons widened toward vertex; mid and hind femora with distinct brown apical ring, sometimes fore femur also with brown apical ring; male tergite 9 narrowed apically; male cercus oval with a blunt middle process in outer side; gonocoxites with shallow V-shaped basal incision, weakly convex apically ·············· ***A. minuta***

> Ocellar tubercle larger, connected with eye margin; frons widened toward face; all femora without brown apical ring; male tergite 9 rectangular with a large basal incision; male cercus oval, without process; gonocoxites with a deep V-shaped basal incision, apical margin straight ·················· **A. flavipes sp. nov.**

16. *Abrosiomyia flavipes* sp. nov. (fig. 201)

Diagnosis. Head black, sparsely yellow pubescent, but face densely grey pubescent. Eyes bare, metallic brown. Ocellar tubercle large and distinct, reaching eye margin. Frons slightly widened toward face. Lower frons and face depressed. Antenna brown with yellow flagellum; arista brown with yellow base, densely yellow pubescent except bare tip. Proboscis black with brown hairs. Palpus indistinct. Thorax black with yellow hairs. Legs yellow with yellow hairs. Wing nearly hyaline, tinged pale yellow; stigma yellow, indistinct; veins pale yellow to pale brown. Halter brown with white knob. Abdomen black with sparse erect yellow hairs, but middle of dorsum with dense recumbent pale yellow pubescence. Male tergite 9 rectangular with a large U-shaped basal incision; male cercus oval, without process; gonocoxites with a deep V-shaped basal incision, apical margin straight.

Type. Holotype male, China: Yunnan, Hekou, Nanxi, 123 m, 22. V. 2009, X. S. Yang (CAU). Paratype 1 ♂, China: Hainan, Baisha, Yinggeling, Hongxin village, 23-24. V. 2007, J. X. Liu (CAU).

Distribution. Yunnan, Hainan.

Etymology. The specific name refers to the entirely yellow legs.

Remarks. The new species is somewhat similar to *A. minuta* Kertész from China, but the latter has the smaller ocellar tubercle which does not connected with eye margin; frons is widened toward vertex; the mid and hind femora have the distinct brown rings, sometimes fore femur also has this kind of ring. Male tergite 9 is narrowed apically; male cercus is oval with a blunt middle process in outer side; gonocoxites has a shallow V-shaped basal incision.

22. Genus *Aidomyia* Kertész, 1916

Diagnosis. Eyes bare, nearly contiguous in males and widely separated in females; upper facets larger than lower facets in males while small and uniform in females. Postocular rim indistinct. Antennal scape and pedicel wider than long, flagellum kidney-shaped. Scutellum triangular with rounded apex, without spines. Wing with R_4 present, R_{2+3} arising behind crossvein r-m, crossvein r-m very short. Abdomen wider than thorax, strongly convex dorsally.

Remarks. There are 5 *Aidomyia* species known from the world. Only 1 species is known to occur in China.

23. Genus *Aulana* Walker, 1864

Diagnosis. Eyes bare. Antennal flagellum spindle-shapes, pedicel strongly produced toward to flagellum on inner side, forming a finger-like process; arista densely short haired. Scutellum triangular, slightly inclined upward. Wing with R_4 present, R_{2+3} arising before crossvein r-m, crossvein r-m very short, cell dm larger. Abdomen rounded, wider than thorax, strongly convex dorsally.

Remarks. There are 4 *Aulana* species known from the world. Only 1 species is known to occur in China.

24. Genus *Camptopteromyia* de Meijere, 1914

Diagnosis. Body dark. Eyes bare. Lower frons and face depressed. Antenna kidney-shaped, with a pubescent arista. Scutellum in same plane as mesonotum, semicircular, with marginal rim bearing a row of small tubercles. Wing with R_4 present, R_{2+3} arising above or before crossvein r-m, crossvein r-m usually punctiform, costa and radial vein weakened above discal cell and wing folded back along a transverse mid-line. Abdomen rounded, wider than thorax, convex dorsally.

Remarks. There are 8 *Camptopteromyia* species known from the world. Three species are known to occur in China. Three species are described as new to science.

Key to species

1.	Wing tinged pale brown uniformly; male eyes contiguous; antennal scape and pedicel brownish yellow, flagellum and arista yellowish brown; legs brown, but fore coxa and femur yellowish brown, basal and apical portion of hind tarsomere 1 and hind tarsomeres 2-4 yellow ·················· ·· *C. flavitarsa* sp. nov.
	Wing with basal half blackish and apical half pale yellow ······································· 2
2.	Male eyes separated by a narrow frontal vitta; antenna black, but pedicel and arista white; legs brown ,but mid and hind tarsomeres 1-2 yellow ···················· *C. nigriflagella* sp. nov.
	Male eyes contiguous; antenna orange yellow; legs brown, but fore tibia, apical half of mid and hind tibiae and all tarsus yellow to brownish yellow ···················· *C. flaviantenna* sp. nov.

17. *Camptopteromyia flaviantenna* sp. nov. (fig. 203)

Diagnosis. Head black with pale yellow hairs, but lower frons and face with dense white pubescences. Eyes bare, brownish red, contiguous in males. Antenna orange yellow, with dense yellow hairs. Proboscis brown with yellowish brown hairs; palpus brown, very small. Thorax black with yellowish brown humeral callus. Legs brown, but fore tibia, apical half of mid and hind tibiae and all tarsus yellow to brownish yellow. Wing with basal half pale black and apical half pale yellow; stigma pale yellow, distinct. Halter brown. Abdomen black with sparse pale yellow hairs.Male cercus fuse with tergites 9 and 10, with a small ventral process near base; gonostylus with a small process on outer side; aedeagal lobes shorter, only a quarter of aedeagal complex.

Type. Holotype male, China: Beijing, Haidian, China Agricultural University, 6. Ⅵ. 1973, J. K. Yang (CAU).

Distribution. Beijing.

Etymology. The specific name refers to the orange yellow antenna.

Remarks. The new species is somewhat similar to *C. nigriflagella* sp. nov., but the latter has black and white antenna; legs are brown, but mid and hind tarsomeres 1-2 are yellow.

18. *Camptopteromyia flavitarsa* sp. nov. (fig. 204)

Diagnosis. Head black with pale yellow hairs. Eyes bare, brownish red, contiguous in males. Antenna brownish yellow, but flagellum and arista yellowish brown. Proboscis black with yellow base, yellowish brown haired; palpus yellow, very small. Thorax black, but upper part of humeral callus brownish yellow. Legs brown, but fore coxa and femur yellowish brown, basal and apical portions of hind tarsomere 1 and hind tarsomeres 2-4 yellow. Wing nearly hyaline, tinged brown; stigma pale yellow, distinct; veins yellowish brown to brown. Halter pale black. Abdomen black with sparse pale yellow pubescence. Male cercus without basal process; gonostylus long and acute, without outer process; aedeagal lobes long, about half of aedeagal complex.

Type. Holotype male, China: Yunnan, Mengla, Bubeng village, 10. Ⅴ. 2009, T. T. Zhang (CAU). Paratypes 2 ♂, same data as holotype; 1 ♂, China: Yunnan, Mengla, Bubeng village, 10. Ⅴ. 2009, X. S. Yang (CAU); 1 ♂, China: Yunnan, Mengla, Bubeng village, 8. Ⅴ. 2009, G. Q. Wang (CAU); 1 ♂, China: Hainan, Baisha, Yinggeling, Hongxin village, 23-24. Ⅴ. 2007, J. X. Liu (CAU); 1 ♂, China: Hainan, Baisha, Hongmao village, 22. Ⅴ. 2007, J. H. Zhang (CAU).

Distribution. Yunnan, Hainan.

Etymology. The specific name refers to the yellow hind tarsus.

Remarks. The new species is somewhat similar to *C. fractipennis* Meijere from Indonesia, but the latter has black flagellum and white halter.

19. *Camptopteromyia nigriflagella* sp. nov. (fig. 205)

Diagnosis. Head black with pale yellow hairs, but lower frons and face with dense white pubescence. Eyes bare, brownish red, separated by a very narrow frontal vitta in males. Antenna black, but pedicel, outside and lower part of flagellum and arista white. Proboscis black with brown base, yellowish brown haired; palpus yellow, very small. Thorax black with yellow hairs. Legs brown, but mid and hind tarsomeres 1-2 yellow. Wing slender, with basal half pale black and apical half pale yellow; stigma pale yellow, distinct. Halter pale black. Abdomen black with sparse pale yellow pubescence. Male cercus with a small fingerlike ventral process near base; gonostylus long and acute, dorsal part flattened, blade shaped; aedeagal lobes 1/3 as long as aedeagal complex.

Type. Holotype male, China: Yunnan, Mengla, Bubeng village, 10. Ⅴ. 2009, T. T. Zhang (CAU). Paratype 1 ♂, China: Yunnan, Mengla, Menglun, 12. Ⅳ. 1987, Zou (CAU).

Distribution. Yunnan.

Etymology. The specific name refers to the chiefly black antennal flagellum.

Remarks. The new species is somewhat similar to *C. flaviantenna* sp. nov., but the latter has orange yellow antenna; legs are brown, but fore tibia, apical half of mid and hind tibiae and all tarsi are yellow to brownish yellow.

25. Genus *Cechorismenus* Kertész, 1916

Diagnosis. Eyes bare. Lateral ocelli further away from vertical margin. Occipital margin distinct in lower part of head. Antenna barely above middle of head in profile; arista except tip, short and dense pubescent. Scutellum unarmed. Wing with R_4 absent, R_{2+3} arising before crossvein r-m. Abdomen rounded, as wide as or wider than long, strongly convex dorsally.

Remarks. Only 1 *Cechorismenus* species is known from the world and also known to occur in China.

26. Genus *Cibotogaster* Enderlein, 1914

Diagnosis. Eyes densely haired, contiguous in males and separated in females. Lower frons produced forward into a cone; antenna insert on top of this projection. Antenna cylindrical, thinned distally, with a short blunt apical stylus. Postocular rim very narrow in males and rather wide in females. Thorax usually bluish violet. Scutellum with 4 pines. Wing brown with hyaline markings; R_4 present, R_{2+3} arising behind crossvein r-m. Abdomen rounded, bluish violet, usually covered with silvery hairs.

Remarks. There are 8 *Cibotogaster* species known from the world. Only 1 species is known to occur in China.

27. Genus *Craspedometopon* Kertész, 1909

Diagnosis. Body dark. Eyes bare or haired, contiguous in males and widely separated in females; upper facets larger than lower facets in males while small and uniform in females. Antenna small, flagellum short with a long apical arista. Scutellum semicircular with distinct apical marginal rim, 4-spined, sometimes with one vertical dorsal spine additionally. Wing with R_4 present, R_{2+3} arising behind crossvein r-m. Abdomen rounded or cordiform, wider than thorax, strongly convex dorsally.

Remarks. There are 5 *Craspedometopon* species known from the world. Four species are known to occur in China. One species is described as new to science.

Key to species

1.	Male eyes with long thin hairs, the longest hairs longer than median ocellus; female without postocular rim ········· ***C. orientale***
	Male eyes usually bare, if haired then hairs shorter than median ocellus; female with narrow but distinct postocular rim, at least as wide as lateral ocelli ········· **2**
2.	Antenna and halter reddish brown to black; scutellum with an additional vertical thick spine on dorsum near base; hind femur yellowish brown, hind tibia orange yellow ········· ***C. spina***
	Antenna and halter yellow to brownish yellow; scutellum only with 4 spines, without additional spine ········· **3**
3.	Hind femur brown except apical 1/3 yellow; all tarsi pale brown; basal half of wing brownish, apical half yellowish ········· ***C. frontale***
	Hind femur brown; all tarsi yellow; wing chiefly hyaline except apical portions of cell br and bm tinged pale brown ········· ***C. tibetensis*** **sp. nov.**

20. *Craspedometopon tibetensis* sp. nov. (fig. 210; pl. 47)

Diagnosis. Head black. Eyes brown, covered with short black hairs. Postocular rim absent in males. Antenna brownish yellow, but arista brown with paler base. Proboscis yellow with yellow hairs; palpus yellow but segment 2 black, yellow haired. Thorax black, but humeral and postalar calli narrowly reddish brown. Scutellar spines slender, black with pale yellow apical half. Legs yellow, but coxae and trochanters balck, fore femoral base, basal 2/3 of mid and hind femora, mid and hind tibia except tip reddish brown, tarsomeres 3-5 slightly darkened dorsally. Wing hyaline, apical part of cell br and bm tinged brown; stigma yellow, distinct. Halter yellow. Abdomen black with recumbent yellow hairs. Male gonocoxites with 2 processes and a deep U-shaped incision between them; cercus small with acute tip; gonostylus with a lager transverse dorsal lobe at base.

Type. Holotype male, China: Tibet, Xialamu, Friendship bridge, 1700 m, 3. Ⅴ. 1966, S. Y. Wang (IZCAS).

Distribution. Tibet.

Etymology. The specific is named after the type locality Tibet.

Remarks. The new species is somewhat similar to *C. frontale* Kertész, but the latter has bare eyes and pale brown tarsi.

28. Genus *Culcua* Walker, 1856

Diagnosis. Body dark. Eyes haired, contiguous in males and widely separated in females; facets small and uniform in both sexes. Antennal flagellum short disc-shaped, with a long apical arista. Scutellum semicircular with 4 spines. Wing with R_4 present, R_{2+3} arising above or behind crossvein r-m. Abdomen circular or cordiform, wider than thorax, strongly convex dorsally, sometime with rounded tubercles on tergites.

Remarks. There are 13 *Culcua* species known from the world. Eight species are known to occur in China. Three species are described as new to science.

Key to species

1.	Hind tarsomere 1 pale yellow; scutellum larger, spines sparsely long haired ··················	**2**
	Hind tarsomere 1 black; scutellum smaller, spines at least densely haired at base ···········	**3**
2.	Male eyes separated by a narrow frontal vitta; all tibiae black; scutellar spines as long as scutellum ·· ***C. chaineyi***	
	Male eyes contiguous; tibia partly pale yellow; scutellar spines very long, 1.5 times longer than scutellum ·· ***C. longispina*** **sp. nov.**	
3.	Hairs on scutum at least in transverse suture area golden yellow; more than basal third of fore tibia yellow in males ··· ***C. kolibaci***	
	Hairs on scutum white; only extreme base of fore tibia reddish in males ·················	**4**
4.	Mid tarsomere 1 yellow; mesonotum chiefly with short white hairs ····················	**5**
	Mid tarsomere 1 dark brown to black; mesonotum with recumbent white hairs and distinct erect black hairs; erect black hairs on prescutellar area and scutellum longer than maximum width of femora ··	**7**
5.	Male without postocular rim ·························· ***C. immarginata*** **sp. nov.**	
	Male with postocular rim ··	**6**
6.	Postocular rim as wide as ocellar tubercle ·································· ***C. argentea***	
	Postocular rim very narrow, distinctly narrower than ocellar tubercle ·· ***C. angustmarginata*** **sp. nov.**	
7.	Antenna dark brown to black, but apical part of flagellum and basal part of arista reddish brown; gonocoxites without median apical process ····························· ***C. albopilosa***	
	Antenna bright orange; gonocoxites with a median apical process ················ ***C. simulans***	

21. *Culcua angustimarginata* sp. nov. (fig. 212;pl. 49)

Diagnosis. Head black with pale yellow and white hairs. Eyes reddish brown, sparsely black haired. Postocular rim very narrow, less than half of ocellar tubercle. Antenna yellowish brown to reddish brown. Proboscis brown with brownish yellow hairs; palpus brown with segment 2 spindle-shaped, slightly flat, yellow pollinose. Thorax black, but humeral and postalar calli reddish brown, with white long hairs. Scutellar spines black with pale yellow apical half. Legs brown, but fore femoral apex and mid tarsomere 1 except extreme tip pale yellow. Wing hyaline, apical part pale brown but posterior and apical parts paler; stigma pale brown; veins brown. Halter pale yellow with darker base. Abdomen black with dense pale yellow hairs. Male gonocoxites with a large trapezoidal apical concavity and a small median process; gonostylus with round tip and a large acute inner tooth near middle.

Type. Holotype male, China: Guangxi, Nonggang, 20. Ⅴ. 1982, J. K. Yang (CAU). Paratypes 1 ♂, China: Yunnan, Mengla, Yaoqu, 13. Ⅴ. 2009, X. S. Yang (CAU); 1 ♂, China: Yunnan, Xishuangbanna, Jinghong, 545 m, 14~16, 22~25. Ⅴ. 1974, Y. Zhou & F. Yuan (CAU); 1 ♀, China: Guangxi, Nonggang, 19. Ⅴ. 1982, J. K. Yang (CAU); 2 ♂ ♂, China: Yunnan, Xishuangbanna, Yunjinghong, 850 m, 26. Ⅵ. 1958, L. Y. Zheng (IZ-CAS); 2 ♂♂, China: Yunnan, Xishuangbanna, Yunjinghong, 850 m, 25. Ⅵ. 1958, Y. R. Zhang (IZCAS).

Distribution. Guangxi, Yunnan.

Etymology. The specific name refers to the very narrow postocular rim.

Remarks. The new species is somewhat similar to *C. argentea* Rozkošný *et* Kozánek from China and Laos, but the latter's postocular rim is as wide as ocellar tubercle; scutellar spines are yellow; male gonocoxites has a long median process with the round tip.

22. *Culcua immarginata* sp. nov. (fig. 215)

Diagnosis. Head black with pale yellow and white hairs. Eyes reddish brown, densely black haired. Postocular rim absent. Antenna yellowish brown, but apical part of flagellum paler, arista brown. Proboscis brown with brownish yellow hairs; palpus brown with segment 2 cylindrical, densely yellow pubescent. Thorax black, but humeral and postalar calli reddish brown, with long white hairs. Scutellar spines except basal part pale yellow. Legs brown, but mid tarsomere 1 except extreme tip pale yellow. Wing pale brown with hyaline base and a middle transverse band; stigma brown; veins brown. Halter pale yellow. Abdomen black with dense pale yellow hairs; tergite 3 with 2 distinct lateral conical precesses. Apical margin of male gonocoxites straight, with a small median incision and a pair of finger-like processes which are curved outwards; gonostylus with round tip and a large acute inner tooth near middle.

Type. Holotype male, China: Yunnan, Baoshan, Baihualing hot spring, 1 500 m, 2. Ⅴ. 2007, X. Y. Liu (CAU).

Distribution. Yunnan.

Etymology. The specific name refers to the absence of postocular rim.

Remarks. The new species is somewhat similar to *C. argentea* Rozkošný *et* Kozánek from China and Laos, but the latter's postocular rim is as wide as ocellar tubercle; male gonocoxites has a large trapezoidal apical concavity with a small median process on it.

23. *Culcua longispina* sp. nov. (fig. 217; pl. 52)

Diagnosis. Head black with pale yellow and white hairs. Eyes black, densely blackish brown pubescent. Postocular rim narrower than ocellar tubercle. Antenna reddish brown with brown arista. Proboscis brown with yellow hairs; palpus black with yellow hairs. Thorax black, densely covered with recumbent long white hairs. Scutellar spines thick and long,

1.5 times as long as scutellum. Legs black, but fore knee, fore and mid tibiae, apical part of hind tibia, fore tarsomere 1 and mid and hind tarsi pale yellow. Wing brown with hyaline base and a middle transverse band; stigma brown, indistinct; veins brown. Halter pale yellow. Abdomen black with erect, longer white hairs and recumbent, shorter black hairs. Male gonocoxites with a trapezoidal apical concavity and a pair of small acute lateral processes; gonostylus straight, with blunt tip and a small rounded dorsal lobe at base.

Type. Holotype male, China: Tibet, Medog, Beibeng, 700-800 m, 21. Ⅴ. 1983, Y. H. Han (IZCAS).

Distribution. Tibet.

Etymology. The specific name refers to the elongated scutellar spines.

Remarks. The new species can be easily distinguished by the strongly elongated scutellar spines. The spines are 1.5 times as long as scutellum in this species. They are at most as long as scutellum in other species.

29. Genus *Evaza* Walker, 1856

Diagnosis. Eyes bare, contiguous in males and separated in females. Antennal flagellum short, disc-shaped, with a slender apical arista. Scutellum with 4 spines. Wing with R_4 present, R_{2+3} arising behind crossvein r-m. Abdomen flattened, long elliptic, longer than wide.

Remarks. There are 64 *Evaza* species known from the world. 13 species are known to occur in China. One species is described as new to science.

Key to species

1.	Body yellow	2
	Body dark brown to black	3
2.	Wing with stigma and apical part dark brown, cell r_{2+3} hyaline; hind tibia brownish yellow	***E. ravitibia***
	Wing pale yellow with stigma yellowish brown; hind tibia with apical 2/3 black	***E. nigritibia***
3.	Wing hyaline; stigma pale yellow, indistinct	***E. hyliapennis* sp. nov.**
	Wing wholly or partly blackish or brown	4
4.	Wing blackish, but basal part nearly hyaline and apical part yellow	5
	Wing wholly blackish to brown or with brown markings	6
5.	Scutellum yellow	***E. zhangae***
	Scutellum black	***E. bicolor***
6.	Wing markings interrupted, cell r_{2+3} hyaline	7
	Wing markings continuous	8
7.	Male tergite 9 longer than wide, with a U-shaped basal incision; gonostylus slender with acute tip and a small inner process near base	***E. flavimarginata***

Male tergite 9 wider than long, with a semicircular basal incision; gonostylus with rounded tip, without inner process ·· *E. flaviscutellum*

8. Abdomen orange yellow to reddish yellow ······················· *E. discolor*

    Abdomen black ·· **9**

9. Legs chiefly yellowish brown ·································· *E. nigripennis*

    Legs chiefly pale yellow ·· **10**

10. Tibiae dark brown ·· *E. tibiais*

    Tibiae usually pale yellow, at most brownish yellow ····················· **11**

11. Tarsi pale yellow ··· *E. formosana*

    Tarsi brown or brownish yellow ······································· **12**

12. Mesonotum with large punctums, without metallic luster; scutellum black, spines grey yellow; mid and hind tarsomeres 4-5 pale yellow ·············· *E. indica*

    Mesonotum with small punctums and metallic luster; scutellum black except posterior margin and spines yellow; mid and hind tarsomeres 4-5 brown ················· *E. hainanensis*

24. *Evaza hyliapennis* sp. nov. (fig. 225; pl. 52)

Diagnosis. Head black, grey pollinose. Lower frons with a trapezoidal white haired spot, connected with eye margin. Eyes reddish brown. Antenna yellow, but apical part of glagellum yellowish brown; arista brown with yellow pubescence, but apical 1/4-2/5 bare. Proboscis and palpus yellow with yellow to yellowish brown hairs. Thorax black, but humeral and potalar calli brownish yellow, mesopleuron with pale yellow subnotopleural stripes. Scutellum with posterior margin and spines pale yellow. Legs yellow with yellow hairs. Wing entirely hyaline; stigma pale yellow, indistinct; veins yellowish brown, pale yellow at wing base. Halter pale yellow. Abdomen brown to dark brown with yellowish brown hairs. Male tergite 9 with a large U-shaped incision at base; gonostylus slender and acute, with a small inner process at base; gonocoxites with straight apical margin.

Type. Holotype male, China: Yunnan, Gongshan, Dulongjiang (light trap), 22. Ⅴ. 2007, X. Y. Liu (CAU). Paratypes 5 ♂♂ 3♀♀, same data as holotype.

Distribution. Yunnan.

Etymology. The specific name refers to the entirely hyaline wings.

Remarks. The new species can be easily distinguished by the entirely hyaline wings. Wing in other species tinged brown or with brown markings.

30. Genus *Gabaza* Walker, 1858

Diagnosis. Small-sized. Eyes bare or short haired, contiguous in males and widely separated in females. Antennal flagellum spindle-shaped, with a slender apical stylus, slightly thick in females. Scutellum subtriangular, with very flat marginal rim bearing a row of small teeth-like processes divided into two groups by a large middle incision. Wing with R_4 present, R_{2+3} arising behind crossvein r-m, crossvein r-m very short or punctiform. Abdomen wider than thorax, rounded, wider than long, strongly convex dorsally.

Remarks. There are 13 *Gabaza* species known from the world. Five species are known to occur in China.

Key to species

1.	Male, eyes contiguous or separated with a very narrow frontal vitta ·················	2
	Female, eyes widely separated ·······································	6
2.	Wing with basal veins dark brown ····································	*G. sinica*
	Wing with veins pale yellow to brownish yellow ··························	3
3.	Eyes separated by a very narrow frontal vitta ··························	*G. argentea*
	Eyes contiguous ···	4
4.	Eyes densely pubescent ··	5
	Eyes nearly bare, at most sparsely yellow pubescent ····················	*G. albiseta*
5.	Antennal flagellum blackish brown, twice as long as wide ·················	*G. tsudai*
	Antennal flagellum longer, 2.5-3.0 times as long as wide ·················	*G. tibialis*
6.	Wing with basal half veins dark brown ······························	*G. sinica*
	Wing with veins pale yellow to brownish yellow ··························	7
7.	Abdomen parallel-sided; body covered with silvery hairs ·················	*G. argentea*
	Abdomen not parallel-sided; body covered with black or golden hairs ·········	8
8.	Frons narrower than a quarter of head; mesonotum densely golden haired; tibiae except middle of fore tibia with pale yellow hairs; tarsomeres 1-4 yellowish white ···········	*G. tibialis*
	Frons relatively wide, not narrower than a third of head ·················	9
9.	Eyes bare; fore tibia yellowish brown ·······························	*G. albiseta*
	Eyes pale yellow pubescent; fore tibia black ··························	*G. tsudai*

31. Genus *Gnorismomyia* Kertész, 1914

Diagnosis. Body dark. Eyes bare, widely separated in both sexes. Ocellar tubercle indistinct. Postocular rim very narrow, only visible on lower part of head. Antenna insert in a hollow of middle head, scape and pedicel rather small, invisible in profile; flagellum elliptic, wider than long, with a slender bare arista. Occiput depressed. Thorax slightly longer than wide, strongly convex dorsally. Scutellum regularly triangular, strongly convex dorsally, about 25 degrees angle with mesonotum, posterior margin with a row of small tubercles. Wing with R_4 present, R_{2+3} arising before crossvein r-m. Abdomen pear-shaped, convex dorsally, tergites somewhat fused.

664

Remarks. Only 1 *Gnorismomyia* species is known from the world and also known to occur in China.

32. Genus *Kolomania* Pleske, 1924

Diagnosis. Eyes densely haired, widely separated in both sexes, facets small and uniform. Postocular rim distinct. Antennal flagellum 8-segmented, spindle-shaped, longer than wide, flagellomeres 4-6 somewhat fused, with a longer, slightly thick apical stylus. Scutellum with 4 spines. Wing with R_4 present, R_{2+3} arising above crossvein r-m. Abdomen nearly circular, wider than thorax.

Remarks. There are 3 *Kolomania* species known from the world. Only 1 species is known to occur in China.

33. Genus *Lenomyia* Kertész, 1916

Diagnosis. Body dark. Eyes bare, contiguous in males and widely separated in females. Antennal flagellum rounded with a long apical arista. Scutellum with wide marginal rim, unarmed. Wing with R_4 present, R_{2+3} arising behind crossvein r-m. Abdomen nearly circular, convex dorsally.

Remarks. There are 9 *Lenomyia* species known from the world. Only 1 species is known to occur in China.

34. Genus *Lophoteles* Loew, 1858

Diagnosis. Head spherical. Eyes bare, contiguous in males and widely separated in females; upper facets lager than lower facets in males and uniform in females. Antennal flagellum rounded, slightly wider than long; pedicel with gently curved inner apical margin in males and strongly produced forward into a finger-like process in females; arista long and densely pilose. Scutellum subtriangular, unarmed. Wing with R_4 present, R_{2+3} arising before crossvein r-m. Abdomen slightly longer than wide, flattened.

Remarks. There are 11 *Lophoteles* species known from the world. Only 1 species is known to occur in China.

35. Genus *Monacanthomyia* Brunetti, 1912

Diagnosis. Body dark. Eyes bare, contiguous in males and widely separated in females. Antennal flagellum rounded with an apical arista. Scutellum unarmed, strongly elongated and produced backward into a long thick spine. Wing with R_4 present, R_{2+3} arising above crossvein r-m. Abdomen rounded, convex dorsally.

Remarks. There are 6 *Monacanthomyia* species known from the world. Two species are known to occur in China.

Key to species

1.	Legs yellow, but mid and hind legs with dark brown subapical ring ·················· **M. atronitens**
	Legs pale yellow, but coxae and femora except base and apex blackish brown; frons shining black, with silvery haired markings just above antennae ··············· **M. annandalei**

36. Genus *Nasimyia* Yang *et* Yang, 2010

Diagnosis. Body slender. Head cordiform in frontal view and hemispherical in profile. Face produced forward and downward, forming a parrot beak-shaped projection. Eyes bare, contiguous in males and separated in females, closed at base, twice longer than head; scape elongate, twice as long as pedicel; flagellum 8-segmented, filiform. Occiput slightly depressed, invisible in profile. Palpus 2-segmented. Scutellum unarmed. Wing with R_4 present, R_{2+3} arising behind crossvein r-m. Abdomen long elliptic, distinctly longer than thorax, slightly wider than thorax, sometimes segments 2-3 very slender, petiolate.

Remarks. There are 4 *Nasimyia* species known from the world. All of them are known to occur in China.

Key to species

1.	Abdomen parallel-sided; legs entirely yellow; hind femur not swollen apically ··· **N. megacephala**
	Abdomen distinctly constricted basally, petiolate; legs with dark markings; hind femur swollen apically ·················· 2
2.	Male, eyes contiguous, but separated in *N. elongoverpa* ·················· 3
	Female, eyes separated ·················· 5
3.	Male eyes separated ·················· **N. elongoverpa**
	Male eyes contiguous ·················· 4
4.	Abdomen mostly dark brown, lateral margin without yellow markings; aedeagus bilobate ········· **N. eurytarsa**
	Abdomen with brownish yellow markings on lateral margins of tergites 1-3; aedeagus trilobate ··· **N. rozkosnyi**
5.	Hind tarsomere 1 black, distinctly swollen, tarsomeres 2-5 yellowish white ········· **N. eurytarsa**
	Hind tarsus yellowish white, tarsomere 1 not swollen ·················· 6
6.	Abdomen entirely black ·················· **N. elongoverpa**
	Abdomen with brownish yellow markings on lateral margins of tergites 1-2 ········· **N. rozkosnyi**

666

37. Genus *Paracechorismenus* Kertész, 1916

Diagnosis. Body dark. Eyes bare, contiguous in males and separated in females. Lateral ocelli on vertical margin. Postocular rim absent. Antenna distinct above middle of head in profile, flagellum kidney-shaped, with a bare apical arista. Scutellum unarmed. Wing R_4 absent, R_{2+3} arising before crossvein r-m. Abdomen rounded, convex dorsally.

Remarks. There are 5 *Paracechorismenus* species known from the world. Only 1 species is known to occur in China.

38. Genus *Parastratiosphecomyia* Brunetti, 1923

Diagnosis. Body dark. Eyes bare, contiguous in males and separated in females. Antennae widely separated at base; scape long and distinctly produced downward; flagellum 8-segmented, filiform. Scutellum without spines. Wing with R_4 present, R_{2+3} arising behind crossvein r-m, medial veins long, almost reaching wing margin. Abdomen flattened, tergite 2 strongly constricted, petiolate.

Remarks. There are 4 *Parastratiosphecomyia* species known from the world. Two species are known to occur in China.

Key to species

1.	Male gonocoxites with mid-posterior part depressed; gonostylus long and acute, hook-shaped; female sternite 8 with lateral margins extending dorsally toward posterior end, forming sharply rounded angle with posterior margin and slightly overlaping sides of terminalia ·················· ***P. szechuanensis***
	Male gonocoxites not depressed at mid-posterior part; gonostylus short and thick, bifurcate apically; female sternite 8 with lateral margin extending dorsally posterior end, forming evenly rounded angle with posterior margin, not overlapping sides of terminalia ·················· ***P. rozkosnyi***

39. Genus *Pegadomyia* Kertész, 1916

Diagnosis. Head spherical. Eyes bare. Antennal flagellum rounded, slightly wider than long, with a long apical arista. Scutellum rounded, with a row of marginal tubercles. Wing with R_4 present, R_{2+3} arising above or behind crossvein r-m. Abdomen rounded, slightly wider than long.

Remarks. There are 4 *Pegadomyia* species known from the world. Only 1 species is known to occur in China.

40. Genus *Pseudomeristomerinx* Hollis, 1963

Diagnosis. Eyes bare, contiguous in males and separated in females. Postocular rim absent in males and wide in females. Antennal flagellum 8-segmented, filiform. Scutellum without spines. Wing with R_4 present, R_{2+3} arising behind crossvein r-m. Abdomen slender and flattened, elliptic, longer than wide.

Remarks. There are 5 *Pseudomeristomerinx* species known from the world. Three species are known to occur in China. Three species are described as new to science.

Key to species

1.	Male, eyes contiguous ··	**2**
	Female, eyes separated ··	**3**
2.	Scutellum with wide yellow markings on lateral and posterior margin; yellow stripes on mesonotum just over transverse suture; wing nearly hyaline, slightly tinged pale brown, stigma and cell r_5 brown ··· ***P. flavimarginis*** sp. nov.	
	Scutellum chiefly black, with very narrow yellow makings on lateral and posterior margin; yellow stripes on mesonotum reaching humeri; wing brown, stigma and cell r_5 dark brown ·············· ··· ***P. nigroscutellus*** sp. nov.	
3.	Vertex and postocular rim yellow; abdominal dorsum yellow, with pairs of brown lateral spots in each tergite; mid tibia yellow ···················· ***P. nigromaculatus*** sp. nov.	
	Vertex and postocular rim black; abdominal dorsum black; mid tibia except base dark brown ······ ··· ***P. nigroscutellus*** sp. nov.	

25. *Pseudomeristomerinx flavimarginis* sp. nov. (fig. 241;pl. 56)

Diagnosis. Head black, with pair of long triangular yellow spots on face along eye margins; black area of middle face longitudinal, trapezoidal. Hairs on head pale yellow, sparse. Antenna black with flagellomere 8 slightly long and densely blackish brown haired. Proboscis and palpus yellow with yellow hairs. Thorax black, but humeral and potalar calli yellow, lateral margin of scutum with a wide yellow stripe, extending over transverse suture, but anterior part not reaching humeri and lateral margin. Scutellum black with wide yellow posterior and lateral margins, connected to yellow markings on scutum, large U-shaped spot usually present; pleuron yellow but propleuron and lower part of mesopleuron black; sternum black with prosternum yellow. Legs yellow, but fore tibial apical half yellowish brown; fore tarsus, hind tibia except base, apical half of hind tarsomere 1 and hind tarsomeres 2-5 blackish brown. Wing nearly hyaline, tinged pale brown, anterior margin with a distinct brown spot including apical third of cell r_{2+3}, cell r_4 and apical upper part of cell r_5; stigma brown, distinct; veins brown. Halter pale yellow. Abdomen with black dorsum and brownish yellow venter. but lateral margins of tergites 4-5 and posterior margin of tergite 5 yellow. Hairs dense black on dorsum and sparse yellow on venter. Male tergite 9 with a V-shaped incision at base; gonostylus slender, strongly elongated apically; aedeagal complex narrow, about 1/10 as wide as gonocoxites.

Type. Holotype male, China: Hainan, Baisha, Hongmao village, 22. Ⅴ. 2007, K. Y. Zhang (CAU). Paratype 1 ♂, China: Guangxi, Longzhou, Daqingshan Mountain, 360 m, 19. Ⅳ. 1963, Y. S. Shi (IZCAS).

Distribution. Hainan, Guangxi.

Etymology. The specific name refers to the wide yellow margin of scutellum.

Remarks. The new species is somewhat similar to *P. nigricornis* Hollis from Malaysia, but the latter has black coxae; fore tibia and mid tibial apical third are dark.

26. *Pseudomeristomerinx nigromaculatus* sp. nov.

Diagnosis. Head yellow, but ocellar tubercle black; lower frons with a trapezoidal black spot just above antennae; middle of occiput black. Frons parallel-sided. Hairs on head pale yellow, sparse. Antenna black with flagellomere 8 slightly long and densely blackish brown haired. Proboscis and palpus yellow with yellow hairs. Thorax yellow, but lateral part of pronotum blackish brown, mesonotum with 3 pale reddish brown longitudinal stripes, connected with each other at posterior part, anterior part of middle stripe black, lateral stripes narrowed backwards; lower part of mesopleuron, sternopleuron, laterotergite, sternum and subscutellum black. Legs yellow, but hind tibia except base, fore tarsus, mid tarsomeres 4-5, apical half of hind tarsomere 1 and hind tarsomeres 2-5 blackish brown. Wing nearly hyaline, tinged pale brown, anterior margin with a distinct brown spot including apex of cell r_{2+3}, cell r_4 and apical upper part of cell r_5; stigma brown, distinct; veins brown. Halter pale yellow. Abdomen yellow with paired brown spots on tergites 1-5; venter yellow with pair of brown spots on sternite 5. Female terminalia including cerci blackish brown.

Type. Holotype female, China: Yunnan, Mengla, Bubeng village, 10. Ⅴ. 2009, X. S. Yang (CAU).

Distribution. Yunnan.

Etymology. The specific name refers to the chiefly yellow body and the black markings on head and abdomen.

Remarks. The new species can be easily distinguished by the black marked yellow body. The other species are chiefly black with yellow markings.

27. *Pseudomeristomerinx nigroscutellus* sp. nov. (fig. 242;pl. 56)

Diagnosis. Head black, but face yellow with a long triangular spot at middle. Hairs on head pale yellow, sparse. Antenna black with flagellomere 8 slightly long and densely blackish brown haired. Proboscis and palpus yellow with yellow hairs. Thorax black, but humeral and postalar calli yellow, lateral part of scutum with a wide yellow stripe, not reaching lateral margin. Scutellum black with very narrow yellow lateral and posterior margins. Pleuron yellow, but lower part of mesonotum and lower part of sternopleuron black; sternum black, but prosternum yellowish brown. Legs yellow, but tibiae except bases, fore tarsomeres 2-5 and mid and hind tarsomeres 3-5 blackish brown, tibial bases, fore tarsomere 1 and mid and hind tarsomeres 1-2 yellowish brown. Wing pale brown, with a distinct brown spot including apex of cell r_{2+3}, cell r_4 and apical upper part of cell r_5; stigma brown, distinct; veins brown. Halter pale yellow. Abdomen with black dorsum and yellow venter, but sternites 4-5 brown. Hairs dense black on dorsum and sparse yellow on venter. Male tergite 9 with a shallow incision at base; gonostylus thick and short with a blunt tip; aedeagal complex broad, about 1/6 as wide as gonocoxite.

Type. Holotype male, China: Yunnan, Baoshan, Baihualing hot spring, 1500 m, 29. Ⅴ. 2007, X. Y. Liu (CAU). Paratypes 1♂, China: Yunnan, Gongshan county, 1 400 m, 14. Ⅴ. 2007, X. Y. Liu (CAU); 1♀, same data as holotype; 1♀, Tibet, Chayu, Dongjiong, 1 570 m, 24. Ⅵ. 1978, F. S. Li (CAU); 1♀, Tibet, Chayu, Hongwei village, 2 100 m, 29. Ⅵ. 1978, F. S. Li (CAU).

Distribution. Yunnan, Tibet.

Etymology. The specific name refers to the entirely black scutellum.

Remarks. The new species is somewhat similar to *P. flavimarginis* sp. nov., but the latter's scutellum has the yellow posterior margin; the lateral margin of mesonotum just before transverse suture is black; mid tibiae are entirely yellow.

41. Genus *Ptilocera* Wiedemann, 1820

Diagnosis. Body dark with some iridescent scales. Eyes bare, contiguous in males and separated in females. Antennal flagellum 8-segmented, with slender lateral projections on flagellomeres 3-5 in males and 2-5 in females. Scutellum with 4 spines. Wing with R_4 present, R_{2+3} arising above crossvein r-m. Abdomen rounded, strongly convex dorsally.

Remarks. There are 12 *Ptilocera* species known from the world. Four species are known to occur in China. Two species are described as new to science.

Key to species

1.	Anterior area of scutum with two large quadrate spots densely covered with golden and yellowish green scales ·· ***P. quadridentata***
	Anterior area of scutum without distinct quadrate scale-covered spots, only with 4 indistinct longitudinal stripes, covered with purple or green scales ····································· **2**
2.	Male, eyes contiguous; antenna black, flagellomere 2 without lateral projections; wing brown, with a middle transverse yellow band; abdominal tergite 5 with white haired semi-ring opened inwards and backwards ···································· ***P. continua***
	Female, eyes widely separated; antennal flagellomere 2 with a lateral projection ····················· **3**
3.	Scutellum rectangular, twice as wide as long, posterior margin straight; wing pale brown to brown, without middle transverse yellow band ···················· ***P. latiscutella*** **sp. nov.**
	Scutellum semicircular, at most 1.5 times as wide as long, posterior margin rounded ··········· **4**

4.	Face yellow; antennal flagellomere 6 shorter than flagellomere 8; wing pale grey; scutellar spines brownish yellow; femora and tibiae with brownish yellow part ·············· **P. flavispina sp. nov.**
	Face black; antennal flagellomere 6 longer than flagellomere 8; wing pale brown to brown; scutellar spines black; legs entirely black ··· **P. continua**

28. *Ptilocera latiscutella* sp. nov. (pl. 58)

Diagnosis. Head black with pale yellow hairs, Lower frons with 2 pale pubescent spots. Antenna black, but flagellomeres 1-2 yellowish brown, flagellomere 8 entirely white; flagellomere 6 slightly longer than last flagellomere. Proboscis and palpus blackish brown with short brown hairs and long yellow hairs. Thorax black, with scutum and scutellum with bluish luster, upper point of humeral callus reddish brown. Scutellum short, subquadrate, twice as wide as long, apical margin straight; spines on scutellum equilong, very small and acute. Mesonotum covered with purple and green scales, with 3 longitudinal dark stripes without scales, middle one extended backwards into middle of scutellum, but not reaching posterior margin; lateral stripe reaching posterior margin of scutum , but not reaching anterior and lateral margins of scutum. Hairs on mesonotum shining bluish green; pleuron white haired. Legs black with pale and yellowish brown hairs. Wing pale brown, with wing base and alula hyaline; stigma brown; veins brown. Halter brown. Abdomen black with bluish luster; tergite 3 with 2 white haired lateral spots; tergite 4 with 2 oblique white haired lateral stripes; tergite 5 with 2 large white haired spots, but darkened at outside upper corners.

Type. Holotype female, China: Yunnan, Xishuangbanna, Meng'a, 1 050-1 080 m, 29. V. 1958, S. Y. Wang (IZCAS). Paratypes 1♀, China: Yunnan, Xishuangbanna, Mengzhe, 1 200 m, 11. Ⅶ. 1958, S. Y. Wang (IZCAS); 1♀, China: Yunnan, Menglong, Banna, Mengsong, 1 600 m, 22. Ⅳ. 1958, Z. Z. Chen (IZCAS).

Distribution. Yunnan.

Etymology. The specific name refers to the subquadrate scutellum.

Remarks. The new species is somewhat similar to *P. continua* Walker, but the latter's lateral pair of the scutellar spines are distinctly smaller than inner pair; scutellum is semicircular; the white haired ring on abdominal tergite 5 is opened inwards.

29. *Ptilocera flavispina* sp. nov. (pl. 58)

Diagnosis. Head black, but vertex brownish yellow, middle of occiput, lower frons and middle of face yellow. Ocellar tubercle yellow with brown top. Hairs on head pale yellow, but upper frons densely brown pubescent. Antenna blackish brown, but apex of pedicel and flagellomeres 1-2 yellowish brown, flagellomere 8 white with yellow base; flagellomere 6 slightly shorter than last flagellomere. Proboscis and palpus brown with short yellowish brown hairs and long yellow hairs. Thorax reddish brown, with scutum and scutellum with bluish luster, humeral callus brownish yellow, pleuron yellowish brown. Scutellum semicircular, with distinct marginal rim, with 4 yellow small spines which are paler apically. Mesonotum covered with purple and green scales, with 3 longitudinal dark stripes without scales, middle one extended backwards into middle of scutellum, but not reaching posterior margin; lateral stripe reaching posterior margin of scutum, but not reaching anterior and lateral margins of scutum. Hairs on mesonotum shining bluish green; pleuron white haired. Legs brown, but basal half of femora and middle of tibiae brownish yellow. Wing pale grey, anterior part tinged pale yellow; stigma pale yellow, indistinct; veins brown. Halter brownish yellow. Abdomen black with bluish violet luster on dorsum, but venter yellowish brown; tergites 3-4 with white haired lateral margins; tergite 4 with 2 oblique withe haired lateral stripes; tergite 5 chiefly white haired, with 3 dark stripes without white hairs, connected with each other at apical part.

Type. Holotype female, China: Yunnan, Hekou, Xiaonanxi, 200 m, 9. Ⅵ. 1956, K. R. Huang (IZCAS). Paratypes 1♀, same data as holotype; 1♀, China: Yunnan, Hekou, Xiaonanxi, 200 m, 10. Ⅵ. 1956, K. R. Huang (IZCAS).

Distribution. Yunnan.

Etymology. The specific name refers to the brownish yellow scutellar spines.

Remarks. The new species is somewhat similar to *P. continua* Walker, but the latter has black face; flagellomere 6 is longer than last flagellomere; wing is chiefly pale brown to brown; scutellar spines are entirely black or with paler tips; legs are entirely black.

42. Genus *Raphanocera* Pleske, 1922

Diagnosis. Eyes bare, contiguous in males and separated in females. Antennal flagellum pinecone shaped, with an apical arista. Scutellum with 4 spines, without marginal rim. Wing with R_4 present, R_{2+3} arising behind crossvein r-m. Abdomen rounded, strongly convex dorsally.

Remarks. There are only 1 *Raphanocera* species is known from the world and also known to occur in China.

43. Genus *Rosapha* Walker, 1859

Diagnosis. Body slender. Eyes bare, contiguous in males and separated in females. Antennal flagellum short, flagellomeres 1-6 suboval, flagellomere 7 very small, last flagellomere forming a long apical stylus, as long as or longer than rest of antenna, densely haired or flattened. Scutellum with 4 spines. Wing with R_4 present, cross vein r-m present, R_{2+3} arising behind crossvein r-m. Abdomen elliptic, longer than wide, flattened.

Remarks. There are 13 *Rosapha* species known from the world. Four species are known to occur in China.

Key to species

1. Mesonotum orange yellow; abdomen brown with orange yellow lateral margin ······ **R. bimaculata**

   Mesonotum black, but scutellar spines brownish yellow; abdomen blackish brown ················· **2**

2. Antennal flagellomere 8 densely long haired ··· **R. yunnanana**

   Antennal flagellomere 8 flattened, band-shaped, short pubescent ························· **3**

3. Scutellar spines very short, just half as long as scutellum; wing with brown stigma ···············
   ·· **R. brevispinosa**

   Scutellar spines as long as scutellum; wing with yellow stigma ····················· **R. longispina**

44. Genus *Stratiosphecomyia* Brunetti, 1913

Diagnosis. Body slender. Eyes bare, contiguous in males and separated in females. Antenna close at base, scape slender, flagellum 8-segmented, filiform. Scutellum unarmed. Wing with R_4 present, R_{2+3} arising behind crossvein r-m. Abdomen flattened, slender, segment 2 strongly constricted, petiolate.

Remarks. There are only 1 *Stratiosphecomyia* species is known from the world and also known to occur in China.

45. Genus *Tinda* Walker, 1859

Diagnosis. Body slender. Eyes bare, contiguous in males and separated in females. Antennal flagellomeres 1-7 cylindrical; flagellomere 8 elongated forming a band-shaped stylus, nearly bare. Scutellum with 4 spines. Wing with R_4 present, cross vein r-m absent, R_{2+3} arising at junction of cell dm and vein Rs. Abdomen elliptic, longer than wide, flattened.

Remarks. There are 7 *Tinda* species known from the world. Two species are known to occur in China.

Key to species

1. Eyes rounded; mid and hind coxae and femora except base and apex dark brown; wing with cell r_4 hyaline ··· **T. indica**

   Eyes short, elliptical; legs entirely yellow; wing with cell r_4 tinged brownish ··········· **T. javana**

VI. Subfamily Sarginae Walker, 1834

Diagnosis. Small to large sized. Body usually slender, with metallic green, purple or brown luster. Eyes usually bare, but densely haired in *Chloromyia*, contiguous in males and widely separated in females, but male eyes also separated in Formosargus, *Ptecticus* and *Sargus*. Antennal flagellum usually short, disc-shaped or spindle-shaped, 3- or 4-segmented, with a long apical or subapical arista. Lower face at least partly membranous. Occiput deeply concave. Scutellum unarmed; subscutellum large. Wing with vein CuA_1 separated from discal cell by crossvein m-cu, but arising from discal cell in *Formosargus*, vein R_4 present, R_{2+3} arising above or far beyond crossvein r-m, 3 medial veins arising from discal cell. Abdomen slender, clavate or spindle-shaped.

Remarks. There are 23 genera and 516 known species of Sarginae known from the world. Six genera and 45 species are known to occur in China. Nine species are described as new to science.

Key to genera

1.	Eyes densely haired	*Chloromyia*
	Eyes bare or sparsely short pubescent	**2**
2.	Vein CuA_1 arising from discal cell	*Formosargus*
	Vein CuA_1 separated from discal cell by crossvein m-cu	**3**
3.	Antennal pedicel produced toward flagellum into a finger-like process in apical inner margin	*Ptecticus*
	Antennal pedicel with straight apical inner margin	**4**
4.	Antennal flagellum 3-segmented, arista on mid-apical margin of flagellum	*Cephalochrysa*
	Antennal flagellum 4-segmented, arista situated above middle of apical margin	**5**
5.	Larger species, usually over 7.0 mm; thoracic squama with a strap-like process; wing with cell cup slender, more than twice as long as wide	*Sargus*
	Small species, usually less than 5.0 mm; thoracic squama without strap-like process; wing with cell cup broad, about twice as long as wide	*Microchrysa*

46. Genus *Cephalochrysa* Kertész, 1912

Diagnosis. Small sized. Eyes nearly bare, at most sparsely short pubescent, contiguous in males and separated in females; upper facets larger than lower facets in males and uniform in females. Male lateral ocelli close to vertical margin; female lateral ocelli situated opposite uppermost corner of each eye. Female frons flat, divided into paler lower part and darker upper part, somewhat widened toward vertex. Postocular rim absent in males and wide in females. Lower face broadly chitinous at middle. Antennal flagellum oval, 3-segmented, with a mid-apical arista; apical inner margin of pedicel straight. Palpus capitate, shorter than lower face, 2-segmented. Wing with section of vein Rs between crossvein r-m and vein R_{2+3} much longer than crossvein r-m; dical cell small. Thoracic squama with a strap-like process. Abdomen short and broad.

Remarks. There are 11 *Cephalochrysa* species known from the world. Only 1 species is known to occur in China.

47. Genus *Chloromyia* Duncan, 1837

Diagnosis. Body shining metallic. Eyes densely haired in both sexes, contiguous in males and separated in females; upper facets lager than lower facets in males and uniform in females. Female lateral ocelli situated opposite uppermost corner of each eye. Antennal flagellum longer, suboval, 4-segmented, with a subapical arista. Wing with discal cell larger, medial veins long, reaching wing margin, R_{2+3} arising behind crossvein r-m. Abdomen longer than wide, but usually shorter than that of *Sargus*.

Remarks. There are 7 *Chloromyia* species known from the world. Two species are known to occur in China. One species is described as new to science.

Key to species

1.	Mesopleuron black; mid and hind tarsomere 1 yellow, tarsomeres 2-3 yellowish brown; wing with R_{2+3} arising before tip of discal cell ·································· ***C. speciosa***
	Mesopleuron metallic green; mid and hind tarsi entirely black; wing with R_{2+3} arising behind tip of discal cell ·································· ***C. caerulea*** sp. nov.

30. *Chloromyia caerulea* sp. nov. (fig. 253; pl. 64)

Diagnosis. Head reddish brown with dense reddish brown hairs, slightly longer and black on lower face. Eyes densely reddish brown haired. Antennal scape and pedicel reddish brown with black hairs; flagellomeres reddish brown with short pale yellow hairs, but flagellomere 4 blackish brown; arista reddish brown with black hairs. Proboscis yellow with pale yellow hairs. Thorax metallic green with bluish luster, but humeral callus yellowish brown, postalar callus brown. Hairs on thorax pale yellow, suberect. Legs blackish brown, but knees and extreme tips of tibiae yellow. Wing pale yellowish brown; stigma brown; veins brown, vein R_{2+3} arising behind tip of discal cell. Halter yellow. Abdomen with narrow base, widened apically, bluish violet on dorsum and black on venter, pale yellow haired. Male tergite 9 with thick short triangular surstylus; parameres shorter than aedeagus.

Type. Holotype male, China: Yunnan, Xishuangbanna, Mengsong, 1600 m, 27. Ⅳ. 1958, S. Y. Wang & F. J. Pu (IZCAS). Paratype 1 ♂, same data as holotype.

Distribution. Yunnan.

Etymology. The specific name refers to the bluish mesopleuron and abdominal dorsum.

Remarks. The new species is somewhat similar to *C. speciosa* (Macquart), but the latter has flagellomeres 1-3 orange yellow; mesopleuron is black and abdomen is metallic green; male tergite 9 has no surstylus.

48. Genus *Formosargus* James, 1939

Diagnosis. Eyes bare, separated in both sexes. Frons nearly parallel-sided, narrower in males. Antennal pedicel with straight apical inner margin; flagellomeres wider than long. Vertex somewhat rounded in profile. Ocellar tubercle equilateral triangular, far away from vertical margin. Wing with cell cup as wide as two basal cells combined, R_4 present; vein R_{2+3} arising before crossvein r-m, crossvein r-m long and slightly oblique.

Remarks. There are 2 *Formosargus* species known from the world. Only 1 species is known to occur in China.

49. Genus *Microchrysa* Loew, 1855

Diagnosis. Small sized. Body shining metallic. Eyes bare, contiguous in males and separated in females; upper facets lager than lower facets in males and uniform in females. Antennal flagellum chestnut-shaped, as long as wide or slightly longer than wide, with a subapical arista; apical inner margin of pedicel straight. Postocular rim absent in males and wide in females. Lower face broadly chitinous at middle. Palpus capitate, shorter than lower face, 2-segmented. Wing with discal cell small; medial veins not reaching wing margin; R_{2+3} arising behind crossvein r-m, R_4 present, section of vein Rs between crossvein r-m and vein R_{2+3} much longer than crossvein r-m; cell cup broad, as wide as two basal cells combined. Abdomen short and broad.

Remarks. There are 41 *Microchrysa* species known from the world. Six species are known to occur in China.

Key to species

1.	Antenna entirely blackish brown to black; mesopleuron without yellow subnotopleural stripe; legs chiefly black ·················· ***M. polita***
	Antenna yellow or yellowish brown, sometimes scape and pedicel yellow while flagellum brown; mesopleuron with distinct yellow subnotopleural stripe; legs chiefly yellow, sometimes with black markings ·················· **2**
2.	Hind tibia entirely yellow or yellowish brown, without black markings ·················· **3**
	Hind tibia yellow with apical half blackish brown or black ·················· **4**
3.	Antenna yellowish brown; abdomen yellow or yellow with brown markings or metallic green with yellow stripes on lateral margins of tergites 2-4 ·················· ***M. shanghaiensis***
	Antennal scape and pedicel yellow, flagellum brown; abdomen metallic green, without yellow margins ·················· ***M. flavicornis***
4.	Face yellowish brown; thorax dark brown, somewhat with bluish green luster; abdomen yellowish brown, without black markings ·················· ***M. mokanshanensis***

676

Face and thorax metallic green; abdomen yellowish brown with black markings on dorsum ······ **5**

5. Male antennal flagellum distinctly 3-segmented, female flagellum distinctly 4-segmented, haired apical part very small ··· ***M. japonica***

Male antennal flagellum indistinctly 1- or 2-segmented, female flagellum distinctly 4-segmented, haired apical part larger, about half of flagellum ··································· ***M. flaviventris***

50. Genus *Ptecticus* Loew, 1855

Diagnosis. Body slender, short haired. Eyes bare, separated in both sexes. Upper frons long triangular in males, long trapezoidal in females; lower frons bulbous; narrowest point of frons situated just above lower frons. Ocellar tubercle situated distinctly before line drawn between uppermost corners of the eyes. Lower face membranous but broadly chitinous on median portion. Antennal pedicel with apical-inner margin produced forward into a finger-like process; arista situated at upper apical part of flagellum. Subscutellum large. Wing with R_{2+3} arising above or near crossvein r-m, section of vein Rs between crossvein r-m and vein R_{2+3} absent or at most as long as crossvein r-m. Thoracic squama transverse apically, without strap-like process. Abdomen elongated, spindle-shaped or clavate.

Remarks. There are 143 *Ptecticus* species known from the world. 15 species are known to occur in China. Two species are described as new to science.

Key to species

1. Median occipital sclerite black ··· **2**

Median occipital sclerite yellow ··· **11**

2. Hind leg entirely black; male cercus strongly elongated, much longer than tergite 9; abdominal segment 2 white with a black triangular marking on tergite 2 ····························· ***P. japonicus***

Hind leg partly yellow; male cercus short, shorter than tergite 9 ···························· **3**

3. Wing with vein CuP distinct, vein M_3 distinctly sinuate ··································· **4**

Wing with vein CuP indistinct, at most as hyaline wing fold, vein M_3 straight, parallel to vein M_2
··· **6**

4. Mesonotum chiefly black ·· **5**

Mesonotum entirely yellowish brown; abdomen with black transverse bands ········· ***P. cingulatus***

5. Mesonotum with 3 black wide longitudinal stripes ······························· ***P. tricolor***

Mesonotum entirely black ·· ***P. bicolor*** sp. nov.

6. Vein R_{2+3} arising before crossvein r-m, ending at vein R_1 ······························ ***P. shirakii***

Vein R_{2+3} arising above or near crossvein r-m, not ending at vein R_1 ······················ **7**

7. Scutellum chiefly black; wing conspicuously elongate, more than 1.5 times longer than abdomen
··· ***P. longipennis***

31. *Ptecticus bicolor* sp. nov. (fig. 262; pl. 65)

Diagnosis. Head black, but frontal callus pale yellowish white, lower part of it tinged yellowish brown, face yellowish brown. Eyes black, bare. Occiput without fringe of erect hairs. Antenna brown, but scape blackish brown. Proboscis orange red with yellow hairs. Thorax black with metallic blue, but collar yellow, humeral callus, subnotopleural stripes and upper part of laterotergite pale yellow, postalar callus yellowish brown. Legs yellow, but mid coxa except tip, hind coxa and trochanter, hind tibia except extreme base and base of hind tarsomere 1 black, rest of hind tarsus white. Wing pale yellow; stigma yellow, slightly distinct; veins blackish brown, vein R_{2+3} arising above crossvein r-m and ending at vein R_1, crossvein r-m and vein Cup distinct. Halter yellowish brown. Abdomen orange red, but tergites 1-4 with black markings, tergite 5 chiefly black with orange red lateral margin; venter with black lateral margin, sternite 1 with median black spot and sternites 5-6 chiefly black. Male cercus much smaller than large quadrate tergite 9; gonocoxites with 2 small finger-like mid-apical processes; gonostylus long triangular with acute tip; aedeagal complex large, apex capitate and with some acute teeth on it.

Type. Holotype male, China: Yunnan, Menglong, Banna, Mengsong, 1 600 m, 26. IV. 1958, S. Y. Wang (IZCAS).

Distribution. Yunnan.

Etymology. The specific name refers to the different colors of the thorax and abdomen.

Remarks. The new species is somewhat similar to *P. tricolor* Wulp, but the latter has 3 wide longitudinal stripes on mesonotum.

32. *Ptecticus elongatus* sp. nov. (fig. 264; pl. 65)

Diagnosis. Head yellow with yellow hairs. Ocellar tubercle black. Frons widened toward vetex. Occiput without fringe of erect hairs. Antenna yellow with yellowish brown arista. Proboscis yellow with yellow hairs. Thorax yellowish brown with dorsum somewhat darker, pale yellow haired. Legs yellow, but fore tarsomeres 4-5 blackish brown, mid tarsomeres 4-5 yellowish brown. Wing pale grey, but basal anterior part including discal and basal cells yellow; stigma pale yellow, indistinct; veins yellowish brown, vein R_{2+3} arising behind crossvein r-m and ending at vein R_1. Halter yellow. Abdomen extremely slender, yellow, but tergites 1-5 with brown transverse band which is interrupted in first two tergites. Male genitalia strongly elongated; tergite 9 twice as long as wide and 4 times as long as cercus; gonocoxites twice as long as wide; gonostylus subrectangular with a blunt ventral process near apex; aedeagal complex distinctly elongated, 1.5 times as long as gonocoxites.

Type. Holotype male, China: Sichuan, Emeishan Mountain, Xixiangchi, 1 800-2 000 m, 20. VIII. 1957, K. R. Huang (IZCAS).

Distribution. Sichuan.

Etymology. The specific name refers to the strongly elongated abdomen and male genitalia.

Remarks. The new species can be easily distinguished by the extremely slender abdomen and genitalia.

51. Genus *Sargus* Fabricius, 1798

Diagnosis. Body slender. Eyes bare, separated in both sexes. Ocellar tubercle situated distinctly before line drawn between uppermost corners of the eyes. Frons divided into upper and lower part by a thin transverse suture or a pair of small depressions (or a pair of paler spots) connected with eye margin; narrowest point of front situated in upper frons before or at median ocellus, but upper frons usually parallel-sided; lower frons bulbous. Lower face membranous but narrowly chitinous on median portion. Antennal pedicel with apical inner margin gently convex; arista situated at upper apical part of flagellum. Subscutellum large. Wing with R_{2+3} arising far beyond crossvein r-m, section of vein Rs between crossvein r-m and vein R_{2+3} much longer than crossvein r-m. Thoracic squama with a strap-like process.

Abdomen slender, elongate clavate. Piles on body longer and denser than in *Ptecticus*.

Remarks. There are 111 *Sargus* species known from the world. 20 species are known to occur in China. Six species are described as new to science.

Key to species

1.	Occiput without a fringe of erect hairs	**2**
	Occiput with a fringe of erect hairs	**11**
2.	Body chiefly yellow; mesonotum yellow	***S. nigricoxa* sp. nov.**
	Body chiefly brown or metallic black; mesonotum black or metallic green, blue or purple	**3**
3.	Mesopleuron with pale subnotopleural stripe	**4**
	Mesopleuron without pale subnotopleural stripe	**7**
4.	Antenna blackish purple	***S. lii***
	Antenna paler, usually yellow, orange or yellowish brown	**5**
5.	Mid and hind femora black with bluish luster	***S. rufifrons***
	Mid and hind femora yellow	**6**
6.	Legs entirely yellow; abdominal tergites black	***S. huangshanensis***
	Hind coxa black; abdominal tergites 1 and 3 yellowish brown, tergite 2 yellow and tergites 4-5 black with metallic purple	***S. tricolor* sp. nov.**
7.	Abdominal segment 4 distinctly expanded, wider than thorax	***S. baculventerus***
	Abdominal segment 4 not expanded	**8**
8.	Halter brown or yellowish brown; legs chiefly yellowish brown to black	**9**
	Halter yellow; legs chiefly yellow	**10**
9.	Antenna black; wing brown to dark brown	***S. niphonensis***
	Antenna yellowish brown with pedicel reddish; wing tinged yellow, stigma pale yellow	***S. viridiceps***
10.	Male eyes distinctly separated; antenna black	***S. flavipes***
	Male eyes nearly contiguous; antenna yellow	***S. mandarinus***
11.	Mesopleuron without pale subnotopleural stripe	**12**
	Mesopleuron with pale subnotopleural stripe	**15**
12.	Legs yellow with coxae brown, but apical part of fore coxa yellow, hind tarsomeres 2-5 or 3-5 brown dorsally	***S. sichuanensis* sp. nov.**
	Legs blackish brown	**13**
13.	Antenna yellow	***S. nigrifaci* sp. nov.**
	Antenna black	**14**
14.	Body about 17.0 mm in length; fore and mid tibiae brownish yellow, hind tibia with a white ring at middle	***S. vandykei***

Body more than 21. 0 mm in length; outer surface of fore tibia, outer surface of mid tibial mid-posterior part and a spot on outer surface of hind tibial mid-posterior part white ·············· ***S. goliath***

15. Legs black ·· **16**

Legs entirely yellow or chiefly yellow with brown markings ······························ **17**

16. Male abdomen shining metallic cupreous green with dense dark orange yellow hairs; female abdomen brilliant violet with white hairs; hind femur broad at tip, hind tibia broad at base ··· ***S. gemmifer***

Male abdomen shining deep violet with dense black and white hairs; female abdomen shining deep green with black and white hairs; hind femoral tip and hind tibial base not broad ······ ***S. grandis***

17. Legs entirely yellow ·· ***S. metallinus***

Legs with brown markings ·· **18**

18. Stigma brown, distinct; legs yellow, bur coxae brown, basal third to half of hind tibia brown, mid femur apical dorsal surface, hind femur mid-dorsal surface and dorsal surface of mid tibial basal third with brown markings ··· ***S. latifrons*** **sp. nov.**

Stigma pale yellow, indistinct; fore and mid coxae yellow, hind coxa brown, mid and hind femora yellow ·· **19**

19. Hind tibia with basal third to half brown ·· ***S. mactans***

Hind tibia entirely yellow ·· ***S. brevis*** **sp. nov.**

33. *Sargus brevis* sp. nov. (fig. 274; pl. 69)

Diagnosis. Head black, but frontal callus white or pale yellow. Occiput with fringe of erect hairs. Antenna yellowish brown with black arista. Proboscis yellow with yellowish brown hairs. Thorax shining metallic green, but humeral callus yellow, postalar callus brown; mesopleuron with pale yellow subnotopleural stripe. Legs yellow, but coxae except fore coxa apex reddish brown, hind tarsomeres 4-5 brown. Wing nearly hyaline, tinge pale yellowish brown; stigma pale yellow, indistinct; veins brown. Halter pale yellow. Abdomen metallic brown, widened toward apex; densely covered with pale yellow short hairs. Male gonocoxites with a long rectangular mid-apical process; parameres and aedeagus tapered toward apex and parameres with extremely acute tip, much shorter than aedeagus.

Type. Holotype male, China: Sichuan, Emeishan Mountain, Baoguosi temple, 550-750 m, 30. Ⅴ. 1957, Z. Y. Wang (IZCAS). Paratype 1 ♂, China: Sichuan, Emeishan Mountain, Baoguosi temple, 550-750 m, 1. Ⅴ. 1957, Z. Y. Wang (IZCAS).

Distribution. Sichuan.

Etymology. The specific name refers to the short parameres.

Remarks. The new species is somewhat similar to *S. mactans* Walker, but the latter's hind tibial basal third to half is reddish brown; aedeagus as long as parameres, without the acute tip.

34. *Sargus latifrons* sp. nov. (fig. 278;pl. 70)

Diagnosis. Head metallic purple, but frontal callus white; face yellow, but lower part yellowish brown. Frons parallel-sided. Occiput with fringe of erect hairs. Antenna yellowish brown with black arista. Proboscis yellow with yellowish brown hairs. Thorax shining metallic bluish green, but humeral and postalar calli yellowish brown; mesopleuron with pale yellow subnotopleural stripe. Legs yellow, but coxae except fore coxa apically brown, hind femur with indistinct brown middle markings, basal third to half of hind tibia and hind tarsus except apical third of tarsomere 1 brown, dorsal surface of mid femoral apex and dorsal surface of mid tibial basal third with brown markings. Wing nearly hyaline, tinged pale yellowish brown; stigma brown, distinct; veins brown. Halter pale yellow. Abdomen as wide as thorax, metallic brown; densely covered with pale yellow short hairs. Male cercus long , finger-like; gonocoxites with a long rectangular mid-apical process; aedeagal complex short, but parameres very long, apically curved outward.

Type. Holotype male, China: Sichuan, Emeishan Mountain, Baoguosi temple, 550-750 m, 4. Ⅵ. 1957, F. X. Zhu (IZCAS). Paratypes 1♂, China: Guangxi, Guilin, Yanshan, 20. Ⅹ. 1953. (IZCAS); 1♀, China: Fujian, Jianyang, 270 m, 4. Ⅳ. 1960, Y. R. Zhang (IZCAS); 1♀, China: Gansu, Wenxian, Tielou, 1450 m, 2. Ⅶ, 1999, J. Yao (IZCAS); 1♀, China: Guangxi, Pingxiang, 230 m, 9. Ⅳ, 1963, Y. S. Shi (IZCAS); 1♀, China: Shaanxi, Ningshan, Huoditang (light trap), 1 580 m, 17. Ⅷ. 1998, D. C. Yuan (IZCAS); 1♀, China: Sichuan, Emeishan Mountain, Baoguosi temple, 550-750 m, 11. Ⅳ. 1957, K. R. Huang (IZCAS); 1♀, China: Sichuan, Emeishan Mountain, Baoguosi temple, 550-750 m, 12. Ⅳ. 1957, Z. Y. Wang (IZCAS); 1♀, China: Sichuan, Emeishan Mountain, Baoguosi temple, 550-750 m, 19. Ⅴ. 1957, F. X. Zhu (IZCAS); 1♀, China: Sichuan, Emeishan Mountain, Qingyin'ge, 800-1000 m, 22. Ⅳ. 1957, Z. Y. Wang (IZCAS); 1♀, China: Sichuan, Emeishan Mountain, Qingyin'ge, 800-1000 m, 21. Ⅳ. 1957, K. R. Huang (IZCAS); 1♀, China: Tibet, Shigatse, 3800 m, 6. Ⅵ. 1961, L. Y. Wang (IZCAS); 1♀, China: Tibet, Yadong, 2800 m, 7. Ⅵ. 1961, L. Y. Wang (IZCAS); 1♀, China: Xinjiang Kashgar, 1335 m, 14. Ⅵ. 1959, C. Q. Li (IZCAS); 1♀, China: Yunnan, Kunming, 15. Ⅴ. 1956, Д. Панфилов (IZCAS); 1♀. China: Yunnan, Xishuangbanna, Damenglong, 650 m, 3. Ⅶ. 1958. Y. R. Zhang (IZCAS).

Distribution. Guangxi, Fujian, Gansu, Shaanxi, Sichuan, Yunnan, Xinjiang, Tibet.

Etymology. The specific name refers to the wide frons.

Remarks. The new species is somewhat similar to *S. mactans* Walker, but the latter has the indistinct stigma and yellow mid coxa; parameres are as long as aedeagus.

35. *Sargus nigricoxa* sp. nov. (fig. 282;pl. 71)

Diagnosis. Head pale yellow, but occiput except median sclerite and ocellar tubercle black; frontal callus and face white. Occiput without fringe of erect hairs. Antenna entirely yellow. Proboscis yellow with pale yellow hairs. Thorax yellow with yellow hairs. Legs yellow, but hind coxa black, middle of hind femur yellowish brown. Wing hyaline, tinged pale yellow; stigma yellow, indistinct; veins yellowish brown. Halter yellow. Abdomen distinctly narrower than thorax, yellow, but apical corner of tergite 2, tergites 3-5 chiefly yellowish brown; sternite 3-5 brown. In female brown area of abdomen reduced, venter entirely yellow. Male tergite 9 with surstylus; gonocoxites with a V-shaped mid-apical incision; aedeagal complex with median lobe slightly shorter than lateral lobes, without parameres.

Type. Holotype male, China: Sichuan, Emeishan Mountain, Xixiangchi, 1 800-2 000 m, 27. Ⅷ. 1957, F. X. Zhu (IZCAS). Paratype 1♀, China: Sichuan, Emeishan Mountain, Jiulaodong, 1 800-1 900 m, 31. Ⅷ. 1957, Y. C. Lu (IZCAS).

Distribution. Sichuan.

Etymology. The specific name refers to the black hind coxa.

Remarks. The new species can be easily distinguished by the yellow body. The other species usually are metallic green, purple or brown.

36. *Sargus nigrifaci* sp. nov. (fig. 283; pl. 72)

Diagnosis. Head black, somewhat with metallic purple, lower part of frontal callus white, face chiefly blackish violet, but upper part and eye margin yellow. Frons parallel-sided. Occiput with fringe of erect hairs. Antenna yellow. Proboscis yellow with pale yellow hairs. Thorax shining metallic bluish violet, but humeral callus yellowish brown, postalar callus pale brown but slightly with bluish violet; mesopleuron without pale yellow subnotopleural stripe. Legs blackish brown, but apices of coxae, trochanters, femoral base, outside of fore and mid tibiae and outside of hind tibial apical 2/3 pale yellow. Wing hyaline, tinged pale brown on apical half; stigma brown, distinct; veins brown. Halter pale yellow. Abdomen as wide as thorax, black, slightly with metallic bluish violet. Male cercus finger-like; gonocoxites with a short rectangular mid-apical process; parameres and aedeagus tapered toward apex, parameres slightly shorter than aedeagus.

Type. Holotype male, China: Shaanxi, Ningshan, Huoditang, 1 580-1 650 m, 26. Ⅵ. 1999, D. C. Yuan (IZCAS). Paratypes 1♂, same data as holotype; 1♂, China: Shaanxi, Liuba, Miaotaizi, 1 350 m. 21. Ⅶ. 1998, J. Yao (IZCAS); 1♂, China: Sichuan, Emeishan Mountain, Jiulaodong, 1 800-1 900 m, 30. Ⅶ. 1967, Y. C. Lu (IZCAS).

Distribution. Shaanxi, Sichuan.

Etymology. The specific name refers to the blackish violet face.

Remarks. The new species is somewhat similar to *S. sichuanensis* sp. nov., but the latter has chiefly yellow legs.

37. *Sargus sichuanensis* sp. nov. (fig. 284; pl. 73)

Diagnosis. Head metallic green, but frontal callus and lower face yellowish brown with lower half of face slightly metallic brown. Occiput with fringe of erect hairs. Antenna yellowish brown with black arista. Proboscis yellow with pale yellow hairs. Thorax shining metallic green, but humeral callus yellowish brown; mesopleuron without pale yellow subnotopleural stripe. Legs yellow, coxae brown but fore coxa apex pale yellow, hind tarsomeres 2-5 or 3-5 brown dorsally. Wing pale brown; stigma yellowish brown, indistinct; veins yellowish brown. Halter yellow. Abdomen narrower than thorax, metallic brown, but tergite 6 metallic violet. Male cercus rather long, at least as long as tergite 9; gonostylus with acute tip; gonocoxites with a rectangular mid-apical process; aedeagal complex thick, parameres apically acute and slightly curved inwards, shorter than aedeagus.

Type. Holotype male, China: Sichuan, Lixian county, Miyaluo, 2 780-3 300 m, 6. Ⅵ. 1963, X. Z. Zhang (IZCAS). Paratype 1 ♂, China: Sichuan, Guanxian county, 700-1 000 m, 22. Ⅵ. 1963, X. Z. Zhang (IZCAS).

Distribution. Sichuan.

Etymology. The specific is named after the type locality Sichuan.

Remarks. The new species is somewhat similar to S. *mactans* Walker, but the latter has yellow fore and mid coxae and brown hind coxa; the hind tibial basal third to half is brown; gonostylus has the blunt tip; parameres are slightly thick, as long as aedeagus.

38. *Sargus tricolor* sp. nov. (fig. 285; pl. 73)

Diagnosis. Head black, but frontal callus pale yellow to white, face pale yellow. Occiput without fringe of erect hairs. Antenna yellowish brown with brown arista. Proboscis yellow with pale yellow hairs. Thorax shining metallic green, but humeral callus pale yellow, postalar callus yellowish brown; mesopleuron with pale yellow subnotopleural stripe. Legs yellow, but mid coxa and trochanter and hind trochanter yellowish brown, hind coxa black. Wing hyaline, tinged pale brown; stigma brown, distinct; veins brown. Halter orange yellow. Abdomen slender, distinctly narrower than thorax, but slightly broad apically; tergites 1 and 3 chiefly yellowish brown, tergite 2 yellow, tergites 4-5 black with purple luster. Male tergite 9 with surstylus; cercus oval; gonostylus with acute tip; gonocoxites with a deep V-shaped mid-apical incision; aedeagal complex with median lobe slightly shorter than lateral lobes, without parameres.

Type. Holotype male, China: Sichuan, Emeishan Mountain, 1 800-2 100 m, 24. Ⅵ. 1955, X. C. Yang (IZCAS). Paratype 1 ♂, China: Sichuan, Emeishan Mountain, Jiulaodong, 1 800-1 900 m, 5. Ⅷ. 1957, K. R. Huang (IZCAS).

Distribution. Sichuan.

Etymology. The specific name refers to the tricolored abdomen.

Remarks. The new species is somewhat similar to S. *nigricoxa* sp. nov., but the latter has yellow head and thorax; legs are almost yellow, with only hind coxa and middle of hind tibia black or brown.

Ⅶ. Subfamily Stratiomyinae Latreille, 1802

Diagnosis. Eyes large and mostly bare, but densely haired in some species, contiguous in males and widely separated in females. Antennae long, scape as long as (or longer than) pedicel; flagellum rod-like or spindle-shaped, consisting of 5-6 flagellomeres, last two flagellomeres forming an apical style in some species. Scutellum usually with pair of strong spines, but rarely reduced. R_4 usually short but distinct, absent only in *Oplodontha* and some *Odontomyia*; M veins usually weak, M_3 vestigial or entirely absent. CuA_1 always arising from cell bm. Abdomen broad and flattened, consisting of 5 visible segments.

Remarks. There are 47 genera and 662 species of Stratiomyinae known from the world. Seven genera and 81 species are known to occur in China.

Key to genera

1. Flagellum basally oval with subapical arista; postocular rim distinct in both males and females ··· ·· ***Rhaphiocerina***

   Flagellum rod-like or spindle-shaped; postocular rim in males invisible ···························· **2**

2. Apical flagellomere modified into a slender arista or arista-like style at least as long as preceding two flagellomeres (in some *Oxycera*), usually much longer than remaining flagellomeres combined ············ **3**

   Apical flagellomere not markedly different from preceding flagellomeres, maybe short and slightly modified but not arista-like ··· **5**

3. CuA_1 arising from discal cell; abdomen about as long as wide or wider than long; body without blue to green metallic luster ··· ***Oxycera***

   CuA_1 not arising from discal cell, separated from it by crossvein dm-cu; abdomen distinctly longer than wide; body with distinct blue to green metallic luster ·· **4**

4. Vein M_3 absent; two M veins arising from discal cell; scutellum without spines ··· ***Prosopochrysa***

   Vein M_3 present; three M veins arising from discal cell; scutellum with pair of distinct marginal spines ··· ***Nothomyia***

5. Vein R_{2+3} absent, apparently fused with R_1; discal cell very small, fused with Rs (i.e., crossvein r-m absent); veins M_1, M_2 and M_3 weak to entirely absent beyond discal cell ··········· ***Oplodontha***

   Vein R_{2+3} present; discal cell large, not fused with Rs (i.e., crossvein r-m present); veins M_1, M_2 and M_3 usually all well developed and visible, but M_1 and sometimes M_3 shorter or nearly absent in *Odontomyia* ·· **6**

6. Vein M_3 weak, distinctly fainter than M_2 or CuA_1, often entirely absent (i.e., two M veins arising from discal cell), M_1 also usually weak, especially at base near discal cell; scape at most twice as long as pedicel ·· ***Odontomyia***

   M_3 as developed as M_2 and CuA_1, M_1 also usually developed (i.e., three M veins arising from discal cell); scape 3~5 times as long as pedicel ······································· ***Stratiomys***

52. Genus *Nothomyia* Loew, 1869

Diagnosis. Body usually slender, black with green to blue metallic luster, but without obvious yellow markings. Head hemispheric. Eyes in males holoptic and dichoptic in females. Antennal flagellum with 6 flagellomeres, last flagellomere modified into arista. Thorax longer than wide; scutellum with pair of short marginal spines. Three M veins arising from discal cell, but CuA_1 not arising from discal cell. Abdomen distinctly longer than wide. Cercus with only one segment in females.

Remarks. There are 19 *Nothomyia* species known from the world. Two species are known to occur in China.

Key to species

| 1. | Vein R_4 present; abdomen dark brown ································· *N. elongoverpa* |
| | Vein R_4 absent; abdomen dark with blue to green metallic luster ············· *N. yunnanensis* |

53. Genus *Odontomyia* Meigen, 1803

Diagnosis. Head wider than thorax. Eyes distinctly haired or bare, contiguous in males and widely separated in most of females. Antennal scape subequal to (or longer than) pedicel, flagellum 6-segments and last flagellomeres varied in shape, but no arista, flagellomere 6 usually short or disappeared. Proboscis well developed and geniculated; palpus rather small. Scutellum nearly half-circular, with 2 spines; postscutellum well developed. R_{2+3} present, not fused with Rs, sometimes R_4 absent; CuA_1 not arising from discal cell, discal cell large, M_3 reduced, weak or entirely absent.

Remarks. This genus is the largest one in Stratiomyidae in the world with 216 known species. The species are widely distributed in all zoogeographical regions. 22 species are known to occur in China.

Key to species

1.	Vein R_4 absent ··· 2
	Vein R_4 present ·· 10
2.	Eyes distinctly haired ··· 3
	Eyes bare or nearly so ··· 5
3.	Hairs on eyes dark brown; femora wholly black ······················· *O. shikokuensis*
	Hairs on eyes whitish; femora not wholly black, at least partly yellowish brown ·········· 4
4.	Thorax pale green with black markings; scutellum black, but posteriorly pale green; fore femur with black middle ring ··· *O. barbata*

Thorax black; scutellum black with yellowish brown hind margin; femur basally yellow, apically black ·· *O. alini*

5. Both sexes with black abdominal dorsum, dorsum without yellow markings, at most with yellow margin (except males of *O. atrodorsalis*) ··· 6

Both sexes with black abdominal dorsum, dorsum with big or small yellow lateral markings ······ 7

6. Hind tarsomere 4 in males asymmetrical (normal in females); females head black ········· *O. hirayamae*

Hind tarsomere 4 in males normal, not modified; each side of ocellar tubercle with a yellow spot in females ··· *O. atrodorsalis*

7. Yellow lateral spot of abdominal tergite 2 oval or square in males, larger, connected with each other or nearly so (yellow spot dissociated from lateral margin of tergite) ··················· *O. halophila*

Yellow lateral spot of abdominal tergite 2 triangular or strip-like in both sexes, smaller, not connected with each other ·· 8

8. Humeral and postalar calli yellowish brown in males; apical 1/2 of femur black in females ········· ··· *O. argentata*

Humeral and postalar calli black in males; female femur wholly yellowish brown, at least apex so ·· 9

9. Female femora wholly yellowish brown; female frons below ocellar tubercle with 3 nearly rounded yellow spots; lateral spot of abdominal tergite 2 triangular in both sexes ··············· *O. pictifrons*

Female femora apex yellowish brown and base black; female frons with 2 yellow longitudinal spots; lateral spot of abdominal tergite 2 narrow and strip-like in both sexes ··············· *O. microleon*

10. Legs including coxae wholly yellow in both sexes (in some species, coxae tinged black in females; males of *O. garatas*: coxae black, femora blackish brown with yellow apex; male of *O. hydrileon*: coxae black) ··· 11

Legs not wholly yellow in both sexes, at least coxae black ·· 17

11. Abdominal dorsum yellow, without black markings ·· *O. lutatius*

Abdominal dorsum yellow or green, with black markings ··· 12

12. Scutellum wholly yellow or at least lateral and hind margin obviously yellow ··············· 13

Scutellum chiefly black, at most hind margin narrowly yellow (some individuals of *O. hydroleon* with more yellow area) ··· 15

13. Female scutellum wholly yellow, male scutellum basally with semicircular black spot; abdominal black spots connected with lateral margin ·· *O. garatas*

Female scutellum chiefly yellow, but basally with semicircular black spot; abdominal black spots not connected with lateral margin, lateral and hind margins yellowish green ··················· 14

14. Abdominal dorsum with black trapezoid spot, anterior margin of spot on each tergite broader than posterior margin ··· *O. angulata*

Abdominal dorsum with black spot irregular in shape, constricted at mid-posterior portion ········· ··· *O. fangchengensis*

687

15.	Three M veins arising from discal cell, M_3 weak but visible ················· **16**
	Two M veins arising from discal cell ··············· ***O. picta***
16.	Female head wholly black except mouth margin yellow (male unknown) ··········· ***O. claripennis***
	Female head largely yellow; male head black, but middle ridge of upper face usually yellow ······ ··············· ***O. hydroleon***
17.	Scape distinctly longer than pedicel ··············· ***O. yangi***
	Scape subequal to or shorter than pedicel ··············· **18**
18.	Female upper frons black and lower frons wholly yellow ··············· ***O. guizhouensis***
	Female frons wholly black, at most with yellow spots ··············· **19**
19.	Female frons wholly black, without any yellow spots (male unknown) ··············· ***O. uninigra***
	Female frons with two small yellow spots just above antennae ··············· **20**
20.	Leg black, but femora and tibiae tinged yellowish brown; M_3 weak and invisible (male unknown) ··············· ***O. bimaculata***
	Leg yellow, but coxae black; M_3 weak but visible ··············· ***O. sinica***

54. Genus *Oplodontha* Rondani, 1863

Diagnosis. Body usually small. Antenna shorter than head; flagellum 6-segmented, last two flagellomeres short and blunt. Scutellum with two obvious short spines. Vein R_{2+3} absent, fused with R_1, M_1 reduced, M_3 and R_4 absent; discal cell small, fused with Rs. Abdomen with green or yellow markings.

Remarks. This genus is similar to genus *Odontomyia*, but veins are reduced. There are 23 *Oplodontha* species known from the world. Five species are known to occur in China.

Key to species

1.	Abdominal tergites 2-4 with conspicuous black spots ··············· **2**
	Abdominal tergite without conspicuous black spots, at least female tergite 2 without black spots ······ **4**
2.	Eyes thinly pilose; scutellum yellow with black base ··············· ***O. facinigra***
	Eyes bare; scutellum wholly black ··············· **3**
3.	Humeral and postalar calli yellowish brown; femora black except apex (male unknown) ··········· ··············· ***O. sinensis***
	Humeral and postalar calli black; femora pale yellow ··············· ***O. viridula***
4.	Female tergite 1 with a small black spot, tergites 3-5 with large black spot at middle; black spot of tergite 1 extended to tergite 2 in males ··············· ***O. elongata***
	Abdominal tergite largely yellow to yellowish brown, but varied in individual, without distinct black spots ··············· ***O. rubrithorax***

55. Genus *Oxycera* Meigen, 1803

Diagnosis. Body black with yellow markings, or yellow with black markings, but sometimes thorax and abdomen almost wholly black. Eyes thinly pilose (or practically bare) to densely haired; eyes contiguous or subcontiguous in males and widely separated in females; male eyes with larger upper facets. Female with distinct postocular rim. Male lower occiput strongly or weakly developed behind eye in lateral view. Female frons wide, subparallel-sided, and nearly as wide as face. Antenna shorter than head; segments 1-2 subequal in length; flagellomeres 1-4 spindle-shaped and flagellomeres 5-6 forming a dorso-distal arista. Palpus short and inconspicuous, with apical portion knob-like. Mesopleuron bare at middle. Scutellum with 2 spines. Vein R_4 usually present; veins M_1, M_2, M_3 and CuA_1 incomplete; vein CuA_1 arising from discal cell. Abdomen as wide as or wider than thorax, with dorsum strongly convex.

Remarks. There are 94 *Oxycera* species known from the world. 25 species are known to occur in China.

Key to species

1.	Abdominal dorsum wholly black, at most tergite 5 with yellow or yellowish brown apical margin ··················	**2**
	Abdominal dorsum with yellow or yellowish green markings, lateral spots protruding inward ··················	**12**
2.	Wing smoky brown with hyaline spots, or hyaline with smoky brown parts ··················	**3**
	Wing concolorous, completely hyaline or completely tinged smoky brown ··················	**5**
3.	Wing smoky brown with a triangular hyaline spot below discal cell and another hyaline spot extending through anal and axillary cells ··················	***O. fenestrata***
	Wing hyaline, but partly tinged smoky brown ··················	**4**
4.	Eyes thinly pilose; abdomen wholly black; humeral callus black; wing apically concolorous, smoky grey ··················	***O. cuiae***
	Eyes densely pilose; abdomen black with yellow apical margin of tergite 5; humeral callus yellow; wing hyaline with a large smoky brown spot near apex and another smaller smoky brown spot extended to discal cell and bm cell ··················	***O. apicalis***
5.	Abdomen black with yellow apical margin of tergite 5 (male unknown) ··················	**6**
	Abdomen wholly black ··················	**8**
6.	Female frons with two pairs of yellow spots ··················	***O. quadripartita***
	Female frons with one pair of yellow spots ··················	**7**
7.	Eyes thinly pilose; femur yellow with a dark median ring ··················	***O. chikuni***
	Eyes densely pilose; femur reddish brown ··················	***O. excellens***

8. Thorax wholly black (not including scutellar spines) ··· **9**

Thorax chiefly black, but with small yellow spots or posterodorsal margin of mesopleuron yellow ·· **10**

9. Eyes densely pilose; female frons with pair of brick red longitudinal spots ················· *O. qiana*

Eyes thinly pilose; female frons with two pairs of yellow spots ·················· *O. guizhouensis*

10. Postalar callus black; postero-dorsal margin of mesopleuron yellow ············ *O. guangxiensis*

Postalar callus yellow or dark brown ··· **11**

11. Wing wholly smoky brown; scutellum black, without dark yellow posterior margin ·············· ··· *O. ningxiaensis*

Wing hyaline; scutellum black, but posterior margin between spines yellow ············· *O. liui*

12. Scutum without distinct paired median longitudinal vittae, at most with dissociative yellow spots ·· **13**

Scutum with distinct paired green or yellowish green median longitudinal vittae ·········· **19**

13. Scutum with dissociative paired yellow spots at middle ·· **14**

Scutum black at middle, without dissociative paired yellow spots ······························· **15**

14. Smaller species (at most 5.0 mm); scutum with two pairs of small and inconspicuous yellow spots at middle; vein R_4 absent; scutellum black with yellow margin ································ *O. lii*

Larger species (at least 9.0 mm); scutum with pair of big and conspicuous yellow spots at middle; vein R_4 present; scutellum wholly yellow ··· *O. meigenii*

15. Scutellum chiefly yellow ··· **16**

Scutellum chiefly black ··· **17**

16. Abdominal dorsum with two pairs of lateral spots; female frons with three pairs of yellow spots just above antennae, lateral frons with a triangular yellow spot ························· *O. rozkosnyi*

Abdominal dorsum with pair of large diagonal lateral spots; female frons with pair of big yellow longitudinal spots ··· *O. laniger*

17. Vein R_4 present; larger species (about 7.0 mm) ·· **18**

Vein R_4 absent; smaller species (about 4.0 mm) ······································· *O. micronigra*

18. Abdominal tergites 2-4 with yellowish green lateral spots (female unknown) ········· *O. daliensis*

Abdomen only with pair of small yellow lateral spots on tergite 4 (male unknown) ······ *O. basalis*

19. Scutum median longitudinal vittae not beyond transverse suture (i.e., scutum without longitudinal vittae connected with former vittae behind transverse suture) ································· **20**

Scutum median longitudinal vittae beyond transverse suture (i.e., scutum with longitudinal vittae connected with former vittae behind transverse suture, although sometimes longitudinal vittae interrupted at transverse suture) ··· **21**

20. Scutum with median longitudinal vittae broad, not interrupted, anterior margin connected with yellow humeral spot and posterior margin reaching transverse suture; abdominal tergite 2 with lateral spot ·· *O. qinghensis*

Scutum with median longitudinal vittae narrow, interrupted at middle, anterior margin not connected with yellow humeral spot and posterior margin not reaching transverse suture; abdominal tergite 2 without lateral spot ·· *O. flavimaculata*

21. Spines on scutellum stout and vertical, subscutellum large and protruding backwards; abdominal tergites 1 and 5 each with pair of yellowish lateral spots ······································· *O. vertipila*

Spines on scutellum slender and nearly horizontal, area beyond spines (subscutellum) not protruding backwards; abdominal tergites 1 and 5 each with a yellowish lateral spot ······························ **22**

22. Male frons chiefly yellow, at most with a small black spot ······································· **23**

Male frons wholly black ·· **24**

23. Male frons chiefly yellow, frons with a small black spot just above antennae; scutum with median longitudinal vittae beyond transverse suture, but far from posterior margin of scutum; abdomen chiefly black with yellow lateral spots (female unknown) ···································· *O. sinica*

Male frons wholly yellow; scutum with median longitudinal vittae beyond transverse suture, reaching or nearly reaching posterior margin of scutum; abdomen chiefly yellowish green with black spots ·· *O. trilineata*

24. Larger species (about 6.0 mm); eyes densely pilose; male abdominal tergite 3 with pair of yellow lateral spots, female abdominal tergite 3 with four yellow spots at middle in a transverse row ······ ·· *O. signata*

Smaller species (about 4.5 mm); eyes thinly pilose; abdomen with transverse yellow band on tergite 3 in both sexes (rarely divided into 3 spots in some females) ······························· *O. tangi*

56. Genus *Prosopochrysa* de Meijere, 1907

Diagnosis. Eyes bare, subcontiguous in males and separated by narrow frons. Antenna inserted on tubercle. Frons just above antennae with transverse depression. Head without distinct ocellar tubercle; postocular rim rather narrow. Antenna short, scape subequal to pedicel in length, flagellum about as long as scape and pedicel combined. Flagellum with 4 visible flagellomeres and apical arista. Thorax nearly as long as abdomen; scutellum without spines. Abdomen with 5 visible segments.

Remarks. There are 4 *Prosopochrysa* species known from the world. Two species are known to occur in China.

Key to species

1. Legs largely black, but male middle and hind femora reddish brown in basal half, tarsomeres 1~2 yellow brown; female middle and hind tarsomeres 1~2 yellow white; abdominal dorsum blackish brown ··· *O. chusanensis*

Legs wholly black; abdominal dorsum purple black ······································· *O. sinensis*

57. Genus *Rhaphiocerina* Lindner, 1936

Diagnosis. Body length 6-7 mm. Eyes bare in both sexes, contiguous in males and widely separated in females. Both sexes with broad postocular rim and slightly narrow in males. Antenna inserted on a square tubercle; flagellum about as long as scape and pedicel combined. Male frons linear. Scutellum trapezoid with pair of reduced spines. R_4 present, M_3 incomplete or invisible, CuA_1 not arising from discal cell. Abdomen longer than wide.

Remarks. There are only 1 *Rhaphiocerina* species known from the world. This species is also distributed in China.

58. Genus *Stratiomys* Geoffroy, 1762

Diagnosis. Large and stout species with long antenna, body length usually more than 10.0 mm. Mostly yellow markings on head (females), scutellum and abdomen. Eyes bare or pilose, contiguous or nearly so in males and widely separated in females. Postocular rim present in females, but usually absent or nearly partly developed in males. Antenna long with scape long rod-like 3-6 times as long as pedicel. Flagellum consisting of 5-6 flagellomeres, last one small and bluntly-pointed. Three veins arising from discal cell, R_4 present. Scutellum with pair of strong spines.

Remarks. There are 92 *Stratiomys* species known from the world. 24 species are known from China.

Key to species

1.	Female thorax with yellow spots (not including humeral and postalar calli); male face chiefly yellow with narrow blackish brown longitudinal stripes, or male face chiefly black, but with small yellow lateral spot ⋯⋯⋯⋯⋯⋯⋯⋯⋯⋯⋯⋯⋯⋯⋯⋯⋯⋯⋯ **2**
	Thorax wholly black in both sexes (not including humeral and postalar calli) ⋯⋯⋯⋯⋯ **4**
2.	Male face chiefly yellow with narrow blackish brown longitudinal stripe; abdominal venter yellow ⋯⋯⋯⋯⋯⋯⋯⋯⋯⋯⋯⋯⋯⋯⋯⋯⋯⋯⋯⋯⋯⋯ ***S. portschinskyana***
	Male face chiefly black, but with small yellow lateral spot; abdominal venter chiefly yellow with black band ⋯⋯⋯⋯⋯⋯⋯⋯⋯⋯⋯⋯⋯⋯⋯⋯⋯⋯⋯⋯⋯⋯⋯⋯ **3**
3.	Female thoracic pleuron chiefly black, only mesopleuron obviously yellow; male abdominal lateral spots on tergite 2 subtriangular, lateral spots on tergites 3 and 4 strip-like, spots small on tergite 4, apical spot on tergite 5 triangular ⋯⋯⋯⋯⋯⋯⋯⋯⋯⋯ ***S. chamaeleon***
	Female thoracic pleuron largely yellow, only venter black; male abdominal lateral spots on tergite 2 and tergite 3 large and subsquare; lateral spot on tergite 4 with narrow lateral margin, wider towards middle; apical spot on tergite 5 large and wide ⋯⋯⋯⋯⋯⋯⋯⋯⋯⋯ ***S. nobilis***
4.	Scutellum chiefly yellow: wholly yellow or yellow with black base, but lateral and hind margins yellow ⋯⋯⋯⋯⋯⋯⋯⋯⋯⋯⋯⋯⋯⋯⋯⋯⋯⋯⋯⋯⋯⋯⋯⋯⋯⋯⋯⋯⋯ **5**

Scutellum chiefly black, wholly black or black with hind margin between spines somewhat yellow
·· **8**

5. Scutellum wholly yellow ··· **6**

   Scutellum not completely yellow, at least with black base ······································ **7**

6. Female just below middle ocellus with a triangular yellow spot; tibiae largely dark brown, but base
   pale ·· *S. mongolica*

   Female without triangular yellow spot below middle ocellus; tibiae orange (male unknown) ········
   ·· *S. mandshurica*

7. Abdominal dorsum with lateral spots on tergites 3 and 4, spots narrow at lateral margin, but exten-
   ding to large round spot inwards ·· *S. choui*

   Abdominal dorsum with linear lateral-posterior spots on tergites 3 and 4 (male unknown) ········
   ·· *S. annectens*

8. Eyes haired, most species densely pilose, some species thinly pilose ··························· **9**

   Eyes bare in both sexes ··· **17**

9. Abdominal venter chiefly yellowish green, sometimes with brown spots ························· **10**

   Abdominal venter chiefly black, at most with yellow band as wide as black band, venter with yellow
   spots or bands ·· **12**

10. Male femora black with yellow apex; female femora apically brown ···················· *S. koslowi*

    Male femora black, or at least apical half black ··· **11**

11. Male femora with basal half blackish brown and apical half black; female femora with basal half
    yellow and apical half black; abdominal lateral spot on tergite 2 triangular ·········· *S. ventralis*

    Legs black in both sexes; abdominal lateral spot on tergite 2 small, rectangular ··· *S. roborowskii*

12. Abdominal lateral spot on tergite 2 large ·· **13**

    Abdominal lateral spot on tergite 2 small or absent ··· **14**

13. Abdominal lateral spot on tergite 2 larger, subsquare, lateral margin reaching to anterior margin of
    tergite 2 ··· *S. apicalis*

    Abdominal lateral spot on tergite 2 smaller, strip-like, lateral margin not reaching to anterior margin
    of tergite 2 ·· *S. approximata*

14. Eyes covered with long white hairs; abdominal tergites 1-4 without yellow lateral spot, only with a
    triangular apical spots on tergite 5 ··· *S. sinica*

    Eyes covered with long brown hairs, abdominal tergites 1-4 with small yellow lateral spots, tergite 5
    apically with yellow spot ·· **15**

15. Female frons mostly black, only with pair of yellow spots above antennae, spots not reaching eyes
    ·· *S. singularior*

    Female frons largely yellow, only upper frons black, yellow spots on lower frons reaching eyes ···
    ·· **16**

16. Legs chiefly black, only knees and tarsomeres 1-3 black, hind tibia usually yellow ······ *S. longicornis*

    Legs chiefly yellow, but femora brown, tibiae yellowish brown, tarsi black ··············· *S. barca*

17. Abdominal venter chiefly yellow with black spots ··· **18**

Abdominal venter chiefly black, at most with yellow band as wide as black band, venter with yellow spots or bands ··· **20**

18. Femora yellowish brown; abdominal tergite 2 with round lateral spot, sternite 2 with black spot, sternite 3 with black anterior margin (male unknown) ··································· *S. beresowskii*

Femora black; abdominal tergite 2 with triangular lateral spot, abdominal sternites 2 and 3 nearly wholly yellow ··· **19**

19. Lower half of eyes with a green metallic luster transverse band; lower face with a lateral yellow spot on each side ·· *S. potanini*

Eye without metallic luster transverse band; lower face without yellow spot ·············· *S. licenti*

20. Male abdominal venter with nearly aequilate black and yellow transverse band, band on sternite 2 slightly wide; female abdominal venter basally with broad black area, posterior margin yellow ··· ·· *S. bochariensis*

Abdominal venter chiefly black in both sexes with yellow transverse band ······················· **21**

21. Wing largely red, apex colorless; fore and middle femora white in basal half, hind femur apically black ·· *S. rufipennis*

Wing pale brown to yellowish brown; femora chiefly black ······································· **22**

22. Female lower frons with 2 rectangular orange calli; antennal pedicel basally black and apically brick red, inner side of flagellomeres 1-3 brick red; abdominal tergite 2 with lateral spot triangular ······ ··· *S. laetimaculata*

Female lower frons without orange calli; antennal pedicel black, flagellum wholly black; abdominal tergite 2 with lateral spot square or strip-like ··· **23**

23. Abdominal tergites 2-4 with lateral spots rectangular, middle posterior margin of tergite 4 with triangular yellow spot connected with lateral spots ··· *S. lugubris*

Abdominal tergites 2-4 with lateral spots strip-like or oval, middle posterior margin of tergite 4 without triangular yellow spot ·· *S. validicornis*

附表一　木虻科在中国各行政区的分布

	种名	黑龙江	吉林	辽宁	河北	天津	河南	山西	内蒙古	宁夏	甘肃	陕西	新疆	青海	西藏	四川	重庆	云南	贵州	广西	湖北	湖南	江西	安徽	江苏	上海	浙江	福建	台湾	广东	香港	澳门	海南
1	*Formosolva concavifrons*																												+				
2	*Formosolva devexifrons*															+																	
3	*Formosolva planifrons*																			+													
4	*Formosolva tuberifrons*														+					+													
5	*Solva apicimacula*															+																	
6	*Solva aurifrons*																												+				
7	*Solva basiflava*														+			+															
8	*Solva clavata*																																
9	*Solva completa*															+		+									+						
10	*Solva dorsiflava*																	+															
11	*Solva flavipilosa*																																+
12	*Solva gracilipes*															+																	
13	*Solva hubensis*																				+												
14	*Solva kusigematii*																										+						
15	*Solva marginata*																																
16	*Solva mediomacula*										+					+																	
17	*Solva mera*																																
18	*Solva nigricoxis*																												+				

续附表一

序号	种名	黑龙江	吉林	辽宁	河北	天津	河南	山东	山西	内蒙古	宁夏	甘肃	陕西	新疆	青海	西藏	四川	重庆	云南	贵州	广西	湖北	湖南	江西	安徽	江苏	上海	浙江	福建	台湾	广东	香港	澳门	海南
19	*Solva schnitnikowi*	+	+																															
20	*Solva shanxiensis*								+																									
21	*Solva sinensis*																		+		+													
22	*Solva striata*																			+	+													
23	*Solva tigrina*																				+								+					
24	*Solva uniflava*																						+	+					+					
25	*Solva varia*				+	+																												
26	*Solva yunnanensis*																		+															
27	*Xylomya alamaculata*																+																	
28	*Xylomya chekiangensis*																+					+			+			+						
29	*Xylomya decora*																					+												
30	*Xylomya gracilicorpus*	+																																
31	*Xylomya longicornis*		+	+																														
32	*Xylomya moiwana*	+		+																														
33	*Xylomya sauteri*																+	+													+			
34	*Xylomya sichuanensis*																+	+																
35	*Xylomya sinica*													+																				
36	*Xylomya wenxiana*											+																						
37	*Xylomya xixiana*																																	+
	总计	2	1	1	1	1	1	1	1	0	1	1	1	2	0	2	9	2	6	6	6	6	4	1	1	1	0	3	3	2	4	0	0	1

附表二　水虻科在中国各行政区的分布

	种名	黑龙江	吉林	辽宁	北京	天津	河北	河南	山东	山西	内蒙古	宁夏	甘肃	陕西	新疆	青海	西藏	四川	重庆	贵州	云南	广西	湖北	湖南	江西	安徽	江苏	上海	浙江	福建	台湾	广东	香港	澳门	海南
1	Actina acutula																	+																	
2	Actina amoena																														+				
3	Actina apiciflava																				+														
4	Actina basalis																				+														
5	Actina bilobata																				+														
6	Actina bimaculata																					+													
7	Actina curvata																				+														
8	Actina dulongjiangana																				+														
9	Actina elongata																				+														
10	Actina fanjingshana																			+															
11	Actina flavicornis																														+				
12	Actina gongshana																				+														
13	Actina longa																+																		
14	Actina maculipennis																						+												
15	Actina quadrimaculata																														+				
16	Actina spatulata																+																		
17	Actina tengchongana																				+														
18	Actina trimaculata																			+												+			
19	Actina unimaculata																			+	+														

697

续附表二

序号	种名	黑龙江	吉林	辽宁	北京	河北	天津	河南	山东	山西	内蒙古	宁夏	陕西	甘肃	新疆	青海	西藏	四川	重庆	云南	贵州	广西	湖北	湖南	江西	安徽	江苏	上海	浙江	福建	台湾	广东	香港	澳门	海南
20	*Actina varipes*				+								+																						
21	*Actina xizangensis*																+														+				
22	*Actina yeni*																			+															
23	*Actina zhangae*																					+													
24	*Allognosta acutata*																					+													+
25	*Allognosta ancistra*																			+															
26	*Allognosta apicinigra*																	+																	
27	*Allognosta baoshana*													+									+												
28	*Allognosta basiflava*																			+															
29	*Allognosta basinigra*																						+												
30	*Allognosta caiqiana*																				+														
31	*Allognosta concava*											+									+														
32	*Allognosta dalongtiana*																	+																	
33	*Allognosta dorsalis*																			+															
34	*Allognosta fanjingshana*																			+			+												
35	*Allognosta flava*																																		
36	*Allognosta flavofemoralis*																														+				
37	*Allognosta fuscipennis*																																		
38	*Allognosta gongshana*																																		
39	*Allognosta honghensis*																																		
40	*Allognosta inermis*																																		
41	*Allognosta japonica*																														+				

续附表二

序号	种名	黑龙江	吉林	辽宁	北京	天津	河北	河南	山东	山西	内蒙古	宁夏	甘肃	陕西	新疆	青海	西藏	四川	重庆	云南	贵州	广西	湖北	湖南	江西	安徽	上海	浙江	福建	台湾	广东	香港	澳门	海南
42	*Allognosta jingyuana*												+																					
43	*Allognosta jinpingensis*																			+														
44	*Allognosta liangi*																			+														
45	*Allognosta liui*																			+														
46	*Allognosta longwangshana*																											+						
47	*Allognosta maculipleura*																+				+													
48	*Allognosta maxima*																													+				
49	*Allognosta nigrifemur*																				+													
50	*Allognosta ningxiana*												+																					
51	*Allognosta obtuse*																			+			+											
52	*Allognosta orientalis*																			+			+											
53	*Allognosta partita*																													+				
54	*Allognosta sichuanensis*																	+																
55	*Allognosta singularis*																			+														
56	*Allognosta tengchongana*																			+														
57	*Allognosta vagans*				+															+				+				+	+					
58	*Allognosta wangzishana*																						+								+			
59	*Allognosta yanshana*																						+											
60	*Allognosta zhuae*																			+														
61	*Aspartimas fomosanus*																													+				
62	*Beris alamaculata*																+																	
63	*Beris ancistra*																+																	

续附表二

种名	黑龙江	吉林	辽宁	河北	天津	北京	山东	山西	内蒙古	宁夏	甘肃	陕西	新疆	青海	西藏	四川	重庆	云南	贵州	广西	湖南	湖北	江西	安徽	上海	江苏	浙江	福建	台湾	广东	香港	澳门	海南
64 *Beris basiflava*															+																		
65 *Beris brevis*																		+															
66 *Beris concava*																		+				+											
67 *Beris digitata*																		+															
68 *Beris dolichocera*																		+															
69 *Beris emeishana*																+																	
70 *Beris flava*										+																							
71 *Beris furcata*																		+															+
72 *Beris fuscipes*										+	+					+																	
73 *Beris gansuensis*											+																						
74 *Beris hirotsui*																+						+											
75 *Beris huanglianshana*																		+															
76 *Beris liaoningana*			+																														
77 *Beris potanini*																+		+															
78 *Beris shennongana*																						+											
79 *Beris spinosa*							+															+											
80 *Beris trilobata*																+		+															
81 *Beris yangxiana*												+																					
82 *Beris zhouae*																			+														
83 *Beris zhouquensis*											+																						
84 *Chorisops bilobata*													+																				
85 *Chorisops brevis*							+																										

续附表二

序号	种名	海南	澳门	香港	广东	台湾	福建	浙江	上海	江苏	安徽	江西	湖南	湖北	广西	贵州	云南	重庆	四川	西藏	青海	新疆	甘肃	陕西	宁夏	内蒙古	山西	山东	河南	天津	北京	河北	辽宁	吉林	黑龙江
86	*Chorisops fanjingshana*															+																			
87	*Chorisops longa*							+																											
88	*Chorisops maculiala*																																+		
89	*Chorisops separate*																							+											
90	*Chorisops striata*															+																			
91	*Chorisops tianmushana*							+																											
92	*Chorisops unita*										+																								
93	*Chorisops zhangae*																+																		
94	*Spartimas apiciniger*														+																				
95	*Spartimas hainanensis*	+																																	
96	*Spartimas ornatipes*	+													+																				
97	*Adoxomyia alaschanica*																									+									
98	*Adoxomyia formosana*					+																													
99	*Adoxomyia hungshanensis*							+		+	+																								
100	*Adoxomyia lugubris*	+																	+																
101	*Anoamyia javana*																+																		
102	*Anoamyia rectispina*				+												+																		
103	*Camperosopa longispina*																		+				+												
104	*Clitellaria aurantia*																+																		
105	*Clitellaria bergeri*							+		+																						+	+		
106	*Clitellaria bicolor*																+																		
107	*Clitellaria chikuni*																							+		+				+		+			

续附表二

序号	种名	黑龙江	吉林	辽宁	河北	天津	北京	山东	山西	内蒙古	宁夏	甘肃	陕西	新疆	青海	西藏	四川	重庆	云南	贵州	广西	湖南	湖北	江西	安徽	上海	江苏	浙江	福建	台湾	广东	香港	澳门	海南
108	*Clitellaria crassistilus*																		+															
109	*Clitellaria flavipilosa*																		+															
110	*Clitellaria kunmingana*																		+															
111	*Clitellaria longipilosa*																		+															
112	*Clitellaria mediflava*				+																													
113	*Clitellaria microspina*													+																				
114	*Clitellaria nigra*				+							+	+				+		+		+	+		+		+		+	+					
115	*Clitellaria obliquispina*																		+	+														
116	*Clitellaria orientalis*														+		+		+	+	+	+				+	+	+	+					
117	*Cyphomyia albopilosa*																		+															
118	*Cyphomyia chinensis*																+		+			+				+		+	+					
119	*Cyphomyia orientalis*																		+												+			
120	*Eudmeta coerulemaculata*															+	+		+		+													
121	*Eudmeta diadematipennis*															+	+		+		+	+						+						
122	*Nigritomyia basiflava*																		+		+	+							+					
123	*Nigritomyia cyanea*							+																										
124	*Nigritomyia fulvicollis*																+		+	+	+	+	+					+	+		+			+
125	*Nigritomyia guangxiensis*																				+													+
126	*Ruba bimaculata*																+		+															+
127	*Ruba maculipennis*																+		+				+					+						
128	*Ruba nigritibia*																		+															
129	*Hermetia branchystyla*																		+															

续附表二

编号	种名	黑龙江	吉林	辽宁	北京	河北	天津	山东	河南	山西	内蒙古	宁夏	甘肃	陕西	新疆	青海	西藏	四川	重庆	云南	贵州	广西	湖北	湖南	江西	安徽	江苏	上海	浙江	福建	台湾	广东	香港	澳门	海南
130	*Hermetia flavimaculata*																			+			+												
131	*Hermetia illucens*				+	+			+											+			+			+			+		+				+
132	*Hermetia melanogaster*										+							+											+		+				
133	*Hermetia transmaculata*																			+									+						
134	*Nemotelus angustemarginatus*															+																			
135	*Nemotelus annulipes*												+																						
136	*Nemotelus bomynensis*															+																			
137	*Nemotelus dissitus*													+		+																			
138	*Nemotelus faciflavus*														+	+																			
139	*Nemotelus gobiensis*															+																			
140	*Nemotelus latemarginatus*																	+																	
141	*Nemotelus lativentris*																	+																	
142	*Nemotelus mandshuricus*															+																			
143	*Nemotelus nanshanicus*															+	+																		
144	*Nemotelus nigrinus*										+	+		+		+	+																		
145	*Nemotelus personatus*											+																							
146	*Nemotelus przewalskii*										+	+																							
147	*Nemotelus svenhedini*										+				+																				
148	*Nemotelus uliginosus*										+				+																				
149	*Nemotelus ventiflavus*														+																				
150	*Nemotelus xinjianganus*										+																					+			
151	*Abiomyia annulipes*																			+															

续附表二

序号	种名	黑龙江	吉林	辽宁	北京	天津	河北	河南	山西	内蒙古	宁夏	甘肃	陕西	新疆	青海	西藏	四川	重庆	云南	贵州	广西	湖南	湖北	江苏	安徽	上海	浙江	福建	台湾	广东	香港	澳门	海南
152	*Abiomyia brunnipes*																		+														
153	*Abrosiomyia flavipes*																		+														+
154	*Abrosiomyia minuta*																		+			+								+				
155	*Aidomyia femoralis*																													+				
156	*Aulana insularis*																													+				
157	*Camptopteromyia flaviantenna*				+																													
158	*Camptopteromyia flavitarsa*																		+														+
159	*Camptopteromyia nigriflagella*																		+														
160	*Cechorismenus flaviconis*																													+				
161	*Cibotogaster auricollis*																		+														
162	*Craspedometopon frontale*								+								+		+	+							+		+				
163	*Craspedometopon orientale*																		+														
164	*Craspedometopon spina*																		+														
165	*Craspedometopon tibetensis*																+																
166	*Culcua albopilosa*																		+											+				+
167	*Culcua angustimarginata*																		+	+														
168	*Culcua argentea*																		+														
169	*Culcua chaineyi*																		+														
170	*Culcua immarginata*																		+														+
171	*Culcua kolibaci*																		+														
172	*Culcua longispina*																	+																
173	*Culcua simulans*																													+				

续附表二

序号	种名	海南	澳门	香港	广东	台湾	福建	浙江	上海	江苏	安徽	江西	湖南	湖北	广西	贵州	云南	重庆	四川	西藏	青海	新疆	陕西	甘肃	宁夏	内蒙古	山西	山东	河南	河北	天津	北京	辽宁	吉林	黑龙江
174	*Evaza bicolor*	+													+																				
175	*Evaza discolor*							+																											
176	*Evaza flavimarginata*	+															+																		
177	*Evaza flaviscutellum*	+													+		+																		
178	*Evaza formosana*	+															+																		
179	*Evaza hainanensis*															+																			
180	*Evaza hyliapennis*															+																			
181	*Evaza indica*																			+															
182	*Evaza nigripennis*				+											+																			
183	*Evaza nigritibia*														+	+																			
184	*Evaza ravitibia*																+																		
185	*Evaza tibiais*	+				+			+																										
186	*Evaza zhangae*	+		+																															
187	*Gabaza albiseta*					+																		+											
188	*Gabaza argentea*					+			+																										
189	*Gabaza sinica*					+			+															+								+	+		
190	*Gabaza tibialis*					+			+																										
191	*Gabaza tsudai*					+																		+											
192	*Gnorismomyia flavicornis*					+																													
193	*Kolomania albopilosa*					+																								+					
194	*Lenomyia honesta*					+																													
195	*Lophoteles plumula*												+																						

续附表二

序号	种名	海南	澳门	香港	广东	台湾	福建	浙江	上海	江苏	安徽	湖南	湖北	广西	贵州	云南	重庆	四川	西藏	青海	新疆	甘肃	陕西	宁夏	内蒙古	山西	山东	河南	河北	天津	北京	辽宁	吉林	黑龙江
196	*Monacanthomyia annandalei*	+																																
197	*Monacanthomyia atronitens*					+																												
198	*Nasimyia elongovertpa*															+																		
199	*Nasimyia eurytarsa*															+																		
200	*Nasimyia megacephala*															+																		
201	*Nasimyia rozkosnyi*					+										+																		
202	*Paracechorismenus intermedius*																																	
203	*Parastratiosphecomyia rozkosnyi*													+		+																		
204	*Parastratiosphecomyia szechuanensis*				+		+							+		+																		
205	*Pegadomyia pruinosa*																																	
206	*Pseudomeristomerinx flavimarginis*	+					+							+		+																		
207	*Pseudomeristomerinx nigromaculatus*															+																		
208	*Pseudomeristomerinx nigroscutellus*															+		+																
209	*Ptilocera latiscutella*															+																		
210	*Ptilocera continua*	+												+		+																		
211	*Ptilocera flavispina*															+																		
212	*Ptilocera quadridentata*																																	
213	*Raphanocera turanica*																					+												
214	*Rosapha bimaculata*															+																		
215	*Rosapha brevispinosa*															+																		
216	*Rosapha longispina*															+																		
217	*Rosapha yunnanana*															+																		

续附表二

序号	种名	海南	澳门	香港	广东	台湾	福建	浙江	上海	江苏	安徽	江西	湖南	湖北	广西	贵州	云南	重庆	四川	西藏	青海	新疆	甘肃	陕西	宁夏	内蒙古	山西	山东	河南	天津	河北	北京	辽宁	吉林	黑龙江
218	*Stratiosphecomyia variegata*																+																		
219	*Tinda indica*	+			+		+								+		+																		
220	*Tinda javana*	+																																	
221	*Cephalochrysa stenogaster*					+														+															
222	*Chloromyia caerulea*																+																		
223	*Chloromyia speciosa*																		+								+		+				+		
224	*Formosargus kerteszi*						+																												
225	*Microchrysa flavicornis*								+																						+				
226	*Microchrysa flaviventris*	+			+			+							+	+	+		+	+									+				+		
227	*Microchrysa japonica*							+			+																			+					
228	*Microchrysa mokanshanensis*							+																											
229	*Microchrysa polita*																									+									
230	*Microchrysa shanghaiensis*				+				+				+	+		+	+		+													+	+		
231	*Ptecticus aurifer*	+			+	+		+	+				+			+			+													+	+		
232	*Ptecticus australis*						+	+					+				+																		
233	*Ptecticus bicolor*																+																		
234	*Ptecticus brunescens*								+																										
235	*Ptecticus cingulatus*						+								+		+		+																
236	*Ptecticus elongatus*																							+											
237	*Ptecticus fukienensis*						+	+																											
238	*Ptecticus japonicas*			+	+			+	+				+	+												+									+
239	*Ptecticus kerteszi*							+																											

续附表二

序号	种名	黑龙江	吉林	辽宁	河北	天津	北京	河南	山东	山西	内蒙古	宁夏	甘肃	陕西	新疆	青海	西藏	四川	重庆	云南	贵州	广西	湖北	湖南	江西	安徽	上海	江苏	浙江	福建	台湾	广东	香港	澳门	海南
240	*Ptecticus longipennis*																			+															+
241	*Ptecticus shirakii*																			+	+														
242	*Ptecticus sichangensis*																	+											+						
243	*Ptecticus srilankai*																			+		+										+			+
244	*Ptecticus tricolor*																			+															
245	*Ptecticus vulpianus*		+										+							+		+	+		+				+	+					
246	*Sargus baculiventerus*			+																	+														
247	*Sargus brevis*	+																																	
248	*Sargus flavipes*	+	+															+																	
249	*Sargus gemmifer*																													+					
250	*Sargus goliath*																	+											+	+					
251	*Sargus grandis*																					+													
252	*Sargus huangshanensis*																									+									
253	*Sargus latifrons*												+	+	+		+	+		+	+	+	+	+						+					
254	*Sargus lii*																+																		
255	*Sargus mactans*		+		+		+		+	+			+	+		+		+		+	+	+	+	+	+	+		+	+	+					
256	*Sargus mandarinus*										+																	+							
257	*Sargus metallinus*																	+		+													+		
258	*Sargus nigricoxa*																	+																	
259	*Sargus nigrifaci*													+																			+		
260	*Sargus niphonensis*																																		
261	*Sargus rufifrons*			+																															

续附表二

序号	种名	黑龙江	吉林	辽宁	北京	天津	河北	河南	山东	山西	内蒙古	宁夏	陕西	甘肃	新疆	青海	西藏	重庆	四川	云南	贵州	广西	湖北	湖南	江西	安徽	江苏	上海	浙江	福建	台湾	广东	香港	澳门	海南
262	*Sargus sichuanensis*																		+																
263	*Sargus tricolor*																	+																	
264	*Sargus vandykei*																										+								
265	*Sargus viridiceps*																															+			
266	*Nothomyia elongoverpa*																																		
267	*Nothomyia yunmanensis*																			+															
268	*Odontomyia alini*	+			+		+																												
269	*Odontomyia angulata*				+					+					+																				
270	*Odontomyia argentata*	+			+																														
271	*Odontomyia atrodorsalis*	+			+	+	+																												
272	*Odontomyia barbata*													+																					
273	*Odontomyia bimaculata*																					+													
274	*Odontomyia claripennis*																													+					
275	*Odontomyia fangchengensis*																					+													
276	*Odontomyia garatas*																		+	+	+	+		+	+		+	+	+	+	+		+		
277	*Odontomyia guizhouensis*																			+	+	+													
278	*Odontomyia halophila*			+																											+				
279	*Odontomyia hirayamae*												+										+							+					
280	*Odontomyia hydroleon*		+												+																				
281	*Odontomyia inanimis*																				+														
282	*Odontomyia lutatius*																														+				
283	*Odontomyia microleon*													+																					

709

续附表二

序号	种名	海南	澳门	香港	广东	台湾	福建	浙江	上海	江苏	安徽	湖南	湖北	广西	贵州	云南	重庆	四川	青海	西藏	新疆	甘肃	宁夏	陕西	内蒙古	山西	山东	河南	河北	天津	北京	辽宁	吉林	黑龙江
284	*Odontomyia picta*																								+									
285	*Odontomyia pictifrons*																					+												
286	*Odontomyia shikokuana*														+	+		+																
287	*Odontomyia sinica*	+					+							+		+		+																
288	*Odontomyia uninigra*											+		+																				
289	*Odontomyia yangi*																			+														
290	*Oplodontha elongata*																												+		+			
291	*Oplodontha facinigra*										+					+																		
292	*Oplodontha rubrithorax*																				+	+	+	+	+			+	+	+				
293	*Oplodontha sinensis*															+																		
294	*Oplodontha viridula*																		+	+	+	+	+	+	+	+			+		+			+
295	*Oxycera apicalis*					+																												
296	*Oxycera basalis*																						+											
297	*Oxycera chikuni*														+			+																
298	*Oxycera cuiae*														+	+		+																
299	*Oxycera daliensis*															+																		
300	*Oxycera excellens*					+																												
301	*Oxycera fenestrate*					+																												
302	*Oxycera flavimaculata*												+																					
303	*Oxycera guangxiensis*													+	+																			
304	*Oxycera guizhouensis*														+	+		+		+														
305	*Oxycera laniger*												+		+	+		+		+		+												

续附表二

序号	种名	黑龙江	吉林	辽宁	河北	北京	天津	河南	山东	山西	内蒙古	宁夏	甘肃	陕西	新疆	青海	西藏	四川	重庆	云南	贵州	广西	湖北	湖南	江西	安徽	江苏	上海	浙江	福建	台湾	广东	香港	澳门	海南
306	*Oxycera lii*													+			+	+	+	+	+														
307	*Oxycera liui*											+	+																						
308	*Oxycera meigenii*										+		+		+			+			+														
309	*Oxycera micronigra*												+					+	+	+															
310	*Oxycera ningxiaensis*											+																							
311	*Oxycera rozkosnyi*											+																							
312	*Oxycera qiana*																		+		+														
313	*Oxycera qinghensis*										+					+																			
314	*Oxycera quadripartita*													+																+					
315	*Oxycera signata*												+				+			+															
316	*Oxycera sinica*														+		+																		
317	*Oxycera tangi*					+	+			+								+																	
318	*Oxycera trilineata*												+	+	+					+															
319	*Oxycera vertipia*																		+	+															
320	*Prosopochrysa chushanensis*																		+	+									+	+					+
321	*Prosopochrysa sinensis*																														+				
322	*Rhaphiocerina hakiensis*																					+													
323	*Stratiomys annectens*	+									+				+			+																	
324	*Stratiomys apicalis*																							+				+							
325	*Stratiomys approximata*																						+					+							
326	*Stratiomys barca*																				+								+						
327	*Stratiomys beresowskii*				+																														

续附表二

种名	黑龙江	吉林	辽宁	河北	天津	北京	山东	山西	内蒙古	宁夏	陕西	甘肃	新疆	青海	西藏	四川	重庆	云南	贵州	广西	湖南	安徽	江苏	上海	浙江	福建	台湾	广东	香港	澳门	海南
328 *Stratiomys bochariensis*	+																														
329 *Stratiomyia chamaeleon*		+																													
330 *Stratiomyia choui*			+	+								+			+																
331 *Stratiomyia koslowi*														+																	
332 *Stratiomyia laetimaculata*				+												+		+		+	+					+		+			
333 *Stratiomyia longicornis*	+	+	+	+	+	+	+	+	+	+	+	+	+			+		+	+	+	+		+	+	+	+		+			
334 *Stratiomyia licenti*								+																							
335 *Stratiomyia lugubris*		+																							+						
336 *Stratiomyia mandshurica*	+								+																						
337 *Stratiomyia mongolica*				+				+			+														+						
338 *Stratiomyia nobilis*													+																		
339 *Stratiomyia portschinskana*									+				+																		
340 *Stratiomys potanini*						+			+	+																					
341 *Stratiomys roborowskii*												+																			
342 *Stratiomys rufipennis*						+																									
343 *Stratiomys sinensis*				+																											
344 *Stratiomys singularior*	+																														
345 *Stratiomys validicornis*													+	+																	
346 *Stratiomys ventralis*						+			+			+	+	+		+															
总计	14	5	9	34	3	34	6	11	22	18	23	26	21	21	11	29	50	4	116	41	46	19	12	6	5	10	12	35	25	46	32

附表三　木虻科在中国各动物地理区的分布

序号	种名	东北区			华北区		蒙新区			青藏区		西南区		华中区		华南区					古北界	东洋界	古北与东洋界	中国特有
		IA	IB	IC	IIA	IIB	IIIA	IIIB	IIIC	IVA	IVB	VA	VB	VIA	VIB	VIIA	VIIB	VIIC	VIID	VIIE				
1	*Formosolva concavifrons*																		+			+		+
2	*Formosolva devexifrons*											+										+		+
3	*Formosolva planifrons*															+						+		+
4	*Formosolva tuberifrons*															+						+		+
5	*Solva apicimacula*												+									+		+
6	*Solva aurifrons*											+							+			+		+
7	*Solva basiflava*												+									+		+
8	*Solva clavata*																+							+
9	*Solva completa*											+		+			+					+		
10	*Solva dorsiflava*																+					+		+
11	*Solva flavipilosa*																+	+				+		+
12	*Solva gracilipes*											+										+		+
13	*Solva hubensis*														+							+		+
14	*Solva kusigematii*													+		+						+		+
15	*Solva marginata*																				+			
16	*Solva mediomacula*											+										+		+
17	*Solva mera*														+							+		+
18	*Solva nigricoxis*																		+			+		

续附表三

表中分区代码：中国——东北区（ⅠA、ⅠB、ⅠC）、华北区（ⅡA、ⅡB、ⅡC）、蒙新区（ⅢA、ⅢB、ⅢC）、青藏区（ⅣA、ⅣB）、西南区（ⅤA、ⅤB）、华中区（ⅥA、ⅥB）、华南区（ⅦA、ⅦB、ⅦC、ⅦD、ⅦE）；东半球——古北界、东洋界、古北与东洋界；中国特有。

	种名	ⅠA	ⅠB	ⅠC	ⅡA	ⅡB	ⅡC	ⅢA	ⅢB	ⅢC	ⅣA	ⅣB	ⅤA	ⅤB	ⅥA	ⅥB	ⅦA	ⅦB	ⅦC	ⅦD	ⅦE	古北界	东洋界	古北与东洋界	中国特有
19	*Solva schnitnikowi*																					+			
20	*Solva shanxiensis*					+																+			+
21	*Solva sinensis*													+									+		+
22	*Solva striata*															+							+		+
23	*Solva tigrina*														+	+							+		+
24	*Solva uniflava*														+								+		+
25	*Solva varia*								+													+			
26	*Solva yunnanensis*												+										+		+
27	*Xylomya alamaculata*												+										+		+
28	*Xylomya chekiangensis*												+										+		+
29	*Xylomya decora*														+								+		+
30	*Xylomya gracilicorpus*		+																			+			
31	*Xylomya longicornis*			+																		+			
32	*Xylomya moiwana*		+			+																+			
33	*Xylomya sauteri*																			+			+		+
34	*Xylomya sichuanensis*												+										+		+
35	*Xylomya sinica*												+	+										+	+
36	*Xylomya wenziana*															+							+		+
37	*Xylomya xiziana*																						+		+
总计		0	2	1	1	2	0	0	1	0	0	0	10	2	5	7	3	6	1	4	0	8	29	1	30

附表四　水虻科在中国各动物地理区的分布

序号	种名	中国 东北区 IA	IB	IC	华北区 IIA	IIB	蒙新区 IIIA	IIIB	IIIC	青藏区 IVA	IVB	西南区 VA	VB	华中区 VIA	VIB	华南区 VIIA	VIIB	VIIC	VIID	VIIE	东半球 古北界	东洋界	古北与东洋界	中国特有
1	Actina acutula											+										+		+
2	Actina amoena																		+			+		
3	Actina apiciflava														+							+		+
4	Actina basalis																+					+		+
5	Actina bilobata																+					+		+
6	Actina bimaculata														+							+		+
7	Actina curvata														+							+		+
8	Actina dulongjiangana											+										+		+
9	Actina elongata																+					+		+
10	Actina fanjingshana														+							+		+
11	Actina flavicornis																		+			+		+
12	Actina gongshana											+												+
13	Actina longa									+											+			+
14	Actina maculipennis															+						+		+
15	Actina quadrimaculata																		+			+		+
16	Actina spatulata									+											+			+
17	Actina tengchongana																+					+		+
18	Actina trimaculata													+	+							+		+
19	Actina unimaculata														+							+		+

续附表四

序号	种名	中国 东北区 I A	I B	I C	华北区 II A	II B	蒙新区 III A	III B	III C	青藏区 IV A	IV B	西南区 V A	V B	华中区 VI A	VI B	华南区 VII A	VII B	VII C	VII D	VII E	东半球 古北界	东北东洋古北与东洋界	中国特有
20	*Actina varipes*																				+		+
21	*Actina xizangensis*												+									+	+
22	*Actina yeni*																		+			+	+
23	*Actina zhangae*																+					+	+
24	*Allognosta acutata*															+						+	+
25	*Allognosta ancistra*															+						+	+
26	*Allognosta apicinigra*																	+				+	+
27	*Allognosta baoshana*																+					+	+
28	*Allognosta basiflava*												+									+	+
29	*Allognosta basinigra*														+							+	+
30	*Allognosta caiqiana*														+							+	+
31	*Allognosta concava*																+					+	+
32	*Allognosta dalongtana*														+							+	+
33	*Allognosta dorsalis*														+				+			+	+
34	*Allognosta fanjingshana*														+								+
35	*Allognosta flava*					+															+		
36	*Allognosta flavofemoralis*												+									+	
37	*Allognosta fuscipennis*																		+			+	+
38	*Allognosta gongshana*												+									+	+
39	*Allognosta honghensis*																+					+	+
40	*Allognosta inermis*																					+	
41	*Allognosta japonica*																		+			+	

续附表四

	种名	中国																			东半球			中国特有
		东北区			华北区		蒙新区			青藏区		西南区		华中区		华南区					古北界	东洋界	古北与东洋界	
		ⅠA	ⅠB	ⅠC	ⅡA	ⅡB	ⅢA	ⅢB	ⅢC	ⅣA	ⅣB	ⅤA	ⅤB	ⅥA	ⅥB	ⅦA	ⅦB	ⅦC	ⅦD	ⅦE				
42	*Allognosta jingyuana*																				+			+
43	*Allognosta jinpingensis*																					+		+
44	*Allognosta liangi*														+							+		+
45	*Allognosta liui*														+							+		+
46	*Allognosta longwangshana*													+								+		+
47	*Allognosta maculipleura*												+									+		
48	*Allognosta maxima*																		+			+		+
49	*Allognosta nigrifemur*												+									+		+
50	*Allognosta ningxiana*					+															+			+
51	*Allognosta obtuse*													+								+		+
52	*Allognosta orientalis*														+	+						+		+
53	*Allognosta partita*																		+			+		+
54	*Allognosta sichuanensis*											+										+		+
55	*Allognosta singularis*														+							+		+
56	*Allognosta tengchongana*														+							+		+
57	*Allognosta vagans*				+							+		+		+					+	+		
58	*Allognosta wangzishana*														+								+	+
59	*Allognosta yanshana*														+							+		+
60	*Allognosta zhuae*																		+			+		+
61	*Aspartimas fomosanus*												+									+		+
62	*Beris alamaculata*																					+		+
63	*Beris ancistra*											+										+		+

717

续附表四

| | | 中国 | | | | | | | | | | | | | | | | | | | 东半球 | | | 中国特有 |
| | | 东北区 | | | 华北区 | | 蒙新区 | | | 青藏区 | | 西南区 | | 华中区 | | 华南区 | | | | | 古北界 | 东洋界 | 古北与东洋界 | |
序号	种名	ⅠA	ⅠB	ⅠC	ⅡA	ⅡB	ⅢA	ⅢB	ⅢC	ⅣA	ⅣB	ⅤA	ⅤB	ⅥA	ⅥB	ⅦA	ⅦB	ⅦC	ⅦD	ⅦE	古北界	东洋界	古北与东洋界	中国特有
64	*Beris basiflava*												+									+		+
65	*Beris brevis*																+					+		+
66	*Beris concava*										+						+					+		+
67	*Beris digitata*																+					+		+
68	*Beris dolichocera*																+					+		
69	*Beris emeishana*											+										+		+
70	*Beris flava*					+															+			+
71	*Beris furcata*												+					+			+	+		+
72	*Beris fuscipes*					+															+	+	+	
73	*Beris gansuensis*											+										+		+
74	*Beris hirotsui*											+										+		
75	*Beris huanglianshana*																+					+		+
76	*Beris liaoningana*		+																		+			
77	*Beris potanini*									+												+		+
78	*Beris shennongana*													+								+		+
79	*Beris spinosa*											+		+							+		+	+
80	*Beris trilobata*											+		+								+		+
81	*Beris yangxiana*													+								+		+
82	*Beris zhouae*														+							+		+
83	*Beris zhouquensis*													+								+		+
84	*Chorisops bilobata*														+							+		+
85	*Chorisops brevis*														+							+		+

续附表四

| | | 中国 | | | | | | | | | | | | | | | | | | 东半球 | | | 中国特有 |
| | | 东北区 | | | 华北区 | | 蒙新区 | | | 青藏区 | | 西南区 | | 华中区 | | 华南区 | | | | | 古北界 | 东洋界 | 古北与东洋界 | |
	种名	I A	I B	I C	II A	II B	III A	III B	III C	IV A	IV B	V A	V B	VI A	VI B	VII A	VII B	VII C	VII D	VII E				
86	*Chorisops fanjingshana*														+							+		+
87	*Chorisops longa*													+								+		+
88	*Chorisops maculiala*		+																		+			
89	*Chorisops separata*														+							+		+
90	*Chorisops striata*														+							+		+
91	*Chorisops tianmushana*													+								+		+
92	*Chorisops unita*													+								+		+
93	*Chorisops zhangae*																+					+		+
94	*Spartimas apiciniger*															+						+		+
95	*Spartimas hainanensis*																	+				+		
96	*Spartimas ornatipes*																+	+	+			+		
97	*Adoxomyia alaschanica*							+													+			
98	*Adoxomyia formosana*																	+				+		+
99	*Adoxomyia hungshanensis*													+								+		+
100	*Adoxomyia lugubris*												+									+		+
101	*Anoamyia javana*															+	+					+		
102	*Anoamyia rectispina*													+		+						+		
103	*Camperosopa longispina*													+		+						+		+
104	*Clitellaria aurantia*											+		+			+					+		
105	*Clitellaria bergeri*				+												+						+	
106	*Clitellaria bicolor*					+										+						+		+
107	*Clitellaria chikuni*				+																+			+

续附表四

序号	种名	I A	I B	I C	II A	II B	III A	III B	III C	IV A	IV B	V A	V B	VI A	VI B	VII A	VII B	VII C	VII D	VII E	古北界	东洋界	古北与东洋界	中国特有
108	*Clitellaria crassistilus*											+										+		+
109	*Clitellaria flavipilosa*					+																+		+
110	*Clitellaria kunmingana*											+										+		+
111	*Clitellaria longipilosa*											+										+		+
112	*Clitellaria mediflava*		+																		+			+
113	*Clitellaria microspina*							+													+			+
114	*Clitellaria nigra*		+									+	+	+	+	+	+				+		+	
115	*Clitellaria obliquispina*												+	+	+							+		+
116	*Clitellaria orientalis*											+	+	+	+	+						+		+
117	*Cyphomyia albopilosa*													+		+	+					+		+
118	*Cyphomyia chinensis*											+					+					+		+
119	*Cyphomyia orientalis*																		+			+		
120	*Eudmeta coerulemaculata*											+	+	+				+				+		+
121	*Eudmeta diadematipennis*											+	+	+	+			+				+		+
122	*Nigritomyia basiflava*														+	+	+					+		+
123	*Nigritomyia cyanea*													+								+		
124	*Nigritomyia fulvicollis*											+		+	+	+	+					+		+
125	*Nigritomyia guangxiensis*													+		+						+		+
126	*Ruba bimaculata*											+										+		+
127	*Ruba maculipennis*											+					+					+		+
128	*Ruba nigritibia*																+					+		+
129	*Hermetia branchystyla*																+					+		+

续附表四

区组说明：中国 —— 东北区（ⅠA ⅠB ⅠC）、华北区（ⅡA ⅡB）、蒙新区（ⅢA ⅢB ⅢC）、青藏区（ⅣA ⅣB）、西南区（ⅤA ⅤB）、华中区（ⅥA ⅥB）、华南区（ⅦA ⅦB ⅦC ⅦD ⅦE）；东半球 —— 古北界、东洋界、古北与东洋界；中国特有。

#	种名	ⅠA	ⅠB	ⅠC	ⅡA	ⅡB	ⅢA	ⅢB	ⅢC	ⅣA	ⅣB	ⅤA	ⅤB	ⅥA	ⅥB	ⅦA	ⅦB	ⅦC	ⅦD	ⅦE	古北界	东洋界	古北与东洋界	中国特有
130	*Hermetia flavimaculata*															+								+
131	*Hermetia illucens*				+							+		+		+	+	+			+	+	+	
132	*Hermetia melanogaster*						+																	+
133	*Hermetia transmaculata*											+					+							+
134	*Nemotelus angustemarginatus*									+											+			
135	*Nemotelus annulipes*							+													+			
136	*Nemotelus bomynensis*										+										+			
137	*Nemotelus dissitus*					+																		+
138	*Nemotelus faciflavus*							+																+
139	*Nemotelus gobiensis*										+										+			
140	*Nemotelus latemarginatus*										+										+			
141	*Nemotelus lativentris*																+							+
142	*Nemotelus mandshuricus*										+										+			
143	*Nemotelus nanshanicus*										+													+
144	*Nemotelus nigrinus*										+										+			
145	*Nemotelus personatus*										+										+			
146	*Nemotelus przewalskii*							+																+
147	*Nemotelus svenhedini*							+																+
148	*Nemotelus uliginosus*								+												+			
149	*Nemotelus ventiflavus*							+																+
150	*Nemotelus xinjianganus*						+																	+
151	*Abiomyia annulipes*												+				+		+			+		

续附表四

	种名	东北区 I A	I B	I C	华北区 II A	II B	II C	蒙新区 III A	III B	III C	青藏区 IV A	IV B	IV C	西南区 V A	V B	华中区 VI A	VI B	华南区 VII A	VII B	VII C	VII D	VII E	古北界	东洋界	古北与东洋界	中国特有
152	Abiomyia brunnipes																							+		+
153	Abrosiomyia flavipes																			+				+		+
154	Abrosiomyia minuta																+			+		+		+		+
155	Aidomyia femoralis																+					+		+		+
156	Aulana insularis																					+		+		+
157	Camptopteromyia flaviantenna			+																			+			+
158	Camptopteromyia flavitarsa																+			+				+		+
159	Camptopteromyia nigriflagella																+			+				+		+
160	Cechorismenus flaviconis																				+			+		
161	Cibotogaster auricollis																+							+		
162	Craspedometopon frontale			+													+			+				+	+	
163	Craspedometopon orientale																+			+				+		+
164	Craspedometopon spina																+				+			+		+
165	Craspedometopon tibetensis										+												+			+
166	Culcua albopilosa																+			+				+		+
167	Culcua angustimarginata															+								+		
168	Culcua argentea																+			+				+		
169	Culcua chaineyi																+			+				+		+
170	Culcua immarginata																+							+		
171	Culcua kolibaci																+							+		
172	Culcua longispina													+										+		+
173	Culcua simulans																				+			+		

续附表四

种名	东北区 I A	东北区 I B	东北区 I C	华北区 II A	华北区 II B	蒙新区 III A	蒙新区 III B	蒙新区 III C	青藏区 IV A	青藏区 IV B	西南区 V A	西南区 V B	华中区 VI A	华中区 VI B	华南区 VII A	华南区 VII B	华南区 VII C	华南区 VII D	华南区 VII E	东半球 古北界	东半球 东洋界	东半球 古北与东洋界	中国特有
174 Evaza bicolor															+		+				+		+
175 Evaza discolor													+								+		
176 Evaza flavimarginata																	+				+		+
177 Evaza flaviscutellum														+	+	+	+				+		+
178 Evaza formosana															+			+			+		+
179 Evaza hainanensis																	+				+		+
180 Evaza hyliapennis											+										+		+
181 Evaza indica												+				+					+		
182 Evaza nigripennis														+	+			+			+		+
183 Evaza nigritibia														+							+		+
184 Evaza ravitibia																+					+		
185 Evaza tibiais			+															+			+		+
186 Evaza zhangae																	+				+		
187 Gabaza albiseta															+		+	+			+		+
188 Gabaza argentea													+								+		+
189 Gabaza sinica				+									+				+	+		+		+	
190 Gabaza tibialis																					+		+
191 Gabaza tsudai													+				+	+			+		
192 Gnorismomyia flavicornis																					+		+
193 Kolomania albopilosa				+							+									+		+	
194 Lenomyia honesta																		+			+		
195 Lophoteles plumula															+						+		

续附表四

序号	种名	东北区			华北区		蒙新区			青藏区		西南区		华中区		华南区					东半球			中国特有
		ⅠA	ⅠB	ⅠC	ⅡA	ⅡB	ⅢA	ⅢB	ⅢC	ⅣA	ⅣB	ⅤA	ⅤB	ⅥA	ⅥB	ⅦA	ⅦB	ⅦC	ⅦD	ⅦE	古北界	东半球古北东洋界	古北东洋界与东洋界	
196	*Monacanthomyia annandalei*																	+				+		
197	*Monacanthomyia atronitens*																		+					+
198	*Nasimyia elongoverpa*																+							+
199	*Nasimyia eurytarsa*																+					+		
200	*Nasimyia megacephala*																+					+		
201	*Nasimyia rozkosnyi*																+					+		
202	*Paracechorismenus intermedius*																		+					+
203	*Parastratiosphecomyia rozkosnyi*																+					+		
204	*Parastratiosphecomyia szechuanensis*													+			+					+		
205	*Pegadomyia pruinosa*																		+			+		
206	*Pseudomeristomerinx flavimarginis*															+	+							+
207	*Pseudomeristomerinx nigromaculatus*																	+						+
208	*Pseudomeristomerinx nigroscutellus*												+	+			+							+
209	*Ptilocera latiscutella*																+							+
210	*Ptilocera continua*															+	+	+				+		
211	*Ptilocera flavispina*															+	+					+		
212	*Ptilocera quadridentata*																+							+
213	*Raphanocera turanica*							+													+			
214	*Rosapha bimaculata*																+					+		
215	*Rosapha brevispinosa*																+					+		
216	*Rosapha longispina*																+							+
217	*Rosapha yunnanana*																+							+

724

续附表四

编号	种名	东北区 IA	IB	IC	华北区 IIA	IIB	蒙新区 IIIA	IIIB	IIIC	青藏区 IVA	IVB	西南区 VA	VB	华中区 VIA	VIB	华南区 VIIA	VIIB	VIIC	VIID	VIIE	古北界	东洋界	古北与东洋界	中国特有
218	*Stratiosphecomyia variegata*																+					+		
219	*Tinda indica*					+												+				+		
220	*Tinda javana*					+												+				+		
221	*Cephalochrysa stenogaster*												+						+			+		
222	*Chloromyia caerulea*					+																		+
223	*Chloromyia speciosa*			+								+							+				+	
224	*Formosargus kerteszi*													+				+						+
225	*Microchrysa flavicornis*													+								+		
226	*Microchrysa flaviventris*				+								+	+			+		+		+	+		
227	*Microchrysa japonica*														+						+	+		
228	*Microchrysa mokanshanensis*							+														+		
229	*Microchrysa polita*								+			+		+							+	+		
230	*Microchrysa shanghaiensis*	+			+							+	+	+				+						+
231	*Ptecticus aurifer*			+	+			+					+		+							+		
232	*Ptecticus australis*												+			+						+		
233	*Ptecticus bicolor*													+			+							+
234	*Ptecticus brunescens*													+								+		+
235	*Ptecticus cingulatus*																		+			+		
236	*Ptecticus elongatus*											+										+		
237	*Ptecticus fukienensis*															+								+
238	*Ptecticus japonicus*		+		+									+	+			+			+		+	+
239	*Ptecticus kerteszi*		+	+										+		+						+		

续附表四

种名	东北区 IA	IB	IC	华北区 IIA	IIB	蒙新区 IIIA	IIIB	IIIC	青藏区 IVA	IVB	西南区 VA	VB	华中区 VIA	VIB	华南区 VIIA	VIIB	VIIC	VIID	VIIE	古北界	东半球 东洋界	古北东洋界	古北与东洋界	中国特有
240 *Ptecticus longipennis*											+			+			+				+			
241 *Ptecticus shirakii*																+					+	+		
242 *Ptecticus sichangensis*													+				+				+			+
243 *Ptecticus srilankai*															+		+				+			+
244 *Ptecticus tricolor*																+					+			
245 *Ptecticus vulpianus*		+			+						+			+	+	+				+	+	+		
246 *Sargus baculventerus*		+											+	+	+	+				+	+	+		+
247 *Sargus brevis*		+									+										+			+
248 *Sargus flavipes*			+																	+	+			
249 *Sargus gemmifer*													+			+					+			
250 *Sargus goliath*													+		+						+			+
251 *Sargus grandis*													+	+							+			+
252 *Sargus huangshanensis*													+								+			+
253 *Sargus latifrons*											+		+	+	+	+	+			+	+	+	+	+
254 *Sargus lii*												+									+			
255 *Sargus mactans*											+		+	+		+				+	+	+		
256 *Sargus mandarinus*				+							+		+		+					+	+	+	+	+
257 *Sargus metallinus*						+										+				+	+	+		
258 *Sargus nigricoxa*											+				+						+			
259 *Sargus nigrifaci*											+			+							+			+
260 *Sargus niphonensis*																				+			+	+
261 *Sargus rufifrons*								+												+				

续附表四

序号	种名	中国																			东半球			中国特有
		东北区			华北区		蒙新区			青藏区		西南区		华中区		华南区					古北界	古北东洋界	古北东洋与东洋界	
		I A	I B	I C	II A	II B	III A	III B	III C	IV A	IV B	V A	V B	VI A	VI B	VII A	VII B	VII C	VII D	VII E				
262	*Sargus sichuanensis*											+												+
263	*Sargus tricolor*											+												+
264	*Sargus vandykei*													+										+
265	*Sargus viridiceps*									+														+
266	*Nothomyia elongoverpa*													+									+	
267	*Nothomyia yunnanensis*											+												+
268	*Odontomyia alini*		+		+																+			+
269	*Odontomyia angulata*				+	+		+													+			
270	*Odontomyia argentata*				+																+			
271	*Odontomyia atrodorsalis*																					+		
272	*Odontomyia barbata*					+			+															
273	*Odontomyia bimaculata*															+							+	+
274	*Odontomyia claripennis*													+								+		+
275	*Odontomyia fangchengensis*				+									+		+					+		+	+
276	*Odontomyia garatas*											+		+	+	+	+		+		+	+		
277	*Odontomyia guizhouensis*																+		+		+			+
278	*Odontomyia halophila*			+														+			+	+		+
279	*Odontomyia hirayamae*													+								+	+	
280	*Odontomyia hydroleon*			+					+												+			
281	*Odontomyia inanimis*							+																
282	*Odontomyia lutatius*																		+			+		+
283	*Odontomyia microleon*																							

727

续附表四

序号	种名	东北区			华北区		蒙新区			青藏区		西南区		华中区		华南区					东半球			中国特有
		ⅠA	ⅠB	ⅠC	ⅡA	ⅡB	ⅢA	ⅢB	ⅢC	ⅣA	ⅣB	ⅤA	ⅤB	ⅥA	ⅥB	ⅦA	ⅦB	ⅦC	ⅦD	ⅦE	古北界	东洋界	古北界与东洋界	
284	*Odontomyia picta*																				+			
285	*Odontomyia pictifrons*					+																		+
286	*Odontomyia shikokuana*											+			+							+		
287	*Odontomyia sinica*										+	+		+	+		+	+				+		
288	*Odontomyia uninigra*													+		+						+		
289	*Odontomyia yangi*												+											+
290	*Oplodontha elongata*				+																+			
291	*Oplodontha facinigra*													+			+					+		
292	*Oplodontha rubrithorax*				+	+		+															+	
293	*Oplodontha sinensis*											+										+		
294	*Oplodontha viridula*	+			+				+		+												+	
295	*Oxycera apicalis*																		+					+
296	*Oxycera basalis*													+							+			
297	*Oxycera chikuni*														+									+
298	*Oxycera cuiae*											+			+									+
299	*Oxycera daliensis*											+												+
300	*Oxycera excellens*																		+					+
301	*Oxycera fenestrate*																		+					+
302	*Oxycera flavimaculata*					+													+		+			
303	*Oxycera guangxiensis*														+									+
304	*Oxycera guizhouensis*														+									+
305	*Oxycera laniger*										+	+			+									+

续附表四

编号	种名	东北区 ⅠA	ⅠB	ⅠC	华北区 ⅡA	ⅡB	蒙新区 ⅢA	ⅢB	ⅢC	青藏区 ⅣA	ⅣB	西南区 ⅤA	ⅤB	华中区 ⅥA	ⅥB	华南区 ⅦA	ⅦB	ⅦC	ⅦD	ⅦE	古北界	东洋界	古北与东洋界	中国特有
306	*Oxycera lii*										+										+		+	+
307	*Oxycera liui*		+																		+			+
308	*Oxycera meigenii*		+					+	+												+			
309	*Oxycera micronigra*														+							+		+
310	*Oxycera ningxiaensis*		+			+															+			+
311	*Oxycera rozkosnyi*		+			+															+			+
312	*Oxycera qiana*					+									+							+		+
313	*Oxycera qinghensis*													+							+			
314	*Oxycera quadripartita*													+								+		+
315	*Oxycera signata*										+											+		
316	*Oxycera sinica*							+													+			+
317	*Oxycera tangi*	+	+												+						+	+	+	
318	*Oxycera trilineata*	+	+					+	+												+			
319	*Oxycera vertipia*											+	+									+	+	+
320	*Prosopochrysa chushanensis*				+								+	+	+		+	+			+	+		
321	*Prosopochrysa sinensis*													+	+							+		+
322	*Rhaphiocerina hakiensis*													+								+		
323	*Stratiomys annectens*														+						+	+		
324	*Stratiomys apicalis*													+	+							+		
325	*Stratiomys approximata*													+								+		
326	*Stratiomys barca*													+	+							+	+	
327	*Stratiomys beresovskii*	+																			+			

续附表四

种名	中国																			东半球			中国特有
	东北区			华北区		蒙新区			青藏区		西南区		华中区		华南区					古北界	东洋界	古北与东洋界	
	I A	I B	I C	II A	II B	III A	III B	III C	IV A	IV B	V A	V B	VI A	VI B	VII A	VII B	VII C	VII D	VII E				
328 Stratiomys bochariensis		+																		+			
329 Stratiomyia chamaeleon				+																+			
330 Stratiomyia choui		+	+	+	+		+	+												+			+
331 Stratiomyia koslowi										+										+			
332 Stratiomyia laetimaculata				+								+	+	+	+					+	+	+	
333 Stratiomyia licenti			+		+															+			+
334 Stratiomyia longicornis		+		+	+		+					+	+	+	+		+			+	+	+	+
335 Stratiomyia lugubris		+	+																	+	+	+	
336 Stratiomyia mandshurica													+							+			+
337 Stratiomyia mongolica					+	+							+							+	+	+	+
338 Stratiomyia nobilis							+													+			
339 Stratiomyia portschinskana						+		+												+			+
340 Stratiomyia potanini				+			+													+			+
341 Stratiomyia roborowskii					+															+			+
342 Stratiomyia rufipennis																				+			+
343 Stratiomys sinensis				+																+			+
344 Stratiomys singularior							+													+			+
345 Stratiomys validicornis					+															+			
346 Stratiomys ventralis										+	+									+			
总计	0	18	3	38	33	10	25	8	1	20	63	19	55	72	42	98	32	46	0	103	271	31	228

中名索引

学名索引

图　版

a

b

图版 1　生活于树皮下的水虻幼虫
（a. 宋海天　摄；b. 朱笑愚　摄）

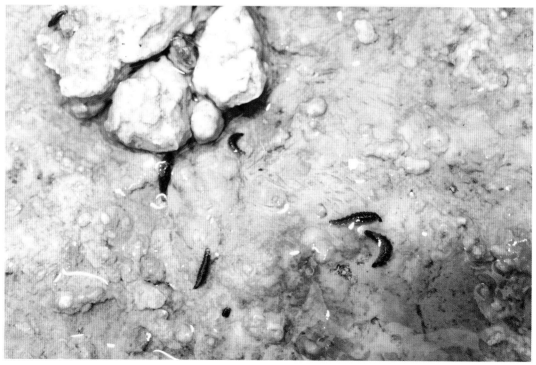

图版 2　生活于温泉中的水虻幼虫

（刘晔　摄）

748

a

b

图版 3　粗腿木虻属 *Solva* Walker 两种生态照

a. 粗腿木虻属未定种 *Solva* sp.（雷波　摄）；b. 粗腿木虻属未定种 *Solva* sp.（雷波　摄）。

a

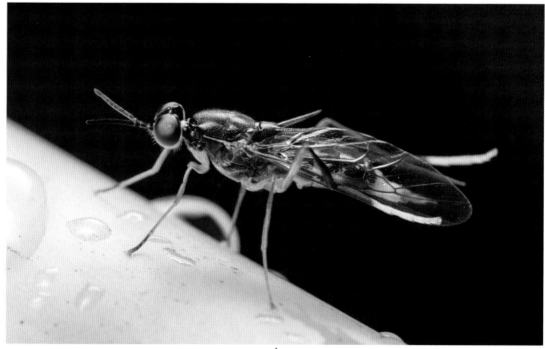

b

图版 4　鞍腹水虻亚科 Clitellariinae Brauer 两种生态照

a. 蓝斑优多水虻 *Eudmeta coerulemaculata* Yang, Wei *et* Yang ♀（吴超　摄）；

b. 长刺毛面水虻 *Campeprosopa longispina*（Brunetti）♀（雷波　摄）。

a

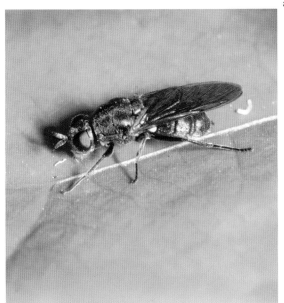

b

c

图版 5　集昆鞍腹水虻 *Clitellaria chikuni* Yang *et* Nagatomi 生态照

　a. 集昆鞍腹水虻 *Clitellaria chikuni* Yang *et* Nagatomi 交配（计云　摄）；

　b. 集昆鞍腹水虻 *Clitellaria chikuni* Yang *et* Nagatomi ♀（姚刚　摄）；

　c. 集昆鞍腹水虻 *Clitellaria chikuni* Yang *et* Nagatomi ♂（姚刚　摄）。

a

b

图版 6　亮斑扁角水虻 *Hermetia illucens*（Linnaeus）生态照

a. 亮斑扁角水虻 *Hermetia illucens*（Linnaeus）♂（雷波　摄）；

b. 亮斑扁角水虻 *Hermetia illucens*（Linnaeus）交配（雷波　摄）。

a

b

c

图版 7　等额水虻属 *Craspedometopon* Kertész 和距水虻属 *Allognosta* Osten-Sacken 两种生态照

a. 等额水虻 *Craspedometopon* frontale Kertész ♂(雷波　摄)；

b. 等额水虻 *Craspedometopon* frontale Kertész ♂(雷波　摄)；

c. 距水虻属未定种 *Allognosta* sp. ♀(雷波　摄)。

a

b

图版 8　厚腹水虻亚科 Pachygastrinae Loew 两种生态照

a. 寡毛水虻未定种 *Evaza* sp. ♂（雷波　摄）；

b. 印度带芒水虻 *Tinda indica*（Walker）♀（雷波　摄）。

a

b

c

图版 9 枝角水虻属 *Ptilocera* Wiedemann 两种生态照

a. 连续枝角水虻 *Ptilocera continua* Walker ♀（赵云 摄）；

b. 连续枝角水虻 *Ptilocera continua* Walker ♀（赵俊军 摄）；

c. 方斑枝角水虻 *Ptilocera quadridentata* (Fabricius) ♀（张婷婷 摄）。

a

b

c

d

图版 10 扁角水虻属 *Hermetia* Latreille、枝角水虻属 *Ptilocera* Wiedemann 和
指突水虻属 *Ptecticus* Loew 四种生态照

a. 扁角水虻属未定种 *Hermetia* sp.（雷波 摄）；b. 枝角水虻属未定种 *Ptilocera* sp.（张巍巍 摄）；
c. 枝角水虻属未定种 *Ptilocera* sp.（李虎 摄）；d. 指突水虻属未定种 *Ptecticus* sp.（赵俊军 摄）。

a

b

图版 11　四川亚拟蜂水虻 *Parastratiosphecomyia szechuanensis* Lindner 生态照

a. 四川亚拟蜂水虻 *Parastratiosphecomyia szechuanensis* Lindner ♀（雷波　摄）；
b. 四川亚拟蜂水虻 *Parastratiosphecomyia szechuanensis* Lindner ♂（雷波　摄）。

图版 12　小丽水虻属 *Microchrysa* Loew、短角水虻属 *Odontomyia* Meigen 和
指突水虻属 *Ptecticus* Loew 四种生态照

a. 黄腹小丽水虻 *Microchrysa flaviventris*（Wiedemann）♂（计云　摄）；

b. 日本小丽水虻 *Microchrysa japonica* Nagatomi ♀（雷波　摄）；

c. 贵州短角水虻 *Odontomyia guizhouensis* Yang ♂（雷波　摄）；

d. 指突水虻未定种 *Ptecticus* sp.（雷波　摄）。

图版 13　指突水虻属 *Ptecticus* Loew 和长鞭水虻属 *Cyphomyia* Wiedemann 两种生态照
　　a. 金黄指突水虻 *Ptecticus aurifer* (Walker)（李虎　摄）；
　　b. 金黄指突水虻 *Ptecticus aurifer* (Walker)（张巍巍　摄）；
　　c～d. 中华长鞭水虻 *Cyphomyia chinensis* Ôuchi ♀（余之舟　摄）。

a

b

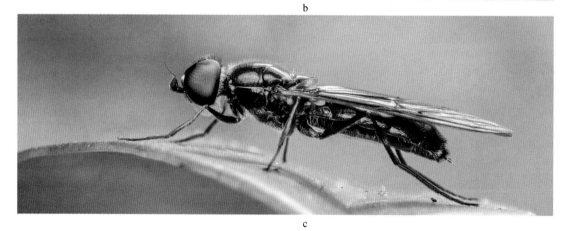

c

图版 14 瘦腹水虻属 *Sargus* Fabricius 两种生态照

a. 瘦腹水虻属未定种 *Sargus* sp.（李超 摄）；

b. 巨瘦腹水虻 *Sargus goliath*（Curran）♀（雷波 摄）；

c. 巨瘦腹水虻 *Sargus goliath*（Curran）♀（雷波 摄）。

图版 15　红斑瘦腹水虻 *Sargus mactans* Walker ♂

（雷波　摄）

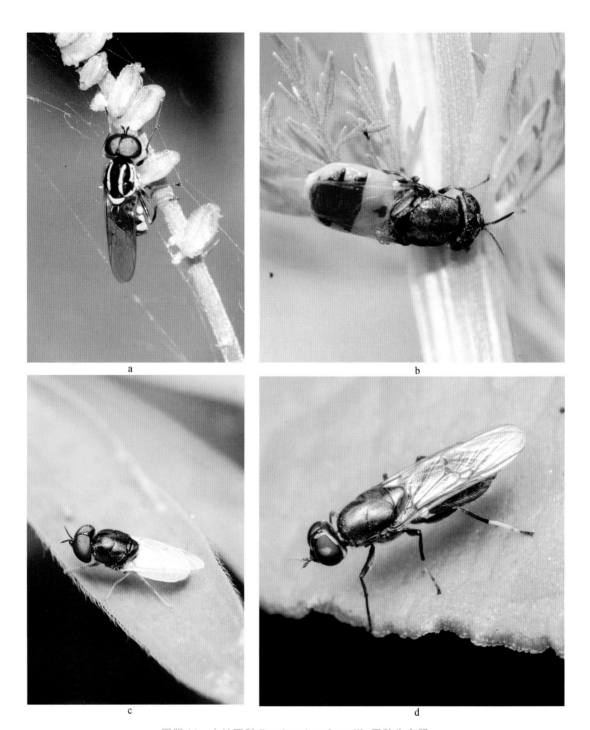

a
b
c
d

图版 16　水虻亚科 Stratiomyinae Latreille 四种生态照

a. 斑盾刺水虻 *Oxycera signata* Brunetti ♂（姚刚　摄）；

b. 长纹脉水虻 *Oplodontha elongata* Zhang，Li *et* Yang ♀（李竹　摄）；

c. 红胸脉水虻 *Oplodontha rubrithorax* (Macquart) ♂（计云　摄）；

d. 舟山丽额水虻 *Prosopochrysa chusanensis* Ôuchi ♀（雷波　摄）。

a

b

c

图版 17　水虻属 *Stratiomys* Geoffroy 两种生态照

a. 长角水虻 *Stratiomys longicornis*（Scopoli）♀（吴超　摄）；

b. 长角水虻 *Stratiomys longicornis*（Scopoli）卵（吴超　摄）；

c. 李氏水虻 *Stratiomys licenti* Lindner ♂（计云　摄）。

图版 18　水虻属 *Stratiomys* Geoffroy、瘦腹水虻属 *Sargus* Fabricius、扁角水虻属
Hermetia Latreille 和优多水虻属 *Eudmeta* Wiedemann 四种生态照

a. 水虻属未定种 *Stratiomys* sp. ♂（李彦　摄）；

b. 瘦腹水虻属未定种 *Sargus* sp.（严莹　摄）；

c. 亮斑扁角水虻 *Hermetia illucens*（Linnaeus）♀（黄宝平　摄）；

d. 蓝斑优多水虻 *Eudmeta coerulemaculata* Yang，Wei *et* Yang ♂（李彦　摄）。

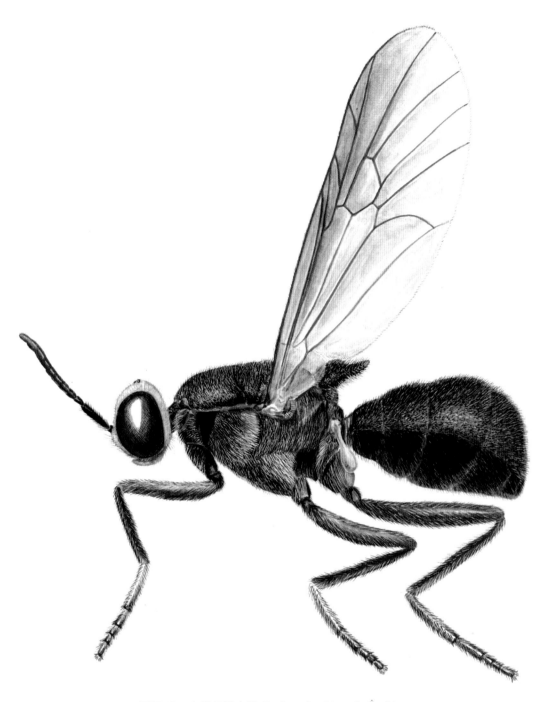

图版 19　中华长鞭水虻 *Cyphomyia chinensis* Ôuchi

（马志华　绘）

图版 20　立盾刺水虻 *Oxycera vertipila* Yang et Nagatomi

（马志华　绘）

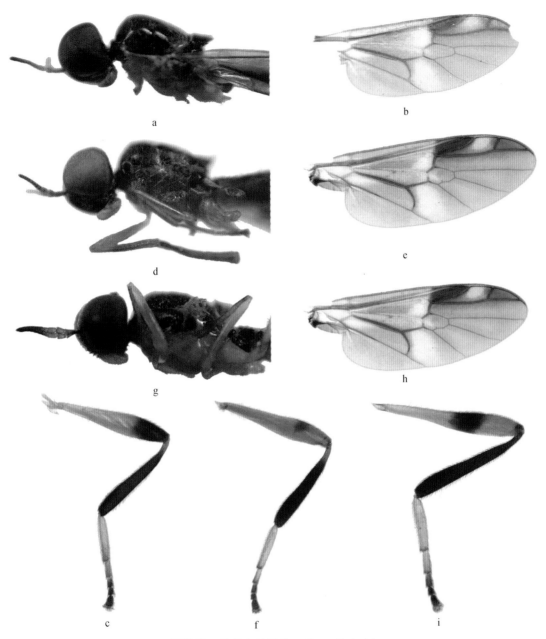

图版 21　长角水虻属 *Spartimas* Enderlein

a~c. 端黑长角水虻 *Spartimas apiciniger* Zhang *et* Yang：

a. 胸部侧视（thorax，lateral view）；b. 翅（wing）；c. 后足，侧视（hind leg, lateral view）.

d~f. 海南长角水虻 *Spartimas hainanensis* Zhang *et* Yang：

d. 胸部侧视（thorax，lateral view）；e. 翅（wing）；f. 后足，侧视（hind leg, lateral view）.

g~i. 丽足长角水虻 *Spartimas ornatipes* Enderlein：

g. 胸部侧视（thorax，lateral view）；h. 翅（wing）；i. 后足，侧视（hind leg, lateral view）。

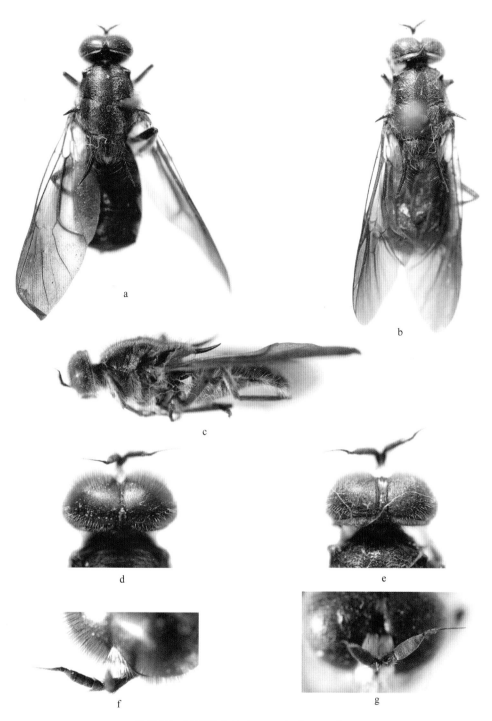

图版 22　爪哇安水虻 *Anoamyia javana* James

a. 雄虫体背视（male body, dorsal view）；b. 雌虫体背视（female body, dorsal view）；

c. 雄虫体侧视（male body, lateral view）；d. 雄虫头背视（male head, dorsal view）；

e. 雌虫头背视（female head, dorsal view）；f. 雄虫触角侧视（male antenna, lateral view）；

g. 雌虫触角侧视（female antenna, lateral view）。

图版 23　直刺安水虻 *Anoamyia rectispina* sp. nov.

a. 雄虫体背视(male body, dorsal view)；b. 雌虫体背视(female body, dorsal view)；

c. 雄虫体侧视(male body, lateral view)；d. 雄虫头背视(male head, dorsal view)；

e. 雌虫头背视(female head, dorsal view)；f. 雄虫触角侧视(male antenna, lateral view)；

g. 雌虫触角侧视(female antenna, lateral view)。

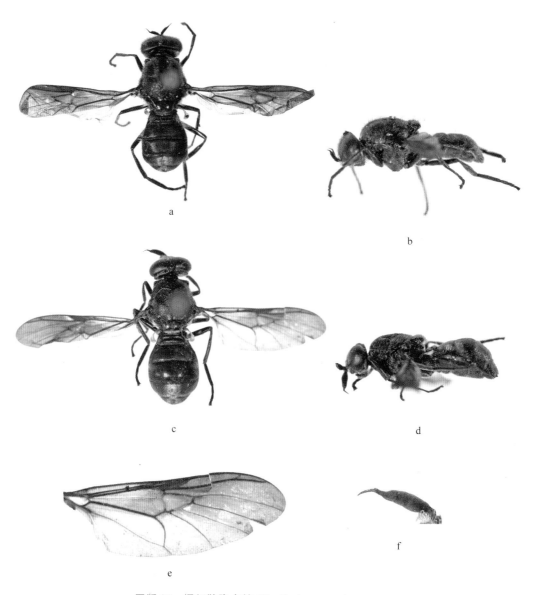

图版 24　橘红鞍腹水虻 *Clitellaria aurantia* sp. nov.

a. 雄虫体背视(male body, dorsal view)；b. 雄虫体侧视(male body, lateral view)；

c. 雌虫体背视(female body, dorsal view)；d. 雌虫体侧视(female body, lateral view)；

e. 翅(wing)；f. 雄虫触角,侧视(male antenna, lateral view)。

图版 25　直刺鞍腹水虻 *Clitellaria bergeri* (Pleske)

a. 雄虫体背视(male body, dorsal view)；b. 雄虫体侧视(male body, lateral view)；
c. 雌虫体背视(female body, dorsal view)；d. 雌虫体侧视(female body, dorsal view)；
e. 雄虫头背视(male head, dorsal view)；f. 雌虫头背视(female head, dorsal view)。

图版 26　双色鞍腹水虻 *Clitellaria bicolor* sp. nov.

a. 雄虫体背视（male body, dorsal view）；b. 雄虫体侧视（male body, lateral view）；

c. 雌虫体背视（female body, dorsal view）；d. 雌虫体侧视（female body, lateral view）；

e. 翅（wing）；f. 雄虫头背视（male head, dorsal view）；

g. 雌虫头背视（female head, dorsal view）。

图版 27　集昆鞍腹水虻 *Cilitellaria chikuni* Yang *et* Nagatomi
a. 雄虫体背视（male body, dorsal view）；b. 雄虫体侧视（male body, lateral view）；
c. 雌虫体背视（female body, dorsal view）；d. 雌虫体侧视（female body, lateral view）；
e. 雄虫头背视（male body, dorsal view）；f. 雌虫头背视（female body, dorsal view）。

图版 28 黄毛鞍腹水虻 *Clitellaria flavipilose* Yang *et* Nagatomi
a. 雄虫体背视（male body, dorsal view）；b. 雄虫体侧视（male body, lateral view）；
c. 雌虫体背视（female body, dorsal view）；d. 雌虫体侧视（female body, lateral view）；
e. 雄虫头背视（male head, dorsal view）；f. 雌虫头背视（female head, dorsal view）。

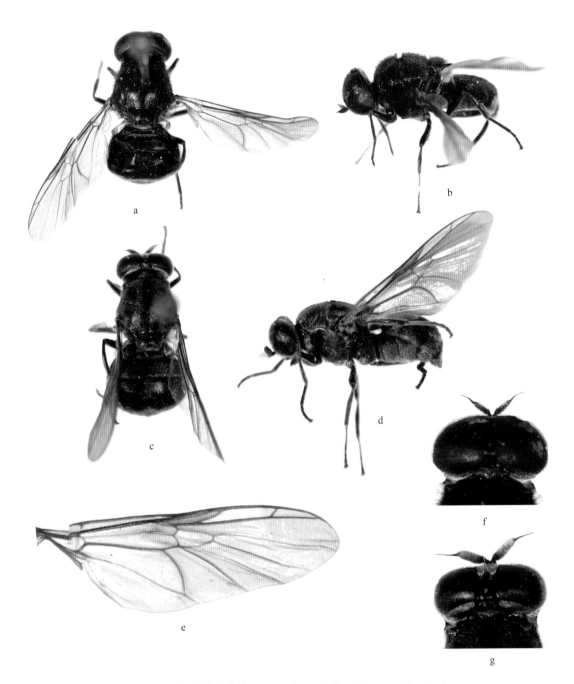

图版 29　中黄鞍腹水虻 *Clitellaria mediflava* Yang *et* Nagatomi

a. 雄虫体背视(male body, dorsal view)；b. 雄虫体侧视(male body, lateral view)；

c. 雌虫体背视(female body, dorsal view)；d. 雌虫体侧视(female body, lateral view)；

e. 翅(wing)；f. 雄虫头背视(male head, dorsal view)；

g. 雌虫头背视(female head, dorsal view)。

图版 30　微刺鞍腹水虻 *Clitellaria microspina* sp. nov.

a. 雄虫体背视（male body, dorsal view）；b. 雄虫体侧视（male body, lateral view）；

c. 雌虫体背视（female body, dorsal view）；d. 雌虫体侧视（female body, lateral view）；

e. 雄虫头背视（male head, dorsal view）；f. 雌虫头背视（female head, dorsal view）。

图版 31　黑色鞍腹水虻 *Clitellaria nigra* Yang *et* Nagatomi

a. 雄虫体背视(male body, dorsal view)；b. 雄虫体侧视(male body, lateral view)；

c. 雌虫体背视(female body, dorsal view)；d. 雌虫体侧视(female body, lateral view)；

e. 雄虫头背视(male head, dorsal view)；f. 雌虫头背视(female head, dorsal view)。

图版 32　鞍腹水虻属 *Clitellaria* Meigen 两种

a～c. 长毛鞍腹水虻 *Clitellaria longipilosa* Yang *et* Nagatomi：

a. 雄虫体背视（male body, dorsal view）；b. 雄虫体侧视（male body, lateral view）；

c. 雄虫头背视（male head, dorsal view）。

d～f. 斜刺鞍腹水虻 *Clitellaria obliquispina* sp. nov.：

d. 雄虫体背视（male body, dorsal view）；e. 雄虫体侧视（male body, lateral view）；

f. 雄虫头背视（male head, dorsal view）。

图版 33　东方鞍腹水虻 *Clitellaria orientalis*（Lindner）

a. 雄虫体背视（male body, dorsal view）；b. 雄虫体侧视（male body, lateral view）；

c. 雌虫体背视（female body, dorsal view）；d. 雌虫体侧视（female body, lateral view）；

e. 雄虫头背视（male head, dorsal view）；f. 雌虫头背视（female head, dorsal view）。

图版 34　白毛长鞭水虻 *Cyphomyia albopilosa* sp. nov.

a. 雄虫体背视（male body, dorsal view）；b. 雄虫体侧视（male body, lateral view）；

c. 雌虫体背视（female body, dorsal view）；d. 雌虫体侧视（female body, lateral view）。

图版 35　中华长鞭水虻 *Cyphomyia chinensis* Ôuchi

a. 雄虫体背视(male body, dorsal view)；b. 雄虫体侧视(male body, lateral view)；

c. 雌虫体背视(female body, dorsal view)；d. 雌虫体侧视(female body, lateral view)。

图版 36　黄股黑水虻 *Nigritomyia basiflava* sp. nov.

a. 雄虫体背视（male body, dorsal view）；b. 雄虫体侧视（male body, lateral view）；

c. 雌虫体背视（female body, dorsal view）；d. 雌虫体侧视（female body, lateral view）；

e. 雄虫头背视（male head, dorsal view）；f. 雌虫头背视（female head, dorsal view）。

a

b

c

d

图版 37　赤灰黑水虻 *Nigritomyia cyanea* Brunetti

a. 雄虫体背视（male body, dorsal view）；b. 雄虫体侧视（male body, lateral view）；

c. 雌虫体背视（female body, dorsal view）；d. 雌虫体侧视（female body, lateral view）。

图版 38 黄颈黑水虻 *Nigritomyia fulvicollis* Kertész

a. 雄虫体背视(male body, dorsal view); b. 雄虫体侧视(male body, lateral view);
c. 雌虫体背视(female body, dorsal view); d. 雌虫体侧视(female body, lateral view);
e. 雌虫头背视(female head, dorsal view); f. 雌虫头前视(female head, frontal view)。

图版 39　红水虻属 *Ruba* Walker 两种

a～b. 双斑红水虻 *Ruba bimaculata* sp. nov.：

a. 雄虫体背视（male body, dorsal view）；b. 雄虫体侧视（male body, lateral view）。

c～e. 斑翅红水虻 *Ruba maculipennis* sp. nov.：

c. 雌虫体背视（female body, dorsal view）；d. 雌虫体侧视（female body, lateral view）；

e. 雌虫头背视（female head, dorsal view）。

图版 40　黑胫红水虻 *Ruba nigritibia* sp. nov.

a. 雄虫体背视（male body, dorsal view）；b. 雄虫体侧视（male body, lateral view）；
c. 雌虫体背视（female body, dorsal view）；d. 雌虫体侧视（femal body, lateral view）；
e. 雄虫头背视（male head, dorsal view）；f. 雌虫头背视（female head, dorsal view）。

图版 41　黑水虻属 *Nigritomyia* Bigot 和扁角水虻属 *Hermetia* Latreille 两种

a～b. 广西黑水虻 *Nigritomyia guangxiensis* Li, Zhang *et* Yang：

a. 雄虫体背视（male body, dorsal view）；b. 雄虫体侧视（male body, lateral view）。

c～f. 黑腹扁角水虻 *Hermetia melanogaster* sp. nov.：

c. 雄虫体背视（male body, dorsal view）；d. 雄虫体侧视（male body, lateral view）；

e. 雄虫头背视（male head, dorsal view）；f. 雄虫头前视（male head, frontal view）。

图版 42　黄斑扁角水虻 *Hermetia flavimaculata* sp. nov.

a. 雄虫体背视（male body，dorsal view）；b. 雄虫体侧视（male body，lateral view）；

c. 雌虫体背视（female body，dorsal view）；d. 雌虫体侧视（female body，lateral view）；

e. 雄虫头背视（male head，dorsal view）；f. 雄虫头前视（male head，frontal view）；

g. 雌虫头背视（female head，dorsal view）；h. 雌虫头前视（female head，frontal view）。

图版 43 亮斑扁角水虻 *Hermetia illucens* (Linnaeus)

a. 雄虫体背视(male body, dorsal view); b. 雄虫体侧视(male body, lateral view);

c. 雌虫体背视(female body, dorsal view); d. 雌虫体侧视(female body, lateral view);

e. 雄虫头背视(male head, dorsal view); f. 雄虫头前视(male head, frontal view);

g. 雌虫头背视(female head, dorsal view); h. 雌虫头前视(female head, frontal view)。

图版 44　横斑扁角水虻 *Hermetia transmaculata* sp. nov.

a. 雄虫体背视（male body，dorsal view）；b. 雄虫体侧视（male body，lateral view）；

c. 雌虫体背视（female body，dorsal view）；d. 雌虫体侧视（female body，lateral view）；

e. 雄虫头背视（male head，dorsal view）；f. 雄虫头前视（male head，frontal view）；

g. 雌虫头背视（female head，dorsal vies）；h. 雌虫头前视（female head，frontal view）。

图版 45　扁角水虻属 *Hermetia* Latreille 和线角水虻属 *Nemotelus* Geoffroy 两种

a. 短芒扁角水虻 *Hermetia branchystyla* sp. nov.；雌虫体背视（female body，dorsal view）。

b～e. 黑线角水虻 *Nemotelus nigrinus* Fallén：

b. 雄虫体背视（male body，dorsal view）；c. 雄虫体侧视（male body，lateral view）；

d. 雌虫体背视（female body，dorsal view）；e. 雌虫体侧视（female body，lateral view）。

图版 46 金领箱腹水虻 *Cibotogaster auricollis*（Brunetti）

a. 雄虫体背视（male body, dorsal view）；b. 雄虫体侧视（male body, lateral view）；

c. 雌虫体背视（female body, dorsal view）；d. 雌虫体侧视（female body, lateral view）；

e. 翅（wing）；f. 雄虫头背视（male head, dorsal view）；

g. 雄虫头前视（male head, frontal view）；h. 雌虫头背视（female head, dorsal view）。

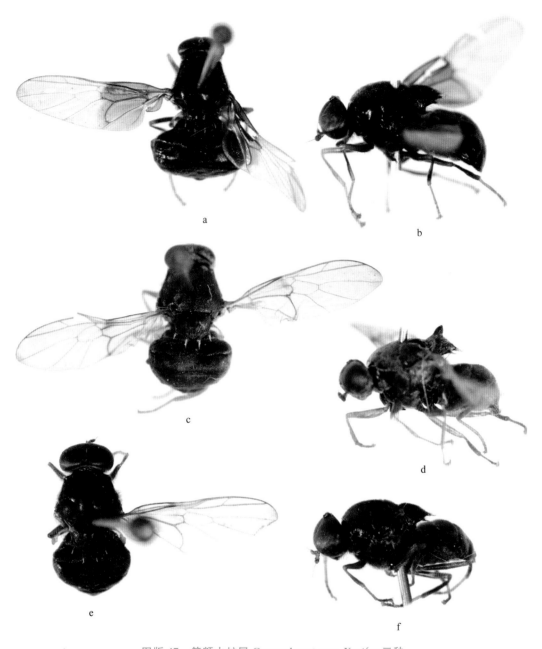

图版 47　等额水虻属 *Craspedometopon* Kertész 三种

a～b. 等额水虻 *Craspedometopon frontale* Kertész：

a. 雄虫体背视（male body, dorsal view）；b. 雄虫体侧视（male body, lateral view）。

c～d. 刺等额水虻 *Craspedometopon spina* Yang，Wei *et* Yang：

c. 雌虫体背视（female body, dorsal view）；d. 雌虫体侧视（female body, lateral view）。

e～f. 西藏等额水虻 *Craspedometopon tibetensis* sp. nov.：

e. 雄虫体背视（male body, dorsal view）；f. 雄虫体侧视（male body, lateral view）。

图版 48 东方等额水虻 *Craspedometopon orientale* Rozkošný *et* Kovac

a. 雄虫体背视(male body, dorsal view);b. 雄虫体侧视(male body, lateral view);

c. 雌虫体背视(female body, dorsal view);d. 雌虫体侧视(female body, lateral view);

e. 翅(wing);f. 雄虫头前视(male head, frontal view);

g. 雌虫头前视(female head, frontal view)。

图版 49　库水虻属 *Culcua* Walker 两种

a~c. 白毛库水虻 *Culcua albopilosa*（Matsumura）：

a. 雄虫体背视（male body，dorsal view）；b. 雄虫体侧视（male body，lateral view）；

c. 雄虫头背视（male head，dorsal view）。

d~f. 窄眶库水虻 *Culcua angustimarginata* sp.nov.：

d. 雄虫体背视（male body，dorsal view）；e. 雄虫体侧视（male body，lateral view）；

f. 雄虫头前视（male head，frontal view）。

图版50 库水虻属 *Culcua* Walker 两种

a~e. 银灰库水虻 *Culcua argentea* Rozkošný *et* Kozánek：

a. 雄虫体背视（male body，dorsal view）；b. 雄虫体侧视（male body，lateral view）；

c. 翅（wing）；d. 雄虫头背视（male head，dorsal view）；

e. 雄虫头前视（male head，frontal view）。

f~g. 切尼库水虻 *Culcua chaineyi* Rozkošný *et* Kozánek：

f. 雄虫体背视（male body，dorsal view）；g. 雄虫体侧视（male body，lateral view）。

图版 51　克氏库水虻 *Culcua kolibaci* Rozkošný *et* Kozánek

a. 雄虫体背视（male body，dorsal view）；b. 雄虫体侧视（male body，lateral view）；

c. 雌虫体侧视（female body，lateral view）；d. 翅（wing）；

e. 雄虫头背视（male head，dorsal view）；f. 雄虫头前视（male head，frontal view）；

g. 雌虫头背视（female head，dorsal view）；h. 雌虫头背视（female head，dorsal view）。

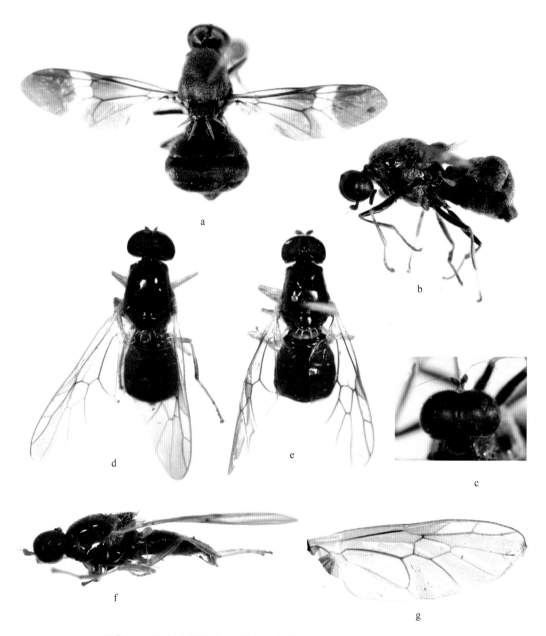

图版 52 库水虻属 *Culcua* Walker 和寡毛水虻属 *Evaza* Walker 两种

a～c. 长刺库水虻 *Culcua longispina* sp. nov.：

a. 雄虫体背视（male body, dorsal view）；b. 雄虫体侧视（male body, lateral view）；

c. 雄虫头背视（male head, dorsal view）。

d～g. 透翅寡毛水虻 *Evaza hyliapennis* sp. nov.：

d. 雄虫体背视（male body, dorsal view）；e. 雌虫体背视（female body, dorsal view）；

f. 雄虫体侧视（male body, lateral view）；g. 翅（wing）。

图版 53　科洛曼水虻属 *Kolomania* Pleske、冠毛水虻属 *Lophoteles* Loew 和
鼻水虻属 *Nasimyia* Yang *et* Yang 三种

a～b. 白毛科洛曼水虻 *Kolomania albopilosa*（Nagatomi）：

a. 雄虫体背视（male body, dorsal view）；b. 雄虫体侧视（male body, lateral view）。

c～d. 羽冠毛水虻 *Lophoteles plumula* Loew：

c. 雄虫体背视（male body, dorsal view）；d. 雌虫体背视（female body, dorsal view）。

e～f. 大头鼻水虻 *Nasimyia megacephala* Yang *et* Yang：

e. 雄虫体背视（male body, dorsal view）；f. 雄虫体侧视（male body, lateral view）。

图版 54　若氏亚拟蜂水虻 *Parastratiosphecomyia rozkosnyi* Woodley

a. 雄虫体背视(male body, dorsal view)；b. 雄虫体侧视(male body, lateral view)；
c. 雌虫体背视(female body, dorsal view)；d. 雌虫体侧视(female body, lateral view)。

图版 55　四川亚拟蜂水虻 *Parastratiosphecomyia szechuanensis* Lindner
a. 雄虫体背视（male body, dorsal view）；b. 雄虫体侧视（male body, lateral view）；
c. 雌虫体背视（female body, dorsal view）；d. 雌虫体侧视（female body, lateral view）。

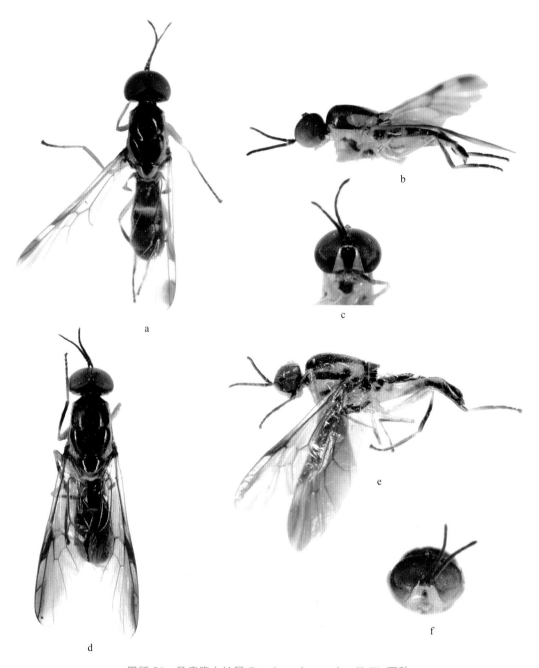

图版 56　异瘦腹水虻属 *Pseudomeristomerinx* Hollis 两种

a～c. 黄缘异瘦腹水虻 *Pseudomeristomerinx flavimarginis* sp. nov.：

a. 雄虫体背视（male body, dorsal view）；b. 雄虫体侧视（male body, lateral view）；

c. 雄虫头前视（male head, frontal view）。

d～f. 黑盾异瘦腹水虻 *Pseudomeristomerinx nigroscutellus* sp. nov.：

d. 雄虫体背视（male body, dorsal view）；e. 雄虫体侧视（male body, lateral view）；

f. 雄虫头前视（male head, frontal view）。

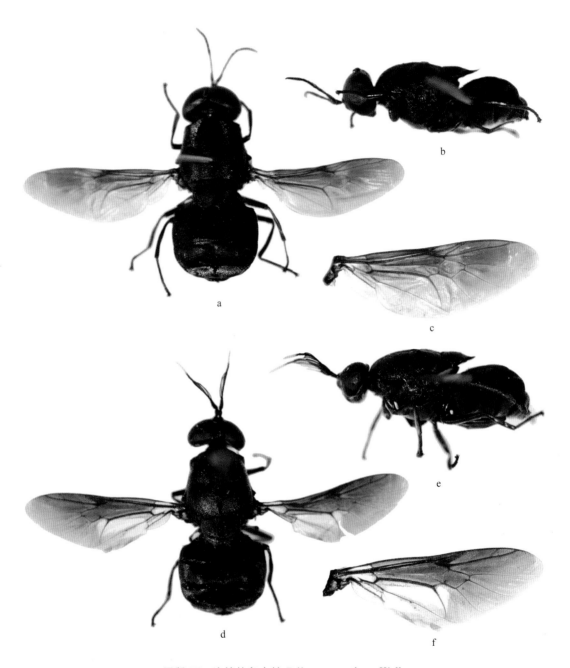

图版 57　连续枝角水虻 *Ptilocera continua* Walker

a. 雄虫体背视（male body, dorsal view）；b. 雄虫体侧视（male body, lateral view）；
c. 雄虫翅（male wing）；d. 雌虫体背视（female body, dorsal view）；
e. 雌虫体侧视（female body, lateral view）；f. 雌虫翅（female wing）。

图版 58　枝角水虻属 *Ptilocera* Wiedemann 两种

a～d. 黄刺枝角水虻 *Ptilocera flavispina* sp. nov.：

a. 雌虫体背视（female body, dorsal view）；b. 雄虫体侧视（female body, lateral view）；

c. 雌虫头背视（fermale head, dorsal view）；d. 翅（wing）。

e～f. 宽盾枝角水虻 *Ptilocera latiscutella* sp. nov.：

e. 雌虫体背视（female body, dorsal view）；f. 雌虫体侧视（female body, lateral view）。

图版 59 方斑枝角水虻 *Ptilocera quadridentata* (Fabricius)

a. 雄虫体背视(male body, dorsal view); b. 雄虫体侧视(male body, lateral view);
c. 雌虫体背视(female body, dorsal view); d. 雌虫头背视(female head, dorsal view)。

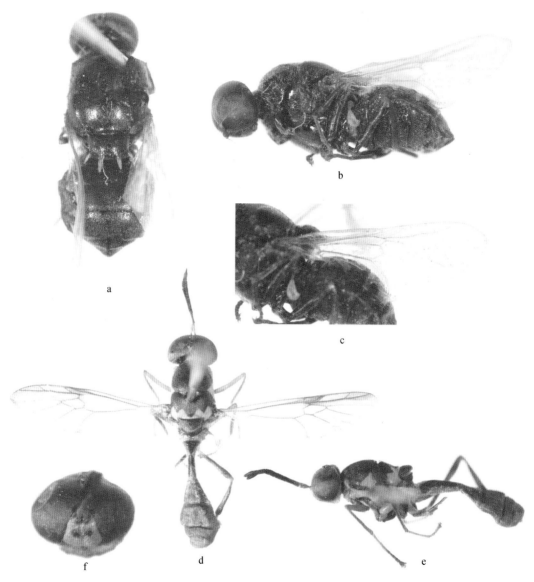

图版 60　锥角水虻属 *Raphanocera* Pleske 和拟蜂水虻属

Stratiosphecomyia Brunetti 两种

a～c. 图兰锥角水虻 *Raphanocera turanica* Pleske：

a. 雄虫体背视（male body，dorsal view）；b. 雄虫体侧视（male body，lateral view）；

c. 翅（wing）。

d～f. 多斑拟蜂水虻 *Stratiosphecomyia variegata* Brunetti：

d. 雄虫体背视（male body，dorsal view）；e. 雄虫体侧视（male body，lateral view）；

f. 雄虫头前视（male head，frontal view）。

图版 61　短刺多毛水虻 *Rosapha brevispinosa* Kovac et Rozkošný

a. 雄虫体背视（male body, dorsal view）; b. 雄虫体侧视（male body, lateral view）;

c. 雌虫体背视（female body, dorsal view）; d. 雌虫体侧视（female body, lateral view）;

e. 翅（wing）。

图版 62　印度带芒水虻 *Tinda indica* (Walker)

a. 雄虫体背视（male body，dorsal view）；b. 雄虫体侧视（male body，lateral view）；

c. 雌虫体背视（female body，dorsal view）；d. 雌虫体侧视（female body，lateral view）；

e. 雄虫头背视（male head，dorsal view）；f. 雌虫头背视（female head，dorsal view）。

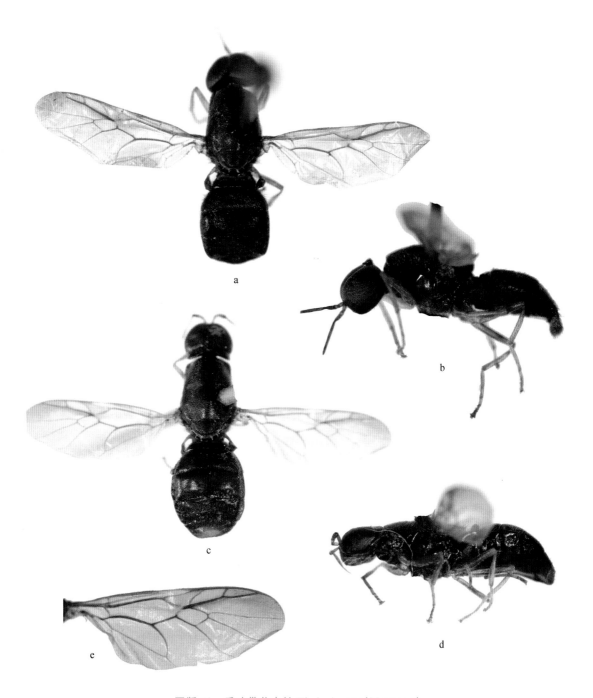

图版 63　爪哇带芒水虻 *Tinda javana* (Macquart)

a. 雄虫体背视（male body, dorsal view）；b. 雄虫体侧视（male body, lateral view）；

c. 雌虫体背视（female body, dorsal view）；d. 雌虫体侧视（female body, lateral view）；

e. 翅（wing）。

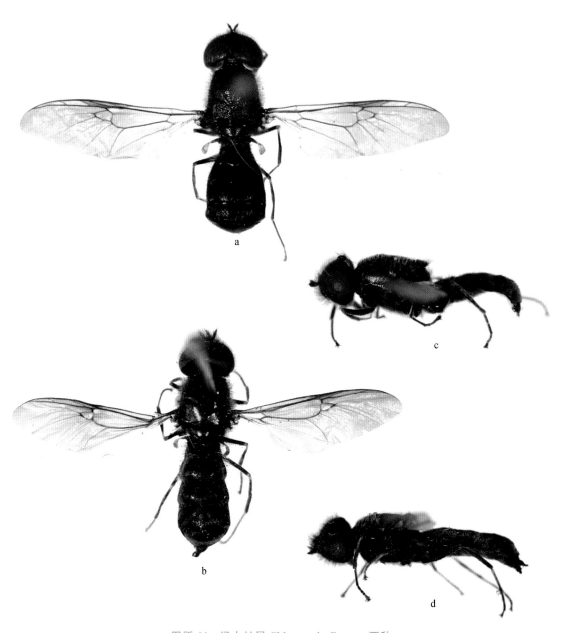

图版 64　绿水虻属 *Chloromyia* Duncan 两种

a～b. 蓝绿水虻 *Chloromyia caerulea* sp. nov.：

a. 雄虫体背视（male body, dorsal view）；b. 雄虫体侧视（male body, lateral view）。

c～d. 特绿水虻 *Chloromyia speciosa*（Macquart）：

c. 雄虫体背视（male body, dorsal view）；d. 雄虫体侧视（male body, lateral view）。

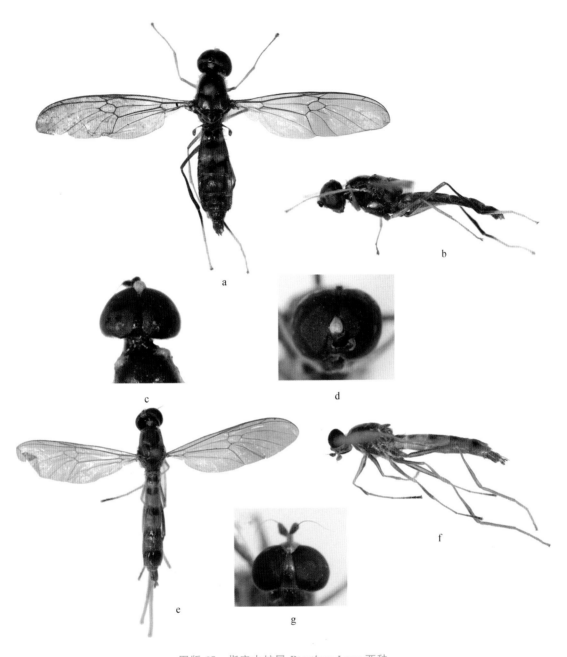

图版 65　指突水虻属 *Ptecticus* Loew 两种

a～d. 双色指突水虻 *Ptecticus bicolor* sp. nov.：

a. 雄虫体背视（male body，dorsal view）；b. 雄虫体侧视（male body，lateral view）；

c. 雄虫头背视（male head，dorsal view）；d. 雄虫头前视（male head，frontal view）。

e～g. 狭指突水虻 *Ptecticus elongatus* sp. nov.：

e. 雄虫体背视（male body，dorsal view）；f. 雄虫体侧视（male body，lateral view）；

g. 雄虫头背视（male head，dorsal view）。

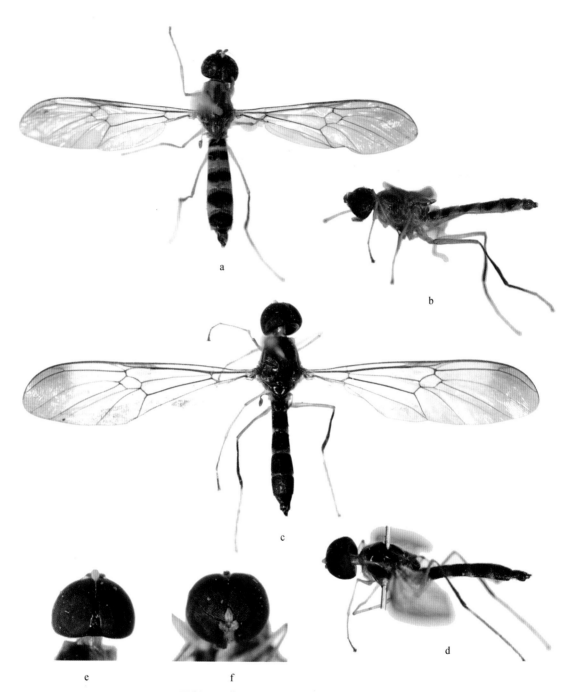

图版 66　指突水虻属 *Ptecticus* Loew 两种

a～b. 福建指突水虻 *Ptecticus fukienensis* Rozkošný *et* Hauser：

a. 雄虫体背视（male body, dorsal view）；b. 雄虫体侧视（male body, lateral view）。

c～f. 长翅指突水虻 *Ptecticus longipennis*（Wiedemann）：

c. 雄虫体背视（male body, dorsal view）；d. 雄虫体侧视（male body, lateral view）；

e. 雄虫头背视（male head, dorsal view）；f. 雄虫头前视（male head, frontal view）。

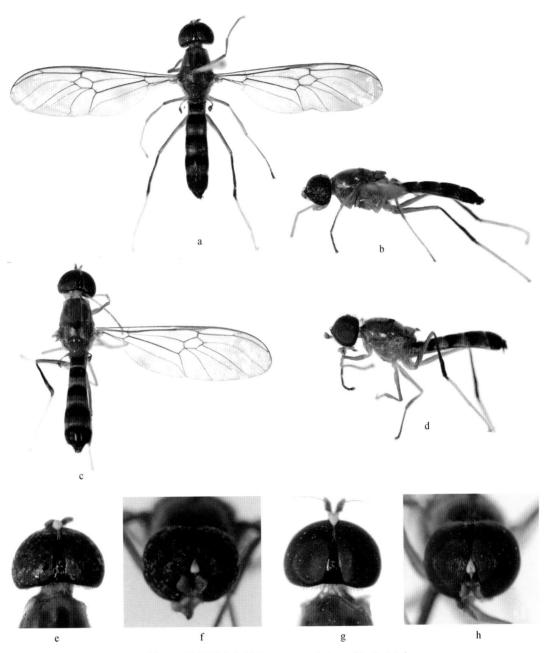

图版 67　狡猾指突水虻 *Ptecticus vulpianus*（Enderlein）

a. 雄虫体背视（male body, dorsal view）；b. 雄虫体侧视（male body, lateral view）；

c. 雌虫体背视（female body, dorsal view）；d. 雌虫体侧视（female body, lateral view）；

e. 雄虫头背视（male head, dorsal view）；f. 雄虫头前视（male head, frontal view）；

g. 雌虫头背视（female head, dorsal view）；h. 雌虫头前视（female head, frontal view）。

图版 68　指突水虻属 *Ptecticus* Loew 和瘦腹水虻属 *Sargus* Fabricius 两种

a～b. 三色指突水虻 *Ptecticus tricolor* Wulp：

a. 雄虫体背视（male body, dorsal view）；b. 雄虫体侧视（male body, lateral view）。

c～d. 棒瘦腹水虻 *Sargus baculventerus* Yang *et* Chen：

c. 雄虫体背视（male body, dorsal view）；d. 雄虫体侧视（male body, lateral view）。

图版 69　瘦腹水虻属 *Sargus* Fabricius 两种

a～b. 短突瘦腹水虻 *Sargus brevis* sp. nov.：

a. 雄虫体背视（male body，dorsal view）；b. 雄虫体侧视（male body，lateral view）。

c～d. 黄足瘦腹水虻 *Sargus flavipes* Meigen：

c. 雄虫体背视（male body，dorsal view）；d. 雄虫体侧视（male body，lateral view）。

图版 70　宽额瘦腹水虻 *Sargus latifrons* sp. nov.

a. 雄虫体背视（male body，dorsal view）；b. 雄虫体侧视（male body，lateral view）；

c. 雌虫体背视（female body，dorsal view）；d. 雌虫体侧视（female body，lateral view）；

e. 雄虫头背视（male head，dorsal view）；f. 雌虫头背视（famale head，dorsal view）；

g. 雌虫头前视（female head，frontal view）。

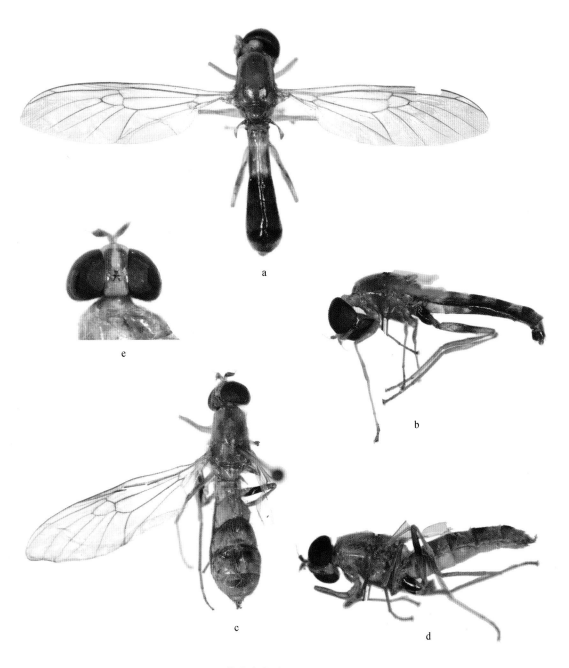

图版 71　黑基瘦腹水虻 *Sargus nigricoxa* sp. nov.

a. 雄虫体背视（male body, dorsal view）；b. 雄虫体侧视（male body, lateral view）；

c. 雌虫体背视（female body, dorsal view）；d. 雄虫体侧视（female body, lateral view）；

e. 雌虫头背视（female head, dorsal view）。

图版 72　瘦腹水虻属 *Sargus* Fabricius 两种

a～b. 丽瘦腹水虻 *Sargus metallinus* Fabricius：

a. 雄虫体背视（male body, dorsal view）；b. 雄虫体侧视（male body, lateral view）。

c～e. 黑颜瘦腹水虻 *Sargus nigrifaci* sp. nov.：

c. 雄虫体背视（male body, dorsal view）；d. 雄虫体侧视（male body, lateral view）；

e. 雄虫头前视（male head, frontal view）。

图版 73 瘦腹水虻属 *Sargus* Fabricius 两种

a～c. 四川瘦腹水虻 *Sargus sichuanensis* sp. nov.：

a. 雄虫体背视（male body，dorsal view）；b. 雄虫体侧视（male body，lateral view）；

c. 雄虫头前视（male head，frontal view）。

d～g. 三色瘦腹水虻 *Sargus tricolor* sp. nov.：

d. 雄虫体背视（male body，dorsal view）；e. 雄虫体侧视（male body，lateral view）；

f. 雄虫头背视（male head，dorsal view）；g. 雄虫头前视（male head，frontal view）。

图版 74　排列短角水虻 *Odontomyia alini* Lindner

a. 雄虫体背视（male body, dorsal view）；b. 雄虫体侧视（male body, lateral view）；

c. 雄虫头部，前视（male head, frontal view）；d. 雄虫颜，前视（male face, frontal view）。

图版 75　角短角水虻 *Odontomyia angulata*（Panzer）

a. 雄虫体背视（male body, dorsal view）；b. 雌虫体背视（female body, dorsal view）；

c. 雄虫体侧视（male body, lateral view）；d. 雌虫体侧视（female body, lateral view）；

e. 雌虫额，前视（female frons, frontal view）；f. 雄虫颜，前视（male face, frontal view）；

g. 雌虫颜，前视（female face, frontal view）。

图版 76 青被短角水虻 *Odontomyia atrodorsalis* James

a. 雄虫体背视（male body, dorsal view）；b. 雌虫体背视（female body, dorsal view）；
c. 雌虫小盾片和腹部，背视（female scutellum and abdomen, dorsal view）；
d. 雄虫体侧视（male body, lateral view）；e. 雌虫体侧视（female body, lateral view）。

图版 77　青被短角水虻 *Odontomyia atrodorsalis* James

a. 雌虫额,前视(female frons,frontal view); b. 雌虫颜,前视(female face,frontal view);

c. 阳茎复合体,背视(aedeagal complex,dorsal view); d. 翅(wing);

e. 雄性生殖体,背视(male genital capsule,dorsal view);

f. 雄性生殖体,腹视(male genital capsule,ventral view);

g. 雄性第 9～10 背板和尾须,背视(male tergites 9～10 and cerci,dorsal view)。

图版 78 双斑短角水虻 *Odontomyia bimaculata* Yang

a. 雌虫体背视（female body, dorsal view）；b. 雌虫体侧视（female body, lateral view）；

c. 雌虫额，前视（female frons, frontal view）；d. 雌虫腹部，背视（female abdomen, dorsal view）。

a

b

c

d

e

图版 79　黄绿斑短角水虻 *Odontomyia garatas* Walker

a. 雄虫体背视（male body, dorsal view）；b. 雌虫体背视（female body, dorsal view）；

c. 雄虫腹部, 背视（male abdomen, dorsal view）；d. 雌虫体侧视（female body, lateral view）；

e. 雄虫胸部, 侧视（male thorax, lateral view）。

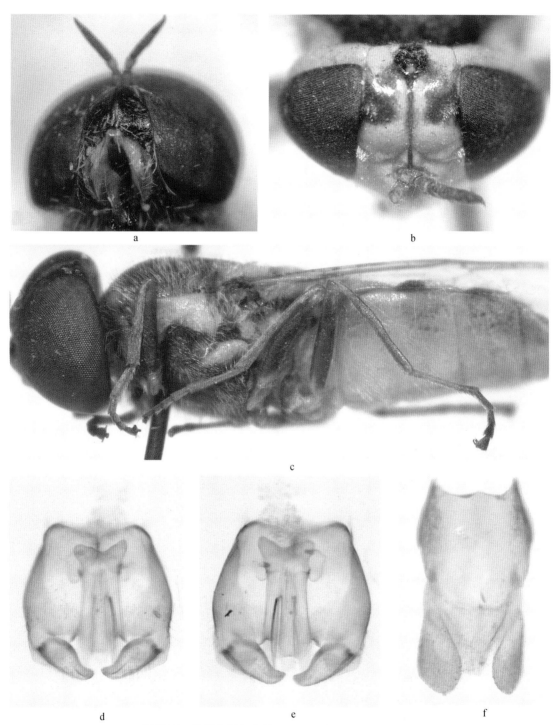

a. 雄虫颜，前视(male face, frontal view)；b. 雌虫额，前视(female frons, frontal view)；

c. 雄虫足，侧视(male leg, lateral view)；d. 雄性生殖体，腹视(male genital capsule, ventral view)；

e. 雄性生殖体，背视(male genital capsule, dorsal view)；

f. 雄性第 9～10 背板和尾须，背视(male tergites 9～10 and cerci, dorsal view)。

图版 81　贵州短角水虻 *Odontomyia guizhouensis* Yang

a. 雄虫体背视（male body, dorsal view）；b. 雌虫体背视（female body, dorsal view）；

c. 雌虫额，前视（female frons, frontal view）；d. 雄虫颜，前视（male face, frontal view）；

e. 雄虫体侧视（male body, lateral view）；f. 触角（antenna）；

g. 雄性生殖体，背视（male genital capsule, dorsal view）；

h. 阳茎复合体，背视（aedeagal complex, dorsal view）；

i. 雄性第 9～10 背板和尾须，背视（male tergites 9～10 and cerci, dorsal view）。

图版 82 临沼短角水虻 *Odontomyia halophila* Wang, Perng *et* Ueng

a. 雄虫体背视（male body, dorsal view）；b. 雄虫体侧视（male body, lateral view）；

c. 雌虫体侧视（female body, lateral view）；d. 雌虫体背视（female body, dorsal view）；

e. 雄虫颜, 前视（male face, frontal view）；f. 雌虫额, 前视（female frons, frontal view）。

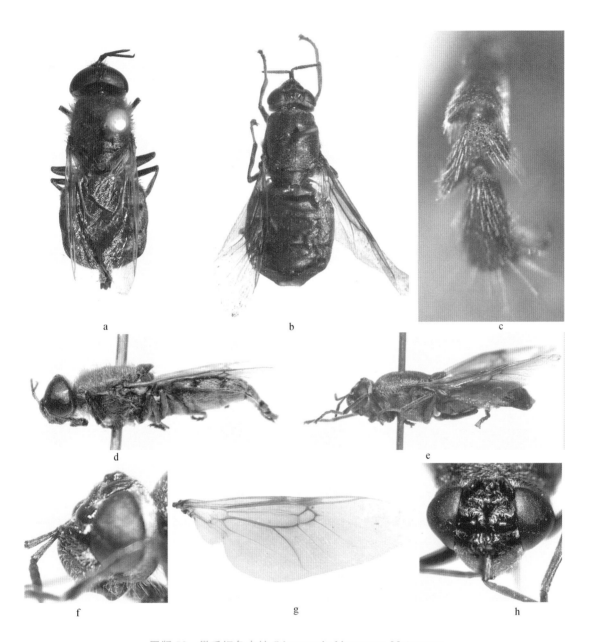

图版 83　微毛短角水虻 *Odontomyia hirayamae* Matsumura

a. 雄虫体背视(male body, dorsal view)；b. 雌虫体背视(female body, dorsal view)；

c. 雄虫后足第 4 跗节,背视(male hind tarsus 4, dorsal view)；

d. 雄虫体侧视(male body, lateral view)；e. 雌虫体侧视(female body, lateral view)；

f. 雌虫头部,侧视(female head, lateral view)；g. 翅(wing)；

h. 雌虫额,前视(female frons, frontal view)。

图版 84　怪足短角水虻 *Odontomyia hydroleon* (Linnaeus)

a. 雌虫体背视(female body, dorsal view)；b. 雌虫腹部背视(female abdomen, dorsal view)；
c. 雌虫体侧视(female body, lateral view)；d. 雌虫头部,侧视(female head, lateral view)；
e. 雌虫额,前视(female frons, frontal view)；f. 雌虫颜,前视(female face, frontal view)。

图版 85　平额短角水虻 *Odontomyia pictifrons* Loew

a. 雌虫体背视(female body, dorsal view)；b. 雌虫足, 侧视(female leg, lateral view)；

c. 雌虫腹部, 背视(female abdomen, dorsal view)；d. 雌虫体侧视(female body, lateral view)；

e. 翅(wing)；f. 雌虫额, 前视(female frons, frontal view)；

g. 雌虫头部, 前视(female head, frontal view)；h. 雌虫颜, 前视(female face, frontal view)。

图版 86　中华短角水虻 *Odontomyia sinica* Yang

a. 雄虫体背视(male body, dorsal view)；b. 雄虫腹部, 背视(male abdomen, dorsal view)；

c. 雌虫头部, 侧视(female head, lateral view)；d. 雄虫体侧视(male body, lateral view)；

e. 雄虫颜, 前视(male face, frontal view)；f. 雌虫额, 前视(female frons, frontal view)；

g. 雌虫颜, 前视(female face, frontal view)。

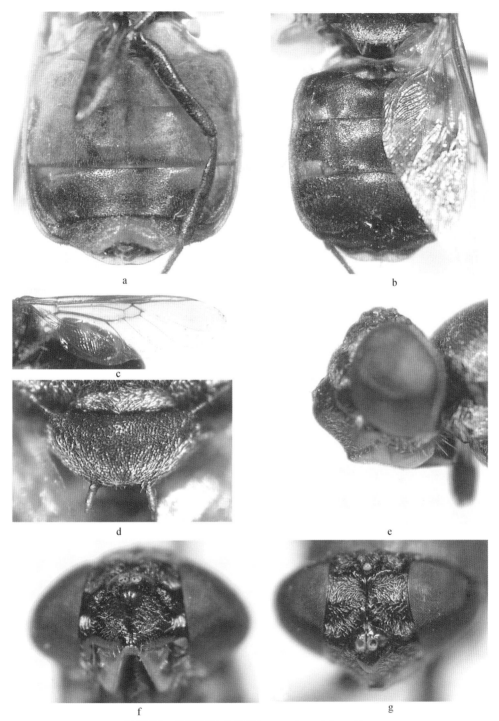

图版 87 黑盾短角水虻 *Odontomyia uninigra* Yang

a. 雌虫腹部,腹视(female abdomen, ventral view); b. 雌虫腹部,背视(female abdomen, dorsal view); c. 翅(wing);

d. 雌虫小盾片,背视(female scutellum, dorsal view);e. 雌虫头部,侧视(female head, lateral view);

f. 雌虫颜,前视(female face, frontal view);g. 雌虫额,前视(female frons, frontal view)。

图版 88　杨氏短角水虻 *Odontomyia yangi* Yang

a. 雄虫胸部，侧视（male thorax, lateral view）；b. 雄虫颜，前视（male face, frontal view）；

c. 触角（antenna）；d. 翅（wing）；e. 小盾片，背视（scutellum, dorsal view）。

图版 89　长纹脉水虻 *Oplodontha elongata* Zhang, Li *et* Yang

a. 雄虫体背视（male body, dorsal view）；b. 雌虫体背视（female body, dorsal view）；

c. 雌虫腹部，背视（female abdomen, dorsal view）；d. 雄虫体侧视（male body, lateral view）；

e. 雌虫体侧视（female body, lateral view）；f. 雌虫额，前视（female frons, frontal view）；

g. 雌虫颜，前视（female face, frontal view）；

h. 雌虫头顶，示黄斑（female vertex, show yellow spots）。

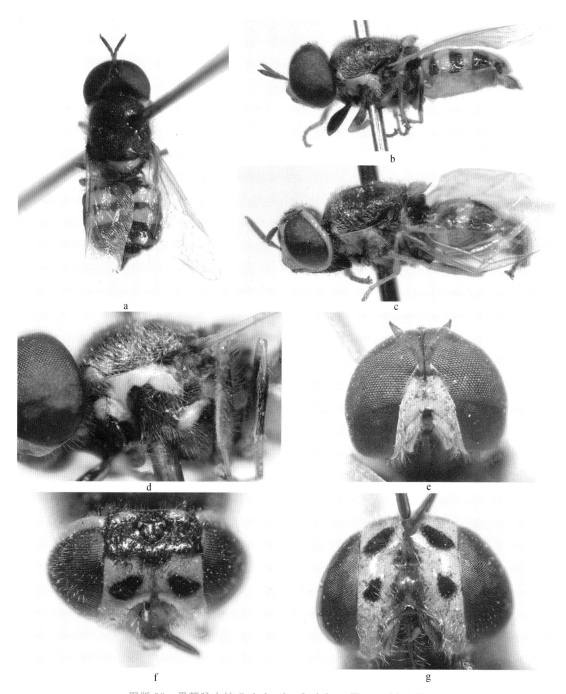

图版 90 黑颜脉水虻 *Oplodontha facinigra* Zhang, Li *et* Yang

a. 雄虫体背视（male body, dorsal view）；b. 雄虫体侧视（male body, lateral view）；

c. 雌虫体侧视（female body, lateral view）；d. 雄虫胸部, 侧视（male thorax, lateral view）；

e. 雄虫颜, 前视（male face, frontal view）；f. 雌虫额, 前视（female frons, frontal view）；

g. 雌虫颜, 前视（female face, frontal view）。

图版 91　红胸脉水虻 *Oplodontha rubrithorax*（Macquart）

a. 雄虫体背视（male body, dorsal view）；b. 雌虫体背视（female body, dorsal view）；

c. 雄虫头部，侧视（male head, lateral view）；d. 雌虫体侧视（female body, lateral view）；

e. 雄虫头部，前视（male head, frontal view）；f. 雌虫额，前视（female frons, frontal view）；

g. 雌虫颜，前视（female face, frontal view）。

图版 92　中华脉水虻 *Oplodontha sinensis* Zhang, Li *et* Yang

a. 雌虫体背视（female body, dorsal view）；b. 雌虫额，前视（female frons, frontal view）；
c. 雌虫体侧视（female body, lateral view）。

図版 93　隐脉水虻 *Oplodontha viridula*（Fabricius）

a. 雄虫体背视（male body, dorsal view）；b. 雌虫体背视（female body, dorsal view）；

c. 雄虫足，侧视（male leg, lateral view）；d. 雌虫体侧视（female body, lateral view）；

e. 雄虫体侧视（male body, lateral view）；f. 雌虫额，前视（female frons, frontal view）；

g. 雌虫颜，前视（female face, frontal view）；h. 雌虫头部，侧视（female head, lateral view）。

图版 94　基盾刺水虻 *Oxycera basalis* Zhang, Li *et* Yang

a. 雌虫体背视(female body, dorsal view)；b. 雌虫腹部,背视(female abdomen, dorsal view)；

c. 雌虫头顶,示黄斑(female vertex, show yellow spots)；

d. 雌虫体侧视(female body, lateral view)；

e. 雌虫颜,前视(female face, frontal view)；f. 雌虫头部,侧视(female head, lateral view)。

图版 95　集昆盾刺水虻 *Oxycera chikuni* Yang *et* Nagatomi

a. 雌虫体背视（female body, dorsal view）；b. 雌虫头部,侧视（female head, lateral view）；

c. 雌虫后足,侧视（female hind leg, lateral view）；d. 雌虫体侧视（female body, lateral view）；

e. 雌虫颜,前视（female face, frontal view）；f. 雌虫额,前视（female frons, frontal view）。

图版 96　崔氏盾刺水虻 *Oxycera cuiae* Wang, Li *et* Yang

a. 雌虫体背视（female body, dorsal view）；b. 雌虫体侧视（female body, lateral view）；

c. 翅（wing）；d. 雌虫颜,前视（female face, frontal view）；

e. 雌虫头部,侧视（female head, lateral view）；f. 雌虫额,前视（female frons, frontal view）。

图版 97　大理盾刺水虻 *Oxycera daliensis* Zhang, Li *et* Yang

a. 雄虫体背视（male body，dorsal view）；b. 雄虫体侧视（male body，lateral view）；

c. 触角（antenna）；d. 雄虫体侧视（male body，lateral view）；

e. 雄虫颜，前视（male face，frontal view）。

图版 98　黄斑盾刺水虻 *Oxycera flavimaculata* Li, Zhang *et* Yang

a. 雌虫胸部，背视（female thorax，dorsal view）；b. 雌虫头部，背视（female head，dorsal view）；

c. 雌虫腹部，背视（female abdomen，dorsal view）；d. 雌虫腹部，腹视（female abdomen，ventral view）；

e. 雌虫头部，侧视（female head，lateral view）；f. 雌虫头部，前视（female head，frontal view）。

图版 99　广西盾刺水虻 *Oxycera guangxiensis* Yang *et* Nagatomi

a. 雌虫体侧视(female body, lateral view)；

b. 雌虫头顶，示眼后眶(female vertex, show postocular orbit)；

c. 雌虫颜，前视(female face, frontal view)；

d. 雌虫额，前视(female frons, frontal view)。

图版 100　刘氏盾刺水虻 *Oxycera liui* Li, Zhang *et* Yang

a. 雄虫体背视（male body, dorsal view）；b. 雄虫体侧视（male body, lateral view）；

c. 雄虫颜，前视（male face, frontal view）；d. 雄虫胸部，侧视（male thorax, lateral view）；

e. 雄性生殖体，背视（male genital capsule, dorsal view）；

f. 雄性第 9～10 背板和尾须，背视（male tergites 9～10 and cerci, dorsal view）；

g. 雄性生殖体，腹视（male genital capsule, ventral view）。

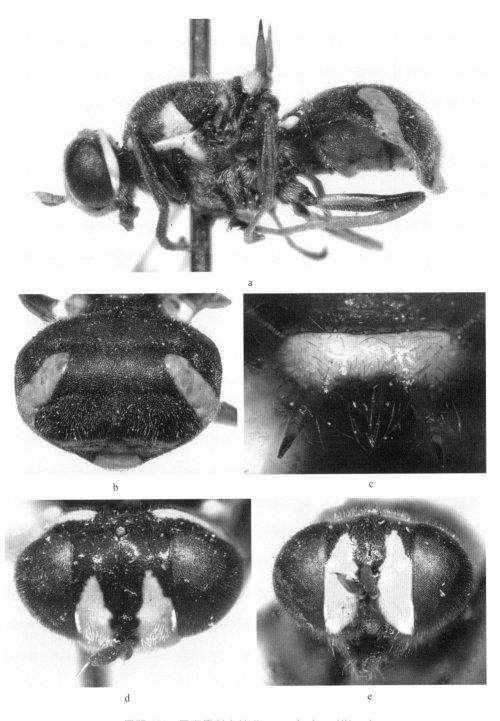

图版 101　双斑盾刺水虻 *Oxycera laniger*（Séguy）

a. 雌虫体侧视（female body, lateral view）；

b. 雌虫腹部，背视（female abdomen, dorsal view）；c. 小盾片，背视（scutellum, dorsal view）；

d. 雌虫额，前视（female frons, frontal view）；e. 雌虫头部，前视（female head, frontal view）。

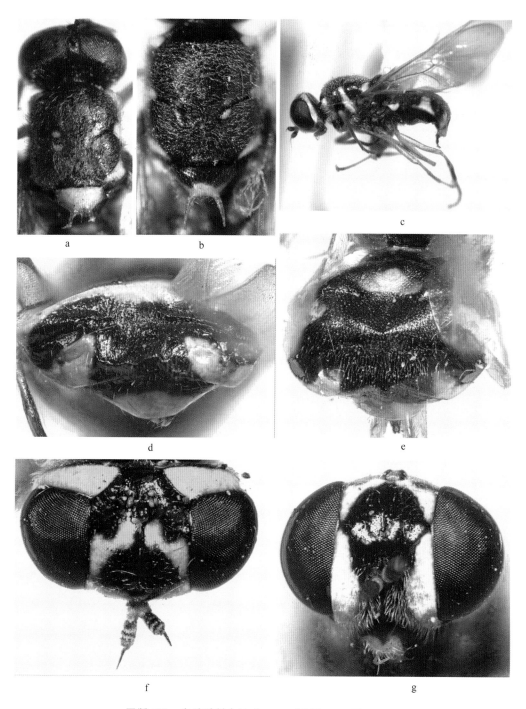

图版 102　李氏盾刺水虻 *Oxycera lii* Yang *et* Nagatomi

a. 雄虫胸部，背视（male thorax, dorsal view）；b. 雌虫胸部，背视（female thorax, dorsal view）；

c. 雌虫体侧视（female body, lateral view）；d. 雄虫腹部，背视（male abdomen, dorsal view）；

e. 雌虫腹部，背视（female abdomen, dorsal view）；

f. 雌虫额，前视（female frons, frontal view）；g. 雌虫颜，前视（female face, frontal view）。

图版 103　梅氏盾刺水虻 *Oxycera meigenii* Staeger

a. 雄虫体背视(male body，dorsal view)；b. 雌虫体背视(female body，dorsal view)；

c. 触角(antenna)；d. 翅(wing)；e. 雄虫体侧视(male body，lateral view)；

f. 雄虫腹部背板(male abdominal tergites)；g. 雄虫腹部腹板(male abdominal sternites)。

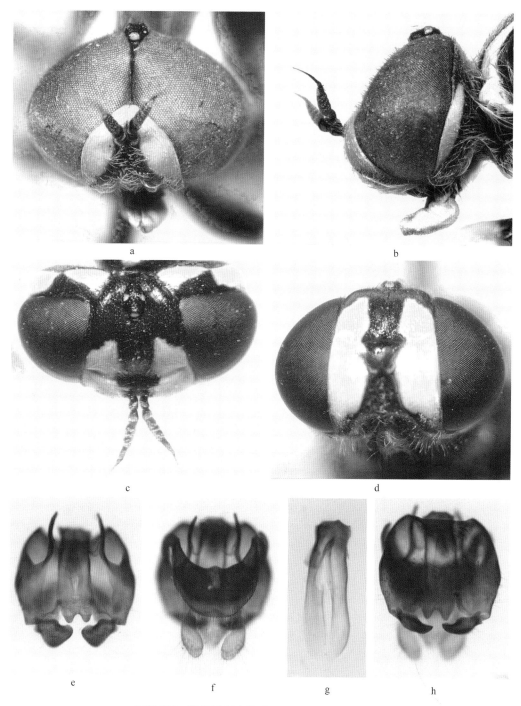

图版 104　梅氏盾刺水虻 *Oxycera meigenii* Staeger

a. 雄虫头部，前视(male head, frontal view)；b. 雄虫头部，侧视(male head, lateral view)；

c. 雌虫额，前视(female frons, frontal view)；d. 雌虫颜，前视(female face, frontal view)；

e. 雄性生殖体，背视(male genital capsule, dorsal view)；

f. 雄性第 9～10 背板和尾须，背视(male tergites 9～10 and cerci, dorsal view)；

g. 阳茎复合体，背视(aedeagal complex, dorsal view)；h. 雄性生殖体，腹视(male genital capsule, ventral view)。

图版 105　青海盾刺水虻 *Oxycera qinghensis* Yang *et* Nagatomi

a. 雄虫胸部, 背视(male thorax, dorsal view); b. 小盾片, 背视(scutellum, dorsal view);

c. 雄虫胸部, 侧视(male thorax, lateral view); d. 雄虫头部, 侧视(male head, lateral view);

e. 雄虫头部, 前视(male head, frontal view)。

图版 106　四斑盾刺水虻 *Oxycera quadripartita* (Lindner)

a. 雌虫额，前视(female frons, frontal view)；b. 雌虫颜，前视(female face, frontal view)；

c. 雌虫头部，侧视(female head, lateral view)；d. 雌虫体背视(female body, dorsal view)；

e. 雌虫体侧视(female body, lateral view)。

图版 107　中华盾刺水虻 *Oxycera sinica*（Pleske）

a. 雄虫胸部，背视（male thorax, dorsal view）；b. 雄虫额，前视（male frons, frontal view）；

c. 雄虫头部，侧视（male head, lateral view）；d. 雄虫胸部，侧视（male thorax, lateral view）；

e. 雄虫颜，前视（male face, frontal view）。

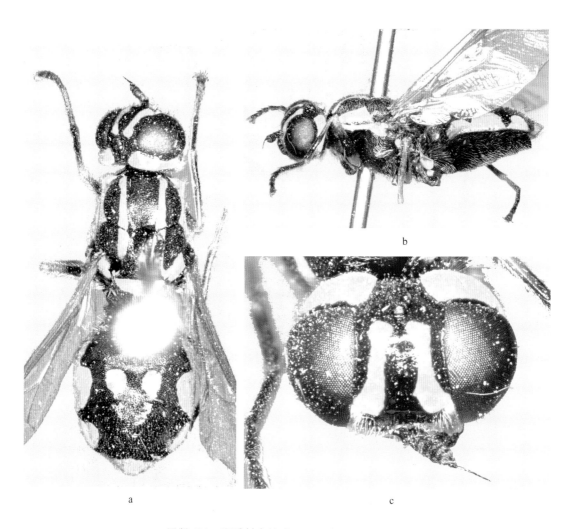

图版 108　斑盾刺水虻 *Oxycera signata* Brunetti

a. 雌虫体背视(female body，dorsal view)；b. 雄虫体侧视(male body，lateral view)；

c. 雌虫额，前视(female frons，frontal view)。

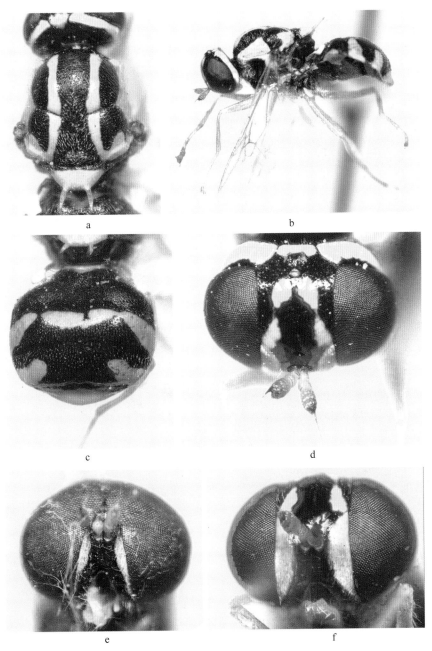

图版 109 唐氏盾刺水虻 *Oxycera tangi*（Lindner）

a. 雌虫胸部，背视（female thorax，dorsal view）；b. 雌虫体侧视（female body，lateral view）；

c. 雌虫腹部，背视（female abdomen，dorsal view）；

d. 雌虫额，前视（female frons，frontal view）；e. 雄虫颜，前视（male face，frontal view）；

f. 雌虫颜，前视（female face，frontal view）。

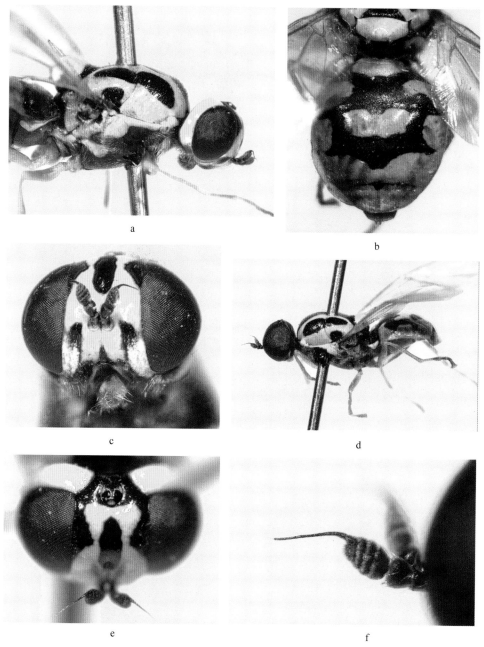

图版 110　三斑盾刺水虻 *Oxycera trilineata* (Linnaeus)

a. 雌虫头胸,侧视(female head and thorax, lateral view);b. 雌虫腹部,背视(female abdomen, dorsal view);

c. 雌虫颜,前视(female face, frontal view);d. 雄虫体侧视(male body, lateral view);

e. 雌虫额,前视(female frons, frontal view);f. 触角(antenna)。

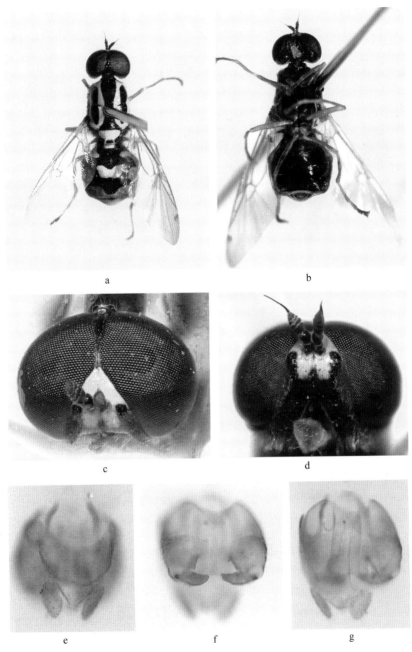

图版 111　三斑盾刺水虻 *Oxycera trilineata*（Linnaeus）

a. 雄虫体背视（male body，dorsal view）；b. 雄虫体腹视（male body，ventral view）；

c. 雄虫额，前视（male frons，frontal view）；d. 雄虫颜，前视（male face，frontal view）；

e. 雄性第 9～10 背板和尾须，背视（male tergites 9～10 and cerci，dorsal view）；

f. 雄性生殖体，腹视（male genital capsule，ventral view）；

g. 阳茎复合体，背视（aedeagal complex，dorsal view）。

图版 112　立盾刺水虻 *Oxycera vertipila* Yang et Nagatomi

a. 雄虫体侧视(male body, lateral view)；b. 小盾片,侧视(scutellum, lateral view)；

c. 雌虫第 1～2 背板,背视(female tergites 1～2, dorsal view)；

d. 雌虫胸部,背视(female thorax, dorsal view)；e. 小盾片,背视(scutellum, dorsal view)；

f. 雌虫第 3～5 背板,背视(female tergites 3～5, dorsal view)；

g. 雄虫额,前视(male frons, frontal view)；h. 雄虫颜,前视(male face, frontal view)。

图版 113 舟山丽额水虻 *Prosopochrysa chusanensis* Ôuchi

a. 雌虫体背视（female body，dorsal view）；b. 雌虫后足，侧视（female hind leg，lateral view）；

c. 雌虫体侧视（female body，lateral view）；d. 雌虫额，前视（female frons，frontal view）；

e. 雌虫头部，侧视（female head，lateral view）。

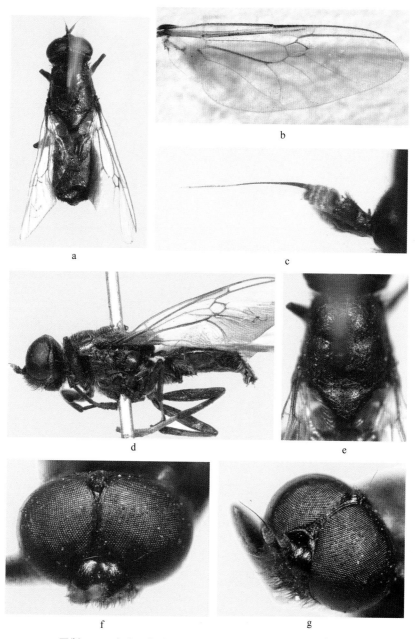

图版 114　舟山丽额水虻 *Prosopochrysa chusanensis* Ôuchi

a. 雄虫体背视（male body，dorsal view）；b. 翅（wing）；c. 触角（antenna）；

d. 雄虫体侧视（male body，lateral view）；e. 雄虫胸部，背视（male thorax，dorsal view）；

f. 雄虫额，前视（male frons，frontal view）；g. 雄虫额，侧视（male frons，lateral view）。

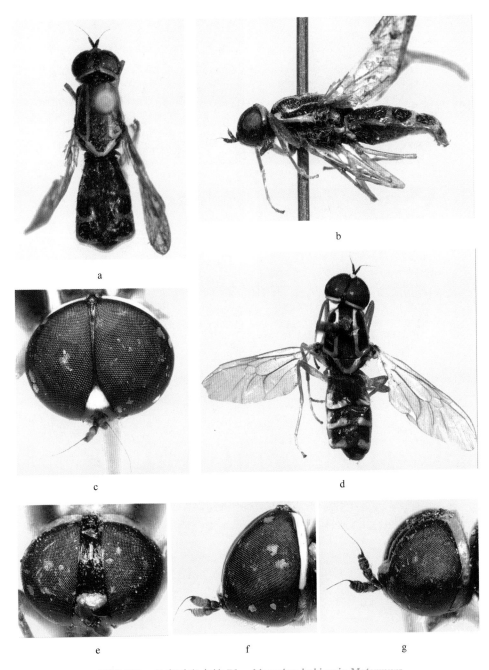

图版 115　日本对斑水虻 *Rhaphiocerina hakiensis* Matsumura

a. 雌虫体背视（female body, dorsal view）；b. 雌虫体侧视（female body, lateral view）；

c. 雄虫额，前视（male frons, frontal view）；d. 雄虫体背视（male body, dorsal view）；

e. 雌虫额，前视（female frons, frontal view）；f. 雄虫头部，侧视（male head, lateral view）；

g. 雌虫头部，侧视（female head, lateral view）。

图版 116　异色水虻 *Stratiomys chamaeleon* (Linnaeus)

a. 雄虫颜,前视(male face, frontal view);b. 小盾片,背视(scutellum, dorsal view);

c. 雄虫腹部,背视(male abdomen, dorsal view);d. 雄虫后足,侧视(male hind leg, lateral view);

e. 雄性生殖体,腹视(male genital capsule, ventral view);

f. 雄性生殖体,背视(male genital capsule ,dorsal view);

g. 雄性第 9～10 背板和尾须,背视(male tergites 9～10 and cerci, dorsal view)。

图版 117　周斑水虻 *Stratiomys choui* Lindner

a. 雌虫额,前视(female frons, frontal view);b. 雌虫后头,背视(female occiput, dorsal view);

c. 雄虫腹部腹板(male abdominal sternites);d. 雄虫腹部背板(male abdominal tergites);

e. 雄性生殖体,腹视(male genital capsule, ventral view);

f. 雄性生殖体,背视(male genital capsule, dorsal view);

g. 雄虫第 5 背板(male tergite 5);

h. 雄性第 9~10 背板和尾须,背视(male tergites 9~10 and cerci, dorsal view)。

图版 118　杏斑水虻 *Stratiomys laetimaculata*(Ôuchi)

a. 雄性颜和触角(male face and antenna)；b. 触角,腹视(antenna, ventral view)；

c. 雌虫后头,背视(female occiput, dorsal view)；d. 雌虫额,前视(female frons, fromtal view)；

e. 雄虫腹部,背视(male abdomen, dorsal view)；f. 雌虫腹部,背视(female abdomen,dorsal view)；

g. 雄性生殖体,腹视(male genital capsule, ventral view)；

h. 雄性生殖体,背视(male genital capsule, dorsal view)；

i. 雄性第 9～10 背板和尾须,背视(male tergites 9～10 and cerci, dorsal view)。

a

b

c

d

e

f

g

图版 119　长角水虻 *Stratiomys longicornis* (Scopoli)

a. 雌虫颜, 前视 (female face, frontal view); b. 雌虫头部, 前视 (female head, frontal view);

c. 雌虫后头, 背视 (female occiput, dorsal view); d. 雄虫腹部, 背视 (male abdomen, dorsal view);

e. 雄性生殖体, 背视 (male genital capsule, dorsal view);

f. 雄性生殖体, 腹视 (male genital capsule, ventral view);

g. 雄性第 9～10 背板和尾须, 背视 (male tergites 9～10 and cerci, dorsal view)。

图版 120　泸沽水虻 *Stratiomys lugubris* Loew

a. 雌虫体背视(female body, dorsal view)；b. 雌虫体腹视(female body, ventral view)；

c. 雌虫腹部,背视(female abdomen, dorsal view)；d. 雌虫额,前视(female frons, frontal view)；

e. 雌虫颜,前视(female face, frontal view)；f. 雌虫头部,侧视(female head, lateral view)；

g. 雌虫体侧视(female body, lateral view)；h. 翅(wing)；i. 触角(antenna)。

图版 121　蒙古水虻 *Stratiomys mongolica*（Lindner）

a. 雄虫头部，前视（male head, frontal view）；b. 雄虫颜，前视（male face, frontal view）；

c. 雄虫小盾片，背视（male scutellum, dorsal view）；d. 雌虫额，前视（female frons, frontal view）；

e. 雄性生殖体，腹视（male genital capsule, ventral view）；

f. 雄性生殖体，背视（male genital capsule, dorsal view）；

g. 雄性第 9～10 背板和尾须，背视（male tergites 9～10 and cerci, dorsal view）。

a

b

c

d

e

图版 122　高贵水虻 *Stratiomys nobilis* Loew

a. 雌虫体背视（female body, dorsal view）；b. 雌虫额,前视（female frons, frontal view）；

c. 雌虫颜,前视（female face, frontal view）；d. 雌虫体腹视（female body, ventral view）；

e. 雌虫体侧视（female body, lateral view）。

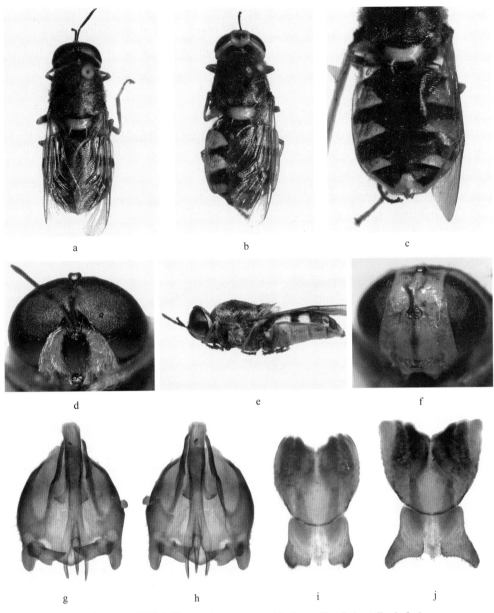

图版 123　缩眼水虻 *Stratiomys portschinskana* Narshuk *et* Rozkošný

a. 雄虫体背视（male body, dorsal view）；b. 雌虫体背视（female body, dorsal view）；

c. 雄虫腹部, 背视（male abdomen, dorsal view）；d. 雄虫颜, 前视（male face, frontal view）；

e. 雄虫体侧视（male body, lateral view）；f. 雌虫头部, 前视（female head, frontal view）；

g. 雄性生殖体, 腹视（male genital capsule, ventral view）；

h. 雄性生殖体, 背视（male genital capsule, dorsal view）；

i. 雄性第 9～10 背板和尾须, 背视（male tergites 9～10 and cerci, dorsal view）；

j. 被压平的雄性第 9～10 背板和尾须, 背视（flattened male tergites 9～10 and cerci, dorsal view）。

图版 124　腹水虻 *Stratiomys ventralis* Loew

a. 雄虫体背视（male body, dorsal view）；b. 雄虫腹部, 背视（male abdomen, dorsal view）；

c. 雌虫后足, 侧视（female hind leg, lateral view）；d. 翅（wing）；e. 触角（antenna）；

f. 雄性第 9～10 背板和尾须, 背视（male tergites 9～10 and cerci, dorsal view）；

g. 雄性生殖体, 腹视（male genital capsule, ventral view）；

h. 雄性生殖体, 背视（male genital capsule, dorsal view）。